AF479194

ASSOCIATION FRANÇAISE

POUR

L'AVANCEMENT DES SCIENCES

ASSOCIATION FRANÇAISE

POUR

L'AVANCEMENT DES SCIENCES

Fusionnée avec

L'ASSOCIATION SCIENTIFIQUE DE FRANCE

(Fondée par LE VERRIER en 1864)

(Reconnues d'utilité publiques)

COMPTE RENDU DE LA 52ᴱ SESSION

LA ROCHELLE

1928

PARIS

AU SECRÉTARIAT DE L'ASSOCIATION

Rue Serpente, 28 (6ᵉ Arr.)

ET CHEZ MM. MASSON ET Cⁱᵉ, *Libraires de l'Académie de Médecine*

Boulevard Saint-Germain, 120 (6ᵉ arr.)

—

1928

LISTE DES CONGRÈS ET LEURS PRÉSIDENTS

Volumes

ANNÉES		VILLES		PRÉSIDENTS	
1872	1re Session.	Bordeaux	1 vol.	Claude Bernard	(Décédé)
1873	2e —	Lyon	1 —	de Quatrefages	(Décédé)
1874	3e —	Lille	1 —	Adolphe Wurtz	(Décédé)
1875	4e —	Nantes	1 —	Adolphe d'Eichthal	(Décédé)
1876	5e —	Clermont-Ferrand	1 —	J.-B. Dumas	(Décédé)
1877	6e —	Le Havre	1 —	Paul Broca	(Décédé)
1878	7e —	Paris	1 —	Edmond Frémy	(Décédé)
1879	8e —	Montpellier	1 —	Agénor Bardoux	(Décédé)
1880	9e —	Reims	1 —	J.-B. Krantz	(Décédé)
1881	10e —	Alger	1 —	Auguste Chauveau	(Décédé)
1882	11e —	La Rochelle	1 —	Jules Janssen	(Décédé)
1883	12e —	Rouen	1 —	Frédéric Passy	(Décédé)
1884	13e —	Blois	2 vol. (1)	A. Bouquet de la Grye	(Décédé)
1885	14e —	Grenoble	2 — »	Aristide Verneuil	(Décédé)
1886	15e —	Nancy	2 — »	Charles Friedel	(Décédé)
1887	16e —	Toulouse	2 — »	Jules Rochard	(Décédé)
1888	17e —	Oran	2 — »	Aimé Laussedat	(Décédé)
1889	18e —	Paris	2 — »	H. de Lacaze-Duthiers	(Décédé)
1890	19e —	Limoges	3 — »	Alfred Cornu	(Décédé)
1891	20e —	Marseille	2 — »	P.-P. Dehérain	(Décédé)
1892	21e —	Pau	2 — »	Edouard Collignon	(Décédé)
1893	22e —	Besançon	2 — »	Charles Bouchard	(Décédé)
1894	23e —	Caen	2 — »	E. Mascart	(Décédé)
1895	24e —	Bordeaux	3 — »	Emile Trélat	(Décédé)
1896	25e —	Carthage (Tunis)	2 — »	Paul Dislère	(Décédé)
1897	26e —	Saint-Etienne	2 — »	J.-E. Marey	(Décédé)
1898	27e —	Nantes	2 — »	Edouard Grimaux	(Décédé)
1899	28e —	Boulogne-sur-Mer	2 — »	Paul Brouardel	(Décédé)
1900	29e —	Paris	2 — »	Hippolyte Sebert.	
1901	30e —	Ajaccio	2 — »	E.-T. Hamy	(Décédé)
1902	31e —	Montauban	2 — »	Jules Carpentier	(Décédé)
1903	32e —	Angers	2 — »	Emile Levasseur	(Décédé)
1904	33e —	Grenoble	1 — (2)	C.-A. Laisant	(Décédé)
1905	34e —	Cherbourg	1 — »	Alfred Giard	(Décédé)
1906	35e —	Lyon	2 — (1)	Gabriel Lippmann	(Décédé)
1907	36e —	Reims	2 — »	Henri Henrot	(Décédé)
1908	37e —	Clermont-Ferrand	1 — (3)	Paul Appell.	
1909	38e —	Lille	1 — (4)	Louis Landouzy	(Décédé)
1910	39e —	Toulouse	1 — (5)	C.-M. Gariel	(Décédé)
1911	40e —	Dijon	1 — »	S. Arloing	(Décédé)
1912	41e —	Nîmes	1 — (4)	Charles Lallemand.	
1913	42e —	Tunis	1 — »	Emile Haug	(Décédé)
1914	43e —	Le Havre	1 — (6)	Armand Gautier	(Décédé)
1915-1916 (Conférences)			1 — (7)	Albert Calmette.	
1916-1917	—		1 — »	—	
1917-1918	—		1 — »	—	
1918-1920	—		1 — »	—	
1920	44e Session.	Strasbourg	1 — (8)		
1921	45e —	Rouen	1 —	Auguste Rateau.	
1922	46e —	Montpellier	1 —	Louis Mangin.	
1923	47e —	Bordeaux	1 —	Alexandre Desgrez.	
1924	48e —	Liége	1 —	Pierre Viala.	
1925	49e —	Grenoble	1 —	Emile Borel.	
1926	50e —	Lyon	1 —	Alfred Lacroix.	
1927	51e —	Constantine	1 —	Paul Langevin.	
1928	52e —	La Rochelle	1 —	Léon Lindet.	

(1) Les Tomes I et II sont reliés séparément.

(2) Pour la 33e Session, Grenoble 1904, et la 34e Session, Cherbourg 1905, le Tome I a été remplacé par un Bulletin mensuel dont les numéros 8 et 9 de chaque année ont été consacrés aux comptes rendus des séances générales et aux procès-verbaux des Sections.

(3) Le Tome I a été remplacé par deux brochures parues en 1908.

(4) Le Tome I a été remplacé par une brochure parue dans l'année où a eu lieu le Congrès.

(5) Le Tome I a été remplacé par une brochure parue dans l'année où a eu lieu le Congrès. Le volume des Notes et Mémoires existe, divisé en quatre Tomes, dont chacun comprend sa Table des matières et sa Table analytique par ordre alphabétique.

(6) Le Tome I a été remplacé par une brochure parue en mai 1915.

(7) En 1915, 1916, 1917, 1918 et 1919, il n'y a pas eu de Congrès.

(8) La brochure remplaçant le Tome I a été supprimée.

ASSOCIATION FRANÇAISE

POUR

L'AVANCEMENT DES SCIENCES

fusionnée avec

L'ASSOCIATION SCIENTIFIQUE DE FRANCE

(Fondée par Le Verrier, en 1864)

Reconnues d'utilité publique

MINISTÈRE
de
l'Instruction Publique
des Beaux-Arts
et des Cultes

CABINET
—
N° 175

RÉPUBLIQUE FRANÇAISE

DÉCRET

Le Président de la République française,

Sur le rapport du Ministre de l'Instruction publique, des Beaux-Arts et des Cultes ;

Vu le procès-verbal de l'Assemblée générale de l'Association française pour l'Avancement des Sciences, tenue à Grenoble le 10 août 1885 ;

Vu le procès-verbal de l'Assemblée générale de l'Association scientifique de France, tenue à Paris, le 14 novembre 1885, et les décisions prises par les deux Sociétés;

Toutes deux ayant pour objet de réunir en une seule Association ces deux Sociétés sus-nommées ;

Vu les Statuts, l'état de la situation financière et les autres pièces fournies à l'appui de cette demande ;

La Section de l'Intérieur, de l'Instruction publique, des Beaux-Arts et des Cultes, du Conseil d'Etat entendue,

Décrète:

Article premier. — L'Association française pour l'Avancement des Sciences et l'Association Scientifique de France, fondée par Le Verrier en 1864, toutes deux reconnues d'utilité publique, forment une seule et même Association.

Les Statuts de l'Association française pour l'Avancement des Sciences fusionnée avec l'Association scientifique de France (fondée par Le Verrier en 1864) sont approuvés tels qu'ils sont ci-annexés.

Art. 2. — Le Ministre de l'Instruction publique, des Beaux-Arts et des Cultes est chargé de l'exécution du présent décret.

Fait à Paris, le 28 novembre 1886.

Signé : Jules Grévy.

Par le Président de la République:
Le Ministre de l'Instruction publique, des Beaux-Arts et des Cultes,
Signé : René Goblet.

Pour ampliation,
Le Chef de bureau du Cabinet,
Signé : Roujon.

STATUTS ET RÈGLEMENT

STATUTS

TITRE I

But et composition de l'Association

ARTICLE PREMIER. — L'Association, fondée en 1872 et reconnue d'utilité publique par décret du 9 mai 1876, sous le titre « d'Association française pour l'Avancement des Sciences, fusionnée avec l'Association Scientifique de France, fondée par Le Verrier, en 1864 », a pour but exclusif de favoriser, par tous les moyens en son pouvoir, les progrès et la diffusion des Sciences, au double point de vue de la théorie pure et du développement de leurs applications pratiques.

Elle fait appel au concours de tous ceux qui considèrent la culture des sciences comme nécessaire à la grandeur et à la prospérité du pays.

Sa durée est illimitée.

Elle a son siège social à Paris.

ART. 2. — Les moyens d'action de l'Association sont : des Congrès, des réunions, des conférences, des publications, des dons en instruments ou des subventions en argent aux personnes travaillant à des recherches ou entreprises scientifiques qu'elle aurait provoquées ou approuvées.

ART. 3. — L'Association se compose des personnes ou des établissements qui ont été agréés par le Conseil d'administration, sur la présentation de deux membres de l'Association.

La cotisation annuelle minimum est de vingt francs.

Tout membre de l'Association a le droit de racheter ses cotisations à venir en versant une somme égale à dix fois le montant de la cotisation annuelle minimum, soit en une seule fois, soit en deux ou quatre versements annuels consécutifs égaux, ou bien en versant cent francs seulement en une seule fois, s'il a déjà payé ses cotisations pendant quinze années consécutives. Il reçoit le titre de *membre à vie*.

Tout membre qui aura versé annuellement pendant dix années consécutives, une somme de dix francs en sus de sa cotisation annuelle, sera également libéré de tout versement ultérieur et réputé *membre à vie*.

Tout membre versant à une époque quelconque, en une seule fois, soit une somme de cinq cents francs au minimum, soit une somme de trois cents francs, après qu'il a racheté sa cotisation, reçoit le titre de *membre fondateur*.

Les noms des membres fondateurs figurent perpétuellement en tête des listes alphabétiques des membres de l'Association et ces membres reçoivent, leur vie durant, autant d'exemplaires de publications de l'Association, qu'ils ont versé de fois la souscription de cinq cents francs.

ART. 4 — La qualité de membre de l'Association se perd:

1° Par la démission ;

2° Par le refus de paiement de la cotisation après deux mises en demeure adressées par le Trésorier au membre en retard par lettre recommandée ;

3° Par la radiation prononcée pour motifs graves.

La radiation pour motifs graves d'un membre de l'Association devra être demandée par écrit. Le membre visé sera appelé à fournir ses explications devant le Conseil. Il devra en laisser un exposé écrit entre les mains du Président.

Si le Conseil estime, à une majorité formée par les deux tiers des membres présents, que la justification présentée n'est pas acceptable, il invitera le membre non justifié à remettre sa démission entre les mains du Président.

Au cas où le membre, dans les conditions prévues au paragraphe précédent, se refuserait de donner sa démission, le Conseil en référera à la première Assemblée générale ordinaire de l'Association. Celle-ci, sur le rapport du Conseil, le membre inculpé entendu ou dûment appelé, prononcera, s'il y a lieu, la radiation à une majorité qui ne pourra être inférieure aux deux tiers plus un des suffrages exprimés.

TITRE II

Administration et fonctionnement

ART. 5. — L'Association est administrée par un Conseil choisi parmi ses membres dans les conditions suivantes de nombre et de recrutement.

Ce conseil comprend:

1° *Le Bureau de l'Association*, composé de six personnes, savoir: un Président, un Vice-Président, un Secrétaire, un Vice-Secrétaire et un Trésorier, élus par l'Assemblée générale et le Président sortant;

2° *Les anciens Présidents de l'Association* ;

3° *Les délégués de l'Association*, au nombre de 15, élus par correspondance, au scrutin secret et à la majorité relative des suffrages exprimés, sur une liste préparée par le Conseil. Ils sont renouvelables par tiers chaque année. Ils sont rééligibles;

4° *Les délégués des Sections*, au nombre de trois par section, élus à la majorité relative par leurs sections respectives. Ils sont renouvelables par tiers chaque année dans chaque section. Ils sont rééligibles;

5° *Les Présidents de Section* pour la prochaine session. Ils sont élus à la majorité relative par leurs sections respectives.

Leurs fonctions commencent six mois avant ladite session et durent un an.

Les secrétaires des sections de la session précédente sont admis dans le Conseil avec voix consultative.

ART. 6. — Le Conseil se réunit une fois au moins chaque trimestre.

Il se réunit, de plus, chaque fois qu'il est convoqué par son président, ou lorsque dix de ses membres en font la demande au Bureau. Dans ce dernier cas, la convocation doit indiquer le but de la réunion.

ART. 7. — Les membres de l'Association ne peuvent recevoir aucune rétribution, à raison des fonctions qui leur sont confiées. Cette disposition ne s'applique pas au Secrétaire du Conseil et au Chef des Bureaux présentement en exercice.

ART. 8. — Le Bureau de l'Association est, en même temps, le Bureau de l'Assemblée générale auquel est adjoint, comme Secrétaire chargé de dresser et de rédiger sur un registre spécial le procès-verbal de chaque Assemblée, le Secrétaire du Conseil d'Administration.

L'Assemblée générale entend les rapports sur la gestion du Conseil d'Administration et sur la situation financière et morale de l'Association.

Elle approuve les comptes de l'exercice clos, vote le budget de l'exercice suivant et délibère sur les questions mises à l'ordre du jour.

Le rapport financier annuel et le résumé des comptes sont adressés, pour chaque année, à tous les membres de l'Association au moins quinze jours avant la session générale.

ART. 9. — Le Conseil d'Administration statue sur toutes les affaires concernant l'administration de l'Association.

Les dépenses sont ordonnancées par le Président du Conseil d'Administration et soldées par le Trésorier.

L'Association est représentée en justice et dans tous les actes de la vie civile par le Président.

ART. 10. — Les délibérations du Conseil d'Administration relatives aux acquisitions, échanges et aliénations des immeubles nécessaires au but poursuivi par l'Association, constitutions d'hypothèques sur lesdits immeubles, baux excédant neuf années, aliénations de biens dépendant du fonds de réserve et emprunts doivent être soumises à l'approbation de l'Assemblée générale.

ART. 11. — Les délibérations du Conseil d'Administration, relatives à l'acceptation des dons et legs, ne sont valables qu'après l'approbation administrative donnée dans les conditions prévues par l'article 910 du Code Civil et par les articles 5 et 7 de la loi du 4 février 1901.

Il en est de même des délibérations relatives aux aliénations de biens meubles ou immeubles constituant le capital de l'Association.

ART. 12. — Un règlement général déterminera les conditions d'administration et toutes les dispositions propres à assurer l'exécution des statuts. Ce règlement sera préparé par le Conseil et voté par l'Assemblée générale, à la majorité des membres présents.

TITRE III

Capital et ressources annuelles

ART. 13. — Le capital de l'Association comprend :

1° La dotation, formée par le capital de l'Association Scientifique et celui de la précédente Association française, au jour de leur fusion ;

2° Les versements des membres fondateurs ;

3° Les sommes versées pour le rachat des cotisations ;

4° Le capital provenant des libéralités, à moins que l'emploi immédiat n'en ait été autorisé par le donateur ou le testateur .

ART. 14. — Le capital est placé en rentes nominatives sur l'Etat ou en obligations nominatives dont l'intérêt est garanti par l'Etat.

Il peut être également employé à l'acquisition des immeubles necessaires au but poursuivi par l'Association.

ART. 15. — Les recettes annuelles de l'Association se composent :

1° Des cotisations et souscriptions de ses membres ;

2° Des subventions qui pourront lui être accordées ;

3° Du produit des libéralités dont l'emploi immédiat a été autorisé ;

4° Des ressources créées à titre exceptionnel, et, s'il y a lieu, avec l'agrément de l'autorité compétente;

5° Du revenu des biens;

6° Du produit de la rétribution perçue pour l'admission aux sessions générales, dont le minimum est fixé à dix francs ;

7° Des produits de *librairie* (*Comptes rendus*).

TITRE IV

Modification des Statuts et dissolution

Art. 16. — Les statuts ne peuvent être modifiés que par l'Assemblée générale, sur la proposition du Conseil d'Administration.

Les propositions de modification présentées à une session ne pourront être votées qu'à la session suivante. Dans l'intervalle des sessions, un rapport explicatif sera imprimé et distribué à tous les membres. Les propositions seront, en outre, indiquées dans les convocations adressées à tous les membres de l'Association. Lorsque vingt membres en feront la demande par écrit, le vote aura lieu au scrutin secret.

Les statuts ne peuvent être modifiés qu'à la majorité des deux tiers des membres présents.

Art. 17. — L'Assemblée générale convoquée à Paris, sur l'initiative du Conseil, pour se prononcer sur la dissolution de l'Association doit comprendre, au moins, la moitié plus un des membres en exercice.

Si cette proportion n'est pas atteinte, l'Assemblée est convoquée de nouveau, mais à quinze jours au moins d'intervalle, et, cette fois, elle peut valablement délibérer, quel que soit le nombre des membres présents.

La dissolution ne peut être votée qu'à la majorité des deux tiers des membres présents.

Art. 18. — En cas de dissolution volontaire, ou prononcée en justice, ou par décret, l'Assemblée générale désigne un ou plusieurs commissaires chargés de la liquidation des biens de l'Association. Elle attribue l'actif net à un ou plusieurs établissements analogues, publics ou reconnus d'utilité publique et poursuivant un but conforme à celui que poursuivait l'Association, tel qu'il est indiqué à l'article premier.

Les clauses stipulées par les donateurs ou testataires, en prévision de cette éventualité, devront être respectées.

Ces délibérations sont adressées sans délai au Ministre de l'Intérieur et au Ministre de l'Instruction publique.

Art. 19. — Les délibérations de l'Assemblée générale, prévues aux articles 16, 17 et 18, ne sont valables qu'après l'approbation du gouvernement.

TITRE V

Surveillance

Art. 20. — Le Président du Conseil d'Administration devra faire connaître dans les trois mois, au Préfet de la Seine, tous les changements survenus dans l'Administration ou la Direction.

Les registres et pièces de comptabilité de l'Association seront présentés, sans déplacement, sur toute réquisition du Préfet de la Seine, à lui-même ou à son délégué.

Le rapport financier annuel et les comptes sont adressés chaque année au Préfet de la Seine, au Ministre de l'Intérieur et au Ministre de l'Instruction publique.

ART. 21. — Les règlements intérieurs, préparés par le Conseil d'Administration et votés par l'Assemblée générale, doivent être adressés au Ministre de l'Intérieur et au Ministre de l'Instruction publique.

RÈGLEMENT

TITRE I

Dispositions générales

ARTICLE PREMIER. — Dans les sessions générales, l'Association se répartit en vingt-deux sections formant quatre groupes, conformément au tableau suivant :

1er Groupe : **Sciences Mathématiques**

1re Section : *Mathématiques.*
2e Section : *Astronomie, Géodésie, Mécanique.*
3e et 4e Sections : *Génie civil et militaire, Navigation, Aéronautique.*

2e Groupe : **Sciences Physiques et Chimiques**

5e Section : *Physique.*
6e Section : *Chimie.*
7e Section : *Météorologie et Physique du Globe.*

3e Groupe : **Sciences Naturelles**

8e Section : *Géologie et Minéralogie.*
9e Section : *Botanique.*
10e Section : *Zoologie, Anatomie et Physiologie.*
11e Section : *Anthropologie.*
12e Section : *Sciences médicales.*
13e Section : *Electrologie et Radiologie médicales.*
14e Section : *Odontologie.*
15e Section : *Sciences pharmaceutiques.*
16e Section : *Psychologie expérimentale.*
17e Section : *Biogéographie.*

4e Groupe : **Sciences Economiques**

18e Section : *Agronomie.*
19e Section : *Géographie.*
20e Section : *Economie politique et Statistique.*
21e Section : *Pédagogie et Enseignement.*
22e Section : *Hygiène et Médecine publique.*

En outre, des sous-sections peuvent être créées par le Conseil, après avis des sections intéressées.

ART. 2. — Tout membre de l'Association choisit chaque année la section à laquelle il désire appartenir. Il a le droit de prendre part aux travaux des autres sections avec voix consultative, mais il ne vote et ne peut être candidat à la présidence ou aux fonctions de délégué que dans la section choisie par lui.

ART. 3. — La cotisation annuelle est portée temporairement à 30 fr., Le droit de racheter les cotisations à venir égal à 10 fois le montant de la cotisation annuelle, se monte à 300 francs. La cotisation de membre fondateur est fixée à 1.000 francs.

Les membres qui sont en cours de rachat de cotisations (art. 3 des statuts), continuent leurs versements aux conditions anciennes, jusqu'à acquittement de la somme prévue.

Tout membre nouveau verse un droit d'inscription de dix francs, sauf s'il se fait inscrire comme membre à vie ou comme membre fondateur. Ce droit est également dû par les membres démissionnaires qui demandent leur réintégration. Les frais de recouvrement des cotisations sont à la charge des Sociétaires. Les personnes morales : Sociétés, Blibliothèques, Laboratoires, Etablissements, etc., n'ont pas droit au rachat de la cotisation.

ART. 4. — Les personnes étrangères à l'Association, qui n'ont pas reçu d'invitations spéciales, sont admises aux séances et aux conférences d'une session, moyennant un droit fixé à 20 francs. Ces personnes peuvent communiquer des travaux aux sections, mais ne peuvent pas prendre part aux votes.

TITRE II

Attribution du Bureau et du Conseil d'Administration

ART. 5. — Le Bureau de l'Association est, en même temps, le Bureau du Conseil d'Administration.

ART. 6. — Pendant la durée de la session annuelle, le Conseil tient ses séances dans la ville où a lieu la session.

ART. 7. — Le Conseil d'Administration prépare les modifications réglementaires que peut nécessiter l'exécution des statuts et les soumet à l'Assemblée générale, après qu'elles ont été portées à la connaissance de l'Association par la voie du *Bulletin*.

Il prend les mesures nécessaires pour organiser les sessions de concert avec les Comités locaux qu'il désigne à cet effet. Il fixe la date de l'ouverture de chaque session. Il organise les conférences de l'Association.

ART. 8. — Nul ne peut être en même temps délégué de l'Association et délégué de section.

ART. 9. — Dans le cas de décès, d'incapacité ou de démission d'un ou de plusieurs membres du bureau ou du Conseil, le Conseil procède à leur remplacement, après qu'avis de la vacance ou des vacances aura été donné aux membres de l'Association, soit par la voie du *Bulletin*, soit par circulaire.

ART. 10. — Le Conseil délibère à la majorité des membres présents.

ART. 11. — Les commissions permanentes sont composées des six membres du Bureau et d'un certain nombre de membres élus pour un an par le Conseil, dans la première séance qui suit la session annuelle, ou désignés par les sections, lors de la session annuelle.

Elles sont au nombre de cinq :

1° *Commission de publication ;*

2° *Commission des finances ;*

3° *Commission d'organisation de la session suivante :*

4° *Commission des subventions;*

5° *Commission des conférences.*

ART. 12. — La commission de publication se compose du bureau et de quatre membres élus, auxquels s'adjoint pour les publications relatives à chaque section, le Président ou le Secrétaire, ou, en leur absence, un des délégués de la section.

ART. 13. — La Commission des finances se compose du Bureau et de quatre membres élus.

ART. 14. — La commission d'organisation de la session se compose du Bureau et de quatre membres élus.

ART. 15. — La Commission des subventions se compose du Bureau, d'un délégué par section, nommé par les membres de la section pendant la durée du Congrès ou de son suppléant et de deux délégués de l'Association nommés par le Conseil.

La Commission fait des propositions pour la répartition des subventions et pour l'attribution de bourses de session, qui ont pour but de faciliter chaque année à deux personnes au maximum la participation au Congrès, en les défrayant de leurs frais de voyage et de séjour.

Les membres de cette Commission ne peuvent en aucun cas bénéficier eux-mêmes de subventions.

ART. 16. — La Commission des conférences se compose du Bureau et de huit membres élus par le Conseil.

ART. 17. — Le Conseil peut, en outre, désigner les commissions spéciales pour des objets déterminés.

Titre III

Du Secrétaire du Conseil

Art. 18. — Le secrétaire du Conseil reçoit des appointements annuels dont le chiffre est fixé par le Conseil.

Art. 19. — Lorsque la place de secrétaire du Conseil devient vacante, il est procédé à la nomination d'un nouveau secrétaire dans une séance précédée d'une convocation spéciale qui doit être faite quinze jours à l'avance et après que tous les membres de la Société ont été avisés de la vacance, soit par la voie du *Bulletin*, soit par circulaire.

La nomination est faite à la majorité absolue des votants. Elle n'est valable que lorsqu'elle est faite par un nombre de voix égal au tiers au moins du nombre des membres du Conseil.

Art. 20. — Le Secrétaire ne peut être révoqué qu'à la majorité absolue des membres présents et par un nombre de voix égal au tiers, au moins, du nombre des membres du Conseil.

Art. 21. — Le Secrétaire du Conseil rédige et fait transcrire, sur deux registres distincts, les procès-verbaux des séances du Conseil et ceux des Assemblées générales. Il siège dans toutes les Commissions avec voix consultative. Il a voix consultative dans les dicussions du Conseil. Il exécute, sous la direction du Bureau, les décisions du Conseil. Les employés de l'Association sont placés sous ses ordres. Il correspond avec les membres de l'Association, avec les Présidents et Secrétaires de Comités locaux et avec les secrétaires des sections, dirige les publications de l'Association et donne les bons à tirer. Pendant la durée des sessions, il veille à la distribution de cartes, à la publication des programmes et assure l'exécution des mesures prises par le Comité local, concernant les excursions.

Titre IV

Des Assemblées générales

Art. 22. — Il se tient, chaque année, pendant la durée de la session, au moins une Assemblée générale.

Art. 23. — Conformément à l'article 5 du titre II des statuts, l'Assemblée générale, dans une séance qui clôt définitivement la session, élit au scrutin secret et à la majorité absolue les membres du Bureau suivants: le Président, le Vice-Président, le Secrétaire, le Vice-Secrétaire et le Trésorier. Dans le cas où pour l'une ou l'autre de ces fonctions, la liste de présentation ne comprendrait qu'un membre, la nomination pourra être faite par un vote à main levée, si l'Assemblée en décide ainsi. L'Assemblée générale proclame le résultat du scrutin pour la désignation des délégués de l'Association, élus dans les conditions prévues à l'article 5 du titre II des statuts.

Elle désigne, une ou deux années à l'avance, les villes où doivent se tenir les assises futures.

Art. 24. — L'Assemblée générale peut être convoquée extraordinairement par une décision du Conseil.

Titre V

De l'organisation des sessions annuelles et du Comité local

Art. 25. — La Commission d'organisation, constituée comme il est dit à l'article 14, se met en rapport avec les membres fondateurs appartenant à la ville où doit se tenir la prochaine session. Elle désigne, sur leurs indications, un certain nombre de membres qui constituent le Comité local.

Art. 26. — Le Comité local nomme son Président, son Vice-Président et son Secrétaire. Il s'adjoint les membres dont le concours lui paraît utile, sauf approbation par la Commission d'organisation.

Art. 27. — Le Comité local a pour attribution de venir en aide à la Commission d'organisation, en faisant des propositions relatives à la session et en assurant l'exécution des mesures locales qui ont été approuvées ou indiquées par la Commission.

Art. 28. — Il est chargé de s'assurer des locaux et de l'installation nécessaires pour les diverses séances et conférences; ses décisions, toutefois, ne deviennent définitives qu'après avoir été acceptées par la Commission. Il propose les sujets qu'il serait important de traiter dans les conférences, et les personnes qui pourraient en être chargées. Il indique les excursions qui seraient propres à intéresser les membres du Congrès et prépare celles de ces excursions qui sont acceptées par la commission. Il se met en rapport, lorsqu'il le juge utile, avec les Sociétés savantes et les autorités des villes ou localités où ont lieu les excursions.

Art. 29. — Le Comité local est invité à préparer une série de courtes notices sur la ville où se tient la session, les monuments, les établissements industriels, les curiosités naturelles, etc., de la région. Ces notices sont distribuées aux membres de l'Association et aux invités assistant au Congrès.

Art. 30. — Le Comité local s'occupe de la publicité nécessaire à la réussite du Congrès, soit à l'aide d'articles de journaux, soit par des envois de programme, etc., dans la région où a lieu la session.

ART. 31. — Il fait parvenir à la Commission d'organisation la liste des savants français et étrangers qu'il désirerait voir inviter. Le Président de l'Association n'adresse les invitations qu'après que cette liste a été approuvée par la commission.

ART. 32. — Le Comité local indique, en outre, parmi les personnes de la ville ou du département, celles qu'il conviendrait d'admettre gratuitement à participer aux travaux scientifiques de la session.

ART. 33. — Depuis sa constitution jusqu'à l'ouverture de la session, le Comité local fait parvenir, deux fois par mois au Secrétaire du Conseil de l'Association, des renseignements sur ses travaux, la liste des membres nouveaux, avec l'état des paiements, la liste des communications scientifiques qui sont annoncées, etc.

ART. 34. — La Commission d'organisation publie et distribue, de temps à autre, aux membres de l'Association, les communications et avis divers qui se rapportent à la prochaine session. Elle s'occupe de la publicité générale et des arrangements à prendre avec les Compagnies de chemin de fer.

TITRE VI

De la tenue des sessions

ART. 35. — Pendant toute la durée de la session, le Secrétariat est ouvert chaque matin pour la distribution des cartes. La présentation des cartes est exigible à l'entrée des séances.

ART. 36. — Tout membre, en retirant sa carte, doit indiquer la section à laquelle il désire appartenir, ainsi qu'il est dit à l'article 3.

ART. 37. — Le Conseil se réunit dans la matinée du jour où a lieu l'ouverture de la session ; il se réunit pendant la durée de la session autant de fois qu'il le juge convenable. Il tient une dernière réunion pour arrêter une liste de présentation relative aux élections du Bureau de l'Association, vingt-quatre heures au moins avant la réunion de l'Assemblée générale.

Le Président et l'un des Secrétaires du Comité local assistent, pendant la session, aux séances du Conseil, avec voix consultative.

ART. 38. — Les candidatures pour les élections du Bureau doivent être communiquées au Conseil, présentées par dix membres au moins de l'Association, trois jours avant l'Assemblée générale.

Le Conseil arrête la liste des présentations qu'il a reconnues régulières, vingt-quatre heures au moins avant l'Assemblée générale. Cette liste de candidatures, dressée par ordre alphabétique, sera affichée dans la salle de réunion.

ART. 39. — La session est ouverte par une séance générale, dont l'ordre du jour comprend les discours du Président de l'Association et des autorités de la ville et du département.

Aucune discussion ne peut avoir lieu dans cette séance.

A la fin de la séance, le Président indique l'heure où les membres se réuniront dans les sections.

ART. 40. — Chaque section, dans sa première séance, procède à l'élection de son Vice-Président et de son Secrétaire, auquel elle peut adjoindre un Secrétaire adjoint, toujours choisis parmi les membres de l'Association. Elle procède, aussitôt après, à ses travaux scientifiques.

ART. 41. — Le deuxième jour de la session, à 10 heures, chaque section élit son Président pour la session suivante, un délégué au Conseil, conformément à l'article 5 du titre II des statuts, un délégué à la Commission des subventions et un suppléant de celui-ci.

Dans le cas où, par suite de vacances anormales, il y aurait lieu d'élire plusieurs délégués au Conseil, la section devra spécifier pour combien de temps chacun de ces délégués est élu.

Président, délégués et suppléant doivent être choisis parmi les membres de l'Association.

Les Présidents ne peuvent être réélus, pour la même section, que deux années consécutives.

ART. 42. — Les Présidents de section se réunissent, dans la matinée du second jour, pour fixer les jours et les heures des séances de leurs sections respectives, et pour répartir ces séances de la manière la plus favorable. Ils décident, s'il y a lieu, la fusion de certaines sections voisines.

Les Présidents de deux ou plusieurs sections peuvent organiser en outre, des séances collectives.

Une section peut tenir, aux heures qui lui conviennent, des séances supplémentaires, à la conditions de choisir des heures qui ne soient pas occupées par les excursions générales.

ART. 43. — Pendant la durée de la session, il ne peut être consacré qu'un seul jour, non compris le dimanche, aux excursions générales. Il ne peut être tenu de séances de sections ni de conférences et il ne peut y avoir d'excursions officielles spéciales, pendant les heures consacrées à une excursion générale.

ART. 44. — Il peut être organisé une ou plusieurs excursions générales ou spéciales, pendant les jours qui suivent la clôture de la session.

ART. 45. — Les sections ont toute liberté pour organiser les excursions particulières qui intéressent spécialement leurs membres.

ART. 46. — Une liste de membres de l'Association présents au Congrès paraît le lendemain du jour de l'ouverture, par les soins du Bureau. Des listes complémentaires paraissent les jours suivants, s'il y a lieu.

ART. 47. — Il paraît, chaque matin, un bulletin indiquant le programme de la journée, les ordres du jour des diverses séances et les travaux des sections de la journée précédente.

ART. 48. — La Commission d'organisation peut instituer une ou plusieurs séances générales.

ART. 49. — Il ne peut y avoir de discussion en séance générale. Dans le cas où un membre croirait devoir présenter des observations sur un sujet traité dans une séance générale, il devra en prévenir par écrit le Président, qui désignera l'une des prochaines séances de sections pour la discussion.

ART. 50. — A la fin de chaque séance de section, et sur la proposition du Président, la section fixe l'ordre du jour de la prochaine séance ainsi que l'heure de la réunion.

ART. 51. — Lorsque l'ordre du jour est chargé, le Président peut n'accorder la parole que pour un temps déterminé qui ne peut être moindre que dix minutes. A l'expiration de ce temps, la section est consultée pour savoir si la parole est maintenue à l'orateur ; dans le cas où il est décidé qu'on passera à l'ordre du jour, l'orateur est prié de donner brièvement ses conclusions.

ART. 52. — Les membres qui ont présenté des travaux au Congrès remettent au secrétaire de leur section leur manuscrit ou un résumé de leur travail, écrits à la machine à écrire ; ils fournissent également une note indicative de la part qu'ils ont prise aux discussions qui se sont produites. Lorsqu'un travail comportera des figures ou des planches, mention devra en être faite sur le titre du mémoire.

ART. 53. — A la fin de chaque séance, les Secrétaires de sections remettent au Secrétariat :
1° L'indication des titres des travaux de la séance ;
2° L'ordre du jour, la date et l'heure de la séance suivante.
ART. 54. — Les Secrétaires de sections sont chargés de prévenir les orateurs désignés pour prendre la parole dans chacune des séances.

ART. 55. — Les Secrétaires de sections doivent rédiger un procès-verbal des séances. Ce procès-verbal doit donner, d'une manière sommaire, le résumé des travaux présentés et des discussions ; il doit être remis au Secrétariat aussitôt que possible et, au plus tard, un mois après la clôture de la session.

ART. 56. — Les Secrétaires de sections remettent au Secrétaire du Conseil, avec leurs procès-verbaux, les manuscrits qui auraient été fournis par leurs auteurs, avec une liste indicative des manuscrits manquants.

ART. 57. — Les indications relatives aux excursions sont fournies aux membres le plus tôt possible. Les membres qui veulent participer aux excursions sont priés de se faire inscrire à l'avance, afin que l'on puisse prendre des mesures d'après le nombre des assistants.

ART. 58. — Les conférences générales n'ont lieu que le soir, et sous le contrôle d'un Président et de deux Assesseurs désignés par le Bureau. Il ne peut être fait plus de deux conférences générales pendant la durée d'une session.

ART. 59. — Les vœux exprimés par les sections doivent être remis pendant la session au Conseil d'Administration qui, seul, a qualité pour les présenter au vote de l'Assemblée générale.

ART. 60. — Avant l'Assemblée générale de clôture, le Conseil décide quels sont les vœux qui devront être soumis à l'acceptation de l'Assemblée générale et qui, après avoir été acceptés, recevant le nom de *Vœux de l'Association française*, seront transmis sous ce nom aux pouvoirs publics.

Il décide également quels vœux seront insérés aux comptes rendus sous le nom de : *Vœux de la ...ᵉ Section* et quels sont ceux dont le texte ne figurera pas aux comptes rendus.

Il sera procédé, en Assemblée générale, au vote sur les vœux qui sont présentés par le Conseil comme vœux de l'Association.

Il sera ensuite donné lecture des vœux que le Conseil a réservés comme vœux de Section.

Dans le cas où dix membres au moins demanderaient qu'un vœu de cette espèce fut transformé en vœu de l'Association, ce vœu pourra être renvoyé, par un vote de l'Assemblée, à l'Assemblée générale suivante. Avant la réunion de celle-ci, cette proposition sera étudiée par une commission de cinq membres qui aura à faire un rapport qui sera imprimé et distribué à tous les membres de l'Association. Cette Commission comprendra deux membres de la section ou des sections qui ont présenté le vœu et trois membres pris en dehors de celle-ci. Les premiers sont désignés par le Bureau de la section (ou par les Bureaux des sections) ayant émis le vœu, qui devront les faire connaître au plus tard lors de la séance du Conseil qui suivra l'Assemblée générale, et, à défaut par le Bureau de l'Association ; les trois autres membres seront nommés par le bureau.

TITRE VII

Des publications

ART. 61. — L'Association publie :

1° *Un Bulletin*, où sont insérés les documents administratifs intéressant tous les membres de l'Association ;

2° Un *volume* annuel renfermant :

1) Le texte ou l'analyse des conférences faites pendant l'année ;

b) Le compte rendu de la session ;

c) Le texte des notes et mémoires dont l'impression dans le compte rendu a été décidée par la commission de publication.

ART. 62. — Les comptes rendus doivent être publiés dix mois au plus tard après la session à laquelle ils se rapportent.

La distribution des comptes rendus est annoncée à tous les membres de l'Association par une circulaire qui indique à partir de quelle date ils peuvent être retirés au Secrétariat, ou quelle somme doit être adressée au Secrétariat pour l'envoi du volume à domicile.

Les comptes rendus sont envoyés, au frais de l'Association, aux personnes morales, membres de l'Association, et aux invités de l'Association.

ART. 63. — Les notes et mémoires dont l'impression *in extenso* est demandée par les auteurs devront être remis au Secrétaire de la section pendant la session ou être expédiés directement au Secrétariat deux mois au plus tard après la clôture de la session. Les planches ou dessins accompagnant un mémoire devront être joints à celui-ci.

ART. 64. — Trois pages, au maximum, penvent être accordées à un même auteur ; toutefois, la Commission de publication pourra proposer au Conseil d'administration de fixer exceptionnellement une étendue plus considérable.

ART. 65. — Le Conseil d'Administration, sur la proposition de la Commission de publication, pourra décider la publication, en dehors des comptes rendus, de travaux spéciaux que leur étendue ne permettrait pas de faire paraître dans les comptes rendus. Ces travaux seront mis à la disposition des membres qui en auront fait la demande en temps utile. Les exemplaires remis à l'auteur ne peuvent en aucun cas être mis dans le commerce.

ART. 66. — La Commission de publication a tous pouvoirs pour décider l'impressioin *in extenso* d'un travail présenté à une session. Elle peut également demander aux auteurs des réductions dont elle fixe l'importance ; si le travail réduit ne parvient pas au Secrétariat dans les délais indiqués, l'impression ne pourra avoir lieu.

Aucun travail publié en France avant l'époque du Congrès ne pourra être reproduit dans les comptes rendus. Le titre et l'indication bibliographique figureront seuls dans le procès-verbal.

ART. 67. — Les discussions insérées dans les comptes rendus sont extraites textuellement des procès-verbaux des Secrétaires de sections. Les notes fournies par les auteurs pour faciliter la rédaction des procès-verbaux devront être remises dans les vingt-quatre heures.

Art. 68. — La Commission de publication décide quelles seront les planches qui seront jointes au compte rendu et s'entend, à cet effet, avec la Commission des finances.

Art. 69. — Les épreuves sont communiquées aux auteurs en placards seulement ; une semaine est accordée pour la correction. Si l'épreuve n'est pas renvoyée à l'expiration de ce délai, les corrections sont faites par les soins du Secrétariat.

Art. 70. — Dans le cas où les frais de correction et changements indiqués par un auteur dépasseraient la somme de 25 francs par feuille, l'excédent, calculé proportionnellement, sera porté à son compte.

Art. 71. — Les membres peuvent faire exécuter un tirage à part de leurs communications avec pagination spéciale, au prix convenu avec l'imprimeur par le Conseil d'administration. Ces tirages à part sont imprimés sur un type absolument uniforme.

Art. 72. — Les auteurs des communications présentées à une session ont d'ailleurs le droit de publier à part ces communications à leur gré; ils sont seulement priés d'indiquer que ces travaux ont été présentés au Congrès de l'Association française.

CONGRÈS DE LA ROCHELLE

ASSEMBLÉE GÉNÉRALE

28 Juillet 1928

PRESIDENCE DU GENERAL PERRIER
Vice-Président de l'Association
Membre de l'Institut
Correspondant du Bureau des longitudes

PROCÈS-VERBAL

I. - ELECTIONS

a) *Bureau pour 1928-1929*

Sont élus à l'unanimité :

> Président : Général PERRIER, Membre de l'Institut.
> Vice-Président : Etienne RABAUD, Professeur à la Faculté des Sciences.
> Secrétaire : Maurice DE BROGLIE, Membre de l'Institut.
> Vice-Secrétaire : E. DE MARTONNE, Professeur à la Faculté des Sciences.
> Trésorier : Raoul D'HARCOURT.

b) *Délégués de l'Association*

Le vote pour le choix de cinq délégués de l'Association a donné le résultat suivant :

M. L. FAGE**, Sous-Directeur de Laboratoire au Muséum National d'Histoire Naturelle .... 634 voix
M. Ch. GRAVIER*, Membre de l'Institut, Professeur de Zoologie au Muséum National d'Histoire Naturelle. 633 —
M. P. LEMOINE*, Professeur de Géologie au Muséum National d'Histoire Naturelle .... 632 —
M. P. RIVET*, Professeur d'Anthropologie au Muséum National d'Histoire Naturelle .... 630 —
M. G. SAUGRAIN*, Avocat à la Cour d'Appel........... 626 —

---

* *Membres sortants rééligibles.*
** *En remplacement de M. Richet.*

c) *Liste des Présidents de Sections et de Sous-Sections pour 1929, des Secrétaires de Section de La Rochelle, des Délégués au Conseil et à la Commission des Subventions élus à La Rochelle*

SECTIONS	PRÉSIDENTS POUR 1929	SECRÉTAIRES EN 1928	DÉLÉGUÉS AU CONSEIL	DÉLÉGUÉS AUX SUBVENTIONS	DÉLÉGUÉS SUPPLÉANTS
	MM.	MM.	MM.	MM.	MM.
1re	Du Pasquier	Adad	Dedron	Cartan	Clapier
2e	»	Memery	»	Bigourdan	....
3e et 4e	Saunier	»	Vaudrey	Hégly	Vaudrey
5e	Ginat	Dangel	Lancien	Blondin	Tassilly
6e	Gascard	Dœuvre	Delépine	Tiffeneau	Delepine
7e	Bureau	»	Wehrlé	Maurain	Wehrlé
8e	De Cardaillac	Laféteur	Lanquine	Joleaud	Lemoine
9e	Prud'homme	Déchet	Combes	Combes	Guillermond
10e	Gadeau de Kerville	M. André	J. Pellegrin	Lesne	Gruvel
11e	Dr Loppé	A. Vassy	Dr Regnault	De Mortillet	Geneau
12e	Pr Gosset	»	Muratet	Dumas	Colleville
13e	Dr Viallet	Dr Chabaneix	Delherm	Delherm	Bourguignon
14e	Blatter	Derouineau	H. Villain	Siffre	Wallis Davy
15e	E. Perrot	Coulouma	Grimbert	Collard	Grimbert
16e	Langevin	»	Meyerson	Piéron	Meyerson
17e	Le Danois	Marc André	P. Vayssière	Lemoine	Vayssière
18e	Porcher	Chollet	Demolon	Bruno	Larue
19e	Favier	»	Paul Labbé	Lanquine	Bertrand
20e	Saugrain	Delmas	Vieljeux	Delmas	Razous
21e	Langevin	Lapierre	Mme Piéron	Bruneau	Lapierre
22e	Vigné	Dr Chollet	Dujarric de la Rivière	Loir	Rochaix
Sous-Section d'Archéologie	Dr Leroy				
Sous-Section de Muséologie Scientifique	Dr Bather				

II. - RAPPORT DU TRÉSORIER

Raoul d'HARCOURT

Chef de Service au Département de l'Etranger à la Société Générale
Trésorier de l'Association

Mesdames, Messieurs,

J'ai l'honneur de vous présenter, au nom du Conseil, l'état des recettes et des dépenses de votre Association pour l'année 1927.

RECETTES

Cotisations .... Fr.	49.215	»
Recettes diverses	9.325	15
Intérêts du capital	66.298	84
Legs Girard	6.000	»
Total	130.748	99
Capital: Rachats de cotisations et parts de fondateurs	8.220	»
Total	138.968	99

DEPENSES

Loyer, contributions, assurances, achat et réparation du matériel	11.301	17
Appointements.	24.400	20
Indemnité de M. Hérichard	3.000	»
Frais d'administration (frais de bureau, imprimés, frais de poste, téléphone, divers)	4.369	65
Recouvrement de cotisations	1.317	75
Frais afférents aux rentes et valeurs	1.227	70
Frais de la session de Lyon..............................	10.q86	65
Subfentions ordinaires	9.200	»
Conférences en dehors du Congrès	2.313	85
Volume des comptes rendus du Congrès de Lyon............	3z.423	30
Bulletin trimestriel	9.235	25
Dépenses imprévues	3.904	70
Placement de fonds	8.200	»
Legs Girard	15.600	»
Legs Girard (somme non distribuée)	2.400	»
Réserve	3.368	77
Total	138.968	99

Nos recettes sont en légère progression, et, grâce à quelques compression, nos dépenses ont reculé sensiblement, de sorte que votre budget, sans faire appel à la réserve, et tout en distribuant 9.200 francs de subventions, présente un petit excédent, ce dont il y a tout lieu d'être satisfait.

Notre Secrétaire général vous expliquera néanmoins la mesure que votre Assemblée générale a jugé sage d'adopter ; celle d'augmenter la cotisation annuelle des membres de votre Association, sinon pour la mettre en harmonie avec la dépréciation du franc (car il eut fallu l'élever beaucoup plus), du moins pour rendre l'écart moins sensible. Cette mesure contribuera à redonner de la force à votre Association et à rétablir en partie notre situation d'avant guerre.

Bien qu'il s'agisse d'une somme perçue depuis le 1ᵉʳ janvier dernier, c'est-à-dire dans l'exercice en cours, j'ai le plaisir de vous annoncer que nous avons touché, des mains de M Guérin, notaire à Paris, une somme de Fr. 23.554,30, représentant le montant d'une deuxième répartition sur le legs de 50.000 francs consenti à votre Association par feue Mᵐᵉ Juglar. Nous avons ainsi touché à ce jour : Fr. 46.559,02 sur les 50.000 légués. Ces fonds seront remployés conformément à vos statuts.

Portefeuille. — Au cours de 1927, 43 obligations de votre portefeuille ont été amorties et leur montant, Fr. 20.064, a été remployé en obligations semblables ou similaires.

III. - SUBVENTIONS DE 1927

SUBVENTIONS ORDINAIRES

MM.

Physique

J. Thibaud .... Recherches spectographiques dans le domaine des rayons X et ultra-violets extrêmes........ 1.000

Chimie

P. Lavialle .... Recherches expérimentales sur l'influence de la dessiccation et de l'air sur la vitamine du lait de vache 500

Géologie et Minéralogie

Société géologique de Normandie .... Publication de travaux 500

L. Berthois .... Recherches sur les minéraux lourds des arènes des roches éruptives et cristallophylliennes du massif armoricain 500

Botanique

Paul Gillot .... Etude analytique des graines de l'*Euphorbia paralias* 600

Zoologie

J. J. Thomasset....... Etude sur la structure de l'émail dentaire des ganoïdes 300

Armand Porcherel... Travaux sur l'hérédité des caractères lainiers.. 1.000

Archéologie

Léon Coutil	Déblaiement d'un théâtre gallo-romain.........	1.500
Cl. Drioton	Recherches sur l'époque hallstattienne.........	300

Sciences pharmaceutiques

René Guyot	Travaux sur l'armillaire (*mycelium* lumineux).	500

Géographie

F. Bonniard	Travaux géographiques sur la Tunisie du Nord.	2.000
Société linnéenne de la Seine maritime..	Publication de travaux	500

Total......... 9.200

LEGS GIRARD

Jean-Bern. Cazedessus.	Fouilles de dépôts solutréens dans la région pyrénéenne	600
Léon Coutier	Fouilles dans les gisements paléolitiques du Sud de la France	3.000
L. Dangeard et Yves Milon	Recherches dans les terrasses marines quaternaires des environs d'Audierne.............	1.000
C. Cuenin	Etudes sur les Menhirs de Bretagne..........	500
Henri Martin	Nouvelles fouilles à la Quina et au Rac (Charente)	5.000
Paul de Mortillet...	Recherches paléontologiques dans le département de l'Aube	2.000
L'Abbé Jos. Philippe.	Nouvelles fouilles à Fort Harrouard (Eure-et-Loir)	2.000
Emile Schmit	Recherches préhistoriques dans le département de la Marne	1.500

Total........ 15.600

Subventions ordinaires	**9.200**
Legs Girard	**15.600**

Total......... **24.800**

IV. - RAPPORT DU SECRÉTAIRE

M. Etienne RABAUD

Professeur à la Faculté des Sciences de Paris

Mes chers Collègues,

Au cours de l'exercice 1927, l'activité de l'*Association française pour l'avancement des sciences* ne s'est pas ralentie, et chacun de ceux qui ont reçu de vous la charge d'assurer sa marche, s'y est consciencieusement employé.

Notre recrutement s'est opéré de façon normale. Les décès que nous avons à déplorer, les radiations auxquelles nous fûmes contraints de procéder, et aussi quelques démissions enregistrées sont largement compensées par des adhésions nouvelles. Notre effectif se maintient autour de 3350.

Ce fait est d'autant plus notable que le Conseil n'a pu retarder davantage une mesure qui devenait une question vitale, celle du relèvement de la cotisation. Presque les seuls parmi les Sociétés savantes, nous avions conservé le taux d'avant guerre. Ce régime de faveur ne pouvait durer sans graves dommages. Non seulement, en effet, nous devons faire face à l'impression d'un volume et aux frais généraux du Congrès, mais aussi, — surtout — distribuer des subventions pour aider à la recherche scientifique. Cela même, avec la tenue des congrès est notre raison d'être et nous devrions pouvoir y consacrer chaque année, des sommes importantes. En augmentant les cotisations de 50 p. 100, nous n'avons donc esquissé qu'un geste incomplet. Force nous sera d'envisager, dans un avenir prochain, un nouveau relèvement, si nous voulons faire entièrement honneur à notre beau titre : « pour l'Avancement des sciences ». Telle a été, d'ailleurs, la pensée de la presque totalité de nos collègues, car les démissions adressées pour raison d'élévation du taux de la cotisation sont en nombre vraiment infime. Encore faut-il penser que les difficultés matérielles du temps présent obligent certains d'entre nous à prendre des décisions non conformes à leurs sentiments intimes.

Grâce à ce léger sacrifice librement consenti, l'Association demeure un centre d'une efficace activité, que nous devons tendre à rendre plus efficace encore. Nous trouvons, il faut le dire et y insister, une aide puissante dans les comités locaux, qui veulent bien se charger, en liaison avec notre secrétariat, de l'organisation de nos congrès annuels. Vous avez pu apprécier, ces jours derniers, les heureuses initiatives du comité de La Rochelle. Ceux d'entre nous qui ont suivi, l'an passé, le Congrès de Constantine, gardent un souvenir charmé des facilités qui nous furent offertes, tant pour le travail scientifique de nos sections que pour la visite méthodique et raisonnée de la ville et de la région. L'excursion finale, notamment, organisée suivant un horaire bien compris, laissant tout le temps de voir, nous a permis de nous pénétrer des beautés du désert. La diversité en est telle que chacun a pu trouver enseignement relatif à l'ordre habituel de ses recherches.

Les ruines splendides de Timgad marquaient la fin du circuit et la dislocation du Congrès. Nous ne nous séparâmes pas sans adresser aux organisateurs, qui étaient aussi nos guides, de chaleureux et cordiaux remerciements. Je les renouvelle ici, assuré de trouver en vous tous un écho.

De ce Congrès de Constantine, vous venez de recevoir le résultat scientifique, sous forme d'un volume de 767 pages. Nous aurions voulu qu'il parût plus tôt, afin de satisfaire aux désirs légitimes de ceux qui apportent aux Congrès le fruit de leur travail. L'impression en a été retardée par des incidents indépendants de notre volonté : notre constant souci est, précisément, d'éviter lenteurs et difficultés.

Pour ce qui est de notre vie courante, le Bulletin trimestriel en donne régulièrement les faits importants. Vous avez pu lire la liste des subventions accordées. A ce sujet, j'attire votre attention sur quelques particularités. Aussi bien pour le legs Girard, distribué cette année, que pour les subventions ordinaires, nous avons pu satisfaire à toutes les demandes et même accorder à certains collègues, d'une activité scientifique éprouvée, une somme relativement importante. De plus, nous avons rétabli les *Bourses de session*, qui permettent à de jeunes travailleurs de venir prendre part à nos travaux. Mais, hâtons-nous de le dire, ce que nous avons fait n'est rien à côté de ce que nous devrions faire. Nous devrions pouvoir distribuer largement bourses et subventions, encourager les demandes, de manière à stimuler les recherches. Ne désespérons pas d'y parvenir.

Le *Bulletin* a également annoncé trois conférences sur des sujets d'actualité. Un nombreux public est venu les entendre. Mais nous avons pensé à ceux de nos collègues que la distance ou d'autres raisons empêchent de s'y rendre : et, sans aucune doute, vous avez approuvé leur impression intégrale dans le *Bulletin*. Je n'ai pas à insister sur l'intérêt de cette innovation. M. Mesnager sur les barrages hydrauliques, M. Joleaud, sur l'Atlantide, Mme Randouin et M. Simonnet sur les vitamines, ont captivé et instruit leur auditoire, comme ils ont, à coup sûr, intéressé leurs lecteurs.

Ces manifestations diverses de notre activité nous ramènent vers le passé, vers ceux qui, au cours des années, ont donné de leur temps, à l'*Association* et contribué à son développement. Cette année même, quelques-uns ont disparu, et c'est, pour nous, un devoir de leur adresser un adieu reconnaissant. L'un d'eux, Emile Haug, fut notre président en 1913. Tous, nous gardons le vivant souvenir de ce géologue éminent, d'écorce un peu rude, mais de sentiments élevés. De son œuvre scientifique considérable et de grande allure, il ne m'appartient pas de parler. Je ne puis, ici, me souvenir que du collègue qui ne cessa de porter à l'Association l'intérêt le plus vif et le plus éclairé.

Nous devons aussi saluer la mémoire de deux autres collègues: M. Miramont de la Roquette et M. Brives, qui tous deux prirent une part effective au Congrès de Constantine, l'un comme président de la 13ᵉ section, l'autre comme président de la 8ᵉ section. Ces fonctions ne sont pas purement honorifiques, celui qui les accepte, accepte en même temps la charge de l'organisation du Congrès. Nos deux collègues avaient bien mérité de l'Association. Nos pertes sont lourdes, cette année, du moins par la qualité des disparus. Ils sont un exemple pour ceux qui restent.

Nombre de ces derniers ont été l'objet de nominations, promotions ou distinctions honorifiquess. Vous me permettrez de ne pas donner à ce rapport l'allure d'un palmarès et de ne pas reproduire ici la liste soigneusement tenue à jour dans le *Bulletin*. Je me borne à renouveler, aux collègues intéressés, l'expression cordiale de nos félicitations.

En terminant, je tiens à souligner un fait dont vous apprécierez toute la portée. Le rapport de mon prédécesseur sur l'exercice 1926 annonçait que les Compagnies de chemin de fer, cédant à nos instances renouvelées, consentaient une réduction de 50 pour cent aux membres du Congrès. La nouvelle était exacte, mais les compagnies ne disaient pas de quelle manière elles entendaient la réduction. Or, seuls en peuvent profiter, ceux d'entre nous qui, du siège du Congrès, regagnent leur point de départ. Ceux que les circonstances empêchent de rentrer directement chez eux ne bénéficient d'aucune réduction ; en ce temps de vacances et de villégiatures, le cas doit être fréquent. Admirons l'esprit de finesse des Compagnies de chemin de fer qui se donnent l'apparence d'un geste généreux, tout en n'abandonnant que le minimum de ce qu'elles n'osaient plus refuser. Mais tenons leur concession relative pour l'indication d'une compréhension prochainement plus large de l'intérêt général. Nous nous emploierons à les y aider, en tâchant de leur faire apercevoir l'extrême importance de notre Association, le rôle de premier plan qu'elle ne doit cesser de jouer pour le développement de la recherche scientifique.

Il faut que l'*Association*, déjà si forte, se développe encore, qu'elle devienne un centre de plus en plus puissant; pour cela, il faut que chacun l'aide, et chacun suivant ses moyens.

V. - PROCHAIN CONGRÈS

L'Assemblée générale décide que le Congrès de 1929 se tiendra au Hâvre (Seinte-Inférieure).

VI. - VŒUX DE L'ASSOCIATION

Vœu transmis au Ministère des Travaux publics

1ᵉʳ vœu. — L'Association française pour l'Avancement des Sciences, considérant que les goudronnages et émulsions bitumineuses ne sont que palliatifs d'entretien des routes relativement onéreux et exigeant des réfections constantes, émet le vœu que soit entrepris désormais dans une large mesure, le convertissement en revêtements résistants, durables et non glissants, prescrits par la circulaire de M. le Ministre de l'Intérieur, du 14 janvier 1927, des chaussées, des voies publiques à circulation intense, soit sur la largeur totale des chaussées, soit par la constitution de quatre bandes de roulement formant voie montante et voie descendante et que, pour activer ces travaux de convertissement soient envisagées des avances d'établissements financiers qui se récupéreraient par annuités sur les crédits d'entretien des voies transformées, ou tout autres solutions qui seraient également avantageuses pour les administrations intéressées.

2ᵉ vœu. — Que les grandes centrales électriques cèdent aux usagers le kilowattheure de l'électricité déchet au prix le plus bas possible, afin d'habituer lesdits usagers à ce nouvel emploi de l'énergie électrique, actuellement si développé aux Etats-Unis, en Suisse, en Suède et Norvège, pays dont certains n'ont cependant pas la richesse hydroélectrique dont la France est dotée.

Que les réseaux ruraux appliquent sans retard le tarif réduit de l'électricité de déchet aux heures creuses, tarif réduit dont profitent actuellement les villes de l'Est.

Vœu transmis au Ministre du Commerce

a) La 20ᵉ Section émet le vœu que les Compagnies de Chemins de Fer poursuivent l'étude de tous les moyens propres à accélérer les transports de marée entre La Rochelle et Bâle, aux conditions de prix les plus favorables, et en tenant compte de la fusion de la glace.

b) Qu'en particulier, si certains itinéraires géographiquement favorables, ne peuvent actuellement être utilisés (Poitiers, Issoudun, Bourges, Nevers, etc.), le poisson expédié de la gare de la Rochelle parvienne cependant en gare de Bâle au plus tard dès la première heure du matin, le deuxième jour après son départ.

Vœu transmis au Ministère de l'Hygiène

L'Association Française pour l'Avancement des Sciences, à la suite d'une étude qui a été entreprise au sein de la 22ᵉ Section, demande, comme l'avait déjà fait la « Conférence internationale du rat », qui s'est tenue récemment à Paris, qu'une collaboration plus étroite du Gouvernement soit envisagée en ce qui concerne la lutte contre le rat. Elle estime que l'une des meilleures manières d'aboutir à ce résultat serait la création d'une ligue internationale.

En cas d'adoption de ce vœu par les différents gouvernements, une nouvelle conférence devra se réunir pour étudier les modalités de l'organisation de la ligue.

Vœu transmis au Ministère de l'Instruction Publique

1ᵉʳ VŒU. — La 10ᵉ Section émet le vœu que le prêt des livres inter-universitaire soit fait d'une façon régulière et obligatoire et soit étendu à toutes les universités. Ce prêt est devenu indispensable étant donné les crédits totalement insuffisants dont disposent les bibliothèques universitaires.

2ᵉ VŒU. — Dans le but de mettre un terme aux destructions inconsidérées et malheureusement trop fréquentes des vestiges phéhistoriques les instituteurs seront invités à collaborer aux efforts faits pour la conservation de nos richesses archéologiques.

Pour permettre aux instituteurs d'apporter une contribution utile à la connaissance de la Préhistoire, un enseignement préhistorique sera donné, par conférences de personnalités compétentes, aux instituteurs et aux élèves des écoles normales.

3ᵉ VŒU. — Considérant que la coopération scolaire constitue une des réalisations françaises de l'Ecole active ;

Qu'elle a pu remédier en nombre de communes (environ 7.000) à la carence de l'Etat et de la Municipalité dans l'organisation matérielle et dans l'hygiène de l'école ;

Qu'elle permet de faire efficacement, par une pratique journalière liée aux autres exercices de la classe, l'éducation civique et sociale des enfants,

Emet les vœux suivants :

1° Que l'Etat s'intéresse au développement des coopératives scolaires; qu'il en fasse établir le statut légal en accord avec les coopératives existantes et d'après les données du statut de la mutualité scolaire ; que le dit statut règle notamment ces questions : conditions d'existence, exonération de charges fiscales au même titre que pour les sociétés reconnues d'utilité publique, autorisation de tombolas accordées par l'autorité académique, droit pour chaque société à une subvention minimum de la commune;

2° Que l'administration favorise la Fédération des coopératives par circonscription d'inspection primaire et que les département soient invités à subventionner ces fédérations;

3° Que le Musée pédagogique constitue un service spécial de documentation au service du personnel, en vue de l'organisation de coopératives, de fêtes scolaires, de cercles populaires et en vue de la propagation des méthodes actives ;

4° Qu'un enseignement de la coopération soit donné dans les écoles normales, en liaison avec l'enseignement sociologique.

Vœux transmis au Ministère de l'Agriculture

1° Le Congrès émet le vœu qu'il soit adopté pour l'analyse de l'acidité des caséines industrielles, une méthode standardisée correspondant aux trois types principaux de ces caséines.

2° Que les Herd-books des races bovines laitières mentionnent les résultats des contrôles laitiers et beurriers sur les fiches individuelles ou qu'il soit créé des livres généalogiques spéciaux.

Vœux de Section

PREMIER VŒU. — Les 3° et 4° Sections émettent le vœu qu'étant donné le haut intérêt intrinsèque et la forme particulièrement remarquable du rapport de M. Rallier du Baty, ce dernier soit publié *in extenso*, soit dans les comptes rendus du LII° Congrès de La Rochelle, soit à part, dans des conditions à déterminer par le Conseil de l'A.F.A.S.

DEUXIÈME VŒU. — Dans sa séance du 25 juillet, à l'unanimité, les membres présents à la VIII° *Section de l'A. F. A. S.* émettent le vœu que soit créée dans l'Association une nouvelle section, dénommée *Section de Muséologie scientifique*, permettant en particulier aux conservateurs des musées d'histoire naturelle de France de profiter des Congrès de l'A.F.A.S. pour rapprocher entre eux ces musées, parfois isolés et sans contact avec les autres.

VI. - REMERCIEMENTS

L'Assemblée générale a voté des remerciements aux personnes suivantes :

M. le Préfet de la Charente-Inférieure.

MM. les Sénateurs et Députés du département.

M. le Sénateur, Maire de La Rochelle.

MM. les Membres du Conseil municipal.

Le Conseil Général.

M. le Recteur de l'Académie de Poitiers.

MM. VIELJEUX, Président du Comité local; LOPPÉ et BOURRIAU, Secrétaire général et Secrétaire général adjoint du Comité local.

M. le Président et MM. les Membres de la Chambre de Commerce.

M. CASTAING, Président du Syndicat des Armateurs et le Syndicat des Armateurs.

M. DENIMAL, Secrétaire du Syndicat des Armateurs.

M. LOISEL, Inspecteur d'Académie.

M. le Proviseur du Lycée.

M. le Chanoine DE LABONNEFON.

M. FAIDEAU.

M. LAFÉTEUR.

M. FOUILLADE, Vice-Président de la Société Botanique de France.

M. CHAIGNEAU, Président de la Société des Amis des Arts.

M. GERMAIN, Trésorier.

M. DE VAUX DE FOLETIER.

M. BELLOC, Directeur du Laboratoire maritime de l'Office scientifique et technique des Pêches.

M. JAILLET, Président de la Commission du logement et M. MARTIN, son collaborateur.

M. le général DELCAMBRE, ; M. WEHRLÉ et l'Office national météorologique.

M. CHABANEIX, Président du Comité de direction de l'Exposition.

M. le Dr POIRÉE, Commissaire général de l'Exposition.

MM. les Membres du Comité de l'Exposition.

M. le Directeur de l'Ecole professionnelle de Surgères.

Les Sociétés savantes et littéraires de La Rochelle.

M. GIRAUDEAU, Secrétaire adjoint du Comité local.

M. GRANDJEAN, Econome du Lycée.

MM. les Directeurs des Compagnies de chemins de fer.

La Presse locale et régionale.

Mmes VIELJEUX, LOPPÉ et le Comité des Dames.

VII. - REMISE DE MÉDAILLES

Médailles décernées à l'occasion du Congrès de La Rochelle

GRANDE MÉDAILLE

M. PERREAU, Sénateur-Maire de La Rochelle.

La Chambre de Commerce de La Rochelle (Le Président de).

Le Syndicat des Armateurs.

Le Syndicat des Laiteries de Surgères.

M. VIELJEUX, Président du Comité local.

M. LOPPÉ, Secrétaire général du Comité local.

M. BOURRIAU, Secrétaire général adjoint du Comité local.

M. GERMAIN, Trésorier du Comité local.

M. POIRÉE, Commissaire général de l'Exposition.

M. GRASSÉ, Conférence faite à La Rochelle.

PETITE MÉDAILLE

M. LOISEL, Inspecteur d'Académie.

M. JAILLET, Président de la Commission du logement.

Mme LOPPÉ, Présidente du Comité des Dames.

M. BARBIER, Préparateur au Muséum.

M. GIRAUDEAU, Secrétaire adjoint du Comité local.

SÉANCE GÉNÉRALE D'OUVERTURE

23 JUILLET 1928

M. Léon LINDET, Membre de l'Institut, Président de l'Association, n'ayant pu, pour raisons de santé, assister au Congrès de la Rochelle, et, en l'absence de M. le général Perrier, Vice-Président, empêché ce jour-là, la séance inaugurale a été présidée par M. Etienne Rabaud, professeur à la Faculté des Sciences de Paris, Secrétaire de l'Association.

ALLOCUTION

M. PERREAU

SÉNATEUR-MAIRE

Mesdames, Messieurs,

Au nom de la ville de La Rochelle, qui est très honorée d'avoir été désignée pour être, cette année, le siège du 52ᵉ Congrès de l'Association française pour l'avancement des sciences, j'ai l'honneur de vous souhaiter la bienvenue dans nos murs et je vous remercie d'avoir choisi la vieille cité rochelaise, capitale de l'Aunis, pour y tenir vos assises scientifiques.

Vous y trouverez un accueil loyal, sincère et sympathique, tel que des hôtes illustres, comme vous, méritent.

Vos noms, Messieurs, déjà célèbres, nous sont connus, comme vos découvertes et votre science ; aussi, est-ce avec respect que je salue ici les savants français et étrangers présents à ce Congrès, de même que les représentants de nos grandes administrations françaises.

Permettez-moi de remercier Monsieur le Président Vieljeux, Messieurs les Secrétaires, les docteurs Loppé et Bourriau, ainsi que les Membres du Comité, de l'effort qu'ils ont fait pour mener à bien l'organisation de ce Congrès.

La Ville de La Rochelle est fière de son passé historique et aussi des grands citoyens qui l'ont illustrée dans les lettres, dans les sciences et dans les arts; elle tient à conserver leur mémoire, et c'est avec plaisir que je rappelle devant vous les noms des Valin, Dupaty, Réaumur, Fleuriau, Fromentin, Bouguereau, Bérémieux.

Non seulement les Rochelais se sont toujours préoccupés des sciences, des arts et des belles lettres, mais ils ont aussi développé leur industrie, leur commerce et, sous l'effort constant de sa Chambre de commerce et de ses municipalités, cette ville n'a pas cessé de progresser depuis près d'un demi siècle.

Son magnifique port de La Rochelle-Pallice, dont la situation géographique est incomparable, et son port de pêche, devenu insuffisant, sont là pour montrer l'effort fait.

Je m'excuse près de vous du sentiment d'orgueil qui me fait vous parler ainsi de ma ville ; mais quand vous l'aurez visitée en détail, vu les souvenirs et les monuments historiques qu'elle contient, ses musées de peinture, d'archéologie, d'histoire naturelle, quand vous vous serez imprégnés de son cachet spécial, vous me pardonnerez d'en avoir tant parlé.

Votre temps est précieux, et je termine en vous invitant, Mesdames et Messieurs, au nom de la municipalité de La Rochelle, à assister au vin d'honneur qui vous sera offert dans la salle des fêtes de l'Hôtel de Ville, à 20 heures 30.

Une fois encore, merci de nous avoir fait l'honneur de choisir notre ville comme lieu de vos délibérations scientifiques si utiles au développement de nos industries, de notre marine, de notre agriculture, enfin à la prospérité de notre chère France.

DISCOURS

M. Léonce VIELJEUX

Armateur
Président du Comité local

Mesdames, Messieurs,

Contrairement à l'usage de vos Congrès, qui veut que vous soyez reçus par une éminente personnalité de la région, pouvant se prévaloir, soit de hautes fonctions publiques, soit de titres universitaires élevés, c'est un simple citoyen rochelais à qui échoit le grand honneur d'être le premier à vous saluer et à vous souhaiter une très cordiale bienvenue.

Il eût été facile aux organisateurs de ces assises scientifiques de trouver pour vous recevoir, un président mieux qualifié, mais je les soupçonne d'avoir eu une arrière-pensée en rompant ainsi avec la tradition.

Se rappelant sans doute le « *cedant arama togae* » des Anciens, et par une transposition plus moderne des idées et des réalités, ils ont probablement voulu obliger un homme d'affaires à s'incliner devant les représentants de la science, et permettre à un de ceux qui s'adonnent au travail intéressé de rendre un hommage respectueux et reconnaissant aux travailleurs désintéressés et trop souvent méconnus que vous êtes et que vous représentez ici.

A une époque où la publicité envahit tout, enlaidissant de ses affiches les plus beaux sites de nos campagnes, plaçant l'écran de ses enseignes lumineuses sur les cieux les plus étoilés, encombrant de ses réclames les séances de cinéma, les communications radiotélégraphiques, etc., la science a le tort de rester trop effacée et trop silencieuse, et cela d'autant plus que les efforts, les soucis, les fatigues, les risques même du travailleur intellectuel semblent inexistants à la plupart des travailleurs manuels.

Il serait désirable, non seulement pour la science, mais pour le public lui-même, que ce dernier connût mieux vos existences, vos travaux, les bienfaits qu'il en a reçus et ceux illimités qu'il en peut attendre. Ce serait un moyen efficace de vous assurer chaque jour davantage de sympathie, en même temps que son concours.

Les découvertes thérapeutiques ne devraient pas être seules à retenir l'attention générale, et l'on perd trop facilement de vue que le laboratoire fut souvent le berceau de l'usine ; que les travaux de l'icthyologiste assureront demain une vie plus facile aux pêcheurs de nos côtes et moins chère aux consommateurs ; que les travaux de nos savants ont écarté de nos campagnes des fléaux redoutables, aussi menaçants pour le cheptel que pour nos végétaux; que dans l'ordre économique et social, bien des problèmes doivent d'abord être approfondis objectivement, dans le cabinet silencieux de l'économiste, avant de passer dans la législation... On n'en finirait pas d'allonger cette liste, et c'est pourquoi vos congrès ne seront jamais, ni assez fréquents, ni assez nombreux, ni suffisamment diffusés, pour atteindre en surface et en profondeur le public tout entier et c'est pourquoi aussi les villes qui vous reçoivent doivent se considérer comme privilégiées.

Vous êtes par excellence des constructeurs, à une époque où, en toute chose, la construction est plus que jamais nécessaire et la France, soucieuse de sa renommée, doit savoir que le meilleur et le plus durable de son rayonnement, c'est à ses savants qu'elle le devra et que les Pascal, les Lavoisier, les Pasteur, sont ceux qui remportent, pour elle, les plus belles et les moins coûteuses victoires.

Puissent les travaux que vous nous apportez, ajouter encore au patrimoine scientifique que nous vous devons déjà.

En vous remerciant d'être venus si nombreux, et beaucoup d'entre vous de si loin, je me fais un devoir de remercier aussi la municipalité, le Conseil municipal, la Chambre de commerce, le Conseil général et les différents souscripteurs qui, par leurs larges concours financiers, nous ont permis de vous recevoir et de vous offrir à tous, en souvenir, un ouvrage qui fera connaître le chemin parcouru depuis votre dernier congrès ici.

Des remerciements bien mérités vont à tous les membres du comité local, et particulièrement à M. le docteur Loppé, secrétaire général et à M. le docteur Bourriau, secrétaire général adjoint, qui ont été plus particulièrement sur la brèche.

II

La période qui s'est écoulée entre les deux visites de votre Association pourrait s'appeler la période de la Renaissance de La Rochelle.

Peu de villes en France, à supposer même qu'il s'en trouve d'autres dans le même cas, peuvent mettre en avant un tel développement, une semblable vitalité.

Dans cet espace de temps, en effet, La Rochelle a plus que doublé sa population, décuplé son commerce et ses installations industrielles, édifié hors de ses vieux murs une ville nouvelle, reliée à l'ancienne par un parc dont vous apprécierez certainement tout le charme, et cela pendant que de grands travaux maritimes transformaient complètement ses ports et ses possibilités économiques.

Au point de vue maritime, La Rochelle est à la veille de reprendre son antique prestige, car demain, pour ces géants de mer que sont les paquebots modernes, elle sera sur l'Océan, le port d'escale obligatoire et le seul point où, avec 10 mètres de tirant d'eau, il sera possible d'accoster à toute heure, sans se préoccuper de la marée.

Deux noms resteront attachés à cette rénovation qui rencontra tant de sceptiques : celui de la municipalité Delmas, si vivement combattue alors qu'elle sacrifiait sa popularité au souci de préparer l'avenir et celui d'un homme qui, depuis 36 ans à la Chambre de commerce, dont 22 de présidence, se dépense avec autant de succès qui de désintéressement : j'ai désigné M. Christian Morch.

A ces deux noms d'hommes publics, l'initiative privée peut ajouter deux faits qui constituent les points saillants de l'effort économique, et dont l'effet a été véritablement considérable pour la région et pour la ville :

D'abord, la vaste organisation de l'industrie du lait, qui s'étend aujourd'hui à tous nos villages des Charentes, et qui enrichit une région où le phylloxéra avait accumulé des ruines d'autant plus nombreuses que la Charente-Inférieure était alors le second département viticole de France; les laiteries coopératives nous valent, entre autres choses, ce remarquable beurre des Charentes aujourd'hui le premier beurre de France, et elles assurent à la région 400 millions de francs de recettes.

Le second fait, purement local, a été la création, avec tous ses accessoires, de l'industrie complexe de la pêche à vapeur. Cette dernière constitue le centre d'activité le plus important de La Rochelle avec environ 80 vapeurs, dont la pêche approche de 100 millions de francs.

Si, laissant de côté les questions industrielles et maritimes, qui nous entraîneraient trop loin, nous abordons le domaine philanthropique et social, vous constaterez que notre cité est une des trois ou quatre villes de France qui ont donné à la si préoccupante question du logement, une solution d'une certaine ampleur, mettant à profit toutes les initiatives et toutes les mesures financières et législatives mises à la disposition des collectivités.

Vous citerai-je les œuvres en pleine prospérité, de la Crèche et de la Goutte de lait, des Bains-Douches à bon marché, de la Maison et des Abris du Marin, du Foyer de la jeune fille, des Jardins ouvriers, de la Caisse de compensation familiale (cette dernière ayant distribué l'année dernière, près d'un million aux familles ouvrières), etc., etc., toutes œuvres dues à l'initiative privée.

A ces occupations, à ces œuvres diverses ne se borna jamais l'activité des Rochelais. De tout temps et si haut que l'on remonte dans leur histoire, on est heureux de constater combien ces armateurs, ces navigateurs, ces marchands, surent s'adonner au culte des belles lettres, des sciences et des arts. Ceux d'aujourd'hui, désireux de ne pas déroger, s'efforcent de ne pas se laisser absorber par les seules préoccupations matérielles.

Laissez-moi seulement appeler votre attention sur notre Muséum et sur notre Musée d'océanographie, ce dernier renfermant les specimens les plus curieux et auquel est adjoint un Musée colonial encore à ses débuts. La Rochelle se préoccupe, en effet, de cette question vitale pour la France : l'avenir de nos colonies.

Qu'il me soit permis à cet égard, Mesdames et Messieurs, de vous féliciter sur votre sens de l'actualité et sur l'exacte compréhension que vous avez de nos intérêts nationaux. Tous vos derniers congrès, et celui-ci n'y a pas manqué, ont fait une large part aux études des questions coloniales et ont mis en relief le potentiel économique que nous avons là à notre disposition. Votre main indicatrice ne pouvait véritablement signaler une meilleur direction à l'attention d'un public si souvent égaré dans le choix de ses préférences.

III

Notre comité a cherché à joindre l'utile à l'agréable, en organisant différentes excursions, et notamment des promenades en mer et une visite à nos marais vendéen et poitevin, si curieux, si attachants et si peu connus, et que nous recommandons à tous ceux qui disposeront du temps nécessaire.

Consacrez aussi quelques instants à la visite de notre vieille ville, car nous voulons espérer que vous trouverez à La Rochelle et à ses habitants un aspect sympathique et accueillant, bien qu'on nous ait fait, sans doute un peu gratuitement, une certaine réputation d'austérité, en donnant à cette appréciation un sens péjoratif.

Cette réputation viendrait-elle de ce que vous chercheriez en vain, ici, cet élégant mais nocif produit des peuples civilisés, ce champignon parasitaire qui s'appelle le « fils de famille », oisif et dissipé? C'est un article que nous ne tenons pas à La Rochelle, où, — et vous serez unanimes à nous en féliciter, — tout le monde travaille, les riches comme les autres et les fils comme les pères.

Peut-être cette conception de la vie n'est-elle pas étrangère à la prospérité, à la bonne harmonie de la vieille cité.

Dans tous les cas, cette mentalité vous apporte l'assurance que, dans tous les milieux, votre venue est saluée non seulement avec joie, mais encore avec reconnaissance.

DISCOURS

M. Etienne RABAUD

*Professeur à la Faculté des Sciences de Paris
Secrétaire du Conseil de l'Association*

Mesdames, Messieurs, ·

Celui qui prend en ce moment la parole doit, dès l'abord, s'excuser d'occuper une place qu'il ne devait pas normalement occuper. Il a fallu qu'une santé chancelante retienne notre Président et que des obligations professionnelles éloignent votre vice-président, pour que le secrétaire de l'Association soit appelé à présider ce Congrès. En votre nom comme au mien, j'adresse à M. le Président Lindet l'expression de nos regrets et nos vœux pour l'amélioration de sa santé ; et nos regrets aussi, à M. le vice-président G. Perrier, desservi par de fâcheuses coïncidences.

Nous voici réunis pour notre 52ᵉ Congrès, et réunis, de nouveau, dans cette ville de La Rochelle qui, déjà, voulut bien nous recevoir en 1882. De ceux qui nous invitaient, voici presque un demi-siècle, bien peu sans doute, sont encore parmi nous. L'un d'eux, M. Georges Musset, qui fut l'âme du Congrès de 1882, vient récemment de nous quitter; nous saluons sa mémoire avec reconnaissance et respect... Ce sont des hommes d'une autre génération qui nous appellent et nous accueillent aujourd'hui. Mais si les hommes ont changé, l'esprit demeure ; ils nous appellent et nous accueillent, parce qu'ils conservent les aspirations de leurs aînés vers un idéal de science et de haute culture. Qu'ils soient remerciés.

D'une façon plus immédiate et toute personnelle, nos remerciements vont à M. le sénateur-maire de La Rochelle, qui nous ouvre toutes grandes les portes de la ville et nous réserve un accueil si gracieux. Nous devons également un spécial merci à M. le président et à MM. les membres du Comité local qui ont apporté les soins les plus diligents à l'organisation de ce Congrès, organisation rendue particulièrement difficile dans un centre comme La Rochelle, dont les beautés et le climat font accourir d'innombrables visiteurs. En dépit de tout, Messieurs, vous avez su, et nous en sommes vivement touchés, non seulement pourvoir aux commodités matérielles des membres du Congrès, mais aussi installer une belle exposition scientifique qui sera, pour nous, pleine d'enseignements, et organiser encore des excursions, dont beaucoup d'entre nous se réjouissent à l'avance. A votre appel, les bonnes volontés se sont multipliées, apportant leur concours, et nous n'aurions garde d'oublier, dans nos remerciements, le Syndicat des armateurs et la Chambre de commerce de La Rochelle.

Soyez donc remerciés, Messieurs: aujourd'hui comme hier, La Rochelle a clairement compris le rôle important que jouent les Congrès de l'*Association française pour l'avancement des sciences*.

Plus et mieux que tout autre groupement, parce que, obéissant à une conception large et compréhensive, elle réunit les diverses disciplines scientifiques, l'*Association française* est un centre puissant de coordination, de diffusion, d'animation. Tous ceux qu'intéresse la recherche scientifique ne prennent-ils pas, en effet, rendez-vous à chacun de nos Congrès? D'où qu'ils viennent, de France et de l'étranger, quelles que soient leurs tendances et leurs professions, ils arrivent pour entrer en contact immédiat et intime les uns avec les autres, pour apprendre à se connaître et trouver l'occasion, en échangeant des idées, de modifier ou d'élargir leur horizon, d'apercevoir, dans leur domaine propre, des directions à suivre ou des points à élucider.

Nos Congrès ont un particulier intérêt pour les travailleurs isolés, indépendants de toute attache avec la recherche officielle. Ils viennent ici apporter les résultats de leur labeur, de ce labeur issu de la pure curiosité scientifique, la seule légitime et respectable. qui ne connaît ni frontières, ni races, ni castes, se rit des honneurs, ignore les pensées de lucre, mais procure la joie de savoir, la joie de pénétrer, seul et le premier, dans des régions inexplorées. Dans nos réunions annuelles, ces travailleurs indépendants trouvent l'assurance que leur curiosité ne s'exerce pas en vain ; en conséquence, ils trouvent encouragement et réconfort.

Ainsi, depuis sa fondation, partout où elle tient ses assemblées plénières, l'*Association* convie tous les savants. Et qu'entend-elle par là ?

Lorsque ce mot « savant » résonne à l'oreille de l'homme de la rue, il regarde et écarquille les yeux ; on dirait qu'il s'attend à voir, émanant d'un homme fait comme lui, quelque principe mystérieux. Mais il ne voit rien qu'un homme. Dès lors, il imagine que cet homme se distingue parce qu'il a beaucoup appris, qu'il « sait » comme l'écolier apprend et sait la grammaire, l'histoire ou les mathématiques, parce qu'il se gave de l'œuvre d'autrui et qu'il s'en gave jusqu'à n'y rien comprendre, sans jamais rien ajouter qui lui appartienne : véritable dictionnaire ambulant ayant péniblement acquis, par d'abondantes lectures, une somme énorme de « connaissances » qui lui donne l'illusion d'atteindre les bornes du connaissable... Mais ce que l'homme simple prend pour un savant, n'est qu'un érudit, honorable, sans doute, quoique de rôle forcément limité, puisqu'il ne s'occupe pas de démêler l'écheveau de l'inconnu, puisqu'il ne *cherche* pas.

Or, chercher, c'est précisément savoir, et seul *sait* celui qui cherche. Il sait, parce qu'il mesure exactement l'étendue de son ignorance ; parce que, faisant un pas, loin de se sentir arrivé, il se croit encore au point de départ et, sans cesse, s'évertue à progresser. Souvent il y parvient, mais il n'y parvient que par un constant effort d'initiative. Car le savant n'existe que par l'initiative. Le regard tourné vers l'inconnu, animé d'un véritable esprit d'aventures intellectuelles, il ose avancer et trouve les moyens de le faire. Certes, il ne trace pas toujours une large piste ; mais au moins en trace-t-il une et va-t-il toujours de l'avant. Si étroite soit-elle, cette piste est son œuvre ; par son action personnelle et directe, il ouvre un chemin qui lui permet d'apercevoir des alentours nouveaux.

Hors de la direction qu'il suit, le savant se désintéresse-t-il des autres? Assurément non. Quant il part à la découverte, il ne part pas au hasard; s'il ose se lancer dans l'inconnu et courir quelques risques, il s'informe au préalable. Seulement, il ne s'oublie pas dans des enquêtes sans fin; il inspecte autour de lui, et dans tous les sens, il médite sur les faits acquis; il s'entoure, en un mot, de tout ce qui peut favoriser sa recherche et rendre sa découverte féconde. Il sait que les problèmes scientifiques se tiennent les uns les autres, que les voies se coupent et s'enchevêtrent, et que, regarder devant soi aussi loin que le regard porte, ne veut pas dire fermer les yeux à tout le reste.

Et puisque tel est le savant, l'homme qui se meut toujours au milieu de l'ignorance, quels moyens matériels lui faut-il pour mettre en œuvre sa recherche? Lui faut-il un laboratoire et des équipes de travailleurs? Celui-là qu'anime l'esprit de recherche s'ingéniera toujours pour satisfaire sa curiosité, et toujours son ingéniosité lui fournira l'indispensable. Les plus belles organisations matérielles, les concours les plus puissants ne suppléent point à la volonté tenace et réfléchie de l'homme d'initiative qui voit son but et veut l'atteindre. C'est pourquoi les progrès de la science viennent aussi bien de l'effort du travailleur indépendant que de celui du travailleur favorisé par le secours des organisations officielles ; indépendant ou officiel, tous deux au même titre, méritent le nom de savant; leur situation relative importe peu et tient, trop souvent, à d'impondérables contingences. Tous deux se valent, la contribution de l'un soutient la comparaison avec celle de l'autre, et réciproquement. Ce que chacun d'eux apporte à l'œuvre de science, c'est ce qu'apporte tout homme qui travaille et qui pense. C'est le grain, petit ou gros, qui s'ajoute à d'autres grains; c'est la trouvaille qui souvent en suscite d'autres et prépare la grande découverte, ou conduit aux vues générales. Parfois, il suffit d'une remarque faite, un jour, par un observateur réfléchi pour qu'un beau développement s'ensuive.

Qui dira la quantité d'efforts dépensés depuis que Denis Papin reconnut et utilisa l'énergie contenue dans la vapeur sous pression? Quelle longue théorie d'artisans ingénieux et obstinés, ignorés et s'ignorant l'un l'autre, n'a-t-il pas fallu pour aboutir aux actuelles machines à vapeur ? Et s'opiniâtrant obscurément à leur tâche, combien de petits inventeurs ont-ils collaboré sans se connaître pour mener du bâton d'ambre jaune frotté avec une peau de chat jusqu'à la pile de Volta, jusqu'à l'épanouissement contemporain de la science et de l'industrie électriques, jusqu'aux vues si puissantes sur la constitution de la matière ?

Dans un autre domaine, l'œuvre de Réaumur, l'enfant illustre de La Rochelle, œuvre imparfaite et pourtant si grande par ses conséquences, n'est-elle pas le centre autour duquel se sont agglutinées des découvertes successives, et telles qu'est née une branche entière de la biologie ? Toute une pléïade d'observateurs et d'expérimentateurs patients, médecins, avocats, officiers, industriels, commerçants, fonctionnaires divers, ont apporté et apportent leur contribution, importante ou modeste, toujours utile, à la connaissance des mœurs des animaux. Quelques noms ont émergé : le Dr Léon Dufour, le conseiller Perris, le commandant Ferton, pour ne citer que des disparus ; mais une infinité d'autres ont laissé la trace sensible d'un labeur effectué librement, avec des installations de fortune. Et d'autres encore, aujourd'hui, continuent. Une masse énorme de faits, ainsi accumulés, donne dès maintenant plus que des indications sur le mécanisme et le déterminisme des phénomènes.

L'action des travailleurs livrés à leurs propres ressources apparaît pleinement aussi dans la naissance et le développement des sciences anthropologiques. Les premiers, des amateurs éclairés affirment l'antiquité géologique de l'Homme. Si renouvelées soient-elles, ces affirmations n'obtiennent pas l'adhésion unanime. C'est un directeur des douanes, Boucher de Perthes, qui entame les résistances en découvrant les « premières haches diluviennes » enfouies avec les ossements de grands mammifères d'espèces disparues. Le branle et donné. Dénégations, railleries, dédains, la pression de l'Académie des Sciences tout entière, rien n'empêche plus la vérité de s'établir : les découvertes se succèdent grâce aux recherches de Boucher de Perthes, Edouard Lartet, Gabriel de Mortillet, Cartailhac et d'autres, tous ouvriers de cette œuvre immense, mus par le seul désir de savoir toujours davantage, d'apporter au patrimoine intellectuel de l'humanité leur contribution désintéressée.

La science marche ainsi, sous la poussée commune. Fait après fait, nos connaissances augmentent. L'ouvrier importe peu, pourvu qu'il travaille bien.

Les assises que nous tenons, ici et là, tous les ans, participent à cette poussée commune, précisément parce qu'elles sont un centre où, en nombre, nous unissons nos efforts. D'où que vienne l'effort, aucun ne doit être négligé ; il n'en est pas de négligeable ; nul ne saurait prévoir les conséquences probables ou possibles d'un fait nouveau, si insignifiant paraisse-t-il. L'inventeur du fait l'ignore comme les autres; peut-être même découvrira-t-il nombre d'autres faits, sans en pouvoir tirer l'essence ; peut-être, encore, demeurera-t-il inventeur obscur et son nom se perdra-t-il ! Qu'importe ! Son œuvre demeure, impérissable, utile, féconde; d'elle, partiront d'autres découvertes ; autour d'elles se grouperont d'autres faits.... Puis, un jour, ces germes lèveront ; un homme viendra qui les scrutera dans le détail et les embrassera dans leur ensemble. Celui-là sera le grand homme : venu au moment opportun, il tirera de l'effort commun longtemps prolongé, tout l'effet utile. Son nom restera et désignera une œuvre entière ; mais, en vérité, ce nom désignera une œuvre collective, l'œuvre d'une collectivité anonyme... Si grand soit-il, Claude Bernard personnifierait-il la physiologie si Harvey, J. Hunter, Ch. Bell, Lavoisier, Bichat, Flourens, Magendie et tant d'autres n'avaient mis en lumière une série de faits particuliers? Certes, nous devons à Claude Bernard toute notre admiration, mais ne la devons-nous pas aussi à ces précurseurs connus et inconnus qui avaient accumulé déjà des matériaux en grand nombre, lorsque Claude Bernard survint?

Et de cette manière se développent toutes choses. Chacun de nous, même le plus humble, laisse une œuvre après lui, souvent infime et souvent méconnue, qui n'en exerce pas moins son influence. L'évolution sociale est faite de ces influences inappréciables, mais en nombre infini ; elles s'exercent sur une génération et la modifient ; la modification passe aux générations suivantes, qui subissent à leur tour de nouvelles influences; ces acquisitions successives sont autant d'éléments précieux, constamment utilisés et constamment remaniés.

Est-ce à dire que, mises à part les difficultés inhérentes à sa nature même, la recherche se développe sans entraves ? L'exemple de Boucher de Perthes montre que l'annonce d'une découverte soulève parfois une vive opposition. En marquerons-nous quelque surprise? Toute nouveauté rencontre incrédules, contempteurs et adversaires. L'opposition a sa source dans le misonéisme qui dort au fond de chacun de nous. Enfermés dans nos habitudes, nous n'aimons rien de ce qui les heurte et les dérange. Dans l'ordre matériel, l'homme prise peu le changement ; il ne le prise guère dans l'ordre intellectuel ; il adopte une attitude d'esprit et s'y complaît : malheur à vous qui prétendez lui en faire adopter une autre !

Pareille déconvenue attend tout novateur, quelque situation qu'il occupe. Sans doute, les gens arrivés, qui ont mis plus de savoir-faire que de savoir pour prendre une place confortable dans le train des honneurs, sans doute ceux-là sont-ils toujours en tête des opposants.

Aussi, le travailleur qui reçoit des horions accuse-t-il, d'emblée, les « officiels » de vouloir mettre la vérité sous le boisseau. Mais, avant d'accuser, qu'il s'informe et sache bien qui le combat. Il ne verra pas seulement ces « officiels » dérangés dans leur quiétude, il verra tous ceux qui n'ayant rien trouvé eux-mêmes, supportent mal l'activité féconde d'autrui...

En vérité, s'il y a deux groupes antagonistes, ce ne sont pas deux groupes de savants. D'un côté, il y a tous les savants, sans distinction d'origine et quels qu'ils soient, qui travaillent avec des fortunes et des moyens divers ; il y a tous les hommes désintéressés et forcément modestes, qui connaissent leur faiblesse et se sentent à tout instant guettés par l'erreur, mais n'hésitent pas à affirmer, quand ils sont sûrs d'eux-mêmes. Et, de l'autre côté, il n'y a que des hommes habiles à tirer d'un labeur simulé des profits matériels importants ; ceux-ci redoutent les obstacles du chemin; de toute leur puissance, ils tentent d'arrêter le travailleur inconsidéré qui fait surgir l'obstacle. Mais la vérité s'avance et réduit finalement ces oppositions intéressées.

Non, il n'y a pas deux catégories de savants. Avec le recul du temps, les grands noms de la science acquièrent leur valeur propre. Tous se mêlent, sans distinction. Nous oublions que Maupas, ce grand zoologiste, fut un simple bibliothécaire, — que Duchenne, ce grand neurologiste, un modeste praticien de Boulogne, — que Darwin, Mendel, Lubbock, grands, eux aussi, dans divers domaines, n'étaient également que des « amateurs ». Et nous oublions en même temps que Lamarck, Cuvier, E. Geoffroy Saint-Hilaire, Claude Bernard, Charcot, occupaient une chaire et jouissaient de laboratoires. Tous se rangent sur le même plan; nous les mesurons tous à la même toise, — et nous comprenons que tous, le plus obscur comme le plus éclatant, se rejoignent dans un idéal commun. Tous ont eu leurs déboires et tous aussi leurs satisfactions: tous travaillaient sans arrière-pensée.

Suivons leur exemple. Comme eux, donnons libre cours à notre curiosité, à cette curiosité scientifique source des joies sereines que chacun éprouve quand, enfin, il dévoile un pan d'inconnu. Chacun sent à quel degré d'élévation morale il atteint lorsque, la pensée tendue, il cherche la solution d'un problème ; lorsque, en dehors de tout esprit de lucre et visant l'unique but d'apprendre ce que nul ne sait encore, il tente d'apporter son tribut au patrimoine commun.

Et si chacun de nous, dans sa sphère, poursuivait ce rêve d'apprendre, et d'apprendre encore; s'il ne désirait jamais que la satisfaction de l'esprit; s'il se bornait à tirer de ses découvertes, cela seul qui agrandit notre échappée sur l'inconnu et, par surcroît, améliore nos conditions d'existence, — du même coup, la mentalité humaine prendrait toute sa beauté et l'œuvre de science serait alors, vraiment, la grande œuvre de paix.

SÉANCES DE SECTIONS

PREMIER GROUPE
SCIENCES MATHÉMATIQUES

PREMIÈRE SECTION
MATHÉMATIQUES

Présidents d'honneur..	MM. Vito VOLTERRA, Professeur à l'Université de Rome.
	Michel PETROVITCH, Professeur à l'Université de Belgrade.
Président	Gustave DU PASQUIER, Professeur à l'Université de Neuchâtel (Suisse).
Vice-Président	Julien SOULA, Professeur à l'Université de Montpellier.
Secrétaire	Henri ADAD, Professeur au Lycée de Constantine.
Secrétaire adjoint	Jovan KARAMATA, Agrégé de l'Université de Belgrade.

UNE PROPRIÉTÉ DE LA FONCTION $\zeta(s)$ ET DES SÉRIES DE DIRICHLET

PAR

JACQUES HADAMARD

Les travaux de M. Landau et de ses continuateurs (1), parmi lesquels il faut nommer en première ligne M. W. Schnee, ont, comme on le sait, notablement précisé et étendu les conditions de validité d'une formule, analogue à celle de Parseval, obtenue précédemment par nous (2) et permettant de multiplier terme à terme deux séries de Dirichlet de la forme la plus générale.

$$
\textbf{(1)} \qquad
\begin{aligned}
f(s) &= \sum_{n} b_n e^{-\lambda_n s} \\
g(s) &= \sum_{n} c_n e^{-\lambda_n s}
\end{aligned}
$$

Cette formule s'écrit

$$
\textbf{(2)} \qquad \lim_{\omega = \infty} \frac{1}{2\,\omega} \int_{-\omega}^{+\omega} f(\beta + ti)\ g(\gamma - ti)\,dt = \sum_{n} b_n c_n e^{-\lambda_n(\beta + \gamma)}
$$

où β, γ sont deux nombres réels ou même complexes, de parties réelles convenablement choisies. (Les travaux auxquels nous avons fait allusion tout à l'heure ont eu précisément pour objet d'étendre le résultat, non seulement au cas où l'une des abscisses β, γ appartient au domaine de convergence simple de la série correspondante, l'autre étant dans le domaine de convergence absolue, mais même à certains cas où, de part et d'autre, il n'y a que convergence simple.)

Mon intention n'est d'ailleurs pas d'aller plus loin dans la voie déjà si remarquablement parcourue, mais d'attirer l'attention sur une particularité intéressante qui se présente lorsque, pour la seconde des séries (1), on prend l'expression bien connue

$$
\textbf{(3)} \qquad g(s) = -\frac{\zeta'(s)}{\zeta(s)} = \sum_{m}\sum_{p} \frac{\log p}{p^{ms}} \quad (m = 1, 2,\dots;\ p = 2, 3, 5,\dots)
$$

---

(1) Voir le Traité classique de M. Landau: *Lehrbuch über die Verteilung der Primzahlen*, t. II, n$^\text{os}$ 221 et suiv.

(2) *Acta Mathematica*, t. XXII. p. 55-63, 1899.

Soit, d'abord, $f(s)$ pris lui-même simplement égal à $\zeta(s)$. On voit immédiatement que l'on a (sous les conditions de validité de la formule)

$$(4)\qquad -\frac{\zeta'(\beta+\gamma)}{\zeta(\beta+\gamma)} = -\lim_{\omega=\infty}\frac{1}{2\varphi}\int_{-\omega}^{\omega}\frac{\zeta'}{\zeta}(\beta+ti)\,\zeta(\gamma-ti)dt.$$

Ce résultat peut être considéré comme un simple cas particulier du fait général que toute fonction représentée par une série de la forme $\Sigma\dfrac{b_n}{n^s}$ se reproduit purement et simplement lorsqu'on la « compose », par la formule (2), avec $\zeta(s)$. Mais il exprime aussi une propriété fonctionnelle appartenant à la fonction $\zeta(s)$, laquelle figure seule tant dans l'un que dans l'autre membre de la formule.

Mais, au lieu de regarder le premier membre de (3) comme représentant une sorte d'opération fonctionnelle exécutée sur $g(s)$ à l'aide de la fonction $f(s) = \zeta(s)$, on peut se placer au point de vue inverse et, dans ces conditions, la formule se généralise d'une manière remarquable en prenant, pour $f(s)$, l'une quelconque des séries « spéciales » de Dirichlet.

$$(5)\qquad L(s,\chi)=\Sigma\frac{\chi(n)}{n^s}.$$

à l'aide desquelles l'illustre géomètre a démontré son célèbre théorème sur la progression arithmétique. La seconde fonction introduite dans (2) étant encore $g(s) = \dfrac{\zeta'(s)}{\zeta(s)}$ il vient

$$-\lim_{\omega=\infty}\frac{1}{2\varphi}\int_{-\omega}^{\omega}L(\beta+ti,\chi)\,\frac{\zeta'}{\zeta}(\gamma-ti)dt = \sum_{m}\sum_{p}\frac{\chi(p^m)\log p}{p^{m(\beta+\gamma)}}$$

c'est-à-dire, comme on sait,

$$-\lim_{\omega=\infty}\frac{1}{2\omega}\int_{-\omega}^{\omega}L(\beta+ti,\chi)\,\frac{\zeta'}{\zeta}(\gamma-ti)dt = \frac{L'(\beta+\gamma,\chi)}{L(\beta+\gamma,\chi)}$$

relation qui, comme on le voit, lie les séries (5) à la fonction de Riemann.

Bien qu'il m'ait été jusqu'ici impossible d'en tirer aucun progrès positif, une telle relation me semble digne de l'attention de ceux qui s'intéressent à la théorie analytique des nombres premiers. Je ne saurais dire, quant à présent, dans quelle mesure elle peut conduire à un prolongement analytique des fonctions qui y figurent, ni dans quelle mesure elle les caractérise. Il serait également intéressant de rechercher moyennant quelles modifications elle pourrait s'étendre aux autres transcendantes analogues que les divers chapitres de la théorie ont successivement introduites.

L'OPÉRATION SCLAME

PAR

L.-GUSTAVE DU PASQUIER
Professeur à l'Université de Neuchâtel en Suisse

---

1. — Le plus grand nombre définissable au moyen de trois chiffres dépend entièrement des opérations par lesquelles on lie les chiffres considérés. L'opération arithmétique du premier rang donne comme chiffre maximal $9+9+9$; celle du second rang donne $9.9.9$; celle du troisième rang donne [1]) $N \equiv 99^9$.   (1)

Ce nombre $N = 9^{387\,420\,489}$, écrit dans notre système décimal de numération, a 369 693 100 chiffres dont on connaît actuellement les 28 premiers et les 8 derniers.

On peut introduire une opération arithmétique directe du quatrième rang (l'opération *astère*) qui donne comme nombre maximal $D \equiv 9 * 9 * 9$, à côté duquel N disparaît comme une goutte d'eau dans l'océan [2]). On peut définir ensuite l'opération arithmétique directe du 5ième rang, puis celles du 6ième, du 7ième, etc., en général du $n^{ième}$ rang. Chacune, appliquée à trois chiffres 9, donne une solution du problème : définir le plus grand nombre possible au moyen de trois chiffres. Ce problème n'admettra de solution assignable et bien déterminée, Z, que si l'on précise l'énoncé par la restriction : « à l'aide des opérations arithmétiques directes », puisqu'alors l'un des trois chiffres devra servir à indiquer le rang de l'opération arithmétique utilisée pour combiner les deux autres [3]). Je vais démontrer, à l'aide d'une opération que j'appellerai *sclame* et qui ne rentre pas dans la famille des opérations arithmétiques directes, que ce nombre Z, à son tour, n'est pas le plus grand nombre définissable au moyen de trois chiffres.

2. — Soit n un nombre naturel; j'indiquerai par le signe $\llcorner$ (prononcé sclame) l'opération définie comme suit :

$$n \llcorner 1 \equiv n! \equiv 1.\,2.\,3.\,4\ldots\ldots(n-1).n \qquad (2)$$

$$n \llcorner (a + 1) = (n \llcorner a)! \qquad (3)$$

---

[1]) Le signe $\equiv$ signifie et se prononce « égal *par définition* à ».

[2]) Voir L.-Gustave DU PASQUIER, *Sur les opérations arithmétiques du quatrième rang*, Association franç. p. l'avancement des sciences, Congrès de La Rochelle, 1928. 52ᵉ réunion, travail présenté en avril 1927 au Congrès de Constantine.

[3]) Voir L.-Gustave DU PASQUIER, *Sur de nouvelles opérations arithmétiques*, Mémoires de la Soc. royale des sciences de Liége, 1928, t. 14, fasc. 3.

Le nombre passif, dans notre exemple n, sera dit *sclamande*; le nombre actif, soit 1 dans l'équation (2) et $(a + 1)$ dans l'équation (3), sera le *sclamateur* et le résultat de l'opération une *factorielle*.

Théorème I. — Si le sclamande est $= 1$, la factorielle a elle-même la valeur 1. Si le sclamande est $= 2$, la factorielle a elle-même la valeur 2.

Il résulte en effet immédiatement des définitions ci-dessus posées que

$$1 \; \llcorner \; n = 1 \, ; \, 2 \; \llcorner \; 1 \equiv 2! \equiv 1 \, . \, 2 = 2 \, ; \, \text{d'où } 2 \; \llcorner \; n = 2.$$

Exemple I. — Quand le sclamande est $= 3$, on a

$$3 \; \llcorner \; 1 \equiv 3! \equiv 1 \, . \, 2 \, . \, 3 = 6$$
$$3 \; \llcorner \; 2 = (3 \; \llcorner \; 1)! = 6! \equiv 1 \, . \, 2 \, . \, 3 \, . \, 4 \, . \, 5 \, . \, 6 = 720$$
$$3 \; \llcorner \; 3 = (3 \; \llcorner \; 2)! = 720! \equiv T \qquad\qquad (4)$$

Ce nombre T s'écrit avec $1\,747$ chiffres dont les 6 premiers sont $260\,122$ et les 178 derniers des zéros. Le quatrième échelon de cette suite, savoir

$$3 \; \llcorner \; 4 = (3 \; \llcorner \; 3)! = (720!)! = T!,$$

est indiciblement immense.

Exemple 2. — On ne va pas au delà du deuxième échelon quand le sclamande est $= 9$. On a en effet

$$9 \; \llcorner \; 1 \equiv 9! = 362\,880 \, ;$$
$$9 \; \llcorner \; 2 = (9 \; \llcorner \; 1)! = 362\,880!$$

est le produit des $362\,880$ premiers nombres naturels. Il dépasse ce qu'il est humainement possible d'écrire dans le système décimal de numération. Ce nombre se termine par $90\,717$ zéros. En continuant de la sorte, on voit que le plus grand nombre définissable au moyen de deux chiffres est

$$E \equiv 9 \; \llcorner \; 9 \text{ ou } ((((((((9 \, !)!)!)!)!)!)!)! \qquad (5)$$

3. — Il résulte des définitions ci-dessus posées que

$$(n \; \llcorner \; a) \; \llcorner \; b = n \; \llcorner \; (a + b) \, ;$$
$$((n \; \llcorner \; a) \; \llcorner \; b) \; \llcorner \; c = n \; \llcorner \; (a + b + c) \, ; \text{ etc.,}$$

quels que soient les nombres naturels n, a, b, c, etc. D'autre part,

$$a \; \llcorner \; (b \; \llcorner \; c) > (a \; \llcorner \; b) \; \llcorner \; c$$

dès que les nombres a, b, c, etc. sont supérieurs à 2. On voit dès lors l'exactitude de cette proposition : le plus grand nombre définissable au moyen de trois chiffres est

$$m \equiv 9 \ \llcorner \ (9 \ \llcorner \ 9) = 9 \llcorner E \qquad (6)$$

Cette proposition sous-entend l'hypothèse que pour combiner les trois chiffres 9 donnés, on n'utilisera pas d'autres opérations que les opérations arithmétiques directes et l'opération sclame. Abandonnant cette hypothèse, j'ai défini, au moyen de trois chiffres, des nombres entiers en regard desquels même le sus-dit nombre m disparaît comme un grain de poussière dans l'immensité de l'Univers, et j'ai démontré ce théorème : *le plus grand nombre définissable au moyen de trois chiffres n'existe pas,* pas plus qu'il n'existe une limite précise entre la convergence et la divergence des séries infinies, de même qu'il n'existe pas de série infinie plus rapidement convergente que toute série convergente donnée, ni de série infinie plus lentement divergente que toute série divergente donnée.

4. — L'opération sclame, n'étant pas commutative, admet deux opérations inverses, suivant que, dans l'équation

$$b \ \llcorner \ n = f,$$

on considère comme inconnu le nombre passif : le sclamande b, ou le nombre actif : le sclamateur n. Il s'agit de résoudre par rapport à x l'équation $x \ \llcorner \ n = f$, ou par rapport à y l'équation $b \ \llcorner \ y = f$.

Quand b, n et f sont des nombres entiers positifs donnés, ces opérations inverses n'ont de sens, jusqu'ici, que dans les cas où les équations considérées admettent des solutions en nombres entiers positifs x et y. Pour étendre les définitions des dites opérations inverses aux autres cas, il faudra « interpoler » la fonction sclame, c'est-à-dire déterminer une fonction $s(x)$ attribuant au symbole $b \ \llcorner \ x$ une valeur définie et bien déterminée, même quand x ne sera pas un nombre entier positif. C'est un problème analogue à celui résolu par le grand EULER, qui découvrit la fonction $\Gamma (x)$ en cherchant à définir $x!$ pour le cas où x n'est pas un nombre entier positif.

2° LA PUBLICATION DES ŒUVRES COMPLÈTES DE LÉONARD EULER. — M. L.-G. Du Pasquier rapporte sur cette entreprise de la *Société helvétique des sciences naturelles.* L'œuvre comprendra 69 volumes grand in-4°, d'environ 600 pages chacun ; 23 volumes ont déjà paru. Présentation d'un livre de propagande intitulé *Léonard Euler et ses amis,* orné d'un portrait d'Euler hors texte, gr. in-8° de IX + 131 p., publié par L.-G. Du Pasquier, chez J. Hermann, Paris, 1928.

2. - SUR LES OPÉRATIONS ARITHMÉTIQUES
DU QUATRIÈME RANG

§ 1. *Définitions.* — Dans une addition, par exemple $a + b + c + d$, supposons les addendes égaux entre eux, $a = b = c = d$. Dans ce cas,

au lieu de $a + a + a + a$, on écrit $a.4$

En d'autres termes, on écrit une seule fois le nombre sur qui l'on opère, dit *nombre passif*, dans notre exemple le multiplicande a, et l'on indique par un deuxième nombre, dit *nombre actif*, dans notre exemple le multiplicateur 4, combien de fois l'opération envisagée « additionner a » doit être répétée. On passe ainsi de l'opération directe du premier rang, l'addition, à celle du deuxième rang, la multiplication.

Répétons ce procédé en nous élevant d'un rang dans l'échelle des opérations. Dans une multiplication, par exemple $a.b.c.d$, supposons les facteurs égaux entre eux, $a = b = c = d$. Dans ce cas,

au lieu de $a.a.a.a$, on écrit a^4

En d'autres termes, on écrit une seule fois le nombre sur qui l'on opère, dit *nombre passif*, dans notre exemple a, et l'on indique par un deuxième nombre, dit *nombre actif*, dans notre exemple 4, combien de fois l'opération envisagée « multiplier par a » doit être répétée. On passe ainsi de l'opération directe du second rang à celle du troisième, l'élévation aux puissances.

Rien ne nous empêche de répéter ce procédé en nous élevant de nouveau d'un rang dans l'échelle des opérations. Dans une élévation aux puissances, par exemple

$$a^{b^{c^{d}}}$$

, supposons égaux entre eux tous les nombres qui interviennent, $a = b = c = d$. Dans ce cas, au lieu d'écrire

$$a^{a^{a^{a}}}$$

, j'écris $a * 4$ (prononcer « a astère 4 »)

En d'autres termes, j'écris une seule fois le nombre sur qui l'on opère, dit nombre passif ou *astérande*, dans notre exemple a, et j'indique par un deuxième nombre, dit nombre actif ou *astérateur*, combien de fois l'opération envisagée « prendre comme exposant de a » doit être répétée. On passe ainsi de l'opération directe du troisième rang à celle du quatrième, l'*astération*. Dans le cas général, j'écrirai

$$a * b = c \tag{1}$$

§ 2. *Règles*. — Pour préciser l'interprétation des symboles et supprimer des parenthèses, nous conviendrons des deux règles suivantes, dont la deuxième est valable seulement pour les opérations arithmétiques d'un rang supérieur à 2.

Règle 1, valable pour toutes les opérations arithmétiques. — Quand plusieurs lettres ou chiffres liés par des opérations arithmétiques de rangs différents se suivent *sans* parenthèse, l'opération de rang plus élevé doit toujours être effectuée avant celle de rang moins élevé. Par exemple, $a + b.c + d$ signifie $a + (b.c) + d,$ et non pas $(a + b). (c + d)$; de même

$$a + b.2 * n^2 \quad \text{signifie} \quad a + b.[(2 * n)^2]$$

et ne doit pas être confondu avec $a + b.2 * (n^2)$.

Règle 2, valable seulement pour les opérations arithmétiques d'un rang supérieur à 2. — Quand plusieurs lettres ou chiffres liés par la même opération arithmétique ou par des opérations de même rang se suivent *sans* parenthèse, le nombre passif est la première lettre ou le premier chiffre de gauche ; l'ensemble des autres lettres ou chiffres, à partir du deuxième à gauche, constitue le nombre actif.

Par exemple, a^{a^a} doit toujours être interprété comme $a * 3$ et ne signifie jamais $\left(a^a\right)^a$ qui est $= a^{a.a} = a^{(a^2)}$

De même, dans $4 * 2 * 3$, l'*astérande* est 4 et l'*astérateur* est (¹)

$2 * 3 \equiv 2^{2^2} = 2^4 = 16$, de sorte que $4 * 2 * 3$ signifie la même chose que $4 * (2 * 3)$ qui est $= 4 * 16$.

Remarques. — Pour les opérations des deux premiers rangs, on suit habituellement une règle différente de notre règle 2, à savoir celle-ci : lorsque plusieurs lettres ou chiffres liés par des opérations de même rang se suivent sans parenthèse, les opérations doivent s'effectuer dans l'ordre même où elles sont écrites. — Il y a de fortes raisons pour ne pas étendre cette règle, habituelle, aux opérations dont le rang dépasse 2, mais d'adopter notre règle 2 ci-dessus.

---

¹) **Le signe** $\equiv$ signifie et se prononce « égal *par définition* à ».

§ 3. *Quelques exemples d'astération.* — En prenant 2 comme astérande, on voit que

$$2 * 1 \equiv 2; \qquad 2 * 2 \equiv 2^{2} = 4;$$

$$2 * 3 \equiv 2^{2^{2}} = 2^{2*2} = 2^{4} = 16;$$

$$2 * 4 = 2^{2*3} = 2^{16} = 65\,536;$$

$$2 * 5 = 2^{2*4} = 2^{65\,536} \quad \text{est déjà un nombre de } 19\,729 \text{ chiffres.}$$

L'astérande étant = 9, la suite des nombres 9 * n croit avec une rapidité énorme quand n augmente; en effet,

$$9 * 1 \equiv 9; 9 * 2 \equiv 9^{9} = 387\,420\,489;$$

$$9 * 3 \equiv 9^{9^{9}} = 9^{9*2} = 9^{387\,420\,489} \equiv N$$

est un nombre de 369 693 100 chiffres dont les vingt-huit premiers sont 428 124 773 175 747 048 036 987 1159 et les huit derniers 17 177 289.

Théorème. — Il suit des définitions posées que, n désignant un nombre naturel,

$$a * (n + 1) = a^{a * n} \tag{2}$$

L'astérateur peut lui-même comprendre plusieurs nombres. Ainsi,

$$2 * 2 * 2 = 2 * 4 = 65\,536;$$
$$3 * 3 * 3 = 3 * 7\,625\,597\,484\,987.$$

En continuant de la sorte avec $n * n * n$, on voit que le plus grand nombre définissable au moyen de trois chiffres est non pas le nombre N ci-dessus défini, comme on l'admettait jusqu'ici ([1]), mais

$$9 * 9 * 9 = 9 * (9 * 9) \equiv D.$$

Ce nombre est si fantastiquement gigantesque qu'il est pratiquement impossible d'en déterminer le nombre de chiffres.

§ 4. *Les opérations inverses du quatrième rang.* — L'opération *astère* conduit à deux opérations inverses nouvelles; je les appellerai *retsayer* ou « faire l'opération *retza* » ([2]), et *logastier* ou « faire l'opération *logast* ».

---

[1] Voir L.-Gustave DU PASQUIER, *Sur de nouvelles opérations arithmétiques*, Mémoires de la Société royale des Sciences à Liége, 1928, t. 14, fasc. 3.

[2] *Retsa* est le mot « aster » inversé, c'est-à-dire lu de droite à gauche.

1° Quand l'astérande est inconnu, il s'agit de résoudre par rapport à x l'équation

$$x * b = c,$$

où b et c sont donnés ou connus; j'en indiquerai la solution par l'écriture

$$x = ret\ c \mid b \quad (\text{prononcer « } x \text{ égal retsa } c \text{ avec } b \text{ »}) \qquad (3)$$

2° Quand l'astérateur est inconnu, il s'agit de résoudre par rapport à y l'équation

$$a * y = c_\prime$$

où a et $c_\prime$ sont donnés ou censés connus; j'en indiquerai la solution par l'écriture

$$y = la\ c \mid a \quad (\text{prononcer « } y \text{ égal logast } c \text{ base } a \text{ »}) \qquad (4)$$

Par exemple, ret 65 536 $\mid$ 4 = 2   et la 65 536 $\mid$ 2 = 4.

Les symboles $ret\ c \mid b$ et $la\ c \mid a$ ne sont définis que pour les cas où a, b et c sont des nombres naturels satisfaisant à la relation (1). Pour donner un sens à ces symboles dans tous les autres cas, même quand a ou b ou c ne sont pas des nombres entiers positifs, il faudra résoudre un problème d'interpolation. Procédons par analogie. On a

$$2^3 \equiv 2.2.2. = 8 \quad \text{et} \quad 2^4 \equiv 2.2.2.2 = 16.$$

Quelle valeur comprise entre 8 et 16 conviendra-t-il d'attribuer par exemple à $2^{3,5}$ qui n'a pas de sens en vertu de la définition primordiale de 2^n? Isaac NEWTON a trouvé qu'il convient de poser, par convention, $2^{3,5} = 8.\sqrt{2}$. Il a découvert une fonction $f(x)$, la fonction exponentielle, qui permet d'interpoler 2^n, c'est-à-dire d'attribuer une valeur bien déterminée à 2^x quel que soit x, entier ou non, positif ou négatif.

Autre exemple: la factorielle $n!$ On a

$$3! \equiv 1.2.3 = 6 \quad \text{et} \quad 4! \equiv 1.2.3.4 = 24.$$

Quelle valeur comprise entre 6 et 24 conviendra-t-il d'attribuer par exemple à $(3, 5)!$ qui n'a pas de sens en vertu de la définition primordiale de $n!$? Léonard EULER a trouvé qu'il convient de poser, par convention, $(3, 5)! = 3,5 \cdot 2,5 \cdot 1,5 \cdot 0,5 \cdot \sqrt{\pi} = 6,5625 \cdot 1,772\ 453\ 850\ 90... = 11,63172...$ Il a découvert une fonction $\Gamma(x)$, la fonction Gamma, qui permet d'interpoler la factorielle $n!$, c'est-à-dire d'attribuer une valeur bien déterminée à $x!$ quel que soit x, entier ou non, positif ou négatif.

Dans notre cas, où il s'agit de l'astération, on a

$$2 * 3 = 16 \quad \text{et} \quad 2 * 4 = 65\ 536.$$

Quelle valeur comprise entre 16 et 65 536 conviendra-t-il d'attribuer par exemple à $2 * (3, 5)$ qui n'a pas de sens en vertu de la définition primordiale de $2 * n$ posée au § 1 ? Il s'agira de trouver une fonction, mettons $D(x)$, permettant d'interpoler la fonction « astère », c'est-à-dire d'attribuer une valeur bien déterminée à $b * x$ quel que soit x. Cette fonction transcendante nouvelle devra satisfaire à la relation fonctionnelle

$$D(x + 1) = b^{D(x)} \tag{5}$$

et être $= b * x$ ou permettre de calculer $b * x$ toutes les fois que x sera un nombre entier positif. Elle donnera la valeur de $b * x$ dans les autres cas.

Une fois définie pour x réel, la fonction $D(x)$ pourra s'étendre au domaine complexe, et l'on étudiera les propriétés fonctionomiques de $D(z)$ pour $z = x + i\,y$, où $i^2 = -1$.

———— ∿ ————

SUR LES SUBSTITUTIONS ORTHOGONALES
IMAGINAIRES

PAR

ELIE CARTAN
Professeur à la Sorbonne, à Paris

———————

On sait que toute substitution orthogonale réelle (de déterminant 1) à n variables, considérée comme une rotation autour de l'origine dans un espace euclidien à n dimensions, peut être obtenue en répétant une infinité de fois une rotation *infinitésimale*. Si l'on désigne par R la matrice représentant la substitution donnée, cela revient à dire qu'il existe une matrice *symétrique gauche* X telle qu'on ait (1)

$$R = e^{x}.$$

Soit maintenant S une substitution orthogonale *imaginaire*. Il résulte d'un théorème général (2) que S peut, d'une manière et d'une seule, être regardée comme le produit d'une substitution orthogonale

———————

(1) Pour les définitions des matrices e^{x} et log. X, où X désigne une matrice arbitraire, voir E. STUDY - E. CARTAN, *Nombres complexes* (*Encyclop. Sc. math.*, 15, p. 438-440).

(2) E. CARTAN, *La géométrie des groupes simples* (*Annali di mat.*, 4ᵉ série, 4, 1926-1927, p. 211).

réelle e^x et d'une substitution orthogonale *purement imaginaire* e^{iy}.
Si $n = 3$, cette dernière substitution représente une rotation d'un
angle *purement imaginaire* autour d'un axe *réel*.

Je me propose de donner une démonstration directe de ce théorème.

Désignons respectivement par $\overline{S}$ et S^* les matrices *imaginaire conjuguée* et *transposée* (3) de S. On sait que la transposée S^* d'une
matrice orthogonale est égale à son inverse S^{-1}. La transposée X^*
d'une matrice symétrique gauche est égale à $- X$.

Cela posé, supposons d'abord qu'on ait une égalité de la forme

$$S = e^x\, e^{iy}$$

on aura

$$\overline{S} = e^x\, e^{-iy}, \quad \overline{S}^{-1} = e^{iy}\, e^{-x},$$

d'où

$$\overline{S}^{-1}S = e^{iy}\, e^{-x}\, e^x\, e^{iy} = e^{2iy};$$

ce qui nous donne $Yi2$ comme une des déterminations du logarithme de
la matrice $T = \overline{S}^{-1}S$.

Partons maintenant *a priori* de cette matrice

$$T = \overline{S}^{-1}\, S = \overline{S}^*S;$$

*ses éléments sont les coefficients d'une forme d'Hermite définie posi-
tive.*

En effet, si on désigne par a_{ij} les éléments de S, ceux de T seront

$$b_{ij} = \sum_k \overline{a}_{ki}\, a_{kj}$$

et l'on aura

$$\sum_{i,j} b_{ij}\, x_i\, x_j = \sum_i y_i\, \overline{y}_i,$$

en posant

$$y_i = \sum_k a_{ik}\, x_k.$$

Il résulte de là que les racines de l'équation en λ de T sont toutes
réelles et positives, car des égalités

$$\sum_k b_{ij}\, x_k = \lambda\, x_i$$

résulte

$$\lambda \sum_i x_i\, \overline{x}_i = \sum_k b_{ik}\, x_i\, \overline{x}_k > 0$$

Désignons alors par U celle des déterminations du logarithme de T
qu'on obtient en donnant aux logarithmes des racines de l'équation en λ

---

(3) La matrice *transposée* de S est celle qui s'en déduit par l'échange des
lignes et des colonnes.

leur détermination *réelle*. En procédant de même pour les logarithmes de $\overline{T}$ et de T^x, on arrive évidemment aux matrices $\overline{U}$ et U^x. Or, les égalités $\overline{T} = T^x = T^{-1}$ montrent qu'on a

$$\overline{U} = U^x = -U;$$

autrement dit, U est une matrice gauche purement imaginaire $2iY$. On peut donc poser

$$T = \overline{S}^{-1} S = e^{2iy}.$$

Il résulte de là l'égalité

$$S\,e^{-iy} = \overline{S}\,e^{iy};$$

la matrice $S\,e^{-iy}$ est donc réelle ; elle est d'autre part orthogonale, comme produit de deux matrices orthogonales ; elle est donc de la forme e^x, et l'on arrive à la formule à démontrer

$$S = e^x\,e^{iy}.$$

On pourrait également démontrer la possibilité (unique) de mettre S sous la forme $e^{iy'}\,e^{x'}$.

———— ∿ ————

NOTE SUR LES CARRÉS MAGIQUES

PAR

André GERARDIN

*Membre N. R. du Comité des travaux historiques
et scientifiques, à Nancy*

————————

1. — Nous allons dire ici quelques mots d'un curieux livre intitulé :

*quadrados / magicos, / que / sobre los que figuraban / los
Egypcios, / y Pygthagoricos, / para la superticiosa adoracion /
de sus falsos dioses, / ha adelantado el prolijo estudio /
de Don Phelipe / MEDRANO, / Cavallero del orden de Santiago,/
y consagra / a la sacr. real catholica magestad / de la Reyna
ntra. señora / dña Isabel Farnesio. //
con licencia: En Madrid: en la imprenta de Joachim Sanchez./
año de MDCCXLIV. //*

2. — Cet intéressant volume de 24 cm. × 33 cm. (parch. bl.). non paginé, comprend 6 pp. de dédicaces, approbations, licences, puis en 2 pp., la

Tabla / de los quadrados magicos, / y problemas resueltos en ellos, / que contiene este libro. //

Puis 12 pp. contenant des éloges poétiques, quatre sonnets dont un acrostiche, une romance héroïque, un prologue enfin.

L'auteur dit qu'il ne peut faire connaître aucun de ses longs et parfois très difficiles calculs ; mais il donne ensuite 42 planches de résultats, et de carrés magiques de 3 à 32 cases au côté, donnant la somme magique dans les lignes, les colonnes, et les deux diagonales principales.

3. — Voici, par exemple, deux carrés de 25 cases.

quadro de a cinco casas por lado. Contiene 12 sumas de à 65.

El mismo por diverso modo tiene doce sumas de à 65.

18	4	9	22	12		22	14	5	18	6
20	1	23	5	16		11	2	**19**	10	23
7	15	**13**	11	**19**		9	**25**	**13**	1	17
6	21	3	**25**	10		3	16	**7**	24	15
14	24	17	2	**8**		20	8	21	12	4

Je mets en chiffres gras cinq nombres de chaque carré, sur lesquels j'attire l'attention pour la structure mécanique qui semble nouvelle dans l'immensité des procédés actuels des carrés magiques. Rappelons que la même figure donnée par la « méthode indienne » est la suivante :

11	24	**7**	20	3
4	12	**25**	8	16
17	5	**13**	21	9
10	18	**1**	14	22
23	6	**19**	2	15

4. — Plus loin, l'auteur donne trois carrés de 64 cases à somme magique 260 ; il faudra les comparer avec les bimagiques de même espèce.

Signalons encore divers problèmes sur les carrés de 256 cases et davantage, jusqu'à 1024 cases, où sont imposés 8 ou 16 nombres sur certaines cases, et l'auteur en donne des solutions, sans aucune explication, annonçant simplement dans le texte d'un problème une marche parabolique.

Donc, ouvrage intéressant, à étudier de près.

SUR LES NOMBRES TRANSFINIS

PAR

J. RICHARD

Docteur ès-sciences et professeur honoraire
à Châteauroux

Les nombres transfinis sont une sorte de généralisation des nombres entiers ; ces nombres s'introduisent naturellement avec le théorème de Paul Dubois-Reymond, relatif aux fonctions de plus en plus croissantes. $f(x)$ et $g(x)$ étant deux fonctions croissantes, on dira que la première est plus croissante que la seconde, si la différence $f(x) — g(x)$ est croissante pour des valeurs de x suffisamment grandes.

Soit $f(x)$ une fonction croissante et plus croissante que x, $ff(x)$ ou $f_2(x)$ sera plus croissante que $f(x)$, $fff(x)$ ou $f_3(x)$ sera plus croissante que $f_2(x)$ et ainsi de suite. On formera donc une suite de fonctions de plus en plus croissantes, et à chaque nombre entier il en correspond une.

Or le théorème dont j'ai parlé s'énonce ainsi : une suite de fonctions de plus en plus croissantes étant donnée, on peut trouver une fonction plus croissante que toutes celles de la suite.

On pourra désigner cette fonction par $f\omega(x)$ et le symbole de croissance ω sera en quelque sorte supérieur à tout nombre entier. On pourra ensuite former d'autres fonctions, encore plus croissantes, auxquelles on fera correspondre $\omega + 1$, $\omega + 2$... 2ω... ω^2... ω^ω, etc.

Ces symboles constituent les nombres transfinis de Cantor, mais celui-ci ne s'embarrasse pas de leur signification comme indice de croissance.

Quand on a la série des nombres entiers, rien n'empêche de poser un nouvel objet ω, supérieur, par définition, à tous les entiers, puis après ω viendront $\omega + 1$, $\omega + 2$... 2ω, etc.

On aura beaucoup plus de clarté dans la notion, en représentant les nombres transfinis par des points, de la façon que je vais indiquer.

Je considérerai des ensembles de points situés sur des segments de droite ; j'emploie le mot égal, et le mot semblable, dans le sens ordinaire de la géométrie.

Deux ensembles sont égaux, si, en superposant les segments qui les portent, chaque point de l'un est superposé à un point de l'autre ; ils seront semblables si, deux points A et A′ de l'un ayant pour correspondants deux points B et B′ de l'autre, le rapport des segments AA′ et BB′ est constant.

Cela posé, prenons sur une droite D deux points A_0, A_1 ; à A_0 je fais correspondre le nombre *zéro*, et au point A_1 un certain signe ω. Au milieu M_1 de $A_0 A_1$ je fais correspondre le nombre *un*, au milieu M_2 de $M_1 A_1$ je fais correspondre le nombre *deux*, au milieu de $M_2 A_1$ le nombre *trois*, etc. J'ai ainsi sur le segment $A_0 A_1$ un ensemble E de points. Je prolonge $A_0 A_1$ d'une quantité égale $A_1 A_2$, et en A_2 je mets le signe ω^2. L'ensemble E transporté entre A_1 et A_2 forme un ensemble E_1 égal à E ; les points de ce nouvel ensemble seront désignés par ω, 2ω, 3ω... etc. Entre ces points, j'intercale des ensembles semblables à E.

Entre φ et 2ω j'aurai $\omega + 1$, $\omega + 2$... etc., entre 2ω et 3ω, j'aurai $2 \omega + 1$, $2 \omega + 2$... etc. J'aurai ainsi finalement un ensemble E'. (Pour cet ensemble, tous les points de E_1 sont des points limites.)

Je prolonge $A_1 A_2$ d'une quantité égale, et sur ce nouveau segment je fais un ensemble égal à E', et entre les points de celui-ci, dans chaque intervalle, je fais un ensemble semblable à E.

Je continue ainsi. Quand j'ai obtenu un ensemble de points sur la demi-droite $A_{n-1} A_n$, je prolonge ce segment d'une longueur égale, et sur ce nouveau segment, je transporte l'ensemble précédent, et dans chaque intervalle de ce nouvel ensemble je fais un ensemble semblable à E.

En continuant ainsi, on couvre la demi-droite $A_0 A_1... A_n$ d'un ensemble de points. A chacun de ces points correspond un nombre transfini. L'ensemble ainsi formé est dénombrable ; à chaque point on peut faire correspondre un numéro entier. On mettra à un point P un numéro plus petit qu'au point Q si la distance de P à son suivant immédiat est plus grande que la distance de Q à son suivant immédiat, ou si ces distances sont égales, le plus petit numéro sera attribué au point le plus près de A_0.

On pourrait poser d'autres nombres transfinis, supérieurs à ceux dont je viens de parler. Il y a plusieurs manières de le faire, j'emploie la suivante :

Reprenons notre demi-droite, et prenons $A_0 A_1$ comme unité. Un nombre transfini quelconque étant représenté par un point M de cette demi-droite aura une abscisse $n + f$ qui est sa distance au point A_0. n est entier. f a pour dénominateur une puissance de 2.

Considérons une série croissante de nombres transfinis, dont les abscisses seront $1 + f_1$, $2 + f_2$, $3 + f_3$,... $n + f_n$. D'après le procédé de Cantor, nous poserons un nouveau nombre supérieur à tous ceux de la suite. Si $f_1, f_2... f_n$ ont pour limite un nombre f, nous pourrons dire que le nouveau nombre transfini a pour abscisse $\omega + f$, car ω est en quelque sorte la limite de n, mais n'importe quel nombre f compris entre zéro et un est la limite d'une suite de fractions ayant pour dénominateurs des puissances de deux. L'ensemble des nombres $\omega + f$ est donc un continu ; on est sorti du dénombrable pour pénétrer aussitôt dans le continu. Seulement, un nombre $\omega + f$ cesse d'avoir un suivant immédiat, de sorte que, si l'ensemble cesse d'être dénombrable, il cesse aussi d'être bien ordonné.

SUR CERTAINS CORPS
DE NOMBRES BIQUADRATIQUES

PAR

BORIS SEITZ

Professeur à Cernier, près Neuchâtel (Suisse)

THÉORÈME. — Tout corps $K(\sqrt{m}, \sqrt{n})$ peut se déduire du corps des nombres rationnels en lui adjoignant une certaine grandeur δ, irrationnelle algébrique du quatrième degré, de sorte que

$$K(\sqrt{m}, \sqrt{n}) = K(\delta)$$

1. Tout nombre α du corps $K(\sqrt{m}, \sqrt{n})$ peut s'exprimer rationnellement en fonction de $\delta = \sqrt{m} + \sqrt{n}$ sous la forme

$$\alpha = a_0 + a_1\delta + a_2\delta^2 + a_3\delta^3$$

Démonstration. — Tout nombre α du corps K est de la forme

$$\alpha = c_0 + c_1\sqrt{m} + c_2\sqrt{n} + c_3\sqrt{m.n},$$

les c_i étant des nombres rationnels quelconques. On peut toujours déterminer quatre nombre rationnels a_i satisfaisant à l'équation

$$c_0 + c_1\sqrt{m} + c_2\sqrt{n} + c_3\sqrt{m.n} = a_0 + a_1\delta + a_2\delta^2 + a_3\delta^3 \dots \quad (\mathrm{I})$$

En effet, remplaçons dans l'égalité (I) les δ^i par leurs valeurs, comparons ensuite les coefficients correspondants. Comme ils doivent être égaux, on obtient un système de quatre équations à quatre inconnues a_i. On trouve

$$a_0 = c_0 - \frac{c_3(m+n)}{2} \; ; \qquad a_1 = c_1 - \frac{(c_1 + c_2)(m + 3n)}{2(n-m)}$$

$$a_2 = c_3/2 \; ; \qquad a_3 = \frac{c_1 - c_2}{2(n-m)}$$

Les a_i sont donc rationnels finis, et univoquement déterminés pour toutes les valeurs de m et n, sauf pour $m = n$, cas exclu, puisqu'il s'agit du corps qui contient deux racines différentes entre elles :

$$K(\sqrt{m}, \sqrt{n})$$

Conséquences. — Le nombre $\delta = \sqrt{m} + \sqrt{n}$ détermine le corps.

2. Le nombre δ satisfait à une équation du quatrième degré à coefficients rationnels, irréductible dans le corps des nombres rationnels.

Démonstration. — Posons

$$F(x) \equiv [x - (\sqrt{m} + \sqrt{n})].[x - (\sqrt{m} - \sqrt{n})].$$
$$[x - (-\sqrt{m} + \sqrt{n})].[x - (-\sqrt{m} - \sqrt{n})]$$

En effectuant les multiplications indiquées par les parenthèses, on obtient :

$$F(x) = x^4 - 2(m + n)x^2 + (m - n)^2$$

dont les racines sont contenues dans l'expression

$$x = \pm \sqrt{m + n \pm 2\sqrt{m.n}} = \pm \sqrt{(\sqrt{m} \pm \sqrt{n})^2}$$
$$= \pm (\sqrt{m} \pm \sqrt{n}).$$

Il s'ensuit $F(\delta) = 0$. De plus, l'équation $F(x) = 0$ est irréductible, car son discriminant $[2(m + n)]^2 - 4(m - n)^2 = 16\,m.n$ n'est pas un carré parfait, sauf pour $m = n$, qui est le cas exclu par hypothèse.

3. Considérons encore le corps $K(\sqrt{m}, \sqrt{n}, \sqrt{p}) \equiv K_1$, contenant trois racines distinctes.

Tout nombre A du corps K_1 peut s'exprimer rationnellement en fonction de $\theta \equiv \sqrt{m} + \sqrt{n} + \sqrt{p}$, sous la forme

$$A = a_0 + a_1\theta + a_2\theta^2 + a_3\theta^3 + a_4\theta^4 + \dots + a_6\theta^6 + a_7\theta^7,$$

où les a_i sont des nombres rationnels entiers ou fractionnaires.

Démonstration. — Le corps K_1 peut être considéré comme un surcorps du degré relatif 2 par rapport au corps $K(\sqrt{m}, \sqrt{n})$. Tout nombre de K_1 pourra, dès lors, être mis sous la forme

$$A = \alpha + \beta\sqrt{p} \quad \text{où} \quad \begin{aligned} \alpha &= c_0 + c_1\delta + c_2\delta^2 + c_3\delta^3 \\ \beta &= b_0 + b_1\delta + b_2\delta^2 + b_3\delta^2 \end{aligned}$$

les c_i et les b_i étant des nombres rationnels quelconques. Il s'ensuit :

$$A = \sum_{i=0}^{3} c_i\, d_i + \sum_{i=0}^{3} b_i\, \sqrt{p}$$

On peut toujours déterminer huit nombre rationnels a_i satisfaisant à l'égalité

$$\sum_{i=0}^{7} a_i\, \theta^i = \sum_{i=0}^{3} (c_i\, d_i + b_i\, d_i\, \sqrt{p})$$

En effet, les coefficients correspondants de cette égalité devant être égaux, on obtient deux systèmes de quatre équations à quatre inconnues: $1°$ un système d'équations aux inconnues a_i, i étant impair; $2°$ un système d'équations aux inconnues a_i, i étant pair. Les deux systèmes admettent des solutions finies et univoquement déterminées, car leurs déterminants sont différents de zéro pour toutes les valeurs de m, n, p, différentes entre elles. Le nombre θ détermine donc le corps K ($\sqrt{m}$, $\sqrt{n}$, $\sqrt{p}$).

4. Le nombre θ satisfait à une équation du huitième degré à coefficients rationnels, irréductible dans le corps des nombres rationnels.

Démonstration. — Posons

$$F(x) = [x - (\sqrt{m} + \sqrt{n} + \sqrt{p})]\,[x - (\sqrt{m} + \sqrt{n} - \sqrt{p})]\ldots$$
$$\ldots[x - (-\sqrt{m} - \sqrt{n} - \sqrt{p})]$$

Remplaçons $\sqrt{m} + \sqrt{n}$ par sa valeur $\sqrt{m + n + 2\sqrt{mn}}\ldots$ (N° 2).

$$F(x)) = [x - (\sqrt{m + n + 2\sqrt{mn}} + \sqrt{p})]\,\ldots$$
$$\ldots[x - (-\sqrt{m + n - 2\sqrt{mn}} - \sqrt{p})]$$

On sait (N° 2) que le nombre $\sqrt{m + n + 2\sqrt{mn}} - \sqrt{p}$ satisfait à une équation du quatrième degré dont les coefficients sont des nombres du corps k ($\sqrt{mn}$).

Cette équation est de la forme

$$x^4 - 2(m + n + 2\sqrt{mn} + p)\,x^2 + (m + n + 2\sqrt{mn} - p)^2 = 0$$

Il s'en suit:

$$F(x) = [x^4 - 2(m + n + p + 2\sqrt{mn})x^2 + (m + n + 2\sqrt{mn} - p)^2]$$
$$[x^4 - 2(m + n + p - 2\sqrt{mn}) + (m + n - 2\sqrt{mn} - p)^2]$$

En effectuant les opérations indiquées par les parenthèses, on obtient

$$F(x) = \{x^4 - 2(m + n + p)\,x^2 + [(m + n + p)^2 - 4(mn + np + mp)]\}^2 - 64\,mnp\,x^2$$

Il est facile de vérifier que $F(\theta) = 0$.

Remarque. — F (x) est irréductible dans le corps des nombres rationnels, car le produit m n p n'est pas un carré parfait dès que m, n et p sont différents entre eux.

L'équation F $(\chi) = 0$ renferme comme cas particuliers les deux équations

$$\chi^4 — 2 (m + n) \chi^2 + (m — n)^2 = 0$$
$$\chi^2 — m^2 = 0$$

qui déterminent respectivement les corps K $(\sqrt{m} \sqrt{n})$ et K $(\sqrt{m})$.

5. *Théorème général*.— Tout corps K $(\sqrt{m}, \sqrt{n}, \sqrt{p}, \sqrt{q}...)$ formé par l'adjonction, au corps R des nombres rationnels, de n racines carrées peut se déduire de ce même corps R en lui adjoignant la grandeur Ω égale à la somme des n racines $\sqrt{m} + \sqrt{n} + \sqrt{p} + \sqrt{q} + ...$, de sorte que K $(\sqrt{m}, \sqrt{n}, \sqrt{p}, \sqrt{q},...) = $ K (Ω).

Le nombre Ω satisfait à une équation de degré 2^n à coefficients rationnels, irréductible dans le corps R des nombres rationnels.

SUR DIVERSES MÉTHODES D'EXTRACTION
DES RACINES Nièmes DE TETTARIONS

PAR

HERBERT ORY

Agrégé à l'Université de Neuchâtel en Suisse

---

1. Par tettarion, nous entendons une matrice carrée dont les éléments sont des nombres réels. Nous savons que les tettarions peuvent être envisagés comme des nombres complexes. Si l'on définit dans le domaine de ces nombres les opérations rationnelles, on crée une algèbre nouvelle, plus générale que l'algèbre ordinaire. Pour tout ce qui concerne les définitions et les principales propriétés des tettarions, nous nous reportons au mémoire de M. L.-G. Du Pasquier: *Zahlentheorie der Tettarionen* (Vierteljahrsschrift der Naturf. Gesellschaft in Zürich, 1906).

Dans cette note, il sera question de la résolution de l'équation $x^n = a$, où a est un tettarion donné. Nous exposerons brièvement divers procédés de résolution. Le peu de place dont nous disposons nous oblige à restreindre l'exposé au cas le plus simple, celui des duotettarions.

2. *Première méthode.* — Soit à extraire la racine carrée du duotettarion

$$\alpha = \begin{Bmatrix} \alpha_1, & \alpha_2 \\ \alpha_3, & \alpha_4 \end{Bmatrix}$$

On pose :

$$(1) \qquad x^2 = \begin{Bmatrix} x_1, & x_2 \\ x_3, & x_4 \end{Bmatrix}^2 = \begin{Bmatrix} \alpha_1, & \alpha_2 \\ \alpha_3, & \alpha_4 \end{Bmatrix}$$

Si l'on développe le carré et qu'on égale ensuite les coordonnées correspondantes, on est conduit aux quatre équations suivantes :

$$\left. \begin{array}{l} x_1^2 + x_2\,x_3 = \alpha_1 \\ x_1\,x_2 + x_2\,x_3 = \alpha_2 \\ x_1\,x_3 + x_3\,x_4 = \alpha_3 \\ x_2\,x_3 + x_4^2 = \alpha_4 \end{array} \right\} \quad (\text{I})$$

La résolution du système (I) donne

$$x_1 = \pm \sqrt{\frac{x_1\,(\alpha_1 - \alpha_4)^2 + a_2\,a_3\,(3\,\alpha_1 - \alpha_4) \pm 2\,x_2\,\alpha_3\,\sqrt{\mathrm{N}\,(a)}}{(\alpha_1 - \alpha_4)^2 + 4\,\alpha_2\,\alpha_3}} \; ;$$

$$x_4 = \sqrt{x_1^2 - (\alpha_1 - \alpha_4)} \; ; \qquad x_2 = \frac{a_2}{x_1 + x_4} \; ; \qquad x_3 = \frac{\alpha_3}{x_1 + x_4}$$

Dans ces expressions, N (α) représente la norme du tettarion α,

$$\mathrm{N}\,(a) = \alpha_1\,\alpha_4 - \alpha_2\,\alpha_3.$$

Il existe quatre déterminations pour x.

Lorsque la norme est nulle, c'est-à-dire quand le duotettarion α est diviseur de zéro, l'expression ci-dessus de x_1 devient

$$x_1 = \pm \frac{x_1\,\sqrt{\alpha_1 + \alpha_4}}{\alpha_1 + \alpha_4}$$

Cette méthode donne directement les coordonnées x_1, x_2, x_3, x_4 de x. Elle n'est cependant pas avantageuse, car la résolution de systèmes tels que (I) devient rapidement compliquée. Pour la racine cubique **déjà**, on est conduit à une équation du neuvième degré, réductible, il est vrai, au troisième degré. Notre but consistant simplement à présenter une méthode, nous ne donnerons pas d'autres développements.

3. *Deuxième méthode.* — Tout tettarion a est permutable avec l'une quelconque de ses puissances : $a\,.\,a^n = a^n\,.\,a$. Il est facile de déterminer à quelles conditions doivent satisfaire les coordonnées a_i et b_i ($i = 1$, 2, 3, 4) de deux duotettarions a et b pour qu'ils soient permutables. On trouve :

$$b_2 = \lambda a_2 \; ; \; b_3 = \lambda\,a_3 \; ; \; b_1 - b_4 = \lambda'\,(a_1 - a_4),$$

où λ est un facteur de proportionnalité, d'ailleurs quelconque. Les duotettarions x et α de l'équation ci-dessus $x^2 = \alpha$ doivent satisfaire à ces conditions et l'on a :

$$x_2 = \lambda \, \alpha_3 ; \quad x_3 = \lambda \, \alpha_2 ; \quad x_4 = x_1 - \lambda \, (\alpha_1 - \alpha_4)$$

Dès lors, la résolution de l'équation (1) conduit au système de deux équations :

$$\left. \begin{array}{r} x_1^2 + \lambda^2 \, \alpha_2 \, \alpha_3 = \alpha_1 \\ 2 \, x_1 \, \lambda - \lambda^2 \, (x_1 - \alpha_4) = 1 \end{array} \right\} \quad (\text{II})$$

On en tire immédiatement :

$$\lambda = \pm \sqrt{ \frac{x_1 + \alpha_4 \pm 2 \sqrt{N \, (\alpha)}}{(\alpha_1 - x_4)^2 + 4 \, \alpha_2 \, \alpha_3} }$$

$$x_1 = \frac{1}{2\lambda} + \frac{\lambda}{2} \, (\alpha_1 - \alpha_4) ; \quad x_2 = \lambda \, \alpha_3 ; \quad x_3 = \lambda \, \alpha_2$$

$$x_4 = \frac{1}{2\lambda} - \frac{\lambda}{2} \, (x_1 - \alpha_4)$$

Si α est diviseur de zéro, λ se détermine à l'aide de la formule

$$\lambda = \pm \, \frac{1}{\sqrt{x_1 + \alpha_4}}$$

Cette méthode abrège les calculs.

4. *Troisième méthode.* — Rappelons le théorème général suivant : Tout ν-tettarion satisfait à une équation caractérisique du ν^e degré.

Pour un duotettarion x, cette équation caractéristique est la suivante :

$$x^2 - (x_1 + x_4) \, x + N \, (x) = 0$$

Grâce à ce théorème, l'équation $x^2 = \alpha$ peut s'écrire :

$$(x_1 + x_4) \, x - N \, (x) = \alpha$$

Or, la norme du duotettarion x est égale à la racine carrée de la norme de α et il s'en suit :

$$(x_1 + x_4) \left\{ \begin{array}{cc} x_1, & x_2 \\ x_3, & x_4 \end{array} \right\} = \left\{ \begin{array}{cc} \alpha_1, & \alpha_2 \\ \alpha_3, & \alpha_4 \end{array} \right\} + \sqrt{N \, (\alpha)}$$

En effectuant et égalant les coordonnées correspondantes, on est conduit aux équations

$$\left.\begin{aligned}
x_1 (x_1 + x_4) &= \alpha_1 + \sqrt{N(\alpha)} \\
x_2 (x_1 + x_4) &= \alpha_2 \\
x_3 (x_1 + x_4) &= \alpha_3 \\
x_4 (x_1 + x_4) &= \alpha_4 + \sqrt{N(\alpha)}
\end{aligned}\right\} \quad \text{(III}$$

Les solutions du système (III) sont les suivantes

$$x_1 = \frac{\alpha_1 \pm \sqrt{N(x)}}{\pm\sqrt{\alpha_1 + \alpha_4 \pm 2\sqrt{N(x)}}} \;;\qquad
x_4 = \frac{\alpha_4 \pm \sqrt{N(x)}}{\pm\sqrt{\alpha_1 + \alpha_4 \pm 2\sqrt{N(x)}}}$$

$$x_2 = \frac{\alpha_2}{x_1 + x_4} \;;\qquad\qquad x_3 = \frac{\alpha_3}{x_1 + x_4}\,.$$

5 *Quatrième méthode*. — Nous tenons à signaler tout particulièrement l'avantage de l'utilisation des permutations dans la résolution du problème qui nous, occupe. Nous supposerons connue la théorie des permutations. Au duotettarion x nous ferons correspondre par une permutation $S\alpha S^{-1}$ un duotettarion β dont on extraira facilement la racine y. A cette racine y correspondra par la permutation $S^{-1}yS$ la racine x de α.

Soit donc

$$\beta = S\alpha S^{-1},$$

où

$$S = \left\{\begin{matrix} s_1 & s_2 \\ s_3 & s_4 \end{matrix}\right\}.$$

Si l'on pose

$$s_1 = x_1 - \alpha_4 + \sqrt{(\alpha_1 - \alpha_4)^2 + 4\,\alpha_2\,x_3}\,;$$

$$s_2 = 2\,\alpha_2\,;$$

$$s_3 = 2\,\alpha_3\,;$$

$$s_4 = -(x_1 - \alpha_4) - \sqrt{(\alpha_1 - \alpha_4)^2 + 4\,\alpha_3\,x_3}\,;$$

β prendra la forme

$$\beta = \left\{\begin{matrix} b_1, & 0 \\ 0, & b_2 \end{matrix}\right\}$$

β est donc un tettarion diagonal et, pour avoir sa racine $n^{\text{ième}}$, il suffit d'extraire les racines $n^{\text{ièmes}}$ de ses coordonnées diagonales.

$$y = \sqrt[n]{\beta} = \left\{ \begin{array}{cc} \sqrt[n]{b_1,} & \text{o} \\ \text{o}, & \sqrt[n]{b_2} \end{array} \right\}$$

On a ensuite

$$x = \sqrt{\alpha} = S^{-1}yS$$

L'avantage de ce procédé est visible : il permet de traiter d'un seul coup le cas d'une racine $n^{\text{ième}}$ quelconque.

La substitution S ci-dessus contient des irrationnelles. On peut les éviter en combinant cette méthode avec les précédentes.

Signalons, pour terminer, que l'emploi de ces méthodes permet de résoudre complètement l'équation générale du deuxième degré

$$\alpha\, x^2 + \beta x + \mu = \text{o},$$

où α, β et μ sont des duotettarions.

1° REMARQUES RELATIVES
AU DERNIER THÉORÈME DE FERMAT

PAR

LEON POMEY
Examinateur d'admission à l'Ecole Polytechnique

------

1. — Pour que l'équation $x^n_1 + x^n_2 + x^n_3 = \text{o}$ puisse être satisfaite par des entiers x_1, x_2, x_3 non nuls et premiers avec l'exposant n supposé premier impair, il est nécessaire, comme l'on sait, que la congruence $u^{n-1} \equiv \text{o}\,(\text{mod. } n^2)$ soit vérifiée par $u = 2$ (Criterium de Wieferich et Frobenius) et $u = 3$ (Criterium de M. Mirimanoff). Cela résulte d'ailleurs, comme l'a démontré (1) M. Ph. Furtwängler, de ce que *chacun des facteurs premiers des quantités x_i ($i = 1, 2, 3$) et $x_i \pm x_j$ (supposées toutes premières avec n) doit satisfaire à la congruence ci-dessus;* (2 et 3 divisent en effet évidemment toujours l'une de ces quantités).

------

(1) *Sitzungsberichte Akad. Wiss. Wien (Math.)*, 121. II a, 1912, p. 589.

Certains auteurs ont étendu le criterium en question à diverses autres valeurs de u. Or, pour $u = 5$, il ne semble pas que l'on ait remarqué qu'*il se déduit encore immédiatement de la condition de M. Furtwängler*. En effet, ou bien un des entiers x_i $(i = 1, 2, 3)$ est divisible par 5, ou bien chacun a pour reste (mod. 5) ± 1 ou ± 2; donc, il y en aura bien deux dont la somme ou la différence sera divisible par 5. *D'où la condition* $5^{n-1} \equiv 0 \ (mod. \ n^2)$.

2. — D'autre part, la condition de M. Furtwängler suppose notamment que $x_i - x_j$ n'est pas divisible par n. Or montrons que, dans le cas contraire, c'est-à-dire « si l'on avait $x_i - x_j = Mn^\alpha \ (\alpha \gtreqless 1)$, il faudrait que $2^{n-1} - 1$ soit divisible par n^2 au moins; ou même par n^4 au moins, si $\alpha > 1$.

En effet, cela résulte visiblement de ce que la quantité $\varsigma = (x_i + x_j)^n - x^n_i - x^n_j$ est alors égale à

$$(2^{n-1} - 1) \ (2 \ x^n_j + x_j^{n-1} \ Mn^{\alpha + 1}) + \text{mult.} \ n^{2\alpha + 1},$$

et de ce que, en outre, ς doit être divisible par n^4 au moins, comme nous l'avons fait voir précédemment (2).

2° THÉORÈMES DE GÉOMÉTRIE

Les théorèmes suivants résultent de l'application à quelques cas très particuliers de principes généraux que nous avons obtenus concernant les courbes algébriques (planes ou gauches) (1) et dont les conséquences sont innombrables.

1. — Etant donné deux systèmes de paraboles confocales de foyers respectifs F et φ, toute parabole de l'un des systèmes est osculatrice à trois parabobles de l'autre système; et le cercle circonscrit au triangle formé par les trois tangents correspondantes passe toujours par F et φ.

2. — Une hyperbole équilatère Γ est osculatrice à trois des hyperboles équilatères C₂ qui passent par un de ses points D et par un autre point fixe S. Les trois points d'osculation Q_1, Q_2, Q_3 forment un triangle dont D est l'orthocentre. Le cercle des neuf points, commun aux triangles formés par Q_1, Q_2, Q_3 et D, et les cercles des neuf points, relatifs aux triangles formés par deux de ces points et par S, passent tous par un même point O. Chaque cercle mené par trois des points Q_1, Q_2, Q_3 et D, passe aussi par les deux points qui sont symétriques du quatrième par rapport au centre de Γ et par rapport à O.

---

(2) Voir L. POMEY. *C. R. Acad. Sc.* (3 décembre 1923, p. 1187), et *Journal Math. pures et appl.* (1925, p. 1).

(1) Voir Léon POMEY. *Comptes Rendus de l'Académie des Sciences*, 23 juillet 1928.

Enfin celle des hyperboles C_2 qui est osculatrice à Γ en D, recoupe Γ en un point qui est l'harmonique de D: 1° par rapport à Q_1, Q_2, Q_3; 2° par rapport aux deux points de contact de Γ avec les deux hyperboles équilatères passant par S et qui, étant tangentes à Γ en D, lui sont encore tangentes par ailleurs; 3° par rapport aux quatre points de contact de Γ avec les quatre hyperboles équilatères qui passent par S et qui sont surosculatrices à Γ.

3. — Le cercle de Joachimsthal mené par trois des points de rencontre A, B, C d'une conique Γ avec une de ses hyperboles d'Apollonius G, passe aussi par les points qui sont diamétralement opposés à l'orthocentre du triangle ABC sur toutes les hyperboles équilatères circonscrites à ce triangle et notamment sur l'hyperbole d'Apollonius G elle-même.

4. — Toute hyperbole équilatère g, circonscrite à un triangle $\alpha\beta\gamma$, rencontre le cercle E circonscrit à ce triangle en un quatrième point qui est diamétralement opposé, sur E, au centre de l'hyperbole équilatère Γ qui est conjuguée au triangle $\alpha\beta\gamma$ et qui a les mêmes directions asymptotiques que g.

5. — Si un cercle, ayant pour diamètre une corde ab d'une conique G, rencontre celle-ci en deux autres points ω, φ' tels que le pôle O de $\varphi\varphi'$ par rapport à G soit aussi celui de ab par rapport à une autre conique Γ harmoniquement inscrite à G, cette conique Γ aura ω et φ' pour foyers.

6. — Dans un réseau ponctuel (tangentiel) de courbes C_3, de degré (classe) 3, ayant sept pivots (bases) fixes, il y a trois courbes C_3 qui admettent une droite (un point) arbitraire Δ comme tangente d'inflexion (comme point cuspidal); et les trois points d'inflexion (les trois tangentes de rebroussement) forment avec les pivots (bases) dix points (tangentes) d'une même courbe C_{12}.

7. — Si T est le triangle conjugué commun aux coniques Γ d'un faisceau ayant toutes leurs axes parallèles, le lieu des centres de ces coniques est aussi le lieu des points d'où l'on voit les paraboles inscrites dans T sous un angle dont les côtés soient parallèles aux axes des coniques Γ.

8. — Si le cercle orthoptique d'une conique G passe par un foyer f d'une conique Γ, dont la directrice correspondante est Δ, et si A, B, C, D, sont les quatre tangentes communes à G et à Γ, toute autre conique K, tangente à trois de ces droites, soit B, C et D., ainsi qu'à deux droites quelconques issues de f et également inclinées sur les tangentes à G menées par f, touchera aussi la droite A′, qui est la tangente à la conique Γ menée par le point de rencontre de Δ et de la quatrième tangente A.

SUR LES SUITES DE FONCTIONS ORTHOGONALES ET NORMALES

PAR

J. SOULA

Professeur à la Faculté des Sciences de Montpellier

On sait l'importance qu'a prise la théorie de ces suites de fonctions depuis que l'on a résolu les équations intégrales à limites fixes. C'est principalement la convergence des séries dont les termes sont des fonctions orthogonales qui a été étudiée. Je voudrais montrer que l'on peut donner des propriétés de ces fonctions elle-mêmes ; je m'occuperai de leurs racines et de leurs variations.

1. — Soient $\psi_1(s)$, $\psi_2(s)$... $\psi_n(s)$... des fonctions réelles orthogonales et normales dans l'intervalle (c, d). On a

$$\int_c^d \psi_i(s)\, \psi_j(s)\, ds = \begin{cases} 0 & si\ i \neq j \\ 1 & si\ i = j \end{cases}$$

Je suppose que le système est complet (1) et j'établis d'abord un lemme.

Soit $\psi(s)$ une fonction de carré sommable, soit c_i son cœfficient de Fourier,

$$c_i = \int_c^d \psi(s)\, \psi_i(s)\, ds$$

On sait que Σs_i^2 converge et que sa somme est égale à $\int_c^d \varphi^2(s)\, ds$.

Je prends pour $\varphi(s)$ la fonction égale à 1 si $c \leqq s < y$ et égale à 0 si $y < s \leqq d$; dc_i devient une fonction de y, $c_i(y)$, et l'on a

$$c_i(y) = \int_c^y \psi_i(s)\, ds.$$

Les $c_i^2(y)$ sont des fonctions continues (2) et positives Σc_i^2 converge et sa somme est une fonction continue, car elle vaut $y-c$. Dans ces conditions, un théorème de Dini (3) permet d'affirmer que cette série

---

(1) Voir par exemple, le *Traité des équations intégrales* de M. LALESCO ou le chapitre XXXII du tome 3 du *Cours d'analyse* de M. GOURSAT.

(2) Voir H. LEBESGUE : *Leçons sur l'intégration*, page 119.

(3) Voir, par exemple, E. GOURSAT. *Cours d'analyse*, tome 3, chap. XXXII, page 453.

converge de façon uniforme pour y dans l'intervalle (c, d). Soit m_n le maximum de $c_1^2(y) \pm c_2^2(y) + ...$ dans l'intervalle (c, d). Cette quantité tend vers zéro et, comme l'on a $c_1^2(y) < m_1$, il est certain que $c_1(y)$ tend vers zéro de façon uniforme.

Le résultat obtenu pour $c_1(y)$ s'applique à la quantité analogue

$$d_1(z) = \int_{\zeta}^{d} \psi_1(s)\, ds$$

et, par soustraction, à

$$\lambda_1(y, z) = \int_{y}^{\zeta} \psi_1(s)\, ds = c_1(d) - c_1(y) - d_1(z).$$

On a donc une inégalité telle que $|\lambda_1(y, z)| < \mu_1$, μ_1 ne dépendant que de i et tendant vers zéro avec $\dfrac{1}{i}$

2. — Aux hypothèses admises jusqu'ici, j'ajoute la suivante: les fonctions $\psi_1(s)$ sont bornées et bornées dans leur ensemble et l'on a $\psi_1(s) < M$. Je m'occupe des changements de signe de $\psi_1(s)$; et comme cette fonction peut être discontinue, je définis cette façon de parler: je dirai que $\psi_1(s)$ change $p - 1$ fois de signe, si l'on peut diviser l'intervalle (c, d) en p intervalles tels que, dans chacun d'eux, $\psi_1(s)$ ne soit jamais d'un signe déterminé; il est clair que p peut ne pas exister. Je suppose qu'il existe et je désigne par (c_1, d_1), (d_1, d_2)... (d_{p-1}, d) les intervalles en question.

On aura

$$1 = \int_{c}^{d} \psi_1^2(s)\, ds = \int_{c}^{d_1} + \int_{a_1}^{d_2} + ... + \int_{d_{p-1}}^{d}$$

Le premier théorème de la moyenne donne des inégalités telles que

$$\int_{c}^{a_1} \psi_1^2(s)\, ds = \psi_1(s_1) \int_{c}^{a_1} \psi_1(s)\, ds = \psi_1(s_1)\, c(a_1) \qquad (c < s_1 < a_1)$$

Donc

$$1 = \psi_1(s)\, c(a_1) + \psi_1(s_2)\, \lambda(a_1, a_2) + ... + \psi_1(s_{p-1})\, d\,(a_{p-1}) < p\, M\, \mu_1$$

Comme μ_1 tend vers zéro, $\dfrac{1}{p}$ tend vers zéro avec $\dfrac{1}{i}$, *le nombre des changements de signe de $\psi_1(s)$ croît indéfiniment avec i si ces fonctions sont bornées dans leur ensemble.* Il est clair que l'énoncé est valable si la suite des $\psi_1(s)$ n'est pas complète, car elle peut être complétée.

3. — Je suppose maintenant que l'on puisse diviser l'intervalle (c, d) en q intervalles tels que, dans chacun d'eux, $\psi_1(s)$ soit monotone. Je dirai, pour abréger, que $\psi_1(s)$ change $q-1$ fois de croissance.

Je reprends le calcul précédent. avec des notations analogues, mais je transforme chaque intégrale par le second théorème de la moyenne. On a, par exemple, en supposant $\psi_1(s)$ non croissant dans le premier intervalle (c, d),

$$\int_c^{a_1} \psi_1^2(s)\, ds = \psi_1(c + o) \int_c^{\xi} \psi_1(s)\, ds + \psi_1(d - o) . \int_{\xi}^{a_1} \psi_1(s)\, ds$$

et le deuxième membre est inférieur à $2 \, M \, \mu_1$. On a donc $1 < 29 \, M \, \mu_1$ et l'on en déduit que, *si les fonctions $\psi_1(s)$ sont bornées dans leur ensemble, le nombre des changements de croissance des $\psi_1(s)$ croît indéfiniment avec i.* Cet énoncé est encore valable pour une suite non complète.

4. — On remarquera que ces propriétés sont en évidence dans le cas de la suite orthogonale bien connue formée d'une constante et des sinus et cosinus d'arcs en progression arithmétique.

Ce qui précède est à rapprocher des considérations développées par M. P. Lévy dans ses *Leçons d'analyse fonctionnelle* (1) : il donne un lemme qui est une conséquence de celui du n° 1.

Le théorème du n° 2 donne une façon naturelle de classer les fonctions d'une suite complète orthogonale dans le cas où ces fonctions sont bornées dans leur ensemble et où le nombre de changements de signe de chacune d'elles est fini. Il n'y a qu'à les ranger dans l'ordre des nombres de changements de signe croissants. Cela peut donner une réponse à une question posée par M. P. Lévy.

____

(1) Pages 302 et suiv.

____

SUR L'UNIFORMISATION DES COURBES
DE GENRE ZÉRO OU UN

PAR

GEORGES VALIRON

Professeur à l'Université de Strasbourg

____

M. Picard a démontré qu'une courbe de genre supérieur à un ne peut être uniformisée par des fonctions méromorphes autour d'un point qui est point essentiel pour l'une au moins de ces fonctions.

Si $P(X,Y) = o$ est une courbe algébrique de genre un, on peut exprimer X et Y en fonctions elliptiques d'un paramètre u, de mêmes périodes w, w', la représentation étant propre : à un point X, Y de la courbe correspond un seul u dans un même parallélogramme de périodes. Montrons que : *il est impossible d'exprimer les coordonnées* X, Y *d'un point d'une courbe de genre un en fonctions d'un paramètre* $|t|$, *ces fonctions étant holomorphes pour* $|t| > $ R *et l'une au moins*, X, *admettant le point à l'infini pour point essentiel.*

Dans le cas contraire, u serait une fonction $u(t)$ régulière à distance finie pour $|t| > $ R et qui ne prendrait pas les valeurs $c + mw + nw'$, c étant une valeur pour laquelle X ou Y est infini, et m et n des entiers quelconques. Si l'argument de t croissait de 2π, $u(t)$ varierait d'une période $a = m'w + n'w'$. Supposons d'abord a différent de zéro et posons $ab = 2 i\pi$. La fonction

$$v(t) = b\, u(t) - \log. t$$

serait holomorphe pour $|t| > $ R, sauf peut-être à l'infini et

$$te^{v(t)}$$

ne prendrait pas les valeurs dont le logarithme est de la forme

$$b\, (c + mw + nw')$$

valeurs qui sont en nombre infini. $v(t)$ serait holomorphe à l'infini et égale à d en ce point. Dans ces conditions, l'équation

$$(1) \qquad u(t) = c + mw + nw'$$

aurait des racines aussi grandes que l'on voudrait (contrairement à l'hypothèse). Car il en est ainsi pour l'équation

$$\log. t + d - b\, (c + mw + nw') = 0$$

pourvu que le point représentatif de $mw + nw'$ soit assez éloigné à l'intérieur de certains angles et, t_0 étant une telle solution, l'équation (1) s'écrit

$$\log. t - \log. t_0 + (v(t) - d) = 0$$

forme sous laquelle on peut appliquer le théorème de Rouché ;

a devrait donc être nul, $u(t)$ qui ne prend pas certaines valeurs arbitrairement grandes en module, serait holomorphe à l'infini et X aurait une limite lorsque t croîtrait indéfiniment, contrairement à l'hypothèse.

Dans le cas particulier où l'on fait l'hypothèse que X et Y sont des fonctions entières, le théorème qui vient d'être établi découle d'une proposition générale de M. Montel (*Acta math.*, t. 49). Signalons aussi qu'il résulte de là que deux fonctions X et Y holomorphes autour du point à l'infini, qui est point essentiel pour l'une au moins, ne peuvent vérifier une identité de la forme

$$X^m + Y^n = 1$$

m et n étant des entiers positifs tels que

$$\frac{1}{m} + \frac{1}{n} < 1$$

proposition qui avait été établie par M. Montel au moyen des fonctions de Schwartz (*Annales Ecole normale*, 1916).

Considérons maintenant une courbe unicursale $P(X, Y) = 0$. La représentation paramétrique étant propre, X et Y sont fonctions rationnelles d'un paramètre u, et u est fonction rationnelle de X et Y. Il est loisible de supposer que l'un des points à l'infini correspond à u infini. Supposons que l'on puisse uniformiser par des fonctions de t holomorphes autour du point à l'infini qui est point essentiel pour l'une au moins de ces fonctions. u sera une fonction $u(t)$ méromorphe autour du point à l'infini, mais en réalité sera holomorphe autour de ce point puisque X ou Y est une fraction rationnelle en u dont le numérateur est de degré supérieur au degré du dénominateur. Si $X(u)$ ou $Y(u)$ possède un dénominateur, ce dénominateur ne peut s'annuler, donc sera de la forme $(u-c)^q$, c étant une valeur exceptionnelle pour $u(t)$. Par suite :

Pour qu'une courbe unicursale puisse être uniformisée par des fonctions holomorphes autour du point à l'infini, l'une au moins de ces fonctions admettant ce point pour point essentiel, il faut et il suffit que cette courbe n'ait que deux points distincts au plus à l'infini.

Dans ces conditions, X et Y seront des polynomes en u ou en u et $\dfrac{1}{u}$, suivant qu'il y a seulement un ou deux points à l'infini. Dans le premier cas, u pourra être remplacé par une fonction arbitraire de t admettant le point à l'infini pour point essentiel. Dans le second cas, on devra prendre $u = e^v$ et pour v une fonction arbitraire holomorphe autour du point à l'infini, mais ne s'annulant pas en ce point ; on pourra prendre en particulier $v = t$.

Les courbes indiquées dans ce second énoncé sont les seules courbes algébriques qui sont uniformisables par des polynomes ou des fonctions entières. Ce résultat peut être utilisé dans la recherche des équations différentielles algébriques de la forme

$$P(y, y^{(p)}) = 0$$

dont une solution au moins est holomorphe autour du point à l'infini qui est supposé point essentiel. La courbe $P(X, Y) = 0$ devra être du type trouvé ci-dessus. D'autre part, les solutions cherchées doivent être du type moyen de l'ordre un et très régulières (*Bull. Soc. math.*, 1923). Il s'ensuit que si la courbe a effectivement deux points à l'infini, les seules solutions de la forme cherchée sont des fonctions entières, polynomes en e^{kx} et e^{-kx}, k étant constant. Lorsque la courbe n'a qu'un point à l'infini, le cas classique $p = 1$ et celui où la courbe est du second degré et où $p = 2$ donnent un résultat analogue, mais le cas linéaire ($p \geqq 3$) montre déjà que ce résultat n'est pas général.

UNE QUESTION DE MINIMUM
RELATIVE AUX ENSEMBLES
ET SON RAPPORT AVEC L'ANALYSE

PAR

JOVAN KARAMATA
à Belgrade

Soit E un ensemble plan, borné (que l'on peut supposer fermé) de points A_v, d'affixe α_v; M un point de son plan d'affixe z, et $\Omega(z)$ la plus grande des distances MP_v, P_v parcourant l'ensemble E; on se propose de chercher pour quelle valeur de z la fonction $\Omega(z)$ prend sa plus petite valeur.

Théorème. — La fonction $\Omega(z)$ prend sa plus petite valeur, Ω_m, en un seul point, C, d'affixe λ_m, qui est le centre du plus petit cercle contenant tous les points de l'ensemble E; et la valeur minimale $\Omega_m = \Omega(\lambda_m)$ est égale au rayon r de ce cercle.

La fonction $\Omega(z)$ étant égale au rayon du plus petit cercle de centre z contenant l'ensemble E, pour démontrer le théorème il suffit de montrer que la solution est unique. Supposons, en effet, qu'elle prenne sa plus petite valeur en deux points, λ_m et λ'_m; les deux cercles de centre λ_m et λ'_m et de rayon Ω_m devant contenir l'ensemble E, il existera un troisième cercle de rayon plus petit que Ω_m contenant l'ensemble E, ce qui est contraire à l'hypothèse; cela démontre complètement le théorème.

Un problème d'analyse où le théorème précédent se présente est le suivant:

Soit $g(z) = \sum_{o}^{n} \dfrac{\alpha_v}{v!} z^v$ une fonction d'ordre un et de type moyen et

soit $\lambda(g) = \underset{r=\infty}{L\ sup.} \dfrac{lg\ M(r)}{v} = \underset{n=\infty}{L\ sup.} \sqrt[n]{|a_n|}$ le type de $g(z)$.

Posons $g_1(z) = e^{\alpha z} g(z) = \sum_{o}^{\infty} \dfrac{a^v(a)}{v!} z^v$, où $A_n(\alpha) = \sum_{o}^{n} \binom{n}{v} a_v \alpha^{n-v}$

on aura toujours

$$\lambda(g_1) \leqq |\alpha| + \lambda(g)$$

Dans quelles conditions et pour quelles valeurs de α peut-on abaisser le type de $g_1(z)$? en d'autres termes quand l'inégalité

$$\lambda(g_1) \leqq \lambda(g)$$

aura-t-elle lieu ?

Pour donner une réponse à cette question, considérons les fonctions

$$\zeta(z) = \sum_{v=0}^{\infty} a_v z^v \text{ et } \zeta_1(z) = \frac{1}{1 - \alpha z}\, \zeta\left(\frac{z}{1 - \alpha z}\right) = \sum_{0}^{\infty} a_v(\alpha) z^v$$

$$= \int_0^{\infty} e^{-\tau} e^{\alpha \tau z}\, \xi(\tau z)\, d\tau = \frac{1}{1 - \alpha z} \sum_0^{\infty} a_v \left(\frac{z}{1 - \alpha z}\right)^v$$

dont $g(z)$ et $g_1(z)$ sont les fonctions associées de Borel.

Du fait que $\lambda(g_1) = \underset{n = \infty}{L \sup} \sqrt[n]{|a_n(\alpha)|}$

il suit que $\lambda(g_1)$ est égal à l'inverse du module de la plus proche singularité de la fonction $f(z)$, en posant $\alpha_v = -1/z_v$ il résulte que $1/\alpha - \alpha_v$ est une singularité de $f_1(z)$ [de même $1/\alpha$ si $z = \infty$ n'est pas un zéro de $f(z)$]; il s'en suit que $\lambda(g_1)$ est égale à la fonction $\Omega(\alpha)$ relative à l'ensemble des points α_v, et le problème posé se ramène au problème précédent, c'est-à-dire à la recherche du minimum de la fonction $\Omega(\alpha)$; donc : $\lambda(g_1)$ prend sa plus petite valeur, Ω_m, lorsque α est égal à l'affixe λ_m du plus petit cercle contenant tous les points $\alpha_v = -1/z_v$, et sa plus petite valeur est égale au rayon de ce cercle.

Il s'en suit que, si $\lambda_m = 0$, on a $\Omega_m = \lambda(g)$; c'est-à-dire le minimum de $\lambda(g_1)$ est $\lambda(g)$ et, dans ce cas, on ne peut pas abaisser le type de $g(z)$.

Si, par contre, $\lambda_m \neq 0$ on a

$\Omega_m = \Omega(\lambda_m) < \Omega(0) = \lambda(g)$, ce qui montre que, dans ce cas, le type de $g(z)$ peut être abaissé ; donc, pour qu'on puisse abaisser le type de $g_1(z) = e^{\alpha z} g(z)$, il faut et il suffit que le centre du plus petit cercle contenant les points $\alpha_v = -1/z_v$ ne soit pas à l'origine.

Remarquons, enfin, que la fonction $\Omega(\alpha)$ relative à l'ensemble des points $\alpha_v = -1/z_v$, peut s'exprimer analytiquement sous la forme

$$\Omega(\alpha) = \underset{n = \infty}{L \text{ surp.}} \sqrt[n]{|a_n(\alpha)|}$$

où $a_n(\alpha)$ est un polynôme de degré n en α.

SUR UNE CLASSE DE DÉTERMINANTS

PAR

MICHEL PÉTROVITCH
Professeur à l'Université de Belgrade

Le déterminant

$$\Delta_n = \begin{vmatrix} a_{11} & a_{21} \ldots \ldots \ldots & a_{n1} \\ a_{12} & a_{22} \ldots \ldots \ldots & a_{n2} \\ \ldots \ldots \ldots \ldots \ldots \ldots \\ a_{1n} & a_{2n} \ldots \ldots \ldots & a_{nn} \end{vmatrix}$$

où, α_k, r_k, g_k $(k = 1, 2, \ldots \ldots n)$ étant trois suites de nombres quelconques, on a

$$a_{ki} = \alpha_k + r_k\, g_i \qquad \begin{matrix} i = 1, 2, & \ldots n \\ k = 1, 2, & \ldots n \end{matrix}$$

jouit de la propriété suivante :

Le déterminant est identiquement nul lorsque $n > 2$; il est généralement différent de zéro pour $n = 2$.

Le déterminant Δ_n ayant pour mineurs du premier ordre les déterminants Δ_{n-1} de même classe que Δ_n, il suffit de montrer que Δ_3 est identiquement nul. Or, Δ_3 se laisse décomposer en une somme de huit déterminants du troisième ordre dont chacun, après y avoir extrait le nombre correspondant α_k ou r_k multipliant les éléments d'une même colonne, se trouve avoir deux colonnes identiques, et par suite est nul.

Par contre, pour $n = 2$ on a

$$\Delta_2 = \begin{vmatrix} \alpha_1 + r_1\, g_1 & \alpha_2 + r_2\, g_1 \\ \alpha_1 + r_1\, g_2 & \alpha_2 + r_2\, g_2 \end{vmatrix} = (g_1 - g_2)\,(r_1\, \alpha_2 - r_2\, \alpha_1)$$

est généralement différent de zéro.

Cette propriété des déterminants Δ_n trouve une application intéressante dans les analyses chimiques quantitatives, conduisant à un résultat assez curieux qui a son importance pratique.

Supposons qu'au lieu de séparer et de peser individuellement les n corps $A_1, A_2, \ldots A_n$ que l'on cherche à déterminer quantitativement dans un mélange (E) à analyser, on effectue avec le mélange une suite d'opérations chimiques, les mêmes pour tous les corps A_k, le nombre d'opérations étant égal à celui des corps. Les produits de chaque opération étant pesés collectivement, les données ainsi obtenues fournissent un système d'équations en nombre égal à celui des corps A_k, servant à calculer les quantités de ces corps contenues dans (E).

Considérons, pour fixer les idées, le cas de n métaux A_1,... A_n dans un mélange (E) ; transformons-les d'abord en composés B'_1, B'_2..., B_n' d'une même espèce chimique (par exemple en chlorures), l'indice inférieur indiquant le métal correspondant A_k.

Soient m'_1, m'_2,... m'_n les poids moléculaires des composés B_k', q_1 le poids total de ces composés et x'_k le nombre inconnu indiquant combien de fois le poids m'_k se trouve contenu dans le mélange (E) ; on aura l'équation

$$m'_1 x'_1 + m'_2 x'_2 + ... + m'_n x'_n = q_1$$

Transformons ensuite les composés B^1_k en composés B^2_1, B^2_2,... B^2_n d'une autre espèce (par exemple en sulfates) et soient m^2_k, x^2_k, q_2 les quantités correspondantes analogues aux précédentes ; on aura l'équation

$$m^2_1 x^2_1 + m^2_2 x^2_2 + ... + m^2_n x^2_n = q_2$$

En effectuant ainsi n opérations différentes, on aura le système d'équations linéaires.

$$
\begin{aligned}
m^1_1 x^1_1 + m^1_2 x^1_2 + ... + m^1_n x^1_n &= q_1 \\
\cdots\cdots\cdots\cdots\cdots\cdots\cdots\cdots & \\
m^n_1 x^n_1 + m^n_2 x^n_2 + ... + m^n_n x^n_n &= q_n
\end{aligned}
$$
(I)

Désignons alors par :

1º μ^1_k le nombre absolu indiquant combien des poids atomiques de A_k se trouvent contenus dans le poids moléculaire du composé B^1_k (nombre qui se détermine à l'aide de la formule chimique de B_k^1) ;

2º ρ_k le nombre absolu indiquant combien des poids atomiques de A_k se trouvent contenus dans le mélange (E).

On aura

$$x_k = \frac{\rho_k}{\mu^1_k}$$

D'autre part, le rapport

$$\frac{\mu^1_k}{m^1_k} = a_{k1}$$

représente le poids moléculaire réduit du composé B^1_k, de sorte que les poids M^1_k, M^2_k,... M^n_k des composés respectifs B^1_k, B^2_k,... B^n_k contiennent un même poids du métal A_k, à savoir un poids atomique de ce métal.

Désignons enfin : 1º par α_k le poids atomique du métal A_k ; 2º par r_k le nombre entier définissant la valence chimique de A_k ; 3º par h^1_k le poids du groupe chimique lié dans le composé B^1_k à un poids atomique du métal A_k.

Le rapport $h^1{}_k$ a manifestement une même valeur g_1 pour tous les métaux A_k. Et comme l'on a

$$a_{k1}' = \alpha_k + h^1{}_k$$

on aura

$$a_{k1} = \alpha_k + r_k\, g_1$$

Le déterminant du système

$$
\begin{array}{l}
a_{11}\,\rho_1 + a_{21}\,\rho_2 + \dots + a_{n1}\,\rho_n = q_1 \\
\dots\dots\dots\dots\dots\dots\dots\dots\dots\dots\dots \\
a_{n1}\,\rho_1 + a_{n2}\,\rho_2 + \dots + a_{nn}\,\rho_n = q_n
\end{array}
\tag{2}
$$

auquel se réduit le système (1), est donc un déterminant Δ_n, ce qui conduit directement à la conclusion suivante :

L'analyse n'est réalisable que si le nombre des métaux A_k est égal à 2. Dans le cas où ce nombre est supérieur à 2, le déterminant Δ_n est nul et le calcul des ρ_k devient illusoire.

Mais on peut encore opérer de manière à effectuer sur les A_k un certain nombre λ d'opérations chimiques *homogènes* (c'est-à-dire transformant les A_k collectivement en composés d'une même espèce, par exemple en chlorures), et un certain nombre μ d'opérations *hétérogènes* (c'est-à-dire transformant les A_k en composés de différentes espèces, les uns par exemple en chlorures, les autres en carbonates, etc.).

L'analyse n'est alors réalisable que si $\lambda \leqq 2$, c'est-à-dire si $\mu \geqq n - 2$.

SUR LES FAMILLES DE CERCLES ORTHOGONAUX
A UN CERCLE FIXE

PAR

T. LEMOYNE

à Paris

THÉORÈME I. — *Dans un système de cercles de caractéristiques (μ, ν), il y a en général μ cercles orthogonaux à un cercle donné (C.). Autrement dit, quand une famille de cercles est telle que μ d'entre eux passent par un point fixe quelconque du plan, il y a en général μ cercles de la famille orthogonaux à un cercle donné (C).*

Ce théorème se déduit très facilement du suivant, que j'ai établi page 114 de mon ouvrage *Les Lieux géométriques en Mathématiques spéciales*.

THÉORÈME II. — *L'enveloppe de l'axe radical d'un cercle fixe (O) et des cercles appartenant à un système de caractéristiques (μ, ν) est une courbe de la classe μ.*

Il suffit de prendre pour cercle fixe (O) un cercle orthogonal au cercle (C) ; on en conclut que par le centre C de (C) passent μ axes radicaux du cercle (O) et de μ cercles du système (μ, ν) ; ces μ cercles sont orthogonaux au cercle (C) et l'on voit très facilement qu'il n'y a pas d'autres cercles du système orthogonaux à (C), tant que le cercle (C) est *quelconque*.

Il s'ensuit que si l'on peut choisir le cercle (C) de telle façon qu'il y ait $(\mu + 1)$ cercles (μ, ν) orthogonaux à (C), *tous les cercles* (μ, ν) *seront orthogonaux à* (C), sinon l'enveloppe de l'axe radical de (O) et des cercles (μ, ν) serait de classe au moins égale à $(\mu + 1)$, ce qui est impossible, d'après le théorème II.

Appliquons ces résultats au cas où $\mu = 2$. Il y a toujours un cercle (P) (réel ou imaginaire) orthogonal à trois cercles (C_1), $C_2)$, (C_3) de la famille : c'est le cercle qui a pour centre le point de concours P de leurs axes radicaux et pour carré du rayon la puissance de P par rapport à ces cercles. Il suit alors de ce que nous venons de dire que tous les cercles (μ, ν) où $\mu = 2$ sont orthogonaux à un cercle fixe (qui peut d'ailleurs être de rayon nul : tous les cercles passant alors par un même point, ou encore se décomposer en une droite fixe et la droite de l'infini : tous les cercles ont alors leurs centres en ligne droite).

On arrive donc à ce théorème tout à fait général :

THÉORÈME III. — *Quand une famille de cercles qui n'ont pas leurs centres en ligne droite est telle que par tout point arbitraire du plan passent deux cercles de la famille et deux seulement, tous les cercles le la famille sont orthogonaux à un cercle fixe (réel ou imgainaire); bien entendu, ce cercle peut se réduire à un point, qui est alors commun à tous les cercles de la famille.*

Par suite, pour avoir des familles de cercles orthogonaux à un cercle fixe, il suffit de prendre les systèmes de cercles (μ, ν) où $\mu = 2$ et où ν est différent de 2, afin d'éliminer les cercles ayant leurs centres sur une droite.

On en conclut les résultats suivants :

Sont orthogonaux à un cercle fixe (réel ou imaginaire) :

1° *Les cercles tangents à un cercle donné et à une tangente à ce cercle ;*

2° *Les cercles tangents à deux cercles qui se touchent ;*

3° *Les cercles de rayon donné dont le centre décrit un cercle donné ;*

4° *Les cercles de rayon donné vus d'un point fixe sous un angle donné ;*

5° *Les cercles vus de deux points donnés sous des angles donnés ;*

6° *Les cercles ayant pour diamètres les cordes d'une conique donnée qui passent par un point donné (la conique peut se décomposer en deux droites, le théorème reste vrai) ;*

7° *Les cercles orthoptiques des coniques d'un faisceau ponctuel (dont les quatre points communs sont à distance finie) ;*

*De même, se divisent en deux séries de cercles dont chacune est for-
mée de cercles orthogonaux à un cercle fixe;*
formées de cercels orthogonaux à un cercle fixe:

  8° *Les cercles tangents à une droite et à un cercle;*

  9° *Les cercles tangents à deux cercles;*

  10° *Les cercles tangents à un cercle et coupant une droite Δ sous un
angle donné;*

  11° *Les cercles coupant un cercle sous un angle donné et tangents
à une droite (ou à un cercle);*

  12° *Les cercles orthoptiques des coniques qui passent par deux
points donnés et touchent deux droites données Ox, Oy.*

Nous nous arrêterons là dans cette énumération, qu'il serait facile
de prolonger .

Supposons maintenant μ quelconque, et non plus égal à 2. Nous
pourrons énoncer le théorème suivant, dont la démonstration est
immédiate :

THÉORÈME IV. — *Quand les cercles d'une famille sont tels que par
un point quelconque du plan passent μ de ces cercles (où l'on a $\mu > 2$),
si μ cercles ont même axe radical, tous les cercles de la famille sont
orthogonaux à un cercle fixe (réel ou imaginaire).*

Je me bornerai à appliquer cette proposition générale à la démonstration d'un théorème que j'ai énoncé autrefois dans les *Nouvelles
Annales de Mathématiques*, 1904, p. 400 et auxquels les géomètres qui
s'occupent de géométrie du triangle (MM. J. Neuberg, R. Bricard,
Goormaghtigh, Gallatly, Liénard, V. Thébault, etc.), m'ont fait l'honneur d'accoler mon nom ; ce théorème est le suivant :

*Les cercles podaires de chacun des points d'une droite quelconque Δ
par rapport à un triangle A B C sont orthogonaux à un cercle fixe,
réel ou imaginaire.*

Ces cercles sont les cercles principaux des coniques inscrites au
triangle A B C et dont un foyer décrit Δ ; le second foyer décrit une
conique (Γ) circonscrite à A B C.

Projetons un point quelconque M de Δ en M′ sur B C. Par M′
passent trois cercles podaires de points de Δ : ce sont le cercle podaire de
M et les cercles podaires des points où MM′ coupe la conique (Γ) ;
donc les cercles podaires précédents ont pour caractéristique $\mu = 3$.

Soient maintenant D, E, F les points où Δ coupe BC, CA, AB ; les
cercles podaires de D, E, F sont respectivement les cercles qui ont
pour diamètres les trois diagonales DA, EB, FC du quatrilatère complet dont les six sommets sont B, F, E, C, A, D. D'après une propriété
classique, ces trois cercles ont même axe radical, donc, d'après le
théorème IV, tous les cercles podaires de Δ sont orthogonaux à un
cercle fixe.

Lorsque $\mu = 2$, le théorème IV se ramène évidemment au théorème III, qu'il comprend par suite comme cas particulier.

SUR LES NORMALES AUX SURFACES RÉGLÉES

PAR

HUSNY HAMID

Professeur à la Faculté des Sciences de Constantinople

---

1. Considérons une surface réglée non développable Σ engendrée par une droite g. On sait que les normales à la surface Σ le long de la génératrice g sont situées sur un demi-paraboloïde équilatère P. La congruence des normales est ainsi décomposée en demi-paraboloïdes tangents aux deux nappes focales.

Je me propose de donner quelques résultats que j'ai obtenus sur le « faisceau caractéristique » formé par les quadriques qui passent par la courbe caractéristique du paraboloïde variable P et sur la « sous-caractéristique » constituée par l'ensemble des points communs à trois paraboloïdes infiniment voisins.

2. Soient $x = a\,(u)\,z + p\,(u)$, $y = b\,(u)\,z + q\,(u)$ les équations de la surface Σ. L'équation du paraboloïde relatif à la génératrice g de paramètre u est facile à former; le « faisceau caractéristique » s'obtient en considérant les deux paraboloïdes relatifs aux génératrices de paramètres u et $u + d\,u$.

Pour simplifier nous pouvons supposer que les quantités $a\,(u)\,b\,(u)$, $p\,(u)\,q\,(u)$, $a'\,(u)$, $q'\,(u)$ sont nulles pour la génératrice g. Cela revient à adopter pour repère, le repère classique attaché à la génératrice g.

Dans ces conditions, le faisceau caractéristique est défini par les deux quadriques d'équations.

$$Q = b'\,y\,z + p'\,x = 0$$
$$Q_1 = b'^2\,(y^2 - z^2) + (a''\,x + b'')\,z + p''\,x + q''\,y - p'^2 = 0$$

Nous supposerons que la génératrice g n'est pas singulière, de telle sorte que les normales le long de g ne soient pas situées dans un même plan. Dans ces conditions, les deux quantités $b'(u)$, $p'(u)$ ne sont pas nulles.

Nous ne considérons que le cas où les quantités a, b, p, q, u sont réelles.

3. Commençons par chercher les trois paraboloïdes du faisceau caractéristique. En écrivant que la quadrique $Q_1 + \lambda\,Q$ est un paraboloïde, nous trouvons l'équation:

$$b'^2\,a''^2\,\lambda^2 = 0$$

Donc, si a'' n'est pas nul, les trois paraboloïdes du faisceau sont confondus avec P. Si a'' est nul, toutes les quadriques du faisceau seront des paraboloïdes (qui d'ailleurs seront équilatères).

Il est d'ailleurs facilé de caractériser le cas particulier pour lequel a'' est nul : la quadrique osculatrice à Σ le long de g est en effet en général un hyperboloïde qui ne dégénère en paraboloïde que si $a'' = 0$. D'où le théorème.

Si la quadrique osculatrice à une surface réglée est un hyperboloïde (ce qui est le cas général), les trois paraboloïdes du faisceau caractéristique sont confondus. Si cette quadrique osculatrice est un paraboloïde, toutes les quadriques du faisceau caractéristique sont des paraboloïdes.

Il convient de remarquer que si la quadrique osculatrice est constamment un paraboloïde, l'un des deux plans directeurs de ce paraboloïde est fixe. Cela résulte immédiatement du fait que deux quadriques osculatrices infiniment voisines ont en commun deux génératrices g infiniment voisines et que par suite deux paraboloïdes osculateurs infiniment voisins ont un plan directeur commun.

Il est intéressant d'étudier la réciproque du théorème que nous venons d'énoncer. Pour cela, nous considérons un paraboloïde équilatère dépendant d'un paramètre et nous emploierons un repère mobile attaché au paraboloïde. Nous serons ainsi conduits au résultat suivant :

Lorsque le faisceau caractéristique d'un paraboloïde équilatère P a ses trois paraboloïdes constamment confondus, l'une des deux génératrices issues de son sommet engendre une surface réglée qui admet P pour demi-paraboloïde des normales situé sur le paraboloïde P.

4. Cherchons si la biquadratique caractéristique ne peut pas dégénérer. L'équation du quatrième degré en λ qui fournit les cônes du faisceau caractéristique peut se mettre sous la forme :

$$[\, a''\, q'' - (p'' + \lambda\, p')\, (b'' + \lambda\, b')]^2 + (2\, b'\, p'\, a'')^2$$
$$+ [2\, b'^2\, (p'' + \lambda\, p')]^2 = 0$$

Les racines de cette équation sont imaginaires si a'' n'est pas nul. Donc, en général, on a une biquadratique réelle.

Supposons d'abord a'' non nul. On a pour l'équation en λ quatre racines imaginaires distinctes, ou deux racines doubles imaginaires conjuguées. Si l'on se trouve dans ce dernier cas, la biquadratique se décompose et contient, d'après Painvin (*Nouv. ann.*, t. VIII, p. 218), une, deux ou trois droites. En cherchant directement à exprimer qu'une génératrice du paraboloïde $Q = 0$ est située sur la quadrique $Q_1 = 0$, on a le cas particulier des deux racines doubles, la biquadratique se décompose donc en une droite et une cubique.

Supposons maintenant que $a'' = 0$. L'équation en λ devient :

$$(p'' + \lambda\, p')^2\, [b'' + \lambda\, b')^2 + 4\, b'^4]$$

Cette équation admet donc une racine double réelle et deux racines imaginaires conjuguées ; d'ailleurs, à la racine double correspond un cylindre qui ne peut pas dégénérer en deux plans. On a une biquadratique caractéristique admettant un point double à l'infini (Painvin).

En résumé, la courbe caractéristique du paraboloïde des normales est en général une biquadratique réelle. Si cette biquadratique dégénère, elle est formée d'une cubique et une droite ; elle ne peut jamais dégénérer ni en deux coniques, ni en un quadrilatère gauche.

5. Occupons-nous enfin de la « sous-caractéristique » du paraboloïde P. Elle est formée en général par l'ensemble des huit points communs à trois paraboloïdes infiniment voisins.

Bornons-nous ici au cas des surfaces à plan directeur définies par les équations :

$$x = p\,(u),\ y = u\,z + q\,(u)$$

On voit aisément que quatre points de la sous-caractéristique sont rejetés à l'infini dans une direction commune, tandis que les quatre autres points sont situés dans un même plan.

En particulier, s'il s'agit d'un conoïde droit à plan directeur, pour lequel $q\,(u) = 0$, les quatre points rejetés à l'infini sont sur la directrice, tandis que les quatre autres points sont situés dans un plan perpendiculaire à la directrice.

Il peut même arriver que les huits points soient constamment rejetés à l'infini sur la directrice. Cela ne se présente d'ailleurs que pour les conoïdes d'équations

$$x = A + B\,(u - 2\ arc\ tg\ u) + C\,L\,(1 + u^2),\ C\,y = u\,z$$

6. Je me propose de compléter ultérieurement l'étude de la sous-caractéristique du paraboloïde des normales, car ce sujet prête à de nombreux développements.

SUR LES COMPLEXES LINÉAIRES TANGENTS
A UNE CONGRUENCE DE DROITES

PAR

PAUL MENTRÉ

Professeur à la Faculté des Sciences de Nancy.

1. Dans sa thèse, M. Kœnigs a donné les deux théorèmes suivants sur les congruences de droites (1) :

« Tout complexe linéaire tangent d'une congruence est osculateur suivant deux corrélations anharmoniques de la congruence. »

« Les génératrices des hyperboloïdes osculateurs des surfaces réglées d'une congruence relativement à une droite fixe de cette congruence appartiennent à un complexe du second degré. »

2. Il s'agit manifestement de propriétés projectives ; aussi me suis-je proposé d'étudier et compléter ces propriétés dans l'espace projectif.

Je me contenterai d'indiquer quelques résultats auxquels je suis parvenu au moyen du calcul extérieur selon la méthode de M. Cartan. Je me bornerai d'ailleurs au cas général d'une congruence ayant deux surfaces focales distinctes.

3. On sait que les complexes linéaires Γ tangents à une congruence forment un réseau singulier (Γ) dont les complexes spéciaux admettent chacun pour directrices deux *droites focales.*

Cela résulte d'ailleurs immédiatement de ce fait qu'un complexe linéaire est tangent à une congruence lorsqu'il contient une génératrice g et deux génératrices infiniment voisines g' et g''. Choisissons pour g' et g'' deux génératrices prises sur l'une et sur l'autre des deux développables qui passent par g. Les deux droites g et g' se rencontrent au foyer f_1 tandis que les deux droites g et g'' se rencontrent au foyer f_2 ; par suite, pour être tangent à une congruence, un complexe linéaire doit contenir les deux faisceaux plans, formés par les *rayons centraux.* Les directrices des complexes linéaires tangents spéciaux doivent rencontrer g, g' et g'' ; ce sont donc bien des droites focales.

4. Si nous considérons deux complexes linéaires Γ, ils définissent un faisceau qui appartient au réseau (Γ) ; les deux complexes spéciaux

---

(1) Kœnigs, *Thèse de Doctorat*, Paris, 1882, p. 101, 106 et 107.

(2) Pour l'initiation à cette méthode, voir notamment le mémoire de M. Cartan sur les variétés de courbure constante d'un espace euclidien ou non euclidien (Bull. des Sciences mathématiques, t. 47, 1919, p. 125-160 et t. 48, 1920, p. 132-208).

de ce faisceau sont donc des droites focales. Autrement dit, les deux directrices de la congruence linéaire, commune à deux complexes Γ, sont respectivement une droite focale du foyer f_1 et une droite focale du foyer f_2.

5. Imposons aux complexes linéaires Γ une condition quelconque, pourvu qu'elle soit satisfaite par une famille à un paramètre de complexes Γ. La famille ainsi définie aura une propriété remarquable. Considérons en effet le complexe enveloppé. On sait (1) que cette enveloppe admet sur chacure de ses droites deux foyers inflexionnels doubles, distincts ou confondus, ces deux foyers étant situés sur les directrices de la congruence linéaire caractéristique.

Mais il est évident d'après le N° 4 que les directrices de la congruence linéaire caractérisque V sont des droites focales. Donc : *toute famille à un paramètre, de complexes linéaires tangents à une congruence suivant une génératrice g admet pour enveloppe un complexe tel que sur chacune de ses droites h il existe deux foyers inflexionnels doubles qui sont les points d'intersection de la droite h avec les deux plans tangents menés aux surfaces focales par les foyers de la génératrice g.*

6. Imposons aux complexes Γ la condition d'avoir les deux corrélations anharmoniques osculatrices confondues. Le calcul montre que l'enveloppe des complexes linéaires ainsi définis est précisément le complexe du second degré dont il est question au N° 1 et que nous désignerons dorénavant par G. On a ainsi le théorème suivant :

Le complexe du second degré G associé par M. Kœnigs à chaque génératrice g d'une congruence est enveloppé par les complexes linéaires qui sont tangents à la congruence avec leurs deux corrélations anharmoniques osculatrices confondues.

7. Parmi les complexes linéaires Γ qui enveloppent G, il en est deux remarquables. Ce sont ceux qui admettent pour corrélations anharmoniques osculatrices confondues les corrélations définies par l'une et par l'autre des deux développables qui passent par la génératrice. Ces deux complexes linéaires sont précisément les deux *complexes d'accompagnement* distingués par Waelsch (1). Ils ont en outre la propriété remarquable d'être les deux seuls, parmi les complexes Γ enveloppant G, qui admettent une congruence linéaire caractéristique spéciale dont la directrice double est d'ailleurs g. Donc :

Chacun des deux complexes linéaires d'accompagnement de Waelsch est tangent au complexe G suivant une congruence linéaire spéciale de directrice double g.

8. Les congruences linéaires caractéristiques V ont pour directrices deux droites focales. Elles établissent donc une correspondance entre les droites focales de l'un et de l'autre des deux foyers. Cette corres-

---

(1) Paul MENTRÉ. *Comptes Rendus*, t. 175, 1922, p. 941.
(2) WAELSCH. *Wiener Sitzungsberichte*, t. 100, 2a, 1891, p. 118.

pondance est de l'espèce (2,2), c'est-à-dire qu'à une droite focale de première ou de deuxième espèces correspondent deux droites focales de deuxième ou de première espèce.

9. Il est aisé de former l'équation du complexe G par rapport à un repère associé d'une manière intrinsèque projective à la génératrice g. On trouve ainsi qu'à une transformation homographique près, tout complexe G a pour équation en coordonnées pluckériennes :

$$Y^2 + (\lambda + 1)\, M\, Y + \lambda\, M^2 + \left(\frac{\lambda - 1}{2}\right)^2 Z^2 = 0$$

10. La constante λ n'est autre que l'invariant mutuel des deux complexes d'accompagnement ; c'est aussi le seul invariant projectif fondamental du deuxième ordre de la congruence.

Si λ est égal à 1, les deux complexes d'accompagnement viennent se confondre avec un complexe osculateur à la congruence qui est W. On a le théorème :

Lorsque la congruence est W, le complexe du second degré G se décompose en un complexe linéaire compté deux fois, ce complexe linéaire étant le complexe linéaire osculateur (1).

L'équation du complexe G se réduit en effet à $(Y + M)^2 = 0$, tandis que le complexe linéaire osculateur a pour équation $Y + M = 0$.

---

(1) Ce résultat a été obtenu simultanément par M. L. GODEAUX, dans une note récente « Sur un théorème de M. G. KŒNIGS » (Bulletin scientifique de l'Ecole Polytechnique de Timisoara, Roumanie, 1918).

DEUXIÈME SECTION

GÉODÉSIE
ASTRONOMIE ET MÉCANIQUE

Président .... M. Richard, Professeur honoraire à Châteauroux.

Secrétaire .... M. H. Mémery, Observatoire de Talence.

SUR L'ENSEIGNEMENT DE LA MÉCANIQUE ET DE L'ASTRONOMIE

PAR

J. RICHARD
Professeur de mathématiques

Dans les nouveaux programmes de mathématiques, l'enseignement de la mécanique va être simplifié, et il est à craindre qu'il le soit de mauvaise façon.

On ne définirait plus l'accélération totale mais seulement l'accélération tangentielle qui est la projection de l'accélération totale sur la tangente.

Une telle manière de procéder a de graves défauts ; d'abord elle donne une idée très fausse de la mécanique. La relation essentielle de la mécanique est l'équation

$$F = m\gamma$$

F est la force, m la masse, γ l'accélération. F et $m\gamma$ sont deux vecteurs et la relation qu'on vient d'écrire est une équipollence, ces deux vecteurs sont égaux, parallèles et de même sens.

Si vous ne définissez pas γ, cette relation n'a plus de sens, et la relation essentielle de la mécanique disparaît.

Voici maintenant un point animé d'un mouvement circulaire uniforme, il n'y a plus d'accélération tangentielle mais l'accélération totale, égale au quotient du carré de la vitesse par le rayon du cercle, et dirigé vers le centre, a, il me semble, quelque importance. Elle sert à définir la force centrifuge et l'utilité de cette nouvelle notion n'est pas contestable.

Ce serait donc fausser l'enseignement que de ne pas introduire l'accélération totale. On y parvient de deux façons, soit en définissant d'abord la dérivation, soit par l'hodographe. C'est ce dernier procédé qui fut en usage jusqu'ici dans l'enseignement. Peut-être les auteurs des nouveaux programmes ont-ils jugé que ce théorème : la projection de l'accélération sur la tangente à la trajectoire est la dérivée de la vitesse par rapport au temps ; est trop difficile à démontrer, ou exige un appareil analytique.

Il n'en est rien, comme je vais le faire voir par une démonstration géométrique correcte et complète. Si j'enfonce ainsi une porte ouverte ce sera tant mieux.

Considérons les deux vitesses MV et M_1V_1 tangentes à la trajectoire, aux deux époques t et $t + \Delta t$. Par un point O fixe menons OP équipollents à MV, OP_1 équipollent à M_1V_1 les points P et P_1 seront deux points de l'hodographe à l'époque t et à l'époque $t + \Delta t$. OP sera la vitesse v à l'époque t, PQ_1 sera la vitesse $v + \Delta v$ à l'époque $t + \Delta t$.

Joignons PP_1 et sur cette droite prenons un point G tel que $PG = \dfrac{PP_1}{\Delta t}$ L'accélération sera la limite de PG.

Prenons sur OP une longueur OP' égale à OP_1 en sorte que PP' soit égal à Δv. Le triangle $OP'P_1$ sera isocèle et quand Δt tendra vers zéro, $P'P_1$ deviendra perpendiculaire à OP. Menons GK parallèle à $P'P_1$, GK coupera en K le prolongement de OP. La position limite de GK sera aussi perpendiculaire à OP, alors la position limite de PK sera la projection de l'accélération sur la tangente.

Or les triangles semblables PP_1P' PGK donnent

$$\frac{PK}{PP'_1} = \frac{PG}{PP_1} = \frac{1}{\Delta t}$$

donc $PK = \dfrac{PP'}{\Delta t} = \dfrac{\Delta v}{\Delta t}$; donc la limite de PK est la dérivée de v par rapport à t, d'où résulte le théorème.

La partie de la mécanique qui peut être étudiée le plus complètement en mathématiques élémentaires est la statique, et dans un programme bien fait elle doit être prépondérante.

Le parallélogramme des forces peut être admis d'emblée ou démontré.

J'ai vu bien souvent émettre des doutes sur la possibilité de démontrer la règle du parallélogramme. On ne peut le démontrer, dit-on, qu'en admettant certaines propositions équivalentes, d'où on le déduit d'une façon plus ou moins pénible. Autant l'admettre d'emblée.

Je ne suis pas de cet avis. La proposition suivante a un caractère absolument mathématique et est susceptible de démonstration.

La seule loi de composition des vecteurs possédant les caractères suivants est l'addition géométrique.

A. Le vecteur résultant est indépendant de l'ordre de composition des vecteurs composants, et l'on peut remplacer plusieurs de ceux-ci par leur vceteur résultant partiel.

B. Si le système des vecteurs donnés se déplace en formant un système invariable, le vecteur résultant se déplace en restant lié à ce système.

C. Si les deux vecteurs OA et OB sont portés par la même droite dans le même sens, le vecteur résultant est égal à leur somme.

Le fait que les propriétés A, B, C, entraînent la loi de composition appelée addition géométrique est un théorème de géométrie et la dmonstration de ce fait est bien réellement une démonstration. Cette démonstration peut être rendue très élémentaire.

La théorie des complexes linéaires peut être traitée comme application des lois de composition des forces. Elle peut être rendue très élémentaire, de façon qu'elle soit accessible aux bons élèves de mathématiques.

QUELQUES REMARQUES
SUR L'ENSEIGNEMENT DE LA MÉCANIQUE

PAR

JACQUES HADAMARD
Professeur au Collège de France

En 1901 et en 1911, années où nous nous trouvions aux Etats-Unis, l'enseignement expérimental des sciences physiques et la méthode de « rediscovery » dans les écoles secondaires avait déjà pris un développement qu'elles n'ont acquis que plus tard chez nous. Il nous fut donné d'assister à deux exercices de ce genre, consacrés à la mécanique. Pour l'un d'eux, nous nous contenterons de renvoyer à la description que nous en avons récemment donnée dans l'*Enseignement scientifique*. Nous reviendrons au contraire un instant sur l'autre (1901), assez heureusement choisi à un point de vue qui nous paraît fondamental, celui de la coopération entre l'observation et le raisonnement.

Le dispositif était le suivant. Un disque vertical, mobile autour de son centre, était entouré d'un autre disque annulaire situé dans le même plan et fixe. Il portait un certain nombre de goupilles à chacune desquelles était attaché un fil qui venait passer sur une goupille analogue, ou plutôt sur une petite poulie plantée dans la partie annulaire fixe. Le disque central étant d'abord immobilisé, on attachait des poids connus à tous les fils moins un et le problème était de trouver le poids dont il fallait charger le dernier fil pour établir l'équilibre : après quoi, on vérifiait le résultat obtenu en rendant la liberté au disque mobile.

L'avantage d'un pareil exercice est qu'il constitue une application directe d'un théorème du cours, et qu'il nécessite une compréhension exacte de l'élément fondamental qui figure dans l'énoncé de ce théorème, à savoir la notion de moment. On ne peut répondre à la question sans avoir non seulement noté la force agissante, mais mesuré le bras de levier correspondant. Il faut même avoir tenu compte du signe du moment, et il peut être intéressant de placer l'élève dans un cas où le problème est impossible à ce point de vue, tout poids suspendu au dernier fil ne pouvant qu'augmenter et non diminuer la somme algébrique des moments.

Bien entendu, un enseignement vraiment scientifique devra noter noter ce que le résultat trouvé a d'approximatif, en raison des résistances passives.

Dans tout le cours de l'enseignement expérimental, il est essentiel que le rôle de l'observation et celui du raisonnement soient étroitement unis comme ils le sont dans l'exemple préccédent. Ni celle-là ni celui-ci ne peuvent donner leur véritable effet éducatif tant qu'ils restent séparés.

Les exercices véritablement utiles au point de vue que nous venons d'indiquer ne sont peut-être pas aisés à trouver en aussi grand nombre qu'il serait désirable. Toutes les parties de la mécanique peuvent cependant en fournir. Le professeur — je parle du professeur de mathématiques, les physiciens pouvant avoir à cet égard leur conception tout à fait à part — pourra mettre entre les mains de ses élèves des films, ou mieux des chrono-photographies sur plaque fixe de différents mouvements. Sur la chute libre verticale, il fera construire le diagramme des espaces en fonction des temps ; une ou deux vitesses moyennes ; une ou deux accélérations moyennes ; l'accélération vraie. Le rôle des échelles du diagramme ne sera bien entendu pas perdu de vue et une valeur approximative de g en C. G. S. ou en mètres/seconde pourra être obtenue.

En opérant ainsi, toutes les étapes des raisonnements faits dans le cours pour passer des espaces aux vitesses et des vitesses aux accélérations et inversement pourront et devront être reprises et vérifiées ; et c'est en cela précisément que l'analyse un peu minutieuse dont nous venons de parler est importante.

Une analyse aussi complète et aussi minutieuse s'imposera, toujours au même point de vue, pour tous les phénomènes analogues. On traitera, par exemple, la chute libre oblique comme la chute libre verticale, en traçant, cette fois, l'hodographe (avec inscription du temps). Force sera bien à l'élève de se rendre compte que vitesses et accélérations sont des vecteurs, et que l'accélération moyenne s'obtient par une différence géométrique.

Si l'on passe maintenant au pendule simple, le relevé des vitesses successives permettra de vérifier le théorème des forces vives, base de toute cette théorie élémentaire. Le relevé des accélérations fera sentir l'erreur commise dans cette théorie, erreur dont on apercevra immédiatement le sens.

Oserai-je même proposer l'insertion, sur le fil, d'un petit dynamomètre fournissant à chaque instant la réaction, et dont les indications seront jointes aux chrono-photographies? Cette pauvre réaction était, dans l'enseignement que j'ai reçu il y a quarante-cinq ans, l'objet d'un mépris vraiment curieux. A vrai dire, il n'y en avait pas : la composante normale de la pesanteur était « détruite » par le fil, voilà tout. Du moment qu'il n'y avait pas de réaction, il n'était pas question de son travail. Le théorème des forces vives était écrit froidement en ne considérant que le travail de la pesanteur, sans autre expllication. Je pense qu'on a heureusement changé cela.

De tels exemples, faisant ainsi intervenir à la fois dans une union étroite et nécessaire le raisonnement et l'expérience, devront prendre dans l'enseignement de nos lycées une importance croissante; et pour ma part, l'idée émise tout récemment par un de nos collègues, de les sanctionner par des compositions et des prix spéciaux me séduit fort.

<hr>

SUR UN PROBLÉME DE PERCUSSION

PAR

GEORGES BOULIGAND
Professeur à l'Université de Poitiers

<hr>

On a tendance à réduire la théorie des persussions à des phénomènes procédant plus ou moins directement du choc. Nous nous proposons ici d'indiquer une question qui rentre dans la catégorie des percussions (changement brusque de vitesse sans discontinuité de configuration) tout en se distinguant d'un problème de choc.

On considère une plaque plane, constituée par l'ensemble des points du plan xoy vérifiant une inégalité de la forme $\varphi(x, y) \gtreqless 0$. Un point matériel peut se mouvoir sans frottement sur l'une quelconque des faces de cette plaque. Il est lié bilatéralement à la plaque: on demande d'étudier le passage du point d'un côté de la plaque à l'autre.

Au moment où le point M franchira le bord $\varphi(x, y) = 0$ de la plaque, il y aura apparition d'une liaison supplémentaire, exprimée par l'équation $\varphi = 0$. La durée d'intervention de cette liaison est extrêmement courte, ou si l'on préfère, la liaison disparaît d'une manière immédiate. Par ce caractère, notre problème se rapproche donc d'un problème de choc, celui qui consisterait à regarder M comme assujetti à demeurer sur un côté de la plaque, avec faculté de rebondir sur la courbe φ = o assimilée à une bande de billard. Pour résoudre ce dernier problème, on est obligé d'introduire une donnée auxiliaire, *le coefficient de restitution* du bord φ = o.

Nous allons préciser le problème initial en postulant qu'il est permis de le considérer comme un cas limite du mouvement d'un point sur la surface.

$$(1) \qquad\qquad z^2 = \varepsilon^2\, \varphi\,(x,\, y)$$

lorsque ε tend vers zéro. Nous supposerons d'ailleurs que $\varphi\,(x,\, y)$ est une fonction analytique régulière (dans toute la portion utile du champ réel) possédant un gradient non nul en chaque point de la courbe φ = o. Moyennant les hypothèses qui viennent d'être formulées, il est facile d'établir le résultat suivant : *lorsque le mobile franchit la courbe φ = o, sa vitesse subit une réflexion* (suivant les lois ordinaires) *sur la tangente à cette courbe.*

Le mouvement sur la surface se détermine en effet en adjoignant, à l'équation (1) le système suivant :

$$\frac{d^2x}{dt^2} = X + \lambda\,\varphi'_x, \quad \frac{d^2y}{dt^2} = Y + \lambda\,\varphi'_y, \quad \frac{d^2z}{dt^2} = Z - 2\,\lambda\,\frac{z}{\varepsilon^2}$$

on obtient ainsi quatre équations donnant x, y, z et le multiplicateur λ en fonction du temps : x, y, z désignent les composantes de la force directement appliquée, tandis que la réaction est

$$\left(\lambda\,\varphi'_x,\ \lambda\,\varphi'_y,\ - 2\,\lambda\,\frac{z}{\varepsilon^2} \right)$$

Cela posé, faisons tendre ε vers zéro : alors les courbures de la surface tendent vers zéro, sauf aux environs de la courbe φ = o ; de sorte qu'en donnant à ε une valeur fixe, mais extrêmement grande, le mobile qui passe de la région $z > o$ de la surface à la région $z < o$ subira une

---

(1) En lisant la présente communication, M. René Garnier a bien voulu me signaler d'autres problèmes de changement de liaison, où les liaisons dépendent du temps :

EXEMPLE : Un solide pesant étant mobile autour d'un point fixe, on l'astreint à la liaison $\psi = \omega t$, ψ désignant la précession eulérienne et ω une constante. Si l'on vient à changer brusquement la valeur de ω, quel sera le nouvel état des vitesses ?

réaction énorme pendant un temps très court. Supposons de nouveau ε infiniment petit : les limites des intégrales de $\dfrac{d^2x}{dt^2}\ \dfrac{d^2y}{dt^2}$ pendant cette durée infiniment courtes, sont proportionnelles à $\varphi'x\ \varphi'y$. Donc la brusque variation géométrique de la vitesse est portée par la normale à la courbe $\varphi = 0$. De plus, si pendant la même durée infiniment courte, nous appliquons le théorème des forces vives il nous montre que le carré de la vitesse a subi une variation infiniment petite. D'ailleurs la vitesse n'a pu demeurer continue, le mobile n'ayant pas la possibilité de pénétrer dans la région $\varphi < 0$ du plan xoy. L'énoncé est donc établi.

On peut traiter de même des problèmes plus généraux : mouvement d'un point sur un polyèdre ou sur une surface munie d'arêtes. Ces problèmes rentrent dans la catégorie de questions : *changement brusque de liaison,* que M. Maurice Gevrey m'a signalé dans une lettre, en citant l'exemple d'un pendule spérique pour lequel, au cours du mouvement, on fixe brusquement un point du fil. Pour un point en mouvement sur une surface, la loi de discontinuité de vitesse au passage d'une arête est la même qu'en l'absence de force active : on se ramène ainsi à l'étude des géodésiques pour les surfaces présentant des arêtes (voir Gambier, *Ann. Ec. Norm.,* 3e série, t. XLIV, 1927, p. 213 et suiv.), au voisinage de ces arêtes.

Observons enfin que le problème initial se présente comme cas limite lorsqu'on cherche le mouvement d'un point pesant sur une surface déduite d'une surface de révolution à axe vertical en réduisant dans un rapport constant les ordonnées relatives à un plan méridien fixe. Ce cas limite est celui où le rapport constant tend vers zéro. Le problème général proposé peut alors s'encadrer entre ce cas limite et un autre cas où l'on sait intégrer, celui de la surface de révolution elle-même. On peut noter, avec M. René Garnier (1), qu'en prenant un paraboloïde, l'intégration peut s'effectuer pour toutes les valeurs du rapport de réduction : on peut alors demander au calcul direct la confirmation de la loi générale qui précède.

---

(1) Voir mes exercices sur la Mécanique des Solides (Vuibert, 1929), p. 120.

QUELQUES REMARQUES
SUR LA DURÉE ET L'INTENSITÉ VARIABLES
DES PÉRIODES SOLAIRES

PAR

HENRI MÉMERY

Observatoire de Talence (Gironde)

Dans toutes les recherches où l'on fait intervenir la durée de la période undécennale des taches solaires, il est d'usage d'employer presque exclusivement la durée *moyenne* de la période, soit 11 ans, 1 — 11 ans, 5 ou 11 ans, 9, selon les auteurs et selon le nombre des périodes qui ont servi de base à l'établissement de la moyenne.

Or, cette durée moyenne ne correspond, en réalité, qu'à un très petit nombre de périodes solaires, et à la condition de ne pas faire état de la fraction d'année de la période moyenne.

On peut constater, tout d'abord, combien il est difficile de fixer avec précision la durée des périodes solaires antérieures aux observations de Schwabe, commencées en 1825. Par suite du peu d'attention que l'on a prêté aux taches solaires depuis l'époque de leur découverte et du petit nombre d'observateurs du soleil jusqu'au milieu du XIXᵉ siècle, il existe des lacunes importantes dans la série des observations solaires qui s'étend de 1610 à 1825. Il semble anormal, par exemple, que l'on n'ait pu se mettre d'accord pour savoir s'il faut placer un maximum solaire en 1793, l'intervalle entre le maximum de 1789 et celui de 1804 ou 1805 paraissant trop grand ; de même, on admet qu'aucune tâche solaire ne s'est montrée au cours de l'année 1811 ; or, nous savons que, même lors des années correspondant aux minima solaires les plus faibles, le soleil présente au moins 15 à 20 taches dans l'année.

C'est en se basant sur des observations éparses, très irrégulières, que certains auteurs ont essayé de fixer les années des minima et celles des maxima des périodes précédentes en remontant jusqu'à l'époque de la découverte des taches ; mais certains désaccords persistent pour une partie de ces dates.

Les données les plus précises sont celles qui vont de 1825 (origine des observations de Schwabe) à nos jours ; les durées des périodes peuvent être fixées comme suit :

1° Intervalle des maxima consécutifs:

1828 à 1837: 9 ans;
1837 à 1848: 11 »
1848 à 1860: 12 »
1860 à 1870: 10 »
1870 à 1883: 13 »
1883 à 1893: 10 »
1893 à 1905: 12 »   (véritable maximum);
      1906: 13 »   (moyenne des 2 maxima de 1905 et 1907);
1905 à 1917: 12 »
1917 à 1928: 11 »

2° Intervalle des minima consécutifs:

1833 à 1843: 10 ans;	1878 à 1889: 11 ans;
1843 à 1855: 12 »	1889 à 1901: 12 »
1855 à 1867: 12 »	1901 à 1913: 12 »
1867 à 1878: 11 »	1913 à 1923: 10 »

Les dates ci-dessus sont celles qui sont adoptées le plus généralement; toutefois, d'après les observations de Schwabe, il y aurait eu un maximum en 1828, et cette date est adoptée par Simon Newcomb; mais, d'après Wolff, ce maximum aurait eu lieu en 1829, 9. Tout le monde étant d'accord pour fixer le maximum suivant à 1837, cette période de 1828 ou 1829 à 1837 serait alors excessivement coürte: 9 ans, ou même moins de 8 ans, ce qui paraît anormal. Il est probable que ces divergences doivent être mises sur le compte d'observations incomplètes.

En ce qui concerne l'*intensité* de chaque période, on observe des irrégularités assez prononcées, d'un maximum à l'autre et d'un minimum au suivant. Il est assez difficile de comparer cette intensité à un siècle d'intervalle, les résultats des observations actuelles comportant la mesure de la superficie des taches, ce qui n'avait pas lieu avant 1873. D'autre part, si l'on considère le *nombre des taches,* les chiffres actuels sont certainement plus élevés, par suite de la régularité et du plus grand nombre d'observations, ainsi que de la puissance des instruments empioyés depuis 50 ans.

Toutefois, il est utile de remarquer que par suite de la succession des périodes courtes et des périodes longues, on trouve, dans chaque siècle, un nombre exact de périodes (9) à un ou deux ans près.

Dans ces conditions, on peut arriver, semble-t-il, avec assez de précision, à la correspondance d'un siècle à l'autre, entre les années des maxima et celles des minima respectivement.

Si l'on admet que la date de 1615 est bien celle d'un maximum, le précédent peut être placé en 1604; nous avons alors les séries suivantes:

Correspondance séculaire des maxima solaires:

1604 - 1705 - 1804 (Newcomb) ou 1805 (Wolf) - 1905 ;
1615 - 1718 - 1816 - 1917 ;
1626 - 1727 - 1828 (Newcomb) ou 1829 (Wolf) - 1928 ;
1639 - 1738 - 1837 ;
1649 - 1750 - 1848 ;
1660 - 1761 - 1860 ;
1675 (?) - 1769 - 1870 ;
1685 (?) - 1779 (?) - 1883 ;
1693 - 1788 (Wolf) ou 1789 (Newcomb) - 1893.

Les dates de 1675, 1685 et 1788 ou 1789, qui n'ont pas d'années correspondantes lors des autres siècles, paraissent très douteuses.

D'autre part, il est fort probable qu'il y a eu un maximum en 1793 correspondant à ceux de 1693 et de 1893.

Enfin, il n'est guère admissible que le *maximum* de 1788 ou 1789 corresponde avec un *minimum* au siècle précédent (1689) et au suivant (1889).

Examinons la *correspondance séculaire des minima solaires:*

1610 - 1712 - 1810 (ou 1811) - 1913 ;
1619 - 1723 - 1823 - 1923 ;
1634 - 1734 - 1833 ;
1645 - 1745 - 1843 ;
1655 - 1755 - 1855 ;
1679 - 1775 (?) - 1878 ;
1666 - 1766 - 1867 ;
1689 - 1784 (?) - 1889 ;
1698 - 1798 - 1901.

Les minima de 1775 et de 1784 paraissent également douteux.

Il semble que les dates ainsi déterminées et sur lesquelles, d'ailleurs, les divers auteurs ne sont pas toujours d'accord, ne doivent être acceptées qu'avec les plus grandes réserves (sauf en ce qui concerne les cent dernières années).

On s'expose donc à des erreurs sensibles en employant la durée *moyenne* de la période solaire, cette durée moyenne ne pouvant, en particulier, servir de base pour mettre en comparaison les variations solaires avec les variations de certains phénomènes terrestres, météorologiques ou autres.

Nous venons de voir que par suite du nombre de périodes solaires contenues dans un siècle, les maxima et les minima solaires se retrouvent à cent ans d'intervalle. Si les phénomènes solaires exercent une influence sur nos températures, comme un grand nombre d'observations semblent le montrer, on doit retrouver, d'un siècle à l'autre, une correspondance entre certaines saisons extrêmes ; or, c'est précisément ce que l'on observe, comme l'indique le petit tableau suivant relatif à deux séries de quarante années : 1788 à 1828 et 1888 à 1928.

1788/89 : hiver rigoureux ;	1888 et 1889 : hivers froids ;
	1890/91 : hiver rigoureux ;
1793 : été très chaud ;	1893 : été très chaud ;
1795 : hiver rigoureux ;	1895 : hiver rigoureux ;
1800 : été très chaud ;	1900 : été très chaud ;
1804, 1806, 1807 : années chaudes ;	1904, 1906, 1907 : années chaudes ;
1811 : janvier froid ;	1911 : janvier froid ;
été très chaud ;	été très chaud ;
1812/13 : hivers rigoureux ;	
1813/14 :	1913/14 : hiver rigoureux ;
1822 : été très chaud ;	1921 : été très chaud ;
1826 : été chaud ;	1926 : été chaud ;
1827 : été frais et pluvieux ;	1927 : été frais et pluvieux.

Ces concordances, qui ne peuvent être fortuites, montrent tout l'intérêt que présentent les observations solaires au point de vue météorologique, surtout si les prochains hivers de 1929 et de 1930 sont aussi froids que ceux de 1829 et de 1830.

LIGNES DE PLUS GRANDE PENTE
ET TRAJECTOIRES REMARQUABLES
DES SYSTÈMES PESANTS

PAR

PAUL LAROCHE

Ingénieur des Arts et Métiers
Etudiant à l'Université de Poitiers

Soit un système matériel à liaisons holonomes, sans frottement, et indépendantes du temps, sur lequel n'agit que la pesanteur. L'objet de cette note est d'étudier l'application à ce cas particulier de la théorie des *trajectoires remarquables* de M. Painlevé : cette application fait apparaître la notion générale des *lignes de plus grande pente d'un système pesant,* qui nous a été signalée par M. Bouligand (1). Soit ζ la cote du centre de gravité du système.

Considérons la *variété cinétique* du système, c'est-à-dire le continu riemanien d'élément linéaire $2\,T dt^2$, où $2\,T$ est la force vive. Notre problème de dynamique équivaut à un problème de dynamique du point libre, dans la variété cinétique, sous l'action du champ de **forces** — Mg grad ζ, l'opérateur gradient étant défini conformément à la métrique de cette variété.

Par *lignes de plus grande pente,* nous entendrons les lignes de la variété cinétique, qui sont tangentes en chaque point au champ grad ζ: ces lignes sont également celles qui fournissent en chacun de leurs points le taux maximum de variation de la cote du centre de gravité. Par chaque point de la variété cinétique où la cote du centre de gravité n'est pas stationnaire, il passe une ligne de plus grande pente et une seule.

Cela posé, une ligne de plus grande pente n'est trajectoire que si elle est une ligne géodésique de la variété cinétique. En effet, en supposant, pour fixer les idées, trois degrés de liberté, prenons pour paramètres sur la variété, d'une part ζ, d'autre part les paramètres u, v des lignes de plus grande pente. Les composantes covariantes du gradient de ζ seront alors $1, 0, 0$; en outre, les lignes $u = \alpha$, $v = \beta$ seront orthogonales aux multiplicités $\zeta = cte$. Nous aurons donc:

(1)
$$2\,T = H\zeta'^2 + Eu'^2 + 2\,Fu'v' + Gv'^2$$

E, F, G, H désignant les fonctions de u, v et ζ.

Les équations de Lagrange s'écriront alors:

(2)
$$\frac{d}{dt}\left(\frac{\delta T}{\delta \zeta'}\right) - \frac{\delta T}{\delta \zeta} = -\,Mg$$

(3)
$$\frac{d}{dt}\left(\frac{\delta T}{\delta u'}\right) - \frac{\delta T}{\delta u} = 0$$

$$\frac{d}{dt}\left(\frac{\delta T}{\delta v'}\right) - \frac{\delta T}{\delta v} = 0$$

Une ligne de plus grande pente déterminée $u = \alpha$, $v = \beta$, sera trajectoire si $\dfrac{\delta H}{\delta u}$ et $\dfrac{\delta H}{\delta v}$ sont des fonctions de ζ identiquement nulles pour

---

(1) Voir *Précis de Mécanique Rationnelle,* n° 153. (Paris, Vuibert, 1925.)

$u = \alpha$, $v = \beta$: cette condition est nécessaire en vertu des équations (3) ; elle suffit d'ailleurs, car si elle est remplie, (2) intervient seulement pour déterminer ζ en fonction de t ; on a ainsi la même trajectoire quelle que soit g : cette courbe est donc une géodésique, et comme elle est tangente au champ en chaque point, c'est une trajectoire remarquable.

Inversement, d'après le théorème général sur les trajectoires remarquables, il est clair qu'une telle trajectoire est toujours ici une ligne de plus grande pente.

Pour que toute ligne de plus grande pente soit trajectoire, il faut et il suffit que H soit fonction de ζ seul. Dans le cas particulier où les liaisons autorisent une translation verticale, il est facile de voir que H se réduit à la masse du système. Les lignes de plus grande pente s'obtiennent alors en imprimant au système une translation verticale.

Lorsque le système se réduit à un point en mouvement sur une surface, les lignes de plus grande pente de ce système sont celles de la surface elle-même.

———— ∿ ————

SUR LA STABILITÉ
DE CERTAINS MOUVEMENTS DU GYROSCOPE

PAR

R. THIRY

Professeur à l'Université de Strasbourg

————

Le but de ce petit article est simplement de signaler et d'expliquer une particularité du mouvement d'un gyroscope relative à la stabilité.

Considérons un gyroscope fixé par un point de son axe distinct du centre de gravité ; avec les notations classiques (voir p. ex. Appell, *Traité de Mécanique Rationnelle*, t. II, p. 195), l'étude du mouvement dépend de l'équation différentielle

$$\frac{du}{dt} = \pm \sqrt{f(u)}$$

avec

$$f(u) = (\alpha - au)(1 - u^2) - (\beta - br_0 u)^2$$

a et b sont des constantes positives, respectivement égales à $\dfrac{2\,Mg\zeta}{A}$

et $\dfrac{C}{A}$ et ne dépendent par suite que du corps,

α, β et r_0 des constantes reliées aux données initiales (angles d'Euler et leurs dérivées) par les formules

$$\alpha = a \cos \theta_0 + \psi_0'^2 \sin^2 \theta_0 + \theta_0'^2$$
$$\beta = br_0 \cos \theta_0 + \psi_0' \sin^2 \theta_0$$
$$r_0 = \psi_0' \cos \theta_0 + \varphi_0'$$

u est d'autre part égal à $\cos \theta$.

Or, on sait qu'il est possible de déterminer les données initiales de telle sorte que l'axe du gyroscope décrive un cône de révolution autour de la verticale du point fixe (mouvements à nutation stationnaire). Il suffit pour cela que l'équation $f(u) = 0$ ait une racine double. La représentation graphique des variations de ce pylonome montre immédiatement qu'un tel mouvement est *toujours stable*.

Or, lorsque θ_0 tend vers o, le cône décrit par l'axe du gyroscope se ferme de plus en plus et le mouvement se rapproche de celui de la toupie dormante, l'axe restant sensiblement dirigé suivant la verticale ascendante. Mais, et c'est là le fait sur lequel je me proposais d'insister, le mouvement de la toupie dormante *n'est stable que si la rotation dépasse* une certaine limite (comme du reste une expérience rudimentaire le prouve).

Il y a donc un mot à dire au sujet de ce passage à la limite.

La réponse à cette question est du reste évidente : les mouvements limites des mouvements à nutation stationnaire ne doivent pas constituer l'ensemble des mouvements de la toupie dormante, mais seulement la partie stable de cet ensemble. On le vérifierait sans peine sur les graphiques de représentation de $f(u)$.

Proposons-nous seulement de retrouver ainsi la condition de stabilité de la toupie dormante.

Un calcul facile donne aux conditions d'existence d'un mouvement à nutation stationnaire la forme

$$\theta_0' = 0$$
$$(A \cos \theta_0 - C)\,\psi_0'^2 - C\psi_0'\varphi_0' + Mg\zeta = 0$$

A la limite, lorsque θ_0 sera devenu égal à o, la deuxième équation deviendra

(1)
$$(A - C)\,\psi_0'^2 - C\psi_0'\varphi_0' + Mg\zeta = 0$$

et à ce moment la rotation autour de l'axe de révolution du corps (c'est-à-dire la rotation de la toupie dormante) sera

(2)
$$r_0 = \psi'_0 + \varphi'_0.$$

Il est alors très facile de montrer que lorsque ψ'_0 et φ'_0 sont des quantités quelconques reliées par l'équation (1), r_0 reste nécessairement supérieur à une quantité fixe.

On peut par exemple regarder l'ensemble (ψ'_0, φ'_0) comme représentant les coordonnées d'un point dans un plan; l'équation (1) aura pour image une hyperbole, l'équation (2) (dans laquelle on regarde r_0 comme donné), une droite et la valeur limite de r_0 correspond au cas où la droite est tangente à l'hyperbole. On trouve ainsi que les mouvements limites des mouvements à nutation stationnaire satisfont à l'inégalité

$$r_0^2 > 4\ \mathrm{Mg}\lambda\ \frac{A}{C}$$

qui caractérise également les mouvements stables de la toupie dormante.

NAVIGATION ET AÉRONAUTIQUE
GÉNIE CIVIL ET MILITAIRE

Président .... M. Camaret, Ingénieur du Génie Maritime, Chef des Services techniques de la Compagnie Delmas et Vieljeux, à La Rochelle.

Vice-Président ..... M. Vaudrey, industriel, Reims.

SUR LES ESSAIS DU SONDEUR ULTRA-SONORE

Système Langevin-Florisson
faits à bord du chalutier « La Coubre » de la Maison Dahl

PAR

R. RALLIER DU BATY
Capitaine au long cours

Depuis quelques années, des appareils très perfectionnés, destinés à mesurer la hauteur d'eau sous le navire, en pleine vitesse, ont été mis en service dans les différentes marines. Ces appareils sont de deux types :

1° Les sondeurs sonores, utilisant les ondes sonores ordinaires de propagation sphérique (système américain Fessenden, système allemand Bœhm, système français de l'ingénieur hydrographe Marti).

2° Le sondeur ultra-sonore, système Langevin-Florisson, utilisant des ondes ultra-sonores dirigées.

C'est ce dernier appareil qui a été placé à bord du chalutier *La Coubre*, de la Maison O. Dahl.

M. Dahl, chaud partisan de l'application des méthodes scientifiques à l'industrie, avait depuis longtemps formé le projet d'équiper une des unités de sa flottille en navire océanographe, afin de poursuivre un certain nombre de recherches à la fois scientifiques et pratiques, susceptibles d'amélliorer à brève échéance le rendement de la pêche. Depuis un an, ce projet es tentré en période de réalisation. Ce serait une erreur de croire qu'en agissant ainsi M. Dahl poursuit un but exclusivement égoïste, puisqu'il l'a fait à ses frais, sans la moindre aide, et qu'en outre il a proclamé dès le début son intention de communiquer aux organisations scientifiques, comme celle qui se trouve en ce moment réunie à La Rochelle, les résultats obtenus susceptibles de les intéresser.

Il est bon de signaler, devant cette assemblée, une initiative rare et peut-être unique dans les annales de l'industrie de la pêche.

*
* *

Sans m'attarder à une description minutieuse du sondeur ultra-sonore, j'emprunterai à la dernière notice de la Société de Condensation et d'Applications Mécaniques qui construit l'appareil, quelques généralités sur l'utilisation des ultra-sons au sondage sous-marin.

Les procédés Langevin-Chilowsky ont permis cette utilisation pratique des ultra-sons.

Ces procédés sont basés sur la transformation des oscillations électriques de haute fréquence et de forme quelconque, produites par des appareils émetteurs analogues à ceux utilisés en T. S. F., en vibrations élastiques ultra-sonores de même fréquence et de même forme, au moyen du projecteur ultra-sonore piézo-électrique du professeur Langevin.

L'appareil réalise l'émission dirigée d'ultra-sons.

Comme le phénomène piézo-électrique est reversible, ce projecteur a la propriété précieuse de transformer inversement des vibrations élastiques ultra-sonores arrivant à sa surface (des échos par exemple) en oscillations électriques dans les circuits qui sont connectés à un condensateur à lame de quartz.

La production et la réception d'ultra-sons sont ainsi ramenés à la production et à la réception d'oscillations éleectriques de haute fréquence, c'est-à-dire à un problème de radiotélégraphie.

Le principe d'un sondeur ultra-sonore par écho est donc le suivant :

De la surface de la mer, on émet vers le fond un signal ultra-sonore dirigé, on mesure le temps t séparant le signal de l'écho produit par le fond.

V étant la vitesse de propagation des vibrations élastiques dans l'eau, la profondeur d est donnée par la relation :

$$d = \frac{Vt}{2}$$

Mesurer la profondeur revient donc à mesurer la grandeur du temps d'écho t.

La vitesse de propagation des ultra-sons dans l'eau de mer étant de 1.500 mètres par seconde, les temps d'écho sont extrêmement courts par petits fonds.

Des appareils spéciaux ont été créés en vue de la nécessité de mesurer avec une grande précision ces temps très courts et d'assurer de façon très simple et entièrement automatique les différentes manœuvres mises en jeu dans l'application des procédés de sondage.

L'ensemble formé par la réunion des appareils ultra-sonores proprements dits et par l'appareil mesurant le temps d'écho, constitue un sondeur ultra-sonore.

Les différents organes du sondeur sont les suivants :

1° Un projecteur ultra-sonore Langevin.

2° Un ensemble émetteur-récepteur, système Langevin-Florisson.

3° Un analyseur Florisson ou un indicateur de fond, système Touly, suivant le cas.

4° Trois batteries d'accumulateurs.

En ce qui concerne la précision des sondages, on peut dire que tous les appareils dont on s'est servi jusqu'ici sont largement surpassés. Le sondeur ultra-sonore donne sans correction la profondeur avec une erreur relative inférieure à 1/100, l'erreur absolue de lecture qui peut s'y ajouter ne dépasse pas 0 m. 50.

Pour mieux apprécier le progrès qu'apporte le sondeur ultra-sonore, il faut jeter un coup d'œil en arrière. Depuis l'antiquité jusqu'au milieu du siècle dernier, on n'employa pour mesurer la profondeur des lacs et des mers que la ligne de chanvre munie à son extrémité d'un poids plus ou moins lourd. Par ce procédé, il était difficile de dépasser 1.000 mètres parce que le frottement de l'eau sur la ligne finissait par contre-balancer le poids du plomb.

« On consacrerait un volume entier, écrit le grand océanographe J. Thoulet, à raconter en détail toutes les péripéties, les peines, les essais infructueux, les sommes dépensées pour arriver, ainsi qu'on le fait si facilement aujourd'hui, à atteindre le fond de l'Océan. »

Ce n'est qu'en 1845 qu'on esaya avec succès un fil de fer enroulé sur un touret, et, en 1855, qu'on réussit à ramener des grandes profondeurs un échnatillon de fond, au moyen du sondeur Brooke.

Depuis ces premiers succès, les appareils du même genre se sont multipliés et perfectionnés, mais tous nécessitent l'arrêt du navire pour les profondeurs supérieures à 200 mètres, d'où perte de temps. Un sondage de 4.000 mètres représente une opération d'au moins une heure. En outre, la dérive du navire pendant cet arrêt donne une double erreur, dans la hauteur d'eau observée (à cause de l'inclinaison de la ligne) et une erreur dans la position attribuée au sondage.

Désormais le rôle de ces appareils se limitera de plus en plus à la récolte d'échantillons de fond.

Passons maintenant à l'utilisation du sondeur ultra-sonore.

Il arrive souvent, lorsque de nouveaux appareils scientifiques sont réalisés et mis dans le commerce, que les gens de science ne sont pas les premiers à en tirer parti pour leurs études désintéressées. C'est encore ce qui s'est produit pour ce merveilleux instrument qui n'a que le défaut, d'ailleurs grave, de coûter très cher. Chacun sait qu'en France les organisations scientifiques ne sont pas riches. Est-ce à cet état de choses si regrettable qu'il faut atribuer l'abstention des savants en ce qui concerne l'emploi du nouvel appareil, ou bien faut-il en rechercher la cause dans le fait qu'une des principales difficultés de l'océanographie est de trouver des océanographes, s'il faut en croire un des fondateurs de cette science, le professeur J. Thoulet, déjà cité?

Toujours est-il qu'après les premiers essais faits à bord de l'aviso *Ville d'Ys,* c'est aux pêcheurs que revient le mérite d'avoir, dès le début, mis en lumière les avantgaes du sondeur ultra-sonore, non seulement pour leur industrie, mais aussi pour la navigation et les recherches océanographiques. Une dizaine de chalutiers français sont actuellement munis du nouvel appareil et les essais faits depuis un an par la maison Dahl, sur son chalutier *La Coubre,* vont nous permettre d'examiner rapidement ses qualités du triple point de vue où nous venons de nous placer.

*
* *

Pour la navigation, les avantages apparaissent si nettement, même aux yeux des personnes les moins compétentes, qu'il est à peine besoin d'y insister. On sait que la cartographie de nos côtes, dont la majeure partie date des travaux de Beautemps-Beaupré, entre 1820 et 1830, est actuellement en voie de refonte jusqu'à la profondeur de 100 mètres. Naturellement, le nouveau sondeur est mis largement à contribution par les hydrographes pour ce travail. Quand enfin nous aurons des cartes côtières bien au point, le sondeur Langevin-Florisson sera pour le navigateur un merveilleux bâton d'aveugle permettant, dans toutes les circonstances, même les plus défavorables (notamment par brume et par mirage), de maintenir le navire en bonne direction et de le conduire au port, sans difficulté ni retard. Le capitaine qui s'en sera servi une seule fois en de pareilles circonstances, ne pourra plus s'en passer sans ressentir le serrement de cœur et l'angoisse secrète qu'éprouve toujours dans ce cas celui à qui incombe la responsabilité du navire et sa cargaison humaine et matérielle.

*
* *

Pour la pêche hauturière au chalut, les avantages du sondeur ultra-sonore apparaissent moins clairement aux yeux des personnes non initiées, mais les pêcheusr ont vite compris que le nouvel appareil allait devenir leur meilleur auxiliaire.

En effet, le problème de la pêche au chalut est dominé par un principe connu de tous les patrons, mais difficile à mettre en pratique. Ce principe est le suivant : les meilleurs résultats sont obtenus en traînant le chalut de telle façon qu'il suive le plus exactement que possible une courbe d'égal niveau, c'est-à-dire une isobathe.

Pour employer l'expression des pêcheurs : il faut « tenir un brassiage ». La grande affaire de la pêche au chalut est d'éviter les brusques changements de profondeur, et cela pour deux raisons principales :

1º Parce que chaque espèce de poisson se tient de préférence à une profondeur donnée, qui varie d'ailleurs suivant la saison et les caractères physiques et biologiques du fond de pêche considéré.

2º Parce que les brusques sauts du chalut sont presque toujours une cause de destruction partielle ou complète de l'engin.

Sur les fonds plats ou en pente douce, rien de plus facile que de suivre une isobathe; mais il se trouve justement qu'au large de nos côtes ces fonds réguliers ont été, pour une cause encore inconnue, presque complètement abandonnés par le poisson.

Depuis déjà de nombreuses années, les deux espèces qui forment le principal appoint de la pêche hauturière, le merlu et la dorade, se cantonnent de plus en plus sur les pentes difficiles et accidentées du talus continental, entre 180 et 600 mètres de profondeur. On peut dire que cette zone est devenue, pendant la majeure partie de l'année, le théâtre presque exclusif de la pêche au chalut. Or, il n'en existe aucune cartographie, puisque la refonte actuelle des cartes françaises n'est poussée que jusqu'à 100 mètres et que les sondes inscrites sur les cartes sont extrêmement rares au large de l'isobathe de 200 mètres.

Dès lors, on comprend facilement que sur une pareille pente, coupée de gigantesques promontoires et de gouffres profonds, la manœuvre qui consiste à suivre une isobathe soit à peu près impossible, si l'on ne peut contrôler à chaque instant la hauteur d'eau sous le navire qui traîne le chalut.

Le sondeur ultra-sonore rendra cette manœuvre facile et permettra aux chalutiers de fréquenter certains fonds très accidentés réputés maintenant inabordables au chalut.

Les patrons pêcheurs suppléaient jusqu'ici à l'absence de documents cartographiques et à l'impossibilité de sonder fréquemment, par une connaissance traditionnelle quasi-merveilleuse, des fonds de pêche qui leur sont familiers. Ils se guidaient aussi, pour la conduite de la pêche, sur l'angle que font les deux câbles du chalut avec le plan horizontal, formé par la surface de la mer, méthode qui exige une éducation spéciale de l'œil et une bonne expérience, sans jamais donner de résultats bien précis. Le patron exercé peut ainsi se rendre compte s'il « creuse » ou s'il « territ », c'es-à-dire si la profondeur augmente ou diminue. On comprend que les indications ainsi obtenues arrivent trop tard, puisque lorsque l'angle des câbles et de la surface de la mer change, cela signifie que le chalut est déjà tombé dans un creux, ou monté sur une butte, ce qu'il aurait fallu éviter par une manœuvre préventive.

On voit, d'autre part, que le chalut n'est pas seulement un engin de pêche, mais qu'il constitue aussi un instrument d'exploration sous-marine. C'est par cette patiente et incessante observation des câbles que les patrons pêcheurs ont appris à connaître la topographie des fonds qu'ils fréquentent. Le contenu du chalut leur donne en outre les caractères lithologiques et biologiques du fond.

Ce qui précède m'amène à noter ici une constatation qui ne manquera pas de surprendre ceux qui sont encore imbus d'un préjugé vieux comme le monde et qui nous représente le pêcheur comme le prototype de l'ignorant retardataire et routinier.

C'est un fait indiscutable que les pêcheurs hauturiers sont à l'heure actuelle les seuls détenteurs de la connaissance de la pente ou talus continental, entre les isobathes de 100 et 500 mètres. Or, depuis la naissance de la science géologique, les savants qui s'adonnent à l'étude de l'écorce terrestre, convoitent cette connaissance, sans savoir peut-être que de modestes travailleurs de la mer la possèdent, non seulement dans son ensemble, mais aussi parfois en détail.

Cette zone sous-marine est une des plus intéressantes de notre globe, sinon du point de vue de la stratigraphie, du moins en ce qui concerne la tectonique, parce qu'elle est l'aboutissement du massif primaire, qui forme le soubassement de la France, où il n'apparaît à l'air libre qu'en trois régions principales : la Bretagne, le Massif Central et les Vosges.

Ainsi en utilisant les renseignements provenant des meilleurs patrons pêcheurs, on pourrait dresser un embryon de carte du talus continental, document rudimentaire très supérieur à tout ce qu'on possède jusqu'ici sur cette région.

Si ce document n'existe pas, ce n'est pas que les pêcheurs gardent jalousement pour eux leur savoir, mais plutôt parce que ce savoir, transmis par tradition orale, est éminemment suspect aux océanographes et aux hydrographes.

En outre, le langage des pêcheurs, pourtant très clair quand on en possède la clef, est à peu près inintelligible pour les savants : nomenclature et terminologie spéciales, relèvements magnétiques, profondeurs en brasses françaises, positions géographiques par latitude et brassiage, tout contribue à les dérouter.

Quel océanographe connaît : la Matte, le Passage, la Marzelle, la Chardonnière, la Taupinière, la Banche Verte, la Fontaine, le Fer à Cheval, le Banc Inès, etc...? Pourtant, tous ces noms, dont aucun ne figure sur les cartes, désignent des accidents du fond encore plus importants pour la géologie que pour la pêche.

Dans notre Babel moderne, la confusion des langues existe comme aux temps bibliques, et c'est une des principales causes de la lenteur des progrès de la science. Les guides des Alpes et les habitants des hautes régions connaissaient les mouvements des glaciers depuis des siècles, lorsqu'en 1840, le groupe des savants neuchâtelois, après avoir tourné en ridicule les faits signalés par les montagnards, démontra l'existence et le mécanisme de ce phénomène.

De pareils exemples donnent ample matière à philosopher, rien n'est nouveau sous le soleil.

C'est ainsi qu'un des principaux services qu'est appelé à rendre le sondeur Langevin-Florisson va être de redécouvrir pour tous, et de permettre de cartographier, les régions sous-marines jusqu'ici connues des seuls pêcheurs.

« Que ferais-je d'une carte, me disait un jour un patron de pêche, puisque je vois le fond dans ma tête ? »

Toujours la même incompréhension humaine, toujours la confusion des langues !

Cependant, il faut rendre aux pêcheurs cette justice, c'est que tous ne parlent pas ainsi et que les plus instruits parmi eux connaissent et suivent avec un grand intérêt les recherches scientifiques se rapportant à leur industrie. Ceux-là comprennent l'utilité des cartes de pêche, mais à la condition que ces cartes marquent un progrès sur les grossiers croquis tracés par eux-mêmes.

C'est le travail futur des océanographes et des hydrographes, et ceci nous amène à examiner les facilités qu'apporte aux gens de science le nouveau sondeur.

*
* *

Une des tâches les plus importantes qui incombent à l'océanographie, est l'établissement d'une représentation graphique des parties de l'écorce terrestre qui nous sont cachées par les océans. Cette représentation existe à l'état embryonnaire : c'est l'atlas bathymétrique des océans à l'échelle de 1 : 10.000.000e, réalisée par le regretté Prince de Monaco, à la suite d'un vœu du Congrès International de Géographie de Berlin en 1899.

Naturellement, cet atlas composé de 24 feuilles (16 feuilles en projection mercator et 8 en projection gnomonique) contient encore d'énormes lacunes. On sait que la superficie des océans est deux fois et demie plus grande que celle des continents ; le champ est donc vaste et immense la tâche des océanographes, qui sont en très petit nombre et privés de puissants moyens d'action.

On comprend à quel point cette tâche va être simplifiée par l'emploi des sondeurs sonores et ultra-sonores.

Ici, une remarque s'impose, c'est que pour atteindre les plus grandes profondeurs de la cuvette océanique, la puissance du sondeur Langevin-Florisson devra être considérablement augmentée, puisqu'il n'a pu, jusqu'ici, dépasser la profondeur de 2.000 mètres. Il ne semble d'ailleurs nullement que les constructeurs de l'appareil soient là en présence d'une difficulté insurmontable.

Mais, remontons des profondeurs abyssales, qui semblent plus particulièrement le domaine de la science pure, et revenons au plateau et au talus continental, qui intéressent à la fois la science et l'industrie de la pêche.

Nous avons vu que le Service hydrographique de la Marine procédait actuellement à la refonte des cartes côtières jusqu'à la profondeur de 100 mètres, ce qui est très suffisant pour la sécurité de la navigation, mais qui ne répond nullement aux besoins de la pêche hauturière des chalutiers, laquelle opère, répétons-le, entre les isobathes de 150 et 500 mètres. Qui gratifiera les géologues et les pêcheurs d'une bonne cartographie par isobathes de cette zone? Qui nous délivrera des cartes par cotes isolées, ces documents noirs de chiffres, dont l'interprétation, parfois impossible, est toujours une source de fatigue visuelle et cérébrale?

Un établissement d'Etat, l'Office Scientifique et Technique des Pêches Maritimes, s'est proposé, dès sa création, de combler cette lacune. Son navire de recherches, le chalutier *Tanche*, vient d'être pourvu du sondeur Langevin-Florisson, ce qui est de bon augure. Il reste cependant à savoir si les maigres crédits alloués à cet établissement, crédits tout juste suffisants pour couvrir les dépenses d'une croisière annuelle d'un mois, lui permettront de mener rapidement à bonne fin ce travail long et minutieux.

Quoiqu'il en soit, la Maison Dahl a pris l'an dernier le parti de se mettre elle-même à l'œuvre, sans plus attendre : on n'est jamais si bien servi que par soi-même.

En agissant ainsi, M. Dahl n'a pas été arrêté un instant par la perspective de travailler en même temps pour ses concurrents commerciaux et il est heureux de donner à ce Congrès pour l'Avancement des Sciences la primeur des résultats déjà obtenus par son chalutier *La Coubre*.

*
* *

Le champ d'action de ce chalutier a été principalement le *talus continental*, c'est-à-dire la zone qui intéresse plus particulièrement la pêche hauturière au chalut. Ses investigations ont été limitées, verticalement, entre les isobathes de 150 et 2.000 mètres, et horizontalement, entre les parallèles de 45° et 50° de latitude. Dans cette zone, le sondeur ulltra-sonore a confirmé dans son ensemble, et précisé dans le détail, la topographie très tourmentée déjà connue des pêcheurs.

On y retrouve les sillons et les gorges creusés par les prédécesseurs de nos fleuves actuels à l'époque des grands ruissellements quaternaires, ou à toute autre période géologique, alors que le plateau continental actuel était exondé. Certaines de ces empreintes forment le prolongement des lits actuels de ces fleuves, tandis que d'autres sont probablement les traces de lits plus anciens. C'est ainsi qu'on retrouve sous la mer plusieurs lits de la Loire, dont l'un pourrait être celui de la Loire éocène.

On retrouve aussi un lit sous-marin bien marqué de la Charente ; l'antique *Canentellus,* prolongé par une gorge qui entame profondément le *talus continental*, et un lit de la Garonne également terminé par une gorge, à l'endroit où la pente s'accentue, par 45°32′ de la latitude Nord et 3°20′ de longitude Ouest (Gr.).

Il existe même des prolongements sous-marins des rivières bretonnes qui ont peut-être été autrefois des affluents de la Loire.

Tous ces sillons ou synclinaux, sont séparés par des anticlinaux qui sont souvent le prolongement d'anticlinaux terrestres et qui servent de socle aux îles voisines de notre côte.

Ces anticlinaux, auxquels la terminologie océanographique réserve plutôt le nom de « dorsales » sont les suivants :

1° Dorsale du Médoc, qui porte le banc des Olives et le banc de la Matte.

2° Dorsale d'Oléron, prolongement de l'anticlinal de Saintonge, et qui porte le banc rocheux de la Chaudronnière.

3° Dorsale de l'île de Ré terminée par le plateau de Rochebonne.

4° Dorsale de l'île d'Yeu.

5° Dorsale de Belle-Isle, la plus importante et qui s'épanouit en plateau vers le large en lançant ses contreforts jusqu'au talus continental.

6° Crêtes rocheuses de Penmarch et de l'île de Sein dont la première est peut-être le prolongement de l'axe granulitique dit de Quiberon, et dont la seconde a dû jouer autrefois le rôle de faîte de partage entre les eaux des rivières sud-armoricaines et celles drainées par la grande vallée qui est devenue depuis la Manche.

Presque toutes ces dorsales aboutissent au *talus continental*, où elles forment des promontoires en éperons qui dominent des gorges profondes, prolongations des sillons. Là, sur les pentes à pic, on trouve partout à nu le massif hercynien.

Au contraire, sur le *plateau continental*, dorsales et sillons sont peu accentués, et recouverts en grande partie de débris quaternaires : sables, graviers, galets et blocaux. Au fond des sillons on trouve aussi de la vase. Parfois, sur les pentes des sillons et sur le sommet des dorsales, apparait la roche en place. Enfin, par endroits, sur les dorsales du Médoc, et de l'île d'Oléron, le chalut ramène des échantillons du Tertiaire et même peut-être du Secondaire.

Les dragages faits précédemment sur le plateau continental par le commandant Charcot, à bord du *Pourquoi pas*, semblent avoir donné des résultats analogues. Aussi est-ce surtout sur la pente océanique que les recherches du chalutier *La Coubre* apportent une contribution nouvelle à la géologie. Là, nous avons pu suivre jusqu'à la profondeur de 2.000 mètres les profondes coupures faisant suite aux sillons du plateau. La concordance est telle qu'on est immédiatement tenté d'attribuer la formation de ces gorges au ruissellement ancien des eaux sauvages.

Le spectacle fourni à notre époque par les pentes du plateau du Thibet, à la saison du dégel, spectacle décrit de façon si saisissante par l'explorateur Bonvalot, peut encore donner une idée amoindrie de ce qu'ont été les ruissellements formidables des périodes géologiques révolues.

Une des plus importantes de ces gorges sous-marines se trouve à l'extrémité sud de l'axe synclinal connu des pêcheurs sous le nom de « Fosse de la Grande Sole ». C'est un véritable cagnon où l'isobathe de 2.000 mètres est très voisine de celle de 200 mètres.

Au large de nos côtes, le chalutier *La Coubre* a exploré une dizaine de ces gorges. La plupart correspondent à un sillon du plateau continental ; celles qui ne sont pas dans ce cas prennent naissance dans un cirque situé au haut de la pente. On observe, alors, tous les éléments constitutifs d'un ancien lit de glacier : cirque, moraines latérales et dépression centrale en auge que la présence d'une moraine médiane fait parfois bifurquer.

Dans le Mémoire n° 7 publié par l'Office des Pêches Maritimes, j'ai déjà signalé l'existence de pareils accidents sur les pentes des bancs de Terre-Neuve et de Nouvelle-Ecosse.

Ainsi, le fameux Gouf du Cap breton, si souvent cité par les géologues, n'est pas une exception sur nos côtes. Sa grande particularité est de pénétrer plus avant et plus profondément dans le plateau continental, mais si l'on admet l'hypothèse de sa formation par érosion à l'air libre, cette particularité peut être attribuée à la présence d'un filon de roche moins résistante. Au reste, les accidents du même genre sont si nombreux dans le monde qu'il serait trop long de les citer tous. Contentons-nous de rappeler les plus connus : gorge de l'Hudson, canal du Saint-Laurent, le Gully près de l'île de Sable, les sillons immergés du Congo, de l'Indus et du Gange, et enfin le canal de Nazaré qui coupe le plateau continental Portugais au nord des îles Berlingues et qui présente des caractères de similitude frappants avec la Fosse de Cap Breton. En parcourant la bibliographie déjà importante de ce Gouf de Cap Breton, on constate que beaucoup d'auteurs ont rejeté dans leurs conclusions l'hypothèse de sa formation par ruissellement.

Les recherches faites il y a quelques années par *La Tanche* dans ces parages, et les résultats obtenus récemment à bord du chalutier *La Coubre* dans l'exploration d'accidents similaires, me portent à croire qu'on reviendra à cette hypothèse, quand une plus grande densité de sondages permettra de mieux connaître le profil de ces profondes coupures. Les fameuses Pregonas au large de la côte nord d'Espagne pourraient bien être aussi le résultat d'une érosion fluviaire et glaciaire.

Sur la carte marine du Golfe de Gascogne (feuille n° 5381 G), il est possible, malgré la faible densité des sondages, de suivre jusqu'à la profondeur de 4.000 mètres certaines dépressions explorées partiellement par *La Coubre*. En outre, toutes ces dépressions semblent converger vers un bassin central de 5.000 mètres communiquant lui-même avec la cuvette océanique vers l'ouest. En poussant jusqu'au bout l'hypothèse précédente, on est amené à supposer un Golfe de Gascogne complètement exondé, sur les pentes et au fond duquel un ruissellement formidable a laissé des empreintes encore visibles.

Une surrection de l'écorce terrestre de cette ampleur n'a rien d'invraisemblable et notre globe en a probablement connu de plus importantes.

Evidemment, une pareille hypothèse heurte de front le principe de la permanence des océans, mais nous arrivons à une époque où les principes scientifiques qui paraissent le plus solidement établis tombent comme châteaux de cartes, et celui de la permanence des océans ne paraît pas particulièrement intangible.

L'utilité d'instruments aussi perfectionnés que les sondeurs sonores et ultra-sonores est justement de faire tomber les idées erronées qui ont encore cours sur la configuration actuelle et sur le passé du fond des mers.

*
* *

En résumé, le sondeur Langevin-Florisson, avec le nouveau perfectionnement dont il vient d'être doté par l'ingénieur Touly, constitue un progrès de premier ordre, à la fois pour l'océanographie, la navigation et l'industrie de la pêche.

Nous allons assister, dans les annése qui vont suivre, à une éclosion de documents cartographiques qui vont permettre aux savants, et particulièrement aux géologues, de résoudre des problèmes posés depuis des siècles et qui attendent encore une solution.

Les naufrages à la côte, qui étaient jusqu'ici les plus nombreux, vont se faire de plus en plus rares : des vies humaines seront épargnées. Enfin, le rendement de la pêche en général, et de la pêche au chalut en particulier, profitera certainement des heureux effets du nouveau sondeur.

Peu d'inventions ont à leur actif de pareils résultats et je ne saurais mieux treminer cet exposé qu'en apportant ici à M. le professeur Langevin, président de cette docte assemblée, ainsi qu'à ses collaborateurs les ingénieurs Florisson et Touly, l'hommage d'admiration et de gratitude des armateurs et des gens de mer.

RÉSUMÉ DE L'EXPOSÉ
SUR LA SIGNALISATION DE BRUME

PAR

M. DE ROUVILLE

Ingénieur en Chef du Service Central des Phares et Balises.

La brume est encore, sur les côtes de France, le principal danger auquel sont exposés les navigateurs. Aussi le Service des Phares a-t-il cherché, depuis longtemps et par tous les moyens possibles, à doter nos côtes de dispositifs de signalisation qui ne soient pas rendus inefficaces par le brouillard.

Utilisation des phares lumineux. — Les phares lumineux ont leur portée réduite considérablement dès que le temps est légèrement brumeux. Tel grand phare qui, par temps clair, pourrait dépasser largement sa portée géographique d'environ 30 milles, sans la rotondité de la terre, est à peine visible à 2 ou 3 milles à travers certains brouillards de l'Atlantique. L'augmentation de la puissance des feux ne fait d'ailleurs que peu accroître leur portée.

Le Service des Phares étudie néanmoins le renforcement de certains feux, l'utilisation des phares en plein jour, par temps bouché, enfin l'emploi de la lumière rouge, et en particulier des radiations du néon, qui perceraient mieux la brume que celles des lampes à incandescence électrique.

Utilisation des ondes sonores aériennes. — La puissance des signaux sonores aériens a été accrue progressivement, et, aux premières cloches à bras on a vu succéder les cloches mécaniques ou électriques, les trompettes à anche, mues à l'air comprimé, les sirènes à air ou électriques, enfin les diaphones modernes dont la consommation d'air devient considérable et exige des moteurs et des compresseurs puissants.

Malheureusement, les conditions de la propagation du son dans l'air sont encore assez mal connues, et les résultats que donnent des engins puissants sont parfois paradoxaux. On constate en effet l'existence de trous de sons, au delà desquels le signal est de nouveau entendu. Peut-être un remède partiel sera-t-il apporté à cet inconvénient au moyen des sirènes à pavillon multiples, concentrant le son sur l'horizon.

L'emplacement optimum de la source sonore n'est pas encore connu avec certitude. Faut-il l'élever autant que possible, comme on le faisait il y a quelques années, faut-il, au contraire, le placer au ras du sol et devant des massifs formant plus ou moins réflecteurs, comme on le fait dans certains pays étrangers, ce sont des problèmes que les expériences en cours permettront sans doute de résoudre à plus ou moins brève échéance.

Ces dernières années ont vu naitre un nouveau type de signal sonore aérien: le canon de brume. C'est un engin produisant automatiquement l'explosion périodique d'un mélange d'acétylène et d'air. Il est aisé à installer sur une tourelle isolée et peut fonctionner pendant des périodes assez longues avec l'acétylène fourni par des bouteilles de gaz à 150 kilogrammes. Le problème de la mise en route et de l'arrêt du signal, pour lequel on s'est adressé jusqu'ici à un hygromètre à cheveux, n'est pas encore entièrement résolu.

Enfin, on a installé des signaux sonores sur des bouées. Ce sont des cloches fonctionnant automatiquement sous l'action des vagues ou des sifflets à air comprimé, marchant sous l'action des mouvements ascendants et descendants de la bouée. Malheureusement la mer est généralement très calme par période de brume (étant donnée l'absence de vent) et ces signaux deviennent souvent inopérants aux moments où ils seraient les plus nécessaires.

Utilisation des ondes sonores sous-marines. — Le son se propage mieux, c'est-à-dire plus vite et avec moins de déviations, dans l'eau que dans l'air, et il est plus facile de repérer la direction de la source sonore. Aussi utilise-t-on de plus en plus des cloches sous-marines ou des vibrateurs sous-marins, souvent installés à bord des bateaux-feux, aucune côte voisine ne venant ainsi produire des réflexions gênantes.

Malheureusement de tels signaux exigent pour leur réception à bord des appareils spéciaux, coûteux et délicats. En outre, les bruits produits par les machines du bord gênent l'écoute et il peut être nécessaire de ralentir ou même de stopper pour permettre la réception du signal, ce qui est difficilement admis par les grands paquebots modernes.

Utilisation des ondes ultra-sonores sous-marines. — On étudie aussi actuellement la signalisation par vibrations sous-marines de fréquence non audible (signaux ultra-sonores). On obtient ainsi plus de précision et on est moins gêné par les bruits parasites, qui sont de fréquence naturellement différente de celle des signaux.

Ce dispositif sera surtout applicable aux entrées de port, où les navires doivent pouvoir passer en vitesse entre deux jetées souvent assez rapprochées l'une de l'autre.

Utilisation des ondes radioélectriques. — Depuis les débuts de la télégraphie sans fil, on a cherché à utiliser les ondes radioélectriques, dont la propagation n'est pas affectée par la brume, pour assurer la sécurité des navires.

Le Service des Phares français a été des premiers avec M. Blondel. (*Etude sur la radiogoniométrie par cadres simples de* 1898) à entrer dans cette voie.¹ Actuellement, le procédé d'utilisation des ondes radio-électriques le plus développé est celui des *radiophares*. Ce sont des postes émetteurs de T. S. F. envoyant, en temps de brume et même également en temps clair pour certains postes, des signaux caractéristiques permettant aux navires munis de radiogoniomètres de trouver la direction de l'émetteur. Si le navire repère successivement deux ou trois radiophares, il obtient ainsi sa position en mer, à l'intersection des deux ou trois lignes de relèvement. Ces radiophares fonctionnent actuellement sur des ondes de longueur voisine de 1.000 mètres qui se prêtent particulièrement bien à la radiogoniométrie.

D'autres types de radiophares ont été étudiés, utilisant des ondes courtes et produisant des pinceaux tournants comme les phares lumineux. Ils ont l'avantage de ne pas nécessiter de radiogoniomètre à bord des bateaux, mais sont beaucoup plus délicats ; ils ne peuvent fournir que des indications assez grossières et ne donnent en général qu'assez peu de précision. D'ailleurs, la présence d'un radiogoniomètre à bord des bateaux d'une certaine importance étant indispensable pour prendre des relèvements sur les postes commerciaux de T. S. F., près des côtes non dotées de radiophares, et sur les postes des autres navires pour éviter les abordages, les principales nations maritimes ont adopté le premier système de radiophare.

Enfin d'autres procédés sont actuellement à l'étude, tels que les systèmes de *balisage hertzien, permettant* d'obtenir, par interférence d'ondes, un alignement marquant l'axe d'un chenal. L'avenir dira ce que l'on peu attendre de ces ingénieux dispositifs.

Autres systèmes de signalisation. — D'autres recherches sont poursuivies, soit pour améliorer les procédés dont il vient d'être question, soit pour en trouver de nouveaux.

La difficulté de déceler l'origine des ondes sonores sera peut-être levée par l'emploi d'écouteurs binauriculaires, ou par l'obtention de faisceaux sonores dirigés. (Système Perrin-Marcellin.)

Les appareils sous-marins pourront être conjugués avec les appareils hertziens, et permettre ainsi l'appréciation immédiate de la distance du bateau au phare.

Pour les chenaux sinueux, des dispositifs de guidage par câble alimenté à fréquence musicale pourront être essayés (câble Loth).

Parmi les radiations analogues à celles de la lumière, les rayons infra-rouges qui percent plus aisément la brume pourront peut-être, dans des cas particuliers, rendre quelques services.

En résumé, la multiplicité même des systèmes étudiés montre qu'aucun ne peut se suffire à lui-même et qu'on ne peut compter, pour résoudre le difficile problème de la signalisation de brume, ni sur des signaux exclusivement sonores, ni sur les seules émissions des radiophares, ni sur tel ou tel autre dispositif essayé jusqu'ici. C'est par la combinaison raisonnée de tous ces procédés qu'on arrivera sans doute un jour à doter nos côtes d'appareils capables de remplacer en temps de brume, les phares lumineux devenus inefficaces. Mais cette diversité est, par elle-même, un obstacle parce qu'elle nécessiterait, de la part de l'armement, des appareils de réception multiples et qu'elle risque de le rebuter à l'égard de nouveaux procédés de signalisation non susceptibles d'un développement assez général.

RÉSUMÉ DE L'EXPOSÉ SUR LES RADIOPHARES ET LA COMMANDE A DISTANCE DU SIGNAL DE BRUME D'ANTIOCHE

PAR

M. P. BESSON

Ingénieur des Ponts et Chaussées, attaché à la Direction des Phares

---

I. — LES RADIOPHARES

Parmi les très nombreuses applications des ondes radioélectriques l'une des plus intéressantes et des plus utiles est constituée par les *radiophares* qui permettent aux navires ou aux aéronefs, munis d'un radiogoniomètre, de trouver leur position même par temps de brume, alors que tous les repères lumineux sont invisibles.

En principe, un radiophare est un poste émetteur d'ondes radioélectriques envoyant des signaux conventionnels caractéristiques, et des traits assez longs sur lesquels s'effectuent les mesures au radiogoniomètre, appareil permettant de trouver la direction du poste d'émission. On conçoit alors qu'un navigateur recevant successivement plusieurs radiophares dont les emplacements sont connus puisse tracer sur la carte une série de lignes de relèvement au point de concours desquelles il se trouve.

Deux types de radiophares ont été installés en France :

1º *Les postes de grand atterrissage et de brume,* effectuant deux genres d'émissions :

a) En tout temps, des émissions entièrement automatiques pendant 5 minutes par heure — ou par demi-heure — en ondes entretenues pures de grande puissance. Ces émissions, destinées plus particulièrement aux grands paquebots, permettent la prise de relèvements à des distances de 250 à 300 milles.

b) De plus, en temps de brume, des émissions plus fréquentes et moins puissantes, en ondes modulées.

2° *Les radiophares de brume* qui n'effectuent que les émissions *b)* ci-dessus.

Au point de vue technique, les radiophares diffèrent des postes ordinaires de télégraphie sans fil par les quelques points suivants :

1° *Robustesse du matériel.* — Par raison d'économie on n'a pu créer un corps de spécialistes pour faire fonctionner les radiophares. Ce sont les gardiens de phares ordinaires qui sont chargés de leur exploitation et de leur entretien. Comme il n'ont en général aucune connaissance en radioélectricité, le matériel mis entre leurs mains doit être particulièrement robuste et tous les organes des postes doivent être facilement accessibles et interchangeables.

2° *Sécurité de manœuvre.* — Pour les mêmes raisons, des dispositifs de sécurité sont prévus, empêchant toute fausse manœuvre (relais à maximum de courant sur tous les circuits, relais coupant automatiquement la tension lorsqu'on ouvre la porte de l'armoire renfermant le poste).

3° *Automaticité du fonctionnement.* — Le fonctionnement doit naturellement être entièrement automatique. Dans les radiophares de brume le gardien n'a qu'à faire démarrer un moteur à essence (ou un moteur électrique si le phare est relié à un secteur de distribution), et à appuyer sur un bouton de marche. A la fin de la période de brume il appuie sur un autre bouton, puis arrête le moteur. Dans les radiophares de grand atterrissage le fonctionnement à grande puissance est entièrement automatique et s'effectue sous le contrôle d'une horloge électrique.

Dans les divers cas, la manipulation est, elle aussi, automatique (sous l'action d'un moteur ou d'une horloge).

4° *Emplacement des radiophares.* — L'emplacement des radiophares doit être choisi de façon toute particulière, afin d'éviter les déviations accidentelles des ondes lorsque leur trajet suit la direction générale de la côte.

Il sera sans doute possible, dans un avenir plus ou moins proche, d'indiquer, pour chaque radiophare, les secteurs dans lesquels les relèvements peuvent être entachés d'erreurs accidentelles, et où il vaut mieux ne pas faire état des indications du radiogoniomètre.

II. — Commande a distance du signal de brume d'Antioche

La tourelle d'Antioche, à 2 km. 500 au nord-est du phare de Chassiron, dans l'île d'Oléron, supporte un signal sonore isolé en mer. Ce signal est un *canon à acétylène*, produisant des explosions périodiques d'un mélange d'acétylène et d'air, sous l'action d'une baguette de ferro-cérium frappée par une pièce métallique. L'acétylène nécessaire est renfermé dans des bouteilles sous une pression de 150 kg., ce qui assure une longue durée de fonctionnement sans recharge.

Pour la mise en marche et l'arrêt du canon, l'*hygromètre à cheveux* fut d'abord utilisé. Malheureusement il est sensible à l'état hygrométrique de l'air et non à la brume. On a constaté d'ailleurs que le faisceau de cheveux se recouvrait rapidement de petits cristaux de sel, et devenait beaucoup trop apte à absorber l'humidité de l'atmosphère, ce qui faisait fonctionner le canon en permanence, même par beau temps, jusqu'à épuisement complet des bouteilles de gaz.

Le Service des Phares étudia alors la mise en marche et l'arrêt du canon à distance, par des ondes hertziennes émises au phare de Chassiron. L'utilisation d'ondes de longueurs courantes, conduisait à installer sur la tourelle une série de relais réalisant la mise en route du canon seulement lors de la réception d'un signal de rythme convenable. Etant données l'humidité qui règne à Antioche et les difficultés d'accostage de la tourelle, il était à craindre qu'un tel ensemble, assez délicat, se déréglât rapidement et ne puisse être entretenu suffisamment.

Aussi s'est-on adressé, de préférence, à des ondes particulières sur lesquelles ne se produit aucun brouillage, le dispositif de commande étant simplement étudié pour que le canon obéit à la moindre émission ayant cette longueur d'onde. Nous avons utilisé des ondes de 4 mètres de longueur, et, au cours des essais préliminaires qui viennent d'avoir lieu, nous avons pu constater :

1° Que la transmission entre Chassiron et Antioche était possible, le poste d'émission muni d'une antenne très réduite étant installé au sommet du phare de Chassiron, et le poste de réception dans la tourelle d'Antioche. Avec une puissance d'alimentation de l'émetteur égale à 150 watts, l'énergie reçue était très suffisante pour actionner un relais placé à la sortie d'un récepteur convenable.

2° Que les émissions étrangères, et, en particulier, les puissantes émissions amorties voisines de certains bateaux ou de certains postes de la marine n'apportaient aucun brouillage.

3° Que les parasites étaient tout à fait inexistants sur cette longueur d'onde, du moins pendant la période des essais. Il est probable que l'amortissement des antennes, dû à la grande résistance de rayonnement, réduit au minimum l'excitation par choc du récepteur.

Ces constatations, des plus encourageantes, font espérer que les appareils définitifs qui seront prochainement construits et installés à Chassiron permettront de mettre en marche et d'arrêter à volonté le signal de brume. Un tel dispositif trouvera alors des applications en d'autres points des côtes de France, notamment en Bretagne.

AU SUJET DE L'UNIFORMISATION
DU MATÉRIEL DE PÊCHE

PAR

E.-G. BARRILLON

Ingénieur en chef de la Marine

A) L'Association Français pour l'Avancement des Sciences, se réunissant cette année dans un port renommé pour l'intensité et la qualité de son armement de pêche, je pense utile d'attirer l'attention sur une question intéressant à la fois, l'armement de pêche, la Science et la France.

Cette question est la possibilité de réduire la consommation de combustible des chalutiers à propulsion mécanique, question intéressante pour les armateurs et pour le pays, par son double point de vue économique (ne pas gaspiller les ressources de combustible et diminuer le prix de revient d'un aliment), intéressante pour la science à la fois par les méthodes à employer pour arriver au résultat et par les difficultés d'ordre général, qui se rencontrent chaque fois qu'une discipline doit être imposée et sa nécessité éprouvée.

B) L'examen de la statistique des chalutiers français, montre que le nombre d'engins possédé par chaque armateur est relativement faible. Pour 100 armateurs, il y en a 80 qui ne possèdent qu'un ou deux chalutiers, et seulement 5 qui possèdent plus de 4 chalutiers. Il n'est donc pas surprenant que le matériel en service soit très varié. La variété porte sur la forme des coques et des hélices, sur la nature des moteurs et sur les engins de pêche. Certains éléments de cette variété sont inévitables, car il dépendent de la nature des lieux de pêche, du genre de pêche pratiqué et de la plus ou moins grande facilité d'approvisionnement de combustible dans chaque port. Par contre, ces éléments étant les mêmes pour chaque port particulier et vraisemblablement aussi pour de grands secteurs de la côte, la diversité actuelle des coques et des hélices n'est pas justifiable et il est certain qu'il existe, pour chaque secteur, une coque optima et une hélice optima. La détermination de cette coque optima et de cette hélice optima est actuellement laissée à l'empirisme qui ici, ne peut être qu'un guide bien incertain, parce que l'armateur juge en somme le matériel uniquement par le produit de la pêche, et que ce produit dépend de nombreuses circonstances indépendantes de la qualité réelle du matériel.

C) Il est à l'heure actuelle bien établi que d'une façon absolument générale, un jugement sûr ne peut être porté sur une forme de carène ou sur une forme d'hélice, qu'après exécution d'essais de modèles et rapprochement avec les essais à la mer. Ces essais ne vont pas sans dépenses, d'ailleurs minimes, par rapport aux économies réalisées.

On conçoit que la dispersion du matériel entre un grand nombre d'armateurs, n'ait jusqu'ici conduit aucun d'entre eux à prendre l'initiative de ce genre d'essais, et c'est vraisemblablement là l'explication du fait qu'en France, aucune étude scientifique n'ait été entreprise de la forme de carène chalutier ou de l'hélice chalutier, mais qu'au contraire, les perfectionnements aient toujours été le résultat d'observations d'ordre pratique, et par suite n'aient été obtenus que lentement et localement sans profit pour l'ensemble de l'armement.

Par contre, on peut s'étonner qu'il ne se soit pas formé de groupements entre les armateurs d'un même secteur en vue de la recherche en commun du type optimum pour ce secteur. Le but de la présente communication est précisément de montrer d'une part, quelle serait la dépense à engager pour amorcer une telle recherche, d'autre part, quel serait le bénéfice à en retirer.

D) Comme pour tout type de navire, un gain sur la puissance propulsive aura une influence sur l'économie d'ensemble du projet et sur le bilan des frais d'exploitation. Dans le cas particulier du chalutier, il faut tenir compte du fait que deux régimes différents sont à considérer : le régime de route pour gagner les lieux de pêche ou en revenir et le régime de chalutage. L'importance relative des deux régimes, dépend de l'éloignement des lieux de pêche. Pour le régime de route, le perfectionnement doit être cherché dans l'économie de combustible, afin d'éviter les cas où la durée de séjour sur les lieux de pêche est limitée par l'approvisionnement de combustible. Cette économie doit être cherchée à la fois, dans l'organisation interne de l'appareil moteur et dans une meilleure forme de l'ensemble de la carène.

Pour le régime de chalutage, le gain sera recherché dans l'amélioration du propulseur et de la forme arrière de la carène ; on est en effet ici, en présence d'un problème analogue à celui qui se pose pour les remorqueurs ordinaires.

E) Les chalutiers actuellement en service n'ont pas été étudiés systématiquement, il est donc impossible de fixer numériquement, avec exactitude, les économies dont ils sont susceptibles de bénéficier. Par contre, la marine de guerre ayant utilisé un grand nombre de ces bâtiments et les formes de certains d'entre eux ayant été essayées sur modèles, il est possible de se faire une idée des différences de puissances absorbées par divers chalutiers satisfaisant par ailleurs aux mêmes conditions. Du dépouillement des résultats connus ramenés au même déplacement (250 t.), nous pouvons conclure que les puissances varient dans les proportions suivantes pour la marche en route libre.

7 nœuds   8 nœuds   9 nœuds
1 à 1,07   1 à 1,15   1 à 1,26

c'est-à-dire, par exemple, que les consommations de combustible, à programme égal et à rendement intérieur égal, varient à 8 nœuds dans le rapport de 1 à 1,15 lorsqu'on passe d'un type favorable à un type défavorable.

Partant de cette donnée, nous pensons que par l'adoption systématique des meilleures formes de carène déjà existantes, il est possible d'espérer un gain moyen de 6 % pour la consommation d'ensemble des flotilles de pêche dans la période de navigation. Il n'est pas douteux pour nous, qu'un gain du même ordre pourrait être obtenu en chalutage, par l'adoption systématique de l'hélice optima.

Nous concluons par suite que, si au lieu de continuer à vivre sur l'empirisme ou sur des observations isolées, l'étude de la forme des carènes et des hélices de chalutiers était entreprise systématiquement, le gain de combustible en résultant serait de l'ordre de 6 % pour l'ensemble de l'armement français.

Pour ne pas paraître trop optimiste, nous tablerons seulement sur 3 % dans l'estimation numérique suivante qui a pour but de fixer l'importance du résultat à obtenir.

Le nombre total des chalutiers ordinaires français est, d'environ 500, (nous ne comptons pas ici, la pêche à Terre-Neuve). Ces navires sont en moyenne 200 jours par an à la mer, et consomment chacun environ 9 tonnes de charbon par jour, soit par an une dépense de combustible d'environ 240.000 francs par chalutier. Une économie de 3 % représente donc pour un chalutier, environ 7.000 francs par an, et, en admettant que l'économie ne soit réalisée que sur le cinquième des bateaux, soit 100 bateaux, une économie annuelle totale de 700.000 francs.

Telle est l'économie que l'on peut espérer atteindre.

F) Examinons maintenant quelles seraient les études nécessaires pour obtenir ce résultat. La première chose à faire serait d'éliminer les formes défectueuses. Dans ce but, nous prendrions 4 tracés de chalutiers existants, en les choisissant parmi ceux qui présentent les formes les plus dissemblables, satisfaisant par ailleurs aux conditions diverses imposées par la tenue à la mer, l'aménagement intérieur, etc...

L'étude de ces formes sur modèles, complétant la documentation que nous possédons déjà, suffirait pour mettre en évidence les formes à proscrire. Nous opérerions de même sur quatre formes d'hélices existantes. La dépense à envisager pour la totalité de ces essais, d'après les tarifs actuels des bassins d'essais, serait de l'ordre de 80.000 francs.

Il serait ensuite nécessaire de faire sur quatre chalutiers, des essais à la mer, pour obtenir les coefficients de passage entre l'essai de modèle et les conditions à la mer. La location du matériel et des frais d'essai pour quatre jours de mer sont évalués : 120.000 francs. Au total, la dépense essais sur modèles et essais à la mer serait de 200.00 francs.

Nous estimons qu'avec cette somme, on pourrait déterminer les meilleurs éléments pour un chalutier destiné à un secteur de la côte (par exemple intéressant le cinquième de l'armement). En rapprochant ce chiffre de l'économie de combustible à obtenir pour le cinquième de l'armement, soit par an *700.000 francs,* nous voyons que la dépense serait récupérée en quelques mois.

L'intérêt d'un pareil essai systématique, limité à un secteur, serait de montrer à l'armement les avantages qui résultent du groupement des armateurs, pour résoudre les problèmes techniques, et d'entrer dans la voie qui nous semble judicieuse de faire des essais encore plus étendus sur les divers points intéressant cette industrie : rendement propre des appareils moteurs, des engins de pêche et de tous les accessoires du chalutier.

G) La mise en train d'une étude telle que celle que nous proposons nous paraît justifiée au point de vue de l'intérêt général du pays et de l'intérêt particulier des armateurs. Nous n'avons pas trouvé d'argument sérieux contre la réalisation du programme indiqué. Deux objections nous ont pourtant été faites. En premier lieu, on peut opposer que les chalutiers sont souvent achetés tout d'un bloc et d'après des types déjà éprouvés dans d'autres pays. Cet argument semble devoir être abandonné pour deux raisons : d'abord un chalutier optimum pour une région déterminée n'est pas le chalutier optimum pour une autre région ; ensuite, les chantiers de construction française, pour pouvoir lutter contre la construction étrangère, ont assez des difficultés d'ordre économique et il ne faut pas rendre leur tâche encore plus difficile pour une moindre connaissance de la technique particulière du problème. Nous croyons donc qu'ici, ce serait à la fois l'intérêt des armateurs et des constructeurs d'entrer dans la voie de l'uniformisation des types, basée sur l'étude méthodique du problème du chalutier, tel qu'il se pose chez nous.

Une objection encore moins fondée et peut être plus difficile à faire disparaître, est celle qui est basée sur la force de la routine, sur la non compréhension de l'importance du problème et sur la nonchalence individuelle lorsqu'il est question de grouper des renseignements provenant de sources différentes.

Ceux qui nous ont fait ces objections les présentaient pour montrer la difficulté d'aboutir et non comme une objection de principe, reconnaissant eux-mêmes que sur le fond de la question la recherche en commun du perfectionnement était désirable.

SUR LES PROGRÈS RÉALISÉS
DANS LES RADIOPHARES FRANÇAIS

PAR

ANDRÉ BLONDEL

Membre de l'Institut
Inspecteur général des Ponts et Chaussées
Professeur à l'Ecole des Ponts et Chaussées

Dans une note antérieure (C. R., 30 mars 1925, t. CLXXX, p. 1.000), j'ai fait connaître les résultats donnés par les premiers radiophares de brume à ondes entretenues modulées par alimentation de plaque, installés en 1923-24 par le Service des Phares au phare de Gris-Nez et j'ai indiqué les caractéristiques de ce radiophare : chauffage de lampes par dynamo à courant continu, alimentation de plaques par courant alternatif utilisant seulement une des alternances (et éventuellement les deux à l'aide d'un montage en pont de Wheastone), excitation indirecte du circuit d'antenne pour éliminer les harmoniques, commande automatique des émissions par manipulateur automatique, actionné à heure fixe par une horloge électrique ; les horloges des différents radiophares pouvant être réglées les unes par rapport aux autres de façon à produire entre leurs émissions le décalage convenable pour éviter la simultanéité des émissions des radiophares voisins.

Utilisation d'une même horloge pour provoquer alternativement, suivant les heures, les émissions horaires de grande portée et des émissions de faible portée, plus fréquentes, en cas de brume.

Ce dispositif a donné complète satisfaction, et a été réalisé dans sa plus grande complexité, dès 1925, au phare de grand atterrissage d'Ouessant (1) qui a été mis en service le 1ᵉʳ septembre 1925.

Les mêmes dispositions ont été reproduites, à quelque variante près, dans les radiophares mis en service depuis 1925 ; et qui sont acuteliement au nombre de treize en fonctionnement régulier ou en cours de montage : trois radiaphares de grand atterrissage et de brume à Creach

______

(1) J'ai donné dans un autre recueil, *Science et Vie* (fév. 1926, t. XXIX, p. 90), une description de ce radiophare ; et du matériel créé par le Service des phares suivant mes directives, pour les radiophares de brume et de grand atterrissage, a été exposé aux trois expositions de radiotélégraphie du Grand-Palais : Exposition de physique, nov. 1925 ; Exposition de T. S. F., novembre 1926 et 1927 ; une description détaillée des radiophares construits par le Service des phares à l'Exposition de 126, a été publiée par M. P. Hemardinger, avec figures et schémas détaillés, dans la *Nature*, N° 2771 (1927), p. 348 et 419.

d'Ouessant, La Coubre et Planier ; huit radiophares de brume à Gris-Nez, l'île de Sein, l'île d'Yeu, Barfleur-Gatteville, cap Ferret, Ver, Les Baleines et Boulogne (1).

DISPOSITIONS GÉNÉRALES COMMUNES AUX RADIOPHARES

Les lampes d'émission forment deux groupes semblables, interchangeables par un simple commutateur ; la tension de plaque produite par une génératrice de courant alternatif et un transformateur peut être modifiée par changement de rapport du transformateur entre 1.200 et 2.500 volts suivant le modèle de lampe utilisé. Pour éviter toute répercussion des variations de courant plaque sur le chauffage des filaments, ceux-ci sont alimentés par une dynamo à courant continu à une tension réglable entre 6 et 20 volts.

Les émetteurs de haute fréquence sont contenus dans des armoires largement dimensionnées, où tout le matériel est accessible, par une porte placée sur le devant, et au-dessus de laquelle se trouvent les appareils de mesure, en petit nombre, nécessaires pour le réglage d'émission, tandis que les appareils de réglage d'alimentation sont placés sur un tableau séparé.

La longueur d'onde, qui avait été fixée uniformément à 1.000 mètres, est maintenant répartie, comme je l'avais prévu dans ma note précitée (p. 104), en quatre longueurs d'ondes : 975, 1.000, 1.025 et 1.050 mètres, situées dans la bande qui est attribuée aux radiophares par les règlements internationaux, afin de permettre de les différencier plus simplement que par la sélection acoustique d'abord envisagée.

DISPOSITIONS SPÉCIALES DES RADIOPHARES DE BRUME

L'alimentation de plaque est faite, comme à Gris-Nez, au moyen de courant alternatif fourni par des alternateurs, la fréquence varie entre 400 et 1.600 périodes par seconde, selon les établissements (les fréquences de 400 à 1.000 sont obtenues en utilisant une seule alternance) au moyen d'un type uniforme d'alternateurs et de transformateurs élévateurs de tension à prise variable ; le chauffage est fait par dynamo séparée pour éviter toute répercussion des variations de la charge de plaque ; la puissance fournie aux plaques est de 250 à 300 watts, la puissance antenne en ondes modulées peut varier à volonté entre 50 et 150 watts ; chacun des deux groupes électrogènes, dont un de rechange, est formé d'un alternateur et d'une dynamo entraînés par un

---

(2) Boulogne est en réalité un radiophare d'entrée de port, qui répète son signal de petite portée sans interruption. Il faut ajouter aussi, dans le même ordre d'idées, qu'un radiophare de port construit par les Etablissements Lévy, a été mis en fonctionnement sur le bateau-feu du Havre en 1925 et doit être modifié pour être rendu conforme au type du Service des Phares.

moteur à essence à vitesse constante (exceptionnellement par un moteur électrique).

Des dispositifs de sécurité assurent la rupture de tous les courants d'alimentation en cas de surintensité, dans les circuits des filaments et d'alimentation des plaques de chauffage, ou, en cas d'ouverture, par inadvertance des portes de l'armoire de haute tension pendant le fonctionnement.

Des commandes provoquent des émissions manipulées à heures fixes après que le démarrage du moteur a été effectué à la main par le gardien.

Suivant le principe que j'avais adopté dans les premiers radiophares en 1912, le manipulateur automatique comprend deux disques à cames, dont l'un reproduit le signal caractéristique durant 60 secondes (une lettre répétée plusieurs fois, suivie d'un certain nombre de traits puis répétée à nouveau et suivie d'un silence de 15 secondes), et l'autre les silences périodiques entre ces signaux ; ces silences sont de 5 minutes (sauf pour les radiophares d'entrée de ports, dont l'émission est continue).

Les deux cames sont solidaires et commandées par une roue d'ancre ; un électro-aimant recevant toutes les demi-secondes des impulsions périodiques de l'horloge électrique actionne cette ancre. Les deux cames commandent simultanément un système basculeur à deux contacts pivotant sur un axe placé entre les cames et munis de deux doigts de commande, qui s'appuient respectivement sur les profils des deux cames et en sens opposés.

Le profil de la came, qui tourne en une minute, porte en creux le profil correspondant à l'indicatif de chaque radiophare.

La seconde came, qui tourne en une heure, porte un profil en creux correspondant aux durées d'émission, par exemple de o minute à 5 minutes, de 10 m. à 15 m., de 20 à 25 m., de 30 à 35 m., de 40 m. à 45 m., de 50 à 55 m., et produit le verrouillage du basculeur pendant les temps intermédiaires. L'horloge électrique est une horloge Brillié du type ordinaire, à aimant oscillant toutes les demi-secondes, les oscillations étant entretenues par le dispositif Cornu légèrement modifié.

On peut régler cette horloge en envoyant un courant intermittent dans un sens ou dans l'autre, dans une petite bobine auxiliaire agissant (1).

PARTICULARITÉS DES RADIOPHARES DE GRAND ATTERRISSAGE

Les radiophares de grand atterrissage présentent des dispositions particulièrement intéressantes, parce qu'ils combinent les émissions

---

(1) Ces dispositifs ont été reproduits plus tard dans le matériel de constructeurs étrangers au Service des Phares.

horaires de grande puissance faites toutes les demi-heures, pendant une durée maxima de 5 minutes dans les 24 heures de la journée, et pour lesquelles l'horloge met en route automatiquement et arrête ensuite la machinerie électrique génératrice, avec des émissions de brume semblables à celles de radiophares de brume et qui sont provoquées toutes les 10 minutes en cas de brume, alors que la machinerie tourne constamment (1).

L'émission de brume est faite à petite puissance et en ondes modulées comme dans le cas précédent; au contraire, les émissions horaires sont faites avec une grande puissance (environ 500 watts sur la plaque, donnant environ 250 watts dans l'antenne en ondes entretenues pures, de façon à éviter toute gêne pour les navigateurs qui ne voudraient pas recevoir ces émissions, dont la portée peut atteindre 250 milles au lieu de 30 ou 50 pour la petite puissance.

Les deux systèmes de lampes de brume et de grand atterrissage, qui sont chacun en double, comme on l'a expliqué ci-dessus, sont mis en service alternativement, chacun au moment opportun, par les dispositifs automatiques, plus complexes que dans le cas précédent, et qui nécessitent deux réceptrices à électro-aimant commandées simultanément par l'horloge-mère du phare.

Les commandes automatiques mettent en route, d'autre part, les appareils de démarrage toutes les demi-heures.

A cet effet, la réceptrice de mise en marche est composée comme on l'a expliqué plus haut; elle comporte quatre disques en forme de cames, qui agissent respectivement sur quatre systèmes de pédales fermant des contacts: un premier système détermine l'allumage des lampes de petite puissance et la mise en route du manipulateur pour les émissions de brume, périodiquement, par exemple toutes les dix minutes (ou tous les quarts d'heure). Un autre système remplace les mêmes fonctions pour les émissions de grande puissance à d'autres époques intercalaires. Et deux autres disques portent les cames qui mettent en circuit les démarreurs automatiques pour la mise en route du groupe convertisseur de courant au commencement de chaque heure (ou de chaque demi-heure). Le groupe convertisseur est mû par un moteur alimenté par une batterie d'accumulateurs et comprend: une dynamo de chauffage à deux collecteurs de 10 volts, une dynamo de haute tension pour l'alimentation plaque à deux collecteurs de 1.250 volts et enfin un alternateur destiné, soit à la modulation, soit à l'alimentation de plaque pour l'émission de brume.

C'est le dispositif de la réceptrice qui change automatiquement les connexions pour produire, suivant les cas, les émissions de grande

____

(1) Ce serait une mauvaise solution de mettre des machines en marche toutes les dix minutes, pour les arrêter ensuite chaque fois pendant un temps très court.

puissances en ondes pures et les émissions de petite puissance en ondes modulées.

A cause de ces émissions horaires, on a dû recourir à l'emploi d'une batterie d'accumulateur de 110 volts, 300 ampères-heure, chargée périodiquement et automatiquement en cas d'insuffisance de tension.

Toutes ces manœuvres sont faites à distance par des contacteurs automatiques, recevant les courants des pédales de la réceptrice de mise en route et qui fonctionnent avec une parfaite précision.

Aucun radiophare étranger ne comporte de dispositions automatiques semblables, ni la régulation de la mise en marche par l'horloge, qui sont une caractéristique complètement nouvelle des radiophares français.

Tous ces dispositifs ont été réalisés sous la haute impulsion de M. Babin, directeur des Phares, sous ma direction au dépôt des Phares, qui a pour ingénieur en chef M. de Rouville, avec la collaboration du personnel de cet établissement et particulièrement de M. Baujoin, ingénieur-mécanicien, dont le concours m'a été particulièrement précieux pour les études et la réalisation de ces radiophares. M. Pachkovsky a contribué aux installations.

RADIOPHARES EN FONCTIONNEMENT

Gris-Nez. — 4/1/1924 = 1.000 m. Ondes entretenues modulées 1.000 périodes par seconde.

Rythme.	Lettres G.	10 secondes.	60 secondes. Emissions de
	Traits longs.	30 »	0 à 5, 10 à 15, etc.
	Lettres G.	10 »	
	Silence.	30 »	

Manipulation par horloge.

Créac'h d'Ouessant. — 1/9/1925 = 1.000 m. Ondes entretenues GP (émissions horaires).

Ondes entretenues modulées PP (brume) 1.200 périodes par seconde.

En tout temps, au début de chaque heure, un groupe de signaux de grande puissance ; en outre, en temps de brume, au début des trois autres quarts d'heure, un groupe de signaux de petite puissance.

---

(1) M. Besson, ingénieur des Ponts et Chaussées, attaché à la direction depuis le second semestre de l'année 1926, a apporté également, depuis cette époque, un concours apprécié pour diverses modifications de détail apportées dans le montage et pour l'étalonnage et la répartition des longueurs d'ondes entre 950 et 1.050 mètres. Divers perfectionnements plus récents seront décrits ultérieurement.

Rythme.   Lettres C.   15 secondes.   120 secondes environ.
                 Traits longs.   30   »
                 Lettres C.   15   »
                 Silence.   60   »

Manipulation par mécanique d'émission à moteur (début commandé par horloge).

Ile de Sein. — 1/5/1925 = 1.000 m. Ondes amorties 1.000 périodes par seconde.

Rythme.   Lettres Z.   60 secondes. Emissions de 5 à 10,
                 Traits longs.   15 à 20, etc.
                 Lettres Z.
                 Silence.

Manipulation par horloge.

Le Havre (bateau-feu). — 1/9/1924 = 975 m. Ondes entretenues modulées 1.200 périodes par seconde.

Rythme.   Lettres L.   10 secondes.   60 secondes environ.
                 Traits longs.   30   »   Emission continuelle.
                 Lettres L.   10   »
                 Silence.   10   »

Mécanisme d'émission à moteur.

Boulogne (Jetée Sud-Ouest). — 1/7/1927 = 1.050 m. Ondes entretenues modulées 800 périodes par seconde.

Rythme.   Lettres B.   10 secondes.   60 secondes environ.
                 Traits longs.   30   »   *Emission continuelle.*
                 Lettres B.   10   »
                 Silence   10   »

Mécanisme d'émission à moteur.

Barfleur. — 1/1/1928 = 1.000 m. Ondes entretenues modulées 1.600 périodes par seconde.

Rythme.   Lettres F.   10 secondes.   60 secondes. Emissions de
                 Traits longs.   30   »   0 à 5, 10 à 15, etc.
                 Lettres F.   10   »
                 Silence.   10   »

Manipulation par horloge.

Ile d'Yeu. — 1/2/1927 = 1.000 m. Ondes entretenues modulées 1.000 périodes par seconde.

Rythme.	Lettres Y.	15 secondes.	60 secondes. Emissions de
	Traits longs.	20 »	0 à 5, 10 à 15, etc.
	Lettres Y.	15 »	
	Silence.	10 »	

Manipulation par horloge.

La Coubre. — 1/9/1927 = 1.000 m. Ondes entretenues (grande puissance). Ondes entretenues modulées 1.200 périodes par seconde (petite puissance).

En tous temps, au début de chaque demi-heure, un groupe de signaux de grande puissance; en outre, en temps de brume, à partir des minutes 5, 15, 25, 35, 45, 55 un groupe de signaux de petite puissance.

Rytme.	Lettres K.	15 secondes.	60 secondes. Groupe de
	Traits longs.	20 »	signaux 5 minutes.
	Lettres K.	15 »	
	Silence.	10 »	

Manipulation par horloge.

Cap Ferret. — 1/4/1927 = 975 m. Ondes entretenues modulées 800 périodes par seconde.

Rythme.	Lettres F.	10 secondes.	60 secondes. Emissions de
	Traits longs.	30 »	0 à 5, 10 à 15, etc.
	Lettres F.	10 »	
	Silence.	10 »	

Manipulation par horloge.

Le programme général des radiophares français a été publié dans « Science et Vie », février 1926 (*loc. cit.*).

LES REVÊTEMENTS « RÉSISTANTS ET DURABLES »

PAR

S. GUIET

Ingénieur en Chef S. V. de la Vendée

Il y a deux choses à considérer dans le problème de la route : le convertissement des chaussées macadémisées, aujourd'hui insuffisantes, en revêtements d'une résistance à toute épreuve ; puis l'amélioration de l'entretien de ce genre de chaussées pour leur permettre d'attendre que le moment soit venu et les crédits attribués pour procéder à leur convertissement.

Nous ne parlerons pas des procédés pour l'amélioration de l'entretien, qui n'ont à nos yeux qu'une importance relative ; mais nous estimons qu'il est intéressant, pour les administrations de voirie et le public, de faire connaître les résultats de nos vingt années de recherches et d'expérience dans le convertissement des chaussées macadamisées en revêtements d'une solidité éprouvée et d'une durée considérée comme illimitée.

Nous avons eu la satisfaction de constater que nos vues personnelles étaient partagées en haut lieu et par des compétences indiscutables.

La circulaire de M. le Ministre de l'Intérieur, du 14 janvier 1927, pour la répartition des subventions votées annuellement par le Parlement en vue d'aider les départements à la réfection des routes départementales et des chemins vicinaux soumis à une circulation particulièrement intense, recommande d'affecter ces subventions à des chaussées d'une grande durée.

Cette prescription ressort surtout du décret du 2 janvier 1927 pour l'application de la loi du 19 décembre 1926.

Aux termes de l'article premier de ce décret, il devait être établi, dans chaque département, par ordre d'urgence, un programme général des travaux à effectuer pour la réfection, c'est-à-dire le convertissement des chaussées des routes départementales et des chemins vicinaux soumis à une circulation particulièrement intense en revêtements « résistants et durables ».

Dans l'élaboration de ces programmes, la première condition a toujours été remplie ; ce sont toujours les chemins à circulation très intense qui ont fait l'objet des transformations envisagées ; mais le choix de revêtements « résistants et durables » a donné lieu à des interprétations diverses.

Personnellement, nous n'avons eu aucune hésitation, parce que notre siège était fait depuis longtemps et que les résultats de nos applications et de nos études ont fait l'objet de communications de notre part aux cinq congrès internationaux de la Route. Nous nous sommes trouvé, d'ailleurs, en complet accord avec ces congrès, lorsqu'ils décrétèrent que le revêtement cherché pour résister à la circulation automobile devait être « uni dans son ensemble et composé de matériaux durs, résistants, solidement reliés et non glissants ».

Ces conditions d'un bon revêtement en matériaux durs, solidement reliés et non glissants n'avaient pas échappé aux Américains, car dès 1919 ou 1920, il nous a été permis d'assister, à Paris, à une conférence dans laquelle un ingénieur, délégué par la Société des entrepreneurs de France, rendait compte de sa mission aux Etats-Unis. Il nous disait, dès cette époque, qu'en raison de la circulation automobile, trois fois plus grande alors qu'elle n'était en France, les Américains avaient complètement renoncé aux chaussées macadamisées pour confectionner des chaussées en béton de ciment.

Quelques chaussées de cette nature, c'est-à-dire en béton de ciment, ont donné en France satisfaction, d'autres, au contraire, ont causé des déceptions ; toutes, en France comme en Amérique, sont appelées à une durée relativement courte, parce que les matériaux de surface se broient, les chaussées se fissurent et, par suite, se désagrègent bientôt.

D'autres nations, l'Allemagne et l'Autriche particulièrement, emploient depuis nombre d'années également, pour résister à la circulation intense, des petits pavés fendus à la machine dits « kleinpflasters ».

Les chaussées de cette nature posées sur forme de sable ne sont pas unies et souvent, dans le sillage des roues, des pavés se déversent et laissent apparaître des ornières.

La Ville de Paris, qui emploie, depuis quelques années, beaucoup de petits pavés mosaïque, a remédié à l'inconvénient signalé en posant ces pavés sur forme de béton, au lieu de les poser sur forme de sable. Le résultat est très bon, mais le prix de revient est trop élevé pour la province.

Le revêtement que nous préconisons, sous le nom de l' « Indéformable », présente l'avantage d'être plus solide que les chaussées de béton, plus uni que le pavage mosaïque et moins coûteux que ce dernier, même établi sur forme de sable.

Il est constitué par une mosaïque enchâssée dans un béton de ciment armé.

L'épaisseur du revêtement, le dosage du ciment, la force des armatures, la grosseur, la nature et la résistance des matériaux de surface pouvant varier à volonté, il est évident que ce genre de revêtement est un système, une école même, qui permet, après étude approfondie, de éterminer au mieux la constitution du revêtement à appliquer dans haque cas particulier.

Le revêtement l' « Indéformable », s'il est bien étudié, doit donc tre efficace dans tous les cas, tout en étant confectionné aussi économiuement que possible. Il a aussi l'avantage de pouvoir être fait sans ucun matériel spécial et par le premier ouvrier venu.

Les matériaux de surface les moins coûteux et, par suite, les plus réquemment utilisés, sont constitués par de la pierre cassée siliceuse . une face plane, comme celle employée pour l'empierrement des chaussées macadamisées, mais de dimensions plus fortes.

Le revêtement l' « Indéformable » est un revêtement monolithe rapelant les grandes dalles des voies romaines ; il est aussi un petit pavage rmé ; il peut également être considéré comme une chaussée en béton erfectionné.

Les chaussées en béton de ciment, nous l'avons dit, se fissurent et se ésagrègent, et leur réparation est très difficile, sinon impossible, ces nconvénients nuisent à son adoption ; ils sont supprimés, dans la chaussée l' « Indéformable », par l'armature inférieure qui donne de l'élasicité à la masse, et par les gros matériaux de surface, qui augmentent a proportion de matière inerte du béton tout en réduisant le prix de revient. C'est donc bien le revêtement qui répond le mieux aux conditions de la circulaire ministérielle. Il sera facile de s'en rendre compte e 26 juillet, lors de l'excursion projetée en Vendée, une chaussée de cette nature existant depuis quinze ans sur le pont du Braud, sur la Sèvre Niortaise, où un arrêt est prévu.

Nombre de départements ont compris ces avantages et le Conseil général de la Vendée, édifié par plus de cent applications faites dans ce département sans discontinuité depuis vingt années, n'a pas hésité à prévoir exclusivement l' « Indéformable » pour la réalisation de son vaste programme de convertissement ; ce programme, qui comporte 413 kilomètres de chaussées et une dépense, aux prix du jour, de 79 millions, doit être exécuté dans une durée de vingt-cinq ou trente années, moyennant une dépense de 2 millions environ par année.

Les chaussées monolithes à surface inaltérable, c'est-à-dire ne se fissurant ni ne se désagrégeant, constituent bien le type du revêtement « résistant et durable », qui permet de concevoir le convertissement des chaussées insuffisantes des voies à circulation très intense.

Au fur et à mesure de sa constitution, ce réseau spécial sera exclusivement suivi par la grande circulation automobile, et sur le réseau des voies secondaires, ainsi soulagées, on pourra se contenter d'un entretien réduit ou de chaussées seulement améliorées.

Un moyen de réduire la dépense de près de moitié, tout en canalisant la circulation, consiste à établir, au lieu d'un revêtement général de la chaussée, quatre bandes de roulement de 0 m. 80 de largeur, constituant double voie et permettant le croisement en vitesse sans appréhension de la part des conducteurs.

Nous en avons fait une application sur 500 mètres de longueur, soit 2.000 mètres de bandes, il y a trois ans bientôt, et la circulation en est satisfaite.

Il serait facile d'activer les travaux de convertissement en faisant appel à des sociétés financières, qui feraient l'avance des fonds et seraient remboursées par annuités sur les crédits d'entretien.

Vœu. — Comme conséquence des constatations que nous venons d'exposer, nous demandons que le Congrès émette le vœu suivant :

« Considérant que les goudronnages et émulsions bitumineuses ne sont que des palliatifs d'entretien relativement onéreux et exigeant des réfections constantes, le Congrès émet le vœu que soit entrepris désormais, dans une large mesure, le convertissement, en revêtements résistants, durables et non glissants, prescrit par la circulaire de M. le Ministre de l'Intérieur du 14 janvier 1927, des chaussées des voies publiques à circulation intense, soit sur la largeur totale des chaussées, soit par la constitution de quatre bandes de roulement constituant voie montante et voie descendante, et que, pour activer ces travaux de convertissement, soient envisagées les avances d'établissements financiers, qui se récupéreraient, par annuités, sur les crédits d'entretien des voies transformées ou toutes autres solutions qui seraient reconnues également avantageuses aux administrations intéressées. »

1. - UNE SOLUTION SIMPLE DE LA RÉALISATION DE MOTEURS DIESEL PUISSANTS, LÉGERS, DE CONSOMMATION SPÉCIFIQUE RÉDUITE

Le moteur Diesel à 4 temps suralimenté par turbo-compresseur fonctionnant sur les gaz d'échappement

PAR

M. GAUTIER

Ingénieur en Chef aux Etablissements de la Marine Nationale d'Indret (Loire-Inf.)

Grâce à ses qualités précieuses et bien connues, le moteur Diesel constitue indiscutablement aujourd'hui le seul moteur admissible pour la propulsion en surface des sous-marins et le moteur vraiment approprié à celle des cargos. Des exemples récents (1) montrent, d'autre part, que dans un avenir rapproché, il deviendra rapidement un concurrent sérieux de la turbine à vapeur sur les paquebots et les bâtiments de surface de la marine de guerre, lorsqu'on sera parvenu à créer des unités à la fois puissantes, robustes, légères, et d'exploitation économique.

Certains constructeurs ont cherché la solution de cet important problème en accroissant les dimensions et le nombre des cylindres, soit du moteur à quatre temps simple effet (moteur Man de 3.000 CV à 10 cylindres de 520 m/m d'alésage par exemple), soit du moteur à deux temps simple effet (moteurs Sulzer de 7.040 CV à 8 cylindres de 320 m/m d'alésage par exemple); d'autres, en utilisant le moteur à quatre ou à deux temps double effet; d'autres encore en utilisant des moteurs à simple effet, mais à pistons opposés; d'autres enfin en récupérant les pertes par eau de refroidissement et par gaz d'échappement (moteur Still par exemple).

A vrai dire, aucune de ces solutions ne répond complètement au problème posé: les moteurs à deux temps ont une consommation spécifique trop élevée et des auxiliaires encombrants, les moteurs à pistons opposés et à récupération sont à la fois encombrants et compliqués.

---

(1) Ravitailleur de sous-marins *Jules-Verne,* deux moteurs Sulzer à deux temps, d'une puissance totale de 12.000 CV.

Paquebot *Félix-Roussel,* des Messageries Maritimes, deux moteurs Sulzer à deux temps, d'une puissance totale de 14.000 CV.

Il nous est apparu, dès 1924, qu'en partant du moteur à quatre temps. qui est le moteur robuste par excellence, on pouvait envisager une solution simple et rationnelle du problème en suralimentant le moteur et en utilisant dans ce but un turbo-compresseur fonctionnant sur l'échappement; on réaliserait ainsi une sorte de moteur compound dont le cylindre BP serait remplacé par une turbine, seul appareil moteur susceptible d'utiliser convenablement les faibles pressions, comme celles qui règnent dans le cylindre au moment de l'ouverture de la soupape d'échappement.

*
* *

Nous avons exposé nos vues à ce sujet dans un travail paru en juillet 1925 et nous avons montré que pour obtenir le maximum de rendement du compoundage du moteur avec la turbine, il convenait effectivement d'utiliser la turbine pour entraîner un compresseur centrifuge et suralimenter le moteur, l'accroissement de puissance du moteur pouvant, à égalité de fatigue mécanique avec le moteur normal, atteindre 50 % environ, à condition de réduire le taux de compression à une valeur convenable, suffisante toutefois pour assurer le démarrage.

Notre étude de juillet 1925 ne constituait en somme qu'une vue d'ensemble de la question, susceptible néanmoins de montrer déjà tout l'intérêt qu'elle présentait. Aussi nous en avons repris l'étude en la traitant à fond et dans tous ses détails, en déterminant, en particulier, les valeurs optima de tous les facteurs qui interviennent, en concrétisant nos vues dans un avant-projet de moteur pour sous-marin type *Redoutable* suivi d'une comparaison entre le moteur de l'avant-projet et le moteur à deux temps effectivement destiné aux sous-marins de ce type, et en tirant des conclusions plus générales au point de vue des unités de graned puissance pour l'avenir.

Nous ne pouvons manifestement, dans une aussi courte communication, donner qu'un aperçu succinct des conclusions des études en cause parues en janvier 1926 et février 1927.

La suralimentation ne nous paraît tout d'abord applicable qu'aux moteurs à quatre temps, par suite de l'importante consommation d'air que nécessite le balayage des moteurs à deux temps, encore que réduite, généralement, par des dispositifs spéciaux qui permettent de réaliser séparément le balayage et le remplissage, le balayage pouvant ainsi s'effectuer à pression plus faible que le remplissage.

La suralimentation du moteur à quatre temps par turbo-compresseur fonctionnant sur l'échappement ne peut donner son plein effet que si l'air de suralimenttaion est refroidi dans des réfrigérants tubulaires avant l'arrivée aux cylindres et si le turbo-compresseur peut fonctionner sur une pression d'échappement peu supérieure à la pression de suralimentation, c'est-à-dire si son rendement global est suffisant (de l'ordre de 40 %), car alors on peut pratiquer le balayage de l'espace mort par un décroisement judicieux des mouvements des soupapes d'aspiration et d'échappement, d'où il résulte un accroissement important de la quantité d'air frais, une réduction appréciable de la température initiale de la cylindrée, et par suite un accroissement sensible de la puissance dans des conditions thermiques encore acceptables pour les parois. Le rendement global d'un turbo-compresseur croissant d'ailleurs avec ses dimensions, lesquelles sont fonction de la puissance du moteur Diesel à suralimenter, on peut estimer que pour que la suralimentation puisse donner son plein effet, la puissance normale du moteur Diesel ne doit pas être inférieure à 500 à 600 CV.

Dans ces conditions, le taux de compression du moteur étant préalablement réduit au strict minimum pour assurer le démarrage (soit 25 environ d'après l'expérience acquise sur un moteur de 300 CV à 450 t/m à injection pneumatique, et vraisemblablement 15 sur un moteur à injection mécanique), ce moteur suralimenté suivant les principes sus-mentionnés, peut, dans des conditions de fatigue mécanique, thermique et résultante de même ordre, fournir une puissance d'environ 50 % plus élevée que celle du même moteur fonctionnant normalement, avec une consommation spécifique plus faible, un rendement thermique effectif et un rendement mécanique plus élevés, des températures de parois de même ordre, la température d'échappement par contre étant sensiblement plus élvéee, ce qui ne saurait présenter d'inconvénient sérieux en utilisant des soupapes d'échappement soit à la circulation d'eau, soit en métal spécial résistant aux températures élevées.

En outre, un tel moteur est susceptible d'une surcharge momentanée assez élevée (de 30 à 40 %) dans les conditions où un moteur normal ne peut supporter momentanément qu'une surcharge de 10 % environ.

*
* *

Nous avons concrétisé nos vues dans un avant-projet de moteur à quatre temps suralimenté à 6 cylindres de 3.000 CV à 330 t/m, de 512 m/m d'alésage, 512 m/m de course, de 5 m. 600 de vitesse linéaire de piston, au taux de compression 26, suralimenté à 1 kg. 650 absolu par turbo-compresseur de rendement supposé au moins égal à 0,45, la pression maxima dans le diagramme étant de 45 kg.

Nous indiquons ci-après la comparaison qu'on peut effectuer entre ce moteur et un moteur de même puissance à deux temps tournant au même nombre de tours avec une même pression maxima dans le diagramme de 45 kg. destiné au sous-marin *Redoutable*.

Les calculs relatifs au moteur suralimenté ont été conduits avec intention, de manière à donner des chiffres par excès.

	Moteur à 4 temps suralimenté (avant projet)	Moteur à 2 temps
Distance de la face AV du moteur à la cloison AR du compartiment des moteurs	9 m. 720	12 m. 800
Largeur et hauteur du moteur.......	sensiblement la même	
Poids par cheval .... (y compris l'eau, l'huile pour les deux moteurs et le turbo-compresseur avec réfrigérant d'air pour le moteur suralimenté).	au max. 25 kg.	28 kg. 3
Consommation spécifique	au max. 190 gr.	220 gr.
Capacité de surcharge momentanée...	30 à 40 %	10 %

Ces résultats montrent l'intérêt indiscutable du moteur suralimenté.

Nous espérons prochainement pouvoir vérifier nos conclusions sur notre moteur d'études à quatre temps deux cylindres de 520 m/m d'alésage d'une puissance normale de 660 CV à 390 t/m, que nous pensons pousser jusqu'à 1.200 CV.

En attendant, nous avons procédé à une étude expérimentale sur un moteur à quatre temps six cylindres d'une puissance normale de 300 CV à 450 t/m mais de puissance trop faible pour qu'on puisse envisager le balayage de l'espace mort. Aucun constructeur ne paraissant avoir encore étudié la question en France en ce qui concerne le moteur Diesel, nous avons utilisé simplement un turbo-compresseur de série pour moteur d'avion de 450 CV, donc insuffisant pour le moteur Diesel, qui aspire en général à puissance égale deux fois plus d'air que le moteur à explosion. En fait, ce turbo-compresseur, d'un rendement global maximum théorique de 0,35 environ, n'a pu réaliser au cours de notre étude expérimentale qu'un rendement global d'environ 0,20. Malgré ces conditions éminemment défavorables, les résultats d'essais ont été extrêmement intéressants et encourageants.

Le moteur, dont le taux de compression a été préalablement réduit de 36 à 25 a pu, au cours d'essais de longue durée, comportant en particulier vingt-quatre heures consécutives à puissance maxima, fournir d'une façon entièrement satisfaisante :

465 chevaux à 450 t/m, supérieure de 55 % à celle du moteur normal (300 CV), avec :

Des diagrammes corrects.

Une pression maxima (44 kg. 5) ne dépassant pas plus de 7 % celle du moteur normal (41 kg. 6).

Une ordonnée moyenne (11 kg. 3) supérieure de 31 % à celle du moteur normal (8 kg. 6).

Un rendement thermique effectif de même ordre que celui du moteur normal (0,262).

Un rendement mécanique (0,74) supérieur de 12 % à celui du moteur normal (0,66).

Des pertes relatives par frottements (0,088) inférieures de 33 % à celles du moteur normal (0,132).

Des pertes relatives par réfrigération (0,252) inférieures de 7 % à celles du moteur normal (0,27).

Une consommation spécifique (226 gr.) légèrement supérieure de 2 % à celle du moteur normal (221 gr.), mais qui atteint seulement à 310 CV (206 gr.).

Des fatigues, mécanique, thermique et résultante supérieures respectivement de 7 %, 23 %, 15 % à celles du moteur normal.

A l'issue des essais, seules les soupapes d'échappement non refroidies en fonte présentaient une légère oxydation sur la face inférieure du clapet ; une soupape témoin, en métal ATV d'Imphy, a été trouvée absollument intacte.

Nous avons donc l'espoir que les essais que nous pensons pouvoir effectuer prochainement sur notre moteur à deux cylindres viendront confirmer les conclusions de nos études et que des unités d'une puissance de 10.000 CV à quatre temps simple effet de dix cylindres de 700 m/m de diamètre ou de huit cylindres de 800 m/m de diamètre qui constitueront effectivement des unités simples, robustes, légères et d'exploitation économique pourront déjà être aisément construites dans un avenir proche sur les principes que nous avons exposés.

II. - LA QUESTION DES COMBUSTIBLES LIQUIDES EN FRANCE, PARTICULIÈREMENT EN CE QUI CONCERNE LE MOTEUR DIESEL

PAR

M. GAUTIER

Ingénieur en Chef aux Etablissements de la Marine Nationale d'Indret (Loire-Inf.)

———

Une des préoccupations essentielles de l'époque actuelle et qui intéresse, quoique à des degrés différents, tous les pays, est la réduction progressive des ressources pétrolifères, en regard de l'accroissement incessant de la consommation mondiale, dû à l'essor continuel de l'automobilisme, de la motoculture, de la propulsion par moteurs thermiques et de l'aviation.

Les pays qui, comme la France, sont d'ailleurs presque entièrement tributaires de l'étranger pour les produits du pétrole qu'ils ne peuvent acquérir qu'au prix fort, sur un marché contrôlé uniquemnet par l'Angleterre et surtout les Etats-Unis, au détriment de leur change, et dont le ravitaillement devient, de toute évidence, assez aléatoire en cas d'hostilités, sont donc, à tous égards, dans l'obligation absolue de tendre d'ores et déjà tous leurs efforts pour tirer des ressources naturelles de leur propre sous-sol ou de celui de leurs colonies les combustibles nécessaires pour satisfaire à tous leurs besoins.

De nombreuses recherches ont déjà été entreprises soit pour utiliser plus rationnellement les produits du pétrole et diminuer ainsi nos importations, soit pour y suppléer plus ou moins complètement par l'emploi de carburants nationaux tirés de notre sol ou obtenus par synthèse.

Nous avons exposé nos vues à ce sujet dans un travail de juillet 1925.

Nous allons les résumer succinctement et donner sommairement les résultats des essais de combustibles végétaux sur moteur Diesel auxquels nous avons procédé et dont nous avons rendu compte dans un rapport de 1926.

Nous disposons de trois catégories de ressources naturelles. Tout d'abord, nous pourrions produire aisément en abondance dans la métropole ou dans nos colonies, en investissant les capituax nécessaires, et vraisemblablement à un prix peu élevé, bien que rémunérateur, des huiles végétales en quantité considérable (arachide, palme, ricin, karité, etc.); d'autre part, nous possédons d'importants gisements de houille et nos cokeries peuvent, par suite, nous fournir des benzols et

<table>
<tr><th rowspan="2">DU COMBUSTIBLE</th><th rowspan="2">Pouvoir calorifique inférieur</th><th colspan="7">RÉGLAGE DU MOTEUR</th><th colspan="18">ESSAIS</th><th colspan="4">DIAGRAMMES NORMAUX PRIS A DIFFÉRENTES ALLURES</th></tr>
<tr><th>Compression (à chaud à 600 m.m)</th><th>Réglage des pompes entre doigt d'attaque et le clapet</th><th>Levée d'aiguille — avance</th><th>P. M.</th><th>L. M.</th><th>fermeture</th><th>Température de réchauffage du combustible</th><th>Pression d'insufflation</th><th>Nature</th><th>Température ambiante</th><th>Température de l'eau à la sortie des cylindres</th><th>Nombre de tours moyen</th><th>Cylindrée moyenne</th><th>Dépression moyenne</th><th>Pression ambiante</th><th>Puissance moyenne indiquée Pi</th><th>effective Pe</th><th>Puissance indiquée compresseur Fc</th><th>Consommation par C.V.H. indiqué</th><th>effectif P</th><th>Rendement thermique Indiqué</th><th>effectif</th><th>Rendement mécanique Vm</th><th>CO₂</th><th>CO</th><th>O</th><th>Température des gaz d'échappement</th><th>1re</th><th>2e</th><th>3e</th><th>4e</th></tr>
<tr><td></td><td>kgr.</td><td>kgr.</td><td></td><td>degrés</td><td>m/m</td><td>m.m</td><td>degrés</td><td>degrés</td><td>kgr.</td><td>cv</td><td>deg.</td><td>degrés</td><td></td><td></td><td></td><td>m.m</td><td>cv</td><td>cv</td><td>cv</td><td>gr.</td><td>gr.</td><td></td><td></td><td></td><td></td><td></td><td></td><td>degrés</td><td></td><td></td><td></td><td></td></tr>

<tr><td>Huiles minérales :</td><td>10.324</td><td>30</td><td>0.1</td><td>— 11</td><td>0.40</td><td>2</td><td>+ 44</td><td>»</td><td>70</td><td>300</td><td>21</td><td>44</td><td>466</td><td>7.89</td><td>40</td><td>752</td><td>461</td><td>208.4</td><td>20.0</td><td>135</td><td>214</td><td>0.44</td><td>0.28</td><td>0.00</td><td>7.4</td><td></td><td>10</td><td>470</td><td></td><td></td><td></td><td></td></tr>
<tr><td></td><td></td><td></td><td>—</td><td></td><td>—</td><td></td><td></td><td>»</td><td>66</td><td>225</td><td>19</td><td>43</td><td>412</td><td>7.6</td><td>40</td><td>755</td><td>461</td><td>224.7</td><td>27.0</td><td>118</td><td>212.9</td><td>0.51</td><td>0.28</td><td>0.50</td><td>5.5</td><td></td><td>11.5</td><td>180</td><td></td><td></td><td></td><td></td></tr>
<tr><td></td><td></td><td></td><td></td><td></td><td></td><td></td><td></td><td>»</td><td>28</td><td>150</td><td>22</td><td>42</td><td>308</td><td>6.78</td><td>38.4</td><td>755</td><td>320</td><td>141.7</td><td>24</td><td>100</td><td>224</td><td>0.47</td><td>0.27</td><td>0.51</td><td>4</td><td></td><td>12.5</td><td>290</td><td></td><td></td><td></td><td></td></tr>
<tr><td></td><td></td><td></td><td></td><td></td><td>—</td><td></td><td></td><td>»</td><td>48</td><td>75</td><td>24</td><td>42</td><td>275</td><td>5.18</td><td>38</td><td>755</td><td>184</td><td>78.4</td><td>14</td><td>105</td><td>247</td><td>0.48</td><td>0.24</td><td>0.40</td><td>3.4</td><td></td><td>13</td><td>100</td><td></td><td></td><td></td><td></td></tr>

<tr><td>de schiste</td><td>10.060</td><td>30</td><td>0.1</td><td>— 10</td><td>0.04</td><td>2</td><td>+ 42</td><td>»</td><td>75</td><td>300</td><td>21</td><td>40</td><td>457</td><td>8.44</td><td>41</td><td>750</td><td>487</td><td>208</td><td>43.8</td><td>114</td><td>222</td><td>0.40</td><td>0.29</td><td>0.47</td><td>8</td><td></td><td>7</td><td>431</td><td></td><td></td><td></td><td></td></tr>
<tr><td></td><td></td><td></td><td>—</td><td></td><td>—</td><td></td><td></td><td>»</td><td>67</td><td>225</td><td>19</td><td>40</td><td>410</td><td>8.2</td><td>38.4</td><td>750</td><td>437</td><td>221</td><td>11</td><td>114</td><td>210</td><td>0.54</td><td>0.29</td><td>0.51</td><td>9.5</td><td></td><td>8.5</td><td>340</td><td></td><td></td><td></td><td></td></tr>
<tr><td></td><td></td><td></td><td></td><td></td><td></td><td></td><td>—</td><td>»</td><td>60</td><td>150</td><td>21</td><td>40</td><td>300</td><td>7.3</td><td>38.3</td><td>750</td><td>341</td><td>143</td><td>27</td><td>60</td><td>211</td><td>0.61</td><td>0.26</td><td>0.44</td><td>7</td><td></td><td>8.5</td><td>275</td><td></td><td></td><td></td><td></td></tr>
<tr><td></td><td></td><td></td><td></td><td></td><td></td><td></td><td></td><td>»</td><td>52</td><td>75</td><td>21</td><td>40</td><td>272</td><td>6.3</td><td>38</td><td>750</td><td>220</td><td>70</td><td>30</td><td>90</td><td>207</td><td>0.63</td><td>0.24</td><td>0.28</td><td>6</td><td></td><td>10</td><td>194</td><td></td><td></td><td></td><td></td></tr>

<tr><td>Huile tirée de la houille / de goudron</td><td>9.113</td><td>30</td><td>0.1</td><td>— 11</td><td>0.43</td><td>1.90</td><td>+ 41</td><td>45</td><td>72</td><td>300</td><td>22</td><td>40</td><td>458</td><td>8.3</td><td>41</td><td>763</td><td>487</td><td>300</td><td>28</td><td>147</td><td>220</td><td>0.47</td><td>0.31</td><td>0.68</td><td>10.4</td><td></td><td>9</td><td>430</td><td></td><td></td><td></td><td></td></tr>
<tr><td></td><td></td><td></td><td>—</td><td></td><td></td><td></td><td></td><td>43</td><td>67</td><td>225</td><td>21</td><td>55</td><td>415</td><td>7.8</td><td>41</td><td>704</td><td>400</td><td>222</td><td>24</td><td>131</td><td>223</td><td>0.57</td><td>0.30</td><td>0.57</td><td>8</td><td></td><td>11</td><td>340</td><td></td><td></td><td></td><td></td></tr>

<tr><td>Huiles végétales : / d'arachide</td><td>8.927</td><td>30</td><td>0.5</td><td>— 12</td><td>0.85</td><td>1.83</td><td>+ 58</td><td>»</td><td>77</td><td>300</td><td>15</td><td>40</td><td>450</td><td>8.38</td><td>40</td><td>748</td><td>493</td><td>105</td><td>43</td><td>156</td><td>252</td><td>0.40</td><td>0.29</td><td>0.68</td><td>9.5</td><td></td><td>5</td><td>450</td><td></td><td></td><td></td><td></td></tr>
<tr><td></td><td></td><td></td><td>—</td><td></td><td></td><td></td><td></td><td>»</td><td>68</td><td>225</td><td>20</td><td>40</td><td>412</td><td>8.7</td><td>40</td><td>752</td><td>481</td><td>225</td><td>33</td><td>121</td><td>248</td><td>0.60</td><td>0.29</td><td>0.42</td><td>7</td><td></td><td>9.5</td><td>190</td><td></td><td></td><td></td><td></td></tr>
<tr><td></td><td></td><td></td><td></td><td></td><td>—</td><td></td><td></td><td>»</td><td>66</td><td>150</td><td>13</td><td>43</td><td>300</td><td>8</td><td>40</td><td>748</td><td>365</td><td>140</td><td>30</td><td>104</td><td>260</td><td>0.62</td><td>0.27</td><td>0.43</td><td>5</td><td></td><td>10</td><td>290</td><td></td><td></td><td></td><td></td></tr>
<tr><td></td><td></td><td></td><td>—</td><td></td><td></td><td></td><td>—</td><td>»</td><td>54</td><td>75</td><td>15</td><td>30</td><td>275</td><td>6.3</td><td>38.4</td><td>748</td><td>224</td><td>70</td><td>21</td><td>100</td><td>290</td><td>0.66</td><td>0.21</td><td>0.38</td><td>4.3</td><td></td><td>9</td><td>205</td><td></td><td></td><td></td><td></td></tr>

<tr><td>de palme</td><td>8.752</td><td>30</td><td>0.8</td><td>— 12</td><td>0.85</td><td>1.84</td><td>+ 58</td><td>48</td><td>73</td><td>300</td><td>12</td><td>46</td><td>447</td><td>8.8</td><td>38.5</td><td>759</td><td>460</td><td>101</td><td>40</td><td>156</td><td>255</td><td>0.47</td><td>0.39</td><td>0.67</td><td>0</td><td></td><td>0.4 (1)</td><td>420</td><td></td><td></td><td></td><td></td></tr>
<tr><td></td><td></td><td></td><td>—</td><td></td><td></td><td></td><td></td><td>58</td><td>67</td><td>225</td><td>8</td><td>45</td><td>410</td><td>8.7</td><td>39</td><td>703</td><td>480</td><td>236</td><td>29</td><td>121</td><td>247</td><td>0.61</td><td>0.30</td><td>0.52</td><td>9.5</td><td></td><td>0.5</td><td>340</td><td></td><td></td><td></td><td></td></tr>
<tr><td></td><td></td><td></td><td></td><td></td><td>—</td><td></td><td></td><td>48</td><td>»</td><td>150</td><td>9</td><td>44</td><td>360</td><td>7.80</td><td>38</td><td>709</td><td>302</td><td>149</td><td>26</td><td>100</td><td>200</td><td>0.69</td><td>0.30</td><td>0.44</td><td>5</td><td></td><td>0.7</td><td>268</td><td></td><td></td><td></td><td></td></tr>

<tr><td>de karité</td><td>9.017</td><td>30</td><td>0.8</td><td>— 12</td><td>0.80</td><td>2.10</td><td>+ 45</td><td>80</td><td>78</td><td>300</td><td>17</td><td>44</td><td>454</td><td>8.3</td><td>42.5</td><td>773</td><td>495</td><td>203</td><td>30</td><td>140</td><td>338</td><td>0.49</td><td>0.30</td><td>0.61</td><td>»</td><td></td><td>»</td><td>»</td><td></td><td></td><td></td><td></td></tr>
<tr><td></td><td></td><td></td><td>—</td><td></td><td></td><td></td><td></td><td>72</td><td>70</td><td>225</td><td>17</td><td>45</td><td>412</td><td>8.44</td><td>40</td><td>773</td><td>445</td><td>224</td><td>24</td><td>119</td><td>216</td><td>0.61</td><td>0.34</td><td>0.53</td><td>7</td><td></td><td>0.3 (1)</td><td>175</td><td></td><td></td><td></td><td></td></tr>
<tr><td></td><td></td><td></td><td>—</td><td></td><td></td><td></td><td></td><td>66</td><td>62</td><td>150</td><td>17</td><td>44</td><td>358</td><td>7.6</td><td>39</td><td>773</td><td>350</td><td>151</td><td>20</td><td>107</td><td>350</td><td>0.61</td><td>0.38</td><td>0.45</td><td>»</td><td></td><td>»</td><td>»</td><td></td><td></td><td></td><td></td></tr>
<tr><td></td><td></td><td></td><td></td><td></td><td>—</td><td></td><td></td><td>57</td><td>57</td><td>75</td><td>17</td><td>40</td><td>280</td><td>6</td><td>40</td><td>773</td><td>212</td><td>74</td><td>18</td><td>100</td><td>288</td><td>0.69</td><td>0.34</td><td>0.38</td><td>»</td><td></td><td>»</td><td>»</td><td></td><td></td><td></td><td></td></tr>

<tr><td>de ricin</td><td>8.337</td><td>30</td><td>0.7</td><td>— 12</td><td>0.92</td><td>1.95</td><td>+ 42</td><td>80</td><td>74</td><td>300</td><td>16</td><td>47</td><td>460</td><td>9.1</td><td>40.5</td><td>701</td><td>435</td><td>304</td><td>42</td><td>140</td><td>247</td><td>0.42</td><td>0.30</td><td>0.61</td><td>9.5</td><td></td><td>7.5</td><td>475</td><td></td><td></td><td></td><td></td></tr>
<tr><td></td><td></td><td></td><td>—</td><td></td><td></td><td></td><td></td><td>80</td><td>98</td><td>225</td><td>17</td><td>47</td><td>412</td><td>9</td><td>40</td><td>709</td><td>479</td><td>222</td><td>32</td><td>111</td><td>343</td><td>0.61</td><td>0.30</td><td>0.49</td><td>7</td><td></td><td>12</td><td>355</td><td></td><td></td><td></td><td></td></tr>
<tr><td></td><td></td><td></td><td>—</td><td></td><td></td><td></td><td></td><td>68</td><td>62</td><td>150</td><td>12</td><td>50</td><td>300</td><td>8</td><td>40</td><td>706</td><td>368</td><td>147</td><td>28</td><td>104</td><td>260</td><td>0.69</td><td>0.28</td><td>0.43</td><td>6</td><td></td><td>13</td><td>280</td><td></td><td></td><td></td><td></td></tr>
<tr><td></td><td></td><td></td><td></td><td></td><td>—</td><td></td><td></td><td>62</td><td>61</td><td>75</td><td>12</td><td>30</td><td>274</td><td>6.3</td><td>37.5</td><td>705</td><td>223</td><td>74</td><td>14</td><td>101</td><td>306</td><td>0.69</td><td>0.24</td><td>0.38</td><td>4</td><td></td><td>15.5</td><td>185</td><td></td><td></td><td></td><td></td></tr>
</table>

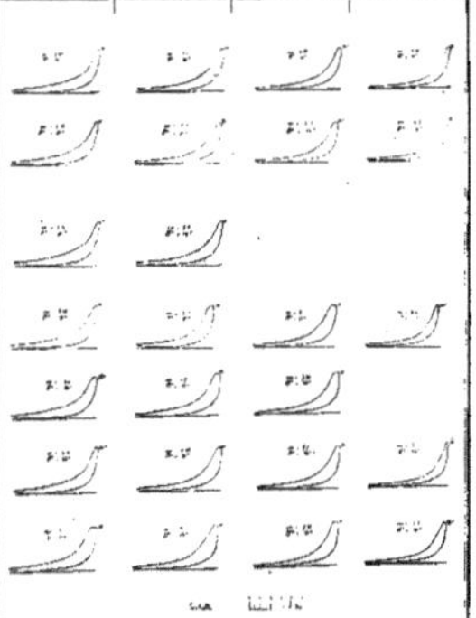

des huiles de goudron ; enfin nous produisons une quantité importante d'alcool que nous extrayons particulièrement des betteraves sucrières et des marcs de vigne.

L'alcool peut assez difficilement être employé seul sur les moteurs à explosion. Mais, une fois déshydraté et mélangé à l'essence, il donne de bons résultats : ce mélange constitue ce qu'on appelle, assez improprement à notre avis, le carburant national. Mais nos ressources en alcool sont limitées, à tel point qu'il arrive parfois actuellement qu'on ne puisse, par suite du manque d'alcool, se procurer de carburant national. Il est vraisemblable, d'ailleurs, qu'en cas d'hostilités le Service des Poudres absorberait à lui seul la plus grande partie de la production.

Le benzol paraît constituer un excellent carburant antidétonant pour moteur à explosion. Mais sa production, accrue cependant depuis qu'on pratique le débenzolage dans les cokeries, est limitée. Nous sommes d'ailleurs en partie tributaires de l'étranger pour la houille, et, d'autre part, nos gisements propres sont très exposés aux coups de l'ennemi en cas d'hostilités.

Les huiles de goudron de houille, d'un emploi d'ailleurs délicat dans les moteurs Diesel et surtout dans les moteurs à explosion, pour de multiples raisons dont les principales sont, à notre avis, leur distillation tardive, élective et lente, et leur inflammabilité difficultueuse particulièrement en ce qui concerne les constituants issus de queues de distillation, présentent les mêmes inconvénients que les benzols en ce qui concerne leur production limitée.

Restent donc les huiles végétales, ressource inépuisable qui devrait à notre avis constituer la base essentielle de notre approvisionnement en combustibles vraiment nationaux.

Leur fluidité à des températures relativement basses, leur point de combustion sous pression peu élevée, leur pouvoir calorifique suffisant, la complexité de leur molécule et leurs teneurs relatives en hydrogène et en carbone (qui sont de même ordre que celles des pétroles et gas-oils), ce qui facilite leur combustion, montrent clairement qu'elles doivent, *a priori*, constituer de bons combustibles pour moteurs à combustion, et sans subir de transformations chimiques préalables, elles devraient suffire à la plus grande partie de tous nos besoins, même le jour, peut-être proche, où le petit moteur Diesel léger aura réussi à remplacer le moteur à explosion particulièrement dans l'automobilisme, la motoculture et la propulsion par moteur thermique.

La possibilité de leur transformation catalytique en pétroles et essences, d'autre part, mise en évidence par les travaux remarquables de MM. Mailhe et Sabatier, en particulier, et susceptible d'être effectuée industriellement, peut-être dans un avenir proche, en ferait, en tout cas, une base précieuse pour l'approvisionnement en combustibles légers appropriés pour les moteurs à explosion.

En vue de mettre en évidence les qualités des huiles végétales pour l'alimentation des moteurs Diesel, nous avons procédé sur un moteur Diesel à 4 temps 6 cylindres de 300 CVX à 450 t/m, à injection pneumatique, à une première étude expérimentale d'emploi que nous espérons faire suivre prochainement d'une étude complémentaire sur un moteur à 2 cylindres 4 temps de 660 CVX à 390 t/m à 2 cylindres de 520 m/m d'alésage.

Nous indiquons dans le tableau I ci-joint les caractéristiques des huiles essayées et dans le tableau II, également joint, les résultats des essais.

Il résulte de ce dernier tableau que les combustibles végétaux, simplement filtrés pour les débarrasser de leurs impuretés ligneuses ou fibreuses, constituent d'excellents combustibles pour le moteur Diesel dans lesquels on peut les utiliser sans modifications essentielles du moteur

Tableau I. - Caractéristiqu

Huiles essayées	Provenance	Couleur	Aspect	Densité		Viscosité Engler	
				à 15°	à 60°	à 15°	à 60°
Gas-oil	Lorient	*jaune brun*	*mobile*	0,888	»	»	»
Arachide	Huilerie Nouvelle Marseille	*ambrée*	*louche*	0,910	0,891	17	2
Palme	Cie Française Afrique Occid. Marseille	*brune*	*graisse solide grumeleuse avec parties ligneuses*	0,900	0,871	solide	2,5
Karité	Maison Cere	*blanc sale*	*graisse dure compacte*	0,915	0,884	solide	5,95
Ricin	Cherbourg	*laiteuse*	*louche*	0,958	0,958	.	10

ic2133

en conservent le taux de compression normal, en augmentant légèrement (de 1° environ) l'avance à l'injection, en augmentant le débit des
pompes à combustible pour tenir compte de la différence des pouvoirs
calorifiques et des densités, en augmentant au besoin la pression d'insufflation pour tenir compte de la viscosité, cell-ci ayant été réduite, au
préalable, si nécessaire, par accroissement de la température (palme,
karité, ricin), ce qui du reste est d'ailleurs indispensable pour fondre les
combustibles solides (palme, karité).

Le démarrage du moteur est très doux, le fonctionnement satisfaisant à toutes allures avec des diagrammes corrects et d'échappement
incolore.

Après de nombreuses heures d'essais, les surfaces d'échappement ont
été seulement trouvées recouvertes d'une légère couche de suie très
grasse.

huiles essayées

| ilité | Pouvoir calorique | | Analyse chimique | | | Rapport | Observations |
aire	supérieur	inférieur	C	H	O	$\frac{H}{C}$	
2°	10.945	10.324	88,07	11,5	0	0,13	»
3°	9.560	8.927	75,45	11,72	12,83	0,155	acidite organique : 17,79 °/₀
5°	9.400	8.752	73,8	11,83	12,92	0,16	eau : 1,45 °/₀
2°	9.640	9.017	77,27	11,52	11,02	0,149	eau : 0,10 °/₀
5°	9.165	8.557	73,5	11,25	15,24	0,153	eau : 0,10 °/₀

DEUXIÈME GROUPE

SCIENCES PHYSIQUES

———

CINQUIÈME SECTION

PHYSIQUE

———

Président .... M. Turpain, Professeur de physique à la Faculté de
Poitiers.

Vice-Président ..... M. Lancien, Diplômé des Etudes supérieures des sciences physiques et des sciences biologiques ; Conseil-
ler du Commerce extérieur de la France.

Secrétaire .... M. Dangel, Radio-Electricien à La Rochelle.

RAPPORTS SUCCINTS SUR DEUX QUESTIONS MISES A L'ORDRE DU JOUR DE LA Ve SECTION POUR SERVIR DE BASE AUX DISCUSSIONS

PAR

A. TURPAIN

Professeur à l'Université de Poitiers

1° L'UTILISATION DES ONDES COURTES DANS LA PRATIQUE DE LA RADIO-DIFFUSION

L'emploi des ondes courtes ne date pas d'hier.

Ce sont des ondes courtes, de l'ordre du mètre, que réalisa le découvreur de ces ondes, Hertz, dès 1888. Elles furent employées dès les premiers essais expérimentaux de radiocommunication par signaux Morse (premières expériences de T. S. F. de Bordeaux, au moyen d'un résonateur à coupure armé d'un téléphone, novembre 1894).

L'engouement pour les ondes longues paraît devoir être rapporté au succès de la transmission des signaux de l'heure par l'antenne de la Tour Eiffel, dont la hauteur aiguilla, *à tort*, vers l'emploi d'ondes de grandes longueurs.

On construisit alors des postes et des dispositifs d'antennes à ondes de l'ordre de plusieurs kilomètres, investissant des capitaux énormes dans ces antennes nullement indispensables.

Grâce à l'expérience, et en particulier aux amateurs, on revint aux ondes courtes, et le succès des radiotéléphonies échangées entre antipodes (Europe-Australie) démontra que les énormes frais des gigantesques antennes n'étaient nullement nécessaires.

La différence de propagation de jour et de nuit — d'ailleurs signalée et étudiée dès avant 1912 — n'affecte guère plus les ondes longues que les ondes courtes. Ainsi, des ondes de longueurs supérieures à 70 mètres passent de nuit, celles de 25 mètres passent de jour, celles de 50 mètres de jour et de nuit, suivant les saisons. Le *Jacques-Cartier* émet, sur 31 mètres et 75 mètres, à 8.000 et 10.000 kilomètres ; 31 mètres passent mieux la nuit ; 75 mètres, mieux le jour.

Les questions de zones de silence, d'influence saisonnière, des influences météorologiques, magnétiques, géographiques ; l'évanouissement, la distorsion des radiophonies, sont autant de faits au sujet desquels, suivant les auteurs, les indications les plus contradictoires sont fournies. Il apparaît qu'au lieu d'observer avec soin et méthode, de classer très exactement, et avec l'unique souci d'observations impartiales, les faits — et les faits seuls — on les collectionne dans le seul but de faire triompher telle ou telle théorie de la propagation des ondes courtes.

Cependant, ces diverses théories sont fréquemment contredites par l'observation. Aucune ne rend un compte exact des faits incontestables. La couche d'Heaveside, dont certains auteurs font une réalité expérimentalement démontrée, se situe, dans des conditions exactement identiques, à des hauteurs variant de 100 à 400 kilomètres, suivant les expériences invoquées. Précision qui oscille donc de 1 à 4.

L'explication, à l'aide de ladite couche d'Heaveside, des propagations enregistrées pour émissions d'un poste A à un poste B (Rio de Janeiro - Geltow : 12.000 km. ; longueur d'onde = 15 m. et 21 m.), signal direct, signal indirect, signal ayant fait directement et indirectement une ou plusieurs fois le tour du globe — cette explication ne supporte pas l'examen. L'hypothèse de réflexions totales successives sur ladite couche ne concorde aucunement avec un graphique exactement tracé.

Il est infiniment plus probable que les ondes sont plus ou moins bien concentrées, et leur énergie canalisée, d'une part, par la surface des eaux (de 4/5 plus importante que celle des terres à la surface du globe), d'autre part, par la haute atmosphère jouant le rôle conducteur bien connu des tubes à vide. Cela à la manière, d'ailleurs observée et pratiquée dès les débuts de l'étude des ondes électriques et du champ hertzien, pour la concentration du dit champ par deux fils conducteurs.

Les discontinuités de ces conducteurs naturels expliquent les contradictions qu'on relève dans la comparaison des observations diverses.

La récente indication que les ondes électriques extrêmement courtes, de l'ordre de 6 m., émises avec une puissance de 6 kw. et qui produiraient d'énergiques actions caloriques : cuisson d'aliments, ébullition de l'eau, élévation importante (37°7) de la température de l'observateur soumis à ces ondes, sont autant de faits nouveaux qui réclament confirmation.

Au point de vue pratique, on doit noter que les liaisons commerciales par ondes courtes de l'ordre de 100 à 150 mètres sont d'un usage de plus en plus important.

2° L'ELECTRICITÉ DE DÉCHET : SON UTILISATION EN ÉCONOMIE DOMESTIQUE, L'INTÉRÊT QU'ONT LES RÉSEAUX A EN DÉVELOPPER L'USAGE

Une centrale électrique, qu'elle soit hydraulique, thermique ou mixte (cas usuel, l'hydroélectrique nécessitant l'appoint thermique), représente, tant en générateurs, turbines ou turbo-alternateurs, qu'en réseaux, un capital investi toujours important, souvent considérable.

L'obligation d'équiper un nombre suffisant de générateurs pour répondre au maximum des demandes d'énergie (période d'hiver) rend les capitaux ainsi immobilisés d'autant plus improductifs que le pic d'hiver est plus élevé par rapport à la demande moyenne annuelle d'énergie. On a relevé que le quart du matériel d'une grande centrale travaille 5.400 heures utiles, sur les 8.760 de l'année ; le deuxième quart, 900 heures seulement ; le troisième quart, à peine 400 heures, et le quatrième quart, 100 heures.

Pour obvier à ce déséquilibre, qui aboutirait logiquement à taxer prohibitivement les kilowatt-heures produits aux heures dépassant la moyenne d'occupation annuelle : 1.700 heures, il faut abaisser le pic d'hiver par rapport à la demande moyenne annuelle. On y parvient en abaissant d'autant plus le prix du kilowatt-heure que la demande d'énergie électrique est amoindrie.

Le chauffage par accumulation y aboutit : il consiste à conserver chaude, en des réservoisr soigneusement calorifugés, de l'eau échauffée électriquement avec ces kilowatt non demandés, produits aux heures creuses. On a intérêt à céder, à bas prix, cette énergie, afin de relever la moyenne annuelle sans accroître le pic. C'est l'*électricité de déchet*, que le réseau peut tarifer bas, entre minuit et 6 ou 7 heures et entre midi et 14 heures, aux heures de cessation d'activité commerciale et industrielle.

Le chauffe-eau doit être équipé de façon que sa durée de chauffe soit égale au nombre des heures creuses du réseau. Un compteur horaire, coupe automatiquemenu le courant en dehors de ces époques.

Pour que cette utilisation, très développée aux Etats-Unis, en Suisse, en Suède et en Norvège, s'acclimate en France, deux desiderata sont à réaliser :

1° Les appareils doivent être très soigneusement équipés et soumis à des essais de calorifugeage et de rendement sérieux. Le calorifugeage doit répondre, pour une température ambiante de 15°, à une chute de température de moins de 40° pour 30 litres, et de moins de 20° pour 75 litres, par 24 heures. Le rendement (rapport des calories absorbées par l'eau à celles correspondant à l'énergie électrique fournie) doit être de 70 % pour 30 litres, et de 80 % pour 100 llitres.

2° Les réseaux doivent céder le kilowatt-heure de déchet au prix le plus bas possible, afin d'habituer l'usager à ce nouvel emploi de l'énergie électrique.

L'électricité de déchet peut encore être utilisée, l'été, à la production et au développement de l'industrie du froid.

Les réseaux ont un intérêt évident à favoriser cette forme de consommation nouvelle, qui ne peut que diminuer considérablement le pourcentage de leurs frais généraux.

« A la suite de la discussion de ce rapport, qui est adopté, la Section émet le vœu suivant, qu'elle prie le Conseil de présenter comme vœu de l'Association : *Que les grandes centrales électriques cèdent aux usagers le kilowatt-heure de l'électricité de déchet au prix le plus bas possible, afin d'habituer les usagers à ce nouvel emploi de l'énergie électrique, actuellement si développé aux Etats-Unis, en Suisse, en Suède et Norvège, pays dont certains, cependant, n'ont pas les richesses hydro-électriques dont la France est dotée.* »

OBSERVATION, ENREGISTREMENT ET PRÉVISION DES ORAGES AU MOYEN DES ONDES ÉLECTRIQUES

PAR

A. TURPAIN
Professeur à l'Université de Poitiers

Les études et expériences poursuivies de 1901 à 1912 et qui ont fait l'objet de nombreuses communications aux Congrès de l'A. F. A. S., 1902, Montauban ; 1903, Angers ; 1909, Lille ; 1910, Toulouse ; ainsi que dans diverses autres publications scientifiques : *L'Eclairage Electrique*, 1902 ; *Société de Physique*, 1904 ; *Le Journal de Physique*, 1904 ; *Le Radium*, 1911 ; *La Nature*, 1912, ont abouti à la construction d'un appareil enregistreur.

Sur le tambour d'un milliampèremètre s'inscrivent deux tracés : l'un indique la charge des nuages orageux (effet de Saussure), laquelle détermine entre antenne et terre un courant d'intensité variable dont l'une des plumes de l'enregistreur trace la courbe ; l'autre marque les époques des décharges entre nuages.

Un cohéreur est formé par des contacts bien définis : aiguilles à coudre, dorées, posées en croix les unes sur les autres, réalisant six contacts en série, contacts gradués et définis par des charges bien déterminées au moyen de petites masses fixées sur chacune des aiguilles.

Les décharges provoquent une cohération suffisante pour que le courant d'un élément Leclanché qui traverse un électro-frappeur l'actionne. Le choc donné alors à la planchette-support des aiguilles décohère les contacts. La seconde plume de l'enregistreur qui, au repos décrit la circonférence de section droite du cylindre, marque, par un trait perpendiculaire à cette section, l'instant de la décharge. Au même instant l'aiguille du milliampèremètre revient au repos.

Cet appareil, construit par les Etablissements Jules Richard, est actuellement utilisé par un grand nombre d'observatoires météorologiques. Les exemplaires construits avant la guerre et qui existaient en France en 1914, furent réunis et, sur la demande de M. le général Bourgeois, mis à la disposition de la météorologie militaire pendant toute la durée des hostilités.

A l'heure actuelle, ces dispositifs sont largement utilisés à l'étranger. En particulier les services de météorologie de Turquie viennent d'équiper un assez grand nombre (27) de ces appareils ainsi que quatre dispositifs à bolomètre. L'usage du bolomètre permet une étude plus détaillée des phénomènes d'électricité atmosphérique.

Ces dipositifs à bolomètre et à enregistreur photographique ont été décrits aux mêmes références que ci-dessus ; ils sont également construits par les mêmes Etablissements Jules Richard.

ESSAI DE RADIOPHONIE SUR ONDES COURTES

PAR

ROBERT DANGEL

Radio-Electricien

Mes premiers essais de radiophonie sur ondes courtes remontent au mois d'août 1926, mais c'est seulement en juin 1927 que les résultats intéressants purent être enregistrés.

Après de nombreux tâtonnements au sujet du montage émetteur à employer, mon choix se fixa sur le montage récepteur Bourne, légèrement modifié, pour lui permettre de jouer le rôle d'émetteur à très faible puissance.

Des selfs faibles pertes étaient employées et permettaient à l'appareil d'osciller sur une gamme de 15 à 100 mètres. L'accord exact du circuit oscillant grille (fig. 1) est réalisé par variation du nombre de tours de la self, aucun condensateur variable, toujours sujet à des pertes en haute fréquence, n'est employé. De même la variation du nombre de spires intercalées dans l'antenne permet d'obtenir le maximum d'intensité dans l'aérien. La manipulation dans le cas où l'on désire faire de la télégraphie, est obtenue par coupure de l'arrivée haute tension ; sur le plus haute tension se trouve une bobine de choc bloquant la haute fréquence qui pourrait se perdre dans la source haute tension. L'ensemble alimentation haute tension et self de choc est shunté par un condensateur fixe de 2/1000 de microfarad isolé au mica.

Les lampes d'émission sont des lampes basse fréquence de puissance type B-406 des Etablissements Philips, deux sont mises en parallèles pour augmenter la puissance. Elles sont chauffées sous 3'8 à 4'2 et la tension-plaque donnée par des accumulateurs d'une capacité de 1 ampère-heure varie entre 40 et 80 volts ; dans ce cas l'intensité du courant-grille est de 14 à 19 milliampères suivant le réglage et la puissance oscille de 0,1 watt à 0,4 watt. Avec une antenne unifilaire de fondamentale voisine de 120 mètres et excitée en troisième harmonique, l'émis-

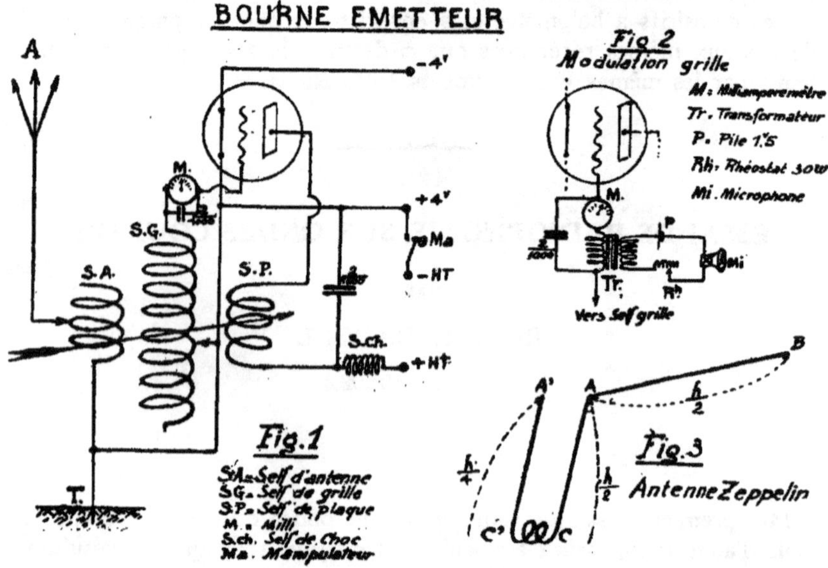

sion était, lors des tous premiers essais, entendue à 300 mètres de l'émetteur, sans antenne ni terre, en haut-parleur sur un Reinartz deux lampes. Comme puissance on ne pouvait rien demander de mieux.

Il fallut ensuite s'attaquer au problème de la modulation. Tous les systèmes de modulation furent essayés et étudiés sérieusement les uns après les autres : modulation directe en série dans l'antenne ou la terre, modulation par absorption sur la self-grille ou antenne, modulation par choke système et toutes les variantes actuellement utilisées. Une seule répondit à mes désirs et fut retenue comme étant la meilleure modulation pour émetteur à faible puissance : c'était la modulation par variation du courant-grille. Dans mon cas elle était effectuée à l'aide d'un transformateur dans le circuit grille (fig. 2) dont le primaire est en série avec le milliampèremètre-grille (transformateur Ferrix 110'/4') ;

l'ensemble milliampèremètre primaire transformateur étant shunté par un condensateur fixe de 2/1000 de microfarad. Dans le secondaire du transformateur se trouve une pile de 1,5 volt, un microphone solid-back de la Western, qui fut un des agents de mon succès, et un rhéostat de 30 ohms contrôlant le débit de la pile dans l'ensemble microphone-transformateur.

Avec ce procédé la modulation est sans exagération, sans reproche, d'une pureté et d'une profondeur incroyable, si bien qu'un de mes correspondants me flatta beaucoup en comparant ma modulation à celle de P. C. J. J. sur 31,20 mètres. La longueur d'onde était de 45 mètres et m'a permis avec 0,1 watt et une antenne Zeppelin d'établir une liaison stable entre la banlieue de Paris, Strasbourg et Angers. La liaison était assurée jour et nuit et à n'importe quelle heure avec évidemment plus de faiblesse le jour que la nuit.

Tous ces essais nécessitèrent beaucoup de temps et ne donnèrent pas toujours les résultats espérés : telle par exemple l'expérience faite devant M. Turpain, de la Faculté des Sciences de Poitiers, et le Radio-Club Rochelais. Ils furent interrompus par mon départ au régiment et ne purent ensuite être continués que par intermittences. Pendant cette période, mes essais portèrent sur la recherche du meilleur aérien. A la suite de nombreuses lectures, recherches et expériences, mon choix s'arrêta à l'antenne-type Zeppelin, vibrant en demi-onde et à partie rayonnante oblique. Elle est alimentée à un de ses bouts à un nœud de courant (fig. 3). Le feeder d'alimentation haute fréquence qui est beaucoup moins dégagé que la partie rayonnante AB a son rayonnement annulé par un second fil A'C' exactement semblable à AC et courant parallèlement à ce dernier. L'avantage de cette antenne est d'avoir une partie rayonnante dégagée au mieux et aussi de pouvoir à volonté utiliser les harmoniques pairs ou impairs. Mon antenne ainsi construite a une fondamentale égale à 90 mètres et me donne :

Harmonique 2 = 45 mètres.
  »   3 = 30   »
  »   4 = 22,5 »
  »   5 = 18   »
  »   6 = 15   »

Muni d'un tel aérien, il est ensuite possible d'apprécier les ondes les plus convenables pour radiophoner de nuit ou de jour entre deux points de la terre. C'est qu'en effet l'expérience acquise depuis quelques années dans la propagation des ondes courtes (voir à ce sujet la T. S. F. moderne) montre deux faits souvent constatés par les amateurs d'ondes courtes et développés dans de nombreuses revues de radio, que :

1° « Une lambda critique existe au-dessous de laquelle tous les rayons hertziens dirigés vers le ciel ne sont plus renvoyés vers le sol, mais se perdent dans l'espace. »

2° « Il existe pour chaque lambda un angle d'inclinaison critique tel que tous les rayons hertziens partant avec une inclinaison supérieure à celui-ci ne revienne plus, mais sont perdus dans l'espace. De plus cet angle critique est d'autant plus grand que les lambdas sont très courtes.

Seule l'énergie radiée dans des directions très inclinées est très utile. Dans la pratique des ondes courtes il y a donc grand intérêt à se servir d'aérien donnant le rayonnement maximum pour des directions très inclinées ; il faut aussi remarquer qu'il y a une lambda minima (10 à 12 mètres) au-dessous de laquelle les liaisons à grandes distances sont impossibles. Les récents essai de la télégraphie militaire sur ondes de 5 à 6 mètres ont été absolument négatifs à ce point de vue.

En somme, pour chaque distance, il existe une lambda optima variable avec le jour, la nuit, les saisons et permettant d'effectuer sûrement toute liaison. A remarquer aussi que lorsqu'on augmente la force de l'émetteur, la puissance est loin d'augmenter : c'est ainsi qu'effectuant la liaison avec Djibouti avec un kilowatt, il est très possible de travailler presque aussi régulièrement avec cette ville en employant seulement 5 à 10 watts. Pour la radiophonie sur ondes courtes, il est donc parfaitement inutile de dépasser une certaine valeur maxima de l'émetteur, valeur qui d'ailleurs varie avec la lambda utilisée. Il est donc préférable de soigner la stabilité des signaux et la pureté de la note qu'augmenter considérablement la puissance.

Muni de ces notions, mon désir est maintenant de rechercher et classer les meilleures lambdas pour radiophoner à faible puissance jusqu'aux plus grandes distances, de jour, de nuit, et selon les différentes saisons.

LE RÉFRACTO-DISPERSOMÈTRE FÉRY
ET SES APPLICATIONS

PAR

C. CHÉNEVEAU et C. VAURABOURG

I. — Depuis longtemps, l'indice de réfraction, qui se mesure généralement pour la raie D, est utilisé par les chimistes dans leurs recherches de chimie organique ou pour l'étude de produits naturels ou industriels, les huiles par exemple.

L'indice de réfraction est, en effet, une constante physique qui, au même titre que la densité, la viscosité, etc. peut rendre les plus grands services pour l'identification de corps liquides, qu'il s'agisse de liquides purs, de mélanges ou de solutions.

Nous ne rappellerons que pour mémoire tous les travaux faits, soit en considérant l'indice de réfraction n, soit la réfraction spécifique $R_G = \dfrac{n - 1}{d}$ (Gladstone et Dale) ou $R_L = \dfrac{n^2 - 1}{n^2 + 2} \dfrac{1}{d}$ Lorenz et Lorentz), d, étant la densité à la même température que celle de l'indice, soit enfin la réfraction moléculaire MR, M étant la masse moléculaire et R la réfraction spécifique. Ils ont permis de créer des procédés très sensibles de détection des différences de composition d'un mélange ou des moyens commodes pour la concentration des constituants de ce mélange. Ils ont pu donner, souvent, des renseignements précieux sur l'édifice moléculaire des corps organiques.

II. — Plus négligées ont été la dispersion de réfraction, qui est la différence des indices de réfraction n et n' pour des radiations de longueurs d'onde connues λ et λ', $\Delta n = n - n'$ (si $\lambda < \lambda'$), ou bien la dispersion spécifique $\Delta = \dfrac{\Delta n}{d}$ ou encore la dispersion moléculaire ΔM.

Cependant la dispersion Δn dépend beaucoup moins de la température que l'indice de réfraction n. On peut dire que, dans le cas général, il faut une variation de 5° pour changer la dispersion de 0,0001, tandis que pour l'eau, qui possède le coefficient de température le plus faible, l'indice de réfraction varie environ de 0,0001 par degré. Pour donner une preuve encore plus tangible de ce fait, l'indice du benzène pour la raie D varie de 0,0006 à 0,0007 par degré, tandis que la variation de la dispersion entre les raies C et F de l'hydrogène ($\lambda = 0 \mu 6563$ et o µ 4861) ne porte pas sur la quatrième décimale pour le même écart de température de 1 degré.

Les chimistes ont donc à leur disposition une donnée physique, la dispersion de réfraction, quasiment invariable avec la température, qui est par conséquent capable de leur donner une bien plus grande sûreté dans l'identification de leurs produits.

III. — Pour quelles raisons, cette grandeur physique n'est-elle pas alors plus employée? On peut en donner une tout de suite : c'est que la détermination précise de la dispersion est une opération délicate, même avec des réfractomètres spéciaux dont le meilleur paraît être celui de Pulfrich, basé sur la réflexion totale. Mais une autre raison apparait alors immédiatement dans les circonstances difficiles actuelles, tout au moins pour des laboratoires français : le prix extrêmement élevé d'un appareil étranger.

La simplicité du réfractomètre Féry, pour la détermination de l'indice de réfraction qui a fait répandre cet appareil, relativement peu coûteux encore aujourd'hui, dans les milieux scientifiques et industriels, nous a engagés à étudier la possibilité de son emploi pour mesurer la dispersion.

Le réfractomètre Féry donne l'indice de réfraction des liquides avec quatre décimales exactes pour la raie jaune du sodium (o µ 5893). Le réfracto-dispersomètre que nous avons réalisé donne en outre les indices pour d'autres raies avec la même précision et permet donc la détermination de la dispersion, par différence des indices, à ± 0,0001 près.

IV. — Après l'essai de plusieurs idées, nous nous sommes arrêtés à la solution suivante :

Pour faire une mesure au réfractomètre Féry, éclairé par la lumière sodée, on amène en coïncidence, par le déplacement de la cuve, l'image du fil vertical du collimateur et la croisée des fils du réticule de l'oculaire. On lit directement l'indice sur la graduation.

Supposons qu'on éclaire alors l'appareil par une lumière monochromatique, la raie indigo de l'arc au mercure ($\lambda = $ o µ 4358) par exemple, on constate que la coïncidence n'existe plus. Pour la rétablir, on déplace la cuve sans toucher au réticule ; on lit un indice *apparent* n'_λ.

Le calcul montre que l'indice *réel* n_λ est relié à l'indice apparent n'_λ par la relation simple :

$$n_\lambda = Cn'_\lambda - D$$

dans laquelle C et D sont des constantes pour une longueur d'onde donnée.

V. — L'appareil qui réalise cette idée est donc un réfractomètre Féry, modèle à petite cuve ne nécessitant au plus qu'un centimètre cube de liquide (quantité nécessaire, quel que soit le réfractomètre employé pour avoir une idée précise de la température), dans lequel les objectifs simples du collimateur et de la lunette sont remplacés par des achromats. On a ajouté dans l'oculaire un disque tournant, muni de filtres permettant d'isoler la radiation choisie, qu'il s'agisse de raies du mercure ou de l'hydrogène.

Un montage commode peut être fait avec un arc au mercure et un brûleur à gaz dans la flamme duquel on peut introduire successivement des coupelles contenant du chlorure de sodium et du chlorure de lithium, de façon qu'on puisse passer facilement d'une source de radiations à une autre sans aucun déplacement de ces sources, par le simple mouvement d'un écran ou d'une coupelle.

Les raies utilisées ont alors les longueurs d'onde suivantes :

$0 \mu 6708$ (Li) ; $0 \mu 5893$ (Na) ; $0 \mu 5461$ (Hg) ; $0 \mu 4358$ (Hg)

Une feuille d'étalonnage remise avec l'instrument donne les constantes C et D de la formule précédente pour chaque longueur d'onde choisie.

Afin d'éviter tout calcul, des tables peuvent être établies ; elles donnent par simple lecture l'indice réel correspondant à l'indice apparent lu sur la graduation.

VI. — On aperçoit de nombreuses applications montrant l'intérêt que peut présenter le nouvel appareil ; détermination de l'édifice atomique ou moléculaire ; pureté ou constitution de nombreux liquides naturels ou industriels : huiles végétales ou animales, pétroles, essences, huiles essentielles, liquides de l'organisme, etc.

Des études récentes ont déjà été entreprises dans cette voie, en particulier par le Service des Recherches de l'Aéronautique, qui est l'instigateur de nos recherches, sur l'analyse des essences pour moteurs d'aviation.

Plus récemment encore, un travail, que nous avons entrepris pour l'Office National des Recherches et Inventions sur des huiles employées en peinture, a montré que la connaissance de la dispersion entre le rouge et l'indigo, concurremment avec celle de l'indice pour le jaune, facilitera grandement l'identification des huiles ainsi que leur classification.

Voici quelques résultats qui en donnent la preuve, la correction de température pour l'indice de réfraction ayant pu atteindre 0,0018 pour un écart de 5°, alors que la correction pour la dispersion était insignifiante :

| | HUILES DE : | | |
| | LIN | CHINE | ABRASIN |

Indice de réfraction :

$$n\,589 = 1,4790\ (\theta = 23°5)\quad 1,5175\ (\theta = 20°7)\quad 1,5042\ (\theta = 23°5)$$

Dispersion totale :

$$\Delta\,n = n\,436 - n\,671 = 0,0164 \qquad 0,0325 \qquad 0,0285$$

Rapports de dispersion :

$$\frac{n\,589 - n\,671}{\Delta\,n} = 0,213 \qquad 0,188 \qquad 0,189$$

$$\frac{n\,546 - n\,589}{\Delta\,n} = 0,152 \qquad 0,140 \qquad 0,144$$

$$\frac{n\,436 - n\,546}{\Delta\,n} = 0,634 \qquad 0,672 \qquad 0,667$$

$$\frac{n\,436 - n\,589}{\Delta\,n} = 0,787 \qquad 0,812 \qquad 0,811$$

On voit donc que la dispersion des huiles est très variable et que l'huile de lin disperse relativement plus dans le rouge et le vert que les autres huiles dont les rapports sont presqu'identiques.

Enfin, l'application de la loi des mélanges

$$100.\ \Delta\,N = x.\ \Delta\,n_1 + (100 - x)\ \Delta\,n_2$$

donne, si la proportion centésimale en volume x est connue :

MÉLANGES

Huile de Chine...........	$x = 4,8$	9,1
Huile de Lin...............	95,2	90,9
$\Delta\,n$ calculé	0,0172	0,0179
$\Delta\,n$ mesuré	0,0172	0,0180

Cette loi peut donc permettre la résolution simple de certains problèmes posés par la technique industrielle comme la détermination de l'existence et de la proportion de certaines huiles dans les mélanges.

Qu'il nous soit permis, en terminant, de remercier M. Féry des encouragements qu'il nous a donnés en vue de modifier son appareil qui a déjà rendu tant de services et qui est ainsi appelé à en rendre encore davantage.

ESSAIS DE RADIOPHONIE SUR ONDES COURTES
(45 mètres)
A LA STATION FRANÇAISE 8VVD

PAR

J. DOREAU
Licencié ès-sciences

Tous les essais de radiophonie sur ondes courtes effectués à la station 8 VVD le furent avec un Hartley, alimentation parallèle, excitant une antenne de 120 mètres de long sur son harmonique onzième et avec contre-poids accordé ; la longueur d'onde pouvant osciller entre 43 et 46 mètres avec un bon rendement de l'émetteur.

L'antenne est située à une hauteur moyenne de 12 mètres et bien dégagée. La station 8VVD se trouve aux environs de Poitiers ce qui permet une telle antenne.

Essais du 17 au 21 avril 1927. — A cette époque la station qui fonctionnait jusqu'alors avec une alimentation en alternatif brut, commença à utiliser l'alimentation en courant continu, par deux batteries de 80 volts, soit 160 volts. La téléphonie devenait alors possible étant donné la pureté de l'onde porteuse.

Les moyens de modulation employés furent, dès l'abord, des plus simples. Le microphone constitué par une pastille « Burgunder » était tout simplement mis en série dans l'antenne. Malgré la faible puissance employée (5 watts), les résultats furent des plus encourageants. La réception de cette téléphonie sur 45 mètres fut facile en France et put être entendu dans les pays voisins. Certains jours elle fut même très bonne et c'est ainsi que la station 8ABC située aux environs du Havre nous accusa R7 sur deux lampes.

Essais de juillet et août 1927. — A cette époque l'opérateur de la station, ayant tout son temps de libre, put augmenter la puissance alimentation en portant la tension plaque à 460 volts fournis par des accus. La puissance était, alors, de 14 watts et le microphone un « ericson » qui donna des résultats bien meilleurs. De nombreuses communications avec des amateurs tant français qu'étrangers eurent lieu. En France, cette téléphonie était très forte et M. Pavy d'Arras, situé à 540 km. de notre sation, nous accusait R9, c'est-à-dire en haut-parleur sur deux lampes.

A cette époque, plusieurs systèmes de modulation furent employés avec plus ou moins de succès. Le microphone placé dans l'antenne émettrice nous donnait toujours de bons résultats, mais à la condition que les conversations ne fussent pas trop longues, sans cela, le courant dans l'antenne étant de 0,2 ampères, au bout d'un quart d'heure le microphone chauffait et il y avait déformation.

La modulation par variation du courant grille était excessivement pure, mais par trop peu profonde, et il était très difficile de l'amplifier. Par contre la modulation par variation du courant plaque fut retenue. Elle était très pure, profonde et pouvait être facilement amplifiée. Ce système de modulation fut par la suite le plus usité à la station 8VVD. Nous disposions d'un microphone « Ericson » attaquant un amplificateur basse-fréquence à deux lampes à la sortie duquel était branché le primaire du transformateur de modulation dont le secondaire se trouvait en série dans le + de la haute tension. Nous pûmes, ainsi, converser avec les pays les plus éloignés en Europe, mais les essais de donner tous les dimanches à 15 heures T. M. G. de petits concerts écoutés par de nombreux amateurs.

Il nous aurait été certainement possible à la tombée de la nuit de ce côté- là ne furent pas poussés car il est difficile de converser avec des correspondants comprennant peu l'anglais et pas du tout le français ; de plus, à ces heures-là, notre trafic sur 32 mètres avec les autres continents nous appelait au manipulateur.

Essais de mars et avril 1928. — L'opérateur de 8VVD étant très occupé, ces essais ne furent repris qu'en mars 1928 ; la puissance alimentation fut portée à 17 watts et les liaisons furent alors des plus faciles. Entre autres, il nous fut aisé de converser des heures durant avec les stations 8BA et 8FT de Paris ; de part et d'autre la réception était R9 et les communications étaient plus faciles et beaucoup moins gênées que par téléphonie avec fil. Un seul petit défaut à signaler : si la tension aux bornes du microphone n'est pas exactement appropriée, la téléphonie devient sourde comme nous le signale la station 8KOL.

Un nouveau système de modulation fut alors essayé. Il consistait à mettre le microphone en série dans la terre de l'émetteur. La modulation était alors assez faible mais très fidèle comme l'atteste la station 8ROJ de Paris.

Conclusion. — Ces essais prouvent qu'il est facile de faire fonctionner en téléphonie un poste à ondes courtes très simple ne comportant qu'une seule lampe émettrice de faible puissance (lampe « Fotos » de 20 watts) donc d'un prix de revient très avantageux. L'essentiel est d'avoir une alimentation en courant continu pour produire une onde porteuse très pure et très stable. C'est ainsi qu'un de nos amis (80 QP) distant de trois kilomètres put parfaitement converser avec nous en utilisant comme haute tension la batterie de 80 volts de son récepteur.

Nos essais se poursuivent en ce moment sur 85 mètres, cette longueur d'onde semblant être, dans la journée moins affectée par le fading que les 45 mètres. De plus, en poussant la puissance alimentation à 30 watts, nous espérons être en communication régulière en téléphonie avec les antipodes comme nous le sommes en télégraphie avec 17 watts.

PROCÉDÉ ORIGINAL DE COMMANDE A DISTANCE SUR RÉSEAUX HAUTE OU BASSE TENSION A COURANT ALTERNATIF SANS FIL SUPPLÉMENTAIRE

PAR

MICHEL DUREPAIRE et ANDRÉ PERLAT

Licenciés ès-Sciences

Le système qui fait l'objet de cette communication utilise le phénomène de la résonance mécanique entre deux appareils oscillants et ne nécessite qu'une puissance très réduite, par suite, il présente l'avantage de n'exiger et de ne faire circuler dans le réseau que des courants très faibles fournis par exemple par une batterie d'accumulateurs de quelques éléments.

Fonctionnement. — Un inverseur commandé par un système pendulaire dont la période est de l'ordre d'une seconde, envoie un courant continu alternativement dans un sens et dans l'autre entre le fil neutre du réseau et la terre, sur les réseaux basse tension. Le fil neutre peut être mis à la terre en plusieurs points (comme l'exige l'arrêté ministériel du 30 avril 1927). Si l'on place un cadre entre un autre point du fil neutre du réseau et la terre, un courant dérivé, dû à ce que les mises à la terre du neutre gardent toujours une résistance appréciable, parcourt les spires de ce cadre; un équipage magnétique mobile, placé au centre du cadre, à la manière de l'aiguille d'une boussole des tangentes est donc soumis à un champ qui change de sens avec la même période que le système pendulaire commandant l'inverseur. Cet équipage, qui est synchronisé précisément sur cette période prend une amplitude croissante. La synchronisation de l'équipage est obtenue par le réglage de l'intensité du champ au centre du cadre, ce qu'on réalise en rappro-

chant ou en éloignant un aimant permanent mobile dans le plan vertical qui contient le cadre. Cette manœuvre augmente ou diminue l'intensité du champ magnétique dans lequel est plongé l'équipage : de
cette façon, on augmente ou diminue sa période. Les courants alternatifs du réseau (de fréquence industrielle 40 à 50) pouvant parcourir le
circuit neutre-terre, n'ont aucune action sur l'équipage dont la période
est de l'ordre d'une seconde. L'amplitude de l'équipage croissant, elle
devient assez grande pour qu'un léger contact, constitué par une plume
d'argent fixée sur cet équipage vienne toucher une autre plume d'argent
fixe, et fermer ainsi le circuit d'un relais qui sera actionné à chaque

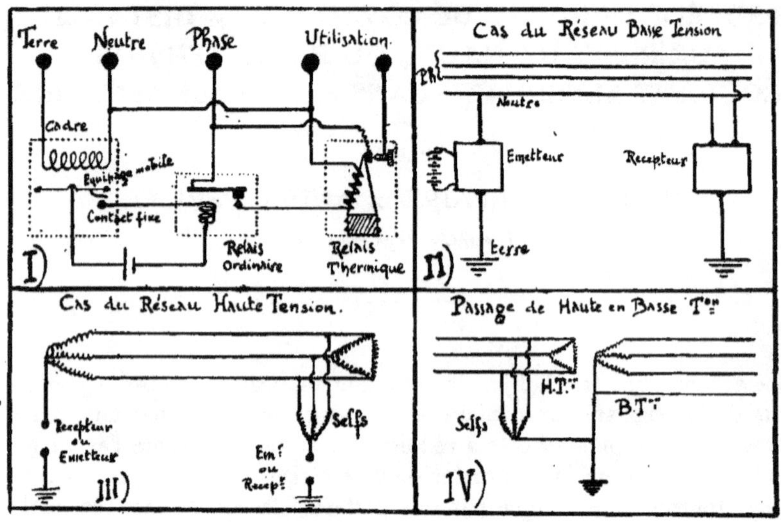

oscillation du système. Ce relais ferme à son tour le circuit d'une résistance chauffante enroulée sur une lame métallique à coefficient de
dilatation élevé, et isolée électriquement de celle-ci. Cette lame se
dilate sous l'influence des échauffements périodiques de la résistance ;
elle peut se dilater assez pour venir fermer le circuit d'utilisation (ou
d'un relais d'utilisation). L'allongement nécessaire pour fermer le circuit d'utilisation n'est obtenu qu'au bout d'un certain nombre d'émissions de courant dans la résistance chauffante. Si par hasard un courant
continu prenait naissance entre un point du neutre et la terre (l'observation a montré l'existence de tels courants, toujours de très courte
durée) et que ce courant soit assez intense pour provoquer une ou deux
émissions fortuites de courant dans la résistance chauffante, la lame
ne se dilaterait pas assez pour fermer le circuit d'utilisation. Le relais
thermique (constitué par cette résistance chauffante et la lame dilatable)

joue dons le rôle d'un appareil de sécurité. L'expérience a montré qu'en réglant la fermeture du circuit définitif au bout de 10 à 15 emissions de courant, aucun fonctionnement intempestif n'est à craindre.

Dans le cas d'un réseau haute tension on n'a pas, en général de fil neutre, ou alors on serait ramené au cas de la basse tension. Quand on n'a pas de fil neutre on résout ainsi le problème : si les transformateurs sont montés en étoile, le point neutre peut être facilement accessible

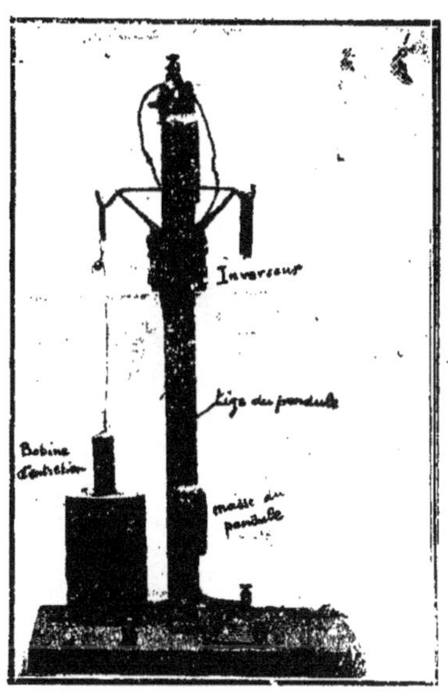

Emetteur de commandes
Inverseur à contacts cuivre
Entretien électrique du pendule

et les croquis ci-joint (Schéma n° 3) montrent le schéma des connexions. Dans le cas du montage triangle, on crée un point neutre artificiel à l'aide de trois selfs. Le schéma n° 4 montre comment on fait le passage de la commande de haute en basse tension. Dans ce cas on a intérêt à faire une mise à la terre pour éviter toute perturbation dans le réseau.

Applications. — Ce système de commande à distance permet d'effectuer toutes les opérations possibles avec les autres systèmes, à condition que les manœuvres ne réclament pas l'instantanéité, la commande se faisant environ dans les 10 secondes qui suivent la mise en action de l'émetteur. Nous rappelons les utilisations courantes des dispositifs de ce genre : allumage et extinction des lampes d'éclairage public d'une ville, changement de tarif des compteurs à deux tarifications, mise

« en circuit » et « hors circuit » d'appareils de chauffage, transformateurs, groupes de pompage, etc., etc.

Particularités du dispositif. — Ce dispositif permet la commande sélective; on peut en effet placer en service, sur le même réseau, plusieurs séries d'appareils ayant des périodes d'oscillations différentes, étagées entre 0,5 et 2 secondes. Dans ce cas on a autant d'émetteurs que de séries d'appareils à commander, ou un émetteur à période variable.

Le système qui vient d'être décrit a été expérimenté sur un réseau de distribution d'énergie électrique à courant triphasé avec fil neutre mis à la terre en 40 points différents. On avait placé successivement en plusieurs points de la ville un émetteur, alimenté par une batterie

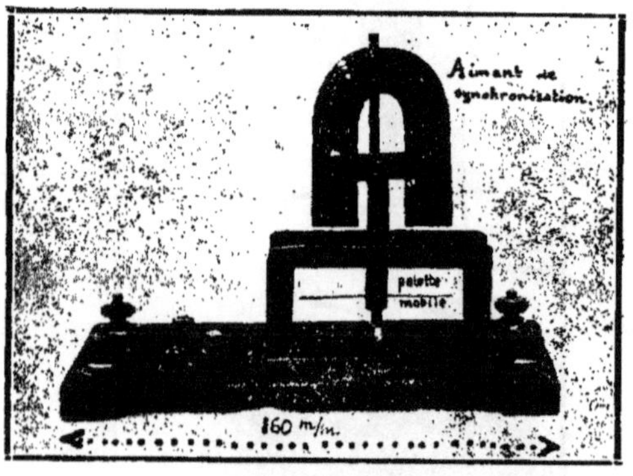

Relais récepteur synchronisé
On voit à gauche un système à prises
permettant de faire varier le nombre de spères du cadre

d'accumulateurs de 12 volts, qui débitait 2,5 ampères à 3 ampères. Des appareils récepteurs étaient disposés en d'autres points de la ville; ils étaient parcourus par un courant variant entre 150 et 200 milliampères, le courant « actif » était donc d'environ 50 milliampères. Ce procédé de commande à distance a toujours donné satisfaction. Deux appareils enregistreurs ont été mis en œuvres: l'un en série avec le relais ordinaire accusait toutes les fermetures de ce circuit, et en particulier les fermetures intempestives pouvant s'y produire. L'autre enregistreur était mis à la place des appareils d'utilisation et contrôlait le bon fonctionnement du système. Nous avons pu avoir ainsi la preuve que le système était d'un bon fonctionnement. A ce sujet, nous remercions bien vivement M. le professeur Turpain, qui a très aimablement mis à notre disposition ces appareils enregistreurs et les ressources de son laboratoire.

ULTRAMICROSCOPE DE TRÈS PETITES DIMENSIONS
(de l'ordre d'un dixième de centimètre cube)
ET RECHERCHES QU'IL REND POSSIBLES

PAR

A. TURPAIN et R. DE BONY DE LAVERGNE

Observons la bande lumineuse de largeur restreinte e, que détermine l'éclairement d'un cylindre liquide (1) par une source lumineuse puncti-forme éloignée. Pour une source placée à 5 m. et pour un tube de 12 m/m de diamètre on a : $e — 4,5$ m/m, pour l'eau ; 3 m/m, pour l'essence de térébenthine ; 1 mm. 5 pour la bromonaphtaline, le C. S'.. On démontre (2) qu'une sphère transparente, recevant un faisceau parallèle d'incidence i, fournit une plage éclairée par les seuls faisceaux réfractés, plage qui, pour l'eau, est sensiblement du tiers du diamètre 2 R de la sphère, pour le C S', ne dépasse pas son dixième et pour le diamant se réduit à un point. L'importance de cette plage dépend en effet de l'indice n. On peut baser sur cette relation une méthode de mesure de l'indice de réfraction des liquides. On a, $y_m = R \sin (2\,r — i)$ et $\sin^2 i = 4 — n^2$ (voir *Journal de Physique. Ibid.*)

Partant de cette observation, nous avons réalisé des ultramicroscopes de volumes très restreints (l'une des dimensions n'excède pas 3 milli-mètres. On peut y utiliser de très forts grossissements, pratiquer cou-ramment l'immersion et cependant loger tout le dispositif ultramicros-copique, éclairement compris, en une faille qui ne dépasse pas 3 millimètres et peut se réduire à 2 mm. 5. On peut donc soumettre le champ ultramicroscopique observé à des actions puissantes, en par-ticulier à de très puissantes actions magnétiques.

Cette réalisation et le fait observé à son aide ont été l'objet d'un pli cacheté déposé sous le n° 9.469 à l'Académie des Sciences de Paris le 5 janvier 1925. Depuis cette époque nous avons réalisé 7 ultrami-croscopes au moyen de sphères de diamètres variant de 2 m/m à 4 m/m, polies et travaillées par divers constructeurs (M. Amoudruz, M. Ber-tin, M. Jobin) ; l'indice du verre, très aimablement fourni par M. Para-mantois, variant entre 1,5 à 1,8 (voir *C. R. Ac. des Sc.*, 12 mai 1928).

---

(1) Tube à essai rempli et armé, pour examen facile, d'une bande de papier pelure le long des génératrices.

(2) A. TURPAIN et R. DE BONY DE LAVERGNE. *Journal de Physique*, t. V, 1925, page 259.

Ces ultramicroscopes diffèrent de tous ceux précédemment construits, lesquels présentent des volumes de l'ordre de plusieurs centimètres cubes. Voici des exemplaires de ceux construits par Nachet, Jouan : 6 c/m × 6 c/m × 0 cm. 8 (épaisseur) = 29 c/m³ ; Stiassnie : 5 c/m × 5 c/m × 1 cm. 2 = 30 cm. 3 ; Reichert : 3 c/m × 3 c/m × 2 c/m = 18 c/m³.

Nos ultramicroscopes réduits en volume à *un dixième de centimètre cube* et pouvant tout entier se loger dans une fente de 2 m/m 5 seulement n'en permettent pas moins l'observation des mouvements browniens de particules les plus fines ainsi que nous le montrons au Congrès : particules liquides émulsionnées de bromo-naphtaline, mercure colloïdal, etc.

On peut très aisément encore, avec notre dispositif, observer en lumière polarisée. Les nicols des microscopes polarisants ont une trop petite section pour permettre l'adaptation à ces microscopes des ultramicroscopes usuels, alors que notre dispositif s'y adapte avec facilité.

CHIMIE

Président .... M. F. Bodroux, Professeur à la Faculté des sciences
de Poitiers.
Secrétaire .... M. Daniel Bodroux, Préparateur de chimie à la Faculté
des sciences de Poitiers.

ACTION DU BROME EN PRÉSENCE DU BROMURE D'ALUMINIUM SUR LE PHÉNYLCYCLOHEXÈNE

PAR

F. BODROUX

Professeur à la Faculté des Sciences de Poitiers

Quand on fait agir sur le biphényle (1), à la température ordinaire, un grand excès de brome tenant en dissolution une faible quantité d'aluminium (0,5 ou 1 % par exemple), une réaction énergique se produit et il se dégage des torrents d'acide bromhydrique. Après quelques heures de repos, l'évaporation du brome en excès laisse comme résidu un composé solide, très peu soluble dans la plupart des liquides organiques : de sa solution sulfocarbonique il se dépose en petits prismes incolores, et dans le bromude d'éthylène il cristallise en fines aiguilles blanches.

Ce corps, qui fond à 376°-377°, est un *octobromo diphényle*

$$C^{12}Br^8H^2$$

il se produit également quand on brome dans les conditions indiquées ci-dessus le *dibromo 4.4' diphényle*.

Dans les deux cas le rendement est sensiblement théorique.

L'action d'un excès de brome en présence du bromure d'aluminium ayant pour effet de transformer le cyclohexène en hexabromobenzène et les méthylcyclohexènes en pentabromotoluène $C^6Br^5CH^3$, j'ai pensé que les dérivés tétrahydrogénés du biphényle donneraient, en se bromant, naissance à l'octobromobiphényle.

Pour vérifier cette hypothèse, j'ai opéré avec le carbure de formule

$$\mathrm{HC}\!\!\underset{\mathrm{CH}\ \ \mathrm{CH}}{\overset{\mathrm{CH}\ \ \mathrm{CH}}{\diagdown}}\!\!\mathrm{C}\!-\!\mathrm{C}\!\!\underset{\mathrm{CH^2}\ \mathrm{CH^2}}{\overset{\mathrm{CH}\ \ \mathrm{CH^2}}{\diagup}}\!\!\mathrm{CH^2}$$

le phénylcyclohexène 1.1 qu'on obtient facilement par déshydratation du phényl 1 cyclohexanol 1.

---

(1) F. BODROUX, Thèse (Paris, 1898), p. 56.

(2) F. BODROUX et TABOURY, *Bull. Soc. Ch.* (4), t. IX, p. 595.

En présence du bromure d'aluminium, la bromuration du phényl-cyclohexène s'effectue avec la même énergie que celle du biphényle et elle fournit avec un rendement excellent l'octobromobiphényle fusible à 376°-377°.

La réaction qui se produit est exprimée par l'équation suivante :

$$C^6H^5 — C^6H^9 + Br^{20} = C^{12}Br^8H^2 + 12\ HBr.$$

CONDENSATION DU CYCLOHEXÈNE AVEC LE PHÉNOL EN PRÉSENCE DU CHLORURE D'ALUMINIUM

PAR

D. BODROUX

Assistant de Chimie à la Faculté des Sciences de Poitiers

Le cyclohexène, en présence du chlorure d'aluminium, se condensant avec les carbures benzéniques (1) en donnant naissance à des dérivés hexahydrogénés de carbures appartenant à la série du biphényle

$$C^6H^{10} + C^nH^{2n—6} = C^6H^{11} — C^nH^{2n—7}$$

j'ai pensé qu'une réaction analogue se produirait avec le phénol.

J'ai opéré de deux façons différentes :

1° Avec le phénol en solution sulfocarbonique à la température ambiante.

2° Avec le phénol seul, fondu et maintenu à 40°.

Dans les deux cas j'ai employé un grand excès de ce corps, le poids du chlorure d'aluminium étant la moitié de celui du cyclohexène.

Les résultats obtenus ont été les suivants :

1° En solution sulfocarbonique il y a transformation d'une partie du cyclohexène en *chlorure de cyclohexyle* et formation de trois dérivés phénoliques :

	Rendement
Oxyde mixte de phényle et de cyclohexyle	12 %
Orthocyclohexylphénol	15 %
Paracyclohexylphénol	4 %

---

(1) *C. R.*, t. CLXXXVI, p. 1005 (D. BODROUX).

Le chlorure de cyclohexyle est le résultat de la fixation sur le cyclo-hexène de l'acide chlorhydrique qui prend naissance par action du phénol sur le chlorure d'aluminium.

L'oxyde de phényle et de cyclohexyle, les cyclohexylphénols ortho et para sont les résultats de deux réactions d'addition

$$C^6H^5 - OH + C^6H^{10} = C^6H^5 - O - C^6H^{11}$$

$$C^6H^4 {\Large\langle}_{H}^{OH} + C^6H^{10} = C^6H^4 {\Large\langle}_{OH}^{C^6H^{11}}$$

2° Avec le phénol seul, à 40°, il se forme en même temps qu'un produit goudronneux :

Rendement

l'*orthocyclohexylphénol* .... 59 %

le *paracyclohexylphénol* .... 20 %

Ayant en mains une quantité notable de ces deux phénols qui, antérieurement, ont été obtenus par d'autres méthodes avec de moins bons rendements, j'ai préparé leurs oxydes méthyliques en faisant agir à froid le sulfate neutre de méthyle sur les solutions aqueuses des phénates alcalins correspondants et quelques autres oxydes, en chauffant des éthers simples aliphatiques avec des solutions alcooliques de soude et de cyclohexylphénols.

Voici les résultats obtenus :

Oxydes de l'orthocyclohexylphénol

	Rendement
Méthylique, liquide, Eb_{149} : 267°-268°5	82,7 %
Ethylique, liquide, Eb_{750} : 276°-278°	88 %
Propylique, liquide, Eb_{758} : 292°-294°5	88 %
Butylique, liquide, Eb_{756} : 305°-307°	79,5 %

Oxydes du paracyclohexylphénol

	Rendement
Méthylique, lamelles, P. F. : 57°-58°	62,7 %
Ethylique, prismes, P. F. : 41°-42°	92 %
Propylique, prismes, P. F. : 36°	87 %
Butylique, aiguilles, P. F. : 29°	92 %

SUR LA PRÉSENCE DU STRONTIUM
DANS LES ALGUES MARINES ET SUR LE PHÉNOMÈNE
DE CONCENTRATION SPÉCIFIQUE

(Note préliminaire)

PAR

M. P. FREUNDLER
Chargé de Cours à la Faculté des Sciences de Paris

ET

Mlle M. PILAUD

Le strontium a été signalé dans beaucoup d'organismes ; rappelons, entre autres, le cas du *Fucus vesiculosus,* et celui des dents, des os et du sang humain (1) ; on en a trouvé aussi, accompagnant le baryum, chez certaines plantes terrestres (2). Mais on ignore actuellement si c'est un élément constitutif général ou s'il est concentré spécifiquement.

Les expériences préliminaires que nous avons faites en avril 1928, à Roscoff, sur diverses algues, établissent la réalité de la deuxième alternative. Elles ont été provoquées par la découverte de quantités notables de strontium dans les cendres des zones stipofrondales de *L. Cloustoni.*

Méthode de recherche. — Nous avons appliqué la méthode spectrographique préconisée antérieurement par M. Cornec (3), aux cendres insolubles dans l'eau. Ces cendres se préparent en carbonisant dans du platine des échantillons d'algues soigneusement triés et exempts d'épiphytes ; le produit de cette première incinération est lavé à l'eau, séché et calciné complètement au rouge sombre, et le résidu est broyé et mélangé intimement. Dans ces conditions, on est certain de ne pas volatiliser le strontium, les cendres étant fortement carbonatées.

Les spectrogrammes ont été faits avec un petit appareil Féry, réglé au préalable pour la région du bleu-violet, par M. Dureuil, à l'Institut d'Optique. Nous avons employé le spectre d'arc (courant continu de 60 volts et 5 ampères) avec des élcetrodes en magnésium exempts de strontium. Chaque cliché comportait trois spectres : celui du fer, celui

---

(1) A. Desgrèz, *Comptes Rendus Acad. des Sciences,* 1927, t. CLXXXV, p. 160.

(2) W.-P. Headden, *Agr. Exp. Stat. Colorado Coll.,* 1921, Bull. n° 267.

(3) *Comptes Rendus Acad. des Sciences,* 1919, t. CLXVIII, p. 513.

des cendres et celui d'un témoin constitué par un sel de strontium pur.

La présence du strontium est décelée, dans ces conditions, par trois raes ultimes caractéristiques qui sont (4):

$$u = 4607,5 \qquad u_2 = 4215,7 \qquad u_1 = 4077,9$$

Résultats. — Les algues examinées se répartissent en trois groupes :

Premier groupe : *Laminaria Cloustoni* (zone stipofrondale).

        Laminaria Lejolisii   »

        Laminaria flexicaulis   »

Les raies u, u_1 et u_2 sont très nettes et d'identité comparable.

Deuxième groupe : *Laurentia pinnatifida* (thalle entier).

        Dilsea edulis   »

        Callophyllis laciniata   »

Les raies u et u_1 sont nettes, la raie u_2 est très faible ou à peine perceptible.

Troisième groupe : *Delesseria sinuosa* (5)   (thalle entier).

        Rhodymenia palmetta (5)   »

        Rhodymenia palmata   »

        Cytoclonium purpuraceus   »

Aucune des trois raies n'est perceptible.

Par conséquent, le strontium n'est pas un élément constant des algues marines, puisque quatre des espèces examinées n'en contiennent aucune trace décelable spectrographiquement. C'est donc un élément de concentration spécifique, plus particulièrement abondant dans les zones stipofrondales des laminaires.

Processus de concentration spécifique. — Nous avons montré (6) que le maintien dans les tissus des algues de matières minérales de forte concentration (KCl, MgCl², iodures), est corrélative de l'existence, dans ces tissus, d'associations complexes minérale et organique définies quant à leur composition, leur structure et leur évolution ; les membranes qui entourent ces associations seraient semi-perméables par rapport à elles, tout en restant perméables par rapport aux matières qui contribuent à leur formation et qui sont empruntées par diffusion au milieu ambiant.

Cette conception pourrait être applicable au strontium des algues, puisqu'on a trouvé cet élément dans les incrustations des chaudières

---

(4) *Les raies ultimes*, A. DE GRAMONT, 1923, p. 16.

(5) Epiphyses des stipes de *L. Cloustoni*.

(6) *Introduction à l'étude des complexes biologiques*, p. 196, P. FREUNDLER, 1928, (P. Belin, éditeur).

servant à distiller l'eau de mer. Toutefois, elle est difficilement compatible avec les propriétés chimiques de la matière pectique qui constitue les membranes. Il en est d'ailleurs de même du Vanadium des Ascidies, et de l'étain fixe des *L. flexicaulis* (*Introduction*, p. 202).

Il est possible que le strontium des zones stipofrondales de Laminaires soit, comme l'étain, un produit de déchet correspondant à une phase d'une évolution photo-radio-active. Cette évolution aurait pour origine plus ou moins immédiate le rubidium dont nous avons constaté la présence dans le *L. flexicaulis*. La relation d'évolution entre le rubidium et le strontium (ou un isotope du strontium) a d'ailleurs déjà été suggérée (1). Pour la vérifier, il sera nécessaire d'étudier les propriétés physiques du strontium des algues ; c'est pourquoi nous avons entrepris de concentrer chimiquement ce dernier en utilisant sa précipitation par le bisulfite de chaux saturé, et nous tenterons également d'appliquer ce réactif en vue de son dosage en présence d'un fort excès de calcium, de façon à pouvoir suivre analytiquement la concentration biologique de cet élément intéressant.

---

(1) O. Hahn et M. Rothenbach, *Physikalische Zeitschrift*, 1919, t. XX, p. 194.

SUR LA CONSTITUTION DU CITRONELLOL ET DU RHODINOL

PAR

V. GRIGNARD

Membre de l'Institut, Professeur à la Faculté des Sciences de Lyon

ET

J. DŒUVRE

Les recherches effectuées, vers 1896, sur la constitution du citronellol et du rhodinol conduisirent les chimistes à considérer ces alcools de deux manières différentes :

a) D'après Tiemann et Schmidt, le l-rhodinol extrait de l'essence de rose ou de géranium et le d-citronellol obtenu par réduction du d-citronellal sont les deux inverses optiques d'un seul et même corps.

b) Pour Ph. Barbier et Bouveault, ces alcools sont deux individus chimiques, présentant une isomérie dans la position de la double liaison et ils doivent être représentés par les formules suivantes :

$$CH^2 = \overset{\overset{\textstyle CH^3}{|}}{C} — CH^2 — CH^2 — CH^2 — \overset{\overset{\textstyle CH^3}{|}}{CH} — CH^2 — CH^2OH \quad \text{(citronellol)}$$

$$CH^3 — \overset{\overset{\textstyle CH^3}{|}}{C} = CH — CH^2 — CH^2 — \overset{\overset{\textstyle CH^3}{|}}{CH} — CH^2 — CH^2OH \quad \text{(rhodinol)}.$$

A la suite des recherches de Harries et de ses élèves, utilisant l'action de l'ozone, il apparut que ces alcools n'étaient pas des corps uniques, mais des mélanges des deux formes isomériques :

Forme α

$$CH^2 = \overset{\overset{\textstyle CH^3}{|}}{C} — CH^2 — CH^2 — CH^2 — \overset{\overset{\textstyle CH^3}{|}}{CH} — CH^2 — CH^2OH$$

Forme β

$$CH^3 — \overset{\overset{\textstyle CH^3}{|}}{C} = CH — CH^2 — CH^2 — \overset{\overset{\textstyle CH^3}{|}}{CH} — CH^2 — CH^2OH$$

Les recherches de Harries n'étaient que partiellement quantitatives et ne comportaient pas un bilan complet de l'action de l'ozone sur les corps étudiés. Elles exigeaient d'ailleurs de grosses quantités de substance.

La méthode de dosage par ozonisation des groupements méthylène et isopropylidène que nous avons instituée, il y a quelques années (*C. R.* 1923, t. 177, p. 669), nous a permis de déterminer avec une exactitude suffisante les proportions respectives de ces groupements dans le citronellol et le rhodinol et en opérant seulement sur 0,01 à 0,02 mol.

Nous rappelons le principe de cette méthode : l'isomère de forme α, soumis à l'action de l'ozone en milieu hydroacétique, donne : 1° du formol qui est dosé colorimétriquement par le réactif de Grosse-Bohle ; 2° de l'acide formique décomposable quantitativement par l'oxyde rouge de mercure en CO^2, lequel est déterminé par la baryte titrée 3° parfois un peu de CO^2 ; on le recueille de même ; l'isomère de forme β donne de l'acétone séparable par distillation et dosable par l'hypoiodite alcalin.

L'ozonisation quantitative du citronellal n'est pas possible en milieu hydroacétique, il se produit ainsi un mélange de menthoglycol et d'acétate de menthoglycol.

L'étude du citronellal a été effectuée en utilisant la pyridine comme solvant d'ozonisation.

Nous avons reconnu que cet aldéhyde est un mélange de deux formes isomériques :

$$\alpha) \quad CH^3 = \underset{\underset{CH^3}{|}}{C} - CH^2 - CH^2 - CH^2 - \underset{\underset{CH^3}{|}}{CH} - CH^2 - CHO \quad 20\%$$

$$\beta) \quad CH^3 - \underset{\underset{CH^3}{|}}{C} = CH - CH^2 - CH^2 - \underset{\underset{CH^3}{|}}{CH} - CH^2 - CHO \quad 80\%$$

L'obtention de l'isopulégol par action de l'anhydride acétique ou de l'acide sulfurique dilué sur le citronellal est précédée de la formation de menthoglycol. Celui-ci, après perte d'eau ou d'acide acétique, conduit à l'isopulégol et la structure de cet alcool n'est pas en relation directe, pour ce qui concerne la position de la double liaison, avec celle du citronellal.

Nous avons examiné par ozonisation quantitative, en milieu hydroacétique, des citronellols d'origines diverses et obtenu les résultats suivants :

	% Forme α	% Forme β
d-citronellol de l'essence de citronelle de Java....	24	80
d-citronellol de réduction du citronellal par C^2H^5OMgCl (Meerwein et Schmidt)..........	18	81
d-citronellol de réduction de l'acétate d'énol-citronellal	22	76
r-citronellol par bromure de méthylhepténylmagnésium sur $ClCH^2 - CH^2OMgBr$.............	25	76
r-citronellol par *id.* + $(CH^2O)^3$, réaction répétée deux fois	28	72

On peut en conclure que, d'une manière générale, le citronellol contient environ 80 % de la forme β et seulement 20 % de la forme α.

L'essence de géranium Bourbon, après saponification et rectification, donne un produit bouillant entre 116°-120°, sous 18 m/m, constitué par un mélange en parties sensiblement égales de géraniol et de rhodinol (?). Ces deux corps existent surtout sous la forme β, 80 % (environ).

Ce mélange a été traité par C^6H^5COCl, à 150°, pour détruire le géraniol et obtenir le composé dénommé rhodinol par Barbier et Bouveault.

L'ozonisation a montré que ce rhodinol n'était pas un corps unique mais un mélange des deux formes isomériques :

$$\alpha)\ \underset{\displaystyle |}{CH^3}=\underset{\displaystyle |}{C}-CH^3-CH^3-CH^3-\underset{\displaystyle |}{\underset{CH^3}{CH}}-CH^3-CH^3OH \quad 45\ \%$$

$$\beta)\ CH^3-\underset{\displaystyle \underset{CH^3}{|}}{C}=CH-CH^3-CH^3-\underset{\displaystyle \underset{CH^3}{|}}{CH}-CH^3-CH^3OH \quad 55\ \%$$

Nous avons reconnu que le chlorure de benzoyle par l'intermédiaire de HCl, prenant naissance au moment de l'éthérification, provoquait un déplacement de la double liaison entraînant une augmentation de la proportion de la forme α au détriment de la forme β.

En effectuant, sur le même mélange primitif, l'élimination du géraniol, non pas par le chlorure de benzoyle, mais par l'anhydride phtalique (Tiemann et Schmidt), nous avons obtenu un rhodinol comprenant 25 % de forme α et 71 % de forme β.

En soumettant de même le d-citronellol naturel à l'action de C^6H^5COCl nous avons observé le même phénomène d'isomérisation.

Après ces résultats nous pouvons dire que le rhodinol de Barbier et Bouveault n'existe pas comme entité chimique dans les essences naturelles. Celles-ci contiennent le produit dénommé citronellol qui est, en réalité, un mélange de deux isomères différant par la place de la double liaison. La forme la plus abondante est la forme β (octène — 2) qui représente environ 80 % du mélange et c'est à celle-ci qu'il convient de donner le nom de « forme citronellique ». Mais sous certaines influences acides, la forme β s'isomérise partiellement en forme α (octène — 1) dont la proportion peut passer ainsi, de 20 % environ, au voisinage de 50 %. C'est ce qui s'est produit dans le rhodinol de Barbier et Bouveault et il est logique, pour conserver la terminologie actuelle, de donner le nom de « forme rhodinique » à la forme α. Mais il y a lieu, comme on le voit, d'intervertir les formules adoptées jusqu'à présent.

DES CHLORURES DANS LE SANG

PAR

JOSEPH COULOUMA

Pharmacien à Béziers

LA MÉTHODE
PHOSPHO-CÉRULÉO-MOLYBDIMÉTRIQUE

PAR

GEORGES DENIGÈS

Professeur à la Faculté de Médecine de Bordeaux

Je désigne sous le nom, un peu long peut-être, mais bien adéquat, de *phospho-céruléo-molybdimétrie*, une méthode reposant sur la formation du phospho-conjugué molybdoso-molybdique, bleu :

$$
\begin{array}{c}
O \diagdown \overset{MoO^3 \longrightarrow O}{} \\
O \diagdown MoO^3 \\
O \diagdown MoO^3 \\
O \diagdown MoO^3 \longrightarrow O
\end{array}
\quad
HO.Mo - O - \overset{O}{\underset{H}{\overset{\|}{P}}} - O - MoOH
\quad
\begin{array}{c}
O \longrightarrow MoO^3 \diagdown O \\
MoO^3 \diagdown O \\
MoO^3 \diagdown O \\
O \longrightarrow MoO^3 \diagdown O
\end{array}
$$

que j'ai décrit l'an dernier, et permettant de doser avec une extrême rapidité, par voie colorimétrique, et dans les circonstances les plus variées, les moindres traces d'ion phosphorique dans les eaux potables et minérales, les vins et autres boissons fermentées ; les liquides de l'organisme (laits, salives, repas d'épreuve, sang, liquide séminal) ; les sucs végétaux ; les terres ; les engrais, etc.

Ce composé bleu se forme en effet, très aisément, toutes les fois que l'acide molybtique et son produit de réduction, MoO^2, se trouvent, en milieu sulfurique dilué, en présence d'ion phosphorique. On a, en effet :

$$8\ MoO^3 + 2\ MoO^2 + PO^4H^3 = [4\ MoO^3.MoO^2]^2.PO^4H^3$$

Le réactif molybdoso-molybdique, qui sert à l'obtenir, peut être préparé à l'avance ou encore formé extemporairement.

Dans le premier cas, o gr. 30 de tournure de cuivre sont mis dans un petit poudrier de 15 grammes, bouchant à l'émeri, et on remplit ce récipient d'une solution M renfermant, par litre : 12 gr. 50 de molybdate d'ammoniaque cristallisé ; 125 c. c. d'acide sulfurique et suffisamment d'eau pour faire un litre. On laisse en contact pendant une heure, entre 15° et 18°, en retournant, à plusieurs reprises, le récipient sur lui-même. Puis on décante le liquide jaune résultant dans un petit flacon bouchant à l'émeri.

Pour pratiquer le dosage, à 5 c. c. de solution phosphorique à titrer — dont la teneur en P^2O^5 doit être comprise entre 0 mg. 2 et 12 milligrammes par litre — placés dans un fort tube à essais, on ajoute six gouttes de réactif, on porte à l'ébullition qu'on maintient pendant 12 secondes et on compare la teinte bleue obtenue à celle d'étalons préparés de même façon, à l'avance, avec des solutions phosphoriques de titres connus et compris entre 0 mg. 2 et 12 millligrammes de P^2O^5, par litre. Ces solutions seront conservées à l'aide d'un fragment de camphre.

Dans le second cas, on met les 5 c. c. de liqueur phosphatique dans un tube à essais, avec 10 à 15 centigrammes de tournure de cuivre et on porte à l'ébullition qu'on maintient, cette fois-ci, pendant 30 secondes. On effectue les comparaisons colorimétriques avec des étalons préparés dans les mêmes conditions.

Quelle que soit la façon de les préparer, ces étalons — surtout maintenus à l'abri de la lumière, lorsqu'on n'en fait pas usage et additionnés d'un peu de cuivre — se conservent longtemps.

La seconde manière d'opérer qui a, sur la première, l'avantage de ne pas nécessiter la préparation préalable de réactif molybdoso-molybdique — qu'on doit renouveler chaque semaine — la liqueur M qu'elle utilise se conservant, au contraire, indéfiniment, est la seule qui soit de mise en présence de quantités importantes de sels ferriques (cas des sols ferrugineux) et de sels de mercure dont l'emploi s'impose pour le traitement préalable des liquides très albumineux (sang, par exemple), dans lesquels on veut déterminer l'ion phosphorique.

La sensibilité extrême et l'indépendance très grande, en ce qui concerne la composition du milieu, de la réaction qui préside à sa mise en œuvre, font de cette méthode une micro-méthode permettant de pratiquer un dosage quasi-immédiat et rigoureux du phosphore minéral ou minéralisé, par exemple dans deux gouttes, seulement, de vin, de lait, d'urine, de sang ; quelques centigrammes d'engrais ; quelques grammes de terre, etc. la question d'échantillonnage exact étant d'ailleurs, pour ces derniers produits, préalablement réalisée.

MÉTÉOROLOGIE
ET PHYSIQUE DU GLOBE

SUR LA SUCCESSION DES VALEURS
D'UNE GRANDEUR VARIANT AU HASARD

PAR

G. REMPP

(Institut de Physique du Globe de Strasbourg)

Afin de pouvoir apprécier, dans la succession des valeurs d'une grandeur — météorologique ou autre — la part qui incombe à un facteur physique quelconque, M. L. Besson (1) a calculé la probabilité qu'auraient certaines singularités, telles que minima, intervalles entre deux minima, séries de hausses ou de baisses, dans une succession régie exclusivement par le hasard. Ces calculs ont été faits, avec des résultats identiques, à partir de deux hypothèses sur la courbe de fréquence de la grandeur en question. J'ai montré récemment que les résultats de M. Besson sont valables d'une façon tout à fait générale (2), à la seule condition que la grandeur en question soit susceptible de prendre un grand nombre de valeurs différentes — condition réalisée presque toujours.

Le but de cette note est, simplement, de réunir, pour l'usage pratique, les résultats des calculs de M. Besson et les miens. Ils sont consignés dans deux tableaux. Le premier se rapporte à des singularités, c'est-à-dire à des formes de succession particulières ; le deuxième donne les probabilités pour la totalité des successions qui peuvent intervenir entre 3, 4, 5, 6 et 7 valeurs consécutives. Ainsi, chacun sera libre de compter, dans le tableau qu'il voudra étudier, la fréquence de telle succession ou de telle autre, suivant ses convenances, ou encore de choisir tel critérium ou tel autre pour réunir plusieurs successions en un groupe, dont la probabilité sera obtenue par simple addition. A titre d'exemple, j'ai groupé ainsi les successions suivant le nombre d'inversions de signe.

J'ai indiqué, dans une note présentée au Congrès de l'an dernier (1), les principes qui doivent guider, à mon avis, l'étude des successions

---

(1) *Sur la comparaison des résultats météorologiques et des effets du hasard.* Ann. des Services techniques d'hygiène de la Ville de Paris, t. I, 1921, p. 53-76.

(2) C. R. Ac. Sc., t. 186 (1928), p. 1503-1505.

(1) *Notes pour servir à l'étude des suites de hausses et de baisses (qui se présentent dans la succession des valeurs d'une grandeur météorologique)*, p. 163.

I. Probabilités de quelques formes de succession particulières.

Minimum [- +] (ou maximum): $\frac{1}{3}$.

Succession de m hausses [+ + ... +] (ou de m baisses): $\frac{1}{(m+1)!}$.

Succession de m hausses, suivie (ou précédée) d'une succession de m' baisses
[+ + ... + - - ..... -]: $\frac{1}{(m+m'+1)\,m!\,m'!}$.

Série de m hausses [- + + ... + -] (ou de m baisses): $\frac{m(m+3)+1}{(m+3)!}$.

Série de m hausses, suivie (ou précédée) d'une série de m' baisses
[- + + ... + - - - ...... - +]: $\frac{m m'(m+m'+3)+m+m'+1}{(m+m'+1)(m+m'+3)(m+1)!(m'+1)!}$.

Série de au moins m hausses (ou baisses): $\frac{m+1}{(m+2)!}$.

Série de au plus m hausses (ou baisses): $\frac{1}{3}-\frac{m+2}{(m+3)!}$.

Série de minima accolés de longueur quelconque (- prob. - - + plus + - - +): $\frac{1}{3}$.

Minima accolés [- + - + ... - +] (ou maxima accolés)	Série de m minima (ou de m maxima) accolés [+ ?]- + - + ... - +(. -)	Intervalle m entre deux minima (ou maxima) consécutifs [minima en x_a et x_{a+m}, avec un seul maximum intermédiaire]
$m=1\quad \frac{1}{3}=0{,}3333\ 3333$	$m=1\quad 0{,}1206\ 3498$	$m=2\quad \frac{2}{15}$
$2\quad \frac{2}{15}=0{,}1333\ 3333$	$2\quad 0{,}0472\ 6631$	$3\quad \frac{1}{9}$
$3\quad \frac{17}{315}=0{,}0539\ 6825$	$3\quad 0{,}0190\ 9251$	$4\quad \frac{2}{35}$
$4\quad \frac{62}{2835}=0{,}0218\ 6949$	$4\quad 0{,}0077\ 3515$	$5\quad \frac{1}{45}$
$5\quad \frac{1382}{155925}=0{,}0088\ 6324$	$5\quad 0{,}0031\ 3481$	$6\quad \frac{4}{567}$
$6\quad \frac{21844}{6081075}=0{,}0035\ 9213$	$6\quad 0{,}0012\ 7049$	$7\quad \frac{1}{523}$
$7\quad =0{,}0014\ 5583$	$7\quad 0{,}0005\ 1491$	$8\quad \frac{2}{4455}$
$8\quad =0{,}0005\ 9003$	$8\quad 0{,}0002\ 0818$	$9\quad \frac{1}{42525}$
$9\quad =0{,}0002\ 3913$	$9\quad 0{,}0000\ 8458$	$(10\quad \frac{4}{225225})$
Au besoin, la liste peut être allongée quelque peu, avec une approximation suffisante, en divisant chaque fois la dernière valeur par 2,4672 401.		$(11\quad \frac{2}{654885})$
		$(12\quad \frac{4}{8292375})$

II. Probabilités de toutes les successions possibles entre 3, 4, 5, 6 & 7 valeurs consécutives.

3 valeurs d.c.:6		5 valeurs d.c.:120		6 valeurs d.c.:720		7 valeurs d.c.:5040			
. + +	1	. + + + +	1	. + + + + +	1	. + + + + + +	1	. + - + - -	90
. + -	2	. + + + -	4	+ + + + -	5	+ + + + + -	6	. + + - - + +	71
		. + + - +	9	+ + + - +	14	+ + + + - +	20	+ + - - + -	111
4 valeurs d.c.:24		. + + - -	6	+ + + - -	10	+ + + + - -	15	+ + - - - +	35
. + + +	1	. + - + -	16	. + + - + +	19	+ + + - + +	34	+ - + - + -	74
. + + -	3	. + - - +	11	+ + - + -	35	+ + + - + -	64	. + - + - + +	169
. + - +	5			+ + - - +	26	+ + + - - +	50	. + - + - - +	212
				+ - + - +	40	. + + - + +	20	+ - - + - +	181
				+ - + - -	61	+ + - - + -	99	. + - - - + +	132
				+ - - + +	19	+ + - + - +	155	. + - - - - +	29

Groupes de successions

	avec 0	1	2	3	4	5 changements de signe
4 valeurs	$\frac{1}{12}$	$\frac{1}{2}$	$\frac{5}{12}$	—	—	—
5 .	$\frac{1}{60}$	$\frac{7}{30}$	$\frac{29}{60}$	$\frac{4}{15}$	—	—
6 .	$\frac{1}{360}$	$\frac{1}{12}$	$\frac{59}{180}$	$\frac{5}{12}$	$\frac{61}{360}$	—
7 .	$\frac{1}{2520}$	$\frac{31}{1260}$	$\frac{209}{1260}$	$\frac{463}{1260}$	$\frac{641}{2520}$	$\frac{34}{315}$

naturelles. Il s'agit, entre autres, d'apprécier si une divergence constatée entre une fréquence calculée et une fréquence observée peut ou ne peut pas être accidentelle. Cette appréciation est difficile quand la fréquence en question est faible. D'autre part, au cas d'une succession régie par le hasard s'oppose le plus souvent le cas d'une succession où — en première approximation — la probabilité d'une hausse (ou d'une baisse) est constante ; il est donc bon d'employer des types de successions dont la probabilité diffère le plus possible dans les deux cas. A ces deux points de vue, les types les plus recommandables sont ceux à multiples inversions du signe, les « minima accolés » et types similaires, ou des groupements de ces types.

Dans les deux tableaux, le signe $+$ signifie une hausse et le signe — une baisse. Dans le tableau II, chaque succession notée représente, en général, un groupe de quatre sucessions, dont les trois autres se déduisent de la première : 1° en la lisant de droite à gauche ; 2° en changeant $+$ en —, et — en $+$; 3° en faisant les deux opérations à la fois. Quand, pour des raisons de symétrie, ces quatre possibilités se réduisent à deux, la succession est précédée d'un point (.). Pour simplifier l'écriture et pour faciliter les additions, les fractions représentant les probabilités ont été réduites, dans chaque série de ce tableau, à un dénominateur commun (d. c.) — factorielle du nombre de valeurs — qui est indiqué en tête de la colonne ; le numérateur seul est inscrit à côté de chaque succession.

PARALLÉLISME DES CARACTÈRES DU TEMPS ET DE LA VALEUR DES RÉCOLTES

PAR

L. WEICKMANN

*Directeur de l'Institut Géophysique
de l'Université de Leipzig (Allemagne)*

L'attention de Sir Napier Shaw a été attirée par une très intéressante conformité dans la succession des valeurs annuelles des moissons, au cours d'une recherche qu'il fit sur la dépendance entre les récoltes de blé dans les principales régions de sa culture en Angleterre, et les chutes de pluie des trois mois de l'automne précédent (septembre, octobre, novembre). Ce travail a paru sous le titre « *The law of se-quence in the yield of wheat for eastern England, 1885-1904* ». (Loi de succession dans la récolte du blé pour l'Est de l'Angleterre, 1885-1904) tout d'abord dans le *Hann Band* du *Meteorologische Zeitschrift*, Brunswick, 1906 (pp. 208-216), puis sous une forme plus détaillée dans le *Journal of Agricult. Science*, Londres 1907.

Cette régularité s'exprime le plus nettement dans la figure 1, où la courbe pleine représente la série des valeurs des récoltes de 1886 à

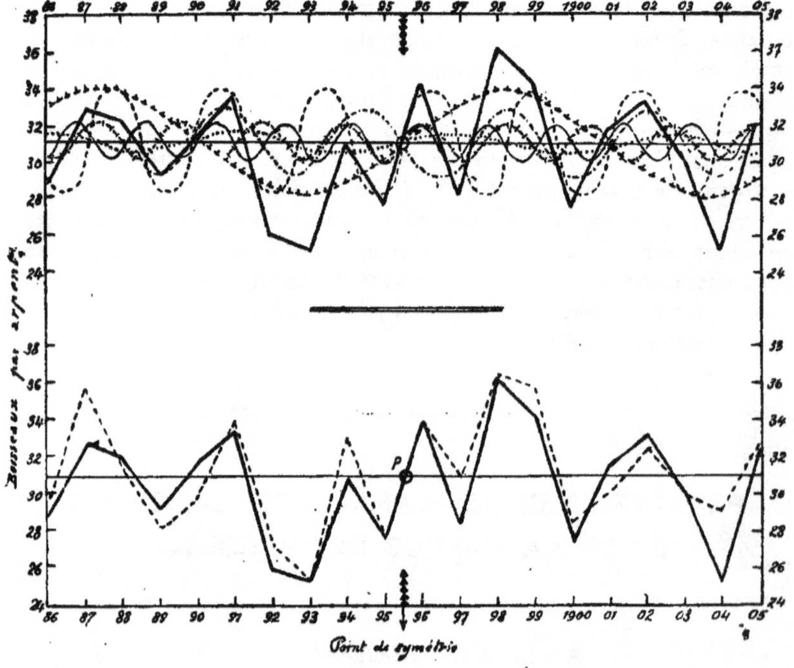

Fig. 1

1905, tandis que la courbe pointillée reproduit la série des mêmes valeurs, prises dans l'ordre inverse, c'est-à-dire qu'à l'abscisse 1886 se trouve la valeur de la récolte de 1905, à 1887, celle de 1904, etc., et de plus, ces valeurs sont réfléchies selon l'ordonnée 31, qui repré-sente la valeur moyenne du rendement de la récolte (en boisseau par arpent) pour la période considérée(plus exactement 30,8). On obtient en plus simplement la courbe pointillée en faisant tourner la courbe pleine d'un angle de 180° autour du point P.

Les deux courbes coïncident si merveilleusement bien que l'on ne peut songer à voir là l'effet d'un hasard. Quelqu'un qui aurait été en possession de ce secret en l'année 1895 aurait pu prédire à un boisseau par arpent près, la valeur du rendement du blé dans l'Est de l'Angleterre 10 ans à l'avance, et fort exactement.

Mais comment une telle conformité s'est-elle produite? Est-elle spéciale à l'Est de l'Angleterre ou s'observe-t-elle aussi ailleurs et ne se produit-elle que pour le blé ou serait-elle peut-être basée sur une « loi générale de symétrie » des processus météorologiques particulièrement de ceux qui influent le plus sur la croissance des céréales? C'est là ce que le présent article cherchera à éclaircir.

Pour tenir compte de ce qui se passe dans d'autres régions, nous avons travaillé sur les données du rendement des récoltes pour la même période dans les principales régions de culture du blé en Allemagne, les plaines de Magdebourg et la Silésie centrale.

La figure 2 donne la courbe du rendement de la récolte du blé d'hiver dans les plaines de Magdebourg en double quintaux par hectare. On voit que la *conformité* ne peut être méconnue, là aussi, bien que le rapport soit loin d'être aussi étroit que pour l'Est de l'Angleterre. La marche généralement ascendante correspond à l'augmentation systématique du rendement des récoltes par suite d'une culture améliorée; superposées à cette ligne apparaissent les influences de la loi de symétrie. Dans la Silésie Centrale, pour l'année 1895-1896, il n'y a pas de point donnant une succession symétrique dans le rendement du blé, il s'agit donc évidemment d'une corrélation qui atteint peut-être son maximum dans l'Est de l'Angleterre puis, de là, diminue ensuite peu à peu. On pourrait arriver à élucider la question en faisant une étude analogue pour les *régions principales de culture de la France.*

Pour le seigle on a choisi la région des landes de Lunebourg pour les années 1883-1923; aucune symétrie n'est apparue (fig. 3); par contre, la figure indique combien le rendement a rétrogradé pendant les années de guerre et qu'en conséquence il faut exclure celles-ci des recherches sur la succession des *conformités.* On constate la même chose pour la statistique de la récolte de blé, et de plus on ne peut s'empêcher d'avoir quelque doute sur l'exactitude des données sur la statistique des récoltes pendant la guerre.

Et maintenant que peut-on dire de la réalité physique et de l'explication de ces phénomènes? Sir Napier Shaw avait déjà admis qu'il s'agissait là d'oscillations régulières de différentes périodes, qui arrivaient à leur *zéro* juste en cette année 1895-1896 par hasard ou par suite d'une conformité naturelle quelconque. La partie supérieure de la figure 1 reproduit les ondes élémentaires en lesquelles Shaw a décomposé sa courbe de la récolte et l'on voit que les ondes intéressées sont très particulièrement la vague de onze années et une vague de trois ans environ. Shaw a décomposé sa courbe de façon à introduire tout d'abord un zéro pour l'année 1895-1896. Si l'on fait l'analyse, indépendamment de cette supposition (voir les recherches de E. Rietschel sur les ondes de température de 3 ans-3 ans et demi et de 2 ans

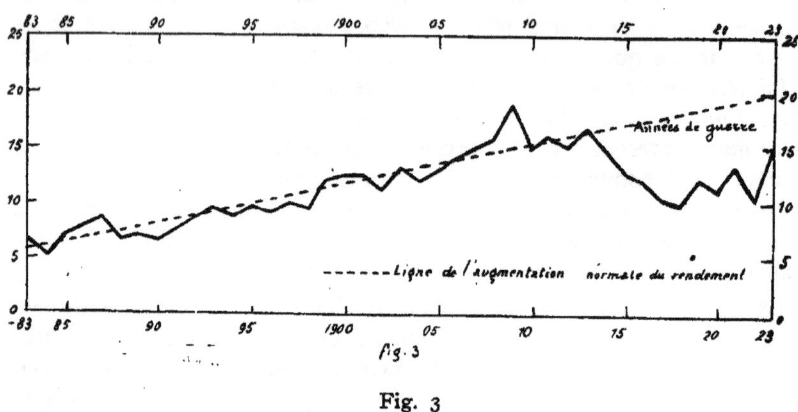

Fig. 3

dans *Veroffentlichungen des Geophysikalischen Instituts der Universitat Leipzig*, série II, volume IV), on trouve les valeurs suivantes :

Amplitude pour la période de 2 ans :

   1.84 boisseau par arpent   Angle de phase 1895-1896   11°
     (Shaw 2,9)   (Shaw 0°)

Amplitude pour la période de 3.7 ans :

   1.93 boisseau par arpent   Angle de phase 1895-1896 170°
     (Shaw 1,8)   (Shaw 180°)

Shaw a trouvé en outre pour la vague de 2.8 années l'amplitude très forte de 2.8 boisseaux par arpent, tandis que l'analyse de Rietschel ne donne que 0,92 pour un *angle de phase* en 1895-1896 de 353° (Shaw 360°).

Une comparaison avec l'abondance des pluies d'automne qui, selon l'expérience des agriculteurs sont particulièrement importantes pour le développement de la maturité du grain, en ce sens que, plus elles sont fortes, plus la moisson est déficitaire, a montré que les pluies d'automne peuvent également se décomposer en ondes ayant leurs amplitudes maxima pour 11 et 3.7 années (1,09 et 1,21 inclues). Mais la phase ne correspond, dans le sens donné, avec l'onde synchrone de la récolte du blé que pour l'onde de 3.7 années. (*Différence de phase,*

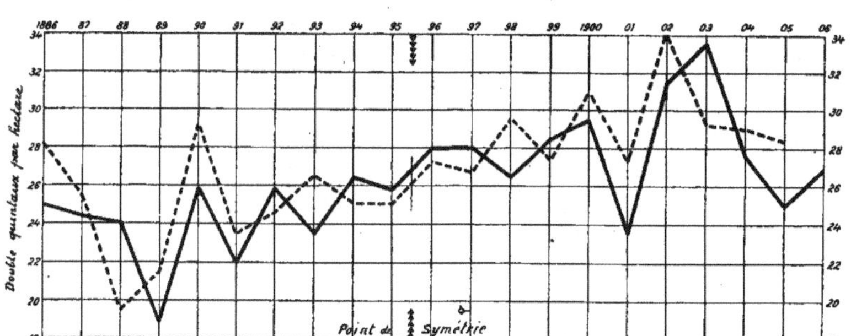

Fig. 2

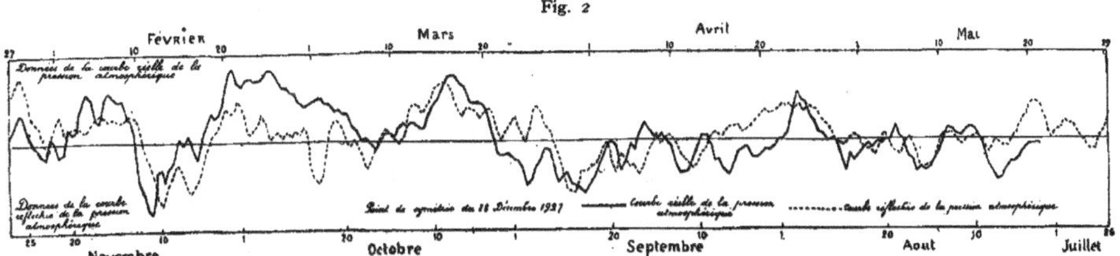

Fig. 4

173°), tandis que l'onde de 11 ans des précipitations automnales montre une différence de phase de 298° avec l'onde de 11 années des récoltes, ce qui ne permet guère de supposer une étroite relation causale avec les récoltes.

Il est évident que les ondes de 3 ans et de 3 ans et demie jouent, dans l'ensemble de l'atmosphère terrestre un rôle considérable. Ces « ondes » ont été étudiées pour différentes parties du monde, dans un grand nombre de travaux, et ont donné lieu, comme les autres ondes (35 années, période de Bruckner; ondes de 16 années de Wagner); période de 11 ans, à des pronostics à longue échéance sur l'intensité des précipitations. (Voir aussi L. Petitjean, *La prévision des précipitations en Algérie*. Congrès de l'Eau, Janvier 1928, n° 8.) L'application de ces recherches aux problèmes agricoles promet de bons résultats.

Il est non moins important, au point de vue agricole *d'employer les courtes périodes météorologiques*. Elles présentent aussi comme les vagues plus longues, des « points de symétrie ». Il a été démontré que ces points de symétrie sont particulièrement bien nets dans la courbe de la pression (voir *Wellen im Luftmeer*, les vagues de l'Océan aérien, *Abhandlungen der Sächsichen Akademie der Wissenchaften*, Leipzig 1924). Pour Leipzig on a trouvé notamment un de ces points de symétrie pour le 28 décembre 1927. Ceci ne signifie pas que les ondes élémentaires de pression ont toutes ce jour-là leur zéro (donc une phase de 360° ou de 180°), mais bien qu'elles atteignent alors leur plus haut ou leur plus bas point (donc phase de 90° ou de 270°).

La figure 4 montre le dessin de la courbe de pression pour Leipzig du 27 janvier au 21 mai 1928 (courbe pleine). La courbe pointillée donne les valeurs de la pression du 26 juin 1927 au 27 novembre 1927, et l'on voit que la courbe pleine suit assez bien la courbe pointillée qui en est la symétrique par rapport au 28 décembre 1927. De telles comparaisons permettent de prévoir longtemps à l'avance à peu près le caractère du temps, si l'on aura un temps anticyclonique bien défini ou un régime cyclonique prédominant, et ainsi de trouver exactement les conditions essentielles pour l'agriculture. Ces points de symétrie dépendent le plus souvent d'ondes de 48, 36, 24 jours et d'oscillations de plus courtes périodes, que l'on ne trouve pas chaque année, mais qui en général, apparaissent seulement quelques mois, puis se modifient quelque peu sous l'influence de la température de l'ensemble de la troposphère, deviennent plus longues ou plus courtes et compliquent la représentation. Mais au voisinage des points de symétrie elles conservent leur amplitude et leur période presque inchangées, en sorte que la fixation des points de symétrie promet de devenir une base importante de la prévision à longue échéance. Jusqu'ici, d'après les résultats des recherches faites, les points de symétrie apparaissent avec une régularité particulière aux *solstices* et dans la première moitié du mois de juin.

Le phénomène que nous avons trouvé pour les points de symétrie des ondes de plusieurs années concernant les récoltes de blé, à savoir que la corrélation qu'elles permettaient était particulièrement étroite pour certaines régions, et devenait peu à peu moins bonne quand on s'éloignait de cette région, ce phénomène dis-je, se retrouve pour les points de symétrie de plus courte période. L'origine en est dans le caractère physique de ces ondes. Les unes sont engendrées par les *pulsations* de la masse de l'air polaire, les autres par l'action oscillante de l'échauffement variable des continents et des océans sur l'atmosphère. Il y a des régions où des interférences de ces ondes se produisent juste à leurs valeurs extrêmes (maxima et minima) et ces régions sont précisément les meilleurs zones de formation de point de symétrie. Il en est de même pour les ondes de plusieurs années, qui viennent en partie de l'Equateur (onde de 3 années) et sont particulièrement aussi d'origine continentale (ondes de 16 années, Sibérie) et qui présentent également des régions déterminées d'interférence.

Les recherches systématiques de ces conditions constitueront sans aucun doute une importante contribution à l'appréciation des rapports qui existent entre l'agriculture et la météorologie.

LA SYMÉTRIE DANS LES PÉRIODES PLUVIEUSES

PAR

L. PETITJEAN

Chef de la Prévision du Temps, Alger

L'analyse harmonique des courbes barométriques montre que les ondes composantes passent simultanément certains jours par un maximum ou un minimum. La courbe présente alors en ces points une symétrie par rapport à un axe vertical (1). Ce phénomène peut se produire à une époque quelconque de l'année ; cependant, il se rencontre plus fréquemment aux environs du 1ᵉʳ janvier. La symétrie se conserve pendant une durée variable atteignant parfois quatre mois.

On conçoit l'importance de la découverte des points de symétrie dans

---

(1) L. WEICKMANN. *Wellen im Luftmeer*. Leipzig, 1924.

la courbe barométrique pour la prévision du temps à longue échéance. Nous en avons fait une application à la prévision des périodes pluvieuses en nous basant sur les considérations suivantes. Si les « dépressions » d'une courbe barométrique sont réparties symétriquement autour d'une certaine date, les périodes pluvieuses dues à leur passage se trouvent également disposées d'une façon symétrique par rapport à cette même date. Ceci se vérifie pour les jours de pluie, mais pas pour les quantités. La raison en est simple : comme les baisses barométriques sont les symétriques de hausses et comme les précipitations qui s'observent en Europe pendant les premières affectent plutôt la forme de pluies continues, tandis que celles qui accompagnent les hausses présentent plutôt l'aspect d'averses, il ne peut y avoir équivalence entre les unes et les autres. De plus, la pluviosité varie suivant l'époque de l'année et deux séries symétriques de jours pluvieux diffèrent d'autant plus par la quantité d'eau tombée qu'elles sont plus éloignées du point de symétrie.

Nous avons étudié plus spécialement le cas de la courbe barométrique d'Alger. Il se trouve chaque hiver, sur cette courbe, entre le 15 décembre et le 15 février, un point de symétrie qui tombe en général pendant une période de beau temps anticyclonique. Voici la liste des points de symétrie pour l'année 1928 et les douze années antérieures :

17 janvier 1928	2 février 1921
24 décembre 1926	3 janvier 1920
12 janvier 1926	16 janvier 1919
18 janvier 1925	28 janvier 1918
15 janvier 1924	21 janvier 1917
1ᵉʳ janvier 1923	26 janvier 1916
26 décembre 1921	

On remarque immédiatement que ces points ne tombent pas à époque fixe, mais qu'ils sont beaucoup plus fréquents en janvier qu'en décembre ou février.

Considérons, par exemple (planche I), la courbe de la pression barométrique à l'Université d'Alger (h = 59 m.), d'août 1927 à juin 1928. Cette courbe se trouve à la partie inférieure de la planche I. A la partie supérieure, nous avons reporté de part et d'autre d'un trait horizontal, en haut, les jours de pluie (y compris ceux où il n'est tombé qu'une quantité non mesurable au pluviomètre) et, en bas, les quantités de pluie supérieures à 1 m/m en 24 heures. Le point de symétrie des périodes pluvieuses tombe entre le 17 et le 18 janvier. En désignant les séries de jours pluvieux précédant cette date par les lettres A, B,...... J, on voit immédiatement qu'elles sont symétriques des séries désignées par les lettres A', B',......, J', qui viennent après cette date. La correspondance est beaucoup plus marquée du début de

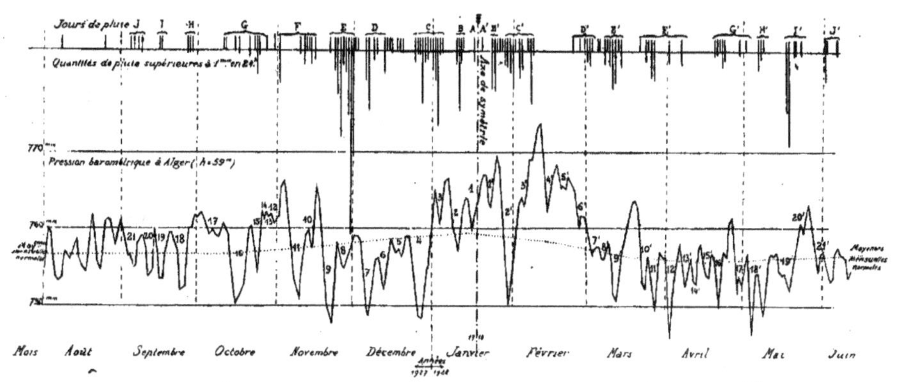

<u>Planche 1</u>   Symétrie dans la répartition des périodes pluvieuses à Alger en 1927-28.

novembre au commencement d'avril. Quoique la courbe barométrique ne présente pas une symétrie aussi nette que le diagramme des pluies, les accidents de cette courbe se reproduisent pendant cette période assez fidèlement (voir les dépressions numérotées de 1 à 12 et de 1′ à 12′). L'exemple de la symétrie en 1927-1928 ne constitue pas une exception et nous l'avons vérifiée sur les douze années antérieures.

Comme application pratique de ce qui vient d'être dit, on peut, dès qu'un point de symétrie de la courbe barométrique vient d'être franchi, prévoir avec beaucoup de chances de réussite, la répartition des périodes pluvieuses dans les mois à venir. Ceci est d'une grande importance pour la prévision des pluies de la fin de l'hiver et du printemps dans un pays tel que l'Algérie où, comme l'on sait, le rendement de la récolte est subordonné aux quantités d'eau qui tombent en mars et surtout en avril au moment de l'épiaison.

Il est facile de vérifier sur notre graphique que les quantités d'eau ne sont pas symétriques comme les jours de pluie en raison de la variabilité de la pluviosité suivant l'époque de l'année. Au voisinage immédiat du point de symétrie, elles sont assez comparables entre elles mais plus on s'en écarte, plus elles diffèrent. C'est ainsi que les fortes pluies de la fin de novembre n'ont pas trouvé leur équivalent en quantité dans la série correspondante de mars et que les pluies insignifiantes de septembre n'ont rien eu de comparable aux fortes averses orageuse de mai.

En dehors de la symétrie que nous venons de décrire dans la répartition quotidienne des pluies, il en existe une autre dans leur répartition annuelle. Elle apparaît lorsque l'on trace la courbe réduite des quantités de pluie recueillies pendant un grand nombre d'année en une même station. Nous avons ainsi trouvé que la courbe des pluies à Alger a présenté en 1903 un tel point de symétrie (1) produit par le passage à cette époque d'une onde de 15 ans par un maximum et d'une onde de 35 ans par un minimum. L'extrapolation de la courbe résultante de ces deux ondes nous a mis en état d'annoncer le caractère de sécheresse ou d'humidité de groupes d'années futures à Alger.

(1) L. PETITJEAN : Rapport sur la prévision des précipitations en Algérie. Congrès de l'Eau. Alger, 1928.

LE SECTEUR CHAUD DES DÉPRESSIONS

PAR

L. PETITJEAN

Chef de la Préision du Temps, Alger

I. — LE SECTEUR CHAUD AU SOL

Le schéma de J. Bjerknes d'une dépression jeune montre un secteur chaud séparé de l'air froid. à l'avant de la dépression par un « front chaud » et, à l'arrière, par un « front froid ». En pratique. ce schéma doit être fréquemment modifié par l'introduction, entre l'air froid et le secteur chaud, de « zones de transition » où se rouve un air échauffé par la compression adiabatique due à un mouvement de descente appelé « affaissement » (1).

L'« affaissement » se produit, d'une manière générale, lorsque des masses d'air en mouvement se déplacent plus vite que l'air qui les suit. C'est ainsi qu'à l'avant d'une dépression (voir fig. 1), l'air froid

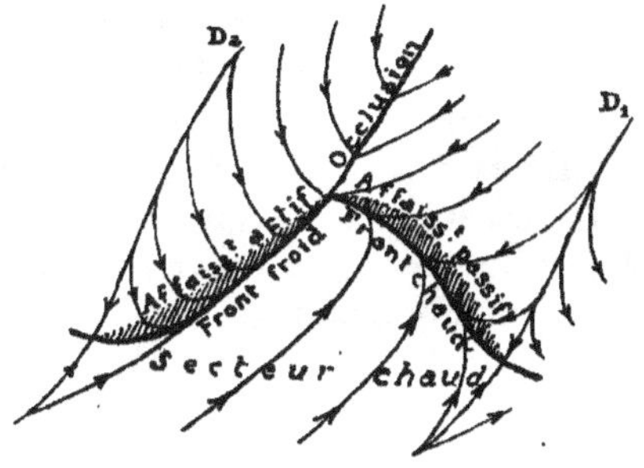

Fig. 1. — Schéma d'une dépression à secteur chaud complexe

à droite de la « dorsale » ou « ligne de divergence » D_1 (air « actif ») s'écoulant vers l'Est à une vitesse supérieure à celle de l'air situé à gauche de D_1 (air « passif »), ce dernier est amené à tomber ; par suite de la compression provoquée par sa descente, il s'échauffe et acquiert une accélération dirigée vers le Nord. Il s'établit donc entre les vents de Nord qui divergent à partir de la dorsale D_1 et l' « air tropical »

---

(1) V. G. STÜVE : Atmosphärische Gleitflächen (*Wetter*, 1925, p. 89) et L. PE-TITJEAN : L'air actif et l'air passif dans les discontinuités atmosphériques (*La Météorologie*, 1927, p. 94).

de Sud-Ouest qui occupe le secteur chaud une première zone de transition où soufflent des vents d'Est à Sud, le plus souvent animés d'une faible vitesse.

A l'arrière de la dépression, l'« air tropical » est, de même, séparé de l'air polaire « actif » qui souffle de Nord à Nord-Ouest sur la face orientale de la dorsale D_2, par une seconde zone de transition dont la formation est due au mouvement descendant de la partie antérieure de l'air polaire animée vers l'Est d'une vitesse supérieure à celle de la partie restante. L'air qui occupe cette seconde zone de transition acquiert encore, du fait de son échauffement par compression, une accélération qui tend à le ramener vers le Nord.

La formation des zones de transition donne lieu à une extension du secteur chaud aussi bien vers l'Est que vers l'Ouest, mais les diverses masses d'air qui le constituent possèdent des origines différentes. D'autre part, les contrastes thermiques des fronts devenant moins accusés, leur vitesse de déplacement diminue. On sait, en effet, que l'angle théorique d'inclinaison d'une surface de discontinuité correspondant à l'état d'équilibre stationnaire croît lorsque la différence de température des masses adjacentes devient plus petite ; dans le cas actuel, l'angle réel d'inclinaison de la discontinuité tendant à devenir inférieur à l'angle théorique d'équilibre, nous nous rapprochons des conditions d'équilibre stable. Les zones d'affaissement ne constituent pas seulement des plages d'égalisation de température entre l'air froid et l'air chaud, elles forment également des zones de transition entre vents soufflant de directions opposées, en l'espèce le Nord et le Sud. Par l'atténuation des contrastes entre les composantes normales et tangentielles de l'air actif et de l'air passif, elles diminuent le tourbillonnement ainsi que les échanges d'énergie entre les diverses masses d'air ; c'est pourquoi ce sont des zones de vents faibles où ne se rencontrent pas de nuages cumuliformes, au moins dans leur phase de croissance.

II. — LE SECTEUR CHAUD EN ALTITUDE

Les sondages aérologiques nous font connaître les variations de vitesse et de direction du vent en altitude dans les diverses régions du secteur chaud. Ces variations diffèrent suivant la manière dont s'opère l'affaissement. A l'avant du secteur chaud, l'affaissement peut avoir lieu de deux manières possibles :

1° Lorsque la masse d'air froid qui précède vers l'Est le secteur chaud possède, dans le sens de la vitesse de la dépression, une composante supérieure à celle de l'air tropical, il se produit un affaissement de ce dernier le long d'une surface dite « passive ». Les vents en altitude soufflent sur la droite de ceux des couches inférieures, d'abord avec une vitesse moindre que ces derniers puis on constate qu'à des altitudes plus élevées, une fois la couche d'affaissement dépassée, la vitesse croît avec continuation de la rotation vers la droite. Une telle variation est caractéristique du vent en altitude au-dessus d'un front chaud. Tant que se poursuit l'affaissement sous un front chaud, la baisse barométrique est rapide.

2° Il peut encore y avoir affaissement avant le secteur chaud, quand les courants supérieurs soufflent avec une vitesse supérieure à celle des courants inférieurs et sur la gauche de ceux-ci, par exemple, lorsque des vents forts de Nord surmontent successivement des vents de Nord-Est, d'Est et enfin de Sud, ayant des vitesses de plus en plus faibles au fur et à mesure que l'on se rapproche du sol. Ce type d'affaissement dit « actif » qui peut sembler paradoxal au premier abord du fait qu'un air froid demeure en équilibre au-dessus d'un air plus chaud est cependant possible au point de vue de l'équilibre dynamique (1). Dans ce second cas, le baromètre demeure presque stationnaire pendant toute la durée de l'affaissement.

A l'intérieur du secteur chaud proprement dit du schéma de J. Bjerknes souffle de l'air « tropical » de Sud-Ouest. Lorsqu'en altitude, les sondages révèlent une rotation à droite accompagnée d'une diminution de la force du vent, c'est que cet air tropical s'écoule d'une dorsale située au sud de la dépression. Au fur et à mesure que la baisse barométrique se poursuit, la dorsale se retire vers le Sud ou le Sud-Est. L'afflux dans le secteur chaud d'un air tropical, ainsi animé d'une grande vitesse et tournant en sens inverse des aiguilles d'une montre, est donc le résultat d'un affaissement. Or, cet air, que nous avions antérieurement appelé air chaud « actif », s'oppose à l'occlusion de la dépression par de l'air froid « actif » de Nord-Ouest. La première phase d'une cyclogénèse, la formation du secteur chaud d'une dépression, provient ainsi, comme nous l'avons déjà montré ailleurs (3), de l'affaissement « passif » de l'air tropical au-dessus d'une masse d'air plus froide et plus rapide.

En Afrique du Nord, la distinction entre les masses d'air du secteur chaud d'origine différente est très nette pendant les périodes de sirocco : on distingue, en effet, le sirocco de Sud-Est auquel nous avons plus particulièrement réservé le nom d' « air saharien » et qui résulte de l'affaissement à la partie antérieure d'une dépression, du sirocco de Sud-Ouest, véritable « air tropical » du secteur chaud, dû à un affaissement dans la partie méridionale.

---

(1) V. F. M. EXNER : Über die Beschleunigung... *Meteorologische Zeitschrift.* Avril 1926, p. 146.
(2) V. L. PETITJEAN : La dépression saharienne (*La Météorologie*, 1928, p. 145).

LE TRAITEMENT CORRECT
DES PROBLÈMES DE CORRÉLATION MULTIPLE
EN MÉTÉOROLOGIE ET EN AGRICULTURE

PAR

JOHN WISHART

*D. Sc., Section de Statistique de la Station Expérimentale
de Rothamsted, Harpenden (Angleterre)*

Il y a déjà quelque temps que l'on a reconnu la nécessité d'appliquer les méthodes quantitatives à l'étude des relations complexes de cause à effet qui se présentent dans les sciences parentes de la Météorologie et de l'Agriculture. Ainsi, l'action exercée sur le temps (état atmosphérique) d'une certaine localité par les très nombreuses causes qui prédéterminent la tendance générale du temps, ne peut être étudiée d'une manière effective qu'avec l'aide de méthodes de statistique. Pour citer encore un exemple : le rendement des récoltes est influencé par un grand nombre de facteurs, parmi lesquels le temps, la nature et la situation du sol, les méthodes de culture et les engrais employés sont les plus importants. Même si nous nous bornons à ne prendre en considération que les facteurs les plus importants, nous nous trouvons en face d'un problème de statistique fort compliqué. En son ouvrage d'il y a vingt ans sur la prévision de la quantité de pluie pendant la mousson aux Indes anglaises, Sir Gilbert Walker a systématisé une méthode et a dressé une table de coefficients de corrélation entre chaque paire de facteurs interdépendants (1). Ces coefficients furent ensuite réduits par lui à un coefficient unique par la méthode de corrélation multiple. Plus récemment encore, il a réussi à démontrer l'existence de certaines oscillations mondiales d'un caractère permanent, dont l'importante influence sur le temps de notre globe ne peut être mise en doute. Voir son récent discours présidentiel à la Royal Meteorological Society, dont un résumé a été publié dans la *Nature* (anglaise) du 5 mai 1928, p. 713. Cette méthode est largement appliquée aux Etats-Unis d'Amérique aux données agricoles. En abrégé, elle consiste en ce qui suit.

Dans un échantillon de N observations, nous notons les écarts individuels « y » des valeurs de la variable dépendante de leur moyenne, et également les écarts x_1, x_2, x_3, etc., des variables indépendantes. Ces dernières doivent être étudiées du point de vue de l'effet exercé par

---

(1) *Indian Meteorological Memoirs*, XXI, fasc. II, 1910.

elles sur y, mais leur définition d' « indépendantes » n'exclue par la possibilité de l'existence d'une corrélation réciproque entre les divers x. La valeur moyenne de y est alors exprimée en termes de x_1, x_2, x_3, au moyen de l'équation de régression partielle de la forme

$$Y = b_1.x_1 + b_2.x_2 + b_3.x_3$$

dans laquelle les coefficients de régression b_1, b_2, b_3, sont choisis de manière à ce que Y se rapproche autant que possible de y, compte étant tenu de toutes les observations. Ceci requiert la résolution de la série ci-après d'équations linéaires pour les b:

$$b_1 \, S(x^2_1) + b_2 \, S(x_1.x_2) + b_3 \, S(x_1.x_3) = S(x_1.y)$$
$$b_1 \, S(x_1.x_2) + b_2 \, S(x^2_2) + b_3 \, S(x_2.x_3) = S(x_2.y)$$
$$b_1 \, S(x_1.x_3 + b_2 \, S(x_2.x_3) + b_3 \, S(x^2_3) = S(x_3.y)$$

où S représente la somme des valeurs dans l'échantillon entier. Finalement, la valeur du coefficient R de corrélation multiple est donnée par la racine carrée positive de l'expression

$$\frac{1}{S(y^2)} \cdot [b_1 \, S(x_1.y) + b_2 \, S(x_2.y) + b_3 \, S(x_3.y)]$$

Pour une discussion plus complète, avec un exemple approprié, le lecteur est renvoyé à l'ouvrage du docteur R.-A. Ficher: *Statistical Methods for Research Workers*, 2ᵉ édition, p. 132 et 226 (Oliver and Boyd, Edinburgh).

L'objet que nous avons spécialement en vue dans cet article est d'étudier la signification de R quand il est obtenu au moyen d'un certain ensemble de données. Ainsi qu'il est établi par le calcul, R est une quantité positive, comprise entre o et 1. Si, en réalité, les facteurs étudiés n'exerçaient aucune influence sur le facteur dépendant, et si nous avions à notre disposition un échantillon, d'une grandeur infinie, d'observations, R serait égal à zéro. En pratique, cela n'est réalisé que rarement, vu que les données étudiées ne portent pas, en général, sur une période d'une étendue plus grande que quarante ou cinquante ans, et cette restriction nous amène à des valeurs perceptibles des sommes $(x_1.y)$, $(x_2.y)$, etc., et finalement, à des valeurs positives perceptibles de R. Par conséquent, toute valeur actuellement obtenue doit être comparée non avec zéro, mais avec la valeur que nous pourrions nous attendre à trouver avec le nombre donné d'observations dans un échantillon choisi au hasard et ne comportant pas de relation réelle entre les facteurs. Supposons qu'un pareil échantillon se reproduise un grand nombre de fois: alors la distribution des valeurs de R qui se présenteraient serait de la forme énoncée par le Dʳ R. A. Fisher en

1924 (1). Une figure représentant le caractère de cette distribution a paru dans les « Memoirs of the Royal Meteorological Society », de la probabilité qu'une valeur donnée de R se présentera dans les vol. II, n° 13, 1928, p. 35; et une méthode a été décrite pour le calcul observations. Il est évident qu'une valeur d'un ordre plus élevé a beaucoup moins de chances de se présenter qu'une valeur d'un ordre plus bas. Un niveau arbitraire de signification a été posé, et nous pouvons admettre comme établi qu'une valeur au-dessus de ce niveau indique l'existence d'un effet réel exercé par les facteurs considérés. Une table a été calculée et sera prochainement publiée par la Royal Meteorological Society, qui donne à première vue les valeurs de R qui devraient être obtenues avec deux niveaux de signification distincts. Cette table a été développée jusqu'à six variables indépendantes et à un nombre d'échantillons dépassant cent. Deux exemples serviront à expliquer l'usage de cette table. Les données ci-après ont été empruntées à Sir Gilbert Walker (nous les devons à l'obligeance de M. E. W. Bliss):

a) Corrélation entre la quantité de pluie pendant la mousson aux Indes anglaises et les facteurs suivants: accumulation de neige, pressions atmosphériques à l'Ile Maurice et en Amérique du Sud, et pluies à Zanzibar (2). Nombre d'années: 30, jusqu'à 1908; nombre de variables indépendantes (n) = 4. R = 0.58. Nous reportant à la table, nous trouvons dans la colonne n = 4 et à la ligne N — n — 1 = 25 deux valeurs de R: 0.5534 pour le point de 5 % et 0.6329 pour le point de 1 %. Cela signifie que si les pluies de la mousson n'étaient aucunement influencées par les facteurs sus-désignés, une valeur de R supérieure à 0.5534 ne serait réalisée que dans cinq cas sur cent, et ne dépasserait 0.6329 que dans un cas sur cent observations. La valeur réelle est comprise entre ces deux chiffres et peut être, par conséquent, considérée comme indiquant qu'un effet est bien exercé par les facteurs ci-dessus. Cette supposition est convertie en une probabilité raisonnable par la valeur 0.56 qui a été établie pour ce même coefficient pour la période de 1909 à 1927, car, quoique pour ces années prises isolément, le chiffre 0.56 ne soit pas significatif (n = 4, N — n — 1 = 14, R = 0.6861 pour le point de 5 %) l'addition de la nouvelle période à la période précédente de 30 années sans changement appréciable du coefficient, démontre que de telles valeurs de R ne seraient pas réalisées même un fois sur cent avec un matériel ne comportant pas de corrélations.

b) Quantité de pluie à Ceara (Brésil) en corrélation avec les pressions atmosphériques à Santiago, Honolulu et Cape Town, avec les pluies en Rhodesia du Sud, et avec la force du vent à Sainte-Hé-

---

(1) Philosophical Transactions of the Royal Society, B. 213, p. 91.
(2) *Indian Meteorological Memoirs*, XXI, p. 33; XXIII, p. 36.

lène (1). Tous ces facteurs ont été mesurés pour des périodes variables entre les mois de juin et de novembre, tandis que la période pluvieuse à Ceara a lieu entre les mois de janvier et de juin. Dans ce cas n = 5, et le nombre d'années (de 1899 à 1924) est de 26, tandis qu'on a trouvé pour la valeur R = 0.82. La table à la colonne n = 5 et à la ligne N — n — 1 = 20 nous donne pour R les valeurs 0.6356 (point de 5 %) et 0.7116 (point de 1 %). Dans le cas présent, nous avons besoin d'un niveau de signification plus élevé, car le nombre d'années est restreint ; malgré cela, le coefficient (0.82) trouvé à l'aide de ces données et indubitablement significatif. La personne qui se sert de la table doit user de son propre discernement en déterminant le niveau de signification. A titre de gouverne générale, il peut être indiqué que les valeurs de R inférieures à celles données dans la table pour le point de 5 % ne doivent pas être admises, et que R doit se rapprocher du niveau pour le point de 1 % avant que l'on puisse considérer la corrélation come ayant été entièrement prouvée.

L'usage des tables de signification peut paraitre nouveau aux membres de l'Association qui, peut-être, sont plus accoutumés à se servir de la méthode de « l'erreur probable » dans leurs recherches sur les corrélations. L'emploi de ces tables est cependant recommandé pour les raisons suivantes : 1° leur application est simple ; 2° elles tiennent compte du volume fini de l'échantillon et du nombre de variables employées, et 3° elles sont basées sur la distribution exacte de R dans les échantillons choisis au hasard. Parmi les météorologistes, et ailleurs, on commence à reconnaitre que la méthode de « l'erreur porbable » est d'un emploi douteux et d'une interprétation ambiguë, comme il a été indiqué par M. E. V. Newnham (*Nature*, 17 mars 1928). Le fait est, comme il a été montré dans la réponse du Dr R. A. Fisher (*Ibid.*, 5 mai 1928) que la distribution du coefficient de corrélation obtenu au moyen de petits échantillons est si loin d'être normale, que l'emploi de toute formule pour l'erreur probable est capable de nous induire en erreur. En outre, il n'est pas vrai de dire (comme certains traités le font encore) que la même formule est applicable au cas d'une corrélation multiple R et au cas d'une corrélation simple r, en y substituant simplement R au lieu de r. Personne jusqu'ici n'a pu donner la formule complète pour l'erreur probable de R, mais même si cette formule était trouvée, elle ne serait pas d'une grande utilité, étant donné l'écart considérable de la distribution de R de la forme normale.

(1) Sir Gilbert WALKER : *Beitr. d. Physik d. f. Atmosph.*, 1928.

INFLUENCE DE L'ÉLECTRICITÉ ATMOSPHÉRIQUE
SUR LA PROLIFÉRATION DU MILDEW

PAR

G. BIDAULT DE L'ISLE

Directeur de l'Observatoire de la Guette

L'étude des conditions de la naissance, de l'évolution et de la propagation du Mildew est des plus complexes.

J'avais été frappé, tant par l'exposé des recherches qui avaient été faites au cours de la lutte contre cette maladie de la vigne, que par les conclusions qui découlaient de la documentation que j'avais réunie à son sujet, de l'importance très légitimement donnée aux facteurs température et humidité. Mais j'avais remarqué, au cours des invasions dont j'avais été le témoin sur les vignes de Basse-Bourgogne qui m'entouraient, de l'influence, prépondérante pour l'éclosion de la maladie, des pluies d'orage, qui sont le plus souvent à allure torrentielle et rapide.

Il m'avait semblé qu'un troisième élément (le facteur électrique que l'on n'avait jusqu'ici pas fait intervenir dans l'étude des invasions du Mildew), ne devait pas être sans influence sur la naissance des contaminations primaires, et davantage encore peut-être, sur les invasions secondaires de cette maladie.

D'autre part, une série d'études sur la fructification des champignons communs, dits champignons aériens : Coprin chevelu, Lactaire délicieux, Lactaire poivré, Russule émétique, pezize en coupe, etc... que j'avais soumis à l'effet d'effluves électriques au moyen de courants à haute fréquence, m'avait convaincu, puisqu'il s'agissait aussi d'un champignon, le Pérenospora Viticola, que l'électricité devait, de la même manière, favoriser sa naissance et son développement.

Pour avoir, de l'hypothèse que j'avais émise, une consécration expérimentale, je procédai de la même manière qu'avait employé le lieutenant Basty pour ses essais d'électro-culture de céréales et de légumes.

On sait en effet que dès 1783, à l'époque de Franklin, Bertholon avait construit un électro-végétomètre destiné à capter les effluves atmosphériques pour les faire agir sur les plantes. Plus tard, les expériences furent faites un peu partout sur la surface de la terre par divers savants, parmi lesquels le Russe Spichnew, le Jésuite Paulin, le Japonais Yodko, les Français Pinot et Morieu, etc... Les dispositifs employés étaient différents, mais tous avaient pour but de capter les radiations atmosphériques, et étaient généralement composés d'un réseau métallique tendu au-dessus des plantes soumises à l'étude. L'appareillage du lieutenant Basty semblait le plus perfectionné et le plus efficace; c'est donc ce dernier dispositif que je choisis pour servir aux expériences nécessaires. L'appareil se compose d'un paratonnerre métallique terminé par une pointe de métal inoxydable, en l'espèce du maillechort, d'une hauteur totale de 1^{m}60 à 2^{m}50. Dans le sol, la tige était enfoncée de 1 mètre environ. Le rayon de la zone d'action est environ le double de la hauteur du paratonnerre.

Un galvanomètre, placé en circuit, me révéla des tensions moyennes, en temps normal, de 3 à 7 milliampères et, parfois, en temps d'orage lointain, de 20 à 30 milliampères. Par temps d'orage proche, la tension allait jusqu'à 160 milliampères.

Il m'avait donc semblé que ces tensions n'étaient pas négligeables, ni impuissantes à stimuler la germination des zoospores, et, grâce à des plantes-témoins, j'obtins la conviction que la germination était très augmentée lorsque l'intensité des effluves électriques dépassait 40 milliampères.

L'observation que j'avais faite était corroborée, d'ailleurs, par celles qui avaient été notées par le lieutenant Basty pour les sujets qui l'intéressaient. Il avait observé que des plantes ainsi traitées étaient favorisées d'une avance de plusieurs jours, et parfois même d'une semaine entière, sur les plantes-témoins.

Cette observation ne suffisant pas à mon désir de préciser la question, je constituai, grâce au courant électrique, un dispositif qui me permit de faire de nouvelles remarques.

Utilisant un vieil appareil d'émission de T.S.F., du modèle de l'Aviation américaine, je créai un champ d'ondes auquel je soumis plusieurs ceps de vigne choisis parmi les ceps non attaqués apparemment par le Mildiou, et j'obtins ainsi, dans les conditions d'humidité et de chaleur normales, des résultats qui me convainquirent de la très grande influence des tensions électriques sur la contamination, d'une part, et sur la rapidité de l'invasion de l'autre.

Des ceps soumis aux irradiations du courant à haute fréquence, montraient les taches 2 ou 3 jours AVANT les ceps non soumis à cette influence. Beaucoup d'entre ces derniers ne prirent même pas la maladie; quelques feuilles ne la prirent nullement, d'autres n'eurent que quelques taches qui ne s'étendirent pas. Par contre, *tous les sujets soumis à l'influence des ondes* furent infailliblement contaminés. Cette expérience fut renouvelée à différentes reprises en 1923 (juin, août), en 1924 (mai, juin, juillet) 1925 et 1926 (mai, juin, juillet et août).

Le 7 juin notamment, le thermomètre baissa subitement et l'invasion s'arrêta partout; mais les taches du Mildew *sur les ceps soumis à l'influence électrique, continuèrent à s'étendre* et leurs feuilles à dépérir et à se dessécher, alors que les feuilles des ceps non irradiés par l'effluve électrique se reprenaient à résister et à maçonner leurs blessures.

L'électricité à laquelle elles étaient soumises suppléait donc, dans une certaine mesure, aux conditions de chaleur et d'humidité qui sont regardées comme indispensables et suffisantes par la majorité des auteurs.

Ayant voulu avoir un aperçu de la grandeur de l'intensité du courant nécessaire à assurer la fructification des zoospores, j'en isolai quelques-unes sur des feuilles vierges de toute contamination, et j'obtins les données moyennes suivantes :

				Humidité		Apparition des		
o Amp. 005	Température	22°		moyenne	80	1res taches	12-13 jours	
o » 009	»	18°	»		80	»	11 jours	
o » 010	»	18°	»		80	»	11 »	
o » 020	»	18°	»		80	»	10 »	
o » 030	»	18°	»		80	»	10 »	
o » 060	»	20°	»		80	»	9 »	
o » 060	»	18°	»		80	»	9 »	
o » 080	»	18°	»		80	»	9 »	
o » 090	»	19°	»		80	»	9 »	
o » 100	»	19°	»		80	»	9 »	
o » 110	»	18°	»		80	»	9 »	
0,160 à 0,180	»	18°	»		80	»	8 »	
0,180 à 0,200	»	18°	»		80	»	8 »	

Au-dessus de cette tension, il m'a été impossible de recueillir des renseignements utiles, en raison du bris accidentel du galvanomètre.

Dans une matière aussi complexe, il est difficile de songer à donner des conclusions définitives. Cependant, des expériences auxquelles je me suis livré, il me semble bien résulter que pendant plusieurs années de régime très différent, l'électricité est, en matière de fructification des spores du Mildiou, un facteur nullement négligeable. L'extension de la maladie semble d'autant plus grande que les effluves éectriques sont plus nombreuses et plus intenses. Les orages, notamment, exaspèrent la maladie et multiplient les occasions de contamination.

Si l'on veut être certain de prévoir, presque à coup sûr, non seulement les invasions secondaires du Mildiou, mais aussi peut-être les invasions originaires, il ne faut pas se contenter de tenir compté des éléments d'observation qu'apportent le pluviomètre, l'hygromètre et le thermomètre La mesure des radiations électriques doit trouver sa place dans cet ensemble, comme dans la nature le rôle de l'électricité trouve le sien, qui est loin d'être négligeable. Et, si l'on veut arriver à perfectionner davantage encore les moyens de lutter contre ce terrible ennemi de notre Viticulture qu'est le Peronospora Viticola, il convient que les recherches des spécialistes se portent sur cet élément du problème, qui paraît jusqu'ici avoir été un peu trop négligé.

SUR LA MÉTÉOROLOGIE
AU SERVICE DE L'AGRICULTURE

PAR

Abbé F. BOUCHARDY

———

RÉGIME DES PLUIES ET DES VENTS
DANS LE DÉPARTEMENT DE LA DROME
Plaines - Collines - Montagnes

PAR

C. FAVIER

Pharmacien honoraire

———

LES EFFETS DES GELÉES DE DÉCEMBRE 1927
SUR LES ENSEMENCEMENTS DE CÉRÉALES
EN FRANCE

PAR

J. SANSON

*Ingénieur agronome, chef du Service de la Climatologie
à l'Office National Météorologique*

———

Bien que de tous les facteurs météorologiques qui contribuent à nous donner des récoltes, ce soit l'eau qui ait le plus d'influence, il n'en reste pas moins que la température exerce également une action importante sur les végétaux, principalement si ses valeurs extrêmes (maxima ou minima) s'écartent notablement des moyennes. Le mois de décembre 1927 en a fourni la meilleure des preuves et les fortes gelées de ce mois sont d'autant plus curieuses à étudier au point de vue de leurs répercussions sur les cultures, que les périodes de froids rigoureux sont assez rares en France depuis un grand nombre d'années : tout au plus peut-on citer depuis un demi-siècle comme grands hivers, dans la région parisienne, ceux de 1879-1880, 1890-1891, 1892-1893, 1894-1895, 1916-1917.

Au cours de la période de froid qui a sévi sur la France entière du 16 au 20 décembre dernier, les **minima de température** se sont **abaissés entre** —4 et —7° sur le littoral méditerranéen, entre —6 et —10° en Bretagne et dans le Sud-Ouest, entre —11 et —14° dans le Centre et la région parisienne et entre —15 et —20° dans le Nord et l'Est. Il importe d'ailleurs de remarquer que ces températures ont été prises sous abri et que les thermomètres placés à l'air libre à quelques centimètres au-dessus du sol, c'est-à-dire dans des conditions identiques à celles des végétaux, ont fourni des indications plus basses de 2 à 5 degrés. C'est ainsi que le 18 décembre 1927, journée en général la plus froide de la période, on a noté, respectivement sous abri et au sol, à Paris —10°2 et —13°6, à Tours —10°6 et —13°7, au Mont Valérien —11°9 et —14°0, à Galluis (Seine-et-Oise) —13°0 et —17°5.

De plus, les résultats de l'enquête provoquée sur cette question par l'Office national météorologique, tant auprès de ses postes que des Commissions météorologiques départementales, nous ont permis d'avoir des précisions sur les régions dans lesquelles le sol a été couvert de neige au **moment** du froid, ainsi que sur le pourcentage approximatif des ensemencements de blés et d'avoine détruits par ces gelées dans chacun de nos départements.

L'examen des documents ainsi recueillis a mis en évidence les faits suivants :

1° Dans toutes les parties **de la** France où la température sous abri ne s'est pas abaissée au-dessous de **—9°**, les **dégâts causés aux blés ont été, en** général, nuls ou insignifiants. Il **en a été de même dans les régions où**, malgré l'abaissement considérable de la température, le sol a été couvert de neige (Sud-Est et Est, parties du Nord-Est et du Nord).

2° Dans la plupart des régions où la température sous abri s'est abaissée au-dessous de —9° et où il n'existait pas de neige au sol, une partie des ensemencements des céréales d'automne a été détruite par la gelée. Les dégâts les plus importants, ayant provoqué pour les blés la **perte du 6°** au tiers des emblavures **(1)**, **ont été constatés à l'intérieur d'un hexagone** dont les sommets peuvent être grossièrement situés à Amiens, Angers, Angoulême, Le Puy, Dijon et Belfort. Pour le avoines, le **pourcentage des** ensemencements qu'il a fallu refaire dans ces régions varie de la moitié à la totalité, et des pertes importantes se sont même produites en certains points du Nord-Est, dans lesquels les blés ont peu ou pas souffert.

Il est intéressant de rechercher les circonstances météorologiques qui, en dehors des raisons purement agricoles (choix des variétés de semences, qua

---

(1) Pour l'ensemble de la France, 300.000 hectares de blés d'automne, c'est-à-dire sensiblement le vingtième des emblavures totales, ont été détruits. Aux Etats-Unis, où le froid rigoureux s'est également fait sentir, 4.850.000 hectares de blé, sur 19.360.000 ensemencés, soit environ le quart, ont été également détruits.

lité de ces semences) ou géologiques (nature des sols), ont été susceptibles d'aggraver dans la zone que nous venons d'indiquer les dégâts dûs aux gelées. Or, il semble qu'en plus de l'absence d'une couche neigeuse, les phénomènes atmosphériques suivants ont joué un rôle prépondérant dans cette aggravation.

a) *Le dégel a été extrêmement rapide.* — Alors que les 18 et 19 décembre les maxima étaient de —1°5 à Cherbourg, —3°3 au Mans, —4°5 à Poitiers. —4°8 au Havre. —4°9 à Tours, —5°0 à Orléans, et —6°8 à Châteauroux, ils atteignaient, le 21, des valeurs de 11°5 à Cherbourg, 11°8 au Mans. 10°0 à Poitiers, 9°0 au Havre, 9°6 à Tours, 9°0 à Orléans, et 9°8 à Châteuroux, ce qui représente en 48 heures des écarts de l'ordre de 15° pour les températures maxima.

b) *Le dégel a été accompagné de pluies très abondantes,* ayant fourni dans la journée du 21 décembre, 21 millimètres d'eau à Poitiers, 25 mm. à Tours, 27 mm. à Nantes et 60 mm. dans le Morbihan; dans la journée du 22, 24 mm. à Poitiers, 34 mm. à Vannes, et jusqu'à 77 mm. dans certaines localités du Morbihan ; dans la journée du 23, 20 mm. à Rennes, 43 mm. dans l'Eure-et-Loir et 46 mm. à la Roche-sur-Yon. Ces précipitations copieuses se sont prolongées durant tout janvier dans l'Ouest et le Centre de la France, alors que la pluviosité de ce mois était, au contraire, légèrement déficitaire dans les parties du Nord-Ouest, du Nord et du Nord-Est, où les blés ont justement le moins souffert.

c) *L'humidité excessive de l'été* 1927 ayant, en de nombreux endroits, retardé les travaux des champs. les semailles de blé n'ont été souvent effectuées qu'en novembre; or, un grand nombre de correspondants de l'Office signalent que les blés semés en octobre n'ont, en général, pas souffert, alors que ceux mis en terre pendant certaines périodes de novembre, et particulièrement durant les deux premières décades de ce mois, ont été très atteints; c'est ce que démontrent en particulier les résultats de l'enquête effectuée en Ille-et-Vilaine. dans une quinzaine d'exploitations de la région de Vitré, par M. Lesage de la Haye, qui a constaté que sur 80 hectares de blés, 30 hectares, soit 37 p. 100 environ, avaient été détruits, principalement parmi ceux ensemencés du 5 au 25 novembre.

Telle est également la conclusion de l'enquête faite dans une quarantaine d'exploitations de la région de Tours par M. Gassies, chef de la station météorologique Maurice de Tastes : tous les blés semés en octobre sont réussis, ceux semés du 1er au 20 novembre ont été détruits dans la proportion de 60 p. 100, les autres 40 p. 100 étant clairs, enfin ceux semés entre le 20 novembre et le début des gelées sont réussis dans la proportion de 33 p. 100, le reste étant clair, mais non détruit.

Ces faits s'expliquent aisément. On sait, en effet, que tout développement du blé est impossible si la température moyenne de l'air n'atteint pas 6°. De plus, chacune des phases de la végétation de cette céréale exige une certaine somme de degrés de chaleur, dans laquelle n'entrent évidemment pas les journées où la température moyenne n'a pas atteint 6"; d'une façon générale, on peut admettre que, dans les régions de la partie nord-ouest de la France, il faut, suivant l'humidité, de 60 à 120 degrés de chaleur pour la levée du blé enterré à 3 centimètres de profondeur et une centaine de degrés supplémentaires pour la formation de chaque nouvelle feuille.

Or, en 1927, les blés semés en Ille-et-Vilaine du 15 octobre au 4 novembre ont reçu, avant les gelées de décembre, une quantité de chaleur variant de 400 à 140 degrés, c'est-à-dire très suffisante pour lever, et même, en ce qui concerne les premiers semis, pour former deux ou trois feuilles et de nouvelles racines, grâce auxquelles ils ont pu résister aux cisaillements exercés par les dilatations de la terre gelée. Ceux semés du 5 au 25 novembre ont reçu des quantités de chaleur variant de 140 à 60 degrés et par suite leur permettant de lever, mais non d'avoir la force suffisante pour résister aux froids : ils ont donc été détruits. Quant à ceux mis en terre après le 25 novembre, ils n'ont reçu que des quantités de chaleur inférieures à 60 degrés, donc insuffisantes pour assurer leur levée : ils n'ont, par suite, pas été atteints.

Il en a été de même à Tours où les blés semés du 15 octobre au 1ᵉʳ novembre ont bénéficié de 345 à 140 degrés de chaleur, ceux semés du 2 au 20 novembre ont eu de 140 à 50 degrés et ceux semés après le 20 novembre n'ont reçu que des quantités inférieures à 50 degrés; aussi sont-ce ceux faits en novembre, avant le 20, qui ont été surtout éprouvés.

Il faut enfin remarquer que les variétés de pays, et tout particulièrement le Rouge d'Alsace, ont été, en général, les plus résistantes aux gelées et c'est sans doute la proportion élevée de ces variétés existant dans quelques départements des parties nord et nord-est de la France qui explique en partie pourquoi, malgré les froids rigoureux et l'absence de neige, certaines de ces régions paraissent avoir été peu éprouvées.

En résumé, on peut conclure pour l'ensemble de la France :

1° Qu'une température s'abaissant pendant quelques jours au-dessous de —9° sous abri, c'est-à-dire au-dessous de —12 à —13° aux environs du sol, commence à devenir dangereuse pour le blé, si la terre n'est pas couverte de neige, exception faite pour quelques variétés de pays particulièrment bien adaptées aux froids.

2° Que la neige protège le blé, même pour des températures s'abaissant jusqu'à —20°, ce qui justifie une fois de plus ce proverbe bien connu : « La neige est à la terre ce que la pelisse est au vieillard ».

3° Qu'il ne faut pas méconnaître ce vieux dicton : « Quand la semaille réussit après la Toussaint, le père ne doit pas le dire à son fils ». Il n'est évidemment pas possible d'appliquer cette règle d'une façon absolue, puisque les semis tardifs sont en définitive un des meilleurs moyens de lutter contre le piétin, mais il est indispensable, d'autre part, que les blés puissent résister dans les meilleures conditions aux froids de décembre qui, depuis quelques années, constituent les seules périodes de gelées un peu rigoureuses dans des hivers beaucoup trop doux par ailleurs. C'est ainsi qu'en 1923, un brusque abaissement de température survenu le 31 décembre a donné des minima sous abri de —10° à Valenciennes, —14° à Metz et Nancy, —16° à Mirecourt et —18° à Commercy : qu'en 1924 il a été noté, entre le 20 et le 24 décembre, des températures de —10° à Nancy et Epinal, et —12°5 dans la Haute-Marne; qu'en 1925 le thermomètre est descendu du 4 au 8 et du 14 au 19 décembre à —9°5 à Paris, —15°0 à Nancy et Lyon, —16° à Strasbourg et —19° à Epinal; qu'en 1926, au cours de la semaine du 22 au 28 décembre, on a enregistré des minima de —10° à Bordeaux, —11° à Compiègne et Besançon, et —16° à Mulhouse; qu'en 1927 enfin, comme nous venons de le voir, le thermomètre a marqué entre le 16 et le 21 décembre, —10° à Saint-Brieuc, —11° à Tours, le Havre et Paris, —13° à Orléans et au Mans, —14° à Compiègne, Lyon et Nancy, —15° à Strasbourg, —17° à Metz, —18° à Arras et Valenciennes, —19° à Thionville.

Cette étude devrait évidemment être complétée par une enquête faite dans un but purement agricole et destinée à rechercher notamment les diverses variétés de blés ayant dans chaque région le moins souffert de ces gelées, l'influence de la nature et de l'état physique du sol ainsi que des préparations qu'il avait reçues, l'action des fumures et des engrais sur la plus ou moins grande résistance des céréales au froid, le rôle de l'humidité dans la manière dont le blé ou l'avoine ont pu réagir...; ce sont là des problèmes qui sortent du cadre d'une note de météorologie agricole, mais que les investigations du Ministère de l'Agriculture ne manqueront certainement pas de solutionner, et ainsi grâce à la coopération des services agricoles et météorologiques, une base de travail solide pour les recherches relatives aux blés résistants aux froids aura été fournie aux agronomes et aux sélectionneurs français.

MÉTHODES MODERNES
D'OBSERVATIONS MÉTÉOROLOGIQUES APPLIQUÉES
A LA LUTTE CONTRE LES GELÉES DE PRINTEMPS [1]

PAR

WILHELM SCHMIDT

*Professeur de météorologie et de climatologie à la Hochschule
Für Bodenkultur (Vienne)*

La Chambre agricole de la Basse-Autriche a entrepris au mois de mai 1928 une expérience de grande échelle sur l'efficacité des différents moyens de défense contre la gelée, principalement des fumées; et où leur action devait être étudiée scientifiquement. Au point de vue pratique la ques·ion se posait simplement ainsi : « Le chauffage exerce-t-il sur la températ·ure une influence sensible? » Mais la science se devait d'aller plus loin et de demander : « Comment la fumée agit-elle sur le cours des échange; de chaleur? »

Dans de tels échanges de chaleur entrent en jeu :

1. — Le rayonnement du sol et de l'air vers le ciel pendant la nuit (rayonnement effectif).

2. — La conduction de chaleur par le sol.

3. — L'échange, c'est-à-dire l'action de convection et de turbulence dans l'air.

4. — La transpiration et la condensation, qui d'ailleurs dans les véritables nuits de gelée, ont une valeur moindre.

Il était donc nécessaire d'examiner tous ces points autant en détail que faire se pouvait.

Le champ d'expérience où furent entrepris les essais de fumée se trouvait au pied du versant oriental d'une colline de la forêt viennoise. Déjà, en octobre 1927, on avait placé sept thermographes dans les environs répartis entre 195 et 510 mètres d'altitude. Dans la nuit de gelée du 11 au 12 mai 1928, leur enregistrements montraient une inversion très forte se développant d'abord seulement au voisinage du sol et s'étendant jusqu'à une hauteur de 200 m. le matin.

Pour déterminer la température à un instant donné sur une aire étendue on employait un moyen différent et nouveau : on avait fixé un thermomètre à une automobile et lu la température aussi fréquemment que

---

(1) La communication sera publiée *in extenso*, avec des figures, dans *La Météorologie*.

possible pendant le voyage, en repérant chaque indication par rapport au lieu où l'on se trouvait. On avait ainsi dressé pour le 12 mai 1927 par exemple (journée à peu près identique au 12 mai 1928 quant au temps qu'il faisait), une carte des isothermes très détaillée. Elle décelait l'influence des agglomérations de bâtiments, l'abaissement de la température dans les vallées, son élévation sur les collines ; en somme, l'action des influences locales (1).

Il était donc nécessaire d'étudier en détail la distribution de la température dans le champ d'essais lui-même. Dans un rayon de 200 à 300 m., on avait installé 8 thermographes et plus de 50 thermomètres en hauteur depuis 5 cm. jusqu'à 150 cm. au-dessus du sol. Observés pendant des heures consécutives, ils permettaient la confection de cartes d'isothermes spéciales, qui constituaient une base pour estimer l'efficacité de la fumigation.

Pour cet essai on utilisait une fumée noire, produite par la combustion d'une préparation à base de goudron. 600 feux répartis sur le champ d'expérience étaient allumés vers minuit. En comparant les isothermes avant et après cet instant, on constata, que la température dans la zone protégée restait supérieure de 2°5 environ au minimum observé dans les environs. C'était l'action des feux, ou plus exactement de la fumée, qu'ils produisaient. Elle formait un rideau protecteur et diminuait la perte de cha'eur due au rayonnement nocturne. En effet, les observations directes de la radiation effective par des appareils spéciaux confirment cette conclusion.

La plus grande partie de ce rayonnement, provenait de la surface du sol. C'est pour cette raison que l'action des gelées tardives est la plus forte dans les couches les plus basses de l'atmosphère. De même il s'établit une chute très prononcée de température dans le sous-sol au voisinage de la surface.

Il était facile de le constater par une méthode nouvelle : on insérait un petit tube de celluloïd dans le sol à l'emplacement où l'on se proposait d'effectuer la mesure. Par l'orifice du tube on introduisait un thermoélément (cuivre-constantan) qui touchait la paroi. On le plaçait successivement aux profondeurs désirées, par exemple de 2 en 2 centimètres, jusqu'à 40 ou 60 centimètres. On faisait les lectures du courant électrique au moyen d'un « galvanomètre » à boucle de C. Zeiss. Il est d'une sensibilité suffisante, et peut être mis en place en moins d'une minute, le temps de mise en équilibre est de l'ordre d'une seconde(2). Je citerai seulement trois observations parmi le grand nombre qui a été effectué pour nos études; on avait mesuré par cette méthode la température au sol en trois places espacées de quelques mètres seulement : à la première, le sol n'était pas encore travaillé,

---

(1) Voir « Die Verteilung der Minimumtemaraturen am 12. Mai 1927, im Gemeindegebiet von Wien », Fortschritte der Landwirtschaft. 1927, Heft 21.

(2) Voir : Über ein neues Verfahren zur Messung der Bodentemperatur. Zeitschrift für Instrumentenkunde, 46, 431 (1926).

à la deuxième, il était travaillé depuis trois semaines, à la troisième enfin, il était fraîchement bêché. Par la claire soirée de cette nuit de gelée, les températures à la surface du sol étaient respectivement de : 10°7, 8°5, 5°0. Sans doute ces différences existaient-elles seulement à la surface, mais elles n'en sont que plus significatives, car elles doivent influencer la température dans les plus basses couches de l'atmosphère où se trouvent les sarments les plus sensibles.

Par la même méthode on étudiait un autre procédé de protection des vignes contre les gelées : l'usage d'écrans en carton. Sous l'écran on évite le rayonnement, la surface du sol et le sarment se refroidissent moins: en particulier la chaleur apportée à la surface du sol et provenant de couches plus basses est utilisée pour l'élévation de la température sous l'écran, d'où elle ne peut pas s'échapper par convection.

Parmi les autres observations effectuées au cours de la même nuit de gelée, je signalerai que les courants d'air de faible hauteur (3 à 4 m.), dominaient. Une lutte contre de tels courants n'est pas impossible.

J'ai montré ici, sur un cas particulier, l'application de méthodes météorologiques nouvelles; grâce à ces méthodes d'importantes conclusions peuvent être établies quant à la protection contre les gelées tardives. Elles sont encore susceptibles d'applications beaucoup plus générales. Evidemment, il n'est pas possible ni même souhaitable d'étendre de telles observations à un grand nombre de stations météorologiques sur une série de plusieurs années. Elles présentent plutôt le caractère de « sondages isolés », indiquant quelles adaptations doivent être apportées aux résultats trouvés dans les stations climatiques pour les rendre utilisables pratiquement dans certains cas particuliers. Il est certain que la voie indiquée ci-dessus est fructueuse ; elle établit le passage de la climatologie générale à la climatologie spéciale des plantes par la compréhension de tout ce qui se passe dans leur domaine de vie, c'est-à-dire dans les couches inférieures de l'atmosphère et les couches supérieures du sol.

L'ECHAUFFEMENT DU SOL NU ET BOISÉ ET UNITÉS CONFORMES AUX LOIS NATURELLES

PAR

J. SCHUBERT

*Professeur à l'Ecole Supérieure des Eaux et Forêts
Eberswalde (Allemagne)*

Sur plusieurs points, il a été fait en Allemagne des séries s'étendant sur plusieurs années d'observations de la température du sol pour les sols dénudés et dans les régions boisées voisines. On trouvera ici les différences moyennes de température pour 9 stations doubles dans des forêts de conifères [pins communs (Pinus silvestris) et pin (pinus)] et dans des régions dénudées avoisinantes, d'après les travaux de A. Muettrich [1] et J. Schubert [2].

Les observations vont jusque 120 centimètres de profondeur; pour les couches les plus profondes, le calcul a été fait par l'analyse harmonique selon J. Bartels.

TABLEAU I

TEMPÉRATURE DU SOL DÉNUDÉ EN DEGRÉS CENTIGRADES

Ecarts par rapport aux températures pour la forêt de conifères
(moyenne de 8 h. du matin et 2 h. du soir)

Profondeur en cm.	Janvier	Février	Mars	Avril	Mai	Juin	Juillet	Août	Septembre	Octobre	Novembre	Décembre
1	—0.33	—0.12	0.46	2.00	3.21	3.78	3.44	2.61	1.62	0.68	0.04	—0.18
15	—0.46	—0.33	0.07	1.44	2.86	3.27	2.96	2.28	1.28	0.34	—0.26	—0.32
30	—0.36	—0.23	0.04	1.20	2.29	2.69	2.58	1.99	1.14	0.36	—0.19	—0.29
60	—0.39	—0.24	—0.03	1.13	2.50	3.03	2.99	2.51	1.69	0.66	—0.09	—0.36
90	—0.34	—0.28	—0.07	0.84	2.16	2.83	2.94	2.63	1.91	0.87	0.07	—0.27
120	—0.27	—0.21	—0.09	0.68	1.84	2.56	2.83	2.60	2.02	1.08	0.27	—0.11
240	0.07	—0.08	—0.01	0.29	0.86	1.55	2.17	2.44	2.25	1.71	1.02	0.45
480	0.91	0.54	0.31	0.25	0.36	0.61	0.99	1.40	1.71	1.81	1.66	1.33

(1) Jahresberichte 1875-97. Berlin, Springer.
(2) Jahresbericht, 1897. E. VIII. Luft- und Bodentemperatur. Berlin, Springer, 1900.

Le refroidissement hivernal, en janvier, jusqu'à 1 mètre de profondeur est, dans la forêt de conifères, inférieur de plus de 0.3° à celui du sol dénudé. *L'atténuation du réchauffement estival* est sensiblement plus grand. Le sol boisé est plus frais que le sol dénudé de plus de 3" pour les couches supérieures en juin, de 3 à 2° jusqu'à 3 mètres de profondeur, de juin à août, et de 1"5 encore jusqu'à 5 mètres de profondeur, entre septembre et novembre. *Une grande partie de la chaleur estivale* qui pénètre librement dans le sol dénudé, *est retenue par l'ombre de la forêt.*

Dans les forêts de hêtres les résultats de six stations doubles indiquent qu'en hiver le couches supérieures sont un peu plus chaudes que dans la forêt de conifères, et, en été, à cause du feuillage, un peu plus froides. Cette différence va en retardant et en s'affaiblissant avec la profondeur. En juin et juillet, les couches supérieures du sol d'une forêt de hêtres restent en moyenne, de plus de 4° plus froides que le sol dénudé.

On a étudié, d'après les observations faites de 2 en 2 heures à Eberswalde dans la deuxième moitié de juin 1879, la marche diurne de la température du sol dénudé et dans la forêt de conifères. Afin de laisser paraître le plus nettement possible la périodicité de la marche diurne, nous décomposons la différence entre les champs et la forêt de conifères, pour le minimum et les valeurs extrêmes.

TABLEAU II

Température du sol dénudé en degrés centigrades

(16-30 juin 1879, Eberswalde)

Ecarts par rapport aux températures pour la forêt de conifères

Profondeur en cm	2	4	6	8	10	Midi	2	4	6	8	10	12	Minimum
1	0.16	0.00	0.43	0.63	3.06	4.34	4.75	4.61	2.32	1.37	0.78	0.52	+ 0.85
15	0.55	0.23	0.00	0.10	0.73	1.81	2.63	3.21	2.98	2.33	1.67	1.06	+ 2.34
30	0.32	0.22	0.11	0.02	0.00	0.12	0.38	0.47	0.62	0.77	0.73	0.51	+ 1.78
60	0.11	0.12	0.12	0.10	0.09	0.05	0.01	0.01	0.00	0.03	0.06	0.09	+ 2.59

La couche supérieure (Icm) à 4 heures du matin était de 0.85° plus chaude, sur le sol dénudé que dans la forêt de conifères et à 2 heures de l'après-midi de 0.85+4.75=5.60° plus chaude. De 4 heures du matin à 2 heures de l'après-midi, les couches supérieures du sol de la forêt s'étaient moins réchauffées de 4.75" que celles du sol dénudé. Cette modération de l'échauffement par suite du caractère boisé de la région se fait sentir, en s'affaiblissant et de moins en moins lentement jusqu'à 60 centimètres. A cette profondeur, le retard est encore de plus d'une demi-journée

L'air était pendant la nuit, plus froid que les couches supérieures du sol, aussi bien pour le sol dénudé que pour la forêt. On a relevé dans le tableau III les plus hautes températures.

TABLEAU III

TEMPÉRATURES EN DEGRÉS CENTIGRADES

(16-30 juin 1879, Eberswalde)

Air (champs).	12.9	12.5	14.7	18.1	21.0	22.0	22.6	22.4	21.2	17.6	14.8	13.8
Sol (1cm) . .	15.6	15.1	15.9	17.5	22.6	25.0	26.4	25.9	22.3	19.8	17.8	16.7
Air (forêt) . .	13.3	13.0	14.2	17.4	20.2	21.7	21.7	21.5	20.0	17.4	15.2	14.2
Sol (1cm) . .	14.6	14.3	14.6	16.1	18.7	19.8	20.8	20.4	19.2	17.5	16.2	15.3

Pendant le jour, la marche de la température en forêt était juste le contraire de celle du sol dénudé. De 10 h. à 6 h. le sol dénudé était de 3.8° plus chaud que l'air, en forêt, au contraire, de 1.5° plus froid. D'après les moyennes des dix années 1886-1895 on trouve pour juin, à Eberswalde à 2 heures de l'après-midi, les températures suivantes :

C°	Champs	Fôret
Air	21.2	20.0
Sol-1cm	24.7	18.9

Les flèches indiquent la direction de la baisse de température. Là aussi les couches supérieures du sol dénudé sont plus chaudes que l'air et celles qu'ombragent la forêt plus froides que l'air.

On a fait en mai 1891 à Eberswalde des comparaisons de thermomètres, librement placés sur le sol, pour lesquelles les moyennes mensuelles de 2 heures de l'après-midi ont donné les chiffres suivants :

C°	Champs	Forêt
Air	19.4	18.1
Sur le sol	29.8	17.5
A 1cm de profondeur. . . .	19.8	17.1

La chute de température et le transfert de chaleur correspondant vont, pour le sol dénudé, de la surface échauffée du sol à l'air, et, en forêt au contraire, de l'air vers le sol. *Dans les champs la surface s'échauffe* sensiblement plus que l'air et les couches les plus voisines de la surface et la chaleur diminue vers le haut et vers le bas. *En forêt, le grand réchauffement de la surface du sol diminue* et le passage est graduel de l'air à la surface du sol et de celle-ci aux couches les plus superficielles. On voit là l'action de la radiation solaire qui atteint avec toute sa force la surface du sol dénudé, tandis que le sol de la forêt est protégé par la présence de celle-ci.

On peut exposer plus explicitement encore *la relation entre la radiation solaire et l'échauffement du sol*. On a rapproché, pour les quatre mois d'avril 1893-1896 à Eberswalde, la durée de l'insolation et l'échauffement du sol dénudé à 15 centimètres de profondeur, de 8 heures du matin à 2 heures du soir. X indique la durée en heures de l'insolation, Y l'échauffement en degrés-centigrades, en écarts à la moyenne pour les deux éléments. Dans 107 sur 120 cas, l'écart a le même signe ; la vraisemblance d'un accord est donc environ de 0,9. D'après la méthode des moindres carrés, on obtient l'équation :

$$Y = RX, \text{ ou } R = \Sigma XY/\Sigma X^2 \text{ soit environ } = 0.75$$

Si le soleil brille en avril, entre 8 et 2 heures, une heure de plus, l'échauffement du sol s'accroit d'environ 0.75° à 15 centimètres de profondeur. Les chiffres du rapport $Y/X = R$ dépendent des unités choisies. Si l'on prend pour unité d'insolation, par exemple, la pleine durée de 6 heures, le facteur R a une valeur 6 fois plus grande. Il convient donc de trouver des lois qui soient *conformes à la nature*. L'insolation peut varier, pour cet intervalle, entre 0 et 6 heures, mais dans la nature, on ne trouve pas d'un jour à l'autre de ces oscillations extrêmes. La mesure de leur action est *l'écart moyen*. C'est là *l'unité naturelle* (1). Pour n observations on la calcule d'après la formule :

$$\sqrt{\Sigma X^2/n} = \mu = 2.1 \text{ (heures)}, \sqrt{\Sigma Y^2/n} = v = 1{:}8 \text{ (C°)}$$

Nous appelons normales les valeurs qui sont mesurées dans ces unités (2) et nous introduisons :

$$X/\mu = x, \qquad Y/v = y$$

$$\text{et} \quad R\mu/v = \Sigma XY/\sqrt{\Sigma X^2.XY^2} = \Sigma xy/n = r$$

La relation entre la durée de l'insolation et l'échauffement du sol est donnée sous sa forme normale par :

$$y = rx = 0{,}88\, x$$

On appelle r le facteur de corrélation (3). Plus il se rapproche de I, moins est grande la perturbation de la relation régulière entre x et y par les phénomènes accidentels.

---

(1) J. Schubert : *Graphische Darstellungen auf der Ostmesse in Königsberg*. 1924, IX.

(2) R. Courant et D. Hilbert : *Methoden der mathematischen Physik*, I. Berlin, 1924, S. 2, 33.

(3) Ad. Schmidt : *Zur Kritik. des Korrelationsfaktors. Meteorologische Zeitschrift*, 1926, S. 329.

SUR UN PROCÉDÉ THERMOÉLECTRIQUE POUR MESURER LA TEMPÉRATURE DU SOL

PAR

G. MELANDER

Directeur de l'Institut Météorologique d'Helsingfors (Finlande)

L'étude des propriétés physiques du sol et surtout de la propagation de la chaleur dans les différentes couches du sol doit être considérée comme une des tâches principales de la météorologie agricole.

Pour qu'une méthode de mesure des températures du sol présente toutes les garanties désirables, on doit s'imposer les conditions suivantes ·

1. — Ni les appareils, ni la méthode utilisée pour les enterrer ne doivent changer la conductibilité du sol.

2. — Les appareils doivent être si sensibles qu'ils donnent la vraie température de la terre au moment de la mesure.

3. — Il faut éviter toute transmission de chaleur d'une couche à l'autre par des courants d'eau ou d'air, étrangers au phénomène.

4 — Il faut prendre en considération toutes les couches, la neige comprise, par lesquelles la chaleur chemine.

L'emploi des thermomètres enfouis directement dans la terre sans enveloppe ou enfoncés au fond des tuyaux enterrés présente des défauts qu'on n'a généralement pas observés L'eau accumulée sur le sol peut pénétrer plus facilement dans les couches inférieures le long des tubes et des tuyaux enterrés que dans des couches de terre non percées. Dans la terre naturelle il se forme entre les différents grains des lames minces d'eau dont la tension superficielle résiste à la pénétration de l'eau dans les couches inférieures. Chaque bâton poli sert au contraire en quelque sorte de conduit à l'eau qui apporte la chaleur des couches superficielles aux couches profondes.

Aussi la constitution naturelle et la conductibilité du sol sont très altérées par l'enfouissement des thermomètres ou de leurs enveloppes. L'eau de pluie peut souvent entrer directement dans les enveloppes qui, lorsqu'elles sont en métal, servent même de conducteurs à la chaleur. Les courants de convection dans ces enveloppes ne sont pas négligeables. En retirant et en replaçant les thermomètres enfoncés aux moments des observations on change, par une espèce de jeu de pompe, l'air qui se trouve au fond des tubes. Les thermomètres employés doivent en outre présenter une inertie suffisante pour que l'approche du corps de l'observateur et le contact de l'air ambiant ne fassent pas varier la température avant l'observation. Il est également difficile d'assurer un contact suffisant des réservoirs et du sol,

Pour la mesure des températures du sol jusqu'aux profondeurs de 5 à 50 centimètres, on peut employer des thermomètres enfoncés. Lorsqu'il s'agit d'évaluer la température du sol nu on doit recouvrir le réservoir d'une très légère couche de terre. Mais cette opération apporte toujours une grande incertitude à cause du saut de la température à la surface de contact du sol et de l'air. Le réservoir joue dans ce cas le rôle d'un corps étranger qui change la conductibilité de la couche.

Les réflexions indiquées plus haut m'avaient amené à tenter d'organiser en Laponie des observations de la température du sol et de la couche de neige, en même temps que des observations actinométriques, mais en 1917, pendant la guerre, il était impossible de trouver des appareils actinométriques enregistreurs.

La méthode suivante, que j'avais indiquée à M. J. Keränen fut employée par lui de novembre 1915 à octobre 1917 à l'observatoire de Sodankyla.

Pour éviter tout changement des couches horizontales de la terre, on creusait une fosse d'une profondeur de 2 mètres environ. Dans la paroi latérale de cette fosse on forait des trous horizontaux d'un diamètre suffisant pour permettre l'introduction de tuyaux en poterie d'un mètre de longueur et dont chacun contenait à son extrémité enterrée un point de soudure reliant deux fils, l'un de constantan, l'autre de cuivre. Après introduction des tuyaux, la fosse était remplie de terre. Une autre soudure maintenue à une température constante, était commune à tous les thermoéléments et placée près du galvanomètre au moyen duquel on mesurait les courants thermo-électriques produits par la différence entre la température des soudures enterrées et celle des soudures dont la température restait constante (presque constamment à 0°6). Des douze soudures extérieures, six étaient enterrées respectivement à 10, 25, 40, 80, 120 et 160 cm. L'une des six autres était placée sur le sol pendant que cinq tuyaux en bois contenant les autres soudures étaient placées horizontalement, et parallèlement aux tuyaux enterrés respectivement à 10, 20, 30, 40 et 50 cm. au-dessus du sol pour être près à mesurer la température de la neige. L'erreur d'observation ne dépassait pas 0°2 C.

Pour plus de détails sur l'installation et sur les résultats bien intéressants qu'elle a permis d'obtenir, je prie mes lecteurs de se reporter au mémoire original : « Uber die Temperatur des Bodens und der Schneedecke in Sodankyla nach Beobachtungen mit Thermoelementen, von J. Keränen. Helsingfors, 1920 ». Je veux mentionner seulement un phénomène curieux.

M. Keränen observa que la température de la couche de sol située au-dessous de la surface-isotherme de zéro s'élève de quelques dixièmes de degré quand la température de la surface du sol décroît très rapidement, et au contraire, que la température au-dessous de l'isotherme de zéro décroît légèrement quand la température de la surface du sol s'élève brusquement. En étudiant de près les sept séries d'observations de la température du sol faites auparavant, on trouve dans chacune de ces séries des variations de température de la même espèce.

Supposant que le sol contienne 15 p. 100 d'eau, on trouve que. lorsque l'eau qu'elle renferme passe de l'état liquide à l'état solide, chaque cm^3 de terre dégage 0,15.80 calories. La moitié de cette quantité de chaleur est probablement absorbée par les couches supérieures et retarde ainsi la marche de refroidissement. L'autre moitié réchauffe les couches inférieures à la surface-isotherme de zéro. La chaleur spécifique de la terre du sol en question était de 0,5 et la masse c. 2 gr. par cm. En admettant qu'une couche de 10 centimètres d'épaisseur emmagasine la chaleur cédée vers le bas par l'eau congelée, et en égalant la perte au gain dans cette couche inférieure, on trouve :

$$0,5.10.2 \ (t'\text{-}t \ ) = 1/2.0,15.80$$
$$\text{d'où } t'\text{-}t_0 = 0°6 \ C.$$

résultat qui explique les observations faites. Par un calcul analogue, on peut évidemment s'assurer de l'existence du phénomène réciproque lorsque la température de la surface du sol s'élève brusquement.

SUR LA RÉPARTITION SPECTRALE DE L'INSOLATION AUX DIFFÉRENTES LATITUDES EN EUROPE

PAR

F. LINDHOLM

Directeur de l'Observatoire Physico-Météorologique de Davos (Suisse)

Ces derniers temps, il avait été indiqué qu'il existerait une différence qualitative de l'insolation dépendant de la latitude. Nous possédons des résultats d'observations actinométriques de lieux à différentes latitudes pour la radiation totale ainsi que pour la radiation rouge et infra-rouge du soleil par ciel dégagé.

Bien qu'incertaine pour plusieurs raisons, nous avons essayé de faire la comparaison des intensités d'insolations pour les seuls mois d'été provisoirement. *Radiation totale et radiation rouge et infra-rouge selon la latitude et l'altitude*. Le tableau 1 montre pour une série de stations la moyenne d'intensité de la radiation totale solaire selon l'épaisseur de la couche atmosphérique et la hauteur solaire correspondante. Sur le tableau 2 nous avons réuni les valeurs de radiation rouge et infra-rouge correspondantes obtenues avec des filtres de même transparence. Ces observations, basées sur des périodes non troublées, doivent donner, de par la situation des observatoires en dehors du trouble des grandes villes, une répartition assez exacte de l'intensité totale de radiation aux différentes latitudes. Nous remarquons en effet sur ces deux tableaux les valeurs relativement élevées de radiation, en Suède septentrionale et centrale, qui atteignent presque les mêmes valeurs qu'aux stations d'altitude moyenne de l'Europe centrale, ce qui peut s'expliquer par la présence des particules en suspension dans l'air et la teneur en vapeur d'eau qui y sont moindres. On trouve ainsi que la transparence de l'air en été dans le nord de la Scandinavie est la même qu'en Europe centrale à une altitude de 1.200 à 1.400 mètres.

Radiation à ondes courtes. — D'après le tableau 3 on voit que si on passe de la plaine de l'Europe centrale à des latitudes plus septentrionales ou des altitudes méridionales, la radiation à ondes courtes augmente, ce qui confirme les résultats obtenus ci-dessus.

Coefficient de transmission. — Sur le tableau 4, nous avons calculé des coefficients de transmission pour les différentes régions spectrales d'après les formules de Bouguer pour les masses atmosphériques de 2-3 et 2-4. Nous voyons que les coefficients moyens de transmission de Mount Wilson obtenus par des mesures spectrobolométriques sont presque identiques aux valeurs obtenues par des mesures actinométriques avec l'écran rouge dans les stations suisses de même altitude. Sur ce tableau sont encore donnés les coefficients de transmission réduit au niveau de la mer et à 760 millimètres de mercure.

Radiation ultra violette. — Le graphique de la figure 1 donne l'intensité ultra violette à Gällivare mesurée à l'aide d'une cellule photoélectrique de cadmium. Les mesures comparatives entre la cellule de Suède et la cellule de Cd. Standard faites à Davos y sont aussi représentées. Le rapport entre les indications des deux cellules est constant et égal à 0,33 pour des hauteurs de 20 à 40°.

Ces mesures effectuées seulement sur deux jours avec des conditions atmosphériques défavorables ne peuvent donner pour la moyenne qu'une représentation inférieure à la normale. Le peu de mesures faites à Vittangi semble le confirmer. Le tableau 5 donne d'autre part des mesures ultra-violettes comparatives obtenues au moyen de cellules de Cd. offrant des sensibilités semblables.

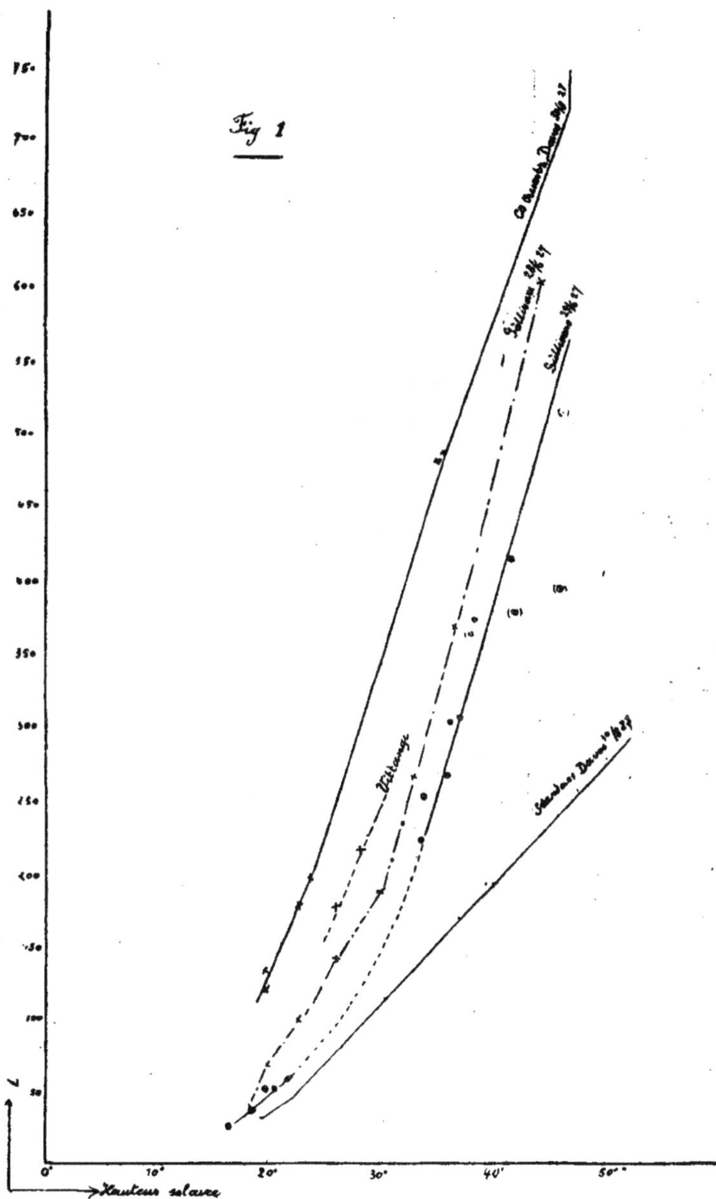
Fig 1
Hauteur solaire

TABLEAU I

Intensité totale de la radiation solaire, cal. gr. pro cm² et minute, échelle Smithsonian
Moyennes Juin-Juillet

Lieu d'observation	Latitude	Longitude	Altitude en mètres	Période	$h = 41°8$ $m = 1.5$	$30°0$ 2.0	$23°5$ 2.5	$19°3$ 3.0	$16°5$ 3.5	$14°2$ 4.0	$12°6$ 4.5	$11°3$ 5.0	$10°1$ 5.5	$9°3$ 6.0	mmHg
Abisko	68°21'	18°49'	388	Juillet-aout 1914	1.300	1.200	1.105	1.020	0.947	0.885	0.822	0.767	»	»	»
Gällivare. . . .	67°8'	20°40'	365	Juin 1927	1.298	1.170	1.105	1.035	0.981	»	»	»	»	»	13.8 8 7 } 11.2
Upsala	59°51'	17°37'	50	1901	1.288	1.177	1.099	1.030	0.985	0.934	0.863	0.803	0.762	0.728	»
				1909-1912	1.290	1.191	1.112	1.038	0.973	0.912	0.860	0.802	0.752	0.716	7.3
Potsdam. . . .	52°23'	13°4'	106	1907-1923	1.145	1.024	0.930	0.844	0.765	0.696	0.645	0.606	0.570	0.527	9.4
Karlsruhe . . .	49°1'	8°25'	128	1921-1925	1.040	0.912	0.807	0.717	0.640	0.575	0.521	0.477	0.437	0.409	»
Agra	45°4'8	8°55'	565	1923 juin a. m.	1.223	1.101	1.003	0.932	0.873	0.823	0.785	0.757	0.730	»	7.9
				p. m.	1.148	1.020	0.917	0.838	0.782	0.727	0.685	0.657	0.630	»	8.4
				Moyenne	1.185	1.060	0.960	0.885	0.828	0.775	0.735	0.707	0.680	»	8.1
				1923 juillet a. m.	1.105	0.984	0.884	0.807	0.743	0.687	0.642	0.612	0.581	»	13.6
				p. m.	1.055	0.906	0.785	0.730	0.668	0.608	0.566	0.532	0.502	»	13.0
				Moyenne	1.080	0.945	0.834	0.769	0.706	0.648	0.604	0.572	0.542	»	13.3
Naepel	40°52'	14°15'	150	1914	1.145	1.033	0.942	0.870	0.800	0.740	0.687	0.637	0.591	0.553	10.5
Riezlern	47°22'	22°10'	1.150	1922-1924	1.265	1.120	1.010	0.936	0.845	0.750	»	»	»	»	»
Feldberg	47°52'	8°2'	1.300	1921-1925	1.247	1.142	1.056	0.985	0.920	0.860	0.805	0.752	0.710	0.665	»
Davos.	46°48'	9°49'	1.500	1909-1910	1.310	1.219	1.163	1.078	»	»	»	»	»	»	7.0
Arosa	46°47'	9°40'	1.800	1921-1925	1.413	1.333	1.249	1.185	1.144	1.086	1.026	0.985	0.933	0.813	6.4
Muottas-Muraigl.	46°30'	9°55'	2.456	Moyenne 18-19 juin 1924	1.420	1.326	1.255	1.200	1.155	1.105	1.055	1.016	0.982	0.935	5.6

TABLEAU II

Intensité rouge et infrarouge de la radiation solaire, cal. gr. pro cm² et minute, échelle Smithsonian, corrigée pour l'absorption et reflexion du filtre.

Moyennes Juin-Juillet

Lieu d'observation	Altitude en mètres		h = 41°8 m = 1.5	30°0 2.0	23°5 2.5	19°3 3.0	16°5 3.5	14°2 4.0	12°6 4.5	11°3 5.0	10°1 5.5	9°3 6.0
Gällivare	365											
		24/6.	0.900	0.870	0.843	0.818	0.789	0.765	0.741	0.717	0.692	0.668
		28.29/6	0.782	0.740	0.694	0.660	0.645	»	»	»	»	»
		Moyenne	0.841	0.805	0.769	0.739	0.737	»	»	»	»	»
Potsdam	106		0.760	0.720	0.680	0.630	0.582	0.540	0.510	0.487	0.465	0.445
Karlsruhe	128		0.712	0.652	0.605	0.565	0.525	0.485	0.445	0.415	0.385	0.360
Agra	565											
		1923 Juin a. m.	0.774	0.733	0.695	0.663	0 643	0.623	0.607	0.595	0.584	»
		p. m.	0.745	0.695	0.616	0.598	0.568	0.543	0.524	0.511	0.498	»
		Moyenne	0.760	0.714	0.656	0.630	0.605	0.583	0.566	0.553	0.541	»
		Juillet a. m.	0.735	0.683	0.633	0.588	0.555	0.524	0.500	0.482	0.465	»
		p. m.	0.706	0.641	0.575	0.547	0.514	0.480	0.457	0.441	0.421	»
		Moyenne	0.720	0.662	0.604	0.568	0.534	0.502	0.479	0.461	0.443	»
Riezlern	1.150		0.815	0.756	0.691	0.642	0.600	0.562	»	»	»	»
Feldberg	1.300		0.830	0.797	0.759	0.710	0.667	0.623	0.585	0.550	0.525	0.491
Davos	1.500		0.863	0.828	0.806	0.762	»	»	»	»	»	»
Arosa	1.800		0.910	0.888	0.850	0.810	0.790	0.770	0.750	0.737	0.719	0·699
Muottas-Muraigl	2.456		0.908	0.882	0.846	0.817	0.787	0.780	0.765	0.750	0.740	0.710

TABLEAU III

Radiation totale — Radiation rouge et infrarouge

Lieu d'observation	$h = 41°8$ $m = 1.5$	$30°0$ 2.0	$23°5$ 2.5	$19°3$ 3.0	$16°5$ 3.5	$14°2$ 4.0	$12°6$ 4.5	$11°3$ 5.0	$10°1$ 5.5	$9°3$ 6.0
Gallivare	0.457	0.365	0.336	0.296	0.244	»	»	»	»	»
Potsdam	0.385	0.304	0.250	0.214	0.183	0.156	0.135	0.119	0.105	0.082
Karlsruhe	0.328	0.260	0.202	0.152	0.115	0.090	0.076	0.062	0.052	0.049
Agra . . . . . . 1923 Juin a. m.	0.449	0.368	0.308	0.269	0.230	0.200	0.178	0.162	0.146	»
p. m.	0.403	0.325	0.301	0.240	0 214	0.184	0.161	0.146	0.132	»
Moyenne	0.426	0.347	0.305	0.254	0.222	0.192	0.170	0.154	0.139	»
Juillet a. m.	0.370	0.301	0.251	0.219	0.188	0.103	0.142	0.130	0.116	»
p. m.	0.349	0.205	0.210	0.283	0.154	0.128	0.109	0.091	0.081	»
Moyenne	0.359	0.283	0.230	0.251	0.171	0.146	0.126	0.110	0.099	»
Riezlern	0.450	0.364	0.319	0.294	0.245	0.188	»	»	»	»
Feldberg	0.417	0.345	0.297	0.275	0.253	0.237	0.220	0.202	0.185	0.174
Davos	0.447	0.391	0.357	0.316	»	»	»	»	»	»
Arosa	0.503	0.445	0.399	0.375	0.354	0.316	0.276	0 248	0.214	0.114
Muottas-Muraigl	0.512	0.444	0.409	0.383	0.368	0.325	0.290	0.266	0.242	0.225

TABLEAU IV

Coefficients de transmission moyens

Lieu d'observation	Altitude en mètres	Pression barométrique moyenne	Radiation totale				Radiation $> 600\,\mu\mu$				Radiation $< 600\,\mu\mu$			
			»	»	réduite à 760 mm.		»	»	réduite à 760 mm.		»	»	réduite à 760 mm.	
			p_{2-3}	p_{2-4}	p'_{2-3}	p'_{2-4}	p_{2-3}	p_{2-4}	p'_{2-3}	p'_{2-4}	p_{2-3}	p_{2-4}	p'_{2-3}	p'_{2-4}
Abisko	388	725	0.85	0.80	0.84	0.85	»	»	»	»	»	»	»	»
Gällivare	365	732	0.88	»	0.875	»	0.92	»	0.92	»	0.81	»	0.80	»
Upsala	50	756	0.88 0.87	0.89 0.88	0.87	0.88	»	»	»	»	»	»	»	»
Potsdam	100	754	0.82	0.82	0.82	0.82	0.88	0.87	0.88	0.87	0.70	0.72	0.70	0.72
Karlsruhe	128	752	0.79	0.79	0.79	0.79	0.87	0.86	0.87	0 86	0.58	0.59	0.58	0.59
Agra . . . . Juin	565	713	0.83	0.85	0.82	0.84	0.88	0.90	0.87	0.89	0.73	0.75	0.71	0.73
Juillet			0.81	0.83	0.80	0.82	0.86	0.88	0.85	0.87	0.71	0.73	0.69	0.71
Neapel	150	740	0.84	0.85	0.84	0.85	»	»	»	»	»	»	»	»
Riezlern	1.150	665	0.84	0.82	0.82	0.80	0.85	0.86	0.83	0.84	0.81	»	0.79	»
Feldberg	1.300	650	0.86	0.87	0.84	0.85	0.89	0.89	0.87	0.87	0.80	0.83	0.78	0.81
Davos	1.500	632	0.88	»	0.86	»	0.92	»	0.90	»	0.81	»	0.79	»
Arosa	1.800	612	0.89	0.90	0.87	0.88	0.91	0.93	0.89	0.91	0.84	0.84	0.82	0.82
Muottas-Muraigl	2.460	562	0 91	0.91	0.88	0.88	0.93	0.93	0.91	0.91	0.86	0.86	0.82	0.82
Mount Wilson	1.730	620	»	0.90	»	»	»	0.93	»	»	»	0.835	»	»

TABLEAU V

Radiation ultraviolette du soleil
réduite à l'échelle galvanométrique davosienne

Lieu d'observation	Période	$h = 41°8$ $m = 1.5$	30°0 2.0	28°0 2.12	23°5 2.5	19°3 3.0	16°5 3.5	14°2 4.0
Vittangi	30 Juin 1927	»	»	66	»	»	»	»
Gällivare. . . .	28 Juin 1927	171	62	50	35	18	»	»
	29 Juin 1927	142	45	34	23	13	7	»
Agra	Juin 1923	121	70	60	40	25	16	12.5
Davos	Juillet 1922-1926	194	93	79	47	20	»	»
	Juillet 1927	186	94	80	48	25	»	»
Arosa	Juin 1922	210	109	92	58	32	19	11
Muottas-Muraigl.	Juin 1924	304	181	155	97	50	34	23

SUR LA MESURE
DE LA RADIATION CALORIFIQUE SOLAIRE

PAR

CH. MAURAIN

*Directeur de l'Institut de Physique du Globe
de l'Université de Paris*

I. — C'est au point de vue des applications que cette mesure sera envisagée ici, et particulièrement de son application à l'agriculture, pour laquelle son développement serait très important.

L'observation de la température, qui est naturellement d'une importance primordiale, se fait de manière courante dans d'excellentes conditions. Grâce à l'emploi d'appareils enregistreurs, on peut obtenir facilement les variations périodiques, diurne et annuelle, de la température, ses valeurs moyennes et leur répartition.

Mais il est probable que dans beaucoup de problèmes agricoles, le facteur le plus intéressant est la quantité de chaleur qui parvient au sol, et il serait désirable de connaître, comme pour la température, ses caractéristiques, c'est-à-dire ses variations diurne et annuelle, ses valeurs moyennes et leur répartition. C'est là un chapitre important de la climatologie, à peine ébauché actuellement.

Les personnes qui s'occupent des conditions calorifiques du développement des plantes cherchent parfois à déduire de la mesure de la température des renseignements qui sont du ressort de la mesure des quantités de chaleur. Par exemple, certains auteurs s'occupant de phénologie ont considéré les « sommes de températures accumulées » correspondant à un certain stade de développement d'une plante, c'est-à-dire la somme des moyennes diurnes de la température pendant toutes les journées de ce stade. Or, ces « sommes de température » n'ont aucune relation précise avec les sommes de quantités de chaleur. Alors que les rapports entre les quantités de chaleur sont bien déterminés, les rapports entre les sommes de température dépendent naturellement de l'échelle adoptée pour les températures et n'ont aucun sens précis.

Dans les problèmes concernant l'agriculture interviennent d'une part la température et d'autre part le rayonnement calorifique. Mais ces deux caractéristiques doivent être définies séparément par des mesures distinctes.

2. — La mesure de la radiation calorifique qui parvient au sol a fait de grands progrès, et de nombreux appareils ont été étudiés. Je renverrai à ce sujet aux publications récentes, telles que celles d'Abbot, Angström, Brazier, Callendar, Dorno, Gorzynski, Kalitine, Kimball, Henry, Marvin et autres. J'indiquerai seulement comment la mesure se présente actuellement.

Les appareils servant à la mesure globale de la radiation calorifique solaire peuvent être rangés en deux catégories :

1° Les appareils qui mesurent la radiation solaire directe, c'est-à-dire la quantité de chaleur arrivant sur une surface perpendiculaire aux rayons solaires. 2° Ceux qui mesurent la radiation totale arrivant sur une surface horizontale.

3. — Il existe plusieurs bons types d'appareils de la première catégorie permettant la mesure de la radiation par des lectures. Plusieurs donnent directement des mesures en valeur absolue. Il est facile en tous cas d'étalonner ces appareils de manière que leurs indications soient comparables. Abbot et Fowle ont établi à la Smithsonian Institution un pyrhéliomètre calorimétrique étalon, et ont construit des appareils dits pyrhéliomètres à disque d'argent, d'un emploi commode, qui, une fois comparés à l'étalon de la Smithsonian, constituent des étalons secondaires. D'autres appareils pouvant servir d'étalons ont été établis par Angström. On peut donc dire que la mesure de la radiation solaire directe à un moment donné se fait assez commodément avec une bonne précision.

Il a été établi de nombreux types d'appareils enregistreurs : on ne peut actuellement les considérer comme parfaits et leur construction s'améliorera certainement, mais ils permettent dès maintenant des mesures dans des conditions suffisantes pour la pratique.

4. — La radiation calorifique totale arrivant sur une surface horizontale est la quantité la plus intéressante pour l'agriculture. Mais sa mesure est plus délicate que celle de la radiation directe du soleil. Cette dernière peut être reçue dans un tube orienté vers le soleil et muni de diaphragmes, et parvient ainsi, sous une section droite bien déterminée, au fond du tube, qui fait office de récepteur intégral; l'organe qui la reçoit n'est pas exposé au vent. Pour mesurer la radiation totale arrivant sur une surface horizontale, il faut exposer la surface réceptrice à tout l'hémisphère supérieur; cette surface ne peut donc être contenue dans une cavité formant récepteur intégral; dans ces conditions elle n'absorbe pas complètement les radiations incidentes (du moins ce résultat n'a pas été obtenu jusqu'à présent). et la proportion absorbée dépend de l'incidence. Les conditions ne restent donc pas parfaitement comparables, suivant la hauteur du soleil ou l'azimut dans lequel se présentent des brumes ou des nuages. D'autre part, si la surface est exposée à l'air libre, le vent produit des échanges de chaleur et trouble les mesures de manière importante; on peut protéger la surface par un couvercle hémisphérique en verre mince. mais il arrive alors fréquemment qu'un dépôt de buée se produit sur la paroi interne de ce verre et altère les mesures; on doit rendre la fermeture étanche et assécher l'air compris entre la surface et le couvercle, ou mieux faire le vide dans cette cavité; mais cela complique la construction de l'appareil. Enfin les mesures doivent être faites en des endroits bien dégagés, tous les obstacles voisins, les arbres par exemple. troublant le rayonnement.

D'ailleurs l'interprétation des résultats est délicate aussi; la surface réceptrice rayonne vers l'espace, et la quantité de chaleur qu'elle emmagasine est la résultante de la chaleur reçue et de la chaleur perdue

Il résulte de ces difficultés de divers ordres que les appareils destinés à la mesure de la radiation totale sont actuellement moins satisfaisants que ceux qui servent à la mesure de la radiation solaire directe. Leur étalonnage ne se présente pas de manière aussi simple que celui de ces derniers appareils. Il en existe des types à lecture et des types enregistreurs.

Un type particulier d'appareils appliqués à la mesure de la radiation totale est constitué par les actinomètres à distillation. Le liquide est contenu dans un récipient exposé au rayonnement. une boule en verre par exemple; il s'échauffe sous l'action du rayonnement calorifique et distille dans un tube divisé protégé par une enveloppe convenable. La quantité distillée est considérée comme proportionnelle à la quantité de chaleur reçue. c'est-à-dire que les appareils fonctionnent comme totalisateurs. Ces appareils sont très simples, mais l'interprétation des résultats qu'ils donnent est encore plus délicate que celle des résultats fournis par les appareils à surface absorbante horizontale. parce qu'il est plus difficile de protéger le réservoir contre l'action refroidissante du vent et aussi contre le rayonnement du sol.

Les appareils à distillation sont si commodes qu'il y aurait intérêt à en perfectionner la construction en protégeant le réservoir contre ces deux actions perturbatrices. A cet effet, le réservoir pourrait être constitué par un vase sphérique à double enveloppe dont la moitié inférieure serait enclavée dans une monture présentant une face plane à sa partie supérieure; l'hémisphère supérieur du réservoir émergerait seul de cette face. Des appareils de ce genre peuvent rendre de bons services à la condition d'être étalonnés avec soin.

En résumé, il est actuellement difficile de mesurer avec précision la radiation totale; mais dès maintenant cette mesure peut être faite de manière suffisante pour donner des résultats intéressants pour la pratique, et sans doute s'améliorerait-elle assez rapidement si la demande d'appareils encourageait les constructeurs.

5. — Comme conclusion, on peut exprimer le vœu que les mesures de la radiation solaire directe et de la radiation totale soient généralisées dans les stations météorologiques.

NOTE SUR LES TRAVAUX SCIENTIFIQUES
EFFECTUÉS A L'OBSERVATOIRE DE LINDENBERG

PAR

H. HERGESELL

Directeur de l'Observatoire de Lindenberg (Allemagne)

**1. - De l'influence des facteurs climatériques
sur la récolte des céréales.**

**2. - Exposé de l'état de la météorologie agricole
en Allemagne.**

3. - Programme d'avenir de la météorologie agricole.

**4. - L'effet calorifique du rayonnement solaire
sur différents sols.**

5. - Le climat de Halle.

PAR

Dr HOLDFLEISS

Professeur Landwirtchaftliches Institut Halle à Saale (Allemagne)

SUR LES PROSPECTIONS MAGNÉTIQUES
Propriétés magnétiques des zônes stratigraphiques
de la vallée du Rhin

PAR

E. ROTHÉ,   A. HÉE,
Directeur de l'Institut   *assistante*
de Physique du Globe

Les interprétations des prospections magnétiques ne peuvent être énoncées avec quelque certitude que si l'on connaît les susceptibilités magnétiques des substances minérales sous-jacentes. Dans l'ignorance de ces propriétés on s'exposerait à de graves erreurs. M. Bauer, président de la Section de magnétisme terrestre de l'Union Géodésique et Géophysique internationale, a depuis longtemps appelé l'attention sur l'utilité de mesures d'ensemble systématiques sur le magnétisme des couches géologiques des divers pays. C'est pour ces différentes raisons que nous publions ici les résultats relatifs à quelques échantillons caractérisant la **géologie de la** vallée du Haut-Rhin. Nous avons eu la bonne fortune d'avoir à notre disposition des plaques provenant de sondages effectués jusqu'à 1.300 m. de profondeur, aimablement mises à notre disposition par le service géologique des Mines domaniales de Potasse.

Leur susceptibilité a été déterminée par la méthode classique de P. Curie avec la balance de Curie et Chèneveau (modèle récent), particulièrement **appropriée** à l'étude de corps faiblement magnétiques. C'est, comme on le sait, une balance de torsion qui permet de mesurer la force qui s'exerce sur un corps lorsqu'il est placé dans un champ magnétique non uniforme créé par un aimant permanent.

Il existe deux positions de l'aimant pour lesquelles les forces magnétiques agissantes égales et de signes contraires sont maximums. Les déviations correspondantes de la balance de torsion sont aussi maximums. Le champ non uniforme est créé par un aimant de forme annulaire, à pièces polaires biseautées et à entrefer étroit. Le mouvement est **commandé** à distance par un manipulateur spécial placé en avant de l'échelle. La substance réduite en poudre est placée dans un tube de verre.

On procède aux différentes mesures, tube vide, tube et eau, tube et corps à étudier, après avoir réglé la balance pour que dans les **différents** cas le secteur se déplace dans le plan médian de l'aimant amortisseur, et que le tube soit au milieu de l'entrefer de l'aimant produisant le champ magnétisant pour la position parallèle à la face avant de la cage. On lit sur l'échelle les déviations maximums de part et d'autre de la position d'équilibre. La somme de ces deux déviations est proportionnelle à la somme des deux valeurs maximums de la force, ces deux valeurs étant d'ailleurs égales entre elles, si l'appareil est symétrique.

Si Δ est la somme des lectures faites sur l'échelle pour une masse m du corps, Δ' le résultat d'une mesure faite avec une masse m' du corps de comparaison qui sera l'eau, Δ'' la mesure lorsqu'on opère avec le tube de verre seul, K et K' les coefficients d'aimantation spécifique du corps à étudier et du corps de comparaison, le rapport de ces coefficients sera donné par la formule :

$$\frac{\Delta - \Delta''}{\Delta' - \Delta''} \; \frac{m'}{m} = \frac{K}{K'}$$

Les nombres Δ, Δ', Δ'' sont positifs pour les corps attirés (paramagnétiques) et négatifs pour les corps repoussés (diamagnétiques)

Si on tient compte de la correction due au magnétisme de l'air, la susceptibilité de l'air étant $x'' = 0{,}0322.10^{-6}$ à 20°, on a :

$$\frac{K}{K'} = \frac{\Delta' - \Delta''}{\Delta - \Delta''} \; \frac{m'}{m} \left[1 + \frac{x''}{K'} \left(\frac{1}{D \dfrac{\Delta - \Delta''}{\Delta' - \Delta''} \dfrac{m'}{m}} - \frac{1}{D'} \right) \right]$$

D et D' étant les densités du corps à étudier et du corps de comparaison.

Etant donné la précision des mesures nous n'avons conservé que :

$$\frac{K}{K'} = \frac{\Delta' - \Delta''}{\Delta - \Delta''} \frac{m'}{m} \times \left(1 + \frac{x''}{K'} \right)$$

en réalité nous aurions pu négliger entièrement la correction due au magnétisme de l'air. Nous voulions obtenir la susceptibilité $x = KD$. La formule devient :

$$x = \frac{\Delta - \Delta''}{\Delta' - \Delta'} \frac{m'}{m} \frac{D'}{D} \; x' \left(1 + \frac{x''}{K'} \right) \tag{1}$$

Le corps de comparaison étant l'eau $x' = K' = -0{,}79.10^{-6}$

$$x = \frac{\Delta - \Delta'}{\Delta' - \Delta'} \frac{m'}{m} \; D \times -0{,}79.10^{-6} \times 1{,}041 \tag{2}$$

Si on ne tient pas compte de la correction de l'air on a seulement :

$$x = \frac{\Delta - \Delta''}{\Delta' - \Delta''} \frac{m'}{m} \; D \times -0{,}79.10^{-6}$$

Les mesures sur les roches ont été faites avec des parcelles d'échantillon prises au milieu de la carotte, détachées par l'intermédiaire d'une lame de cuivre et réduites en poudre avec un pilon de porcelaine (on n'a pas cru devoir passer au tamis les différentes poudres, étant donné la précision cherchée). Il est d'ailleurs possible que les propriétés magnétiques des roches ainsi pulvérisées soient modifiées. Il serait préférable, pour des mesures précises sur des échantillons bien caractérisés, d'opérer sur la roche elle-même, ce qu'il y a lieu de faire dans certains cas.

Le tube a toujours été rempli jusqu'à un même niveau, soit avec l'eau, soit avec la poudre tassée. Mais il ne suffit pas, en raison de la réduction en poudre de prendre la densité par le quotient de la masse et du volume. Aussi on a indiqué à titre de renseignements complémentaires ces densités moyennes des échantillons prises par la balance hydrostatique dans le tableau ci-dessous renfermant les susceptibilités des différentes roches. Les substances solubles ou s'effritant dans l'eau ont été revêtues d'une mince pellicule de collodion. Les nombres varient assez notablement d'un prélèvement à l'autre dans un même échantillon, comme on le voit dans les deux exemples qui suivent, pour que la première décimale soit superflue. C'est surtout l'ordre de grandeur qui intéresse les géologues pour leurs interprétations futures.

1° Exemple :

Marnes calcaires, brunâtres dans les parties inférieures, marnes pyriteuses :

$$D = 2,34 \quad \Delta = 238 \quad m = 1 \text{ gr. } 055$$

$$m' = 0 \text{ gr. } 636 \quad \Delta' = -16 \quad \Delta'' = -2$$

$$\chi_1 = \frac{238 + 2}{-14} \times \frac{0,636}{1,055} \times 2,34 \times -0,79.10^{-6} \times 1,041 = 19,8.10^{-6} \text{ d'après (1)}$$

sans tenir compte de la correction partielle de l'air on trouve d'après (2) :

$$\chi'_1 \frac{240}{-14} \times \frac{0,636}{1,055} = \times 2,34 \times -0,79.10^{-6} = 19,1.10^{-6}$$

Un deuxième prélèvement a donné :

$$\chi'''_1 = 22,1.10^{-6} \text{ d'après (1)}$$

2° Exemple :

Zone salifère supérieure, marne :

$$\sigma = 2{,}35 \quad \Delta = 253m = 0^{gr}999m' = 0{,}636\Delta' = -16 \quad \Delta'' = -2$$

$$\chi_2 = \frac{255}{-14} \times \frac{0{,}636}{0{,}999} \times 2{,}35 \times -0{,}79{,}10^{-8} \times 1{,}041 = 22{,}4{.}10^{-8} \text{ d'après (1)}$$

sans tenir compte de la correction partielle de l'air :

$$\chi'_2 = \frac{255}{-14} \times \frac{0{,}636}{0{,}999} \times 2{,}35 \times -0{,}79{,}10^{-8} = 21{,}5{.}10^{-8} \text{ d'après (2)}$$

Un autre prélèvement dans le même échantillon a donné :

$$\chi''_2 = 20{,}2{.}10^{-8} \text{ d'après (1))}$$

Nom	Profond	Densité	$\times 10^6$
Chattien :			
Marnes bariolées	110 m	2,26	23,0
Grès calcaire	114	2,73	12,4
Grès calcaire	119		
Partie dure		2,34	30,2
Partie sableuse		1,98	193,0
Marnes bariolées	220	2,32	26,2
Marnes bariolées	240	2,32	19,1
Grès calcaire micacé	250	2,65	8,2
Stampien :			
Couches à meletta, marnes calcaires, gris bleu un peu bitumineuses dans les parties inférieures..	148	2,55	15,4
Grès calcaire micacé	136	2,43	32,1
Couches à Amphisyle, marnes calcaires souvent bitumineuses, gris bleu, gris brun	185	2,22	9,6
Couches à Foraminifères, marnes calcaires, pyriteuses, verdâtres dans les parties supérieures..	189	2,29	17,4
Marnes calcaires, brunâtres dans les parties inférieures ; marnes pyriteuses	195,8	2,34	22,1
Un autre prélèvement a donné...................			19,8
Sannoisien :			
Zone salif. sup., marnes calc. et dolomitiques, par endroit bitumin., gris, multicolores et rayées..	105	2,15	16,2
Zone salif. supér., sel gemme cristallin..........	180	2,12	— 0,1
Zone salif. supér., gypse isolé de la gangue......	208	2,31	— 1,0
Zone salif. supér., marne	218	2,35	22,4
Un autre prélèvement a donné...................			20,2

Nom	Profond.	Densité	$\times 10^6$
Zone salif. supér., marne	200	2,22	6,9
Sel gemme rose fibreux	244	2,12	— 1,2
Zone salif. sup., marne	335	2,43	8,3
Zone salif. sup., marne	362	1,93	5,8
Zone salif. sup., marne	409	2,41	— 4,6
Zone salifère supérieure, anhydrite bitumineuse et rognons	428	2,75	7,9
Zone salifère sup., marne	476	2,47	4,8
Zone salifère sup., marne	547	2,38	7,8
Zone salifère sup., marne et sel gemme	630	2,50	6,8
Zone salifère inf., marne feuilletée	500	2,43	3,6
Zone salifère inf., marne	605	2,27	5,2
Zone salifère inf., sel	660	2,14	— 1,4
Marnes vertes calc. conglomératiques	262,5	2,47	
Nodule			1,1
Marne			6,2
Marnes vertes, calcaire	284,5	2,47	0,1
Marne dure	295	2,30	9,8
Marnes vertes, calcaire	407	2,50	1,0
Marne compacte, marnes vertes	1.050	2,34	13,4
Marnes vertes	1.070	2,77	
Anhydrite en rognons			0,4
Sel teinté de rose			2,7
Marnes vertes, marne dure	1.250	2,49	18,9
Marnes vertes, marne friable avec sel gemme fibreux (ensemble)	1.279	2,19	13,7
Marnes vertes, sel gemme et anhydrite en rognons.	1.315	2,14	0,7
Marnes vertes, sel gemme	1.380	2,12	
Partie blanche			— 0,8
Partie grise			+ 4,0

ÉTABLISSEMENT D'UN RÉSEAU MAGNÉTIQUE
EN AFRIQUE OCCIDENTALE FRANÇAISE

PAR

le Lieut.-Colonel ED. DE MARTONNE

Chef du Service Géographique de l'Afrique Occidentale française

I. *Etat des connaissances sur le magnétisme en A. O. F. en 1924.* — II. *Nécessité et caractéristiques* du nouveau réseau magnétique. — III. *Organe d'exécution.* — IV. *Instruments employés.* — V. *Exécution.* — VI. *Résultats.* — VII. *Conclusion* (1).

I La récapitulation de toutes les données d'observation concernant le magnétisme terrestre en Afrique occidentale française a été faite en 1924 [1] sous la direction de Ch. Maurain, par l'*Institut de physique du globe*, rattaché à la Faculté des Sciences de l'Université de Paris, et constitué par décret du 28 juillet 1921 en *Bureau central de magnétisme pour la France et ses colonies*. Cette récapitulation a été reprise par moi-même en 1925, dans le *Bulletin du Comité d'Études historiques et scientifiques de l'A. O. F.* [4], en complétant la précédente à l'aide d'un certain nombre d'observations inédites — mais non récentes — lesquelles ont du reste été reproduites la même année par l'Institut de physique du globe [2] à qui je les avais communiquées.

De ces études, il résulte que, *en 1924, les connaissances sur le magnétisme en A. O. F. étaient assez vagues.*

Sur les trois éléments fondamentaux du magnétisme terrestre, qui sont la *déclinaison*, l'*inclinaison* et la *composante horizontale*, les deux derniers n'étaient représentés que par des observations fragmentaires qui ne permettaient d'en tirer aucune notion d'ensemble. Le premier de ces éléments, qui peut être considéré comme le plus important en raison de ses applications pratiques, à savoir la déclinaison, était connu — sauf erreur ou omission de ma part — par 177 observations, se rapportant à 143 stations. Ces 143 stations étaient très inégalement réparties sur les 4.800 000 kilomètres carrés qui constituent l'ensemble des territoires français dans l'Ouest africain; de plus, elles présentaient une valeur scientifique fort inégale, suivant les conditions différentes dans lesquelles les observations avaient été effectuées, les instruments et les méthodes employés.

(1) Les références bibliographiques indispensables sont indiquées dans le corps du texte par un chiffre entre crochets. Ce chiffre est celui des ouvrages ou articles cités dans la *Bibliographie* figurant à la fin du présent compte rendu.

La documentation la plus homogène était fournie par les missions magnétiques spéciales, organisées par l'*Institution Carnegie* de Washington. laquelle, de 1911 à 1913, a effectué 208 stations en Afrique, dont 51 en A. O. F. [3].

II. — Au moment où la science française, ayant reformé ses cadres après la tourmente, cherche par tous les moyens à dresser un inventaire complet de nos colonies en vue de leur mise en valeur rationnelle, les investigations existant sur les données du magnétisme, dues en majeure partie à la collaboration étrangère, se révélaient nettement insuffisantes. Il importait de confier à un organisme qualifié l'organisation méthodique et l'exécution *en série* d'observations magnétiques destinées à renouveler entièrement cette branche des connaissances.

Ces observations devaient d'une part offrir des *garanties scientifiques suffisantes*, qui faisaient souvent défaut aux observations précédentes; d'autre part, *présenter la densité voulue* pour ne plus laisser place à l'interprétation, et une *répartition* aussi *uniforme* que possible sur l'ensemble du pays : conditions nécessaires pour constituer un *réseau magnétique*, et qui différencient une telle entreprise d'une simple justaposition d'observations isolées.

En raison de la modicité des ressources qu'il était alors possible de consacrer à ce travail, du petit nombre des observateurs qualifiés, il parut préférable de s'en tenir, pour le moment, aux seules observations de déclinaison, qui offrent d'ailleurs un intérêt majeur pour les voyageurs terrestres et aériens.

L'organisme officiel auquel fut attribuée cette tâche fut le *Service géographique de l'Afrique occidentale française*, à Dakar, sous la direction du commandant de Martonne. Les agents auxquels fut confiée l'exécution des observations sur le terrain furent les officiers de ce service, chargés de missions astronomiques.

III. Ainsi que je l'ai exposé en 1925 dans une précédente communication présentée à une autre section au Congrès de l'A. F. A. S. à Grenoble [5], le Service géographique de l'A. O. F. fut appelé à organiser, à partir de 1924. avec la collaboration pécuniaire de plusieurs des colonies qui composent le Gouvernement général de l'Afrique occidentale française. et de ce Gouvernement général lui-même. plusieurs missions astronomiques. Le principal objet de celles-ci était la détermination. par les méthodes de l'astronomie géodésique et avec l'aide des derniers perfectionnements réalisés, d'un certain nombre de positions géographiques destinées à servir de canevas à la carte en cours d'exécution. C'était — bien entendu — les colonies les moins favorisées jusqu'alors au point de vue des connaissances géographiques qui devaient être les premières parcourues, à savoir la Côte-d'Ivoire. la Haute-Volta et le Soudan.

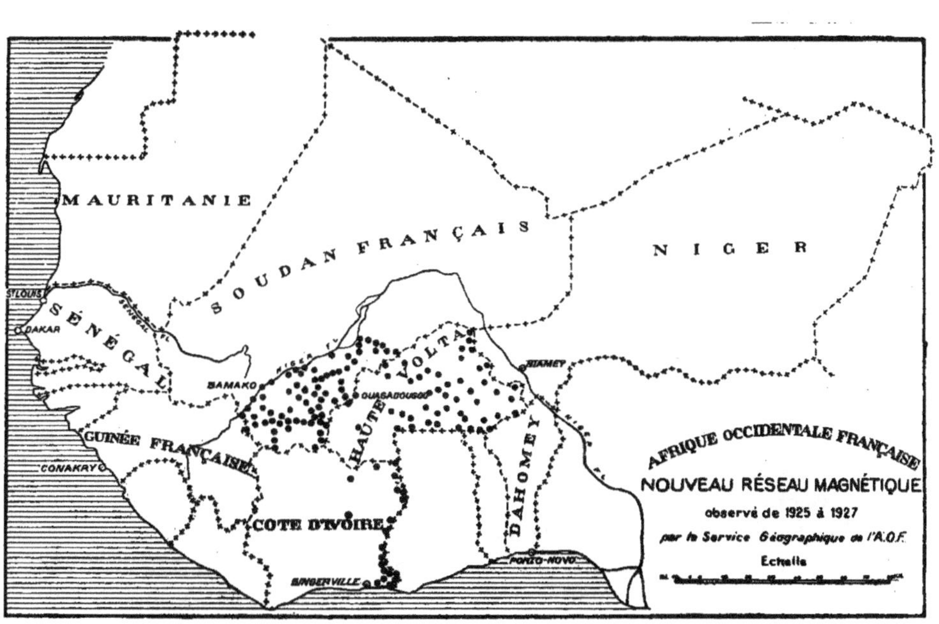

MAURITANIE
SOUDAN FRANÇAIS
NIGER
SÉNÉGAL
S! LOUIS
DAKAR
GUINÉE FRANÇAISE
CONAKRY
BAMAKO
HAUTE VOLTA
OUAGADOUGOU
NIAMEY
DAHOMEY
COTE D'IVOIRE
BINGERVILLE
PORTO-NOVO
AFRIQUE OCCIDENTALE FRANÇAISE
NOUVEAU RÉSEAU MAGNÉTIQUE
observé de 1925 à 1927
par le Service Géographique de l'A.O.F.
Echelle

La tâche de l'officier astronome et chef de mission, opérant généralement seul avec quelques aides indigènes, est loin d'être une sinécure; l'état physique et intellectuel de l'observateur a une influence dircte que la valeur des observations. La question se posait donc de savoir s'il était réellement possible de leur demander d'effectuer des observations magnétiques, en sus de leurs autres observations et sans nuire à celles-ci?

A la suite de deux inspections que j'ai effectuées sur le terrain, en 1924, et après consultation des intéressés, cette question a été résolue par l'affirmative.

IV. Ce point acquis, le Gouvernement général fit acquisition de deux théodolites à pièce additionnelle, petit modèle du Service hydrographique de la Marine, construits par Ponthus à Paris.

Les caractéristiques de cet instrument sont les suivantes :

Limbe de 10 centimètres de diamètre, avec verniers donnant la minute à la lecture; — pièce additionnelle à grandes aiguilles de 17 centimètres; — une seule lunette ayant un second objectif se plaçant devant celui de la lunette et formant microscope pour observer les pointes de l'aiguille ; — éclairage des fils pour la nuit, oculaire à prisme et verres de couleurs. Le tout compris dans une boîte en noyer, dimensions $24 \times 20 \times 30$ centimètres, poids 8 kilos environ. En station, le théodolite se place sur un trépied à six branches, avec vis à pompe, du modèle courant.

L'appareil est robuste et convient parfaitement à sa destination.

V. De 1924 à 1927 inclus, quatre missions astronomiques du Service géographique de l'A. O. F. ont été équipées pour exécuter, dans les conditions qui viennent d'être indiquées, des observations magnétiques en Côte-d'Ivoire, en Haute-Volta et au Soudan.

M. Fauchon, capitaine d'infanterie coloniale, a opéré de novembre 1924 à août 1925, dans la partie méridionale du Soudan, comprise entre le cours du fleuve Niger, au nord, et la frontière de cette colonie avec la Guinée. la Côte-d'Ivoire et la Haute-Volta, au sud. Il y a effectué 69 déterminations de déclinaison, plus trois autres dans des villages de la Haute-Volta immédiatement voisins de la frontière commune aux deux colonies.

M. Bruel, lieutenant de vaisseau, a fait des observations analogues, de janvier à juillet 1926, dans la partie orientale de la Côte-d'Ivoire, spécialement le long de la frontière de la colonie anglaise de Gold-Coast, dont une commission mixte franco-anglaise opérait à ce moment la délimitation. La déclinaison a été mesurée en 22 points.

Enfin, M. Nevière, lieutenant puis capitaine d'artillerie coloniale, au cours de deux missions en Haute-Volta (janvier-juillet 1926 et janvier-août 1927) a effectué 46 stations magnétiques, moins rapprochées que celles du Soudan méridional et de la Côte-d'Ivoire orientale, mais bien réparties sur l'ensemble de la colonie.

VI. Le total des stations magnétiques obtenu jusqu'à ce jour est de 140, réparties entre 4 et 15° de latitude nord, et entre 9° de longitude ouest et 2° de longitude est de Greenwich.

Sur ce total de 140 stations, 135 sont entièrement nouvelles; 5 seulement avaient été précédemment occupées par d'autres observateurs et ont servi en conséquence de *stations de comparaison* pour déterminer la valeur de la variation moyenne annuelle de la déclinaison. Deux stations ont été occupées deux fois en Haute-Volta par M. Nevière, mais à des intervalles très rapprochés (18 mois), ce qui donne une indication d'un intérêt limité pour le calcul de la variation annuelle.

Les stations sont distantes entre elles : au Soudan d'une quarantaine de kilomètres; en Côte-d'Ivoire, de 25 à 30 kilomètres en moyenne; en Haute-Volta, de 40 à 60 kilomètres, sauf dans la région sud-ouest de cette colonie, qui est jusqu'à présent insuffisamment garnie.

Les stations magnétiques sont généralement situées dans des chefs-lieux de cercle ou de subdivision, villages importants, gîtes d'étapes, bifurcations de routes, etc... Les observations magnétiques sont toujours faites à la station astronomique, laquelle est matérialisée sur le terrain par une borne-repère munie d'une plaque d'un modèle spécial.

Les valeurs observées ont été publiées par leurs auteurs, MM. Fauchon et Nevière, respectivement pour le Soudan et la Haute-Volta, à la fois dans les *Annales de l'Institut de physique du globe* [6 et 8] et dans le *Bulletin du Comité d'études historiques et scientifiques de l'A. O. F.* [7 et 9]; ces publications sont accompagnées de cartes donnant le tracé des lignes isogones ramenées au 1er janvier 1926. Quant aux observations de M. Biuel, il n'a pas été possible jusqu'à présent d'en tirer parti pour un travail d'ensemble en raison de leur répartition sensiblement le long d'un méridien.

VII. Tels sont les résultats qui ont été obtenus en moins de trois années (novembre 1924 à août 1927), avec un personnel restreint et sans détourner celui-ci de sa tâche principale. La façon uniforme dont ces données ont été obtenues et qui a pour conséquence primordiale de les rendre comparables entre elles, la répartition sensiblement constante des stations dans les territoires visités, *font de cet ensemble l'amorce d'un réseau magnétique des* plus honorable.

Mais pour que l'entreprise ainsi amorcée porte ses fruits, il faut que les moyens, d'ailleurs modestes, en personnel et en matériel, nécessaires à sa continuation, ne fassent pas défaut. Ainsi pourra-t-on escompter étendre assez rapidement le nouveau réseau magnétique, sinon à la totalité des territoires français de l'Afrique occidentale, qui contiennent des régions désertiques où de telles investigations peuvent être considérées comme du luxe, au moins à ce riche ensemble qu'on peut appeler « l'A. O. F. utile », et où la nécessité de semblables études est aujourd'hui unanimement reconnue.

BIBLIOGRAPHIE

[1] HOMERY (Mlle): Déclinaison en A. O. et en A. E. F., dans *Annales de l'Institut de phys. du globe*, publ. sous la dir. de Ch. MAURAIN, tome II, 1924, p. 119-130.

[2] ID.: Addition au tableau des valeurs de la déclinaison en A. O. F., *même public.*, tome III, 1925, p. 114-145.

[3] MARTONNE (C^{dt} Ed. DE): Les observations magnét. de la Carnegie Institution en A. O. F. et dans les pays voisins, dans *Bull. du Comité d'études hist. et scientif. de l'A. O. F.*, tome VI, n° 3, p. 361-375.

[4] ID.: Etat actuel de nos connaissances sur l'A. O. F., Magnétisme, *même public.*, tome VIII, 1925, n° 3, p. 353-393.
Existe également dans la collection: « Etat actuel de nos connaissances sur l'A. O. F. », Paris, Larose, édit., 1925.

[5] IBID.: La carte de l'A. O. F., dans *Compte rendu de la 49° session de l'A. F. A. S.* (Grenoble, 1925), p. 788-794.

[6] FAUCHON (Cap. R.): Première contribution à l'étude du magnétisme au Soudan français, dans *Annales de l'Institut de phys. du globe*, tome IV, 1926, p. 119-132.

[7] ID.: *ibid.*, dans *Bull. du Comité d'études hist. et scientif. de l'A. O. F.*, tome IX, 1926, n° 1, p. 9-23.

[8] NEVIÈRE (Cap. J.): Première contribution à l'étude du magnétisme en Haute-Volta, dans *Annales de l'Institut de phys. du globe*, tome VI, 1928.

[9] ID.: *ibid*, dans *Bull. du Comité d'études hist. et scientif. de l'A. O. F.*, tome XI, 1928, n° 3.

SUR LA MARCHE ANNUELLE
DU RAYONNEMENT GLOBAL (1)
AUX ENVIRONS DE PARIS

PAR

A. HENRY

Depuis plusieurs années (2) le rayonnement global est enregistré journellement à Boulogne (Seine), au moyen d'un actinographe, dont le récepteur (3) est *rigoureusement étanche*. Placé sur une terrasse élevée et bien dégagée, ce récepteur est relié à un milli-voltmètre enregistreur, qui donne chaque jour un diagramme du *rayonnement global sur plan horizontal*.

Un deuxième actinographe donne sur la même feuille, un diagramme du *rayonnement global sur plans inclinés* de différentes manières, et permet des comparaisons intéressantes.

Trois diagrammes du premier actinographe sont reproduits ci-contre (en haut, diagramme d'une journée moyenne; au milieu, celui d'une belle journée; et en bas, le diagramme d'une journée relativement sombre).

Les journées nuageuses (haut) sont de beaucoup les plus nombreuses, et, dans ce cas, *l'intensité du rayonnement est souvent bien supérieure à celle du diagramme régulier* (milieu) à la même heure; *cette intensité peut atteindre et même dépasser la valeur de la constante solaire* (1 cal 93). Les journées réellement belles sont très rares; leur diagramme est régulier, avec un maximum vers midi (local), sans dépression appréciable (4).

Le tableau 1 résume par décade, la moyenne des deux dernières années (résultats numériques calculés d'après les diagrammes). Il montre que le

---

(1) Ensemble des radiations qui parviennent au sol (soleil et ciel). Le rayonnement global peut être sur plan horizontal ou incliné. Il est exprimé en calories grammes par c/m² de surface réceptrice (par minute s'il s'agit de l'intensité du rayonnement, ou par jour lorsqu'il s'agit du total de la journée).

(2) Avec un actinographe au tellure depuis décembre 1923 jusqu'en juin 1926; et avec un actinographe CdSb (cadmium-antimoine) après juin 1926. Ces derniers diagrammes seulement, ont été utilisés; les premiers ont été abandonnés parce que jusqu'en juin 1926 les récepteurs actinométriques n'étaient pas protégés par une enveloppe étanche (étanchéité indispensable pour des récepteurs devant séjourner en plein air). (Voir *La Météorologie* de décembre 1926.)

(3) Organe de l'actinographe recevant le rayonnement et restant en plein air exposé aux intempéries.

(4) Crova avait observé une dépression au milieu du jour, mais pour le rayonnement solaire direct.

maximum du *rayonnement global journalier sur plan horizontal* se trouve vers le solstice d'été, en avance d'un mois environ sur le maximum de température. Même remarque pour le minimum qui tombe vers le solstice

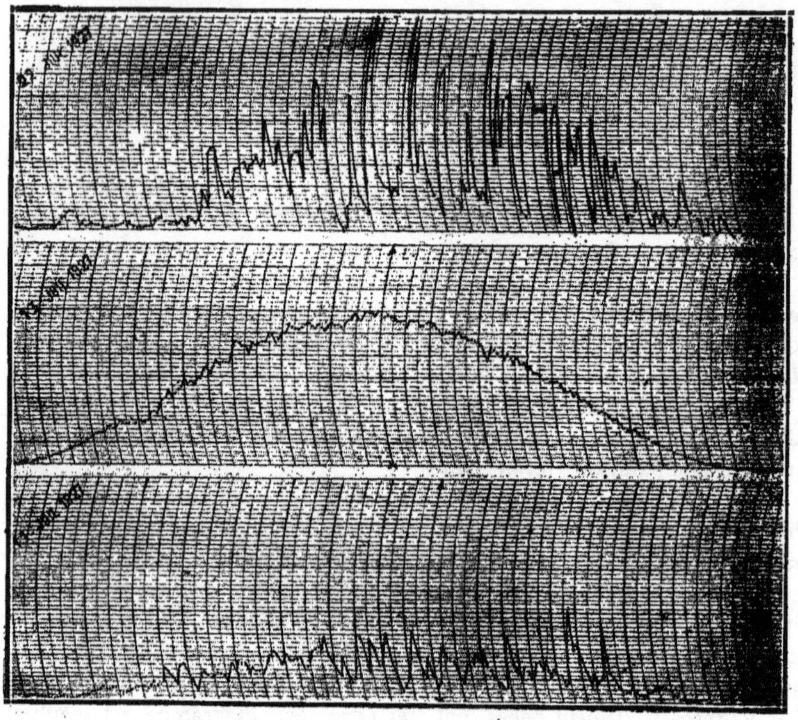

Diagramme du haut: Journée moyenne (nuageuse)
Diagramme du milieu: Très belle journée
Diagramme du bas: Ciel couvert ou très nuageux

d'hiver. Le rayonnement journalier semble être sensiblement le même au printemps et à l'automne (5).

Le tableau 2 résume par demi-décades le *rayonnement global journalier sur plan vertical face au Sud.* Il montre que ce rayonnement est resté sensiblement le même depuis le 16 avril, jusqu'au 28 juin 1928, et que vers le solstice d'été, *une surface horizontale reçoit trois fois plus de chaleur qu'une surface verticale orientée vers le Sud!*

———————

(5) Crova avait trouvé une différence en faveur du printemps, mais pour le rayonnement solaire direct.

TABLEAU I

Rayonnement global journalier sur plan horizontal à Boulogne-sur-Seine
(Actinomètre étanche = calories-grammes par c/m²)

Premier jour de la décade	Moy.	Max.	Min.	Premier jour de la décade	Moy.	Max.	Min.
1 janvier	66	132	28	30 juin	462	723	257
11 »	78	167	28	10 juillet	474	693	210
21 »	118	200	39	20 »	474	711	159
31 »	129	225	21	30 »	414	710	193
10 février	127	281	28	9 août	451	575	296
20 »	205	334	100	19 »	388	608	164
2 mars	207	324	52	29 »	328	516	110
12 »	273	477	108	8 septembre	281	472	166
22 »	257	384	91	18 »	299	373	168
1 avril	313	483	130	28 »	288	345	118
11 »	403	611'	222	8 octobre	209	348	18
21 »	428	677	164	18 »	144	266	32
1 mai	439	673	40	28 »	117	241	13
11 »	582	775	331	7 novembre	117	199	23
21 »	530	748	303	17 »	69	158	7
31 »	522	826	103	27 »	46	109	2
10 juin	506	730	299	7 décembre	38	112	13
20 »	560	822	162	17 »	61	109	15
Moy. et extrêmes..	319	826	21	Moy. et extrêmes..	259	723	2

TABLEAU II

Rayonnement global journalier sur plan vertical sud à Boulogne-sur-Seine
comparé au rayonnement global journalier sur plan horizontal
(Actinomètres étanches = calories-grammes par c/m²)

Premier jour de la demi-décade	RAYONNEMENT GLOBAL JOURNALIER						RAPPORT DES RAYONNEMENTS pl. vert./pl. horiz.		
	sur plan vertical sud			sur plan horizontal					
	Moy.	Max.	Min.	Moy.	Max.	Min.	Moy.	Max.	Min.
15 avril	168	307	70	349	554	222	2,08	1,81	3,20
20 »	262	366	217	473	621	405	1,81	1,70	1,86
25 »	215	326	76	451	610	199	2,10	1,87	2,63
30 »	85	186	11	211	399	40	2,48	2,15	3,67
5 mai	187	248	65	456	556	193	2,44	2,25	2,98
10 »	216	253	126	535	627	330	2,48	2,48	2,56
15 »	188	213	132	548	542	378	2,92	2,56	2,87
20 »	142	184	105	386	498	303	2,77	2,70	2,88
25 »	207	238	150	600	718	454	2,90	3,01	3,03
30 »	176	259	83	531	791	252	3,02	3,06	3,06
4 juin	170	249	87	500	724	289	2,94	2,91	3,34
9 »	186	225	92	576	730	312	3,10	3,25	3,40
14 »	162	208	94	500	649	327	3,09	3,13	3,48
19 »	164	204	199	562	757	447	3,43	3,71	3,09
24 »	189	232	148	590	760	453	3,12	3,28	3,07

2. - Note sur l'actinomètre de Bellani

A la 51ᵉ session de l'Association (Constatine (1927), M. Bœuf, l'éminent Directeur du Service botanique de Tunisie, a présenté un mémoire intitulé « Remarques sur le fonctionnement de l'actinomètre de Bellani » qui laisse une très fâcheuse impression sur la valeur de cet instrument.

Or, une longue série de recherches sur cet actinomètre m'a montré au contraire, que s'il est loin d'être parfait, il n'est pas notablement **inférieur** a beaucoup d'appareils, très perfectionnés mais délicats, que l'on construit depuis quelques années.

Il s'agit, bien entendu, d'actinomètres Bellani bien construits et **surtout** bien purgés d'air. Grâce à sa simplicité, il peut rendre de grands services dans les postes secondaires, et plus spécialement dans les stations agricoles (1).

Je m'empresse d'ajouter que je ne doute ni de l'habileté de M. **Bœuf** et de ses collaborateurs, ni de l'exactitude de leurs observations. Malheureusement, il est très probable que l'actinomètre utilisé dans ces expériences était défectueux, contenait de l'alcool dilué, et surtout renfermait **une** quantité d'air importante (2), ce qui suffirait largement à expliquer les anomalies observées.

En outre, en raison de son inertie thermique considérable, et de la viscosité de l'alcool, le Bellani ne peut être utilisé pour des expériences **de** courte durée.

Enfin, il n'est pas possible de comparer deux instruments aussi différents que le pyrhéliomètre de M. Gorczynski et l'actinomètre Bellani; le premier a une surface réceptrice plane et ne reçoit que le rayonnement **solaire** direct; le second au contraire, a une surface sphérique et reçoit à la fois le rayonnement du soleil et du ciel ; ce dernier, très variable, est **souvent** très important.

Le Bellani ne peut être comparé qu'avec un actinomètre à récepteur sphérique, comme par exemple l'actinomètre au tellure. Cette comparaison

---

(1) Voir la 47ᵉ Session de l'Association, p. 361, et la « Météorologie » de novembre 1926.

(2) Cet actinomètre a été donné par M. Vallot. Or, j'ai fait construire une dizaine d'actinomètres Bellani, par le même ouvrier et en même temps que la dernière série d'actinomètres de M. Vallot (1921-1922); tous ces appareils contenaient de l'alcool dilué et impur, et une quantité d'air importante, qui faussait considérablement les mesures. Après avoir été remplis d'alcool absolu pur, et bien purgés d'air, tous ces actinomètres se sont trouvés en parfait accord. Enfin M. Vallot lui-même, m'a dit *qu'il ne s'était jamais occupé ni de la nature de l'alcool ni du vide* (dont on ignorait généralement l'importance à cette époque).

faite à Boulogne en 1925 a donné de bons résultats, malgré les mauvaises conditions dans lesquelles l'expérience a été faite.

La température a une influence certaine sur le fonctionnement du **Bellani**, surtout lorsqu'elle dépasse 30 à 32 degrés; mais pour cette question comme pour toutes celles que le manque de place ne nous permet pas de traiter convenablement, nous prions les personnes qui s'intéressent à l'actinométrie de vouloir bien consulter la « Météorologie » de novembre 1926.

DE L'INFLUENCE SUPPOSÉE
DE LA LUNE SUR LE TEMPS

PAR

A. JAGOT

Observatoire du Mans

NOTE SUR LES VOYAGES D'ÉTUDES
DE MÉTÉOROLOGIE D'AVIATION
ORGANISÉS PAR LA DEUTSCHEN SEEWARTE

PAR

Dr KUHLBRODT

UTILISATION DE LA MÉTÉOROLOGIE
DANS L'AGRICULTURE

PAR

E. LEFEBVRE

Professeur honoraire au Havre

INFLUENCE MÉTÉOROLOGIQUE
SUR LA CULTURE DU BLÉ EN MOSELLE

PAR

LEROY

Ingénieur agronome à Metz

———

DES RELATIONS DE LA RADIATION SOLAIRE
AVEC L'AGRICULTURE

PAR

HERBERT H. KIMBALL

Météorologiste
(Weather Bureau-Washington, U. S. A.)

———

Il y a trois caractéristiques de la radiation solaire qui sont spécialement intéressantes pour l'agriculture, savoir : I. L'intensité de la radiation solaire directe. — II. La quantité totale reçue au sol, par unité de surface. — III. Sa qualité.

I. — *L'intensité de la radiation solaire directe* à la surface du sol dépend principalement de la pression des gaz permanents de l'atmosphère, du contenu en vapeur d'eau de l'atmosphère et des particules liquides et solides qui y sont en suspension (Voir figure 1. Transmission de la radiation solaire par l'atmosphère).

J'ai donné par ailleurs (1) des détails sur la construction de cette fig. 1. Il suffira d'expliquer ici son importance

Les courbes (1) à (8) inclusivement montrent jusqu'à quel point la dispersion par les gaz permanents et la vapeur d'eau diminue la radiation solaire quand elle traverse l'atmosphère terrestre.

La courbe (16) indique la perte due à l'absorption par la vapeur d'eau atmosphérique ; et les courbes (9) à (15) inclusivement, la suppression causée à la fois par la dispersion et l'absorption par les différents gaz atmosphériques. Ces dernières courbes, donc, donnent le pourcentage de la radia-

———

(1) Monthly Weather Review, 55/166, Washington.

tion solaire atteignant la limite extérieure de l'atmosphère et qui est transmise par l'atmosphère, ou $a''_{m'}$, pourvu que l'atmosphère soit sans nuage, sans poussière et sans fumées.

Les calculs ont été faits pour différentes valeurs de la pression atmosphérique, P, du contenu en vapeur d'eau, w, et de la masse de l'air, m. Pour les stations élevées on a trouvé commode de prendre pour unité de la masse d'air le point de l'échelle de la masse de l'air de la figure 1, représenté par la valeur du rapport $\dfrac{P}{76.0}$ Par construction, le contenu en vapeur d'eau à ce point sur les courbes (1)-(15) est représenté par :

$$w \times \frac{P}{76.0}$$

En général, l'atmosphère contient des poussières, de la fumée et d'autres particules liquides ou solides, que nous désignerons ici collectivement sous le vocable « poussière ». Nous emploierons la méthode de Linke (2) pour le calcul du trouble de l'atmosphère, mais nous nous limiterons au trouble causé par la poussière.

Soit $a_{o\text{-}1}$ la transmission atmosphérique, calculée depuis la valeur de la constante solaire, I_o, et l'intensité de la radiation solaire quand le soleil est au zénith, réduite à la distance moyenne de la terre au soleil. Soit aussi $a''_{o\text{-}1}$, la transmission correspondante pour de l'air exempt de poussière, obtenue d'après la fig. 1. On pourra alors représenter le trouble causé par la poussière par l'équation suivante :

$$T_d = \frac{-\log \dfrac{1}{a_{o\text{-}1}}}{-\log \dfrac{1}{a''_{o\text{-}1}}} \qquad (1)$$

et, en général

$$J_m = I_o\,(a'')^{mT_d} \qquad (2)$$

Les calculs montrent que, pour le soleil au zénith, la perte de radiation solaire par suite des poussières atmosphériques est à Montezuma, Chili, à l'altitude de 2.700 mètres, en moyenne de moins d'un pour cent, et à Washington, près du niveau de la mer, d'environ 8 pour cent, avec un minimum en septembre et octobre d'environ 5,6 pour cent. Indubitablement, en hiver, la perte est plus grande à Washington par suite des fumées de la ville, car, en cette saison, le nombre moyen de particules de poussières

---

(1) Linke, Franz et Boda, Karl. 1922 Vorschläge zur Berechnung der Trübungsgrades der Atmsphäre aus den Messungen der Intensität der Sonnenstrahlung (Essai pour calculer le degré de trouble de l'atmosphère par la mesure del'intensité de la radiation solaire). Meteorologische Zeitschrift, 39: 161.

par centimètre cube, déterminé au moyen du compte-poussières de Owen[1] est d'environ 900, tandis qu'il n'est que de 400 pour la période de mai à septembre inclusivement.

II. — Il est particulièrement intéressant pour les agriculteurs de connaître l'intensité de la radiation par unité de surface.

Si la surface est plane, l'intensité est représentée par $I_H = I_m \cos \theta$ où θ est la distance angulaire du soleil depuis le zénith.

Si la surface est en pente, l'intensité sera plus grande ou plus petite que I_H, selon l'angle et l'orientation de la pente. Ainsi par 45° de latitude N. une surface ayant une pente de 45° vers le Sud, recevra les rayons solaires sous le même angle d'incidence qu'une surface de niveau à l'équateur; et, en général, à chaque pente correspond une surface; il existe un point du globe où la surface de niveau est parallèle à cette pente. Des exemples de l'avantage et des désavantages des pentes ont été donnés par moi en un autre travail [2].

Les vignobles de la vallée du Rhin et des bords du lac de Geneve sont des exemples de l'utilisation des pentes pour obtenir une radiation solaire plus grande par unité de surface.

A la radiation reçue directement du soleil il faut ajouter la radiation solaire diffuse reçue du ciel. Quand le ciel est sans nuage, la radiation diffuse varie comme quantité avec l'altitude du soleil et les conditions du ciel [3].

Par temps nuageux, à l'aide des enregistrements continus à Washington de la quantité totale quotidienne de radiation solaire reçue sur une surface horizontale, jointe aux enregistrements de la proportion de ciel couvert pas les nuages, on a obtenu l'équation suivante :

$$Q_S = Q_H [0.29 + 0.71 (1 - S)] \qquad (3)$$

Q_H est la radiation diurne reçue en l'absence de nuages et Q_S, la quantité reçue par jour lorsque la proportion de ciel couvert par des nuages est égale à s.

Dans une note que j'ai présenté à la 9e réunion annuelle de l'Union américaien de géophysique, et qui paraîtra dans les procès-verbaux de cette

---

(1) Kimball, Herberth, H. et Hand, Irving, F. 1925. Investigations of the dust content of the atmosphere (Recherches sur le contenu en poussières de l'atmosphère). Monthly Weather Review, 53/243, Washington.

(2) Bates, C. E. et Henry, A. J. 1928. Forest and Stream flow experiments at Wagon Wheel Gap, Colo. (Expériences sur les forêts et les crues des fleuves à Wagon Wheel Gap, Colorado). Monthly Weather Review. Supplément n° 30, p. 23. Washington.

(3) Kimball, Herbert H. 1924. Records of total solar radiation intensity and their relation to daylight intensity. (Enregistrements de l'intensité de la radiation solaire totale et sa relation avec l'intensité de la lumière diurne). Monthly Weather Review, 52: 473-479, Washington.

réunion, j'ai donné les résultats des calculs des totaux diurnes de radiation pour différentes régions des océans. Les calculs étaient basés sur les données météorologiques maritime qui pouvaient être utilisées, y compris quelques mesures pyrhéliométriques de l'intensité de la radiation solaire. On pourrait de la même façon déterminer les intensités de la radiation

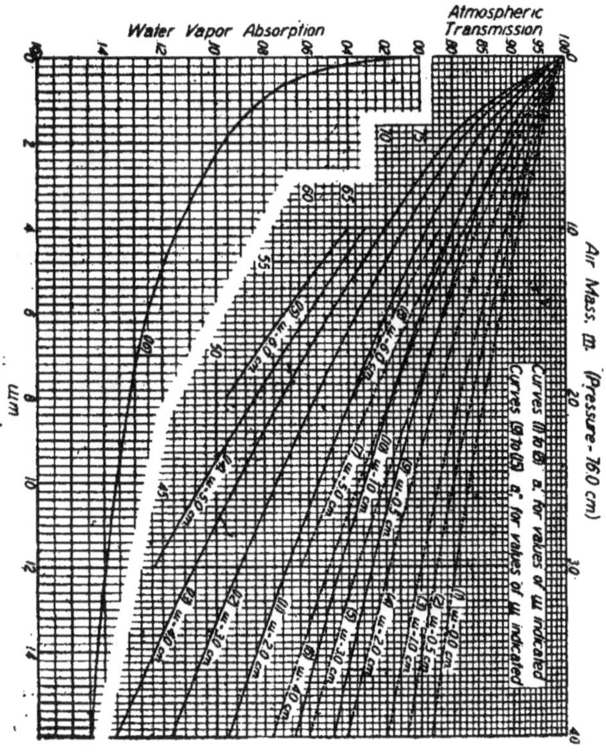

Fig. 1

solaire sur des surfaces terrestres avec assez de détails et une précision suffisante pour le service de l'agriculture.

III. — Dans le calcul, les coefficients de transmission donnés dans les courbes (1)-(15) de la figure 1, il a été nécessaire de déterminer l'intensité relative de 38 longueurs d'ondes différentes de la lumière dans le spectre solaire après la transmission à travers l'air sans poussière. Les calculs montrent que, pour le soleil au zénith, l'air sec diminue la radiation ultra-violette, pour des longueurs d'onde inférieure à 0,346 μ de 40 p. 100 quand la pression est 40.0 cm., et de 60 p. 100 quand elle est de 76.0 cm. Au niveau de la mer, avec un contenu en vapeur d'eau de 4.0 cm., et le soleil au zénith, la perte est de près de 88 p. 100 et elle est pratiquement totale quand le soleil s'est éloigné du zénith de 75°7. Ce dernier résultat n'est pas incompatible avec les mesures de Dorno (1).

Bien que la diminution de la radiation solaire ultra violette soit due presque entièrement à la dispersion diffuse, une partie considérable, diffusée du ciel, atteint finalement la terre. En fait, au niveau de la mer, quand le soleil est bas, la terre reçoit, d'une manière diffuse, plus de radiation ultra violette que directement du soleil.

Les recherches de Spoehr (2) et autres semblent indiquer que les différents processus liés au développement de la plante ne demandent qu'une faible part de l'énergie de la radiation solaire disponible. Popp (3) a aussi montré que ces processus se maintiennent également bien si la radiation ultra violette est exclue.

Presque tous les auteurs soutiennent néanmoins que la radiation de toutes les longueurs d'onde est nécessaire au bon développement et au soutien de la vie de la plante. Évidemment, les plantes réclament des conditions de lumière différentes, selon les conditions dans lesquelles elles se développent originairement.

Il semble bien établi que les formes supérieures de la vie animale ne prospèreraient pas sous verre ou dans une atmosphère de fumée ou de brume d'où sont exclues les ondes courtes de la radiation ultra violette. C'est pourquoi on s'efforce maintenant de purifier l'air des cités des fumées et autres impuretés, et de créer un verre à vitre qui transmettrait les rayons ultra violets.

---

(1) Dorno, C. 1924. Die physikalischen Grundlagen der Sonnen- und Hillelsstrahlung und ihre Andwendung in der Therapie. (Les bases physiques de la radiation solaire et céleste et son emploi en thérapeutique). Strahlentherapie. Volume VIII, p. 721.

(2) Spoehr, H. A. 1906. Photosynthesis (Photosynthèse). New-York.

(3) Popp, Henry, William. 1926. A physiological study of the effect of the light of various ranges of wave length on the growth of plants. (Etude physiologique de l'effet de la lumière de différentes séries de longueur d'onde sur la croissance des plantes). American Journal of Botany. 13/706-736. Auburndale.

EXTRAITS

de « Note sur les observations des vents supérieurs à Kamara-Island, au sud de la Mer Rouge, en novembre, décembre et janvier 1927-1928 »

PAR

A. GIBLETT

M. Sc. (Meteorological Office, Air Ministry, London)

Dans cette note sont discutées une série d'observations diurnes de vents supérieurs à Kamara Island faites bénévolement pour le Meteorological Office, Air Ministry, London, par le Capitaine G. V. Wickham, administrateur civil, à l'aide d'un seul théodolite.

Pendant les mois en question, l'Ile de Kamara fut visitée par des vents du Sud très persistants à la surface, fait que les observations marines ont révélé depuis longtemps. Mais on ne savait rien jusqu'ici sur l'extension de ces vents dans la verticale.

Un résumé des fréquences des vents supérieurs observés est donné dans le tableau ci-joint d'où ressortent les caractères suivants.

Le résumé pour la surface montre la prépondérance déjà mentionnée et très marquée des vents du Sud. A 500 mètres, cette prépondérance est encore plus marquée; en fait, le vent est presque exclusivement du Sud. La constance que l'on constate dans la direction n'est toutefois pas notable dans la vitesse, les limites de celle-ci étant très considérables. On n'a pas enregistré de « calme » et les vents légers ne sont pas fréquents. La fréquence des vents de plus de 25 km.-h. est élevée et l'on a mesuré quelques vitesses de 75 km.-h. A 1.000 mètres le pourcentage de « calme » est seulement de 3 p. 100 et les vents du Sud et du Sud-Est dominent, dont la vitesse dans l'ensemble est inférieure à 500 mètres.

Si l'on passe ensuite au niveau de 2.000 mètres, un grand changement se présente. Les vents du Sud n'atteignent pas constamment ce niveau, on trouve 19 p. 100 de « calme » et le pourcentage des vents des autres directions augmente. Les vents du Sud-Est prédominent, mais les vents sont généralement légers.

A 3.000 mètres, le pourcentage des « calmes » est encore de 15 p. 100 et tous les autres vents sont faibles, sans qu'aucune direction prédomine. Ce niveau correspond exactement aux sommets les plus hauts des terres, des deux côtés de la Mer Rouge.

A 4.500 mètres, le nombre des observations tombe à 22, mais dans la mesure où elles sont utilisables, elles indiquent des vents d'Ouest, du Nord et de l'Est, et peu de vents du Sud. Les circonstances à 4.500 mètres sont les mêmes que pour 3.000 mètres, mais à 4.500 mètres on ne trouve que 5 p. 100 de calmes et un pourcentage considérable de vents au-dessus de 25 km.-h.

Du fait que l'on n'observe pas, à 3.000 mètres, de vent dont la vitesse soit inférieure à 25 kilomètres, on peut déduire qu'il y a une tendance à un accroissement de la vitesse au-dessus de ce niveau.

L'étude des enregistrements particuliers montre un brusque passage des vents du Sud relativement forts aux niveaux inférieurs aux vents légers immédiatement au-dessus. Il se produit souvent en l'espace de 150 mètres ou moins et il se réduit presque à une discontinuité.

Quelques ascensions ont atteint des hauteurs plus considérables que celles mentionnées dans le résumé, et de l'étude de l'ensemble des documents ainsi réunis, on retire l'idée d'un régime de vent sur l'île de Kamara constitué par la mousson de Nord-Est (ou, ce qui revient au même, par l'Alizé Nord-Est), s'étendant à des altitudes variables, souvent (mais pas toujours) plus élevées que les chaînes de montagnes des deux côtés de la mer Rouge, régime toutefois considérablement modifié dans les premiers 3.000 mètres, par la présence des montagnes en question.

On constate de plus, qu'au dessus des Moussons, on rencontre, à des hauteurs qui varient considérablement de temps à autre, des vents présentant une composante Ouest. La période étudiée est celle où les dépressions de la Méditerranée peuvent passer à l'Est vers l'Iraq et où les vents d'Ouest prédominent jusqu'au sol sur la côte Nord de l'Egypte. Nous nous trouvons donc dans des conditions analogues à celles de l'Inde, où la mousson Nord-Est s'étend à une altitude considérable sur le Sud du pays et superficiellement dans le Nord.

Ainsi qu'on l'a déjà indiqué, la modification de la mousson Nord-Est au-dessus de l'île de Kamara consiste en ce que le vent prononcé du Sud aux niveaux inférieurs passe brusquement à une zone de calme ou de vents légers du Sud-Est d'abord, puis indéterminés vers 3.000 mètres. Les vents du Sud des basses couches atteignent toujours 500 m., fréquemment même 1.000 m., mais se rencontrent rarement à 2.000 mètres.

TABLEAU I

RÉSUMÉ DES OBSERVATIONS DE VITESSE DU VENT AU SOL ET EN ALTITUDE
A KAMARA   (NOVEMBRE, DÉCEMBRE 1927 ET JANVIER 1928)

Tableau de fréquence (pour cent) des observations entre 9 heures et midi
(temps local)

Vitesse	N de 337°1/2 à 22°1/2	NE de 22°1/2 à 67°1/2	E de 67°1/2 à 112°1/2	SE de 112°1/2 à 157°1/2	S de 157°1/2 à 202°1/2	SW de 202°1/2 à 247°1/2	W de 247°1/2 à 292°1/2	NW de 292°1/2 à 337°1/2
Km/heure Au sol : nombre d'observations 72; 0-5 Km/heure 0 %								
6 - 25....	—	—	—	8	40	6	3	1
26 - 50....	—	—	—	1	38	1	—	—
51 - 75....	—	—	—	—	1	—	—	—
> 75....	—	—	—	—	—	—	—	—
Total.....	—	—	—	9	79	7	3	1
Km/heure Altitude 500 m. Nombre d'observations 73; 0-5 Km/heure 0 %								
6 - 25....	1	—	—	—	19	4	—	1
26 - 50....	—	—	—	—	63	1	—	—
51 - 75....	—	—	—	—	7	—	—	—
> 75....	—	—	—	—	3	—	—	—
Total.....	1	—	—	—	92	5	—	1
Km/heure Altitude 1.000 m. Nombre d'observations 61 ; 0-5 Km/heure 3 %								
6 - 25....	—	2	10	33	16	5	2	—
26 - 50....	—	—	—	5	20	—	—	—
51 - 75....	—	—	—	—	5	—	—	—
> 75....	—	—	—	—	—	—	—	—
Total.....	—	2	10	38	41	5	2	—
Km/heure Altitude 2.000 m. Nombre d'observations 42; 0-5 Km/heure 19 %								
6 - 25....	7	2	12	45	7	—	2	2
26 - 50....	—	—	—	—	2	—	—	—
51 - 75....	—	—	—	—	—	—	—	—
> 75....	—	—	—	—	—	—	—	—
Total.....	7	2	12	45	9	—	2	2
Km/heure Altitude 3.000 m. Nombre d'observations 34; 0-5 Km/heure 15 %								
6 - 25....	12	6	15	9	12	12	15	6
26 - 50....	—	—	—	—	—	—	—	—
51 - 75....	—	—	—	—	—	—	—	—
> 75....	—	—	—	—	—	—	—	—
Total.....	12	6	15	9	12	12	15	6
Km/heure Altitude 4.500 m. Nombre d'observations 22; 0-5 Km/heure 5 %								
6 - 25....	23	9	9	—	5	14	—	—
26 - 50....	9	—	5	—	—	5	5	14
51 - 75....	—	—	—	—	—	—	—	—
> 75....	—	—	—	—	—	—	—	—
Total.....	32	9	14	—	5	19	5	14

REMARQUES SUR LA DIRECTION DES VENTS
A MONTPELLIER

PAR

L. CHAPTAL

Directeur de la Station de Physique et de Climatologie agricoles
à Montpellier

Fréquence des vents d'après les observations directes.

La direction du vent variant fréquemment, et souvent brusquement, dans le courant d'une journée, la détermination de la direction dominante présente de sérieuses difficultés.

Quand on ne possède pas d'appareil enregistreur, on se contente, en général, de compter le nombre de fois où les diverses directions ont été notées (au cours des observations directes) et de calculer, d'après les résultats trouvés, la fréquence de chaque direction pour 1.000 observations.

En se basant sur le trois observations quotidiennes faites, pendant la période 1881-1900, à l'Ecole normale de Montpellier, Angot a calculé selon la méthode que nous avons indiquée les tableaux qui figurent dans ses « Études sur le Climat de la France (Régime des Vents)». Annales du Bureau central météorologique, année 1907. Les renseignements relatifs à Montpellier peuvent être résumés comme suit :

Fréquence des vents (pour 1.000 observations). (Moyennes de 20 ans)

N	207	S	105
NE	98	SW	57
E	38	W	118
SE	110	NW	267

Directions moyennes des vents d'après les graphiques de l'anémoscope.

Les directions du vent observées à des heures fixes ne correspondent pas toujours aux directions des vents dominants et ne coïncident que rarement avec la direction moyenne quotidienne, déduite du tracé des enregistreurs.

Dans un travail sur le régime des vents à Montpellier, publié par Houdaille dans le Bulletin de la Commission météorologique de l'Hérault (année 1889), on trouve la fréquence des directions moyennes journalières du vent pendant la période 1883-1888. L'auteur prend, comme direction moyenne, la direction indiquée par celui des 8 rhumbs du vent qui se rapproche le plus de la courbe de l'anémoscope enregistreur (installé à l'Observatoire de l'Ecole nationale d'agriculture) donnant les directions successives du vent pour tous les instants de la journée. Voici les résultats qu'il obtient :

Fréquence des diverses directions moyennes du vent (Série 1883-1888)

N	58.3	S	37.6
NE	46.3	SW	22.2
E	52.8	W	34.1
SE	49.5	NW	64.3

Nombre d'heures pendant lesquelles le vent a soufflé des diverses directions.

La direction moyenne du vent, qu'elle soit déterminée graphiquement comme l'a fait Houdaille, ou qu'elle soit calculée par la méthode de Lambert, qu'utilisent plusieurs météorologistes, présente le gros inconvénient d'être une valeur purement théorique. Au point de vue pratique, elle ne fournit aucune indication sur la direction du vent dominant et nous lui préférons les données imprécises mais réelles fournies par les observations directes.

Pour avoir la fréquence des diverses directions du vent à Montpellier, nous dépouillons, depuis décembre 1923, les graphiques de la girouette à 16 directions Richard, installée à la Station de Physique et de Climatologie agricoles de Bel-Air de manière à avoir, pour tous les jours, le nombre d'heures pendant lesquelles le vent a soufflé de chacune des 16 directions. Nous donnons dans le tableau ci-après les totaux annuels :

Nombre d'heures pendant lesquelles le vent a soufflé

du	1924	1925	1926	1927	Total
N	494	741	563	629	2427
NNE	1068	1245	945	913	4171
NE	801	831	620	627	2879
ENE	373	362	342	396	1473
E	221	185	211	224	841
ESE	361	372	382	281	1396
SE	589	435	403	398	1825
SSE	423	292	353	373	1441
S	381	284	359	473	1497
SSW	175	135	264	218	792
SW	247	232	450	238	1167
WSW	189	161	286	317	953
W	503	402	726	770	2401
WNW	1184	1100	1322	1352	4958
NW	1216	1371	1027	996	4610
NNW	559	612	507	555	2233

Ce mode de dépouillement du graphique de la girouette a le double avantage de donner des indications réelles sur la durée des divers vents et de permettre de déterminer rapidement le secteur des vents dominants.

Secteur des vents dominants.

Les résultats fournis par le dépouillement de la girouette à 16 directions ne peuvent donner une idée exacte du régime du vent, pendant la journée considérée, qu'à la condition de réunir d'une manière convenable, les 16 directions en un petit nombre de groupes. La direction du vent ne reste, en effet, que rarement invariable pendant plusieurs heures consécutives; d'autre part, les vents provenant de directions voisines présentent souvent des caractères communs. Tous ceux qui ont habité Montpellier savent qu'on peut y distinguer : les vents du secteur N., dont le type est le mistral; les vents du secteur E., qui sont les vents pluvieux; les vents du secteur S., ou marins; et les vents du secteur W., sans caractéristique bien nette.

La direction exacte de ces divers vents, à 1/16 de circonférence près, n'a au point de vue pratique, qu'une importance relative, étant donné qu'un faible décalage dans l'orientation de l'appareil enregistreur est suffisant pour fausser les résultats, et que la direction à quelques mètres au-dessus du sol (30 m. à Bel-Air) est souvent influencée par des causes perturbatrices locales ou accidentelles.

Pour délimiter les divers secteurs et déterminer chaque jour celui des vents dominants, nous nous sommes inspirés d'un récent travail de M. Besson intitulé : « Le régime du vent à Paris, d'après 50 années d'observations », publié dans les Annales des Services techniques de la Ville de Paris (année 1925).

Voici comment nous utilisons les résultats du dépouillement du graphique de la girouette à 16 directions. Tout d'abord nous ramenons les 16 directions à 8 d'après le principe suivant : le nombre d'heures pendant lesquelles le vent a soufflé des directions du rhumb à 16, qui ne figurent pas sur le rhumb à 8, est attribué à celle des deux directions adjacentes d'où le vent a soufflé le plus longtemps.

Les 16 directions étant ramenées à 8, ces dernières sont groupées 2 à 2, selon les indications suivantes :

Secteur Nord : NW (mistral) — N (tramontane).
Secteur Est : NE (Grac) — E (levan).
Secteur Sud : SE et S (marins).
Secteur Ouest : SW et W (narbounès).

Chaque fois que le groupement ainsi fait donne pour l'un des secteurs un total supérieur à 12 heures, ce secteur est dit : secteur des vents dominants; dans le cas contraire, aucun groupe de vents n'ayant une prédominance marquée, le vent est dit : variable.

La fréquence des divers secteurs a été, ces dernières années, la suivante :

Fréquence annuelle des Secteurs des vents dominants (1924-1927)

Années	N	E	S	W	var.
1924	147	76	53	35	55
1925	164	78	31	29	63
1926	123	51	50	69	72
1927	123	50	43	62	87
Total	557	255	174	195	277

Persistance des vents dominants.

La détermination journalière du Secteur des vents dominants met en
évidence une des caractéristiques du régime des vents à Montpellier : la persistance de leur direction.

Il n'est pas rare que le même vent y souffle plusieurs jours consécutifs.
Cette persistance est surtout marquée pour le vent du Nord. Nous avons
réuni dans le tableau ci-après les observations faites à ce sujet durant les
3 dernières années :

Persistance de la direction des vents

Nombre de fois que les vents d'un même secteur ont été dominants :

Années	3 à 5 jours consécutifs					Plus de 5 jours consécutifs				
	N	E	S	W	Var.	N	E	S	W	Var.
1924	16	3	5	3	1	3	4			
1925	11	7	2	2	2	6	1			
1926	11	6	3	5	5	4			2	2
1927	12	3	4	3	8	4			1	1
Total	50	19	14	13	16	17	5	0	3	3

Les périodes de plus de 5 jours qui figurent sur ce tableau se répartissent
en :

Vents du secteur Nord :...................... 8 périodes de 6 jours
2 périodes de 7 jours
3 périodes de 8 jours
3 périodes de 9 jours
1 période de 12 jours

Vents du secteur Est .... 3 périodes de 6 jours
                                             2 périodes de 7 jours
Vents du secteur Ouest .... 2 périodes de 6 jours
                                             1 période de 8 jours
Vents variables .... 3 périodes de 6 jours

Les vents les plus fréquents à Montpellier sont donc les vents du secteur Nord; ils persistent souvent plusieurs jours consécutifs, quelquefois une semaine et jusqu'à 12 jours.

LE RÉGIME DES EAUX SOUTERRAINES DANS LE BASSIN DE BRIEY

PAR

J. CHANZY

Ingénieur au Corps des Mines

La méthode d'exploitation des mines du bassin de Briey comporte l'enlèvement du minerai sans remblayage : les cavités laissées par cet enlèvement s'éboulent donc rapidement, disloquant les terrains supérieurs. Les eaux que ceux-ci contiennent pénètrent alors dans les travaux en grande quantité.

On peut dire que dans un quartier de mine déterminé, la venue d'eau croît à mesure que se développent les travaux de traçage, découpant le gîte; à partir d'un certain moment, la venue reste sensiblement stationnaire.

Lorsqu'ensuite on passe au « dépilage », c'est-à-dire à l'enlèvement des piliers, la venue augmente considérablement, et lorsque l'enlèvement est terminé, et que les éboulements ont donné leur plein effet, elle devient saisonnière

Les venues d'eau sont donc régies par deux facteurs : la méthode d'exploitation et l'ensemble des conditions climatiques.

Cet ensemble peut être condensé dans l'observation des *Eaux résiduelles* ou *Résidus*, qui sont les pluies diminuées des quantités d'eau retenues par *l'évaporation* et la *végétation*.

Tenant compte de différentes observations, nous admettons que, pour chaque demi-décade, les eaux résiduelles se déduisent des pluies en soustrayant de celles-ci, évaluées en millimètres, les hauteurs millimétriques suivantes :

Janvier, 1; avril, 11; juillet, 24; octobre, 4 millimètres.
Février, 3; mai, 14; août, 50; novembre, 3 millimètres.
Mars, 7; juin, 14; septembre, 9; décembre, 1 millimètre.

En appliquant ces chiffres aux pluies tombées à Auboué de 1920 à 1927 inclus, nous trouvons pour les différents mois de l'année les résidus moyens suivants :

Janvier, 60; avril, 29; juillet, 15; octobre, 64 millimètres.
Février, 41; mai, 17; août, 12; novembre, 48 millimètres.
Mars, 24; juin, 13; septembre, 25; décembre, 69 millimètres

Et l'on voit que, contrairement aux pluies, les résidus se répartissent de façon très nette en résidus forts d'octobre à février inclusivement et résidus faibles le reste de l'année.

Si l'on porte en graphiques les valeurs mensuelles des résidus et des quantités d'eau *exhaurées* (1) par une mine à variations saisonnières, on constate immédiatement que ces deux graphiques ont des allures parallèles.

Pour trouver une relation quantitative entre les résidus et l'exhaure, nous supposons que l'exhaure d'une mine est le débit d'un réservoir crevé par le bas et contenant une hauteur d'eau qui est fonction des résidus. Ce réservoir est en vidange continuelle; mais les résidus viennent à chaque instant l'alimenter par le haut.

Etudions d'abord ce qui se passe en période sèche, c'est-à-dire, lorsque le réservoir, étant supposé plein, se vide sans nouvelle alimentation par ces résidus.

Soient : h cette hauteur ;
        S la section du réservoir à la hauteur h;
        s la section des orifices de déversement dans la mine;
        q le débit de l'exhaure.

On peut admettre la relation :

$$q = K s \sqrt{h} \qquad (1)$$

K étant un coefficient de proportionnalité.

D'autre part, le débit d'exhaure $q \times dt$ pendant le temps dt est égal au volume $-S.\,dh$, produit de la section par la baisse de niveau :

$$q.\,dt = -S.dh. \qquad (2)$$

---

(1) C'est-à-dire pompées au jour.

Lorsqu'on connaît la forme du réservoir, on peut éliminer b, et calculer l'exhaure q en fonction du temps et des constantes K et s. La courbe représentant les variations de q en fonction du temps est caractéristique de la forme du réservoir.

Pour les mines, nous ne connaissons pas, même approximativement, la forme du réservoir. Mais nous pouvons recourir à l'expérience pour construire empiriquement la *caractéristique* d'une mine déterminée : il suffit de porter bout à bout les tronçons de la courbe d'exhaure correspondant aux périodes sèches, c'est-à-dire, sans résidus : cette courbe représente les variations du débit du réservoir non alimenté par les résidus.

Cette caractéristique étant supposée construite en prenant le jour comme unité de temps, on peut en déduire une caractéristique construite avec le

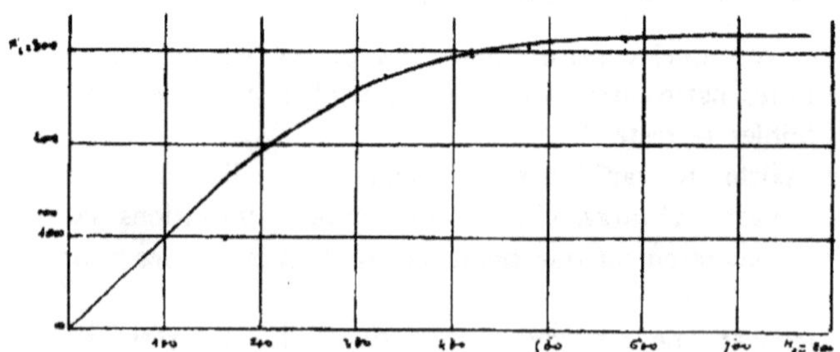

Fig. 1. — Courbe adjointe donnant H'_2 en fonction de H_1

mois pour unité de temps; ce qui permettra d'opérer rapidement sur l'espace de plusieurs années.

Reste à introduire l'action des résidus mensuels.

Pour cela, nous remarquerons que q étant proportionnel à $\sqrt{b}$, nous pouvons introduire dans les calculs la quantité : $H = K^2 s^2 b = q^2$.

Ayant construit la caractéristique représentant les variations de q en fonction du temps en période sèche, nous en déduirons celle qui représente les variations de H, c'est-à-dire de q^2, et une *adjointe* qui nous donnera la valeur (H'_2) de H pendant le mois (M_2) en fonction de sa valeur H_1, pendant le mois (M_1) en l'absence de résidus.

Enfin, nous déterminons par tâtonnement une relation entre les résidus mensuels R et les quantités δH dont ils font varier H :

$$\delta H = R \cdot f(H) \tag{3}$$

Soit alors le mois (M_1), pendant lequel le résidu est R, l'exhaure $q = q_1$ et $H = H_1$.

Si le résidu était nul, la valeur de H pendant le mois suivant (M2) serait égale à (H'2) donnée par l'adjointe. Mais en réalité on a :

$$H_2 = H'_2 + \delta H; \qquad q_2 = \sqrt{H_2}$$

On peut donc construire le graphique d'exhaure de proche en proche, mois par mois, à partir d'un point quelconque.

Nous avons appliqué avec succès cette méthode à plusieurs mines. Pour

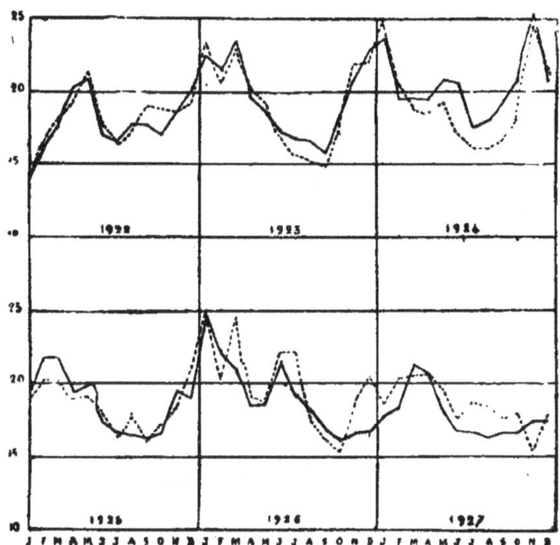

Fig. 2. — Graphique de l'exhaure mensuelle

— vraie

... calculée

l'une d'elles par exemple nous avons construit l'adjointe (fig. 1) et admis la relation [3] :

$$\begin{cases} \delta H = R \left(\dfrac{H}{100} - 1 \right) & \text{pour } H < 400 \\ \delta H = 3.R & \text{pour } H > 400 \end{cases}$$

Nous construisons ainsi le graphique d'exhaure, qui suit de très près le graphique réel de 1920 à 1927 (Fig. 2).

Les résultats moyens annuels sont les suivants :

Exhaure. moyenne annuelle	Exhaure		Erreur
	Vraie	Calculée	
—	—	—	—
1922	17,9	18.1	+ 1 %
1923	19,4	19,0	— 2 %
1924	20,3	19.3	— 5 %
1925	18,7	19.1	— 0 %
1926	19.1	20.1	+ 6 %
1927	17.75	18.5	+ 4 %

Une étude plus détaillée montrerait le succès de la méthode appliquée aux résidus et à l'exhaure jour par jour.

Nous pouvons donc considérer nos hypothèses comme justifiées.

La méthode est féconde car elle permet de déblayer le terrain de l'action des résidus, pour élucider l'action des méthodes d'exploitation : elle a déjà servi, malgré les variations climatiques, à reconnaître l'aggravation de l'état de certaines mines, à discuter l'efficacité de travaux effectués dans le but de diminuer l'exhaure et même à déceler des communications entre un ruisseau et une mine, là où tout autre moyen avait échoué.

OBSERVATIONS NOUVELLES
SUR LA STRUCTURE DU VENT

PAR

WILHEM SCHMIDT

Professeur de météorologie et climatologie à la Hoschschule Für Bodenkultur (Vienne)

Voici un très bref rapport au sujet d'expériences sur la structure du vent et sa turbulence. C'est là un domaine qui peut intéresser non seulement les météorologistes, mais aussi les physiciens et ceux qui étudient l'Aéro- et l'Hydrodynamique. En même temps, il présente une certaine importance pour l'étude du vol et ses conditions, ainsi que pour diverses applications, par exemple pour la climatologie théorique et appliquée.

Le Comité de Secours à la Science Allemande, à Berlin, a inséré la question considérée, à cause de son importance, dans la liste de travaux de grande utilité et l'a subventionnée. Les recherches que je rapporte ci-dessous ne remplissent qu'une partie de ce programme.

A peu près aucun des appareils construits jusqu'à ce jour n'est capable de mesurer d'une manière satisfaisante les plus petites oscillations de la vitesse du vent. La plupart sont tellement inertes, que des oscillations régulières, même de période de 20 secondes ne sont enregistrées que très

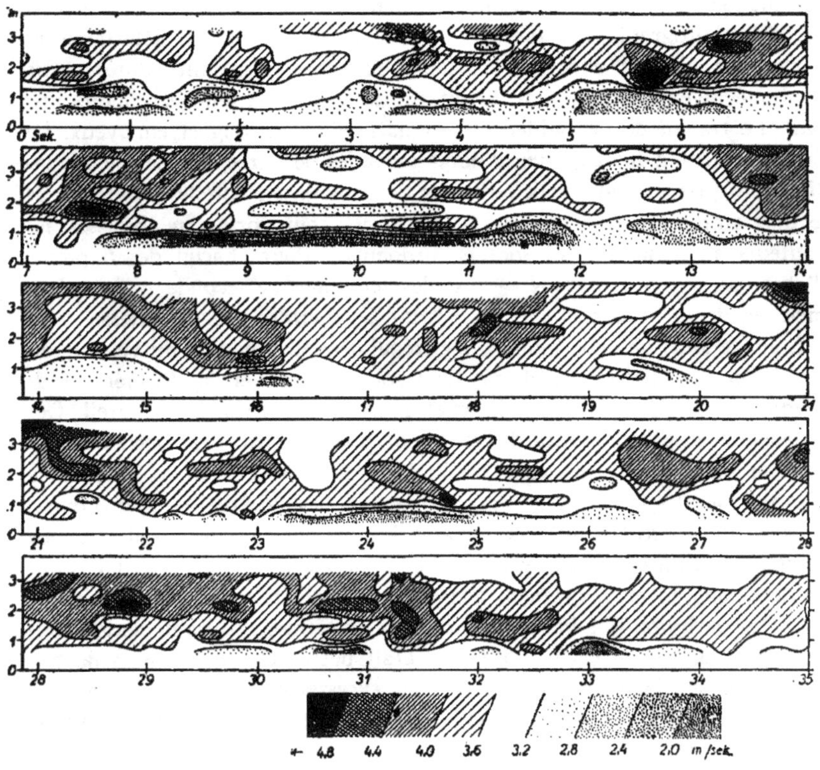

Fig. 1

amoindries et avec de grandes déformations — exception faite pour les appareils utilisés par M. Magnan.

Nous avons construit des instruments spéciaux : ce sont des plaques exposées à la pression du vent. Elles sont constituées de cercles de fil de fer de 20 centimètres de diamètre couverts par un tulle léger et suspendus librement à des fils de 50 centimètres de longueur. Le poids de chaque plaque est de 12 grammes en chiffres ronds. Une fois que l'axe horizontal de rotation de la plaque est installé normalement à la direction du vent, la plaque prend une position inclinée par rapport à la verticale; l'angle entre la plaque et la verticale donne la vitessè du vent d'après la courbe d'étalonnage. La perméabilité du tulle a l'avantage d'amortir entièrement les oscillations.

L'observation se fait de la façon suivante : on installe verticalement un mât (comme nous avons fait pour les expériences effectuées près de Vienne), mât sur lequel sont attachés 8 bras horizontaux à chaque 1/2 m. à partir du sol. Sur ces bras sont fixés convenablement les axes de rotation des plaques. A l'aide d'un appareil cinématographique placé de côté on prend 7 photographies instantanées par seconde. Ensuite on détermine les angles des plaques avec la verticale pour chaque instant; après avoir appliqué diverses corrections, la vitesse du vent est connue à chaque instant. Le travail de dépouillement est naturellement long et ennuyeux. Le dépouillement d'une expérience de 35 secondes de durée, que je viens d'indiquer, a pris presque deux semaines de travail. On voit les **résultats** sur le diagramme des isoplètes, fig. 1.; les temps sont portés en abscisses, les hauteurs au-dessus du sol sont en ordonnées. Pour chacun des 8 points d'observation, on a marqué — tous les septièmes de seconde — la valeur mesurée de la vitesse et on a construit les courbes d'égale vitesse.

L'image ainsi obtenue montre une irégularité surprenante du vent, quoique les masses passent au-dessus d'un sol plan, couvert uniformément de gazon sur une distance de 5 kilomètres avant d'arriver à l'appareil. Des couches de grandes vitesses du vent sont placées entre des couches de vitesse moindre. En ce qui concerne la formation de tourbillons réguliers à axe horizontal — comme on en observe dans les expériences hydro-dynamiques sur le frottement aux surfaces limites des liquides — il y a peu de chose à remarquer. Un tel tourbillon à un axe horizontal aurait l'aspect suivant dans notre diagramme : en haut, où la vitesse de propagation et celle du tourbillon ont la même direction, la vitesse résultante serait considérable; en bas — cette résultante serait petite. On trouve bien de tels tourbillons sur la figure 1, mais ils sont excessivement rares. On ne peut donc aucunement décrire la turbulence dans l'atmosphère libre en disant que l'espace est rempli des tourbillons.

Je ne parlerai pas ici des essais entrepris pour définir les caractéristiques générales de différentes espèces de courants atmosphériques. Mais je donnerai les résultats d'une autre expérience, qui montre la différence entre les courants d'air soufflant au-dessus de terrains différents.

Pour cette étude on a installé deux mâts sur la rive orientale du lac de Neusiedl (50 km. à peu près à l'Est de Vienne), à la distance de 10 m. environ l'un de l'autre; entre les mâts on a tendu des cordons de mètre en mètre de hauteur, et sur les cordons on a suspendu un certain nombre de plaques pour mesurer la vitesse du vent. On prend des photographies avec l'appareil cinématographique, et, après avoir dépouillé les clichés, on obtient la distribution instantanée des vitesses du vent sur une section de 10 m. de largeur et de 4 m. de hauteur.

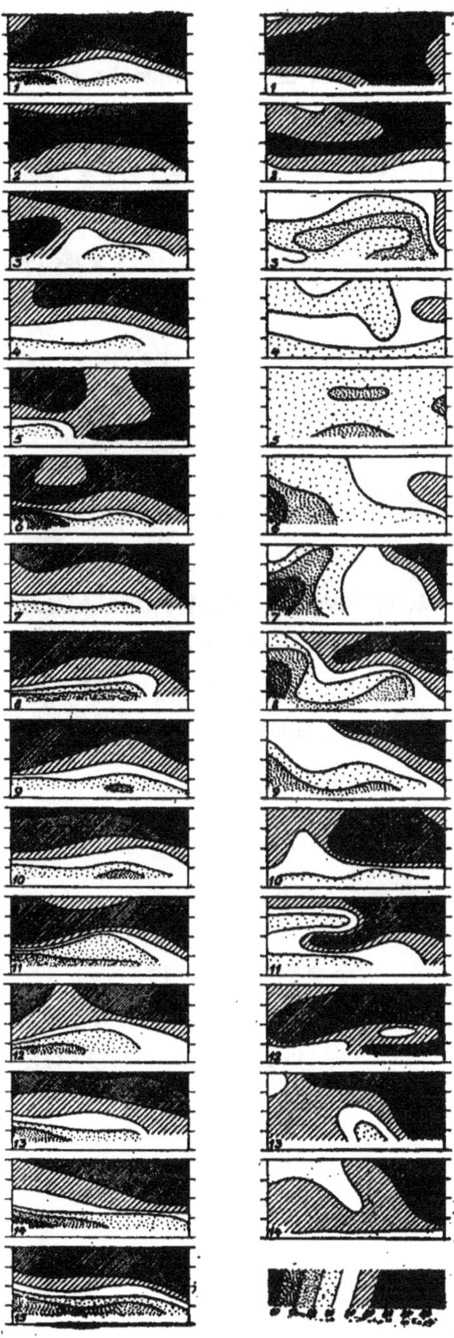

Fig. 2

La figure 2 donne deux séries de valeurs, l'intervalle de temps entre deux prises de vues successives étant de une seconde. La série à gauche correspond au vent, qui a soufflé au-dessus du lac sur 10 kilomètres de long, c'est-à-dire au « vent du lac »; l'autre série correspond au « vent de terre » soufflant au-dessus de la surface tout à fait plane à l'Est du lac de Neusiedl. La différence saute aux yeux ; pour le « vent du lac » on voit clairement les couches horizontales de différents courants, les plus grandes vitesses étant au-dessus; pour le « vent de terre » les différences suivant l'horizontale sont souvent beaucoup plus développées que suivant la verticale.

Il serait prématuré de vouloir tirer de cette documentation réduite des règles générales. Je voulais toutefois attirer l'attention sur les deux expériences ci-dessus, qui sont les premiers exemples d'une étude aussi détaillée de la structure du vent dans une région donnée.

COINCIDENCES REMARQUABLES ENTRE LES VARIATIONS IMPORTANTES DE LA TEMPÉRATURE ET LES VARIATIONS RAPIDES DES TACHES SOLAIRES

PAR

H. MÉMERY

PARTICULARITÉ DE CERTAINS PROCESSUS DE FORMATION ET D'ÉVOLUTION DES NUAGES

PAR

P. MOLCHANOFF
Physicien Observatoire aérologique de Pavlovsk U. R. S. S.

---

1. - LES VENTS
SUR LES COTES DES SABLES D'OLONNE
2. - TEMPÊTES DE FIN MARS 1928
SUR LES COTES DES SABLES D'OLONNE

PAR

R. RAUTLIN DE LA ROY

Ingénieur civil des Sables d'Olonne

———— ⁓ ————

INFLUENCE DU MISTRAL
SUR LA NAVIGATION AÉRIENNE

PAR

E. ROUGETET

Météorologiste, à l'O. N. M. Montélimar (Drôme)

———— ————

Ayant une influence nettement déterminée sur la circulation fluviale, ferroviaire et routière, le mistral ne pouvait avoir qu'une action encore plus directe sur la navigation aérienne.

Là, son influence s'exercera d'une façon plus brutale, puisqu'il ne rencontrera aucun obstacle. Le relief chaotique des massifs Cévénols et du Diois causeront bien à son débit des irrégularités plus ou moins grandes suivant l'altitude, mais ces irrégularités ne se manifesteront plus, ou du moins très atténuées, à partir d'une certaine altitude.

Nous nous occuperons, en particulier, du cas où le mistral local exerce son influence sur toute la vallée du Rhône depuis Valence jusqu'à Avignon et quelquefois Marseille. Dans le cas de mistral général, en effet le vent est très fort en altitude et le manque de renseignements au delà de 2.000 mètres ne nous permet pas d'affirmer l'existence d'un zone, selon nous probable, où le vent serait moins fort et de composante Ouest.

Dans le cas de mistral local intervient la largeur du fleuve aérien que nous avons essayé de déterminer sur la carte ci-jointe.

Il est logique de supposer que puisque, dans ce cas, la vallée du Rhône est le siège d'un courant rapide Nord-Sud, ce même courant n'étant sollicité que par les dépressions dynamiques des plaines rhodaniennes, n'aura qu'une vitese réduite à l'Ouest et à l'Est de la vallée.

A la suite de nombreuses enquêtes faites personnellement auprès des pilotes de lignes, nous pouvons dire que les avions n'ayant aucune crainte de s'engager au-dessus du massif du Vercors pourront plus aisément effectuer par cet itinéraire Marseille-Lyon, par temps de mistral local, que par

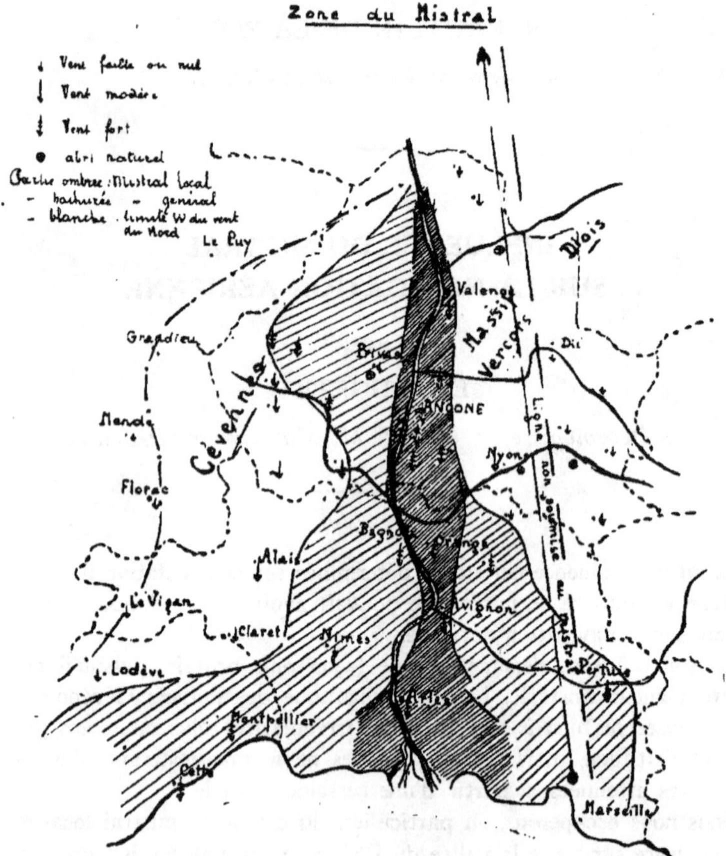

la vallée du Rhône. Ils trouveront, certes, un peu de vent contraire, en vertu de l'attraction des molécules et de la viscosité des couches et aussi par suite du contraste thermique dû aux massifs montagneux, mais ils seront bien moins freinés qu'au-dessus de la vallée.

Nous ne pouvons malheureusement rien avancer pour une ligne aérienne qui passerait au-dessus des Cévennes car, jamais les pilotes n'empruntent cette voie, et nous en sommes réduits à utiliser les observations de stations de montagne qui, pratiquement, pour la navigation aérienne, n'ont qu'une valeur relative, n'étant pas isolées dans l'espace. Les seuls renseignements susceptibles d'éclairer le pilote, avant son départ, sont relatifs au choix des couches favorables préalablement déterminées par les sondages. Le navigateur aérien a donc ainsi la possibilité de se fixer des altitudes de vol.

Le dépouillement des sondages effectués à la Station de Montélimar-Ancône de 1921 à 1926 nous a permis d'établir des roses de fréquence et de nous rendre compte du rôle important que joue le couloir rhodanien sur les couches basses de l'atmosphère.

Les plus grandes fréquences de vent du Nord sont observées entre 400 et 600 mètres. Les montagnes calcaires de l'Ardèche et du Diois, entre lesquelles le Rhône s'est taillé son lit, canalisent en quelque sorte le mistral et lui impriment une direction rigoureusement Nord jusqu'à 600 mètres, atitude moyenne de leurs sommets immédiats. Au-dessus, cette fréquence Nord, quoique prédominante jusqu'à 2.400 mètres (fréquence $=$ 3), décroît ensuite mais irrégulièrement. En effet, variant de 205 à 244 (moyenne annuelle) entre 400 et 600 mètres, elle tombe brusquement à 146 à 700 mètres. Les nombres 204 et 149 correspondant aux altitudes de 800 et 1.000 mètres créent une irrégularité dans la courbe de décroissance. De 900 à 1.200 mètres, la fréquence décroit de 123 à 107 puis brusquement à 1.300 mètres tombe à 70. Cet écart est réel puisque, à cette altitude, le ballon est toujours visible. Ceci, avec le faible chiffre de 21 à l'altitude de 2.000 mètres, est un argument en faveur de la *hauteur type* à laquelle devront se maintenir les avions. La prédominance de la fréquence Nord, cependant très faible, se manifeste encore à 2.400 mètres.

La courbe des vitesses confirme d'une façon absolue l'irrégularité du mistral « *canalisé* » jusqu'à 600 mètres, où il atteint 17 mètres seconde.

La vitesse augmente ensuite progressivement jusqu'à 1.200 mètres (23 mètres), pour décroître plus rapidement à 1.700 mètres. Au-dessus de cette altitude, il y a prédominance marquée du secteur NNE avec augmentation rapide de la vitesse de 2.000 à 2.400 mètres; alors qu'entre 1.300 mètres et 1.600 mètres, c'est plutôt le secteur NNW qui domine.

En général, on peut dire que par temps de mistral, le vent en altitude devient plutôt variable dès que l'on atteint l'altitude de 1.400 mètres. C'est en effet à cette altitude qu'apparaissent les premières composantes Sud. Pratiquement, un avion peut trouver, vers cette limite, une couche plus favorable s'il s'agit du trajet Sud-Nord.

De 100 à 800 mètres, précisément dans ce « couloir de vent », l'irrégularité du mistral est un fait. Les rafales y sont brutales, les sautes de vent nombreuses. Il semble qu'au-dessus de 1.200 et 1.400 mètres les avions progressent, non pas avec une vitesse plus grande, mais avec une plus grande stabilité dans le sens vertical.

De nombreux témoignages recueillis auprès du personnel volant, il résulte que vers l'altitude comprise entre 1.400 et 2.000 mètres, les irrégularités du mistral sont atténuées. Cette zone serait donc la plus propice aux voyages aériens dans le sens Sud-Nord à moins d'indications précises données par les sondages, permettant de situer une couche propice *inférieure ou supérieure*. Ce moyen mis en pratique a déjà donné des résultats appréciables.

Par temps de mistral local, l'influence du courant ne s'étend guère à plus de 30 ou 40 kilomètres à l'E et à l'W de la vallée. Ceci a une importance capitale pour les lignes aériennes puisque les renseignements fournis par la météorologie permettent déjà aux avions d'effectuer le trajet avec un gain appréciable de temps et de combustible.

DÉTERMINATION DE LA HAUTÉUR DES NUAGES PAR DES MESURES AÉROLOGIQUES

PAR

M. ROBITZSCH

Observatoire de Lindenberg (Allemagne)

Je résume ici l'expérience que j'ai acquise sur la possibilité d'obtenir, à l'aide des ascensions aérologiques des données sur la hauteur et l'épaisseur des couches de nuages. On peut obtenir les données voulues dans 85 pour cent des cas. Elles ne s'appliquent pas, ou seulement d'une manière restreinte dans les cas suivants :

1. — *Nuages de vapeur d'eau.*

La détermination des limites inférieure et supérieure des nuages par la comparaison des enregistrements d'humidité à la montée et à la descente n'est possible, pendant la saison chaude où la région parcourue en moyenne par les cerfs-volants et les ballons captifs est à une température au-dessus du point de congélation, que si l'hygromètre a eu assez de temps, pendant la traversée de la couche de nuage, pour se mettre en marche. Mais en général l'établissement de la limite inférieure des nuages se fait d'une manière moins certaine que sa limite supérieure parce que cette dernière est marquée par une inversion et par une brusque saute d'humidité, phénomène qui manque naturellement pour la limite inférieure des nuages.

S'il existe plusieurs niveaux nuageux, l'un au-dessus de l'autre, il devient difficile de faire l'évaluation à l'aide des enregistrements d'humidité si la *différence de hauteur entre ces couches est faible;* l'hygromètre alors ne peut plus suivre les faibles variations de l'humidité au dessous des couches de nuages. Cela provient moins du défaut de sensibilité de l'instrument que du fait que le faisceau de cheveux est recouvert d'une couche d'humidité qui ne s'évapore que lentement; l'appareil est donc saturé. Dans ces cas, il est *généralement impossible* de déterminer la limite inférieure des nuages, mais on peut espérer connaître la hauteur de la surface supérieure des nuages, qui se révèle par un changement du gradient de température, petite isothermie ou inversion de faible valeur. Mais si la distance entre les différentes surfaces de nuages est grande (de l'ordre de grandeur de 500 à 1.000 m. environ), l'analyse devient naturellement possible et donne des indications relativement exactes.

Ces indications valent aussi pour le semestre d'hiver tant que la température, lors des mesures, n'est pas en deça du point de congélation.

2. Pour les *nuages contenant des gouttes d'eau en surfusion*, il arrive souvent que les méthodes aérologiques échouent complètement, car, à cause d'un dépôt de glace presque constant, ni l'hygromètre ni le thermomètre ne peuvent donner des indications précises.

3. *Nuages de glace.*

On peut avoir des nuages de cristaux de glace si la température est au-dessous du point de congélation, quand la saturation en glace est atteinte ou dépassée, donc pour une humidité relative au-dessous de 100 p. 100. Si l'on calcule d'après les données du météorographe « l'humidité relative en glace », cet élément considéré dans sa répartition en altitude permet de déduire la présence de nuages de cristaux de glace. Mais cette méthode suppose que les données de l'hygrographe seront correctement interprétées c'est-à-dire que les phénomènes de défauts de sensibilité éventuels entreront en ligne de compte dans les calculs. Par cette méthode un peu compliquée on arrive à déterminer approximativement la limite inférieure des nuages glacés.

4) *Nuages de neige et de grêle.*

Lorsque les cristaux d'un nuage glacé tombent dans un nuage composé de gouttes d'eau en surfusion, qui a donc une humidité relative de 100 pour 100, et même souvent une plus faible saturation, relativement à l'eau, il se forme, selon le degré de sursaturation ou de surfusion, des grêlons et jusqu'à des cristaux de neige. Les précipitations peuvent, même si elles n'atteignent pas le sol, et par une température au-dessus du point de congélation, jeter une sorte de pont, dans l'espace primitivement dénué de nuages, entre les différentes couches de nuages. La précipitation qui tombe apporte des hauteurs une température plus basse, présentant ainsi une différence de température avec l'air environnant. Chacun des cristaux ne peut, dans ces conditions, disparaître par évaporation; bien plus, il peut s'accroître, car, pour la température de la surface externe des cristaux de glace — et bien que, d'après les données du météorographe les limites de la saturation glacée soient dépassées — la tension de vapeur se maintient encore au voisinage de la tension maxima et même à une valeur de sursaturation. Dans ces cas, l'interprétation du diagramme de l'hygrographe conduit constamment à des erreurs; l'hygrographe indique une espace sans nuage, alors qu'il n'existe point puisque cet espace est rempli par la précipitation qui tombe. Le thermographe permet de bien reconnaître la hauteur de la surface supérieure primitive du nuage par les variations de gradient dans la courbe de température, mais il n'est pas possible de déterminer la limite inférieure des nuages.

Cf. — M. Robitzsch — Uber die Luftdichten in der Atmosphare die mit Wasserdampf ubersattigt sind (De la densité de l'air dans l'atmosphère sursaturé de vapeur d'eau) Mitteilungen... Oct. 1926.

M. Robitzsch. — Die Bestimmung von Höhe und Mächtigkeit von Wolkenschichten aus den Hygrogammen der aerologische Messgeräte. (Détermination de la hauteur et de l'épaisseur des couches de nuages par les diagrammes des hygrographes employés en aérologie) Mitteilungen..., février 1927.

RÉSUMÉ D'UNE NOTE
SUR LA FORMATION DU BROUILLARD

PAR

F. ENTWISTLE

(Meteorological Office, Air Ministry, London)

La note examine huit processus différents de formation possible du brouillard, avec des exemples illustrés par des cartes synoptiques du temps sur le Nord-Ouest de l'Europe et des observations de la température de la haute atmosphère en des stations choisies.

Le brouillard est défini, comme un obscurcissement des couches d'air voisines du sol, déterminé par des particules d'humidité condensées ou de fumée en suspension dans l'air. La majorité des brouillards se forment lorsque l'air, près du sol, se refroidit au contact d'une surface froide. Lorsque le fait se produit, les basses couches de l'atmosphère se stratifient et le brouillard se forme par suite du mélange que la turbulence produit au sein de ces couches, la température de l'air s'abaissant par ce processus, au dessous du point de rosée. Une autre condition pour la formation du brouillard est un vent léger qui permette à l'air de rester en contact avec le sol assez longtemps pour se refroidir et qui en même temps, limite le mélange par turbulence aux plus basses couches.

Les types de brouillards examinés dans cette note sont :

1° *Brouillard de rayonnement.*

Ce type de brouillard apparaît par nuit calme et claire particulièrement en automne et en hiver. Le sol devient froid par suite du rayonnement et le brouillard se forme de la façon décrite. Comme l'air tend à s'écouler des plus hauts niveaux vers les niveaux bas, les brouillards de rayonnement sont prédominants dans les vallées et les bas-fonds.

Les conditions nécessaires à la formation de brouillard de rayonnement se rencontrent le plus fréquemment par temps anticyclonique. On en a eu un exemple persistant quelques jours, entre le 11 et le 19 février 1927, lorsque se produisit un brouillard très étendu sur le Centre et le Sud de l'Angleterre.

2° *Brouillard de « front chaud ».*

Lorsque le front chaud d'une dépression passe sur une zone donnée, il s'accompagne généralement d'une altération de la visibilité. Dans certains cas, le mélange à la jonction de l'air froid et de l'air chaud est suffisant pour produire un brouillard de surface. On en a eu un exemple le 21 novembre 1927, lorsqu'arrivèrent du Continent sur les Iles britanniques des vents froids d'Est et qu'une dépression se déplaça vers le Nord, de l'Espagne à l'Ouest de la Manche, à travers la France où elle transporta des vents chauds du Sud. Le front chaud qui, à 13 h. TMG, le 21, s'étendait sur toute la Manche, passant juste au nord de Bruxelles, se déplaça vers le Nord et à 7 h. TMG le 22, un brouillard étendu se produisit sur l'Angleterre. Une ascension de ballon captif faite à Kew (Observatoire) le matin du 22, indiqua une chute continue de température du sol vers les hautes régions, s'étendant bien au-dessus du brouillard, confirmant ainsi que ce dernier était produit par mélange plutôt que par refroidissement au voisinage du sol.

3° Brouillard *marin*.

C'est principalement au printemps et au début de l'été que le brouillard se forme sur la mer, quand l'air d'origine tropicale, ou l'air chaud qui vient des masses continentales voisines, est entraîné sur la mer qui est encore relativement froide. Les conditions qui résultent de cet état de chose sont alors analogues à celles que nous avons examinées à propos des brouillards de radiation.

On a eu le 26 juin 1924, un exemple de brouillard, se produisant sur la Manche, alors qu'un anticyclone, qui s'était avancé doucement vers le Nord-Est, était centré sur la France. Un minimum barométrique s'approchant de l'Irlande, apporta un afflux d'air chaud des latitudes Sud autour de la limite occidentale de l'anticyclone. Cet air chaud avança vers l'Est le long de la Manche le matin du 26 et un brouillard épais fut signalé en différentes stations côtières. La masse d'air chaud est nettement décelé par un sondage de température effectué à South Farnborough le 26 juin, tandis que les observations faites le même jour à bord des bateaux-phares, indiquaient une température de la mer relativement basse.

4° Brouillard *formé au passage de l'air froid au-dessus d'une masse d'eau plus chaude.*

Le brouillard peut également prendre naissance quand un courant d'air froid passe sur de l'eau chaude. Il n'est toutefois pas facile de définir les conditions de formation, car le réchauffement consécutif des couches d'air les plus basses amène une tendance vers l'instabilité créant des nuages par refroidissement dynamique à un niveau situé au-dessus de la surface de l'eau. La formation de brouillard de surface exige un ajustement très précis entre la température de la surface de la mer et le gradient vertical de température au sein du courant d'air froid.

Les meilleurs exemples de ces brouillards se rencontrent dans les fjords norvégiens quand les vents froids, descendant des montagnes, traversent la mer et peuvent produire des brouillards épais et présentant une étendue considérable.

5° Brouillard terrestre produit par le passage de l'air chaud sur le sol précédemment refroidi.

Le mode de formation du brouillard marin, indiqué au paragraphe 3, se rencontre aussi occasionnellement dans la formation du brouillard sur terre. On en a eu un exemple le 28 décembre 1926. Comme des vents d'Est froids avaient persisté quelques jours sur l'Angleterre et le Continent, le sol était très froid dans le Sud de l'Angleterre. Le 28 décembre, un courant d'Ouest chaud envahit le Nord-Ouest de l'Angleterre, venant de l'Atlantique, et se répandant vers le Sud-Est pendant le jour, déterminant une rapide hausse de température sur le Sud de l'Angleterre ainsi qu'un fort brouillard qui affecta également le Nord de la France, la Belgique et la Hollande. L'arrivée de l'air chaud fut indiquée par une inversion de température entre 1.800 pieds et 3.000 pieds, et qui fut constatée à Duxford dans l'après-midi du 28.

6° Brouillard de mélange.

Le brouillard se produit parfois par le mélange de deux courants aériens de températures différentes. On en trouve l'exemple le 4 février 1923, par convergence de vents d'Est froids et de vents d'Ouest humides et chauds, dans le voisinage des Iles britanniques. Les observations de la température dans la haute atmosphère du 14 au Helder et du 15 à Andover décèlent nettement la différence de température des deux masses d'air. Le mélange des deux courants produisit un brouillard étendu sur une large zone du Sud et du Centre de l'Angleterre.

7° Brouillard élevé.

On observe parfois à Londres un type de brouillard qui résulte de la condensation au sein d'une couche plus ou moins élevée au-dessus de la surface du sol, alors qu'au sol, la visibilité est simplement légèrement affaiblie. La fumée s'accumule dans cette couche élevée et arrive à produire, en plein jour, une obscurité semblable à celle de la nuit. On en eut un exemple le 23 novembre 1927 : un courant de vent chaud du Sud intéressait l'Ouest de l'Angleterre et un courant froid d'Est rencontrait le premier, perpendiculairement. Le courant d'Est se scinda en arrivant sur l'Angleterre, une partie se dirigeant vers le Nord, le long du courant de Sud, et l'autre allant vers le Sud. Le brouillard se forma dans la zone calme entre les trois courants. Une observation de la haute atmosphère à Duxford indiquait une inversion de 10° F entre 2.000 et 3.000 pieds.

8° *Brouillard de fumée.*

Les conditions de la formation des brouillards de fumée sont identiques à celles qu'on a déjà énoncées pour les brouillards causés par la **condensation** de la vapeur d'eau. La stratification de l'air qui se produit dans les conditions déjà décrites ici empêche les particules d'être entraînées verticalement tandis que la faiblesse du vent les empêche d'être entraînées trop vite horizontalement.

Ces brouillards sont caractéristiques des grandes villes et des centres industriels où il y a constamment des fumées de cheminées d'usines et des impuretés dans l'air. Quand les conditions sont favorables, le vent peut porter la fumée à des distances considérables du point d'origine des impuretés.

QUELQUES ASPECTS DE LA STRUCTURE DES NUAGES RÉVÉLÉS PAR LES OBSERVATIONS AÉROLOGIQUES

PAR

C.-K.-M. DOUGLAS

(Météorogical Office, Air Ministry, Londres)

L'invention des aéroplanes nous a pourvu de moyens fort utiles pour l'étude des formations nuageuses. Le pilote (ou l'observateur) peut voir les nuages dans les trois dimensions et sous différents aspects, grâce à la grande mobilité de l'avion. On peut également établir les rapports de la température et de l'humidité avec les nuages.

Couches de nuages plats

L'une des formes de nuages les plus fréquentes est la couche horizontale, ressemblant souvent à une vaste mer qui s'étend dans toutes les directions jusqu'à l'horizon, et dont la figure 1 montre un exemple. (Le banc rectiligne de nuages inférieurs, qui s'étend sur 30 kilomètres environ, et traverse le cliché, constitue une caractéristique intéressante mais anormale). Voici les caractéristiques principales de ces couches de nuages :

(1) Le gradient vertical de température, est plus fort au-dessous qu'immédiatement au-dessus des nuages. Au-dessous la variation peut être adiabatique, tandis qu'au-dessus il y a souvent (sinon toujours) une inversion.

(2) L'humidité relative augmente en montant vers le nuage, bien que l'humidité absolue diminue généralement avec l'altitude. Au-dessus des nuages, on observe d'ordinaire une chute brusque de l'humidité tant relative qu'absolue, particulièrement s'il y a inversion.

(3) L'atmosphère est généralement turbulente au-dessous et dans ces nuages, si bien que l'aéroplane subit maint « remous », alors qu'au-dessus des nuages le vol est plus uni.

Il est pour ainsi dire sûr que la turbulence est la cause primordiale des nuages. Si l'on mélangeait, complètement en l'agitant, une partie de l'atmosphère (soit jusque 1 km. 5 de hauteur), le gradient vertical de turbulence serait adiabatique et la masse d'eau par unité de masse d'air serait cons-

Fig. 1. — Couche horizontale de nuages à 1.000 mètres d'altitude
Berck, le 3 février 1919. Inversion au-dessus des nuages

tante. Cet état de chose causerait évidemment une condensation au sommet de la région turbulente, à moins que l'air ne fût exceptionnellement sec. En réalité, ce mélange est rarement absolu, mais il y a souvent assez de turbulence et d'humidité pour amener la formation d'une couche de nuages.

L'effet de la turbulence se manifeste souvent jusqu'à une limite déterminée par la formation d'une ligne d'horizon au sommet de la brume (haze) montant de la surface du sol. Dans la figure 2 on voit des nuages et de la brume sèche (haze) au-dessous d'une inversion. Le cliché est pris dans le NE de la France, en regardant vers le NW (c'est-à-dire vers l'Angleterre). Des nuages de turbulence se trouvaient au-dessus de la terre ferme, causés partiellement par l'échauffement de la surface pendant le jour et par la brume sèche (haze) et quelques nuages au-dessus de l'Angleterre, à l'horizon. Au-dessus de la Manche, on n'observait aucun nuage, mais seulement une très faible brume (haze).

Strato cumulus traversé par un cumulus

Quand la température et l'humidité de l'air à la surface du sol s'accroissent, il se forme souvent des cumulus au-dessous du strato-cumulus, et il peut arriver que leurs sommets ressortent à travers le strato-cumulus, comme on le voit sur les figures 3 et 4.

Dans le cas de la figure 3, le strato-cumulus est venu de la mer et le cumulus s'est formé au-dessous durant la matinée. On ne voit sur la photographie qu'un seul cumulus, mais les autres ont venus peu après. La distinction nette entre la couche de nuage et le cumulus est seulement en général une phase temporaire : la masse de l'ensemble des nuages devient ensuite irrégulière et accidentée.

En règle générale, les conditions sont trop stables au-dessus des nuages

F.g. 2. — Nuages et brume (haze) en France et en Angleterre avec des espaces clairs sur la Manche. Photo vers le NW, 15 août 1918, 18 heures. Inversion au-dessus des nuages à 1.700 mètres.

pour permettre un développement accusé du sommet du cumulus; toutefois, dans la figure 4, on voit de gros cumulus et cumulo-nimbus, avec de fortes averses, qui se développent au travers d'une couche de strato-cumulus. C'est là une combinaison de nuages assez rare. Les structures nuageuses des figures 3 et 4 se produisent quand les cumulus se développent au-dessous des strato-cumulus. Lorsque c'est la couche de nuage elle-même qui développe des sommets cumuliformes, comme dans l'altocumulus castellatus, la structure est assez différente et comporte de nombreux sommets assez petits, au moins au premier stade de son développement.

On sait que les cumulus peuvent s'étendre au-dessous d'une inversion ou d'une couche stable et former des strato-cumulus ou des alto-cumulus. Dans beaucoup de cas, toutefois, l'humidité est diffusée vers le haut par d'innombrables petits tourbillons qui se mélangent constamment avec l'air environnant, si bien que l'on discerne une couche horizontale de nuages, sans aucun cumulus au-dessous.

On peut observer une couche horizontale de nuages fort éloignée de la turbulence transmise depuis la surface du sol, mais on trouvera toujours de la turbulence dans l'air juste au-dessous, au sein même des nuages. Par exemple, il se peut qu'il y ait une inversion à 2 kilomètres et des altocumulus à 5 kilomètres avec une turbulence de 4,5 à 5 kilomètres. C'est probablement le frottement entre les courants de vents de vitesses différentes qui produit la turbulence. La radiation de la surface des nuages peut aussi provoquer une instabilité thermique et par suite de la turbulence. Dans ce problème, comme dans beaucoup d'autres, en météorologie, il est impossible de distinguer la cause de l'effet.

Cristaux de glace et gouttes d'eau

Un observateur en avion peut généralement distinguer les cristaux de glace des gouttes d'eau qui se trouvent fortement surrefroidies (supercoo-

Fig. 3. — Sommet de cumulus traversant un stratocumulus. Berck, le 28 août 1918, 7 heures. Stratocumulus à 2.000 mètres et sommet des cumulus à 300 mètres environ au-dessus.

led) (au-dessous de 10° C). Les cristaux de glace paraissent généralement plus grands que les gouttes d'eau et peuvent être recueillis en vue de leur examen; ils provoquent souvent des colonnes solaires et des phénomènes de halos. Les gouttes d'eau surrefroidies sont généralement trop petites pour tomber, mais provoquent la formation de givre ou de glace sur l'avion, et si le soleil brille, cela forme des anneaux de diffraction autour de l'ombre de l'aéroplane sur le sommet des nuages.

Les couches de nuages telles que celles des fig. 1 et 2 (y compris les altocumulus) sont formées de gouttes d'eau, tandis que les cirrus typiques, y compris les cirrus qui se forment sur les cumulonimbus, sont composés de cristaux de glace ou de flocons de neige. Les grandes dimensions des cristaux de glace les incitent à tomber, et l'on voit parfois des filaments de cirrus tombant d'une couche d'alto-cumulus, par suite du développement en flocons de neige des gouttes d'eau surrefroidies.

Les alto-stratus fibreux sont aussi composés de cristaux de glace et il en est de même pour la plupart des nuages en voile (nebulous).

Un nuage à travers lequel le soleil paraît brouillé, comme à travers du verre dépoli (en français dans le texte) est composé de cristaux de glace. Quand on voit le soleil à travers un nuage formé de gouttelettes d'eau, les bords sont nets. Lorsque la base d'un altostratus affecte une forme ondulée ou festonnée (mammilated) ou ressemble à un nimbus élevé, bien que n'ayant pas une structure fibreuse, il est probable que cette partie du nuage est composée de gouttes d'eau.

Il arrive parfois qu'un altostratus se compose d'une série de couches de nuages, dont quelques-unes ou même toutes, et plus spécialement les

Fig. 4. — Grands cumulus et cumulonimbus traversant un stratocumulus à 2.400 mètres. Sommet du grand cumulus à 3.400 mètres et cumulonimbus à 6.000 mètres. Berck, le 23 septembre 1918, 18 heures, en regardant vers l'W.

plus basses, ont réellement une structure d'altocumulus, et si l'une de ces couches existe, indépendante, avec du ciel bleu au-dessus, elle apparaîtra, pour un observateur au sol, comme un altocumulus.

Plus fréquemment, cependant, l'altostratus est un nuage en voile de plusieurs kilomètres d'épaisseur, surtout lorsqu'il est formé de cristaux de glace. La chute des cristaux de glace, qui sont souvent de véritables flocons de neige, rend diffus les bords du nuage et peut causer des précipitations même jusqu'au sol, qui, sans cela, ne se seraient pas produites. Toutefois, la cause principale et de la précipitation et de la formation de l'altostratus, est l'ascension de grandes masses d'air, provoquée par une convergence au-dessous (ou par des causes orographiques) et c'est là une des raisons principales de la grande extension verticale des altostratus, atteignant plus de 6 kilomètres, et formant généralement une masse continue de nuages, qui rejoint les nimbus inférieurs de turbulence. S'il n'y a pas de nimbus, la base de l'altostratus peut être mal définie et la neige s'y mélange à la pluie. La pluie est beaucoup moins opaque que la neige, mais les nuages de gouttes d'eau ordinaires, sont formés de petites gouttelettes et sont beaucoup plus opaques que les nuages de cristaux de glace où les éléments sont plus grands et moins nombreux.

Quelques conclusions générales

On admet généralement que le refroidissement adiabatique provoqué par le mouvement ascendant est la principale cause de la formation des nuages. L'étude des nuages dans les trois dimensions suggère quatre principaux types de mouvements verticaux, qui déterminent les caractéristiques de la plupart des formations nuageuses bien définies du niveau moyen et bas. Les voici :

(*a*) Mouvement ascendant lent au-dessus d'une surface étendue, causé soit par la convergence dans le mouvement horizontal généralement sur une surface de discontinuité (front), soit par des causes orographiques, et qui donne naissance à l'altostratus et aux précipitations continues.

(*b*) Masses d'air moins importantes que précédemment, s'élevant à travers l'air environnant, et formant des cumulus, des cumulo-nimbus et des averses.

(*c*) Diffusion tourbillonnaire, formant des nuages en couches horizontales, comme celles que les clichés ont montrées (st., st., cu.; ou a. cu.) et aussi des nimbus à la base des altostratus.

(*d*) Mouvements ascendants locaux, généralement assez faibles, se produisant au sein des couches humides, gardant (tout au moins temporairement) leur stratification, et causant des nuages lenticulaires ou des capuchons (en français dans le texte).

Il n'y a pas de limites bien nettes entre ces différents processus et deux ou trois d'entre eux peuvent agir ensemble. Par exemple, le sommet d'un altostratus peut occasionnellement avoir une apparence cumuliforme qui ressemble souvent au sommet fibreux d'un cumulonimbus. De grandes « enclumes » (en français dans le texte) se développant depuis des cumulo-nimbus qui se dissolvent à leur base, ressemblent à certaines formes de l'altostratus. Si nous cherchons à obtenir une explication plus complète de l'évolution des formes de nuages, il nous faut examiner différents facteurs qui agissent durant des intervalles de temps considérables.

Nous avons déjà noté que des cumulus peuvent s'étaler en stratocumulus ou en altocumulus. Les altocumulus se forment aussi quelquefois à partir des altostratus en voie de dissolution, et séparés des nuages inférieures par une couche stable et sèche. A l'origine, l'humidité a été apportée par un mouvement s'étendant sur une vaste échelle, mais la cause immédiate des nuages est probablement le mouvement tourbillonnaire, qui peut facilement amener la formation des nuages lorsque l'humidité est déjà grande. Ce type d'altocumulus est probablement le « ciel de marge » le plus caractéristique des météorologistes français.

Il n'est pas douteux que les recherches aérologiques aideront fortement à la connaissance de ces intéressants problèmes.

I. - QUELQUES PARTICULARITÉS DÈS PROCESSUS ATMOSPHÉRIQUÈS LIÉS A LA FORMATION ET AU DÉVÈLOPPÈMENT DÈS STRATUS ET CUMULUS

PAR

P. MOLTCHANOFF

Physicien à l'Observatoire Aérologique de Pavlovsk (U. R. S. S.)

La formation des nuages étant due aux mouvements verticaux de l'atmosphère, la connaissance exacte des conditions d'équilibre des masses d'air et très importante.

Le fort gradient vertical de température (même dépassant 3°,6 par 100 mètres), ne peut pas, à lui seul, provoquer les mouvements verticaux nécessaires. C'est toujours l'inégalité de la distribution des densités dans les couches horizontales qui est la condition nécessaire et suffisante pour que les déplacements verticaux des masses d'air prennent naissance. Les gradients verticaux de température supérieurs à la valeur adiabatique favorisent les mouvements ascendants, surtout lorsqu'il s'agit de masses d'air humide.

Les mouvements verticaux peuvent s'organiser non seulement au voisinage du sol, mais aux étages supérieurs de l'atmosphère, grâce à l'insolation inégale des différentes couches d'air, causée par la présence de particules solides ou liquides en suspension dans l'air. Plus l'insolation est intense, plus les particules nécessaires au développement du processus considéré peuvent être petites. La quantité et les dimensions de ces particules diminuant avec l'altitude, au voisinage de l'équateur, l'effet considéré se fait alors sentir à des altitudes plus élevées. Il est possible que ce phénomène soit une des causes pour lesquelles la limite inférieure de la stratosphère s'élève des pôles vers l'équateur.

Pour la formation des nuages, la turbulence (Brandumgszone de W. Georgii) des couches basses de l'atmosphère joue un rôle essentiel. Si l'humidité de l'air est suffisamment grande, on assiste à la formation de couches de nuages stratifiés; dans le cas contraire, on observe la formation des nuages cumuliformes. En effet, dans ce dernier cas, une parcelle de nuage formée par turbulence se réchauffe par insolation et se développe verticalement, surtout si le gradient vertical de température est favorable. Ainsi le cumulus n'est pas l'effet immédiat du courant ascendant, mais il est plutôt le milieu où ce courant ascendant se développe et prend de la force.

En présence de la grande humidité de l'air, le cumulus se développe jusqu'au stade cumulo-nimbus, nuage qui matérialise toutes les propriétés du mouvement ascendant. Le courant ascendant dû au cumulo-nimbus puissant se fait sentir même au voisinage du sol, en produisant des mouvements tourbillonnaires.

La table ci-dessous montre la relation étroite qui existe entre l'altitude des stratus et les mouvements turbulents.

$\Delta t,°C$	0-1	1-2	2-3	3-4	4-5	5-6	6-5	7-8	8-9
Hauteur en mètres Pavlovsk..H	270	360	490	570	730	810	880	810	810
Hauteur en mètres Koursk..H	290	390	540	570	730	790	800	800	860

Δt est la différence entre la température de l'air et le point de rosée. H est, en mètres, l'altitude observée du stratus. On obtient les mêmes résultats pour les nuages cumuliformes.

Il y a lieu de noter que l'atmosphère fonctionne, pendant la formation des nuages, comme un régulateur de la température de l'air au sol. En effet, l'insolation intense provoque des mouvements turbulents, amenant la formation des nuages qui diminuent l'insolation et causent un refroidissement des couches basses de l'atmosphère par une chute de pluie froide.

Le rôle stabilisateur de l'atmosphère reste valable, non seulement pour les nuages locaux, mais pour les Systèmes nuageux de MM. Schereschewsky et Wehrlé. En effet, le courant tropical (chaud) monte au-dessus du courant polaire (froid), provoquant ainsi la formation des nuages et de la pluie; ces deux phénomènes tendent à abaisser la température du courant chaud. D'autre part, l'air polaire apporte des éclaircies, l'insolation augmente et l'air froid se réchauffe. On voit que les processus de condensation et d'évaporation dans l'atmosphère tendent, en été, à étouffer les différences de température et, par suite, à rétablir l'équilibre rompu.

II. — MÉTÉOROGRAPHE DESTINÉ AUX SONDAGES PAR AVIONS

(MÊME AUTEUR)

Pour l'utiliser dans les nombreuses ascensions en avion, j'ai fait construire un type spécial de météorographe qu'on peut fixer directement sur l'aile de l'aéroplane. L'appareil permet d'enregistrer :

1) La pression atmosphérique au moyen d'un tube barométrique de Bourdon ;

2) La température à l'aide d'une lame bimétallique (métal invar et cuivre soudés) ;

3) L'humidité, au moyen d'un faisceau de cheveux spécialement préparés. Tous les organes sensibles sont retenus par de petits ressorts qui assurent la stabilité des plumes et leur indépendance des secousses. Pour augmenter la sensibilité de l'appareil, on a doublé les organes thermométriques et barométriques. Les plumes sont retenue par des

Fig. I

ressorts de balancier de montre, elles tournent dans un plan horizontal autour d'un axe vertical, ce qui diminue l'influence des secousses verticales (les plus fortes) de l'aile de l'avion.

On fixe directement l'appareil sur l'aile de l'aéroplane, ce qui ne demande pas plus d'une minute, quel que soit le type de l'avion (biplan ou monoplan). Le poids des derniers modèles ne dépasse pas un kilogramme. A un déplacement d'un millimètre des plumes de l'enregistreur, correspondent une variation de pression de 10 millimètres de mercure, et une variation de température de 0°5. Malgré cette grande sensibilité, on obtient des inscriptions parfaitement nettes, et toutes les variations des éléments sont enregistrées sans inertie.

La figure 1 montre l'extérieur de l'appareil.

LES SYSTÈMES NUAGEUX AU DESSUS DE PAVLOVSK PENDANT L'ANNÉE 1920

PAR

D.-A. RITTICH

Physicien à l'Observatoire aérologique de Pavlovsk (U.R.S.S.)

Depuis longtemps déjà plusieurs météorologistes s'accordaient sur la nécessité d'étudier les différentes formes de nuages en considérant chacun d'eux, non pas isolément, mais comme des éléments de système nuageux.

M. A. U. Dobrowolsky en émit l'idée il y a déjà 25 ans, pensant avec raison, que cette étude serait plus facile dans l'hémisphère Sud où les situations atmosphériques sont plus simples et plus normales que dans l'hémisphère Nord; il prit part en 1897-1899 [1] à l'expédition belge pour le pôle Sud. Durant cette expédition, il s'est occupé spécialement des études systématiques de morphologie des nuages (en un an il a pu suivre presque 100 systèmes nuageux différents), dont il a extrait non seulement des règles de propagation des nuages (en quantité et qualité), dans le sens vertical (qui étaient déjà connues), mais la règle, ou plutôt la notion de l'existence, dans le sens horizontal, des systèmes nuageux, ainsi que la règle de propagation des nuages dans les sytèmes. N'ayant pas trouvé son travail personnel comme suffisant, Dobrowolsky préconisa, dans une campagne qu'il fit dans la presse, la nécessité d'un travail collectif sur un réseau étendu de postes afin de vérifier les résultats obtenus et de voir s'ils étaient applicables à l'hémisphère Nord.

L'initiative d'observation des systèmes nuageux sur un vaste réseau de postes appartient aux météorologistes français et norvégiens. Les Français ont obtenu d'excellents résultats [2], tandis que les Norvégiens, qui ont travaillé indépendamment, ont trouvé des résultats identiques. Les Norvégiens ont, en conséquence, réorganisé en 1921 leur réseau, en créant beaucoup de nouveaux postes, de sorte qu'à présent, la Norvège dispose de 100 postes météorologiques environ.

Les Russes ne peuvent actuellement songer à réaliser un réseau semblable, et pour y remédier, doivent intensifier, sur le réseau existant, les observations de systèmes nuageux.

---

(1) A. DOBROWOLSKY. — Observations des nuages. Voyage du S. I. Belgica. Rapport scientifique, météorologie. Anvers, 1903.

(2) Ph. SCHERESCHEWSKY et Ph. WEHRLÉ. — « Les systèmes nuageux ». Paris, 1923.

Aussi depuis quelques années, les observatoires aérologiques et, en particulier, celui de Constantinov, notent, chaque heure, la nébulosité et la nature des nuages, classés en groupe de nuages bas et élevés. L'observatoire aérologique de Pavlovsk suit de plus la classification *des nuages de l'Atlas International Loisel et Kuzuiccov.* Le matériel d'observation employé en Russie consiste en herse néphoscopique, ballon sonde et ballon pilote.

L'intérêt du problème des systèmes nuageux m'a amené à l'étudier et j'ai employé la méthode suivante en me basant sur les observations horaires effectuées dans les postes; j'ai essayé de déterminer les systèmes; j'ai ensuite critiqué mes résultats par comparaison avec les bulletins quotidiens, les cartes synoptiques et les sondages par ballons sondes ou ballons pilotes de l'année 1920.

Sur les 76 systèmes nuageux, dont le passage au-dessus de Pavlovsk a été noté pendant l'année 1920, 60 ont été dépressionnaires (cycloniques) et 16 ont été orageux. Parmi les systèmes cycloniques, 26 étaient simples (1), 20 composés (2) et 14 de marge.

Les systèmes n'ont pu être déterminés exactement, les observations n'étant pas effectuées la nuit. Avec des observations pendant les 24 heures, la quantité totale de systèmes aurait été de 80 environ. Le tableau ci-dessous donne la répartition des différents systèmes entre les mois et les saisons. On remarquera que le maximum de passages de systèmes simples sur la station, a eu lieu pendant la période froide, c'est-à-dire du 1ᵉʳ octobre au 1ᵉʳ mars.

Systèmes	J	F	M	A	M	J	J	A	S	O	N	D	Période froide	Période chaude	Année
Dépressionnaires — Simples	2	2		1		2	5	2	2	6	1	3	14	12	26
Dépressionnaires — Composés	2	3	2	2	2	1		1	1	1	2	3	13	7	20
Dépressionnaires — De marge					4	1	2	2	2	1	1	1	3	11	14
Dépressionnaires — Systèmes orageux				1	3	4	6	2						16	16
Totaux	4	5	2	4	9	8	13	7	5	8	4	7	30	46	76

Les passages de systèmes composés sont deux fois plus nombreux pendant la période froide que pendant la période chaude. Les systèmes orageux n'ont été observés que pendant la période chaude et la station de Pavlovsk a été 11 fois en marge de ces systèmes. Tous ces systèmes étaient séparés par des intervalles variant de quelques heures à quelques jours.

---

(1) Un système simple possède toutes ses parties nettes et déterminées et est suivi d'un intervalle bien défini.

(2) Dans le système composé il manque l'intervalle.

Résumé des systèmes nuageux pour l'année 1920

1. — La règle de propagation des espèces nuageuses en relation avec la propagation du maximum de nébulosité dans le centre (corps) des systèmes nuageux est confirmée ainsi que la règle de propagation des précipitations.

2. — La forme (vue) du corps d'un système nuageux au-dessus d'un point n'a pu être déterminée.

3. — La dimension dès systèmes nuageux n'a pu être déterminée, mais le sera au moyen des observations pour la navigation aérienne.

4. — L'échelonnement des nuages en altitude dans le mouvement des systèmes est confirmé.

5. — Les mouvements des systèmes nuageux étaient liés à ceux des noyaux de minima de pression. Les variations du thermomètre étaient très différentes.

6. — L'influence des noyaux de variations de pression sur la structure des systèmes nuageux n'a pu être déterminée.

7. — La classification des systèmes nuageux basée sur le type et la structure (cyclonique et orageux) telle qu'elle a été faite en France peut être considérée comme rationnelle.

8. — Mais il y a lieu de diviser les systèmes cycloniques en systèmes simples et systèmes composés.

Les systèmes d'A. Cu. ne sont pas confirmés par les observations de 1920. Le partage d'un système en front, corps, traine et marge peut être admis.

9. — La distribution des nuages dans les différentes parties d'un système était la suivante :

Système simple : front Ci, Ci-St et Ci-Cu, puis corps Ci-St et Ci isolés, A-Cu et A-St, les nuages bas Fr. Cu, Nb et Fr-Nb donnant des précipitations. Après quelques heures de pluie, les Nb se déchirent et on voit des nuage élevés. Enfin traîne avec Fr. Nb, St., St. Cumuliforme, St Cu et St. en hiver, et Fr. Nb, Cu, Cu Nb, Nb Cumuliforme, A. St, Ci, Ci. Cu, et Ci. St en été.

Système composé : front mêmes nuages que dans le système simple mais front plus court et lié avec le corps dans lequel on avait les Nb, Fr. Nb, Nb Cumuliforme, Fr. Cu. La traîne comportait, en période froide, St. Cu, St. Cumuliforme, Fr. St, Fr. Nb, et plus rares A. St, A. Cu, Ci. St, Ci et en période chaude, Fr. Nb, Fr. St, St. Cu, St. cumuliforme, A. St, A. Cu, Cu. Nb, Cu, Ci. St et Ci; dans la marge on notait : Ci, Ci. St, Ci. Cu, A, Cu, A. St, St. Cu, Cu, Fr. St.

Systèmes orageux : front : Ci, Ci. St, Ci. Cu; corps : Ci, Ci. Cu, Ci. St, A. Cu, A. St, St. Cu, Cu, Fr. Cu, Nb Cumuliformes, Nb, Fr. Nb et Cu. Nb. La traîne était dans tous les cas confondue avec le corps.

10. — Le passage des systèmes a toujours débuté par des Ci. en filaments, s'épaississant par la suite. La durée du passage des Ci. a été : dans les

systèmes simples, 4 heures environ et avec les C. St, de 4 à 8 heures; dans les systèmes composés, de 2 à 4 heures. Dans les systèmes orageux, les Ci. du front diffèrent peu des Ci. des systèmes cycloniques. Les Ci. de marge avaient la même structure que les Ci. de front; quant aux Ci. de traîne, ils étaient différents.

11. — Les Ci. St du front étaient en hiver compacts et en été filamenteux. La durée de leur passage était de 8 heures environ et leur altitude de 8.000 à 9.000 mètres. .

12. — Le passage de l'A. Cu a duré au maximum 10 heures. Avec le St. Cu., 19 heures. L'altitude des A-Cu du front des systèmes simples était en hiver 5.270 mètres avec une vitesse de 22 m./s. Ceux du front des systèmes composés étaient à 4.180 mètres. En marge 5.070 mètres et dans la traîne 2.930 mètres.

13. — L'altitude des A-St dans les systèmes simples était : en front, de 4.900 m. à 3.060 m.; en traîne, 2.640 m. En systèmes composés, les A-St étaient rares en front, fréquents dans la traîne. Dans les systèmes orageux les A-St en marge et corps ont parfois donné des précipitations à une altitude de 2.650 à 1.500 mètres.

14. — Les St-Cu du front étaient plus élevés en période froide (1.700 à 1.500 m.) qu'en période chaude (1.220 m.). En traîne, période froide, 2.000 m.; période chaude, 1.000 m. Dans les systèmes composés les St-Cu se sont souvent transformés en A-Cu. En marge, ils étaient entre 2.560 et 1.130 m. Dans les systèmes orageux, les St-Cu ont été notés souvent entre 2.200 et 1.900 m.

15. — Les St. et Fr-St des systèmes simples étaient plus élevés pendant la période chaude (front 760-770 m.; traîne : 720-1.070 m.) que pendant la période froide (front : 500 m.; traîne : 690 m.). En marge les St. se plaçaient entre 220 et 270 m. en période froide et 240 à 1.020 m. en période chaude.

16. — La durée de passage du noyau de pluie des systèmes simples composés de Nb et Fr-Nb variait suivant la profondeur du système et la partie qui passait au-dessus de Pavlovsk (corps ou marge). En période froide les précipitations ont duré de 3 à 48 heures, donnant au maximum 7,9 millimètres, en période chaude elle variait de 12 à 15 h. et donnait de 0,5 à 34,2 millimètres de pluie, dans la traîne les précipitations n'étaient pas mesurables. L'altitude des Nb était au début du corps 690 mètres et dans la traîne de 700 à 1.040 mètres. Les systèmes composés ont donné de fortes quantités de pluie (21,2 mm.).

Dans les systèmes orageux les précipitations ont duré 2 à 4 h., donnant de 0,0 à 4,4 millimètres d'eau; l'altitude des Nb était 890 mètres.

17. — Les Cu-Nb de système orageux ont été observés dans le corps et la traîne, ce qui correspondant tout à fait aux observations des météorologistes français.

18. — On n'a pas prêté beaucoup attention aux Cu.; on les a trouvés **dans la traîne et dans la marge.**

COURANTS TELLURIQUES SUR BASES TRÈS COURTES

PAR

Marc LARDRY

Professeur de Physique

Poursuivant depuis 1923 des études sur la propagation des ondes courtes j'ai eu l'idée, dès le début, d'étudier les variations de résistance du sol. Pour cela, j'ai établi deux prises constituées·par deux plaques de zinc de 30/30 centimètres enfouies face à face à 1 mètre de profondeur dans la couche géologique à 8 mètres l'une de l'autre, sur une ligne Est-Ouest. Les fils de connexion sortent de terre à l'intérieur d'un tube de porcelaine vernissée les isolant de la couche superficielle dont l'humidité est par trop variable.

Depuis le 1er novembre 1924, ces prises de terre sont fermées en permanence sur un enregistreur Chauvin et Arnoux (type pyrométrique) donnant sa déviation totale pour 500 microampères (1/2 milliampère).

Tout d'abord, j'ai constaté que, bien que très sensible, mon installation n'est pas perturbée par les courants industriels (tramways, secteur triphasé dont le neutre est à la terre). En effet, j'ai eu à certaines époques des enregistrements parfaitement rectilignes ou à courbures très régulières pendant plusieurs semaines, et à d'autres époques, au contraire, des oscillations très fortes alors que le courant est coupé dans les lignes de tramways (nuit) et que le secteur était en panne générale.

Le dépouillement de tous les graphiques met en évidence des variations d'intensité qui se classent très nettement.

En premier lieu, des variations très lentes et à *allure saisonnière*.

Ce qui caractérise 1925 c'est une intensité moyenne constante du 1er janvier au 1er mai, puis une croissance lente mais d'une régularité merveilleuse jusqu'au 15 juin suivie d'une décroissance aussi régulière. On trouve ainsi un fort mais étroit maximum en juin suivi d'un autre maximum très atténué le 1er septembre. Enfin une large et profonde cuvette du 1er septembre au 1er décembre.

L'année 1926 est caractérisée par une lente mais régulière croissance du courant du 1er janvier au 15 juillet, puis par une magnifique décroissance du 15 juillet au 10 décembre.

1927 a une allure identique. Palier ou presque en janvier, février et mars. Cette année présente aussi deux maximums; l'un d'une durée de un mois en juin, l'autre très large s'étalant du 15 août au 1er novembre. Une cuvette en fin d'année comme les années précédentes mais plus profonde et **plus étroite.**

1928, après un mois de janvier faible, mais assez troublé, donne une intensité très faible mais presque constante pendant plus de 3 mois. Mai retrouve un peu d'agitation et juin voit la montée annuelle se dessiner. Le maximum atteint le 18 juin persiste encore le 12 juillet.

On pourrait croire que le système est un couple thermoélectrique accusant les variations de température. Or les graphiques telluriques et thermométriques ne s'emboîtent pas l'un dans l'autre. D'ailleurs si les variations de température étaient enregistrées, on devrait constater un maximum tous les jours après-midi et un minimum toutes les nuits. On ne constate rien de tout cela, donc les variations de température de l'air sont sans action sur des bases courtes.

Les prises étant noyées dans la couche géologique de glaise verte toujours humide. la base des plaques à un mètre de profondeur, est-ce que les variations de température du sol ne suivent pas exactement celles de l'air? Je n'ai encore pu installer un thermomètre enregistreur convenable pour vérifier le fait, cependant je ne crois pas que là soit la cause des variations lentes des courants de terre. En effet, du 1er janvier au 1er mai 1925, c'est-à-dire pendant les mois d'hiver, l'intensité est restée constante à 300 microampères; le maximum de juin est de 600 microampères; juillet et août, mois chauds, donnent 200 microampères; du 1er septembre au 1er octobre l'intensité décroît régulièrement de 250 à 50 microampères et octobre se maintient à 50; en novembre l'intensité remonte et atteint 250 microampères le 15 décembre. De même juillet 1926 donne 550 microampères, puis descente rapide jusqu'au 1er septembre, alors que cette année les mois d'août et de septembre ont été particulièrement chauds.

Autre exemple : janvier, février, mars 1927 se maintiennent à 150, avril tombe à 0, juin monte à 550 et juillet tombe à 70; puis l'intensité remonte en août, septembre et octobre pour tomber à 30 en novembre et remonter à 200 en décembre.

Je suis donc à peu près certain que les variations d'intensité ne sont pas provoquées par les variations de température. Mais pour en trouver les causes il me reste encore à dépouiller toutes les observations magnétiques et solaires portant sur près de quatre années.

Après les variations lentes, ce qui frappe le plus ce sont les manifestations d'instabilité apparaissant à certaines époques. Le courant est à peu près constant ou bien croît ou décroît lentement lorsque brusquement l'intensité tombe à une valeur inférieure ou passe à une valeur supérieure à laquelle elle se maintient plusieurs heures ou plusieurs jours jusqu'à ce que, brusquement encore, elle prenne une nouvelle valeur. A certains moments donc, le courant de terre passe par une série d'équilibres métastables sous l'effet d'excitations variées : éclairs à quelques kilomètres, mise en route du moteur triphasé alimentant mon poste émetteur, mise en route d'un chargeur d'accumulateurs qui, comme le moteur, n'a aucun point à la terre.

Dans ces cas le choc est certainement hors de proportion avec l'effet produit.

Parfois après une montée instantanée, l'intensité décroît lentement; j'ai alors pensé que mes plaques de terre recevant un choc se chargeaient comme un accumulateur en absorbant une grosse quantité d'électricité restituée lentement par suite de la résistance de la ligne qui est de près de 200 ohms. Cela est vrai de temps à autre car en quelques heures l'intensité reprend la valeur qu'elle avait avant la perturbation; mais la plupart du temps, il s'agit d'un autre phénomène. Si l'on découpe les fragments de graphiques décalés les uns par rapport aux autres pour les mettre bout à bout, on constate qu'ils forment une ligne continue donc qu'ils sont décalés parallèlement à eux-mêmes. Les intensités pendant une perturbation étant multipliées ou divisées par un facteur constant, cela prouve que la résistance de la ligne seule varie brusquement, la force électromotrice continuant à suivre sa loi de variation.

En troisième lieu, on remarque sur les graphiques des pointes très brutales de durée extrêmement courte. Principalement lorsqu'un orage est à proximité, tout éclair dans un rayon de 5 kilomètres donne un choc à l'aiguille de l'ampèremètre tantôt dans le sens d'un accroissement, tantôt dans le sens d'une diminution d'intensité. Cela peut prouver ou bien que le courant induit dans le sol par la décharge est apériodique, c'est-à-dire de sens unique, ou bien oscillant, mais tellement amorti qu'il se réduit à deux alternances très dissymétriques dont l'intensité moyenne actionnerait l'enregistreur.

Mais alors dans l'un ou dans l'autre cas, les prises de terre doivent se polariser et l'intensité, qui, par exemple, a subi un accroissement brutal, doit revenir lentement à sa valeur initiale lorsque la polarisation disparaît. C'est en effet ce que l'on constate parfois. Mais le plus souvent, l'aiguille ayant bondi revient aussitôt à sa position initiale, or l'amplitude est telle que le nombre de coulombs reçus devrait polariser les plaques.

Je me suis donc demandé si malgré la parfaite symétrie géométrique de mes plaques, celles-ci ne détectaient pas les courants alternatifs tels ceux de fréquence élevée des éclairs. En effet, en faisant fonctionner mon poste émetteur (antenne, contrepoids sans aucun point à la terre), j'ai constaté que parfois l'aiguille du milliampèremètre dévie et reste déviée pendant toute la durée d'un trait continu et suit fidèlement la manipulation. D'autres fois, au contraire, l'émission n'a absolument aucun effet. Les prises de terre détectent donc quelquefois, ce qui explique pourquoi, pendant la guerre, il était possible de recevoir l'amortie de la Tour directement sur les bases de T. P. S. Les périodes pendant lesquelles se manifeste le phénomène de détection coïncident avec celles des équilibres métastables se succédant rapidement. Je me propose d'étudier systématiquement ces instabilités et de reconnaître si elles viennent du sol ou des électrodes, question primordiale dans les recherches sur la propagation des ondes et des parasites.

Reste enfin l'effet de la pluie sur les courants telluriques. Les pluies ordinaires, pluies fines ou moyennes, ne produisent aucun effet sur le courant permanent même si, durant plusieurs jours, elles détrempent le sol. Les grosses averses, qui en très peu de temps inondent le jardin dans lequel sont faites les prises, agissent une ou deux heures après le commencement de l'averse; l'intensité décroît alors exponentiellement pendant 3 ou 4 heures et remonte linéairement en deux ou trois jours à sa valeur initiale. Là probablement, il s'agit d'un phénomène d'infiltration modifiant la conductibilité du sol.

Les grains nettement caractérisés par la violence et la courte durée de la pluie, les coups de vent et l'affolement de la girouette, agissent instantanément. L'intensité monte dès la première goutte d'une dizaine de microampères puis en une heure revient à sa valeur initiale, à partir de ce moment elle décroît exponentiellement comme sous l'effet d'un grain; cette seconde partie correspond probablement à l'infiltration de l'eau. Pendant la durée du grain on observe parfois une agitation extraordinaire de l'aiguille qui semble soumise à un courant alternatif de très petite amplitude et de période 2 à 3 secondes.

Enfin, pendant une chute de grêle, entre le premier et le dernier grêlon, l'aiguille oscille comme pendant les grains, mais avec une amplitude de plusieurs centaines de microampères. Dès que la grêle cesse, l'aiguille prend une position d'équilibre différente de celle qu'elle avait avant le grain, puis brusquement quelques heures après, reprend son équilibre initial.

En somme une base courte permet de reconnaître les pluies fortement électrisées de celles qui ne le sont pas. Peut-être même ne font-elles que d'enregistrer les différences d'intensité du champ électrique au niveau du sol entre deux verticales voisines ; c'est ce qu'il serait intéressant de vérifier en montant deux électrodes à égaliseur de potentiel à chaque extrémité de la base.

UNE MÉTHODE GYROMÉTRIQUE
DE PRÉVISION DES TEMPÉRATURES MINIMA
ET DES MÉTÉORES DANGEREUX

PAR

Drs ROUX et SENECCA

Station Météorologique de Nice-Masséna

SUR LE CALCUL DE L'ÉVAPORATION HYDROLOGIQUE EN PARTANT DES PRÉCIPITATIONS

PAR

JEAN LUGEON

Docteur ès-sciences, Institut Central Météorologique (Zurich)

Si l'on considère d'une manière tout à fait générale, un réseau hydrographique, composé de cours d'eau, de lacs, etc.., ayant un émissaire, le cycle des précipitations, pour une période déterminée, a la forme suivante :

$$H = P - E + (I' - I) \qquad (1)$$

où $H =$ hauteur d'écoulement, $P =$ précipitation, $E =$ évaporation, condensations occultes déduites, dite *évaporation hydrologique*, $I' =$ réserves d'eau dans le sol avant la période, $I =$ infiltration de la pluie et de la neige, considérées du début à la fin de la période. Ces valeurs sont réduites à l'ensemble du bassin et appliquées à son centre de gravité hydrologique. Celui-ci est défini par son altitude, au-dessus du niveau de base de l'émissaire, tirée de la relation :

$$P_v = \int \int f_1 (A, S) \, dA \, dS \qquad (2)$$

où, dans un système de coordonnées rectangulaires à 3 dimensions $P =$ axe des pluviosités, $A =$ axe des altitudes, $S =$ axe des surfaces, définies par une ligne hypsographique $S = f_2 (A)$, PV est le volume précipité.

J'ai cherché à calculer les termes E, I' et I, pour une dizaine de cours d'eau du type pluvial préalpin (sans glaciers), afin de construire une formule me donnant directement la hauteur annuelle et moyenne annuelle d'écoulement, en partant des précipitations et d'autres facteurs météorologiques. Le problème est important pour l'irrigation et l'aménagement hydroélecrique de cours d'eau à débits mal connus.

J'ai trouvé que l'évaporation hydrologique annuelle et l'évaporation physique annuelle, soit la tranche d'eau mesurée par un évaporomètre, ne varient pas dans le même sens, au cours des années.

L'une ne peut pas suppléer l'autre dans les calculs hydrologiques. En effet, alors que l'évaporation physique dépend de la température, du déficit hygrométrique, de la pression barométrique et de la turbulence de l'air, l'évaporation hydrologique annuelle est fonction principale, dans la région des Alpes :

1° de la pluviosité P;
2° de la température estivale T;
3° **de l'indice de nivosité v** ;
4° de la perméabilité des terrains.

Il est clair qu'elle varie aussi selon l'altitude à laquelle on la considère. Cette variation s'exprime par l'exponentielle :

$$E = f_a (A) = E_o\, e^{-k\,(A - A_o)^s} \qquad (3)$$

qui est analogue à la courbe d'évaporation de M. Coutagne [1], où E_0 est le maximum d'évaporation, à l'altitude A_0, k est une valeur dépendant des principaux facteurs climatiques.

Ceci dit, j'ai pu déterminer séparément les valeurs E, I' et I, à l'aide de quatre combinaisons de fonctions, entre les facteurs cités. Ce sont :

$$E_t = f_t (T) \qquad (4)$$
$$E_v = f_v (v) \qquad (5)$$
$$I = f_T (T) \qquad (6)$$
$$I' = f_P (P) \qquad (7)$$

En ajoutant E_t et E_v en valeur absolue, tirées de 4 et de 5, on a l'évaporation hydrologique E. En outre la relation 7 se confond pratiquement avec la fonction 6, dans la région des Alpes, ce qui simplifie le calcul des infiltrations.

La fonction 4 répond à l'équation suivante :

$$\text{Log. nép.} \; \frac{T(E_t - b)}{c} = -\frac{a}{cE_t}$$

où a et b sont invariables suivant les climats, mais dépendants de la nature géologique du sous-sol, et c dépend de la position géographique de la région.

La fonction 5 est une droite. Les fonctions 6 et 7 sont des exponentielles analogues à 3.

Ces formules vérifiées expérimentalement, me donnent pour des bassins préalpins, dont la surface varie entre 50 et 450 kilomètres carrés, les valeurs extrêmes suivantes, en millimètres :

$250 < E < 850$; $250 < E_t < 950$; $30 < E_v < 100$; $20 < I$ ou $I' < 250$.

---

(1) COUTAGNE, A. — Contribution à l'étude du ruissellement. Rev. Gén. d'Electr., tome IX, n°° 25 et 26. Paris, juin 1921.

D'une année à l'autre, l'écart maximum de la perte par évaporation hydrologique, sur la pluie recueillie, est de 450 millimètres.

L'indice de variabilité de l'évaporation hydrologique est donc notablement plus petit que l'indice de variabilité de la pluviosité. L'écoulement fluvial est ainsi doué d'une certaine *inertie*, par rapport à la pluviosité annuelle, dans les Alpes.

Cette loi s'avère d'ailleurs de plus en plus, au fur et à mesure que l'on se rapproche des régions tropicales.

LÈS CONDITIONS MÉTÉOROLOGIQUÈS
PÈNDANT LÈ VOL DE « L'ITALIA »
à travers l'Europe Centrale, les 15 et 16 avril 1928

PAR

Dʳ G. SWOBODA

Institut Météorologique d'Etat. Prague.

Les 15 et 16 avril 1928; le dirigeable polaire italien « Italia » a traversé l'Europe centrale en partant de Milan pour arriver à Stolp en Poméranie, sa première station d'étape. Pendant ce trajet, il arriva subitement au voisinage d'un violent ouragan qu'il réussit à éviter en faisant vers le Sud une retraite de plusieurs heures. Je vais indiquer brièvement les conditions météorologiques qui ont régné pendant le vol [1] et, en même temps, je décrirai l'organisation que l'Institut Météorologique d'État à Prague avait mis à la disposition de l'« Italia », pour la protection du vol.

Cette étude doit servir de contributions aux recherches sur les conditions météorologiques des vols à longue distance, recherches qui sont exécutées depuis un certain nombre d'années, pour améliorer — en se basant sur les expériences acquises dans des cas spéciaux — l'organisation générale de la protection météorologique des déplacements aériens.

La situation météorologique européenne, entre les 8 et 14 avril, est caractérisée par une forte invasion d'air dirigée de l'Océan Glacial vers les Balkans par suite de laquelle le centre de l'anticyclone arctique ($>$1030 mb) est transféré du Spitzberg jusqu'à la Scandinavie centrale. Le front

---

[1] Voir schéma figure 1.

froid est arrêté le 14 au soir *sur la ligne Belgrade - Munich - Francfort-sur-Mein - Abbeville* et la nuit suivante, il commença à se retirer lentement vers le Nord : un courant d'air du SW plus chaud, appartenant au quadrant Sud-Est d'une dépression barométrique (750 mb) située sur la moitié Est de l'Atlantique, repousse peu à peu l'air froid. On ne peut déceler des masses d'air tropical qu'au-dessus de la Méditerranée Occidentale, les masses d'air avançant au-dessus du Sud-Ouest de l'Europe — malgré leur haute température près du sol — ne sont que quasi-chaudes et se composent d'air polaire maritime soumis à l'action de la dépression atlantique. Ce fait est important pour ce qui suit et seul explique les phénomènes qui auraient pu devenir funestes au dirigeable.

Donc l'air polaire arctic accourant de l'Est, est contigu jusqu'à des hauteurs assez importantes, à l'air polaire quasi-chaud venant du Sud-Ouest, et ceci le long de leurs limites communes dans l'Europe centrale, marquées par une profonde poche barométrique de la dépression atlantique. La première masse d'air sus-mentionnée montre, le 15 à 8 h. HEC près du sol des températures autour de zéro, la deuxième, de 7 à 11° C. La limite longe, à ce moment-là, à peu près la ligne Budapest-Mayence-Cherbourg. Au Nord de cette limite, de la pluie ou de la neige tombe de nuages bas et la visibilité est mauvaise; ceci se produit par suite de l'ascension de l'air quasi-chaud supérieur; au Sud-Ouest, il fait clair avec une bonne visibilité. Jusqu'au soir, à 19 h. HEC, ce front a reculé jusqu'à la ligne Kieff-Leipzig-Aix-la-Chapelle-Plymouth.

L'« Italia », ayant quitté le 15 avril à 2 h. 10 Milan, et ayant passé à la pointe du jour le Karst, n'atteint pas ce front le même jour. Il se trouve, depuis le matin, sur la voie de Lubljana-Vienne-Brunn dans la direction du Nord, dans l'air polaire quasi-chaud, qui par suite de la forte radiation solaire favorisée par une transparence excellente, se réchauffe, dans les couches voisines du sol, presque jusqu'à une température caractéristique pour l'air tropical sous ces latitudes. La conséquence en est un intense gradient vertical de température (0.9°C par 100 m.) et une grande instabilité verticale de l'air, ce qui facilite l'évolution des lignes de grains.

On peut déceler surtout deux de ces lignes de grains qui, pendant le jour, à l'intérieur de l'air polaire quasi-chaud, avancent vers l'Est, suivis chacun d'une rotation passagère du vent vers le N. W. La première croise, près de Vienne, l'itinéraire du dirigeable et lui apporte, outre la pluie, passagèrement un vent contraire; la deuxième se développe l'après-midi au-dessus de la partie Nord de la Bohême, en front orageux et atteint le dirigeable après avoir passé sur le territoire tchécoslovaque, vers le soir, près de Glatz, en Allemagne.

Pour assurer la protection météorologique du vol de l'« Italia » au-dessus de la Tchécoslovaquie, l'Institut Météorologique d'Etat à Prague organisa le service suivant : en réponse à un avis télégraphique, 34 postes du réseau météorologique de la navigation aérienne devaient chaque heure envoyer par fil leurs messages chiffrés à Prague; en outre, les postes silésiens et moraves devaient les envoyer aussi à Brunn. Les variations brusques du temps devaient être rapportées immédiatement. Le commandant du dirigeable avait été avisé que les observations météorologiques seraient émises collectivement par le poste de T.S.F. aéronautique de Prague 40 minutes après chaque heure exacte, sur l'onde de 1.650 mètres. Le chiffre-

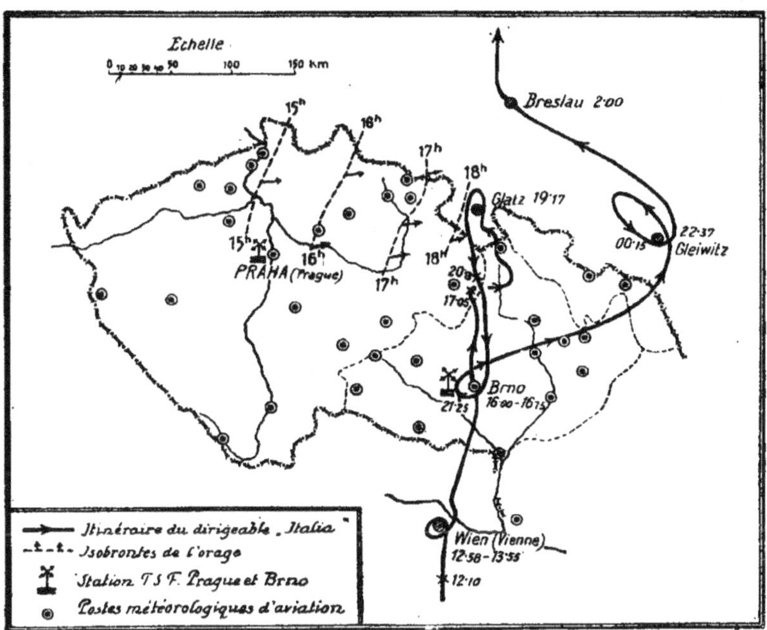

Fig. 1

ment et la liste des stations avaient été communiqués. En outre, les postes de T.S.F. de Prague et de Brunn devaient continuellement être prêts à recevoir et à émettre sur la longueur d'onde de 900 mètres. Cette organisation commença à fonctionner le 15 avril peu après l'arrivée à Prague, à 8 h. 15 du message du départ.

A 10 h. 37, le poste de T.S.F. de Prague entra en communication avec le dirigeable qui se trouvait alors à 100 kilomètres environ au sud de Vienne. A partir de 10 h. 40, des messages météorologiques collectifs furent émis chaque heure à Prague, excepté ceux de 12 h. 40 et de 15 h. 40, car peu avant, l'« Italia » avait demandé ces messages météorologiques à Brunn. Les messages de Prague de 11 h. 40, 13 h. 40 et 14 h. 40 contenaient aussi une description du temps. Le dirigeable se fit répéter le dernier message à 15 h. 02 et demanda une prévision, qui fut donnée pour la Moravie septentrionale et la Silésie tchécoslovaque. Les orages n'étaient pas prévus ; du reste, il n'en survint pas dans les régions mentionnées.

Mais lorsqu'à 15 h. 30, les premiers messages d'orages dans la Bohême septentrionale parvinrent à Prague, et qu'on craignit que le dirigeable fut atteint plus tard par le front orageux, on établit des avertissements d'orage à 15 h. 30, 16 h. 10, 17 h. 15 et 18 h. 30. Malgré tous les efforts pour atteindre le dirigeable, qui correspondait longuement avec les postes allemands, ce n'est que du second avertissement que nous pouvons dire qu'il soit vraiment parvenu à bord de l'« Italia ». Cet avertissement avait été joint au message collectif de 16 h. 40 et il indiquait la ligne du front orageux : Decin-Nymburk-Kutna Hora — avançant avec une vitesse de 65 km. h. vers l'ENE ; il fut répété, sur demande du dirigeable, à 17 h. 12. A 17 h. 32, l'« Italia » interrompit toute correspondance avec toutes les stations.

Ayant reçu le deuxième avertissement d'orage, le dirigeable qui, à ce moment, avait à peine passé Moravskà Trebovà, Mahr, Trübau, obliqua vers l'Est, mais reprit bientôt la direction du Nord et, après avoir traversé vers 18 heures les Sudètes près de Kràliky (Grülich), il vola droit dans le front orageux venant de l'Ouest. La lutte contre l'orage eut lieu dans le bassin de Glatz en Allemagne, et dura une heure environ ; le dirigeable réussit ensuite à se retirer en Tchécoslovaquie, où le ciel s'était pendant ce temps-là presque entièrement éclairci. A 19 h. 12, l'« Italia » s'annonça par T.S.F. à Prague ; pendant les deux heures suivantes, il laissa déterminer sa position par les postes de T.S.F. tchèques et allemands et à 21 h. 30 il reprit son chemin vers le Nord, en contournant les Sudètes à l'Est. Dans la matinée du 16, il vola à travers le front de l'air froid arctic au-dessus de l'Est de l'Allemagne, où les précipitations avaient presque entièrement cessé, et il atterrit à Stolp à 8 h. 15.

SUR CERTAINES ANOMALIES DES GRAINS
DANS LA VALLÉE DU RHONE MOYEN

PAR

ALBERT BALDIT

Inspecteur régional à l'Office National Météorologique. Le Puy

---

Certaines anomalies constatées dans la progression et le changement de nature des grains lorsqu'ils se propagent du Massif Central vers la vallée du Rhône moyen, conduisent à examiner ces phénomènes d'un peu près. La question présente un intérêt manifeste en raison du développement croissant de la Navigation aérienne le long de cette artère et de l'importance qu'y prend la protection de l'aviation au point de vue météorologique.

Les seules particularités examinées ici sont les suivantes :

1° Anomalies dans la vitesse de propagation de certaines lignes de grains, retard, ou au contraire, accélération dans la progression; répétition des phénomènes.

2° Modification dans la nature des grains, le plus souvent dans le sens de l'aggravation : des grains anodins observés à l'W du Rhône deviennent violents dans la vallée.

L'explication que nous donnons de ces singularités reposant en partie sur les caractères géographiques de la région étudiée, — région que nous limitons au quadrilatère Mende, Montélimar, Lyon, Clermont-Ferrand — il y a lieu de résumer les caractères qui peuvent influer sur le développement des phénomènes météorologiques d'allure brusque tels que les grains.

a) Par la configuration même de la vallée du Rhône resserrée entre les Alpes et le Massif Central, le vent de S produit par le champ isobarique général y acquiert une vitesse considérable.

b) L'insolation de l'ensemble du Massif Central et le fort mouvement de convection qui en résulte engendrent — comme dans tous les dispositifs géographiques analogues — un mouvement cyclonique dont l'axe est sensiblement l'axe du Massif. Sur le bord oriental des Cévennes, le vent de S peut donc être renforcé par ce mécanisme, qui suffit d'ailleurs à lui seul à donner naissance à un courant atmosphérique de cette direction.

c) Dans la même région, les parties les plus élevées du Massif Central constituent des écrans locaux qui troublent la progression des masses d'air froid venant d'entre W et N; les vallées qui descendent des Cévennes et aboutissent au Rhône ajoutent leur effet perturbateur. Donc, même en supposant qu'une surface de front froid ou une succession de surfaces d'irruption d'air froid se présentent suivant un front à peu près rectiligne lorsqu'elles arrivent sur le Massif Central, ce front se déforme dans sa marche vers l'E, certaines parties étant en retard sur d'autres, d'où incurvation de la ligne et isolement de certaines masses d'air.

d) Enfin, comme causes accessoires, la pente très accentuée du Massif vers la vallée du Rhône, et le refroidissement de l'air par radiation sur les hauteurs, accroissent l'accélération des masses d'air froid venant de l'W et ajoutent à la brusquerie des phénomènes à allure rapide tels que **les grains.**

Anomalies dans la vitesse de propagation des grains, répétition des phénomènes.

On suppose qu'il existe un secteur d'air chaud dont l'étendue recouvre une partie de la France occidentale et dont le sommet est situé au N de la vallée du Rhône.

Par l'avance du front froid, la partie N de ce secteur peut être occluse avant la partie S, celle qui recouvre l'E du Massif Central et la vallée du Rhône. De l'air chaud qui a envahi la vallée du Rhône, deux parts sont à faire : l'une, la plus méridionale, contribue à la formation des dépressions de Gênes, l'autre persiste plus longuement dans la vallée et donne lieu, avec l'air froid qui gagne peu à peu vers l'E, à la succession des grains et des phénomènes brusques étudiés ici.

Mais, par la disposition même de la région, l'écoulement prolongé du vent de S et sa vitesse élevée opposent une sorte de résistance à la progression de l'air froid, ou, tout au moins, diminuent fortement sa vitesse d'extension. De là le retard observé. Ce n'est qu'au moment où le vent de S faiblit, que le mouvement en avant reprend une vitesse appréciable.

La vitesse de propagation des grains devient parfois si faible qu'on pourrait mettre en doute le lien qui les unit dans le temps. Tous ces phénomènes ont cependant une cause unique, l'extension du domaine d'air froid; et on peut résumer la règle de prévision en ces quelques mots : lorsqu'un secteur d'air chaud a envahi la vallée du Rhône, et qu'une ligne de front froid est signalée à l'W, on doit s'attendre à des manifestations de grains ou, plus généralement, à des phénomènes brusques, tant que la rotation du vent et le changement de température ne se sont pas manifestés au sol et dans la hauteur, *et cela quel que soit l'intervalle de temps qui s'écoule jusqu'à l'apparition de ces phénomènes.*

Entre autres exemples illustrant cette anomalie, nous citerons le cas de la ligne de grain observée le 31 mars 1928, atteignant la station de Bron, près de Lyon, à 9 h. 20, Le Puy-en-Velay à 10 h. 12, et Montélimar, seulement à 17 h. 30. Dans cette région la vitesse de progression n'est que **de 16 kilomètres à l'heure.**

Le refroidissement que l'air subit par radiation sur les hauteurs du Massif Central, et la pente rapide du Massif vers la vallée du Rhône, augmentent au contraire la vitesse de progression de l'air froid et aggravent localement les phénomènes.

Mais ce refroidissement peut revêtir une allure périodique, la période étant le jour solaire : il se traduit alors par une répétition des phénomènes de discontinuité, averses, grains, ou orages à des heures de la journée sensiblement les mêmes.

La reprise diurne des discontinuités peut d'ailleurs être causée par le mouvement de convection cyclonique autour du Massif Central, puisque ce mouvement, engendré par l'insolation, possède une variation diurne. Lorsque le vent de S produit par la convection, s'apaise vers le soir, les masses d'air refroidies sur les hauteurs du Massif et momentanément maintenues par ce courant, reprennent leur progression vers l'Est. On explique de cette manière la marche irrégulière de certaines lignes d'orage qui, immobilisées pendant une certains temps à l'W de la vallée du Rhône, descendent dans la valéée aux heures tardives du jour ou dans la nuit.

Modification dans la nature des grains, formation de trombes ou de tornades.

Pour montrer l'effet du relief dans le cas actuel et expliquer les modifications que ce relief peut entraîner dans la nature des grains lorsque la ligne atteint la vallée du Rhône, il est commode de se reporter à une image d'hydrodynamique.

Supposons que dans un courant liquide de vitesse régulière on introduise différents obstacles, et qu'un courant secondaire de densité différente vienne rencontrer le premier obliquement à sa direction, en aval et à une faible distance des obstacles. La présence de ces obstacles introduit dans le premier courant des différences de vitesse, et on constate alors que la ligne de séparation des deux courants qui, auparavant, était sensiblement régulière, présente des indentations profondes, points d'élection pour la formation de tourbillons. Les creux de la ligne correspondent aux points où la vitesse du courant principal étant plus forte, refoule localement le courant secondaire.

En remplaçant les obstacles par les hauteurs du Massif Central qui se détachent le plus en relief, le courant liquide par les masses d'air froid venant d'entre W et N, le courant liquide secondaire par le courant atmosphérique venant de S et remontant la vallée du Rhône. on reconstitue l'image des mouvements tourbillonnaires de faible étendue qui naissent sur le bord W de la vallée et peuvent dégénérer en trombes ou en tornades.

C'est le cas d'un phénomène de cette nature qui a été observé dans la région de Montélimar dans la nuit du 22 au 23 juillet 1927, et a causé des dégâts sérieux. Dans les environs du Puy-en-Velay, à une soixantaine de kilomètres à l'W de Montélimar, on note vers o h. et o h. 30 un orage faible sans chute brusque de température et accompagné de précipitations insignifiantes. A la station de Montélimar, qui se trouvait cependant en dehors de la trajectoire de la tornade, la vitesse du vent s'est élevée subitement de o à 16 mètres, et on a mesuré 47 millimètres de pluie ou de grêle. Des arbres de o m. 30 à o m. 50 de diamètre ont été déracinés sur une longueur de plus de 3 kilomètres, et des maisons ont eu leur toiture enlevée et leurs murs écartelés (1).

La région formée par le Massif Central, le Golfe du Lion et la vallée du Rhône présente certaines analogies géographiques avec la région des Etats-Unis située à l'Est des Montagnes Rocheuses où les tornades sont fréquentes. On retrouverait ainsi — toutes proportions gardées dans l'intensité — des phénomènes de même nature dans des dispositions géographiques analogues.

---

(1) D'après une communication de M. Rougetet, chef du poste météorologique de l'O. N. M. à Montélimar-Ancône.

L'UTILISATION EN MÉTÉOROLOGIE DES PARASITES ATMOSPHÉRIQUES

PAR

R. BUREAU
Chef de Section technique à l'Office National Météorologique

Ce qu'il faut connaître :

La constatation des périodes de parasites atmosphériques violents et des périodes de parasites très faibles ou pratiquement nuls est une opération des plus aisées. Une notation un peu précise de l'activité de ce phénomène est au contraire très difficile à réaliser si l'on désire donner une commune mesure aux observations faites en divers points, ce qui est nécessaire dès que l'on veut travailler en réseau.

D'autre part, nous avons montré que, plus que l'activité même du phénomène l'allure de sa variation au cours des 24 heures de la journée présente une importance primordiale dans les applications météorologiques (1)

---

(1) R. BUREAU. — Compte rendu Acad. des Sciences, t. 182, 1926, p. 76.

Une variation diurne régulière caractérisée par la présence d'atmosphériques nocturnes indique que le poste T.S.F. récepteur est éloigné des courants de perturbations météorologiques; (atmosphériques d'anticyclone). Une variation diurne régulière caractérisée par des atmosphériques d'après-midi (apparition brutale à 11 h. 30, max. vers 15 h., disparition ou diminution notable vers 21 h.) est caractéristique, en France tout au moins, de situations orageuses liées à certains courants de perturbations météorologiques venant du Sud-Ouest et guidés sur la face Sud-Est par l'anticyclone des Açores dans le sens contraire aux aiguilles d'une montre (atmosphériques stagnants). Une variation diurne anarchique révèle le passage ou l'approche des fronts chauds et des fronts froids, les premiers entraînant la disparition ou la diminution des atmosphériques préalables, les seconds amenant une recrudescence parfois très accentuée des atmosphériques, et ceci à toute heure du jour ou de la nuit.

L'appareil enregistreur.

Dans une station installée pour observer les atmosphériques dans des buts météorologiques, il importera donc avant tout de réaliser un enregistrement fidèle de l'activité générale de ce phénomène très complexe. — L'enregistrement du nombre d'atmosphériques par unité de temps (1) qui nous a permis d'éclaircir certaines propriétés météorologiques locales des atmosphériques (2) ne saurait convenir pour atteindre le but général que nous nous proposons ici, car certaines catégories d'atmosphériques se trouvent favorisées et d'autres sacrifiées (par exemple atmosphériques très nombreux, mais dont chacun est trop faible pour actionner le relais de l'appareil enregistreur). — Nous avons donc été amené à réaliser une adaptation pratique (3) du principe signalé par Curtiss et qui consiste à accumuler dans un condensateur le courant, au préalable redressé, que les atmosphériques fournissent à la sortie d'un récepteur radiotélégraphique, à laisser fuir le condensateur à travers une résistance connue et à enregistrer l'intensité de ce courant de fuite.

Dans cet enregistreur, comme dans tout les autres enregistreurs d'atmosphériques, le premier problème à résoudre est de protéger l'appareil contre l'effet d'émissions. — Diverses solutions se présentent. — Nous avons rejeté celle qui consiste à régler l'appareil sur des ondes plus longues que toutes celles qui sont employées en radiotélégraphie; nous nous sommes ainsi réservé la possibilité d'explorer à volonté diverses bandes de longueurs d'onde. Nous avons eu recours à la sélection, comme nous l'avions

(1) R. Bureau, A. Viaut et A. Gret. — Comptes rendus Acad. des Sciences, t. 184, 1927, p. 157.

(2) R. Bureau. — La Météorologie, t. 3, nouvelle série, 1927, p. 287.

(3) Une première communication à ce sujet a été faite à l'Assemblée générale de l'URSI, à Washington, en octobre 1927.

déjà fait dans l'enregistreur de la fréquence des atmosphériques. Nous avons employé un récepteur à changement de fréquence (1).

Nous avons ensuite cherché à utiliser un enregistreur à tracé continu. Nous y sommes parvenus en employant un milliampèremètre enregistreur Carpentier et en amplifiant au préalable le courant continu qui se déverse dans le condensateur. Nous avons pu le faire sans que l'appareil accuse de ce fait de variations perceptibles de son facteur d'amplification.

Définition de l'activité des atmosphériques.

L'appareil ainsi réalisé nous fait connaître la variation diurne du phénomène, variation à laquelle il faut attacher une telle importance. Mais il nous donne également un moyen de définir sans trop d'arbitraire l'activité du phénomène, ce moyen s'appliquant indistinctement à toutes les catégories d'atmosphériques. Etant donné que les parasites atmosphériques sont par essence un phénomène discontinu, leur activité à un instant donné n'a de sens que si l'on parle d'une activité moyenne pendant un certain intervalle de temps autour de l'instant choisi.

La méthode du condensateur nous donne déjà une moyenne pour un temps égal à $\dfrac{C \times R}{2}$ secondes où C est la capacité du condensateur en microfarads et R la résistance du circuit de fuite en méghoms.

On peut choisir comme on le désire ce facteur $\dfrac{C.R.}{2}$. Il devra en principe être d'autant plus grand que le déroulement du papier d'enregistrement sera plus lent (2). Nous pouvons de même exprimer par un nombre l'activité totale des atmosphériques pendant des temps appréciables, par exemple pendant une heure, ou pendant un intervalle de plusieurs heures, voir pendant 24 heures, ou, mieux encore, pendant le passage de certaines perturbations météorologiques ou de certains groupes de perturbations (3). Par

---

(1) Les premiers appareils mis en service sont encore loin d'avoir une sélectivité suffisante pour échapper à l'influence de toutes les émissions, mais les brouillages qu'ils subissent de ce fait sont assez rares et ne détruisent presque jamais l'allure générale de la courbe que l'on peut presque toujours rétablir. La largeur de la courbe de résonnance à mi-hauteur est d'environ 1.200 cycles par seconde.

(2) Nous avons pris en général $\dfrac{CR}{2} = 80$ avec un déroulement de 4 c/m à l'heure.

(3) Il n'est pas nécessaire de réaliser un couple C et R de valeur $\dfrac{CR}{2} = t$, t étant l'intervalle de temps proposé. Il suffit de prendre l'ordonnée moyenne de la courbe de ce temps considéré (ou de mesurer rapidement sa surface S. Alors :

$$I_{t_1}^{t_2} = \frac{S_{t_1}^{t_2}}{t_2 - t_1}$$

exemple l'activité électromagnétique d'un grain (1) devient aisément mesurable. — De même l'activité nocturne pour chaque nuit d'anticyclone, celle du passage d'une invasion polaire, etc.

On comprend très bien qu'il puisse être très intéressant de tenir compte de l'activité électrique *totale* provoquée par le passage d'une perturbation qu'elle soit très brève comme un grain, ou qu'elle soit beaucoup plus longue; le nombre ainsi obtenu sera souvent plus utile que la valeur momentanée (ou plus exactement la valeur moyenne dans un temps très bref) du phénomène à certains instants fixés plus ou moins arbitrairement.

Mais, on voit que le choix de la période $t_2\text{-}t_1$ pendant laquelle on désirera mesurer l'ensemble de l'activité électromagnétique sera très souvent guidé par l'examen des courbes d'atmosphériques elles-mêmes, qui nous laissent pressentir si dominent les atmosphériques dits d'anticyclones, les atmosphériques stagnants ou les atmosphériques migrateurs.

Exemple.

En voici un exemple extrait des enregistrements de Paris (Mont Valérien) sur 2.200 mètres de longueur d'onde.

Du 8 au 16 mars 1928, on constate l'apparition puis la disparition d'une période d'atmosphériques actifs avec maximum nocturne caractérisé. Cette variation diurne est nettement mise en évidence en décomposant la journée en quatre parts égales (00-06-12-18 et 24 h.). Le tableau ci-après donne avec une unité arbitraire *l'activité totale* des atmosphériques dans chaque intervalle de 6 heures :

Date.	00 h. à 06 h.	06 h. à 12 h.	12 h. à 18 h.	18 h. à 24 h.
8	1,2	1,5	7	5
9	0,5	0,2	0,5	2
10	6	23	53	164
11	154	25	38	137
12	81	22	32	136
13	66	4	7	111
14	120	3	1,5	42
15	42	3	1	6
16	7	1	1,3	

Entre deux périodes presque dépourvues d'atmosphériques, la période du 10 au 15 mars présente une activité anormale d'atmosphériques, particulièrement *la nuit*. Ce ne sont pourtant pas là des atmosphériques d'anticyclones. Ils s'en différencient par une activité notable, même dans les heures du jour. D'autre part, l'examen des cartes météorologiques montre que cette période coïncide avec des vents froids du N.-E. au Sud d'un anticyclone couvrant le Nord de l'Europe. L'activité de ces atmosphériques anormaux cesse en même temps que cette situation météorologique.

---

(1) Sur une longueur d'onde déterminée naturellement.

UN APPAREIL SIMPLE POUR LA MESURE DES ROSÉES

PAR

CH. COMBIER

Directeur
de l'Observatoire de Ksara (Syrie)

B. BERLOTY

Docteur ès-sciences
Correspondant de l'Institut

L'importance des rosées n'a plus besoin d'être démontrée : elle est suffisamment établie par les observations faites en divers pays, et notamment, pour nous en tenir à la France, par M. Houdaille à Montpellier, par M. Descombes et l'Association centrale pour l'aménagement des montagnes, par M. Raymond à Antibes, etc.

On peut admettre cependant que ce phénomène revêt une importance particulière dans les contrées où la saison sèche se prolonge pendant près de la moitié de l'année sans pluie ou avec des précipitations rares et insignifiantes, comme c'est le cas dans les territoires des Etats du Levant sous mandat français. Les paysans de la riche plaine du Hauran savent d'ailleurs l'utiliser, et ce n'est pas sans étonnement que le voyageur, traversant pour la première fois cette contrée, remarque dans les champs de grosses pierres volcaniques soigneusement alignées, entre lesquelles poussent le blé et l'orge, principales sources de richesse du pays. Dans la journée, ces pierres protègent une partie du sol contre l'échauffement et l'évaporation; pendant la nuit, elles condensent l'humidité de l'air et la font ruisseler sur la terre : ce double mécanisme conserve à l'humus une fraîcheur suffisante.

Les premières expériences sur la rosée à l'Observatoire de Ksara, au Liban, ont été inspirées par la lecture des brochures de M. Descombes, et faites avec un « arbre artificiel » obligeamment envoyé par cet auteur, qui l'a décrit dans sa brochure « *Influence du reboisement sur les condensations occultes* ».

La balance de Roberval, exigeant des pesées un peu longues, a été bientôt remplacée par une sorte de pèse-lettres à amplification variable. de sorte que chaque gramme, entre 200 et 330 grammes, correspond sur le limbe gradué à 6 millimètres de longueur, ce qui permet d'estimer sans ambiguité le décigramme. L'équidistance des divisions de l'échelle a été obtenue en faisant commander l'index par l'intermédiaire d'une came spéciale en forme de corne. Ce dispositif donne toute satisfaction à l'Observatoire, où il est employé depuis 5 ans; il est cependant trop délicat et d'une construction trop compliquée pour être placé dans les stations d'un Service météorologique. Nous avons donc été amenés à combiner un ensemble beaucoup plus simple, donc plus robuste et moins coûteux à la fois. Nous décrirons successivement le récepteur de rosée et la balance, puis nous indiquerons brièvement quelques premiers résultats.

1. — *Le récepteur de rosée* est constitué par un simple cadre carré en fil d'aluminium, sur lequel est tendue une étoffe de laine velue non teinte (morceau de couverture en laine naturelle) ; sa surface est exactement de 10 décimètres carrés (1) ; par conséquent, un gramme du dépôt de rosée correspondra à une couche d'eau de 0,01 millimètre. Le calcul de comparaison avec les chutes de pluie se trouve donc simplifié au maximum, puisqu'il suffit de diviser par cent le poids de la rosée en grammes, pour avoir la hauteur en millimètres de la couche d'eau équivalente.

Le poids d'un tel récepteur sec est de l'ordre de 80 grammes. Le soir, au coucher du soleil, après l'avoir pesé, on l'expose horizontalement, 5 à 10 centimètres au-dessus du sol. Le lendemain matin, avant que les rayons du soleil ne l'aient atteint (2), on le retire et on le pèse : la différence des deux pesées donne le poids de la rosée nocturne.

Au Congrès de l'A.F.A.S. à Montpellier en 1922, M. Chaptal objectait au récepteur Descombes, — et cette objection s'applique aussi au nôtre, — les variations de son pouvoir condensateur avec le temps par modification de la surface de l'étoffe. Cependant, l'expérience nous paraît démontrer que, du moins au degré de précision actuellement suffisant pour des mesures d'ensemble, il ne devient nécessaire de changer l'étoffe qu'au bout d'un an. Mais il importe absolument d'observer une double précaution : 1° ne pas exposer inutilement le récepteur à la poussière, à la pluie et au soleil, et le laisser sécher à l'ombre; 2° L'exposer pendant six mois sur une de ses faces et six autres mois sur l'autre.

2. — Comme *balance*, nous nous sommes arrêtés à une sorte de pèse-lettres, de construction très simple et cependant robuste, sur lequel on peut lire directement le poids en grammes et demi-gramme, précision suffisante puisqu'un demi gramme correspond à une couche d'eau insignifiante de 0,005 mm.

Comme le montre le schéma, un levier à bras inégaux SA peut tourner autour du point O, et porte en S, à l'extrémité du grand bras, le crochet où l'on suspend le récepteur à peser. Du point O par un second levier OP incliné à 45° vers le bas et qui porte le contrepoids P. Une longue aiguille légère AC est fixée aux deux leviers en A et B et les entretoise; elle sert à lire, sur la graduation MN de centre O, les poids du récepteur. Le tout forme un ensemble indéformable et d'encombrement relativement réduit,

---

(1) On remarquera que ces dimensions sont exactement celles employées par M. Raymond ; ce n'est qu'une coïncidence, car les articles si intéressants de cet auteur dans « La Météorologie » ne sont parvenus à notre connaissance que pendant nos expériences. L'appareil qui fait l'objet de la présente communication diffère d'ailleurs par plus d'un point de ceux de M. Raymond.

(2) Au besoin on le protège par un écran vertical placé à distance.

porté par un support à vis calantes pouvant reposer sur une table; un petit fil à plomb solidaire du support sert à régler la position de l'appareil.

Dans le modèle adopté, et dont seront prochainement munis les divers postes du Service Central Météorologique des États sous mandat, $OS = 22$ centimètres, $OA - OB = 10$ centimètres, $OP = 20$ centimètres environ, $AC = 55$ centimètres; $P = 200$ grammes.

Avec de telles dimensions, les divisions correspondant à un gramme dans

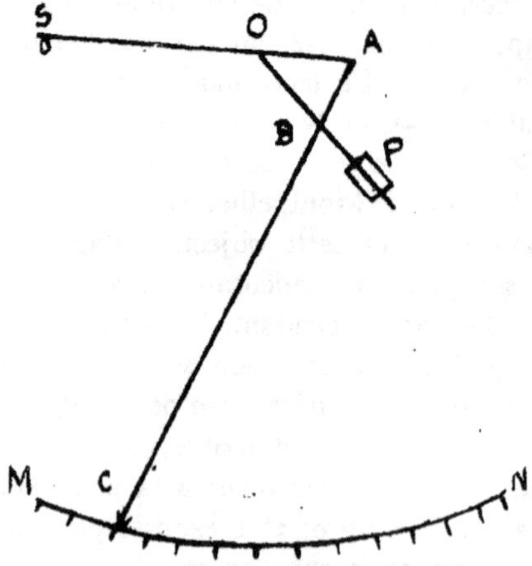

les parties utiles de l'échelle, ont une longueur qui varie peu autour de 2,3 millimètres; la lecture à 1/2 gr. près peut donc être facilement réalisée sans hésitation, même par des observateurs peu habitués aux pesées, et malgré la parallaxe inévitable entre l'index et la graduation.

Les belles expériences de M. Raymond font désirer la réalisation d'un enregistreur simple, qui permettrait d'étudier les variations du dépôt de rosée au cours de la nuit. Il est probable que l'appareil que nous venons de décrire serait facile à transformer dans ce but, mais les études commencées par nous dans cette voie sont trop peu avancées pour que nous puissions l'affirmer. Il n'est pas évident d'ailleurs, au point de vue agricole et hydrologique, que la différence des résultats obtenus justifie la différence considérable des prix de revient; et l'enregistreur de rosée restera peut-être longtemps encore réservé aux observatoires et aux grandes stations d'essais agricoles. Nous avons cherché au contraire un appareil de mesure qui pût être mis, pour ainsi dire, entre toutes les mains, et donner pour l'ensemble d'un bassin, par exemple, ou d'une plaine, des résultats assez nombreux et comparables entre eux.

3. — *Quelques premiers résultats.* — L'emplacement utilisé à l'Observatoire de Ksara pour les expériences n'est pas très favorable au dépôt des rosées; situé sur un petit éperon, et à proximité de bâtiments pour des raisons de commodité, il ne peut pas donner une idée complète du phénomène dans la plaine. Les rosées y sont souvent très faibles, parfois absolument nulles pendant des semaines. Cependant, certaines rosées abondantes, surtout au printemps, apportent une quantité d'eau correspondant à une couche de près de 3/4 mm.

Une série de mesures faites sur notre demande, du 8 au 29 juin dernier à Beyrouth par un professeur de la Faculté française de médecine, a donné quotidiennement, avec des rosées qualifiées de « normales ou un peu faibles », des valeurs toujours — sauf deux cas — supérieures à 0,2 millimètres et fréquemment voisines de 0,4 mm.

Si l'on veut bien se rappeler que les herbes et les plantes qui condensent la rosée (sans parler des arbres) ont une surface active notablement plus grande que leur projection horizontale, et que l'eau condensée s'écoule presqu'entièrement sur le sol, on se rendra aisément compte de l'énorme apport d'eau dû à de semblables rosées dans un bassin de quelques kilomètres carrés. Et l'on admettra sans trop de peine que de petites sources puissent être entretenues pendant les mois d'été par les seuls dépôts de rosée. En fait, certaines sources du haut Liban, qui semblent géologiquement inexplicables, pourraient bien ne pas avoir d'autre origine, pendant la saison sèche.

LES ENSEIGNEMENTS MÉTÉOROLOGIQUES
DES RAIDS TRANSATLANTIQUES DE 1927

PAR

PH. WEHRLÉ et A. VIAUT

Office National Météorologique de France

1º SUR LA STRATIGRAPHIE
DU CALCAIRE DE BLAYE (Gironde)

PAR

R. ABRARD

*Sous-directeur du Laboratoire de Géologie
au Muséum National d'Histoire Naturelle*

Les données habituellement admises à l'heure actuelle, considèrent comme lutétien le calcaire de Saint-Palais-sur-Mer, et comme lutétien supérieur celui de Blaye (1). En 1910, H. Douvillé (2) montrant que c'était avec le calcaire d'Arthon que le calcaire de Saint-Palais présentait le plus de rapports au point de vue de la faune échinologique, l'a rajeuni et considéré comme auversien; pour les auteurs qui avec moi estiment que l'étage Auversien est inexistant, ce calcaire serait donc placé dans le Bartonien inférieur. Il en résulterait de toute manière, que le calcaire de Saint-Palais serait supérieur stratigraphiquement à celui de Blaye.

A la suite d'une étude détaillée du lambeau de Saint-Palais, j'ai exposé les raisons qui me conduisaient à le laisser dans le Lutétien (3). C'est bien en effet comme l'a indiqué H. Douvillé, avec le calcaire d'Arthon qu'il présente le plus d'analogies, mais il est hors de doute que cette dernière formation qui renferme *Echinauthus issyavensis*, espèce essentiellement caractéristique du Lutétien, et qui est stratigraphiquement inférieure aux sables de Bois-Gouët, qui représentent la partie supérieure de cet étage, correspond à la partie inférieure ou moyenne du calcaire grossier parisien.

En ce qui concerne le calcaire de Blaye, son âge lutétien supérieur est bien prouvé, d'abord par les recherches effectuées aux environs de la ville elle-même, ensuite par le sondage du parc bordelais (4) qui donne une coupe complète, et où l'on voit des couches à *Nummulites lucasanus*, et *N. atacicus*, supporter des sables et des grès à *Ostrea cymbula*, surmontés par des marnes et un calcaire à Brachiopodes, Anomies et Foraminifères, que l'on peut assimiler à la partie inférieure du calcaire de Blaye. Au-dessus vient un calcaire à *Echinolampas stelliferus*, espèce très caractéristique de Blaye, suivi d'un calcaire à *Alveolina*, lui-même surmonté par

---

(1) E. Haug: Traité de Géologie, 2, p. 1459.

(2) *B. S. G. F.* (4), X, p. 59, 1910.

(3) *Ibid.* (4), XXIII, p. 379, 1923.

(4) H. Douvillé: L'Eocène inférieur en Aquitaine et dans les Pyrénées. *Mém. Serv. Carte Géol. France*, 1919, p. 31-32.

des couches à petites Nummulites rapportées à *N. variolarius*, avec intercalations d'argiles à lignites avec Mollusques continentaux.

On ne peut dire d'une manière certaine si le calcaire de Saint-Palais et celui de Blaye sont ou non des équivalents latéraux; cela n'est pas probable étant données les différences profondes qui existent entre leurs faunes d'Echinides. Ce qui me paraît indiscutable, c'est qu'ils sont tous deux lutétiens. J'ai d'ailleurs rencontré à Saint-Palais une côte d'*Halitherium* qui m'a semblé identique à *H. dubium* de Blaye. Ce qui est capital, c'est que *Cidaris Lorioli* qui est le seul Echinide commun aux deux gisements ne se trouve à Saint-Palais, d'après ce que j'ai constaté, que dans les marnes graveleuses, très supérieures au calcaire typique à Echinides. De plus, ces marnes renferment des Anomies et des Huîtres du groupe de *O. flabellula*, Mollusques qui, dans le sondage du parc bordelais, se rencontrent dans des couches inférieures à celles qui correspondent au calcaire de Blaye. Il apparaît donc qu'il y a beaucoup de chances pour que le calcaire de Blaye soit stratigraphiquement supérieur à celui de Saint-Palais.

2º FILIATION ET ÉVOLUTION DES NUMMULITES

La filiation des Nummulites a été étudiée par J. Boussac et par H. Douvillé; le moment m'a paru venu de coordonner les données relatives à cette question, en prenant pour base les travaux fondamentaux de ces auteurs, auxquels j'ai ajouté des vues personnelles, notamment en ce qui concerne *Nummulites atacicus*, *N. striatus*, et les formes pustuleuses. Une fois bien définies les relations que présentent entre elles les différentes formes, il me sera possible d'exposer les résultats auxquels j'ai été conduit, relativement à l'évolution de la spire et des loges.

Autrefois, on considérait les formes sans piliers, les réticulées et les granuleuses comme séparées par des cloisons étanches; en 1902, H. Douvillé a montré que les granuleuses dérivaient des réticulées; en 1911, J. Boussac fait descendre *N. millecaput*, espèce à piliers, de *N. irregularis*, forme tantôt absolument dépourvue de piliers, et tantôt un peu granuleuse; de même, premier pas très important vers les conceptions actuelles, il admet que *N. Garnieri* dérive d'une striée par division du pilier central. Enfin en 1919, H. Douvillé place à la tête de chaque rameau une espèce dépourvue de piliers. Cette manière de voir est absolument justifiée, et la filiation des principales espèces semble pouvoir êtré envisagée de la manière suivante :

I. Rameau issu de *N. bolcensis*. Cette espèce donne naissance par mutations successives à *N. irregularis* puis à *N. distans*; une bifurcation vers les formes à piliers donnera *N. millecaput* à partir de *N. irregularis*; quant à *N. Murchisoni*, c'est une espèce latérale descendant de *N. bolcensis*.

II. Rameaux issus de *N. planulatus*. Ils sont au nombre de trois. 1º Le premier qui ne comporte que des formes sans piliers conduit à *N. incras-*

satus par l'intermédiaire de *N. atacicus;* de *N. incrassatus* se détachent une espèce operculiforme dégénérée, *N.Chavannesi* et *N. vascus.* 2° *N. planulatus* conduit à *N. perforatus* suivant le processus *N. planulatus-granifer-uromiensis-perforatus* et donne naissance à un second rameau à piliers : *N. planulatus-aquitanicus-lavigatus-Brongniarti.*

III. RAMEAUX ISSUS DE *N. striatus.* 1° un rameau sans piliers paraît indiscutable : *N. striatus* donne par dégénérescence, *N. pulchellus,* puis *N. Bouillei,* espèce operculiforme qui monte dans l'Oligocène. 2° dans la voie des formes à piliers, *N. striatus* donnerait naissance à *N. Fabiani* d'où dérive incontestablement *N. intermedius* de l'Oligocène. Mais, les rapports entre *N. striatus* et *N. Fabiani* me paraissent très hypothétiques.

IV. Il ne me paraît pas impossible que *N. javanus* dérive de *N. gizebensis.*

Ainsi donc, nous voyons que chaque espèce souche est une forme dépourvue de piliers (exception faite du groupe IV qui est hypothétique). Elle peut évoluer dans deux sens différents :

1° Si elle évolue vers des formes sans piliers, on observe depuis la forme-souche qui a une spire lâche, un resserrement progressif de cette spire jusqu'à un optimum qui se rencontrera chez l'espèce la plus perfectionnée du rameau. Quelquefois, le rameau s'éteindra là, et c'est ce qui se produit avec *N. distans.* Mais, c'est là un cas exceptionnel, et le plus souvent, après l'espèce perfectionnée à spire serrée, se produit une dégénérescence qui se traduit par un relâchement de la spire qui conduit finalement à des Nummulites operculiformes très voisines des formes primitives.

Parallèlement à cette évolution de la spire, les loges évoluent dans le sens d'une diminution de leur hauteur : très hautes chez les formes archaïques, elles s'abaissent progressivement jusqu'à un optimum, puis leur hauteur redevient de plus en plus grande à mesure que le rameau se dirige vers l'extinction par dégénérescence.

2° L'espèce-souche peut aussi évoluer vers des formes à piliers; dans ce cas, la spire se resserre progressivement, en même temps que les loges s'abaissent et s'allongent, et le rameau s'éteint toujours par la forme la plus perfectionnée, à spire serrée et à loges surbaissées. Trois formes terminales, *N. perforatus, N. Brongniarti, N. intermedius,* illustrent remarquablement la netteté de ce fait.

En somme, les loges hautes et courtes caractérisent des formes archaïques ou des formes de dégénérescence; une étude du rameau permettra de savoir lequel de ces deux cas se présente. Les loges basses et longues caractérisent les formes les plus perfectionnées qui sont des granuleuses; car, il est à remarquer que jamais les formes les plus évoluées des rameaux sans piliers ne présentent des loges aussi basses et longues que les trois espèces citées plus haut.

OBSERVATIONS SUR LA GÉOLOGIE
DE LA COTE D'IVOIRE

PAR

E. AUBERT DE LA RUE
Ingénieur géologue

C'est à M. H. Hubert que nous devons la première esquisse géologique de la Côte d'Ivoire (1). Chargé en 1925-26-27 de deux missions consécutives dans cette colonie, j'ai pu y lever près de 5.000 kilomètres d'itinéraires géologiques, dont une bonne partie entièrement nouvelle. Je m'étais en effet proposé d'étudier spécialement les régions restées en dehors des itinéraires de M. H. Hubert, notamment le sud-ouest de la colonie. Voici, très brièvement résumées, les principales observations que j'ai pu faire lors de mes voyages en Côte d'Ivoire.

Ainsi que la plupart des régions situées entre la boucle du Niger et le Golfe de Guinée, la Côte d'Ivoire est en grande partie constituée par des roches très anciennes. Ces roches ne renferment aucun fossile permettant de leur attribuer un âge. Néanmoins une étude un peu détaillée du pays montre que l'on peut les répartir en trois séries distinctes.

Je désigne sous le nom de *série cristalline ancienne* les granites et les gneiss, d'âge probablement archéen qui constituent l'ossature du pays. Malgré la densité de la végétation et la présence de la latérite, il est aisé de se rendre compte que les granites anciens, généralement pressés et souvent très laminés et les orthogneiss qui leur sont associés, constituent des régions immenses dans toute la partie occidentale de la colonie. Ces roches offrent peu d'intérêt au point de vue pétrographique. Dans les cercles de Man et du Bas-Cavally, cette série cristalline ancienne renferme fréquemment des orthoamphibolites et des orthopyroxénites. Les paragneiss et les micaschistes, sauf dans la région de Tabou et de Grabo, sont très rares en Côte d'Ivoire.

En discordance sur cette série ancienne, on rencontre une *série métamorphique* principalement formée par des schistes et des quartzites, plus anciens que les grès horizontaux, si largement représentés dans les colonies voisines (Guinée, Soudan, Haute-Volta) et dont la base est certainement silurienne, sinon plus ancienne. Cette série métamorphique est donc ante-silurienne, peut-être même plus ancienne. Elle recouvre les granites et les gneiss anciens. Cette couverture d'origine sédimentaire, fortement plissée

----

(1) H. HUBERT: Esquisse préliminaire de la Géologie de la Côte d'Ivoire. C. R. Ac. Sc. CLX, 1915, p. 245.

lors des mouvements calédoniens, a été en grande partie enlevée par l'érosion. Elle est toutefois encore largement représentée dans la partie orientale de la Côte d'Ivoire. Les roches qui constituent cette série sont surtout représentées par des schistes (phyllades, schistes micacés) et par des quartzites. On y rencontre également des conglomérats.

Le plus intéressant est le *Poudingue de Zanzan*, dans la région de Bondoukou, qui est un conglomérat métamorphique polygénique. Certains quartzites de cette série, méritent une mention particulière. Ce sont les *quartzites à spessartite*, analogues à la *Gondite* de l'Inde et au *Spessartite-Rock* de la Gold-Coast. Ces quartzites, dont j'ai signalé plusieurs affleurements dans la région de Bondoukou, dans le Bas-Cavally, dans le cercle de Kong, etc., etc., sont très riches en grenat manganésifère. Ces roches ont, par altération, donné naissance à des gisements de manganèse.

Les sédiments calcaires si rares en Côte d'Ivoire semblent faire totalement défaut dans cette série antesilurienne.

Les grès horizontaux du Soudan, que j'ai eu l'occasion d'étudier dans la région de Banfora (Haute-Volta), et qui sont discordant sur la série métamorphique dont je viens de parler, semblent manquer complètement dans toute la Côte d'Ivoire. Il semble plus logique d'admettre qu'ils ne s'y sont pas déposés, la région qui nous intéresse étant restée vraisemblablement exondée durant une grande partie du Primaire et pendant tout le Secondaire.

On trouve enfin, dans le sud-est de la colonie, une troisième série, qui comprend des *formations sédimentaires récentes*. Ces dépôts forment une bande étroite, parallèle au littoral, qui s'étend depuis Fresco à l'ouest jusqu'en Gold-Coast à l'est. Ces formations sont en grande partie constituées par des limons sablonneux d'origine probablement fluvio-lacustre. Ces limons sont dépourvus de fossile; ils renferment par contre quelques petits galets de quartz et quelques intercalations de grès ferrugineux qui sont exploitées près de Bingerville, d'Abidjan et de Dabou.

Au N.-E. d'Assinie, les dépôts récents sont représentés par des formations marines sensiblement horizontales, accusant seulement un faible pendage vers l'est. On y distingue des niveaux gréseux, sableux, marneux et calcaires. Ces derniers ont été en partie dissous. Ces différentes couches sont fréquemment bitumineuses.

L'absence de fossile ne permet pas d'attribuer un âge exact à ces couches. M. H. Hubert pense toutefois qu'elles sont éocènes (Landénien).

Les formations quaternaires sont représentées d'une part, par le cordon littoral sablonneux, généralement étroit, mais qui peut atteindre 5 kilomètres dans la région de Jaqueville, et d'autre part par les alluvions que l'on observe sur les rives des principaux fleuves de la colonie. Il faut également mentionner parmi les formations récentes, la latérite et l'argile rouge de décomposition qui recouvrent la plus grande partie de la colonie et dont la puissance atteint souvent plusieurs mètres.

De nombreuses roches éruptives traversent les formations cristallines
J'ai étudié dans quelques notes précédentes, la minéralogie de la Côte
d'Ivoire. Celle-ci est peu variée. Au point de vue métallogénique, la Côte
d'Ivoire apparaît également jusqu'ici d'un intérêt assez faible. Les roches
anciennes qui constituent la plus grande partie de ce pays ont été faiblement minéralisées. La magnétite abonde dans certains quartzites des environs de Logoualé et de Touba; l'imménite forme des dépôts nombreux
le long du littoral. La découverte la plus intéressante est celle du manganèse, dont j'ai dit quelques mots précédemment. Les filons de quartz auri-
fère sont nombreux, au milieu des roches métamorphiques, mais leur très
faible teneur diminue considérablement leur intérêt.

La plupart de ces roches appartiennent à des types profonds. Les
ellipses granitiques comme celle de Kinuta sont assez fréquentes mais
souvent difficiles à distinguer sur le terrain des granites anciens. Les
gabbros sont fréquents. Des norites ont été signalées autrefois en Côte
d'Ivoire et ont été l'objet d'une étude de M. A. Lacroix.

Les roches éruptives filoniennes sont très répandues. Parmi les types
acides il convient de citer les innombrables filons de pegmatite qui traversent les granites et les gneiss. Les microgranites sont beaucoup plus
rares. Parmi les roches basiques, les plus nombreuses sont les dolérites,
particulièrement fréquentes dans le Bas-Cavally et dans la région de Bondoukou. Ler types microlitiques sont surtout représentés par des filons
de rhyolite et de dacite (N'Zi-Comoé et Baoulé), par des andésites, formant de puissantes coulées dans la région de Toumodi et de Bondoukou.
Les basaltes existent en filons très minces dans les falaises granitiques et
gneissiques de Tabou.

D'une manière générale, le roches éruptives de la Côte d'Ivoire offrent
peu d'intérêt. Elles appartiennent presque toutes à des types calco-alca-
lins. Il convient toutefois de mentionner la présence de quelques types
alcalins, très localisés et qui ont été étudiés par MM. H. Hubert et Lacroix. Tels sont la syénite alcaline des environs de Kinnita et le granite
de Bouandougou. J'ai en outre découvert récemment la présence, d'un
microgranite alcalin à amphibole légèrement sodique entre Diaoualla et
Niellé (C. de Kong).

En résumé, la Côte d'Ivoire apparaît jusqu'à présent comme étant en
grande partie constituée par des roches anciennes éruptives et métamorphiques, appartenant à des types communs. Au point de vue économique,
le sous-sol de cette colonie ne semble pas recéler des richesses minières très
encourageantes.

SUR LA PRÉSENCE DANS LA RÉGION D'ANTSALOVA
(Ouest de Madagascar) de cheminées
de brèches de roches sédimentaires métamorphiques,
analogues à celles décrites en Afrique australe

PAR

LOUIS BARRABÉ

Agrégé-Préparateur de Géologie à l'Ecole Normale Supérieure

Dans le Sud de la province de Maintirano (Ouest de Madagascar), les intrusions doléritiques sont fréquentes dans tous les niveaux de la série sédimentaire subordonnée aux grands épanchements basaltiques du Crétacé supérieur. Ces intrusions se présentent avec des modes de gisement variés : ce sont tantôt des dykes subverticaux, d'épaisseur très variable; tantôt des filons couches ou sills plus ou moins régulièrement stratifiés dans les formations sédimentaires, mais ne produisant généralement aucun bombement sensible dans les couches encaissantes; tantôt des sortes de necks dont la section irrégulière varie de quelques dizaines à quelques centaines de mètres de diamètre (Andrafiavelo, Beangoho, etc.), parfois enfin ce sont des masses, sans forme bien définie, pouvant constituer de véritables laccolites et qui ont généralement dérangé fortement la régularité des strates sédimentaires voisines.

C'est seulement en bordure de ce dernier type d'intrusion que les sédiments sont durcis ou même métamorphosés sur une épaisseur notable : cette disposition s'observe plus particulièrement dans l'anticlinal d'Anjiabe, situé à 1.500 mètres au nord du village de même nom. Cet accident fut signalé pour la première fois en 1923 par MM. Léon Bertrand et L. Joleaud; en 1924 j'indiquai dans mon rapport de mission qu'il était dû au soulèvement de la série sédimentaire par une intrusion doléritique. Depuis j'ai eu l'occasion de revoir en détail la structure de ce pli en compagnie de M. Schnaebelé. C'est un anticlinal double formant un V avec une branche orientée WNW-ESE, la plus importante, et l'autre NNW-SSE. L'axe de la branche septentrionale est constitué par des calcaires glauconieux du Kimeridgien à *Virgatosphinctes denseplicatus,* fortement redressés, durcis, silicifiés ou même métamorphisés par une importante intrusion doléritique qui se fait jour, sur quelques centaines de mètres, de part et d'autre du chemin d'Anjiabe à Soarano. La branche sud est aussi constituée par des calcaires durcis et silicifiés, mais aucun pointement éruptif ne s'y observe. L'ensemble affleure au milieu des marnes néocomiennes à *Duvalia polygonalis,* elles-mêmes redressées et un peu durcies au voisinage de la roche éruptive.

La constitution pétrographique de cet anticlinal permet de se rendre compte de la nature et de l'origine probable d'un autre type d'accident très curieux dont je n'ai observé que deux exemples : le Tongobory, situé à 1 km. 500 environ au NNW de Bevitika (NE d'Antsalova) et le Tongobory qui se trouve à 6 kilomètres environ à l'Est d'Andimaka, sur la rive gauche de la Beboka (Sud d'Antsalova).

Ce sont deux monticules, au profil très caractéristique de cône à sommet arrondi, d'où leur nom (Tongobory signifie mont arrondi en malgache), qui se dressent au milieu de la plaine formée par l'affleurement des marnes néocomiennes. Ils présentent tous les deux un diamètre de base de 300 à 400 mètres et une altitude d'une cinquantaine de mètres. Leur aspect identique à celui des pitons doléritiques, tels que le Mont Beangoho, peut les faire prendre pour des affleurements éruptifs, même à faible distance, étant donné leur coloration rougeâtre. En fait, un examen attentif permet de se rendre compte qu'il n'en est rien.

Le Tongobory de Bevitika est formé à peu près exclusivement de calcaires marneux, glauconieux, rubéfiés à l'air et souvent fortement durcis, ce qui leur donne un faciès semblable à celui des calcaires kimeridgiens de l'anticlinal d'Anjiabe; toutefois, alors que ces derniers sont presqu'entièrement opalisés avec seulement çà et là quelques éléments de calcite, de quartz, de chlorite et de mica, ce qui paraît indiquer un commencement de métamorphisme, les calcaires marneux du Tongobory sont peu silicifiés et la calcite s'y montre encore assez abondante en lame mince. Le fait qu'ils sont glauconieux me paraît cependant suffisant pour rapporter aussi ces derniers au Kimeridgien, malgré l'absence apparente de fossiles. Mais ici, contrairement à ce qui s'observe dans l'anticlinal d'Anjiabe, aucun pendage défini ne peut être décelé dans le massif qui semble être formé, non plus par des couches redressées en dôme, mais par une brèche à très gros éléments ayant rempli une sorte de cheminée.

Le Tongobory de la Beboka est très comparable au précédent. Il est constitué par un amas ou une brèche de gros blocs durcis et rubéfiés de calcaire marneux et de grès. Il est possible qu'ici une partie des éléments soit empruntée aux marnes néocomiennes environnantes, mais il me paraît indiscutable que certains blocs calcaires doivent être attribués au Kimeridgien étant donné leur grande ressemblance, macroscopique et en lame mince, avec les échantillons du même âge recueillis à Anjiabe. Malgré les recherches que j'ai effectuées avec M. Schnaebelé, il nous a été impossible, ainsi d'ailleurs qu'à Bevitika, de découvrir le moindre fragment de roche éruptive.

La grande analogie qui existe entre la nature pétrographique de ces deux pitons et celle des sédiments durcis et métamorphisés de l'anticlinal d'Anjiabe, permet de penser qu'ici comme là, une intrusion éruptive, probablement doléritique et plus ou moins profonde, a été la cause de la formation des accidents. Cependant la constitution bréchiforme des deux

Tongobory et la présence dans cette brèche d'éléments plus anciens que les sédiments avoisinants doit faire admettre qu'on se trouve en présence, non plus simplement d'un dôme recouvrant un massif éruptif, mais plutôt d'une véritable cheminée, remplie par une brèche sédimentaire durcie et parfois métamorphisée par l'action de fumerolles issues d'un magma doléritique profond et présentant beaucoup de rapports avec des appareils éruptifs qui ont été décrits par A. W. Rogers et L. du Toit (The Sutherland volcanic Pipes, *Trans. South. African Phil. Soc.*, vol xv, 1905, pp. 61-83, et du Toit : The Geology of South Africa, London 1926, p. 342) dans le Sutherland (Colonie du Cap). Là, le Salpeter Kop, en particulier, est constitué par un gros neck central rempli d'une brèche formée en grande partie d'éléments sédimentaires et entouré de 90 cheminées satellites dont la constitution varie depuis un remplissage entièrement sédimentaire, jusqu'à une brèche purement éruptive. Souvent ces brèches sont fortement imprégnées de carbonates de Ca, de Mg, de limonite et de silice, principalement dans les petites cheminées; toutefois, des roches éruptives (dolérites, gabbros, serpentines péridotites et basaltes à mélilite) sont fréquemment mélangées aux roches sédimentaires.

Ainsi, l'analogie entre les appareils éruptifs du Sutherland qui viennent d'être cités et les deux Tongobory de la région d'Ansalova, est frappante; s'il existe une grosse différence d'échelle entre le Salpeter Kop (300 mètres de hauteur sur 200 x 300 mètres de base) ou le Geitsi Gubib (1.800 m. de hauteur sur 3 km. de diamètre) et les petits pitons de Madagascar, il est probable que certaines cheminées secondaires d'Afrique australe sont à peu près identiques à ces derniers. L'origine de ces divers accidents est probablement la même : la perforation par des fumerolles de la couverture sédimentaire d'un laccolite profond, vraisemblablement doléritique en ce qui concerne Madagascar. Il est certain toutefois qu'on ne saurait se baser sur cette analogie et sur les relations qui existent, en Afrique australe, entre les cheminées du Sutherland et les necks d'explosion de la région de Kimberley, pour tirer la moindre conclusion en faveur de l'existence possible de ce dernier type d'appareil à Madagascar. Aucun filon de péridotite n'est en effet connu dans la province de Maintirano.

Au point de vue de l'âge, je pense qu'il y a lieu de considérer l'ensemble des intrusions doléritiques comme contemporaines des grands épanchements basaltiques ainsi que je l'ai déjà signalé (*CR Ac. Sc.*, t. 186, 1928, p. 772), il est donc infiniment probable que les cheminées qui viennent d'être décrites datent également de la même époque; je suis ainsi amené à les considérer comme post-cénomaniennes et anté-sénoniennes. Il y aurait donc, dans ces conditions, une légère différence d'âge entre ces accidents et ceux d'Afrique; du Toit (loc. cit. p. 345) admet en effet, pour les « breccia-filled pipes » du Cap, un âge post-crétacé et anté-miocène, mais très voisin toutefois de la fin du Crétacé.

SUR LA PRÉSENCE DE LA BROOKITE
DANS LES ARÈNES DE MICASCHISTES ET GNEISS
GRANULITIQUES DES ENVIRONS DE DINARD

PAR

LÉOPOLD BERTHOIS

Géomètre

Les Micaschistes et Gneiss granulitiques $Z^2 \gamma^1$ (1) forment au Nord de la feuille de Dinan, une bande longue et étroite orientée Sud-Ouest-Nord-Ouest qui s'étend de Jugon à Cancale, prenant en écharpe la vallée de la Rance entre la Richardais et le Minihic. Vers le Nord, ils passent insensiblement à la Granulite feuilletée ($\gamma^1 Z^2$) du massif de Saint-Malo.

Ces Micaschistes et Gneiss granulitiques fournissent, en général, assez peu d'arène; cependant, dans une des petites carrières situées au Sud du Moulin-Neuf à la Richardais (près Dinard), la roche est décomposée sur une hauteur atteignant 1 mètre; c'est à cet endroit que j'ai recueilli l'arène qui m'a fourni les cristaux de Brookite étudiés ci-après.

Description sommaire du traitement de l'arène

A titre documentaire, je donne ci-dessous quelques renseignements sur le traitement de l'arène et des minéraux extraits de celle-ci :

L'arène est traitée à l'HCl à 50 p. 100, d'abord à froid, puis en chauffant doucement jusqu'à l'ébullition pour éliminer l'oxyde de fer; après refroidissement, on lave huit à dix fois, décantant chaque fois pour séparer les « parties fines », ensuite les « gros éléments » et les « parties fines » sont filtrées à part, puis séchées.

Les minéraux lourds sont alors recueillis par séparation de 12 à 14 cm3 de sable, à l'aide de bromoforme dans un entonnoir à deux robinets. Puis, ils sont montés en plaque mince dans le baume de Canada.

Description de la Brookite

Elle se présente en cristaux aplatis suivant h^1, et montrant nettement le clivage caractéristique g^1 normal au plan d'aplatissement.

---

(1) M. Ch. BARROIS : Légende de la feuille de Dinan, 1893.

Certains minéraux présentent des formes irrégulières, ils sont comme déchiquetés; certains autres possèdent des facettes cristallines; ils résultent de la combinaison :

$$m \ (110) \ h^1 \ (100) \ p \ (001) \ g^1 \ (010)$$

Un échantillon semble présenter en outre les faces :

$$e^2 \ (132) \ \text{et} \ e^3 \ (121)$$

Sauf, un seul échantillon n'atteignant que la faible dimension de 68 μ 9, tous les autres sont compris entre 100 μ et 237 μ de longueur.

Tous les échantillons ont des teintes jaune-vert en lumière naturelle, et des teintes bleue, parfois violacée, entre nicols croisés. Ses teintes très vives et son fort relief font remarquer la brookite dans les préparations : le Polychroïsme est très faible.

La brookite est accompagnée d'un grand nombre d'autres minéraux : Ilménite, Zircon, Tourmaline, Sillimanite, Anatase et Rutile.

Du rôle des minéraux lourds dans l'étude des courants anciens

A la suite de la découverte de la brookite dans la Syenite d'Ernée (Mayenne), M. L. Vandernotte [1] a émis l'hypothèse que les cristaux de brookite recueillis dans les assises Turoniennes et Senonniennes du bassin de Paris provenaient de la destruction des roches éruptives du Massif armoricain; l'étude de la répartition géographique de la brookite le conduisit en outre à admettre que les minéraux avaient été transportés par un courant contournant la partie Ouest du bassin de Paris et y pénétrant par le Sud-Ouest.

M. L. Cayeux [2] n'admet l'hypothèse de M. Vandernotte qu'avec réserves, faisant très justement remarquer qu'il existe aussi de la brookite dans le Brabant, et que la découverte de nouveaux gîtes est à prévoir.

La présence de la brookite dans les Micaschistes et Gneiss granulitiques de la Richardais n'infirme ni ne confirme l'hypothèse de M. Vandernotte, mais elle montre cependant qu'il est peut-être prématuré d'émettre des hypothèses sur la direction des courants anciens tant qu'un inventaire aussi complet que possible des minéraux lourds des roches éruptives n'aura pas été fait.

On pourra objecter que tous les minéraux lourds ne proviennent pas des arènes des roches éruptives ou cristallophylliennes et qu'il peut y avoir dans certains dépôts sédimentaires des minéraux formés « in situ »; M. De-

[1] L. VANDERNOTTE : Contribution à l'étude géologique des roches éruptives du S.-E. du Massif Armoricain. Thèse. Paris, 1913, p. 62-64.

[2] L. CAYEUX : Introduction à l'étude pétrographique des roches sédimentaires. Paris, 1916, p. 296.

verin (3), dans son étude des roches crétacées des Alpes-Maritimes, a admis cette origine pour quelques minéraux.

Cependant, si nous remarquons que la très grosse majorité des minéraux lourds provient certainement de la désagrégation des roches éruptives, nous croyons pouvoir affirmer qu'un gros point sera acquis lorsqu'une étude détaillée des minéraux des arènes des roches éruptives et cristallophyliennes de Bretagne aura été faite, et qu'il sera possible d'esquisser un tracé des courants anciens. A ce sujet, la brookite, qui est un minéral très rare, ne fournira sans doute pas de nombreuses indications, mais elle pourra en fournir de précises.

_____

(3) L. Deverin : Etude lithologique des roches crétacées des Alpes-Maritimes. Bulletin du Service de la Carte, t. XXVI, 1922-1923.

LE PLIOCÈNE SUPÉRIEUR DE L'EST DU BASSIN DE PARIS

PAR

E. BRUET

Vice-Président de la Société Géologique de France

_____

Au cours de nos précédentes études (1), nous avons indiqué dans ses grandes lignes la stratigraphie du Pliocène supérieur de l'Aujon; nous ne reviendrons pas sur cette question. La présente note a pour but d'annoncer quelques découvertes nouvelles au point de vue paléontologique, de donner la liste des fossiles actuellement déterminés et d'indiquer le sens vers lequel nous désirons orienter nos recherches futures.

Parmi les derniers fossiles rencontrés, une dent fragmentée, accompagnée de nombreux débris et d'os divers volumineux a été identifiée par M. Depéret comme appartenant au *Rhinoceros etruscus*. Il s'agit d'une molaire supérieure tout à fait identique, comme dimensions, d'après M. Depéret, à la molaire correspondante du *Rhinoceros etruscus* de Senèze.

D'autres débris constitués par des lames avec cément doivent être attribués à un éléphant. Malheureusement, une hydratation intense du cément

_____

(1) Voir en particulier : E. Bruet : Sur le contact du Bathonien et du Callovien dans le sud de la Haute-Marne. C. R. S. Société Géologique de France, séance du 23 janvier 1928, et Sur les conditions de formation et de conservation du Pliocène supérieur de la Vallée de l'Anjou. C. R. Acad. Sc., t. 186, p. 510, séance du 20 février 1928.

(cause de fragilité) ne nous a pas permis jusqu'à présent de déterminer l'une des caractéristiques telles que la *fréquence laminaire* qui aurait pu nous fixer. Néanmoins, étant donnée l'épaisseur de l'émail, M. Depéret pense que l'on pourrait rapporter cette espèce de proboscidien à l'*Elephas meridionalis* ou à l'*E. planifrons*.

Enfin, une dent de cervidé, d'une espèce plus forte que le *Capreolus cusanus* a été rencontrée.

Dans ces conditions, la liste des mammifères fossiles bien déterminés s'établit comme suit :

Equus Stenonis COCCHI.
Rhinoceros etruscus FALCONER.
Hippopotamus major CUVIER.
Cervus (capreolus) cusanus CROIZET ET JOBERT.
Cervus SP.
Antilope ardea DEPÉRET.
Bos etruscus FALCONER.
Elephas SP.

Quelques-uns de ces fossiles présentent des caractères ou soulèvent des questions sur lesquelles nous reviendrons ultérieurement. Nous soulignerons au passage la présence de l'hippopotame qui indique à la fois une faune chaude et la présence ancienne, à proximité, d'un fleuve. Au dernier point de vue, la stratigraphie du gisement est éloquente. Ajoutons que les dents et les os portent presque toujours des stries dues évidemment au frottement contre des galets. Cette dernière remarque a également été faite par M. Depéret, qui a bien voulu nous la communiquer.

Dernièrement, M. Chaput, dans un travail remarquable (1), a noté que les galets siliceux pourraient bien provenir de l'Albien et les cailloux roulés de l'Oligocène. Or les sables examinés en plaque mince nous montrent qu'ils sont empruntés à des roches du Bathonien oolithique. On sait que ces sables renferment également des quartz. Une roche altérée nous a donné une belle section d'augite tout à fait caractéristique.

Il est particulièrement délicat d'aborder ce problème de l'évolution de ces roches, mais ce dont nous sommes sur c'est que le dernier stade de leur évolution (sauf en ce qui concerne comme bien entendu leur altération ou leurs modifications d'ordre chimique ou autre, qui sont postérieures et qui continuent) s'est trouvé accompli au Pliocène supérieur.

Si maintenant nous examinons quels sont dans la région les points susceptibles de se raccorder avec le gisement ci-dessus pour constituer une pénéplaine, au sens large du mot, tel que l'emploi D. W. Johnson (2),

---

(1) E. CHAPUT : Etudes sur l'évolution tectonique et morphologique du col structural de la Côte-d'Or. Bull. Service de la Carte géologique de la France, n° 167, t. XXXI, 1928, p. 12 et 13-14.

(2) D. W. JOHNSON : Shore processes and Shoreline development, 1919, p. 164-169. Ouvrage cité par E. Chaput, dans l'étude mentionnée ci-dessus, à la page 10.

c'est-à-dire sans préjuger du mécanisme de l'aplanissement, nous citerons les lieux suivants où se trouvent des formations dont le faciès est à peu près identique à celui du Pliocène supérieur d'Arc-en-Barrois.

Rive droite de l'Aube :

comptés de la partie supérieure de la formation au thalweg du cours d'eau.

1. E. et N.-E. de Silvarouvres (Ferme de Feîns), à............ 130 m.
2. E. de Juvancourt (1), à................................. **140 m.**
3. Ilot au sud de la formation n° 2, à .... 140 m.
4. N. d'Arsonval (Bois d'Arsonval), à .... 140 m.
5. S.-E. de Silvarouvres, à .... 180 m.
   Rive gauche de la Renne (affluent de l'Aujon) :
6. W. de la Villeneuve-au-Roi (Bois de Barmont), à .... 120 m.
   Rives g. et d. de la Bresse (affluent de l'Aube) :
7. E. de Colombé-la-Fosse et de Colombé-le-Sec (Bois de Colombé-le-Sec), à .... 130 m.
8. N. d'Arrentières (Bois Saint-Jacques), à .... 140 m.
   Rive gauche de l'Aube :
9. W. de Villars-en-Azois (Les Hauts), à .... 140 m.
10. W. de La Ferté-sur-Aube (Bois du Prince, bois de Champignol, Forêt de Clairvaux), à .... 140 m.
11. N. W. de Ville-sous-Laferté (Bois de Clairvaux), à .... 120 m.
12. N. W. de Clairvaux (Bois de Poule-Grive), à .... 105 m.
13. S. de Bar-sur-Aube (signal de Sainte-Germaine, N. du bois Brulis), à .... 190 m.
    Rive droite du Landion, (affluent de l'Aube) :
14. W. de Baronville (Bois de Baraumont et de Pimeux), à..... 140 m.
    Rive droite de l'Ource (affluent de la Seine) :
15. Dans la même région à l'E. et au N.-E. d'Essoyes, se trouvent également des formations analogues à une altitude relative de 140 m.

L'examen systématique de ces formations par tranchées poussées jusqu'au substratum est déjà commencé; lorsqu'il sera terminé, il sera peut-être possible de savoir si les alluvions d'Arc ont un caractère local comme M. Chaput en suggère l'hypothèse, ou bien si l'on doit leur attribuer un caractère plus général.

____

(1) Cette formation, située entre les thalwegs de l'Aube et de l'Aujon, a été étudiée par nous dans une note intitulée: « Sur la nature et l'âge du limon des plateaux au N.-E. de La Ferté-sur-Aube. C. R. Ac. Sc., t. 185, p. 723, séance du 10 octobre 1927.

UN SAVANT DU LANGUEDOC
M. MIQUEL DE BARROUBIO

PAR

J. COULOUMA
Docteur en Pharmacie

De même que les fleurs rares viennent dans des terrains pauvres et arides, les intelligences humaines les plus vives sont souvent le fruit de pays montagneux et désolés. Nous pourrions faire cette constatation en parlant du grand géologue Miquel, de Barroubio.

Le Pardailhan est un pays en apparence pauvre, où la vie est pénible et demande une lutte plus ardue qu'ailleurs. Il mériterait d'être appelé « pays de pierres », car, malgré la variété des terrains, la roche est presque partout à nu, sauf dans les vallées fraîches et arrosées. Pour nous rendre à Barroubio, nous traversons de vastes landes de pierres blanches où le chêne vert fait un contrate saisissant avec le « clapas . M. Miquel habite une ancienne demeure que ses ancêtres ont bâtie, il y a plusieurs siècles.

Notre ami vit au milieu de ses collections géologiques, qu'il augmente chaque jour, et dans le pays le plus intéressant de l'Europe au point de vue géologique : à la limite du nummulitique et du cambrien, au pied du Pardailhan, pente adoucie de la Montagne Noire, et non loin du curieux chaînon de Saint-Chinian. Pour un étranger, le paysage de Barroubio ne manque pas de grandeur : après avoir traversé la lande pierreuse, nous nous trouvons, en sortant à peine du domaine, devant une gorge profonde que nous dominons d'une centaine de mètres à pic... En face la falaise calcaire opposée à la nôtre étale ses larges assises blanches. Au fond du précipice un ruban argenté court au milieu des prairies et des arbres : c'est un affluent de la Cesse. Au-dessus de la falaise calcaire, les teintes sombres des schistes à trémadoc contrastent vivement, d'autant que leur richesse en silice a permis le développement d'un bois touffu où dominent les espèces vert sombre (chênes verts, cistes, arbousiers). A l'horizon, les sommets de la Montagne Noire et de Marcory montrent leurs hautes cimes dénudées.

LE GEOLOGUE

Le hasard d'une promenade en voiture à Coulouma, petit village du Pardailhan, l'obligea, un jour de l'année 1892, à s'arrêter, non loin de cette localité, au milieu des schistes cambriens. Notre futur géologue, assis à côté d'un éboulis, aperçut avec stupéfaction un magnifique trilobite. Le beau fossile fut une révélation pour lui et décida de sa vie. Il alla voir M. Cannat, Président de la Société d'Etudes des sciences naturelles de Béziers, qui lui donna ses premières notions de géologie; il devait lui conserver toujours sa reconnaissance et son amitié.

Pendant tout l'hiver, M. Miquel travailla avec ardeur dans les livres et sur le terrain. Il ne tarda pas à reconnaître dans son champ d'observation une géologie nouvelle, bien différente de celle qui avait été publiée jusque là. Au printemps 1893, M. Cannat lui demanda un programme d'excursion dans le terrain cambrien : il publia alors sa première note : « De Saint-Chinian à Coulouma ».

Sous la forme la plus modeste, cette note bouleversait la géologie classique de la région. Les calcaires de Pardailhan, classés comme devoniens dans tous les mémoires et sur toutes les cartes, passaient à la base de la série dans le cambrien; et sur celui-ci se développait tout un monde nouveau que tous les auteurs avaient jusque-là assimilé par erreur au grès armoricain et aux schistes ordoviciens de Cabrières. Cette note eut un grand retentissement; à Paris, M. Bergeron en contesta les conclusions; à Montpellier, on les accepta avec enthousiasme. Le grand maître de notre géologie languedocienne, M. de Rouville, leur donna son adhésion la plus complète et proclama l'importance de ces découvertes dans le Bulletin de la Société Géologique de France : « Cependant, écrivait-il, la vérité stra-
« tigraphique si longtemps méconnue semblait décidément vouloir ne
« plus rester voilée; elle éclaira de tout son jour, dès ses premiers débuts,
« en 1892, un jeune observateur aussi passionné qu'intelligent, éclos spon-
« tanément à l'art de l'observation. M. Jean Miquel, qui eut le grand
« mérite de savoir en toute simplicité, sans préjugé ni objectif systéma-
« tique, noter, dans l'ordre où elles s'offraient à lui, les différentes masses
« minérales qu'il rencontrait dans le trajet mille fois fait par lui de Bar-
« roubio où il habite jusqu'au hameau de Coulouma. Comme le jeune ou-
« vrier carrier, William Smith, dans les strates secondaires de l'Angle-
« terre, M. Miquel releva un à un les divers termes de l'admirable série
« qui se déployait sous ses pas, et les énuméra dans sa modeste mais très
« importante notice » (1).

En 1894, les savants professeurs de Montpellier de Rouville et Delage demandèrent à M. Miquel sa collaboration pour une étude générale des terrains qu'il venait de faire connaître, et ils publièrent avec lui : « Les terrains primaires de l'arrondissement de Saint-Pons » (2).

Le territoire de Saint-Pons à peu près élucidé, il restait une grande confusion dans la géologie de Cabrières. M. Miquel alla voir le Pic de

---

(1) DE ROUVILLLE : Note sur le Cambrien de l'Hérault. Bulletin de la Société Géologique de France, 3ᵉ série, t. XXI, 1893, p. 326.

(2) DE ROUVILLE, A. DELAGE et J. MIQUEL : Mémoires de l'Académie des Sciences et Lettres de Montpellier, 2ᵉ série, t. II, 1894.

Bissous et celui de Boutoury avec son nouvel ami Charles Escot. Il y reconnut le renversement qui avait trompé tous ses prédécesseurs et rétablit la série, en plaçant les grès à lingules à leur position normale, sous les schistes à calymènes. Ce fut le sujet d'une seconde note : « Cambrien et Arenig ». Il avait à cette occasion fait connaître un gisement de la plus haute importance, caché dans les bois des Combes de Barroubio, dans un terrain méconnu, inédit jusqu'ici, le trémadocien inférieur, qui allait rivaliser avec les formations classiques de cet âge du pays de Galles et de la Scandinavie. Ce trémadocien a fourni à notre ami l'*Asaphelina Miqueli*, trilobite nouveau qui lui a été dédié par un savant allemand.

L'année 1896 voit la publication d'une nouvelle étude, aussi audacieuse, aussi heureuse que les précédentes : « Note sur la géologie des terrains primaires de l'Hérault, Essai de strastigraphie générale ». M. Miquel y étudie le mur quartzeux du Foulon et du Landeyran, filon éruptif pour tous les auteurs, où il reconnaît un terrain sédimentaire fortement silicifié, le grès de Caradoc. Il suit le pseudo-filon dans les pentes du Saumail et de l'Espinouze, qui avaient toujours été rangées dans le terrain primitif, et il déclare que la montagne tout entière est du Primaire métamorphique. Cette fois les conclusions étaient très hardies; elles surprirent le monde savant; on essaya de les contester à la Société Géologique de France, mais elles furent bientôt admises par tous.

Maintenant, M. Miquel va délaisser un peu ses travaux et ses publications sur les terrains primaires pour étudier les terrains plus récents de la région; mais il gardera ses préférences pour les terrains anciens. Il reprendra plusieurs fois leur étude : En 1899, avec le « Métamorphisme de la Montagne Noire », sujet d'une conférence qu'il fit à Saint-Pons et qui eut un vif succès; en 1905, avec l'« essai sur le Cambrien de la Montagne Noire, Coulouma, l'Acadien », où il précise les niveaux connus jusqu'alors dans le cambrien, en décrivant une série de fossiles nouveaux qui viennent enrichir notre Paléontologie;

En 1911, avec son étude sur « l'Acadien supérieur », où il fait connaître un étage important, inédit jusque-là pour la France et très rare en tout **pays;**

En 1912, avec la « Classification des terrains siluriens de l'Hérault », où il résume tous ses travaux en donnant à la France une géologie primaire appuyée sur des coupes absolument sûres et riche d'un ensemble paléontologique exceptionnel : « Silurien français encore méconnu et sans « autorité dans la littérature, mais s'affirmant sur le terrain plus net et « plus précis que celui de Murchison », affirme-t-il à la page 6 de cette étude.

Ces importantes découvertes géologiques permirent à M. Miquel d'établir l'orogénie de nos trois chaînes de montagnes parallèles : l'Espinouze, la Montagne Noire et le chaînon de Saint-Chinian sont dus à une énorme compression latérale, qui a provoqué la formation de plis à l'époque tertiaire. Ces plis sont venus buter contre le massif hercynien, déjà émergé à la fin du dévonien, et l'ont modifié complètement au cours de la longue période tertiaire.

La partie basse de l'arrondissement de Saint-Pons présente un ensemble remarquable de terrains secondaires et tertiaires. C'est un vaste champ d'études assez ingrat qui est loin des géologues et qui avait été un peu négligé par eux. M. Miquel vit au milieu de ces formations; il en entreprend l'étude, en ajoutant la géologie du canton de Capestang; et il les fait connaître dans une série de notes importantes.

En 1896, paraît une note générale sur « les Terrains secondaires et tertiaires », magistralement étudiés dans le chaînon de Saint-Chinian. Il rattache au rognacien la falaise calcaire qui couronne partout ces collines. La terre à bauxite de Pierrerue et les calcaires crétacés inférieurs du fluvio lacustre permettent au géologue d'identifier cette zone avec la région curieuse de Villeveyrac.

1897 voit la publication d'une note sur le « Miocène dans le canton de Capestang et la vallée de Cruzy ». Deux ans après paraît la « Géologie de la commune de Puisserguier ». En 1902, M. Miquel publie l'étude complète du « Pliocène dans la commune de Cessenon ». Trois ans après, deux notes paraissent en même temps. La première étudie « les collines de Castigno et les calcaires rognaciens », la seconde « le Nummulitique de l'Hérault ».

Ses études de Géologie spéculative à peu près terminées, M. Miquel tente en 1922 un essai heureux de géographie rationnelle et de géologie appliquée dans son travail sur « Les lignites éocènes et le carburant national ». L'auteur montre la présence des lignites dans le calcaire inférieur de Saint-Jean, dans les grès d'Assignan, dans les calcaires d'Agel et les argiles d'Aigne; tous ces gisements proviennent des lacs éocènes si abondants dans le Midi de la France; ils ont été soulevés avec le chaînon de Saint-Chinian. M. Miquel indique l'importance des lignites en général et des lignites de l'Hérault en particulier. Il signale la richesse de ces derniers en produits volatils et en gaz; il nous fait entrevoir une concurrence possible avec les grandes industries chimiques de l'Allemagne; il préconise une distillation qui peut-être demande encore une mise au point délicate, mais qui sûrement présage pour l'avenir une grande source de richesse.

LE CARBONIFÉRIEN DES PYRÉNÉES CATALANES

PAR

M. DALLONI

Professeur de Géologie appliquée à l'Université d'Alger

Les renseignements recueillis sur les deux versants de la chaîne sont maintenant assez précis pour pouvoir indiquer que le Carboniférien est représenté dans les Pyrénées par ses divers étages et que ceux-ci y sont bien caractérisés, au double point de vue lithologique et paléontologique; en Catalogne, notamment, la série tout entière, jusqu'ici restée mal connue est admirablement développée.

DINANTIEN. — Le Dévonien terminal comprend, dans la partie orientale de la chaîne, des calcaires rouges, dits marbres griottes, à Goniatites et Clyménies (1), parfois puissants; ils sont surmontés en concordance par un dépôt qui marque l'extrême base du Dinantien, sous un faciès bathyal également très prononcé, mais de nature toute différente : c'est celui des lydiennes à Radiolaires et nodules phosphatés. Plus à l'Ouest, dans les Pyrénées centrales, ces couches de base font généralement défaut sur l'un et l'autre versant, où manque en même temps l'assise des griottes; le Carboniférien inférieur ne comprend alors que des calcaires correspondant sans doute au Viséen et des schistes et grès à flore du Culm.

En Catalogne, le Tournaisien admet, au-dessus des lydiennes, des calcaires noirs et des schistes dans lesquels je n'ai pas trouvé de fossiles, mais des recherches restent à faire à ce niveau. On ne connaît encore sur le versant espagnol ni le calcaire à *Productus*, ni les schistes à *Nereites* et *Oldhamia.*

Le Viséen est certainement l'étage le plus constant et le plus typique du Carboniférien dans toute la chaîne; son horizon calcaire indique, par sa faune, un dépôt plus profond que celui de la Montagne Noire, où il est surtout riche en brachiopodes et en polypiers (2). J'ai retrouvé ces « calcaires à structure entrelacée », de teinte violacée, panachés de vert ou de rouge — on les a confondus longtemps, aussi, avec les griottes dévoniens — offrant une faune abondante, dans le soubassement primaire de la Sierra de Cadi notamment; c'est une vraie lumachelle de trilobites, de mol-

---

(1) Il ne faut pas confondre ces vrais griottes avec les calcschistes rouges à *Anarcestes* et *Agoniatites* de l'Eifélien, que j'ai découverts en Catalogne comme en Aragon; c'est probablement ce qui s'est produit sur le versant français, où cette faune n'a jamais été signalée.

(2) La plupart des calcaires à polypiers qu'on avait placés dans le Carboniférien des Pyrénées doivent être rapportés au Dévonien moyen.

lusques et de Crinoïdes : *Phillipsia Brongniarti* Fisch; *P. Castroi, P. Derbyensis* Mart; *Orthoceras* sp., *Glyphioceras crenistria* Phill., *G. Malladæ*, Barrois, *Prolecanites Henslowi* Sow., *P. serpentinus, Pronorites cyclolobus* Phill, *Pleurotomaria* sp., *Evomphalus* sp., *Avicula (Limatulina) radula* de Kon., *Aviculopecten dissimilis* Flem., *Edmondia?, Spirifer crispus* Linn., *Poteriocrinus minutus* Rœm. Cette formation rappelle beaucoup celle du Dinantien des Asturies, les calcaires du Harz à *Phillipsia* et Goniatites, ceux de la série de Yoredale en Angleterre, etc.

Malgré leur faciès bathyal, ces calcaires sont en contact immédiat avec des schistes et des grès micacés à végétaux (*Archæocalamites, Dictyodora Leibeana* Gein., au milieu desquels ils forment des traînées irrégulières ou de grandes lentilles (calcaires amygdalins).

WESTPHALIEN. — L'étage est uniquement connu dans la partie centrale de la chaîne, c'est-à-dire précisément dans la zone où manquent à la fois la base et les assises les plus élevées du Carboniférien : couches à *Mariopteris* de la vallée du Gallego en Aragon et de la haute vallée d'Aspe et, plus à l'Est, revers nord et sud du massif des Monts Maudits. Les schistes noirs, parfois subardoisiers, les grès grossiers et les poudingues, souvent épais, avaient donné quelques empreintes de plantes à Roussel; on peut citer maintenant une flore assez riche (1) de la même région des Nogueras avec *Neuropteris Scheuchzeri* Hoffm., *N. heterophylla* Brongn., *N. tenuifolia* Schloth., *Linopteris obliqua* Bamb., *L. sub.-Brongniarti* Gr. Eur., *L. neuropteroïdes* Gutb., *Sphenopteris obtusiloba* Brongn., *S.* aff. *neuropteroïdes* Boulay, *Alethopteris Serli* Brongn., *A. pontica, A. valida* Boulay, *Pecopteris plumosa* Artis, *P. lamurensis* Heer, *Calamites Suckovi* Brongn., *C. undulatus* Sternb., *Annularia*.

On reconnaît dans les couches houillères de la bande Eril Castell-Aguiro. le Westphalien moyen, surmonté par l'assise des charbons gras de Sarrebrück (assise de Bruay), et au-dessus par les schistes à *Mixoneura* du groupe *d'ovata* Hoffm. et *P. lamurensis* représentant les Flambants supérieurs de Sarrebrück, zone qui s'étend ainsi depuis le Gard jusqu'aux Pyrénées centrales. Le Stéphanien termine la série.

La faune moscovienne, décrite par Barrois dans les Asturies n'est pas connue dans les Pyrénées, émergées vers la fin du Dinantien, à la suite des premiers mouvements hercyniens. Dans les Corbières, de puissants conglomérats postérieurs au Viséen ont la même signification.

STÉPHANIEN. — Le Stéphanien se présente avec des caractères lithologiques très analogues à ceux de l'étage précédent, mais ses relations et sa distribution sont, le plus souvent, assez différentes : il est surtout localisé aux ailes de la chaîne, sur ses deux versants et il est parfois transgressif sur des formations très anciennes (Silurien). On sait que cette indépendance est également manifeste dans les Corbières et que le conglomérat

---

(1) Toutes ces plantes ont été étudiées sur ma demande par M. le professeur Paul Bertrand, de Lille, que je remercie de sa complaisance.

de Tinéo à *Pecopteris Pluckeneti* Brongn. est transgressif et discordant sur le Moscovien cantabrique.

En Catalogne, des couches de houille, généralement anthraciteuse, se rencontrent dans le Stéphanien des Nogueras, du bassin de la **Seo d'Urgel** et du bassin de San Juan de las Abadesas; ce dernier seul est exploité. La flore est particulièrement abondante et j'ai trouvé partout des empreintes de plantes caractéristiques; les plus communes sont : *Dorycordaites affinis* Gr. Eur., *Codonospermum anomalum* Gr. Eur., *Neuropteris cordata* Brongn., *Linopteris Germari* Gieb., *Odontopteris Reichei* Gutb., *Sphenopteris Matheti* Zeill., *Alethopteris Grandini* Brongn., *Callipteridium pteridium* Schloth., *Pecopteris Pluckeneti* Brongn., *P. cyathea* Schloth., *P. Launayi* Zeill., *P. unita* Br., *P. feminœformis* Schloth., *P. euneura* Gr. Eur., *P. truncata*, Zeill., *P. polymorpha* Brongn., *P. hemitelioides* Brongn., *P. Candollei* Brongn., et plusieurs autres espèces, *Sphenophyllum tenuifolium* Font., *S. oblongifolium* Germ., *Annularia, Calamites Cisti* Brongn., etc. (1).

J'ai déjà montré que les conditions qui ont prédominé dans les Pyrénées à l'époque houillère se sont poursuivies au début du Permien sur l'emplacement du versant méridional; dans la vallée de la Noguera Pallaresa, entre Sort et Gerri, des grès et schistes noirs, intercalés à la base des couches rouges redressées à la verticale, renferment à profusion des débris de *Walchia* et de nombreuses frondes de *Callipteris* associés à d'autres plantes caractéristiques de l'Autunien. La série bien connue des couches du « Grès rouge », en complète discordance sur la précédente, correspond au Permien moyen et supérieur et elle s'est déposée après la phase terminale et principale des mouvements hercyniens; on sait qu'il est difficile de la séparer du Trias inférieur.

Le fait que sur le versant sud la base du Permien est représentée par des formations continentales est d'autant plus remarquable que le même étage comprend dans l'Ariège, d'après Caralp et Haug, des couches marines dont la faune, riche en céphalopodes, indique un faciès assez profond.

L'activité éruptive a été intense dans toute la chaîne pendant le Houiller et au début de l'époque suivante; en Catalogne, les porphyrites forment une traînée presque continue à la limite des deux terrains, associées à des tufs très épais.

---

(1) On peut distinguer dans ces gisements le Stéphanien inférieur, représenté dans les Corbières par les couches de Ségure et de Durban, de la partie tout à fait supérieure du Houiller, corerspondant aux assises d'Ibantelly et de La Rhune.

LA QUESTION DES ALLUVIONS RÉCENTES
DANS L'OUEST ET LE MIDI DE LA FRANCE

PAR

G. DENIZOT

Assistant à la Faculté des Sciences de Marseille

Les derniers épisodes de l'histoire géologique de nos régions ont donné lieu à des hypothèses très variées, parfois étranges et souvent inspirées de considérations peu scientifiques, dont beaucoup n'ont pu résister à l'examen des faits.

A l'heure actuelle, aucun géologue ne paraît admettre des mouvements désordonnés, émersion de certaines côtes et submersion des voisines ; et les variations sont plutôt considérées comme simultanées. D'autre part, nous possédons des preuves de submersion de nos côtes à une époque récente, et du comblement contemporain des vallées. Il existe un cycle de remblaiement récent, consécutif au dernier cycle ancien (Bas-niveau) qui avait laissé sur les côtes de l'Ouest des traces de rivage vers 15 m.

La question essentielle est de savoir si cette submersion et ce remblaiement se poursuivent à l'époque actuelle : théorie souvent admise, plus par accord tacite qu'à la suite d'observations positives.

Or, un faisceau d'observations tend à prouver, au contraire, que le phénomène s'est arrêté à une époque assez reculée, que depuis les variations de niveau de la mer et des cours d'eau se font suivant un autre style, et que leur résultante au moins demeure très faible (1).

J'ai distingué sur nos côtes les traces d'un stationnement de la mer légèrement plus élevé que l'actuel et j'ai situé ce stationnement au sommet du remblaiement récent, en l'attribuant à une époque voisine du Néolithique. Je l'ai d'abord reconnu sur la côte méditerranéenne, très antérieur aux Gallo-romains. Du côté atlantique, l'observation est rendue difficile par l'ampleur des marées : mais il est des faits essentiels, tels ces cordons littoraux des environs de Calais qui, tout en surmontant sensiblement les cordons actuels, offrent des relations avec le Néolithique.

De l'ensemble des faits, j'ai conclu à une situation, vers cette époque, de la mer à une petite hauteur, 1 à 2 mètres en général, au-dessus de l'actuelle.

---

(1) G. Denizot: Contributions à l'étude du Quaternaire de France. *B. S. G. F.* [4] *XXIII*, p. 384. 1924.

Variations récentes et modernes du niveau marin sur les côtes françaises. *Congr. scient., Bull. Géogr. XXXVI*, p. 111. 1926.

Si nous passons dans les vallées, nous trouvons au fond de celles-ci une plaine continue, ou bien une suite de vals entre lesquels serpente le cours d'eau, offrant une parfaite allure de terrasse. J'ai raccordé, dans le secteur méditerranéen, ces terrasses au Niveau récent. Dans le secteur atlantique, ces plaines arrivent à la mer vers 3 m., à peu près au niveau des fortes hautes-mers, ce qui les a fait mettre en relations avec celles-ci et attribuer dans leur partie terminale à la phase actuelle.

Deux sortes de considérations infirment cette théorie. D'abord, la surface des vals ne montre pas la continuation de l'alluvionnement fluvial subordonné, mais au contraire la généralisation des faciès limoneux de débordement. Aux sables grossiers basaltiques de la Loire, dans lesquels les intercalations argileuses sont très localisées, succède une couverture de limon argileux gris et fin sable micacé limoneux; les sables récents de la Maine disparaissent sous l'argile bleuâtre des prairies. De même le contraste est formel entre les limons de la Seine et le gravier qui les supporte. Le cycle qui a déposé ces alluvions ne se poursuit pas : il est achevé, et la mince assise superposée offre la signification d'une couverture d'inondations, en dehors du lit où s'effectuent maintenant les transports sableux et caillouteux.

Et l'époque de cet achèvement n'est pas actuelle, ni même contemporaine des travaux d'endiguement qui ont évidemment influé sur les régimes fluviaux. Elle est très antérieure, car beaucoup de vals supportent des établissements antiques, du Bronze (Saint-Genouph et Négron, en Touraine; Villeneuve en amont de Paris), du Néolithique (haches polies à très faibles profondeurs dans la Vallée d'Anjou, le Marais poitevin, etc...). Dans les vallées de la Vienne et du Loir, de nombreux monuments mégalithiques ont été édifiés sur les vals et sont demeurés à fleur de sol, ou bien n'ont été que légèrement enterrés. La constitution de ces vals en niveau couronnant les alluvions récentes doit être reculée vers le Néolithique et parfois même au delà (1).

Dans la vallée de la Garonne, ce même Niveau récent cote 3 mètres à l'embouchure et se relève jusqu'à 7-9 m. sur l'étiage vers Agen, en demeurant continu au-dessous d'un Bas-niveau caractérisé. De semblables variations sont normales; mais à partir du confluent du Tarn, les choses se compliquent : d'abord toutes les terrasses sont de plus en plus élevées sur l'étiage, la Basse-terrasse passant de 20-22 mètres vers Toulouse à 35 mètres au sortir des Petites Pyrénées; et les formations inférieures se multiplient.

Autour de Toulouse, on reconnait une terrasse de 8 à 13 mètres, et une

---

(1) G. DENIZOT: Nouvelles notes sur la Vallée d'Anjou. *Soc. Et. scient. Angers,* année 1928.

Les emplacements préhistoriques des vals du Loir. *Soc. Archéol. Vendômois,* année 1928.

autre de 5-7 mètres qui est assez étendue en aval. Or, j'ai été conduit (1) à rattacher au Niveau-récent la première, bien qu'elle soit caractérisée par des restes d'*Elephas primigenius*, d'ailleurs évolué; et j'ai suivi ce niveau, continu et fort bien développé, jusqu'au sortir des Petites-Pyrénées où il atteint 22 mètres. Par ces faits, j'ai dû relier ce niveau, dans la vallée de la Garonne. au Paléolithique supérieur, qui a connu le Proboscidien précité, en constatant d'ailleurs que la situation des grottes de l'amont (la Tourasse, la Roque de Montespan) est compatible avec cette interprétation.

C'est donc en contrebas qu'il conviendra de chercher la place des époques ultérieures, en particulier du Néolithique. A celle-ci pourrait revenir la seconde terrasse, apparaissant plutôt comme dédoublement (2) du Niveau-récent : pour un emplacement sans doute très peu différent de l'embouchure, le profil du fleuve s'est modifié, abaissé dans la partie moyenne de la vallée; et cet abaissement a porté au-dessus de l'atteinte des eaux la surface alluviale qui venait de se constituer.

En contrebas des alluvions récentes, on rencontre en bordure des cours d'eau des atterrissements. Toujours limités, ils correspondent à un régime de creusement très net dans la vallée de la Garonne où ce régime, combiné avec le déplacement général vers la droite, fait apparaître à partir de Toulouse une série d'affleurements du substratum tertiaire dans le lit même du fleuve; ces affleurements ont été cités à diverses reprises, avec une importance exagérée pour les considérer comme cause d'inégalités d'altitude relative dont ils sont plutôt une conséquence. A défaut de changement du niveau de base, la cause de la variation du profil en long nous paraît résider essentiellement dans des circonstances hydrométriques.

Présentation d'une note de M. Seurat
sur le Quaternaire de la Syrte mineure

L'étude précise de M. SEURAT (3) distingue dans cette partie de la côte tunisienne, une formation continentale de marne gypseuse couronnée de grès calcarifère, œuvre d'une phase marine régressive; ces assises sont ravinées par un poudingue fluviatile. Une ingression marine récente a détaché des îles et noyé quelques territoires, la mer s'étant élevée légèrement plus haut que le niveau actuel — relèvement susceptible d'avoir atteint 2 m., nous a précisé l'auteur —; les dépôts coquilliers de cette phase n'ont pas

---

(1) G. DENIZOT: Note sur la morphologie, sur l'évolution et sur l'âge des terrasses toulousaines. *Soc. Hist. nat. Toulouse.* LVII, p. 346. 1928.

(2) J'avais antérieurement noté de tels dédoublements dans les alluvions anciennes; voir ma communication au XLVII° Congrès, p. 410 (mais j'ai renoncé à mes observations sur les alentours de Castelsarrasin).

(3) L. G. SEURAT: Formations quaternaires de la Syrte mineure. *Bull. Soc. Hist. natur. Afrique du Nord, XVIII*, p. 176-179. 1927.

fourni *Strombus bubonius*. Au niveau actuel correspond une dernière formation continentale, avec poteries.

Nous remarquons que cette ingression marine offre toute la signification de la phase que nous avons précisée comme récente. Il convient de considérer de même, dans la baie d'Alger, la formation marine signalée au précédent congrès par M. Piroutet (2), à 2-3 mètres au-dessus des très fortes mers. Nous établissons donc le Niveau-récent, dans la Méditerranée occidentale, sur les côtes africaines comme sur les côtes françaises.

UN FORAGE PROFOND PRÈS DE LIBOURNE

PAR

A.-P. DUTERTRE

Assistant à la Faculté des Sciences de Lille

Un forage a été creusé en 1924 près de Libourne pour l'alimentation en eau potable de cette ville; les travaux ont été exécutés par la *Société Auxiliaire de Distribution d'Eau* (S.A.D.E.) sous la direction de M. l'ingénieur Cointement.

Ce forage est situé à environ 2 kilomètres au S.-E. de Libourne, sur la rive droite de la Dordogne, dans la vallée de la rivière, au lieu dit « *Gueyrosse* » près du hameau de Froidefont.

Il a traversé successivement les alluvions de la vallée, puis l'Eocène inférieur et l'Auversien et a été arrêté à la profondeur de 205 m. 50 dans le Lutétien.

En attendant la publication des résultats détaillés de ce sondage dont l'étude m'a été confiée, j'indiquerai quelques remarques auxquelles il donne lieu.

Les alluvions comprennent une couche de graviers et de cailloux quartzeux bien roulés avec des argiles jaunâtres.

L'Eocène supérieur est constitué par des argiles et des sables fluviatiles avec une couche de sables quartzeux et calcareux contenant des coquilles marines atteinte vers la profondeur de 42 m. 75; une autre formation marine composée de sables plus ou moins grossiers avec coquilles a été traversée de 104 m. 50 à 145 mètres; il est probable que la première formation marine correspond à l'invasion qui a déposé le calcaire de Saint-

---

(2) M. Piroutet: Sur l'existence d'une plage au niveau de 3 mètres dans la baie d'Alger. *A. F. A. S. LI*, p. 193-194. 1928.

Estèphe dans la région occidentale du bassin bordelais; cette interprétation est appuyée par deux observations faites dans le voisinage : ainsi le sondage exécuté vers 1886 à Libourne a rencontré entre 51 m. 82 et 66 m. 52 un calcaire compact et un grès argileux à *Miliolites* que E. A. Benoist a assimilé au Calcaire de Saint-Estèphe; de plus, le sondage d'Arveyres effectué en 1887 sur la rive gauche de la Dordogne, au bord de la rivière, en face de la butte de Fronsac, a atteint vers la profondeur de 49 mètres des argiles à *Ostrea bersonensis* recouvrant un calcaire gris à *Miliolites, Echinolampas ovalis* et *Sismondia* sp. attribué au calcaire de Saint-Estèphe par le même auteur.

Le dépôt marin reconnu plus profondément à Gueyrosse paraît correspondre aux couches à *Ostrea cucullaris* auxquelles E. A. Benoist a attribué les argiles sableuses et les sables quartzeux à coquilles marines (*Corbula, Lucina, Lutraria, Mytilus, Pinna, Ostrea*) traversées par le sondage de Libourne entre 145 m. 12 et 172 m. 73.

A Gueyrosse, le Lutétien apparaît comme un dépôt continental formé par des sables et des argiles à lignites dont l'épaisseur demeure inconnue; E.-A. Benoist suppose que la base du tertiaire se trouve vers la profondeur de 350 mètres sous la ville de Libourne. mais, à ma connaissance, aucun sondage n'a atteint jusqu'à ce jour le socle crétacé dans cette région.

Lorsque la couche imperméable sous laquelle elles étaient maintenues captives a été perforée, les eaux souterraines ont jailli avec une grande force; le débit a été si considérable (200 mètres cubes à l'heure) qu'il a été nécessaire de le réduire immédiatement, car une grande quantité de matériaux, surtout des sables, étaient ramenés du fond par un violent courant d'eau; malgré toute l'habileté déployée par M. l'ingénieur Cointement et le chef-sondeur Tichon, au cours de ce travail délicat, des éboulements se sont produits vers le bas du forage et la pression des terrains a été si forte que le tube d'acier entourant le forage sur toute sa hauteur a été gravement endommagé; finalement, le débit s'est stabilisé à 40 mètres cubes à l'heure.

Un second forage a été exécuté cette année, à proximité du premier, pour compléter le rendement nécessaire.

Les eaux exploitées par ces forages paraissent provenir, en partie au moins, des sables du Périgord formant des affleurements absorbants au nord de Libourne; le pendage des couches tertiaires vers le Sud explique le phénomène d'artésianisme observé à Gueyrosse.

AU SUJET DE QUELQUES PARTICULARITÉS
DE LA TECTONIQUE DU TRIAS
DANS LA KABYLIE DES BABORS

PAR

F. EHRMANN

Assistant à la Faculté des Sciences d'Alger

Le trias, substratum général de la Kabylie des Babors, qui s'accole aux massifs anciens de Collo-Philippeville à l'Est, et du Djurdjura à l'Ouest, pénètre même dans certaines de ces vallées, en s'y moulant et s'y chargeant d'éléments locaux. *Il se fait donc une véritable soudure géologique entre ces trois régions.*

Le trias de la Kabylie des Babors, qui s'étend entre ces deux massifs anciens, et qui s'est, sur leurs bords, en grande partie constitué à leurs dépens, est donc bien « in situ » (1). Des faits analogues ailleurs, en Algérie et au Maroc, permettraient d'envisager, que le trias Nord-Africain, est dans l'ensemble parfaitement autochtone. Les complications stratigraphiques et tectoniques, en relation avec le trias, sont dues à de multiples causes, entr'autres, *la superposition du rôle tectonique des terrains gypsosalins, de ceux mous et délitescents, du poids des terrains de couvertures, des mouvements épirogéniques et de plissements, etc.*

Ces complications stratigraphiques, qui avaient donné lieu à bien des hypothèses, où prédominaient celles de charriages, semblent devoir maintenant se limiter aux actions *physico-chimiques* et autres, particulières au trias.

On a fait intervenir la question de la « tectonique du sel », pour essayer d'expliquer certains affleurements anormaux de trias; il n'y a pas de doute, qu'il y a une tectonique du sel, dans les complexités stratigraphiques inhérentes au trias, mais il s'y ajoute bien d'autres causes, que je viens de résumer ci-dessus, et qui se superposent plus ou moins, pour donner une tectonique spéciale, dite *tectonique du trias*, qui pourrait servir de type, pour l'étude d'autres terrains de compositions lithologiques voisines.

---

(1) F. EHRMANN : Le trias de la Kabylie des Babors. C. R. Ac. Sc. Paris, 9 mai 1921.

F. EHRMANN : Du trias et de son rôle tectonique dans la Kabylie des Babors. B. S. G. F., 15 juin 1922.

F. EHRMANN : Résumé stratigraphique et tectonique sur la Kabylie des Babors. B. S. C. G. A. Fasc. I, 1924.

J'ai déjà ébauché cette tectonique (1) en ce qui concerne la Kabylie des Babors; dans la note de ce jour, j'examinerai deux cas particuliers, concernant de faux synclinaux ou anticlinaux, uniquement dus à la tectonique du trias.

Au sud de Cavallo-Taza (Golfe de Bougie), le lias calcaréo-dolomitique, en superposition normale sur le trias, donne l'impression d'être légèrement plissé en synclinaux et anticlinaux. En réalité, il ne s'agit pas de plissements, mais de cas particuliers dus, d'une part, à la dissolution du sel et du gypse, et d'autre part, au foisonnement de l'anhydrite, qui produit un soulèvement des calcaires en forme anticlinale. Il s'agit donc bien de faux synclinaux et anticlinaux.

J'ai indiqué, sur la carte géologique de Ziama, et dans plusieurs notes (2), que les transgressions crétacées dans la Kabylie des Babors, avaient pénétré dans des synclinaux et anticlinaux, de direction sensiblement Est-Ouest, déjà ébauchés au début du crétacique. Les sédiments crétacés, ou plus récents, occupent ces anticlinaux, en superposition sur le trias, présentant généralement une allure synclinale très nette, avec parfois, des pointements anormaux de trias, d'origine ascendante. Cette allure synclinale, s'explique du fait que ces sédiments, sous leur propre poids, ont une tendance à s'enfoncer, à s'enfouir au sein de la masse triasique (3) rendue meuble et délitescente, par le niveau aquifère, existant à son contact.

La pression latérale des flancs anticlinaux sur ce trias, provoque sa remontée le long des lèvres anticlinales, en favorisant l'enfouissement des terrains qui reposent sur lui. Il s'agit donc encore de faux synclinaux, que j'appellerai *synclinaux d'enfouissements*. Ces cas particuliers, ne se localisent pas à la Kabylie des Babors, mais existent en d'autres points de l'Afrique du Nord (4).

Le rôle minéralisateur, à la fois actif et passif si important, que joue le trias, dans la genèse des gîtes miniers Nord-Africains, n'est plus niable. La connaissance de la « tectonique du trias » devient donc indispensable, pour l'étude de ces importantes questions. Tous les détails de cette tectonique, en grande partie visible, grâce souvent à l'absence de toute végétation, a été depuis longtemps soupçonnée, et en grande partie décrite par tous les géologues algériens.

---

(1) F. Ehrmann : loc. cit.

(2) F. Ehrmann : Sur un important mouvement orogénique au début du crétacique dans la Kabylie des Babors. C. R. Ac. Sc. Paris, avril 1921.

(3) F. Ehrmann : Du trias, etc., loc. cit. (coupe du Babor-Talabort.

(4) A. Brives : Contribution à l'étude des gîtes métallifères de l'Algérie.

OBSERVATIONS
SUR UN CRANE DE CROCODILIEN STÉNÉOSAURE DÉCOUVERT DANS DES ARGILES DU KIMMERIDGIEN SUPÉRIEUR D'OCTEVILLE-SUR-MER, PRÈS DU HAVRE

PAR

L. JOLEAUD

Professeur à la Faculté des Sciences de Paris

Un crâne de Crocodilien, provenant des argiles du Kimmeridgien supérieur du Cap de la Hève, au lieu dit « le Fond du Val », près d'Octeville-sur-Mer, a été donné par MM. G. Rabeck et J. J. Stiegelmann, qui l'ont découvert et monté, au Muséum d'Histoire naturelle du Havre. Ces ossements fossiles appartiennent au genre *Steneosaurus*, dont on connaît aujourd'hui au moins une vingtaine d'espèces. Les plus anciennes de ces formes de Reptiles se trouvent dans le Lias supérieur, mais la majorité d'entre elles datent seulement de l'Oxfordien. Trois types ont été signalés du Kimmeridgien : *S. Bouchardi* et *S. moriniscus* Sauvage du Boulonnais, *S. megarhinus* Hulke du Dorstshire et un seul du Portlandien, *S. rudis* Sauvage, également du Boulonnais.

De *S. megarhinus* a été seulement découverte l'extrémité du rostre, ce qui empêche toute comparaison avec le Crocodilien du Musée du Havre. *S. moriniscus* et *S. rudis* sont aussi fort mal connus; leurs restes ne peuvent être mis en parallèle avec la pièce d'Octeville-sur-Mer. Quant à *S. Bouchardi*, c'est un Reptile sensiblement plus petit que celui du Cap de la Hève; l'extrémité de son rostre s'effile d'ailleurs beaucoup plus brusquement et le grand axe de ses cavités oculaires forme un angle plus aigu avec l'axe du rostre que chez le Sténéosaure dont nous nous occupons ici.

Les deux types de *Steneosaurus* qui me semblent se rapprocher le plus de celui d'Octeville, sont : 1° *S. obtusidens* Andrews de l'Oxfordien de Peterborough; 2° *S. Larteti* E. Deslongchamps var. *Kokeni* E. Auer de la même provenance.

S. obtusidens a le crâne plus allongé en arrière par rapport à la largeur de base du rostre : ce dernier est donc plus effilé dans le type du Havre que dans celui d'Angleterre.

S. Larteti var. *Kokeni* est beaucoup plus voisin de notre Crocodilien. Cependant les cavités oculaires sont plus grandes et plus franchement elliptiques dans l'espèce britannique que dans le type français. Le rostre est, par rapport au crâne, plus long dans le Reptile anglais et le crâne moins brusquement rétréci en avant : *S. Larteti Kokeni* est en un mot plus gavialoïde que le Sténéosaure du Havre.

Il semble que des vertèbres de *Steneosaurus* aient déjà été trouvées par Lennier dans le Kimmeridgien de la Seine maritime : elles auraient été signalées par cet auteur sous le nom de *Metriorhynchus? incertus* E. Deslongchamps.

En somme, je pense que l'on peut classer le crâne d'Octeville sous le nom de *Steneosaurus Larteti* mutation *octevillensis*. Cette nouvelle forme serait le descendant au Kimmeridgien du Sténéosaure de Lartet, typiquement caractéristique de l'Oxfordien de Normandie et d'Angleterre.

La pièce du Musée du Havre que MM. le docteur Loir, J.-J. Stiegelmann et G. Rabeck ont bien voulu me demander d'examiner a été figurée par G. Rabeck dans le *Bulletin de la Société Géologique de Normandie*, tome XXXIV, années 1916 à 1923 (1925), planches II, III, IV.

———— ∿ ————

EXPLORATION DE QUELQUES AVENS
DE L'URGONIEN DU GARD

PAR

ROBERT DE JOLY ET PAUL MARCELIN
du Muséum d'Histoire Naturelle de Nîmes

Un assez grand nombre d'avens ont été explorés dans le Gard, entre 1891 et 1914 par Félix MAZAURIC [1] à l'œuvre duquel on ne rendra jamais assez hommage. Grâce au matériel perfectionné, établi par l'un de nous, et qui a permis, tout récemment, la descente dans l'Aven ou Garagaï de Sainte-Victoire, près d'Aix, nous avons entrepris, en 1927 et 1928, de continuer les explorations de F. Mazauric, pour les avens non visités par lui et qui sont encore très nombreux.

Nous nous proposons d'étudier d'abord, spécialement, les avens de l'Urgonien du Gard, « l'épaisseur de ce terrain, sa compacité et son homo-

---

[1] Voir ses travaux publiés dans le *Bulletin de la Société d'Etude des Sciences naturelles de Nîmes* et dans *Spelunca et les Mémoires de la Société de Spéléologie*.

Voir aussi P. Marcelin : *Contribution à l'étude géographique de la garrigue nîmoise (Les Etudes Rhodaniennes*, II, 1926) et tout particulièrement la thèse récente de M. A. BAULIG : *Le Plateau Central de la France et sa bordure méditerranéenne*, p. 503 et suiv.

généité » (*Baulig*) rendent, en effet, sa morphologie souterraine, particulièrement intéressante et permettent des comparaisons que gênent, dans d'autres terrains, les variations dans la dureté des différentes assises.

Nous essayerons plus tard, après en avoir visité le plus grand nombre possible, et après avoir donné des descriptions très réduites, d'établir les relations entre nos observations et les explications géologiques et géographiques, actuellement assez avancées, de l'évolution du relief, depuis le retrait de la mer miocène, dans la région que nous étudions.

Ce sera d'ailleurs la suite des études que nous avons déjà publiées sur des formes semblables dans la garrigue de Nîmes. La présente note n'a d'autre but que d'indiquer ce programme de recherches, de donner la liste des avens explorés et de résumer quelques premières observations :

Les avens explorés sont les suivants : (1)

		Profondeur
1. Abîme de Sanilhac, près Collias		**62 m.**
2. Aven du Pont du Gard, rive gauche		30 —
3. Aven du Pont du Gard, rive droite		8 —
4. Aven de St-Médier, près le Mas de Larnac		64 —
5. Aven du Mas, près la Bruguière		102 —
6. Aven des Trois-Gorges, près la gare de Valérargues		**25 —**
7. Aven du Pontet, au même lieu		15 —
8. Aven de Rauzen, au S. de la Bruguière		24 —
9. Aven de la Combe de l'Ermitage de Laval		24 —
10. Aven du Mas de Laval, tous deux près Collias		32 —
11. Aven de Tire-Cordes, bois des Lens		22 —
12. Aven du Pigeonnier, près le Mas de Vérac		25 —
13. Aven du Bois d'en haut, entre la Bruguière et la route de Lussan		15 —
14. Aven de Massillan, champ de tir, Nîmes		8 —

Nous avons observé dans tous ces avens, les faits qui ont été si bien mis en lumière par le labeur considérable et fécond de E.-A. MARTEL et par les observations de F. MAZAURIC, notamment la grande importance des fractures et de l'érosion tourbillonnaire; nous n'insisterons pas davantage sur ces faits bien établis.

Il faudrait peut-être exclure de cette liste, les trois derniers avens, qui ne sont pas creusés dans l'Urgonien, mais bien dans les marno-calcaires du Barrémien, débarrassés de leur couverture urgonienne dans les parties anticlinales. Ils montrent que cette formation ne se prête pas, ainsi que nous l'avions déjà dit, au creusement de puits et de galeries de grande enver-

---

(1) Les avens 9 et 10 nous ont été indiqués par M. l'abbé Bayol, 11 par M. Albert Hugues, 14 par M. le commandant Espérandieu.

gure, mais que, peut-être plus que nous ne le pensions, elle est perméable à l'eau par le mode habituel de « percolation » en terrain calcaire.

Le remplissage de ces avens nous a montré, comme à F. MAZAURIC, en dehors des matériaux locaux calcaires, des matériaux étrangers, siliceux ou silicatés, venus d'autres régions et d'autres formations que l'Urgonien. Il est difficile de faire le départ entre ceux qui sont contemporains des premières phases de creusement et d'alluvionnement et ceux qui sont venus par la suite, entraînés des plateaux.

Il faut noter dans plusieurs de ces avens, la présence d'amas de sables fins, quartzeux et micacés que l'on rencontre associés à une faune à ours et bouquetin dans quelques grottes du Canyon du Gardon (Grotte Bayol [1], de la Vigne Sauvage, de Campefiel [F. MAZAURIC]).

Les argiles se rencontrent dans tous ces avens sans exception. Il est facile de voir qu'elles sont de deux sortes : maigres et chargées de grains de quartz et de paillettes de mica, grasses et sans éléments étrangers; la coloration des deux est sensiblement la même : rouge brique. Les premières résultent de l'altération des silicates dans les sables que nous venons de citer, les secondes sont des argiles de décalcification. La formation de ces dernières s'observe d'une manière frappante dans le deuxième puits de l'Aven du Mas. L'eau de condensation ruisselle partout, et toutes les parois sont recouvertes d'une couche d'argile très pure, extrêmement irrégulière, qui n'est souvent qu'une pellicule, mais qui forme parfois des poches de quelques centimètres de profondeur. Lorsque ce revêtement a été entraîné par l'eau qui finit par ruisseler en certains points, on voit la roche présenter les formes d'altération dites en « nids d'abeilles ».

Il est très curieux de voir cette argile présenter jusqu'au fond (102 m.) des traces de griffes d'animaux tombés par accident et ayant essayé de grimper aux parois.

Plusieurs de ces avens s'ouvrent dans des lapiaz ou au fond de dolines (1,5). Mais cette dernière forme est plutôt rare et peu accusée.

Il sera intéressant d'établir les relations entre avens et doline aux environs de Méjannes le Clap où les « lacs » sont nombreux.

Les avens 1 et 14 s'ouvrent à l'altitude 180 qui est indiquée par M. BAULIG comme celle de l'une des grandes surfaces d'aplanissement du Gard et de l'Hérault. Mais tandis que 15 s'ouvre sur une surface absolument plane, 14 et 5 sont au sommet des vallons aux formes molles qui dépendent de ces grandes surfaces, 2, 3, 4, 9, 10, sont sur des pentes, dans des situations parfois paradoxales. L'aven 11 est particulièrement intéressant parce qu'il se trouve sur un replat, dans une combe, où l'on voit très bien des niveaux d'érosion étagés en terrasses topographiques.

Il semble donc que l'on puisse grouper provisoirement nos avens en trois groupes : *avens de plateaux, de terrasses et de versants.* Les premiers sont

---

(1) Abbé BAYOL: La grotte à peintures de Collias. Rhodania. Compte rendu du IXe Congrès. Aubenas et Vals-les-Bains, 1927, N°s 1200 à 1260.

de deux sortes, soit de surface planes, soit de vallées anciennes très évoluées. Pour les troisièmes, il est évident qu'ils dérivent des deux autres par dissection récente des surfaces planes ou par recul des versants.

Plusieurs de ces avens débutent par un puits vertical suivi d'une galerie à plus ou moins forte pente (1), d'autres, au contraire, par une galerie suivie d'un puits (4), d'autres, enfin, par une succession de puits et de galeries (5).

Nous essayerons de voir si ces ruptures de pente, étant donnée l'homogénéité de la roche, sont commandées par la rencontre des fractures et des joints de stratification ou bien si elles correspondent à des activités accrues ou ralenties de la force érosive, et si elles sont alors en relation avec les variations des niveaux de base.

Aucun d'eux n'est en activité constante; ceux des surfaces planes comme ceux des versants sont complètement fossiles. Ceux des vallées anciennes, par leur position, sont appelées à jouer encore, au moment des fortes pluies qui s'abattent sur la région des garrigues, de septembre à novembre. L'aven 1 est particulièrement intéressant à ce point de vue; on voit son évolution se poursuivre encore d'une manière très sensible et on pourrait y mesurer le creusement actuel.

Comme il est obstrué par un bouchon sableux qui laisse passer l'eau, mais non les matériaux, le comblement paraît y prédominer sur le creusement, mais l'aven 14 nous a montré à ce sujet, en s'ouvrant brusquement sous le passage d'un tank, que ces bouchons peuvent glisser et descendre par une sorte de *solifluction* et livrer de nouvelles cavités à l'action érosive qui, d'ailleurs, ne s'exercera pas de longtemps dans le cas de cet aven, étant donnée sa position sur une surface absolument plane.

Nous avons été étonnés en visitant l'aven 2 qui descend au niveau du Gardon, de n'y trouver que quelques flaques et non des galeries parcourues par l'eau. Il est probable que le lit souterrain de la rivière est encore bien plus bas, à cette époque (juillet), à moins que les canaux ne s'écartent beaucoup de la direction du lit subaérien.

La formation de ces avens est due, assurément, pour une part importante aux rivières allogènes (*Ardèche, Cèze, Gardon*) bien alimentées en eau et en matériaux d'usure, et qui ont aplani de manière si frappante la partie orientale du département du Gard.

Le problème le plus délicat et le plus intéressant à résoudre est d'établir la part de chacune d'elles dans la production de ces formes particulières au calcaire et si nombreuses dans la région. Comme aussi d'établir la part qui revient aux cours d'eau d'origine locale qui, dans certains cas, par exemple, celui de la Fontaine de Nîmes, ont pu constituer un niveau souterrain étendu et compliqué, accompagné des formes habituelles.

Pour les avens creusés par les rivières allogènes on peut établir la succession suivante :

1) creusement par la rivière;

2) par des cours d'eau locaux, alors que la topographie des plateaux était moins disséquée et leur surface revêtue d'un manteau d'alluvions.

3) par les eaux du ruissellement actuel.

Les phases de creusement ont été d'ailleurs interrompues par des phases de comblement, et actuellement, le second de ces phénomènes paraît l'emporter sur le premier.

Il faut espérer que le nombre de nos observations nous permettra de suivre d'une manière plus serrée l'évolution de ces formes et de leur assigner un âge dans cette longue période du régime continental, auquel ont été soumises ces régions depuis le Miocène supérieur (1).

PREMIERS RÉSULTATS DE RECHERCHES GÉOLOGIQUES DANS LE RIFF OCCIDENTAL

PAR

J. LACOSTE
Préparateur à l'Ecole des Hautes Etudes

Au cours de mes premières explorations dans le Maroc septentrional, pour le levé de la carte de Moulay bou Chta, 1/100.000ᵉ (dite du front dissident), j'ai pu parcourir la région comprise entre les oueds Sebou et Ouergha (depuis Kolleïne à l'ouest, jusqu'à Sless, à l'est), puis de l'Ouergha à la frontière de la zone espagnole que j'ai atteinte au poste de Bab Mareklo (Djebel Outka).

Poursuivant, au Djebel Amergou, les recherches de M. Daguin, que les événements du Rif lui avaient fait interrompre, j'ai reconnu les terrains de ce massif (2).

M. Daguin rapportait avec doute au genre *Hildoceras* une ammonite mal conservée trouvée au sommet près des ruines de l'antique Kasba.

---

(1) Les explorations d'avens effectuées jusqu'à ce jour nous ont été grandement facilitées par le concours de plusieurs amis qu'il nous sera agréable de citer dans un mémoire détaillé. Mais nous tenons à remercier tout particulièrement, dès maintenant, M. l'abbé Bayol, M. Arnal d'Uzès et MM. les inspecteurs, brigadiers et gardes des Eaux et Forêts des localités près desquelles s'ouvrent nos avens.

(2) F. DAGUIN : Renseignements géologiques sur le massif du Djebel Amergou et les régions voisines, entre l'Oued Sebou et l'Oued Ouergha (Maroc septentrional). A. F. A. S. 49ᵉ session. Grenoble, p. 316-317.

Je confirme aujourd'hui cette détermination. Sur le flanc Est de la montagne, j'ai observé des bancs fortement redressés de calcaires dolomitiques gris, avec intercalation de bancs marneux, qui m'ont fourni :

Hildoceras bifrons BRUG.

Hildoceras Levisoni SIMPSON.

Hildoceras serpentinum REIN.

Harpoceras bicarinatum MÜNSTER IN ZIETEN.

Cœloceras Raquinianum D'ORB.

Haugia variabilis D'ORB.

Le Toarcien est donc bien caractérisé par ces espèces.

J'attribue au même âge les calcaires dolomitiques — jusqu'ici indéterminés — du Djébel Messaoud, dans lesquels j'ai trouvé un *Grammoceras*.

Sur le flanc Est de l'Amergou, des schistes à rognons ferrugineux, reposant sur le Lias, m'ont fourni une faune de petites ammonites pyriteuses, parmi lesquelles j'ai reconnu de très nombreux exemplaires de *Phylloceras Rouyanum* D'ORB.

Ils sont accompagnés par :

Holcostephanus (Astieria) Astieri D'ORB., espèce valanginienne.

Certains de ces pyriteux, fort petits, et de détermination délicate, paraissent bien cependant pouvoir être rapportés à :

Desmoceras cf. Seguenze COQ.

Holcodiscus cf. menglonensis SAYN, formes barrémiennes.

Ces schistes à pendage Nord-Est sont recouverts sur les flancs mêmes de l'Amergou par des grès vindoboniens à *Turritella cf. Archimedis* BRONGN.

Je rappelle que M. Daguin a signalé le Berriasien et le Valanginien en cette région (Khandec el Youdi) (1). J'en signale aujourd'hui l'extension sur la feuille de Moulay bou Chta. — Chez les Sless, des schistes semblables m'ont fourni *Duvalia Emericii* D'ORB, d'âge néocomien non douteux.

La présence du Barrémien sera vraisemblablement confirmée, en maints endroits, par des déterminations ultérieures.

Ces découvertes remettent en question l'âge des schistes ferrugineux recouvrant le vaste triangle formé par le Djébel Amergou, le Djébel Arechko, Fès-el-Bali, — ainsi que ceux du pli couché du Djébel Messaoud, qui ont été attribués au Primaire.

De même, sur la rive droite de l'Ouergha, en pays Jaïa, j'ai pu explorer les terrains que Louis Gentil rapportait à une ou plusieurs séries paléozoïques (2). Ils sont fort peu fossilifères. J'y ai recueilli, sur la ligne de

---

(1) *Ibid.*

(2) Un voyage géologique à Taza (Maroc septentrional). C. R. somm. S. G. F. 4 mars, p. 54-56.

·crète où étaient installés nos anciens postes, entre Bab Cherraka et Talerza, un fragment pyriteux de Phylloceras appartenant au groupe crétacé de *Phylloc. infundibulum* D'ORB.

Non loin de Sless, au Djébel Madene, on voit ces schistes reposer sur les grès à *Nummulites atacicus* LEYM, — de la nappe Trias-Eocène. —. Quelques observations du même ordre font dès maintenant prévoir que des séries nouvelles (ainsi que l'avait pensé mon prédécesseur) **viennent** se superposer à la grande nappe définie par M. Daguin.

NOTES SUR LA PALÉONTOLOGIE DE L'AUNIS
ET PRÉSENTATION DE FOSSILES
RECUEILLIS DANS CETTE RÉGION

PAR

F. LAFÉTEUR

De la Société des Sciences Naturelles de la Charente-Inférieure

---

SUR LES DÉCOLLEMENTS DE BASE
DE LA SÉRIE SECONDAIRE
ENTRE CUERS ET PIGNANS (Var)

PAR

ANTONIN LANQUINE

Chef des Travaux de géologie à la Faculté des Sciences de Paris
Maître de Conférences à l'École Centrale.

Dans une publication antérieure (1), relative à la tectonique du sud de Cuers (Var), j'ai souligné l'importance des *décollements* qui jalonnent la base des terrains secondaires dans cette région.

A ce sujet, des levés détaillés, complétés récemment à l'ouest et au nord-est de Cuers jusqu'à Carnoules et au delà de Pignans, m'ont permis de

---

(1) ANTONIN LANQUINE: Observations tectoniques sur la gorge de Sainte-Christine et ses abords, au sud de Cuers (Var). Bull. Soc. Géol. France (4), t. XXV, p. 879-882, 1925.

préciser d'anciennes observations que j'avais, dès 1911, communiquées à mon regretté maître Émile Haug pour le travail de révision cartographique dont il m'avait spécialement chargé. Un bref paragraphe du Compte rendu des Collaborateurs de la Carte géologique de la France (1) pour la campagne de 1911 indiquait l'essentiel de ces constatations sur l'allure véritable du contact anormal qui marque, en quelques points, la superposition du « Lias inférieur » sur le Permien de la grande dépression de Cuers.

Dès la même époque, nous avions également remarqué, dans cette même région et en d'autres points de la Basse-Provence, l'allure tourmentée du Trias moyen avec l'individualité de ses dislocations, si l'on peut ainsi dire, par rapport à l'allure de son substratum et des couches liasiques qui le surmontent.

A cet égard, le résultat de maintes observations de détail communiquées à Émile Haug et vérifiées par lui au cours d'anciennes tournées communes précisa le rôle tectonique joué si fréquemment par le Trias moyen.

Quelques années plus tard, mon camarade et ami Léon Lutaud eut l'occasion d'observer à son tour sur certains points de la bordure de la grande dépression permienne, dépression qu'il étudiait spécialement, le mécanisme des accidents qui affectent particulièrement les calcaires triasiques. Il mit en évidence et souligna dans plusieurs passages de son remarquable mémoire sur la Provence cristalline (2) cette « indépendance du Muschelkalk.... frappante là où les terrains sous-jacents ne portent pas la marque d'influences tectoniques notables ».

Les observations complémentaires que j'apporte maintenant permettront de totaliser plusieurs séries de faits constatés plus particulièrement entre Cuers et Pignans. c'est-à-dire jusqu'à la limite septentrionale de la feuille géologique de Toulon au 80.000°.

J'ai donc revu, à l'échelle du 10.000°. et suivi tous les contacts qui marquent la base des terrains secondaires autour de Cuers d'abord. puis jusqu'à Carnoules et au delà de Pignans vers le NE.

Immédiatement au NW de Cuers existe une dépression allongée de l'W à l'E. occupée dans sa partie médiane et suivant son grand axe par des cailloutis de ruissellement et des terrasses alluviales anciennes. Sous ces formations quaternaires. assez épaisses parfois. apparaissent les argiles et schistes gréseux lie-de-vin du Permien qui forment le fond de la dépression et sur lesquels coulent des ruisseaux tributaires de la rivière de Cuers

---

(1) Émile HAUG: Revision des feuilles de Toulon, Draguignan, Aix et Marseille au 80.000°. Bull. Serv. de la Carte géol. Fr., N° 132, t. XXI (1910-1911), p. 130-139, 1912.

(2) Léon LUTAUD: Etude tectonique et morphologique de la Provence cristalline. Rev. ann. de Géogr., t. XII, p. 1-271, 16 pl., 21 fig., 1924.

qui vient du grand vallon de la Foux. Tout autour de cette dépression, et la fermant vers l'Ouest, s'élèvent des collines dont la base est triasique.

Marcel Bertrand avait bien remarqué et indiqué sur la première édition de la feuille de Toulon au 80.000° l'allure anormale du contact entre la base des collines en question et le substratum permien, mais l'analyse attentive de cette superposition m'a permis d'en préciser le caractère et de rectifier quelques inexactitudes stratigraphiques.

Sur la bordure sud de la dépression, depuis sa fermeture occidentale jusqu'au confluent du ruisseau de la Barbude avec la rivière de Cuers en amont du village, le contact s'effectue presque constamment entre les calcaires du Trias moyen, plongeant au S, et le complexe des argiles, grès et schistes permiens. Quelques bancs cargneuliques du Muschelkalk se montrent par places sous les calcaires. Çà et là, sans continuité apparente, se rencontrent directement sous le Muschelkalk quelques blocs, disloqués d'ailleurs, du poudingue à galets de quartz laiteux qui forme la base normale du Grès bigarré dans les séries triasiques complètes de la région (1).

Le Trias moyen, tantôt avec ses bancs calcaires, tantôt avec ses cargneules verdâtres, fait le tour de la dépression au sud et à l'ouest de la Barbude, dans la partie où s'amorcent les ravines qui alimentent le ruisseau principal. On retrouve ces couches du Muschelkalk et on les suit cette fois sur la bordure nord, mais plus réduites, souvent redressées, avec un pendage NNW et toujours sur le Permien. Là encore, dans le contact anormal, se rencontrent quelques affleurements discontinus du poudingue à galets quartzeux. Nulle part donc, autour de la dépression, ne se montrent des couches gréseuses continues qu'on puisse rapporter au Trias inférieur normal.

Le décollement qui amène le plus généralement les bancs du Muschelkalk sur les couches permiennes se suit ainsi depuis le groupe de moulins en amont de Cuers jusqu'au quartier de Saint-Laurent, entourant complètement la dépression dans laquelle se trouvent le ruisseau de la Barbude et la bastide des Veys. Il importe, d'ailleurs, de remarquer, sous le contact anormal, l'allure générale du Permien au voisinage immédiat de la bordure triasique qui le surmonte ainsi. Plongeant au S, dans la partie méridionale de la dépression, le long du ruisseau qui traverse le domaine des Veys, les couches permiennes plongent à l'W sous la Barbuche, puis nettement au N entre cette bastide et Saint-Laurent, c'est-à-dire dans toute la partie septentrionale. Le substratum permien forme donc une sorte de large coupole, accidentée simplement de quelques ondulations dans la partie médiane de la dépression.

Depuis Saint-Laurent, à l'ouverture sud du vallon de la Foux, jusqu'au delà du Sanatorium de la Pouverine, vers le NE, le Muschelkalk continue

____

(1) Poudingue « à dragées » dont la position statigraphique a été précisée par Léon Lutaud (*op. cit.*).

de surplomber les argiles et schistes permiens, avec de rares affleurements du poudingue à dragées de quartz. Le contact est souvent brutal et marqué par des brèches comme celles que j'ai signalées antérieurement (1) au sud de Cuers. En un point même, les calcaires du Muschelkalk dessinent, à la traversée d'un petit ravin, une charnière aiguë reployée au-dessus d'argiles permiennes, ce qui indique l'intensité des phénomènes de décollement.

Au nord de la Pouverine et se maintenant à quelque 80 mètres au-dessous de la route de Cuers à Rocbaron, qui forme corniche dominant la plaine permienne, les calcaires du Trias moyen, parfois entremêlés de cargneules, surmontent constamment les schistes et argiles permiens. De grands amas d'éboulis masquent, par endroits, aux environs de Chante-Pérdrix, le contact qu'on retrouve très net sous les ruines d'Hauteville.

Mais, entre ce dernier point et les pentes raides qui descendent vers le vieux chemin de Puget-ville au-dessus des Ferrières, le Muschelkalk surmonté par quelques mètres de Keuper disparaît cette fois sous des calcaires du Rhétien qui vont maintenant, vers le NE et vers l'E ensuite, surplomber directement le Permien. Ce contact anormal que coupe deux fois la grande route de Puget-ville à Rocbaron va se poursuivre à l'E jusqu'à la ligne de mamelons liasiques qui domine au N le hameau de la Foux, entre Puget-ville et Carnoules. Il présente un tracé très sinueux, les pendages du Rhétien au-dessus des couches permiennes étant en moyenne de 25-28° NNW. En un seul point, très localisé dans le ravin au nord du hameau de la Foux, les calcaires rhétiens accusent un pendage de 50° N.

Le long de cette intersection, on suit toujours les bancs permiens sans interposition du poudingue supérieur. Au-dessus du hameau du Canadel même, un lambeau de Rhétien (cote 281), à contours fermés, repose sur des argiles permiennes qui l'entourent complètement. Cependant, à la traversée du grand ravin contourné par la route de Cuers au N du Canadel, une lame de quelques mètres de Trias moyen et supérieur apparaît, au fond de l'entaille, sous le Rhétien.

Au delà du hameau de la Foux, toujours vers l'E, derrière la bastide de Cheilan et jusqu'aux premières maisons de Carnoules, le Trias revient au-dessus du Permien. Ce seront tantôt les cargneules du Keuper, tantôt les calcaires du Muschelkalk, très disloqués au fur et à mesure qu'on s'approche de Carnoules. Ici réapparaîtront quelques paquets isolés du poudingue à galets quartzeux.

Au village de Carnoules, à quelques mètres au-dessus de la route de Toulon et jusqu'à la source Saint-Pierre à l'E de Pignans, soit sur une longueur de 6 kilomètres environ, les calcaires du Muschelkalk, très développés d'ailleurs, vont surmonter directement le Permien. En plusieurs endroits entre Carnoules et Pignans, le contact se révèle démonstratif, en

---

(1) Cf. note infra pagin. de la 1re page. *Ibid.*

particulier au-dessus de la tranchée abrupte du chemin de fer P.-L.-M. vers la terminaison occidentale du mamelon elliptique de l'Observance. Là, les argiles permiennes assez redressées vers le N, supportent un Muschelkalk compact qui plonge à 48° N. Nulle part encore, il n'est possible de constater la présence du Grès bigarré certain au-dessus du Permien. On peut remarquer simplement, au-delà du cimetière de Pignans et sur le versant sud des collines de l'Auzière à l'E, l'existence fragmentaire des poudingues à dragées.

Dans les collines auxquelles Carnoules est adossé et dans celles qui s'étagent entre la rivière de Carnoules et le N de Pignans, d'autres complications, dues aux mêmes phénomènes de décollement, intéressent le Trias et le Jurassique. J'y reviendrai ultérieurement, en envisageant des faits de même ordre relevés entre Cuers et Rocbaron dans le grand vallon de la Foux.

Je me suis borné, dans ce qui précède, à donner le résumé d'un ensemble d'observations sur les *décollements*, remarquablement continus, qui étirent et accidentent la base du Secondaire au contact du substratum permien de la grande dépression de Cuers-Pierrefeu. En maints autres points encore, les études détaillées font apparaître, en Provence « calcaire » des confirmations et des variantes de ce type de structure.

ÉTUDE GÉOLOGIQUE D'UNE MARNIÈRE
A LIANCOURT-SAINT-PIERRE (Oise)

PAR

M. LORIN

Docteur en Médecine, à Paris

---

2 kilomètres après la station de Liancourt, en allant vers Chaumont-en-Vexin, on rencontre à droite, en contrebas de la ligne, la sablière dite cuiso-lutétienne, aussi discutée que le gisement analogue, inaccessible aujourd'hui, d'Hérouval. R. Abrard a mis la discussion au point : on trouve là un Cuisien franc, surmonté d'un Lutétien inférieur franc.

Un peu plus loin à gauche, au-dessus de la ligne, on accède aux grandes carrières, célèbres par certains fossiles de belle taille, et représentant le Lutétien moyen. R. Abrard signale que le sommet de l'étage ne s'observe pas à Liancourt. Le niveau le plus élevé, qui correspond à la base du calcaire grossier supérieur, se voit dans les deux marnières situées à 300 mètres des carrières, à droite et à gauche de la route de Liancourt à Chaumont. R. Abrard indique dans celle de gauche des intercalations peu épaisses d'argile brune feuilletée, de petites poches d'argile et de marnes vertes dans le calcaire à *Orbitolites complanatus*. Jusqu'à présent, aucune liste de fossiles n'a été publiée, de ce gisement, et pendant longtemps nous n'y avions rien trouvé. En 1926, M. Pillon, géologue et préhistorien à Chaumont, nous fit savoir que la marnière remise en exploitation, présentait une couche fossilifère. Voici de haut en bas la coupe du gisement :

1. Calcaire sablo-marneux, se débitant en lamelles, dolomitisé. o m. 40
2. Calcaire sableux à cérithes, très fossilifère .... o m. 15
3. Marne brune .... o m. 02
4. Calcaire marneux compact avec morceaux endurcis; *Phacoides mutabilis*, *P. concentricus*, *P. gibbosulus*, *Mesalia fasciata*, etc. .... 1 m. 20
5. Calcaire compact endurci .... o m. 12
6. Marne verte à concrétions brunes .... o m. 03
7. Calcaire marneux compact avec morceaux endurcis, sans fossiles .... o m. 40
8. Marne gris brun .... o m. 02
9. Calcaire semblable à 7................................. o m. 80

Cette marnière que Graves ne connaissait pas et dont P.-H. Fritel ne parle pas est située en altitude à 6 mètres environ au-dessus des couches fossilifères de Liancourt et à 10 mètres au-dessus de celles du Vivray.

Les fossiles de la couche à Cérithes (n° 2) se retrouvent dans les champs du plateau supérieur en de nombreux points. Cette couche à Cérithes ne se voit pas dans la marnière de droite, mais en revanche, à un niveau qui semble correspondre à la partie moyenne du banc 4 de la coupe ci-dessus, une couche fournit en abondance *Lithocardium aviculare*.

Ces deux exploitations présentent des couches ou des poches de calcaire dolomitisé et pulvérulent.

La présence de *Phacoides mutabilis*, *Lithocardium aviculare*, *Cerithium serratum*, *Potamides emarginatus* permet de situer ces couches vers la fin du Lutétien supérieur marin.

Liste des espèces rencontrées dans la marnière de Liancourt-Saint-Pierre

Milioles.	*Bayania lactea* LMK
Orbitolites complanatus LMK.	*Bayania varians* DESH.
Marcia puellata LMK.	*Bayania* sp.
Marcia texta LMK.	*Mesalia brachyteles* BAYAN.
Cardium sp.	*Mesalia fasciata* LMK.
Lithocardium aviculare LMK.	*Mesalia melanoïdes* DESH.
Corbis lamellosa LMK.	*Vermetus serpuloides* DESH.

Phacoides mutabilis LMK.
Phacoides Cuvieri BAYAN.
Phacoides gibbosulus LMK.
Phacoides concentricus LMK.
Phacoides elegans DESH.
Cardita serrulata DESH.
Arca angusta LMK.
Trinacria SP.
Anomia tenuistriata DESH.
Ostrea SP
Dentalium acicula DESH.
Fissurella incerta DESH.
Phasianella turbinoïdes LMK.
Collonia striata LMK.
Syrnola emarginata COSSM.
Natica arenularia VASSEUR.
Ampullina grata DESH.
Ampullina acuta LMK.
Hipponyx cornucopiae LMK.

Benoistia muricoides LMK.
Ceerithium serratum LMK.
Cerithium denticulatum LMK.
Cerithium valdancurtense COSSM (1
Cerithium tiara LMK.
Rhinoclavis striatus BRUG.
Diastoma costellatum LMK.
Potamides emarginatus LMK.
Potamides angulosus LMK.
Potamides interruptus LMK.
Potamides multinodosus DESH.
Batillaria echinoides LMK.
Conus derelictus DESH.
Hemiconus sp.
Hemiconus lineolatus SOL.
Cryptoconus sp.
Pleurotoma 2sp.
Conomitra graniformis LMK.
Ovulites margaritacea LMK.

DÉTERMINATION DU POUVOIR RÉFLECTEUR
DES MINÉRAUX OPAQUES

PAR

J. ORCEL

Assistant de Minéralogie au Muséum National d'Histoire Naturelle

---

On connaît les progrès considérables que le microscope métallographique a permis de réaliser dans l'étude des minerais métalliques depuis une vingtaine d'années.

Parmi les propriétés utilisées pour l'étude en sections polies des minéraux opaques constituant ces minerais, les propriétés optiques en lumière naturelle (couleur, éclat) et en lumière polarisée (entre nicols croisés) jouent un très grand rôle.

Ces propriétés dépendent toutes du *pouvoir réflecteur* du minéral. Ce pouvoir réflecteur, ou rapport de l'intensité de la lumière réfléchie à celle

---

(1) Cette espèce se retrouve sur le plateau de Chambors et à Trye.

de la lumière incidente, est fonction, sous l'incidence normale, des indices de réfraction et d'absorption du minéral. Pour un minéral anisotrope, cette fonction est compliquée; les deux indices de réfraction de la section examinée et ses deux indices d'absorption y interviennent.

On voit aisément que la connaissance précise du pouvoir réflecteur des différentes espèces minérales opaques pourrait aider beaucoup à leur diagnostic. Quelques tentatives ont été faites dans cette voie, mais elles ont pour base des comparaisons photométriques oculaires dans lesquelles intervient beaucoup le facteur personnel de l'observateur. Aussi ai-je pensé à utiliser les propriétés des piles ou cellules photoélectriques qui permettent de réaliser une mesure du pouvoir réflecteur indépendante de l'œil, et sont mises en œuvre aujourd'hui avec succès dans les divers domaines de la photométrie.

La détermination directe du pouvoir réflecteur absolu d'une surface polie étant extrêmement délicate puisqu'elle exige l'emploi de sources lumineuses d'une constance parfaite, on ne peut en obtenir pratiquement qu'une valeur relative par rapport à un minéral ou à un métal déterminé choisi comme étalon, par exemple la galène, la blende, le platine ou l'argent. Le pouvoir réflecteur absolu de ces étalons étant connu indirectement par d'autres méthodes (mesure des indices de réfraction et d'absorption), on en déduira facilement le pouvoir réflecteur absolu du minéral étudié.

En ce qui concerne le choix de la cellule et la mesure du courant photoélectrique, j'ai utilisé en partie le dispositif imaginé par M. R. Toussaint (1). La cellule comprend une ampoule de verre, remplie d'argon à basse pression; sa paroi intérieure est recouverte, d'un côté, d'un enduit de potassium constituant la cathode; l'anode est un anneau de tungstène placé à faible distance du potassium. Le potentiel accélérateur appliqué à la cellule est fourni par une batterie de piles d'usage courant en T.S.F. permettant d'obtenir jusqu'à 130 volts, mais on n'établit entre les bornes de la cellule qu'une différence de potentiel inférieure au potentiel de décharge dans l'ampoule. Un galvanomètre à cadre mobile est placé dans le circuit et on mesure la rotation de son miroir d'après le déplacement d'un spot lumineux sur une règle graduée. La cellule est adaptée directement sur le microscope métallographique, par l'intermédiaire d'un dispositif comprenant un prisme à réflexion totale mobile latéralement; celui-ci permet de diriger le faisceau lumineux réfléchi, alternativement vers l'oculaire placé latéralement ou vers la cellule disposée dans l'axe du microscope (Voir figure).

La plupart des minéraux opaques sont anisotropes et la mesure de leur pouvoir réflecteur n'a de signification qu'en lumière polarisée rectilignement, puisque le pouvoir réflecteur n'est pas le même dans tous les azi-

---

(1) R. TOUSSAINT : Photocolorimètre T. C-B. à mesures indépendantes de l'œil pour la mesure des couleurs dans l'industrie. *Bull. Soc. d'Encour. pour l'Ind. nat.*, t. 126, juin 1927, p. 421-429.

muts de la face réfléchissante, ni pour les diverses sections. On peut donner à cette propriété le nom de *polychroïsme de réflexion*. Si l'on désigne par R le pouvoir réflecteur de la section, R_1 et R_2 les pouvoirs réflecteurs correspondant à ses deux directions de polarisation d'indices n_1 et n_2, α l'an-

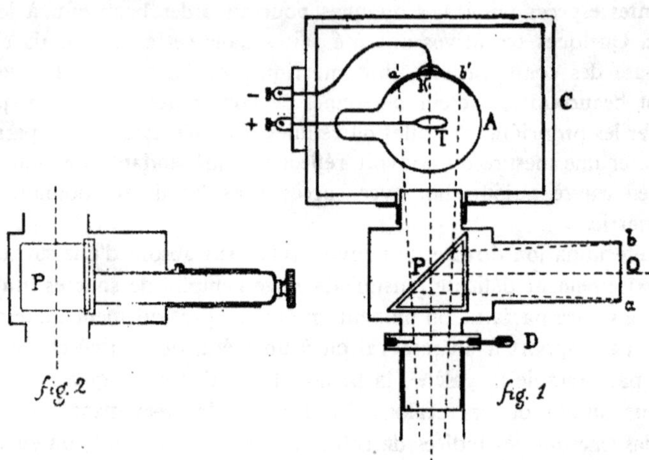

gle que fait une de ces directions avec celle de la vibration incidente, un raisonnement simple montre que l'on a la relation :

$$R = R_2 \cos^2 \alpha + R_1 \sin^2 \alpha$$

On voit que pour :

$$\alpha = 0 \text{ et } \pi, \quad R = R_2$$

et

$$\alpha = \frac{\mu}{2} \text{ et } \frac{3\pi}{2} \quad R = R_1$$

Par suite, en observant la section au microscope métallographique polarisant muni de la cellule photoélectrique et privé de l'un des nicols, on voit le spot osciller entre deux positions bien définies quand on fait tourner la section dans son plan autour de l'axe du microscope. R_1 et R_2 sont les *pouvoirs réflecteurs principaux de la face considérée.*

D'autre part, on montre qu'après réflexion, toujours sous l'incidence normale, la vibration incidente tourne d'un certain angle et si β est l'angle que fait cette nouvelle position de la vibration avec la direction de polarisation de la section qui définit l'angle α, on a :

$$\operatorname{tg} \beta = \sqrt{\rho} \operatorname{tg} \alpha \text{ en posant } \rho = \frac{R_2}{R_1} \quad (R_1 < R_2)$$

On déduit aisément de cette relation la valeur de $\operatorname{tg} (\beta - \alpha)$ et on trouve ainsi que α et par suite $\beta - \alpha$ passe par un maximum correspondant à

$$\operatorname{tg} \alpha = \rho - \frac{1}{4}$$

On voit donc l'importance de ce rapport ρ puisqu'il permet d'obtenir indirectement la valeur maximum de la rotation de la vibration incidente.

Enfin, si on possède une section parallèle à deux des axes cristallographiques a et b du minéral et une deuxième section parallèle au troisième axe c, on pourra déterminer les trois *pouvoirs réflecteurs principaux du cristal*, Ra, Rb, Rc, correspondant aux trois axes a, b, c, et aux trois indices principaux. En effet la première section fournira Ra et Rb, la deuxième Rc et un pouvoir réflecteur intermédiaire entre les précédents. On aura ainsi tous les éléments caractérisant un ellipsoïde des pouvoirs réflecteurs.

Je n'insisterai pas sur le mode opératoire qui découle de cet exposé et qui compte la détermination successive des déviations galvanométriques d pour l'étalon, d_1 et d_2 pour les deux directions de polarisation de la section, sur des plages ne présentant aucuns défauts de polissage ni aucune cavités. Les rapports d_1 : d et d_2 : d donnent les pouvoirs réflecteurs principaux de la face considérée.

Comme source lumineuse on peut recommander la lampe dite « pointolite » dont la stabilité est suffisante pendant la durée d'une mesure.

En terminant nous donnerons quelques résultats, complets pour la stibine, seulement ébauchés pour les autres espèces étudiées jusqu'à présent :

Stibine :   R = 0,90   R 0,70   R = 1,05
ρ_{ab} = 1,30 (sur p) ρ_{bc} = 1,45 (sur h^1) ρ_{ac} = 1,15 (sur g^1)

Bournonite : R = 0.80 à 0.90	suivant les sections.		
Boulangérite	0.95 à 0.75	»	
Enargite	0.58 à 0.65	»	
Famatinite	0.61 à 0.67	»	
Panabase	0.66	»	
Hématite (face p)	0.61 à 0.67	»	
Blende	0.40	»	

Les mesures ont été effectuées par rapport à la galène.

Dispersion. — Pour la plupart des espèces minérales opaques, les indices de réfraction et d'absorption varient beaucoup avec la longueur d'onde. Le pouvoir réflecteur, qui dépend de ces indices suivra leurs variations. Toutes les déterminations citées précédemment ont été faites en lumière blanche; mais il serait intéressant aussi, pour caractériser les diverses espèces, de connaître les variations de pouvoir réflecteur qu'elles présentent avec la longueur d'onde, c'est-à-dire leur degré de dispersion. Pour entreprendre cette étude, il est nécessaire d'avoir à sa disposition une source lumineuse de grande intensité et suffisamment constante, car il faut analyser au spectroscope la lumière réfléchie par la section polie et mesurer à l'aide de la cellule photoélectrique les variations de l'énergie lumineuse dans toute l'étendue du spectre. La sensibilité de la cellule diminuant rapidement dans le rouge et le violet, il est nécessaire aussi d'amplifier le courant photoélectrique à l'aide de lampes à trois électrodes; je n'ai pas encore obtenu de résultats dans cette voie. Mais on voit dès maintenant toutes les ressources que fournira cette méthode de détermination des pouvoirs réflecteurs lorsque son étude sera suffisamment avancée.

NOTE SUR LES TERRAINS NUMMALITIQUES
DU SUD DE MADAGASCAR

PAR

J. PIVETEAU

Attaché au Muséum de Paris

Dès 1871, P. Fischer (1) indiquait, d'après les récoltes d'Alfred Grandidier, l'existence de terrains tertiaires inférieurs dans le sud de Madagascar, aux environs de Tuléar. Il se bornait d'ailleurs à l'énumération d'un certain nombre de fossiles, sans donner d'indications stratigraphiques. Parmi ces fossiles, nous retiendrons *Alveolina cf. ovoidea*, d'Orb.; *A. longa*, Giz.; *Orbitoides cf. papyracea*, Boubie; *Neritina Schmideliana* Chemn.; *Ostrea plecydien* Fisch, etc.

Dans son traité de Géologie, E. Haug plaçait l'ensemble de cette faune dans le Lutétien qui aurait ainsi présenté réunies des espèces qui, dans nos pays, se trouvent à des niveaux distincts.

En réalité, il semble bien que les fossiles décrits par P. Fischer proviennent de niveaux différents et que nous retrouvions, dans le sud de Madagascar, une superposition tout à fait comparable à celle du Bassin de Paris, par exemple.

Au cours d'une tournée rapide aux environs de Tuléar, j'ai pu reconnaître dans la masse des calcaires tertiaires, qui s'étendent sur de vastes étendues dans le S. W. de l'île, la présence d'au moins deux niveaux :

1° Un niveau inférieur à *Velates Schmideliana*, Chemn. (test-conservé); *Alveolina oblonga*, d'Orb.; *Xenophora* sp.; *Cardium* sp. (2) ; on peut rapporter cet ensemble au Londinien.

---

(1) P. FISCHER : Sur l'existence du terrain tertiaire inférieur à Madagascar. C. R. Ac. Sc., 1871, p. 1392-1393.

(2) Je tiens à remercier ici M. Abrard, sous-directeur du Laboratoire de Géologie du Muséum, qui, après avoir attiré mon attention sur l'intérêt de ces fossiles, a bien voulu me donner toutes les indications nécessaires pour leur détermination.

2° Au-dessus, un niveau à *Nummulites atacicus* Leym.; *Orbitolites aff. complanatus* Lmk.; *Alveolina* sp. Nous sommes en présence du Lutétien, probablement même du Lutétien inférieur.

L'Orbitolite est remarquable par sa nucléoconque plus volumineuse que chez O. complanatus typique; l'Alvéoline est différente spécifiquement de la forme londinienne déjà signalée.

Il n'est pas sans intérêt de retrouver en un point aussi éloigné des régions classiques du Tertiaire une succession de faunes analogue à celle qui a été constatée depuis si longtemps dans le Bassin de Paris.

En outre, nous avons un nouvel exemple de la vaste répartition géographique dans un même niveau stratigraphique, de certains fossiles : par exemple *Velates Schmiedeliana* au Londinien, *Nummulites atacicus* au Lutétien (1).

ÉVOLUTION DU RÉSEAU HYDROGRAPHIQUE
DE L'OUED KERT DEPUIS LE QUATERNAIRE

PAR

Dʳ PH. RUSSO

Chef du Service Hydrologique de l'Armée, au Maroc

L'Oued Kert est un petit fleuve côtier offrant à peine une centaine de kilomètres de long et situé dans la partie orientale du Rif espagnol, au Maroc. Mais ce très petit cours d'eau a été autrefois bien plus important.

On constate, en effet, vers Melilla, que la Mar Chica (Sebkha Bou Areg) n'est autre chose que la lagune d'embouchure de l'Oued Zelouane et correspond à une importance de celui-ci bien plus considérable que celle qu'on lui voit aujourd'hui. Si on suit l'Oued Zelouane de la mer à son origine, on le voit ne pas remonter au delà du Monte Arrouit, mais une plaine large lui succède, de pente identique à la sienne (en considérant les terrasses) et que l'on suit sans modification appréciable jusqu'à Batel. Là, elle se resresse entre le Djebel Tistoutine et les collines des Oulad Moussa, et est coupée transversalement par l'Oued Gane. Elle se continue, bordée au N par les hauteurs minimes de Dar Bou Saada, et de Ketatcha, au Sud par celles de Oulad Icchou, jusque vers Dar Drious où elle se confond avec

---

(1) R. Abrard a déjà signalé de nombreux cas analogues

la plaine du Kert. Si on suit, le long de cette plaine, les terrasses quaternaires, on les voit se continuer en aval avec celles de l'Oued Zelouane, en amont avec celles du Kert, qui coupe la plaine en travers un peu à l'est de Dar Drious pour suivre un cours récent, de capture, où la pente devient brusquement de valeur double de celle de la plaine sus-indiquée. La plaine jalonne une ancienne vallée du Kert qu'il a quittée, capturé par le Kert inférieur actuel.

De plus, si l'on envisage la cote où se fait cette capture, on voit qu'elle correspond à la courbe de 250 m. Or l'origine actuelle de l'Oued Zelouane se trouve, vers Monte Arrouit, à la cote 167, et si on suit vers le SE la large dépression qui se marque en ce point et que limitent au NE et au SW de petites hauteurs dispersées, on voit que cette dépression aboutit par Sidi Saddik à la partie haute du cours de l'Oued Sebra, à la cote 245. Cet oued Sebra, affluent de la Moulouya, chemine dans une plaine large où il des-

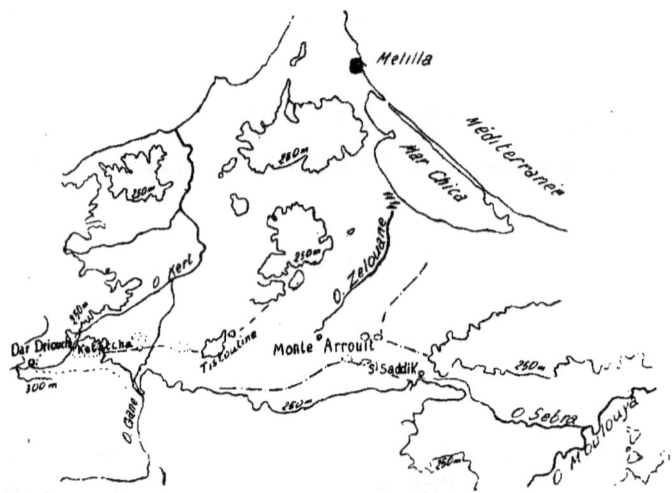

cend rapidement de la cote 250 à la cote 60, qu'il atteint au fleuve. Or cette plaine fait face à une série de hauteurs de 300 à 600 mètres qui, de l'autre côté de la Moulouya, dessinent un demi cercle dont l'extrémité septentrionale vient au Koudiat bou Mia, se raccorder avec la Djebel Oulad Mahallal, fermant ainsi un cirque que le fleuve coupe pour aller à la mer. L'altitude des sommets entre lesquels se fait la coupure est de 204 à 245 mètres; toute la plaine du Sebra est recouverte de dépôts quaternaires qui passent sans interruption à ceux de la plaine du Zelouane à l'Ouest et se réunissent à ceux de la Moulouya, à l'Est. Il y a donc lieu d'admettre que Le Kert, à une époque des temps quaternaires qui n'est pas encore déterminée, se jetait dans la Méditerranée à la Mar Chica et qu'à un autre moment il suivait la plaine de l'Oued Sebra et s'est confondu avec la Moulouya inférieure.

SUR LE LUDIEN DE BOBIGNY

PAR

R. SOYER

De grands travaux sont en voie d'achèvement dans la banlieue Est de Paris : aménagement du canal de l'Ourcq; construction de la ligne de chemin de fer de Bobigny à Sucy-Bonneuil; travaux de voirie entrepris par les communes. L'ensemble de leurs terrassements permet d'examiner le sous-sol de cette contrée, qui n'avait certainement pas été mis à découvert depuis l'établissement des nouvelles lignes du Réseau de l'Est.

A Bobigny notamment, où les terrassements des diverses entreprises convergent et même se combinent, j'ai pu examiner quelques points intéressants.

1° *Berge droite du Canal de l'Ourcq :*

A 100 mètres en aval du pont de « La Folie » qui franchit le canal au croisement du chemin de grande communication Drancy-Noisy-le-Sec, et de la route nationale de Paris à Metz, le talus a été reculé de plusieurs mètres pour permettre l'élargissement du canal; il montre une coupe fraîche qui est la suivante :

Altitude : 46 mètres environ

1° Humus	....	0.30
2° Marne blanche bien litée	....	1.80
3° Gypse saccharoïde	....	1.00
4° Lit continu de gypse pied d'alouette	....	0,25
5° Gypse saccharoïde	....	0.50
6° Couches masquées	....	1.50

En s'éloignant de cette coupe, les couches de gypse plongent peu à peu, puis disparaissent à 150 mètres du pont. Seule la marne blanche reste visible; à cet endroit le talus atteint 2 m. 50 de hauteur.

Si l'on se rapproche du pont en partant de la coupe ci-dessus, on voit la série se maintenir horizontale sur 25/30 mètres, s'abaisser brusquement, puis disparaître. On la voit de nouveau à 20 mètres du pont, où elle remonte brusquement jusqu'à 5 mètres de hauteur. Elle est ensuite masquée par les travaux de soutènement de l'ouvrage; en amont, elle n'est plus visible.

L'intervalle qui sépare les deux affleurements de gypse permet d'observer la série qui le surmonte. Les couches affectent l'allure d'un synclinal régulier en miniature, facile à repérer sur la berge car on y a établi un caniveau, sous l'humus.

La coupe suivante a été levée dans l'axe du caniveau :

Altitude : 47 mètres environ.

1. Humus .... 0.35 à 0.40
2. Remblais 0.80
3. Argile verdâtre ....
4. Marne blanche ....
5. Marne grise feuilletée .... 4.50 environ
6. Gypse pulvérulent et blocaux ....
7. Marne verdâtre feuilletée ....
8. Gypse saccharoïde très compact ....
9. Marne et glaises bariolées 0.70
10. Gypse saccharoïde ....

Ces couches ne m'ont pas fourni de fossiles; elles sont très concordantes, nettement superposées, et il ne s'agit donc pas d'un lambeau éboulé. Les marnes et glaises supérieures représentent la base des Marnes à *Lucina Inornata*, qui sont bien développées dans la région, où elles atteignent : 3 m. 40 de puissance à Noisy-le-Sec et 3 m. 65 à Romainville.

2° *Route neuve de la gare de Bobigny* :

Sur le côté gauche du chemin de grande communication qui franchit le canal au pont de « La Folie », en direction de Drancy et à 200 mètres avant la mairie de Bobigny, s'amorce une route actuellement presque achevée, qui aboutit à la gare de Bobigny-Ceinture. Elle est en tranchée sur toute sa longueur, et montre des coupes intéressantes :

1° Sur la gauche, à 100 mètres, la succession est la suivante :

Altitude : 48 m. 50

1. Humus — Terres rapportées .... 0.50 à 0.60
2. Sable jaune rougeâtre 0.75
3. Marne blanchâtre 0.80
4. Lit gypseux de couleur rouge 0.10
5. Marne blanche 1.00
6. Alternance de marnes beige et jaune 1.20

On suit la série sur quelque distance, puis des brouillages se produisent, et nous verrons plus loin une coupe toute différente :

La couche 2, formée de sable rubéfié à éléments siliceux dominants, est particulièrement remarquable, car c'est le seul point du territoire de Bobigny où elle est visible. Ces sables, quaternaires, sont identiques aux sables de la tranchée de Villemomble qui atteignent plus de 2 mètres de puissance, et renferment des lits irréguliers de graviers et de gros silex anguleux. Les éléments fins sont identiques : grains de silice roulés, grains de quartz à angles vifs.

Ces sables forment une lentille d'environ 50 mètre de diamètre vers la cote 47,50; ils atteignent leur maximum de puissance à l'endroit où j'ai relevé la coupe.

2° à 50 mètres plus loin, du même côté, les couches sont affectées par une série de plissements, dont le plus important a déplacé les couches ludiennes sur une longueur de 8 mètres. La dénivellation des bancs peut atteindre 3 mètres; au sommet de ce bombement s'est produit un léger affaissement. Les couches plongent ensuite vers le sol et reprennent leur allure normale.

Altitude : 46 mètres.

1. Humus 0.40
2. Marne verdâtre et pierrailles 0.60
3. Marne bleu sombre .... 0.20 à 1.20
5. Gypse pulvérulent 0.50
6. Marnes bariolées 1.50

Il faut remarquer que la couche 2 n'est pas affectée par le plissement; son épaisseur reste constante. Par contre, la puissance de la marne 3 varie beaucoup, au point d'être réduite à quelques centimètres au sommet, du petit anticlinal. Elle a donc été arasée antérieurement au dépôt de la couche 2 à éléments remaniés.

Nous pouvons donc remarquer dès maintenant que le plissement affectant la série ci-dessus est bien celui que nous avons vu, à 500 mètres au Sud, soulever la série gypseuse du talus du canal; il a donc une assez grande extension, et on ne peut donc pas attribuer uniquement à des phénomènes d'effondrement locaux dus à des dissolutions souterraines les ondulations des couches, car il s'agit d'un véritable pli tectonique perpendiculaire à la vallée de cet ancien bras de la Marne.

3° A 200 mètres de la coupe précédente, au carrefour d'un chemin en tranchée qui débouche sur la route, on voit la succession suivante :

Altitude : 46 mètres environ.

1. Humus 0.40
2. Gypse pulvérulent, avec quelques blocs localisés
   vers la base 0.60
3. Cordon de gypse ocreux 0.02
4. Marnes et glaises en feuillets irréguliers et blocs
   de gypse pourri 0.80
5. Marne jaunâtre légèrement sableuse 0.40
6. Gypse pulvérulent 0.20
7. Glaise verte feuilletée horizontalement .... 0.10 à 0.20
8. Marne blanche 0.30
9. Glaise verte (couche non constante) 0.10
10. Marne blanche 0.20
11. Marne grise assez compacte 0.30
12. Lit bien continu de gypse pulvérulent 0.20
13. Gypse légèrement argileux 0.30
14. Marne beige et jaune 1.00

Ces couches ne sont pas horizontales, mais affectées d'un léger pendage NW; de plus, elles sont plissées à quelques mètres du carrefour, où l'on voit se substituer aux lits 4 et 5 un conglomérat à grains fins et éléments irréguliers silico-quartzeux, et graviers vers la base, de couleur brune, finement feuilleté. A la loupe, il révèle des fragments ténus de coquilles. L'intrusion de ce dépôt, qui est recouvert normalement par les couches 2 et 3, d'épaisseur constante, a affecté la position des couches inférieures, qui sont plissées et ondulées.

Aucun fossile n'a été recueilli dans les divers endroits étudiés mais là encore nous nous trouvons en présence des marnes à Lucina Inornata, entremêlées de gypse, placées sensiblement à la même altitude que les marnes du canal de l'Ourcq; toutefois, l'état du gypse indique que l'on n'est pas éloigné de l'endroit où elles disparaissent.

Il résulte de ces observations :

Que les couches inférieures du Ludien, 3° masse du gypse et marnes à Lucines, ont un assez grand développement dans la région comprise entre Bobigny et les collines de Noisy-le-Sec. Par contre, les dépôts quaternaires sont réduits à peu de chose, car les phénomènes d'érosion ont eu bien plus d'ampleur que l'alluvionnement. Ils ont, en particulier, décapé les sables quaternaires dont on ne retrouve plus les vestiges que vers la cote 47 m.

LES CONDITIONS DE GISEMENT DE L'OPHITE
ET LE PROBLÈME DU MÉTAMORPHISME GÉNÉRAL
DANS LA CHAINE PYRÉNÉENNE

PAR

PIERRE VIENNOT

Chef de Travaux à la Faculté des Sciences de Paris

Les problèmes que pose la mise en place de l'ophite pyrénéenne ont été abordés par de nombreux auteurs. J'ai fait moi-même, dans ma thèse de doctorat (1), une revision des gisements ophitiques des Pyrénées occidentales. Tout récemment encore, la question a rebondi, à la suite de diverses notes de MM. DOUVILLÉ, DUFFOUR et ROUBAULT.

En ce qui concerne les Pyrénées occidentales, j'étais arrivé aux conclusions suivantes :

1° L'ophite se présente dans tous ses gisements (j'en ai examiné près de 200) avec des *caractères pétrographiques très constants* (sur lesquels je ne reviendrai pas ici), qui permettent de la distinguer nettement des autres roches éruptives intrusives dans la série secondaire (lherzolites d'une part, théralites généralement transformées en épisyénites d'autre part). L'ophite est très généralement altérée, mais, sauf les cas de décomposition extrême, elle reste reconnaissable.

2° L'ophite, dans les conditions tectoniques normales, apparaît toujours en *massifs intrusifs, d'allure laccolitique, dans les sédiments triasiques*. L'absence du Trias à son contact est absolument exceptionnelle; je n'ai constaté cette absence que dans quelques gisements (Montégut, Hautaget, Bize. Lourdes...) jalonnant des contacts anormaux, et elle s'explique alors très aisément par des laminages intenses, qui dominent d'ailleurs la structure de la chaîne.

3° En aucun point on ne peut observer de relations entre l'ophite et les autres roches éruptives de la série secondaire (lherzolites intrusives et théralites filoniennes). Les conditions de genèse et de mise en place de ces diverses roches apparaissent donc comme absolument *indépendantes.*

M. Douvillé, dans sa communication récente à l'Académie des Sciences (2), suggère pour l'ophite des Pyrénées occidentales l'hypothèse d'une mise en place par coulées qui se seraient épanchées au début des temps triasiques sur le continent constitué par les terrains anciens. Bien des objections s'opposent. selon moi, à cette interprétation.

1° Si, en certains gisements, l'ophite apparaît au contact des roches antétriasiques, dans la très grande généralité des cas, elle est uniquement en rapport avec le Keuper.

2° Dans le Massif de la Rhune, les gisements ophitiques sont tous enrobés dans les marnes bariolées du Keuper (Nord de Sare et environs d'Ascain), tandis que de vrais basaltes se sont épanchés en coulées dans les schistes rouges permiens (Sud d'Ascain et d'Olhette).

3° La structure même de l'ophite est celle d'une roche de demi-profondeur, et non d'une roche d'épanchement; en aucun point je n'ai trouvé, au contact des massifs ophitiques et du Trias, les types microlitiques dont la présence permettrait seule d'envisager la possibilité d'épanchements superficiels. Il me paraît d'ailleurs impossible d'admettre avec M. Douvillé que toutes les parties superficielles « bulleuses et tuffacées » des « coulées d'ophite » aient pu être détruites par les agents d'altération et d'érosion lors de la phase d'émersion de la fin du Jurassique et du début du Crétacé, et nulle part dans les Pyrénées occidentales je ne connais de galets d'ophite à la base de l'Aptien.

4° Le seul point des Pyrénées où se montrent avec un certain développement des tufs basaltiques (d'âge infraliasique) dont M. Lacroix a signalé la parenté avec le magma ophitique, est Ségalas (Ariège), et je n'y ai pas constaté que ces tufs soient en relation visible avec de l'ophite typique. Les roches ophitiques des environs de Rimont contiennent exceptionnellement un résidu vitreux (A. Lacroix) et apparaissent interstratifiées dans le Keuper avec l'allure de coulées d'après M. Léon Bertrand.

D'une façon générale, *l'ophite se présente donc dans les Pyrénées en massifs d'allure laccolitique enrobés dans le Keuper; elle a peut-être fourni très exceptionnellement des épanchements au sommet du Keuper et dans l'Infralias.* Et, comme je n'ai jamais observé d'intrusions ophitiques indiscutables dans les terrains plus récents, je ne crois pas qu'on puisse envisager pour cette roche une mise en place plus récente que l'Infra-Lias. On peut certes essayer de faire appel à la plasticité très spéciale du Keuper pour tenter d'expliquer la localisation, dans le Trias, d'intrusions ophitiques qui seraient montées à une époque nettement plus récente, par exemple au Crétacé. Cette façon de voir se heurte à deux objections fondamentales : 1° On concevrait mal que, si le magma ophitique est monté lors de la phase orogénique antécénomanienne, il n'ait pas injecté, plus ou moins, toutes les roches plus anciennes que cette phase. 2° Dans les Pyrénées occidentales, il existe de très nombreux filons de théralites, qui se sont mis en place vers la fin du Crétacé : or, ces roches ne se montrent que très rarement dans le Keuper (Castagnède, Lasseube); elles n'ont donc pas profité de la plasticité spéciale de ce terrain pour s'y accumuler. On peut penser logiquement que ce raisonnement vaut aussi pour l'ophite. Si donc nous trouvons pour ainsi dire toujours cette roche dans le Trias, *l'âge de sa mise en place doit être considéré comme triasique, et ne pas dépasser, en tous cas, L'Infra-Lias.*

La liaison pour ainsi dire constante de l'ophite et du Trias, que j'ai mise en évidence dans les très nombreux gisements des Pyrénées occidentales françaises, semble bien, d'après tous les travaux récents, *se généraliser à l'ensemble de la chaîne.* M. LAMARE (3) l'a vérifiée dans le Pays basque espagnol. M. ROUBAULT (4) vient de la confirmer dans les Pyrénées centrales. Dans son territoire d'études aux confins de la Haute-Garonne et de l'Ariège, il a en effet constaté que les gisements ophitiques étaient très généralement accompagnés de sédiments triasiques. « Seuls, écrit-il, les affleurements des environs de Saint-Lary et de Portet-d'Aspet, que je n'ai d'ailleurs pas examinés en détail sur tout leur pourtour, se sont dérobés à cette règle ». Or, le compte rendu de la séance de la Société Géologique de France où paraît la note de M. Roubault en publie aussi une autre, exactement sur le même sujet et le même secteur, due à M. DUFFOUR (5). Celui-ci met en doute les relations de l'ophite et du Trias, qui ne lui ont pas semblé générales, mais incidemment il signale que « quelques marnes gypseuses existent à Portet et à Saint-Lary ». Que conclure de la confrontation de ces deux notes en apparence contradictoires, sinon que *le Trias et l'ophite coexistent dans tous les gisements examinés par M. Roubault?*

D'ailleurs, l'âge triasique de l'ophite et son allure laccolitique me *paraissent se retrouver aussi dans l'Afrique du Nord*. M. DAGUIN (6), dans son bel ouvrage de thèse paru récemment sur la région prérifaine, n'étudie pas spécialement les roches éruptives du Maroc septentrional. Mais il signale l'ophite dans le Trias, et pas ailleurs; et, à en juger d'après ses photographies (fig. 1 et 2, pl. III), cette roche, ici encore, affecte l'allure d'intrusions laccolitiques. Il semble qu'elle soit accompagnée, dans cette région, de diverses roches d'épanchement.

En ce qui concerne la Tunisie, M. SOLIGNAC (7), sans traiter le problème de l'ophite, écrit toutefois dans sa thèse : « Toutes les ophites que j'ai observées sont situées au voisinage des contacts du Trias avec d'autres formations plus jeunes, ou bien disposées en trainées irrégulières à la surface des marnes bariolées. » Mais il y voit « des résidus de coulées, dont la venue a dû se faire le long des surfaces des contacts anormaux du Trias avec les autres terrains; les ophites seraient d'un âge contemporain ou postérieur à la mise en place des gisements triasiques, qui est post-miocène supérieur. » Les objections que j'ai fait valoir plus haut contre l'âge récent de l'injection ophitique me paraissent s'appliquer aussi à l'Afrique du Nord, et je crois que là, comme dans les Pyrénées, la mise en place de cette roche ne saurait être que *triasique*, ou, tout au plus, *infra-liasique*. Il est à souhaiter que cette question si intéressante soit envisagée dans toute son ampleur.

L'ensemble des faits que je viens d'exposer confirme, en les généralisant, les conclusions de ma thèse relatives à l'ophite. L'âge de sa mise en place, antérieure au dépôt des couches liasiques, médio-jurassiques et infra-crétacées, ne permet pas d'envisager qu'elle ait pu intervenir dans le métamorphisme général qui affecte ces divers terrains dans les Pyrénées centrales et orientales. A l'Ouest du gave de Pau, le métamorphisme des terrains secondaires antécénomaniens est insensible, malgré l'importance considérable des intrusions ophitiques. D'autre part, le *développement du dipyre*, si caractéristique des terrains secondaires métamorphiques des Pyrénées, se constate dans l'ophite, mais uniquement dans les gisements de la zone où les terrains secondaires sont eux-mêmes dipyrisés. Qu'en conclure, sinon que l'ophite, loin d'avoir provoqué le métamorphisme de ces terrains, l'a elle-même subi passivement?

L'ophite, pas plus que les autres roches vertes si développées dans les Pyrénées centrales. n'y est responsable, selon moi, du métamorphisme des terrains antécénomaniens. Dans le secteur occidental, où les roches vertes abondent, ce métamorphisme est insensible; dans le secteur oriental (Sud de Quillan) où elles ne se montrent pas, il reste intense. Il me paraît dès lors difficile d'échapper, pour l'expliquer, à *l'intervention d'un enfoncement géosynclinal ayant précédé la phase orogénique cénomanienne*.

BIBLIOGRAPHIE

(1) P. Viennot : Recherches structurales dans les Pyrénées occidentales françaises. *Bull. Carte Géol. Fr.*, n° 163, 1927.

(2) H. Douvillé : A propos de l'ophite. *C. R. Ac. Sc.*, t. 186, p. 1031-1034, 1928.

(3) P. Lamare : Le problème du Trias dans les Pyrénées basques. *C. R. Somm. Soc. Géol. Fr.*, p. 60-61, 1928.

(4) M. Roubault : Au sujet de l'âge des ophites et du métamorphisme des terrains secondaires dans les Pyrénées de la Haute-Garonne et de l'Ariège. *Ibid.*, p. 184-185, 1928.

(5) A. Duffour : Observations sur la mise en place des roches basiques et le métamorphisme dans le Castillonnais et la Bellongue (Ariège). *Ibid.*, p. 175-177, 1928.

(6) F. Daguin : Contribution à l'étude géologique de la région Prérifaine. *Thèse de doctorat*, Paris, 1927.

(7) M. Solignac : Etude géologique de la Tunisie septentrionale. *Thèse de doctorat*, Lyon, 1927.

EXPLICATION DE CERTAINS PHÉNOMÈNES GÉOLOGIQUES ET ASTRONOMIQUES PAR LA DÉSINTÉGRATION ATOMIQUE

PAR

H. HAVRE

AUGUSTE DOLLOT (1841-1924)

PAR

G. RAMOND

Dans la notice imprimée qu'il dépose sur le bureau, l'auteur rappelle le séjour que Dollot fit à La Rochelle, comme ingénieur directeur des travaux du port de la Pallice, et la part qu'il prit aux travaux de la société locale des Sciences naturelles (1888-1894).

Le Museum de La Rochelle conserve de lui une riche série de documents photographiques et paléontologiques, qui fut présentée en fin de séance à plusieurs congressistes par le secrétaire de la section.

LA BOTANIQUE HERBORISANTE
ET LES GÉNÉRATIONS ACTUELLES

PAR

F. FAIDEAU

La vie ardente, vertigineuse, trépidante des grandes villes présente des inconvénients et des dangers dont les moindres sont l'encombrement et le surmenage. Les sports ne remédient que d'une façon imparfaite aux effets de cette vie artificielle, car il faut compter avec leurs excès.

Je sais cependant un sport attachant, passionnant, sans danger; on le pratique seul ou en société, entre amis ou en famille, à tout âge et en toute saison; il procure des joies sans mélange, charme les sens et ouvre l'esprit.

Pour s'y livrer, on quitte les routes blanches et leurs poussières, on foule aux pieds le doux tapis des herbes, on s'enfonce sous la ramure des bois et là, dans l'atelier de la nature, on la regarde travailler, on admire ses œuvres, on voit la vie, le bourgeon qui craque, la fleur qui s'épanouit, l'oiseau qui vole, mille choses charmantes.

Aussi bien, est-ce un sport? Je n'en sais rien, mais c'est, en même temps qu'une science, une distraction qui, sans leurs inconvénients, présente tous les avantages des sports, elle oblige à marcher en plein air, donne du plaisir et de la santé.

Oui, mais voilà, elle n'est pas à la mode! Pour un jeune homme, courir au milieu d'une équipe d'entraîneurs, avec un maillot aux couleurs vives, est de bon ton. Se promener, avec sur le dos, une boîte verte remplie de plantes, fi donc! Laissez cela aux herboristes.

« Les Anglais étudient et aiment la botanique et s'en font à la campagne une récréation charmante, au lieu que les Français ne la regardent que comme une étude d'apothicaire, et ne voient dans l'émail des prairies que des herbes pour les lavements. »

Ainsi parlait Jean-Jacques Rousseau, et notez qu'à son époque, la supériorité des Anglo-Saxons n'était pas encore un article de foi. Au xviiie siècle cependant, malgré les plaintes du philosophe, la botanique était plus en faveur qu'aujourd'hui.

Magistrats, nobles, grandes dames y prenaient intérêt, cueillaient les humbles fleurettes des champs, s'informaient de leur état civil, entretenaient des correspondances à leur sujet. C'était l'époque des « bergers » et des « bergères »; tout le monde était alors « ami de la nature ».

Depuis, des découvertes, dont la succession et l'imprévu sont un émerveillement, ont fourni à l'humanité un tel choix de distractions nouvelles qu'elle s'est mise à dédaigner les anciennes. La rapidité et la diffusion des moyens de transport l'a rendue errante; elle court toujours à la recherche du bonheur, mais elle va si vite qu'elle le dépasse, car le bonheur va à pied.

La marche sera toujours l'exercice le plus naturel, le plus hygiénique et aussi la manière la plus profitable de voyager. Écoutez encore Jean-Jacques Rousseau, un fervent de la botanique herborisante :

« On part à son moment, on s'arrête à sa volonté. On observe tout le pays, on se détourne à droite, à gauche; on examine tout ce qui nous flatte; on s'arrête à tous les points de vue. Aperçois-je une rivière, je la côtoie; un bois touffu, je vais sous son ombre; une grotte, je la visite; une carrière, j'examine les minéraux. Partout où je me plais, j'y reste, et l'instant que je m'ennuie, je m'en vais. Je ne dépends ni des chevaux, ni du postillon. Je n'ai pas besoin de choisir des chemins tout faits, des routes commodes; je passe partout où un homme peut passer; je vois tout ce qu'un homme peut voir; et, ne dépendant que de moi-même, je jouis de toute la liberté dont un homme peut jouir. »

La curiosité du public, des jeunes gens surtout, est portée vers des sciences plus neuves, qui semblent plus riches en applications immédiates, comme si la botanique n'était pas la cause directe des perfectionnements apportés à l'agriculture, à la multiplication des végétaux, aux hybridations, à la génétique, à la sylviculture, à l'horticulture, à l'acclimatation des espèces utiles, à la lutte contre les maladies cryptogamiques.

Malgré ces services, pour le vulgaire, la botanique n'est que « l'art de dessécher des plantes dans du papier brouillard et de les injurier en grec et en latin ». Beaucoup de personnes, mal qualifiées, il est vrai, la considèrent comme une étude peu digne d'occuper les loisirs d'un homme sérieux; c'est, disent-elles, « une science de demoiselles ». Il est vrai que tel qui plaisante les herbiers est fier de sa collection de timbres-poste ou de boîtes d'allumettes. Toujours la paille et la poutre!

En dehors de ces absurdes préventions, deux causes contribuent à écarter des promenades botaniques une foule de personnes qui y trouveraient une récréation saine et intellectuelle : la préparation des herbiers et... la boîte verte.

Pour le savant, l'herbier sera toujours le document indispensable, le seul qui compte puisqu'il est un recueil de plantes auquel il peut toujours se reporter pour l'étude des caractères et leur comparaison, et non une figuration susceptible d'oublis, de déformations. Mais il n'en est pas moins vrai qu'un album de dessins et surtout d'aquarelles conserve d'une façon agréable et utile le souvenir des herborisations; l'amateur s'y attache plus qu'à une collection de plantes sèches, car il y a mis une partie de lui-même.

La photographie est un procédé plus rapide donnant des documents intéressants et précis. La pratique donne vite la connaissance des fonds propres à faire ressortir la plante et de l'éclairage qui convient; si on y joint un peu de goût, on met merveilleusement en valeur les moindres détails des nervures ou des dentelures d'une feuille, l'anatomie d'une fleur, l'élégance d'une inflorescence, l'aspect et le port d'une plante. Trois plaisirs en résultent : la cueillette, l'arrangement, la reproduction. S'agit-il de champignons, Craterelle dressant ses noires trompettes ou Lépiote abritant ses feuillets sous un parapluie velouté? Un quatrième plaisir s'y joint : celui de la gourmandise. Quand on les a photographiés, on les mange. Il est bon toutefois de choisir ses sujets. Certains ont la vengeance terrible.

La boîte verte, avec laquelle on a toujours l'air d'aller cueillir des herbes « pour les lavements » est, comme tant d'autres choses, l'objet des plaisanteries du vulgaire. Mais qui peut y échapper? Et qu'importe, puisque la moitié du monde se moque de l'autre et que chacune a son tour : le blé n'en germe pas moins. Les personnes nerveuses ou timorées, pas trop sensibles à ces petites piqûres de la rue, ont la ressource d'utiliser tout autre récipient moins dénonciateur ou même de simples journaux.

Dès que les pâles rayons du soleil de février ont fait, dans les bois dépouillés, s'ouvrir la délicate fleur de la Perce-neige, chaussez vos souliers de chasse et bouclez vos guêtres. Il est temps de partir. Aux branches des coudriers pendent les longs épis dont le vent secoue la poussière fécondante; les saules semblent couverts de flocons de neige, blanche fourrure des chatons d'où l'or des étamines jaillira bientôt. On sent les premières secousses de la nature qui s'éveille; l'air est vif, encore pénétrant, les longues courses sont, à cette époque de l'année, agréables et sans fatigue.

Prairies, moissons, bois, bord des eaux, littoral maritime, chaque station a son charme particulier. Chaque saison porte des joies nouvelles et de nouvelles fêtes pour la vue. L'hiver lui-même a ses harmonies. Des lichens barbus, étalés, ramifiés de cent façons, montrent sur les rochers, les écorces, les singularités de leur végétation; le sol se recouvre des étranges frondaisons des Peltigères et des cornets menus des Cladoniles; les Mousses se surmontent de leurs mignonnes capsules; l'arrière-garde de l'armée des champignons couvre encore les feuilles mortes, les branches pourrissantes et grimpe à l'assaut des troncs.

En cours de route, on surprend au passage quelque secret de la nature; on observe sur place la vie des plantes; on voit comment elles s'aident ou se nuisent, quelle influence exercent sur elles la terre dans laquelle elles plongent leurs racines et la lumière qui baigne leurs feuilles; on suit le va-et-vient du petit monde animal qui vit de la plante et s'y abrite.

A ceux qui n'ont pas la bosse de l'observation ou qui sont dépourvus de connaissances suffisantes pour s'y livrer avec fruit, la promenade botanique offre d'autres joies. Voir des fleurs, le plus pur et le plus bel ouvrage de la terre, n'est-ce rien? Quel attrait que de les cueillir, de mettre tout son goût à les grouper en associant leurs couleurs et leurs formes. Un bouquet de fleurs est aussi un beau traité de botanique.

C'est dans les prés, dans les bois, le dimanche, que l'ouvrier de la plume ou du marteau, courbé toute la semaine sur des registres dans le bureau sombre ou penché sur l'établi dans l'atelier poussiéreux, trouvera le mieux le repos qui lui est nécessaire, le grand air dont il a besoin, les plaisirs les plus salutaires et, à tout prendre, les plus élevés.

I. - SUR UNE OROBRANCHE NOUVELLE
POUR L'OUEST DE LA FRANCE
« O. reticulata » Wallr. = « O. Platystigma » Rchb.

PAR

A. FOUILLADE

*Président de la section de la Charente-Inférieure
de la Société Botanique des Deux-Sèvres*

Le département de la Charente-Inférieure, plus qu'aucun autre peut-être, est riche en espèces dites à *aires disjointes* et en espèces qui se rencontrent, sur un espace plus ou moins restreint, à des distances considérables de leur centre de végétation, sans stations intermédiaires. Telles sont, entre autres :

Evax carpetana, de la péninsule ibérique, à Sèche-Bec ;

Iris sibirica, de l'Europe centrale et orientale, dans la lande de Cadeuil, à 700 kilomètres de l'Alsace où sont ses seules autres stations françaises ;

Cystopteris diaphana, des îles Atlantiques, du Maroc, de la péninsule ibérique, etc., qui a été trouvé dans l'île de Ré ;

Chara imperfecta, découvert en Algérie en 1842 et signalé en deux ou trois localités de la Charente-Inférieure ;

Ranunculus muricatus, *Trifolium stellatum*, *Avellinia Michelii*, de la région méditerranéenne, les deux premières dans l'île de Ré, la troisième à Fouras et l'île Madame ;

Senecio Ruthenensis, de l'Aveyron, dans quelques bois de l'Aunis, etc.

A cette liste nous pouvons ajouter maintenant *Orobanche platystigma* Rchb., découvert à la Pointe du Chai par M. Charrier [1], pharmacien

---

(1) Il m'est agréable de rappeler ici que l'on doit à M. Charrier la découverte en Vendée de plusieurs espèces nouvelles pour ce département, notamment de : *Grammitis leptophylla Sw.*, dont la station vendéenne est un nouveau trait d'union entre ses stations méditerranéennes et bretonnes, et, cette année même, *Ophrys fusca*, plante méridionale dont la limite de l'aire géographique se trouve ainsi notablement reportée vers le Nord.

à La Châtaigneraie (Vendée). Dès 1924, M. Charrier trouvait au Chai deux pieds d'une Orobanche qui lui parut différente de toutes nos espèces de l'Ouest. Il crut pouvoir la rapporter à *O. platystigma*, mais avec doute, les spécimens rencontrés étant un peu jeunes et la plante nourricière n'ayant pas été vérifiée.

En 1925, les recherches qu'il fit pour la retrouver restèrent sans résultat, peut-être parce qu'elles ne furent pas effectuées à l'époque favorable. Il fut plus heureux en 1926 puisqu'il put en récolter une vingtaine de pieds, parasites sur *Carduus nutans*. M. Charrier voulut bien m'en envoyer quelques échantillons et nous fûmes d'accord l'un et l'autre pour la déterminer *O. platystigma* malgré la glabréité des filets staminaux. Nous décidâmes cependant, pour plus de certitude, de retourner à la station en 1927 en vue d'une étude sur place. Ce projet n'a pu être mis à exécution que cette année.

Le 7 juin dernier, accompagnés de M. Blaud, professeur à l'Ecole Normale de La Rochelle, nous avons eu la satisfaction de retrouver abondante, dans le même champ en friche où M. Charrier l'avait découvert en 1924, champ peuplé de *Carduus nutans*, *Cirsium arvense*, *Picris hieracioides*, *Daucus Carota*, l'*O. platystigma* (car c'est bien cette espèce) en compagnie de *O. picridis* encore plus abondant. Ce dernier croissait sur *Picris* et aussi sur *Dancus* (1) *O. platystigma* sur *Carduus nutans* et plus rarement sur *Cirsium arvense*.

La comparaison de la plante du Chai avec la description et la planche de Reichenbach f. (*Icones fl. germanicae et helveticae*, xx (1862), p. 95) que M. le docteur Guétrot a eu l'obligeance de me communiquer, ne laisse aucun doute sur son identité. Les seules différences — d'ailleurs d'importance secondaire — que l'on puisse relever sont les suivantes : 1° les étamines semblent insérées un peu plus près de la base de la corolle (3 mm. environ) dans la plante du Chai que dans celle figurée par Rchb. f.; 2° les filets des étamines sont presque toujours entièrement glabres à la base et non légèrement poilus.

La corolle, de 2 centimètres environ, est jaunâtre, d'un jaune très pâle à la base, lavée ou striée au sommet de violet sale bien différent du violet améthyste de l'*O. Eryngii*, couverte de poils glanduleux colorés partant d'un tubercule noirâtre, caractères qui répondent à ceux de la var. *scabiosae* Rouy (*O. Scabiosae* K.; G. G.). Nous avons vu également des individus à corolle plus courte (16-19 mm.), relativement plus large, faiblement violacée au sommet ou presque entièrement jaunâtre, moins glanduleuse et à glandes non ou moins colorées. Ces individus que l'on pourrait rapporter à la var. *procera* Rouy (*O. procera* K.) semblent, à la Pointe du Chai,

---

(1) A la Pointe du Chai, M. Charrier et moi n'avons trouvé aucune différence appréciable, si ce n'est la longueur plus grande des épis (?) entre les pieds d'*O. picridis* croissant sur *Daucus* et ceux parasites sur le *Picris*. Cette Orobanche de la Carotte ne serait donc pas la var. *carotae* Beck (*O. carotae* Desm.).

n'être que des pieds retardataires. Dans les pieds à grande corolle, en effet, les fleurs étaient déjà presque toutes passées le 7 juin, tandis que les pieds à corolle plus petite étaient encore en pleine floraison. Ceci explique sans doute le nom de *O. serotina* Kirschl. appliqué à une forme que Rouy donne comme synonyme à sa var. *procera*. On peut remarquer en outre que sur quelques pieds à fleurs médiocres, les fleurs de la base des épis sont de grandeur normale, ce qui permet de croire que dans cette forme la différence de coloration et de grandeur des corolles est due uniquement à un retard dans la floraison et qu'elle ne peut être considérée comme une variété véritable.

D'après les renseignements qu'a bien voulu me donner M. R. de Litardière, le nom d'*O. reticulata* Walbr. antérieur de cinq années à celui de *O. platystigma*, doit être employé de préférence à ce dernier, ainsi que l'ont admis Beck, Coste, Schinz et Thellung, etc. Schinz et Thellung (*Flora der Schweiz*, I, 4ᵉ édit. (1923), indiquent que les filets staminaux sont pourvus de poils épars ou *glabres à la partie inférieure*.

L'*O. reticulata* est signalé en France presque exclusivement dans les régions montagneuses de l'Est. L'*O. carlinoidis* Miégeville, trouvé sur *Carlina* dans les Hautes-Pyrénées, serait également la même espèce (1).

Comment cette espèce de l'Europe centrale, à préférences montagnardes, se trouve-t-elle sur le littoral atlantique? C'est là un de ces problèmes de géographie botanique qui ne sauraient être facilement résolus. Quoi qu'il en soit, la découverte de cette plante dans la Charente-Inférieure permet de penser qu'elle pourra être rencontrée en d'autres points du territoire français.

II. - SUR UN CAREX MÉCONNU
DANS L'OUEST DE LA FRANCE « C. lepidocarpa Tausch »

Cette plante, que la majorité des floristes rattachent au *Carex flava* L. est une plante peu connue dans l'Ouest de la France où elle paraît cependant assez répandue. Si les débutants, et même parfois des botanistes exercés, ont quelque peine à distinguer *Carex Œderi* de *C. flava*, cela réside dans le fait qu'ils se trouvent parfois en présence de *C. lepidocarpa* et que, dans l'ignorance de cette plante, il leur faut choisir entre *C. flava* et *C. Œderi*.

L'auteur, après avoir montré les différences entre *Carex Œderi* et *Carex flava* s'attache à définir *C. lepidocarpa*, indique les stations où cette plante a été récoltée dans l'Ouest de la France, et l'existence de formes intermédiaires embarrassantes qui rendent parfois presque impossible de saisir la limite entre ces trois plantes.

---

(1) Les caractères assignés à sa plante par l'abbé Miégeville (*Bull. Soc. Bot. Fr.*, XII (1865), p. 347) sont bien ceux de la plante du Chai. Il lui attribue cependant un épi lâche et une floraison plutôt tardive (juillet, août, septembre) alors que la plante aunisienne a l'épi assez serré et une floraison un peu plus précoce (fin mai et premiers jours de juin) que celle de nos autres espèces de l'Ouest.

DU ROLE DES INSECTES
ET DE LA VAPEUR D'EAU ATMOSPHÉRIQUE
DANS LE DÉVELOPPEMENT DES CHAMPIGNONS

PAR

P. BRÉBINAUD

Pharmacien, à Poitiers

Le mycélium des champignons supérieurs est, on le sait, un assemblage fragile rappelant un peu les toiles d'araignées, mais sans symétrie. Les hyphes n'ont aucune consistance; leurs parois minces isolent à peine un protoplasma prompt à s'unir au moindre contact. L'aspect est tout différent d'une phanérogame. Et pourtant!...

Afin de savoir un peu comment se comporte cette plante, examinons un *Merulius lacrymans* chez lui, au fond d'une cave.

C'est un champignon qui vit sur le bois. Il émet au loin, à la surface du sol ou des objets environnants, des cordons très ramifiés sur lesquels il fructifie. Il se recouvre en outre d'un splendide manteau blanc formé de subtiles filaments aplatis, dressés, serrés, assez indépendants, rappelant des houppes à poudre de riz. L'ensemble se présente comme un petit arbre en projection et l'analogie avec une phanérogame est peut-être moins invraisemblable qu'on ne croit.

Pour nous, ces houppes constituent des organes de respiration. L'absence de chlorophylle mise à part, nous ne voyons pas que quelqu'un ait démontré, autrement que par déduction, que les champignons ne respirent pas comme les plantes vertes et sont nécessairement saprophytes ou parasites. De plus les autres mycéliums que nous avons pu observer nous semblent analogues à celui du *Merulius lacrymans*.

Peut-on concevoir appareils plus délicats? Le moindre contact va leur être funeste : celui de l'eau, celui de l'air agité lui-même. Comment se comporteront-ils dans le sol? A plantes semblables il faut évidemment des caves, des cavités.

Dans la nature ces cavités abondent. Elles sont naturelles (mousses, amas de feuilles, sciure de bois, fumier des couches, fissures diverses, etc.), ou artificielles (intervention de l'homme, des animaux, des plantes rigides, etc.). Pour les champignons épixyles les points de formation sont les galeries pleines de déchets creusés par des larves. Le mycélium y prend pied, nous ne saurions encore dire comment; probablement par les orifices de sortie, puis il envahit le support par tous ses interstices sans distinction.

Nous attribuons une importance considérable aux tunnels des mammifères et surtout des millions d'insectes rongeant le bois ou parcourant le sol en tous sens, plus ou moins profondément, selon les saisons ou les états atmosphériques.

LES INSECTES

Ce n'est pas la première fois qu'on fait allusion aux rapports des insectes avec les Champignons. Notre admirable entomologiste Fabre s'en est occupé. M. Biers, préparateur au Muséum, a publié également, en 1912, dans le Bull. Soc. Myc. Fr., T. xxviii, p. 77, un article : « Insectes et Champignons », où nous lisons : « Il y a entre ces deux groupes de l'histoire naturelle en apparence très disparates et qui appartiennent en fait à des règnes tout différents des rapprochements certains, profonds, très curieux à observer) »... Mais nous citons, nous ne pouvons nous arrêter, et nous ajoutons : Le mycélium vit dans les galeries des insectes et les insectes tout jeunes vivent vraisemblablement du mycélium. On admet déjà que des fourmis cultivent des champignons.

Que signifient d'autre part cette multitude de chenilles et de larves qu'on rencontre dans ces végétaux? Ce sont, semble-t-il, autant de commensaux venus du sol, car c'est la base du stipe, même encore enfouie, qui est envahie la première. *Russula foetens* a le pied creux : nous y trouvons, à l'origine, de petites teignes vivant de la « moelle » et plus tard des insectes carnassiers, entrés par les parois, pour dévorer les premiers occupants. Tout champignon est une providence et nombreuse est la population qui, demeurée là, avide maintenant de rayons solaires, tantôt par terre, tantôt sur le chapeau, rentre prestement dans ses refuges à notre approche.

Voilà donc le mycélium dans ses cavités. Comment végète-t-il?

VAPEUR D'EAU ATMOSPHERIQUE

Une douce condensation d'eau est indispensable. Elle se produit sous forme de buée.

La buée, phénomène banal, météore peu étudié, à peine mentionné, se produit sans cesse en tous lieux. Elle se manifeste sur nos carafes et sur nos vitres. Son rôle dans la nature est immense. Ce n'est pas la rosée, bien que sa formation porte le nom de point de rosée. Beaucoup plus fréquente et plus générale, elle a des effets plus étendus. Elle marque le point optimum de la végétation qu'on voit réalisé artificiellement dans une serre chaude et se montre plus favorable qu'une pluie abondante parce que, celle-ci, comme la sécheresse, ralentit l'activité végétale et n'agit qu'indirectement en donnant au sol les moyens de produire de la vapeur et de la condenser.

Angot (Traité de Météorologie, p. 190) dit : « La vapeur d'eau contenue dans l'air se condense de trois manières : 1° directement, soit par rayonnement, soit par le passage de l'air d'une région chaude à une région plus froide; 2° par détente; 3° par mélange avec une masse d'air plus froide. »

Le cas de la buée n'est pas prévu. Ainsi une cave profonde et saine, à l'inverse de ce qui se passe à la surface du sol, est sèche l'hiver et humide l'été. Il n'y a pas de rosée dans une cave. Et de tels exemples ne manquent pas. D'abord de condensation visible : bois vert, objets métalliques, récipients métalliques (l'eau s'y accumule l'hiver en quantité notable lorsque l'air s'échauffe subitement), murs peints (cuisines), dallages en ciment, rues et chemins (l'hiver), etc.; ensuite de condensations invisibles : bois sec (suinte dans le feu), murs (salpêtre), terres labourées (un binage vaut deux arrosages, grâce à la buée et la rosée). Les puits du désert semblent entretenus uniquement par la rosée.

Angot (loc. cit. p. 250), ajoute : « On n'a jusqu'ici que peu de mesures exactes de la quantité d'eau qui correspond à la rosée ». On n'en a aucune, à notre connaissance, correspondant à la buée et nous affirmons que le chiffre en est cependant élevé. C'est de plus à ce point que se rencontrent à la fois chaleur, humidité, ozone, électricité, lumière modifiée, etc.

C'est aussi le point où travaille le ferment nitrique, le meilleur auxiliaire de la végétation. Et nous pensons que les essais d'utilisation, dans les champs, de ces microbes fournis par les laboratoires devraient, pour avoir des chances de réussite, être exécutés en juin ou septembre-octobre, aux époques où l'air, plus calme, se chargeant d'humidité par antagonisme entre une atmosphère chaude et un sol frais fournit beaucoup de buée. Par vent frais et sol chaud, l'air s'échauffe, absorbe l'eau et la buée ne se produit plus; c'est la sécheresse. Toujours et sans cesse.

Le salpêtre lui-même, ce grand ennemi de nos habitations, est occasionné par la buée. Il apparaît l'été sur des murs froids (épaisseur, exposition Nord, courants d'air extérieurs). Les briquetages en sont généralement exempts. Nous signalons en passant que nous avons supprimé cet inconvénient en empoisonnant le mortier avec du sublimé ou de l'arsenic.

EN RESUME

Les champignons végètent, comme les phanérogames, au printemps et en été pourvu que la pluie ne soit pas trop abondante et n'atteigne pas leurs filaments.

Ils fructifient principalement en juin et septembre-octobre, comme nos cerisiers et nos vignes.

Ils exigent des cavités humides que les insectes leur procurent en abondance.

Leur optimum de végétation est en tous temps le point de rosée et l'eau de la buée, de la rosée et des brouillards est celle qui leur convient le mieux.

Nous ajouterons pour terminer, que les mycorhizes, champignons des racines, ne nous semblent pas vivre aux dépens de celles-ci. Malgré les travaux considérables et fort bien faits effectués là-dessus, il n'apparaît pas que le fait soit démontré.

Il semblerait plutôt que nous ayons affaire à des filaments mycéliens profitant des passages ouverts par les plantes vertes et vivant côte à côte auprès de leurs hôtes, comme du lierre sur un tronc, peut-être avec bénéfice réciproque mais sans parasitisme.

TRAITEMENT DES TUBERCULES
DE POMMES DE TERRE PAR LA CHALEUR

PAR

J. COSTANTIN

Membre de l'Institut et de l'Académie d'Agriculture,
Professeur au Muséum National d'Histoire Naturelle

Je tiens, en commençant cette note, à faire comprendre comment j'ai été amené à penser que le traitement par la chaleur des tubercules pourrait être utilement employé contre les maladies de la dégénérescence de la pomme de terre.

En 1925, dans son traité de Phytopathologie, M. E. Marchal, le savant belge bien connu, a émis l'opinion que la mosaïque de la canne à sucre était identique à une maladie énigmatique de cette plante à Java, connue sous le nom de « sereh ». Malgré quarante ans de recherches faites dans cette dernière contrée et ailleurs par des savants les plus éminents, la cause du « sereh » est demeurée inconnue.

Or, on rattache la mosaïque aux maladies de la dégénérescence. Si l'hypothèse du phytopathologiste est exacte, il peut en résulter des conséquences importantes pour les traitements à conseiller pour ces deux maladies : une méthode curative qui a donné des résultats avec l'une de ces affections pourra être conseillée contre l'autre. L'opinion de l'identité des deux cas pathologiques n'avait pas été envisagée jusqu'ici par personne; si on ne peut pas affirmer que l'hypothèse de M. Marchal est rigoureusement exacte, il a certainement fait comprendre que la mosaïque de la canne était très voisine du « sereh » et que cette dernière devait être rattachée aux phénomènes dits de dégénérescence.

Or j'ai montré l'année dernière que le traitement montagnard a une efficacité incontestable contre le « sereh » (1); il paraît donc vraisemblable que la même cure d'altitude pourra être recommandée contre la mosaïque de la canne.

Mais la féconde hypothèse de M. Marchal suggère une autre conception. On a préconisé dans ces derniers temps contre le « sereh » un autre traitement qui consiste à soumettre les boutures de canne à l'action de la chaleur. C'est en deux temps qu'on élève la température des boutures : trente minutes à 45°, puis ensuite trente minutes à 52°. Les recherches de Miss Willbrinck ont conduit à cette conclusion que cette méthode donnait de bons résultats contre le « sereh »; faits qui paraissent confirmés par MM. Kuyper, Berg et Houtman.

La technique qui vient d'être exposée serait-elle applicable à la mosaïque, qui est une maladie de la dégénérescence bien typique?

Il n'y a qu'un pas de plus à faire pour être amené à se demander si les maladies de la dégénérescence, d'une façon générale, ne pourraient être traitées ainsi.

Or parmi les plantes atteintes par les multiples phénomènes de la dégénérescence, la pomme de terre est au premier rang.

En tenant compte des faits rapportés plus haut à propos de la canne, j'ai été amené à envisager deux techniques pour la pomme de terre : 1° le traitement par le climat montagnard; 2° le traitement des tubercules par la chaleur.

A quelle méthode faut-il donner la préférence? Pour répondre à cette dernière question, j'ai fait une expérience comparative l'an dernier avec des pommes de terre d'origine montagnarde et avec des pommes de terre de la plaine traitées suivant la technique de Miss Willbrinck.

Dans ce dernier cas, les tubercules étaient quelconques, supposés sains. Je remets à plus tard l'étude de l'autre question suivante : les tubercules contaminés par cause de dégénérescence sont-ils guéris ainsi du mal qui rend la culture impossible. J'envisage, et cela me paraît très vraisemblable, que si la chaleur détruit le virus de dégénérescence et rend les tubercules sains — malgré cela les tubercules normalement sains sont supérieurs.

Voici comment l'expérience a été conduite :

I. 10 tubercules de pomme de terre saine (Hollande) ont été *chauffés à l'étuve trente minutes à 45°, puis ultérieurement trente minutes à 52°.*

(Le semis des tubercules a été fait ensuite le 28 avril 1927; la récolte a

---

(1) COSTANTIN : La cure d'altitude, son emploi et son efficacité en pathologie végétale. Essai d'une théorie de ce phénomène. (*Ann. Sc. Nat. Bot.*, 10ᵉ *série*, t. IX, p. 299 à 364, avec 9 figures.) Voir également: COSTANTIN. (*Comptes rendus Acad. Sciences*, t. 184, p. 1385; t. 185, p. 14; *Compte rendus de l'Acad. d'Agriculture*, t. 13, n° 22, p. 748-751.)

eu lieu en octobre 1927). Voici la récolte de ces 10 tubercules, chaque pied a donné en tubercules :

N° 1	1 kg. 015	N° 6	0 kg. 112
N° 2	0 kg. 622	N° 7	0 kg. 420
N° 3	0 kg. 227	N° 8	1 kg. 200
N° 4	0 kg. 599	N° 9	0 kg. 172
N° 5	1 kg. 112	N° 10	q kg. 017

Total : 4 kg. 936. — Moyenne par pied : 0 kg. 4936.

7 autres tubercules (de même origine) n'ont été *chauffés que trente minutes à 45°*. Voici les résultats :

N° 1	1 kg. 597	N° 5	0 kg. 825
N° 2	1 kg. 547	N° 6	0 kg. 887
N° 3	1 kg. 427	N° 7	0 kg. 357
N° 4	1 kg. 179		

Total de la récolte du deuxième lot : 7 kg. 819. — Production moyenne par pied : 1 kg. 117.

II. Les résultats obtenus avec des *pommes de terre d'origine montagnarde* qui depuis trois années étaient cultivées au laboratoire de Biologie végétale de Fontainebleau, et qui en 1927 l'ont été à côté des deux lots précédents.

Le rendement total pour 36 pieds a été de 59 kg. 564. La moyenne pour un pied a été : 1 kg. 654.

Si nous évaluons la *productivité à l'hectare* (1) dans les trois cas, nous aurons :

Traitement par la *chaleur* : 45° et 52° : 13.707 kilos à l'hectare. — 45° seulement : 31.019 kilos.

Pommes de terre *d'origine montagnarde*, 45.931 kilos.

Conclusions. — Il résulte de ce qui précède que la méthode de culture de pommes de terre d'origine montagnarde donne les meilleurs résultats. Cependant, le chauffage d'une pomme de terre quelconque à 45° ne paraît pas désavantageux. Quant au traitement des tubercules à 45° et 52°, il donne un rendement de 13.707 kilos à l'hectare qui est encore supérieur à celui de 8.000 kilos mentionné par M. Girard, de l'Académie d'Agriculture (1925), en cas de dégénérescence non combattue.

Il s'agira de savoir si le premier traitement par la chaleur (45°) suffit à détruire le virus de la dégénérescence. Si le double traitement (45° puis 52°) est nécessaire, il ne sera probablement pas recommandable.

L'importation de pommes de terre montagnardes paraît donc surtout la méthode à préconiser.

____

(1) D'après H. de Vilmorin, il faut multiplier par 27.777. (*Dictionnaire d'Agriculture* de BARAL et SAGNIER, 4, p. 262).

LA POLLINISATION CHEZ LES RHUBARBÈS

PAR

A. MONOYER

Docteur ès Sciences, Assistant à l'Université de Liège

La fleur des Rhubarbes (fig. 1) possède un périanthe composé de deux verticilles de trois pièces chacun, un verticille de trois paires d'étamines et un verticille de trois étamines isolées. L'ovaire est libre, il contient un ovule dressé orthotrope à micropyle supérieur (fig. 5).

Les auteurs qui se sont occupés de l'organisation de la fleur des Rhubarbes, ont tous dessiné cette fleur avec des styles recourbés, surfaces stigmatifères en dessous (fig. 2 et 3 d'après Baillon, 1884 : Mémoire sur les ovaires acropylés ; fig. 4 et 5 d'après Guéguen, 1900 : Recherches sur le tissu collecteur et conducteur des Phanérogames). Ils ont conclu semble-t-il, au non-fonctionnement général des styles et des stigmates des rheum et admis que dans la nature, la pollinisation se faisait toujours directement par l'acropyle.

Nos premières observations faites sur un Rheum (1) croissant dans un jardin particulier à Solre-sur-Sambre (Belgique) contredisent cette opinion.

Nous avons reconnu, en effet, que chaque fleur de ce Rheum passe par deux phases successives. La coupe longitudinale d'une fleur observée peu de temps après son épanouissement est représentée par la fig. 6. Au moment où nous l'avons dessinée, elle avait son périanthe étalé; ses étamines dressées dominaient largement les organes femelles. Les anthères portées horizontalement étaient béantes, leurs fentes de déhiscence, aux lèvres retroussées, étaient tournées vers le haut, laissant sourdre un pollen filant.

Au contraire, les trois styles recourbés vers le sol, maintenaient renversées vers le bas leurs surfaces stigmatifères. Au fond du sillon situé entre le périanthe et l'ovaire, un suc épais et brillant suintait des glandes nectarifères. Des hyménoptères et des diptères (2) de taille comparable à celle de la fleur elle-même, visitent l'inflorescence de la rhubarbe. Chaque insecte commence par chercher une position commode pour faire sa récolte. Il s'arc-boute comme il peut, quelques pattes sur le périanthe, les autres sur l'ovaire, le corps presque horizontal couvrant largement la fleur. L'insecte plonge ensuite sa trompe dans le sillon nectarifère qu'il explore plus ou

---

(1) Nous ne pouvons donner, dans cette note préliminaire, le nom exact de l'espèce observée ; une bouture de celle-ci a été transplantée au Jardin botanique de l'Université de Liége afin d'y être déterminée.

(2) De très petits coléoptères, gros comme des têtes d'épingle, circulent dans le sillon existant entre la base de l'ovaire et le périanthe. Ils restent ainsi dans la même fleur jusqu'au moment où elle se flétrit ; leur petite taille fait qu'ils ne jouent aucun rôle dans la pollinisation des fleurs de rhubarbe.

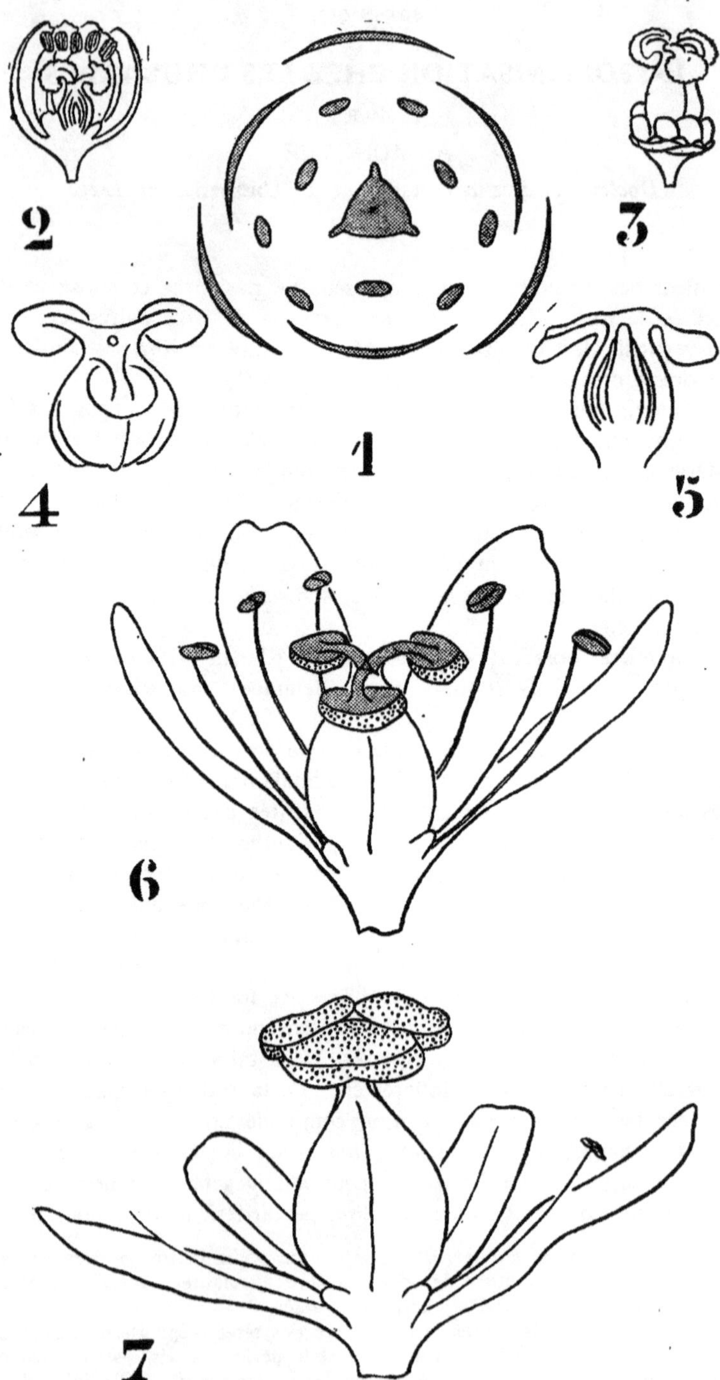

moins complètement en décrivant une rotation, totale ou partielle de tout le corps. En agissant ainsi, l'insecte balaie avec son ventre velu les anthères ouvertes vers le haut, mais non les organes femelles situés à un niveau inférieur. Si pendant ce mouvement quelques grains de pollen tombent des anthères, il est rare que ce soit sur les organes femelles puisque les étamines sont écartées de ceux-ci. Si cependant quelques grains provenant d'autres fleurs et adhérant aux poils de l'insecte tombent sur le gynécée, ils ne sauraient germer, puisqu'ils ne peuvent rencontrer les surfaces stigmatifères encore peu gluantes et qui sont face en-dessous. Reste le cas où un grain de pollen tomberait juste dans le micropyle; ce cas est facilement réalisable chez l'If (plante anémophile) parce que son pollen est très abondant, pulvérulent et le micropyle large, surmonté d'une goutte de liquide attrape-pollen. Il en est autrement chez cette Rhubarbe (plante entomophile) au micropyle très étroit, au pollen filant et adhérent. Aussi la chute d'un grain de pollen juste dans le micropyle est une circonstance tellement aléatoire (en dehors de l'intervention humaine) qu'elle est pratiquement négligeable.

Dès lors, comment s'opère la pollinisation?

Si on examine des fleurs de plus en plus âgées, on voit que les anthères se vident peu à peu, se flétrissent, tombent. Mais en même temps, on remarque que les trois styles, primitivement courbés, se redressent insensiblement. Les trois surfaces stigmatiques, dont les villosités deviennent plus apparentes et visqueuses, se rapprochent jusqu'à n'en plus former qu'une, horizontale, face vers le haut, marquée de trois sillons aboutissant à un entonnoir central commun. Cet entonnoir (fig. 7) se continue inférieurement par un canal constitué par le rapprochement des trois styles. Ce canal aboutit au micropyle. Par suite du redressement des styles, les surfaces stigmatifères sont maintenant à un niveau supérieur à celui occupé par les anthères avant leur chute. Lorsqu'un insecte pollinisateur visite une fleur arrivée à ce stade âgé, il balaie les surfaces stigmatifères avec son ventre chargé de pollen recueilli sur des fleurs plus jeunes. Les grains de pollen germent sur les stigmates gluants et leurs tubes polliniques gagnent facilement l'entonnoir et le canal dont nous venons de parler. Ils sont ainsi dirigés avec précision jusque dans l'acropyle. L'insecte réalise donc une pollinisation croisée parfaite. Dans certaines circonstances, le vent peut détacher le pollen des anthères et contribuer lui aussi à la pollinisation croisée.

En résumé, il y a lieu de considérer, dans chaque fleur de cette rhubarbe, deux stades caractérisés par une sexualité fonctionnelle différente. Au stade jeune, la fleur possède des anthères et des styles, mais le retournement des stigmates rend l'autofécondation impossible : la fleur fonctionne uniquement comme mâle. Au stade âgé, la fleur ne possède plus d'anthères mais les stigmates redressés et se couvrant alors de villosités gluantes sont aptes à recevoir le pollen étranger; la fleur fonctionne à ce moment comme femelle et forcément la pollinisation est croisée.

SUR LA VÉGÉTATION PSAMMOPHILE
EN DEUX POINTS
DU LITTORAL ATLANTIQUE MAROCAIN

PAR

P.-A. BUROLLET

Docteur ès-sciences naturelles, à Rabat (Maroc)

On sait que la côte atlantique du Maroc offre des problèmes botaniques très difficiles à résoudre [1] et que seul le secteur de Mogador a, jusqu'à présent, fait l'objet d'une étude phytosociologique [2]. Je ne crois pas inutile de consigner les observations sur la végétation psammophile que j'ai pu effectuer en deux points très différents du littoral marocain : la côte rocheuse au sud de Rabat et les dunes à l'est de Fédhala. Réservant pour une étude bionomique ultérieure l'inventaire complet de mes récoltes, je me bornerai aux espèces à comportement dynamique positif.

I. La cote au sud de Rabat

D'une façon très générale, entre oued Bou-Regreg et oued Ykem, au sud de Rabat, la zone de balancement des marées comprend de larges plates-formes rocheuses. Ces « platiers » précèdent soit une ceinture de roches gréseuses profondément érodées, soit une ligne de véritables falaises. A cause de cette conformation de la côte les sables maritimes ne parviennent à s'accumuler qu'en des points favorisés, rarement au faîte de la falaise, plus souvent à l'abri de la ceinture rocheuse, mais toujours en arrière d'elles par rapport à la mer.

Les formations sablonneuses littorales sont donc discontinues; leur trait commun est la faiblesse relative du dynamisme des sables, mais, soumises à des influences topographiques locales diverses, elles sont dissemblables tant par leur hauteur que par leur superficie. Par voie de conséquence, la végétation y manque d'uniformité.

Les sables bas, à dynamisme très faible, portent d'une façon précoce le *Sporobolus pungens* (Schreb.) Kunth, espèce qui apparaît alors comme le premier facteur de fixation des sables maritimes [3]. On remarquera cepen-

---

(1) La répartition de l'*Ammophila arenaria* (L.) Link par exemple.

(2) J. Braun-Blanquet et R. Maire : Etudes sur la Végétation et la Flore marocaines *C. R. des Herb. de la Soc. Botanique de France. Sess. du Maroc,* 1921.

(3) Cf. Braun-Blanquet et Maire, *loc. cit.,* p. 80; et mon travail de 1927. *Le Sahel de Sousse,* Tunis, p. 95.

dant que le *Sporobolus* n'est point, ici, exclusivement psammophile ; on le rencontre souvent sur la couverture limoneuse des falaises et jusque dans les fissures des entablements rocheux (4). En certains points, le *Sporoboletum* passe même latéralement à la pelouse à *Plantago Coronopus* L., association typique des limons sub-littoraux au sud de Rabat (5).

L'*Agropyrum junceum* (L.) P. de B. est déjà beaucoup plus rare. Je l'ai noté sur la falaise, à Rabat, à vrai dire avec un coefficient de vitalité assez réduit. Il apparaît quelquefois dans les sables bas, où il est associé au *Sporobolus pungens;* il est beaucoup plus constant dans les dunes, sur la pente d'accumulation progressive des sables. Cette face de la dune n'est d'ailleurs pas, ici, obligatoirement tournée vers la mer : au point 8, au sud du Palais d'été, par exemple, la dune édifiée parallèlement au trait de côte, entre la ceinture rocheuse littorale et la falaise continentale, s'enrichit encore par le sud-ouest où le *Sporobolus*, abondant, est associé au *Cyperus mucronatus* (L.). Mabille et à de rares exemplaires d'*Agropyrum junceum;* dans sa partie consolidée, cette dune est le siège d'un *Crucianelletum* à *Crucianella maritima* L. très stable, qui témoigne à la fois de l'ancienneté de la fixation et du faible dynamisme des sables.

L'*Ammophila arenaria* (L.) Link manque presque partout entre Rabat et Témara. Je ne l'ai noté qu'en une seule localité, au nord du Palais d'été, où il n'est représenté que par quelques touffes confluentes, d'ailleurs très menacées par l'exploitation de la dune comme sablière.

Le *Cyperus mucronatus* (L.) Mabille, le *Medicago marina* L., le *Lotus Salzmannii* Boiss. et Reut. accompagnent quelquefois le *Sporobolus*, et les deux premiers sont presque toujours présents dans les peuplements d'*Agropyrum junceum.*

L'*Euphorbia Paralias* L. est généralement bien représenté dans tous nos sables littoraux dès que l'arène acquiert une épaisseur convenable. Par contre, la répartition du *Pancratium maritimum* L. est assez décevante. Ce géophyte est inconstant et plutôt rare. même dans les sables jeunes, sur 15 kilomètres de côte au moins, au sud de Rabat; il est cependant présent sur les dunes consolidées de l'abattoir, localité devenue quasi rudérale! (6)

II. Les dunes a l'est de Fédhala

A l'est de Fédhala le littoral est bien différent : pas de « platiers », pas de ceinture rocheuse; une belle plage de sable fin ourlée d'algues rejetées, — des *Sargassum* surtout — un cordon de dunes assez peu élevées (7) mais vivantes et souvent transgressives sur les terrains continentaux à *Chamaerops humilis* L. ou sur les cultures substituées au Palmier nain.

---

(4) En face de Témara par exemple.

(5) Au voisinage de la cote 22 (carte au 50.000ᵉ), de la cote 16, etc.

(6) En ce point, à cause du stationnement fréquent des troupeaux, les espèces que broutent les Herbivores, les Graminées en particulier sont très rares.

(7) Elles ne dépassent par 6 mètres dans le secteur que j'ai étudié.

Sur les premières dunes, en bordure de cette plage ouverte où les sables sont activement transportés par les souffles venus du large, l'*Agropyrum junceum* et l'*Ammophila arenaria* ont un comportement dynamique identique à celui qui a été étudié plusieurs fois sur d'autres côtes à « lido » (8).

On remarque néanmoins une assez large discontinuité dans la répartition topographique de ces espèces fixatrices qui manquent souvent sur plusieurs dizaines de mètres. On est en présence d'un *Agropyro-Ammophiletum* très fragmenté.

Dans les intervalles dépourvus de Graminées édificatrices, les premières dunes portent presque exclusivement le *Pancratium maritimum*, espèce dont le comportement géodynamique positif s'affirme ici très nettement.

Le *Medicago marina* est présent, mais assez localisé et doué d'un coefficient de sociabilité élevé. L'*Euphorbia Paralias* est très bien représenté dans tout le cordon dunal, sauf sur de rares dunes très mobiles dépourvues de végétation. Le *Cyperus mucronatus* s'étend surtout dans les entonnoirs, entre les dunes, ou encore sur les sables étalés, à la limite des associations continentales où il cohabite avec le *Cynodon Dactylon* (L.) Rich, hôte normal de ces dernières.

Fait au premier abord surprenant, le *Sporobolus pungens* manque, mais il apparaît à deux kilomètres de Fedhala, sur la dune fixée, en arrière d'un cap rocheux précédé d'un « platier », lorsque la conformation de la côte devient semblable à celle du littoral de Rabat.

CONCLUSIONS

Des faits exposés il serait prématuré de tirer des conclusions ayant trait à l'*Ammophila arenaria* ou à l'*Agropyrum junceum*. On voit bien que leur présence relève du dynamisme actif des sédiments arénacés mais c'est vraisemblablement par l'action de divers facteurs climatiques qu'on devra expliquer leur rareté ou leur absence sur une large fraction de la côte atlantique marocaine (9).

Par contre, on peut affirmer que si le *Sporobolus pungens* est lié au littoral par l'ensemble de ses exigences écologiques, ce n'est pas une espèce exclusivement psammophile. S'il s'empare précocement des sables peu mobiles, il ne réussit pas à s'installer dans les sables soumis à des déplacements plus considérables, alors qu'il s'accommode d'un sol plus ou moins limoneux sur les falaises ou dans les fissures des entablements rocheux.

Enfin, la mise en évidence de la fonction édificatrice du *Pancratium maritimum* dans les dunes de Fédhala permet d'attirer l'attention sur le rôle géodynamique positif de cette espèce, rôle qui a parfois été méconnu.

---

(8) Cf. surtout le remarquable travail de Kühnholtz-Lordat : Les Dunes du Golfe de Lion, Paris 1923.

(9) Pour des problèmes analogues sur la côte orientale de la Tunisie, cf. BUROLLET, *loc. cit.*, p. 97.

LE PROBLÈME DE L'HYBRIDITÉ

PAR

Dʳ GUÉTROT

CULTURE DU « PLEUROTUS ERYNGII »
DANS LES ENVIRONS DE LA MOTTE-SAINT-HERAY
(Deux-Sèvres)

PAR

V. DUPAIN

Président de la Société Botanique des Deux-Sèvres

En 1923, M. Costantin, ayant réussi la culture du *Pleurotus Hadamar-dii* des Alpes, parasite du chardon bleu de la Vanoise (*Eryngium alpi-num*), fut amené à essayer celle du *Pleurotus Eryngii*. Grâce à un envoi fait en décembre 1923 par M Faideau, de quelques *Pleurotus eryngii* tar-difs, cet illustre savant put obtenir, en janvier 1924, en culture pure, des myceliums de Pleurote.

En mars de la même année, il avait préparé une quantité suffisante de myceliums pour en fournir à plusieurs mycologues désireux d'expérimen-ter son procédé et au nombre desquels je comptais, par l'intermédiaire de M. Faideau.

Pour obtenir des résultats concluants, il fallait faire la culture dans des terrains riches en Panicants, mais vierges de Pleurotes. Il me semblait que c'était le cas pour les environs de La Mothe-Saint-Héray, où depuis une trentaine d'années au moins que je m'occupe de mycologie, je n'ai jamais vu ce champignon, pas plus que je ne l'ai rencontré dans les nom-breux paniers soumis à mon examen. Les régions les plus proches où j'ai récolté cette espèce sont les alentours de Saint-Maixent l'Ecole, distants d'une dizaine de kilomètres.

Le 19 mars 1924, je reçus de M. Costantin une vingtaine de mises de pleurotes. Le jour même et le lendemain, je procédai à l'opération de la plantation, qui consistait à découvrir les Panicauts naissants, à creuser un peu le sol au voisinage de leurs tiges émergeant à peine et d'y placer, bien près les mises, en recouvrant d'un peu de terre.

Je fis douze plantations sur le coteau calcaire, à gazon court, situé à droite de la route qui va de La Mothe-Saint-Héray à Exoudun, à 200 mètres à peine du lieudit La Provence, et je marquai les pieds de Panicauts que je venais de parasiter.

Les huit autres mises, en vue d'un essai d'un autre genre, furent placées auprès de pieds de Panicauts transplantés sur une pelouse, mais le résultat fut nul, les chardons ayant péri.

Le 25 avril, ayant reçu 28 autres mises, je fis un deuxième ensemencement sur d'autres Panicauts, mais toujours au même endroit (coteaux de la Provence).

Dans le courant de l'année, à mes divers voyages à mon champ d'expérience, je ne vis aucune fructification.

En 1925 et en 1926, je ne remarquai pas davantage la présence de Pleurotes, mais quelques individus avaient-ils poussé sans avoir été aperçus? La chose paraît possible, d'après les résultats obtenus l'année suivante. Le 30 novembre 1927, mon collègue, M. Marcus, m'ayant entendu dire maintes fois que je n'avais jamais vu d'oreilles de chardon dans les environs de La Mothe, m'apportait un exemplaire de ce champignon récolté par son gendre, qui connaissait cette espèce.

Très étonné, curieux de savoir si ce Pleurote provenait de notre essai de culture, je m'enquis du lieu où ce champignon avait été ramassé; c'était précisément sur le coteau de la Provence.

J'allai, le lendemain, visiter les Panicauts près desquels j'avais placé le mycélium envoyé par M. Costantin; à l'endroit précis des cultures, j'ai trouvé un seul *Pleurotus geogenius*. Mais à une centaine de mètres plus haut, dans un carré de chardons où je n'avais pas fait de plantations, j'ai récolté une douzaine de Pleurotes magnifiques, dont quelques-uns avaient un chapeau d'une dizaine de centimètres de diamètre.

A mon retour, M. Marcus m'a déclaré avoir cueilli un *Pleurotus eryngii* plus bas, à l'endroit même de la culture. Notre collègue, M. Gamin, m'a dit également avoir trouvé, le 8 novembre, un Pleurote de 10 à 12 centimètres à une trentaine de mètres du lieu de l'expérience.

L'apparition de ces champignons, dans une contrée où personne n'en avait rencontré, donne à conclure que l'expérience de M. Costantin avait réussi, et que les mycéliums plantés ont fourni des fructifications, dont les spores se sont disséminées dans ce terrain, vierge de Pleurotes.

Au reste, ces expériences ont réussi ailleurs : 1° dans les Ardennes, par M. Cayasse, inspecteur primaire en retraite; 2° à Fontainebleau, par M. Costantin (1).

Voici, au sujet de mon expérience à La Mothe-Saint-Heray, l'opinion de M. Costantin :

---

(1) Archives du Muséum, 6e série, tome I.

« **Parmi** les correspondants de la première heure, qui ont bien voulu s'intéresser à mes essais, je citerai M. V. Dupain, ancien vice-président de la Société mycologique de France. Il m'offrit, en 1924, de faire des expériences sur mon mycélium, à La Mothe-Saint-Héray. Malheureusement, il crut que le résultat se manifesterait très rapidement et, ne voyant rien venir, il se découragea et crut à l'insuccès de sa tentative. Il a eu tort de désespérer. Les chapeaux ont été récoltés, il est vrai, dans la partie supérieure du coteau et à quelque distance de l'endroit où les plantations avaient été faites.

« **Avant** de tirer une conclusion de cette dernière remarque, je ferai observer que, d'après M. Dupain, depuis plus de trente ans qu'il excursionne dans sa région, jamais il n'a été récolté d'argouanes dans un rayon de 10 à 12 kilomètres de sa maison.

« L'apparition de Pleurotes autour du point où l'ensemencement a été fait en 1924 dérive donc vraisemblablement des premières fructifications épanouies qui ont échappé à M. Dupain.

« Mais ce qui est remarquable dans la diffusion de l'espèce semée, c'est qu'à l'heure présente la zone d'extension des Pleurotes autour du point primitif est presque de 100 mètres.

« Evidemment, on pourrait envisager qu'un ensemencement spontané par des spores lointaines a pu se faire (fait qui ne s'est pas produit depuis trente ans). La première hypothèse paraît plus admissible.

« Dans ce cas, la propagation par spores dans le voisinage est à envisager, conception d'un véritable intérêt. »

NOTE SUR LE « NOSTOC CALCICOLA BRÉB. »

PAR

l'abbé P. FRÉMY

Professeur à l'Institut libre de Saint-Lô (Manche)

Le *Nostoc calcicola* Bréb. appartient à la section *Humifusa* Born. et Flah. (*Révision*, IV, p. 184) qui comprend les Nostocs subaériens à thalle adulte étalé, à peu près plan et attaché au substratum (terre, roches ou Muscinées). Cette plante découverte vers 1840, à Falaise, par DE BRÉBISSON, sur des murs humides enduits de chaux, et par GODEY, sur la terre nue, fut décrite pour la première fois par MENEGHINI en 1843, *in* Monogr. Nostoch. ital. p. 121. Elle est très différente de celle qu'AGARDH (*Disp. Alg. Suec.* p.

37, 1812) avait d'abord nommée *Oscillaria calcicola* et que plus tard (*Syn. Alg. Scand.* p. 135, 1817; *Syst. Alg.* p. 19, 1824), il fit rentrer à tort dans le genre *Nostoc.* KUETZING (*Phyc. gen.* p. 200, 1843) montra en effet que le prétendu *Nostoc calcicola* d'AGARDH était en réalité un *Hypheothrix*, et BORNET put constater, sur un échantillon authentique conservé dans l'herbier du Muséum d'Histoire naturelle de Paris, l'exactitude de cette remarque.

Les herbiers de l'Institut botanique de Caen (Herbiers Chauvin, Godey, Lenormand, Pelvet) renferment de nombreux et beaux échantillons de la plante de Falaise. M. le Professeur R. VIGUIER, Directeur de cet Institut botanique, a bien voulu m'autoriser à examiner ces intéressants matériaux. Je l'en remercie bien cordialement. De plus, l'un de mes amis m'a remis des échantillons frais que j'ai reconnus appartenir à *Nostoc calcicola* Bréb., et j'ai observé moi-même cette espèce à l'état vivant [1]. Cette note a pour but de résumer les remarques que j'ai faites en étudiant ces différents échantillons.

Le thalle de *Nostoc calcicola* débute par des taches isolées qui s'élargissent peu à peu, deviennent confluentes et forment ainsi des plaques suborbiculaires, larges de 4-5 centimètres, épaisses de 0,5-1,5 millimètres, luisantes, très muqueuses, d'un vert bleuâtre pâle et translucide à l'état vivant, noirâtres à l'état sec, ayant tout à fait l'aspect des *Cylindrospermum*.

Les *trichomes*, flexueux, lâchement enchevêtrés, n'ont qu'une épaisseur de 2,5 µ. Ordinairement, ils apparaissent nus; plus rarement, surtout dans les parties âgées, ils sont, sur une partie de leur longueur, entourés de gaines gélatineuses jaunâtres (*b*). Les *articles* assez serrés, sont sphériques ou un peu plus longs que larges. Leur contenu est finement granuleux (*a*). Les hétérocystes sont assez peu nombreux; ils sont sphériques et ont une épaisseur rarement supérieure à 4 µ.

Les *spores* sont ordinairement très nombreuses et disposées en longues séries; d'abord contigues, elles s'écartent ensuite, plus ou moins, les unes des autres et même se détachent de façon à donner à la plante l'aspect d'un *Aphanocapsa*. Ces spores proviennent d'une transformation des articles végétatifs qui augmentent de volume et dont le contenu devient plus finement granuleux. A l'état de maturité, ces spores sont sphériques ou un peu plus longues que larges; elles mesurent 3-4 sur 4-5µ. Elles sont entourées d'une enveloppe simple, peu épaisse, lisse, d'un jaune ambré.

Très souvent, les spores, en grand nombre, opèrent leur germination à l'intérieur du thalle lui-même et il est facile d'observer les différents stades de leur transformation (*c*). En même temps qu'elles augmentent légèrement de volume, leur enveloppe se dédouble, puis le contenu s'allonge plus ou moins, soit suivant l'axe du trichome, soit dans une direction formant

---

(1) J'ai vu aussi, au Laboratoire de Crytagamie du Muséum National d'Histoire Naturelle de Paris, un dessin en couleur de *Nostoc calcicola* exécuté par Brébisson et faisant partie de la collection PETIT.

avec celui-ci un angle de 45° à 90°. La spore primitive devient ainsi plus ou moins nettement elliptique Ce changement de forme est suivi d'une série de cloisonnements toujours perpendiculaires au grand axe de l'ellipse,

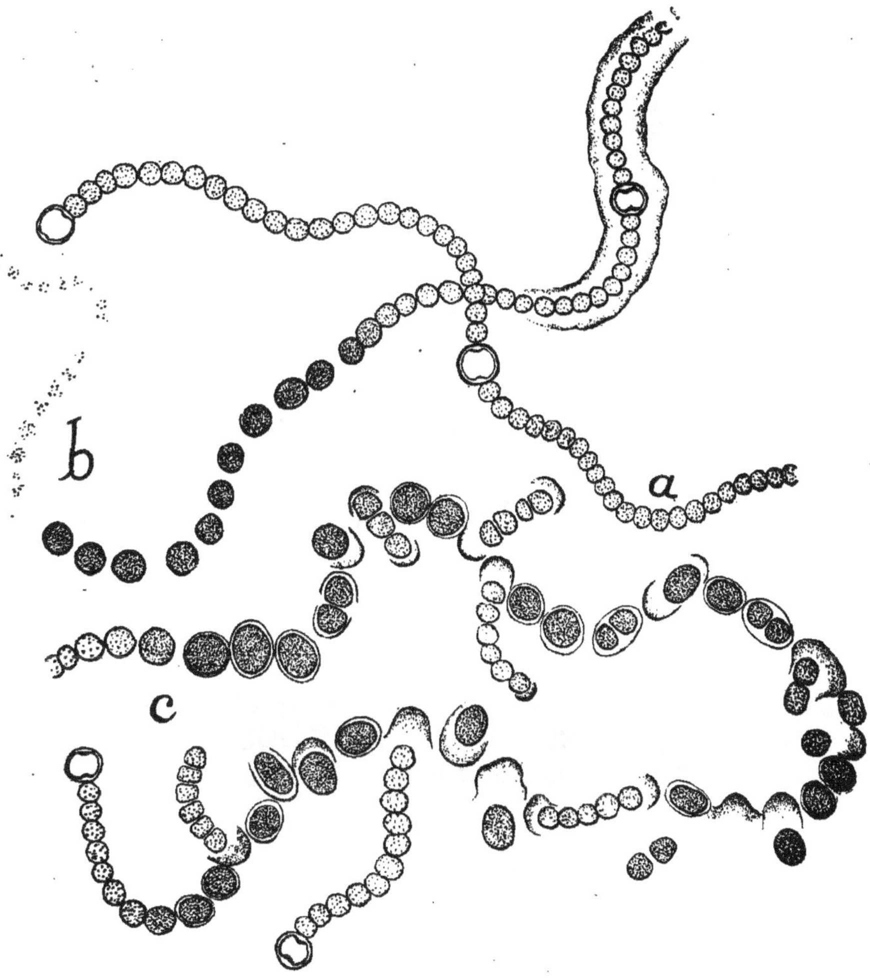

Nostoc calcicola Bréb. (d'après le type de Brébison) × 500.
a. Trichone nu, sans spores. — b. Trichone en partie engrainé avec spores aux différents stades de leur développement. — c. Trichone avec spores aux différents stades de leur germination.

et assez souvent, de la sortie de la spore hors de son tégument. La sortie précède parfois le cloisonnement, parfois le cloisonnement précède la sortie ;plus rarement, la spore subit ses cloisonnements sans se placer en dehors du trichome dans lequel elle était intercalée et que dans ce cas elle allonge simplement. Il n'est pas rare de voir, sur les trichomes âgés, les téguments des spores partiellement ou totalement vides de leur contenu et plus ou moins brisés ou dilatés.

En résumé, les caractères principaux du *Nostoc calcicola* sont les suivants :

Thalle muqueux; — trichomes épais de 2,5μ, moniliformes, formés d'articles sensiblement sphériques; — hétérocystes sphériques, épais de 4-5μ; — spores nombreuses, sériées, sensiblement sphériques, mesurant 3-4 comme sur 4-5μ, à épispore lisse et jaunâtre.

Grâce à ces caractères on peut le distinguer facilement de tous ses congénères et en particulier du *Nostoc humifusum* Carm. qui a aussi des trichomes très minces (2,2-3 μ) mais dont les articles sont assez souvent presque deux fois plus longs, dont les hétérocystes n'ont qu'une épaisseur de 3μ et dont les spores beaucoup plus ovales mesurent 4 sur 6 μ.

Le *Nostoc calcicola* (sans doute parce qu'il n'a pas été reconnu), a été très rarement récolté. D'après les documents que je possède, sa répartition géographique est la suivante :

France. — Falaise (Calvados), sur des murs enduits de chaux (DE BRÉBISSON!) et sur la terre argileuse (GODEY!) ; La Meauffe, près de Saint-Lô (Manche), sur les murs humides et même suintants des fours à chaux! et dans la lande, sur la terre argileuse au bord d'une mare (P. HANGARD!).

Europe centrale; Java.

RÉSULTATS FOURNIS PAR L'APPLICATION DE LA MÉTHODE BIOCHIMIQUE DE BOURQUELOT A QUELQUES ESPÈCES DU GENRE « LATHYRUS » L.

PAR

P. GILLOT ET A. MEUNIER

Faculté de Pharmacie de Nancy

Au cours d'un travail d'ensemble que l'un de nous poursuit sur les Gesses indigènes, nous avons eu l'occasion d'appliquer les procédés biochimiques de BOURQUELOT (1) à différentes espèces du genre *Lathyrus*.

(1) Em. BOURQUELOT: Recherche, dans les végétaux, du sucre de canne à l'aide de l'invertine et des glucosides à l'aide de l'émulsine. (*Journ. de Pharm. et de Chim.*, (6), XIV, p. 481, 1901.)

La méthode biochimique de Bourquelot est trop connue à l'heure actuelle pour qu'il soit nécessaire d'en décrire ici le mode opératoire. Nous nous contenterons de rappeler que, selon la technique habituelle, les liquides extractifs sur lesquels nous avons fait agir successivement l'invertine et l'émulsine ont été préparés de telle sorte que 100 cm3 de ces liquides représentent 100 grammes de plante fraîche.

Nos recherches ont porté sur huit espèces de *Lathyrus* :

Lathyrus Aphaca L. — L'essai biochimique a été effectué sur 300 grammes de plante entière cueillie, en pleine floraison, le 27 août 1927.

	Déviation (l=2)	Sucre réducteur (en glucose pour 100)
Avant l'essai	+12'	0 gr. 203
Après l'action de l'invertine............	— 4'	0 gr. 436
Après l'action de l'émulsine	+ 4'	0 gr. 579

L'invertine a déterminé un recul vers la gauche de 16' et la formation de 0 gr. 233 de sucre réducteur, soit un indice de : 873 [1].

Sous l'influence de l'émulsine, il y a eu un retour à droite de 8' avec formation de 0 gr. 143 de sucre réducteur, soit un indice de : 1072.

Lathyrus macrorrhizus Wimm. (= *Orobus tuberosus* L.). — L'essai biochimique a porté sur 185 grammes de tiges feuillées cueillies le 1er mai 1928.

	Déviation (l=2)	Sucre réducteur (en glucose pour 100)
Avant l'essai	+20'	0 gr. 372
Après l'action de l'invertine	± 0'	0 gr. 845
Après l'action de l'émulsine	+20'	1 gr. 037

L'invertine a donc fait reculer la rotation de 20' vers la gauche et déterminé la formation de 0 gr. 473 de sucre réducteur, soit un indice de : 1419.

L'émulsine a ramené la rotation vers la droite de 20' avec formation de 0 gr. 192 de sucre réducteur, soit un indice de : 576.

Lathyrus Nissolia L. — Plante entière récoltée le 24 octobre 1927.

---

(1) L'indice de réduction enzymolytique représente le nombre de milligrammes de sucre réducteur formé ,dans 100 cm³ de liquide, pour un retour de la déviation de 1°, observé au tube de 2 décimètres.

	Déviation (l=2)	Sucre réducteur (en glucose pour 100)
Avant l'essai	+42'	o gr. 929
Après l'action de l'invertine	± o'	1 gr. 666
Après l'action de l'émulsine	+42'	1 gr. 925

Sous l'influence de l'invertine, il s'est formé o gr. 737 de sucre réducteur avec un recul de la déviation de 42', soit un indice de : 1.052.

L'émulsine a provoqué un retour à droite de 42' et la formation de o gr. 259 de sucre réducteur, soit un indice de : 370.

Lathyrus palustris L. — Plante entière cueillie, en pleine floraison, le 1ᵉʳ septembre 1927.

	Déviation (l=2)	Sucre réducteur (en glucose pour 100)
Avant l'essai	+42'	o gr. 270
Après l'action de l'invertine	± o'	o gr. 726
Après l'action de l'émulsine	+28'	o gr. 962

Sous l'influence de l'invertine, la déviation droite a diminué de 42' et il s'est formé o gr. 456 de sucre réducteur, soit un indice de : 651.

L'action de l'émulsine s'est manifestée par un retour de la déviation vers la droite de 28' et par la formation de o gr. 236 de sucre réducteur, soit un indice de : 505.

Lathyrus pratensis L. — Plante en fleurs récoltée le 21 août 1927.

	Déviation (l=2)	Sucre réducteur (en glucose pour 100)
Avant l'essai	+42'	o gr. 270
Après l'action de l'invertine	— 4'	o gr. 991
Après l'action de l'émulsine	+14'	1 gr. 124

L'invertine a provoqué un recul de la déviation vers la gauche de 46' avec formation de o gr. 721 de sucre réducteur, soit un indice de : 940.

Sous l'influence de l'émulsine, il y a eu un retour vers la droite de 18' avec formation de o gr. 133 de sucre réducteur, soit un indice de : 443 [1].

____

(1) Cet indice est voisin de celui que VERGELOT a obtenu pour la même espèce. (Ch. VERGELOT, *Bull. Soc. Chim. Biol.*, III, p. 518, 1921.)

Lathyrus silvestris L. — Tiges feuillées récoltées, en pleine floraison, le 1ᵉʳ septembre 1927.

	Déviation (l=2)	Sucre réducteur (en glucose pour 100)
Avant l'essai	+44'	0 gr. 678
Après l'action de l'invertine	—50'	1 gr. 857
Après l'action de l'émulsine	—38'	2 gr. 051

Sous l'influence de l'invertine il y a eu un recul à gauche de 1°34' avec formation de 1 gr. 179 de sucre réducteur, soit un indice de : 752.

L'émulsine a produit un retour de 12' vers la droite avec formation de 0 gr. 194 de sucre réducteur, soit un indice de : 970.

Lathyrus tuberosus L. — Plante en fleurs récoltée le 27 août 1927.

	Déviation (l=2)	Sucre réducteur (en glucose pour 100)
Avant l'essai	+ 4'	0 gr. 201
Après l'action de l'invertine	—44'	0 gr. 586
Après l'action de l'émulsine	—32'	0 gr. 726

L'invertine a déterminé un recul de la déviation vers la gauche de 48' et la formation de 0 gr. 385 de sucre réducteur, soit un indice de : 481.

L'émulsine a provoqué un retour à droite de 12', avec formation de 0 gr. 140 de sucre réducteur, soit un indice de : 700.

Lathyrus vernus Wimm. (= *Orobus vernus* L.). — Plante entière récoltée, en pleine floraison, le 27 avril 1928.

	Déviation (l=2)	Sucre réducteur (en glucose pour 100)
Avant l'essai	± 0'	0 gr. 313
Après l'action de l'invertine	—14'	0 gr. 828
Après l'action de l'émulsine	+ 6'	1 gr. 133

Sous l'influence de l'invertine, il s'est formé 0 gr. 515 de sucre réducteur en même temps qu'un recul de 14', soit un indice de : 2207.

L'émulsine a provoqué un retour de 20' vers la droite avec formation de 0 gr. 305 de sucre réducteur, soit un indice de : 915.

En résumé, les résultats que nous venons de relater succinctement montrent que toutes les espèces qui font l'objet de cette note renferment un ou plusieurs sucres hydrolysables par l'invertine. Les indices de réduction se rapportant à l'action de ce ferment s'éloignent plus ou moins de l'indice du saccharose : 603; certains s'en écartent considérablement. Il se pourrait donc que l'on soit en présence de sucres différents du saccharose.

Toutes ces espèces renferment des principes hydrolysables par l'émulsine, mais dont les indices de réduction ne permettent pas de présager la nature.

Nos prochaines recherches auront précisément pour but l'extraction de ces différents principes glucidiques et leur caractérisation.

SUR LES ASSOCIATIONS DE FOUGÈRES MURALES DANS LE COTENŢIN

PAR

WILLIAM RUSSEL
Docteur es Sciences

Les vieux murs de la Basse Normandie et en particulier du Cotentin sont, comme on sait, tapissés de nombreuses Fougères. Ils constituent l'habitat presque exclusif de *Ceterach officinarum* Willd., d'*Asplenium Trichomanes* L. et d'*Asplenium Ruta muraria* L.; en outre, ils donnent asile à d'autres espèces telles que *Scolopendrium officinale,* Sen. et *Asplenium Adiantum nigrum,* L., qui confinées ailleurs dans les fossés et sur les talus humides des chemins ombragés, viennent s'intaller dans leurs fissures et y prospèrent admirablement.

La répartition des Fougères murales est en relation étroite avec le coefficient d'humidité du substratum, aussi selon les conditions physiques du milieu, on peut trouver comme dominante, tantôt une espèce, tantôt une autre.

Ce fait a été nettement précisé tout récemment par M. RABAUD en ce qui concerne le *Ceterach officinarum* et l'*Asplenium Trichomanes* [1]. Ces Fougères qui vivent souvent en société ne restent associées que dans le cas où le support présente une certaine moyenne hygrométrique, elles se séparent en deçà ou au delà.

Dans le Cotentin le *C. officinarum* est très inégalement distribué; il abonde dans les villages côtiers du Coutançais (Gouville, Blainville-sur-Mer, Agon-Coutainville, Tourville, Heugueville, etc.), où, pour ainsi dire, on l'observe sur tous les murs; il est moins répandu à Coutances et devient une rareté à Saint-Vaast-la-Hougue (Ferme de Lihou) et à Avranches.

---

[1] E. RABAUD: L'association *Ceterach officinarum - Asplenium Trichomines.* (*Feuille des Naturalistes,* p. 85-87, juin 1926.)

Sur le littoral du Coutançais, le *C. officinarum* peut vivre à toutes les expositions, mais c'est surtout sur les faces O., N.-O., N. et N.-E. des murailles qu'il pousse le plus vigoureusement. Sur les murs non abrités présentant une autre orientation, il se localise d'ordinaire un peu au-dessous du revêtement de terre qui couronne leur crête ou bien tout à fait à leur base.

L'*Asplenium Trichomanes* recherche les murs humides exposés au N., au N.-E. ou au N.-O. (¹). Abondant à Avranches et sur les boulevards de Coutances, il est assez dispersé sur le littoral du Coutançais. Il ne constitue des agglomérations importantes qu'à la Maugerie près d'Agon, à St-Malô-de-la-Lande (Ferme de la Martinière) et à Gratot. L. A. *Trichomanes* est rarement et toujours en petite quantité associé au *C. officinarum*, mais par contre, il est souvent en compagnie du *Scolopendrium officinale* et de l'*Asplenium Adiantum nigrum* (Boulevard Encoignard, à Coutances, Montée de la ville à Avranches, St-Malô-de-la-Lande, Tourville, etc.).

L'*Asplenium Adiantum nigrum* coexiste parfois avec *C. officinarum* sur les murs de soutènement et dans quelques stations peu ou pas ensoleillée, mais ne l'accompagne pas ailleurs.

L'*Asplenium Ruta muraria* paraît être moins hygrophile que les autres Fougères murales; on le rencontre fréquemment dans des lieux complètement découverts comme les piliers de porte des clos ou sur des pans de murs isolés au milieu des herbages.

A Gouville (Manche), il vit en société avec *A. Trichomanes* sur la face N.-O. d'un mur de clôture, mais le plus souvent il croît sur la crête des murs seul ou associé à quelques rares *Ceterach*.

Parmi les exemples typiques d'association de Fougères murales que j'ai notés, je citerai pour terminer les trois cas suivants qui montrent avec la plus grande netteté combien la répartition de ces Fougères est liée aux conditions de milieu.

1. A Agon (Manche), dans la rue des Ecoles se trouve un mur exposé à l'O.-S.-O. et qui reçoit l'eau d'une gouttière; de part et d'autre de la paroi sur laquelle coule l'eau et aussi à la base du mur, on voit plusieurs touffes d'*Asplenium Trichomanes* et d'*Asplenium Adiantum nigrum*. En dehors de la zone occupée par les *Asplenium* ainsi qu'au dessous de l'orifice du déversoir, le *Ceterach officinarum* forme d'importants groupements (fig.) et enfin tout à fait au sommet du mur, loin de la région irriguée vit l'*Asplenium Ruta muraria*.

2. Dans les dépendances du Vieux Manoir de Coutainville, au lieu dit « La Houguette » s'élève un grand bâtiment dont une façade orientée vers le Nord est toute enguirlandée de Fougères. Le pied du mur, où l'humidité

---

(1) A une autre exposition on ne le voit guère que dans des anfractuosités le murailles, sur des murs abrités ou au voisinage des tuyaux de conduite d'eaux pluviales.

est très grande, est couvert de *Scolopendrium officinale* et de *Polypodium vulgare* (1) ; à une distance d'environ 1 mètre du sol les *Scolopendrium* diminuent de nombre ainsi que de taille et des touffes d'*Asplenium Trichomanes* et d'*Asplenium Adiantum nigrum* viennent s'intercaler entre eux. Plus haut, les *Scolopendrium* ayant disparu, on voit apparaître des *Ceterach* qui d'abord disséminés dans la région moyenne du mur, arrivent peu

*A. Trichomanes, A. Adiantum nigrum et C. officinarum
sur une muraille irriguée par une conduite d'eau pluviale.*

à peu à prédominer de sorte que vers le sommet ils sont seuls maîtres du terrain.

3. Non moins expressive est la distribution des Fougères sous un mur d'angle situé à Tourville, à la bifurcation de la route de Coutances et de la route du Pont de la Roque. La portion du mur qui borde la route de Coutances est exposée au N.-N.-O., des *Scolopendrium* occupent sa base et au-dessus d'eux j'ai compté en 1927 5 touffes d'*Asplenium Trichomanes* et 7 touffes de *Ceterach*. La façade qui donne sur la route du Pont de la Roque est tournée vers le S. S.-O. ; une importante colonie de *Ceterach* la recouvre et mêlés aux *Ceterach* croissent de nombreux *Asplenium Ruta muraria*.

(1) Le *Polypodium vulgare* paraît être assez indifférent aux conditions de milieu, car il vit aussi bien au bord de fossés où l'eau suinte constamment que sur la crête de murs exposés aux rayons ardents du soleil.

LA BOTANIQUE DANS LA VIENNE ET LES DEUX-SÈVRES DURANT LE XIX⁰ SIÈCLE ET LE DÉBUT DU XX⁰

PAR

A. METAY

DE L'INFLUENCE DES INSECTES XYLOPHAGES DANS LA PROPAGATION DE L'ARMILLAIRE

PAR

R. GUYOT

Pharmacien de première classe, licencié ès Sciences, ancien préparateur de la Faculté de Bordeaux

---

Les arbres atteints par l'armillaire sont fréquemment parasités par de nombreux insectes, larves ou adultes de myriapodes, de coléoptères, névroptères, hyménoptères.

Dans la majorité des cas observés par nous, l'armillaire précède les insectes.

Par un admirable instinct, ceux-ci viennent pondre leurs œufs dans les régions envahies par le mycelium des champignons; les régions sont toujours plus tendres, friables, partant plus facilement traversées par le rostre de l'insecte où l'oviducte de la femelle. Sans doute, l'odeur les attire, peut-être même la lumière; dans tous les cas, le mycélium constitue pour les larves un aliment de choix.

Nous trouvons fréquemment sous l'écorce d'arbres atteints d'armillaire des fourmis noires, des fourmis blanches (termites), des scolythes, des bostryches sténographes, des longicornes, des larves d'acantocinus, rhagium, des dioritrias, des ilobes, des cloportes, des nids d'abeilles ou de frelons.

Tous ces insectes peuvent mécaniquement transporter l'armillaire. C'est en suçant les racines que le contage se fait le plus souvent.

J'ai pu observer une autre localisation; le tronc même de l'arbre. Une grande mortalité des ormeaux sévit depuis deux ans à Royan. On y trouve associés les scolythes et l'armillaire. Le square Botton, celui de Foncillon, les boulevards de la plage en sont profondément atteints.

A l'Eguille, j'ai rencontré des ormeaux mourants; le mycélium de l'armillaire se trouvait dans les galeries de ponte et les galeries latérales des scolythes, et cela à une hauteur de 1 mètre, 1 m. 50 sur le tronc. Le transport de l'armillaire doit être attribué en cet endroit aux scolythes. Les larves y sont abondantes et semblent se repaître de mycélium; dans un rayon assez rapproché, je retrouve les mêmes faits probants.

Ce transport d'armillaire par les scolythes est d'autant plus plausible que Dufrenoy [1] a remarqué dans l'intestin du Bostryche stenographe des hyphes non attaquées par le suc digestif de l'insecte, et susceptibles de se reproduire. On sait la grande résistance du mycélium aux intempéries; le froid, la glace, la sécheresse ne le détruisent pas; il reste longtemps en vie latente, attendant les conditions favorables (humidité et chaleur) à son développement.

Nous mêmes, avons pu ensemencer avec une culture de deux ans un nouveau milieu et obtenir le mycélium et les rhyzomorphes. M. Boyer se sert de cultures âgées de dix ans dans le même but.

Le danger de contamination est d'autant plus grand que les scolythes essaiment abondamment. La deuxième génération s'élève d'après M. A. Barbey à 3.000 larves. Cet auteur remarque pour xyloteries et xyloborus que ces insectes ne se nourrissent pas seulement du bois, mais du suc ligneux de la sève et de mycélium [2].

D'après M. Beauverie, les Bostriches sont susceptibles de cultiver dans leurs galeries un mycélium de champignon : l'ambroisie, qui sert de nourriture aux larves.

Ce mycélium est riche en glycogène et en huile. Les spores de ce champignon acquièrent la faculté de germer en traversant le tube digestif des insectes. Ce sont là des insectes champignonnistes.

MM. Henri Jumelle et Périer de Labathie [3] indiquent que des termites de Madagascar font de même pour un champignon : le xylaire dont le mycélium sert de nourriture aux larves. Ce mycélium modifie le bois, l'amène à l'état de pâte, aliment des grosses larves et des adultes. Il se forme perpétuellement dans leurs galeries des jardins à champignons utiles à l'espèce.

M. Bugnon rapporte des faits semblables pour les termites de Ceylan. Nous-mêmes avons pu voir à Royan, grande côte, des pins mourants parasités d'armillaire et de termites. Il est curieux de signaler cette association; le termite fuit la lumière, le mycélium est cependant lumineux, il est vrai que ce sont les radiations moyennes du spectre qui dominent; pas de violet, pas ou peu d'ultra violet.

Dans le cas envisagé, les termites vivaient dans la masse mycélienne, quelques-uns portaient des fragments de mycélium dans leurs mandibules.

(1) DUFRENOY (Bulletin de la Société de Zoologie agricole), 1920, p. 7 et 8.

(2) BARBEY : Les Bostriches (Bulletin de Zoologie agricole de Bordeaux), 1914. Nutrition des xylofages, 1920.

(3) Revue Générale de Botanique, XXII, N° 253, 15 janvier 1900. Termites champignonnistes. La Nature, avril 1910.

On sait la fréquence de migration de ces insectes, on conçoit dès lors la propagation de l'armillaire par leurs soins.

Les loches de nos jardins sont très friands de mycélium d'armillaire; il me souvient qu'une nuit elles détruisirent ainsi le mycélium de plusieurs rondins de pins.

D'autre part je les ai vus transporter des spores d'agarics campestric qui donnèrent des cultures de cet excellent champignon. Les chenilles processionnaires sont parfois très abondantes dans nos pignadas; ne peuvent-elles concourir elles-mêmes au même but? En résumé, je signale dans cette note le transport du mycélium d'armillaire par les insectes xylophages (scolythes). Ce sont de véritables porte-germes, des insectes champignonnistes. Ils apportent avec leurs déjections les spores ou les hyphes qu'ils déposent dans leurs galeries, les conditions d'humidité et d'aération aidant, le mycélium s'y développe. Il sert de nourriture aux jeunes.

A une période de symbiose succède bientôt une période de parasitisme.

NOTE SUR QUELQUES HYBRIDES
DE LA CHARENTE-INFÉRIEURE
« Carex Jousseti Fouc., Primula variabilis, Gouplil », etc.

PAR

A. FOUILLADE

*Président de la Section de la Charente-Inférieure
de la Société Botanique des Deux-Sèvres*

Le *C. Jousseti*, découvert par Foucaud dans le marais de La Châtaigneraie, près Saint-Symphorien, fut publié en 1892 dans les *Exsiccatas* de la *Société botanique rochelaise* (n° 3165), comme forme stérile de *C. punctata*, puis considéré par Foucaud en 1897, comme hybride de *C. Mairii* et de *C. flava*.

En 1909, M. Fouillade retrouva l'unique station de cette rarissime et intéressante Cypéracée. Son hybridité n'étant pas douteuse, et l'intervention du *C. Mairii* + avec lequel il croît étant évidente, restait à reconnaître le deuxième ascendant. Malgré l'opinion de Foucaud, la combinaison *Mairii* × *flava* devait être écartée. Deux hypothèses seulement pouvaient être envisagées : *distans* × *Mairii* ou *Mairii* × *punctata*. Tandis que M. Eug. Simon opinait pour la seconde, des raisons topographiques surtout (absence de *C. punctata* dans le voisinage de l'hybride) faisaient que M. Fouillade considérait la première comme plus probable. Depuis, une étude longuement poursuivie le fait se ranger résolument à l'avis. de M. Simon.

En 1926, M. Fouillade a rencontré dans le bois de la Jeannière, près Tonnay-Charente, parmi le *Primula officinalis*, deux pieds d'une Primevère à fleurs plus larges et moins concaves, qui était le *P. variabilis*. La présence en cet endroit d'une plante que tous les botanistes s'accordent à considérer comme un *P. officinalis* $\times$ *vulgaris* était d'autant plus inattendue que le *P. vulgaris* est inconnu dans la localité. Sans doute, il existe des formes horticoles de cette espèce. Mais si on en cultive à Tonnay-Charente c'est fort rarement et en tout cas, pas à moins d'un kilomètre. Après étude du pollen, faite par M. Charrier, de La Châtaigneraie (Vendée), et après culture, M. Fouillade conclut que l'hybridité de la plante de Tonnay-Charente n'est pas douteuse et qu'il n'est pas davantage douteux que c'est l'*officinalis* qui a joué le rôle de porte-graine, le pollen ayant dû être apporté par le vent ou les insectes de quelque forme cultivée de *P. vulgaris*. C'est donc un *P. officinalis* ♀ $\times$ *P. vulgaris* ♂ .

Est-il possible de reconnaître à leurs caractères les hybrides inverses? C'est l'une des questions soumises à l'attention de ses membres par l'*Association française pour l'avancement des sciences* pour être discutées au Congrès de La Rochelle. Si l'on considère à ce point de vue les deux hybrides qui font l'objet de la présente note, on remarquera que le rôle joué dans leur formation par chacun des parents est connu grâce aux indications topographiques. En serait-il de même si ces hybrides vivaient intimement mélangés à leurs ascendants ou à égale distance de chacun d'eux?

Le *Carex Jousseti* ressemble un peu plus au *C. punctata*, le père, qu'au *C. Mairii*; le *Primula variabilis* de Tonnay-Charente est plus voisin de *P. officinalis*, la mère, que de *P. vulgaris*. Ce dernier vient appuyer la thèse d'après laquelle c'est la plante-mère qui, en général, impose sa ressemblance à l'hybride, mais est-il certain que le même croisement donnerait toujours des produits semblables à celui du bois de la Jeannière? Est-il bien certain par contre que les formes du *P. variabilis* plus voisines du *P. vulgaris* sont toujours le résultat du croisement inverse? Et que sont les formes les plus répandues, à peu près intermédiaires entre les deux espèces composantes?

Godron (*Bull. Soc. bot. Fr.*, 10, p. 182) affirme avoir obtenu le *P. variabilis* par fécondation artificielle de *P. vulgaris* avec le pollen de *P. officinalis*, seulement nous n'avons pas de renseignements précis sur les caractères du produit obtenu. La plante de Tonnay-Charente ne jette donc qu'une faible lueur sur le problème à résoudre.

Il ne semble pas que l'influence respective des parents dans les produits hybrides soit soumise à des lois générales. Il suffit pour s'en convaincre de constater la discordance des opinions qui ont été émises par les hybridologues et la diversité des résultats qu'ont donnés leurs expériences.

Les uns (Herbert, DC., etc.) ont cru remarquer que l'hybride rappelle la mère par les organes végétatifs, le père par les organes floraux. Linné avait exprimé l'idée contraire : l'hybride ressemble au père par ses organes végétatifs, à la mère par ses organes reproducteurs. Léveillé (1), qui se rangeait à l'opinion de Linné, prétendait en outre que les hybrides d'espèces distinctes réunissent des caractères de l'un des parents *juxtaposés* à des caractères de l'autre parent, ce qui les différencie des *métis* (hybrides résultant du croisement de races d'une même espèce) chez lesquels les caractères des parents sont *fusionnés*. Lecoq (2) et bon nombre de botanistes récents pensent que les hybrides tiennent plus de la mère que du père, sans faire de distinction entre les organes reproducteurs et les organes végétatifs. Par contre, d'autres observateurs ont obtenu des hybrides réciproques tous les deux plus voisins du père que de la mère (expériences de H. de Vries sur des *Œnothera*).

D'après ces théories opposées, les hybrides réciproques seraient toujours distincts puisque les parents ont une influence qui diffère avec leur sexe. Des hybridologues ont constaté au contraire que les produits de croisement sont pareils quand le rôle des parents est interverti. « Tous les hybrides réciproques que j'ai obtenus, dit Naudin (3), tant entre espèces voisines qu'entre espèces éloignées, ont été aussi semblables les uns aux autres que s'ils fussent provenus du même croisement. »

Mais tandis que Naudin arrive à cette conclusion que les hybrides de première génération sont en général à peu près intermédiaires entre les parents, quel que soit le rôle de ceux-ci, et qu'une « variation désordonnée » commence à la deuxième génération, il résulte d'autres observations que les résultats d'une même hybridation peuvent être extrêmement différents les uns des autres et que la diversité n'est pas augmentée si l'on intervertit le rôle des espèces procréatrices.

Sans aucun doute ces opinions divergentes et ces résultats contradictoires proviennent de ce que les effets de l'hybridation varient avec les familles, les genres et souvent même avec les espèces d'un même genre. Les conclusions auxquelles peuvent amener l'étude des Orchis ou des Epilobes hybrides ne sont pas nécessairement valables pour des Violettes ou des Carex. Ainsi que le disait justement Flahault (4) les lois qui ont été formulées ne sont que l'expression de faits particuliers.

M. Gagnepain (5) a remarqué que les pollens des hybrides fertiles « res-

(1) H. LÉVEILLÉ : Les Hybr. en général et les Epilobes hybr. de la France, in *Bull. Acad. Géog. Bot.*, n° 133 (1899), p. 133.

(2) LECOQ : De la fécondation naturelle et artificielle des végétaux, 1845.

(3) NAUDIN : Nouvelles recherches sur l'hybridité des végétaux, chap. IV (Physionomie des hybrides).

(4) Ch. FLAHAULT : Hybrides et métis, in *Bull. Soc. Bot. de France*, t. XLVI (1899), p. cxc.

(5) GAGNEPAIN : Sur le Pollen des hybrides, in *Bull. Soc. d'Hist. Nat. d'Autun*, réance du 24 février 1901, p. 20.

semblent davantage par la forme, l'aspect, à ceux du procréateur qui a eu la plus grande influence et qui est toujours le plus voisin topographiquement », c'est-à-dire la mère ; mais les études faites sur le pollen des hybrides sont encore trop peu nombreuses et il serait prématuré de formuler une règle générale. D'ailleurs le pollen peut être entièrement imparfait ou avorté quand le croisement a lieu entre espèces éloignées ($\times$ *Viola Dufforti*), ou bien les parents peuvent avoir un pollen presque identique quand ce sont deux espèces voisines (*Rosa arvensis* et *sempervirens*). Dans ces deux cas, l'examen du pollen ne donne aucune indication sur le rôle joué par les espèces procréatrices dans la production des hybrides.

A défaut de loi générale régissant les effets de l'hybridation, existe-t-il au moins des lois particulières spéciales à chaque combinaison ou applicables à des groupes plus ou moins étendus d'espèces ? Rien n'est moins certain car des influences nombreuses, indépendamment de celle du sexe des espèces croisées, peuvent entrer en jeu et modifier le résultat des croisements. Nous ne pouvons affirmer que lorsque deux espèces quelconques A et B s'hybrident, les produits de croisement A$\times$B et B$\times$A seront toujours respectivement semblables entre eux et les premiers toujours distincts des seconds.

Il semble que, dans certains cas, la ressemblance d'un hybride avec l'un de ses parents tienne plus à la prépondérance de l'un ou de plusieurs des caractères de celui-ci sur les caractères correspondants de l'autre parent qu'aux sexe de l'individu qui a participé à l'hybridation. Ces caractères « dominants » tendent à éliminer les caractères avec lesquels ils sont en opposition même lorsque le rôle de l'espèce qui les possède est interverti.

BOTANIQUE ET BOTANISTE EN AUNIS ET SAINTONGE

PAR

F. FAIDEAU

ACCLIMATATION D'UNE SOLANÉE NOUVELLE

« Salpichroa origanifolia Th. » sur la côte de Vendée

PAR

Dr MARCEL BAUDOUIN

En septembre 1925, avec M. le docteur Lemesle, botaniste spécialisé, j'ai constaté la présence sur la côte du bas-Poitou, à Croix-de-Vie (V.), d'une *Solanée* nouvelle, que mon ami, M. Simon, receveur d'enregistrement et botaniste émérite, parvint à déterminer, non sans peine, d'ailleurs.

Il s'agissait d'une espèce exotique, le *Salpichroa origanifolia* Thellung, genre voisin de *Atropa*, apparue récemment.

Originaire de l'Amérique du Sud (Brésil), Argentine, Patagonie, etc.., c'est une plante de l'hémisphère austral, qui descend là-bas jusqu'au 42° de latitude Sud. On l'appelle en Argentine le *Muguet des Pampas*.

Cette Solanée est naturalisée depuis 1855 au Jardin botanique de Montpellier. En 1905, elle a été trouvée, spontanée, à Flanguergues, près Montpellier; c'était une échappée de ce jardin! Mais, en 1910, on l'a rencontrée à Marseille; en 1920, à Toulon. Elle existerait en Corse (Rodriguez).

Il était évident que la plante de Vendée ne venait pas des bords de la Méditerranée.

J'ai pu établir son mode d'introduction à Croix-de-Vie (Vendée). Elle a été apportée de Paris en pot, puis plantée dans divers jardins. Elle a ensuite, d'un jardin tout proche, gagné la falaise rocheuse à pic à l'embouchure de la Vie et s'y est développée d'une façon très rapide. Elle forme actuellement là une touffe très importante, qui s'accroît chaque année. La plante gagne vers l'Ouest, tout le long de la falaise, d'une façon spontanée.

Il est difficile de dire si elle s'y maintiendra, malgré sa robustesse et sa vitalité très considérable. Une station de *Scolymus hispanicus*, qui se trouvait dans le voisinage, a, en effet, subitement disparu! En tout cas, l'importation de Paris date de 1895. Il a fallu 20 ans de culture en jardins pour que le *Salpichroa* devienne une espèce apparaissant sur les falaises d'une façon spontanée, comme les *Scolymus*...

Il semble que ce soit une plante des décombres plutôt que des rochers. Mais j'ai pu m'assurer qu'elle poussait très bien aussi dans les sables maritimes... Et cela m'a donné l'idée de recommander son emploi sur les *Dunes dénudées*, situées entre la mer et la bordure occidentale de nos forêts domaniales de sapins. Elle parait s'y acclimater.

Il serait à souhaiter que l'Administration des Forêts fasse des essais en grand sur le littoral, car la fixation par les *Carex* et autres plantes connues est toujours fort aléatoire dans les endroits où les sables sont très mobiles.

En tout cas, j'ai recommandé son emploi dans les Dunes de la Garenne de Retz, à St-Gilles-sur-Vie, car les sables y sont sans cesse en mouvement pendant les violentes tempêtes d'hiver, puisqu'il n'y a là aucun sapin pour les fixer sur le bord même de l'Océan.

Il serait utile de savoir si la baie du *Salpichroa origanifolia* est vénéneuse comme celle de la Belladone. Dans nos régions, elle se présente sous forme d'une très petite boule noire, pendue à un mince pédicule; il serait facile d'y rechercher la présence d'une substance toxique, s'il en existe une, dans ce fruit minuscule.

ZOOLOGIE
ANATOMIE ET PHYSIOLOGIE

Président .... M. BILLARD, Doyen de la Faculté des Sciences de Poitiers.
Vice-Président ..... M. DE SÉLYS LONGCHAMPS, Professeur à l'Université libre de Bruxelles.
Secrétaire .... M. ANDRÉ, Préparateur au Muséum National d'Histoire Naturelle.

LA CAVITÉ PULPAIRE DES DENTS DE SQUALES

PAR

J.-J. THOMASSET

On sait que parmi les squales, certains groupes ont les dents constituées par un noyau osseux sans cavité pulpaire, et d'autres possèdent des dents à cavité pulpaire centrale. Chez ces derniers, les *Carchariidés*, les auteurs décrivent les dents comme formées de vraie dentine avec cavité pulpaire. Or, une étude comparative montre que cette structure n'a réellement rien de comparable à celle de dents constituées par de la dentine typique.

En coupe transverse, on voit bien une cavité pulpaire, de calibre généralement faible, et qui ressemble à celle des vertébrés supérieurs, mais les canalicules diffèrent très notablement de ceux de l'orthodentine. Enfin, si l'on étudie, sur des coupes faites en des sens différents, la topographie de la cavité pulpaire et du tissu qui l'entoure, on y trouve une disposition qui est particulière à ces squales.

Les canalicules, au lieu d'être constitués comme ceux de l'ortho-dentine par un tronc qui donne de petites branches partant à angles droits et qui se ramifie seulement près de sa terminaison, sont branchues, se divisant dès l'origine en longues branches ramifiées à leur tour. Ils n'ont donc pas de petites divisions normales aux grandes et il n'y a que vers la base un tronc principal. Ces branches secondaires ne sont pas très nombreuses, leur marche est sinueuse et elles se terminent en s'effilant, généralement avant d'atteindre la surface ou la couche externe de la dent. Ces canalicules sont tout à fait semblables à ceux qui partent des canaux osseux pour former la couche périphérique régulière que l'on trouve chez *Acrodus* ou *Notidanus* et qui est classique chez le brochet. Au-dessus de ce tissu, chez les carchariidès, existe une couche bien moins épaisse, avec canalicules et dans laquelle on observe des odontoplastes (empreintes d'odontoblates inclus dans la substance calcaire de la dentine comme les ostéobastes le sont dans l'os) et que l'on observe aussi au-dessus de l'ostéodentine des lamnidés. Le tissu principal des carchariidés, placé au-dessous de cette couche à odontoplastes et par suite dans la même position que le noyau osseux des autres squales, n'est donc pas une vraie dentine. Comme il lui ressemble et qu'il a été confondu avec celle-ci, nous l'appellerons *pseudo-dentine*. On rencontre parfois (*Hemipristis*) dans ce tissu des canaux assez forts pour avoir contenu des vaisseaux sanguins et qui constituent même des anses vasculaires. En coupe frontale on voit que la cavité

pulpaire est close. Elle a (chez *Carcharias, Sphyrna,* etc.), la forme
d'un T renversé dont la base est plus ou moins courbée vers le haut (fig. 3).
La branche montante se termine en se ramifiant. Chez la plupart des carchariidés et chez *Scyllium,* elle se divise largement, donnant naissance à

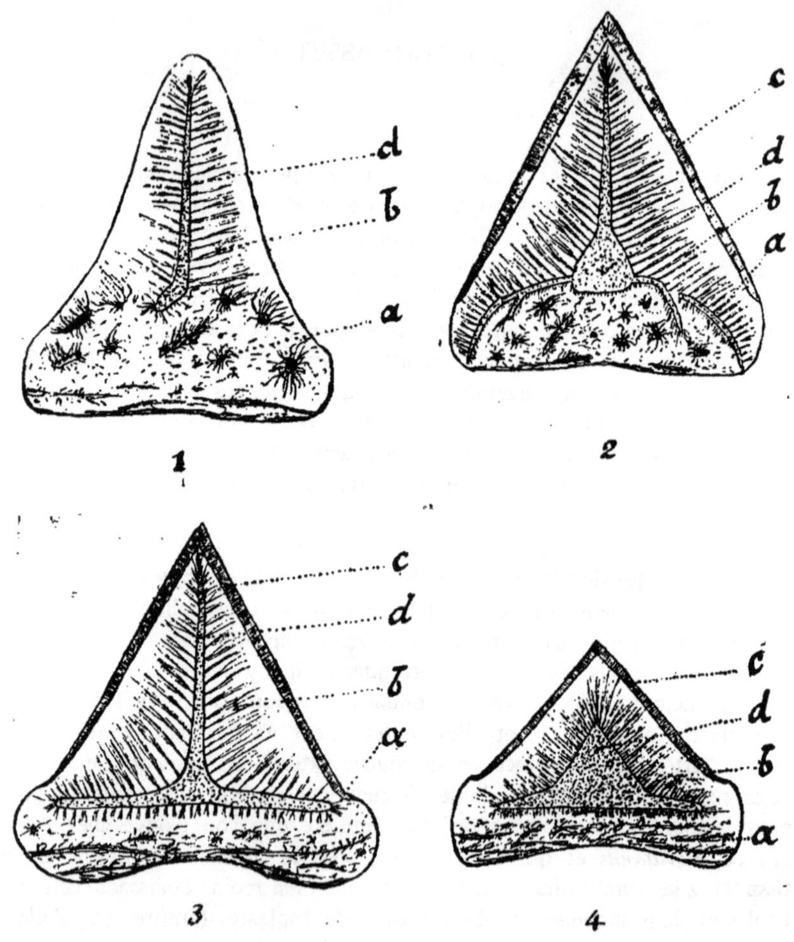

Evolution de la cavité pulpaire close
1. Hydobus. — 2. Hemipristis. — 3. Carchariidé. — 4. Galeocerdo
Figures demi schématiques (l'émail n'est pas représenté)
a) Ostéo-dentine ; *b)* Pseudo-dentine ; *c)* Dentine ; *d)* Cavité pulpaire

des branches de plus en plus fines qui ne s'anastomosent pas entre elles,
mais s'effilent. La branche horizontale donne naissance à des canalicules
sur toute sa surface ; ceux de la base sont courts et font rapidement place
à une ostéo-dentine très semblable à un vrai tissu osseux. Cette cavité

pulpaire close et ramifiée a évidemment la valeur d'un de ces canaux osseux qui jouent le rôle de pulpe dans l'ostéo-dentine et correspondent aux canaux de Havers des os. Le tissu central des carchariidés est donc un tissu osseux composé d'un seul système établi autour d'un canal central aux canalicules régularisés. La substance calcaire est souvent déposée en couches concentriques autour du canal central. Cette cavité pulpaire est le plus souvent étroite, seulement renflée à la rencontre des deux branches, mais dans quelques genres elle s'élargit. Chez *Galeocerdo,* où la pointe est peu élancée, elle se termine à angle aigu sans se ramifier; elle ressemble ainsi dans sa partie supérieure à une cavité pulpaire typique (fig. 4). Pour l'en distinguer, nous la nommerons *cavité pulpaire close* ou *ostéoïde.*

Cette cavité présente une moindre spécialisation chez le carchariidé *Hemipristis* et l'on peut ainsi saisir son origine (fig. 2). La partie inférieure de la dent est constituée par un noyau d'ostéodentine, lequel est entouré d'un réseau de canaux donnant naissance à des canalicules de pseudo-dentine. De la partie supérieure de l'ostéo-dentine part une cavité pulpaire un peu large à la base, qui s'amincit rapidement et se termine par de fines ramifications. Dans ces dents, la branche montante de la cavité pulpaire est constituée, mais la branche horizontale ne l'est pas; à sa place est un noyau d'ostéo-dentine dont les canaux les plus externes se régularisent en pseudo-dentine. Cette disposition primitive se rencontre aussi dans le groupe des Hetérodontidés. Chez *Hybodus* la base de la dent (qui est pointue) est contituée par un noyau d'ostéo-dentine régularisée à la surface en pseudo-dentine (fig. 1). De cette masse osseuse un canal se détache qui, avec ses canalicules, constitue la pointe, laquelle est ainsi faite de pseudo-dentine avec cavité centrale en tous points semblable à la dent des carchariidés. On a ainsi, chez ces deux derniers genres, une cavité pulpaire réduite à la pointe de la dent et se détachant de l'ostéo-dentine, ce qui montre avec un complète évidence qu'elle n'est qu'un canal osseux.

Si les squales les plus évolués, lamnidés et carchariidés, présentent les uns des dents à noyaux osseux et les autres des dents à cavités pulpaires, chez les hybodontes et parfois chez les carchariidés eux-mêmes, on trouve dans une seule dent les deux types de structure. Il est évident que chez *Hybodus* ou *Orodus,* l'existence de la cavité pulpaire close est liée à la forme pointue de la dent; elle n'existe pas chez les squales du même groupe à dents non pointues (*Acrodus*). On peut logiquement expliquer cette évolution par le fait que le noyau osseux ainsi allongé et rétréci se réduit à un seul canal. Mais l'explication est peut-être insuffisante puisque le groupe voisin des lamnidés possède des dents de même forme et dont la structure est toute différente.

LA HÉRONNIÈRE DE CLAIRMARAIS
dans la
FORÊT DOMANIALE DE RIOULT-CLAIRMARAIS (P.-d.-C.)
Résumés.

PAR

A.DRIEN LEGROS
Professeur honoraire à Valenciennes

Cette héronnière, dont l'origine est assez récente, occupe la coupe N° 12 de la première série, et sa superficie est de 13 ha. 65 a. Son emplacement a été si judicieusement choisi par les échassiers au centre d'un terrain marécageux et à proximité d'étangs, que des humains n'auraient pas trouvé un endroit plus favorable. Les nids, au nombre de 109 en 1927, sont placés sur de grands chênes à une hauteur variant de 20 à 27 mètres. Au moment où les jeunes font leur premier vol, la population de la colonie peut être evaluée à 650 individus. Les premiers vides qui se produisent quand ces jeunes hérons tombent sous le plomb des chasseurs, après l'ouverture de la chasse au marais, à la mi-juillet, sont probablement compensés par des couvées tardives, dont le nombre n'a pu être exactement calculé. Vers le 10 août, un exode général a lieu et il ne reste à la Héronnière, pendant l'hiver, qu'une trentaine de hérons, des vieux vraisemblablement.

La héronnière a la forme presque parfaite d'une ellipse dont le grand diamètre a quatre cents mètres environ. Vers l'extérieur, quelques nids isolés peuvent être considérés comme des sentinelles avancées chargées de donner l'alarme.

La colonie est située à proximité d'une maison forestière habitée par un brigadier des Eaux et Forêts, qui en assure une surveillance sévère. Les hérons sont du reste protégés par l'arrêté permanent sur la chasse du préfet du Pas-de-Calais.

Le régime alimentaire des hérons n'a pas été étudié avec tout le détail nécessaire. Des observations faites à Clairmarais, il résulte que ces oiseaux mangent des poissons, des anguilles, des batraciens, des crustacés, des mollusques et des vers, des limaces et des insectes et aussi des couleuvres. Dans les pelotes de régurgitation on trouve encore trace de taupes, rats, campagnols, souris et mulots, même d'oiseaux, bien que ce dernier aliment soit tout à fait exceptionnel.

La héronnière de Clairmarais a permis à l'*Institut des recherches agronomiques* de faire des expériences d'annelage qui ont porté en 1928 sur 115 de ces échassiers. Des reprises intéressantes ont été faites qui ne permettent pas encore de tirer de ces expériences des conclusions d'ensemble.

Les vicissitudes d'une héronnière pendant la grande guerre

A l'aide de statistiques dont la plus ancienne remonte à 1863 et d'observations personnelles appuyées sur des recensements annuels, M. Legros a pu reconstituer l'histoire des vicissitudes par lesquelles est passée la Héronnière du château de Saint-Georges, à Champigneul (Marne) pendant et après la guerre mondiale. Cette colonie est devenue en quelque sorte le type classique de la héronnière depuis qu'elle a été étudiée par le Docteur Lécuyer, dont les travaux minutieux font autorité.

A l'aide de graphiques, l'auteur de la communication montre la prospérité de la héronnière, comptant en 1913 près de 250 nids, et son indigence en 1920, année où elle ne compte plus que 8 couples d'oiseaux. Grâce à la protection éclairée dont les propriétaires du domaine l'ont entourée, la colonie de Saint-Georges peut être considérée comme en pleine régénération. En 1928, le nombre de nids a été de 80 et on peut croire que dans une dizaine d'années elle aura retrouvé sa prospérité première, à moins que des facteurs nouveaux ne viennent entraver la progression croissante des oiseaux. Il est à craindre, par exemple, que la bonne administration d'un domaine soit incompatible avec la conservation de certains arbres déjà fort vieux, et que les hérons affectionnent pour y placer leurs nids.

Mes baguages de Freux et de Hérons en 1928

En France, le *baguage* ou l'*annelage* des oiseaux sauvages est encore peu pratiqué. Ce n'est pas qu'on ne voie tout le bénéfice qu'on pourrait en retirer dans toutes les branches de l'histoire naturelle, mais les ressources font défaut pour des opérations de ce genre, en général assez dispendieuses, il faut bien le dire.

On bague au nid ou au filet et l'on munit la patte gauche de chaque oiseau, momentanément capturé, d'une bague métallique en aluminium, portant, outre une lettre de série, un numéro d'ordre.

M. Legros entre dans les détails de l'opération et indique les conditions dans lesquelles elle doit être faite.

Pour le compte de l'*Institut des Recherches agronomiques* (I.R.A. Versailles-France), il a bagué des Freux et des Hérons. 164 hérons et 233 freux ont reçu des bagues et les reprises se font de plus en plus nombreuses.

Si les enseignements qu'on cherche à obtenir de ces opérations ne se dégagent pas encore avec une netteté suffisante, du moins est-on arrivé à trouver des relations fort inattendues dans le comportement de ces oiseaux. Ces déductions prouvent encore — ce qu'on savait depuis longtemps, mais qu'on oublie trop facilement — que tout se tient dans la nature.

Ainsi l'empoisonnement des campagnols (arvicola) qui dévastent certaines parties de nos campagnes, a amené par répercussion l'empoisonnement des corbeaux adultes et de leurs jeunes par l'ingestion des cadavres des campagnols. Les alentours des *arbres à corbeaux* étaient jonchés des cadavres de ces oiseaux et, sous les *arbres à nids*, on trouvait quantité de jeunes emplumés également empoisonnés.

Dans la corbeautière N° 147 du château d'Iwuy, appartenant à M. Richon, on n'a pas trouvé un seul nid ayant 5 jeunes, mais en revanche, beaucoup de nids décimés n'avaient plus que un ou deux jeunes. Des graphiques spéciaux, présentés par M. Legros, mettent ces faits en lumière. Ils sont du reste établis sur des bases scientifiques et sur des statistiques irréfutables.

Or, chose curieuse, ce qui a été préjudiciable aux corbeaux a été, au contraire, favorable aux hérons. En effet, les œufs des échassiers n'ont pas été volés par les corbeaux déprédateurs moins nombreux, et les couvées de hérons ont présenté une singulière homogénéité. On n'a pas trouvé, contrairement aux précédents, un seul nid n'ayant qu'un jeune, mais un grand nombre de nids en avaient quatre ou cinq.

En résumé, — le nombre des œufs étant le même dans les deux espèces — tandis que 67 nids de corbeaux n'ont donné que 149 jeunes, 67 nids de hérons ont fourni 234 jeunes.

L'auteur de la communication a pu faire au cours des opérations d'annelage, d'autres observations sur la nourriture des oiseaux et sur le mode de fabrication des nids.

La section de zoologie, à la suite de ces trois communications, a émis les deux vœux suivants :

Premier vœu :

La Section, après avoir entendu les communications de M. Adrien Legros, sur les hérons et les héronnières, émet le vœu qu'il soit procédé par voie administrative à la recherche et au recensement des colonies de hérons (Ardea cinerea — Héron gris ou cendré L.) et que l'Administration des Eaux et Forêts soit chargée de ce recensement.

Deuxième vœu :

La Section émet le vœu que les Sociétés d'Histoire naturelle soient tenues au courant par l'Institut des Recherches agronomiques des opérations d'annelage effectuées en France et dans les colonies françaises sur les oiseaux indigènes ou de passage, ainsi que sur les résultats de ces opérations.

CONTRIBUTION A LA MORPHOLOGIE
DES OTOLITHES DES POISSONS

PAR

J. CHAINE

En collaboration avec M. Duvergier, ancien président de la Société linnéenne de Bordeaux, je poursuis depuis plusieurs années des recherches sur les otolithes des Poissons osseux, en particulier sur la « sagitta ».

Actuellement, nous avons étudié là sagitta de 178 espèces. C'est là une importante documentation, mais qui, cependant, nous paraît encore insuffisante pour avoir des vues bien arrêtées sur ce petit organite. Toutefois, les renseignements que nous avons recueillis nous ont déjà permis de mettre quelques faits en évidence.

C'est ainsi, par exemple, que, d'après nos recherches, il semble maintenant bien établi que la sagitta peut aider à la diagnose des espèces, surtout dans les cas difficiles; j'ajouterai même que, parfois, elle constitue un caractère beaucoup plus sûr que ceux fournis par la morphologie externe. C'est ce que nous avons fait connaître pour la détermination de certains Gades et de certains Muges de nos côtes (1).

Cela est dû à ce que la sagitta de chaque espèce présente, dans l'une ou l'autre de ses parties, une disposition particulière qui lui est propre et qui est constante chez tous les individus du groupe.

C'est encore pour cette raison qu'il est possible de déterminer avec un rigorisme assez parfait la faune ichthyologique des terrains anciens. C'est ce que nous avons fait pour des gisements de la Pologne et de la Catalogne (2). Nous poursuivons actuellement nos investigations sur ces gisements, en même temps que nous avons commencé l'étude de gisements français.

C'est aussi par la sagitta que des auteurs sont arrivés à connaître les espèces piscicoles fréquentant certaines régions. A cet effet, ils ont extrait

---

(1) J. CHAINE et J. DUVERGIER: Distinction des *Gadus capelanus, minutus* et *luscus* par leur sagitta. *Comptes rendus de l'Académie des Sciences*, t. 184, 1927, p. 977.

J. CHAINE et J. DUVERGIER: Contribution à la détermination des espèces de Poissons du genre *Mugil*. *Comptes Rendus de l'Académie des Sciences*, t. 186, 1928, p. 253.

(1) J. CHAINE et J. DUVERGIER: Sur des otolithes fossiles de la Catalogne. *Publications de l'Institut de Ciénces, Treballs de l'Institutiô catalana d'Historia natural*, volume 1923-1924.

J. CHAINE et J. DUVERGIER: Sur des otolithes fossiles de la Pologne, *en cours de publication.*

du contenu stomacale de poissons capturés les sagitta qu'il renfermait; celles-ci se conservant parfaitement intactes, il leur a été possible de les rapporter à des espèces déterminées et de dresser ainsi la liste des poissons le plus communément ingérés par ceux que l'on pêche et par conséquent d'établir la faune ichthyologique des parages parcourus par ces derniers. Mais, dans ces questions, il est un point de haute importance sur lequel, à diverses reprises, nous avons déjà appelé l'attention, c'est l'extrême variabilité de la sagitta au sein d'une même espèce.

Si l'on rapproche cette dernière assertion des conséquences précédemment signalées, il semble qu'il y ait entre elles opposition. Nous disons, en effet, d'une part que par la constance de ses caractères, la sagitta constitue un excellent moyen de diagnose; tandis que d'un autre côté, nous avançons qu'elle est éminemment variable. Il suffit d'examiner les faits de près pour arriver à un parfait accord.

Lorsque nous disons que la sagitta possède des caractères constants au sein d'une même espèce, nous entendons qu'elle offre une ou plusieurs dispositions particulières que les autres espèces n'ont pas ou, si elles les présentent, qui sont chez elles d'un développement moindre ou supérieur suivant les cas. Mais cela n'empêche nullement l'organite d'être très variable soit dans son ornementation, l'acuité de ses angles, la forme de son pourtour, l'impression plus ou moins profonde de ses accidents, les dimensions. Cela est si vrai que si l'on examine un grand nombre de sagitta d'une même espèce, celles-ci peuvent être groupées autour de l'une d'elles d'aspect plus général que nous avons dénommée *type*. C'est ce type qui doit être pris comme sujet de comparaison, c'est à lui qu'il faut ramener tout raisonnement (1).

---

(1) J. Chaine et J. Duvergier: Sur les otolithes des Poissons. *Procès-verbaux de la Société Linnéenne de Bordeaux*, t. 74, 1922, p. 57.

LES POISSONS CAVERNICOLES AVEUGLES D'AFRIQUE

PAR

le Docteur Jacques PELLEGRIN

*Docteur ès-Sciences, sous-directeur de laboratoire
au Muséum National d'Histoire Naturelle*

La liste des Poissons téléostéens à yeux atrophiés ou absents actuellement connus dans les eaux souterraines du globe est relativement peu considérable, elle ne comprend que 16 espèces, réparties en 14 genres et 4 familles : les *Cyprinidés*, les *Siluridés*, les *Amblyopsidés* et les *Brotulidés* (1).

Au point de vue de la distribution géographique, c'est le Nouveau Continent qui, de beaucoup, se montre le plus riche en ces formes curieuses, 9, en effet, ont été déjà signalées dans l'Amérique du Nord ou centrale, 4 dans l'Amérique du Sud. Enfin, dans ces dernières années, 3 types fort intéressants ont été découverts en Afrique. Fait digne de remarque, aucun Poisson nettement aveugle n'a été jusqu'ici recueilli en Europe ou en Asie, pas plus, d'ailleurs, qu'en Australie ou dans le nord de l'Afrique.

C'est à M. G.-A. Boulenger qu'on doit la description du premier Poisson cavernicole africain. En 1921, il a fait connaître sous le nom de *Cæcobarbus Geertsi* (2), un petit Cyprinidé trouvé par M. Geerts dans un lac de la grotte de Thysville, située à 700 mètres d'altitude, à quelques kilomètres de la ligne du chemin de fer du Bas-Congo. Les 4 types atteignant seulement 75 mm., appartiennent au Musée du Congo belge à Tervueren.

Le genre *Cæcobarbus* présente bien l'aspect d'un Barbeau ordinaire, mais il ne possède aucun vestige d'yeux. Ces organes ont complètement disparu et on n'en trouve même pas trace en soulevant la peau. Le Poisson est entièrement décoloré, sa teinte est blanche comme c'est la règle habituelle chez les animaux cavernicoles. Enfin les écailles sont très minces et molles et ne montrent aucune trace de striations; elles sont pourvues de petits pores qui sont sans doute des organes sensoriels et on en observe également sur la tête. La ligne latérale, droite, est normale. Il existe deux paires de barbillons, mais ceux-ci qui ont un rôle tactile assez net, ne sont pas plus développés que chez bon nombre d'espèces vivant en pleine lumière. On ne sait rien des dents pharyngiennes.

---

(1) Cf. J.-R. NORMAN: A new Blind Catfish from Trinitad, with a list of the Blind Cave-Fishes. *Ann. Mag. Nat. Hist.*, XVIII, 9, 1926, p. 324 et J. PELLEGRIN: Les Poissons cavernicoles aveugles. *Rev. Gén. Sc.*, 30 novembre 1926, p. 641 et BORODIN: A new Blind Catfish from Brazil, *Ann. Mus. Nov.* 1927, n° 263.

(2) *Rev. Zool. Afr.*, IX, 3, 1921, p. 252, fig.

Beaucoup plus extraordinaire est le *Phreatichthys Andruzzii*, autre Cyprinidé décrit en 1924 par le Docteur D. Vinciguerra (1), de Gênes. Ce Poisson provient de la Somalie italienne. Il a été pris par le Docteur Andruzzi, dans une source, légèrement chaude et salée, du nom de Bud Bud, sur le territoire d'Uaesle. Les types sont au nombre de 6, le plus grand mesurant 45 mm., caudale non comprise. Grâce à l'obligeance du Professeur Franchini, de Bologne, j'ai pu avoir en communication 2 nouveaux exemplaires de cette remarquable forme et je crois utile d'en fournir une description détaillée qui complètera et modifiera sur quelques points la diagnose donnée par le Docteur Vinciguerra.

PHREATICHTHYS ANDRUZZII Vinciguerra.

Le corps est arrondi, fortement déprimé en avant, comprimé en arrière; sa hauteur, légèrement inférieure à sa largeur, est comprise quatre fois deux tiers dans la longueur sans la caudale, la longueur de la tête 4 à 4 fois 1/6. La tête est également déprimée. Le museau, arrondi, dépasse très peu la bouche en demi-cercle, dont les lèvres sont assez développées, l'inférieure largement interrompue sous le menton. Les dents pharyngiennes sont disposées sur deux rangées, pointues, crochues, plus ou moins recourbées, au nombre de 4-2, 2-4. Il existe deux barbillons, subégaux, de chaque côté, contenus 4 à 4 fois 1/2 dans la longueur de la tête. Sur la tête, principalement sur les côtés et en dessous, existent de nombreuses lignes d'organes sensoriels, disposées verticalement. Les membranes branchiostèges sont largement soudées à l'isthme. Le corps est entièrement nu. La ligne latérale est assez bien marquée avec 28 stries verticales environ. La dorsale, située à égale distance de la fente operculaire et de l'origine de la caudale, comprend deux rayons simples et sept branchus et a son bord supérieur droit; ses plus longs rayons font la 1/2 ou un peu plus de la moitié de la longueur de la tête. L'anale est formée de deux rayons simples et de cinq branchus aussi longs que ceux de la dorsale. La pectorale, arrondie, mesure la 1/2 de la longueur de la tête et est séparée de la ventrale par une distance faisant une fois et demie sa propre longueur. La ventrale débute un peu en arrière de l'origine de la dorsale et atteint ou dépasse un peu la papille anale. Le pédicule caudal avec un bourrelet adipeux en haut et en bas est à peine plus long que haut. La caudale est faiblement échancrée.

L'un de ces individus (Lg. 42 + 7 = 49 mm.) est blanc, tandis que l'autre, une femelle (Lg. 52 + 10 = 62 mm.) est uniformément chocolat clair.

La provenance de ces spécimens est Bud Bud (Somalie italienne).

Ce Poisson occupe une place très à part parmi les Cyprinidés et mérite sans doute de constituer une tribu spéciale, celle des Phreatichthyinés.

---

(1) *Ann. Mus. Civ. Stor. Nat. Genova*, LI, 1924, p. 239, fig.

Tandis que le *Cæcobarbus* se reliait encore assez bien aux *Barbus*, le *Phreatichthys*, sans parler de l'absence complète d'organes visuels, a un corps d'aspect tout différent et complètement nu. En outre, ses organes sensoriels particuliers sont très différenciés, aussi bien sur les côtés et le dessous de la tête que le long de la ligne latérale, où ils sont disposés en 28 stries verticales semblant indiquer que le Poisson dérive d'espèces à grandes écailles, au nombre d'une trentaine, exactement comme le *Cæcobarbus*. Enfin les dents pharyngiennes, très spécialisées et de forme analogue, sont placées seulement sur deux rangées et non trois comme chez les *Barbus*.

- La teinte chocolat clair d'un des individus peut provenir d'une repigmentation par exposition à la lumière ainsi que le fait se produit chez des Batraciens cavernicoles comme les Protées.

Le troisième Poisson cavernicole africain appartient à la famille des Siluridés, il rentre dans le groupe des *Clarias*, très répandus dans les eaux douces du sud de l'Asie et de toute l'Afrique. C'est Mlle Gianferrari, du Musée de Milan, qui a fait connaître en 1923 (¹) un curieux petit Clariiné sans yeux, recueilli par le major Zammerano, au puits d'Uegit, aussi en Somalie italienne; elle lui a donné le nom d'*Uegitglanis Zammeranoi*. Le plus grand des trois exemplaires décrits mesure, caudale comprise, 101 millimètres. Chez ces Poissons, au corps blanc laiteux, il y a suivant la règle, quatre paires de barbillons mais ces organes sont assez courts, ne dépassant pas beaucoup la longueur de la tête, tandis que chez certaines espèces lucicoles, ils atteignent parfois une dimension égale à celle du corps.

Un des types m'a été remis par Mlle Gianferrari pour le Muséum de Paris. De plus, grâce au professeur Franchini, j'ai pu examiner cinq individus provenant également du puits d'Uegit et mesurant de $68+9=77$ à $100+12=112$ millimètres. Ces exemplaires sont très conformes à la description donnée par Mlle Giauferrari et je me bornerai à indiquer les formules des rayons relevés sur ceux-ci :

$$\text{D. 48-55; A. 40-45; P. 18; V. 15}$$

En ce qui concerne les deux Cyprinidés et le Siluridé cavernicoles actuellement connus en Afrique, on peut émettre ces conclusions :

1° Ces trois Poissons sont caractérisés par l'absence complète de l'appareil visuel contrairement à ce qui se passe chez des formes américaines comme le célèbre *Amblyopsis spelæus* De Kay, des Etats-Unis, chez lequel les yeux existent au début de la vie embryonnaire et s'atrophient ensuite, mais peuvent se retrouver sous la peau.

2° La dépigmentation complète est la règle habituelle, le corps est blanc ou rosé, toutefois chez le *Phreatichthys* on peut observer parfois une teinte uniformément brunâtre.

---

(1) *Atti Soc. Ital. Sci. Nat.*, LXII, 1923, pl. I.

3° Tous ces Poissons sont de fort petite taille par rapport aux espèces voisines, vivant à la lumière.

4° Les organes tactiles comme les barbillons, aussi bien chez les Cyprinidés que chez le Siluridé ne paraissent pas sensiblement modifiés par la vie obscuricole. En revanche, les organes sensoriels spéciaux dérivés des canaux muqueux céphaliques et de la ligne latérale présentent un grand développement et sont particulièrement différenciés au dessous de la tête chez l'*Uegitglanis*, sur les côtés et le dessous chez le *Phreatichthys*.

5° Les dents pharyngiennes du *Phreatichthys*, bien que disposées sur deux rangées, sont voisines de celles des Barbeaux, elles sont donc déjà très spécialisées et ne se rapprochent pas des types archaïques, comme celles des Catostomes de l'Amérique du Nord.

6° Sans qu'il soit possible de fixer l'époque géologique de l'adaptation à la vie obscuricole, les trois Poissons aveugles africains appartiennent à trois stades bien séparés de différenciation. Tandis que l'*Uegitglanis* est simplement un *Clarias* aveugle décoloré, le *Cæcobarbus* présente une régression bien marquée de l'écaillure. Enfin le *Phreatichthys* est une forme profondément modifiée, à organes sensoriels céphaliques et latéraux très complexes. Néanmoins, on peut admettre une origine phylogénétique commune avec celle des *Barbus*.

LES OTOLITHES DE QUATRE GRANDES ANGUILLES

PAR

le Docteur A. GANDOLFI HORNYOLD

Grâce à l'amabilité de M. J. Le Clerc, Inspecteur des Eaux et Forêts aux Ponts de Cé, j'ai pu étudier les otolithes de quatre grandes Anguilles. Les dessins ont été faits par M. Fernand Angel, Assistant au Muséum d'Histoire naturelle.

Qu'il me soit permis de les remercier bien sincèrement.

La figure 1 représente l'otolithe gauche de l'Anguille de 120 cm.

La figure 2 représente l'otolithe droite de l'Anguille de 120 cm.

La figure 3 représente l'otolithe gauche de l'Anguille de 97 cm.

La figure 4 représente l'otolithe droite de l'Anguille de 97 cm.

La figure 5 représente l'otolithe gauche de l'Anguille de 85 cm.

La figure 6 représente l'otolithe droite de l'Anguille de 85 cm.

La figure 7 représente l'otolithe gauche de l'Anguille de 82 cm.

La figure 8 représente l'otolithe droite de l'Anguille de 82 cm.

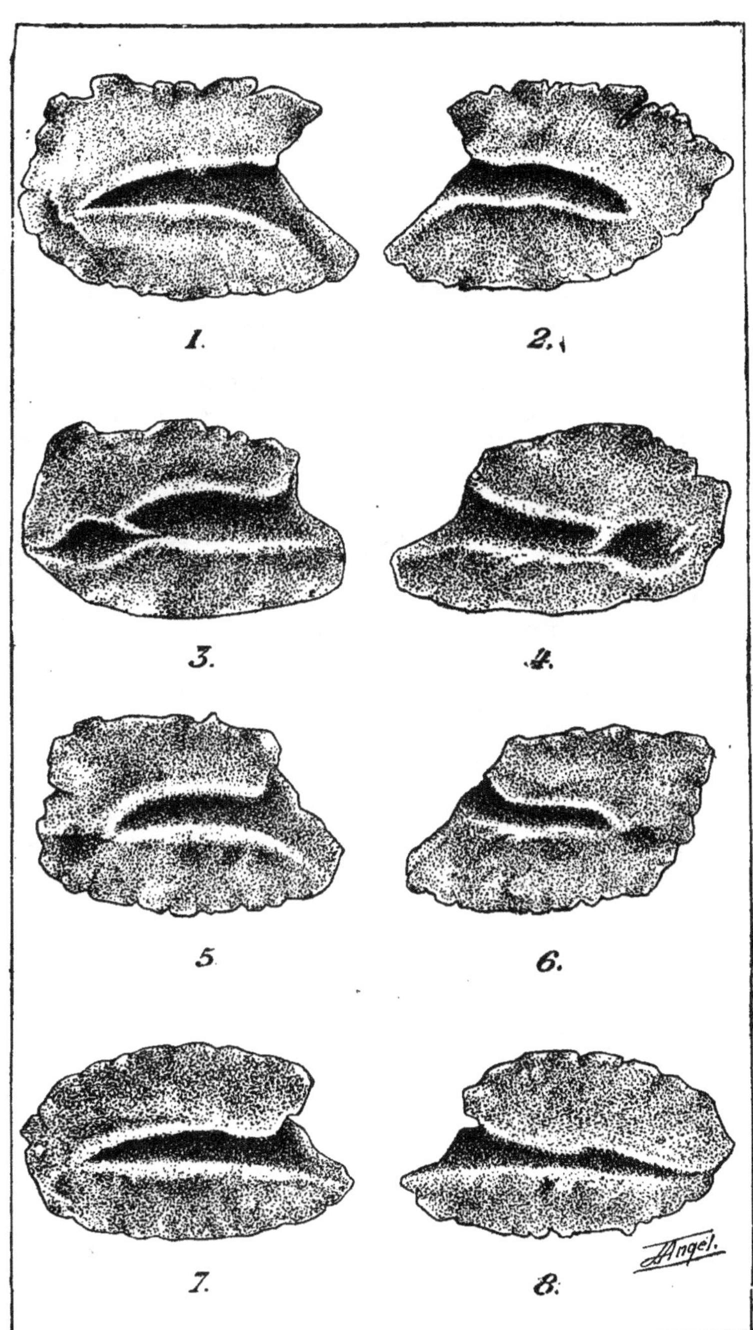

1.

2.

3.

4.

5

6.

7.

8.

J'indiquerai la longueur et le poids des anguilles, les dimensions des otolithes ainsi que la provenance.

Longueur	*Poids*	*Dimensions des otolithes*	
120 cm.	4.000 gr.	G. $5 \times 3{,}30$ mm.	D. 5.5×3 mm.
77 cm.	1.600 gr.	G. 5×3.25 mm.	D. 5.2×3.25 mm.
85 cm.	1.100 gr.	G. 4.7×2.70 mm.	D. 4.5×2.70 mm.
82 cm.	1.060 gr.	G. 3.9×2.60 mm.	D. 4×2.60 mm.

Les deux premières Anguilles provenaient du Marais de la Grande-Brière et les deux autres du Cosson, près de Blois.

On peut constater par ce tableau que les deux otolithes d'une anguille peuvent avoir la même taille, ou varier plus ou moins.

En comparant la forme des 8 otolithes, nous pouvons constater que l'antirostrum peut faire défaut (fig. 3, 4 et 6) ou être très petit (fig. 5). Il en est de même pour l'*excisure*.

Soit le rostrum, soit l'antirostrum peuvent être plus ou moins pointus (fig. 1 et 2) ou arrondis (fig. 7). Le bord postérieur peut finir en pointe (fig. 2, 6 et 7), être arrondi (fig. 1, 3 et 8), aplati (fig. 1) ou enfin tronqué obliquement (fig. 4 et 6).

Les bords dorsal et ventral peuvent être plus ou moins courbés et dentellés (fig. 1 et 2).

Un seul otolithe avait le *sulcus* divisé en ostium et *cauda* (fig. 8).

Le *sulcus* peut s'ouvrir plus ou moins largement sur le bord frontal en forme d'entonnoir (fig. 1, 2, 4, 5, 7 et 8) ou il peut avoir une ouverture étroite (fig. 6).

Il peut être droit ou plus ou moins courbé ou oblique (fig. 1 et 3).

Le *sulcus* peut finir en pointe soit sur le bord postérieur (fig. 3 et 8), ou à une distance plus ou moins grande, et il peut finir arrondi (fig. 2, 5 et 6).

Le *sulcus* enfin peut être divisé en deux parties par un bourrelet (fig. 3 et 4), ce qui lui donne un aspect curieux. Je crois avoir démontré la grande variation de forme qui se présente chez les otolithes des grandes anguilles. Souvent même les deux otolithes de l'individu peuvent varier considérablement, soit dans la forme soit dans celle du *sulcus*.

Plus on étudie les otolithes de grandes anguilles, plus on rencontre des variétés de forme.

Les otolithes de forme normale chez l'anguille adulte ressemblent beaucoup à ceux des Clupéïdes, ce qui n'est pas sans intérêt pour l'origine des anguilloïdes.

⁂

M. le docteur J. Pellegrin fait ressortir l'intérêt des recherches poursuivies depuis de longues années déjà par M. Gandolfi-Hornyold sur l'anguille. Tandis que le savant danois Jo. Schmidt est arrivé à élucider les diverses phases de l'existence de ce mystérieux poisson dans la mer, M. Gandolfi-Hornyold l'a étudié dans les eaux douces des régions les plus diverses de l'Europe.

En ce qui concerne la technique de l'extraction et de la préparation des otolithes, on trouvera d'utiles renseignements dans un tout récent mémoire de M. Gandolfi-Hornyold : Observations sur le sexe et la croissance de la petite anguille des marais de la Grande-Brière (*Bull. soc. Aguic.* 1928, numéros 7-8, p. 65).

POLIDACTYLIE INDICIALE DES QUATRES MEMBRES CHEZ UN CHEVAL

PAR

C. BRESSOU

Professeur à l'Ecole d'Alfort (Seine)

Le sujet qui fait l'objet de cette communication est un poulain mort-né, de race bretonne. Il offre la curieuse particularité d'avoir chacun de ses quatre membres terminé par une extrémité didactyle. Les deux doigts sont indépendants à partir de leur naissance sur un canon simple. Ils prennent une direction générale divergente, mais sont irrégulièrement fléchis sur eux-même en raison d'une contractude très accusée des muscles anti-brachiaux. Les doigts des membres postérieurs sont beaucoup plus volumineux que ceux des membres antérieurs. Considérés individuellement, les premiers ont les dimensions d'un doigt simple de poulain normal, tandis que les doigts thoraciques sont de volume moitié moindre et en partie mal formés. L'ergot existe aux quatre membres, mais dévié en dehors et fort réduit, caché par un fanon dont il faut écarter les poils assez longs pour le découvrir.

Les exemples de polydactylie aux quatre membres ne sont pas absolument rares. Mais la plupart, à notre connaissance tout au moins, sont des descriptions de malformations observées sur des sujets vivants. En aucun cas, une étude méthodique n'en a été faite sur le cadavre. Favorisé par les circonstances, nous avons eu la chance de pouvoir effectuer cet examen nécropsique et c'est le résultat de notre dissection que nous comptons brièvement exposer.

Les quatre membres sont exactement organisés sur le même plan et il suffit d'en décrire un pour connaître la constitution des autres.

Le squelette est formé, au métapode, par trois métatarsiens, un médian et deux latéraux. Le métatarsien du milieu est le plus gros. Il se continue au niveau de son extrémité inférieure par un ensemble de trois phalanges et de trois sésamoïdes qui constitue le doigt externe. Par sa forme et sa situation, il représente le métatarsien principal du pied du cheval, soit le doigt III.

En dehors de lui existe un petit os métatarsien allongé en stylet et ter-

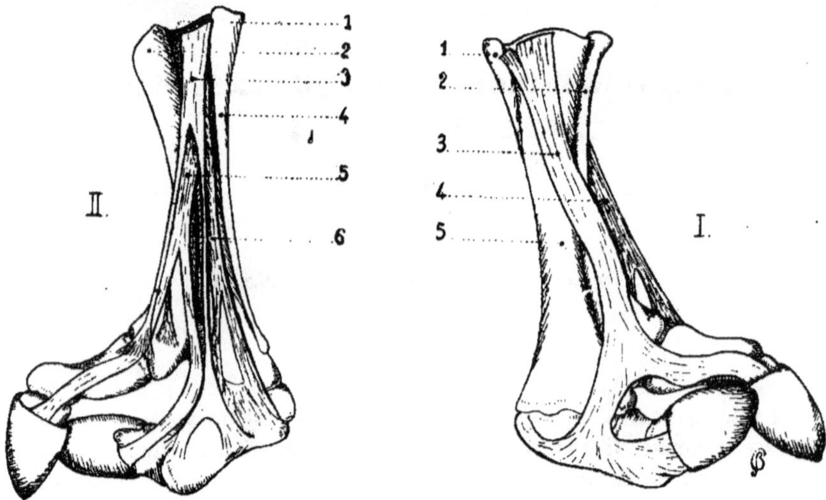

I. — Vue dorsale
1. Métatarsien IV. — 2. Métatarsien II. — 3. Tendons extenseurs.
4. Tendons fléchisseurs. — 5. Métatarsien III
II. — Vue plantaire
1. Métatarsien III. — 2. Métatarsien II. — 3. Tendon' perforé
4. Métatarsien IV. — 5. Tendon perforant. — 6. Suspenseur du boulet

miné en bouton vers le quart inférieur de la région. C'est évidemment le doigt IV.

Enfin, en dedans, se situe un nouveau métatarsien, arrondi, moins gros mais aussi long que l'os principal et qui se prolonge lui aussi par une série phalangienne et sésamoïdiene formant la base du doigt interne. C'est le doigt surnuméraire. Développé à partir du métatarsien rudimentaire normal, il reproduit le doigt II du type pentatdactyle.

L'appareil musculaire participe aussi nettement de la bifurcation. En avant, les muscles extenseurs, simples au niveau du métatarse, se divisent en regard de la diarthrose métatarso-phalangienne pour s'étaler par deux branches sur la face dorsale de chacun des doigts.

En arrière, le point de dédoublement paraît se faire beaucoup plus haut et chacun des tendons fléchisseurs, perforant et perforé, viennent terminer leur longue branche de division particulière sur les deuxième et troisième phalanges de chaque doigt. En plan profond, le ligament suspenseur du boulet est lui-même double, composé depuis le haut de deux lanières fibreuses qui longent respectivement la face plantaire des métatarsiens II et III.

La vascularisation répond aussi au plan général de division. Simple au niveau du métatarse où elle est représentée par une artère pédieuse-métatarsienne, logée en position normale dans l'angle dorsal des deux métatarsiens externes, elle se termine au niveau du boulet par deux artères digitales qui cheminent sur la face excentrique de chacun des doigts.

Il s'agit donc, de toute évidence, d'une anomalie réversive, à tendance atavique, qui a rétabli l'index dans le pied du cheval. C'est ce qu'on appelle une typodactylie indiciale.

Plusieurs particularités sont à souligner dans le cas qui nous occupe. Tout d'abord, contrairement à ce que l'on rencontre le plus souvent, l'anomalie est plus nette et plus accusée aux membres postérieures qu'aux membres antérieurs. Ensuite, malgré le volume du métatarsien de l'index et son complet développement, il est bon de retenir qu'on ne trouve aucune trace de rudiments pollicaux, tout au moins dans le métapode, car, à notre grand regret, nous n'avons pu disposer des régions basipodiques, carpiennes ou tarsiennes. Enfin, l'organisation exactement semblable des quatre autopodes et leur constitution d'après un plan rigoureusement identique tend à prouver que l'influence perturbatrice de l'ontogénèse, cause de l'anomalie, est de nature interne et d'essence très générale.

ANTHROPOLOGIE
ET SOUS-SECTION D'ARCHÉOLOGIE

Présidents d'honneur. M. M.-J. DE KLERCKER, Professeur honoraire à l'Université de Lund (Suède).
M. A.-S. RENAUD, Professeur à l'Université de Denver, Colorado (U. S. A.).
Président .... M. le Dr Henri MARTIN, Directeur du Laboratoire des Hautes Etudes de La Quina (Charente).
Secrétaire .... M. Albert VASSY, Conservateur des Musées de Vienne.

I. - REMARQUES SUR LA CULTURE DES INDIENS DU SUD-OUEST AMÉRICAIN

PAR

A.-S. RENAUD

Professeur à l'Université de Denver (Colorado U.-S.-A.)
College of Liberal Arts

D'après nos connaissances actuelles, le berceau de la *Culture des Indiens du Sud-Ouest américain* semble être le bassin du Rio San Juan. Je dis culture car les Indiens n'atteignirent jamais un véritable état de civilisation. Ceci signifie qu'ils ne connurent pas l'usage des métaux, ni un système d'écriture, ni un gouvernement plus ou moins centralisé.

D'abord *nomades*, chasseurs et ramasseurs de graines, racines et fruits sauvages, ils obtinrent le *maïs* très probablement du Sud où il était cultivé au Mexique et dans l'Amérique centrale depuis longtemps. La pratique croissante de la culture du maïs dans les terres appropriées eut pour effet la *stabilisation progressive* de ces populations jusque-là errant à la recherche difficile d'une nourriture assez pauvre dans un pays semi-désertique.

Avec la pratique de sa culture, le maïs leur fournit une nourriture supérieure en quantité et en qualité nutritive à celle incertaine trouvée dans la nature. Un des effets en résultant semble avoir été un *accroissement de population* si l'on en juge par l'augmentation des terrains cultivés et l'*extension du territoire occupé*.

Une autre conséquence fut celle-ci. Ayant, après la moisson, trop de maïs pour le consommer immédiatement et d'ailleurs voulant en conserver pour la mauvaise saison, les Indiens « Basket-Makers » ou Vanniers recherchèrent les grottes sèches et les abris sous roche. Là, ils creusaient dans le sol des « cists » ou trous circulaires leur servant de *greniers*. Si la terre était ferme, cela suffisait. Lorsque c'était sableux ou mou, ils garnissaient le trou de pierres plates placées plus ou moins verticalement. Des branches entrecroisées et de l'argile formaient toit et le maïs était ainsi à l'abri des oiseaux, des rongeurs et peut-être aussi des maraudeurs. Ces réserves de nourriture contribuèrent aussi à fixer les populations dans une certaine localité où se trouvaient leurs champs et leurs greniers. Ces Indiens devenaient progressivement des cultivateurs sédentaires.

Comme ces greniers appartenaient à des individus ou à des familles, on prit l'habitude d'y enterrer leurs propriétaires. Certains greniers devinrent donc des *tombes* où l'on a retrouvé des corps bien conservés et même naturellement momifiés par la sécheresse du climat. Comme ces trous étaient circulaires et de dimensions restreintes, le corps des morts devait être replié, les genoux près du menton, pour pouvoir y être placé. La forme des greniers a donc visiblement influencé la méthode de disposer des morts. D'ailleurs cela revenait à la position de l'Indien assis ou accroupi, position naturelle de repos pour lui.

L'attention de ces Indiens étant de plus en plus concentrée sur le règne végétal qui leur fournissait le meilleur de leur subsistance et transformait leurs mœurs, nous les voyons utiliser diverses plantes et faire des paniers, corbeilles et sacs, cordes et filets, sandales, ceintures, etc. La *vannerie* et le *tissage* deviennent leurs arts industriels les plus caractéristiques, d'où leur nom de Basket-makers ou Indiens vanniers qu'on leur donna avant de savoir qu'ils apprirent plus tard à faire aussi de la poterie.

Après bien des siècles de lent progrès, on les voit découvrir la *céramique*. Ce sont d'abord des objets grossiers de boue séchée au soleil et façonnés dans une corbeille. Puis il apprennent à cuire leur poterie. Plus tard, ils la décorent en noir sur fond clair. A eux revient donc l'honneur de l'invention de la belle *poterie peinte* du Sud-Ouest américain. On remarquera que l'agriculture précède ici de beaucoup la céramique. Les vases d'argile cuite remplaçant avantageusement pour certains usages la vannerie, celle-ci commença dès lors son déclin.

La *gourde* ayant été longtemps utilisée comme bouteille, écuelle, cuillère, etc., influença considérablement les *formes* de la *poterie*. Il en fut de même de quelques formes de *vannerie*. La décoration de celle-ci et celle du *tissage* persistèrent plus ou moins reconnaissables dans l'ornementation, principalement géométrique et souvent rectilinéaire de la céramique indienne du Sud-Ouest.

L'arme principale de chasse et de guerre de ces Indiens était l'*atlate* ou propulseur d'un type évolué et probablement originaire du Mexique.

Les Basket-makers étaient *dolichocéphales* et plus ou moins *sçaphoïdes* et *hypsicéphales*. Ils ne se déformaient jamais la tête. Leur type physique semble se rapprocher beaucoup des « Proto-Négroïdes » de Dixon et des Papous de l'Océanie. Ils rappellent en bien des points les Indiens de Lagoa-Santa, Paltacalo, etc.., de l'Amérique du Sud.

Aux approches de l'ère chrétienne, si l'on ose suggérer une date, des tribus étrangères s'infiltrent plus ou moins pacifiquement dans la région et s'y mêlent aux populations anciennes comme le montrent l'archéologie et l'anthropologie. Ce sont des *brachycéphales*, généralement mongoloïdes, se déformant la tête postérieurement par l'usage d'une planche comme fond du berceau. Ces nouveaux venus ont sans doute apporté l'*arc* et les *flèches.* Dans le Sud-Ouest américain comme dans le vieux Monde, la succession propulseur-arc est donc la même.

Les *Pueblos*, comme les Espagnols les appelèrent, semblent accepter la culture des Basket-makers et la développer à leur manière. La *poterie peinte* devient leur art industriel par excellence. Mais leur principale contribution est la maçonnerie.

Vers la fin de la phase précédente, ou « Post-Basket-Maker », les anciens « cists », employés comme greniers et comme tombes, avaient été agrandis et aménagés pour servir d'habitations, au moins pendant la mauvaise saison. Dans le premier stade de notre ère, ou « Proto-Pueblo », on rencontre les « pit-houses » ou *fonds de cabanes* le long des vallées. Ce sont des demeures primitives, en partie souterraines, avec dalles de pierre et complétées de bois et de boue pour les murs et le toit. Ces huttes étaient groupées en camp, près des terrains propices à l'agriculture, des rivières et des bois. De *circulaires* elles tendent à devenir *carrées* par rapprochement de plusieurs habitations.

Dans la phase suivante, appelée « Early Pueblo » ou Pueblo ancien, on assiste à l'invention de la vraie maçonnerie. La maison est rectangulaire, faite de murs se composant de pierres arrangées horizontalement et liées par du mortier de boue. Des cloisons divisent la demeure en diverses pièces. On voit aussi une distinction s'établir clairement entre les *chambres séculaires*, réservées à l'usage domestique et construites au niveau du sol, et la *chambre cérémonielle*, ou « Kiva », ronde, souterraine et servant aux fonctions religieuses. Ceci est typique de la culture Pueblo du San Juan et régions environnantes. Cette période, qui peut s'étendre entre 250 et 500, marque l'extension maxima de la culture du Sud-Ouest américain. Elle couvre alors le Sud-Ouest du Colorado, la moitié sud de l'Utah, l'Est du Nevada et la plus grande partie de l'Arizona et du Nouveau-Mexique. C'est un temps de paix. Les fermes sont isolées et répandues sur un vaste territoire; la culture ou *civilisation* est *simple* et *uniforme*.

Vers la fin on assiste à la formation de hameaux formés de trois ou quatre de ces pueblos à un étage groupés pour la défense. Cela marque le commencement d'attaques répétées par des tribus étrangères, nomades et sauvages. La pression vient du N.-O. et du S.-E., et résulte en une réduction de l'aire occupée par les Indiens Pueblos. Abandonnant les districts de la périphérie, ils se concentrent en *villages* et en *villes* pour mieux résister aux envahisseurs. Ils recherchent les endroits peu accessibles et facilement défensibles, construisant leurs *grands pueblos* à plusieurs étages sur de hautes « Mesas » ou plateaux aux flancs escarpés et les « cliff-dvallings » ou *habitations des falaises.*

Cette *concentration urbaine*, due aux attaques des barbares, les conduit à un grand développement de culture matérielle et sociale. On remarque partout une *spécialisation locale* des styles en *céramique* et en *maçonnerie*. L'accumulation d'une population relativement grande dans une petite ville forte comme un pueblo de ce temps ou dans l'espace restreint d'une grotte naturelle conduit à une complexité de relations sociales et par conséquent à une codification de coutumes traditionnelles, droits et devoirs, à une spécialisation de fonctions, cérémonies religieuses, hiérarchie, etc. C'est donc grâce à la pression exercée de l'extérieur par les tribus sauvages et guerrières et aussi à des rapports commerciaux et sociaux avec les Mexicains du Sud que l'évolution de la culture des Indiens Pueblos s'accélère et atteint vers cette époque, aux environs de l'an mille, son apogée. A l'arrivée de Coronadi et des Espagnols, en 1540, la culture du Sud-Ouest américain était déjà entrée dans une période de déclin ; celui-ci n'est donc pas dû, comme on l'a dit, à la venue des Blancs.

II. - UNE RACE PRÉHISTORIQUE AMÉRICAINE

Par race préhistorique, il faut entendre ici antérieure à l'ère chrétienne. Les crânes d'Indiens Pueblos qu'on trouve dans les ruines du Sud-Ouest des Etats-Unis sont brachycéphales et présentent une déformation postérieure artificielle. Ils semblent appartenir à une race mongoloïde. Avant leur venue, le vaste territoire comprenant une partie des Etats d'Arizona, Utah, Colorado et Nouveau-Mexique était occupé par les Indiens vanniers ou Basket-Makers. Ceux-ci ne se déformaient jamais la tête.

Ils étaient dolichocéphales avec un indice céphalique horizontal d'environ 75 et les femmes avaient souvent une tête relativement plus étroite. témoin celles du district de La Plata (Colorado) avec un indice moyen de 71^{62}. Ils étaient aussi hypricéphales. leur indice vertical étant 98^{52}, mais tous les crânes du Colorado se placent au-dessus de 100 et les femmes de La Plata atteignent 107^{29}. Ils ont aussi une tendance à être scaphoïdes ou carénés, ce qui leur donne un aspect pentagonal vus en « norma occipitalis », car les bosses pariétales sont généralement bien marquées et les pariétaux descendent verticalement. En « norma verticalis ». ils sont ovoïdes et la région occipitale est fréquemment protubérante et comme reserrée. En « norma facialis» on remarque un front plutôt étroit, bas et assez fuyant. L'arcade sourcilière est souvent proéminente dans la région glabellaire, surtout chez les mâles. Les orbites sont relativement grandes et carrées, principalement chez la femme dont l'indice varie de 90 à 94. Certains crânes sont très platyrrhiniens tels que ceux, femelles, de Pirara (Colorado). 65^{16} et de Rosa (Nouveau-Mexique). 65^{21}. mais les autres du Sud-Ouest varient de 51 à 56.

L'indice facial supérieur est en moyenne de 52. mais les femmes tendent à être chamaeprosopes et plusieurs du Colorado et de l'Arizona ont 48 pour indice. Les palais semblent tous larges, courts et en forme d'U, l'indice maxillaire moyen étant 120. avec deux femmes atteignant 128. Le prognathidine alvéolaire est fréquent et l'indice gnathique moyen, toujours plus élevé pour les femmes, est de 97^{36}.

La capacité crânienne pour les hommes du Sud-Ouest américain est de 1410 cm3 et pour les femmes de 1255 cm3 seulement. Pour tous les groupes américains du même type, la moyenne masculine est de 1374 cm3 et la moyenne féminine 1250 cm3 ou de faible capacité.

Ayant effectué des mensurations sur un certain nombre de crânes du Colorado, de l'Arizona et du Nouveau-Mexique, je les ai comparées à celles prises par d'autres sur des squelettes semblables. Le résultat de cette étude est que le type des Indiens Basket-Makers du Sud-Ouest américain se retrouve, avec des variations locales, en Californie, groupes du Santa-Barbara (Carr) et de Péricné (Ten Kate), au Mexique dans l'Etat de Coahinla, dans l'Amérique du Sud, en Colombie (Tunebo de Verneau), en Equateur (Paltacalo de Rivet; Punin de Sullivan et Hellmann), parmi les Tehmelchés de Patagonie (Verneau), certaines tribus du Sud du Chili, Terre de Feu, des Sambaquis de la Côte Atlantique et la race de Lagoa-Santa (Brésil). J'ai récemment mesuré un crâne des « Mounds » de l'Ohio y ressemblant aussi parfaitement. Dixon mentionne des crânes provenant d'autres Mounds aussi bien que des Algoaquiens du Sud, Iroquois et autres Indiens des Etats du Nord-Est s'en rapprochant beaucoup. Il s'agit donc d'un type caractérisé très répandu. Sa distribution dans des régions marginales ou de refuge souvent, suggère une population ancienne reculant sous la pression de nouvelles tribus plus vigoureuses qui les conquièrent, les submergent ou les dispersent en groupes isolés.

Plusieurs anthropologues ont mentionné la ressemblance de ce type physique avec celui des Mélanésiens et des Polynésiens. Verneau incline nettement pour les Papous. Dans une étude récente, j'ai montré que les « Basket-Makers » entraient facilement dans les moyennes des Papous dont on connaît mensurations et indices. De plus, j'ai aussi fait voir que ces Papous correspondaient bien au type dit « Proto-négroïde » de Dixon. Donc dans la mesure où nos crânes du Sud-Ouest américain ressemblent aux Papous, ils sont aussi Proto-négroïdes. Et comme il y a un grand nombre de traits communs entre les Basket-Makers, Lagoa-Santa, et les autres tribus ou groupes mentionnés plus haut, on est donc en présence d'une race ou d'un type physique caractérisé, à variations locales, d'existence ancienne, ayant précédé les brachycéphales mongoloïdes en Amérique, et qu'on pourrait donc appeler *Palé-Américani*. Ces Indiens préhistoriques seraient d'un type général Proto-négroïde, sembleraient apparentés aux Papous et peut-être à d'autres populations océaniennes. Leur pays d'origine commune est probablement l'Asie, peut-être du Sud-Est. Leur centre de dispersion, l'époque, les voies et les moyens de migration les conduisant en des régions si diverses et éloignées restent autant de problèmes sans solution certaine jusqu'à présent.

PIERRES A CUPULES DE GARIN
Vallée de l'Arboust, près Luchon (Haute-Garonne)

PAR

L. COUTIL

Nous avons décrit dans le bulletin de la Société préhistorique française de 1923, une pierre à cupules connue dans la région de Luchon, souś le nom de *Caillaou des Poulies, Caillaou des Pourcilles* (caillou des petits poulets) ; elle se trouve au premier tiers de la colline située en face les communes de Garin et de Billière ; nous y avons reconnu 58 cupules ; leur diamètre varie entre 0,03 et 0,08 ; elles occupent la partie inclinée d'une sorte de pierre branlante reposant sur un énciine bloc, mais elle a pu s'en trouver séparée par l'action des gelées ; on remarque jusqu'à cinq rangées de cupules placées à peu près parallèlement, orientées plutôt du Nord au Sud, mais le parallélisme n'est pas rigoureusement observé. ni du Nord au Sud, ni de l'Ouest à l'Est ; elles sont plutôt symétriques et accolées. Ces cupules sont creusées en tronc de cône, à fond arrondi, tandis que les suivantes sont généralement plutôt cylindriques.

Une source sort de la montagne, un peu en dessous du rocher. Le flanc du coteau est très intéressant par des alignements de pierres signalés, avant 1885, par le regretté Julien Sacaze, qui avait exploré, en outre, avec Piette, Gourdon et Fourcade, les tumulus avec chromlechs situés au sommet de ce même groupe de collines dénommées montagne d'Espiau, au confluent des vallées de l'Arboust et de l'Oueil.

Un autre bloc plat en granit, mesurant 1 m. 80 de longueur, 0 m. 77 à une extrémité, et 0 m. 55 à l'autre, son épaisseur est de 0 m. 10 à 0 m. 14 ; a été trouvé dans la même région ; mais lorsque J. Sacaze l'a reconnu, il formait le seuil d'une auberge située dans une commune voisine, à Garin, sur le bord de la route nationale. Depuis deux ans, ce bloc a été placé dans le parc de l'établissement thermal de Luchon. à 20 mètres au sud, à côté de deux autres blocs erratiques, dont une pierre à Légende, le *calhau d'Arri-ba-Pardin*, provenant de Poulo, laquelle passait pour avoir des vertus phalliques, lorsqu'on se frottait dessus. Nous avons compté 40 cupules bien déterminées, et disposées un peu en arc de cercle, trois par trois d'un côté, et deux par deux vers l'autre moitié, mais d'une manière moins régulièrement symétrique ; en outre, on distingue les traces de quatre autres cupules, et on peut supposer que le bloc de granit a pu éclater jadis sur ce bord et qu'ainsi la partie supérieure mieux gravée a disparu ; d'ailleurs. on constate une dépression longitudinale de ce côté : on remarque aussi une petite cupule indiscutable sur le bord supérieur; mais nous n'osons affirmer qu'à la partie inférieure la petite cavité corresponde également à une cupule : elles ont comme diamètre, en moyenne, 0,03, et comme profondeur, 0,02 (les moins profondes, 0,015 à 0,01); on en compte 30 très apparentes, de 0,02 de profondeur. Une petite plaque émaillée porte l'inscription suivante : « *Pierre à cupules, dalle rituelle, Haute vallée de Lar boust, époque néolithique, âge du bronze, don Julien Sacaze.* ».

A cause de la coupe de ces cupules affectant la forme d'un tronc de cylindre, et de leur profondeur, nous croyons qu'elles sont postérieures à l'âge de la pierre; tandis que celles qui précèdent sur le caillaou des Poulies de Billière, sont en forme de cuvette et seraient plutôt néolithiques, si toutefois on peut émettre des hypothèses pour un essai de chronologie.

BRACELET HALLSTATTIEN DU MUSÉE BORELY
à Marseille

Notre collègue, M. de Gérin-Ricard, nous a envoyé la photographie d'un très curieux bracelet en bronze, très lourd, formé de grosses côtes demi-creuses; l'ouverture se fait en retirant une clavette longeant un des lobes très ovoïdes et permettant l'enlèvement d'un secteur du bracelet; un des motifs diffère des autres; il est formé de deux demi-disques creux séparés par deux petites lignes en retrait et parallèles; on pourrait croire que ce sont de très longues olives réunies par une large tige centrale.

M. de Géry-Ricard suppose que ce bracelet provient des environs de Marseille; toutefois, on ne lui connaît pas de provenance certaine.

Nous avons vu de nombreux anneaux de ce genre dans une notice copieusement illustrée du Docteur Pic, de Prague; ils proviennent du Hadrich de Stradonie; la Bohême en a donné d'autres.

L'ATELIER DE BOIS-MAROT, A VILLEMAUR (Aube)

PAR

Paul de MORTILLET

L'atelier de Bois-Marot est situé à l'ouest du village de Villemaur, sur le territoire de cette commune. Il s'étend sur une surface de plusieurs hectares, depuis la lisière du bois des Ecomines en descendant en pente douce vers la route d'Aix-en-Othe à Palis. Il est exposé à l'Est, Sud-Est. Le silex se trouve en abondance dans la craie qui forme le sous-sol et qui n'est recouverte que d'une couche peu épaisse de terre végétale. La découverte de l'atelier est très ancienne, avant 1878 le Musée de Troyes et divers collectionneurs, entre autres le docteur Compérat et Edouard Rousseau, d'Aix-en-Othe, possédaient des séries de silex paléolithiques et néolithiques de cette provenance. Depuis plus de cinquante ans, nombreux sont les préhistoriens qui ont visité le Bois Marot et recueilli une quantité de silex taillés; le gisement cependant est loin d'être épuisé, les labours ramènent encore chaque année à la surface du sol de nombreuses pièces. Les instruments de diverses époques se rencontrent intimement mélangés et plus ou moins cacholonnés.

Période paléolithique. — Beaucoup de coups de poing ont été trouvés la plupart de dimensions moyennes ou petites, sont de l'époque acheuléenne, mais un petit nombre taillés à grands éclats a toute l'apparence de coups de poing chelléens.

Le moustérien est très bien représenté par une certaine quantité de pointes à main et quelques racloirs. J'en ai vu dans plusieurs collections locales et au Musée de Troyes. M. Oudot, de Lusigny, qui pendant une douzaine d'années est allé recueillir des silex taillés, au moment des labours du printemps et de l'automne, dans cet atelier, possède au milieu d'un millier de silex d'époques diverses une vingtaine de pointes moustériennes fort jolies et tout à fait typiques et quelques racloirs.

Période néolithique. — Les silex taillés robenhausiens sont de beaucoup les plus nombreux, les haches ou fragments de haches polies sont en petit nombre, mais les ébauches préparées pour le polissage sont les pièces qui dominent dans cet atelier. Il y en a de toutes les grandeurs, les plus grandes d'une vingtaine de centimètres de long, les plus petites de huit à dix centimètres. Les unes sont très finement taillées et parfaitement finies, d'autres sont plus grossières. On trouve aussi bon nombre d'ébauches mal venues, cassées ou de formes irrégulières. Les ébauches de ciseaux sont également nombreuses. Le grattoir, qui est généralement le plus abondant dans la plupart des ateliers néolithiques, n'est pas l'outil qui domine, on le rencontre aussi nombreux que les tranchets, les scies à coches, les retouchoirs, les perçoirs, et les percuteurs. L'atelier a fourni aussi une quantité de silex de formes mal définies et quelquefois bizarres et quelques rares pointes de flèches. Les hommes néolithiques y ont surtout taillé de grosses pièces, principalement des ébauches de haches. Des puits creusés dans la craie pour l'exploitation du silex ont été découverts dans les environs. Ces dernières années, notre collègue M. Drioton en a fouillé un situé à deux kilomètres environ de l'atelier de Bois Marot. Enfin deux polissoirs existent encore dans le Bois des Ecomines, l'un la Pierre-aux-dix-doigts à un kilomètre et l'autre à deux kilomètres environ de l'atelier.

On n'a pas retrouvé de traces des habitations des hommes préhistoriques qui ont longtemps travaillé dans cette région. Près de Villemaur, on remarque dans les champs, face à l'atelier, des circonférences d'une trentaine de mètres de diamètre marquées par la différence de végétation; il y en a également près du village de Paisy situé à deux kilomètres au Sud. Est-on en présence d'habitations préhistoriques? Ces circonférences ne ressemblent pas aux traces laissées sur le terrain par les fonds de cabanes néolithiques, elles marquent peut-être la place de sépultures d'époques plus récentes. J'ai visité ces emplacements, guidé par un érudit archéologue, M. l'abbé Thiriot, qui les avait remarqués lorsqu'il était curé de Villemaur, et grâce à l'obligeance de M. Bauer, Président de la Société archéologique de l'Aube. Des sondages et fouilles en automne prochain nous fixeront sur ce qu'ils renferment.

ABRI SOUS ROCHE
dit de la « CHAIRE A CALVIN » ou de la « PAPETERIE »
Commune de Mouthiers (Charente)

PAR

PIERRE DAVID

Si vous continuez le chemin qui passe devant l'usine à papier de Mouthiers-sur-Boème, vous vous trouvez dans une petite vallée encaissée; celle de Gersac. Malgré de multiples recherches, il m'a été impossible de découvrir le nom de l'ancien cours d'eau qui devait y passer; les textes et les traditions étant muets à ma connaissance sur ce sujet.

A une centaine de mètres de la papeterie, se trouve, exposé Sud-Est, un abri déjà signalé par de Rochebrune et fouillé par plusieurs préhistoriens.

Un soir, l'orage ayant renversé un arbre, je remarquai dans les paquets de terre soulevés par ses racines quelques silex et une dent de cheval. Immédiatement, j'eus l'idée de fouiller le talus où je fis quelques sondages.

Le 9 juillet 1927, à 18 heures, je me trouvai dans l'abri étudiant la paroi, lorsque j'aperçus une croupe d'animal. Je reconnus d'autant mieux ces sculptures que huit jours auparavant, j'avais examiné celles de Pair-non-Pair découvertes par F. Daleau.

Emu, je prévins aussitôt celui qui encouragea mes travaux, et quelle patience fut la sienne! le Docteur Henri Martin. Il vint voir l'abri et nous rédigeâmes sur place le procès-verbal de découverte.

Le bas-relief est encore dans l'état où je l'ai trouvé; des mousses, des lichens et des dépôts calcaires couvrent la partie supérieure. Les photogra-

phies que je présente au Congrès expliqueront mieux que je ne saurais le faire, les détails de la sculpture faite en champ-levé et dont la facture est très près de celle de Laussel. Seule, la partie postérieure de l'animal de gauche est très nette, mais je préfère me réserver pour la décrire, et attendre le dégagement total des deux animaux.

Il n'est pas aisé de déterminer avec précision, l'âge de ces sculptures, les premières découvertes en Charente. Faut-il, comme le pense M. l'abbé Breuil, les rapprocher des chevaux du Cap Blanc à Laussel, et, dans l'affirmative, considérer ces sculptures comme magdaléniennes?

D'autre part, la nouvelle découverte du Roc, également charentaise, montre non loin de Mouthiers de nombreux chefs d'œuvre nettement solutréens. Ici, le secours de la stratigraphie ne peut nous aider, puisque les sculptures sont pariétales; mais, en les plaçant dans le vieux magdalénien, on ne s'écarte probablement pas de leur véritable origine.

Stratigraphie. — J'ai à peu près terminé une tranchée de 1 m. à 1 m. 20 de large; elle coupe le talus, depuis le niveau inférieur de la vallée jusqu'à l'abri, sur une longueur de 14 mètres. La stratigraphie en est la suivante : terre végétale, 15 cm.; couche argileuse avec nombreux silex et quelques os, 1 m.; couche stérile, 30 cm.; brèche avec silex et os d'épaisseur variable.

Couche supérieure. Industrie. — Les pièces dominantes sont les grattoirs nucléiformes assez hauts, ils semblent appartenir à l'Aurignacien; quelques grattoirs concaves, grattoirs-burins, grattoirs à un ou deux épaulements, quelques petits grattoirs ronds semblant, au premier abord, appartenir au Magdalénien; je ne suis d'ailleurs pas le seul à en avoir trouvé dans les couches aurignaciennes. Les burins sont nombreux, comme je l'ai déjà dit, burins-grattoirs, burins d'angle, burins de milieu, quelques doubles burins. J'ai sélectionné parmi ceux-ci certains qui me semblent intéressants. D'un côté l'éclat est détaché par le coup de burin, et de l'autre, par des retouches multiples figurant presque un grattoir sur bout de lame. Les lames sont généralement de dimensions assez grandes, avec ou sans retouches, quelques lames à dos rabattu. Perçoirs. Quelques-uns indiscutables, plusieurs autres ayant pu être utilisés à cet usage. De nombreuses pièces ont une extrémité amincie propice à l'emmanchement.

Faune. — *Os*. — Peu nombreux, mais assez bien conservés. Le cheval semble dominer, *bos bison*, bos primigenius, renne, antilope, saiga, assez abondants, cerf, une dent de renard bleu, un morceau de mâchoire de castor et deux dents de sus.

Couche inférieure. — Encore assez peu fouillée par suite de la dureté de la brèche. Les silex bleutés sont recouverts de dépôts calcaires.

Industrie : burins, grattoirs, et nombreuses pièces utilisées. La fouille est insuffisamment poussée pour que je les communique en détail.

Faune. — Impossibilité presque absolue de sortir les os de la couche sans les briser; à signaler une partie importante de mâchoire de bos primigenius de très grande dimension.

L'ABRI PRÉHISTORIQUE DU SAULT
ET L'ABRI TROSSET A SERRIÈRES-SUR-AIN

PAR

C. GAILLARD, J. PISSOT et C. COTE

Ces deux abris préhistoriques sont situés sur la rive gauche de l'Ain, à quinze cents mètres en aval de l'abri de la Genière, étudié précédemment (1).

L'abri du Sault comme l'abri Trosset sont un peu moins spacieux que celui de la Genière, néanmoins ils présentent un grand intérêt car ils ont été trouvés intacts et nous ont permis de reconnaître, en place, non seulement les deux niveaux du Paléolithique supérieur, mais aussi le dépôt néolithique qui, dans l'abri de La Genière, avait été exploré antérieurement à nos fouilles.

Dans la présente notice nous résumerons la *stratigraphie*, la *faune* et l *industrie* des deux nouveaux abris dont l'exploration a été poussée jusqu'au roc.

STRATIGRAPHIE. — Voici quelle était la hauteur du sol au-dessus du niveau moyen des eaux de la rivière, ainsi que l'épaisseur des couches archéologiques et stériles rencontrées de haut en bas dans les trois abris préhistoriques de Serrières-sur-Ain.

	Abri de La Genière	Abri Trosset	Abri du Sault
	m.	m.	m.
Hauteur du sol au-dessus du niveau moyen des eaux de la rivière	10,45	13,70	16
Epaisseur de la terre végétale	0,20	0,20	0,10 à 0,25
Niveau A. Couche néolithique	0,35	0,10	0,20
Conche stérile. Sable mêlé de blocs roulés..	0,20	0,30	»
Niveau B. Couche à microlithes	0,35	0,20	0,20
Couche stérile. Sable mêlé de blocs roulés.	0,20	0,30 à 040	»
Niveau C. Silex taillés magdaléniens......	0,50	0,15	0,30
Couche stérile. Sable mêlé à l'éboulis jurassique	2. »	1.40	0.60

Les renseignements qui précèdent montrent que les couches archéologiques de l'abri de La Genière et de l'abri du Sault sont séparées deux à

---

(1) C. GAILLARD, J. PISSOT et C. COTE: *L'abri préhistorique de La Genière, à Serrières-sur-Ain. (Association française pour l'avancement des Sciences, Lyon,* 1926, p. 438; *L'Anthropologie.* p. 1 à 47, t. XXXVII, Paris, 1927.)

deux par des dépôts stériles composés de sable mêlé à des cailloux roulés. Ces dépôts représentent le sommet des alluvions de la basse terrasse de l'Ain dont la hauteur à La Genière atteint dix mètres environ au-dessus du niveau moyen des eaux de la rivière, tandis que dans l'abri Trosset ces alluvions sont en surélévation de plus de 3 mètres, puisqu'elles atteignent en ce point, une hauteur de plus de 13 mètres. En outre, les dépôts d'alluvions ont 0,30 à 0,40 d'épaisseur dans l'abri Trosset, alors que ces mêmes dépôts n'ont que o m. 20 à La Genière.

Ces faits démontrent que le niveau et la puissance des alluvions d'une rivière varient avec la largeur de la vallée. Le niveau des alluvions s'élève à mesure que la vallée devient plus étroite. La basse terrasse est, dans l'abri Trosset, plus haute de 3 mètres que dans l'abri de La Genière parce que dans la région de ce dernier abri la vallée de l'Ain est plus élargie qu'au niveau de l'abri Trosset.

D'autre part, on voit que les dépôts archéologiques B et C de l'abri du Sault n'ont pas été recouverts par les alluvions de la basse terrasse. Cela est dû à ce que ces couches archéologiques ont l'une et l'autre une altitude de plus de 15 mètres, alors que le sommet de la basse terrasse n'a pas, dans la région du Sault et de l'abri Trosset, dépassé notablement la hauteur de 13 mètres.

Les variations du niveau et de la puissance des alluvions dans une vallée étroite de largeur variable, aident à comprendre la formation de dépôts atteignant jusqu'à 20 mètres au-dessus du niveau moyen de la rivière, comme on le voit dans l'abri sous roche de la Colombière (1). Cette formation qui, en raison de sa hauteur, a été rattachée à la terrasse quaternaire de 20 mètres, nous paraît représenter une surélévation purement locale de la basse terrasse de l'Ain, dont la hauteur atteint seulement de 11 à 14 mètres environ, entre Serrières-sur-Ain et le hameau de Merpuis.

A Poncin même, la basse terrasse est également élevée de 11 à 12 mètres. Mais un peu en aval, au niveau de La Colombière, la rivière est brusquement resserrée entre la falaise de la rive gauche et le rocher de l'abri préhistorique qui forme en ce point une sorte de barrage naturel. C'est cette obstruction relative qui a déterminé une plus forte accumulation d'alluvions en amont et en aval du rocher de la Colombière.

Enfin une autre raison milite en faveur du rattachement des alluvions de la Colombière à la basse terrasse de l'Ain, c'est la présence au niveau de ces alluvions, d'un outillage microlithique semblable à celui qui a été rencontré à La Genière et dans l'abri Trosset au sommet de la basse terrasse.

FAUNE. — Nous ne citerons pas les divers mammifères, oiseaux et mollusques reconnus d'après les rares débris osseux et les coquilles recueillis

---

(1) L. MAYET et J. PISSOT: *Abri sous roche préhistorique de La Colombière,* près Poncin (Ain), p. 183, Lyon 1915.

aux différents niveaux des deux nouvelle stations. Nous signalerons pourtant que le niveau B de l'abri Trosset a fourni deux dents de Renne dont l'une, très typique, permet de fixer à la fin du Magdalénien, l'âge du niveau B des abris de Serrières-sur-Ain.

Ossements humains. — Les fragments de squelettes humains trouvés dans les deux stations de Trosset et du Sault, n'apportent aucun renseignement précis concernant les caractères anthropométriques des anciens habitants des bords de l'Ain. Cependant, les dents humaines provenant du niveau B de l'abri Trosset comme celles de l'abri du Sault, offrent des particularités qui les rapprochent des dents correspondantes de l'enfant de race « négroïde » découvert au niveau B de l'abri de La Genière (1).

Industrie. — Les deux nouvelles stations de la commune de Serrières-sur-Ain n'avaient pas, comme l'abri de La Genière, été fouillés partiellement avant nos recherches. Nous avons donc trouvé intacte, sous la terre végétale, la couche archéologique la plus récente, le niveau A, qui nous a donné dans l'abri du Sault ainsi que dans l'abri Trosset, des produits d'une industrie nettement néolithique, c'est-à-dire des débris de poterie grossière, des fusaïoles en terre cuite ou en os et plusieurs lames de silex taillées d'un seul côté. L'une de ces lames ressemble tout à fait aux scies à encoches, signalées dans des stations néolithiques de l'ouest de la France.

La seconde couche archéologique, celle du niveau B, a fourni dans les deux stations une abondance de microlithes, de petits grattoirs ronds et des lamelles en silex d'aspect magdaléno-azilien. Cette industrie microlithique qui témoigne d'une influence méditerranéenne évidente, appartient à la période finale du Magdalénien. Elle est intéressante au point de vue de la question « mésolithique » dont l'importance grandit beaucoup depuis quelque temps.

Au niveau C, l'industrie du silex est beaucoup moins microlithique qu'au niveau B. Dans d'abri Trosset surtout, plusieurs grandes lames de silex taillé se rapprochent des formes magdaléniennes typiques. Elles autorisent à rattacher cette industrie du niveau C, à la période moyenne du Magdalénien.

La description détaillée, accompagnée de figures, des principaux documents provenant des abris Trosset et du Sault sera publiée prochainement.

---

(1) C. Gaillard, J. Pissot et C. Cote, *loc. cit.* (*L'Antropologie*, t. XXXVII, p. 18, fig. 9, Paris 1927.)

CONTRIBUTION A L'ETUDE DE LA PRÉHISTOIRE DANS LE FINISTÈRE

PAR

F. OCTOBON
Commandant

Le souterrain de Kerrioguel, près de Kerlouan.

Ce souterrain a été découvert en 1911 tout à fait par hasard. Une charette traversant un champ s'est brusquement enfoncée dans le sol. Nous avons visité ce champ en 1913 mais l'état des cultures ne nous a pas permis de faire dégager le souterrain en partie comblé par l'effondrement de la voûte. Onze sondages faits dans le champ au milieu du blé nous ont permis de retrouver l'emplacement exact et de délimiter la partie comblée. Voici les renseignements recueillis sur place :

Le souterrain, orienté Est-Ouest, est incurvé sur son axe. Il a 10 ou 12 mètres de long sur 2 m. ou 2 m. 20 de large et 2 mètres de haut. Sa voûte est creusée dans un banc de sable dur sans blocage ni sur les parois ni à la voûte elle-même. Une banquette court tout le long du souterrain séparé en deux par un mur de pierres sèches. L'entrée était constituée par un trou rond, sorte de puits, opposé à la partie effondrée. L'intérieur était rempli de cendres, de fragments d'os et de poterie; aucune sépulture, aucun vase entier. M. Egarrec, de qui nous tenons ces renseignements, est entré le premier dans ce souterrain et a fouillé les cendres pendant trois nuits, dans l'espoir d'y trouver un trésor. Il y a récolté 3 haches et 1 marteau-disque. Deux des haches sont passées à la collection Graal de Lesneven; nous avons pu nous procurer les deux autres objets. La « hache » est en jadeite verte et présente la particularité suivante : le tranchant paraît n'avoir jamais existé; il est (fig. 1) remplacé par une facette martelée et polie par frottement; le talon est piqueté.

Le percuteur est un disque plat, en roche siliceuse granulée verdâtre. La circonférence en est martelée avec soin et donne l'allure d'un palet à cette pièce. Une gorge peu profonde fait le tour de l'objet (fig. 2).

Le souterrain de la ferme Ollivier.

Nous avons, dans la même région, fait mettre à jour l'entrée d'un autre souterrain démoli en partie en 1907. Il est situé en partie sous la ferme de M. Ollivier, sur la route de Kerlouan à Saint-Frégant, entre les hameaux de Tregouinec et Perzel. Dans les déblais de la fouille exécutée pour mettre à jour l'entrée de la chambre, nous avons découvert des fragments de poterie noire et rouge, sans caractères précis, et des fragments de fer, mais aucun silex. Voici quelques renseignements sur le souterrain lui-même :

La chambre avait 4 mètres de long sur 2 mètres de large; son dallage inférieur est à 2 mètres du sol naturel; les parois sont constituées par des murs en pierre sèche, percés de 4 niches, deux de chaque côté, ayant 40

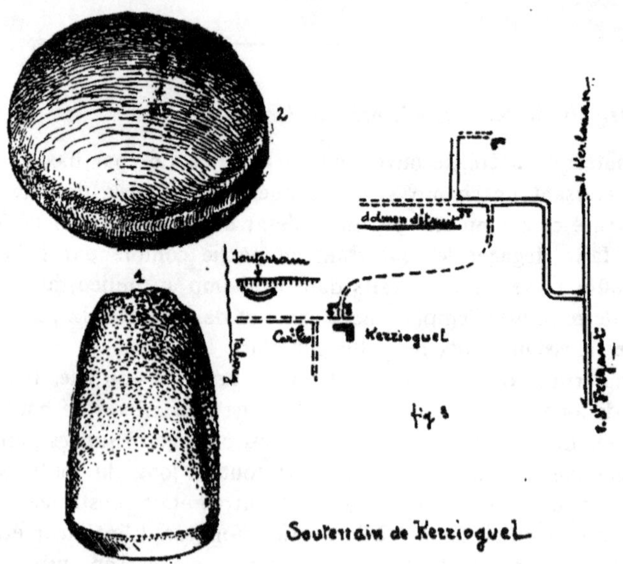

sur 50 centimètres. Le toit est formé de dalles imbriquées et recouvertes de 50 centimètres de terre. On a enlevé 7 dalles, la huitième était en place quand nous avons repris la fouille. La chambre, probablement sépulcrale, contenait des cendres et des poteries entières qui furent brisées lors de la première exploration.

Dolmen détruit.

Un petit dolmen qui se trouvait près de la route de Guisseny à Saint-Frégant, dans un champ dépendant de la ferme ci-dessus, a été détruit en 1911. Il était composé par deux supports coiffés par une table de 2 m. sur 1 m. 50. L'intérieur était rempli de pierrailles; sa fouille n'avait rien donné (fig. 3).

Dolmen fouillé.

Nous avons fouillé un petit dolmen situé à l'Ouest de la voie ferrée allant de Goulven à Lesneven, et situé sur un monticule situé à quelques

mètres de la voie. Nous n'y avons trouvé que quelques fragments de poterie impossible à déterminer; ce petit monument en voie de disparition, est formé par une table de 2 m. sur 1 m. 20 appuyée au rocher d'un côté et soutenue par deux blocs supports frustes de 0 m. 40 d'épaisseur.
Renseignements divers.

On nous signale une butte au Castel ad Lez (château de l'Escorte), au pied de laquelle existait autrefois « un canal maçonné de grosses pierres » qui s'enfonçait horizontalement sous la butte. Peut-être s'agit-il d'une entrée effondrée de galerie couverte.

DÉCOUVERTE
D'UNE IMPORTANTE STATION PALÉOLITHIQUE
dans le gravier de la vallée de l'Yonne
venant dater la formation de sa basse terrasse

PAR

Mlle AUGUSTA HURE

Conservatrice des Musées de Sens.
Correspondante du Ministère

Cette station, par sa position à la base du gravier à *Elephas primigenius*, vient dater la formation de la basse terrasse de la vallée de l'Yonne. Cette station occupait en face la gare de l'Est de Sens, l'ancienne carrière Brisson livrée depuis peu aux décharges publiques. Là, à 2 m. 50 de la terre végétale, sur un espace de 5 mètres carrés, plus de 1.000 silex paléolithiques, appartenant au *Moustérien moyen*, se tenaient, dans un gravier très sableux, à 0 m. 50 du fond de la vallée.

Des portions de sables fins et limoneux procuraient aux occupants de ce lieu, un sol doux et chaud. Avec la rivière et le rû de Fontaine à proximité, la disette de l'eau n'était pas à craindre. En cette circonstance, il s'agit bien d'une véritable station en place, et non d'un apport alluvial de silex plus lointains, car outre les nuclei pour la fabrication du matériel, il y avait des outils ratés au cours de la percussion, d'autres usés ou ébréchés par le travail domestique. En résumé, l'ensemble d'un mobilier ayant répondu aux besoins d'une famille de ce temps fixée dans cette partie de la vallée.

Il est à croire que la rivière, dans une de ses divagations coutumières, avait déserté un instant cet emplacement; ceux qui s'y installèrent possédaient, avec le gros gravier de l'endroit, la matière propice à leur industrie. Plus tard, une autre divagation du cours d'eau, reprenant son ancien lit, devait recouvrir cet endroit de nouveaux graviers. Outre les avantages que je viens de décrire, les habitants de ce lieu y trouvaient d'autres attraits.

En face s'étendait la vallée du ru de Fontaine, qui les portait aisément pour la chasse sur les hauteurs voisines. En cette circonstance tout nous dit que nous avons affaire ici à une famille voyageuse de ces temps, empruntant pour ses longs déplacements les voies aisées des vallées. A proximité des cours d'eau, leur marche n'était entravée par aucune encombrante végétation. Et retenons bien ceci, *que les endroits où les vallées latérales convergeaient à cette époque aux vallées principales, étaient devenues les carrefours de repos des tribus nomades paléolithiques.*

Dans cette station, on a beaucoup travaillé. Le nombre des outils était grand puisqu'il atteignait le nombre environ de 1.000. Je m'empresse de dire que je n'ai récolté aucun éclat *Levallois*, ce qui éloigne l'idée que nous avons affaire à un *Moustérien ancien*. L'ensemble répond profondément au *Moustérien moyen*. La patine de ces objets est très variée : bleuâtre, brune, grise, rousse, ocre, blanchâtre, selon la nature du silex. A côté des outils dont les arêtes et leur surface sont légèrement adoucies par le travail des eaux, il en existe avec des saillants si vifs que l'on croirait taillés d'hier. Il est à croire que ces derniers furent recouverts d'une couche épaisse de sable et de limon. Comme la matière pour l'outillage s'adressait à des silex roulés, on a produit de ce fait quantité de décapuchonnages afin d'établir le nucleus. Ces décapuchonnages, bombés d'un côté avec du cortex, plats et lisses sur l'autre face, ont été la plupart retouchés dans leur pourtour et quelques-uns durent de la sorte servir de grattoirs.

L'outil dominant reste la lame débitée avec une parfaite et régulière technique. Il y en a de longues et de larges, de longues et d'étroites; certaines appointées évoquent la pointe de lance; quelques-unes possèdent une encoche travaillée à leur base.

Quant aux pointes traditionnelles moustériennes, à part une trentaine d'un bon travail, sur environ 200 qui furent recueillies, elles sont assez irrégulières et massives. Il faut aussi noter l'absence du burin et du coup de poing. D'autre part, j'ai rencontré trois grosses boules, d'un diamètre de 0,10 et de 0,075, fabriquées à l'aide d'éclats de silex prélevés sur leur contour. Malgré que l'une d'elles porte sur ses arêtes quelques étoilures, je ne la considère pas comme percuteur, attribuant ces effets de frappe au martelage répété sur un même point dans le but de parfaire le sphéroïde. Quant aux grattoirs ordinaires et concaves, ils figurent au nombre de 41. Je note également une quinzaine de racloirs, dont trois ovalaires, types du *Moustérien* typique, puis 6 outils avec soie et pédoncule, formes désormais bien connues dans le *Moustérien*. Enfin 65 microlithes, tels que pointes, lamelles, perçoirs, éclats informes ayant été utilisés.

Somme toute, il s'agit là d'une très belle station qui devient pour nous un élément parfait pour la classification du gravier de nos bas niveaux, et que je désigne sous le nom de gravier *Würmien*. Avec l'achèvement de ce gravier, nous possédons le stade d'évolution final de l'équilibre de la vallée qui s'est maintenu jusqu'à nos jours. En effet, avec lui, c'en est fait de l'existence des grands cours d'eau et le loess qui vient après ne traduira que des actions subaériennes.

J'achèverai en disant que c'est entre le gravier et le loess sus-jacent que se tient, dans un frêle et inégal cordon de silex éclatés (cailloutis), soulignant le début de l'ancien sol, l'industrie du *Moustérien supérieur*, n'ayant jamais subi l'influence d'un cours d'eau. La conclusion qui ici s'impose, est que, avec la fin du gravier. d'ordre alluvial. et le début du loess. d'ordre vraisemblablement éolien, nous assistons à un changement complet, tant au point de vue paléolithique que physique et stratigraphique.

PIÈCES A LANGUETTE DE L'AURIGNACIEN MOYEN

PAR

D. PEYRONY

*Conservateur du Musée préhistorique
des Eyzies-de-Tayac (Dordogne)*

On sait que la base de l'Aurignacien moyen est caractérisée par des pointes losangiques en os à base fendue. Dans toutes les fouilles que j'ai faites, dans les dépôts de cette époque, à côté de ces objets (fig. 1, n°ˢ 1, 2, 3, 4), j'ai recueilli des pièces identiques à celles de la fig. 1, n°ˢ 1a, 2a, 3a, 4a, variant entre 2 et 5 centimètres de long, composées d'une base de grandeur variable, à section quadrangulaire ou ovalaire, faisant saillie sur une languette la surmontant, comme le fait le manche d'un couteau sur la lame.

On serait tenté d'y voir, de prime abord, des rudiments de couteaux ou de poignards, si leurs petites dimensions n'interdisaient pas cette hypothèse et si la surface de la partie qu'on suppose être la lame, n'était pas toujours rugueuse. telle qu'elle a été produite par l'éclatement de la matière.

Qu'étaient donc ces pièces? Telle est la question que je me suis posée. A première vue, je les ai prises pour des instruments inachevés ou plu-

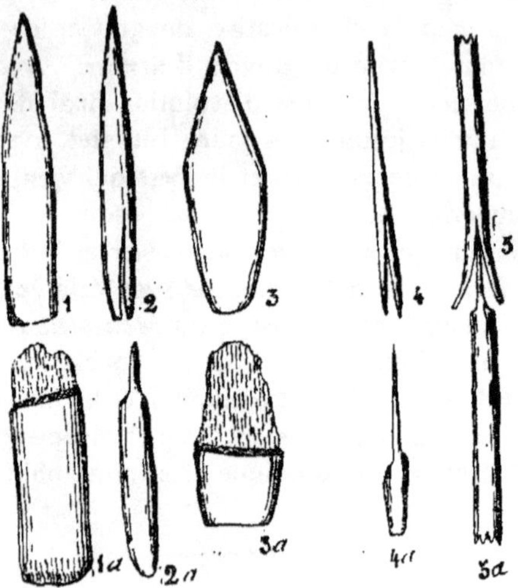

Fig. 1. — N°ˢ 1, 2, 3, 4, pointes à base fendue aurignaciennes
N°ˢ 1a, 2a, 3a, 4a, rebuts de fabrication de la base des pointes
N°ˢ 5 et 5a, base et languette encore réunies (1/2 G. N.)

tôt manqués; mais leur nombre et l'absence totale d'outils semblables bien finis, m'ont fait comprendre mon erreur.

Après un examen attentif et minutieux de ces derniers et des pointes à base fendue, j'ai remarqué que la matière manquant entre les lèvres de

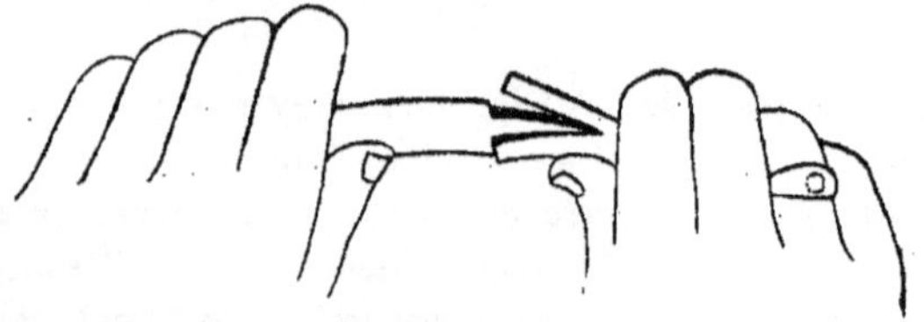

Fig. 2. — Opération de démonstration de la fabrication
des pointes losangiques à base fendue

cette dernière, pouvait bien être celle formant languette, et, après en avoir rapproché plusieurs à peu près de même forme et de même calibre (fig. 1, n°ˢ 1 et 1a, 2 et 2a, 3 et 3a, 4 et 4a), ma convictiin a été faite. Les n°ˢ 1a, 2a, 3a, 4a seraient, d'après moi, des rebuts de fabrication : la partie enlevée à la base de baguettes pour produire la fente des pointes de sagaies.

Pour donner à mon hypothèse une force démonstrative, j'ai fait, sur un bâton en bois, le travail pratiqué par le Troglodyte aurignacien, sur l'os et sur le bois de renne.

Après avoir préparé une baguette à section ovale, j'ai fait au couteau deux incisions latérales transversales et symétriques arrivant au tiers ou au quart de l'épaisseur du bois. Puis prenant à chaque main chacune des deux parties limitées par les sillons ainsi que l'indique la fig. 2, j'ai fortement appuyé latéralement le pouce droit et j'ai fait abattage de la main gauche. Alors, partant de l'incision, il s'est produit, du côté droit, une fente qui a gagné d'autant plus la partie médiane de la baguette que la pression était plus forte.

Lorsqu'elle a eu atteint le milieu, j'ai retourné l'objet et ai pratiqué la même opération sur l'autre côté. J'ai obtenu ainsi la pièce (fig. 1, n°° 5, 5a) sur laquelle on voit l'avant-dernière phases du travail.

Alors j'ai détaché la languette et j'ai eu la fente d'un côté (n° 5) et le rebut de base de l'autre (n° 5a), comme dans les n°° 1 et 1a, 2 et 2a, 3 et 3a, 4 et 4a, fig. 1.

LE GALET PEINT DE LA GROTTE NICOLAS
Commune de Sainte-Anastasie, Russans (Gard)

PAR

CAMILLE HUGUES

La grotte Nicolas, fouillée par le groupe spéléo-archéologique d'Uzès, a livré un riche mobilier qui a fait l'objet de plusieurs études sur le détail desquelles nous ne reviendrons pas.

La grotte, avant tout sépulcrale, ne contenait qu'une couche préhistorique dont les éléments remontent de l'hallstattien à l'énéolithique.

Elle n'a donné aucun instrument en fer, mais certaines poteries à décor excisé, identiques à celles des tumuli languedociens, se rapportant, d'après Ulysse Dumas, à l'époque de Hallstatt.

Son plan a l'aspect d'un Y, les deux branches tournées vers l'extérieur et s'ouvrant au couchant.

Nous savions, grâce aux renseignements précis fournis par M. Jules Deleuze, d'Uzès, qu'il restait au fond de la galerie septentrionale une zone intacte, difficile à atteindre à cause de l'étroitesse du boyau.

Dans l'impossibilité de nous mouvoir, nous avons bientôt renoncé à poursuivre nos recherches; toutefois elles n'ont pas été vaines car nous avons recueilli, au point où la galerie devient impraticable, une pièce curieuse qui n'avait pas attiré l'attention des fouilleurs précédents et avait été abandonnée par eux.

C'est un galet roulé des Cévennes, en quartz blanc, du poids de 750 gr., de forme irrégulièrement ovoïde, mesurant 125 millimètres de long sur 70 de large.

Une arête porte des traces d'écrasement, comme d'autres galets du Gardon ayant servi de broyeurs. Mais en outre l'une des faces est couverte de signes rouges.

L'ensemble a un aspect géométrique. Ce sont des lignes se coupant sensiblement à angle droit, donnant une série de rectangles emboîtés.

Le trait obtenu par une suite de hachures est tantôt continu, tantôt

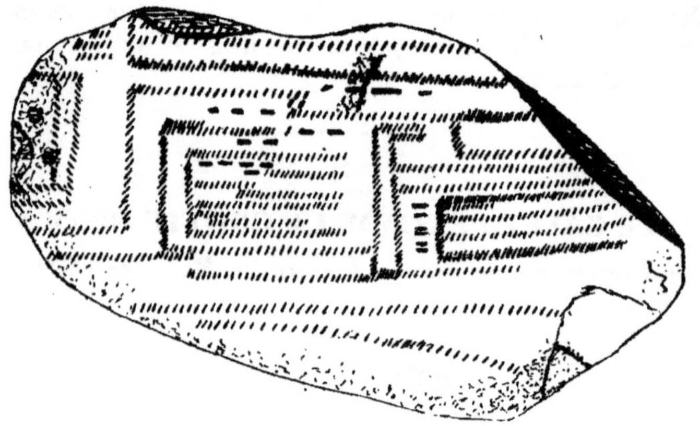

Galet peint de la grotte Nicolas, Russau (Gard)

formé de tirés très·rapprochés. Son épaisseur varie. En plusieurs endroits il est doublé et même triplé.

Ce décor se poursuit dans les éraflures de la pierre où la couleur s'est étalée, et sur les parties écrasées. Le galet a donc été peint après usage.

Quoique l'une des extrêmités soit couverte d'une légère couche de concrétions qui masquent le dessin, il ne paraît pas nettement arrêté dans le sens de la largeur.

Par sa position dans la grotte le galet appartient au mobilier funéraire, et c'est sans doute ce qui nous vaut la conservation de ses délicats ornements.

On ne saurait le rattacher à l'azilien : le thème du décor et la technique n'ont d'ailleurs que des rapports lointains avec les peintures de cette époque.

On peut y distinguer les éléments d'une grecque, accompagnée de figures géométriques comparables à celles des poteries excisées.

· Avec les réserves qu'imposent les conditions de la trouvaille, nous croyons pouvoir attribuer le galet peint de la grotte Nicolas au milieu dans lequel il se trouvait : au début de l'âge du fer.

ULYSSE DUMAS. — a) Grotte Nicolas. *Bull. Soc. d'Antrop.*, 1904.
— a) Grotte Nicolas. *Revue Ecole d'Anthrop.*, 1905.
— Des temps intermédiaires entre la pierre polie et l'époque romaine. *B. S P. F.*, 1910.
Henri BAUQUIER. — Présentation d'objets de la Vallée du Gardon. *Rhodania* n° 240.
Adrien GUEBHARD. — A propos de la décoration au champ levé d'une poterie préhistorique provençale. *B. S. P. F.*, 1911.
Grotte Nicolas in Fouilles des grottes et stations faites par le groupe Spéléo-archéologique d'Uzès. *Uzès-Malige,* 1911.

LES FAUX DE L'UNE DES COLLECTIONS D'OBJETS DE PRÉHISTOIRE DU MUSÉE DE NIMES

PAR

ALBERT HUGUES

Dans un travail non encore paru et déposé depuis des années et bien avant sa mort par le commandant Gimon sur le bureau d'une société scientifique de Nîmes, le regretté préhistorien, sous le titre bien approprié de : « *L'art magdalénien de* 1910 », a relaté avec sa fière conscience, sa belle clarté d'archéologue probe, exact, les phases d'émission de faux objets de préhistoire et la genèse de leur introduction dans une collection sérieuse suivie de leur dépôt dans un des Musées les plus riches de province en objets d'archéologie préhistorique.

Les événements de ces dernières années, prouvent que l'audace des faussaires est telle, que nous ne saurions trop mettre en garde les archéologues et les collectionneurs contre les diverses formes de truquage des objets de préhistoire.

Quand par suite du don de la famille, la collection de préhistoire du géologue Adrien Jeanjean entra au Muséum d'Histoire naturelle de Nîmes, les archéologues, heureux de trouver à leur portée pour l'étude, les trouvailles provenant des fouilles du savant auteur de : « *L'Homme et les Animaux des cavernes des Basses-Cévennes* » furent tout surpris d'y découvrir une inquiétante série d'objets en os gravés, dont Jeanjean n'avait pas signalé la découverte dans ses notes.

Le premier, M. le comte R. de St-Périer, y reconnut des faux, le commandant Gimon, auquel la collection Jeanjean était familière, n'y avait pas vu ces pièces quinze années auparavant.

Venues dans les séries d'une collection réunie par un archéologue savant, consciencieux et expert, il était pénible d'affirmer le truquage. Timidement consulté, le donateur s'empressa de déclarer que les objets incriminés n'avaient pas été trouvés par son parent, mais qu'il les avait achetés lui-même après la mort de Jeanjean, à un préhistorien, peintre d'un modeste talent, faisant commerce des trouvailles qu'il déclarait découvrir dans ses fouilles des grottes et ses recherches dans les stations préhistoriques de la région cévenole.

Le commandant Gimon connaissait bien « le Monsieur » qu'il avait eu comme collaborateur, pour ses fouilles et la publication de travaux parus dans les premières années de l'*Homme préhistorique*, et duquel il s'était séparé quand il s'était rendu compte qu'il essayait de le tromper.

Les cavernes qui d'après le commandant Gimon et son collaborateur avaient eu leur sol remanié par : « *les Camisards chercheurs de trésors* » avaient vraisemblablement reçu la visite du truffeur de gisements avant celle du commandant. Les résultats de pareilles fouilles laissent matière à bien des interprétations.

Les malheureux Camisards avaient bien autre chose à faire qu'à rechercher des silex taillés ou des haches polies, leurs grottes refuges murées depuis deux siècles par ordre des autorités de la province de Languedoc, étaient semble-t-il connues du certain artiste, qui avait su y pratiquer une ouverture pour exploiter les foyers des couloirs avant de les révéler à son collaborateur.

Après la mort du truqueur artiste, duquel le commandant Gimon a dévoilé les procédés commerciaux, nous avons eu en mains des perles en aragonite aux différentes phases de leur fabrication et œuvre du peintre.

M. le docteur Paul Raymond, eut à se plaindre de ce fabricant d'os gravés et l'avait démasqué dans sa « *Revue préhistorique* » P. R. (Paul Raymond). Les faux en Préhistoire. Deux pièces rares. *Revue Préhistorique*, 1907, pages 314 à 316.

Le faussaire ayant répandu les produits de son industrie chez les amateurs de diverses régions de France et de l'Etranger, nous avons cru qu'il n'était pas inutile en cette célèbre année 1928, où faux et faussaires ont occupé l'opinion publique, et où tant d'esprits mal informés ont tenté de discréditer les études d'archéologie préhistorique, d'apporter quelques détails sur le trop habile fabricant d'objets *préhistoriques!* des grottes des Cévennes.

L'OUTILLAGE DE LA STATION DE MOULIN-DE-VENT
(Montils - Charente-Inférieure)

PAR

MARCEL CLOUET
Instituteur à Saintes

Découverte par M. le docteur Léon Réjou en 1882-83, cette station néolithique avait donné d'après un résumé publié dans les *Matériaux* (1884, pp. 229-230), une immense quantité de silex pouvant se diviser en cinq classes : « les grattoirs, les perçoirs, les lames dont quelques-unes analogues aux grattoirs magdaléniens, une foule de petits éclats utilisés comme pointes de flèches, les instruments qui par leur forme particulière caractérisent ce gisement ». Et l'on ajoutait : « Pas même de fragments de haches polies ». Plus de quatre mille silex recueillis dans des terrains profondément défoncés pour plantations de vignes ont permis de distinguer les séries suivantes :

1° Deux haches polies entières et sept fragments; 2° les perçoirs et les biseaux spéciaux, façonnés par milliers. Ces outils sont faits avec des lames d'une épaisseur qui varie de 10 à 12 millimètres, la longueur moyenne est 28 millimètres. La pointe dégagée par de nombreuses retouches par pression — faites en quart de cercle de chaque côté de la lame — est parfois conique mais présente assez souvent une arête assez coupante sur la face supérieure. Avec une pointe à peu près conique on a le *perçoir* tandis que l'outil qui a une arête vive sur la partie supérieure de la pointe est le *biseau*. Il y a des outils intermédiaires. Les pièces doubles sont très rares. Plus de la moitié des silex recueillis étaient des perçoirs et des biseaux. Dans le *Musée Préhistorique*, G. et A. de Mortillet (1903), ont magistralement résumé ce qu'il y a lieu de dire utilement sur les biseaux : « Munis d'une courte pointe et d'un tranchant oblique, ils ont pu servir de burins ou de tarauds ». 3° les pointes. Leur section verticale se rapproche de la forme du triangle équilatéral. Non amincies et sans échancrures latérales à la base, elles ne furent point utilisées comme pointes de trait; 4° les burins rappellent les différentes formes du paléolithique bien que plus courtes. 5° les tranchets ou pointes de flèches à tranchant transversal ont souvent une usure marquée. Une vingtaine sont de dimensions moyennes. 6° les outils à encoches sont nombreux. 7° Sur une centaine de grattoirs, il y en a quelques-uns qui sont taillés avec le plus grand soin. 8° Des pointes triangulaires assez grosses et à large base ont encore un aspect paléolithique. 9° Les fragments de lames sont nombreux. 10° Les scies, peu nombreu;es, ont eu le tranchant ravivé par des retouches toujours faites du même côté de la lame. 11° Des lames robustes utilisées sur l'arête la plus épaisse tenaient lieu de retouchoirs ou d'écrasoirs. 12° Les pointes de flèches à pédoncule et à ailerons font défaut. Trois pointes de trait en forme de feuilles ont été trouvées. 13° Les nucléi sont très rares. On pourrait admettre que l'atelier de chez Landard (Bulletin de la S. P. F., 28 octobre 1926) était tributaire du Moulin de Vent. 14° Les molettes ont la face polie qui est concave, convexe ou plate; ces instruments ont pu servir à façonner la poterie. La partie supérieure d'une petite meule a été trouvée.

L'outillage microlithique

Certaines séries reproduisent des silex plus gros précédemment énumérés. Quelques silex étonnent par leur petitesse.

Les petits perçoirs et petits biseaux sont d'une préhension difficile. Près de 250 ont de 15 à 20 millimètres de longueur, une largeur de 12 à 15 mm.. et une épaisseur de 10 à 15 millimètres. Leur épaisseur, grande comparativement aux autres dimensions, ajoute encore à la difficulté du maniement. — Les petites pointes étroites et épaisses, très rares, seraient plutôt des vrillettes et se confondraient avec les instruments de la série précédente. — Les petits tranchets sont de dimensions très réduites. De forme trapézoïdale, les dimensions varient de 10 à 20 millimètres pour la grande base. — Des grattoirs minces ont la partie utilisée dégagée à la façon des « museaux » de certaines pièces aurignaciennes. Ils sont trop minces pour être des pointes ou des perçoirs inachevés. — Des petits grattoirs, très usés, aux formes assez irrégulières, constituent avec les perçoirs et les biseaux les séries de beaucoup les plus nombreuses et contribuent à donner à l'ensemble des silex un caractère spécial. — Des grattoirs sur lames ont de larges échancrures latérales. Ces échancrures sont parfois bilatérales et produisent alors un étranglement très accentué. — Les silex à petites encoches. les petites pointes minces et triangulaires, les petites lames, complètent l'outillage microlithique ainsi que de plus rares silex rectangulaires assez épais et dont une arête au moins, présente de l'usure.

Il y avait donc au Moulin de Vent de nombreux microlithes. D'ailleurs, dans l'ensemble, les silex sont de dimensions plutôt réduites. Les deux tiers des objets n'ont pas de dimensions supérieures à 32 millimètres dans le sens de la longueur et à 18 millimètres dans celui de la largeur (moyennes établies sur 180 silex recueillis au hasard).

Au sujet de l'outillage lithique du Moulin de Vent, M. l'abbé H. Breuil nous écrivait à la date du 1ᵉʳ octobre 1926 : « Tout cela n'est pas sans rapport avec l'industrie post-azilienne mais pré-néolithique et sans poterie ni rien de néolithique des amas de coquilles des grottes de la région d'Oviédo (Asturies). Là, avec une faune coquillère plus chaude qu'aujourd'hui

(*Trochum* sans *Littorina*), il y a des galets de quartzites taillés en pointe sur une seule face qui paraissent avoir servi à détacher les coquillages des rochers. Je verrais volontiers dans vos stations une descendance néolithique de cette industrie. Entre les deux se place le gisement de la tourbe de Biarritz également *Asturien.* » Nous ne connaissons rien des silex de la tourbe de Biarritz sinon qu'ils furent étudiés par M. Passemard. D'autre part, il serait peut-être possible de retrouver les perçoirs qui nous intéressent entre la région de Biarritz et la Saintonge. Dans une *Etude sur les Stations préhistoriques du Bas Médoc,* Dulignon-Desgranges (1877, extrait du Tome II des Mémoires de la Société archéologique de Bordeaux), écrit : « Les perçoirs que nous trouvons assez fréquemment (près du Gurp), mêlés aux autres silex, ont une forme particulière assez difficile à décrire. C'est un type exclusif jusqu'à ce jour à cette contrée ». Le petit perçoir représenté sur une des planches, bien que dessiné au fusain, semble se rapprocher des plus petits perçoirs saintongeais. Notre très regretté collègue Daleau nous fit connaître (16 mars 1927) qu'il avait recueilli en compagnie de Dulignon-Desgranges de nombreux silex néolithiques dans la région du Gurp et nous conviait à examiner spécialement ces silex; sa mort est survenue. Les collections Dulignon et Daleau devraient donc être étudiées.

Enfin au Nord de la Saintonge on a retrouvé ces perçoirs et ces biseaux sur la côte bretonne, dans l'îlot d'Er-Yoh, à la pointe est de l'île de Houat du département du Morbihan. (Er. Yoh. *Nouvel outillage en os et en pierre* découvert dans le Morbihan par M. Z. Le Rouzic et M. et Mme Saint-Just-Pecquart. *Revue anthropologique,* janvier-mars, 1925). Nous avons pu constater les rapports étroits qui existent entre les silex bretons et ceux de la Saintonge. Le petit perçoir de forme spéciale arriva sur les côtes de Bretagne plus tard qu'en Saintonge. Dans le Morbihan, il est accompagné : « de haches polies en roches filoniennes, de parties de très belles lames retouchées en silex probablement du Pressigny et de belles flèches à pédoncules et a ailerons », (Lettre de M. l'abbé Breuil, 11 août 1924) — objets qu'on n'a point encore rencontrés au Moulin de Vent.

Le Moulin de Vent semble être la station à petits perçoirs la plus caractéristique et la plus ancienne de la Saintonge. D'autres observations — mode d'habitat, poterie, etc., pourraient être présentées; elles seront publiées dans une communication suivante : *Les stations néolithique: à petits perçoirs de la Saintonge.*

L'ABRI MOUSTÉRIEN DE ROQUECOURBÈRE (Ariège)

PAR

JEAN CAZEDESSUS
Instituteur à Lafitte-Vigordane

(Dessins de Bernard Benezet)

La station de Roquecourbère, commune de Betchat, hameau de Belloc, se compose de quatre gisements distincts. Presque au sommet de la falaise calcaire qui surplombe d'environ 50 mètres le cours du Lens, affluent de droite du Salat, s'ouvre un petit abri à dépôt moustérien. A quelques mètres plus bas, une profonde galerie recèle sur des traces moustériennes, un foyer solutréen, à belles feuilles de laurier, surmonté lui-même d'un étage magdalénien. Enfin, au pied même de la falaise d'où coule une source abondante, dans un bois en pente douce, gît, à 40 centimètres de profondeur seulement, un atelier avec percuteurs, nucléus, éclats et outillage que le professeur Breuil attribue à l'Aurignacien moyen.

Seul le petit abri, orienté vers le N.-E., a été totalement exploré. Ses dimensions exiguës — 3 mètres de longueur sur 3 mètres de largeur et 1 m. 65 de hauteur — ne lui permirent pas de recevoir une importante tribu. Quand les premiers travaux y furent entrepris, le remplissage arrivait presque à la voûte. Les silex et rejets de cuisine se rencontrèrent sur plus d'un mètre d'épaisseur. Un foyer très noir était installé dans le fond, au seuil d'une étroite galerie qui remonte vers le haut de la falaise. Les rejets de cuisine sont nombreux tandis que les silex n'abondent guère. La faune. aimablement déterminée par M. Claude Gaillard, directeur du Muséum de Lyon, comprend :

Mammifères :

Equus caballus, Linné. Cheval ordinaire. Dents et ossements.

Sus scrofa, Linné. Sanglier. Un astragale.

Cervus capréolus, Linné. Chevreuil. Fragment de mandibule droite avec plusieurs dents.

Cervus élaphus, Linné. Cerf élaphe. Molaire de lait. Molaire inférieure (M. 3). Deux astragales et divers ossements.

Bison priscus, Bojanus. Aurochs. Plusieurs molaires inférieures et supérieures. Calcanéum. Phalanges et divers os de membres.

Ursus arctos. Linné. Ours brun. Un astragale avec plusieurs métacarpiens et métatarsiens. Molaires tuberculeuses : une supérieure, une inférieure et deux carnassières inférieures. Ces dents ressemblent à celles de *Ursus Pomelianus.* Bourguignat, trouvées dans une caverne de Vence.

Meles taxus. Bodd. Blaireau. Divers ossements avec une carnassière inférieure gauche. Cette dent est plus petite que la carnassière du blaireau actuel. Elle est un peu différente dans les proportions du trigonide et du talon.

Renard. Nombreuses carnassières et divers ossements.

Oiseaux.

Aquila fulva. Linné. Aigle fauve. Griffe ou phalange imguéale.

INDUSTRIE LITHIQUE.

Le silex employé provient des champs de Belloc où il se rencontre en quantité. Il a l'aspect laiteux et n'est pas de bonne qualité comme celui

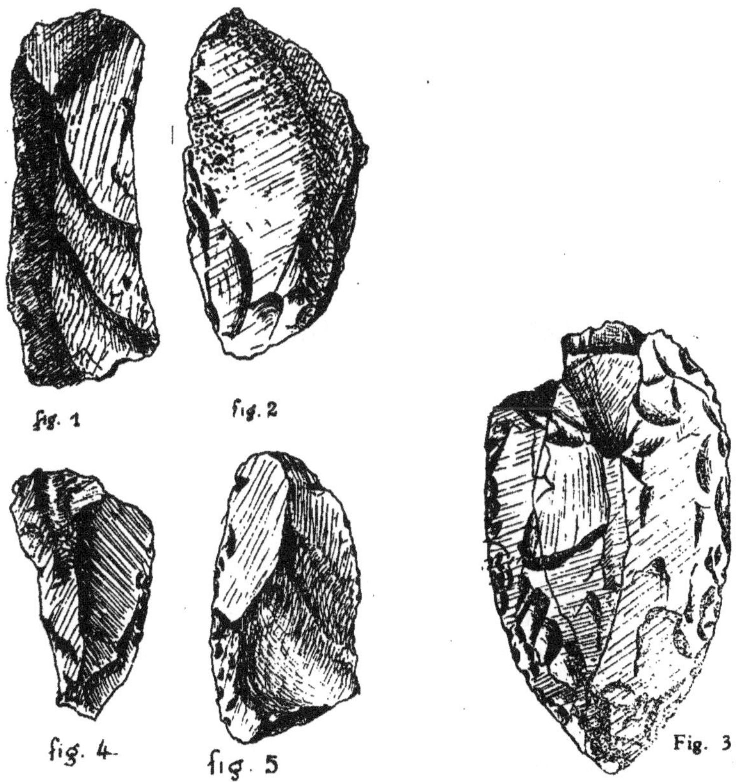

des filons encastrés dans le calcaire du coteau où s'ouvrent les grottes célèbres de Marsoulas et du Tarté, toutes proches de Roquecourbère. Aussi l'industrie n'est pas élégante, sauf toutefois une pointe à patine blanche minutieusement travaillée (fig. 3). Cette industrie se compose de grands éclats Levallois utilisés, d'une sorte de lame retouchée sur les côtés latéraux (fig. 1), de quelques pointes à main, les unes petites, les autres grandes, d'éclats, aussi retouchés de façon à former des canifs (fig. 4) et de râcloirs de taille plutôt médiocre (fig. 2 et 5). L'un d'eux porte des retouches sur le côté lisse. Beaucoup de galets ont été employés comme percuteurs; les étoilures et les profondes rainures de quelques-uns indiquent un long usage, et même les rainures un usage spécial.

Enfin, je signalerai un morceau creux de corne de cerf qui semble bien avoir été utilisé comme manche d'outil. Un des deux bouts ne laisse aucun doute à ce sujet.

En somme, si la station de Roquecourbère n'a pas encore livré de l'inédit, nous goûtons du moins la satisfaction d'y avoir exhumé deux époques de la préhistoire jusqu'ici absolument inconnues en cette **région pyrénéenne.**

LA TAILLE DES BURINS PALÉOLITHIQUES

PAR

A. DE MORTILLET

SAUMONS ET HACHES PLATES DE CUIVRE EN VENDÉE

PAR

MARCEL BAUDOUIN

Nous connaissions jusqu'à présent *cinq saumons de cuivre* pour la Vendée, dont 4 sont dans notre collection (1) (numéros I à V) (2).

Nous en avons découvert deux autres, au Musée Dobrée à Nantes, qui ne doivent pas provenir de la Cachette du Bronze de Montaigu (Con. Seidler, Vitr. n° 19).

1° Le premier était très gros et porte le numéro 311 dans la collection Seidler; il présente l'étiquette : *Vendée.* C'est notre n° VI. — Il n'est représenté que par un *débris* de la pièce d'origine, brisée longitudinalement. Entier, il ressemblait à un saumon de Soullans. Il pèse 630 grammes. Il avait une forme ovalaire, avec une extrémité plus élargie.

---

(1) M. BAUDOUIN : Découverte d'une cachette de cinq saumons de cuivre à Soullans (V.). *Bull. et Mém. Soc. d'Anthr. de Paris*, 1915, 16 décembre. Tiré à part, 1915, in-8°, 12 p., 8 figures.

(2) Une *analyse spectroscopique*, faite depuis 1915 par M. Bayle. (*Lab. Police*, Paris), a montré qu'ils étaient en *cuivre* pur.

La·pointe n'est pas très aiguë; la base intacte devait avoir 70 millimètres de largeur. Dimensions : 107×65×30 millimètres.

Entier, le poids devait dépasser 850 grammes.

2° Le second Saumon (n° 312), notre n° VII, est absolument entier, mais plus petit. Il est ovalaire et très régulier. Il ne pèse que 276 grammes.

Dimensions : 84×60×13 millimètres. Son indice largeur-longueur est de 71, 41. Etiquette : *Vendée*.

Ces pièces n'ont pas pu être analysées, même au spectroscope! Il serait à souhaiter qu'on prélève un peu de limaille et l'examine à la lumière spectrale. — On ignore totalement le lieu précis d'origine; mais on est sûr que ces deux pièces proviennent de la VENDÉE.

Si l'on suppose qu'il y avait dix Saumons à *Mouzeuil* (3) où se trouvait un dépôt, cela donne 17 SAUMONS pour le Bas Poitou! Mais, à Mouzeuil, les lingots étaient énormes, puisque leur ensemble atteignait 250 kilos.

Il semble bien que ces Saumons aient été *importés* par *mer*, en Vendée. Mais la démonstration, bien entendu, reste à faire, en ce qui concerne leur pays d'*origine*, qui reste hypothétique.

Je viens de retrouver, pour la Vendée (4), *huit* nouvelles *haches plates*, en CUIVRE, à ajouter aux 46 connues (5).

A la vérité, je n'en ai vu que quatre avec étiquettes; mais l'existence de la cinquième est réelle. Les trois autres pièces citées me sont inconnues et doivent être perdues. 3 haches, isolées, sont au Musée Dobrée, à Nantes; 2, dans des collections particulières. Les trois dernières haches proviennent d'un *dépôt*. Je ne les ai pas retrouvées.

Voici l'énumération de ces précieux spécimens :

1° Hache de MONTAIGU (n° 41; ex. 266, Musée Dobrée). N° XLVII (2) des Haches de Vendée).

2° Hache indiquée comme étant aussi de MONTAIGU. (Note manuscrite de Pitre de l'Isle du Dreneuc, conservateur du Musée Dolbrée). (N° XLVIII) (Ex n° 205)..

3° Hache de ST-ETIENNE DE BRILLOUET (n° 105, ex collection Parenteau), indiquée par erreur comme de Nantes au catalogue. (N° XLIX).

4° Hache de la collection Poissonnet. (*La Mothe Achard*). (Le Pin Macé). ST-GEORGES DE POINTINDOUX. Découverte en 1922. (N° L).

---

(3) Cf. M. BAUDOUIN. — *L'Age du cuivre en Vendée*. Paris, 1911, in-8°, 100 p., 47 figures.

(4) M. BAUDOUIN. — *L'Age du cuivre. Les haches plates de Vendée*. Paris, S. P. F., 1911, in-8°, 47 figures, 3 pl. hors texte, 100 pages.

(5) M. BAUDOUIN : Trois nouvelles haches plates de Vendée. *B. S. P. F.*, 1912, p. 558. — Deux nouvelles haches plates de Vendée. *B S. P. F.*, 1918, page 171, 5 figures.

5° Hache de St-Avaugourd (N° li). Collection Duchaine (La Boissière des Landes).

6°, 7° et 8°. Dépôt de *Velluire*, à 3 haches. (Numéros lii, liii, liv).

1° N° xlvii. — Longueur, 120 millimètres. Tranchant, 50 millimètres. Talon, 22 millimèters. Epaisseur, 10 millimètres. Talon d'épaisseur movenne. Ex. Collection Seidler. Type primitif.

2° N° xlviii. — Ex Collection Seidler. Très belle pièce du type *évolué*, à faces rugueuses encore (rare). Poids : 590 grammes (grand module). Largeur 150 mm.; tranchant, 65 mm.; talon, 30 mm.; épaisseur, 120 mm.; cornes très nettes. Type allongé.

Ces deux pièces sont peut-être celles du *Dépôt du Bronze de Montaigu*; mais nous n'en avons aucune preuve.

3° N° xlix. Jadis cataloguée pour les « *Environs de* Nantes. (*Inv. Par.*, pl. 61, n° 4).

Mais l'étiquette ancienne qui persiste encore porte : de Brillouet, qui ne peut correspondre qu'à St-Etienne de Brillouet (Vendée).

Poids : 105 grammes. Longueur, 63 mm.; tranchant, 40 mm.; talon, 30 mm.; épaisseur, 7 mm.

Hache rectangulaire, rugueuse, du type le plus primitif. Aucune trace de martelage.

Variété se rapprochant de la forme *Pélécydie*.

4° L. Hache de la collection Poissonnet (La Mothe Achard), trouvée à Saint-Georges de Pointindoux. Pièce coupée au talon, non entière, et poids de 205 grammes, ayant dû dépasser 216 grammes. Longueur, 97 (pour 100 en réalité). Tranchant, 56; talon, 18. Epaisseur, 8 mm.

Deux faces très rugueuses; type primitif. Trouvée au *Chiron*, du Pin-Macé.

5° LI. Hache de St-Avaugourd. Collection Duchaine, de La Chênelie Une des plus belles découvertes. Hache polie sur les deux faces et du tranchant avec beaucoup de soin. Type primitif. (Cuivre I terminal ou Cuivre II). Poids : 280 gr.; entière et intacte. Longueur, 125. Tranchant (largeur), 57 mm.; épaisseur, 9 mm.; talon, 25 mm.

Pièce *très lourde*, à classer à part.

6° LII, LIII et LIV. 3 haches plates trouvées ensemble, à *Velluire*, dans un *Vase en terre*. Citation du *Dict. arch. de la Gaule* (1919, t. II, p. 733). Jadis, ces pièces, découvertes vers 1891, étaient dans la collection O. de Rochebrune.

Je n'ai pas pu les y retrouver; mais elles y sont peut-être encore cependant!

Au total, donc, jusqu'à présent, cinquante quatre Haches plates, en Cuivre pur pour la Vendée. — Ce chiffre dépasse aujourd'hui celui connu pour le Finistère (6) et est très éloquent!

(6) M. Baudouin: Comparaison des haches plates du Finistère et de Vendée. *R. S. P. F.*, 1922, n° 10, p. 211-3.

ESSAIS DE TAILLE DU GRÈS LUSTRÉ

PAR

LÉON COUTIER

UN NOUVEAU GISEMENT PALÉOLITHIQUE DE LA FORÊT DE COMPIÈGNE

PAR

ALICE BOWLER-KELLEY

Sur la route de Compiègne, à environ un kilomètre du Carrefour de l'Armistice, se trouve la carrière du Bois nouvellement ouverte dans les graviers de l'Aisne. Elle donne une coupe fort intéressante que nous avons pu étudier grâce à l'aide de M. l'abbé Breuil. L'épaisseur des couches jusqu'à présent découvertes est d'environ deux mètres. Elles représentent du haut en bas :

1. — Niveau de sables terreux, une espèce de terre de bruyère.

2. — Un sable gris.

3. — Un gravier supérieur roux, assez volumineux en A, mêlé de sable en B. Vers le haut du « channel », devenant sableux vers la droite du « channel » de D.

4. — Sables gris clairs parfois terreux à gauche de A., passant à de menus graviers à droite de A., graviers gris en C et graviers mêlés de sables en Cβ, graviers blancs en Cγ, sables gris clairs en D et β avec lentille d'argile bleue en DV à droite de laquelle ils passent à des graviers blancs, puis roux.

En Dβ traînées noirâtres organiques. Le caractère contourné en C et D est à noter.

5. — Ligne d'argile compacte brune à la base de 4 contournée provenant peut-être du délavage de lignite.

6. — Argile marneuse blanchâtre qui fait peut-être partie de 8.

7. — « Pipe » d'altération d'un ancien sol arasé, preuve d'une exposition prolongée à l'air de la surface de 8. En A, à gauche de la « pipe », vestige de cran mélangé à 6.

8. — Sables blancs souvent coquillers, contournés en Aα par la « pipe » passant à des graviers blancs interstratifiés de sable s'enfonçant obliquement en Aα dans 9.

En Aβ stratifiés en bas, non stratifiés au milieu, jaunes en haut et coquillés. Sable blanc en Aγ. Sable blanc en B vers le haut avec mélange de graviers. Stratification par grosses lentilles se recoupant en Cγ plus gris en haut, mêlés de graviers au milieu. Sables blancs en bas. Sables et graviers gris blancs en Cβ et γ très contournés par 4 ainsi qu'en D. On ne retrouve plus cette couche en Dγ.

9. — Graviers grossiers avec lentille de sable 10.

Les sables coquillers 8, qu'il faudrait étudier plus profondément pour voir s'il n'y avait pas plus d'un niveau, présentent un mélange de coquilles tertiaires délavées et roulées et de coquilles quaternaires non roulées. Dans les échantillons soumis à M. Germain, du Muséum d'Histoire naturelle à Paris, il a pu identifier les suivantes :

Bithynio tentaculata. Linné.
Valvata depressa C. Pfeiffer.
Pisielium Amicum. Linné.
Helix species indéterminable.
Sphœrium species indéterminable.
Corbicula species indéterminable.

Un mélange de faune purement lacustre avec *Bithynia, Valvulata, Spœrium Pisidium,* faune quaternaire récente ou actuelle, de faune lacustre plus ancienne à *Corbicula* et de faune saumâtre à *Cerithium Potamides*, etc. Cette dernière appartenant aux sables tertiaires délavés de la région.

Nous avons obtenu des ouvriers des ossements représentant une faune comprenant bos et cheval et des dents de Rhinoceros Sicorhinus et de Renne ainsi qu'une lamelle de dent d'Eléphant indéterminable. Nous y avons aussi ramassé quelques éclats de Levallois frustes mais avec des plans de frappe tout à fait typiques.

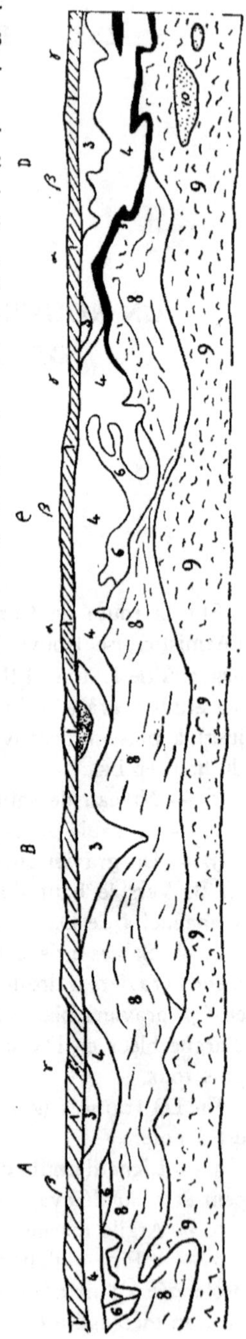

NUCLEUS SOLUTRÉENS
OFFRANT DES EMPREINTES DE POINTES

PAR

HARPER KELLEY

L'examen de nombreux nucleus provenant de la station du Roc et recueillis par M. le docteur Henri Martin, offrent des empreintes de taille sou-

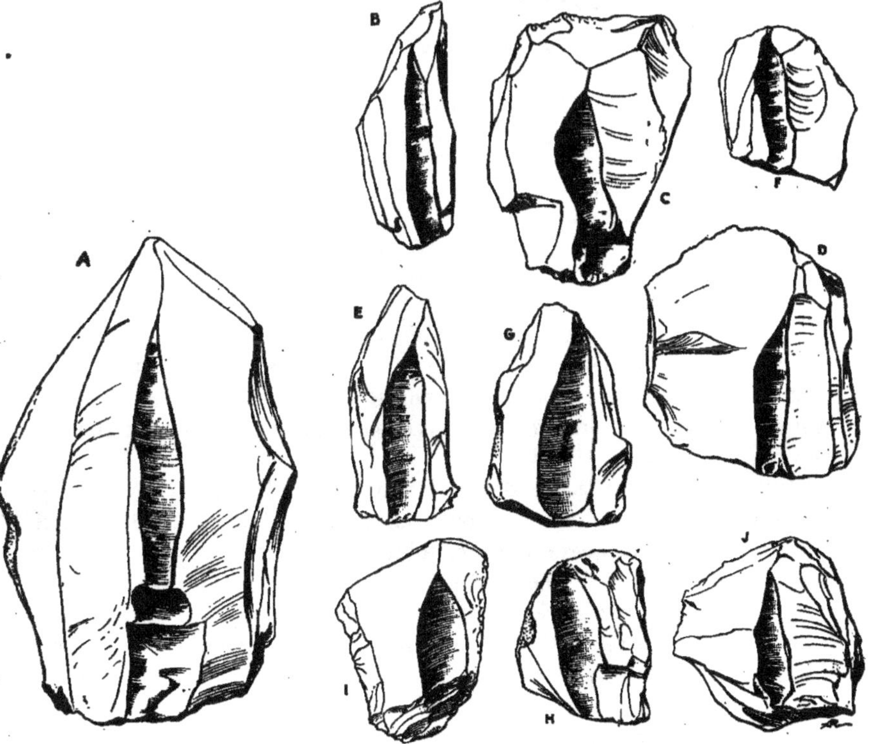

vent fort intéressantes. Il semblerait que les artistes solutréens savaient, comme l'avait déjà indiqué M. le docteur Henri Martin, choisir sur le bloc de silex des régions appropriées à une forme de pointe recherchée. Peut-être la région percutée, pour obtenir ce résultat, était-elle préparée à l'avance, ainsi que plusieurs nucleus semblent le confirmer.

Sur les blocs A, B, C, D, E, G, I et J nous voyons des empreintes correspondant à des pointes parfaitement utilisables, leur forme spontanée n'exigeait pas un travail complémentaire de retouches pour les rendre des armes redoutables. Ce sont de véritables pointes de flèches.

Sur les blocs F et H on voit même un ressaut qui correspond à la région pédonculée d'une pointe à cran.

Les moulages de ces empreintes me paraissent concluants. J'ai pu grâce à eux reconstituer l'arme qui fut jadis débitée avec une grande habileté.

NOUVELLES SCULPTURES SOLUTRÉENNES DU ROC
(Charente)

PAR

Dr HENRI MARTIN

Directeur du Laboratoire de la Quina. Ecole des Hautes Etudes

Je suis heureux de pouvoir communiquer au Congrès de la Rochelle le résultat de mes fouilles au Roc (Charente) et de profiter de cette circonstance pour remercier. le Conseil d'Administration qui a bien voulu, depuis plusieurs années, s'intéresser à mes recherches en participant aux frais de mes fouilles.

L'exposé de ces travaux a déjà été publié dans différentes revues et je me contenterai de présenter aujourd'hui à la IIe Section la découverte toute récente de quelques sculptures solutréennes inédites.

Je rappelle seulement que le Roc est une station préhistorique importante caractérisée par plusieurs grottes où j'ai retrouvé des assises aurignaciennes et solutréennes. Ces dernières m'ont réservé d'heureuses surprises, car les manifestations artistiques se sont montrées avec une ampleur et une beauté insoupçonnées.

La vallée du Roc est un centre où l'activité humaine était très importante lors de l'occupation solutréenne et j'ai retrouvé ses traces dans plusieurs grottes, puis dans une sépulture sous un abri formé de gros blocs. Les. talus sous-jacents aux grottes contenaient de nombreux vestiges industriels, et enfin un atelier occupait une plateforme sur le talus; là j'ai pu surprendre la vie des Troglodytes et retrouver abondamment leur remarquable industrie au milieu d'un vaste foyer.

La découverte capitale consiste en une frise sculptée composée de blocs placés en hémicycle. Cette œuvre d'art occupait le fond de l'atelier et comportait des motifs variés. Les blocs pesants reposaient selon toute vraisemblance sur des socles bien orientés que le temps a conservés. La beauté des sculptures dépasse tout ce que nous connaissions. La fidélité dans la reproduction des formes, l'habileté dans leur exécution, nous montrent combien ces artistes savaient comprendre la nature. Ils sculptaient certainement au Roc pour embellir leur lieu de travail et nous pouvons supposer qu'ils contemplaient leur magnifique frise bien orientée dans une lumière choisie.

Presque tous les animaux sculptés offrent un ventre globuleux semblable à celui de femelles gravides. Rien ne s'oppose donc à voir dans ces exécutions un désir de vénérer la fécondité.

Les dernières sculptures découvertes en mai et juin 1928 n'appartiennent pas à la frise, elles ornent des blocs isolés trouvés sur les parties latérales de l'atelier. Les pierres n'étaient pas disposées avec intention comme les éléments découverts en octobre 1927.

Les nouveaux blocs sont au nombre de huit : 1° Bloc G. Gravure proionde sur une pierre de 28 centimètres de longueur, représentant un oiseau, probablement une Outarde d'après M. Cl. Côte. La figuration est très expressive.

‧ 2° Bloc H. La pierre mesure 48 centimètres de long. L'une de ses faces offre le profil à droite d'un Bovidé, le champlevé est très profond. Le dos, la tête et les pieds de l'animal manquent.

3° Bloc I. Sur une dalle de 80 centimètres de long, dont une des faces est assez lisse, on distingue le profil d'un animal réalisé par un trait de peinture. L'œuvre n'a pas l'élégance des sculptures. Le trait est violacé probablement à base de manganèse, sa largeur atteint en certains endroits un centimètre. On peut reconnaître dans cette esquisse le vague contour d'un Rhinocéros.

4° Bloc J. Longueur du bloc : 30 centimètres. Deux palmures de Renne profondément incisées. Œuvre d'une extrême élégance.

5° Bloc K. Pierre mesurant 16 centimètres de large, portant l'arrière-train d'un Renne. Profond champlevé.

6° Bloc L. Largeur 56 centimètres. Deux pattes postérieures de Renne.

7° Bloc M. Largeur, 24 centimètres. Arrière-train de Bovidé. Champlevé très profond.

8° Blocs N et N'. Le raccordement des deux pierres atteint 54 centimètres de long. La sculpture fait probablement partie du bloc M.

L'étude de ces différentes sculptures sera poursuivie l'hiver prochain au Musée de Saint-Germain, où elles ont été expédiées aussitôt après leur découverte.

SOUS-SECTION D'ARCHÉOLOGIE

LES RUINES ROMAINES de NOYERS-SUR-ANDELYS (Eure)
(Villa Rustica et Théâtre)

PAR

L. COUTIL

La Villa. — A quelques 1.500 mètres à vol d'oiseau des Andelys, au sommet de la côte conduisant à Noyers, on aperçoit, sur la droite, les deux buttes des « *Cateliers* ». La butte ouest recouvre les derniers vestiges de la maison d'habitation d'un fermier gallo-romain; il ne subsiste plus que des traces de fondations et l'aire en béton d'un hypocauste où se trouvaient encore quelques bases de piliers supportant un dallage. La dernière pierre d'un des angles de cette construction a été enlevée, en 1926; nous avons retrouvé des amas de mortier et des massifs de maçonnerie sur environ 25 mètres carrés, et des terres noires à l'angle Nord-Est.

En 1855, lorsqu'on défricha ce terrain, on enleva les ronces, les arbres et le plus possible des fondations. On avait alors trouvé, au Nord, un petit perron, avec marches d'escalier en pierre, des fragments de statue, des poteries, du verre et une plaquette de marbre brisée, mesurant 0,05 sur o m. 10; l'inscription, composée en beaux caractères romains, ne portait plus que les lettres T A C', et en dessous S S A. Les monnaies correspondaient comme règnes à celles que nous avons nous-même retrouvées : Gallien, Maximien-Hercule et Constantin, avec la légende Constantino-polis; ce qui prouve que cette construction, ainsi que celle que nous avons explorée dans une autre butte, située à 80 mètres vers l'Est, et parallèle-ment, existait encore en 325 de notre ère.

La seconde butte, séparée de la première par une cavité pouvant corres-pondre à une mare, recouvre un bâtiment de 42 mètres de longueur et 18 mètres de largeur, divisé en deux parties par le milieu au moyen d'un mur de o m. 70 d'épaisseur. L'aire de ces bâtiments étant généralement formée de marne battue, comme dans nos fermes actuelles, on peut admettre qu'il s'agit ici des dépendances agricoles de la villa : hangars, écuries, vache-rie, etc. Nous avons trouvé à l'extrémité Sud une petite coupe noire à larges rebords et un denier d'Alphonse, comte du Poitou, frère de Louis IX.

La base d'un mur d'enceinte existe à 28 mètres au nord des deux buttes, sur 140 mètres de longueur; en 1855, on voyait encore un autre mur se.

développer à angle droit du premier, dans la direction Nord-Sud, sur 175 mètres de longueur. Depuis cette date, les labours annuels n'ont cessé d'arracher le sommet des fondations à raison de 2 mètres cubes en moyenne; c'est dire que près de 200 à 300 mètres cubes ont été enlevés de ces constructions. Le théâtre, situé à 370 mètres au sud, a subi un traitement analogue, si non plus désastreux encore.

Le théâtre

Lorsque nous avons rédigé la notice concernant la ville des Andelys et le hameau de Noyers dans notre *Archéologie gauloise, gallo-romaine, et mérovingienne du département de l'Eure*, vers 1895, nous avons signalé les ruines de la villa, mais nous n'avons pas osé indiquer l'existence d'un théâtre. Nous ne voulions pas nous contenter des présomptions résultant de la configuration du terrain; il fallait explorer le sol pour conquérir des certitudes. Mais les nombreux déplacements, les fouilles et les recherches de toutes sortes que nous imposait la rédaction de nombreux ouvrages sur les cinq départements de la Normandie ne nous en laissaient pas le temps. C'est seulement au début d'octobre 1927 que nous avons pu mettre à exécution notre projet si longtemps différé.

L'immense cavité en fer à cheval située à proximité des buttes, le nom de *Fosse à Dîme*, et surtout celui de *Cateliers* donné à ce lieu, qui figure au cadastre sous les numéros 852, 853, 854 avaient fixé notre attention. Nous avions exploré encore, à Pitres, un autre théâtre, situé également au lieudit *les Cateliers*. Nous n'ignorions pas que beaucoup de théâtres romains avaient eu leurs issues bouchées et s'étaient ainsi transformés en forteresses pour résister aux invasions des barbares, d'où le nom de *Cateliers* ou de *Châtel*, du latin *Castellum* donné parfois à l'endroit. Ce fut notamment le cas du théâtre d'Evreux, sis au lieu dit *Châtel Sarrazin*, près du *castrum* de *Mediolanum-Aulorcorum*.

L'hiver précédent, à la suite d'un petit éboulement du sol, on avait découvert un coin de mur d'environ un mètre carré. Nous avons remarqué son orientation E.-O., dirigée vers le centre de l'*orchestra;* dès lors, nous étions certain de fouiller à coup sûr, et nous avons obtenu les autorisations nécessaires.

Nous avons d'abord fait dégager le mur pour retrouver l'enceinte extérieure en hémicycle qui apparut à 13 m. 50 de distance; mais les fouilles étaient rendues fort difficiles par un bosquet de 20 mètres carrés ayant poussé sur tout l'angle Est du théâtre, et par d'énormes souches d'arbres qu'on rencontrait partout. Nous avons cependant pu suivre le mur d'enceinte (épais de 2 mètres) sur 20 mètres de longueur, et dégager trois contreforts. Ensuite, ce mur extérieur était détruit et les tranchées effectuées pour trouver la *cavea* ne révélèrent aucune trace de maçonnerie à l'Est.

Un peu découragé, nous avons reporté nos recherches et sondages en face, sur le versant de la *cavea*, et plus spécialement en face de l'angle Est dont nous venons de parler, pour tenter de retrouver l'angle Ouest correspondant; nous l'avons en effet rencontré. Les murs mesurent 1 m. 20 d'épaisseur pour le pourtour extérieur, dont nous avons retrouvé également 20 mètres de longueur, comme en face, à l'Est. Ensuite, à l'angle Sud-Est, le mur revient à angle droit, et descend le long de la *cavea* Ouest sur 35 m. 40 de longueur, adossé à l'extérieur, du côté Sud, à six contreforts.

Sur toute cette longueur, il se trouvait presque à la surface du sol, sous l'herbe; mais au bas de la *cavea* et au centre, il plonge à 2 mètres de profondeur, ainsi que les murs de la *scena*, recouverts aussi par 2 mètres d'épaisseur de limon amené du plateau supérieur par les orages. C'est ainsi que les orages de l'été dernier ont apporté 0 m. 20 à 0 m. 25 de cailloutis et de terre sur toute une partie de l'*orchestra*.

Nous n'avons donc pas insisté pour essayer de limiter la *scena* devant l'*orchestra*, et contre le mur du fond du théâtre (*postscenium*), les tranchées que nous avons faites à cette intention nous ayant donné énormément de déblais, et la terre étant difficile à rejeter à 2 mètres et même 2 m. 50 de hauteur.

Les deux extrémités du mur Sud fermant l'hémicycle forment, avec le diamètre de base, deux petits angles de 55 degrés; cette particularité ne se remarque qu'au théâtre antique de Vieux (Calvados); il se pourrait aussi que le théâtre de Noyers-sur-Andelys soit un demi-amphithéâtre comme ceux de Chennevières (Loiret) et Gennes (Maine-et-Loire).

Pour terminer notre première campagne de fouilles, nous avons vainement exécuté des tranchées pour retrouver la partie médiane du mur de fond, vers l'angle Est, les fondations ayant totalement disparu en ce point. Nous sommes remonté vers l'angle Sud-Est et avons fait enlever les dernières souches d'arbres, afin de déblayer les derniers contreforts; l'avant-dernier est le mieux conservé sur une hauteur de près de 2 mètres; la base repose sur trois rangs de briques qui sont inclinés suivant la pente du terrain; sur le devant, à leur jonction, existe un chanfrein. Sur les trois faces du contrefort, et sur environ 0 m. 40 de longueur, de chaque côté, on trouve l'appareil moyen, formé de moellons de tuf provenant de la vallée du bas, arrosée par le Gambon, et par des moellons de pierre tendre de Saint-Gervais (Oise), près Magny, à 30 kilomètres de distance. Les murs d'arrière sont jointoyés avec un mortier extrêmement dur; les joints sont passés au fer.

Nous nous disposons à reprendre le déblaiement, lorsque le Conseil Général de l'Eure et la ville des Andelys auront acquis le terrain des fouilles, dont nous avons obtenu le classement comme monument historique, et lorsqu'à l'aide de ces crédits, nous aurons pu nous assurer la consolidation et le redressement des angles du théâtre, et l'entourage des murs avec des pieux en ciment et des fils métalliques; car peu après nos dégagements, des enfants profitant que les pluies et surtout les gelées avaient ramolli les mortiers ont arraché beaucoup de pierres.

Alors, quand ces mesures nous auront donné une certaine assurance de protection du plus ancien monument des Andelys, nous poursuivrons le dégagement de la *scena*, ce qui présentera un gros travail, car par les sondages que nous avons opérés, on ne les retrouve qu'à 2 et 2 m. 50 de profondeur, ce qui nécessitera des terrassements importants et compliqués.

Noüs pouvons indiquer, dès à présent, les mesures exactes du diamètre de base de ce théâtre, prises à l'extérieur des deux angles et qui s'élèvent à 119 ou 120 mètres. Ces dimensions placent donc le théâtre d'*Andelemis* parmi les plus grands de la Gaule; en effet, celui d'Autun (Saône-et-Loire) mesure 140 mètres; Besançon, *Vesontio* (Doubs), 120 mètres; Vienne (Isère), 112 mètres; Avenches, près Lausanne (*Aventicum*) (Suisse), 110 mètres. Lillebonne, *Juliobona* (Seine-Inférieure), 108 mètres; les Bouchauds (Charente), 105 mètres; Le Vieil Evreux, *Gisacum* (Eure), 105 mètres; Orange (Vaucluse), 102 mètres; Sanxay (Vienne), 90 mètres; et si nous arrivons aux théâtres de la Normandie, Pitres, *Pistis* (Eure), 85 mètres, que nous avons découvert en 1899; Saint-André-Cailly (Seine-Inférieure), 75 mètres; Evreux, *Mediolanum-Aulercorum* (Eure), 75 mètres; Vieux, (Calvados), 72 mètres; Valognes, *Alauna* (Manche), 66 mètres; Berthouville (Eure), 65 m. 50; un des plus petits théâtres antiques serait celui de Bauzy (Loiret), qui ne mesurerait que 40 mètres de diamètre.

Le théâtre de Noyers-sur-Andelys occupe le confluent de deux vallées longues d'environ 7 kilomètres, celle du Gambon et celle de Paix, qui lui font un cadre extrêmement pittoresque. Des chemins antiques, au bord desquels des retranchements furent jadis édifiés, laissent encore deviner leur tracé.

Nous terminons en remerciant les Membres du Conseil de l'Association française pour l'avancement des sciences pour la subvention de 1.500 fr. qu'ils nous ont voté pendant l'exécution de nos recherches et qui fut pour nous un puissant réconfort moral; et aussi la Commission des Monuments historiques qui a classé ces ruines, attirant ainsi sur elles l'attention du Conseil Général de l'Eure qui nous a voté 1.500 francs, et du Conseil municipal des Andelys, qui, nous l'espérons, tiendra aussi à prouver l'intérêt qu'il apporte à ce précieux souvenir de son histoire.

DÉCOUVERTE D'UN TERTRE A COQUILLES D'HUITRES TRAVAILLÉES PAR L'HOMME A BOURGNEUF (L.-I.)

PAR

Dr M. BAUDOIN

« ENSÉRUNE OPPIDUM IBÉRIQUE »

PAR

J. COULOUMA
Docteur en Pharmacie

Les voyageurs qui font le trajet de Narbonne à Béziers prêtent peu d'attention au tunnel assez long qui sépare les gares de Nissan et de Colombiers. Ce tunnel est creusé cependant au pied d'une colline très curieuse et très importante au point de vue géographique comme au point de vue historique.

La hauteur d'Ensérune domine les basses plaines de l'Orb et de l'Aude De ce belvédère naturel de 110 mètres de hauteur nous voyons, en nous tournant vers l'Est, Béziers et sa fière cathédrale, et à l'Ouest nous apercevons ascsez nettement Saint-Just de Narbonne.

Au pied de la colline dont les flancs sont abrupts, notre curiosité est attirée par les canaux d'écoulement de l'Etang de Montady, formant une étoile aux multiples rayons. A l'Ouest une surface brillante parsemée de roseaux e tde canottes couvre un vaste espace : c'est l'étang de Capestang. Enfin au Nord nous pouvons contempler toute la chaîne de la Montagne Noire et de l'Espinouze.

Ce sommet, formant plateau à sa partie supérieure, était isolé à une époque reculée. La mer venait battre ses pentes du côté de l'Ouest, là où dorment maintenant les eaux de l'Etang de Capestang, tandis que l'étang de Montady était plein d'eau saumâtre. Les travaux de l'illustre archéologue MOURET ont démontré que le rivage de notre golfe du Lion s'est bien modifié depuis l'époque historique. M. MOURET a commencé par retrouver le port de Vendres qui, aux premiers siècles de notre ère, possédait ses quais, son phare, ses aqueducs, et un temple de Vénus remarquable.

La cité de Villelongue toute voisine vivait des échanges entre les Phéniciens et les Ibères.

Les recherches de M. MOURET ont expliqué les vers du poète latin AVIENUS, qui parle des trois grandes îles de Sainte-Lucie, de St-Martin et de la Clape et aussi du golfe aux eaux profondes de Vendres.

La plaine narbonnaise était sous l'eau cinq siècles avant notre ère. Peu à peu les alluvions de l'Aude ont comblé le « lac rouge » et le fond sous-marin a pu se relever, de sorte qu'au début de l'ère chrétienne, Narbonne existait sur son emplacement actuel : c'était même une très grande ville. Le golfe de Vendres se colmata bientôt. L'étang de Capestang très important autrefois, était traversé par une voie romaine, grâce à un pont aux multiples arches. Au début du xviii° siècle, on allait encore en bateau de Capestang à Narbonne. Le xix° siècle a vu l'assèchement de la plus grande partie de l'étang de Capestang. Le petit étang de Montady a disparu en 1270, quand les seigneurs de Colombiers et de Poilhes eurent creusé un tunnel sous la montagne pour faire écouler les eaux stagnantes du marais.

Plus tard, Paul Riquet creusa dans le col du Malpas, à 16 mètres au-dessus du canal d'écoulement des eaux, une galerie d'une centaine de mètres de longueur où il fit passer le canal du Midi. Le chemin de fer a trouvé une place suffisante entre les deux ouvrages pour percer un tunnel de 800 mètres de longueur.

Telle est la situation curieuse de la colline d'Ensérune et du col du Malpas aux trois tunnels superposés.

Cet emplacement important aurait dû être occupé par une ville ancienne place forte. Il n'en est rien. Hors une villa toute récente, pas une maison ne s'élève sur le plateau, mais si les hommes ont déserté cette région de nos jours, il n'en a pas été de même dans le passé.

Guidé par les anciens travaux de M. Bonnet, et surtout par ceux d'un savant curé de Montady, l'Abbé Giniez, M. Mouret entreprit des fouilles très importantes, après s'être rendu acquéreur des vignes couvrant le plateau d'Ensérune en 1915.

Ce plateau, de deux kilomètres de longueur et de 400 à 500 mètres de largeur, est coupé en un point par un large fossé de trois mètres de profondeur qui a été creusé en vue de la défense et de l'isolement de la place forte.

M. Mouret comprit que, seule était intéressante, la partie du plateau située au sud-est de ce fossé. Il commença à utiliser ses connaissances botaniques en semant de la luzerne dont les racines s'enfoncent profondément dans le sol; le printemps venu, il constata que la luzerne se développait beaucoup plus en certains points déterminés en forme de circonférences. Il fit marquer ces cercles et entreprit des fouilles systématiques. Douze fois de suite, il trouva, dès les premiers coups de pioche, des cendres provenant d'incinération et plus bas une construction voûtée et renflée comme une urne, mais profonde de plusieurs mètres; ces constructions appelées « silos » servaient de caves à grains; elles permettaient de mettre en lieu sûr les objets précieux et les armes des occupants de l'oppidum.

Dans une autre partie du plateau, notre savant archéologue a découvert une nécropole et, dans les fosses sépulcrales, à la profondeur de deux mètres, sous une couche de cendres, de magnifiques ossuaires. Les morts étaient brûlés au-dessus des tombes et quelques ossements, des objets de parure et des vêtements étaient réunis dans les urnes cinéraires. Les os conservés sont presque toujours les mêmes : des vertèbres, des extrémités des mains et des pieds.

Chaque urne renfermait, soit des agrafes de ceinturon en bronze, soit des épées, soit des vases de bronze. Les urnes ou œnochoés sont de style ibérique le plus pur, en général sans motif de décoration. Je crois avoir signalé la présence de quelques coupes généralement ibériques. Dans un de ces ossuaires, M. Mouret a eu le bonheur de mettre à jour une coupe du style du céramiste athénien Meidias qui vivait quatre siècles avant notre ère et dont les œuvres fleuries se retrouvent en Grèce et en Italie.

La coupe entourée de guirlandes de lierre et de grappes de fruits représente Kephalos assis regardant son épouse Procis qui tend les bras vers lui; entre eux un chien de chasse aux formes robustes est tourné vers la jeune femme.

Sur le revers, une déesse vêtue d'un péplos tend le bras dans la direction d'un jeune homme, un héros probablement. De part et d'autre de ce groupe central on voit à gauche Neanias entièrement nu et à droite une déesse debout qui lève le bras.

Le savant M. Pottier qualifia cette coupe « la plus belle peinture grecque trouvée jusqu'à présent sur le sol de France ». Il est certain que la composition est aisée, les groupements de noble élégance; les formes sont admirablement représentées; c'est la perfection du corps humain la plus complète. Les femmes portent la tunique ionienne à nombreux petits plis; l'étoffe est transparente et permet de voir le merveilleux dessin du nu. Tout dans cette coupe rappelle Meidias et son école. Elle nous fait dire que l'espèce humaine a dégénéré et n'a plus les belles lignes du corps ayant servi de modèle au céramiste.

Plusieurs générations se sont succédées à Ensérune. Des urnes, des œnochoés de date plus récente, admirablement peintes, ont été trouvées dans les silos et dans le cimetière. Elles dénotent la maîtrise des artistes campaniens par leurs dessins inspirés de la Grèce et par leurs personnages aux formes parfaites; leur vernis noir est inaltérable après plusieurs siècles; les peintures représentent invariablement des combats, des libations ou des scènes d'amour. Les vases ou cratères ont parfois 50 centimètres de hauteur. La fabrication a dû continuer jusqu'au deuxième siècle avant notre ère.

Au-dessus de la couche de cendres, M. Mouret a trouvé souvent de la mosaïque romaine parfaitement conservée; signalons aussi des citernes de la même époque; les villas romaines ont remplacé en effet les constructions ibériques. Les invasions ont dû, par la suite, tout dévaster, et la ville d'Ensérune a disparu dès les premiers siècles de notre ère.

Tranportons-nous au domaine du Nègre, propriété de M. Mouret, pour retrouver les richesses de notre oppidum ibérique.

Quatre salles ornées de quatorze vitrines suffisent difficilement à contenir toutes les merveilles découvertes.

La première et la deuxième vitrine renferment des ossuaires ibériques en argile claire. Nous remarquons une belle tête de femme surmontée d'une coupelle percée de trous qui, d'après M. Mouret, a servi à la fabrication des fromages : elle serait d'origine et de fabrication ibérique. Nous devons signaler aussi de petites boîtes en argile contenant des œufs datant de plus de deux mille ans. Certains vases ibériques portent des caractères indéchiffrables jusqu'à aujourd'hui, mais que notre savant archéologue arrivera à connaître. Par analogie avec les vases renfermés dans la deuxième salle, nous pensons que ces caractères indiquent le nom du défunt dont les restes sont contenus dans l'ossuaire.

Les vitrines de la deuxième salle sont splendides, car elles renferment les œnochoés et les cratères campaniens. Ces derniers sont peints et vernissés et leurs personnages appartiennent au type grec. Tous ces vases sont entiers ou du moins le paraissent, car ils ont été souvent détériorés, mais grâce aux recherches minutieuses et aux travaux de M. Mouret, un artiste a pu les reconstituer.

Signalons dans cette vitrine, un cratère à figure obscène où un « barbare satisfaisant un besoin naturel, envoie un liquide dans la bouche du gourmet qui veut déguster du vin ». La même salle contient encore la coupe de Meidias déjà décrite, une statuette en argile représentant une femme assise, des fragments d'urne, des lampes et des bols campaniens.

La troisième salle renferme des ossuaires en argile rouge, des vases culinaires, des épées au glaive replié suivant le rite funéraire, des boucliers, des fers de lance, des couteaux et des hameçons. Enfin la toilette féminine est représentée dans les trouvailles de M. Mouret par de nombreux bracelets, des boucles d'oreilles et des anneaux. Nous retrouvons l'éternel bracelet en forme de serpent, vieux comme le monde. Il existe encore dans la même vitrine des poteries campaniennes et ibériques contenant des restes de repas funéraire.

Comment pouvons-nous interpréter ces découvertes merveilleuses d'Ensérune?

Nous pouvons émettre diverses hypothèses, mais la plus plausible nous conduit à admettre une civilisation ibérique antérieure à toute influence grecque.

Il devait exister aux environs d'Ensérune un atelier de potier dès le v⁰ siècle avant notre ère. Plus tard, au iv⁰ siècle, les Crétois, hardis navigateurs et grands commerçants, viennent aborder sur notre côte languedocienne. Ils commencent par faire des échanges; ils cherchent dans notre pays du cuivre, des métaux précieux. des bois; ils apportent en paiement des armes, des bijoux, des poteries ornées de dessins aux vives couleurs: ils laissent à nos ancêtres les moules ou les modèles de leur art, les enseignant, comme eux-mêmes avaient été enseignés par les Egyptiens.

Les Ibères ont copié les Egéens et sont devenus aussi habiles que leurs maîtres. Ils ont emprunté peut-être aussi aux Crétois les croyances à l'immortalité, leur manière de creuser les tombeaux et leurs habitudes de nourrir leurs morts.

La présence des vases campaniens à Ensérune n'est pas un argument à opposer à cette hypothèse, car les Egéens transportaient facilement des poteries qu'ils ne fabriquaient pas. N'avaient-ils pas vendu aux Egyptiens les belles urnes de Mycènes? Les mêmes Crétois fondèrent probablement Vendres et Mèze; dans cette dernière cité, alors port de mer, ils introduisirent le culte égyptien du bœuf Apis. Ainsi nous tenons de nos ancêtres une hérédité remarquable puisqu'elle nous unit à la Grèce, à l'Egypte et à Rome.

D'autre part, les Précurseurs, les Ibères, étaient déjà à un stade avancé de la civilisation, à l'âge du bronze, quand les Crétois vinrent les visiter. Le foyer de la science et de l'art humain a été constitué par tout le bassin de la Méditerranée et non pas seulement par la Grèce.

Notre région a été toujours au premier rang. Pline n'écrivait-il pas au premier siècle de notre ère : « Il n'y a pas de province qui surpasse celle de Narbonne, si on considère la culture de la terre et sa fertilité, le mérite et les mœurs de ses habitants, sa richesse et son abondance. »

Notre race, héritière de ce noble passé, est restée particulièrement riche en hommes de valeur. C'est le Languedoc et la Provence qui fournissent à la France le plus de professeurs de Faculté, de ministres, d'hommes d'Etat, de chercheurs, d'artistes et de savants. Le génie protecteur de notre peuple, a fait naître entre Vendres et Ensérune le grand archéologue MOURET, auquel nous devons toutes les découvertes résumées dans cet article. Le Gouvernement de la République s'est honoré en reconnaissant ses services et en le décorant le 9 octobre dernier de l'ordre de la Légion d'honneur. Cette décoration méritée n'arrêtera pas les recherches de notre savant dont l'activité nous réserve encore bien des découvertes. Grâce à lui, plusieurs siècles obscurs de notre passé vont entrer dans l'histoire.

Souhaitons à M. MOURET de longues années de travaux fructueux.

ESSAI DE RECONSTITUTION
DE DEUX VOIES GALLO-ROMAINES EN AUNIS

PAR

DERANCOURT

Une détermination mathématique des anciennes coordonnées géographiques de l'illustre cartographe grec Ptolémée, m'a permis de fixer pour les points littoraux situés entre Loire et Gironde, avec une étude minutieuse des fonds sous-marins, le tracé des côtes avant le grand cataclysme qui du IIe au IVe siècle a si profondément morcelé notre front de mer.

L'irruption marine ne s'est pas bornée à entraîner définitivement sous les flots des lambeaux considérables de territoires. S'avançant profondément dans le pays, recouvrant à nouveau les plaines occupées par elle aux temps néolithiques, la mer transformait, pour de longs siècles, des vallées fertiles en lagunes qu'allaient parcourir les barques des tribus indigènes, les vaisseaux de commerce romains et plus tard les embarcations guerrières des envahisseurs normands.

Certes, il faut se faire violence pour restituer par la pensée tout ce que les terres ont perdu depuis ces temps reculés du fait de subsidences insensibles qui s'exerçaient à quelques 150 kilomètres de nos côtes actuelles en bordure du grande morne qui limite par 120 mètres de profondeur le plateau continental pour atteindre, par des pentes abruptes, les profondeurs de 4.500 et 5.000 mètres.

Et cependant, la sécurité du sol semblait assez assurée pour que, lors de la conquête des Gaules, Jules César ait trouvé dans nos parages, comme dans l'estuaire de la Loire, ou plus au sud chez les Santons, des populations vivant en pleine prospérité le long des côtes.

C'est ainsi qu'indépendamment de la grande voie gallo-romaine qui reliait Nantes (*Nanmetum*) à Bordeaux (*Burdigala*) par le gué de Velluire et *Mediolanum* (Saintes), M. Lièvre signale la voie gallo-romaine venue de Rom par Villedieu — St-Maxire — St-Pompain — Fontenay où elle recevait la voie de Poitiers et de là, par Petosse — Mareuil — la Motte Achard se dirigeait sur Saint-Gilles-sur-Vie et très probablement vers le Promontorium Pictonum. De cet ancien chemin, s'en détachait un autre qui traversait le Lay au pont de la Clay et, par Longueville, arrivait à St-Vincent-du-Jard pour atteindre, probablement, quelque port de l'estuaire du Canentillos après son confluent avec le Carentonus.

Or, M. Atgier avait reconnu déjà, avant la guerre, dans l'île de Ré, un segment de voie romaine entre Sainte-Marie et le bourg de la Couarde,

Un autre segment bifurquait du précédent au lieu dit « *les Burons* », à la sortie ouest du Bois en Ré et, par la *raize* Flottaise, paraissait se diriger vers la Flotte en Ré.

Si l'on admet, et tout nous y autorise   (hydrographie et géologie), la continuité territoriale de l'Ile avec le continent à l'époque gallo-romaine,

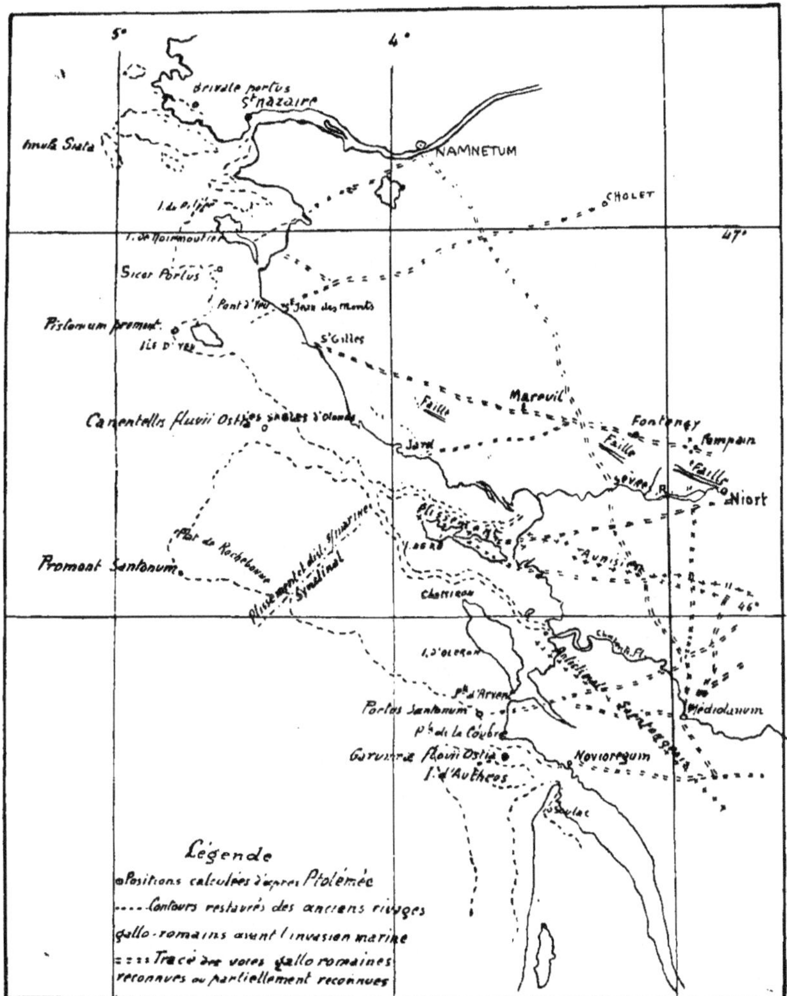

il est logique de concevoir une suite à ce premier tracé, d'une part, au sud de la plaine Marandaise actuelle, vers Niort, d'autre part, dans le territoire qui forme le prolongement orogénique de l'île de Ré, c'est-à-dire, le dos de pays qui se continue par Surgères vers Aulnay. Enfin, la réunion de ces deux voies en un seul tronçon vers un terme qui ne pouvait plus être très éloigné du carrefour des *Burons* ne permettait-il de supposer un but important, en l'espèce un port fluvio-maritime à grand trafic, relié avec l'intérieur du pays à des cités populeuses?

La direction de la voie septentrionale appelait l'attention vers Niort Poitiers, d'où nous avons vu rayonner deux routes importantes définies par M. Lièvre. Celle du Sud paraissait devoir s'accorder avec un prolongement de la route signalée par le Colonel de la Bastide, venue de Limonum par Angoulême et Aulnay.

Restait à définir, si possible, les probabilités de leur tracé.

Je dois à la très grande obligeance de M. G. Bonnin, maire de la Couarde-sur-Mer, et M. Neau, maire de Sainte-Marie de Ré, de précieux renseignements, points de départ des découvertes suivantes :

Dans les roches de Chanchardon qui découvrent dans des conditions favorables à certaines grandes marées d'équinoxe de septembre 1° des vestiges de substructions, des traces de puits, caves, et enfin de grandes dalles rectangulaires en grande partie brisées. Ces dalles sont en calcaire Portlandien et diffèrent du calcaire de la banche qui sont du Kimmeridgien. Des dalles pareilles ont été relevées sur le platin de Botché. Les deux amas sont alignés sur le prolongement du chemin des Burons qui porte sur le cadastre le nom de chemin du Bois à la mer. Dans la banche de Chanchardon et en prolongement de ce tracé, deux plateformes de rochers sont désignées dans le pays sous le nom de Grande et Petite Place d'Armes. Le village du Bois fourmille de vestiges : caves, restes de mosaïques, soubassements de tours gallo-romaines, sépultures, objets divers, monnaies, colombarium, etc.

Au delà, vers le village de la Flotte, les indications se maintiennent, et sur le continent la rectilignité d'un chemin rural qui sert bien souvent de limite de commune, se transforme parfois en chemin vicinal, me paraît être l'héritier de la vieille voie gallo-romaine. Les noms de lieux dits qui le bordent : la *grosse borne, les chirons, la grosse pierre*, etc., les buttes, les maladreries, les tombelles, les nombreuses monnaies toutes antérieures à Septime Sévère ou à Posthume attestent l'origine de ce chemin. Son tracé est jalonné par : l'*Houmeau, St Xandre, Pré Durand, Rouzilles, Nuaillé, Butte des Moindreaux*, où il coupe la voie romaine de Saintes, *Courçon, St-Martin de Ville-Neuve, la Nevoire, le Prieuré, Amuré, Sansais, la Pierre levée, Bessines et, à partir de Chamaillard, la route nationale jusqu'à Niort*.

A partir des Burons, la voie du sud, non moins bien indiquée, emprunte le chemin rural de la *Pierre qui vire*, passe près de la Chapelle Saint-Sauveur, où des vestiges de villa, chaussée pavée, tombeaux, fûts de colonnes, débris de chapiteaux ont été trouvés, passe au sud de Port Ste-Marie aborde le continent au pont de la Pierre et par Cramahé, Croix Chapeau. la Merlusine, Puydrouard, Surgères, St-Félix, où elle coupe près de *la*

Chaussée la route de Saintes, abordait, par Coivert et Dampierre, la route qui d'Aulnay est conduite à Limoges par le Colonel de la Bastide.

Une voie plus ancienne et franchement gauloise celle-là, paraît se détacher de la précédente après Puydrouard et, par les Egaux, Saint-Germain de Marencenne, Labaie, Bernay, Saint-Martin de la Coudre, Loulay et Saint-Pierre de l'Isle, rejoindre la grande chaussée à Aulnay.

Quoi qu'il en soit, l'Aunis était sillonné, au moment de la conquête romaine, par deux voies importantes qui convergeaient sur un port très actif et ceci nous permet de conclure qu'en Aunis, il existait une civilisation qui ne le cédait en rien à celle de l'opulente Saintonge.

LES CHAMBRES SÉPULCRALES CREUSÉES DANS LE ROC ET LEUR RÉPARTITION GÉOGRAPHIQUE EN TUNISIE SEPTENTRIONALE

PAR

F. BONNIARD
Professeur au Collège de Bizerte

De tous les vestiges de l'occupation humaine préhistorique dans le Nord de la Tunisie, les chambres cubiques, creusées dans les rochers, sont assurément les plus nombreux et les plus curieux pour le voyageur qui, au détour d'un sentier, aperçoit soudain contre l'abrupt d'un rocher de grès ou de calcaire, les carrés noirs de leurs ouvertures.

Les indigènes du Cap Bon les appellent *haouanet* (du singulier *hanout* qui signifie boutique), à cause de leur ressemblance avec les cases des artisans indigènes dans les souks des villes (*v. photogr.* 1).

Mais dans la région forestière du Nord où la vie urbaine est à peu près inconnue, ces chambres portent le nom de *biban* (du sig. *bab* : porte) dans les Mogod, ou de *rhorfa* (grottes) en Kroumirie. Ces trous éternellement béants présentent en effet une certaine analogie avec les portes toujours ouvertes des goubis de la forêt.

Des descriptions de ces chambres ont été données déjà par de nombreux auteurs (1) ; elles sont toutes du même type : petites pièces cubiques dont les dimensions sont de 1 m. 50 à 2 mètres, et qui ne diffèrent que par leurs

---

(1) Deyrolle, Carton, Bertholon, Chenel, Hovart, Toutain, Cagnat, etc.

motifs de décoration. Certaines ont leur niche intérieure entourée de sculptures; beaucoup possèdent encore des traces de peinture rouge; toutes ont autour de leur entrée, à l'extérieur, un cadre rectangulaire parfaitement tracé où se logeait la dalle de fermeture (v. photogr. 1). Plusieurs auteurs (Deyrolle, Bertholon, etc.) ont adopté pour ces chambres le vocable de *sépultures en falaise*. L'expression ne nous semble pas très juste pour la Tunisie du Nord où nombre de ces chambres sont creusées au ras du sol, parfois dans des rochers de petites dimensions (photogr. 1). Aussi préférons-nous l'appellation de *chambres dans le roc*.

Une question se pose tout d'abord. Quelle a été la destination de ces

Fig. 1. — Biban de Sidi-Alleg, dans la région de l'oued Séjenane (grès)
(Remarquer l'excellent état de conservation; le cadre extérieurs autour de l'entrée, pour placer la dalel de fermeture; la chambre inachevée, à gauche.)

chambres? Si vous interrogez les indigènes, ils vous répondent qu'elles contenaient peut-être des trésors ou du blé, ou bien qu'elles servaient de refuge à des *meskine* (pauvres gens); mais jamais il ne leur vient à la pensée qu'elles pouvaient être des tombeaux. A la vérité, on n'a pas coutume de voir des tombeaux de cette forme : un homme de taille moyenne ne pourrait, le plus souvent, y tenir allongé. D'autre part, dans les quelques centaines de *haouanet* et de *biban* connus en Tunisie, on n'a jamais découvert un ossement humain ou une pièce quelconque du mobilier funéraire. Enfin, quelques-uns présentent des signes indiscutables d'habitation : coins enfumés, surtout systèmes de fermeture à l'intérieur; mais ces indices sont probablement récents, les chambres ayant pu servir à certaine époques d'abris temporaires aux vivants.

Depuis qu'Orsi a découvert en Sicile de ces tombeaux inviolés (1), il n'est guère possible de douter de leur destination primitive. Ces chambres dans le roc sont bien des sépultures, dont le type se rencontre d'ailleurs dans de nombreux pays méditerranéens. On peut en suivre l'usage depuis l'Arménie jusqu'à l'Algérie (2), mais l'évolution de ces sépultures a été très différente selon les pays. C'est ainsi qu'en Cyrénaïque, en Egypte et surtout en Phrygie, l'extérieur en est orné de colonnes, parfois d'un portique de style dorique, de bas-reliefs, et certaines ont l'aspect de véritables temples, comme le montrent les gravures du tome V (pp. 81 à 145) de

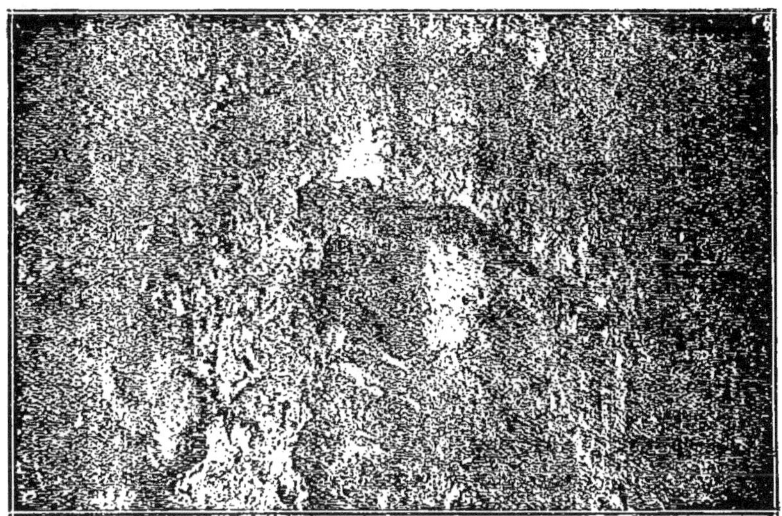

Fig. 3. — Rhorfa de Henchir-Zaga (calcaires)
(Remarquer le mauvais état de conservation. Les concrétions travertineuses ont en partie obstrué l'entrée.)

l'*Histoire de l'art dans l'Antiquité*, de Perrot et Chapiez. Ces remarquables monuments sont infiniment plus riches et plus parfaits que les modestes chambres de Tunisie dont le type n'a pour ainsi dire pas évolué; mais il est certains caractères qui sont communs à ces chambres cubiques et aux magnifiques tombeaux phrygiens : forme carrée de l'entrée avec encadrement pour la dalle de fermeture, vestiges abondants de couleur rouge, ouvertures situées parfois au flanc de falaises difficilement accessibles. Les mêmes éléments de décoration s'y retrouvent, ainsi les figures géométriques où domine le carré orné, beaucoup plus perfectionné en Phrygie, simple-

---

(1) ORSI : *Contributi all' archeologia prehellenica sicula*, 1891.
(2) BERTHOLON et CHANTRE : Recherches anthopologiques dans la Berbérie orientale, p. 592 à 595.

ment divisé en quatre triangles en Tunisie. Enfin, le fronton triangulaire qui orne les portes des tombeaux de Phrygie se retrouve dans de très nombreuses niches des chambres de Tunisie; on dirait que les hommes qui ont creusé ces chambres ont voulu reproduire dans leurs niches sculptées la forme extérieure des hypogées phrygiennes.

Il paraît donc raisonnable de croire avec Bertholon et Chantre (1) que les hommes qui ont creusé ces sépultures dans les pays méditerranéens appartenaient à un même courant qui s'est déplacé d'Est en Ouest. D'où venaient-ils? On ne saurait le dire au juste, non plus que l'époque de ces migrations. En tous cas, ces sépultures ne peuvent être puniques, comme on l'a parfois prétendu. En Tunisie aucun signe ne permet de les dater, mais les découvertes faites dans les chambres de Sicile, de Grèce, de Chypre, prouvent que le mobilier appartient à l'âge du cuivre ou à l'âge du bronze, et la manière parfaite dont les chambres les plus simples de Tunisie ont été creusées montre que l'ouvrier s'est servi d'un instrument de métal, peut-être analogue au ciseau de nos tailleurs de pierre. Les coups de cet instrument se voient très nettement sur les parois des chambres, et mieux encore sur les parois des chambres inachevées. (V. photogr. 1).

A défaut de renseignements précis sur l'origine et la date des migrations qui ont creusé ces sépultures dans le roc, la répartition géographique de celles-ci donnerait peut-être une indication utile sur le domaine occupé par ces hommes et sur leur genre de vie.

Les *biban*, *rhorfa* ou *haouanet* se rencontrent un peu partout en Berbérie, mais non avec la même densité. Mes recherches en vue de la préparation d'une thèse de dotorat m'ont amené à parcourir dans tous les sens la Tunisie septentrionale. Chaque fois que je l'ai pu, j'ai visité ces nécropoles, me détournant souvent de mon chemin pour aller les photographier ou y chercher des détails intéressants. C'est ainsi que j'ai pu relever avec précision la presque totalité des stations de *biban* dans le pays qui s'étend au nord de la Medjerda, jusqu'à la mer. J'ai dressé la carte ci-jointe, contenant non seulement les stations indiquées sur les feuilles de la carte archéologique, ou déjà indiquées par les auteurs, mais encore des nécropoles absolument inconnues jusqu'à ce jour, perdues dans la forêt, et que je dois de connaître à l'obligeance du personnel forestier.

La répartition des chambres dans le roc semble avoir été pour une large part déterminée par la nature géologique du pays. Ainsi que l'indique la carte, le sol de la Tunisie du Nord présente au point de vue géologique deux divisions très nettes : au N.-O., le long de la mer, des grès, domaine de la forêt de chênes-liège ou de la grande brousse; au Sud et à l'Est, des calcaires au milieu de marnes, région de cultures. Grès et calcaires sont donc les deux seules roches résistantes dans lesquelles les chambres dans le roc ont pu être creusées. Celles-ci sont très denses à la limite des grès,

---

(1) BERTHOLON et CHANTRE: *Ouvrage cité*, p. 595.

à proximité des terres cultivables; elles sont rares à l'intérieur des massifs gréseux compacts, comme la Kroumirie et les Mogod orientaux, et toujours à proximité de clairières. Par contre, les stations sont nombreuses et importantes autour des grandes clairières alluviales ou marneuses qui interrompent les étendues gréseuses, comme la plaine de Séjenane et le pays des Nefza. Sur les calcaires elles deviennet de plus en plus rares quand on s'éloigne des grès.

La proximité des terres cultivables, qui est la règle, prouve suffisamment que les hommes qui ont creusé les *biban* étaient des cultivateurs. Il est très probable aussi que ces nécropoles furent construites non loin des lieux habités par les vivants, car ellees se trouvent le plus souvent près d'une source et dans le voisinage immédiat d'un centre habité d'autrefois ou d'aujourd'hui. Mais alors on est amené à se demander pourquoi ces nécropoles d'une population d'agriculteurs ne sont pas plus nombreuses dans les calcaires, c'est-à-dire dans la riche zone des cultures. Peut-être est-il possible de découvrir à cela quelques raisons.

Tout d'abord, il est certain que le grès était beaucoup plus recherché que le calcaire pour la construction des *biban*. Les bancs en sont plus épais, le creusement plus facile, la conservation meilleure. Les chambres dans le grès sont généralement fort bien conservées, tandis que celles des calcaires sont toujours détériorées (à Chaouach, par exemple, ou au Djebel Anntra, ou à Aïn-Zaga, etc.). (V. photo 2). Aussi n'est-il pas étonnant que les rochers de grès aient eu la préférence : en certains endroits même, comme au nord de l'oued Bou-Heurtma, on trouve sur les marnes, à plusieurs kilomètres de la limite gréseuse, des blocs de grès isolés, de dimensions modestes, entraînés là par les eaux, creusés d'une unique chambre offrant de loin l'aspect d'un four. Dans d'autres régions de la Tunisie, les stations de *haouanets* les plus importantes se retrouvent le plus souvent dans les grès : ainsi celles de la presqu'île du cap Bon (1).

L'accès de ces stations présente parfois d'assez sérieuses difficultés. En dehors de la forêt, on ne les rencontre que dans les endroits les moins accessibles : à Chaouach, au Djebel Anntra, aux environs du Djebel Tahent, précisément aux endroits où se sont maintenus des villages d'allure berbère. Dans le choix de leur habitat, les constructeurs de *biban* devaient assurément obéir à un impérieux besoin de défense, et ce besoin fut probablement une des raisons qui les firent s'installer en bordure de la forêt. La forêt n'a-t-elle pas toujours constitué un refuge pour les populations faibles? Les régions où se pressent les chambres dans le roc présentent justement ce double avantage d'être à la fois abris et terres nourricières : la plaine de Séjenane forme une vaste clairière bien protégée au milieu de la forêt (*v. carte*) ; en lisière de celle-ci s'étend sans interruption une bande de marnes jaunes auversiennes qui, à l'état naturel, se couvrent d'une

---

(1) DEYROLLE : *Les Haouanet du Djebel Behelil. Rev. Archél. de Sousse,* 1903.

brousse dense, véritable vestibule de la forêt, mais qui donnent de bonnes récoltes lorsqu'elles sont défrichées. Elles sont aujourd'hui en grande partie défrichées. Peut-être les populations en question ont-elles commencé cette œuvre de défrichement.

Ainsi, si l'on considère que les tombeaux dans le roc ont peu évolué en Tunisie, qu'on les rencontre surtout dans des régions d'accès difficile, on peut penser qu'ils sont l'œuvre de populations de bonne heure isolées, qui ont dû se replier devant d'autres migrations. Lesquelles? La répartition des *monuments mégalithiques* en Tunisie nous fournit sur ce point une

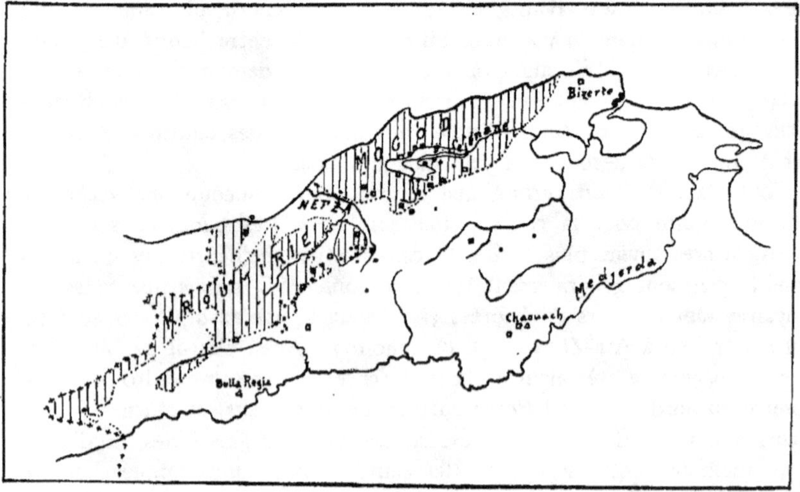

Fig. 1. Carte indiquant la répartition des chambres dans le roc en Tunisie septentrionale. Echelle = 1 / 2.000.000

indication qui n'est peut-être pas à dédaigner. Je n'ai jamais rencontré en Tunisie septentrionale de monuments qui puissent rappeler, même de loin, les dolmens ou menhirs de la Tunisie centrale ou d'autres régions de la Berbérie; et je crois quo'n peut assigner la vallée de la Medjerda comme limite de l'extension vers le Nord des dolmens en Tunisie. Les monuments de Chaouach et de Bulla Regia sont situés à proximité de cette vallée; quant à ceux que l'*Atlas archéologique* mentionne, mais qu'il hésite parfois à identifier (1), ils ne peuvent supporter la comparaison avec ceux de la Tunisie centrale. D'autre part, vers l'Est, l'aire des dolmens est limitée par une ligne allant de Medjez-el-Bab à l'Enfida (2), au delà de laquelle on retrouve les sépultures dans le roc décrites par Deyrolle.

____

(1) *Atlas archéol. de Tunisie*, feuilles Hedil et Bizerte.
(2) BERTHOLON et CHANTRE: *Ouvrage cité*, p. 600.

La limite nord des régions où dominent les *monuments mégalithiques* et la limite du domaine des *biban* semblent donc coïncider. Ce n'est évidemment pas une frontière rigoureuse; il y a eu interpénétration des deux rites; ainsi, on trouve des *biban* dans le massif de Téboursouk, région d'un accès difficile, et les monuments mégalithiques de Chaouach et de Bulla Regia dépassent la Medjerda de quelques kilomètres. Mais il est un fait indiscutable sur lequel il convient d'insister : *la Tunisie centrale, c'est-à-dire la région de Thala, Mactar, Téboursouk et le Kef, contient l'immense majorité des stations dolméniques de la Régence* (1), alors qu'*en Tunisie septentrionale, particulièrement à la limite de la forêt, se pressent en très grand nombre les sépultures dans le roc.*

On est ainsi tout naturellement amené à établir un rapport de synchronisme entre les deux migrations, hypothèse fortement appuyée par ce fait qu'on n'a jamais découvert dans les monuments mégalithiques de Tunisie que du mobilier de l'âge des métaux (2). Tout porte à croire enfin que les deux migrations sont arrivées de côté opposé et ont occupé des régions différentes : les *tailleurs de biban* sont venus de l'Est, par la mer ou le long du littoral; les *constructeurs de dolmens*, partis peut-être d'Europe, se sont avancés de l'Ouest à travers le haut pays et ont occupé en Tunisie la région centrale qui domine tout le reste. Ces conclusions ont le mérite de s'accorder avec les idées généralement admises aujourd'hui par les anthropologistes et préhistoriens sur la dualité d'origine du peuplement nord-africain.

----

(1) MONCHICOURT: Le Haut Tell en Tunisie, p. 251.
(2) BERTHOLON et CHANTRE: ouvrage cité, p. 600.

SCIENCES MÉDICALES

Président d'honneur. M. le Profeseur E.-J. MOURE, Profeseur honoraire de Clinique oto-rhino-laryngologique à la Faculté de Médecine de Bordeaux.

Président .... M. le Dr J. LANCELOT, Président de la Société de Médecine de La Rochelle.

Vice-Président ..... M. le Dr G. LERAT, Médecin-Chef de l'Asile d'aliénés de Lafond, La Rochelle.

Secrétaire .... M. le Dr Albert DROUINEAU.

LE PEMPHIGUS

PAR

JEAN SABRAZES
Professeur (Bordeaux)

JEAN TORLAIS
Docteur (La Rochelle)

Généralités. — Classification

Nous avons recueilli sept observations de pemphigus. Presque tous ces cas, suivis pendant longtemps, ont été l'objet de recherches de laboratoire. L'un d'eux a fourni des pièces de biopsies. Un autre les résultats d'une autopsie. Les faits de ce genre méritent la plus grande attention en raison des difficultés de diagnostic et de pronostic qu'ils soulèvent. Nous avons pensé que nous appuyant sur un bon nombre d'observations personnelles, nous étions autorisés à donner notre avis sur la classification des cas de pemphigus et à adopter celle qui nous a paru la plus simple et la plus adéquate aux faits.

A l'exemple de Darier, nous considérons comme n'appartenant pas à la classe des Pemphigus les apparitions accidentelles de quelques bulles comme il s'en produit après une brûlure, l'application d'un caustique, d'un vésicatoire ou à la suite d'un traumatisme. L'impétigo bulleux épidémique, l'érysipèle, la syphilis peuvent donner naissance à des bulles, de même la dysidrose, l'hydroa, l'érythème multiforme, l'herpés gestationis, l'eczéma; le lichen plan; quelques toxidermies médicamenteuses comme celle dues à l'antipyrine, aux arsénobenzènes. L'expression « à forme bulleuse » est un qualificatif suffisant pour ces états pathologiques.

En passant au crible les classifications du pemphigus que l'on trouve dans les travaux les plus récents sur cette question, nous avons été amené à admettre le groupement suivant :

Il existe 1° *Un pemphigus aigu*, malin, fébrile, comme l'a désigné Unna. 2° *Un pemphigus subaigu*, qui répond aux *dermatites herpetiformes de Duhring et de Brocq*, dermatites tenues naguère pour une entité pathologique mais qui en réalité sont de plus en plus apparentées et rattachées au Pemphigus et qu'il ne nous paraît pas possible d'en séparer. Il existe des termes de passage, des mutations entre ces catégories qui n'admettent pas de cloisons étanches. 3° *Le Pemphigus chronique* qui comprend : *a)* le *Pemphigus chronique congénital* ou *épidermolyse bulleuse congénitale; b)* le *Pemphigus chronique acquis*. Les expressions « *simple, foliacé, végétant* » seront indiquées à titre de modalité évolutive des lésions. Dans le

Pemphigus aigu la tare originelle — épidermolyse bulleuse congénitale — peut se révéler par le signe de Nikolsky. En tout cas, la vulnérabilité de la peau probablement préexistant à la dermatose joue un grand rôle de prédisposition dans certains cas de Pemphigus aigu ou chronique.

L'étiologie et la pathogénie de la dermatite herpétiforme de Duhring est jusqu'à présent peu connue. Nous sommes porté à penser que chez des sujets prédisposés, l'hypersensibilisation et l'anaphylaxie à l'égard des toxémies et d'infections plus ou moins occultes constituent le substratum de la maladie. Une de nos observations montre qu'il y a lieu de se demander si l'hérédo-syphilis n'est pas jeu chez certains de ces sujets. Chez cette malade, les commémoratifs, les tares du squelette, les épreuves de laboratoire, l'effet du traitement spécifique, les caractères histologiques des lésions cutanées nous ont contraint à admettre que dans le syndrome en question, il est des cas qui relèvent dans une certaine mesure de la syphilis.

Anatomie pathologique des bulles

Il ressort de l'étude anatomo-pathologique de ce cas de dermatite herpétiforme de Duhring que les bulles biopsiées avant tout traitement s'étaient développées dans l'épiderme au niveau et même plus exactement au-dessus du *stratum granulosum*. Le derme sous-jacent aux bulles montrait une infiltration lymphocytique périvasculaire très marquée; des lésions d'endovascularité s'associaient à la périvascularité dans les vaisseaux plus profonds. Quelques cellules plasmatiques et des mastzellen étaient mêlées aux cellules d'infiltration et aux fibroblastes hyperplasiées. En outre des bulles, on constatait des territoires nodulaires qui se montraient constitués par de la parakératose et de l'hyperkératose avec exosérose feuilletée, inflammation dermique sous-jacente rappelant la morphologie du pemphigus foliacé.

L'érythème exsudatif multiforme dont l'un de nous a publié une observation en 1896 à la Société de Dermatologie et Syphiligraphie de Paris, peut en imposer pour un pemphigus mais doit cependant en être distingué — l'œdème du corps papillaire est le phénomène le plus saillant d'après Walter Friboes qui insiste également sur l'infiltration inflammatoire lymphocytique des capillaires des papilles et des vaisseaux de la couche sous-papillaire.

L'épydermolyse bulleuse héréditaire fait partie du groupe des pemphigus mais les phénomènes inflammatoires y sont moins marqués que dans le pemphigus proprement dit.

On ne confondra plus le pemphigus avec l'*hydroa vacciniforme* dont les éléments éruptifs apparaissent au visage ou en d'autres points du corps sauf, pour ce qui est de la peau, des régions soustraites à l'action du soleil. L'hydroa vacciniforme n'a rien à voir avec l'épidermolyse bulleuse.

Le pemphigus à kystes épidermiques n'est qu'une modalité de l'épidermolyse héréditaire (Darier).

Dans le *Pemphigus syphilitique*, l'infiltration œdémateuse des téguments est considérable. La formation des bulles est analogue à celle du Pemphigus vulgaire.

Ainsi que l'a démontré Mlle Olga Eliascheff (Le Sang, n° 1, 1928), *l'éosinophilie* n'est pas constante dans la maladie de Duhring et se rencontre dans d'autres modalités de Pemphigus comme le prouvent nos observations. Il n'y a pas non plus parallélisme rigoureux entre le symptome « eosinophilie » et la marche de la maladie. L'eosmophilie locale et sanguine dans le pemphigus est variable avec les sujets. Le jeune âge est surtout à considérer comme facteur d'éosinophilie.

L'épreuve de l'iodure de potassium est demeurée négative chez une de nos malades où elle avait été tentée comme moyen de diagnostic. Par contre, l'application d'une pommade au goudron détermina l'apparition de bulles, de même une piqûre de moustique fut suivie d'une beulle. Chez de tels malades il existe donc un mode de réaction spéciale de la peau aux agents médicamenteux. de même aux poisons exogènes et endogènes, réaction qui se traduit par la formation de bulles.

Les conditions étiologiques du pemphigus sont toujours en discussion. Aussi les classifications manquent-elles forcément de précision. Toutefois la nature du pemphigus aigu fébrile est bien établie. Dans une de nos observations, les lésions hépatiques de nature infectieuse, l'existence d'une pyelonéphrite, d'une tuberculose de la vésicule biliaire éclairent singulièrement le syndrome cutané qu'a présenté la malade. L'éruption bulleuse polymorphe n'est ici qu'une manifestation cutanée survenant au cours d'une septicémie, un mode de réaction de la peau sensibilisée à l'égard de la toxi-infection. Des toxi-infections chroniques de nature diverse avec leur phase d'allergie entrent souvent en jeu (Staphylocoques, bacilles pseudo-dyphtériques, diplocoque étudié par Demme, Radaeli, Passimi, Cocco-bacilles, streptocoques, bacille pyocyanique).

Chez une de nos malades nous avons pu isoler dans le sang par l'hémoculture au moment d'une crise un diplocoque présentant les caractères du morocoque de Unna et du diplocoque identifié autrefois par Demme. L'autovaccin préparé avec lui n'a amené aucune modification dans l'état du Pemphigus.

Le rôle de certaines glandes endocrines comme la thyroïde dans la Pathogénie du pemphigus chronique demeure encore obscur.

L'hérédo-syphilis peut être en cause dans certains cas (observation personnelle — Observation de Saint-Martin et Le Roux, Annales d'oculistique, 5 mai 1921).

Dans les maladies cutanées bulleuses procédant par poussée du type de la dermatite herpétiforme, du pemphigus aigu ou chronique, les réactions de sensibilisation et d'anaphylaxie entrent aussi en jeu (action de la lumière, des rayons ultra-violets). Les insuffisances hépato-rénales si manifestes dans une de nos observations ont pour corollaire l'apparition de fonctions vicariantes des téguments.

La rétention des chlorures dans le sang et aussi dans les tissus (surtout dans la peau), se rencontre dans le pemphigus vulgaire, le pemphigus végétant et la Dermatite de Duhring, mais d'une manière inconstante et le manque de parallélisme dans beaucoup de ces cas entre le phénomène et le processus cutané rend sa signification pathogénique peu probable. Les causes de ces discordances doivent être recherchées dans le degré variable des troubles fonctionnels des reins au cours du Pemphigus.

Les altérations histopathologiques du système nerveux central constatées par Schreiner, Covez, peuvent être en rapport avec les infections secondaires et il devient difficile de faire la part de ce qui revient à la maladie initiale et à ces infections surajoutées.

On trouvera dans notre monographie sur « Le pemphigus », G. Doin, éditeur, Paris, 1929, les recherches complémentaires que nous avons pu faire depuis la communication de cette note.

LA CRÉNO-THALASSOTHÉRAPIE INFANTILE
(Association des cures marines et des cures thermales en thérapeutique infantile)

PAR

le Docteur GEORGES BARRAUD

(Châtelaillon-Plage)

« Les considérations de constitution et de tempérament, disait le Professeur Landouzy, doivent gouverner la polyclinique thermale »; et bien qu'aujourd'hui le terme de lymphatisme paraisse un peu désuet, on est cependant obligé de reconnaître qu'il correspond bien à un état morbide spécial constitué par une réceptivité particulière des tissus lymphatiques et ganglionnaires vis-à-vis des moindres infections.

Ce lymphatisme, s'il se développe, aboutit par la suite, à la scrofule, car « ces deux termes représentent la même manière d'être de la constitution » (Aviragnet). Or le meilleur moyen de modifier ce terrain diathésique, c'est de recourir « au traitement marin, dont l'action est si nette, si éclatante dans la scrofule, qu'elle n'est plus contestée » (D'Espine).

D'autre part, les travaux de ces dernières années ont bien montré que sur les organismes en voie de croissance, il y a deux radicaux métalloïdiques qui, le plus souvent unis au sodium, exercent une action très importante et favorable : c'est l'arsenic et le chlore.

On peut citer immédiatement après le soufre, qui, à son activité spéciale sur le terrain syphilitique, joint des effets stimulants et excitants sur le métabolisme en même temps qu'une action heureuse et marquée sur la muqueuse respiratoire. Puissant modificateur de la vie cellulaire, l'arsenic se montre surtout sédatif, décongestionnant et antispasmodique, agissant favorablement sur les glandes endocrines, le tissu lymphatique et le système nerveux neuro-végétatif.

Quant aux cures chlorurées, elles produisent une amélioration des rapports urologiques qui, entraînant une meilleure utilisation des phosphates, consolident le tissu osseux, en particulier chez les rachitiques.

Les stations thermales où l'on envoie surtout les enfants sont donc :

1. — Les stations arsenicales, dont la Bourboule est de beaucoup la plus importante.

2. — Les stations chlorurées (Salies-de-Béarn; Salins-Moutiers; Besançon; la Mouillère; Uriage).

3. — Les stations sulfureuses (Allevard, Cauterets, Challes, Eaux-Bonnes, Luchon).

4. — Enfin St-Honoré, qui mérite une place à part en raison de sa faible minéralisation en soufre et en arsenic.

D'autre part, l'on sait que le climat marin est l'un des plus puissants modificateurs des échanges métaboliques et l'on connaît les vertus bienfaisantes de la merveilleuse trilogie thérapeutique que constitue la cure héliomarine qui doit être à la fois climatothérapique, héliothérapique et thalassothérapique.

Aussi devrait-on, beaucoup plus souvent qu'on a coutume de le faire, associer ces deux sortes de médications crénothérapiques et hélio-marines en une synthèse thérapeutique créno-marine.

Après un séjour aux stations chlorurées sodiques, l'enfant lymphatique ou scrofuleux devrait séjourner longuement au bord de la mer, où l'air jouera le rôle principal, mais où cependant, dans certains cas, le bain de mer froid pourra stimuler l'organisme plus énergiquement que les bains hydrominéraux.

La médication sulfurée de Barèges et de Luchon s'adresse surtout aux scrofuleux présentant des lésions ulcéreuses et suppuratives; de tels malades sont justiciables de séjours prolongés au bord de la mer, mais comme ces lésions osseuses, ganglionnaires ou articulaires sont souvent hybrides et entachées de syphilis, la cure marine doit être complétée par des cures aux eaux sulfureuses des Pyrénées.

S'il s'agit de scrofulides cutanés, Barèges, station d'enfants d'après Landouzy, Uriage ou Challes revendiquent ces malades, mais il faut savoir cependant que les neurodermites et les lésions scrofuleuses chroniques peuvent être améliorées par les climats marins sédatifs.

Quand le lymphatisme prédomine sur l'appareil respiratoire, on enverra l'enfant aux eaux sulfureuses fortes de Luchon, d'Ax et surtout de Cauterets, ou à Saint-Honoré. Mais un séjour au bord de l'Océan peut agir très favorablement sur le terrain diathésique : c'est ainsi que la coqueluche. les toux coquelucho¨ides et en particulier, les rhino-bronchites descendantes des enfants, — ainsi que nous l'avons montré (1), sont très considérablement améliorées par les cures marines prudemment conduites.

Quand ce n'est pas l'élément catarrhal qui prédomine. il faut adresser l'enfant à la Bourboule. « le paradis des scrofuleux et des lymphatiques » (Ausset) et où l'on peut donner « un bain de mer chaud à la montagne » à certains sujets que la mer fatiguerait ou dont les dermatoses seraient exaspérées par l'air marin. Mais il faut d'abord remarquer qu'en réalité, ces sujets constituent une exception, si la cure marine est prudemment conduite et dosée : MM. Valette (de la Bourboule), et Du Pasquier (de St-Honoré) se déclarent très partisans, pour leurs petits malades, de post-cures marines. M. Jumon (de la Bourboule) proteste, à ce sujet. contre le préjugé d'après lequel la Bourboule et la mer ont des indications formellement contraires et opposées : « Nous connaissons, dit-il, des asthmatiques. des pruriguneux, des adultes atteints de divers troubles chroniques soignés dans notre station et qui font chaque année des séjours à la mer sans que ces séjours compromettent en rien l'action de la cure et du climat bourbouliens ». Tel est également l'avis de M. Pierret (de la Bourboule) qui préconise pour les petits adénoïdectomisés, une post-cure marine consécutive à la cure de la Bourboule.

Si les adénopathies médiastines sont justiciables, suivant les cas, des stations salines fortes. de la Bourboule ou d'Uriages, il ne faut pas oublier que, ainsi que l'a bien montré M. Lalesque (d'Arcachon) « elles fournissent à la cure marine ses plus beaux et ses plus nombreux succès ».

Il est une affection respiratoire dont le traitement marin est des plus discutés : c'est l'asthme. Si l'élément spasmodique est trop marqué ou si l'insuffisance hépato-entéritique prédomine, il est évident que la cure marine est contre-indiquée. Par contre, M. le professeur Nobécourt déclare que « le séjour au bord de la mer est souvent favorable quand l'enfant a de l'hypertropie chronique du tissu lymphoïde du pharynx ou de l'adénopathie trachéobronchique et conseille les plages du sud-ouest de la Bretagne, de la Vendée et de la Méditerranée ».

---

(1) G. **Barraud** : Les rhino-bronchites descendantes des enfants en climat marin. *Journal Médical Français*, août 1926.

D'autres déficiences organiques, héréditaires ou acquises peuvent être corrigées, atténuées ou guéries grâce à la crénothérapie surtout si les cures thermales sont complétées et renforcées par de judicieuses post-cures marines.

Tel est le cas des anémies simples et des chloroses qui sont très améliorées par des post-cures marines consécutives au traitement de Bussang ou de Forge; il en est de même pour les jeunes aménorrhéiques, après le séjour à Luxeuil et pour les adolescents atteints d'albuminurie orthostatique, dont une post-cure marine prudente et surveillée complète heureusement la cure de Saint-Nectaire.

Toutes les hypotrophies ou dystophies produites par des insuffisances endocriniennes souvent tributaires de l'hérédo-syphilis, sont franchement améliorées par l'association des cures hélio-marines et des cures thermales aux stations sulfureuses et chlorurées du type Uriage d'une part et d'autre part aux stations chlorurées sodiques fortes telles que Biarritz, Salies-de-Béarn, etc. (Mouriquand).

Cette thérapeutique créno-marine, qui pourrait mériter le nom de créno-thalassothérapie, est particulièrement facile à pratiquer sur la côte charentaise, car le lieu d'élection de la puériculture hélio-marine est incontestablement situé entre les embouchures de la Loire et de la Gironde (1) et d'autre part les plages charentaises, si variées, sont admirablement placées sur l'itinéraire de Paris aux Pyrénées en même temps qu'à proximité de l'Auvergne thermale.

LES NODULES DES CHANTEURS

PAR

MOURE

Professeur à la Faculté de Médecine de Bordeaux

On a beaucoup discuté et l'on discute encore sur le genèse et aussi sur la nature de la laryngite nodulaire particulière à certains chanteurs.

Le nodule s'observe en effet de préférence chez les sujets porteurs de petits larynx : ténors légers, ténors dits de traduction et chez les femmes; il est rare chez les basses ou basses chantantes, presque exceptionnel chez les barytons. Du reste dans cette catégorie de voix, au lieu d'occuper son siège

---

(1) G. BARRAUD : La puériculture hélio-marine. (*Journal Médical Français,* mars 1927.)

habituel : un tiers antérieur des rubans vocaux, j'en ai parfois constaté l'existence sur le tiers postérieur.

La pathogénie de cette lésion peut à juste titre être considérée comme la conséquence, non pas du surmenage, mais bien du malmenage vocal. T'andis que le surmenage occasionne plutôt des troubles congestifs pouvant aller jusqu'à l'hémorragie sous muqueuse, et même jusqu'à la rupture de quelques fibres du thyro-aryténoïdien, que j'ai appelé « le coup de fouet laryngien », le malmenage, au contraire, entraîne d'abord le relâchement musculaire qui se traduit par un léger renflement du tiers antérieur des cordes, souvent plus marqué d'un côté que de l'autre et par la suite par une saillie appelée nodule.

C'est généralement ce qu'en terme de chant on désigne sous le nom de poitrinage (émission du registre dit de poitrine) qu'il convient d'incriminer. Les petits larynx dont j'ai parlé au début de cette communication sont les plus exposés parce que les moins bien construits pour gravir le registre élevée en conservant la position de l'anche utilisée par le chanteur pour émettre le registre grave. Je rappellerai, en effet, que pendant cette émission, tous les auteurs sont d'accord sur ce point, les cordes vocales vibrent dans toute leur longueur et toute leur épaisseur. Or, pour monter le son en laissant les cordes dans cette situation, le chanteur est obligé d'augmenter la puissance du souffle. Les rubans vocaux doivent alors fournir un effort maximum pour écluser l'air qui doit produire le son en faisant entrer l'anche en vibration. L'organe vocal travaille donc au maximum, ce qu'il ne peut faire longtemps sans arriver à la fatigue, fatigue qui se traduit d'abord par un certain degré d'asynergie, de relâchement musculaire, léger renflement nodulaire et par la suite par une hyperkératose localisée ou véritable nodule.

Cette manière d'expliquer l'apparition des nodules chez les chanteurs, je pourrais même dire chez les orateurs à petit larynx, a bien son importance, tant au point de vue du pronostic que du traitement.

La saillie nodulaire étant le résultat d'un mécanisme vocal défectueux ne saurait nullement être assimilée à un polype du larynx, à une hyperkératose simple et par conséquent être traitée comme telle. Agir ainsi serait s'exposer à de nombreux déboires et peut-être même encourir des récriminations toujours désagréables. Enlever la partie épaissie d'un nodule, soit à la pince, soit au galvano, soit même à la diathermie ne suffit pas pour guérir le malade et rendre au chanteur la voix qu'il a perdue. L'épaississement constaté diminue très bien par le repos vocal, non pas en quelques jour mais au bout de plusieurs mois, et, lorsqu'il a disparu, qu'il ne reste plus que le relâchement musculaire et la voix encore diphtone traduisant cet état pathologique, la voix chantée n'a pas repris son timbre normal. Lorsque le malade doit guérir, c'est par années de repos qu'il faut compter avant d'obtenir un résultat favorable.

Pendant longtemps, j'ai considéré avec beaucoup de mes collègues le nodule des chanteurs comme incurable en ce sens que la voix de l'artiste m'a paru à jamais compromise et cependant, deux fois dans ma carrière, mais deux fois seulement, j'ai pu constater chez deux contralto (?) voix déclassées bien entendu, le timbre redevenir clair et sonore, comme avant la maladie; l'une de ces chanteuses s'est reposée pendant 8 ans; l'autre pendant 10 ans. Bien entendu, au moment où ces deux artistes ont recommencé leur travail vocal, elles ont abandonné totalement le registre dit de poitrine, car l'une est devenue soprano dramatique et l'autre mezzo-soprano et non contralto (voix exceptionnelle du reste). La leçon a été dure, mais elle a été profitable.

Je pourrai citer bien d'autres cas malheureux. Chez tous ces artistes, on a essayé sans obtenir de résultat bien entendu, le traitement chirurgical. Quelques-uns de ces opérés ont même exprimé leur mécontentement en traduisant le spécialiste en justice, parce que, disaient-ils, il avait à jamais altéré leur instrument. Dans ces cas, le chanteur oubliait volontiers qu'il était le premier coupable puisqu'il avait exigé de son larynx un travail qui devait fatalement le détériorer gravement.

En résumé : le nodule des chanteurs étant le résultat du malmenage vocal et généralement la conséquence de l'abus du registre de poitrine, on l'évitera : 1° en usant de ce registre à bon escient; 2° en évitant un classement vocal défectueux pour lequel le laryngologiste pourra aider le professeur de chant.

3° Le seul traitement applicable lorsque le nodule est formé, sera le repos vocal prolongé. Si la voix revient et se timbre à nouveau, le chanteur devra souvent changer de tessiture et dans tous les cas, apporter une modification totale à sa manière de chanter.

A ce prix-là seulement, il conservera sa voix pendant de longues années.

LA PRÉMUNITION DES NOUVEAU-NÉS
CONTRE LA TUBERCULOSE PAR LE B. C. G.

PAR

Dʳ BOURRIAU

Directeur du Bureau d'Hygiène de La Rochelle

Seize mois se sont écoulés, depuis que l'Administration municipale de la ville de la Rochelle a demandé à mon regretté prédécesseur le Docteur GUILLEMIN, de bien vouloir organiser dans notre ville la vaccination anti-tuberculeuse par le B.C.G.

L'organisation réalisée à La Rochelle est tout entière l'œuvre du Docteur GUILLEMIN. Aussi est-ce lui qui aurait du vous lire à ma place, un rapport qui aurait été plus brillant que le nôtre. Notre regretté prédécesseur aurait occupé dans cette section une place enviée et à laquelle sa science et son ardeur lui donnaient droit. La mort ne l'a pas voulu! Aussi inclinons-nous devant le souvenir du Docteur GUILLEMIN.

Notre rapport ne sera fait que de détails d'organisation et de chiffres. Devant des expérimentateurs de la valeur du Professeur CALMETTE et de son collaborateur GUERIN, nous ne nous sentons pas le courage de formuler un jugement, d'apporter une observation qui sera toujours pâle ou incomplète, parce que les possibilités matérielles ou scientifiques de la petite province, ne nous permettent pas d'articuler même l'ombre d'une objection à la découverte de CALMETTE; lorsqu'on pense au sort qui fut réservé aux fameuses tentatives de TAILLENS DE VAUDREMER et de plusieurs autres, à la base desquelles on a toujours mis en évidence la rancœur personnelle, et, dans certains cas, nationale, lorsque ce n'était pas une faute contre la méthodologie.

Devant notre impossibilité scientifique, c'est un acte de foi que le Doc-GUILLEMIN a su imposer à la Municipalité, un vote de confiance en faveur de nos deux savants français, qui avaient en leur découverte, la certitude scientifique qui permet d'affirmer le succès avec persistance et placidité.

Le point délicat était l'organisation de cette vaccination non encore obligatoire.

La propagande

Quels furent les moyens mis en œuvre pour l'organisation de ce nouveau service et de quelle manière fonctionne-t-il? C'est ce que nous allons essayer d'exposer.

Par leurs relations avec les familles des nouveau-nés, les sages-femmes étaient les premières personnes à informer de la découverte, afin qu'elles en conseillent et au besoin en assurent l'application. Aussi le premier acte du Directeur du Bureau d'Hygiène, a-t-il été de convier les sages-femmes à une courte conférence où le but de l'œuvre de prémunition des nouveau-nés contre la tuberculose leur a été minutieusement détaillé.

Tout aussitôt les docteurs-médecins recevaient une lettre personnelle, dans laquelle on leur faisait connaître la création du service de vaccination et on sollicitait leur concours, en s'associant à l'œuvre de propagande en faveur du B.C.G.

Les familles, dont les guides avaient été avertis dans la personne des médecins et sages-femmes, allaient pouvoir être touchées par une propagande spéciale. C'est alors que la grande affiche, format double colombier (dont nous donnons une réduction) fut placée en grand nombre, dans tous les coins possibles de la cité et des faubourgs, ainsi que dans les administrations, les usines, les écoles, hôpitaux et consultations. En même temps, un tract rappelant les dispositions de l'affiche était distribué sans compter dans les mêmes établissements ci-dessus cités.

Entre temps, dans le personnel médical et dans le grand public, s'étaient répandu les échos d'une récente séance de la Société de médecine de La Rochelle, où certains membres de cette société avaient fait des réserves sur l'extension de la vaccination antituberculeuse aux enfants nés de parents sains. Le Professeur CALMETTE, mis au courant, répondait que l'efficacité du vaccin ne pouvait plus être mis en doute. L'éminent maître disait en particulier : « Je ne crois pas que vous ayez rien à changer dans votre programme, du fait que vous trouvez des scrupules ou de la résistance ». Il importait au plus tôt de faire connaître la belle assurance du Professeur CALMETTE. Aussi, sa lettre imprimée en grand nombre a été répandue dans tous les milieux.

Une dernière lettre enfin, s'appuyant sur cette propagande logique, demandait la collaboration de toutes les bonnes volontés, pour la distribution de tracts mettant au courant de la vaccination des nouveau-nés par le B.C.G.

...Si bien qu'en une causerie en date du 28 novembre 1927, le Docteur GUINAUDEAU, adjoint au maire, pouvait faire connaître les heureux résultats obtenus à La Rochelle, pour la vaccination des nouveau-nés (*plus de 86 p. 100 d'enfants vaccinés à cette date par la méthode Calmette-Guérin*).

Fonctionnement du service

C'est au moment de la déclaration de naissance de l'enfant au Bureau de l'Etat Civil, que l'Administrateur rappelle aux familles intéressées, la possibilité qui leur est offerte de vaccination antituberculeuse. Au moment de cette déclaration, une enveloppe est remise qui contient :

1° **Un tract.**

2° Un spécimen de la lettre du Professeur CALMETTE, que nous avons reproduite sur l'innocuité de la vaccination.

3° Une demande de vaccin, à remplir par les parents, le médecin ou la sage-femme et à adresser au Directeur du Bureau d'Hygiène qui est chargé de se procurer le B.C.G. à l'Institut Pasteur de Paris.

4° Une enveloppe imprimée pour l'envoi de la demande.

Enfin une feuille verte est jointe à chaque boîte de vaccin fourni, à remplir par les parents, qui doivent donner tous renseignements utiles concernant l'enfant vacciné.

Un registre a été établi, pour le contrôle en dehors des fiches et pour pouvoir retrouver dans un an et dans trois ans, les noms et adresses des enfants qui devront être revaccinés.

En un mot, tous les renseignements utiles concernant le bébé, y sont mentionnés. Ce qui permettra de suivre très facilement et attentivement les enfants immunisés contre la tuberculose par le B.C.G.

Il nous faut bien signaler que la mise en pratique de ce service tout nouvellement organisé a révélé que quelques détails, qui n'avaient pas échappés à son créateur, avaient besoin d'une mise au point, en particulier ceci très important : quels moyens de contrôle avons-nous, pour nous permettre d'affirmer que le vaccin demandé au Bureau d'Hygiène, a bien été absorbé par le nouveau-né auquel il était destiné?

Dans la pratique, nous n'en avons aucun. En effet, maintes raisons peuvent s'opposer à l'absorption du B.C.G. Une maladresse a fait casser l'ampoule, une influence quelconque a pu faire que les parents ont changé d'avis; de tels faits sont beaucoup plus fréquents qu'on ne le suppose, ils nous ont été signalés plusieurs fois.

Avec un pourcentage notable de vaccinations accomplies dans des conditions douteuses non contrôlées, que déduire des quelques faits cliniques qui viennent à l'encontre de cette vaccination? Les ennemis rochelais de cette méthode, ne peuvent donc pas tabler sur des faits cliniques, puisqu'ils sont très fréquemment viciés à leur base par ce gros inconnu : le vaccin a-t-il été absorbé dans de bonnes conditions de temps et de posologie?

C'est en nous basant sur cette affirmation d'une importance capitale que nous pouvons affirmer qu'il faut être extrêmement prudent dans l'interprétation des résultats cliniques rochelais. De cette observation découle un fait d'une grande portée pratique :

Pour assurer le contrôle effectif de cette vaccination, aucune autre personne ne saurait être plus qualifiée, qu'une infirmière visiteuse spécialement chargée de ce service.

De telles raisons d'incertitude font qu'il nous est impossible et qu'il est impossible à tout le monde à La Rochelle, d'avoir une opinion sur l'efficacité du B.C.G.; c'est pourquoi nous avons fait un véritable acte de foi, dans la découverte du professeur CALMETTE. Aussi on comprendra que nous ne puissions pas donner de résultats cliniques.

Nous nous bornerons à vous donner des chiffres globaux :

Depuis le 1ᵉʳ mars 1927, date de l'institution de ce service, il a été enregistré jusqu'au 30 juin 1928 1.156 naissances, parmi lesquelles 832 enfants vaccinés et 324 non vaccinés.

Le pourcentage des décès par maladies diverses d'origine non tuberculeuse est de 3,96 p. 100 chez les enfants vaccinés, alors qu'il est de 10,80 p. 100 chez les non vaccinés.

Cette très grande différence semble bien prouver dès aujourd'hui, que le B.C.G. confère aux enfants une plus grande force de résistance, ainsi d'ailleurs que cela a été déclaré par le Professeur Calmette lui-même.

Discussion du rapport du Docteur Bourriau

Le Docteur Béraud rappelle que dès juin 1927, il s'est élevé contre la pratique systématique de la prémunition par le B.C.G. appliquée à toute une génération de petits Rochelais, sans distinction de cas d'espèces. Depuis cette époque des voix autorisées ont formulé les mêmes réserves portant sur la difficulté d'interprétation des statistiques, la faible durée de l'expérience, la difficulté du diagnostic de la tuberculose du nourrisson, la nécessité d'étudier non seulement la mortalité par tuberculose, mais aussi la morbidité des vaccinés qui paraissent, relativement souvent, faire des formes, peut-être atténuées mais certaines, de bacillose et dont le pourcentage de cuti réactions positives est à peu près du même ordre que celui des enfants non prémunis et d'âge correspondant. Il se demande si la pratique de la revaccination sur des organismes où il n'existe aucun critère de la perte de l'immunité n'entraînera pas des inconvénients par ingestions trop rapprochées ou trop éloignées du B.C.G. Enfin une inconnue redoutable lui paraît planer sur l'avenir des vaccinés en ce qui concerne la manière dont ils réagiront à l'âge adulte aux inoculations de bacille de Koch, à peu près inévitables, qui trouveront en eux un terrain privé de l'immunité durable que donnent les inoculations rares et espacées de la majorité des enfants non prémunis. Il pense que la méthode doit être réservée aux enfants appelés à vivre en milieu contaminé et ne pouvant pas être séparés de ce milieu. Si dans 15 à 20 ans les nourrissons ainsi prémunis paraissent se comporter mieux que les autres devant la bacillose, alors et seulement on pourra envisager la généralisation de la prémunition. par le vaccin et proclamer l'efficacité et l'innocuité de la belle découverte du Professeur Calmette.

Discussion

Docteur Félix Regnault

Il n'y a point d'adversaire systématique à la découverte du Professeur Calmette. Mais quelques-uns estiment qu'il ne faudrait pas généraliser de suite la vaccination par le bacille tuberculeux bilié. On devrait en limiter l'emploi aux nouveaux-nés prédestinés du fait de parents tuberculeux et de leur élevage dans un milieu tuberculeux.

On s'appuie sur des statistiques. Mais il faut les analyser pour qu'elles aient une valeur. En l'espèce on a fait une réclame officielle par la voie des journaux et des affiches. Les parents qui ont obéi à la sugession sont des gens instruits, aisés, qui s'inquiètent de la santé de leurs enfants, les élèvent avec quelque souci de l'hygiène. Les parents qui se sont abstenus sont des pauvres, des insouciants, qui de ce fait élèvent leurs enfants d'une façon défectueuse. Donc une sélection a été réalisée avant toute vaccination.

Seule l'épreuve du temps permettra de juger l'importance de la découverte du Professeur Calmette. C'est d'ailleurs ce que lui-même avait dit dans sa première communication.

LE NOURISSON ROCHELAIS (Etude statistique)

PAR

Dʳ ARMAND BÉRAUD

Etude statistique réalisée d'après le dépouillement des fiches de la Goutte de Lait rochelaise, de la Crèche Callier, du Service des enfants assistés, de la Maternité de La Rochelle, du cabinet de l'auteur, et les statistiques officielles de mortalité et de natalité de la France.

Le nourrisson est étudié au point de vue du *Poids* (naissance, un an, six mois) ; âge de la *première dent* et des *premiers pas*, mode d'*allaitement*, *natalité* et *mortalité*.

Le nourrission Rochelais moyen a un poids de naissance égal à la moyenne mais son poids est un peu plus bas que celle-ci à 6 mois et à un an; il a un ou deux mois de retard pour les dents et pour la marche.

Mais si l'on étudie les mêmes caractéristiques, *par périodes* depuis 1911 jusqu'à 1927, on constate que le poids du nourrisson rochelais est nettement plus élevé pendant la période 1923 à 27 que pendant les périodes précédentes; surtout en ce qui concerne le poids à un an. Il ya aussi gain appréciable pour les dents et pour la marche.

La proportion de gros enfants (de plus de 4.000 gr.) est aussi plus élevée, ces dernières années, dans la statistique des nouveaux nés de la maternité et le nombre des débiles (moins de 2.500 gr.) est nettement en décroissance.

Si l'on étudie les mêmes éléments par *catégories sociales*, l'on constate que le nourrisson de la classe aisée est plus gros à la naissance et à un an que le nourrisson des campagnes environnantes et que celui-ci a un poids supérieur à celui des enfants de la classe populaire.

Mais dans toutes les catégories, *l'enfant surveillé régulièrement*, par les consultations de nourrissons, est plus robuste que celui qui ne l'est pas, et cela surtout chez le nourrisson de la classe populaire dont les mères touchent la prime d'allaitement ; son poids est presque aussi élevé à un an que celui du nourrisson de la classe aisée.

La proportion des *enfants nourris au sein*, est à la Rochelle, considérable; il n'y a guère que 25 p. 100 des nourrissons qui n'aient que le biberon.

L'allaitement au sein est surtout pratiqué dans la classe aisée; à la campagne, il y a une forte proportion d'enfants nourris à l'allaitement mixte; c'est dans la classe populaire que la proportion des *enfants au biberon* est la plus élevée.

Le poids de l'enfant au sein est supérieur à celui de l'enfant au biberon; celui-ci a ses dents plus tard, mais il marche un peu plus tôt.

La *Mortalité infantile* Rochelaise a été jusqu'à ces dernières années relativement élevée ; plus élevée que la mortalité moyenne de la France ; cela probablement à cause de la forte mortalité des enfants assistés abandonnés à la crèche des hospices, mortalité qui tend d'ailleurs à s'abaisser notablement depuis 1918 (maximum) le service ayant été en 1919 rendu autonome et réorganisé (gain de plus de 25 p. 100).

L'année 1927 a été particulièrement favorable et la mortalité infantile à La Rochelle a été inférieure à la mortalité générale de la France.

La *Natalité Rochelaise* (pourcentage des naissances au nombre d'habitants) a été constamment de 1 à 3 pour 1.000 plus élevée que la natalité française. Tout en suivant la même courbe que celle de la natalité française, avec minimum en 1916-17 (guerre) et maximum en 1920, elle est actuellement et depuis 10 ans, plus élevée (2 à 3 p. 100) qu'avant la guerre.

Les *conclusions* de ce travail, qui comporte de nombreux tableaux synoptiques comparatifs, sont que l'amélioration notable de la situation du nourrisson rochelais, au point de vue du poids, dentition et marche (sans oublier la diminution de la mortalité infantile et l'amélioration de la natalité) sont dus aux efforts faits depuis vingt ans par ceux qui se sont intéressés, en liaison avec les pouvoirs publics, aux œuvres de protection de l'Enfance et aux institutions s'intéressant au sort des pères et mères de famille, ou luttant contre l'abandon, par l'aide donnée aux filles-mères.

LES RAYONS ULTRA-VIOLETS
EN OTO-RHINO-LARYNGOLOGIE

PAR

G. WORMS

Professeur au Val-de-Grâce

La thérapeutique par les rayons ultra-violets s'est rapidement généralisée en médecine, tant sont apparus remarquables les résultats obtenus par cette méthode.

L'oto-rhino-laryngologie ne pouvait se désintéresser de ce moyen de traitement.

Sources de rayons Ultra-Violets

Personnellement, nous utilisons les lampes à vapeur de mercure.

Nous avons fait construire pour l'irradiation de surfaces limitées telles que : pharynx, fosses nasales, oreilles, larynx, un dispositif spécial.

Ce localisateur se compose d'une pièce en aluminium poli, d'une ouverture correspondant à 100 m/m, s'emboîtant parfaitement sur le cône de sortie. A sa partie inférieure se trouve une glace de 100 m/m de diamètre, perforée d'un orifice de 25 m/m dans lequel s'adapte un flexible d'une longueur suffisante pour pouvoir se tourner dans tous les sens. Au bout de ce flexible vient se fixer une baguette en quartz dont l'une des extrémités a la forme d'un cylindre qui lui permet de recevoir les rayons ultra-violets et de les conduire suivant son axe sur le point à traiter.

Le miroir dont est pourvu le réflecteur permet au malade lui-même ou au médecin placé derrière lui de guider le localisateur en quartz sur l'endroit désiré et d'en surveiller les déplacements possibles.

Pour le traitement des lésions propres aux différentes affections en oto-rhino-laryngologie, nous accordons la préférence aux irradiations régionales ou locales et aux fortes doses rapidement progressives.

L'exposition d'une plaie, d'une muqueuse infectée aux rayons ultra-violets entraîne des modifications très marquées non seulement du plan superficiel, mais des couches ou des parenchymes sous-jacents.

Plaies de trépanation mastoïdienne et d'évidement pétro-mastoïdien

C'est, à notre avis, une des indications majeures de l'irradiation locale.

Quand la septicité du foyer opératoire s'oppose à sa fermeture primitive incomplète, comme il arrive souvent dans les oto-mastoïdites aigues à streptocoques qui surviennent au cours de certaines épidémies hivernales, l'irradiation, par sa puissante action bactéricide, stérilise les lésions et, par l'intense vasodilatation qu'elle provoque, permet un bourgeonnement actif de la brèche opératoire. Celle-ci prend une belle teinte rouge vif et tend à se fermer rapidement. Dans tous les cas, la suture secondaire est possible après quelques séances, dans un délai de sept à huit jours.

Sur les plaies d'évidement pré-mastoïdien, même action bactéricide et stimulante, très propice à la cicatrisation du foyer.

L'actinothérapie permet d'obtenir à bref délai la guérison de certaines *fistules mastoïdiennes post-opératoires*. Nous avons observé la fermeture, après quelques séances, de fistules qui avaient résisté à plusieurs curettages.

Contre les *inflammations du conduit auditif*, qu'elles soient dues à une otorrhée persistante, à un furoncle, à une dermite eczémateuse, l'actinothérapie locale est vraiment héroïque dans les infiltrations superficielles.

En dehors de son effet analgésique remarquable, elle entraîne la rétrocession rapide des phénomènes inflammatoires.

— Un deuxième groupe d'affections où le traitement par les rayons ultra-violets donne également des résultats vraiment impressionnants sont les *infections de la cavité buccale et celles de la muqueuse rhino-pharyngo laryngée*.

Les résultats excellents sont la règle dans les stomatites, dans les angines. L'action analgésique est un des premiers symptômes, mais le processus inflammatoire lui-même est rapidement amélioré.

Nous avons vu en quelques jours la surface de *lésions ulcéro-membraneuses, du type fusospirillaire* se modifier du tout au tout. Deux ou trois séances suffisent à le dépouiller de ses débris sphacéliques.

Pharyngites, laryngites aiguës ou subaiguës relèvent également de l'actinothérapie, qui, à elle seule et dans un délai très court, réussit à faire céder ces poussées inflammatoires. Les troubles fonctionnels ,dysphagie, dysphonie sont les premiers à disparaître.

Dans ces cas, nous associons habituellement l'irradiation externe, régionale, du cou à l'irradiation intra-cavitaire.

Signalons également les bons résultats obtenus dans les *rhinites mucopurulentes* et fibrineuses, grâce au traitement local par ces mêmes électrodes de quartz.

Dans le même ordre d'idées, l'une des applications les plus heureuses des rayons et en même temps l'une des plus riches de conséquences dans les collectivités, est la stérilisation des porteurs de germes (diphtériques, méningocoques, etc.).

Laryngite tuberculeuse

Pour atteindre directement le larynx, nous nous sommes adressés à une grosse tige de quartz, de courbure analogue à un porte-coton laryngé, susceptible de projeter les rayons sur la partie lésée.

Ce qui doit être reconnu comme un avantage incontestable de l'héliothérapie artificielle, c'est la rapidité de son action contre la dysphagie.

Cet effet est assez constant et remarquable pour qu'on puisse décerner à l'actinothérapie le qualificatif de thérapeutique « anesthésiante ».

Nous avons assisté dans deux cas à l'affaissement net de l'infiltration de la région aryténoïdienne et à la cicatrisation d'ulcérations peu étendues, après six semaines et deux mois de traitement.

Les infiltrations diffuses, les lésions d'arthrite et de périchondrite sont beaucoup plus résistantes, et, dans la plupart des cas, peu influencées.

Tuberculose des muqueuses nasales et buccales

Si nous en jugeons par plusieurs cas de lupus du nez, du palais et de tuberculose nasale à forme hypertrophique, les rayons ultra-violets sont un moyen sûr et puissant d'agir sur les lésions bacillaires de ces muqueuses.

De nouvelles possibilités seront sans doute permises lorsque l'on saura combiner les rayons ultra-violets avec d'autres radiations de longueur d'onde différente : rayons X, rayons de la lampe à arc, qui peuvent déclancher une action favorable dans les cas où les premiers auront échoué.

On pourra également renforcer l'effet des rayons ultra-violets en les associant aux rayons infra-rouges, qui ont une action congestive augmentant leur absorption.

Il y a là tout un champ d'études dont nous ne devons pas nous désintéresser.

1° TRAITEMENT DE LA LUXATION CONGÉNITALE DE LA HANCHE
2° ARTHRODÈSE EXTRA ET INTRAARTICULAIRE COMBINÉE

PAR

Professeur H.-L. ROCHER

(*Bordeaux*)

1° Le Professeur Rocher expose quelques points de sa technique personnelle dans le traitement de la luxation congénitale de la hanche. Au préalable, il invite l'orthopédiste à toujours examiner le côté opposé dans le   de boiterie unilatérale. L'insuffisance de la hanche, la subluxation se traduiront cliniquement par de la laxité articulaire décelée par le signe du piston, radiographiquement par l'ovalisation du cotyle. De telles articulations seront traitées comme si elles étaient luxées franchement. La technique personnelle de l'auteur consiste dans la réduction systématique primitive de la tête par la partie haute du cotyle, zone de sortie de la tête. La supériorité de la manœuvre opératoire tient à sa rapidité et à sa douceur. La contention cotyloïdienne se mesure par l'angle d'abduction sous lequel se fait l'échappement de la tête. La myotenotomie préalable des adducteurs dans les luxations hautes évitera des traumatismes articulaires de réduction. Le temps d'immobilisation en général sera de six mois en deux appareils plâtrés. Le Docteur Rocher insiste particulièrement sur les différents points du traitement de convalescence. Le critérium de la guérison orthopédique pour la reprise de la marche est la stabilisation de la tête.

La déficience de reconstruction articulaire sera indiquée par le *ballotement de la tête femorale*, cela malgré les meilleures apparences de réduction.

Le ballotement de la tête incitera l'orthopédiste à continuer l'immobilisation en abduction, à fortifier la musculature du membre en évitant la station debout (usage du tricycle ou de la bicyclette). Si malgré tout, la tendance à la reluxation se manifeste, l'opération de la butée ostéoplastique sera pratiquée.

Ces considérations sont basées sur une expérience de 1.600 cas. Les résultats seront d'autant meilleurs que la réduction sera pratiquée plus précocement (de 12 à 18 mois).

Cette communication a été suivie d'une démonstration clinique à la maison de santé du Docteur Rayton, où le Professeur Rocher a présenté et traité deux luxations congénitales doubles de la hanche.

2° Le Professeur Rocher expose ensuite sa technique opératoire d'arthrodèse extrarticulaire et intrarticulaire combinée dans la paralysie infantile. L'arthrodèse extraarticulaire de consolidation par greffons osteoperiostiques ou ostéo-chondriques est indiquée dans le cas de surfaces articulaires avivées trop exiguës ou sur le squelette des jeunes enfants peu évolué qui entraînerait une perte de substance cartilagineuse trop grande.

Le Professeur Rocher a eu l'occasion d'utiliser cette technique dans trois cas de membre paralytique : épaule paralytique (arthrodèse combinée à l'enchevillement par tige d'ivoire et aux greffes périostiques) ; pied valgus paralytique (greffons insérés en pont sur la mediotarsienne) ; genou paralytique (arthrodèse combinée à des greffons ostéochondriques prélevés sur les surfaces articulaires fémorale et tibiale).

Cette technique aboutit à une ankylose extra-articulaire qui consolide l'arthrodèse articulaire.

SYMPATHIQUE ET APPAREIL D'AUDITION

PAR

Professeur PORTMANN et Docteur H. RETROUVEY

(*Bordeaux*)

L'étude de l'action du sympathique sur les différentes fonctions de l'appareil auriculaire, de date déjà ancienne avec les expériences de Brown-Séquard et de Claude Bernard au niveau de l'oreille externe, vient d'être actuellement l'objet de nouvelles recherches générales sur les spasmes vasculaires en otologie.

Mais si l'expérimentation est relativement facile pour le labyrinthe postérieur qui réagit par du nystagmus et du vertige, facilement constatables, elle est plus délicate pour l'appareil cochleaire, qui ne répond aux excitations que par des troubles subjectifs.

Deux méthodes peuvent être employées :

1° La méthode chirurgicale : la sympathectomie périartérielle déjà étudiée par Jabonlay et Lannois, a été reprise par l'un de nous (Portmann) et par Terracol. Elle a montré que la vaso-dilatation labyrinthique, consécutive à la sympathectomie, s'accompagne d'une hyperacousie durant une quinzaine de jours et souvent de bourdonnements Ceux-ci étant d'ailleurs en rapport aussi bien avec une anémie qu'avec une congestion labyrinthique. Elle a été pratiquée jusqu'ici sur la carotide primitive et la carotide interne. Des recherches sur la vertébrale pourraient donner des résultats intéressants.

2° La méthode des tests biologiques, dont l'un de nous (Retrouvey) a repris l'étude avec Mailho.

Nous avons employé :

a) Comme excitant du sympathique, l'adrénaline en injection sous-cutanée de 3 cm3 de la solution à 1/1.000.

b) Comme inhibiteur, le nitrite d'amyle.

Les résultats ont été les suivants :

Chez les individus normaux on n'a noté aucune variation appréciable d'audition ni aucun bourdonnement.

Les individus en état de déséquilibre vaso-sympathique ont réagi différemment selon leurs tendances propres.

Chez les sympathico-toniques, les inhibiteurs du sympathique ont montré une augmentation de l'audition.

Chez les vaso-toniques, chez lesquels on a dû, pour de l'excitation vestibulaire, donner de l'adrénaline, on a constaté une diminution de l'acuité auditive. A une hyperhémie cochiléaire correspond de l'hyperaconsie, à une ischemie, une diminution d'audition. Ces notions, dont on ne peut entrevoir encore qu'imparfaitement les conséquences thérapeutiques, demandent de nouvelles recherches.

DES DISSOCIATIONS NYSTAGMIQUES
DANS LES ÉPREUVES CALORIQUES VESTIBULAIRES

PAR

Dr MAILHO

(*Bordeaux*)

Depuis quelques années, l'interrogation de la fonction vestibulaire par les épreuves caloriques s'est enrichie de l'épreuve de Kobrak, dite minima en ce sens que la quantité d'eau employée pour l'irrigation est beaucoup plus faible que dans les épreuves classiques.

La valeur de cette épreuve de Kobrak a été tour à tour prônée par les uns, mise en doute par les autres et il s'est établi, en quelque sorte une rivalité d'influence entre l'épreuve minima et l'épreuve type Barany.

Dans le service de notre maître, M. le Professeur Portmann, nous avons employé concurremment et systématiquement dans tout examen vestibulaire l'épreuve de Kobrak et l'épreuve de Barany.

La technique employée pour la première fut la suivante : Injection en 2" dans le conduit auditif externe à 1/2 cm du tympan de 10 cc d'eau à 17° avec une seringue munie d'un embout.

Pour l'épreuve de Barany, nous avons employé l'otocalorimètre de Brunings avec de l'eau à 27°.

Dans ces conditions, une épreuve de Kobrak demeure normale si le nystagmus apparaissant entre 30" et 60" ne dépasse pas 10" de durée.

L'épreuve de Barany Brunings considérée comme normale après une irrigation de 60 à 90 cc provoque un nystagmus de 1' à 2' de durée.

Nous complétions l'examen de la fonction vestibulaire par les épreuves rotatoires avec le fauteuil de Barany.

Avec ce procédé d'examen, deux cas peuvent être envisagés : Ou bien les épreuves concordent ou bien il y a discordance. S'il y a concordance, les réponses peuvent indiquer un réflexe diminué pour les trois épreuves : Hyporéflectivité ou au contraire particulièrement vif et augmenté : Hyperréflectivité.

Lorsque les épreuves ne condordent pas, l'on peut envisager pour les scloriques, soit une réponse exagérée au Kobrak avec une épreuve diminuée ou normale au Barany Brunings, soit une réponse diminuée ou nulle au Kobrak et augmentée au Barany Brunings.

Nous avons remarqué que ces dissociations n'étaient pas désordonnées et qu'elles correspondaient à certains états pathologiques.

Convaincus de la théorie vaso-motrice du nystagmus provoqué par les épreuves caloriques, c'est-à-dire que les mouvements du liquides endolymphatique sont transmis par les vaso-moteur, nous avons été conduits à émettre l'hypothèse suivante :

Dans l'interrogatoire de la fonction vestibulaire, tout se passe comme s'il existait deux éléments, à savoir : les organes vestibulaires et les vaso-moteurs, élément intermédiaire.

Si nous produisons une excitation calorique du vestibule par l'irrigation du conduit auditif et que la réponse soit vive et intense, nous pouvons penser que les organes vestibulaires sont hypersensibles ou bien que l'élément intermédiaire (vaso-moteur) a amplifié l'excitation produite par l'irrigation.

Nous concevons, dès lors, la dissociation possible de ces deux sensibilités.

L'épreuve de Kobrak, telle que nous la pratiquons, semble produire une excitation vive et courte, comme une douche, celle de Barany-Brunings une excitation faible et prolongée comme le bain.

Dans ces conditions, le Kobrak paraît un moyen électif d'interrogation de la sensibilité vaso-motrice.

Nous citerons à titre d'exemple de dissociation Kobrak Brunings l'observation suivante :

Eglantine, R. 42 ans, vient pour bourdonnements intenses et éblouissements.

Kobrak O. D. — Après 10" nyst ; rot. durée 5o" vertige

      O. G. — Après 10" nyst; rot. durée 8o" vertige.

Barany Brunings. O. D. — Après 145 cc nyst rot. durée 60"

             O. G. — Après 140 cc nyst rot. durée 100".

Fauteuil Barany: 10 tours en 20". Sens + nyst horizontal durée 20".

Tension artérielle Pachon Mx 14 1/2 — M8 - Indice I.

R.O.C. inversion nette de 100 pulsations à la minute, après une minute de compression : 108 pulsations.

Nous étions orientés vers une sympathicotonie.

Si cette hypothèse était bien fondée, nous devions constater une diminution de la réflectivité au Kobrak, avec un inhibiteur du sympathique

Après inhalation d'une ampoule de nitrite d'amyle.

O. D. après 45" nystagmus 4 à 5 secousses.

Le temps nous manque pour citer plusieurs observations et correspondant en outre à chaque type particulier de dissociation. Nous nous bornerons à présenter en conclusion les divers types de réponse que nous puisions envisager :

1ᵉʳ cas. — A) Kobrak : Réponse faible normale ; B) Barany Brunings: Réponse normale. — Conclusion : Excitabilité vestibulaire calorique normale.

2ᵉ cas. — A) Kobrak: Réponse vive et intense ; B) Barany Brunings Réponse prolongée après une faible irrigation.

Conclusion : appareil vestibulaire hypersensible.

3ᵉ cas. — A) Kobrak : Réponse vive et intense; B) Barany Brunings: Réponse normale ou diminuée.

Conclusion : Dissociation Kobrak Brunings hypersensibilité de la fonction vaso-motrice.

4ᵉ cas. — A) Kobrak : Pas de réponse; B) Barany Brunings : Réponse prolongée et violente après faible irrigation.

Conclusion : Dissociation Kobrak Brunings hypersensibilité *vestibulaire* Sensibilité vaso-motrice diminuée.

5ᵉ *cas.* — A) Kobrak : Pas de réponse ; B) Barany Brunings : Une grande quantité d'eau est nécessaire pour provoquer une réponse qui se traduit par une réaction violente et prolongée.

Conclusion : Fonction vestibulaire normale ou hypersensible. Appareil vaso-moteur hypersensible.

Ces dissociations ne sont évidemment qu'un symptôme qui doit s'accompagner des épreuves, de médicaments à action vaso-motrice et de l'examen du R.O.C. Mais, ainsi envisagées, elles nous permettent d'orienter notre diagnostic soit vers un trouble fonctionnel vaso-moteur, soit vers une lésion organique vestibulaire.

Elles nous amènent à penser plus particulièrement à une labyrinthite ou à un spasme, par exemple.

L'épreuve du traitement infirmera ou confirmera le diagnostic.

LES TUBERCULEUX PULMONAIRES
AU BORD DE LA MER

PAR

Dr ALBERT DROUINEAU
La Rochelle

Il ne faut pas envisager d'une façon trop générale le bon ou le mauvais résultat obtenu par les tuberculeux pulmonaires du fait de leur séjour au bord de la mer ; tous les malades ne réagissent pas de la même façon.

On a cru que le seul séjour sur le littoral provoquait la fièvre. Casse, Lalesque contredisent cette opinion. J'ai traité pendant de longs mois dans mon service de l'hôpital de La Rochelle une jeune fille atteinte de tuberculose pulmonaire, Par deux fois ses lésions s'étant stabilisées, son poids ayant augmenté, son état général étant devenu bon, j'ai essayé de la faire partir dans un établissement de cure loin de la mer, par deux fois, après un certain temps de séjour en sana, une poussée évolutrice se manifestait et la malade m'était renvoyée ; la fièvre tombait quelques jours après son retour. J'ai dans mes notes plusieurs observations de ce genre.

De même que pour la fièvre, la doctrine des hémoptysies causées par le séjour au bord de la mer demande à être revisée. Chargé depuis plusieurs années du service des tuberculeux à l'hôpital de La Rochelle, je peux affirmer que je n'ai vu que très rarement des hémoptysies survenir chez mes malades. Le docteur Barraud de Chetelaillon a publié en novembre 27 l'observation de plusieurs tuberculeux hémoptoïdiques ayant vécu de longues années au bord de la mer et dont quelques-uns s'étaient améliorés.

L'étude de cette question du séjour des tuberculeux au bord de la mer montre avec quelle facilité certaines opinions s'implantent plus facilement que d'autres. Laènnec avait écrit : « Les bords de la mer, surtout dans les climats doux et tempérés sont sans contredit les lieux où l'on a vu guérir le plus grand nombre de phtisiques et je les conseille chaque fois qu'ils sont praticables ». Or, il a suffi, pour faire délaisser cette opinion et la faire traiter de pieuse illusion que Rochard publiât quelques statistiques montrant que la tuberculose faisait de grands ravages chez les marins.

On en conclut que l'air de la mer était funeste aux tuberculeux, Cela devint un dogme sans qu'on songeât à se demander si la morbidité tuberculeuse à bord des navires n'était pas le fait de la mauvaise hygiène, de la mauvaise nourriture, de la facilité de contagion.

Le dogme était admis, on ne pensait pas à le discuter, et quand on se trouvait en présence de faits contradictoires, on s'ingéniait à chercher des raisons à côté. Car, c'était un fait incontestable que dans un même pays côtier des tuberculeux pulmonaires évoluaient avec une grande rapidité, tandis que d'autres résistaient très longtemps. Cela ressortait par exemple des constatations faites par Gaboriau à l'île de Groix, par Calmette, à Belle-Isle, et ce dernier auteur déclarait que la lenteur de l'évolution infectieuse était une des principales modifications apportées à la symptômatologie de la tuberculose par le fait de l'atmosphère marine. Observant des faits analogues à l'Ile de Ré, il y a 25 ans, je pensais les expliquer en disant que l'évolution rapide se faisait chez les tuberculeux importés, c'est-à-dire venant de divers points de l'intérieur pour habiter le bord de la mer, tandis que l'évolution lente se montrait chez les autochtones, c'est-à-dire ceux originaires de ces pays cotiers ou y habitant depuis de longues années.

Lorsque les notions récemment acquises ont permis de séparer toute une série de types cliniques on a pensé pouvoir expliquer par la diversité de ces modalités cliniques la diversité d'évolution de la tuberculose sur le littoral. Tout le monde fut d'accord pour les formes aiguës (granulie, phtisie galopante), qui évoluent avec la même rapidité, quel que soit le lieu où se trouvent les malades. On s'accorde aussi d'une façon presque générale pour reconnaître que les tuberculoses fibreuses localisées se trouvent bien d'une cure sur le littoral. Mais les divergences d'opinion se montrent quand il s'agit de tuberculoses ulcéro-fibreuses extensives ou de tuberculoses fibro-caséeuses. Cependant, plusieurs auteurs, dont Lalesque, n'hésitent pas à faire figurer parmi les indications fondamentales de la cure littorale les formes fibro-caséeuses peu étendues ou en poussées évolutives à leur début. J'ai eu l'occasion d'observer au dispensaire antituberculeux de La Rochelle un cas corroborant tout à fait cette opinion. Il s'agissait d'une enfant de 15 ans qui habitait chez ses grands parents en Vendée, et que ses parents étaient allés chercher en raison de son mauvais état de santé. Envoyée par son médecin au dispensaire, je constatai l'existence d'une tuberculose ulcéro-caséeuse étendue du poumon droit. La radioscopie montrait une spélonque à la base droite au milieu d'une zone mie de pain et quelques petites taches à gauche. Le jour de son examen, le 5-5-25, la fillette pesait 33 kg. 200. Ses parents qui habitent un faubourg de La Rochelle au bord de la mer la gardèrent avec eux, et sur les indications du médecin lui firent faire dans leur jardin une cure de repos et d'aération en même temps qu'on surveillait spécialement l'alimentation. L'amélioration se fit rapidement sentir et l'amélioration de poids fut la suivante: 36 kg 700 le

9-6-25, 43,800 le 25-8-25, 48,200 le 26-9-25, 52.400 le 21-11-25. Ce jour-là on notait la disparition des râles et la simple existence d'une respiration rude et soufflante. La radioscopie montrait que la spélongue avait disparu et était remplacée par un petit noyau opaque. Cette observation montre qu'il n'y a pas lieu d'être si absolu dans l'exclusion du bord de la mer pour les formes ulcéro-caséeuses. Si bien qu'en définitive je me range entièrement à l'avis de Lalesque admettant que peuvent bénéficier d'une cure sur le littoral toutes les formes curables de la tuberculose, toutes celles où la résistance de l'état général et de l'étendue assez limitée de lésions constituent les facteurs essentiels nécessaires pour bénéficier des avantages du climat.

Récemment certains auteurs frappés des excellents résultats thérapeutiques obtenus par des tuberculeux dans des voyages au long cours ont voulu expliquer ces résultats en différenciant le climat marin intégral, celui de la haute mer, avec le climat littoral ou maritime. Cette différenciation me paraît bien spécieuse. Comme le dit excellemment Lalesque, les éléments des climats côtiers ne sont autres que ceux du climat de la haute mer dont ils dérivent et conservent les caractères fondamentaux, tout en pouvant être modifiés par certaines circonstances de topographie locale. On reproche au climat côtier d'être inconstant, variable, à sautes brusques, en contraste complet avec celui du large. Je ne sais pas au juste ce qu'il faut entendre par cette expression le large, mais ce que je sais, c'est que dans les très nombreuses traversées d'Algérie que j'ai faites, j'ai bien souvent observé au milieu de la traversée, en pleine mer par conséquent, ces sautes brusques et ces coups de vent. D'autre part peut-il y avoir une si grande différence entre le climat littoral et celui de la mer à quelques encablures du rivage ? Evidemment non. Alors si l'on refuse toute influence favorable au premier comment expliquer le bénéfice incontestable que retirent les malades de ces cures de barque organisées par Lalesque sur le bassin d'Arcachon, par Guiter et Chuquet aux golfes de Cannes et de la Napoule, par Bagot et Fistié sur la Manche? Que penser de ces sanatoria flottants qui en Allemagne, en Angleterre, en Amérique, emportent chaque matin les malades vers la haute mer et le soir les ramènent à terre? L'opinion de Laënnec n'est pas contredite par les statistiques de Rochard. Il ne saurait y avoir confusion entre les marins de métier astreints à un travail pénible, mal logés et quelquefois insuffisamment nourris et les passagers qui pendant la traversée jouissent non seulement des bienfaits de l'atmosphère de la haute mer, mais aussi d'une tranquillité complète du corps et de l'esprit, d'un calme absolu. Or, ce qui est vrai pour le séjour en mer, l'est également pour le séjour sur le littoral et si tant de médecins côtiers, après avoir diagnostiqué une tuberculose l'ont vu évoluer rapidement, c'est que leurs malades ne modifiaient pas leur façon de vivre. Si les soldats que j'observais à l'Ile de Ré étaient vite enlevés par la tuberculose alors que deux dames cavitaires continuaient à vivre à Saint-Martin-de-Ré, ce n'était pas parce que les uns étaient des importés et les autres des autochtones, mais bien parce que les premiers étaient soumis à une vie intensive, à laquelle s'ajoutait le choc moral de ce changement de vie, alors que les autres menaient une vie végétative et sans fatigue. Et ceci est très important. J'ai vu des malades venant d'avoir une hémoptysie ou chez qui l'on venait de diagnostiquer une tuberculose évolutive, être envoyés d'extrême urgence à la campagne. Il fallait partir coûte que coûte, sans retard, toute journée de plus passée sur le littoral semblant devoir être fatale, et ces pauvres malades s'en allaient n'importe où, se mettre souvent dans des conditions tout à fait défectueuses de logement froid, humide et malsain. Et j'ai assisté à des désastres. Je suis de plus en plus convaincu qu'il aurait mieux valu pour ces malades, rester au bord de la mer, chez eux, quand ils étaient convenablement logés et qu'ils pouvaient faire une cure appropriée à domicile. Mais il y a aussi tous les pauvres gens, tous ceux qui habitent les taudis, qui ne mangent pas à leur faim, qui travaillent. Ceux-là il faut leur donner les moyens de s'aérer, de manger, de se reposer, sans quoi la maladie continuera à évoluer et très vite. Et c'est pour ceux-là que des hôpitaux-sanatoriums analogues à celui que l'on vient de construire à La Rochelle vont être d'un secours inappréciable. J'ai entendu beaucoup de critiques sur cet hôpital-sanatorium de La Rochelle sous le prétexte qu'il était vain de songer à soigner des tuberculeux au bord de la mer. Fort de l'expérience acquise dans plusieurs années passées soit dans un service hospitalier de tuberculeux dans un port de mer, soit dans des dispensaires antituberculeux côtiers, je m'élève contre cette opinion. Un hôpital sanatorium est bien placé à La Rochelle, puisque, selon la formule de Guinon, ce qu'il faut au tuberculeux, c'est le climat marin atténué et que des trois climats littoraux de la France, c'est l'Atlantique qui lui convient le mieux. Les malades qui seront placés dans cet hôpital-sanatorium s'y amélioreront souvent ; en tout cas, ils seront mis là dans les meilleures conditions pour y être étudiés à loisir et qu'on puisse décider en toute connaissance de cause de ce qui leur convient le mieux.

Car, et c'est là la conclusion que je veux donner à cette communication, ne faisons pas de généralisations. Ainsi que je l'ai dit ailleurs à propos du régime alimentaire des tuberculeux, il n'y a pas une maladie, il y a des malades qui devant les mêmes causes réagissent très diversement. Il y a des tuberculeux ouverts, dit Bezançon, qui, au mépris des lois thérapeutiques, sont améliorés à la mer. Pourquoi, nous n'en savons rien. Mais ce que nous savons, c'est que, suivant l'expression de Lalesque, le dogme de la mer fatale aux pulmonaires a perdu de son impératif. Par conséquent, en présence d'un tuberculeux pulmonaire, ne nous hâtons pas de l'expédier ailleurs, où il sera peut-être dans des conditions plus défectueuses, prenons le temps d'étudier son cas et de lui procurer d'abord sur place toutes les conditions capables d'amener une amélioration dans son état.

MASTOIDITE ET MORT EN HYPERTHERMIE
DU NOURRISSON

PAR

Dr H. RETROUVEY
O. R. L. des Hôpitaux de Bordeaux

Le pronostic de la mastoïdite du nourrisson, longtemps considéré comme bénin par les classiques, s'est assombri pour plusieurs auteurs du fait de la possibilité de la complication redoutable qu'est la mort en hyperthemie du nourrisson. Dans son ensemble, le pessimisme actuel est exagéré, et la mort en hyperthémie est heureusement exceptionnelle. De l'étude de 30 cas opérés récemment à l'hôpital des enfants, l'auteur dégage les points suivants :

1° Fréquence des otites latentes à l'origine de l'infection mastoïdienne, la largeur normale de la trompe étant dans le jeune âge assez considérable. Sur 30 malades, 6 n'ont pas présenté d'écoulement d'oreilles.

2° Extériosudation facile et rapide, du fait de la constitution anatomique de la paroi externe de l'antre, de la zone antrale superficielle au niveau de la zone criblée retiro-méatique, et fréquence d'abcès sous périostés parfois deux ou trois jours après le début des accidents. Sur les 30 malades, 27 étaient extériorisées à l'arrivée.

3° Fréquence de la paralysie faciale périphérique, guérissant généralement bien après l'intervention — observée dans 1/6 des cas.

4° La mort en hyperthermie, survenant dans la journée de l'opération, avec pâleur, tachycardie, convulsions. S'observe dans les mastoïdites comme dans toute intervention chirurgicale du nourrisson. La pathogénie est obscure.

On a successivement invoqué l'anesthésie générale, l'ébranlement produit par la gorge, l'infection massive, le développement incomplet de l'appareil thermo-régulateur, la septicémie, la toxinhémie, l'anaphylaxie. Aucune de ces hypothèses ne s'est trouvée vérifiée. Elle est très rare. Nous ne l'avons observée dans aucun des 30 cas.

5° L'intervention est généralement simple. Elle dure peu. La curette suffit habituellement à ouvrir l'antre et les cellules mastoïdiennes. L'intervention doit en principe être complète et ne pas se limiter à l'incision de Wilde.

6° Le pronostic dépend beaucoup de l'état général du petit malade, souvent fatigué par une maladie infectieuse dont l'otite n'a été qu'une **complication.**

MASTOIDITE PAR CONTUSION

PAR

Dr JEAN LANCELOT
(*La Rochelle*)

Les mastoïdites traumatiques par fissures, fractures simples et surtout fractures compliquées ne sont pas exceptionnelles; mais les mastoïdites par contusion, sans solution de continuité des téguments, sans fracture macroscopique sont autrement rares si l'on prend soin d'éliminer les observations d'infection mastoïdienne déjà existantes réchauffées ou exacerbées à l'occasion d'un traumatisme de la région.

Au niveau des sinus, la notion d'une hémorragie intra-cavitaire et de sa suppuration possible, sans lésion de la paroi osseuse est de notion courante pour le sinus frontal, pour le sinus maxillaire et même pour les cavités ethmoïdales (GUISEZ). Rien ne s'oppose, semble-t-il, à ce qu'il en soit de même pour les cavités oto-mastoïdiennes : la précision de l'observation suivante en schématise le mécanisme.

Enfant robuste, Mlle G..., âgée de 6 ans, n'a jamais présenté le moindre incident auriculaire jusqu'à présent, n'a eu ni coryza ni angine, ni bronchite au cours de l'automne dernier ou de l'hiver. Nez et pharynx sont absolument normaux.

Il y a trois semaines, poussée par une de ses amies qui court après elle, elle fait une chute malencontreuse contre le siège d'un banc. La région mastoïdienne droite en heurte violemment l'arête, la douleur est très vive; les jours suivants une ecchymose s'étend sur toute la région rétro-auriculaire et la partie postérieure de l'hélix. Au bout de deux semaines tout semble revenir à la normale, sans que rien attire l'attention sur l'oreille elle-même.

Dix-huit jours après la contusion apparaît brusquement avec une vive douleur une tuméfaction rétro-auriculaire en même temps que l'écoulement d'un pus épais et d'abord foncé, dit sa mère, par le conduit. Etat fébrile peu accusé qui a complètement disparu, lorsqu'avec des douleurs moins vives ses parents nous la conduisent trois jours après le début de la complication.

L'état général est bon, pas de fièvre. Le pavillon très fortement décollé est projeté en bas et en avant par une collection fluctuante, bombant à l'emplacement du sillon rétro-auriculaire, type de l'abcès sous périosté. Légère chaleur sans rougeur locale. A la pression : douleur pas très vive, uniquement antrale, à peu près pas de douleurs spontanées, le sommeil est bon.

L'oreille est sourde et le conduit rempli d'un pus épais jaunâtre, sortant par une petite perforation inférieure, avec écoulement peu abondant. En fin de journée apparaît depuis hier un torticolis accusé sans signe de collection s'étendant sur le sterno-cleido-mastoïdien. L'indication d'intervention est urgente et celle-ci a lieu le 28 mars 1928, le quatrième jour après le début de la crise.

Dès l'incision des téguments, un pus épais s'écoule en abondance; la tache criblée rétro-méatique est fortement ponctuée et congestionnée. La rugination ne fait découvrir aucune fissure de la table externe. La trépanation rétro-méatique haute ouvre sous la corticale une grosse cellule remplie de pus. L'antre sous-jacent communique avec elle et la petite curette passe facilement dans un aditus large. L'apophyse de type pneumato-diploïque saigne assez abondamment, l'os est rouge, congestionné, friable, du pus mais pas de fongosités. La zone inter-sinuso faciale est envahie dans sa moitié supérieure par le pus qui atteint jusqu'au sinus latéral dont une partie est dénudée montrant une paroi superficielle rugueuse. La tranchée est poussée jusqu'à la pointe. Les fibres d'insertion du sterno-mastoïdien sont violacées et un peu friables, pas de collection à l'apex. Drain antral, suture et tente dans le conduit.

Le surlendemain, l'écoulement surtout hémorragique a été minime par le drain, la tente du conduit est imprégnée de sang et derrière elle pas de pus dans le conduit définitivement asséché.

Avec une température constamment normale depuis l'arrivée, la cicatrisation est extrêmement rapide, au quatrième pansement aucun suintement par le drain; le torticolis a disparu; le 17 avril, réunion totale par cicatrice linéaire. Acuité auditive à la montre : O. D. : 90/100. — O. G. : 100/100. La perforation du tympan droit est refermée et la membrane semble à peine moins translucide que du côté gauche.

Un certain nombre de points retiennent l'attention : Le temps de latence tympano-mastoïdien après la violence de la contusion locale. L'intensité des manifestations locales avec faiblesse des réactions douloureuses et thermiques générales. L'extension des lésions mastoïdiennes sans manifestation d'une notable virulence de l'infection. L'état. d'attrition des insertions supérieures du sterno-cleido- mastoïdien. La rapidité de la guérison. Tous concordent avec la production d'un épanchement sanguin dans les cavités oto-mastoïdiennes, et son infection tardive.

L'évolution nous apparaît la suivante : Parmi les multiples vaisseaux circulant entre l'antre et le périoste dans la zone criblée rétro-méatique si friable chez l'enfant, et plus encore dans le cas particulier en raison de la présence d'une grosse cellule sous-corticale, certains ont été rompus lors de la contusion, provoquant un épanchement intra-cellulaire hémorragique, correspondant sous la corticale à ce que l'ecchymose montrait à l'extérieur; peut-être de petites fissures trabéculaires du diploê ou de simples lésions de la muqueuse ont-elles eu le même rôle. Rien ne s'opposait à ce que cet épanchement tout comme l'air se répandit dans les diverses cavités de l'apophyse et dans l'oreille moyenne.

En l'absence de toute menace auriculaire antérieure à la contusion, l'infection par la voie : trompe d'Eustache, oreille moyenne, aditus, antre, cellules, facilitée par la lenteur d'élimination d'un épanchement oto-mastoïdien hémorragique traumatique donne l'explication de cette évolution post-contusionnelle rare, que l'absence de cas similaires trouvés au cours de recherches bibliographiques nous a incité à rapporter et à commenter.

A PROPOS
D'UNE EPIDÉMIE DE DYSENTERIE AMIBIENNE
Considérations cliniques, thérapeutiques, prophylactiques

PAR

GEORGES LERAT

Ancien Interne de l'Assistance Publique de Paris,
Ancien Interne des Asiles de la Seine
Médecin-Chef de l'Asile d'Aliénés de La Rochelle

Vers la fin de 1925, survint à l'Asile d'aliénés de Lafond (La Rochelle), une épidémie d'amibiase.

Considérations cliniques.

Paul RAVAUT et CHARPIN (1) ont bien montré que l'Amibiase peut se manifester sous des formes aiguës ou chroniques.

Depuis la fin de 1925 jusqu'en avril 1927, nous avons observé dans notre service 33 malades femmes, dont 5 infirmières. Sur ces 33 cas, 4 décès. — 21 de ces malades manifestèrent des formes suraiguës ou aiguës. Le début fut accompagné par une fièvre atteignant très rapidement ou dépassant 39 et 40°. Dans presque tous les cas, symptômes intestinaux typiques. Chez plusieurs malades, tout au début, vomissements alimentaires avec expulsion d'ascarides par la même voie.

L'une de nos malades présenta une symptomatologie assez déconcertante : Mlle X..., 20 ans; du 16 février 1926 au 20, vomissements alimentaires. Pas de fièvre. Le 22 février et uniquement ce jour-là, diarrhée :

(1) L'Amibiase en France pendant la Guerre, par Paul RAVAUT et CHARPIN. *Journal Médical Français,* août 1919.

deux selles liquides. Puis, pendant 10 jours, fièvre aux environs de 40. Ventre légèrement ballonné, mais pas douloureux. Langue humide et un peu saburrale. Abattement. Selles de fréquence normale et très bien moulées, mais avec quelques amas graisseux. Le 2 et le 3 mars, expulsion par l'anus de sang rouge assez abondant. Prélèvement de matières et examen par le Docteur BOURRIAU, de La Rochelle, qui trouva des amibes, mais surtout de nombreux kystes. Guérison clinique et bactériologique après 6 injections, tous les 3 jours, d'une ampoule de « Quinby ».

Chez la plupart de nos malades aigües, constatation très nette de la raie blanche d'Emile Sergent, paraissant associée à de l'insuffisance surrénale : hypotension, abattement profond et quelquefois, vomissements.

A propos des formes chroniques, deux cas furent aussi effacés que possible. Quant aux 4 décès, deux survinrent en quelques jours, après une évolution hyperthermique, à forme septicémique; deux survinrent après plusieurs semaines, au cours d'un état cachectique. 3 malades, malgré divers traitements, restèrent porteuses de germes, associés, du reste, à d'autres parasites intestinaux.

Considérations thérapeutiques.

Nous avons utilisé immédiatement toutes les indications concernant l'emploi de l'émétine et de composés arsenicaux, dues aux travaux de Ravaut, Marchoux, Flandin, etc. Les injections d'émétine ont été généralement bien supportées. Cependant une de nos infirmières, de 32 ans, souffrant antérieurement de syndrome entéro-rénal léger, et atteinte d'amibiase aiguë, reçut, pendant 4 jours, 0,06 centigrammes d'émétine. Le quatrième jour, grand abattement, hypotension, céphalée et douleurs le long des nerfs des membres inférieurs. L'infection étant intense, fallait-il continuer l'émétine, « médicament héroïque »? Les algies et la céphalée paraissant être le signe d'une intoxication par l'émétine, celle-ci fut remplacée par le tréparsol qui, en quelques jours (associé à de l'extrait hépatique) transforma l'état général et fit disparaître les phénomènes aigus. Guérison ensuite.

Pour le plus grand nombre de nos malades, nous avons procédé ainsi : émétine (0,06 à 0,08 en deux fois) pendant 6 à 8 jours, puis tréparsol (3 à 4 comprimés), mieux toléré que le stovarsol, mais auquel il est souvent utile d'ajouter de l'extrait hépatique, comme l'a fait observer Clément Simon.

Nous avons guéri plusieurs malades en pratiquant des injections d'iodo-bismuthate de quinine, selon une nouvelle méthode de traitement découverte par un de nos internes, M. BETEAU : injection, tous les 3 ou 4 jours, de 0,30 centigrammes d'iodo-bismuthate de quinine. 5 ou 6 injections suffisent. Béteau dit que, dans l'amibiase aiguë, « ce traitement soutient

avantageusement la comparaison avec les médications jusqu'ici employées »
et fait disparaître les kystes amibiens chez les porteurs chroniques (1).

A ces conclusions, nous ajouterons quelques réserves, dues à une expérience plus longue : d'abord, citons 4 cas où le traitement d'attaque par le
bismuth ne nous a donné aucun résultat favorable; ensuite, comme l'a dit
le Professeur Pautrier : « Il ne faut pas oublier que le bismuth... agit fortement sur le rein ».

Or, trois femmes, dont deux d'âge moyen et une de 60 ans, atteintes
d'amibiase, ont eu, dès la deuxième ou troisième injection de bismuth, des
symptômes de néphrite chlorurémique qui nous obligèrent à remplacer le
bismuth par le tréparsol.

Pour éviter des rechutes, nous avons prescrit, pendant au moins les huit
mois suivant la guérison, deux comprimés de tréparsol, 5 ou 6 jours par
mois. Grâce peut-être à cette méthode, nous n'avons observé aucune rechute. Nous ajouterons que chez nos malades, la guérison microscopique
fût toujours recherchée pour contrôler la guérison clinique.

Considérations prophylactiques.

Nous n'exposerons que les faits les plus significatifs, car le Docteur Bourriau, directeur du Bureau d'Hygiène, dans une communication (Mouvement sanitaire du 30 juin 1928) a donné un exposé remarquable de ce qui a
été fait pour assainir l'Asile.

L'Asile de Lafond (800 personnes) subit, de septembre 1925 à avril 1927,
une épidémie qui frappa 108 personnes et détermina 28 décès. Des mesures
prophylactiques rigoureuses furent appliquées; mais l'épidémie persistant,
l'hypothèse d'une contamination hydrique s'imposa à nous, et le 8 mars
1926, nous demandâmes à l'Administration de l'Asile de faire analyser l'eau
du puits servant à l'arrosage des légumes; cette eau fut reconnue riche en
colibacilles.

Dans ces conditions, le Docteur Pélissier, Directeur de l'Asile, demanda
au Docteur Bourriau d'installer un appareil d'épuration hydrique; le Docteur Bourriau adopta le système « d'auto-javellisation » « imperceptible »
ou de « verdunisation » inventé par M. Ph. Bunau-Varilla (1). Le fonctionnement de l'appareil commença en avril 1927. Dès lors, l'épidémie
s'arrêta jusqu'à maintenant. Sans doute, le traitement très actif et les mesures de prophylaxie, en diminuant autant que possible le rôle des porteurs
de germes, ont été des facteurs importants de résistance à l'extension de

(1) A propos d'une épidémie de dysenterie amibienne autochtone, par M. J.
Béteau. *Progrès Médical*, 9 janvier 1926.

(1) L'Autojavellisation imperceptible, par Philippe Bunau-Varilla. Paris,
Librairie J.-B. Baillière et Fils, 1926. — La Radiolyse chimique. Mécanisme de
la verdunisation des eaux, par Philippe Bunau-Varilla. Paris, Librairie J.-B.
Baillière et Fils, 1927.

l'épidémie. Mais, tout s'est passé comme si l'application de la méthode Bunau-Varilla avait réussi, seule, à arrêter l'épidémie.

Tout en rendant hommage à la perspicacité du Docteur Bourriau, à l'excellence, à la simplicité, à l'ingéniosité du système Bunau-Varilla (plusieurs analyses ont montré que l'eau est désormais indemne de colibacilles) nous ne sommes par parfaitement optimistes quant à l'avenir. Sans doute, on peut espérer que l'arrosage de l'exploitation maraîchère, fait désormais avec l'eau « verdunisée », assainira progressivement et définitivement le sol. Avant qu'une expérience notablement plus longue l'ait indiscutablement prouvé, nous estimons qu'il est prudent de continuer à proscrire l'usage des crudités pendant au moins les mois les plus chauds de l'année. Evidemment, en agissant ainsi, nous diminuerons le régime de nos malades d'une notable quantité de vitamines; mais, de deux maux, il faut choisir le moindre; et d'ailleurs, pendant les longues périodes de temps où ces mesures de proscription ont été appliquées, nos malades n'ont paru nullement en souffrir.

INDICATIONS DE LA COLLABSOTHÉRAPIE
AU COURS DE LA TUBERCULOSE PULMONAIRE

PAR

MAURICE DROUINEAU et PIERRE TROCMÉ

Pour apprécier exactement la valeur thérapeutique du pneumothorax artificiel, il faut étudier comparativement les statistiques concernant des malades soignés par cette méthode et celles qui sont relatives aux sujets qui n'en ont pas bénéficié.

Cette étude statistique faite par notre maître RIST révèle que de la première catégorie, 38 p. 100 survivent au bout de 8 ans et sont pratiquement guéris, et de la seconde, 10 p. 100 survivent au bout du même laps de temps et aucun d'eux ne peut être considéré comme guéri. Ces chiffres suffisent à démontrer l'efficacité de la collapsothérapie; ils s'améliorent encore lorsque nous aurons appris à poser les indications de façon plus judicieuse et plus précoce.

Les indications classiques du pneumothorax artificiel dépendent de divers facteurs, parmi lesquels deux sont essentiels : La nature des lésions et leur unilatéralité.

Voyons d'abord l'importance de la nature des lésions :

I. — La caverne pulmonaire, lorsqu'elle est ancienne et que ses parois sont infiltrés par un tissu de sclérose extrêmement dense, s'affaisse difficilement. Le pneumothorax ne réussit pas toujours à collaborer une semblable lésion.

Au contraire, les cavernes récentes, creusées très rapidement au sein de condensations pneumoniques ou broncho-pneumoniques et souvent méconnues sans l'aide de la radiologie, fournissent au pneumothorax de très beaux succès.

2. — Lésions *infiltrées pneumoniques ou bronchopneumoniques non encore excavées*. — Nous connaissons bien à l'heure actuelle ces infiltrations massives atteignant d'emblée 1 ou 2 lobes pulmonaires et évoluant sous les couverts d'un tableau clinique banal dont il importe de ne pas méconnaître la nature tuberculeuse. Un pneumothorax artificiel détermine en général une cassation immédiate de la poussée évolutive et la restitution *ad integrum*.

La pneumonie caséeuse classique peut elle même procurer au pneumothorax de magnifiques succès; mais parfois le bloc pulmonaire rigide et incompressible ne s'affaisse pas et la collapsothérapie est impuissante à enrayer l'évolution fatale.

3. — *Lésions infiltrées plus discrètes*. — La nécessité du pneumothorax ne devient évidente dans de tels cas que si l'affection suit une marche nettement évolutive et défavorable.

Etudions maintenant *l'importance de l'Unilatéralité des lésions :*
Cette condition est primordiale et indispensable à l'établissement d'un pneumothorax; l'unilatéralité ne doit pas être purement clinique mais confirmée par un cliché radiographique.

Enfin il est d'autres indications du pneumothorax artificiel : L'Hémopthysie grave où l'intervention se fait parfois d'urgence. — La coexistence avec une grossesse, loin d'être une contre-indication, doit au contraire motiver une intervention hâtive.

Contre-indications. — Le pneumothorax est inutile dans les tuberculoses abortives et dans les tuberculoses fibreuses anciennes sans atteinte de l'état général.

Il n'est pas contre-indiqué par la coexistence d'une tuberculose localisée curable par des moyens chirurgicaux ou orthopédiques. La laryngite tuberculeuse elle-même peut rétrocéder et même guérir au cours d'un pneumothorax efficace.

Par contre l'entérite tuberculeuse diffuse commande évidemment l'abstention.

L'atteinte de l'état général (sauf une cachexie très avancée) la coexistence d'une affection cardiaque ne constituent pas de contre-indications à la méthode.

Enfin l'existence d'une symphyse est un obstacle absolu à l'établissement d'un pneumothorax; la pratique de la méthode est venue démontrer que nous sommes incapables à l'heure actuelle de diagnostiquer cette symphyse autrement que par la possibilité ou non d'insufflation, laquelle devra toujours être tentée.

Telles sont les indications et contre-indications classiques du pneumothorax artificiel. Devant les résultats encourageants obtenus, certains phtisiologues cherchent à en étendre les indications pour en faire bénéficier un plus grand nombre de malades.

Pneumothorax dans les tuberculoses à prédominance unilatérale. — Nous croyons qu'il faut s'abstenir strictement de toute intervention lorsque dans les tuberculoses évolutives cliniquement unilatérales, la radiographie révèle l'existence dans le poumon opposé de quelques lésions, fussent-elles très discrètes; ces lésions discrètes du poumon opposé subissent presque toujours un véritable coup de fouet.

On ne peut faire d'exception à cette règle que lorsque des radiographies répétées à plusieurs mois d'intervalle démontrent l'inactivité des lésions de l'un des poumons.

Pneumothorax bilatéral dans les tuberculoses bilatérales. — Les premières tentatives de ce genre furent des pneumothorax à bascule nécessaires parfois lorsqu'il se produit tardivement une atteinte de l'autre poumon. Cette méthode du pneumothorax à bascule et la possibilité d'établir parfois un pneumothorax électif, devaient conduire à la conception du pneumothorax bilatéral pour les tuberculoses pulmonaires bilatérales. Il s'agit de réaliser de chaque côté un tel pneumothorax électif. Or ceci n'est pas toujours facile car le phénomène n'est pas produit à volonté par le médecin et suppose en outre l'absence totale d'adhérences pleurales.

En outre, cette méthode n'est pas sans danger. Car le moindre incident peut déclancher chez ces malades un dyspnée considérable. Enfin, la perforation pulmonaire, complication d'une gravité effroyable paraît bien plus fréquente dans le pneumothorax bilatéral que dans le pneumothorax unilatéral.

Si donc nous mettons en balance d'une part les graves dangers inhérents à la méthode, d'autre part ses avantages problématiques, nous sommes obligés de conclure que pour notre part nous nous refusons à faire entrer cette méthode dans notre pratique.

Ce n'est pas selon nous en étendant outre mesure les indications du pneumothorax artificiel, mais en les posant de façon plus précoce, que nous rendons service au malade : Diagnostic précoce, pneumothorax précoce, telle est donc notre formule.

La phrénicectomie. — Résection du nerf phénique dans sa portion sus-claviculaire vise à paralyser l'hémidiaphragme de manière à libérer la rétractilité spontanée des lésions pulmonaires. — Les indications sont celles du pneumothorax lorsque celui-ci est rendu impossible par l'existence d'une symphyse.

La phrénicectomie spécialement indiquée dans les lésions de la base influence cependant aussi les lésions éloignées à condition qu'elles soient rétractiles. L'unilatéralité n'est pas ici comme pour le pneumothorax une condition *sine qua non*.

La phrénicectomie tire de sa bénignité un des plus grands de ses avantages et nous tendons à la proposer chaque fois qu'une symphyse pleurale empêche l'établissement d'un pneumothorax.

La phrénicectomie peut être associée à d'autres modes de collapsothérapie : elle peut compléter utilement un pneumothorax que limite une symphyse de la base; elle peut succéder au pneumothorax qui se résorbe précocement par le jeu irrémédiable d'une symphyse progressive; enfin elle est surtout utile comme premier temps d'une thoracoplastie; car elle permet de tâter en quelque sorte la rétractilité du poumon malade et l'intégrité du poumon opposé.

La thoracoplastie est pratiquée le plus généralement selon la technique de Sauerbruch en deux temps : elle est réservée aux cas de symphyse pleurale, et exige une unilatéralité absolue des lésions car c'est une intervention grave, très choquante dont sont seuls justiciables les malades susceptibles d'en tirer un bénéfice presque certain. Elle est réservée aux formes scléreuses n'évoluant que peu ou pas et ayant une tendance rétractile nette.

Un état général bon et une résistance organique conservée permettent au malade de faire les frais de cette sérieuse intervention, laquelle exige une collaboration médico-chirurgicale étroite.

Une indication plus rare de la thoracoplastie se trouve posée lorsqu'un épanchement purulent du pneumothorax artificiel s'infecte secondairement.

GROS SARCOME VÉSICAL PÉDICULÉ

PAR

Dr MARC PAPIN

Ancien Assistant titulaire du Service d'Urologie à la Faculté

Les sarcomes vésicaux sont relativement rares. Ce sont des tumeurs qui généralement sont sessiles. Elles sont en général secondaires. Elles ne sont pas très grosses, ne dépassant pas habituellement le volume d'une noix. Elles ont une grande tendance à la récidive locale ou à distance.

Nous avons eu l'occasion d'observer et d'extirper au cours de l'année 1927 un énorme sarcome vésical primitif, pesant 145 grammes, de la grosseur d'une grosse orange, pédiculé et enlevé par électro-coagulation à vessie ouverte. Il n'y a pas eu récidive. Pour ces diverses raisons, nous avons cru intéressant de publier cette observation :

Mme G..., 58 ans, de Pons, nous est adressée par son médecin traitant, le 25 janvier 1927, pour « hématuries et mictions douloureuses ».

Depuis longtemps notre malade se plaint de légères douleurs en urinant et de mictions assez fréquentes.

Il y a deux ans ces douleurs sont devenues plus violentes et les mictions plus fréquentes. Les hématuries ont apparu au début de janvier.

A l'examen, nous notons un teint jaune paille très net. Un amaigrissement assez marqué depuis six mois.

Les urines sont franchement sanglantes et sales. Les mictions nocturnes et diurnes sont très fréquentes.

Elle se plaint depuis peu de jours d'une douleur au niveau du rein gauche, qui est en effet un peu sensible, mais il n'est pas perceptible.

L'examen clinique est négatif pour la recherche de tout autre signe.

La cystoscopie révèle une énorme tumeur siégeant sur la partie gauche de la vessie dont les caractères nous faisaient écrire à son médecin traitant :

« Cette tumeur dont je ne puis encore vous donner la nature, implantée sur la face latérale gauche de la vessie, me paraît pédiculée, mais je ne puis l'affirmer. Elle est en effet énorme, difficile à déplacer et saigne au moindre contact. Il y a en tous cas lieu d'intervenir par la voie sus-pubienne, d'en faire l'ablation, et de pratiquer une séance d'électro-coagulation à vessie ouverte sur la base d'implantation. »

L'intervention est pratiquée le 5 février 1927.

Cystostomie. — Nous tombons sur une énorme tumeur de la grosseur d'une orange franchement pédiculée. Le pédicule est petit par rapport à cette tumeur, il est de la grosseur d'un crayon. Il est sectionné à la base par étincelage en entamant la muqueuse vésicale, et une séance d'électro-coagulation est faite sur la base d'implantation et sur la muqueuse vésicale aux environs immédiats du pédicule.

La tumeur enlevée est lourde et dure. Elle pèse 145 grammes. Elle est adressée immédiatement à Bordeaux au laboratoire d'analyses des Docteurs Bonnard, Piéchaud et Servantie, et le résultat de l'examen histologique fut le suivant :

« Il s'agit d'une masse cellulaire homogène, formée d'éléments du type fibroblastique ne présentant pas d'interposition de collagène : leur disposition générale est fasciculée mais très irrégulière; les noyaux de ces cellules sont pour la plupart ovoïdes, mais certains sont irréguliers, volumineux, et le champ cellulaire est semé de figures de karyokinèse, montrant une activité proliffératrice anormale.

Çà et là des fentes vasculaires sans paroi constituées se montrent bourrées de globules rouges et vers la surface des fragments ce sont de véritables hémorragies intertitielles qui dissocient le tissu et forment à sa limite une couche continue, semée de débris nucléaires et de rares leucocytes polynuclées. En divers points, mais surtout dans cette région superficielle, se trouvent des plasmodes multinuclées en rapport avec les suffusions sanguines.

On ne trouve aucun vestige de revêtement épithélial.

De l'ensemble de ces caractères on conclut qu'il s'agit d'un sarcome fibroblastique ».

La malade guérit parfaitement. Elle n'a présenté aucune récidive locale ni à distance.

Nous avons pensé bien faire en publiant cette observation car si les sarcomes vésicaux sont relativement fréquents, il n'en est pas moins vrai qu'ils ne présentent pas d'habitude les caractères de celui-ci.

Même quant à leur fréquence, Verhoogen écrit : « la proportion des sarcomes ne dépasse guère 5 p. 100 des tumeurs vésicales. Si l'on vient à éliminer les tumeurs complexes renfermant des parties sarcomateuses la proportion sera moindre encore. C'est donc une tumeur relativement rare »..

Quant aux sarcomes pédiculés, ils sont encore plus rares, puisque ces tumeurs sont généralement sessiles.

Le volume de notre sarcome n'a pas suivi la règle habituelle puisqu'il était gros comme une orange et pesait 145 grammes, malgré son faible pédicule. Le professeur Legueu écrit en effet :

« Le volume du sarcome atteint celui d'une noix au plus ».

Charles Morgan et Mc Kenna de Chicago (The Urologie andl cutaneous Review XXIV n° 5 mai 1920 ont également extirpé un sarcome de la grosseur d'une noix mais avec un pédicule excessivement épais alors que chez notre malade, le pédicule était petit relativement à la tumeur.

Nous devons insister, je crois, sur le mode de traitement opératoire qui a consisté en une séance d'étincelage pour sectionner le pédicule à sa base et en une séance dé'lectro-coagulation assez profonde sur la base d'implantation et son pourtour. Peut-être faut-il voir là une des causes du succès complet, et j'insiste pour faire observer qu'il n'y eut, depuis 18 mois que la malade est opérée, aucune récidive locale ou à distance.

Enfin, tous les auteurs sont d'accord pour admettre que les sarcomes primitifs de la vessie sont rarissimes. Il semble d'après l'examen histologique que nous nous soyons trouvés cependant ici en présence d'une de ces tumeurs primitives.

PROPHYLAXIE DU CANCER

PAR

Dr MARCELLE RAYTON
(*La Rochelle*)

Les causes profondes du cancer n'étant pas connues, la prophylaxie du cancer est difficile à établir, elle ne peut être qu'un moyen pratique de déceler une maladie dont l'issue tient en grande partie dans la rapidité du traitement institué.

Pour le cancer plus que pour n'importe quelle autre maladie, il y a « l'heure thérapeutique »; passé cette heure, le médecin aura bien encore quelques moyens d'action, mais ce seront toujours des moyens palliatifs.

La méthode proposée s'appuie sur l'axiome qui guide toute la thérapeutique du cancer : *Agir précocement*.

Pour agir précocement, il faut dépister le malade.

Or, il ressort bien des données actuelles sur la symptomatologie cancéreuse, que le cancer au début ne donne pas de signes appréciables. Le dilemne est donc poignant.

La maladie ne peut guérir que si le malade réclame rapidement un traitement. Mais au moment où il doit demander ce traitement, il ne sent pas le mal qui l'atteint. Ce mal peut être décelé par *le seul examen du médecin*. L'argument est dès lors simple pour affirmer qu'il faut coûte que coûte rechercher la maladie pour laquelle nous avons de puissants moyens thérapeutiques : Chirurgie spéciale, avec technique particulière au cancer, radiothérapie, radium. La grosse affaire est de trouver le malade quand il est curable; c'est l'affaire de la méthode proposée et discutée par la Doctoresse Rayton. Cette méthode c'est la visite sanitaire périodique obligatoire.

Son instauration soulève évidemment des problèmes psychologiques et sociaux :

En faisant remarquer qu'en vue du dépistage du cancer utérin, les femmes auront à être visitées, Mlle Rayton discute les éléments psychologiques qui les feront s'opposer à tout examen de leur intimité considéré comme une violation. En raison pourtant de la très grande fréquence du cancer utérin, il y a urgence à prendre des mesures, d'autant plus que situé dans un organe profond, il n'est souvent décelé que dans les périodes ultimes ne présentant à sa période de curabilité qu'un seul signe : l'hémorragie, qui peut passer inaperçue ou être prise pour un phénomène naturel.

Cette visite sanitaire, périodique, obligatoire, ne serait pas subie par un très grand nombre de femmes sans déplaisir, en considérant d'abord que tout ce qui suppose une régularité ne s'établit pas sans contrainte, et la contrainte, trouble physique, froissement moral, répugne naturellement à la personne humaine.

L'obligation de présenter des enfants à la vaccination a dû être imposée. Longtemps combattue et discutée, elle est enfin entrée dans nos mœurs.

Observons qu'il s'agissait ici d'une affection très rapide touchant surtout la petite enfance, y faisant de nombreuses victimes, et que peut-être on peut voir, dans la soumission des mères au règlement quelque chose qui tient à la tendresse et au dévouement, au sens de la protection dûe aux faibles.

Chez les adultes même, l'usage de la vaccination est devenu courant. C'est dire que peu à peu la notion d'intérêt général, sa liaison avec l'intérêt particulier entre dans la conception du sujet d'humanité moyenne.

Encore que les exemples choisis ne soulèvent pas de questions aussi délicates que celles que soulève la visite sanitaire du point de vue du cancer utérin.

Les femmes s'opposeront à cette visite pour des raisons étrangères à la préservation physique. Ce sont des raisons d'ordre éducatif, où les préjugés et la religion tiennent une large place.

Cette visite peut-elle être organisée dans notre Etat? Cette visite peut-elle être obligatoire?

Il semble que les tendances de l'esprit moderne permettent de l'organiser avec le caractère d'obligation.

La souveraineté dans notre Etat étant d'essence de droit public de nature majoritaire, la visite sanitaire semble pouvoir ici être imposée.

L'Etat, personne morale, intervient de façon prépondérante dans les conflits. Dans la lutte qui nous intéresse, son intervention est aussi justifiée et opérante que dans l'examen d'un projet de travaux publics, ou même d'organisation de la défense nationale.

C'est à l'Etat, personne morale, de prendre parti et position dans la question qui nous préoccupe.

L'obligation de se soumettre à l'examen impliquerait la contrainte aux remèdes.

C'est la même idée qui préside aux dispositions relatives au traitement de la rage, pour citer un cas plus aigu sans doute mais qui n'est peut-être pas plus grave.

La crainte en effet de la contagion qui justifie aux yeux de tous les moyens employés à combattre le mal n'existe pas au même degré dans le cancer. Mais la fréquence de l'affection qui tue une femme sur sept et un homme sur neuf, qui fait d'après la statistique, tomber chaque année 40.000 Français, des êtres en plein rendement social, intellectuel ou moral, à l'âge de 50 ans, justifie l'emploi de la mesure de contrainte.

C'est même ce caractère de la maladie qui est déterminant dans la lutte à entreprendre contre le cancer. Le souci d'économiser des vies doit bien être ici le grand mobile de notre action.

Comme l'a dit Bergonié : « la lutte contre le cancer doit payer »; payer en satisfactions morales, payer en rendement humain. En considérant même le côté purement matériel de la question, il apparaît que l'idée d'appliquer cette visite ne peut être que renforcée.

La doctoresse Rayton envisage dans l'organisation pratique une progression qui permettrait d'éprouver la méthode. Elle rend cette visite obligatoire d'emblée chez tous les assistés, à partir de 30 ans.

Elle justifie sa restriction :

1° Par le fait de rendre immédiatement possible l'instauration de la visite par l'utilisation des rouages d'assistance, consultation, hopitaux.

2° En expliquant que c'est en montrant les résultats obtenus dans la classe pauvre que toute la population comprendra la nécessité de se faire examiner en vue de la recherche du cancer.

La création des dispensaires antituberculeux et antivénériens a plus fait pour la lutte contre la tuberculose et la syphilis que tous les tracts et conférences.

Certes, ceci dit sans médire du grand principe d'auto-défense que nous jugeons même indispensable. Plus que jamais il faut enseigner le public, pour qu'il sache les dangers qui le menacent.

Il est enfin un autre intérêt de la visite sanitaire. Sa pratique régulière pourrait bien apporter une contribution importante à l'étude du problème du cancer, par l'utilisation d'observations régulières et cataloguées qu'elle doit fournir.

Sa pratique ordinaire pourrait contribuer à l'avancement de la science par l'observation qu'elle permettrait de faire sur la matière même du cancer et partant de ses causes.

Cette visite peut donc avoir, à côté de son utilité incontestable quant à la préservation humaine, un intérêt indéniable quant à l'observation scientifique. Il y a tout lieu d'espérer, de croire, que les nécessités impérieuses toucheront enfin l'esprit public et que l'instauration de la visite sanitaire, périodique, obligatoire sera réalisée.

LES ALGUES MARINES EN MÉDECINE

PAR

D₀ JEAN LANCELOT
(*La Rochelle*)

L'emploi des algues marines a subi suivant les époques les effets d'un engouement, ou d'une indifférence l'un et l'autre peut-être excessifs. Les conceptions biologiques actuelles semblent créer pour leur utilisation un juste milieu peut-être plus approprié aux ressources que l'on en peut tirer.

Parmi les trois grandes classes Chlorophycées, Floridées et Phéophycées, les deux dernières seulement retiennent l'attention.

Les Floridées. — Les Floridées ou Algues rouges sont d'un emploi fort ancien. Les Chinois considèrent depuis longtemps l'ensemble des algues marines comme laxatives et vermifuges; l'efflorescence de chlorure de potassium dont nombre d'entre elles, comme le Rhodymenia Palmata de nos régions, se recouvrent à la dessication, n'y est peut-être pas étrangère. En France, après l'oubli de deux algues calcaires Corallina officinalis et Jania Rubens, l'Alsidium Helminthochorton (Kutzing) de la « Mousse de Corse » à la fin du xviii₅ siècle, a eu comme vermifuge une faveur dont elle est déchue probablement plus sous les coups des exploitants que par suite de son défaut d'action.

Exploitées en Bretagne, aux îles de Noirmoutier et d'Oléron, de mai à octobre, les touffes de Carragaheen arrachées lors des marées favorables, sont étalées à l'air libre où sous l'alternance de la rosée du matin, ou des pluies légères et du soleil, la récolte blanchit et se dessèche avant d'être expédiée pour son utiisation. Gloess en 1904, estimait à 2.000 tonnes par an la quantité récoltée en France et vendue alors à 3 fr. 30 le kilo, pour atteindre en 1919 20 francs au prix de gros.

Miquel en 1885 en décrivit la technique d'utilisation bactériologique pour la préparation assez longue de milieux solides. Depuis, la préparation de ces milieux a été simplifiée par l'importation de l'Agar que nous livre le commerce oriental sous les noms divers de Agar Agar de Malaisie (importé de Chine), de Mousse de Ceylan et surtout de Kanten du Japon, produit manufacturé contenant 60 p. 100 de gélose alors que la précédente, produit brut, n'en renferme que 37 p. 100.

L'Agar ou Kanten est fabriqué au Japon depuis le milieu du XVIIIe siècle avec certaines floridées de taille moyenne, récoltées à l'aide de filets, de crochets ou même par des plongeurs, elles sont ensuite desséchées à l'air libre, battues pour séparer les coquilles et le sable, lavées à l'eau douce, et de nouveau exposées en plein air où elles blanchissent. Cuites pendant plusieurs heures dans de grandes cuves contenant 1 kilo d'algues sèches pour environ 60 litres d'eau, elles donnent un mucilage épais qui filtré et décanté se prend en masse par le refroidissement : le Tokoroten qui purifié pendant la saison froide et séché, sera débité en baguettes incolores et insolubles dans l'eau froide, devenant le Kanten que nous utilisons, à des prix fort variables suivant les cours oscillant de 3 fr. 30 à 4 fr. 50 le kilo, prix moyen et même 20 francs en 1919.

Suivant Perrot et Gatin, « l'explication de l'usage constant que les Chinois, les Japonais et les Havaïens font des algues doit être recherchée bien plutôt dans la manière de vivre de ces populations qui consomment en grande abondance du poisson et du riz, et chez lesquels les gelées d'algues forment un aliment complémentaire dont le but est, sans nul doute, de faciliter les fonctions intestinales.

La matière mucilagineuse ingérée, en passant dans l'intestin, servirait à constituer un bol fécal d'une consistance plus aqueuse et d'un volume plus grand, ce qui rendrait plus aisés et plus réguliers les mouvements péristaltiques de l'intestin ». Elle entre dans la composition de produits spécialisés avec addition de Cascara (Régulin), de Rhamnus frangula (Thaolaxine), ou préparations diastasiques (Jubol).

L'addition d'une petite quantité de substances purgatives peut accélérer l'effet thérapeutique attendu et cela de façon utile dans certains cas de constipation chronique. Mais « le plus généralement, l'ingestion répétée de 2 à 6 grammes par jour d'agar-agar pur, découpé en petits fragments ou pulvérisé, ou mélangé au potage ou à des purées de légumes, suffit à une bonne régularisation des selles ».

Un peu variables suivant les régions, les espèces fournissant l'Agar appartiennent surtout à la famille des Gelidiacées dont l'espèce G. Corneum souvent citée semble plutôt un terme collectif au milieu de déterminations délicates, isolant le Gelidium Amansii (Lamouroux) ou Tengusa des Japonais, espèce la plus recherchée d'après Okamura, les Gelidium pacificum, japonicum, subcostatum (Okamura), pour les genres voisins probablement le Pterocladia capillacea (Thuret), commun en Europe, le Campylaeophora hypneoides (J. Agardh) fort apprécié sous le nom d'Yégo-nori et l'Eucheuma spinosum (E. Denticulatum Collins), principal producteur de l'Agar de Java auxquels se trouvent mélangés suivant les régions divers Chondrus, Gracilaria et Gigartina.

D'après le Professeur Sauvageau, les groupes Gelidium et Chondrus représentés par d'abondants et grands exemplaires au Cap, en Australie et en Californie y justifieraient vraisemblablement l'extraction industrielle de la gélose; en ce qui concerne notre pays, les Gelidium sont inexploités : relativement abondants au sud de Biarritz et sur la côte nord de l'Espagne, ils mériteraient d'être utilisés. Lors du ramassage du lichen carragaheen sur nos côtes de l'Océan, la limitation au Chondrus crispus et au Gigartina mamillosa n'est pas nécessaire, les Gigartina acicularis et pistillata, les Gymnocongrus patens et norvegicus, les Polyides rotundus devraient aussi être cueillis pendant la récolte dont ils augmenteraient de façon heureuse le rendement mucilagineux.

Les Phéophycées. — Les Phéophycées, de taille en général plus grande que les précédentes, forment le Goémon rejeté sur nos côtes : Goémon de Rive dans lequel prédominent les Fucus, Goémon de fond surtout composé de Laminaires.

Parmi ces dernières, le Laminaria Cloustonii (Le Jolis) attire l'attention par un stipe droit et rugueux, longuement conique, de 50 cm à 1 mètre sur 1 à 5 cm. de diamètre. Sous l'action de la sécheresse, il se ride, se ratatine pour reprendre son volume à l'humidité. Les chirurgiens utilisent cette propriété physique pour la dilatation des trajets fistuleux et du col de l'utérus avec « la laminaire ».

Pour leurs qualités chimiques et biologiques, les Fucus ont pu être indiqués autrefois contre l'obésité, contre la goutte ou comme émollient et pouvant servir à faire des cataplasmes ; ce rôle ne leur est plus dévolu. Les Laminaires, au contraire, sont d'un emploi actuel dont la vogue va grandissant si l'on en juge par le nombre croissant des spécialités pharmaceutiques, les prônant avec des résultats favorables. Bien qu'il soit un peu moins riche en iode que le Laminaria Cloustonii, c'est le Laminaria flexicaulis (Le Jolis) connu en Bretagne sous le nom de Taly, qui est à peu près seul utilisé.

Malgré l'extrême variabilité du résultat des analyses chimiques suivant les auteurs, il n'en reste pas moins acquise la notion d'une grande richesse en chlore, en soude, en chaux, en potasse, en magnésie et en iode, puis à un moindre degré en phosphore, en fer, en manganèse, en brome et en arsenic.

Parmi ces corps, l'Iode attire plus particulièrement l'attention. Son extraction des cendres de varech a été l'origine d'une industrie florissante, baissant peu à peu devant le rendement supérieur donné par l'iodate de soude contenu dans la Caliche ou Salpêtre du Chili; mais au point de vue médicinal, l'action est loin d'être semblable en raison de l'efficacité incomparablement supérieure des composés iodés végétaux. L'iode des algues (exception faite pour quelques Floridées dans lesquelles le Professeur Sauvageau vient de le découvrir à l'état libre dans les Ioduques) est à l'état d'iodures ou de combinaisons organiques. D'après Okuda et Eto, dans leur étude de 1916 sur l'état de l'iode dans les algues marines, il semble que cette dernière forme prédomine.

Cet iode a une réelle valeur thérapeutique, mais n'est pas tout dans l'action stimulante de la nutrition, qu'exerce l'absorption par la voie digestive.

En 1917, l'Intendant militaire Adrian, frappé de l'analogie chimique entre la composition des liminaires déminéralisées pour la producton de l'Algine, et celle des avoines de Brie, pensa à faire expérimenter l'emploi de ces algues dans l'alimentation de chevaux, en remplacement de l'avoine dont la pénurie se faisait vivement sentir. Au Muséum, dans une dépendance du service du Professeur Lapicque, sous la direction de P. Gloess avec le remplacement progressif par le Laminaria flexicaulis partiellement déminéralisés. Après 24 jours « on constata que dans leur ensemble, les chevaux nourris à l'algue alimentaire avaient augmenté de 6 p. 100 de leur poids, que leur état général s'était sensiblement amélioré et que le lymphangisme dont ils étaient atteints avait disparu ». La Direction des Inventions incita le Professeur Sauvageau à étudier la question. Ses résultats sont rapportés dans l'extrait des séances de l'Académie des Sciences le 23 juin 1919.

La conclusion fut que le Laminaria flexicaulis constitue « une excellente nourriture dont le seul défaut est d'être en général, difficilement accepté au début. Puis après une période d'accoutumance gustative, puis d'accoutumance digestive, ces algues agissent à la fois comme aliment d'entretien et comme aliment de travail, et, en outre, semble-t-il, comme adjuvants à la nourriture courante ».

Analogues furent plus tard les résultats d'expériences à la Sorbonne par Mme Chassin sur des chiens et par Mme Lapicque sur des poules.

Le rôle tonique, contre le lymphatisme, contre la tuberculose, est attribué à différents facteurs aux combinaisons organiques de l'iode dont le L. flexicaulis après lavage par l'acide chlorydrique dilué, l'eau de chaux ou l'eau ordinaire renferme environ o gr. 10 par kilogramme après dessication; à la présence de sels de Fer, de Manganèse, aux composés Phosphorés, aux Nucléines, au rôle stimulant la Sécrétion des sucs digestifs, et à la pullulation des bactéries hydrolisantes dans l'intestin.

La Médecine humaine a largement bénéficié de ces propriétés reconstituantes.

Le Marinol bien avant la guerre utilise les algues dans sa composition, associant à leur action celle de l'eau de mer, le phosphate de chaux et l'arsenic.

Depuis la guerre, le Laminiode préparé dans les établissements Océana par E. Galbrun et P. Gloess, et l'Adral des laboratoires Robert et Carrière à propos duquel le docteur Chauveau rapporte en 1927 de nombreuses observations favorables à son emploi, curatif dans la tuberculose pulmonaire et ganglionnaire, préventif-reconstituant chez les anémiés pré-tuberculeux, ont fait entrer l'usage du Laminaria flexicaulis dans la pratique courante avec d'heureux résultats.

En 1920, dans son volume sur l'utilisation des algues marines, le Professeur Sauvageau, dont l'amitié excusera nos nombreux emprunts écrivait: « La thérapeutique n'emploie plus guère les Algues Marines pour l'iode qu'elles renferment, mais un revirement pourrait se produire ». Une fois de plus les faits ont justifié ses prévisions.

LE PROBLÈME ACTUEL DE LA REMINÉRALISATION

PAR

Dᵣ PIERRE BARBIER

UN CAS CURIEUX DE TUBERCULOSE RÉNALE

PAR

Docteur Joseph COULOUMA

Docteur en Pharmacie

La tuberculose, dûment constatée et affirmée par le laboratoire, est très rare chez les enfants. Nous avons eu la chance d'en suivre un cas particulièrement intéressant : Dans l'espèce, il s'agit d'un jeune garçon de 6 ans, vivant dans les bois où son père exerce le métier de charbonnier.

Cet enfant a fait en octobre une otite suppurée, de la broncho-pneumonie et de la néphrite avec hématurie. Le médecin avait porté à ce moment un pronostic fatal, mais l'enfant s'est remis et a repris du poids.

Fin décembre, une nouvelle rechute s'est produite ; le jeune italien a fait de nouveau de la bronchite double et une hématurie a été constatée.

A ce moment le médecin traitant fait appel au laboratoire en nous signalant les antécédents et l'hérédité de l'enfant : le père est atteint d'une tumeur blanche du genou. Le petit malade urine très peu : 350 cm³ environ par 24 heures. Ses urines sont troublées par un dépôt d'urate de soude. Nous observons en plus des hématies, il est vrai peu nombreuses, et des cylindres granuleux. Nous notons aussi la présence de bacilles. L'élimination de l'urée, de l'acide urique et de l'ammoniaque dépasse toutes les prévisions :

Nous trouvons en effet : 30 gr. d'urée au litre et 10 gr. 60 par 24 h.; 1 gr. 54 d'acide urique et 0 gr. 53 par 24 heures; 1 gr. 20 d'ammoniaque et 0 gr. 42 par 24 heures.

Par contre, la rétention des chlorures est presque complète : 1 gr. 02 au litre et 0 gr. 36 par 24 heures.

Nous attirons l'attention du clinicien sur la présence de l'albumine à faibles doses il est vrai; l'urine contient aussi beaucoup d'urobiline et de l'indican. L'analyse bactériologique nous montre de nombreux bacilles qui présentent les caractères morphologiques et culturaux du Coli.

La recherche du bacille de Koch, après une décoloration à l'alcool de 22 heures, nous paraît positive, mais par prudence, nous croyons devoir inoculer un cobaye.

Pour éviter les phénomènes toxiques dûs à l'inoculation d'un dépôt énorme d'urate de soude et aux difficultés de l'injection dans ce cas, nous reprenons plusieurs fois le culot par de l'eau chaude. Le cobaye augmente de poids et n'a pas d'abcès ; nous croyons attribuer cet insuccès à l'effet de l'eau chaude sur les bacilles.

Nous demandons donc un nouvel échantillon d'urine : celle-ci nous arrive parfaitement claire à la date du 16 janvier ; elle contient encore de l'albumine et des cylindres. Nous procédons à une nouvelle inoculation sur le même cobaye ; son poids baisse régulièrement à partir de cette date jusqu'au 27 janvier tombant de 455 gr. à 390 gr. Nous observons à ce moment une induration inguinale, bientôt suivie d'un abcès. Le pus examiné au microscope, ne nous a pas permis de voir des bacilles de Koch, souvent très rares, mais les leucocytes sont particulièrement altérés. Leur noyau, seul visible, présente l'aspect granité et pigmenté des suppurations tuberculeuses.

Le cobaye meurt au bout de deux mois ; ses organes sont infectés par le bacille de Koch.

A côté de ce cas particulièrement typique, nous devons signaler les troubles urinaires qui se produisent chez un autre enfant de 5 ans, fils de tuberculeux, atteint lui-même d'adénite, mais dont l'état pulmonaire est satisfaisant. Ce bébé n'urine pas dans la nuit ; ses reins ne travaillent pas dans la position couchée; la première émission a lieu seulement une heure environ après son réveil et elle ne dépasse pas généralement 70 cm3. La concentration de cette émission est énorme. La densité atteint 1.027 ;

un dépôt d'urate de soude se forme en hiver et la teneur en acide urique s'élève à 1 gr. 70 au litre, tandis que les chlorures atteignent 15 gr.

Les émissions de la journée sont plus abondantes et moins denses : le volume total émis en 24 heures est de 370 cm3. Le petit malade n'a jamais de l'albumine dans les urines, mais nous constatons la présence des albumoses.

Le bacille tuberculeux ne se trouve pas pour l'instant dans les reins de ce bébé. L'attention du médecin a été mise en éveil dans ce cas par une rhinite chronique.

Dernièrement, on nous a demandé l'examen des urines d'un enfant de deux ans, atteint d'état fébrile.

Nous constatons la présence d'un dépôt énorme d'urate de soude et de très rares hématies ; la fluorescence verte de l'urobiline est des plus marquées ; le petit malade fait aussi de l'indicanurie.

A la suite de notre examen, le médecin diagnostique une petite crise hépatique; or la maman a parfois de l'ictère et son foie, comme ses reins sont douloureux.

Conclusion : L'hérédité est inflexible; elle fait sentir ses conséquences dès le plus jeune âge, mais il est très rare de constater une néphrite tuberculeuse chez un enfant de 5 ans. Ce cas nous montre combien la vaccination antituberculeuse doit être précoce.

Les autres maladies héréditaires peuvent se manifester encore plus tôt, si nous en croyons ce début d'ictère signalé chez un bébé de 2 ans.

LA DUALITÉ ET LA THYROXINE

PAR

Docteur ABRAMOVITSCH

Dans un substantiel travail, Mouzon expose l'état actuel de la question : « la Thyroxine » (1).

Il examine ce produit cristallisé, extrait de glandes thyroïdes dégraissées, dont les premières recherches remontent en 1914 et dues à E.C. Kendall.

La question est étudiée à un triple point de vue : historique, physiologique et clinique.

---

(1) J. MOUZON: Mouvement médical. *Presse Médicale,* 13 juin 1928.

Mouzon termine son article par les questions suivantes :

1° La thyroxine doit-elle être considérée seulement comme un dérivé de l'hormone véritable, qui serait plus active encore qu'elle-même?

2° Se justapose-t-elle à d'autres hormones plus puissantes, dont la formule serait plus ou moins éloignée ?

3° Ou encore, les manipulations nécessaires à son isolement lui font-elles perdre. par quelque altération physique inconnue, une partie des propriétés qu'elle conserve dans les extraits tyroïdiens ?

Autant d'hypothèses de travail, qui appellent la recherche.

Notre reponse :

1re *hypothèse*. — La thyroxine est-elle un dérivé de l'hormone plus active ?

Pour Kendall, la thyroxine était l'hormone thyroïdienne. Pour l'Anglais Harington, la thyroxine est un acide aminé iodé, dérivé de la tyrosine. Pour Mouzon, il est légitime de la considérer comme une hormone thyroïdienne, ou comme son plus puissant équivalent et c'est là, dès aujourd'hui, le principal intérêt de la découverte. Mais la thyroxine est-elle la véritable hormone thyroïdienne et est-elle la seule ? La question reste à l'étude. Mouzon penche pour une hormone, en se demandant, si elle est seule, ou bien si elle s'accompagne d'autres hormones.

Nous avons combattu l'existence même des hormones (1) en invoquant 15 faits. Pour Goutière, l'hormone est une substance hypothétique et non isolée (2). Pour Gley, le véritable critérium de la fonction de sécrétion interne fait encore défaut.

L'étude de la thyroxine est une nouvelle preuve en faveur de notre thèse. En effet, la thyroxine cristallisée a une action physiologique comparable à celle de l'extrait glandulaire naturel. Dans l'esprit des auteurs, une hormone est une substance vivante, sécrétée différemment par chaque glande close sous l'influence du système nerveux. Ce serait donc un produit physiologique variable en qualité et en quantité, se traduisant par les mots l'hyper ou l'hyposécrétion. Or, la thyroxine cristallisée est un produit chimique, une substance non vivante, un produit fixe. A ce titre, la thyroxine cristallisée n'est pas une hormone, de même que la thyroxine naturelle, les deux points ayant une action physiologique parallèle et identique.

Cliniquement. — La. thyroxine a été employée avec succès par Harting, chez 12 obèses, à la dose de 1 à 4 milligr. de thyroxine naturelle par voie buccale. pendant 20, 30 jours et plus, sans interruption. Zondek et Kiehler emploient une dose de 8-10 milligr., mais observent des accidents : palpi-

---

(1) ABRAMOWITSCH : La dualité et les sécrétions internes. *Le Courrier Médical*, 2-9 janvier 1927.

(2) COUTIÈRE : *Biologie Médicale*, juin 1923.

tations, nausées, vertiges, sueurs. Les injections de thyroxine sous-cutanées ou musculaires sont proscrites à cause des accidents.

L'action physiologique est également variable.

L'action accélératrice sur la métamorphose de l'axolote s'exagère avec l'augmentation de la dose : en 6 semaines, en 27 jours et en 11 jours. Ce fait est en contradiction avec l'accélération de la métamorphose des têtards, en solution dans l'eau, à la concentration à 1 p. 100.000.000, c'est-à-dire à une dose catalytique.

D'une part, la thyroxine a une action proportionnelle à sa masse, d'autre part, elle est indépendante. De plus, la section de la moelle cervicale n'empêche pas son action de se manifester, elle est donc indépendante du système nerveux.

Or, toute sécrétion est actionnée par le système nerveux.

L'atropine est l'antidote de la pilocarpine. C'est par l'intermédiaire du système nerveux que les deux alcaloïdes manifestent leur action sur la sécrétion, soit pour la ralentir, soit pour l'accélérer. Or, la thyroxine est indépendante du système nerveux.

Cette substance n'est donc pas le produit d'une sécrétion. — *Ce n'est pas une hormone.*

2ᵉ hypothèse. — Se juxtapose-t-elle à d'autres hormones plus puissantes?

N'étant pas une hormone, la thyroxine ne peut pas être comparée à une substance non comparables. *Elle ne se juxtapose pas à d'autres hormones.*

3ᵉ hypothèse. — Les manipulations chimiques lui font-elles perdre une partie de ses propriétés qu'elle conserve dans les extraits ?

Le fait d'agir à dose homéopathique, infinitésimale, lui assure une fonction catalytique, une fonction de présence. C'est ainsi que nous avons donné à l'insuline l'épithète de catalyseur (1).

La tyroxine est une substance catalytique, au même titre que l'insuline, au même titre que l'hormone folliculaire (2), au même titre que toutes les hormones.

C'était la conclusion de notre article sur les sécrétions internes.

En effet, les sécrétions internes n'agissent qu'à doses infinitésimales.

Exemple des parathyroïdes.

Les parathyroïdes, au nombre de 4, sont annexées aux thyroïdes et leur volume total n'est pas supérieur à celui d'un haricot blanc. Leur ablation provoque la mort en 48 heures ou 3 jours, avec des symptômes convulsifs ou tétaniformes. Le phénomène catalytique a lieu quand un corps met en jeu par sa seule présence certaines affinités qui, sans lui, resteraient inactives.

---

(1) ABRAMOWITSCH : La dualité et l'insuline. *Gazette des Hôpitaux*, 2-4 septembre 1924.

(2) ABRAMOWITSCH : La dualité et l'hormone folliculaire. *Le Courrier Médical*, 5 février 1928.

C'est le cas des parathyroïdes (1). C'est le cas aussi de la thyroxine. La catalyse n'est pas une sécrétion.

Les principes actifs des glandes endocrines ne sont pas détruits par une ébullition prolongée (2).

La thyroxine, principe actif de la glande, n'est pas détruite par les manipulations de laboratoire.

Réponse négative à la troisième hypothèse de M. Mouzon. Notre réponse intégrale est donc la suivante :

La thyroxine n'est pas une hormone.

Elle ne se juxtapose pas à d'autres hormones. Elle ne se détruit par par la manipulation de laboratoire.

______

(1) ABRAMOWITSCH: La dualité et les sécrétions internes. *Le Courrier Médical*, 2-9 janvier 1927.

(2) Les glandes à sécrétion interne, par Sir Edward SCHARPEY SCHOLER, professeur de physiologie à l'Université d'Edimbourg; trad. par Laroche et Richard, 2ᵉ édition, 1921, Paris.

ÉLECTROLOGIE
ET RADIOLOGIE MÉDICALE

Président .... M. le Dr BOURGUIGNON, Chef du Laboratoire d'Electro-Radiothérapie de la Salpêtrière.
Vice-Président ..... M. le Dr HANRIOT.
Secrétaire .... M. le Dr CHABANEIX., La Rochelle.
Secrétaire adjoint... M. le Dr POIRÉE, La Rochelle.

ELECTROLOGIE ET RADIOLOGIE MÉDICALE

Outre des communications sur les sujets les plus variés, les travaux de la XIII° section ont été orientés par deux importants rapports. L'un exposé par le D' Humbert, avait pour sujet « La diathermie avec les appareils à ondes amorties et à ondes entretenues » et l'autre du D' Jaulin, traitait des « Accidents, complications et contre-indications du traitement par les rayons ultra-violets ». Ces deux rapports très importants et qui font honneur à leurs auteurs, sont publiés in-extenso dans le Journal de Radiologie et d'Electrologie et dans les Archives d'Electricité médicale et de Physiothérapie du cancer. On n'en trouvera donc ici qu'un court résumé suivi d'un résumé des discussions auxquelles ils ont donné lieu.

La XIII° section a mis à profit les facilités de contact entre différentes branches de la science que donne la constitution même des congrès de l'A. F.A.S. Le 25 juillet, sur l'initiative de cette section, il y eut une séance commune qui réunit dans la salle d'exposition d'appareils, les sections de Physique, de Médecine et d'Hygiène avec les médecins électro-radiologistes. Le 27 juillet, sur l'initiative de la section de stomatologie, cette section et la XIII° section se réunirent en une autre séance commune.

Il m'a paru intéressant de souligner le mode de travail de la XIII° section au congrès de La Rochelle.

Docteur GEORGES BOURGUIGNON
Président de la XIII° Section

LA DIATHERMIE AVEC LES APPAREILS
A ONDES AMORTIES ET A ONDES ENTRETENUES

PAR

Dr HUMBERT

(Résumé)

Dans ce rapport, l'auteur pose le problème de la différence d'action physiologique de la diathermie avec les ondes amorties et avec les ondes entretenues. Il rappelle d'abord les débuts de l'application des courants de haute fréquence aux êtres vivants par d'Arsonval.

S'appuyant d'une part sur les expériences de d'Arsonval qui, dès le principe avait séparé les effets calorifiques des effets de l'oscillation électrique, et d'autre part sur les caractéristiques physiques des ondes amorties et des ondes entretenues, l'auteur conclut que les appareils à ondes entretenues doivnt être préférés lorsqu'on ne recherche que des efforts thermiques tandis qu'il paraît préférable d'employer les ondes amorties lorsqu'on recherche les effets de l'oscillation qu'on groupe sous le nom d'effets faradiques.

Une étude comparative serrée et prolongée de ces deux modes de diathermie pourra seule fixer les indications relatives de l'un et de l'autre.

DISCUSSION

M. Walter. — M. Walter rappelle que le Docteur Deruis en février 1927 avait attiré l'attention sur les effets différents de la diathernine suivant la fréquence, en particulier dans les affections intestinales.

Dr Kergrohen. — Le Dr Kergrohen fait remarquer qu'avec les appareils à éclateurs, lorsque les électrodes sont appliquées aux deux mains par exemple, l'échauffement ne reste pas localisé aux poignets, mais qu'il y a un échauffement général qui produit une forte transpiration. L'effet thermique est donc étendu à tout le corps.

Dr Bourguignon. — Dans son rapport, le Dr Humbert, en étudiant l'influence de la diathermie sur l'irritabilité neuro-musculaire, rappelle que d'Arsonval et Larat ont montré que le seuil galvanique augmente sous l'influence de la diathermie et il conclut avec ces auteurs que l'excitabilité extenso-musculaire est diminuée par la diathermie.

Cette conclusion ne peut plus être tirée aujourd'hui.

Le seuil galvanique, ou Rhiobose, en effet, dépend non seulement de l'excitabilité, mais encore de la densité et de la distribution du courant. Il suffit d'un changement dans la résistance relative des différents tissus traversés simultanément par le courant pour modifier la rhéobose, sans que, pour cela, l'excitabilité ait varié.

Seule, la *chromasie* permet de savoir si l'excitabilité a varié. On ne peut donc plus tirer aujourd'hui des expériences de d'Arsonval et Lorat les conclusions que ces auteurs en ont tiré en s'appuyant sur les notions concernant l'excitabilité couramment adoptées à l'époque où elles ont été faites.

J'espère pouvoir, avec l'aide de mon assistant le Docteur Humbert, reprendre les expériences de d'Arsonval et Larat, à la Salpétrière, *en mesurant la chronaxie.*

Réponses du Docteur HUMBERT

1° La remarque de M. Kergrohen me montre que ma rédaction peut prêter à confusion. Je suis pourtant absolument d'accord avec lui. Il n'a jamais été dans mon intention de soutenir qu'avec les appareils à éclateur la chaleur reste localisée aux poignets; j'ai simplement voulu dire que c'est à leur niveau qu'elle débute et qu'elle reste prédominante pendant toute la durée de l'application.

2° J'ai donné des expériences de d'Arsonval et de Larat l'interprétation jusqu'ici admise, car aucune expérience n'est encore venue modifier cette interprétation. Néanmoins ayant l'honneur d'être élève de M. Bourguignon, je connaissais ses idées à ce sujet, idées que je partage entièrement, et je reconnais que j'aurais dû à cet endroit de ma rédaction formuler les réserves qui s'imposent en effet.

RAPPORT SUR LES ACCIDENTS, COMPLICATIONS ET CONTRE INDICATIONS DU TRAITEMENT PAR LES RAYONS V. V.

PAR
Dr JAULIN

Dans ce rapport, l'auteur commence par étudier les cas de mort survenus au cours d'un traitement par les rayons U. V. Il faut remarquer qu'il s'est agi toujours de tuberculeux et que la relation de cause à effet entre le traitement et l'issue fatale est loin d'être établie.

Ensuite il passe à l'étude des observations du Docteur Pech, qui voit dans le traitement par les U.V. une sensibilisation générale à toutes les affections, particulièrement aux maladies infectieuses de l'enfance, et aux affections pulmonaires. L'auteur du rapport fait remarquer que toutes les fois que des enfants passent dans un même endroit, la contagion est fréquente sans qu'il y ait besoin d'invoquer une sensibilisation spéciale.

Dans une deuxième partie de ce rapport, l'auteur passe à l'étude des accidents matériels, comme l'éclatement de la lampe, la fuite du mercure, et des accidents facilement évitables avec quelques précautions, comme l'action des U.V. sur les yeux.

S'étant débarrassé d'une part des complications et accidents qu'on ne peut imputer aux rayons U.V. que par une hypothèse souvent bien précaire, et d'autre part des accidents matériels facilement évitables, l'auteur étudie en détail les complications dont le lien avec les U.V. est beaucoup mieux établi, et montre que cette catégorie de complications ne se rencontre guère que chez les tuberculeux. Et il rapporte des observations très impressionnantes de généralisation tuberculeuse ou de méningite tuberculeuse consécutives au traitement d'une tuberculose locale, qui est généralement améliorée par le traitement; d'ailleurs c'est lorsque l'on a voulu adjoindre l'irradiation générale à l'irradiation locale que la généralisation est survenue.

De cette étude minutieuse des documents publiés sur la question et de ses observations personnelles, l'auteur conclut qu'il ne faut pas rendre responsables les rayons U. V. d'accidents qui ne sont que des coïncidences mais que chez les tuberculeux, particulièrement, il faut être circonspect, et éviter l'irradiation générale.

Chez tous les malades, le traitement par les U.V. présente toujours quelque délicatesse; il ne faut les employer qu'à doses progressives pour tâter la susceptibilité de chacun, et il ne faut les employer qu'après un examen clinique détaillé. Ce traitement ne doit donc pas être mis dans les mains de tout le monde, et être réservé aux médecins.

DISCUSSION

Le Docteur Chuiton a observé des aggravations à la suite de l'application des rayons U.V. Ainsi, chez des malades atteints de péritonite tuberculeuse avec ascite, les auteurs ont dû suspendre le traitement, à cause de l'augmentation de l'ascite; chez les malades atteints de tuberculose ganglionnaire, ils ont vu se développer une méningite tuberculeuse à la suite du traitement par les U. V.

Les rayons ultra-violets constituent donc un agent thérapeutique qu'il faut manier avec prudence et dont il ne faut pas généraliser l'emploi inconsidérément.

Le docteur Boner, au contraire, a observé deux cas favorables.

1° Dans un cas de tuberculose pulmonaire en évolution, avec lésions cavitaires bilatérales, le traitement par les U.V. a produit une amélioration de l'état général qui se maintient depuis 4 ans.

2° Chez une malade atteinte de tuberculose pulmonaire et péritonéale, une séance trop prolongée de U.V. sur l'abdomen et les jambes a produit un fort érythème des cuisses, mais les phénomènes péritonéaux ont disparu et l'état général s'est considérablement amélioré.

Le Docteur Humbert rapporte deux cas d'accidents consécutifs au traitement par les rayons U. V.

Dans le premier cas, un homme atteint de tuberculose pulmonaire et épididymo-testiculaire; le traitement par les U. V. amena une amélioration locale, mais en même temps il se développa un abcès rétro-sternal dont le malade mourut le mois suivant.

Le Docteur Humbert se demande si, à côté de la nature de la lésion, il ne faut pas tenir compte de sa situation anatomique et recommande d'y regarder de près avant d'instituer un traitement toutes les fois qu'un foyer de tuberculose osseuse pourrait être suspecté dans le voisinage de la région à traiter.

Dans le deuxième cas, chez une jeune fille atteinte de laryngite tuberculeuse et traitée à la fois par des irradiations locales et des irradiations générales, il se produisit une amélioration locale très importante, mais, vers la dixième séance, une pneumonie caséeuse de tout le lobe supérieur du poumon droit. Le traitement par les U.V. fut suspendu et la malade fut traitée par le pneumothorax et envoyée dans un sanatorium. Elle guérit et a pu se marier 3 ans après cet accident. Il faut noter d'ailleurs que la laryngite a totalement guéri.

Il faut donc se contenter du traitement local, les irradiations générales paraissaient la cause du coup de fouet qui fut donné aux lésions pulmonaires.

Le Docteur Bourguignon fait remarquer que, en laissant de côté les accidents matériels (bris de lampe) et les fautes de technique, il faut diviser les accidents publiés en deux catégories. Dans la première catégorie, il faut ranger les accidents survenus chez des malades atteints d'affections graves dont l'évolution seule peut déterminer la mort : il faut être aussi sévère pour attribuer un accident mortel à un traitement qu'on l'est pour lui attribuer un effet salutaire. Il lui semble qu'aucune des observations de cas mortels publiées n'établit la relation de cause à effet entre le traitement et la mort du sujet.

Dans la deuxième catégorie, rentrent les faits dans lesquels il semble bien que des généralisations tuberculeuses ou des méningites tuberculeuses soient attribuables aux rayons U.V.

Quant à l'action des U.V., l'auteur est frappé de la similitude de certains des effets observés avec ceux des ionisations. Ainsi tous ces traitements relèvent l'état général, et sont suivis d'augmentation du poids et d'amélioration de l'appétit et du sommeil.

Avec tous ces traitements on observe des effets d'accoutumance et il est nécessaire d'agir par périodes de traitement coupées de repos.

Enfin, l'auteur pense que les mécanismes d'action de tous ces traitements sont très analogues et relèvent de chocs, d'actions vaso-motrices et de répercussions par voie réflexe. On comprend ainsi que le même traitement peut avoir des effets opposés suivant l'intensité employée, et, en matière d'ionisation il pense que les faibles intensités sont les meilleures. Elles ont en outre l'avantage de permettre de tâter la sensibilité du sujet, car, en matière de thérapeutique, l'unité doit être biologique et non physique et, malheureusement, nous n'avons pas encore de moyen de connaître l'unité biologique de chaque agent physique.

UN CAS DE KYSTES PULMONAIRES
SANS SYMPTOMES OBJECTIFS ET SUBJECTIFS

PAR

Drs POIRÉ et CHABANEIX

L... Jean, jeune soldat incorporé en mai 1928 au 57° Régiment d'Infanterie.

Profession : Cultivateur en Charente-Inférieure.

Il ne présente pas d'antécédents héréditaires ni collatéraux. Ses parents se portent bien. Il a trois frères et une sœur en bonne santé. Lui-même n'aurait jamais eu de maladie dans l'enfance.

Il a cependant été ajourné pour son service militaire en 1927 pour « faiblesse de constitution ».

En février 1928, il contracta une affection pulmonaire que son médecin aurait diagnostiqué : Pleuro-congestion gauche. Il eut à ce moment une température s'élevant jusqu'à 39°. Il toussait et crachait beaucoup, mais il ne semble pas avoir eu d'hémoptysie.

Il resta alité 17 jours et reprit son métier un mois après le début de sa maladie.

Appelé en mai 1928, il vint à son régiment, le 57° R. I.

Dès son arrivée au corps, le médecin du régiment l'envoya à l'hôpital « en observation » sur le vu du certificat de son docteur.

A son entrée le 25 mai, on constate qu'il s'agit d'un homme malingre, insuffisamment développé. Il est un peu amaigri mais affirme être dans son état normal. Il ne se plaint de rien, ne se sent pas malade, se considère comme guéri. Cependant on peut constater qu'il tousse toujours un peu. Il ne crache pas.

Il n'a pas de température et pendant son séjour à l'hôpital sa température vespérale n'atteindra 37°5 que trois ou quatre fois.

L'examen du thorax ne révèle rien; il est normalement développé sans difformation apparente.

L'amplitude respiratoire est normale, l'auscultation ne donne à peu près rien, respiration normale et égale des deux côtés. Peut-être existe-t-il quelques frottements assez rares à la base gauche en arrière. Pas d'égophonie, pas de pectoriloquie aphone, pas de zone présentant de l'obscurité respiratoire. Pas de submatité. Pas de différence dans les vibrations entre les deux côtés.

En somme pas de signes objectifs ni subjectifs.

La radioscopie apporte une surprise.

Dans l'hémithorax gauche on constate l'existence d'une énorme masse dense occupant les deux tiers inférieurs du poumon. Elle paraît placée en arrière du cœur, à l'intérieur du poumon, en rapport avec le médiastin. Elle est nettement arrondie en bas et en dehors. En haut ses limites sont moins précises et plus irrégulières. Elle vient près de la paroi costale en dehors mais en reste séparée par une zone de poumon d'aspect normal ayant 1 à 2 centimètres d'épaisseur.

En bas, elle vient affleurer au diaphragme qui paraît adhérent en ce point.

Le cœur est repoussé à droite de deux travers de doigts environ.

La densité générale de cette masse est celle du cœur. Mais il existe des zones plus denses, en particulier en haut.

Le poumon droit présente également, au niveau du hile, et en rapport avec lui, une masse dense de la dimension d'une petite pomme.

Ses bords sont arrondis, très nets, montrant deux arcs de cercle contigus.

Cette masse est également en arrière du cœur et de l'aorte; elle paraît indépendante de ces deux organes. Elle n'atteint la paroi costale en aucun point. Elle a l'aspect d'un kyste biloculaire.

Le reste du parenchyme pulmonaire paraît normal.

Le Docteur Chabaneix accepte très aimablement de faire deux radiographies de ce thorax, une de face, l'autre de profil. Projection des radiographies. (Ces radiographies sont projetées sur l'écran).

Une radiographie de la colonne dorsale montre son intégrité.

Enfin, avant son départ de l'hôpital, j'examinai encore ce malade à la radioscopie et je constatai un signe nouveau que je n'avais pas vu au premier examen et qui ne paraît pas sur les radiographies.

A la partie supérieure de la grosse masse gauche il était facile de voir deux petites images hydroaériques caractéristiques, de la dimension de petites noisettes; ce sont deux cavités arrondies présentant de l'air à la partie supérieure et du liquide à la partie inférieure. Le niveau liquide reste nettement horizontal en faisant incliner le malade de côté.

Ce signe nouveau vient compliquer le diagnostic.

Malgré l'incertitude du diagnostic et malgré l'absence de signes cliniques et de symptômes généraux, mais à cause de la gravité certaine des lésions, ce malade fut réformé quelques jours après et repartit dans ses foyers. Il fut donc impossible, faute de temps, de faire les recherches de laboratoire qui s'imposaient : réaction de Weinberg-Parvu, recherche d'éosinophilie, etc.

L'état du malade est resté le même, sans symptôme apparent jusqu'à sa sortie de l'hôpital.

Depuis, je l'ai perdu de vue.

EMANOTHÉRAPIE ARTIFICIELLE

PAR

Dr BONER

Méd. Adj. de l'Institut d'Electro-Radiologie de la Ville de Paris

---

Sous le titre de l'*Emanothérapie artificielle*, l'auteur dans une communication documentée, rapporte les résultats qu'il a obtenus dans toute une série de maladies chroniques (goutte, rhumatisme chronique, affection des appareils urinaire, génital, digestif, circulatoire, de la peau, etc.) en employant les émanations de radium et de thorium sous diverses formes (bains, injections vaginales, hypodermiques, ingestion, lavements, etc.).

Ces actions sont tout à fait comparables à celles obtenues dans les stations hydrominérales que Piéry et Milhaud classent sous le nom de radioactives.

Tout comme l'emploi de la digitaline, principe actif de la digitale, a prévalu sur celui des feuilles de digitale par son action toujours égale à elle-même, par la souplesse et par la facilité de son emploi et la fidélité de son efficacité, pour les mêmes raisons, l'émanothérapie artificielle — *l'extrait de cure* — pourrait remplacer avec avantage certaines cures hydrominérales radioactives.

Rappelant les expériences de Fwaarden Maker, prouvant que la radioactivité est indispensable à la vie cellulaire, l'auteur conclut que la radioactivité étant non seulement un médicament mais un élément aussi nécessaire à la vie que l'eau et l'oxygène, ce fait pouvait expliquer son action heureuse dans un si grand nombre d'affections, et peut-être qu'un jour on pourrait expliquer le mécanisme aujourd'hui mal défini de certaines affections par une carence de la radioactivité.

CONSIDÉRATIONS SUR L'EXAMEN RADIOLOGIQUE
DANS LA GROSSESSE
MONSTRUOSITÉS - L'ANENCÉPHALIE

PAR

VIALLET & POUGET

Les auteurs énumèrent les cas où la radiographie apporte de nombreuses précisions en ce qui concerne la grossesse et ses complications.

Ils relatent ensuite les conditions dans lesquelles ils firent, grâce aux rayons X, un diagnostic d'anencéphalie avant le terme.

Des clichés sont projetés de l'anencéphale avant l'accouchement et du même monstre après la délivrance.

A la connaissance de V. et P. il n'y aurait qu'une observation antérieure en France (cas de Portes et Blanche, 1924). Par contre, ils ont colligé dans les journaux américains onze cas antérieurs (dont le premier date de 1917 - Case.).

Ils donnent dans leur travail des analyses assez détaillées de ces mémoires américains.

SUR L'ÉTINCELAGE DE HAUTE FRÉQUENCE
DANS LES MYALGIES
ACCOMPAGNANT LES POUSSÉES CONJONCTIVES
DANS LA TUBERCULOSE PULMONAIRE

PAR

MASMONTEIL

Dans ce travail, l'auteur dit que le siège de la myalgie correspond toujours au siège du foyer congestif. 4 à 5 séances d'étincelage de haute fréquence localisé aux points douloureux a toujours raison de la myalgie. Ce traitement poursuivi à chaque récidive, entraîne, d'après l'auteur, une amélioration de l'état général, et finit par supprimer les poussées congestives. Il a pu ainsi faire passer des malades du repos absolu à un entraînement progressif jusqu'à une activité de huit heures de travail par jour.

Le critérium du résultat serait fourni par la température qui ne diffère que de 4/10 du matin au soir, et par une augmentation de poids modérée que la reprise du travail ne fait pas perdre.

A propos de la communication du Docteur Masmonteil.

M. Humbert : Je serais heureux de savoir si M. Masmonteil n'a jamais observé des poussées de fatigue et même des poussées thermiques au lendemain des séances. Je lui pose cette question car je me souviens que divers auteurs entr'autres Hartemberg et Alquier ont étudié eux aussi des myalgies et signalé des réactions de ce genre après le traitement physiothérapique.

Ces expérimentateurs considérant les algies et les enraidissements musculaires comme dus à des exdats cellulitiques ont attribué à la mise en circulation des déchets toxiques les accidents parfois observés après le traitement.

LA PROJECTION STÉRÉOSCOPIQUE
DES CLICHÉS RADIOGRAPHIQUES ET PANORAMIQUES
OBTENUS AU MOYEN DE LA LANTERNE GAUMONT
(Procédé des anaglyphes)

PAR

Dr AUMONT

La communication que je fais a un but à la fois récréatif et scientifique. Elle fait suite à celle que j'ai déjà faite en novembre 1927 à la Société de Radiologie médicale de France.

Je veux vous présenter une lanterne de projection spécialement construite par la Maison *Gaumont* et permettant d'obtenir des projections stéréoscopiques parfaites et visibles à la fois par un nombreux auditoire.

Dans cette lanterne Gaumont la projection stéréoscopique est obtenue par le procédé des Anaglyphes : deux écrans de couleurs complémentaires sont interposés sur le trajet des rayons lumineux et permettent la projection des deux éléments du positif stéréoscopique en ces deux couleurs qui, en l'occurence, sont le rouge et le vert. En regardant la projection ainsi obtenue au travers d'un binocle muni de verres bicolores de mêmes teintes que celles des écrans et disposés de telle façon que chaque œil ne puisse voir que la projection de l'élément qui lui est destiné, à l'exclusion de l'autre qui se trouve absorbé, cette projection apparaît avec le même relief que si le positif était examiné à l'aide d'un stéréoscope.

Le poste anaglyphique utilisé pour la projection en relief des positifs que nous vous présentons est construit par les Etablissements Gaumont, d'après les données de MM. Gimpel et Touchet. Il permet la projection stéréoscopique de positifs : 8,5 x 17, 8 x 16, 6 x 13 et 45 x 107, des collections courantes, sans qu'il soit besoin de les modifier en aucune façon.

Bien que la projection obtenue soit double, la source lumineuse utilisée est unique. Cette dernière consiste en un arc électrique dont le point lumineux est placé au centre d'un grand condensateur spécial composé de 4 lentilles. Deux lentilles de champ reçoivent le faisceau de rayons parallèles ainsi obtenu et le divisent en deux faisceaux qui sont recueillis par deux objectifs.

Le positif est placé dans le châssis passe-vues, lequel reçoit également l'écran bicolore.

Les objectifs sont munis de dispositifs permettant la superposition des deux images dans les arrière-plans.

Le corps de chambre possède un tirage permettant d'utiliser des objectifs dont les longueurs focales peuvent varier de 150 à 400 mm.

Ainsi constitué, le poste anaglyphique Gaumont permet la projection stéréoscopique dans les salles de grandes dimensions, ceci en utilisant une source lumineuse suffisamment puissante et en opérant avec des objectifs de longueurs focales appropriées.

J'insiste sur le fait qu'il est indispensable d'avoir un arc d'intensité lumineuse assez considérable. La lampe Gaumont a été construite de façon à utiliser du courant à 110 volts. Elle donne des résultats parfaits quand on dispose de courant continu avec 20 ou 25 ampères, ou encore si, disposant de courant alternatif, on opère à une distance relativement faible.

J'ai apporté à mon poste la légère modification suivante : j'ai fait construire un transformateur permettant d'obtenir 60 volts entre les charbons de l'arc en partant de 220 volts, ce qui permet d'avoir une intensité de 35 à 50 ampères. Or une telle intensité est nécessaire quand on ne dispose pas de courant continu.

On obtient ainsi les résultats parfaits dont vous allez pouvoir juger.

Je vous présenterai d'abord une série de clichés panoramiques choisis qui vous procureront un effet impressionnant de relief. Il est nécessaire d'examiner d'abord ces clichés pour éduquer votre vue et vous entraîner à la sensation stéréoscopique. Celle-ci est plus difficile à obtenir quand il s'agit de clichés radiographiques surtout pour les personnes peu expérimentées.

La question s'était même posée de savoir si le poste anaglyphique Gaumont donnerait les mêmes résultats satisfaisants pour les radiographies stéréoscopiques qu'il avait donné pour les vues panoramiques.

La difficulté semblait résider dans l'absence de contrastes provenant de plans lointains et de plans rapprochés. Il n'y a en effet dans les radiographies que des plans très voisins les uns des autres.

Mais après expérimentation avec des clichés aussi parfaits que possible nous avons eu la preuve que la difficulté était surmontée.

Après les vues panoramiques des clichés stéréoscopiques de tube digestif (estomac-intestins) je vous présenterai des clichés osseux et des clichés pulmonaires.

Ces derniers seront les plus difficiles à voir et à analyser. Mais ils donnent cependant une impression de relief très vif dès qu'on a acquis l'entraînement indispensable.

Il résulte de ces expériences faites avec succès grâce au concours des Etablissements Gaumont, que nous pouvons facilement soit projeter des vues stéréoscopiques panoramiques au cours d'une conférence, soit projeter des radiographies stéréoscopiques dans les sociétés médico-chirurgicales comme dans les Facultés au cours de l'Enseignement.

Nous voulons espérer que cette méthode sera de plus en plus utilisée. C'est la méthode de l'avenir qui laisse loin derrière elle tous les procédés radiographiques employés jusqu'à ce jour.

Depuis que pour la première fois nous avons examiné avec le Docteur Dioclès les stéréogrammes viscéraux des poumons et du tube digestif, nous avons été conquis. Nous nous sommes mis aussitôt à l'œuvre et bientôt muni de l'appareil de Téléstéréoradiographie de Dioclès et du stéréoscope à banc, construits l'un et l'autre par la Maison Gaiffe Galot et Pilon, nous avons par principe cherché à obtenir des stéréogrammes aussi parfaits que possible de la plupart des poumons et tubes disgestifs que nous n'obtenions précédemment qu'en radiographie simple. Nous avons pu constater la supériorité des résultats ainsi obtenus, à tel point qu'il nous est devenu pénible de lire un cliché non stéréoscopique.

Nous regrettons que cette pratique ne soit pas plus généralisée. Nous pensons qu'elle le sera demain. Tous nos efforts tendent à obtenir ce résultat.

———————————

SUR L'IONISATION TRANS-CÉRÉBRO-MÉDULLAIRE

PAR

le Docteur BOURGUIGNON

———————————

Dans ce travail, l'auteur rappelle ses travaux sur le traitement de l'hémiplégie par l'ionisation trans-cérébrale, en prenant l'œil et le nerf optique comme chemins conducteurs du courant dans la masse cérébrale. En déplaçant l'électrode qu'il plaçait sur le trou occipital, on assure le passage du courant non seulement dans l'encéphale, mais encore dans toute la moelle.

Cette électrode est placée sur la région cervicale, soit sur la région dorsale, suivant qu'on cherche à faire descendre le courant plus ou moins bas.

Suivant l'affection médullaire à traiter, l'auteur emploie l'ion Iode ou l'ion Calcium.

UNE TECHNIQUE NOUVELLE
DE L'EXPLORATION RADIOLOGIQUE DE LA TÊTE
ET DES SINUS DE LA FACE

PAR

Dr CHARLES CLOUÉ

ALIMENTS ET IRRADIATIONS - LUMIÉRE INTÉGRÉE

PAR

Dr FOVEAU DE COURMELLES

APPAREILS

Sur l'initiative du Docteur Bourguignon, président de la 13ᵉ Section, les Sections d'Electrologie, de Physique, de Médecine et d'Hygiène se sont réunies pour tenir une séance commune à l'exposition d'appareils.

Cette séance a été consacrée à la présentation et à la démonstration des nouveautés exposées par les différents constructeurs.

Communication des Docteurs G. Bourguignon et André Walter sur une table de Chronaxie

Les auteurs rappellent d'abord ce qu'est la chronaxie et les conditions physiques de l'installation nécessaire pour en réaliser la mesure chez l'homme. Ils présentent ensuite la table construite par A. Walter qui réalise industriellement le schéma du Docteur Bourguignon. Ils montrent les simplifications techniques qu'apporte la réalisation du doublage automatique du voltage, la combinaison de la clef et du renverseur, et la substitution à l'alimentation par une batterie d'accumulateurs de 200 V., l'alimentation par un bloc contenant un transformateur, un redresseur de courant (lampe valve) et un filtre permettant d'obtenir 200 volts de courant très finement ondulé avec un secteur alternatif à 110 volts.

Les auteurs terminent leur communication en réalisant devant l'auditoire quelques mesures de chronaxie chez l'homme avec cet appareillage.

ODONTOLOGIE

Président .... M. le Dr FRISON, Directeur de l'Ecole odontotechnique.
Vice-Président ..... M. MEZESCASE, chirurgien-dentiste à La Rochelle.
Secrétaire .... M. DUPLAN, chirurgien-dentiste à La Rochelle.
Vice-Secrétaire ..... M. DEROUINEAU, chirurgien-dentiste, Paris.

QUELQUES CONSIDÉRATIONS SUR LES INCLUSES

PAR

L. DUFOURMENTEL
*Professeur de Pathologie et de chirurgie maxilo faciale
à l'Ecole Dentaire*

ET

L. FRISON
Directeur de l'Ecole Odontotechnique

Définition. — Les auteurs, pour limiter exactement leur sujet, précisent qu'ils considèrent seulement comme incluses les dents dont la cavité péricoronaire *ne présente aucune communication avec le milieu buccal.*

Physiologie. — Le mécanisme de l'éruption des dents est ensuite rapidement passé en revue. Les différentes modifications de la dent elle-même, de l'os ambiant et de l'appareil folliculaire sont étudiées d'après les travaux récents, ceux en particulier de Malassez, Galippe, Capdepont et Fargin-Fayolle. D'autre part, les rapports entre l'évolution des dents permanentes dites de remplacement, et celle des dents temporaires sont précisés dans la mesure nécessaire à la clarté de l'exposition.

Classification. — Les auteurs abordent alors la description des différentes inclusions dentaires et les classent en quatre catégories :

1° Les *dents temporaires incluses.*

2° Les *dents permanentes normales* restant incluses par simple *retard* ou par *arrêt d'évolution du follicule* (inclusion simple).

3° Les *dents permanentes normales* restant incluses par suite d'un *vice d'évolution du follicule* (inclusion kystique).

4° Les *dents anormales* qui peuvent être soit des dents *surnuméraires,* soit des dents *hétérotopiques.*

A. — Dents temporaires incluses.

Les dents temporaires incluses sont fort rares, une dizaine de faits tout au plus en ont été rapportés. Dorian, dans sa thèse, en fait la plupart du temps des *rétentions* prolongées plutôt que de véritables inclusions. La rétention peut être partielle ou totale, et dans ce cas elle peut être primitive, c'est-à-dire que la dent n'a jamais quitté l'intérieur de l'os, ou secondaire;

dans ce dernier cas, la dent après avoir fait son éruption et pris place sur l'arcade est secondairement refoulée dans la gencive d'abord, dans l'os ensuite et finit par disparaître, complètement enfouie dans les tissus.

Ces faits sont des plus curieux et l'on comprend les surprises qu'ils peuvent causer et les complications qu'ils peuvent entraîner. N'a-t-on pas trouvé ainsi (Edgelow et G. Villain) des dents, qui après avoir fait leur apparition sur l'arcade, après s'y être cariées, et après avoir été l'objet d'une obturation, disparaissent secondairement, complètement enfouies sous la gencive et dans l'os.

Dans d'autres cas encore l'inclusion prend une forme particulière, la dent est complètement soudée avec le tissu alvéolaire, il y a continuité (Galippe) entre le cément péri-dentinaire et le tissu osseux alvéolaire. Encore une fois tous ces faits sont exceptionnels.

B. — *Dents permanentes normales restant incluses par simple retard ou par arrêt d'évolution du follicule (inclusion simple)*. — Il faut entendre par dents *incluses* normales les dents occupant la place régulière de leur follicule et n'ayant aucune déformation apparente, mais ne faisant pas leur évolution. Le problème étiologique est ici bien obscur et de nombreuses causes peuvent se trouver à l'origine de ces inclusions. Les unes sont des causes *locales;* c'est ainsi que toutes les affections capables de modifier la fonction masticatrice peuvent être incriminées, les arthrites, les luxations, les ankyloses temporo-maxillaires, les altérations des arcades dentaires elles-mêmes, chutes ou avulsions prématurées des dents temporaires ou évolution retardée de celles-ci; toutes les irritations chroniques susceptibles d'agir sur le follicule, qu'elles soient d'ordre infectieux ou d'ordre mécanique, toutes les tumeurs mandibulaires, kystes, ostéômes, odontômes, épulis, sont les causes qu'il faudra toujours rechercher en présence d'une anomalie d'évolution d'un follicule dentaire.

Parmi les causes *générales* il faut mettre au premier plan la syphilis, mais toutes les altérations constitutionnelles, rachitisme, tuberculose en particulier, peuvent être observées. Plus rarement on notera une intoxication chronique, en particulier par l'alcool ou des facteurs plus obscurs comme la consanguinité des parents.

La plus fréquente des dents incluses est de beaucoup la *troisième molaire inférieure*. Cela s'explique par les modifications régressives du maxillaire inférieur au cours de l'évolution phylogénique. Dans une proportion de cas assez élevée, la troisième molaire n'existe pas, dans beaucoup d'autres elle existe mais ce qui manque c'est la place destinée à son éruption, le follicule se trouve ainsi prisonnier à l'intérieur des travées osseuses qui, au cours de l'allongement de l'os, vont s'étirer en arrière et en haut. Ainsi s'explique que des dents de sagesse incluses puissent être en position *verticale normale* ou en position *oblique ascendante*, ou en position *horizontale*, ou encore en position *descendante* pouvant aller jusqu'au voisinage de la verticale, la couronne se trouvant en bas et les racines en haut et en arrière.

Les radiographies ci-dessous montrent des cas de ces diverses variétés.

Des déviations accessoires de sens transversale peuvent se surajouter à ces déviations sagittales, si bien que la dent peut prendre la position la plus variable.

Après la dent de sagesse la dent le plus souvent incluse est la *canine* et surtout la canine supérieure. La longue persistance normale de son inclusion jusque vers l'âge de 11 ans explique que la canine supérieure puisse se trouver également dans des positions multiples, soit verticales, obliques ou horizontales dans le sens transversal, soit vestibulaires ou palatines dans le sens sagittal.

Plus rarement la canine inférieure reste également incluse, puis par ordre de fréquence décroissante. On pourrait observer l'inclusion des prémolaires, des incisives ou des deuxièmes et des premières molaires.

C. — *Dents permanentes normales incluses par vice d'évolution du follicule.* — Si au lieu d'être simplement arrêté dans son évolution, l'organe directeur du follicule (*Gubernaculum et Iter dentis*) se trouve dévié, désaxé, son travail produira à l'intérieur même de l'os une résorption dans un sens anormal, d'où résultera la formation d'un kyste. C'est là le kyste dentifère. Il contient la dent dans sa cavité, et cette dent, toujours saine, peut être complètement ou incomplètement développée. La membrane kystique s'insère au niveau du collet, et si la racine se développe, ce sera en dehors de la cavité kystique. Le kyste va progressivement s'épanouir dans l'épaisseur de l'os, mais il atteindra rarement les grandes dimensions de certains kystes multiloculaires. Il est naturellement exposé à l'infection par pénétration des germes à travers sa paroi, comme il sera étudié plus loin.

D. — *Dents anormales.* — *Elles peuvent être soit des dents surnuméraires, soit des dents hétérotopiques.*

Il est très difficile d'établir une classification exacte des dents surnuméraires que l'on peut observer. Elles sont très diverses dans leur forme et dans leur emplacement et seule l'hypothèse d'une troisième dentition paraît satisfaisante pour expliquer leur développement. Certains auteurs ont même admis des dentitions successives jusqu'à une sixième dentition (Lison).

On peut observer des dents surnuméraires en tous les points des maxillaires. Les auteurs rapportent ainsi un cas personnel dans lequel 19 dents incluses disséminées dans le plus grand désordre, occupaient tous les points des deux maxillaires.

A côté des dents anormales, on observe des dents appartenant à la série des dents normales de la deuxième dentition mais qui deviennent anormales par hétérotopie. Les auteurs rapportent plusieurs cas personnels, entre autre une incisive ayant évolué dans l'épaisseur de la lèvre, une autre dans le plancher de la fosse nasale, une troisième enfin dans la paroi inférieure de l'orbite.

Symptomatologie. — Les symptômes de l'inclusion dentaire se réduisent à peu de choses. On note naturellement le manque d'une dent à sa place habituelle, s'il s'agit d'une dent normale ou la persistance de la dent de lait correspondante. De plus une déformation plus ou moins marquée, sensible à la palpation et visible à l'inspection, peut exister également; mais seul l'*examen radiologique* donnera des signes de certitude.

C'est surtout par leurs *complications* que des dents incluses se révèlent. Tantôt ce sont des complications *mécaniques* telles que l'ébranlement des dents voisines ou leur déviation, ou bien encore des signes de compression vasculo-nerveuse. On observe ainsi soit la mortification des dents voisines, soit surtout des douleurs dont l'infinie variété de distribution anatomique, de mode d'apparition, d'intensité, de durée, font d'elles un symptôme souvent très déroutant. A côté des douleurs, on peut observer des troubles moteurs : tics, mouvements convulsifs, paralysie, contractures. On peut encore noter certains troubles trophiques, comme la pelade, et des plaques achromiques ou hyperchromiques, ou encore des troubles vaso-moteurs et sécrétoires, comme l'hyper-sécrétion salivaire.

Mais les complications de beaucoup les plus importantes sont d'ordre *inflammatoire* : au niveau de la dent elle-même, tous les accidents de la carie, les granulômes, les abcès péri-dentaires, les fistules, les fusées purulentes plus ou moins éloignées, peuvent attirer l'attention.

Au niveau de la dent de sagesse, en particulier, on peut observer soit des accidents superficiels muqueux ou sous-muqueux, soit des accidents profonds osseux. C'est alors toute la série des ostéites, ostéomyélites et nécroses qui peuvent atteindre, dans les cas extrêmes, jusqu'à la totalité de l'os. Les régions voisines sont naturellement menacées, en particulier le plancher de la bouche, les espaces cellulaires du cou, la parotide, l'articulation temporo-maxillaire, la fosse ptérygo-maxillaire.

Les mêmes accidents, modifiés par la situation de la dent causale, peuvent s'observer autour des canines incluses, et d'une façon générale de toutes les dents incluses. Plus rarement, de véritables tumeurs pourront évoluer, tel le cas d'un sarcôme ayant débuté au niveau d'une inclusion de canine inférieure et dont l'extension fut telle que la presque totalité du plancher de la bouche fut détruite avant la mort du malade. Il va sans dire qu'on n'attendra pas l'évolution de ces diverses complications pour fixer le diagnostic, et que pour cela l'examen radiologique sera toujours nécessaire. Les différents travaux modernes l'ont mis au point, et les auteurs en précisent la technique.

Traitement. — 1° Toute dent incluse doit-elle être extraite?

En théorie, oui; en pratique, s'il s'agit de dents incluses dans une région où leur évolution n'est pas susceptible de faire éclater des accidents brutaux, on peut se contenter d'une surveillance attentive, et n'intervenir que lorsque l'indication précise s'en posera. La plus grande sévérité s'applique, en pareil cas, aux dents de sagesse, car c'est autour d'elles surtout que des complications rapides peuvent évoluer; il sera dès lors déjà trop tard pour agir efficacement.

2° Comment doit-on l'extraire?

L'extraction des dents incluses doit être considérée toujours comme dépassant les limites des opérations de cabinet. Les difficultés qu'on peut rencontrer, les risques que l'on court, exigent que le malade soit hospitalisé. Les auteurs ont vu des tentatives d'extraction faites sans cette précaution, se terminer par des accidents graves, et conseillent en conséquence, de s'entourer de toutes les garanties de réussite. L'anesthésie générale sera souvent préférable à l'anesthésie locale, et l'instrument qu'ils emploient le plus régulièrement pour la découverte de la dent, est la fraise électrique.

Un petit détail de pratique sur lequel ils insistent est l'inutilité habituelle et l'inefficacité de l'extraction de la deuxième molaire pour parer aux accidents d'inclusion de la dent de sagesse.

LES STREPTO-ENTENOCOCCIES
ET LES
FUSO-SPIROCHETOSES DENTAIRES CHRONIQUES

PAR

Dʳ CH. GRANDCLAUDE

Chef de Laboratoire à l'Institut du Cancer de la Faculté de Médecine de Paris, Professeur à l'Ecole Odontotechnique

ET

PH. LESBRE

Dans l'étude bactériologique des affections dentaires que nous avons l'honneur de vous présenter, c'est intentionnellement que nous avons choisi ce titre limité à deux groupes de germes pour souligner dès le début, toute l'importance que nous leur attachons. C'est qu'à l'heure actuelle une certaine confusion règne encore dans la Bactériologie des états infectieux dentaires; les germes les plus divers et même des protozoaires ont été considérés comme pouvant être à leur origine et ces différentes conceptions, ces étiologies multiples n'ont fait jusqu'ici que se juxtaposer sans s'exclure.

A cause de cela sans doute, la thérapeutique qui en est résultée du point de vue vaccinal a été polyvalente à l'excès. C'est un peu un travail de déblayage que nous avons essayé de réaliser dans le but de mettre en lumière les seuls germes dont l'importance dans les lésions dentaires nous apparaît réelle.

Nous ne nous occuperons ici que des affections chroniques, bien que les germes en cause puissent également être à l'origine d'affections aiguës, mais c'est surtout à propos des lésions chroniques que le problème bactériologique et vaccinothérapique se pose; c'est leur persistance qui finit par vaincre les moyens de défense des tissus primitivement frappés et elles ont sur tout l'organisme de multiples répercussions. Parmi ces affections chroniques, nous avons plus particulièrement en vue la pyorrhée, parce que c'est elle qui nous apparaît comme la plus fertile en complications. L'abondance de la suppuration, la facilité de la résorption au niveau des vaisseaux ulcérés rendent aisément compte de cette prépondérance. Les granulomes, sur lesquels les Américains se sont systématiquement acharnés, sont bien moins menaçants. Comme cause d'infection générale, ils se placent à nos yeux bien après la pyorrhée. Quoi qu'il en soit, une étude bactériologique minutieuse de ces deux types d'infection nous a apporté les précisions suivantes :

1° Dans les granulomes, lorsque le tissu conjonctif formateur se trouve en réaction inflammatoire aiguë, on note la présence dans les coupes de streptocoques; des cultures nous ont montré qu'il s'agissait de streptocoques non hémolytiques. Le staphylocoque apparaît plus rare (dans la moitié des cas environ);

2° Le cas de la pyorrhée est plus complexe et singulièrement aggravé par les discussions confuses qui s'amoncellent encore sur sa pathogénie. D'aucuns rayeraient même de la nomenclature ce terme si explicite, refusant en faveur d'un trouble encore hypothétique du métabolisme toute importance à la suppuration; nous ne nous chargerons pas d'établir la démarcation entre les pyorrhées orthodoxes d'origine générale et les prétendues fausses pyorrhées d'origine locale, gingivale. Cette question de pathogénie, nous ne la posons pas ici, nous nous bornons à dire qu'en ce qui concerne le malade, la suppuration est une des principales menaces; or, aussi bien dans les lésions gingivales du début de la maladie que dans les fongosités de la période d'état, nous avons retrouvé régulièrement le même germe essentiel, le streptocoque non hémolytique. Cependant il faut faire à côté de lui une place d'une importance presque égale aux bacilles fusiformes et aux spirochètes, le staphylocoque blanc, comme dans les granulomes, ne vient qu'en deuxième ligne. Et à part quelques germes anéarobies que nous n'avons pas encore déterminés à l'heure actuelle d'une façon précise et dont le développement, au moins dans certains cas, nous paraît devoir être retenu, il nous semble qu'en ce qui concerne les autres bactéries d'origine buccale, leur présence est purement contingente.

Il ressort de cette énumération rapide que les streptocoques présentent dans les infections dentaires une importance primordiale.

L'étude détaillée que nous avons faite de ces germes nous a permis de nous rendre compte qu'entre les deux espèces de streptocoques et enterocoques que l'on rencontre dans les suppurations dentaires, la plupart des caractères classiques de discrimination ne sont pas valables et ceci nous a engagé à adopter la désignation mixte de strepto-enterocoques qui montre bien la position intermédiaire de ces germes dentaires.

Isolé de pyorrhée, de caries ou de granulomes, ces germes se présentent avec les mêmes caractères; cependant, les streptocoques des pyorrhées sont seuls doués d'une virulence et d'un tropisme net.

Ces streptocoques sont exceptionnement hémolytiques; le type viridans est rare. Ce n'est pas une raison pour conclure comme HEIM que ces germes étant nettement distincts des deux variétés reconnues classiquement comme pathogènes ne peuvent avoir qu'un rôle purement local. Les observations que nous avons recueillies et publiées déjà démontrent l'inanité de cette assertion. D'ailleurs, nous considérons le pouvoir hémolytique non comme une constante, mais comme une variable, en rapport direct avec le degré d'acuité plus ou moins accusé du processus évolutif.

Il existe d'ailleurs un caractère très important qui démontre bien l'unité fondamentale de ce groupe strepto-entérococcique, c'est l'étroite assimilation à l'intensité près des toxiens. Parmi les germes dentaires, certains donnent, en effet, des toxines appréciables qui ne sont pas différentes dans leur nature, des toxines provenant de streptocoques hémolytiques ou viridans.

Les fuso-spirochètes sont les autres germes essentiels de la pyorrhée, mais ils jouent également un rôle important dans les caries. L'apparition de ces germes dans la cavité buccale est subordonnée à l'apparition des dents, et, à ce point de vue, ils doivent passer pour les germes les plus spécifiques de l'infection dentaire.

Leur étude est encore imparfaite au point de vue bactériologique en raison de la difficulté de leurs cultures. Plusieurs variétés (au moins morphologiques) de bacilles fusiformes et de spirochètes sont rencontrées au niveau des dents, mais il semble qu'il faille considérer en bloc leur action pathogène. On trouve, soit isolément, soit simultanément, les bacilles fusiformes et les spirochètes; le bacille fusiforme est le plus fréquent. Il semble que le spirochète disparaisse rapidement en présence de la concurrence vitale des germes banaux.

On sait qu'à l'heure actuelle la notion de l'identité des bacilles fusiformes et des spirochètes tend à se faire jour, notion étayée par les observations de Sanarelli sur la transformation d'un spirochète coecal en bacille fusiforme. Dans nos cultures, nous n'avons pu obtenir le développement d'une de ces formes aux dépens de l'autre exclusivement constatée à l'examen direct. C'est le bacille fusiforme, dont le développement n'est d'ailleurs aisé qu'en présence de streptocoques, que nous avons pu surtout obtenir.

Nous nous promettons prochainement de revenir sur cette question des cultures de fuso-spirochètes que nous étudions encore à l'heure actuelle. Après quelques réserves sur le rôle possible dans les infections dentaires de quelques germes anaérobies, qui nous l'avons dit plus haut, sont encore pour la plupart mal identifiés, nous ferons une place très restreinte au staphylocoque dans ces infections et nous ne parlerons pas des autres germes accidentellement rencontrés et purement contingents.

Les seuls germes que nous avons retenus, on les rencontre dans les affections éloignés de la bouche dont le point de départ dentaire est indéniable. Peut-on mieux dire pour souligner l'importance des strepto-entérocoques et des fuso-spirochètes?

Les strepto-entérocoques non hémolytiques, d'origine buccale, abrités tout d'abord dans les replis gingivaux, sont dans la pyorrhée les premiers germes d'attaque; ils corrodent par leurs sécrétions acides, jointes à celles du spirochète, le tissu osseux; dans la carie, ils complètent l'action du bacillus nécrodentalis et pénétrant dans la pulpe, ils sont les germes essentiels des affections périapicales. Ils passent, mais lentement et difficilement, dans le torrent circulatoire, résorbés soit au niveau des vaisseaux ulcérés dans les clapiers pyorrhéiques, soit au niveau de la pulpe et des tissus périapicaux; ils peuvent déterminer à distance des lésions buccales, pharyngées, sinusales.

Worms et Bercher ont bien montré que certaines affections oculaires : des kérato-conjonctivites et moins fréquemment des iritis, des névrites optiques, peuvent reconnaître une origine dentaire (lésion péri-apicale ou granulome). Ici, le streptocoque buccal, après une étape sinusale, a créé un foyer oculaire. Lésions de voisinage sans doute, mais aussi lésions métastatiques dues au streptocoque. C'est ainsi que nous avons pu observer et que nous avons publié déjà deux cas d'endocardite maligne consécutifs à des lésions dentaires primitives où le streptocoque de la dent malade a pu être complètement identifié au germe isolé par hémoculture, et où ce virus dentaire inoculé au lapin a produit une lésion d'endocardite similaire. Nous avons apporté là une démonstraton biologique rigoureuse de l'existence de germes dentaires pathogènes et cardiotropas.

Nous pensons également que dans l'étiologie de certains rhumatismes, de certaines néphrites, les infections dentaires interviennent. Là encore, le streptocoque joue le premier rôle, bien qu'en ce qui concerne le rhumatisme, comme le remarque Troisier, des germes anaérobies puissent intervenir. Nous avons pu observer, il y a quelque temps déjà, un malade chez lequel des lésions dentaires et sinusales à répétition précédaient des crises de rhumatisme, en même temps que pour en finir on observait une décharge rénale de strepto-entérocoques.

Ce germe fondamental de l'infection dentaire chronique qu'est le streptocoque non hémolytique ouvre dans certaines conditions la voie aux fuso-spirochètes qui peuvent à sa suite donner également des métastases dont les complications pulmonaires sont les plus connues.

Nous avons eu, il y a très peu de temps, l'occasion de trouver chez une malade des lésions pulmonaires à fuso-spirochètes, coïncidant avec une infectation massive des gencives par des fuso-spirilles, et cette gingivite hémorragique grave avait précédé l'éclosion des accidents pulmonaires.

Nous sommes sûrs, messieurs, pour notre part, que ces infections à distance, dues aux strepto-entérocoques et aux fuso-spirochètes dentaires apparaîtront de plus en plus fréquentes au fur et à mesure que se feront des vérifications bactériologiques plus précises.

Les conceptions thérapeutiques qui se dégagent de tout ceci sont les suivantes :

D'abord la vaccinothérapie générale ou gingivale dans l'infection dentaire doit, pour être opérante, être pratiquée avec les seuls germes en cause : les strepto-entérocoques et les fuso-spirochètes et non avec une macédoine de bactéries buccales.

D'autre part, l'extension du rôle des strepto-entérocoques et des fuso-spirochètes de la bouche aux domaines les plus divers de la pathologie, fait passer cette vaccinothérapie d'un plan local dans un plan général, permettant d'espérer réaliser un jour une prophylaxie de maladies chroniques particulièrement rebelles jusqu'ici à tout traitement.

CONTRIBUTION A L'ÉTUDE
DE LA RADIOGRAPHIE MAXILLO-FACIALE

PAR

H. DE LA TOUR

Professeur suppléant à l'Ecole Odontotechnique de Paris

L'exécution des radiographies maxillo-faciales extra-buccales ne présente pas de difficultés particulières, peut-être moins que les radiographies intra-buccales, où les réflexes, les mouvements de déglutition, la salive trop abondante sont souvent un obstacle sérieux.

(1) *Sections d'Odontologie et de radiologie réunies*, La Rochelle, 26 juillet 1928.

La plupart du temps, surtout pour le maxillaire inférieur, quand on se trouve en présence de lésions graves buccales ou péri-buccales dans les cas de dents incluses, particulièrement de dents de sagesse supérieures ou inférieures, chez les enfants toujours craintifs où il sera souvent impossible de faire maintenir les films intra-buccaux d'une façon correcte, sauf pour les dents antérieures où la méthode du Docteur Belot avec un film de dimensions moyennes suffit, l'emploi des méthodes extra-buccales nous donnera toute satisfaction.

Dès 1921, dans le service de l'Ecole Odontotechnique, nous nous étions préoccupés de cette question très importante et nous avons présenté en 1924 à Liége au Congrès de l'A.F.A.S., une communication sur ce sujet.

A ce moment nous décrivions surtout les radiographies extra-buccales obtenues bouche ouverte. Depuis nous avons reconnu qu'il était préférable de les exécuter dans la plupart des cas bouche fermée; des anomalies d'occlusion surtout des dernières molaires étant ainsi toujours mises en évidence et permettant souvent d'orienter le diagnostic et le traitement à suivre.

Pour les méthodes extra-buccales nous garderons la classification que nous avons donnée en 1922 au Congrès de Montpellier dans une communication à l'A.F.A.S. en collaboration avec le Docteur Charlier.

1° Film contre la joue le rayon central du faisceau radiogène tombe perpendiculairement sur le film en passant par la région à examiner et en évitant la superposition du côté droit sur le côté gauche.

Cette méthode est employée pour toute l'étendue du maxillaire inférieur, depuis l'articulation temporo-maxillaire jusqu'à la région symphysaire, elle permet également l'examen du groupe des grosses molaires supérieures et en particulier des dents de sagesse incluses.

2° Film contre la joue rayon central projeté perpendiculairement sur le film et passant par le plan de la région à examiner. La superposition des deux côtés est recherchée aussi exactement que possible. La bouche pourra être maintenue ouverte ou fermée.

Cette méthode combinée avec une ou plusieurs autres permet d'obtenir les rapports d'une lésion grave ou d'une dent incluse avec les régions avoisinantes.

3° Film au contact de la partie antérieure de la face. Le rayon axial projeté perpendiculairement sur le film, passe au-dessous de l'occiput, méthode utilisée pour l'étude des sinus maxillaires ou frontaux; le rayon axial passant au niveau de la deuxième vertèbre cervicale, on obtient la région mentonnière.

4° Film au contact de la région sous-mentionnière. Le rayon central tombe obliquement sur le film en passant en avant du vertex, il est dirigé à travers le crâne sur le centre de courbure du maxillaire (méthode du Professeur Hietz). Les meubles coolidge dentaire dont nous nous servons ne permettent pas de l'utiliser de façon constante.

Dans le cabinet dentaire, on obtient les radiographies extra-buccales sans avoir à recourir à la position couchée.

Notre confrère, M. NIVARD, Chef de Clinique à l'Ecole Odontotechnique, a construit une tablette qui se fixe à la tétière du fauteuil, fait corps avec elle et peut se déplacer dans tous les sens ; quant à nous, dès 1922, nous avons fait construire une tablette qui nous permet, de par ses inclinaisons connues et qui peuvent être notées, d'obtenir des séries de radiographies extra-buccales concernant le même patient, sous le même aspect même à plusieurs semaines d'intervalle.

Cette tablette se compose d'un cadre de forme rectangulaire supporté par quatre pieds dont deux sont perpendiculaires au sol les deux autres étant inclinés suffisamment pour assurer la stabilité du dispositif.

Une tablette de bois tendre est fixée à ce cadre par des charnières placées du côté perpendiculaire au sol, on pourra ainsi se rapprocher très près du fauteuil où est assis le patient.

La tablette n'étant fixée que d'un côté peut se déplacer par son bord libre de bas en haut et former avec le plan horizontal quatre angles : 15°, 30° 45° et 90°.

La face du patient reposant selon l'une des méthodes indiquées plus haut sur le film, il suffira de faire varier soit la position du sujet, soit la direction du faisceau radiogène pour obtenir toutes les radiographies maxillo-faciales voulues.

A la suite de cette communication, Mlle GUERICOLAS, Chef de Clinique du Service de Radiologie de l'Ecole Odontotechnique, présenta une série de trente-cinq clichés prélevés sur l'importante collection de cette Ecole et illustrant tous les détails de la communication précédente.

LES INCLUSIONS DENTAIRES
DES KYSTES DERMOIDES DE L'OVAIRE (Résumé)

PAR

PASCAL DUBOIS
Professeur à l'Ecole Odontotechnique

Les kystes dermoïdes peuvent se diviser en deux catégories pour la question qui nous intéresse.

1° Les kystes dermoïdes siégeant sur une partie quelconque de l'organisme : testicules, médiastin, cou, etc..., qui sont des kystes à contenu uniquement épidermique et cutané : poils, ongles, sebum ;

2° Les kystes dermoïdes génitaux, qui contiennent des produits cutanés, mais aussi des dérivés des trois feuillets blastodermiques, qui sont très souvent dentifères, et qu'il faut distinguer des kystes mucoïdes de l'ovaire. beaucoup plus fréquents, contenant un liquide filant, sans aucune production cutanée.

Les inclusions dentaires des kystes dermoïdes ont provoqué très peu de travaux professionnels.

Le professeur Gosset en 1913, a communiqué l'observation d'un kyste de l'ovaire, dont le diagnostic avait été établi par la radiographie, grâce aux productions dentaires qui y étaient incluses.

Le Docteur Pont en 1926, fit une étude très intéressante qui parut dans la Semaine Dentaire sur les dents d'un kyste dermoïde de l'ovaire.

Le Docteur Potherat, en 1919, fit paraître dans le Bulletin de la Société de Chirurgie, diverses observations dans lesquelles il est question des inclusions dentaires.

Tout dernièrement, Godart et Bouland firent une étude des productions maxillaires et dentaires des kystes de l'ovaire, publiée dans le Bulletin de la Société anatomique et dans la Semaine Dentaire.

Enfin, en 1927, le Docteur André Delavaud fit sa thèse inaugurale sur l'Etude des dents dans les kystes dermoïdes de l'ovaire, travail très considérable, où cette question est étudiée sous tous ses angles et où il relate 28 observations de kystes avec inclusion dentaire.

Paroi et contenu des kystes. — Les kystes de l'ovaire sont constitués par une paroi et un contenu.

La paroi reproduit assez exactement l'aspect de la peau. Elle est tapissée de cellules ectodermiques, c'est de l'épiderme, avec ses caractères distinctifs : corps de Malpighi, couche cornée, système pilo-sébacé, glandes sudoripares, etc...

Le contenu, variable, est fait d'une sorte de matière grasse : du sébum, dans laquelle se trouvent des cheveux agglomérés en touffes enchevêtrées, généralement de couleur roussâtre et qui s'implantent le plus souvent sur une partie de la paroi épaissie en saillie, que l'on nomme la papille.

On y trouve des matières cornées qui constituent de véritables ongles. Les produits d'origine ecto et mésodermiques sont représentés par des dents et par des ébauches rudimentaires d'os, quelquefois assez bien formés : maxillaires supérieur et inférieur, os crâniens. On y rencontre parfois des dérivés de l'endoderme : rudiments de poumons, de trachée et d'appareils digestif.

Les dents. — Tous les kystes de l'ovaire ne sont pas dentifères, mais d'une façon fréquente on y trouve des dents.

Les dents incluses dans les kystes de l'ovaire sont presque toujours implantées soit dans l'épaisseur du tissu dermoïde de la paroi du kyste, soit dans une masse osseuse reproduisant plus ou moins exactement l'un des maxillaires.

Le nombre des dents y est variable, généralement de une à six, rarement plus. Toutefois, on a signalé un nombre plus impressionnant de dents. Le Docteur Pont, de Lyon, a observé un kyste contenant une masse osseuse rappelant le maxillaire supérieur sur lequel 24 dents étaient incluses, dix présentaient les caractères anatomiques des dents temporaires et quatorze l'aspect des dents permanentes du maxillaire supérieur. Sauf les deux canines qui étaient absentes, ce maxillaire supérieur avait donc la denture complète des deux dentitions.

On a signalé des kystes contenant 30, 50, 100 et jusqu'à 300 dents.

Caractères anatomiques. — Les dents de kystes sont plus ou moins déformées, mais en général elles présentent les caractères anatomiques typiques, soit des incisives, soit des canines, soit des prémolaires ou des molaires permanentes et dans quelques cas des dents de la première dentition ; on a même observé des dents des deux dentitions dans un même kyste.

Les dents qu'on y rencontre sont le plus souvent les prémolaires, puis les molaires, rarement les incisives, presque jamais les canines.

Ces dents sont presque toujours incomplètement formées, les racines sont souvent absentes ou n'atteignent plus leurs dimensions normales. Les couronnes sont moins volumineuses que celles des dents naturelles. Il a été observé dans un cas signalé par Delavaud, une articulation exacte d'une dent du maxillaire supérieur avec son antagoniste du bas.

Les caractères histologiques sont à peu près ceux des dents normales. Pourtant l'émail est souvent mal formé et moins épais, parfois même absent. L'ivoire est normal, le cément presque inexistant.

La pulpe est irriguée et reçoit des fibres nerveuses, la cavité pulpaire est large, et les canaux très larges sont ceux d'une dent incomplètement calcifiée..

Les dents sont atteintes souvent de lésions pathologiques présentant l'aspect des lésions des tissus durs des dents normales. On y trouve des résorptions de racines, des hypoplasies de l'émail, on a signalé des caries peu profondes et on peut même rencontrer des lacunes cunéiformes.

On observe parfois sur les dents reproduisant la forme anatomique des molaires temporaires de véritables résorptions des racines. On a même signalé l'éruption d'une dent permanente déterminant la résorption des racines d'une molaire temporaire correspondante.

Radiographie. — Les kystes dermoïdes de l'ovaire étant souvent dentifères et les dents étant des corps radio-opaques, on a pensé qu'il était possible de se servir de la radiographie pour établir le diagnostic de ces tumeurs.

La radiographie a pourtant été peu utilisée pour établir le diagnostic des kystes dermoïdes.

C'est par hasard qu'une radiographie faite dans le but d'éclairer un diagnostic, soit pour vérifier la perméabilité de l'appendice, soit pour découvrir un calcul rénal, a révélé l'existence de dents et a servi à fixer le diagnostic.

Il semble pourtant évident que les inclusions dentaires pourraient faciliter le diagnostic des kystes, l'observation attentive des clichés pouvant révéler l'existence des dents.

Observation personnelle. — Mme X... est prise, au cours d'une deuxième grossesse, de douleurs subites extrêmement violentes dans le *rein droit*, avec irradiation dans la vessie.

Diagnostic : Coliques néphrétiques. Deux ans plus tard, douleurs identiques dans le rein droit et dans la partie inférieure de l'abdomen côté droit, en imposant encore pour des coliques néphrétiques et traitées comme telles.

En raison de la persistance des douleurs et de l'imprécision des symptômes, examen vaginal : le toucher révèle la présence d'une masse assez volumineuse située dans le cul-de-sac droit. En même temps, douleurs vives à la palpation dans la fosse iliaque droite, spécialement au point de Mac-Burney. Diagnostic imprécis du côté des organes génitaux : kyste de l'ovaire, salpingo-ovarite, annexite, hydro-salpinx et probablement appendicite. Examen radiographique des voies digestives; appendice invisible déclaré suspect. Opération. L'intervention révèle un kyste dermoïde de l'ovaire de la dimension d'une tête fœtale et un appendice normal rempli de concrétions.

Le kyste présente une paroi épaisse dans une partie, amincie dans l'autre. Il contient de la matière sébacée et un liquide jaunâtre de consistance huileuse.

Dans la matière sébacée se trouve une mèche de cheveux fauves agglutinés.

Dans la paroi est incrustée une matière cornée ressemblant à un ongle et une dent, dont la racine est incluse dans un véritable alvéole membraneux, dépendant de la paroi et qui la recouvre à peu près jusqu'au collet.

La couronne de cette dent est un peu déformée, elle présente l'aspect anatomique d'une prémolaire inférieure. La racine est aplatie, mais se rapproche de celle d'une prémolaire; elle est constituée jusqu'à l'apex.

L'émail de la couronne est assez mince, mais se rapproche sensiblement de l'émail d'une prémolaire naturelle. Le cément paraît peu épais et mal formé avec des îlots d'hypercémentose. La chambre pulpaire, visible à la radiographie, est large et le canal est large et aplati.

La couronne présente des hypoplasies de l'émail, érosions en pointillés, qui la déforment. Au collet se trouve une dépression, qui apparaissait comme polie au moment de l'extirpation du kyste et qui donnait l'impression très nette d'une lacune cunéiforme. Elle est du reste visible à la radiographie. Au centre de cette lacune, se trouve une zone de décalcification de l'ivoire affectant la disposition très nette d'une carie du second degré, visible à la radiographie, qui indique une altération de l'ivoire sous-jacent, en tous points comparable aux parties ombrées que nous obtenons sur nos clichés radiographiques dans la recherche des cariès.

Cette couronne présente à peu près toutes les lésions pathologiques des tissus durs, dont peut être atteinte une dent.

La présence de cette prémolaire dans la paroi du kyste, nous a faît penser qu'elle pouvait être visible sur les clichés radiographiques.

Elle l'est en effet. On distingue dans un des clichés la couronne de cette prémolaire avec ses deux cuspides érodées.

Conclusions. — Quelles conclusions peut-on tirer de cette étude rapide?

1° Que la radiographie est un moyen de diagnostic des kystes dermoïdes de l'ovaire grâce aux inclusions dentaires et que le dentiste peut aider utilement à l'interprétation des clichés.

2° Que toute la pathologie des tissus durs de la dent paraissant se reproduire sur les inclusions dentaires des kystes de l'ovaire, cette signification peut avoir son importance dans l'étude de la pathogénie des lésions de l'émail et de l'ivoire.

L'HYGIÈNE BUCALE TRAITÉE PAR L'HUMORISME ET LE VITALISME

PAR

G. GUÉRARD
Résumé.

La biologie moderne nous enseigne l'existence d'une *nature médicatrice* et chaque jour nous en apporte le témoignage. Une racine infectée est-elle devenue dans son alvéole un corps étranger nocif? Que va-t-il se passer? Le sang afflue, la région avoisinante devient rouge, tuméfiée, *les propriétés vitales sont alentour* exagérées, ce qui constituera l'inflammation. La sensibilité est plus grande, la température plus élevée, etc. Or, tout ce mécanisme ainsi mis en branle pour amener un travail d'expulsion nous indique à coup sûr l'existence d'un *principe conservateur*.

Suivent les recherches des formules simples pour les produits employés en hygiène buccale.

L'ORTHONDIE DANS LES DISPENSAIRES

PAR

Dʳ JAMES QUINTERO
(Résumé)

L'auteur part de ce principe que les malades des dispensaires ont les mêmes droits aux traitements orthodontiques que les clients des cabinets. Pourtant ces droits doivent être l'objet de quelques restrictions provenant des modalités de fonctionnement des dispensaires, de la clientèle qui les fréquente et du dentiste qui y opère.

Les traitements doivent être limités aux cas faciles et réduits aux interventions les plus simples.

Dans la plupart des cas on se contentera de pratiquer des extractions judicieuses, après une étude approfondie du cas. On évitera, en raison des dangers qu'ils font courir à la pulpe, les procédés de traitement immédiat : luxation, traitement chirurgical, rotation brusque. Enfin, lorsque l'occasion se présente, l'auteur conseille l'appareil dilatateur en ayant soin de le concevoir aussi simple que possible.

I. - SUR UN CAS DÉ DERMITE CONSÉCUTIVE
A UNE ANESTHÉSIE LOCALE A LA SCUROCAÏNE

PAR

THASSIGNOL & RATON

(Résumé)

Dermite survenue après extraction sous anesthésie locale de la $\lceil 8$, caractérisée par des boutons en plaques eczémateuses, prurit, œdème au bras au niveau d'une des plaques de boutons, ces derniers ne siégeant que sur les parties en contact avec l'air. Apparition, deux heures après l'intervention, de plaques rougeâtres à la figure en imposant pour un érysipèle. Les symptômes s'atténuent et disparaissent en 15 jours. Les dermites consécutives aux injections de scurocaïne ont déjà provoqué des travaux, notamment dans la *Thérapeutique dentaire*, où Révillon fit une étude dans laquelle il signala plusieurs cas. Guy Lane, de Boston, fit lui-même un travail sur le même sujet qui parut dans le *British Journal of dental science*.

Les auteurs ajoutent que les médications sont restées jusqu'ici sans résultat.

II. - ACCIDENTS OCULAIRÈS D'ORIGINE DENTAIRE
(Résumé)

Les auteurs présentent une observation d'accident oculaire d'origine dentaire. Mlle E..., 7 ans, envoyée par un ophtalmologiste pour examen de sa denture dans les conditions suivantes :

Se trouvant à la messe, brusquement les caractères de son livre lui apparurent dédoublés, puis un voile tomba devant son œil droit et depuis son œil ne distingue plus rien. Pupille très dilatée au point que l'iris se trouve réduit à une mince frange. Réflexe lumineux et d'accomodation abolis.

Etat de la denture : bon état sauf deuxième molaire temporaire supérieure droite qui, très mobile, baigne dans le pus. Y a-t-il une relation entre l'affection oculaire et les symptomes oculaires? Avulsion de la molaire temporaire et désinfection. Six jours après, retour à la vision normale.

SCIENCES PHARMACEUTIQUES

Président .... Dr BARTHE, Professeur honoraire à la Faculté de Médecine de Bordeaux.

Vice-Président .... M. GRIMBERT, Professeur à la Faculté de Pharmacie de Paris.

Secrétaire .... M. J. COULOUMA, Docteur en Pharmacie à Béziers.

DOSAGE DU CHLORE ET DU SODIUM
DANS LE LAIT DE BREBIS

PAR

L. BARTHE
Professeur honoraire de la Faculté de Médecine de Bordeaux

ET

E. DUFILHO

Nos recherches antérieures sur le dosage du chlore et du sodium dans les laits de quelques femelles de mammifères (1-2-3), nous avaient permis de constater et de signaler les faits suivants :

1° Un lait normal de vache saine renferme en moyenne, par litre, o gr. 40 de sodium, et l'indice du chlore ne dépasse jamais 1 gr. 50 par litre.

2° Il est permis de déceler avec certitude la fraude du lait par addition de sels de sodium ;

3° Le lait de jument ne renferme jamais (quelle que soit la période de lactation), que des traces impondérables de sodium (moins de six milligrammes par litre), l'indice du chlore étant voisin de o gr. 60 par litre, en moyenne.

4° Le lait de femme, au début de la lactation, ne renferme, lui aussi, que des traces impondérables de sodium, mais, au bout d'un mois et demi environ de lactation, le sodium devient pondérable, et ne cesse d'augmenter avec le temps, jusqu'à ce qu'il se rapproche peu à peu de l'indice de sodium du lait de vache. Quant au chlore du lait de femme, il dépasse la proportion de 1 gramme par litre en période colostrale, pour se fixer ensuite, comme dans le lait de jument, aux environs de o gr. 60 à o gr. 70 par litre.

De nombreux dosages de chlore et de sodium, pratiqués par nous postérieurement à nos premières publications, sont venus confirmer notre manière de voir.

L'étude du chlore et du sodium dans le *lait de brebis*, étude dont nous donnons ci-dessous les résultats, vient éclairer la question des laits d'un jour nouveau et qui semble caractéristique. Nous avons examiné une série

---

(1) *C. R. Acad. des Sciences*, séances du 7 juin 1926 et du 17 août 1927.

(2) *Bulletin de la Soc. de Pharmacie de Bordeaux*, 1926, t. III, p. 162, et t. IV, p. 218.

(3) *Revue « Le Lait »*, n° 72-73, février-mars 1928.

de laits de brebis aux diverses périodes de lactation. Voici les résultats moyens que nous avons obtenus :

Période colostrale .... o gr. 994   o gr. 191
1 mois .... 1 gr. 207   o gr. 212
2 mois .... 1 gr. 065   o gr. 193
4 mois .... 1 gr. 136   o gr. 338

Les chiffres qui précèdent nous permettent quelques déductions intéressantes :

a) Le sodium est pondérable dans le lait de brebis dès la période colostrale; il oscille, dans les premières semaines de la lactation, aux environs de 200 milligrammes par litre, pour augmenter ensuite et atteindre l'indice moyen de sodium du lait de vache;

b) Le chlore du lait de brebis, voisin, dès le début de 1 gramme par litre. est toujours inférieur à 1 gr. 50 par litre, exactement comme le chlore du lait de vache;

c) La proportion du chlore est toujours supérieure à la quantité de sodium et aussi à la quantité de chlorure de sodium déduite de celle du sodium dosé directement. Cette constatation, nous l'avions déjà faite à propos des laits de femmes, de juments et de vaches.

d) Le lait de brebis est celui qui, envisagé simplement aux points de vue du *cl* et du *Na*, se rapproche le plus du lait de vache. Et, sous ce rapport, on peut dire que les laits de ruminants semblent constituer une classe bien distincte des autres laits, en ce qu'ils renferment dès le début puis constamment une quantité de sodium nettement supérieure à celle que renferment les laits des autres femelles de mammifères.

Le sodium serait donc un élément indispensable à la vie des jeunes ruminants, tandis qu'il semblerait inutile aux autres nouveau-nés, pendant les premières semaines de leur existence.

Travail du laboratoire de Toxicologie et d'Hygiène appliquée, de la Faculté de Médecine et de Pharmacie de Bordeaux.

ALTÉRATION PAR LA LUMIÈRE, LA CHALEUR ET LE FROTTEMENT DES HUILES DE PÉTROLE RAFFINÉES POUR USAGES THÉRAPEUTIQUES

PAR

P. BRUÈRE

Pharmacien, colonel

On sait que les produits bruts, extraits des sources de pétrole, ne présentent pas une composition constante, et aussi que les traitements industriels, modifiés depuis quelques années, ont pour but de respecter le plus possible l'intégrité des molécules à poids moléculaires élevés en $C^n H^{2n} + 2$ et en $C^n H^{2n}$, altérables par thermolyse avec apparition de liaisons éthyleniques, carboxyliques... De plus les centres de raffinage ne livrent plus sur le marché que des coupages imposés par les besoins du commerce et de l'industrie, et définis par leur densité et leur viscosité.

Le caractère fondamental des huiles lourdes de pétrole raffinées est la viscosité qui n'est pas influencée, comme la densité, par l'addition de paraffine qui élève la densité de cette dernière. Or les constatations faites par l'auteur dans la révision des constantes physico-chimiques du produit officinal, employé à l'intérieur, ont montré que celles-ci oscillaient entre 0,875 et 0,885 pour la densité à $+ 15°$: et 0,3 et 0,6 pour la viscosité à $+ 35°$. (Viscosimètre Baume avec éther éthylique).

L'altération par la lumière (photolyse) se produit pas les rayons de courtes longueurs d'onde, même en l'absence de tout échauffement; la présence de molécules non saturées catalyse la réaction : aussi dans le commerce conserve-t-on les huiles lourdes de pétrole destinées à la mécanique de précision en flacons colorés en jaune ou enveloppés par un papier rouge-orangé translucide.

L'altération par la chaleur (thermolyse) modifie à toutes températures la couleur, l'odeur et la viscosité. On doit modifier l'indication du point d'ébullition qui figure au Codex de 1908.

L'altération par le frottement (tribolyse) est due à une simplification moléculaire qui exerce son action sur la viscosité.

On peut mettre ces altérations en évidence par l'expérience de Hardy, faite à l'aide d'un petit agitateur à bout effilé, terminé en boule : il sert à déposer une gouttelette de l'huile à essayer sur une large surface d'eau distillée bien propre et au repos :

a) si la gouttelette prend un aspect lenticulaire et reste sur place, on a affaire à un produit très raffiné.

b) si la gouttelette s'étale plus ou moins rapidement, mauvais raffinage, huile de mauvaise conservation.

DOSAGE DES ACIDES AMINÉS DANS L'URINE
LEUR SIGNIFICATION

PAR

JOSEPH COULOUMA
Docteur en Pharmacie

La méthode au formol, adoptée par Ronchèse dans le dosage de l'azote ammoniacal et par Solensen pour celui des acides aminés est très simple et donne des résultats satisfaisants si l'on veut doser une de ces substances en l'absence de l'autre.

Dans l'urine où l'on trouve l'azote sous ces deux formes, cette méthode ne nous donne que la somme des deux. Pour déterminer les deux fractions séparément, on dose d'abord le tout, on titre ensuite l'ammoniaque, les acides aminés étant obtenus par différence. Ce procédé n'est pas recommandable, car l'azote aminé est toujours en plus petite quantité que l'ammoniaque; la moindre erreur dans le dosage de l'ammoniaque serait multipliée dans le calcul des acides aminés.

Avec Elisio Milheiro, je crois préférable de doser d'abord l'azote aminé dans l'urine privée d'ammoniaque et d'avoir par différence l'azote ammoniacal.

Pour éliminer l'ammoniaque nous pouvons utiliser une base forte à l'exception des bases alcalines parce que celles-ci éliminent aussi l'azote aminé. Il faut éviter aussi les carbonates alcalins qui faussent la méthode au formol par dégagement de gaz carbonique.

Les meilleures substances sont les bases alcalino-terreuses. J'ai employé la baryte à cause de sa solubilité et parce que cette base est sans action sur le glycocolle, le plus important des acides aminés. La tyrosine seule est légèrement attaquée.

La lithine pourrait donner peut-être de bons résultats. Nos études en cours à ce sujet seront communiquées ultérieurement.

La baryte chasse tout l'ammoniaque au bout de 24 heures.

Pratiquement, nous dosons d'abord la totalité de l'azote aminé et ammoniacal selon Ronchése. Nous déterminons ensuite l'azote aminé selon le procédé signalé déjà par Milheiro en 1926. Nous versons 25 cm3 d'urine dans un cristallisoir et nous ajoutons 25 cm3 d'une solution saturée de baryte caustique renfermant 5 p. 100 de chlorure de baryum; il se forme un précipité de phosphate et de sulfate de baryum.

Nous mélangeons et nous abandonnons pendant 24 heures à la température ordinaire en brisant deux ou trois fois avec une baguette de verre la pellicule de carbonate de baryum qui se forme à la surface.

Ce temps passé il nous faut vérifier la réaction du milieu qui doit être alcalin à la phénolphtaléine. Dans le cas contraire nous ajoutons une nouvelle portion de solution de baryte et nous abandonnons pendant 24 h.

Ce contact terminé nous portons le liquide au volume de 100 cm3 dans une fiole jaugée avec de l'eau ordinaire. Nous filtrons et nous opérons le dosage sur 80 cm3 de filtrat représentant 20 cm3 d'urine.

Avant de titrer à la soude $\cdot\dfrac{N}{10}\cdot$ nous neutralisons notre milieu par l'acide chlorhydrique étendu. Le dosage s'effectue ensuite comme dans la méthode Ronchèse en ajoutant 5 cm de formol à 20 p. 100 qui fait apparaître une acidité correspondant aux acides aminés fixés par l'aldéhyde.

1 cm3 de NaOH correspond à 70 milligrammes d'azote aminé par litre d'urine.

L'azote ammoniacal est la différence entre l'azote aminé et le dosage en bloc Ronchèse.

Nous avons procédé aux deux titrages sur une cinquantaine d'urines. La teneur en azote aminé n'a pas dépassé cinquante centigrammes par litre; elle est souvent tombée à 7 et même à 6 centigrammes.

Des expériences sur des urines fraîchement émises d'hommes normaux ont donné 26 centigrammes. Les doses les plus élevées s'observent dans l'insuffisance hépatique avec urobilinurie ou avec glucosurie.

Les teneurs les plus faibles coïncident avec l'urémie.

Nous vous proposons un nouveau rapport urologique qui établit le pourcentage de l'azote aminé par rapport à l'azote Ronchèse.

Ce coefficient, exprimé par la formule suivante

$$\dfrac{\text{Azote aminé}}{\text{Azote ammoniacal} + \text{Azote aminé}}$$

est normalement de 28 à 30; en d'autres termes l'azote aminé représente le 30 p. 100 de l'azote Ronchèse.

Ce coefficient est inférieur à 28 dans les cas d'urémie; il peut tomber à 20 et même à 17; nous croyons qu'il pourrait servir à prévoir l'importance de la rétention de l'azote, car il décroît proportionnellement à mesure que la teneur en urée s'élève dans le sang.

Par contre notre rapport s'élève à 40 et 45 dans l'insuffisance hépatique; nous signalons le cas d'un cancer du foie qui nous a donné 46. Une insuffisance rénale chez une dame enceinte nous a permis d'établir un coefficient de 57.

Dans les néphrites caractérisées les acides aminés représentent 36 à 39 pour cent de l'azote Rouchése.

Le rapport n'augmente pas comme nous l'aurions cru chez les diabétiques graves; il est peut-être modifié par les phénomènes d'acidose. Nous l'avons trouvé en moyenne égal à 38.

Certains glucosuriques nous ont donné des pourcentages plus élevés variant de 37 à 45.

En résumé, le rapport $\dfrac{\text{Azote aminé}}{\text{AZ ammoniacal} + \text{AZ aminé}}$ peut rendre service quand il s'agit de déceler rapidement l'urémie ou bien lorsqu'il est nécessaire de mesurer la valeur de la fonction hépatique.

Nous croyons utile de l'établir et d'en propager l'emploi.

—————— ∿ ——————

EXTRACTION DE STRYCHNINE ET DE LA BRUCINE EN VUE DE LEUR DOSAGE ULTÉRIEUR

PAR

E. DUFILHO

———————

I. *Critique des méthodes actuelles.*

La plupart des méthodes d'extraction et de dosage combinés des alcaloïdes des Strychnées, utilisent l'action simultanée d'un ou plusieurs dissolvants neutres et d'un alcali libérateur des alcaloïdes. D'où deux causes d'erreurs dans les résultats :

a) la plante est insuffisamment épuisée. (erreur par défaut) ;

b) les alcaloïdes sont souillés d'impuretés (erreur par excès).

Nous avons constaté que ces deux erreurs pouvaient parfois se compenser en partie dans les méthodes pondérales de dosage de la strychnine et de la brucine (1).

Nous avons proposé (2) une méthode précise de dosage séparé de la strychnine et de la brucine, à la fois pondérale et volumétrique, qui permet d'apprécier la valeur thérapeutique et toxicologique d'une Strychnée (3).

—————————————

(1) E. DUFILHO. Préparation et titrage de l'extrait de voix vomique. *Bulletin de la Soc. de Pharmacie [de Bordeaux*, 1920.

E. DUFILHO. Etude critique de la teinture de Fèves de St-Ignace, *loc. cit.*, t. I, 1926.

(2) E. DUFILHO. Titrage volumétrique de la strychine et de la brucine, *loc. cit.*, t. I, 1927.

(3) E. DUFILHO. Etude comparée de la strychine et de la brucinée dans les strychnées officinales, et les préparations galéniques de strychnées, *loc. cit.*, t. IV, 1927.

Après de nombreuses expériences, nous estimons qu'il est indispensable d'extraire complètement le mélange strychnine-brucine des plantes qui le renferment, et de le purifier ensuite, avant de procéder au dosage de ces deux alcaloïdes.

II. *Extraction de la Strychnine et de la Brucine.*

La méthode d'extraction qui nous a donné les résultats les meilleurs et les plus constants est la lixiviation chaude; le dissolvant de choix nous paraît être l'alcool à 70° acidifié à l'aide du centième de son volume d'acide acétique cristallisable; l'appareil le plus simple et le plus pratique est celui que décrivait, en 1897, M. le Professeur Barthe (1).

Cet appareil, (type Soxhlet modifié), comporte essentiellement un ballon de verre, surmonté d'un lixiviateur, lequel est fixé, à sa partie supérieure à un réfrigérant à reflux. Le lixiviateur est constitué par deux tubes à entonnoir, cylindriques et concentriques, s'emboîtant l'un dans l'autre sans se toucher.

Dans l'entonnoir intérieur on place 5 grammes de poudre de strychnée préalablement desséchée. Le ballon inférieur renferme 100 cc d'alcool à 70° acétifié au centième. On porte ce dernier à l'ébullition : les vapeurs alcooliques et acides condensées lixivient constamment, dès les premières gouttes, la poudre à épuiser. En retirant le ballon, après quatre heures au moins de lixiviation, on peut aisément s'assurer si la goutte de liquide qui s'écoule de la douille biseautée de l'entonnoir intérieur est encore amère, et donne un précipité avec les réactifs généraux des alcaloïdes. S'il en était ainsi, on devrait continuer la lixiviation jusqu'à complet épuisement.

La strychnine et la brucine donnent des acétates très solubles dans l'alcool à 70°. Il est facile de les purifier, après évaporation du lixiviat alcoolique en consistance d'extrait sirupeux, en agitant cet extrait, en milieu franchement acétique, avec de l'éther, à plusieurs reprises. Le résidu final renferme, sous un très petit volume, la totalité des alcaloïdes de 5 grammes de poudre; il est facile de les doser par la méthode rigoureuse que nous allons brièvement résumer.

2° *Titrage volumétrique de la Strychnine et de la Brucine dans le mélange de ces deux alcaloïdes*

Les acétates d'alcaloïdes, précédemment obtenus et purifiés, sont longuement agités avec 50 grammes d'éther, 30 grammes de chloroforme, et ammoniaque, quantité nécessaire pour être perceptible à l'odorat. Après une heure de repos, on évapore une partie adéquate du liquide éthéro-chloroformique. On pèse après dessication à 100° jusqu'à poids constant. Soit P le poids des alcaloïdes totaux.

---

(1) L. BARTHE. Sur un appareil pratique de lixiviation. *Bulletin de la Soc. de Pharmacie de Bordeaux*, 1897, p. 228-229.

Dosage volumétrique des alcaloïdes totaux.

On dose cet ensemble volumétriquement en dissolvant à chaud, dans un excès de SO_4H_2 N/10, le bloc alcaloïdique. On filtre la solution acide sur filtre mouillé, et, sur une portion mesurée du filtrat, on titre l'excès d'acide par de la potasse N/10, en présence de tournesol.

Destruction de la brucine.

Le liquide neutre provenant du titrage précédent, est additionné d'SO_4 H_2 à 50 pour cent en volume, de telle sorte qu'à chaque gramme d'alcaloïdes totaux précédemment pesés, correspondent 2 cc 5 environ d'SO_4 H_2 pur. On concentre alors dans une capsule (jusqu'à environ 15 ccμ), et après refroidissement on ajoute autant de fois 15 ccμ d'un mélange froid d'acide azotique et d'eau à poids égaux, qu'il y a de grammes d'alcaloïdes totaux : la brucine est détruite.

Dosage de la strychnine.

La liqueur rouge obtenue est transvasée dans une ampoule à décantation et alcalinisée au bout d'une heure par de la lessive de soude. On épuise ensuite par du chloroforme et on évapore au bain-marie la solution chloroformique en présence d'un excès mesuré SO_4 H_2 N/10. On laisse refroidir, et on titre l'excès d'acide par de la potasse N/10 en présence de tournesol.

Si N est le nombre de centimètres cubes d'acide copulé aux alcaloïdes dans le dosage volumétrique des alcaloïdes totaux;

S, le nombre de centimètres cubes d'acide copulé à la strychnine;

$S \times 0{,}0334 =$ strychnine pure contenue dans le mélange;

$(N\text{-}S) \times 0{,}0394 =$ brucine pure contenue dans le mélange.

Dosage des impuretés. — Les impuretés sont exprimées par la différence entre le poids P d'alcaloïdes totaux obtenu dans le dosage pondéral, et la somme strychnine + brucine.

Ce procédé de dosage est très rigoureux, et donne une idée exacte de la valeur thérapeutique et toxicologique d'une strychnée, ou d'une préparation galénique de strychnée.

PRÉPARATION PAR VOIE CHIMIQUE
DE « L'HYDARGYRUM CUM CRETA »

PAR

J. GOLSE

L'*hydrargyrum cum creta* ou Craie au mercure des anciennes pharmacopées a été tiré de l'oubli par différents praticiens qui le recommandent comme l'une des formes d'administration du mercure les mieux tolérées. Certains formulaires prescrivent ce médicament à 10 parties de mercure pour 20 de craie, d'autres à 9 de mercure pour 15 de craie. Dans tous les cas, il est indiqué pour le préparer, de triturer le mercure jusqu'à complète extinction, avec le carbonate de chaux.

Lorsqu'on employait comme officinale la craie préparée obtenue à partir du carbonate de calcium naturel, ce mode opératoire convenait à la préparation de milieux homogènes répondant aux proportions ci-dessus. Mais avec le carbonate de calcium précipité du Codex, qui est du carbonate de calcium pur, on ne parvient qu'incomplètement à l'extinction du métal. On réussit mieux, il est vrai, si l'on fait intervenir différents adjuvants comme l'oxyde de mercure, des métaux divisés, tels que la limaille de fer, divers corps inertes. Mais, outre que le produit obtenu n'est plus constitué par un simple mélange de carbonate de chaux et de mercure, sa préparation reste difficile et exige des efforts de manipulation plus ou moins laborieux.

On peut obtenir une craie au mercure très homogène seulement composée de craie et de mercure et contenant celui-ci à un état d'extrême division, en réalisant la précipitation du mercure par voie chimique au sein d'une suspension de carbonate de calcium. Cette précipitation réalisée à l'aide de formol en milieu alcalin, à partir d'un sel mercurique, fournit le mercure à l'état de particules très fines, qui, dès leur formation, sont fortement adsorbées par le carbonate de calcium.

Le dépôt obtenu, dans lequel le mercure se trouve ainsi uniformément réparti, constitue après lavages et dessiccation, une excellente craie au mercure. Dans cette préparation on ne peut en présence du carbonate de calcium, utiliser un hydroxyde alcalin tel que la soude en vue de l'alcalinité du milieu : l'alcali tendrait à se carbonater partiellement aux dépens du carbonate de calcium. Il y a donc lieu de le remplacer par du carbonate de soude en excès qui donne d'abord avec le sel mercurique un carbonate basique de mercure instable, qui, à l'ébullition, se transforme bien vite en oxyde mercurique, lequel ne tarde pas à être complètement réduit en présence du formol.

Pour obtenir une craie au mercure répondant à la composition suivante :

Mercure : 9 grammes.
Carbonate de calcium : 15 grammes.

Il suffit de recourir au mode opératoire ci-après :

On dissout 12 gr. 20 de chlorure mercurique dans 300 grammes d'eau distillée; cette solution est versée dans un ballon de 1 litre et demi à 2 litres et mélangé avec 15 grammes de carbonate de calcium précipité; on ajoute 10 centimètres cubes de solution officinale de formol.

On dissout d'autre part 15 grammes de carbonate de soude desséché dans 200 grammes d'eau distillée. Cette solution est versée peu à peu dans le mélange précédent et on complète le volume à un litre environ avec de l'eau distillée, puis on porte le tout à l'ébullition.

Il se forme d'abord un précipité rouge brique dont la teinte se fonce, et passe progressivement au brun verdâtre puis au gris ardoise. On prolonge alors l'ébullition pendant dix minutes, puis on enlève du feu et on laisse le précipité se déposer.

On décante le liquide encore-chaud et on lave le précipité à l'eau distillée jusqu'à ce que les eaux de lavage soient neutres. Le précipité est ensuite séché à basse température, puis porphyrisé.

On peut s'assurer par un examen microscopique de l'homogénéité de la préparation ainsi obtenue. Il n'apparaît pas de gouttelettes de mercure; le métal se montre uniformément adsorbé par le carbonate de calcium.

PARTICULARITÉS DE CULTURE DU MYCÉLIUM D'ARMILLAIRE EN MILIEU STÉRILE

PAR

RENÉ GUYOT

Dans des notes précédentes (1), nous avons étudié l'action des antiseptiques et des anesthésiques sur le mycélium d'armillaire encore adhérent aux fibres végétales. Parmi les antiseptiques, les phénols ont été plus particulièrement suivis. Appliqués, en nature ou en solutions, sur le mycélium lumineux d'armillaire, ils délimitent un champ obscur d'autant mieux que leur action est plus puissante, leur diffusion plus rapide. Ces expériences sautent aux yeux.

Dans cette nouvelle note, nous envisageons leur valeur antiseptique sur des milieux de culture en nous basant sur trois critères. 1° Rapidité de développement du mycelium. 2° Formation de rhizomorphes. 3° Apparition plus ou moins tardive de luminosité.

Pour ce faire, nous avons constitué des milieux témoins, très nutritifs, formés d'agar agar marrons d'Inde, agar agar glands de chêne, *milieu B*.

Sur de tels milieux, ensemencés par les spores, ou par bouturage de lames hyméniales, à la température ordinaire, on observe au bout de quinze jours l'apparition de mycelium et de rhizomorphes. Jeunes, ces derniers luisent à l'obscurité, le mycelium en surface est lumineux, et la luminescence dure de longs mois.

Ces milieux de culture ont été additionnés d'hydroquinone, de résorcine, de naphtol, de gaïacol, métol, tannin, bleu de méthylène, tous produits phénoliques ou dérivés.

Voici résumés quelques résultats :

Milieu additionné d'Hydroquinone, 0,50 p. 100 *L*. Développement tardif du mycelium qui reste en surface, pas de rhizomorphes, pas de luminosité, même après plusieurs mois.

L'Hydroquinone est un puissant antiseptique, il empêche aussi la fermentation butyrique (Bradger). La similitude de réaction apparaît entre bacilles et mycélium.

---

(1) *Compte rendus Congrès Avancement des Sciences, Lyon et Constantine; Bulletin de la Société de Pharmacie de Bordeaux.*
Champignons phosphorescents, 1919, 1920, 1921, 1923, 1924, 1925, 1926, 1927.
Société de Biologie de Bordeaux, janvier 1927.
Feuilles du Naturaliste, novembre 1925
Institut du Pin, 1926
Forêt de Gascogne, octobre 1923.
Bulletin de la Société Horticole, Viticole de la Gironde.
Revue Générale des Sciences, février 1928.

La dose 0,50 d'Hydroquinone nous paraissant dépasser le seuil de nocivité, nous nous sommes adressés à une dose moindre d'un autre diphénol, la résorcine.

Milieu N. — Résorcine 0,10 p. 100. Retard de développement de myce-

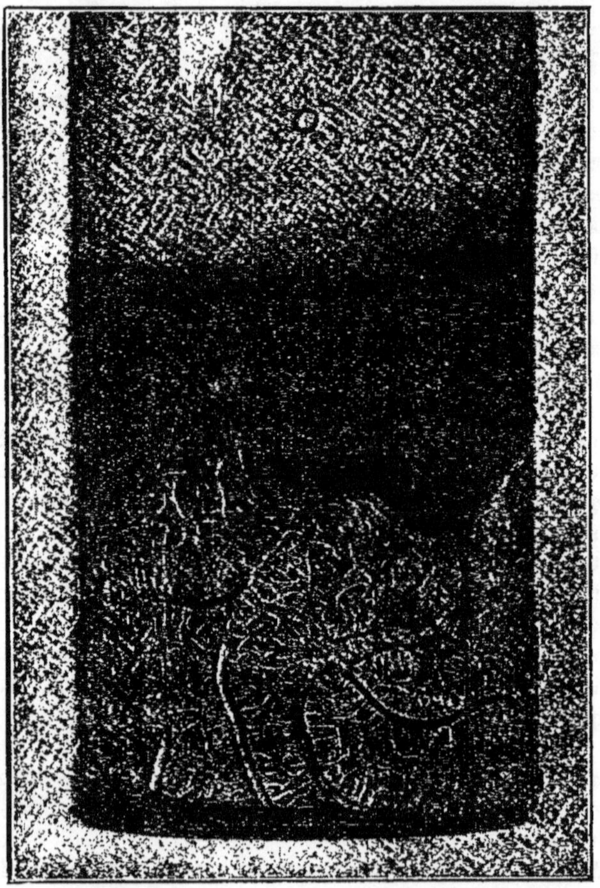

lium, la luminosité n'apparaît que 4 mois après l'ensemencement, les rhizomorphes 5 mois après.

L'autre diphénol, pyrocatéchine, n'a pas été essayé; il eût été intéressant de le faire, son action antiseptique variant d'après Manquat, suivant les positions ortho-méta, para, dans la série phénolique.

Milieu O. — Gaïacol 0,05 p. 100.

Ici action antiseptique très légère. Le mycelium, les rizomorphes, la lumière apparaissent de bonne heure. Au fur et à mesurl de leur développe-

Fig. F. — Rhizomorphes de culture
Flacon placé verticalement : on voit la déchotomisation
des rhizomorphes

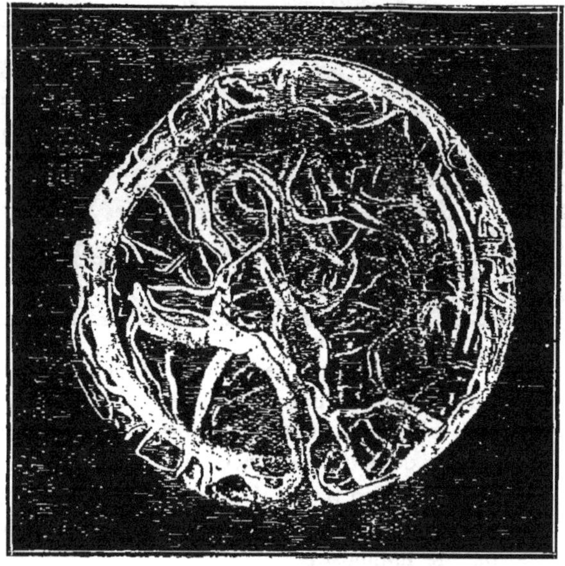

Fond du flacon

ment, une gaine rose d'abord, rouge ensuite, délimite leur progression. Les rhizomorphes prennent en vieillissant cette teinte. Le cliché O ci-joint donne une idée nette de leur progression.

Milieu F. — Nous substituons la teinture de gaïac au gaïacol. Développement précoce du mycélium, 3 mois après apparition de rhizomorphes se

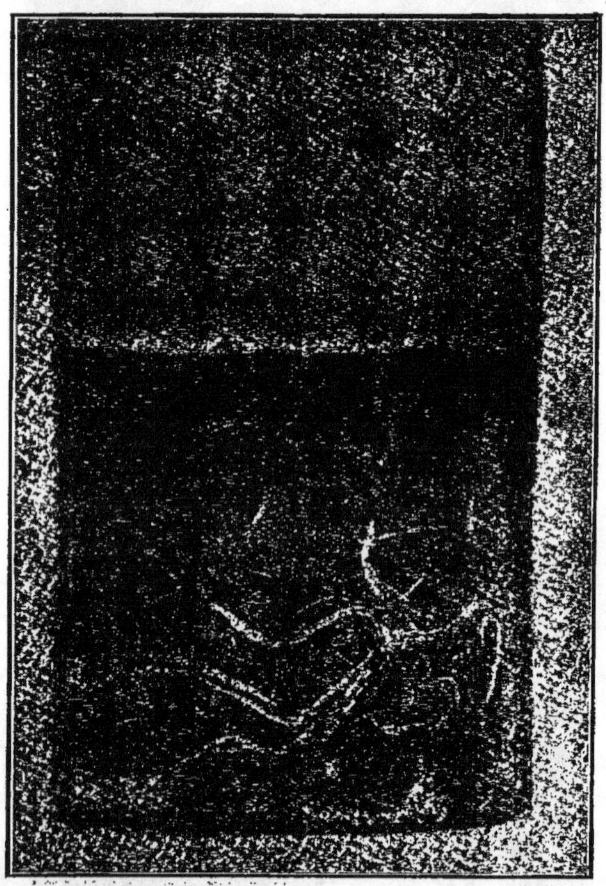

dichotomisant dans toute la culture. Le cliché F le démontre. Luminosité apparaissant de bonne heure, et durant de longs mois. Brunissement. Cliché F2. Plusieurs mois plus tard, toute la culture est colorée, et à la surface apparaissant comme de petits bâtonnets, des rhizomorphes.

Milieu M. — Naphtol B, 0,10 p. 100. Un mois après, apparition en surface de deux colonies mycéliennes non lumineuses, se rejoignant bientôt, pas de rhizomorphes, pas de luminosité.

Le naphtol agit comme puissant antiseptique, à rapprocher comme action de l'Hydroquinone.

Milieu P. — Metol 0,10. Le mycélium apparaît de bonne heure, lumineux; il y a sensible retard dans la formation des rhizomorphes qui restent longtemps chétifs, grêles, peu développés.

Milieu C. — Bleu de Méthylène 0,20 p. 100. Ce milieu est coloré en bleu

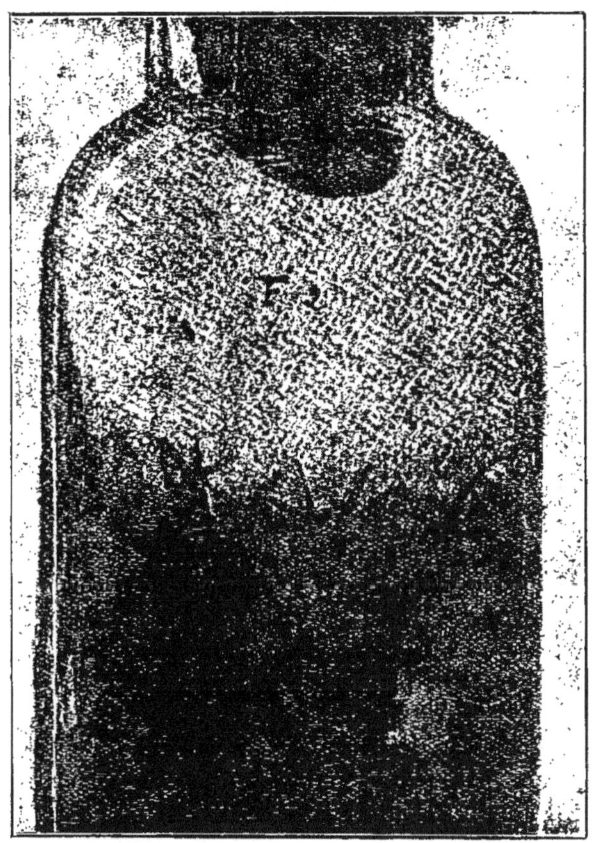

verdâtre. Le mycelium s'y développe peu, et tout à fait en surface, il ne pénètre pas la culture, il n'est pas lumineux. Les rhizomorphes apparaissent 5 mois après, ils restent chétifs, ténus comme des fils. Cependant, sous leur pression, la culture se fendille. La couleur passe du bleu au vert, puis au lilas. Le mycelium agit comme réducteur, comme s'il secrétait une réductase; le bleu est un antiseptique puissant, cela justifie son emploi en thérapeutique. La bactérie charbonneuse ne se développe pas en sa présence.

Milieu A. — Tanin 0,50 p. 100. Le tanin de nos laboratoires, renfermant plusieurs fonctions phénoliques, acide digallique, joue le rôle d'un antiseptique. Il n'en est pas de même s'il est renfermé à l'état potentiel, sous forme de glucoside dans le marron d'Inde ou le gland de chêne. Il constitue alors un aliment de choix. Cela nous a incité à ajouter à la culture du glucose, sans résultat vraiment sensible. Il est à remarquer que dans la nature, ce sont ces milieux hydrocarbonés que préfère l'armillaire.

En réalité, les divers phénols essayés ici nuisent peu ou prou au développement du mycelium, à la formation de rhizomorphes, à la manifestation lumineuse.

Il jouent encore un rôle de révélateur d'Oxydases. Nos cultures prennent en effet sous leur influence des coloris divers. Brun hydroquinone, metol naphtol, tannin ; rose, puis rouge, résorcine, gaiacol, toutes colorations témoins d'oxydations, révélatrices d'actions oxydasiques.

M. le Professeur Raphaël Dubois a montré pour les insectes, les mollusques lumineux, que la lumière est la résultante du conflit de deux substances albuminoïdes, l'une thermostable, l'autre thermolabile, une matière oxydable, une oxydase. C'est une oxyluminescence.

Nous trouvons ici la carte de visite de l'oxydase. Dans cet ordre d'idées, je crois devoir rapprocher les travaux de M. Lutz. Cet auteur provoqua des oxydations énergiques aux dépens de suc de champignon; il a retrouvé dans les mycelium de culture cette même propriété.

Il observe que les phénols jouent un rôle anti-oxygéné, anti-catalytique très net. Il s'est servi comme nous, d'hydroquinone, de naphtol, de gaïacol, de tyrosine, pyrogallol à doses beaucoup plus faibles que dans nos expériences. Il a plus particulièrement étudié le seuil de nocivité de chacun d'eux, vis-à-vis des mycelium étudiés.

Il conclut que la plupart des mycélium sont doués de propriétés oxydantes liées à une oxydase.

Quelques-uns semblent secréter une réductase (1) comme dans nos expériences avec l'armillaire; ils ramènent le bleu de méthylène au vert, ou au blanc. Certains jouissent à la fois de propriétés réductrices et oxydantes. Après avoir décoloré le milieu, ils le recolorent.

En résumé, les phénols se comportent comme de véritables antiseptiques vis-à-vis du mycélium d'armillaire, suivant leur activité et leur dose, ils éteignent la luminescence du mycélium de culture, empêchent ou retardent son développement et celui des rhizomorphes.

En outre, ils révèlent la présence d'oxydases par les colorations qu'ils manifestent dans la culture. Un autre fait se dégage de la similitude d'action des antiseptiques sur les bacilles et le mycelium lumineux. Ce dernier point a fait l'objet d'une de nos études particulières dans la *Revue générale des Sciences* (2).

(1) Sur les ferments solubles sécrétés par des champignons Hymenomycètes (action oxydante). *Compte rendus de l'Académie des Sciences*, 1926, p. 95.

(2) Ferments solubles sécrétés par les champignons Hymenomycètes (action réductrice). *C. R.* 1926, p. 246.

(3) Parallélisme entre microbes et mycélium lumineux. *Revue Générale des Sciences*, février 1928.

IDENTIFICATION DE L'YOHIMBINE
PAR MICROCRISTALLOSCOPIE

PAR

GEORGES DENIGÈS

Professeur à la Faculté de Médecine de Bordeaux

I. — Il n'existe pas, pour ainsi dire, de réaction vraiment caractéristique de l'Yohimbine libre ou salifiée. Le manque de combinaisons insolubles de cet alcaloïde rend, d'autre part, difficiles les tentatives qu'on peut faire de l'identifier, par micro-chimie.

La forme très typique de ses cristaux et de ceux de son chlorhydrate que j'ai pu obtenir réversiblement en opérant sur des fractions de milligramme, seulement, de ce produit, m'a permis d'en déceler, en quelques instants, des traces très minimes par voie micro-cristalline.

J'examinerai, d'abord, le cas de l'Yohimbine libre.

Pour la caractériser, on en mettra quelques parcelles (1 à 2 dixièmes de milligramme) sur une lame de verre porte-objet; on les dilue dans une très fine gouttelette, non étalée et d'un diamètre n'excédant pas 4 millimètres, d'acide chlorhydrique étendu au dixième. On porte, ensuite, la lame à deux centimètres environ au-dessus d'une toute petite flamme (de 15 à 20 millimètres, au plus, de hauteur) de lampe à essence, de façon à ce que la pointe de la flamme soit au niveau du centre de la goutte.

Dès qu'il se sera formé un très fin liseré blanchâtre au pourtour de la préparation, on laissera le reste de la solution s'évaporer seul et, pour que cette évaporation se fasse dans de bonnes conditions, on déposera la lame sur un vase de Bohême ou un verre à précipité de dimensions telles que les extrêmités de la lame soient soutenues par les bords du récipient, sa partie centrale — où se trouve l'essai — se trouvant immergée en quelque sorte, dans l'air.

En examinant à sec, au microscope, on voit la préparation parsemée de lamelles rhombiques soit isolées, soit très souvent groupées comme en présente la cholestérine hydratée et formée de cristaux de chlorhydrate d'Yohimbine. Le résidu, ainsi obtenu, est délayé dans une gouttelette d'eau sans étaler cette dernière. On porte ensuite à son contact, la pointe d'un agitateur effilé mouillée d'ammoniaque. Quand la dose de ce réactif est insuffisante, on observe la formation d'un trouble blanc, produit par de l'Yohimbine libérée par l'alcali; on le fait disparaître en renouvelant l'addition d'une nouvelle trace d'ammoniaque, apportée dans les mêmes conditions que précédemment, dans la préparation à laquelle on le mélange à l'aide de la même pointe d'agitateur : l'Yohimbine est, en effet, soluble dans un excès d'ammoniaque.

Ce point atteint, on chauffe la lame comme il a été dit plus haut, avec la même petite flamme, mais en promenant cette lame d'un mouvement circulaire de façon à ce que la pointe de la flamme, au lieu de rester fixe au-dessous mais au centre de la préparation, échauffe une couronne circulaire concentrique à celle-ci et d'un diamètre moyen de 2 à 3 centimètres.

Dès qu'un liseré blanc se sera formé au pourtour du résidu, on cessera de chauffer et on laissera évaporer spontanément le reste du liquide, dans les conditions plus haut précisées.

On examine alors la préparation, à sec, au microscope, et on la trouve parsemée de cristaux d'Yohimbine se présentant sous forme de longues aiguilles prismatiques, groupées plus ou moins régulièrement autour d'un centre et, parfois, de prismes plus courts, plus trapus, ou de pyramides tronquées rappelant, dans une certaine mesure, les cristaux de phosphate ammoniaco-magnésien trouvés dans les urines fermentées.

On peut compléter ces réactions en délayant le résidu (soit de chlorhydrate d'Yohimbine, soit de base libre) dans une gouttelette d'ammoniaque, y ajoutant une gouttelette encore plus minime d'une solution de 2 à 3 pour cent de nitrate d'argent puis, après mélange, une très petite quantité de lessive de soude : la préparation brunit par suite des propriétés réductrices, bien connues de l'Yohimbine et, après quelques minutes de contact, si on examine la préparation au microscope, on la trouve parsemée de groupements cristallins affectant la forme d'oursins, isolés ou groupés en une sorte de mosaïque et de coloration jaune brunâtre.

II. — S'il s'agit d'identifier un sel d'Yohimbine, tel que le chlorhydrate (le seul des sels de cet alcaloïde employé en médecine), on procède d'une façon inverse que pour la base libre.

On en dissout, d'abord, 1 à 2 dixièmes de milligramme dans une gouttelette d'eau rendue ammoniacale; on évapore, par échauffement circulaire, suivant la technique indiquée précédemment et l'on observe les groupements aiguillés de cristaux d'Yohimbine. Le résidu est dissous dans l'acide chlorhydrique au dixième, en volume. Une seconde évaporation, après échauffement central, fournira les lames rhombiques.

Enfin, ce second résidu, en présence de nitrate d'argent ammoniacal sodique, donnera la teinte brune et les groupements cristallins jaune brun plus haut signalés.

APPLICATION DE LA MÉTHODE DE STÉPANOW
MODIFIÉE AU DOSAGE DU CHLORE
ET DU CYANOGÈSE DANS LE CHLORAL CYANHYDRINÉ

PAR

G. FAVREL

En collaboration avec M. Bucher dans une note parue aux *Annales de Chimie analytique*, 1927, p. 321, M. Favrel a modifié la méthode de Stépanow employée au dosage des halogènes dans les coupes cycliques ou non, pondéralement ou par volumétrie. Dans ce dernier cas, elle peut rendre de grands services aux pharmaciens désireux de contrôler la pureté des médicaments chimiques organiques renfermant dans leur constitution des halogènes.

La méthode de Stépanow appliquée au dosage du chlore dans la chloral cyanhydrine proposée par Carré pour remplacer l'eau de laurier cerise fournit des résultats trop élevés dus à ce que le chlorure d'argent est souillé par du cyanure d'argent dont on peut facilement le séparer par un traitement à l'acide nitrique concentré et bouillant. Ce résultat anormal provient de ce que l'hydrogène dégagé par l'action du sodium sur l'alcool amylique tenant en dissolution le chloral cyanhydriné transforme une partie de CAz en CH^3, $Az H^2$, l'autre partie passant à l'état de CAz Na. Mais en traitant la chloral cyanhydrine par l'alcool anylique sodé bouillant, M. Favrel a obtenu la séparation totale du chlore à l'état de chlorure de sodium et aussi celle de CAz à l'état de cyanure alcalin, à la condition de suivre le mode opératoire suivant :

o gr. 50 de chloral cyanhydrine, $CCl_3 - CH - OH$-CAz sont versés dans l'alcool amytique sodé; le mélange est maintenu à l'ébullition au réfrigérant ascendant pendant une demi-heure. Après refroidissement, on agite le liquide à plusieurs reprises avec de l'eau distillée tiède. On complète le liquide aqueux d'épuisement à 200 c. c. La montée du liquide alcalin est additionnée d'ammoniaque, de quelques gouttes de nitrate d'argent décime jusqu'à obtention d'un louche permanent, suivant la méthode de Stépanow.

CONDUCTIBILITÉ ÉLECTRIQUE
DES SUSPENSIONS MICROBIENNES

PAR

PH. LASSEUR & NOBLAT

A l'aide de la conductibilité électrolytique, nous avons cherché :

1° à suivre l'appauvrissement des suspensions en matière minérale soit par dialyse, soit par lavage, et à définir ainsi l'origine des électrolytes contenus dans ces suspensoïdes.

2° à préciser le rôle de l'isotonie dans la diffusion des électrolytes à travers la membrane bactérienne.

3° à préciser les variations de perméabilité des plastides sous l'action du chauffage à 80° C.

Ce sont ces tentatives que nous allons résumer.

Dans nos essais la conductibilité des suspensions bactériennes a varié de $K = 283 \times 10^{-6}$ à $K = 73.300 \times 10^{-6}$ suivant les germes considérés et le mode de mise en suspension.

Par lavage la chute de K est d'abord très rapide ($K = 24$ à 14×10^{-6} au troisième lavage) mais à partir d'une certaine valeur de K ($K = 6$ à 8×10^{-6}) il est très difficile d'abaisser la conductibilité électrique des suspensions. Les électrolytes enlevés par le lavage sont remplacés par les électrolytes issus des corps microbiens. Ainsi dans une expérience la conductibilité d'une même suspension passait de $K = 80 \times 10^{-6}$ à $K = 142 \times 10^{-6}$, par suite du contact prolongé pendant 60 minutes entre les plastides et le liquide dispersif.

Les travaux de Loeb sur la neutralisation des ions ont montré ce qu'il y avait de fondé dans l'isotonie. Les lavages en solution saccharosée isotonique (de conductivité $K = 2.7 \times 10^{-6}$) ne nous ont pas permis d'obtenir des valeurs de K inférieures à celles que fournit l'eau distillée. La membrane bactérienne laisse donc diffuser les électrolytes aussi facilement dans l'eau saccharosée que dans l'eau pure, ce qui est conforme à la théorie de Donnan.

Le chauffage à 80° C détermine une chute considérable de l'agglutinabilité, ce fait concorde avec une augmentation importante de la conductibilité. La quantité d'électrolytes que les plastides laissent diffuser varie avec l'espèce bactérienne; par contre l'emploi de solution isotonique saccharosée n'a pas modifié la marche de la perte des électrolytes.

Enfin, dans l'eau très pauvre en électrolytes ($K = 1,2$ à $1,8 \times 10^{-6}$) l condition de vie n'influence pas beaucoup la perméabilité de la membrane bactérienne.

SUR LE 2.6 BIBROMOPARANITROPHÉNOL
ET SES COMBINAISONS
AVEC QUELQUES AMINES AROMATIQUES

PAR

A. LEULIER & J. DECHANET

Le 2.6 bibromoparanitrophénol a été préparé par de nombreux auteurs, soit par l'action du brome sur le 4. nitrophénol, soit par nitration du 2.6 bibromophénol. A. Leulier, utilisant une méthode qu'il a préconisée et qui repose sur l'emploi des hydracides en présence d'eau oxygénée, a pu, à l'aide de l'acide bromhydrique et du peroxyde d'oxygène dilué, obtenir le 2.6 bibromoparanitrophénol pur, avec un rendement de 86 p. 100 (1).

Voici le mode opératoire suivi :

On a laissé réagir pendant 24 heures un mélange de 5 grammes de paranitrophénol, 10cc. de HBr à 64° Baumé et 100 cc. de H_2O_2 à 9 volumes. La solution s'éclaircit, devient laiteuse et laisse déposer des cristaux sensiblement incolores.

Après lavage à l'eau distillée jusqu'à disparition de la réaction acide et dessiccation à l'air libre, on recueille un produit cristallisé sensiblement blanc, fondant à 144-145° au bloc de Maquenne par fusion brusque.

Le point de fusion, indiqué par les auteurs, est de 141°. Le dosage de Br par la méthode de Liebig, puis dosage volumétrique de CaBr formé a donné :

Matière	NO^3 Ag en cc. N/10	Br correspondant	Br %	Br calculé pour $C^6H^2OH\ NO^2Br^2$
—	—	—	—	—
0,26	17,2	0,137	52,92	53,9
0,28	19	0,152	54,3	53,9

Ces chiffres correspondent bien à un dérivé dibromé du paranitrophénol.

Ce corps, dont les groupements électronégatifs sont en même position que les groupements nitrés de l'acide picrique, est capable de donner des précipités cristallins avec l'aniline (2), la toluidine, les naphtylamines, la quinoléine, la quinine, l'antipyrine, le pyramidon. Nous donnons ici les résultats obtenus avec les amines, nous réservant d'étudier ultérieurement

---

(1) *Bulletin Société Chimique*, 4° série, t.XXXIX, p. 29, 1926.

(2) Van ERP a étudié les dérivés métalliques de ce corps et décrit sa combinaison avec l'aniline qu'il a obtenue avec un rendement presque théorique par mélange équimoléculaire du phénol et de la base en solution benzénique. Le corps, formé d'aiguilles jaune clair, fond à 155°5. *Recueil Travaux Chimiques des Pays-Bas et de la Belgique*, t. XXIX, 1910, p. 186-187.

les autres combinaisons. Tous les produits ont été obtenus par simple réaction au sein de l'alcool à 95° de la base et du phénol bromé en proportions équimoléculaires.

Les points de fusion et les analyses doivent s'entendre pour des produits bruts, qui n'ont été soumis à aucune purification. Les points de fusion ont été déterminés au bloc de Maquenne par fusion brusque. Les dosages de brome ont été effectués par la méthode de Liebig et le bromure de calcium formé a été évalué par la méthode volumétrique à l'azotate d'argent et sulfocyanure.

On pourra voir d'après les taux de brome trouvés à l'analyse, à l'exception du produit dérivant de la naphtylamine α où les chiffres sont faibles, que les corps correspondent très sensiblement à des combinaisons équimoléculaires.

A. — *Combinaison avec l'Aniline.* — Aiguilles jaunes fondant à 140°. 140°.

Dosage du brome

Matière : 0,422. — NO3 Ag N/10 : 22 cc. — Br correspondant : 0,176. — Br trouvé pour 100 : 41,7. — Br calculé

$$\text{pour } C^6H^2 \overset{\textstyle OH}{\underset{\textstyle Br^3}{-NO^2}} C^6H^5NH^2 : 41,02$$

B. — *Combinaison avec la naphtylamine α.* — Aiguilles très fines, jaune clair, fondant à 141-142°.

Dosage du brome

1. Matière : 0,376. — NO3 Ag N/10 : 12 cc. 85. — Br correspondant : 0,1028. — Br trouvé pour 100 : 34,17.

2. Matière : 0,40. — NO3 Ag N/10 : 13 cc. 6. — Br correspondant : 0,1088. — Br trouvé pour 100 : 34.

$$\text{Br calculé pour } C^6H^2 \overset{\textstyle OH}{\underset{\textstyle Br^3}{-NO^2}} C^{10}H^7NH^2 : 36,36$$

C. — *Combinaison avec la Naphtylamine* β. — Grosses aiguilles jaunes, noircissant vers 148° et fondant à 165°.

Dosage du brome

Matière : 0,384. — NO3 Ag N/10 : 14 cc. 2. — Br correspondant : 0,1136. — Br trouvé pour 100 : 37. — Br calculé pour

$$C^6 H^2 \overset{\displaystyle OH}{\underset{\displaystyle Br^2}{-}} NO^2 \; C^{10}H^7NH^2 : 36,36$$

D. — *Combinaison avec la Toluidine*. — Aiguilles jaune foncé, fondant à 135-136°.

Dosage du brome

Matière : 0,417. — NO3 Ag N/10 : 16 cc. 3. — Br correspondant : 0,1304. — Br trouvé pour 100 : 39,08. — Br calculé pour

$$C^6H^2 \overset{\displaystyle NO^2}{\underset{\displaystyle Br^2}{-}} OH \; C^6H^4 \overset{\displaystyle CH^3}{\underset{\displaystyle NH^2}{\big\langle}} : 39,7$$

E. — *Combinaison avec la Quinoléine*. — Cristaux jaune or fondant à 136-137°.

Dosage du brome

Matière : 0,343. — NO3 Ag N/10 : 16 cc. 5. — Br correspondant : 0,1320. — Br trouvé pour 100 : 38,48. — Br calculé pour

$$C^6H^2 \overset{\displaystyle NO^2}{\underset{\displaystyle Br^2}{-}} OH \; C^9H^7N : 37,5$$

Comme l'acide picrique, le 2.6 bibromoparanitrophénol est donc susceptible de se combiner molécule à molécule avec les bases aromatiques en donnant des produits cristallisés. Quant à son action sur les alcaloïdes, elle nous paraît d'une utilisation plus restreinte, du moins en solution alcoolique. D'après nos premiers essais, encore inachevés, s'il se combine très bien avec la quinine, il ne donne rien avec la morphine et la cocaïne.

GOUDRON DE PIN ET CODEX

PAR

R. MASSY

Le goudron végétal purifié, sert à la préparation de trois compositions : l'eau, le sirop et la pommade de goudron. Mais le Codex ne précise aucune espèce de *Pinus* pour la préparation du goudron végétal officinal. Tous les goudrons végétaux, quels que soient les bois dont ils proviennent, présentent tous à peu près les mêmes caractères que ceux décrits par le Codex à propos du goudron végétal.

M. R. Massy propose de prendre comme réaction d'identité la réaction d'Hirschrohn-Pépin, déjà adoptée par le Codex pour la recherche du goudron de Pin dans l'huile de cade.

Quant à l'essai du goudron officinal, il comporterait le dosage des substances qui ne devraient exister que comme impuretés et en faibles proportions : eau, acide pyroligneux, matières étrangères insolubles.

La quantité d'eau retenue par un goudron est considérable et est très variable. On pourrait exiger que la teneur en eau ne dépassât pas 5 p. 100 et que l'acidité soluble, exprimée en grammes d'acide acétique pour 100 cc. de goudron, ne dépassât pas 2. Le goudron officinal ne devrait pas contenir d'impuretés solides; préalablement chauffé au bain-marie, il devrait passer en totalité à travers une toile dont la texture serait à préciser.

LES MÉTHODES DE MICROSUBLIMATION
Caractères de détermination qu'elles fournissent
Leur application aux poudres végétales

PAR

F. MORVILLEZ
*Docteur ès-sciences, professeur à la Faculté de Médecine
et de Pharmacie de Lille*

ET

C. DUFOORT
Docteur en pharmacie

L'étude de la microsublimation a été l'objet de recherches nombreuses en Suisse et en Allemagne. Il semble que jusqu'ici en France seul M. le Professeur Deniges, de Bordeaux, ait insisté sur son importance. Nous ne pouvons dans cette note retracer l'historique de ce vaste sujet, nous dirons seulement que les méthodes employées se rattachent à trois types principaux :

1° microsublimation à l'air libre $\qquad$) sous la pression
2° microsublimation en espace limité $\quad$ (atmosphérique
3° microsublimation sous pression réduite

Les dispositifs que nous avons employés et qui d'ailleurs sont différents de ceux qui ont été décrits jusqu'ici, se rattachent respectivement à chacun de ces types.

Premier dispositif. — Un bloc de Maquenne est garni de lames de microscope portant en leur milieu la poudre à étudier. Le sublimat se forme sur une autre lame de verre placée sur des fragments de verre disposés aux deux extrémités de la lame chauffée. On place sur une lame témoin un corps dont le point de fusion est connu, ce qui permet de contrôler la température de sublimation.

Deuxième dispositif. — Nous avons parfois employé le même dispositif, mais en plaçant entre les deux lames un anneau de verre. La poudre à étudier étant placée au centre de la face inférieure de la cellule ainsi formée.

Troisième dispositif. — Pour la microsublimation sous pression réduite nous avons employé l'appareil à microsublimation dans le vide décrit, d'autre part, dans une autre note.

Tantôt la sublimation est faite directement avec la poudre étudiée, tantôt celle-ci est préalablement humectée; on traite par des réactifs appro-

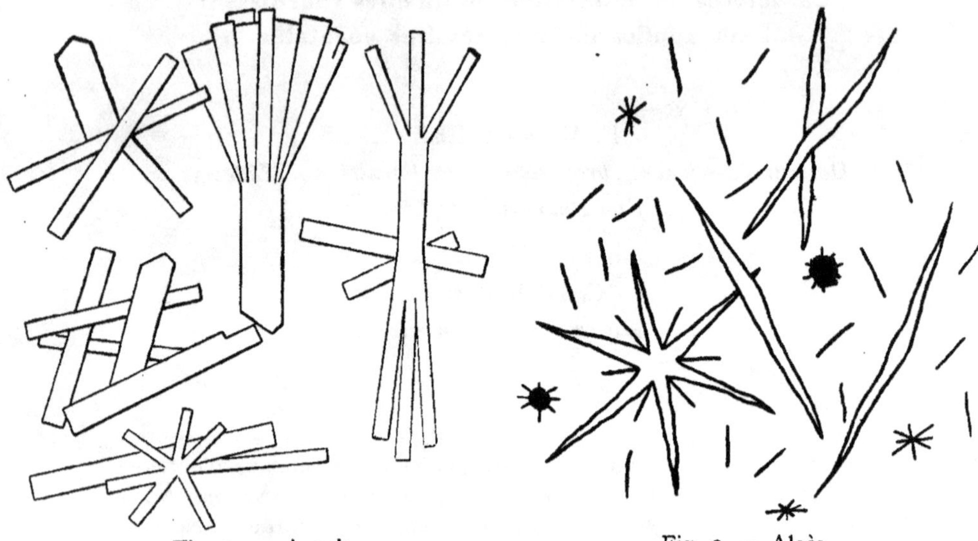

Fig. 1. — Agaric   Fig. 2. — Aloès

Sublimats obtenus après traitement préalable à partir des poudres

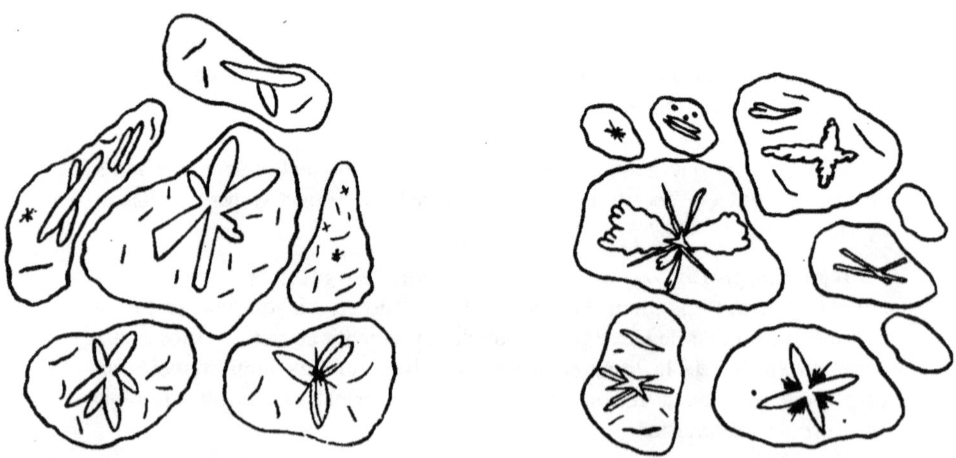

Fig. 3. — Safran   Fig. 4. — Badiane

Sublimats caractérisés par des cristaux inclus dans des gouttelettes huileuses

priés, notamment par de l'acide azotique. Dans certains cas le produit a été enrichi en éléments sublimables caractéristiques : les matières banales sont entraînées à l'aide d'un dissolvant approprié (par exemple la poudre d'agaric avant sublimation peut être ainsi traitée par le chloroforme). Parfois aussi les substances médicamenteuses sont épuisées par la benzine et

Fig. 5. — Rhubarbe
A) Sublimat obtenu sous la pression atmosphérique vers 150°
B) Sublimat obtenu dans le vide

Fig. 6. — Cascara
a) Sublimat obtenu avec la poudre par résublimation ; b) dans le vide à 150° ;
c) avec l'extrait fluide après extraction par la benzine

c'est le résidu de l'évaporation du liquide d'épuisement benzénique qui est sublimé. Le sublimat soumis à une nouvelle opération donne parfois un nouveau sublimat beaucoup plus caractéristique que le premier.

Les caractères que l'on peut relever au cours de l'opération doivent être soigneusement notés (remarquons, accessoirement, que l'aspect que présentent les poudres aux diverses températures et l'odeur qu'elles dégagent sont parfois très remarquables) les sublimats sont parfois constitués d'emblée par de petits cristaux (drogues à caféine, à oxyméthylanthraquinones. etc...), dans d'autres cas par une matière à aspect d'oléorésine dans laquelle des cristaux apparaissent ensuite (muscade, safran, badiane, etc.) il arrive d'autre part que le sublimat n'est pas caractéristique ou même

Fig. 7. — Opium
Sublimat obtenu dans le vide

qu'on ne réussisse pas à en obtenir (parmi les drogues importantes : jabo randi, digitale, ciguë).

L'étude des sublimats est complétée s'il y a lieu par l'étude de cristallographique basée sur l'emploi du microscope en lumière polarisée. L'examen microscopique même en lumière ordinaire donne souvent des résultats intéressants, mais, en lumière polarisée, l'existence de particules cristallisées est parfois révélée dans des préparations qui semblaient complètement amorphes.

Les cristaux obtenus sous pression réduite ne présentent généralement pas le même aspect que ceux qui sont obtenus sous la pression atmosphérique. La rhubarbe donne par sublimation dans le vide des tables rectangulaires et des parallélogrammes s'éteignant obliquement, tandis que sous la pression atmosphérique on obtient des cristaux en aiguilles s'éteignant en long; à 200° sous pression réduite, le guarana donne surtout des cristaux hexagonaux alors que sous la pression atmosphérique il donne surtout des aiguilles.

Enfin les sublimats se prêtent à de multiples réactions chimiques de coloration.

La température à laquelle se produit la sublimation est parfois variable, pour un même principe actif, avec la drogue ou le médicament étudié. Les principes actifs sont combinés dans les plantes avec des acides, des tannins, des sucres, etc...; parfois aussi ils semblent présenter des phénomènes physiques d'adhérence avec le complexe colloïdal, et leur libération se fait parfois à des températures sensiblement plus élevées que lorsqu'ils sont à l'état de pureté. Pour un même principe actif (caféine par exemple) l'écart entre les points de sublimation peut atteindre plusieurs dizaines de degrés suivant la drogue traitée; il en résulte des caractères distinctifs importants. Les préparations alcooliques de Kola, évaporées préalablement, donnent des sublimats à une température voisine de la température de sublimation de la caféine (vers 100°). La poudre de Kola ne donne de sublimat qu'à 150°, la poudre de guarana à 120°. Quand les substances étudiées ont subi l'action de la chaleur (café torréfié) ou de l'alcool ou de ces deux actions combinées, la sublimation a lieu vers 100°. Les drogues à oxyméthylanthraquinones, donnent des sublimats à des températures différentes selon qu'on étudie la Rhubarbe (vers 105°), la Cascara (175°), le Séné (200°), la Bourdaine (230°) ; il est vrai que les principes actifs sublimables de ces diverses drogues ne sont pas identiques.

En résumé la sublimation, soit sous la pression atmosphérique, soit sous pression réduite, fournit d'abord au cours de l'opération (mode de formation du sublimat, température de sublimation), puis par l'étude cristallographique et chimique de chaque sublimat, de précieux éléments de détermination. L'action préalable de certains réactifs avant la sublimation peut multiplier le nombre des caractères que fournit cette opération.

LA MICROSUBLIMATION SOUS PRESSION RÉDUITE
Appareil nouveau
Ses applications aux substances pharmaceutiques

PAR

M. F. MORVILLEZ

La microsublimation dans le vide, ou plus exactement sous pression réduite, a été assez peu employée. Les appareils décrits jusqu'ici sont en verre et ne permettent que l'étude d'une substance à la fois (1).

Certains auteurs, notamment H. Molisch (*Mikrochemie der Pflanze*, Iéna, 1913), estiment que la sublimation sous pression réduite ne présente pas d'avantages. Cette constatation ne laisse pas que d'être surprenante, l'abaissement de la pression ayant pour effet de faciliter la sublimation. Nous nous sommes proposés de reprendre cette question. A cet effet, nous avons fait construire un appareil métallique robuste qui permet de réaliser des *sublimations en série et d'obtenir facilement la condensation du sublimat*.

Cet appareil est constitué par un caisson métallique à paroi épaisse, de forme rectangulaire, très plat, sur lequel peut être placée une cuve à circulation d'eau froide. La région supérieure du caisson et la région inférieure de la cuve présentent des rebords, entre lesquels on dispose un cadre de caoutchouc et qui sont pourvus de vis permettant d'obtenir une fermeture hermétique. Cet appareil est disposé sur un support métallique constitué

---

(1) Nous rappellerons quelques-uns des principaux dispositifs usités :

1° L'*appareil d'Eder* est constitué par deux tubes en verre d'inégale longueur présentant chacun une extrémité pourvue d'un rebord rodé ; le plus court se termine par une partie infundibuliforme, le plus long, par une partie rétrécie portant un bouchon pourvu d'un thermomètre ; ce dernier présente en outre une tubulure latérale pouvant être reliée à une trompe à eau. La partie infundibuliforme garnie de la substance à étudier, surmontée d'un disque en verre que l'on introduit dans le tube, est placée verticalement dans un bain d'huile ou d'acide sulfurique ; on dispose le second tube sur le premier de manière que les bords rodés soient en contact, et on chauffe le bain après avoir fait le vide.

2° Mentionnons le *procédé de Rosenthaller* : le produit à sublimer est placé dans un tube que l'on chauffe, e tle sublimat se forme dans un second tube qui est relié, d'une part, au premier, d'autre part, à un appareil d'aspiration.

3° Plus récemment, Wagenaar a employé un simple tube de verre muni d'un bouchon traversé par un tube de verre relié à une trompe à eau. Le tube est disposé horizontalement sur une plaque d'amiante percée d'un orifice sous lequel on place un brûleur, après avoir introduit dans le tube le produit à sublimer et une lame de verre destinée à recevoir le sublimat.

par un cadre rectangulaire muni de quatre pieds. A ce support peut être fixée une rampe à gaz horizontale. Le caisson métallique est pourvu de deux orifices. L'un porte un tube horizontal que traverse un thermomètre; à l'extrémité de ce tube, un boulon, percé d'un orifice pour le passage du thermomètre, vient appuyer sur une rondelle de caoutchouc qui assure la parfaite étanchéité du système. A l'autre orifice, est fixé un autre tube horizontal portant latéralement un indicateur de vide et pouvant être relié à une trompe. Les dimensions du caisson sont telles qu'on peut disposer côte à côte une demi-douzaine de lames porte-objet.

Un grand nombre de microsublimations ont été réalisées à l'aide de cet appareil par un de nos élèves, M. Dufoort, en procédant de la manière suivante : Une lame d'amiante est disposée verticalement dans le caisson métallique à 1 centimètre environ de l'orifice du tube d'aspiration. Cette lame limite, avec trois côtés de la caisse, un espace rectangulaire que l'on garnit de sable. On a eu soin de coller sur des *slides* ordinaires des anneaux de verre; on dispose dans les cellules ainsi obtenues la poudre dont on veut étudier le sublimat. On place sur chaque anneau de verre un *cover*, on recouvre les lames de sable, jusqu'à mi-hauteur de l'anneau pour éviter la formation de cristaux à sa surface; les slides, lorsque l'appareil est fermé, doivent être en contact avec la face inférieure du réfrigérant, qui constitue le couvercle du caisson, et le réservoir du thermomètre est dans le même plan que la poudre. On fait le vide, puis on élève graduellement la température.

Cet appareil est de dimensions telles qu'on peut évaporer facilement de petites quantités de produits liquides (teintures, extraits) disposés dans des verres de montre; la matière résultant de cette évaporation pourra être ensuite sublimée en employant le dispositif que nous avons indiqué plus haut.

Signalons quelques-uns des résultats obtenus par M. Dufoort grâce à cet appareil : avec la poudre d'agaric, les cristaux sont plus volumineux que ceux qu'on obtient sous la pression atmosphérique; avec le chlorhydrate de cocaïne, le sublimat est constitué de très beaux cristaux groupés en rosace, alors qu'Eder n'a obtenu à l'aide de son appareil que des fibres capillaires. « Avec l'opium, on obtient, si on opère sans précautions spéciales, une infinité d'aiguilles, beaucoup plus nombreuses et de plus grandes dimensions que sous la pression atmosphérique. Mais si on élève lentement la température, on obtient vers 100° des cristaux de forme pyramidale caractéristique se groupant en étoiles ou en rosaces par leur petite base; leur extinction très nette se fait parallèlement à la direction de leur base (1). »

Dans certains cas, les sublimats obtenus sont différents d'aspect et même

---

(1) DUFOORT, *Recherches sur la microsublimation*. [Thèse de doctorat d'Université (pharmacie), Lille, 1928.]

de structure de ceux qu'on obtient sous la pression atmosphérique (rhubarbe, guarana).

Cet appareil simple et robuste, muni d'un réfrigérant, permet d'obtenir facilement des résultats meilleurs que la sublimation sous la pression atmosphérique, et dans nombre de cas donne des sublimats différents venant, par suite, fournir de nouvelles caractéristiques aux substances étudiées.

SUR LA PRÉPARATION DE L'ÉMODINE PURE

PAR

C. ROULIER & R. DUBREUIL

Au cours de recherches de laboratoire sur certaines plantes à anthraquinones, nous avons été amenés à faire des dosages de ces principes actifs par les méthodes calorimétriques de Tschirch et de Maurin. Mais ces méthodes nécessitent l'emploi d'un étalon préparé avec de l'émodine pure. Or, devant l'impossibilité où nous avons été de nous procurer ce produit dans le commerce, il nous a fallu tenter la préparation de l'émodine. Nous avons essayé les principaux modes opératoires qui ont été publiés dans ce but, surtout ceux de : Faust, Schwabé, Osterlé et Combes. Après nous être heurté à de longues difficultés, nous pensons être arrivé à un bon résultat ; mais comme pour cela il nous a fallu plusieurs modifications et plusieurs tours de mains personnels, il nous semble intéressant de faire connaître la technique qui nous a permis d'obtenir un produit pur ; nous reviendrons ultérieurement sur ces détails, quelques-uns restant à préciser pour améliorer les rendements, mais nous schématiserons ici l'enchaînement des opérations.

Nous partons de la bourdaine ; dans des appareils industriels permettant d'opérer sur des quantités suffisantes, nous traitons cette écorce par 5 fois son poids d'alcool à 97° préalablement additionné d'un gramme d'Hcl pur pour 5 litres. On chauffe le tout à 75° pendant une demi-heure. Après refroidissement, on passe avec expression, et les liqueurs alcooliques sont filtrées au papier.

On les distille en évitant toute surchauffe et on termine dans *l'étuve à vide*, sans chauffage, à concentration d'extrait sec, qui contient ainsi les anthraquinones provenant du dédoublement des glucosides et altérées le moins possible.

Cet extrait sec refroidi est pulvérisé au mortier, et épuisé, tout d'abord à la benzine tant que celle-ci se colore ; elle élimine des corps gras et des matières colorantes tout en n'entraînant que des traces d'émodine. Après dessication dans un courant d'air, l'extrait sec est, toujours au mortier, repris par de l'ammoniaque à 5 p. 100 jusqu'à ce que les liqueurs alcalines ne se colorent plus en rouge.

Toutes ces liqueurs, réunies après filtration au papier, sont précipitées par un excès d'HCl en présence d'éther. On les épuise par plusieurs litres d'éther, tant que celui-ci se colore en jaune rougeâtre. On distille ensuite ces liqueurs éthérées au bain-marie à chauffage électrique, et l'on finit au bain-marie la concentration dans une capsule de porcelaine à fond rond. Le résidu est brun noir, d'une consistance de beurre, durcissant par refroidissement et séjour de 48 heures à l'air.

On le reprend alors par le minimum possible d'ammoniaque à 5 p. 100; abandonnant le résidu insoluble, on précipite à nouveau le filtrat par un léger excès d'Hcl. Le précipité est, cette fois-ci, nettement floconneux; on le sépare des eaux mères limpides par centrifugation et le lave deux fois à l'eau distillée.

Après une nouvelle dissolution dans NH^3 à 5 p. 100, une nouvelle précipitation acide et les séparations à la centrifugeuse, le précipité est finalement desséché plusieurs jours dans une atmosphère sulfurique. Il est formé d'émodine à peu près pure.

Nous avons alors vu que le meilleur moyen d'achever cette purification est de reprendre ce produit par une vraie réaction de Borntrager : dissolution de la poudre sèche dans q. s. d'éther, filtration pour éliminer l'insoluble et lavage des solutions éthérées par de l'ammoniaque à 5 p. 100. Les très belles solutions rouges ainsi obtenues sont alors portées au bain-marie bouillant jusqu'à disparition de toute odeur d'éther (détail important), et dans les liqueurs encore chaudes on précipite l'émodine par un très léger excès d'HCl, ajouté goutte à goutte jusqu'à trouble permanent. On laisse alors refroidir le plus lentement possible, dans un bain d'eau chaude de grand volume par exemple; le précipité que l'on obtient, finement microgrenu, est rassemblé à la centrifugeuse, décanté, lavé à l'eau distillée à deux reprises, décanté à nouveau, et finalement desséché dans une atmosphère sulfurique. Il suffit de le dissoudre alors dans un peu d'alcool à 97° chaud, de filtrer et d'évaporer lentement par deux ou trois reprises à l'alcool à 97° et évaporations lentes, on obtient finalement un produit cristallisé qui présente les caractères de l'émodine pure.

Ce corps nous a permis, non seulement de faire des dosages comparatifs par les méthodes colorimétriques classiques, mais encore d'étalonner rigoureusement un étalon artificiel construit avec des réactifs très simples et de composition quantitative très facile à préciser rigoureusement, étalon artificiel dont d'autres essais nous avaient amenés à constater l'absolue ressemblance avec les colorations roses données par la méthode de Maurin. Nous développerons ultérieurement cette question.

PSYCHOLOGIE EXPÉRIMENTALE
PÉDAGOGIE ET ENSEIGNEMENT

Président .... M. H. Piéron, Professeur au Collège de France.
Secrétaires .... M. LAPIERRE, Instituteur, Paris.
M. FONTENAUD, Instituteur à Vaudré (Ch.-Inf.).

ALLOCUTION PRÉSIDENTIELLE

PAR

HENRI PIERON

Professeur au Collège de France

Mesdames, Messieurs,

C'est avec un grand plaisir que je viens présider, dans ce département d'avant-garde, les réunions des Sections jointes de Psychologie Expérimentale et Pédagogie, qui promettent de se montrer particulièrement actives, grâce à l'organisation du travail de ces Sections, à laquelle se dévoue M. Lapierre, que je tiens à remercier ici.

Et, si vous le permettez, je souléverai devant vous quelques problèmes, qui concernent les applications de la Psychologie à la Pédagogie, à propos de la notion d'aptitude et de son rôle en éducation.

Il ne me semble pas que, d'une façon générale, nos systèmes d'éducation aient, jusqu'ici, fait à l'aptitude une place réellement satisfaisante. Il y a à cela une cause, une double cause même :

Une cause théorique d'abord. Il est certain que l'on désire que, dans un pays, dans un milieu donné, il y ait une certaine unification des hommes qui doivent vivre ensemble, qui doivent être des concitoyens, par conséquent, il faut que l'éducation leur donne une certaine formation homogène et qu'elle réalise un certain type d'hommes. C'est le but théorique. Il est soutenable, il y a certainement là quelque chose de vrai, appelant peut-être des réserves.

Mais il y a une raison pratique qui est arrivée à dominer et qui est une conséquence des vues théoriques initiales. On a institué à la fin des scolarités des examens, et on a pensé qu'il fallait, pour contrôler justement cette éducation générale, un système qui permît de se rendre compte des résultats de cette éducation : on a donc institué des examens ; et dès lors le moyen de contrôle qu'était l'examen tend à devenir un but et l'éducation tend à consister à préparer aux examens. Or, pour réussir aux examens, d'après notre système général, il faut présenter une certaine réussite moyenne, une moyenne suffisante, et, par conséquent, ceux qui réussissent très bien sont ceux qui, par exemple, sont moyens partout, qui dans toutes les épreuves arrivent à la moyenne ; il n'est pas besoin pour eux d'être supérieur nulle part ; s'ils sont suffisants partout, ils réussissent, et, dès lors, quand on a devant soi des enfants et que l'on remarque qu'ils ont des dispositions qui leur permettent de réussir particulièrement bien dans une direction, dans une branche, on juge que, de ce côté-là, il n'y a aucun effort à faire parce qu'ils réussiront facilement ; ce n'est donc pas de ce côté-là qu'il faut les pousser ; on les poussera davantage du côté où on trouve qu'ils n'ont pas de disposition et où ils risquent d'échouer, parce qu'ils auront des lacunes. L'effort éducatif va consister uniquement à refréner du côté des dispositions naturelles et à stimuler du côté où l'enfant ne possède pas de tendances propres, et cela pour lui permettre de réussir aux examens. C'est à ce point de vue une excellente méthode, et c'est une méthode qui réalise un nivellement ; c'est-à-dire qu'on aura — et ceci est utile si on envisage uniquement des connaissances — des enfants qui, arrivés à la fin de la scolarité, seront honorables à peu près en toutes matières et directions scolaires. Je dis à peu près, car il faut remarquer qu'autrefois, on ne se préoccupait au fond, dans l'instruction, que d'une formation verbale, abstraite, intellectuelle, et que l'on donnait très peu de place à ce qu'il convient d'appeler les aptitudes techniques. Il n'y a pas très longtemps que l'on a introduit le travail manuel à l'école et fait appel à une éducation portant davantage sur les capacités, les habiletés techniques.

Eh bien ! est-ce que cette méthode de nivellement est la meilleure ? Pour ma part, je ne le crois pas, et c'est sur ce point que je voudrais attirer votre attention.

Tout d'abord, est-ce qu'il y a des aptitudes, est-ce que cela existe, l'aptitude ? On ne peut pas le nier aujourd'hui ; cela n'a pas toujours été admis, il y a eu des périodes où l'on déclarait que véritablement l'éducation était capable de réaliser les buts qu'elle se proposait avec des méthodes appropriées, et que, en somme, on pouvait donner des enfants quelconques à des éducateurs et que, suivant le but qu'ils poursuivaient, on ferait de ces enfants tel ou tel type d'homme et qu'on les préparerait aussi bien à devenir un artiste, qu'un éducateur, un médecin, un militaire, un ouvrier, etc...

C'était une conception, *a priori*, qui ne tenait pas compte de la réalité. Il est certain que la science ne peut pas fournir de but à proprement parler : elle fournit des moyens de réaliser des buts. Pour choisir les buts, il faut des considérations morales et sociales qui ne sont pas du domaine de la science pure, de la psychologie ou de la physiologie. Une fois les buts établis, en ce qui concerne les moyens, la science a son mot à dire. On ne peut pas ne pas considérer que l'homme n'est pas tel qu'on voudrait qu'il fût. En réalité, notre psychologie classique a été imprégnée de morale, on s'est fait un type de l'homme, non pas du tout tel que la réalité l'imposerait, mais tel qu'on voudrait que l'homme fût constitué, tel qu'il peut devenir une fois qu'on a fait son éducation et qu'on l'a socialisé. On modifie l'homme, mais il ne faut pas oublier que l'homme est un animal et que cet animal humain a ses caractères propres et qu'il y a des lois propres à son fonctionnement biologique et mental.

Il faut savoir avec quoi l'on travaille ; il y a une certaine résistance de la nature humaine, il faut la connaître et c'est en cela que la science est utile : la science nous montre quantité de faits qui révèlent le rôle tout à fait capital de la constitution organique de l'individu, de sa constitution héréditaire. On a constaté maintes fois la ressemblance extraordinaire entre deux jumeaux, ressemblance physique, mais aussi intellectuelle, de goûts et d'aptitudes.

Il n'est même pas rare de rencontrer dans des asiles éloignés, à un moment donné, deux femmes qui sont entrées, chacune de leur côté, à la même date, deux sœurs jumelles s'étant perdues de vue depuis 25 ou 30 ans, et qui, au même moment, ont présenté les mêmes troubles mentaux. On a relevé de nombreux cas de ces folies gémellaires. Des facteurs organiques héréditaires ont donc été transmis aux jumeaux, entraînant, indé-pendamment du milieu, la même évolution mentale.

D'autre part, l'étude physiologique des glandes à secrétion interne, qui se développe tous les jours, montre la répercussion énorme, sur ce que nous considérons comme le domaine spirituel de l'homme, de petites modifications organiques portant sur quelques cellules. Il suffit que, chez un enfant, la thyroïde cesse à un moment de fournir la sécrétion pour que le développement mental s'arrête et que nous ayons un arriéré, qui, suivant le moment de l'arrêt, touche à l'imbécillité ou à l'idiotie. Il suffit que les sécrétions thyroïdiennes reprennent ou que la thérapeutique en fournisse, pour que le développement mental reparte et que l'intelligence se développe. Il y a ainsi quelques substances qui sont nécessaires pour que le développement intellectuel se produise.

On voit quelquefois, d'autre part, chez une petite fille, encore toute jeune, se développer d'une façon bizarre le caractère d'un adulte masculin: on voit sa barbe qui pousse, sa voix devient rauque ; pourquoi ? Parce que chez cette petite fille se développe — on l'a souvent constaté — une tumeur de la capsule surrénale, qui a changé l'équilibre glandulaire, et a, du même coup, modifié l'organisme, dans sa structure physique, mais aussi dans sa mentalité, et ses tendances, engendrant ce qu'on a appelé le « virilisme surrénal ».

Je n'entre pas dans les détails ; vous savez combien on pourrait illustrer cette donnée par de nombreux faits actuels. Nous savons donc que nous avons affaire à un organisme et que tout est solidaire dans cet organisme. Nous ne pouvons pas continuer, comme autrefois, à envisager d'une façon abstraite une intellectualité que nous ne pouvons isoler.

Cette unité, il est important de la rappeler, parce que les doctrines anciennes de psychologie l'ont tout à fait méconnue. Il y a eu ce qu'on a appelé un *atomisme* psychologique, c'est-à-dire une tendance à constituer l'édifice de la mentalité humaine avec une série de tiroirs plus ou moins nombreux et plus ou moins remplis et que l'on a personnalisés, par cette persistance d'un trait de l'âme primitive que les études de Lévy Bruhl ont mis en lumière chez les peuples non civilisés, de cette âme primitive que Piaget retrouve chez l'enfant, et qui peut d'ailleurs être retrouvée chez les adultes civilisés et même chez les philosophes.

Depuis que l'homme a eu affaire aux phénomènes, il en a fait des êtres, sur le modèle de l'humanité ; il leur a donné un nom, après cela comment nier qu'ils existent.

Il est certain que chez beaucoup d'hommes, encore en Europe même, le Vent a une réalité personnelle. Si ce n'est plus Eole, c'est quelque chose qui a des intentions peut-être bonnes, mais peut-être aussi mauvaises. Beaucoup des forces de la nature sont encore ainsi personnifiées.

Et il y a aussi dans la nature humaine des phénomènes qu'on a personnifiés : l'intelligence, la mémoire, l'attention. Eh bien! il faut se dire que tout cela n'a pas plus de réalité, si on veut en faire des êtres véritables, que le vent et le tonnerre. Il y a là des phénomènes complexes dont nous connaissons les manifestations habituelles, mais derrière ces manifestations il y a, non pas une chose simple, mais quelque chose de très compliqué ; il y a l'organisme tout entier qui fonctionne.

Au point de vue physiologique, on s'en rend compte. Nous parlons de la respiration, de la circulation, ce sont des phénomènes qui peuvent prédominer dans notre préoccupation et dans notre étude ; quand nous voyons un organisme vivre, nous pouvons nous préoccuper de sa fonction respiratoire, mais nous ne pouvons pas isoler la respiration, la mettre à part et la voir continuer d'exister alors que le reste disparaîtrait. La circulation, pas davantage. Nous voyons bien des artères, des veines, mais comment isoler cela ?

Il y a aussi un système nerveux, qui est en solidarité étroite avec la vie de tout l'organisme. Nous pouvons étudier la respiration, mais nous devons nous rendre compte que notre point de vue est artificiel et qu'il n'y a pas d'isolement possible de fonctions simplement juxtaposées.

Il en est de même des fonctions mentales ; aussi nous sommes bien loin de pouvoir admettre aujourd'hui des conceptions comme au temps de Gall où l'on localisait dans des bosses du crâne la mémoire ou l'honnêteté. Et même, en ce qui concerne les localisations cérébrales, nous sommes obligés d'abandonner en grande partie les doctrines primitives, de renoncer à beaucoup des localisations admises.

Il est certain, quand on a cru que l'on pourrait localiser l'attention ou la mémoire, qu'on a commis des erreurs grossières, parce qu'on voulait localiser des entités, des fonctions non isolables dans un individu. Quand un homme acquiert des souvenirs, et quand il évoque ces souvenirs, il est certain que tout son cerveau fonctionne, il y a une production générale de toute l'activité mentale, et il n'y a rien d'isolable ; cela ne veut pas dire qu'il n'y a pas dans le cerveau des points critiques, par exemple, au point de vue des fonctions motrices, des fonctions réceptrices, sensorielles ; il y a des points où se font des aiguillages importants et dont la lésion peut entraîner des perturbations bien définies, paralysies volontaires, anesthésies, apraxies ou asymbolies.

On n'a jamais localisé de points dont la lésion entraînerait la suppression du jugement.

Des expériences récentes, qui ont été faites par le physiologiste américain Lashley, ont mis en évidence un phénomène assez curieux chez le rat. Lashley a utilisé la méthode d'apprentissage : des rats ont à se diriger dans un labyrinthe ; placés à une extrémité et trouvant à manger à l'autre ; ils se perdent d'abord dans des culs-de-sac, bientôt ils arrivent. Au bout de quelque temps, ils connaissent le bon chemin et vont tout droit d'un bout à l'autre du labyrinthe sans commettre d'erreurs. Et l'on peut déterminer la rapidité de leur apprentissage.

Lashley a réalisé chez ces rats des lésions des hémisphères cérébraux : il a supprimé dans des régions variées des quantités inégales d'écorce, allant de 2 à 3 % de matière chez certains, jusqu'à 80 % chez d'autres. Il a remis les rats ayant ces lésions cérébrales à apprendre à se diriger dans le labyrinthe ; il a constaté qu'il fallait d'autant plus de temps pour l'apprentissage qu'il avait enlevé davantage de substance cérébrale, quel que soit le lieu de la lésion ; celui à qui il n'avait enlevé que 2 ou 3 % ne mettait que quelques essais de plus, et ceux auxquels il avait enlevé 80 % étaient beaucoup plus longs à apprendre. Par conséquent, dans cette acquisition qui nécessite un fonctionnement mental, un appel à la mémoire, on voit que le cerveau a un rôle quantitatif important et que l'apprentissage ne se localise pas quelque part dans le cerveau, mais que tout le cerveau y participe.

C'est une donnée qui est importante à retenir, avec toutes réserves sur le fait que l'expérience porte sur le rat, d'une part, et, d'autre part, sur l'apprentissage au labyrinthe, et ne vaut pas pour d'autres processus d'acquisition où interviennent des éléments sensoriels définis impliquant des points critiques dans le cerveau.

Mais ceci nous montre bien le caractère global de cette activité d'apprentissage soutenue par un fonctionnement cérébral complexe.

Si nous faisons des comparaisons avec ce que nous avons sous les yeux, avec les machines fabriquées par l'homme, nous nous rendons compte que si on peut, dans un moteur, distinguer pièces et rouages, on ne peut, par contre, toucher à ces divers éléments sans que le moteur marche moins bien, avec des différences, bien entendu, suivant la partie atteinte. Toute action sur le moteur pourra changer ses caractères. Quand nous jugerons ces caractères, nous nous rendrons compte qu'on ne peut pas localiser dans le moteur ses qualités propres, par exemple, son fonctionnement silencieux, sa vitesse de démarrage, sa puissance. Ce sont là des qualités de fonctionnement dont nous pouvons juger, mais qui ne peuvent s'isoler ; c'est l'ensemble du moteur qui possède ces qualités.

De même, dans la psychologie humaine, nous portons des appréciations sur des qualités de fonctionnement mental que nous avons prises pour des fonctions définies. Quand nous jugeons de l'intelligence, ou de l'attention — nous y reviendrons, — ce sont des jugements que nous portons sur des qualités particulières du fonctionnement mental de l'individu, mais du fonctionnement dans son ensemble et cela ne ressemble pas à une fonction **isolable**.

Vous ne pouvez pas trouver de mécanisme mental qui réponde à l'intelligence. Il n'y a rien de tel. L'intelligence, c'est une certaine propriété du fonctionnement mental que nous jugeons, que nous apprécions, mais il n'y a rien de défini qui corresponde à cela.

Aussi, quand nous envisageons les aptitudes, eh bien ! il faut nous rappeler que l'aptitude, ce n'est jamais quelque chose d'isolable. C'est là une première notion que nous devons retenir. L'aptitude, c'est une qualité pratique du fonctionnement mental, et même du fonctionnement organique général. Chez l'individu que nous mettons à une certaine tâche, s'il y a aptitude, cela veut dire qualité plus grande de réussite, mais nous ne pouvons pas lier cette réussite à quelque chose de défini. Il y a des participations extrêmement complexes, des processus psychologiques nombreux qui vont intervenir, et non pas seulement les uns à côté des autres, mais en connexion, en coordination, de telle sorte qu'il faut une certaine harmonie entre eux.

Si, pour essayer un moteur, on se contentait de faire examiner certaines pièces du moteur par un technicien, et si l'on donnait une note d'après l'examen de chaque pièce, on commettrait une grosse erreur dans l'évaluation des qualités propres du moteur.

Pour connaître ce moteur, on le fait fonctionner. Peut-être, quand on sera plus renseigné, sera-t-on capable, d'après l'examen isolé des pièces, de savoir comment il fonctionne. De même pour le fonctionnement mental de l'homme, nous ne pouvons encore réaliser la synthèse après une analyse exhaustive ; aussi faut-il l'envisager dans son ensemble. Cela ne **veut pas** dire que nous ne pouvons pas nous préoccuper davantage d'un point de vue ou d'un autre dans l'examen de ce fonctionnement mental. **Nous savons** très bien que nous pouvons, de préférence, examiner ce fonctionnement quand il a une tâche de souvenir, de jugement, de raisonnement. Nous pouvons le soumettre à des épreuves différentes et voir comment il va se tirer de ces épreuves. Cela va nous donner des renseignements qui différeront suivant le point de vue auquel nous nous placerons.

Mais tout de même — et cela vaut la peine d'y insister **un instant** — ce qui nous frappe quand nous examinons le fonctionnement d'une mentalité, c'est la grande division de ce que l'on peut appeler le **domaine intellectuel** : **le domaine associatif**, d'une part, et, d'autre part, **le domaine affectif, le domaine des tendances.**

Quand un individu pense et agit, pour réaliser sa pensée ou son action, toutes ses fonctions intellectuelles vont intervenir ; il est certain que la perfection de sa pensée ou de son action dépendra en très grande partie de la valeur de son fonctionnement intellectuel ; mais il faut bien nous dire que, pour qu'il ait un bon fonctionnement, il faut des intérêts, il faut des tendances. On rencontre en pathologie des cas véritablement curieux, des cas que l'on range sous une étiquette, celle de « démence précoce ». On voit quelquefois de très jeunes gens, à un moment donné, commettre des actes étranges, extraordinaires, et tellement extraordinaires que l'internement devient rapidement nécessaire. On en voit qui mettent le feu chez eux ou bien qui mangent leurs excréments, font des choses absurdes. On sera obligé de les interner, ils sont dangereux pour l'ordre public, pour leur sécurité et celle des autres, ce qui définit l'aliéné. Or, chose curieuse, quand on les fait raisonner, on s'aperçoit qu'ils raisonnent correctement, ils sont même capables quelquefois de continuer un travail intellectuel ; il n'y a pas d'atteinte dans leur fonctionnement intellectuel ; cependant, on dit : ce sont des déments, étant donnés leur actes. Pourquoi ? Parce qu'il y a chez eux une profonde défaillance affective, une perturbation considérable dans le domaine des goûts, des tendances et des intérêts.

Certains arrivent à l'indifférence complète et alors c'est l'inertie totale. Il n'y a plus d'activité. Pour l'activité intellectuelle, il faut une énergie alimentant notre moteur ; il ne suffit pas d'avoir des pièces juxtaposées ou engrenées ; il faut encore quelque chose qui apporte l'énergie pour que le moteur fonctionne. Cette énergie, il faut qu'elle soit fournie par quelque chose. Or, il y a effectivement dans l'organisme des réserves d'énergie dont la mobilisation dépend de la sphère affective des tendances et des intérêts.

L'intérêt, qu'est-ce que cela veut dire ? Que dans une certaine direction, il y a de l'énergie qui se dépense, tandis que dans d'autres, il ne s'en dépensera pas. Plus l'intérêt est grand, plus la libération d'énergie est grande : c'est ce qui fait la valeur de l'intérêt que vous connaissez bien en pédagogie. Quand vous devez exiger un effort des enfants, un effort d'activité, une pensée, il faut qu'il y ait un incitant qui mette en branle leur machine mentale. Où le trouve-t-on ? On peut le trouver dans l'intérêt secondaire, le désir de récompense ou la crainte du châtiment, mais cela ne vaut pas la libération spontanée, quand on a su éveiller un intérêt direct. Éveiller un intérêt, c'est savoir faire dépenser l'énergie en réserve, et la diriger dans la voie utile.

Cette vie affective, qui se fonde sur les goûts et les tendances, est ce qu'il y a de plus profond dans la mentalité humaine. Évidemment, nous sentons que nous puisons cette force — comme l'arbre dans la terre — dans le fond même de notre organisme ; c'est là la puissance profonde que nous devons utiliser.

Ces goûts et ces tendances, dans l'éducation, nous allons tâcher de les canaliser, de les diriger ; nous allons tâcher de modifier certaines de ces tendances qui sont dangereuses, nous allons tâcher de les « sublimer ». c'est un mot souvent employé aujourd'hui, de les socialiser. Ces tendances sont égoïstes, ce sont celles de l'animal, il faut en faire quelque chose qui soit bon pour la Société et c'est par l'éducation que nous y arriverons. Oui, nous allons fournir, par l'éducation, des moyens pour la réalisation des buts pris par les tendances, grâce au développement des fonctions intellectuelles. Cette sphère de la logique, du raisonnement, nous allons lui donner des bases ; nous profitons pour cela du travail continu de nos ancêtres, qui ne s'est pas intégré dans l'organisme, mais qui s'est intégré dans l'école et dans le livre, grâce à l'imprimerie.

Ce qui remplace l'hérédité des animaux, c'est notre scolarité. Par elle, nous socialisons peu à peu l'individu, nous spiritualisons l'animal humain ; il *devient* spirituel, mais il ne l'est pas d'emblée, il le devient par l'éducation et c'est ce qu'il y a de beau dans la tâche éducative.

Or, dans cette éducation, je crois qu'il faut profiter des diverses individualités, et des aptitudes ; je crois que c'est une erreur de niveler, et d'arriver seulement à faire, par l'éducation, un bon élève d'examen.

Je crois qu'il est capital, pour l'utilisation sociale des hommes, que nous développions, au contraire, ce par quoi chacun peut devenir supérieur. Si, chez un enfant, nous voyons des goûts artistiques particulièrement développés avec une inaptitude mathématique complète, on dira : il faut qu'il ne fasse que des mathématiques, si l'on veut qu'il soit reçu à l'examen. C'est vrai. Mais je crois plus important d'avoir un artiste de génie que d'avoir un médiocre calculateur.

C'est cela le problème capital de notre éducation actuelle.

Il faut que notre éducation s'adapte à cette tâche de mettre l'homme à la place où il faut qu'il soit, et à développer ses aptitudes propres pour qu'il puisse rendre dans la Société le maximum de services.

Je me souviens personnellement avoir vu en classe deux jeunes gens, deux frères, que l'on méprisait beaucoup, on les traitait de crétins. Évidemment, ils étaient les derniers, ils tenaient à cette place ; mais à rebours d'autres bons élèves, leur situation aujourd'hui est très différente, ce sont deux artistes de grande valeur qui ont une réputation mondiale. On peut leur pardonner d'avoir été des crétins dans la classe puisqu'ils ont donné deux artistes éminents à la Société.

Il faut toujours songer à cela. Seulement, il faut se préoccuper de découvrir les aptitudes, c'est le problème de technique éducative qui est en relation étroite avec la préoccupation générale d'aujourd'hui et qu'on appelle : l'orientation professionnelle.

L'orientation professionnelle vise à diriger les enfants vers les métiers ou carrières auxquels ils sont les plus aptes. Mais il faut y songer dans les débuts même de l'éducation, je ne dis pas chez l'enfant à l'école maternelle, mais aux approches du certificat d'études ; il faut se rendre compte à ce moment-là des aptitudes propres des enfants.

L'orientation professionnelle est une tâche d'éducation ; ce n'est pas une tâche qu'on puisse renvoyer après l'école, c'est la tâche essentielle de l'éducateur même. L'école est faite pour faire des hommes dans la Société et qui rendent des services à la collectivité tout entière.

Pour aller vers un métier, vers une carrière, il faut une éducation appropriée ; on n'entre pas dans une carrière sans préparation. On a trop séparé, à un moment donné, l'apprentissage et l'éducation professionnelle de l'école proprement dite ; c'est pourquoi il est légitime d'unifier toutes les formes d'enseignement, et d'approprier toutes les formes de l'enseignement aux capacités de l'individu. C'est de très bonne heure qu'il faut tâcher de découvrir les aptitudes ; et l'on peut dire que l'aptitude, c'est essentiellement ce que l'on peut appeler l'intelligence.

L'intelligence, je n'entrerai pas dans un débat au sujet de ce terme, sous lequel on met quantité de choses très hétérogènes. Oublions ce qu'on appelle, en général, intelligence et adoptons une manière de nous représenter l'intelligence.

L'intelligence, c'est une réussite, c'est une supériorité dans la réussite, là où vraiment il y a besoin de s'adapter à quelque chose de nouveau. Là où il y a des problèmes posés, l'intelligence, c'est la supériorité de la manière de réussir à résoudre le problème, de quelque nature qu'il soit. C'est par là qu'on distingue l'instinct de l'intelligence ; il y a, en effet, des animaux qui sont capables de faire des choses très difficiles, mais ils sont automatisés. ils ont très bien réussi une tâche qui se répète identique. mais, si l'on change un peu les conditions, cela ne va plus du tout. L'intelligence consiste à s'adapter au changement des conditions.

L'intelligence. je vous le disais tout à l'heure, ne s'isole pas dans l'individu. parce qu'elle implique la mise en jeu de tout le fonctionnement biologique, intellectuel et affectif. Mais, suivant les tâches, le fonctionnement sera différent. Et, en réalité, l'intelligence se présente sous des formes hétérogènes et variées ; tel qui est très intelligent pour certaines choses pourra ne pas l'être pour d'autres, cela veut dire qu'il réussira bien dans certaines catégories de problèmes et que, pour d'autres, il échouera ; ce ne sont pas exactement les mêmes processus mentaux qui vont intervenir dans les deux cas.

Le mécanicien qui sait fort bien dépanner un moteur, si vous lui posez des problèmes de logique abstraits, il est fort possible qu'il échoue.

Ces formes d'intelligence, il ne faut pas les hiérarchiser, car le classement dépend des circonstances et des besoins. Supposez que, dans un salon, quelques personnes soient réunies et que l'une d'elles, d'esprit fin, soit celle dont on admire l'intelligence. C'est celle-là la personne intelligente. Mais supposez aussi qu'il s'agisse du salon d'un paquebot faisant bientôt naufrage, dont les passagers abordent une île déserte ou sont retenus dans les glaces des régions arctiques, on verra alors à qui l'on donnera la supériorité, ce sera certainement à une autre personne, à celle qui montrera le plus d'intelligence dans le danger, qui saura se débrouiller et sauvera la vie de ses compagnons, même si elle est un fort peu brillant causeur.

Notre hiérarchie est un peu flottante ; il ne faut pas prétendre qu'il y ait une hiérarchie en soi des intelligences : il y a des formes artistiques, expérimentales, verbales ; tel sait manier les hommes avec intelligence, alors qu'il est incapable de manier des idées.

D'autre part, quand on résout des problèmes, il y a un rôle de la compréhension ; il faut, d'autre part, trouver des solutions, il faut donc inventer, il faut enfin critiquer les solutions mauvaises. Or, il y a des prédominances chez certains, des capacités de compréhension qui peuvent être les plus utiles dans certains métiers ; chez d'autres, la capacité d'invention sera très développée, ou bien ce sera la qualité critique ; et il y a, en général, antagonisme entre les qualités inventives et critiques.

Et puis, il y a des intelligences bien équilibrées, qu'on rencontre dans certains génies, qui savent associer l'invention féconde et la critique acérée, ceux-là sont capables de réaliser des œuvres considérables.

En somme, l'intelligence, c'est une aptitude à réussir, non pas seulement à effectuer une tâche automatisée, mais à résoudre les problèmes que l'activité professionnelle devra poser.

Aussi le problème des aptitudes est-il essentiellement le problème des intelligences.

Il serait donc de la plus haute importance de connaître la nature des intelligences enfantines, de la préciser, de savoir dans quelle direction l'intelligence de chaque enfant est la plus développée, de savoir si tel est plus compréhensif, plus critique ou plus imaginatif.

Nous tâcherons actuellement d'établir les méthodes les plus sûres pour mieux connaître les enfants, pour les orienter, non plus seulement à la sortie de l'école, mais dans l'école même, non pas pour les niveler, mais pour leur donner, au contraire, les moyens de se développer spontanément dans les directions où ils ont le plus de goûts et d'aptitudes.

Dans la conception de l'école unique, il m'a paru que l'on comprenait parfois celle-ci d'une façon un peu fausse et qu'on insistait sur le point de vue théorique, à savoir : l'unification homogène de tous les individus. Il y a bien quelque chose de commun à réaliser, en particulier au point de vue de l'éducation sociale, de la formation du citoyen, mais au point de vue des activités propres, des activités professionnelles, c'est une erreur. Ce qu'il faut, c'est que le seul souci de l'aptitude intervienne et qu'il n'y ait pas d'autres considérations et préoccupations que celle-là. Il ne faut pas que ce soit le hasard des naissances ou des fortunes qui détermine la direction prise par l'enfant ; ce qu'il faut, c'est que l'aptitude seule serve à guider l'enfant.

LES ÉTUDES BIOLOGIQUES ET LES INSTITUTEURS

PAR

ETIENNE RABAUD

Professeur à la Faculté des Sciences de Paris

Les études biologiques sont généralement fort méconnues, considérées par les uns comme vagues et sans portée, par les autres comme présentant de très grandes difficultés. Elles ne méritent ni ce mépris ni cette crainte. Mais elles sont méconnues parce que, généralement, peu connues ; la plupart de ceux qui en parlent ignorent tout de ce qu'elles peuvent donner pour l'éducation de l'enfant et pour le développement de son esprit. Bien des préjugés et des superstitions auraient depuis longtemps disparu, si la connaissance des phénomènes vitaux était plus répandue.

Comment aborder ces études? surtout, comment les aborder avec les moyens très limités dont dispose trop souvent un instituteur ? Rien n'est plus simple : il suffit de regarder autour de soi avec le désir de voir.

Le premier point est de se familiariser avec les formes multiples de plantes ou d'animaux ; il faut savoir mettre un nom, et le vrai nom, sur l'organisme observé. Cela ne veut pas dire qu'il faille passer des mois et des années à s'empêtrer d'une foule de noms; cela veut dire qu'il faut apprendre à *déterminer* plante ou animal. Pour cela, nous sommes actuellement bien pourvus. Des « flores » et des « faunes » donnent le moyen d'aboutir sans difficulté majeure ; l'entraînement nécessaire est vite acquis. Déterminer n'implique pas *collectionner*. Certes, la collection ne saurait être désapprouvée ; elle constitue un instrument utile sous certaines conditions ; même, conserver des échantillons auxquels on pourra se reporter par la suite est un secours pour la mémoire. Mais, en tout cas, la collection n'est que le premier temps d'une étude biologique.

Celle-ci consiste à examiner, non pas des organismes morts, réduits à une partie d'eux-mêmes, mais des organismes complets, donc des organismes vivants. Chacun d'eux se caractérise, outre sa forme (morphologie) par le fonctionnement des parties qui le constituent (physiologie), par son habitat (éthologie), par son mode d'activité. Aucun obstacle ne s'oppose en principe à un examen de ce genre. Quiconque veut y procéder n'a qu'à regarder autour de soi. Aussi bien que des végétaux, et plus encore que des végétaux, on trouve des animaux partout, avec l'occasion constante de faire des observations aussi intéressantes que suggestives. Sans doute, toutes ne seront pas nouvelles ; mais il s'agit moins de découvertes que d'enseignement pour soi-même et pour autrui.

Quelque exemples précis donneront le thème général des observations et des expériences à faire.

Voici une pierre ; non pas un caillou de faibles dimensions, mais un bloc d'un certain volume, recouvrant une surface de 4 à 5 dcm. carrés au minimum et de quelque épaisseur. Soulevez-le, souvent il dissimule toute une faune. Souvent, et non toujours, car, outre les dimensions, d'autres conditions sont nécessaires. En période très sèche et chaude, le caillou ne recouvre guère, en fait d'animal vivant et actif, que quelques araignées. avec ou sans leur sac ovigère ; ce sont des animaux obscuricoles, que la lumière éclatante du jour refoule dans cet habitat ; elles sortent la nuit. comme on peut s'en rendre compte en les soumettant, à domicile, à une observation suivie, — nous allons y revenir. En dehors de ces périodes exceptionnelles, le dessous des pierres abrite généralement de nombreux animaux. Mais tous ne se trouvent pas là pour la même raison. Les uns y viennent attirés par l'humidité persistante du sol ; à mesure que la surface recouverte par la pierre se dessèche, ils s'enfoncent dans la profondeur. Le nombre et la nature de chacun d'eux change avec le degré d'humidité. Quand l'humidité superficielle a disparu, sans que la sécheresse ni la chaleur soient extrêmes, la faune qui vit sous les cailloux se trouve réduite à quelques animaux, des insectes surtout, qu'attirent une température plus constante, légèrement plus élevée que la température extérieure, et un éclairement très réduit. Ainsi, en soulevant quelques pierres, et en regardant attentivement, on peut faire diverses observations intéressantes sur les réactions de divers animaux vis-à-vis du milieu extérieur : humidité, température, éclairement, etc.

Mais il n'y a pas que les pierres : en fouillant partout, en ne laissant inexploré aucun coin, on rencontre toujours matière à s'instruire.

L'eau, tout particulièrement, renferme des organismes sans nombre et de toutes sortes ; elle fournit des conditions d'étude relativement facile et très suggestive. Contrairement à l'opinion commune, l'eau n'est pas un milieu homogène. Outre que sa composition chimique varie — sel marin. silice, calcaire, etc., — et entraîne des différences dans la flore, chaque étendue d'eau occupe une situation qui n'est pas celle de l'étendue voisine. Deux mares, situées à faible distance l'une de l'autre, ne se ressemblent pas quant à la végétation qui les entoure, à la durée et à l'intensité de l'éclairement, à l'exposition au vent, à la nature du fond (sable, vase, cailloux), quant à une série de détails en apparence secondaires ; les voies d'apport ou d'écoulement donnent un renouvellement plus ou moins facile et qui se répercute sur l'aération, la température, le mouvement de l'eau. En fonction de ces conditions diverses, et d'autres encore, faune et flore varient ; elles varient, d'ailleurs, dans une même mare, suivant les zones.

On peut ainsi se rendre compte des influences qui mènent les organismes, les maintiennent ici ou là, ou les entraînent ailleurs. Une étude comparative, qui est encore à faire avec toute la précision voulue, donnerait des résultats fort importants ; mais un examen un peu superficiel a déjà son intérêt.

L'intérêt se rattache, notamment, à la question des associations végétales, actuellement à l'ordre du jour. Beaucoup de botanistes professionnels abordent la question à un point de vue statistique, incapable de fournir le moindre enseignement qui en vaille la peine. Il est beaucoup plus important de connaître, et de montrer, les raisons pour lesquelles une plante pousse ici et ne pousse pas là. Or, pareille étude ne demande, pour être amorcée, qu'une attention soutenue au cours des promenades à la campagne. Voici deux exemples qui le démontrent:

Il existe deux chardons, la Carline vulgaire et la Carline en corymbe, qui, dans certaines régions, ne poussent jamais ensemble ; là où se trouve l'une, l'autre ne se trouve pas, et inversement ; même quand elles paraissent mélangées, elles sont, en fait, nettement séparées. L'observation est particulièrement aisée en pays de montagne. On constate alors que la Carline en corymbe pousse et se développe sur les pentes exposées au Sud et chaque fois qu'un obstacle quelconque — touffe d'arbre ou rocher — réalise des conditions analogues ; au contraire, la Carline vulgaire ne pousse que sur les pentes exposées au Nord. Ces constatations permettent de conclure, non pas que les deux Carlines ne vivent qu'à une certaine température, ce qui est contraire aux faits, mais que leur germination exige des moyennes thermiques différentes.

En observant deux Fougères, *Ceterach officinale* et *Asplenium trichomanes*, on aboutit à une conclusion de même ordre. Ces deux plantes poussent sur les murs, et y poussent souvent ensemble. Même, elles donnent l'illusion d'être constamment associées, comme si elles ne pouvaient vivre l'une sans l'autre. Mais en examinant de nombreuses stations, on ne tarde pas à se rendre compte qu'elles n'ont, entre elles, aucun lien direct ; très souvent, l'une des deux pousse isolément ; si toutes deux, en effet, ne vivent que dans dans sol humide, le Cétérach exige moins d'humidité que le Trichomane; les deux plantes se rejoignent dans une zone limite, dont l'humidité est maximum pour l'une et minimum pour l'autre.

Un très grand nombre de plantes peuvent donner lieu à des observations du même genre. Multipliées, ces observations permettront d'établir un jour, sur une base solide, l'étude des associations végétales.

Qu'il s'agisse de plantes ou d'animaux, ces observations biologiques doivent se faire en toute saison ; le plein hiver lui-même ne détruit pas la nature ; elle ne l'endort pas autant que bien des gens l'imaginent. Mais ces observations n'épuisent pas les études auxquelles chacun peut se livrer. Il est toujours utile de les compléter par des observations à domicile, qui deviennent souvent de véritables expériences.

Pour cela, il est indispensable de pratiquer cultures et élevages. La culture des plantes permet de vérifier les conclusions tirées des remarques faites sur le terrain. Si l'on pense que la germination d'une plante n'a lieu que dans certaines conditions de température, il est facile de recueillir des graines et de les semer dans des pots que l'on placera dans diverses conditions thermiques.

Les élevages d'animaux présentent quelquefois certaines difficultés ; mais on aboutit généralement à un bon résultat après quelques tâtonnements. L'installation la plus sommaire suffit. Suivant toute évidence, ces élevages permettent une analyse plus étroite et plus sûre de l'éthologie des animaux. Mais ils permettent surtout d'analyser le comportement. Parfois, on ne rencontre un animal que dans certaines conditions et l'on ne sait presque rien de lui. Comment vit-il ? Isolons-le dans un récipient où il puisse se mouvoir, nous l'observerons à l'aise à toute heure. Comment se comporte, par exemple, l'une de ces araignées qui passent la journée sous les pierres, enfermées dans une toile? Installée dans notre récipient, elle continuera de passer la journée dans sa toile, elle sortira le soir, errant de-ci de-là et capturant les proies — mouches, papillons, etc. — enfermées avec elle : nous noterons ainsi divers faits qui nous renseigneront sur la manière de vivre de l'araignée.

D'une façon générale, le comportement des animaux est d'apparence compliquée, assez compliquée pour frapper l'imagination des observateurs superficiels et leur suggérer des hypothèses aussi fantaisistes que puériles sur la nature de l'« instinct ». Il faut donc attaquer la question de front. L'essentiel est d'observer très exactement ce que l'on peut voir du comportement de l'animal en liberté ; on essaiera ensuite d'isoler les « variables » par des élevages systématiques. Voici, par exemple, une chenille (*Myeloïs cribrella*) qui vit dans les capitules de chardons et les mange. Quand elle a atteint sa maturité larvaire, elle sort du capitule et pénètre dans la tige, où elle s'installe à demeure et se transforme en chrysalide. On peut imaginer tout un roman sur cette manière de vivre et les raisons qui animent la chenille. Faisons quelques élevages dans des conditions bien définies. Nous constatons que, non seulement la chenille mûre n'entre plus dans les capitules, mais qu'on ne réussit à l'y faire entrer par aucun moyen. Par contre, elle s'introduit dans n'importe quelle substance, liège, bois, étain. Nettement, elle est repoussée par sa plante nourricière, à partir du moment où elle ne se nourrit plus. Or, de nombreuses chenilles procèdent de même ; mais, comme elles vivent à l'air libre, le fait est beaucoup moins frappant. Ce premier point acquis, sous quelle influence la chenille de Myeloïs s'enferme-t-elle dans les tiges — de chardon ou d'autre plante ? — J'ai fait toutes les hypothèses qui me paraissaient raisonnables pendant deux étés successifs, sans réussir à empêcher les chenilles de s'enfermer. Le troisième été, au contraire, je ne réussissais pas à les faire entrer dans une tige. Devant ce résultat contradictoire, je n'avais qu'à reprendre une à une les conditions de mon élevage, afin de trouver où gisait la cause d'erreur. Inventaire fait, une seule différence ressortait : pour de simples raisons de commodité, et sans y prendre garde, j'avais supprimé tout éclairement. La lumière exerçait-elle donc une telle inflence ? Sans porter aucun jugement *a priori*, il convenait de s'en assurer : à peine exposées à la lumière, les chenilles se mettaient à forer et s'installaient dans les fragments de tige mis à leur disposition. L'essentiel du comportement se trouvait ainsi élucidé : sortie des capitules et pénétration dans la tige.

Bien des faits de même ordre sont justiciables d'une pareille étude · celle-ci ne demande aucune installation spéciale : quelques flacons sur un coin de table, des soins de propreté et des notes exactement prises.

Sans que j'aie à insister, on aperçoit tout l'intérêt qu'un éducateur peut trouver dans des observations ainsi pratiquées.

LA CONTRIBUTION QUE LES INSTITUTEURS PEUVENT APPORTER A LA SCIENCE PRÉHISTORIQUE

PAR

Dr FÉLIX REGNAULT

Président de la Société Préhistorique de France

A la suite de cette communication, le vœu suivant a été adopté :

Vœu : Dans le but de mettre un terme aux destructions inconsidérées et malheureusement trop fréquentes des vestiges préhistoriques, les Instituteurs seront invités à collaborer aux efforts faits pour la conservation de nos richesses archéologiques. Pour permettre aux Instituteurs d'apporter une contribution utile à la connaissance de la Préhistoire, un enseignement préhistorique sera donné par conférences de personnalités compétentes, aux Instituteurs et aux Élèves des Écoles Normales.

LA PARTICIPATION DES ÉLÈVES
A LA VIE ET A LA DISCIPLINE DE L'ÉCOLE
DANS UNE ÉCOLE NORMALE

PAR

E. FLAYOL

Directrice d'Ecole Normale en retraite

Le régime de vie, dont je vais donner un rapide aperçu, a été organisé progressivement, à mesure que l'âge et l'expérience me donnaient plus de confiance et d'indépendance, que l'évolution des mœurs offrait plus de facilité, que la sympathie du personnel, la bienveillance ou la neutralité de l'administration, l'amélioration des conditions matérielles favorisaient une application libérale des principes posés par M. Lapie.

Les élèves forment une société (coopérative) qui, dans la limite des horaires réglementaires (heures des cours, des études, des sorties) et des nécessités budgétaires, organise elle-même son activité et arrête les règles auxquelles elle se soumettra dans le détail de son existence. Mais cette initiative ne s'étend ni aux programmes, ni aux méthodes d'enseignement.

Le but éducatif de cette organisation est exposé aux élèves au début de l'année. Je leur indique les progrès que nous souhaitons leur voir réaliser par leur propre effort et les moyens que nous leur offrons pour y réussir : En premier lieu, la formation d'une conscience personnelle et l'habitude du gouvernement de soi-même par la possibilité de choisir, en de nombreuses circonstances, les actes à accomplir, dont elles supporteront les conséquences. Et ceci nous a amenées à supprimer toute surveillance autoritaire, qui contraint du dehors, tout en restant prêtes à donner conseils et directions. Puis, l'acquisition de l'esprit de discipline. qui saisit la nécessité des règles dans la vie d'une collectivité, et s'y soumet volontairement, par la charge laissée à l'assemblée des élèves de déterminer les limites que les règlements devront mettre à la liberté de chacune. L'habitude de la coopération, par la possibilité et l'encouragement qui leur sont donnés d'organiser elles-mêmes tout ce qui peut rendre plus agréable, plus affectueuse, plus profitable leur vie en commun (fêtes, excursions, sport, séances de T. S. F., de cinéma, voyages, travaux de décoration, etc.). Enfin, l'habitude de donner un peu de son temps, de son travail, de son savoir et de sa pensée pour rendre service aux autres, par la collaboration active à quelques œuvres sociales ou philanthropiques. Cet appel à leur raison et à leur activité, cet espoir de vie personnelle en laisse peu insensibles.

En conformité avec ces intentions, voici comment s'est organisée l'école. Les élèves forment une coopérative et, réunies en assemblée générale, créent et ordonnent l'activité libre des élèves dans et en dehors de l'école. Elles votent un règlement des sorties, soumis à mon approbation. Elles nomment un conseil de discipline composé, non de « surveillantes » qui seraient des sortes de « pions » élus, mais d'élèves chargées de maintenir dans l'école l'esprit de discipline, en rappelant les règles consenties, d'exercer une influence moralisatrice, de suggérer des initiatives bienfaisantes. Il intervient, avant nous, auprès d'une élève qui se conduirait mal. Il peut prononcer des sanctions. Mais, partout où la présence d'une personne paraît nécessaire pour assurer l'ordre, au dortoir, en étude, toutes les élèves assument à leur tour cette charge qui les exerce à se sentir responsables et leur donne de l'autorité.

La Coopérative a créé et fait vivre plusieurs organismes qui sont entièrement entre les mains des élèves. Pour leur profit personnel : une société de tourisme affiliée au Touring-Club ; une bibliothèque (livres, journaux, revues), un comité de décoration. Pour l'action sociale : un patronage de petites filles et des collaborations de formes diverses, à une « goutte de lait », à l'Association Valentin Haüy, à la « Protection de l'Enfance », aux « Pupilles de l'École Publique ». Chacun de ces organismes est administré par des présidentes, secrétaires, trésorières, élues par leurs compagnes et leur gestion est inspirée et contrôlée par l'assemblée générale. Chacun a son budget alimenté par la caisse de la Coopérative.

La Coopérative a maintenant six ans d'existence. Fondée pour permettre aux élèves de faire un voyage annuel et de diriger un patronage, elle a peu à peu multiplié et diversifié les formes de son activité. C'est seulement deux ans après sa fondation qu'elle a été le point de départ d'une transformation dans le régime intérieur de l'école : l'habitude acquise par les élèves de se concerter pour une action commune, d'organiser et de se distribuer des tâches, a permis de leur remettre la gestion de la vie matérielle et de la discipline.

Les destinées, diverses au cours des années, des organismes créés par les coopératives sont riches d'enseignement pour un éducateur. Les plus vivants ont toujours été la société de tourisme et le patronage. La première ne laisse nulle élève indifférente, car elle a permis de beaux voyages dans les Alpes, les Pyrénées, la Provence, etc, Une subvention du Conseil Général lui a donné un caractère semi-officiel. Le patronage suscite tous les ans, ou révèle, des vocations d'éducatrices. Il a pris, depuis ses débuts, des formes très diverses selon les aptitudes des présidentes. On y a fait bien des choses : promenades, travaux manuels, fêtes des Mères, représentations, gymnastique, musique, etc... Depuis six ans, il vit, sans aucune subvention, des ressources que les normaliennes s'ingénient à lui procurer.

Les résultats tangibles auxquels aboutit cette organisation de l'école pourraient, certes, être obtenus en dehors des élèves ou par l'emploi de leur docilité. Mais elle introduit dans la vie scolaire des occasions de libre initiative, d'activités volontaires où se révèlent des aptitudes et des goûts différents. Elle favorise l'adhésion et la collaboration des élèves à leur propre éducation. S'instruisant par leur propre expérience et le contact des réalités, elles perdent peu à peu cette croyance obscure et fréquente que la vie scolaire et la morale qu'on y enseigne sont distinctes et différentes de la vraie vie et des principes qui la régissent. L'éducation y gagne en efficacité et en profondeur, la vie pratique en sérieux.

La petite société scolaire, si elle est vivante en son inspiration et diverse en ses activités — et c'est le rôle des éducateurs de l'entretenir telle en renouvelant sans cesse l'aliment qui en conservera et en élèvera la vie — peut faire faire à ses membres un apprentissage de la vie sociale qui n'a rien de factice, car les activités qui en sont les moyens restent juvéniles, appropriés aux besoins et aux intérêts de leur âge. Mais ils s'exercent à attendre de leur propre effort le résultat souhaité, à se concerter en vue de buts communs, à choisir pour chaque fonction celui qui y convient, à jouer, obscur ou de premier plan, leur rôle dans un ensemble : toutes vertus éminemment sociales et démocratiques.

Cette organisation a aussi pour effet de combattre la passivité de l'esprit et de l'âme que la vie scolaire favorise si fâcheusement. Elle fait naître, en effet, des occasions nombreuses d'agir sans en attendre d'autrui l'ordre ou la permission. Peut-être diminue-t-elle la docilité, mais elle affaiblit en même temps le laisser-aller, l'indifférence, l'esprit d'imitation, l'absence de réflexion et d'initiative, qui en sont trop souvent les compagnons. Et que faire de ces sages inertes, parmi les éducateurs ?

L'activité libre est peut-être tout particulièrement bienfaisante aux jeunes filles. L'âge où nous les avons est celui où l'effervescence naturelle de l'imagination est la plus périlleuse. Les projets, les recherches, les réalisations qui leur sont permis, les font sortir d'elles-mêmes, donnent un aliment à leur esprit et à leur activité, combattent l'égoïsme de leur vie personnelle et familiale. Ils forment un dérivatif efficace aux rêves de l'adolescence ; ils tendent à équilibrer des âmes facilement inquiètes. Et, peut-être, forment-ils un utile contrepoids à l'excessif raffinement intellectuel que les études littéraires et philosophiques et l'austérité de la vie des jeunes étudiantes produisent chez les meilleures.

LE CHANVRE
(Monographie botanique et agricole et adaptation pédagogique)

PAR

R. LAUNAY
Instituteur à Château-du-Loir (Sarthe)

L'ENSEIGNEMENT GÉOGRAPHIQUE
ADAPTÉ AU MILIEU

PAR

Mme TEILLAUD
Institutrice à l'Obric (Vendée)

LA COOPÉRATION SCOLAIRE FRANÇAISE

PAR

PROFIT
Inspecteur primaire, à Saint-Jean-d'Augley

Le développement des Coopératives de Consommation doit beaucoup à la guerre. A l'instar des adultes, en divers pays du monde, les écoliers ont cherché à vendre des objets fabriqués par eux ou à se procurer à bon compte les fournitures scolaires ou les produits alimentaires. L'esprit d'entente est la condition, et l'esprit d'entr'aide le fruit naturel de telles entreprises, tentées en vue de profits matériels destinés à l'amélioration du bien-être de chacun. Cependant, malgré le bénéfice moral et social à retirer de ces pratiques, l'école française n'a pas suivi l'exemple de l'étranger. Elle ne peut vendre, elle ne peut acheter, elle ne peut réaliser, au profit de chacun de ses élèves, des bénéfices commerciaux. Le profit individuel ne l'intéresse pas. Et d'ailleurs, ouverte à tous, elle ne peut faire concurrence au libraire d'en face ou à l'épicier du coin, qui lui envoient leurs enfants. Elle est neutre. Elle est indépendante aussi et ne s'inféodera jamais aux grandes coopératives d'adultes, pas plus qu'à tout autre groupement économique ou politique.

Mais, pour accomplir sa mission, l'école de notre pays devrait pouvoir compter sur la Nation tout entière intéressée à sa vie. Elle devrait pouvoir compter, et pour ses élèves et pour elle-même, sur le concours de toutes les collectivités : l'Etat, le département, la commune, les parents, les sociétés diverses; elle devrait pouvoir recevoir aussi les libéralités des particuliers. Il ne serait pas difficile, il serait trop long de montrer qu'elle ne peut, en l'état actuel des choses, compter que sur elle-même. Après un demi-siècle d'existence, l'école française, dans l'ensemble, manque de tout ce qui est indispensable à l'œuvre d'éducation : des conditions hygiéniques comme de l'outillage d'enseignement. Comment une école sans moyens et sans joie pourrait-elle intéresser quelqu'un? Le moment de la transformer ne viendrait-il jamais? Ce moment ne serait-il pas celui où la France meurtrie par la guerre avait le plus besoin de refaire toutes ses forces et d'avoir dans les nouvelles générations des fils mieux préparés, à la fois plus instruits et socialement plus disciplinés?

Les Instituteurs et Institutrices de Saint-Jean-d'Angély pensèrent, en 1919, que ce moment était venu et pour l'œuvre qui leur paraissait s'imposer, ils appelèrent à coopérer avec eux, à défaut de l'État épuisé, les Municipalités, les Parents et Amis de l'école. Croire qu'un appel direct serait écouté, eut été par trop naïf. Puisqu'ils avaient résolu de s'aider eux-mêmes d'abord, pourquoi ne s'adresseraient-ils pas tout d'abord aux premiers intéressés, les **enfants** ?

L'auteur de *La Coopération à l'École Primaire* (Delagrave, édit.) a conté comment ils parlaient aux enfants. Par les enfants, ils conquirent les parents, leurs amis, tout le monde.

Une organisation nouvelle fut créée, qui chargeait les enfants eux-mêmes du soin de leur école et des améliorations à lui apporter et qui enlevait aux gens malententionnés toute idée de suspecter les maîtres. Et les parents « à qui on demandait toujours de l'argent » auparavant, depuis dix ans ne se sont pas aperçus qu'ils en donnent. Et les municipalités « qui ne voyaient pas la nécessité » des innovations poursuivies ont non seulement subventionné l'œuvre des enfants, mais encore complété cette œuvre par des réparations ou des installations nouvelles, eau, électricité, préaux, etc., que sans cela, elles n'auraient pas envisagées.

Toute organisation de ce genre nécessite une première mise de fonds. A qui la demander ? Les enfants l'offrirent et d'autant plus facilement qu'elle était pour eux le gage de plaisirs nouveaux non encore éprouvés, d'autant plus facilement que l'argent réuni restait à eux, qu'ils étaient libres de l'employer selon les suggestions diverses du maître, évidemment, mais après leur libre choix. Confiance et liberté, il n'en fallait pas plus pour les amener à réfléchir, à discuter, à voter, à agir. Les quelques sous qu'auparavant ils dépensaient en futilités, en « pastilles », ils prirent l'habitude de les économiser, ils apprirent à les mettre en commun, ils surent les faire fructifier en des entreprises diverses, non en vue de répartitions futures sur les bénéfices, mais en vue du bien-être collectif : vente de légumes cultivés par eux, de plantes médicinales, de travaux manuels, vente même de plaisir à leurs invités (le plaisir d'une fête offerte à la population), etc.. Ils furent applaudis, on s'intéressa à leurs efforts. Ils inscrivirent des membres honoraires. La municipalité, qui souvent a quelque peine à se représenter les besoins de l'école, ne pouvant pas traiter cette jeune société moins bien que les autres sociétés locales, lui alloua une subvention.

Voilà donc nos écoliers pourvus partout de sommes magnifiques. Là où la commune n'avait pas voulu faire les frais d'une armoire-musée et refusait encore « d'en voir la nécessité », les coopérateurs l'achetèrent. Et ils la remplirent : Si bien que, non seulement pas une école, mais même pas une classe de la circonscription n'est aujourd'hui dépourvue de musée ; le musée complet, contenant et contenu, a une valeur moyenne de huit cents francs et il développe d'année en année ses échantillons et produits, ses objets divers, ses appareils, ses collections d'images et de documents, chaque génération d'élèves apportant sa contribution à l'œuvre commencée par les devanciers.

A ce premier outillage sont venus s'ajouter successivement les cinémas, (80), les cartoscopes, les stéréoscopes, microscopes, la T. S. F., les phonos, les guides-chants, les imprimeries scolaires, les vues panoramiques, etc.

C'est par le moyen de ces merveilles que les enfants ont été entraînés à l'action. Ils portèrent ensuite leurs efforts sur d'autres sujets.

L'aspect de l'école et son hygiène. Installation, dans chaque école, d'un poste de propreté, organisation de services d'ordre et de propreté spécialisés, sous la direction et le contrôle des élèves mêmes, décoration de la classe, etc.

L'enseignement manuel, qui, jamais n'avait pu, en cinquante années d'école obligatoire, prendre pied à l'école, en ce qui concerne les garçons, put bientôt disposer d'un petit atelier, d'outils simples et pratiques, d'une matière d'œuvre facile à se procurer par le moyen d'une coopérative centrale, d'une méthode de travail enfin, fondée sur l'application du dessin et l'emploi de mesures exactes. Même pour les filles, l'enseignement manuel devenait plus intéressant, par l'achat de la grande poupée Suzy, pour laquelle on demandait maintenant, et chaque année, un trousseau.

Et, si l'on veut chiffrer l'effort des petits coopérateurs en achats de toutes sortes, il suffit d'ouvrir les livres de comptes qu'on leur a appris à tenir et d'examiner les factures qu'ils conservent avec soin. C'est, dans la plupart des localités, une somme de deux à dix mille francs qu'ils ont offerte à leur école, et que leur école n'aurait jamais obtenue de la commune, de telles dépenses à la campagne passant pour inutiles.

A cette somme, doivent s'ajouter les libéralités que leur action a déclenchées de la part des municipaux, entraînés par cette considération qu'un progrès en nécessite un autre et qu'enfin il faut bien, maintenant, faire quelque chose pour qu'une plus longue incurie ne soit pas trop soulignée par l'effort des enfants.

De ces résultats matériels, les Congressistes, qui ont fait une rapide randonnée à travers la circonscription, ont pu se rendre compte suffisamment. Mais d'autres résultats sont à examiner.

Il est hors de doute qu'un matériel d'objets, d'images, d'appareils et d'instruments d'examen et de mesure ne contribue grandement à l'enseignement qui, par lui, sera moins abstrait et plus vivant. A une condition, c'est que ce matériel soit employé. Le meilleur moyen de l'employer est de le confier aux enfants. Comment ne le leur confierait-on pas ? Il est à eux. Si théoriquement il est donné à la commune et doit rester à l'école, pratiquement il appartient d'abord à ceux qui l'ont créé et qui le doivent à l'organisation qu'ils se sont donnée. Dès lors, on peut s'en servir en toute liberté ; si on casse quelque chose, c'est ainsi que s'usent les choses, nul n'en demandera compte et d'ailleurs la coopérative est là pour remplacer et entretenir. Comparer cette facilité, cette incitation à l'emploi régulier, avec ce qui se passe en nombre d'écoles supérieures et même d'écoles normales, où le matériel de l'État ou de la commune est soigneusement inventorié, étiqueté, cadenassé, sous des vitrines dont il ne sort pas toujours quand il le faudrait, c'est saisir sur le vif la valeur de l'organisation coopérative à ce point de vue. Ainsi sont favorisées les acquisitions intellectuelles, ainsi peuvent se développer l'esprit d'attention, d'observation, de classification, etc.

L'achat, la conservation et l'emploi de ce matériel par les enfants eux-mêmes, ce sont là des faits nouveaux dans l'école et de grande conséquence au point de vue intellectuel. Au point de vue moral, ils sont éminemment propres, ainsi d'ailleurs que la pratique même de la coopération, cotisations, élections, délibérations, etc., à modifier l'atmosphère même de l'école, car ils signifient : confiance en l'enfant, et ils impliquent l'usage de la liberté.

Une liberté relative évidemment, car tout se fait toujours sous la surveillance du maître ; mais le maître n'intervient plus comme tel dans tous les cas, mais plutôt comme conseiller et comme ami. A côté de lui, il y a des chefs élus, un bureau qui fait appliquer des règlements élaborés par les coopérateurs. Et sur les points de la vie scolaire laissés à leur initiative, l'ordre, la propreté, le développement des collections, etc., c'est en somme à eux-mêmes qu'ils prennent l'habitude d'obéir. La liberté entraîne la responsabilité. Ils en viennent à aimer l'activité, puisqu'ils ne sont plus passifs. Et, par exemple, le balayage et l'entretien de la classe, devenus des services sociaux, sont maintenant faits avec amour, alors que commandés, enfants et parents les regardaient comme des corvées indignes dont il fallait se débarrasser au plus vite.

La collectivité n'est plus ici une entité trop lointaine pour être sentie ; il y a une société organisée, là, tout près, dont on fait partie et que chacun a à cœur de faire prospérer. Naguère, l'école n'existait pas socialement ; le progrès de l'école, l'honneur de l'école étaient des mots vides de sens. Mais la coopérative, c'est l'école, avec un corps, avec une âme. Elle a une tête qui commande, des membres qui obéissent chacun dans sa spécialité; et elle a un but à poursuivre, des traditions à continuer ; elle sent, elle pense, elle agit. Où trouverait-on une meilleure éducatrice du sens social ? Nous le demandons : A-t-il jamais existé, existe-t-il quelque part une organisation s'adressant aux enfants de 7 à 13 ans qui ait connu un pareil succès et qui soit plus assurée de l'avenir ? Le scoutisme ne s'adresse qu'aux jeunes gens. Les autres sociétés d'enfants ne virent que des buts particuliers et éphémères : aucune n'est mêlée depuis plus de temps à la vie quotidienne de l'école.

A la Coopérative, on oppose cependant parfois la Caisse des Écoles, le Sou des Écoles. On lit, par exemple, dans le Rapport de M. Maurice Roger, ces citations : « Le Sou des Écoles en tient lieu dans la presque totalité des Écoles... » « Nul besoin de Coopérative, dit-on encore ; il y a le Sou des Bibliothèques ; » ou bien : « Il y a les Municipalités qui ne refusent rien. » C'est se contenter à peu de frais. Aucune municipalité n'accorderait ce que fournit la coopérative, car, suivant le mot d'un instituteur, elle fournit ce dont le municipaux, suivant l'expression bien connue, « ne voient pas l'utilité »; elle fournit « *le luxe* ». Et, pas plus que la Municipalité, ce n'est ni le Sou des Écoles, ni la Caisse des Écoles, institutions créées pour venir en aide aux indigents, qui pourront le fournir. Ce n'est enfin que la Coopérative, elle seule, qui, par la façon dont elle le fournit, peut agir sur le milieu scolaire et sur les enfants, en vue d'une transformation dont aucune autre institution n'est capable.

Municipalités, Caisses des Écoles, Sou des Écoles, etc., en quoi cela intéresse-t-il directement les enfants : ce sont des groupements d'adultes. La Coopérative est avant tout une association d'enfants, qui, sous la direction de l'instituteur ou de l'institutrice, ont pris en charge le progrès matériel, intellectuel et moral de leur école. Le progrès matériel a été sa première victoire sur l'inertie des autres institutions ; à l'usage, elle s'est révélée comme la forme française de l'école active à qui elle fournit un cadre naturel. Elle vise encore à l'éducation morale, civique et sociale de ses adhérents. Elle a enfin introduit à l'école la vie et le travail manuel dans le but de faire le préapprentissage des enfants de moins de 13 ans et créé pour les enfants de plus de 12 ans, à Surgères, un premier modèle de coopérative post-scolaire d'artisanat rural et d'enseignement technique pourvue en quelques semaines de plus de 25.000 francs d'outillage..

Elle n'a jamais alarmé personne. Si elle prépare des citoyens libres, c'est sans phrases, par la pratique de la liberté et du vote. Si elle prépare des coopérateurs au point de vue économique, nul commerçant n'a jamais trouvé à redire à ses entreprises. Elle entend au reste ne se subordonner à aucune organisation politique·ou économique créée pour régenter l'école; elle reste sous la direction exclusive des maîtres et de leurs chefs.

Ce n'est pas qu'elle n'ait rencontré des objections. Demander une cotisation, alors que l'école est gratuite ? D'abord, le maître ne demande rien, il ne reçoit rien, les enfants tiennent eux-mêmes leurs comptes. Et qui ne voit que cette cotisation, moins d'un sou d'avant guerre, n'a que la valeur d'un symbole et qu'un but, celui d'attacher l'enfant à l'œuvre; qu'un résultat réellement important, celui de lui apprendre à cotiser régulièrement, chose assez rare et pourtant indispensable en ces temps où il faut savoir se grouper et rester fidèle à son groupement; celui d'épargner aussi, non dans un but à long terme, mais pour des fins immédiates, d'épargner non individuellement, mais de concert avec d'autres et dans l'intérêt de tous. Personne, du reste, n'est obligé. M. Lapre a d'ailleurs répondu magistralement à cette objection que répètent seulement ceux qui « ne veulent rien savoir » et qui n'ont pas vu les résultats obtenus non d'une façon sporadique, mais avec un ensemble merveilleux dans toute une circonscription et, par la suite, dans près de 8.000 écoles de France et des Colonies. La Coopération ne fait peur qu'à ceux qui le veulent bien.

L'action des enfants, a-t-on dit, éteindra celle des municipalités trop heureuses de se voir suppléer. Encore une erreur ! A chaucn sa tâche. Si la municipalité doit assurer le nécessaire, elle n'est pas obligée de fournir « le luxe ». L'expérience a montré que là où la Coopérative a agi, son action a déclenché celle de la municipalité ; une classe plus propre, mieux décorée, a appelé l'attention sur des tables antiques et incommodes. On s'est rendu compte qu'il ne fallait pas se désintéresser d'un mouvement auquel participaient déjà les parents, les amis de l'école. Beaucoup de volontés endormies jusqu'alors se sont réveillées ainsi. Et les ouvriers de la onzième heure ne sont pas ceux qui sont le moins fiers de l'œuvre accomplie.

Reste l'État à conquérir.

Défiez-vous de l'État, nous dit-on. Demander le concours de l'autorité, n'est-ce pas vouloir ruiner par la base une œuvre fondée sur la liberté ?

Nous pensons autrement. Nous pensons qu'en France, rien de durable ne peut s'établir sans le concours de l'État. Nous pensons que l'État lui-même doit apporter sa coopération à une œuvre qui l'intéresse au premier chef. C'est lui qui a fait le succès de la Mutualité Scolaire ; pourquoi se désintéresserait-il de la Coopération Scolaire ? bien plus efficace pour l'avenir des individus? Une œuvre si importante doit-elle continuer à reposer sur les épaules de quelques éducateurs ? N'y a-t-il pas d'ailleurs des questions nées de l'expérience faite et qui ne peuvent être résolues sans lui ? N'y a-t-il pas des incompréhensions qui ne peuvent être dissipées que par lui et des facilités de développement qui ne peuvent être accordées que par lui ? Les intéressés ne demandent qu'à parler ; les écouter et les aider, c'est le rôle de l'Etat. Ils ont fait leur devoir, à l'Etat de faire le sien.

LA VALLÉE DE L'ARAC (Ariège)
(Monographie géographique et adaptation pédagogique)

PAR

J. TAISSEIRE
Instituteur à St-Thibéry (Hérault)

LE MARAIS POITEVIN
(Monographie à l'usage des écoles primaires de l'Orbrie)

PAR

R. LARGEAUD
Instituteur à l'Orbrie (Vendée)

LE MARAIS POITEVIN
(Collection de gravures pour l'enseignement vivant)

PAR

MOINOT
Instituteur à Magué (Deux-Sèvres)

L'ÉCOLE ET LA CULTURE

PAR

MARIE GUILLOT
Institutrice à Montagny (Saône-et-Loire)

L'INTELLIGENCE INCONSCIENTE OU RÉFLEXE
CHEZ L'HOMME ET LES ANIMAUX [1]

PAR

F. LATASTE

---

[1] Comunication faite à la Section de Zoologie du Congrès de Constantine, en juin 1927, et publiée dans les P. V. de la Société Linnéenne de Bordeaux, 16 mai 1928, p. 62-65.

BIOGÉOGRAPHIE

Président .... M. FAGE, Sous-Directeur de Laboratoire de Zoologie. Muséum National d'Histoire Naturelle.
Vice-Président .... M. SEURAT, Professeur à la Faculté des Sciences d'Alger.
Secrétaire .... M. Marc ANDRÉ, Assistant au Muséum National d'Histoire Naturelle.

LES PROVINCES ZOOLOGIQUES, DU CALLOVIEN
AU TERTIAIRE,
DANS LE BASSIN D'AQUITAINE

PAR

RENÉ ABRARD

Sous-directeur du Laboratoire de Géologie du Muséum, à Paris

Par sa situation au débouché méridional du détroit du Poitou, qui, à différentes périodes, a commandé les relations entre le bassin anglo-parisien et les régions méditerranéennes (ce mot étant entendu au sens paléogéographique), la partie septentrionale du bassin aquitanien a subi, au point de vue paléobiogéographique, des vicissitudes diverses qui l'ont placée tantôt dans des provinces boréales ou tempérées, tantôt dans des provinces équatoriales.

Après le Lias à faune très uniforme, où l'on ne peut distinguer de provinces zoologiques, après le Bajocien et le Bathonien, où les faits de ce genre sont encore peu caractérisés, on peut, au Callovien et à l'Oxfordien, reconnaître une province boréale caractérisée par les *Cadoceras*, *Quenstedticeras*, *Cardioceras*, et une province méditerranéenne riche en Oppeliidés et notamment en *Creniceras*. Pendant la durée de ces deux étages, le bassin anglo-parisien appartient à la province boréale, et il en est de même du Nord du bassin aquitanien (couches à *Cardioceras* des environs de Niort) ; cependant, des influences méridionales se font sentir à l'Oxfordien, et les *Creniceras* sont fréquents dans les affleurements de cet âge situés au N.-E. de Saint-Jean-d'Angély ; ce genre méditerranéen est d'ailleurs remonté plus au Nord et on en rencontre de rares individus dans l'Oxfordien de Villers-sur-Mer.

Au Lusitanien, la province méditerranéenne accentue l'avance vers le Nord, qu'elle avait amorcée à la fin de l'Oxfordien, c'est-à-dire à l'Argovien; dans le bassin de Paris, les conditions de température et de limpidité de l'eau, permettent l'établissement de récifs coralliens, et il en est de même dans la région de La Rochelle.

Il n'y a rien de bien particulier à dire du Kimeridgien, qui marque cependant un nouvel envahissement du bassin aquitanien par une faune à caractères nettement nordiques, mais au Portlandien, la province boréale recule vers le Nord, et, entre elle et la province méditerranéenne, s'établit une province très nette et très spéciale, caractérisée par le genre *Gravesia*, et nommée par É. Haug *province occidentale*, qui comprend notamment le bassin aquitanien et le bassin de Paris.

Puis, se produit en Aquitaine une émersion, et nous retrouvons, transgressifs, les sédiments cénomaniens ; cette fois-ci, c'est une mer à faune tout à fait équatoriale qui recouvre le Nord du bassin ; les grands Rudistes, tels que les *Sphærulites* et les *Ichtyosarcolites* sont abondants, de même que les Orbitolines, Foraminifères mésogéens (*O. conica-plana*) ; la forme microsphérique (*O. plana*) atteint en certains points une très grande taille, ce qui indique des conditions tout à fait favorables à son développement.

Pendant le Néocrétacé, nous trouverons des conditions diverses qu'il est intéressant d'examiner d'assez près. Le Coniacien et le Santonien, qui renferment des Rudistes, appartiennent en ce point à une province sub-équatoriale. Ce qui est très important, à mon avis, ce sont les différences fauniques considérables qui existent entre le Campanien et le Maestrichtien des Charentes, et qui s'observent particulièrement bien aux environs de Royan.

Avant de les énoncer, il est bon de rappeler qu'au Néocrétacé, on distingue une zone équatoriale caractérisée par la présence des Orbitoïdes et des Rudistes, et plus au Nord, une zone tempérée septentrionale, où il n'y a pas d'Orbitoïdes, et où les genres *Belemnitella* parmi les Céphalopodes, *Crania* parmi les Brachiopodes, *Micraster*, *Offaster*, *Ananchytes* parmi les Échinides, sont spécialement bien représentés.

En Charente-Inférieure, il n'y a pas de Rudistes dans le Campanian, sauf tout à fait au sommet ; on n'y rencontre pas d'Orbitoïdes ; ces caractères, qui définissent déjà des conditions non équatoriales, s'étendent à d'autres points, et c'est ainsi qu'Arnaud a trouvé *Belemnitella* (*Actinocamax*) *quadrata*, espèce essentiellement nordique, aux environs de Montmoreau.

Dans tout le Royanais, *Crania Ignabergensis* est fréquente dans le Campanien ; elle ne remonte que dans la couche d'extême base du Maestrichtien, là où apparaissent les premiers et rares *Orbitella media* (Port-Marant, Talmont) ; or, ce Brachiopode est une espèce septentrionale par excellence, qui existe en Suède, dans le bassin de Paris et en Angleterre. *Micraster Brongniarti*, *Offaster pilula*, *Ananchytes ovatus* sont très fréquents dans la région qui nous intéresse, et ce sont encore des espèces non équatoriales. Si donc l'on s'en référait aux données paléontologiques ci-dessus, on admettrait qu'au Campanien, le Nord du bassin aquitanien faisait partie de la zone tempérée septentrionale, et il serait sous ce rapport assimilé au bassin de Paris ; mais la question est plus complexe, et il y a d'autres faits dont il faut tenir compte. En effet, si les Orbitoïdes font défaut, on rencontre des Foraminifères, tels que *Arnaudiella Grossouvrei* et *Siderina Douvillei*, qui n'existent pas plus au Nord ; de même, parmi les Brachiopodes, *Rhynchonella Eudesi, Terebratula coniacensis, T. Nanclasi*, sont des espèces franchement méridionales que l'on retrouve aux environs de Constantine. Il en résulte que la faune du Campanien des Charentes a un caractère mixte, entre celui de la faune équatoriale et celui de la faune de la zone tempérée septentrionale ; c'est une petite zone intermédiaire, très bien définie par l'absence d'Orbitoïdes et la présence d'*Arnaudiella* et *Siderina* et qu'il importe de séparer de l'équatoriale dont elle diffère beaucoup. Au Campanien, il y a donc eu régression vers le Sud de la zone équatoriale, et c'est aux environs de Constantine et en Tunisie que les dépôts de cet âge renferment des Orbitoïdes (*Orbitela Tissoti*).

Au Maestrichtien, changement complet et des plus remarquables : les Orbitoïdes (*Orbitella media*) deviennent extrêmement abondants, de même que les grands Rudistes, tels que *Sphærulites Hœninghausi, Lapeirousia crateriformis*, etc.; il y a disparition des genres *Crania* (sauf tout à fait à la base, dans les couches de passage au Campanien, ainsi qu'il a été dit plus haut), *Micraster, Offaster, Ananchytes*, et apparition d'une foule d'organismes méditerranéens. Nous sommes maintenant en pleine zone équatoriale. Sans méconnaître que peut-être la mer était un peu plus profonde au Campanien qu'au Maestrichtien, il apparaît peu probable qu'une pareille différence dans les faunes soit due à un changement des conditions bathymétriques, car le Campanien (particulièrement fossilifère au Cailleau, près de Talmont-sur-Gironde), très riche en *Ostrea*, Échinides, Brachiopodes néritiques, n'est pas une formation de mer bien profonde. Il est donc certain qu'au Maestrichtien, la zone équatoriale s'est fortement avancée vers le Nord, et, à ce sujet, la présence à Maestricht de plusieurs espèces d'Orbitoïdes en nombreux individus, notamment celle d'*Orbitella apiculata*, qui n'exite pas dans les Charentes, car le Maestrichtien supérieur y fait défaut, mais qui est très abondante dans les Petites Pyrénées, est tout à fait significative.

En ce qui concerne les caractéristiques de la faune tertiaire qui se rencontre dans les lambeaux qui recouvrent çà et là le Maestrichtien aux environs de Royan, on peut remarquer que cette région est la limite Nord où l'on rencontre *Nummulites globulus*, espèce méridionale, et la grande taille atteinte par les *Chlamys* du grès calcarifère de Saint-Palais.

LA RÉPARTITION GÉOGRAPHIQUE DU ROUGET
EN EUROPE (Arachn. Acar)

PAR

MARC ANDRÉ

Assistant au Muséum national d'Histoire Naturelle de Paris

Sous le nom de Rouget ou Lepte Automnal, on désigne une larve hexapode d'Acarien qui appartient au groupe des Thrombidions et qui, dans un grand nombre de localités, pendant les mois chauds et secs, de la mi-juillet à la mi-septembre, attaque l'Homme et les Animaux domestiques, chez lesquels les piqûres produisent une éruption de boutons appelée érythème automnal, acarodermatite ou thrombidiose.

Dans l'*Europe occidentale*, c'est une maladie endémique largement répandue ; elle a été signalée notamment des régions suivantes :

Ecosse : East Lothian [G. WHITE, 1850]; Berwick [STANLEY-HIRST, 1915].

Angleterre : [J.-J. WEID, 1876]; Yorkshire [J.-J. WRIGHT, 1870]; Lincolsnshire [ST.-HIRST, 1915]; Wiltshire [J.-T.-D. LLEWELYN, 1865]; Surrey [ST.-HIRST, 1915]; Ile de Wright [J.-J. WEID, 1876; ST.-HIRST, 1915].

France (1) : Nord (environs de Lille) [L. BRUYANT, 1911]; Seine (Bicêtre [E.-A. BRUCKER, 1900], Choisy-le-Roi*, Montreuil-sᵉ-Bois!); Seine-et-Oise (Saint-Cloud !, Versailles !, Sucy-en-Brie !); Seine-et-Marne (La Croix-en-Brie!); Aube (Romilly-sur-Seine*); Meurthe-et-Moselle (Buré-la-Forge) [F. HEIM, 1904]; Côte-d'Or (Semur-en-Auxois) [E.-A. BRUCKER, 1897]; Dijon [F. PICARD, 1927]; Allier (Broû-Vernet*]; Vienne (Poitiers!); Indre [TROUESSART]; Manche (Port-Bail) [S. JOURDAIN, 1896]; Sarthe (Conlie*); Maine-et-Loire (Ecouflant*); Deux-Sèvres (Sainte-Marie-de-Bernegoue*); Charente-Inférieure (Saint-Palais*) (2); Tarn-et-Garonne*.

Espagne : K. TOLDT, sans préciser de localité, y signale le Rouget.

Belgique : [L. BRUYANT, 1911] (3).

Danemark : Jutland (Thisted) [P.-V. HEIBERG, 1874].

Allemagne : Hanovre (Bierden); Lesum (près Brême) [A.-C. OUDE-

---

(1) J'ai fait des recherches personnelles dans les localités désignées par un ! et je dois à divers correspondants l'indication de celles marquées d'un *.

(2) La collection Trouessart renferme un Rouget trouvé avec des Halacarides à l'Ile de Ré ; A.-C. Oudemans croit que cet exemplaire a été emporté là par le vent.

(3) En Hollande Oudemans a trouvé, à Arnhem, un *Leptus* sur un oiseau (*Parus major*).

MANS, 1912]; Bonn [A. METHLAGL, 1927]; Meiningen, Vallée de la Saale (Halle) [F. BRANDIS, 1897]; Mannheim [A. METHLAGL, 1928]; Wurzburg, Werneck (Basse-Franconie) [GUDDEN, 1871]; Bartenstein (Wurtemberg) [K. TOLDT, 1923; A. METHLAGL, 1927]; Munich [L. KNEISSL, 1916]; Teplitz (Bohême) [A. METHLAGL, 1927].

Dans les *Alpes* : la thrombidiose a été observée dans trois groupes de stations où elle attaque les animaux de pâturages (notamment les moutons et les chèvres); à l'Ouest, canton de Fribourg et Valais [GALLI-VA-LERIO, 1918]; au Centre, canton des Grisons [GIOVANELLI, 1909-1916], et Vintschgau (ou Val Venosta) [K. TOLDT, 1921-1922]; à l'Est : dolomites du Tyrol méridional (massif du Schlern) [K. TOLDT, 1921-1927]. Dans la région alpine, la distribution en latitude paraît donc à TOLDT assez limitée : de 46° 40' Lat. N. (Grisons et Vintschgau) à 46° 8' (Martigny [Valais] et Sondrio [Valteline]).

En *Italie* : la thrombidiose y aurait été inconnue, d'après BERLESE (1909), qui ne s'est jamais aperçu que l'Homme ou les Mammifères supérieurs y fussent attaqués par les Rougets. Cependant, il semble bien qu'antérieurement CANESTRINI (1885) avait constaté l'existence, dans le Trentin ou la Vénétie, de cas de *Leptus* parasites. De son côté, GIOVANELLI (1909 et 1916), en même temps qu'il a observé la thrombidiose dans le canton des Grisons, l'a signalée dans la province italienne limitrophe : la Lombardie.

Dans l'*Europe centrale* : K. TOLDT avait d'abord pensé que les stations de Leptus en masse ne se rencontraient pas, à l'Est, plus loin que dans le massif du Schlern et il admettait que la limite orientale de leur aire de distribution Ouest-européenne ne dépassait pas le 12° de longitude Est.

Il lui semblait douteux que la thrombidiose se rencontrât dans le Voralberg et le Tyrol septentrional ; en Carinthie, il n'en connaissait aucun indice, mais A. METHLAGL (1928) y a signalé la présence de *Leptus autumnalis* observés sur une taupe, à Kötschach (1928).

D'autre part, dans la Basse Autriche, K. TOLDT a fait connaître, en 1925 et 1926, l'existence de deux territoires où se sont produites des manifestations de thrombidiose : 1° à Gaaden, au Sud-Ouest de Mödling [près Vienne]; 2° à l'Ouest de Fischau [près Wiener-Neustadt] (1).

Au point de vue de la distribution géographique, il est intéressant de rapprocher de ces endémies de Gaaden et de Fischau (2) certaines don-

---

(1) A. METHLAGL (1928), qui a examiné des larves recueillies par K. Toldt sur les animaux domestiques, tant dans le Tyrol méridional que dans la Basse Autriche, a reconnu que dans la généralité de ces cas, il s'agit presque toujours du *Leptus autumnalis* ou du moins d'une forme proche parente causant une maladie qui, de toute façon, peut conserver l'appellation de thrombidiose

(2) A. METHLAGL (1927) signale également d'autres foyers de thrombidiose aux environs immédiats de Vienne (Leopoldsberg, Kahlenberg, etc.).

nées encore vagues, qui semblent indiquer que des maladies semblables pourraient exister dans l'*Europe orientale* (Hongrie, Roumanie, Russie) (1).

On a d'ailleurs constaté que la présence des *Leptus* en masse est limitée localement sur l'étendue d'un même territoire contaminé par la thrombidiose ; TOLDT et METHLAGL ont observé, par exemple, dans certains districts des Alpes, que les Leptes se montrent en masses nombreuses dans des endroits qui constituent des îlots ou foyers étroitement limités et que, par contre, ils peuvent manquer complètement dans des localité limitrophes offrant cependant des conditions de milieu semblables paraissant idéales pour ces larves. Les causes de cette limitation locale sont inconnues.

On trouve des Leptes à toutes les altitudes ; J.-J. WRIGHT (1870) et ST.-HIRST (1915) avaient été d'accord pour affirmer que les Rougets se rencontrent particulièrement sur les plateaux élevés calcaires, tandis qu'ils seraient très rares sur les plaines basses au pied des collines. Mais, comme le fait remarquer TOLDT, dans différentes régions, par exemple dans l'Allemagne du Sud, on a relevé de nombreuses stations dans les plaines ; par contre, dans les Alpes, on constate que les Leptes, qui peuvent monter jusqu'à plus de 2.000 mètres, ne descendent pas au-dessous de 1.100 mètres [TOLDT, 1923 (*b*), p. 12].

Quant à la constitution géologique des pays, elle n'a aucune influence ; par exemple, les terrains où se trouvent abondamment des Leptes sont, dans le Tyrol (massif de Schlern), calcaires, tandis qu'en Suisse, ils sont constitués par des roches primitives.

---

(1) Dans tous ces cas les parasites sont-ils bien des *Leptus?* M. Toldt rappelle en effet qu'en Europe la fièvre des céréales est causée par les femelles (et non les larves) du *Pediculoïdes ventricosus Newp.*

SUR LA RÉPARTITION
DE « POLYPHEMUS PEDICULUS » (Cladocère)
Sa présence à l'étang de Cazaux

PAR

P. DE BEAUCHAMP

Professeur à la Faculté des Sciences de Strasbourg

Durant un séjour à la Station Biologique d'Arcachon, j'ai pêché, le 2 septembre 1927, le long de la rive N.-E. de l'Étang de Cazaux, quelques individus de *Polyphemus pediculus* (L.) en reproduction parthénogénétique. Ce Cladocère ne figure pas dans la liste des Entomostracés signalés en 1891, dans cet étang, par DE GUERNE et RICHARD (complétant une note antérieure de MONIEZ, où figure, par contre, une autre espèce considérée comme d'affinités arctiques mais qui est surtout liée aux eaux très acides, *Holopedium gibberum* Zaddach. Je signale ici le fait, parce qu'il est toujours utile d'ajouter une station à une répartition dont les causes sont mal connues, comme c'est ici le cas et d'appeler sur elle l'attention des chercheurs, surtout dans le Sud-Ouest, où les documents limnologiques n'abondent pas.

Les faits connus ont, en effet, une allure assez paradoxale (voir notamment EKMAN 1905, et PESTA 1925) : très commun dans l'extrême Nord de l'Europe, *Polyphemus* paraît, à première vue, un sténotherme d'eau froide, dont la répartition serait liée aux glaciations quaternaires ; néanmoins, on ne l'a jamais signalé dans les Alpes centrales, dont la faune bien connue en renferme beaucoup d'autres, et dans celles du Dauphiné, où KEILHACK l'a découvert, il est extrêmement localisé Au contraire, il est commun tout autour d'elles, dans les basses montagnes, et sporadique dans les plaines, en Allemagne aussi bien qu'en France ; il va jusqu'en Sicile (MONIEZ). Pour notre pays, je cite, sans avoir la prétention d'être complet, Lille (MONIEZ), Paris et Fontainebleau (KERHERVÉ, aussi par moi), Jura, Marne, Auvergne (J. RICHARD), Morvan (PARIS), Isère (EYNARD)... Enfin, tout récemment, MONARD le trouve dans divers lacs des Pyrénées-Orientales au voisinage de 2.000 m.

Le long du Rhin moyen, les petites mares d'eau claire, dans la forêt, remplies par les infiltrations du fleuve et sont un type de station classique (LAUTERBORN), où je l'observe fréquemment près de Strasbourg, ainsi d'ailleurs que dans d'autres.

D'autre part, dans ses stations de plaine, l'espèce ne donne nullement l'impression de rechercher les eaux froides, comme l'avait soutenu entr'autres ZACHARIAS; on ne la rencontre qu'en été et elle présente deux périodes de sexualité, juin et octobre, dont la seconde manque dans le Nord (je ne rappelle pas la controverse entre ISSRKOWITSCH et STROHL sur le déterminisme de la sexualité, la question s'étendant à tous les Cladocères). Fréquemment on la trouve dans les mares chaudes et ensoleillées, et à Cazaux même, l'eau peu profonde était absolument tiède entre les Scirpes, là où le troubleau la ramenait mêlée à quelques autres Cladocères et à un nombre énorme d'exuvies de Nématocères... Il est vrai que ses individus, bien que non proprement pélagiques, paraissent délicats et meurent très vite dans les flacons de pêche. Les miens étaient de petite taille et renfermaient peu d'embryons, ce qui est la règle dans les stations méridionales. Enfin, on les trouve le plus souvent, semble-t-il, dans des eaux tourbeuses et très acides, ce qui est le cas à Cazaux, mais non à Strasbourg.

EKMAN tente d'expliquer la répartition de *P. pediculus* en Europe, en le regardant comme un immigrant récent en provenance du Nord-Est. Aucun fait n'appuie d'ailleurs cette hypothèse vis-à-vis de laquelle la présente station est intéressante. Il est certain, comme l'admet KEILHACK que le transport des œufs durables par les Oiseaux, etc., joue, comme pour toutes les formes qui en présentent, un rôle prépondérant, et qu'il est donc inutile de recourir à un changement de climat pour expliquer les discontinuités actuelles. Mais précisément ce transport devrait produire une répartition beaucoup plus uniforme pour une espèce endurant aussi bien le froid que le chaud... Là, comme toujours, il y a des facteurs écologiques à préciser.

Ouvrages cités

EKMAN (S.), 1905. — Die Phyllopoden, Cladoceren und freilebenden Copepoden der schwedischen Hochgebirge (*Zool. Jahrb., Abt. Syst.*, XXI).

GUERNE (J. DE) et RICHARD (J.), 1891. — Entomostracés, Rotifères et Protozoaires provenant des récoltes de M' Belloc, dans les étangs de Cazaux et de Hourtin (Gironde) (*Bull. Soc. Zool. France*, XVI).

KEILHACK (L.), 1907. — Note sur les Cladocères des Alpes du Dauphiné (*Ann. Univ., Grenoble*, XIX),

KEILHACK (L.), 1915. — Crustaceenstudien in den Hochgebirgseen des Dauphiné (*Arch. Hydrobiol.*, X).

MONARD (A.), 1928. — Note sur la faune de quelques lacs des Pyrénées (*Bull. Soc. Zool. France*, LIII).

PESTA (O.), 1925. — *Polyphemus pediculus*, L., in der « Alten Donau » bei Wien (*Zool. Anz.*, LXII).

NOTE
SUR LA PRÉSENCE DE POISSONS SEPTENTRIONAUX SUR LE PLATEAU CONTINENTAL ATLANTIQUE FRANÇAIS

PAR

G. BELLOC

Directeur du Laboratoire de l'Office scientifique et technique des Pêches de La Rochelle

---

Au cours de l'hiver 1927-1928, les chalutiers rochelais ont capturé de nombreux échantillons de poissons septentrionaux sur le plateau atlantique français.

Nous citerons : *Corynolophus Reinhardtii, Reinhardtius hypoglossoïdes, Hypoglossoïdes platessoïdes, Glyptocephalus cynoglossus.*

Ces poissons appartiennent à la faune des eaux polaires, caractérisées par leur basse température et leur faible salinité.

Leur capture mérite d'être signalée ; à notre connaissance, aucune de ces espèces, à l'exception de *Glyptocephalus cynoglossus*, n'a été pêchée dans l'Atlantique oriental, au Sud du 50° de latitude Nord.

CORYNOLOPHUS REINHARDTII GILL

1878 *Corynolophus Reinhardtii*, GILL. Proc. U. S. Nat. Hist. I, p. 227.
1880 *Himantolophus Reinhardtii*, LUTKEN K. Dansk Vidensk Selsk, p. 309, fig. 1 ;
II, fig. 1, 4.
1895 *Corynolophus Reinhardtii*, GOODE et BEAN Ocean. Ichth., p. 494.
1898 *Corynolophus Reinhardtii*, JORDAN et EVERMANN Fish. N. M. Amer., p. 2733.

Deux échantillons connus :

Le type de cette espèce a été capturé en profondeur, au large du Groenland ;

Le deuxième exemplaire a été rapporté à La Rochelle, par le chalutier Picorre, patron Oillic, et pêché par 49° 50' N et 400 mètres de profondeur.

Il a pris place dans les collections du Muséum d'Histoire Naturelle de La Rochelle.

REINHARDTIUS HIPPOGLOSOIDES (Walbaüm)

1792 *Pleuronectes hippoglossoïdes,* WALBAÜM, Artedi Pisc., p. 151.
1887 *Hippoglossus pinguis,* GÜNTHER, Challenger Report, XXII, p. 161.
1862 *Hippoglossus groenlandicus,* GÜNTHER. Cat. Fish. Brit. Mus., IV, p. 404.
1895 *Platysomatichthys hippoglossoïdes,* GOODE et BEAN. Oc. Ichth. p. 435, fig. 364.
1898 *Reinhardtii hippoglossoïdes.* JORDAN et EVERMANN, Fich, N. M. Amer., p. 2611.
1925 *Reinhardtius hippoglossoïdes.* BIGELOW et WELSH, Fish. of the Gulf of Maine, p. 481.

Ce pleuronecte, connu des Américains sous les noms de Greenland turbot, Greenland halibut, Américan turbot. Newfoundland turbot, est appelé Turbot de Terre-Neuve ou « Puant », par les Terre-Neuvas français.

Il fréquente les parties arctiques de l'Atlantique, du Spitzberg, à la Nouvelle Écosse. D'après le capitaine Rallier du Baty, on le capture dans des eaux très froides à — 1° et même —2° C.

L'échantillon conservé au Musée de La Rochelle a été pêché par le chalutier Bernache, patron Mathurin Dubos, par 49° 30' N. et 300 mètres de profondeur.

HIPPOGLOSSOÏDES PLATESSOÏDES, (Fabricius)

1780 *Pleuronectes platessoïdes,* FABRICIUS, *Fauna* groenlandica, p. 164.
1838 *Citharus platessoïdes.* REINHARDT, Fauna groenlandica, p. 130.
1887 *Hippoglossoïdes platessoïdes.* GÜNTHER, Challenger Report. XXII. p. 161.
1895 *Hippoglossoïdes platessoïdes,* GOODE et BEAN, Océan. Ichth, p. 438, fig. 367.
1898 *Hippoglossoïdes platessoïdes,* JORDAN et EVERMANN, Fish N. M. America, p. 438.
1925 *Hippoglossoïdes platessoïdes,* BIGELOW et WELSH, Fish. Bulf of Maine, p. 438.

Noms américains : Canadian plaice, Sand dab, Rough dab, Flounder. Sole, Américan plaice.
Nom anglais : Long rough dab.
Nom français : Balai.

Le « balai » vit en eau profonde des deux côtés de l'Atlantique septentrional, du Spitzberg et de la Norvège jusqu'aux côtes des Massachussets. La Manche est sa limite méridionale du côté européen. Il approche des côtes en hiver.

D'après Bigelow et Welsh, il fréquente les eaux froides et peu salées.

« The American plaice may be described as boreal-Arctic in its relation to temperature, reaching its highest dévelopement in water of 35° to (45° (1°,6 à 7°,2 centigrades), able to live, however, in the lowest polar temperatures 29° to 30° (— 1° 6 à — 1° 1 C.) and finding the upper temperature limit to its regular occurence at 50° to 55° (9°,9 à 12°,7 C.).

« In different seas plaice live through a wide rang of salinity from
30 per mille or lower in the Baltic to upwards 34 per mille. »

De nombreux échantillons de cette espèce ont été capturés en Mars,
par le chalutier Émilie-Pierre, patron Rustique, par 45° 35′ N. et 160 mètres de profondeur.

GLYPTOCEPHALUS CYNOGLOSSUS (Linné)

1758 *Pleuronectes cynoglossus*, LINNÉ, Sist. nat. ed. X, I, 269.
1841 *Platessa pola*, YARRELL, Hist. Brit. Fish, I, p.
1881 *Platessa cynoglossus*, MOREAU, Hist. nat. poiss. France, III, p. 296.
1884 *Pleuronectes cynoglossus*, DAY, Fish, Great Brit. et Irel., II, p. 30, pl. LIII.
1895 *Glyptocephalus cynoglossus*, GOODE et BEAN, Oc. Ichth, p. 430, fig. 356
     A. B.
1898 *Glyptocephalus cynoglossus*, JORDAN et EVERMANN, Fish, N. M. Amer.,
     p. 2657.
1925.*Glycocephalus cynoglossus*, BIGELOW et WELSH, Fis. Gulf of Maine, p. 511.

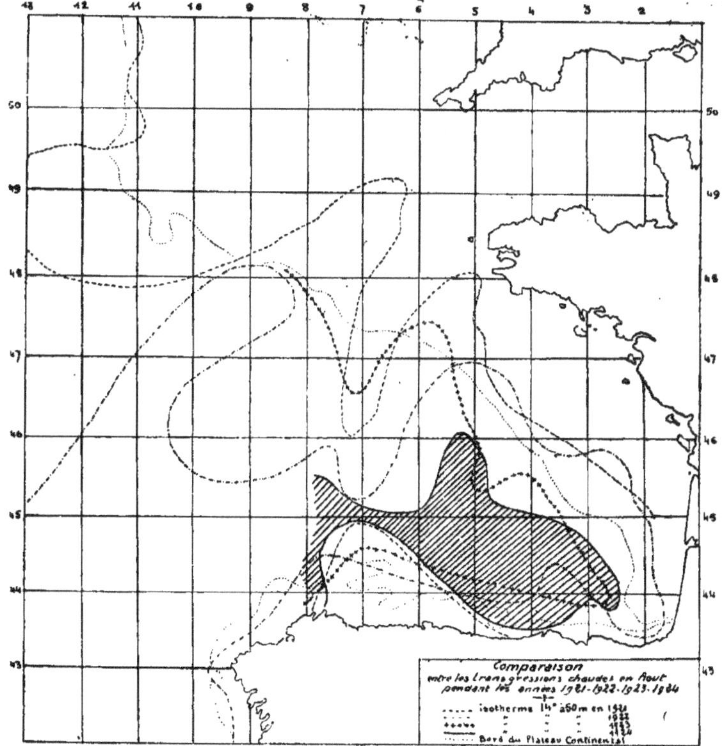

Noms américains : Craig fluke, Pole flounder, Sole, Witch flounder.
Nom français : Limande.

Le Cynoglosse, bien connu des eaux froides d'Europe, vit des deux
côtés de l'Atlantique : Norvège, Mer du Nord, Islande, Terre-Neuve,

Golfe du Saint-Laurent, Golfe du Maine. Il est très rare en Manche, excessivement rare sur les côtes Ouest de France. Lafont cite une capture à Arcachon, en 1867.

Dans le Golfe du Maine, il fréquente, suivant la saison, les eaux de 1°,6 à 8°,8. D'après Bigelow et Welsh, on ne le trouve pas dans les eaux de température supérieure à 10°, sur la côte américaine.

Il paraît avoir une grande extension bathymétrique. L'« Albatross » a capturé cette espèce par 17 fathoms de profondeur, 30 mètres environ (Station 2292) et par 858 fathoms, 1.444 mètres (Station 2072).

Le chalutier « Émilie-Pierre » a recueilli plusieurs poissons de cette espèce en Mars 1928, par 45° 35' N. et 160 mètres de profondeur.

Il faut rapprocher de ces captures l'abondance inaccoutumée de colins (*Gadus virens*), d'égiefins (*Gadus œglefinus*), de morues (*Gadus callarias*), de Brosmes (*Brosmius brosmius*), de Flétans (*Hippoglossus hippoglossus*), sur le plateau continental français jusqu'au 45° de latitude Nord.

La présence de ces poissons, qui appartiennent à la faune de Terre-Neuve, dans nos eaux, à des latitudes aussi méridionales, doit être signalée, d'autant plus qu'elle est en relation avec la faible extension des transgressions atlantiques en 1927 (voir la carte ci-dessus). Elle montre la prédominance des eaux polaires sur notre plateau continental et explique ainsi la rareté du gros merlu, qui fréquente les eaux de salinité supérieure à 35, 4.

DIFFÉRENCIATION ET ISOLEMENT GÉOGRAPHIQUE
D'UNE ESPÈCE « Blastodinium hyalymum Ch. »
par substitution partielle des conditions œcologiques (parasitisme) aux conditions cosmiques (autotraphisme) de son existence

PAR

EDOUARD CHATTON

Professeur de Biologie générale à la Faculté des Sciences de Strasbourg

Les documents d'ordre géographique concernant les Péridiniens parasites sont encore très rares. Si je ne leur ai consacré que quelques lignes dans ma monographie de 1920, c'est parce que, comme je l'ai expliqué dans ma préface, je n'avais pas eu le loisir, jusque-là, d'étendre mes recherches en dehors de la région de Banyuls-sur-Mer, en Méditerranée, d'où presque tous les matériaux de mon travail ont été tirés.

Cependant, j'avais pu y faire état d'une liste de parasites de Copépodes pélagiques de la Mer du Nord, publiée par Apstein, en 1913, parasites anonymes, désignés seulement par des numéros d'ordre et d'après les descriptions très frustes de l'auteur, j'avais pu reconnaître des formes étudiées par moi à Banyuls.

Il y avait là un *Blastodinium* et des *Syndinium*.

Les *Syndinium* sont des plasmodes informes et incolores, hétérotrophes par conséquent, dont la spécification, impossible aux stades végétatifs, nécessite l'étude des dinospores en lesquelles ils se résolvent à maturité. Il ne pouvait être question dans ces conditions d'une identification des *Syndinium* vus par Apstein, même par la connaissance de l'hôte, car un même Copépode peut héberger plusieurs espèces de ces parasites.

Les *Blastodinium* siègent dans l'intestin des Copépodes. Ils constituent des agrégats de forme bien définie, de cellules disposées en feuillets emboîtés, qui sont autant de poussées sucessives de spores. Leur spécification est relativement aisée à tous les stades végétatifs. Ce sont eux surtout qui nous intéressent ici parce qu'ils offrent différents termes du passage de l'autotrophisme primitif des Péridiniens libres à l'hétérotrophisme des parasites les plus évolués. Sur onze espèces ou variétés jusqu'ici connues, il en est dix qui, à des degrés divers, ont conservé le pigment chlorophyllien des formes libres. Une seule est constamment dépigmentée : *B. contortum hyalinum*.

Or, c'est à cette forme que j'avais identifié le parasite I de Apstein, en me basant à la fois sur ce défaut de pigmentation et sur le galbe qui est détordu. Ces deux caractères la distinguent d'une forme avec laquelle elle coexiste dans les mêmes hôtes à Banyuls-sur-mer, *B. contortum*, et avec laquelle elle offre tous les intermédiaires.

J'insiste sur le fait qu'en Méditerranée, les deux formes sont étroitement liées et je rappelle leurs relations : *B. contortum*, dont la torsion est directement dérivée du galbe hélicoïdal des Péridiniens libres, qui en a conservé la pigmentation et aussi une résistance assez prolongée au contact immédiat de l'eau de mer, doit être considéré, non seulement comme l'espèce type, mais aussi comme l'espèce souche de *B. hyalinum*, dont la détorsion, la dépigmentation et la grande labilité au contact de l'eau de mer, sont autant d'indices d'une évolution plus prononcée dans le sens parasitaire.

Or, des données d'Apstein, j'avais pu induire que *B. contortum hyalinum* existe seul dans les parages de Kiel, à l'exclusion, non seulement de sa souche immédiate *B. contortum*, mais des autres espèces du genre.

Ainsi, sur onze espèces et variétés de *Blastodinium* existant en Méditerranée, la seule qui soit toujours et constamment dépigmentée, est la seule dont l'aire de dispersion s'étende dans les mers septentrionales.

Il y avait là, tout au moins l'indice d'un fait intéressant, dont il importait de vérifier l'exactitude et d'analyser le déterminisme.

Les observations que j'ai faites sur le plancton des parages de Roscoff tous les ans depuis 1921, en juillet, août et septembre, ne laissent aucun doute sur sa réalité. Il n'y existe bien qu'un seul *Blastodinium*, toujours incolore, qui a tous les caractères morphologiques et physiologiques de *B. contortum hyalinum* de la Méditerranée. Il y est totalement isolé de sa souche *B. contortum*.

Le fait démontré, il reste à en tenter l'explication.

A priori, on serait tenté de la rechercher dans la répartition géographique même des hôtes. Il n'y aurait pas besoin de la poursuivre plus loin, en effet, si l'on constatait que les Copépodes de la Méditerranée, hôtes des *Blastodinium*, font défaut dans les mers septentrionales ; tel n'est pas le cas. Il s'en trouve, en effet, deux communs à la Méditerranée et aux mers septentrionales : *Paracalanus parvus* Claus et *Acartia Clausi* Giesbrecht.

Le *Paracalanus parvus*, sans être aussi fréquent à Roscoff qu'à Banyuls, n'y est pas rare. Apstein le signale parmi les hôtes de *Blastodinium contortum hyalinum*, à Kiel. Par contre, l'*Acartia Clausi* est beaucoup plus abondante qu'en Méditerranée et s'y montre également infectée par *Paradinium Poucheti*.

Ainsi l'extension des *Blastodinium* pigmentés est beaucoup plus restreinte que celle de leurs hôtes. L'hôte n'est donc pas, à lui seul, la condition de cette extension. Quels peuvent être les autres facteurs qui la limitent ?

Deux d'entre eux, liés par leur nature et leur origine, mais différents par leur action, la lumière et la température paraissent être prépondérants.

Leur action globale se manifeste par le fait, sur lequel j'ai insisté en 1920, qu'en hiver, en Méditerranée (Banyuls, Villefranche) les seuls *Blastodinium* que l'on trouve chez *Paracalanus parvus* sont *B. contortum* et *B. hyalinum*. *B. crassum* et *B. spinulosum* ne semblent apparaître qu'en mai.

L'action de la lumière est difficile à séparer de celle de la température, dans le déterminisme de ces phénomènes. La lumière n'est cependant pas seule à intervenir, puisque ce sont, non seulement les espèces autotrophes, mais aussi les espèces hétérotrophes, qui bénéficient des radiations solaires.

L'action de la température est elle-même complexe. Elle peut agir indirectement en élevant la concentration de l'eau. La discrimination entre ces deux actions ne pourrait être faite que par une étude comparative de la flore péridinienne, et en particulier de la florule des *Blastodinium* dans une mer chaude à salinité élevée (Méditerranée et ses dépendances) et d'une mer chaude à salinité normale (zone chaude des grands océans).

Quant à savoir si la lumière, la température, la concentration influent plus spécialement sur la phase végétative parasite ou sur la phase externe d'essaimage, il faut y renoncer dans l'état de nos connaissances.

Mais il subsiste ce fait global : la seule espèce qui se montre relativement insensible aux facteurs cosmiques, lumière, température, concentration, est celle qui est la plus évoluée dans le sens parasitaire, à la fois morphologiquement et physiologiquement.

On s'explique que sa dépigmentation totale l'ait soustraite pour une grande part. à la nécessité d'un éclairement minimum ;

On ne peut que se borner à constater aussi une certaine indépendance vis-à-vis de la température. Mais il faut remarquer que la forme souche, le *B. contortum* pigmenté, manifeste déjà cette indépendance, puisqu'on la rencontre en hiver en Méditerranée, à l'exclusion des autres formes pigmentées. Si l'on fait abstraction de l'influence de la concentration, c'est la lumière seule qui semble donc limiter l'extension de l'espèce souche et déterminer l'isolement de sa variété.

Mais il est probable que l'indépendance relative de celle-ci vis-à-vis des facteurs cosmiques, n'est pas la seule cause de sa plus grande extension. La labilité, la cytolyse de *B. hyalinum* au contact de l'eau de mer, plus accentuée et plus rapide que celle des espèces pigmentées, est une preuve de la liaison plus stricte entre le parasite et son hôte que chez les autres espèces. On peut imaginer que, sous l'action du milieu intérieur du Copépode, la constitution cytoplasmique du parasite se soit modifiée, et, avec elle, ses réactions, au contact de l'eau de mer pure.

En d'autres termes, comme je le disais plus haut, les conditions œcologiques l'emportent sur les conditions cosmiques. Si les *Blastodinium* offrent de ce fait une illustration particulièrement saisissante, c'est qu'ils présentent actuellement à l'observateur les différents termes allant d'une adaptation incomplète (autotrophisme) à une adaptation complète (hétérotrophisme), au parasitisme.

REMARQUES SUR LA DISPERSION EN FRANCE
ET L'ACCLIMATION EN FRANCE
DE L' «EUSCORPIUS FLAVICAUDIS» (De Geer)

PAR

LOUIS FAGE

*Sous-Directeur du Laboratoire de Zoologie, Muséum National
d'Histoire naturelle*

———

Les Scorpions qui habitent la France méridionale appartiennent à deux genres : le genre *Buthus,* avec un seul représentant chez nous, le *B. europeus* (L.) — notre grand Scorpion jaune — et le genre *Euscorpius,* dont trois espèces: *E. flavicaudis* (De Geer), *E. carpathicus* (L.) et *E. italicus* (Herbst), sont de taille médiocre, de couleur noire et disséminées sur le pourtour de la Méditerranée. Je mets à part le *Belisarius Xambeui* E. S., forme aveugle, étroitement localisée dans une grotte des Pyrénées-Orientales et dans la vallée de Quillan.

Ces trois genres, d'ailleurs, appartiennent à deux familles bien différentes : le premier se range dans celle des *Buthidae* et plus spécialement dans la sous-famille des *Buthinae,* dont tous les représentants peuplent uniquement l'ancien monde, tandis que les deux autres. *Euscorpius* et *Belisarius,* sont des *Chactidae,* dont tous les autres genres sont propres à l'Amérique tropicale et aux Antilles.

En se plaçant au point de vue de leurs très lointaines origines, on peut donc dire que nous avons en France un genre en quelque sorte autochtone, le g. *Buthus,* et un genre exilé, le g. *Euscorpius.* Cette diversité d'origine rend compte du fait que les *Buthus* peuplent d'une trentaine d'espèces les régions les plus diverses d'Europe, d'Afrique et d'Asie, tandis que les *Euscorpius,* qui sont au plus une demi-douzaine, restent circa-méditerranéens, ne dépassant pas le Tyrol au Nord, et le Caucase à l'Est.

Parmi nos *Euscorpius,* un seul est connu en terre d'Afrique, c'est l'*E. flavicaudis,* signalé dans les provinces d'Alger et d'Oran ; il existe également en Corse, en Italie et dans nos départements méditerranéens. Il vit là, sous les pierres, dans les ruines, les décombres, ne se construisant aucune retraite, mais dissimulé parfois sous les écorces et particulièrement sous celle des chênes-liège. Or, cette espèce, qui est en fait la plus méridionale de celles qu'on trouve sur notre territoire, — puisque l'*E. carpathicus,* espèce de montagne, ne dépasse pas la Corse et la Sardaigne, au Sud, et que l'*E. Italicus,* connu seulement chez nous des **Alpes-Maritimes,** n'a pas franchi la rive Nord de la Méditerranée — est la seule qui ait essaimé à l'Ouest et à l'Est de la France quelques colonies septentrionales. Laboulbène a signalé cette espèce à Agen. L. Dufour, Pérez, Lataste ont noté sa présence à Bordeaux. A l'Est, nous la trouvons à Grenoble, d'où plusieurs exemplaires en ont été envoyés à E. Simon , dans la Drôme, à Romans ; dans l'Ardèche, où E. Simon l'a capturée lui-même (1). Grâce à l'obligeance de M. P. Paris, j'en ai pu examiner quatre individus pris à Dijon. Nous suivons encore sa trace plus au Nord : à Paris (LUCAS (2), CHARDON) (3), à Montmédy (BRUNEAU) (4), à Sedan (PIGEOT) **(5).**

Pour ces dernières localités, il s'agit, sans aucun doute, d'un transport accidentel du fait de l'homme. Les captures de Paris sont très démonstratives à ce point de vue : c'est du quai d'Austerlitz, parmi les marchandises débarquées, que provient l'exemplaire déterminé par Lucas ; et celui signalé par C. Chardon a été trouvé dans un sac de dépêches, au bureau de poste de la rue Milton. A Sedan, le Scorpion dont parle Pigeot était dans une filature ; à Montmédy, il fut rencontré dans un jardin.

Il résulte de ces constatations que l'*E. flavicaudis* se transporte avec facilité et peut survivre, quelque temps au moins, à ce transport. Mais nulle part, en ces points fort éloignés de son habitat normal, il n'a pu se maintenir.

Plus au Sud, dans la Côte-d'Or, où l'homme est aussi responsable de son introduction, sa présence est plus fréquente. Les quatre exemplaires qui m'ont été communiqués, ont été pris dans des maisons où sont importés des produits méridionaux (liège, fruits, etc.) et l'on comprend que l'apport renouvelé de telles marchandises augmente les chances d'introduction de cette espèce et permette l'établissement de quelques colonies localisées, qui, à l'abri des variations climatiques, arrivent à se fixer momentanément.

C'est, en réalité, ce qui s'est produit dans l'Isère et la Drôme d'une part, et à Bordeaux d'autre part. Là, l'*E. flavicaudis* se tient dans les lieux habités, dans les maisons, voire dans les chambres, comme à Romans, où, d'après les renseignements obtenus par E. Simon, il se serait montré assez fréquent pour y devenir incommode. A Grenoble, c'est dans l'église Saint-André et dans les maisons voisines que I. Thévenet constata sa présence et en prit plusieurs individus, qui furent identifiées par E. Simon. C'est également dans une partie limitée de la ville de Bordeaux, dans

(1) Voir *Arch. de France,* t. VII, 1879, p. 106.
(2) *Ann. Soc. ent. France,* 1855.
(3) *Bull. Soc. ent. France,* 1904.
(4) *Ann. Assoc. Natur.* Levallois-Perret, 1904.
(5) *Bull. Soc. Etudes Sc. Nat. Reims,* 1892.

le quartier des Chartrons, que put se constituer une colonie de Scorpions dont les individus s'abritaient le plus volontiers sous les tuiles des toits.

Si ces colonies ont été éphémères et ont disparu à l'heure actuelle — ce que j'ignore — c'est assurément que l'homme, responsable de leur établissement, est aussi responsable de leur destruction. Mais, le fait reste certain que l'*E. flavicaudis* peut vivre et s'acclimater sur notre territoire en des points où sa présence est inattendue.

Cette facilité d'acclimatation, il. la doit au voisinage de l'homme et à ce qu'il trouve dans les constructions de celui-ci des abris qu'il utilise. D'autres espèces méridionales se comportent exactement de même manière. Ainsi une Araignée commune sous les pierres, dans les friches du Midi et de l'Algérie, le *Teutana triangulosa,* se rencontre chez nous très au Nord, mais uniquement à l'intérieur des maisons, où il établit sa toile et se reproduit. Beaucoup d'espèces ne sont cosmopolites que parce qu'elles trouvent, dans les constructions humaines, un milieu artificiel peu variable sous des latitudes diverses.

L'histoire de la dispersion en France de l'*Euscorpius flavicaudis* a précisément cet intérêt de nous montrer, d'une façon presque schématique, les conditions requises pour une telle dispersion et les étapes successives, marquées d'essais plus ou moins réussis, qui peuvent conduire à une acclimatation naturelle. Nous y voyons d'abord la facilité d'un transport passif, la faculté d'adaptation à un genre de vie nouveau commandé par les circonstances, puis les limites géographiques en dehors desquelles, malgré tout, l'acclimatation demeure impossible. Seule, parmi nos Scorpions, cette espèce réunit toutes ces possibilités et seule nous la voyons déborder son habitat normal.

SUR LA DISTRIBUTION DE QUELQUES ESPÈCES COMMUNES DANS LES GROUPEMENTS VÉGÉTAUX DE LA COTE DIJONNAISE

PAR

PH. HAGÉNE

Assistant de Botanique à la Faculté des Sciences de Dijon

Nous avons dressé le tableau des degrés de présence (1) dans chacun des groupements ci-dessous d'un certain nombre d'espèces communes dans le territoire étudié. Le chiffre 5 s'applique aux espèces présentes dans 4/5 à 5/5 des individus d'association ; le chiffre 1, aux espèces rares ou accidentelles.

Les quelques chiffres que nous publions ici ont été obtenus avec des relevés effectués sur la bordure orientale du massif calcaire, qui s'étend au Sud de l'Ouche de Dijon à Chagny. Nous rappellerons que cette bordure est constituée par le calcaire bathonien, en grande partie massif, et que le trait topographique caractéristique est l'existence de « combes » orientées N.-W. S.-E. qui l'entaillent. Grâce à ces combes, il existe, dans cette région, des espèces qui redoutent le soleil ou une trop grande sécheresse de l'atmosphère.

Nous rappellerons également que c'est le climat rhodanien, ou climat continental atténué, qui règne dans la région ; en particulier, par sa nébulosité relativement faible, cette partie de la Bourgogne se rattache à la vallée du Rhône, et c'est un caractère qu'on retrouve dans sa végétation.

On notera que ces degrés de présence ne correspondent pas nécessairement à l'importance du rôle que joue l'espèce dans la physionomie du groupement. C'est ainsi que, dans la pelouse à *Bromus erectus* et *Brachypodium pinnatum*, la plupart des espèces de la pelouse rocheuse sont des constantes, mais les individus sont très réduits en nombre et en dimensions.

Si on veut bien comparer ces quelques chiffres à ceux donnés par les auteurs pour les conditions différentes (v. en particulier ALLORGE, « les Associations Végétales du Vexin Français »), il sera facile de noter des traits de similitude, dans la répartition de ces espèces entre les différents groupements, ainsi que quelques différences.

---

(1) Braunn-Blanquet et Pavillard, *Vocabulaire de sociologie végétale*, 2ᵉ édition.

	Rochers découverts (Surface)	Pelouses rocheuses	Pelouses à *Bromus erectus* et *Brachyp. pinn.*	Bois Xerophiles	Bois couverts	Bois couverts et humides
Seslaria cœrulea	5	3	3	3	I	
Festuca ovina var. glanca	5	5	5	2		
Dianthus Caryophyllus ssp. silvester	5	I				
Bromus erectus	4	5	5	5		
Melica ciliata	3	I				
Coronilla minima	3	5	3	I		
Helianthemum marifolium, var. camim.	3	2				
Carex humilis	2	5	3	3		
Euphorbia cyparissias	2	4	4	I		
Helianthemum apennimum f^n polifolium.	2	3	I			
Seseli montanum	2	3	5			
Viburnum Lantana	I			5	4	3
Pulsatilla vulgaris	I	2	4			
Galium verum	I	2	4			
Brachypodium pinnatum		2	4			
Trifolium montanum		I	3			
Stachys officinalis			2	5	I	
Vincetoxicum officinale			I	4		
Melampyrum pratense			I	4	2	
Melittis melissophyllum				4	2	I
Brachypodium silvaticum				I	4	3
Melica uniflora,				I	3	2
Milium effusum					I	4

ÉTUDES DE GÉOGRAPHIE ZOOLOGIQUE
SUR LA BERBÉRIE (1)
LES RONGEURS - A. LES LÉPORINÉS - B. LES LIÈVRES

PAR

L. JOLEAUD

Professeur à la Faculté des Sciences de Paris

C'est certainement dans le groupe des Lièvres qu'ont été établies le plus grand nombre de formes géographiques, parmi les Mammifères nord-africains. De l'Ouest à l'Est et du Nord au Sud, douze variétés du genre *Lepus* ont été distinguées, en Berbérie (2) :

L. *Schlumbergeri* R. Saint-Loup (3) : région de Tanger-Larache et Djebala ;

L. *pediaeus* A. Cabrera (9) : région de Ceuta-Tetouan, Rif oriental et Kebdana ;

L. *sherif* A. Cabrera (5) : région de Mogador (pays de l'Arganier) ;

L. *maroccanus* A. Cabrera (6) : région de Marrakech ;

L. *atlanticus* de Winton (7) : Haut Atlas marocain (Haha, Glaoua) ;

L. *kabylicus* de Winton (8) : Tell algérien, Nord et Centre de la Tunisie ;

---

(1) *Rev. Afric.*, t. LVI, 1913, p. 471-499 et t. LIX, 1918, p. 161-214. - *Bull. Soc. Géogr. Archéol. Oran*, t. XXXVIII, 1918, p. 57-86, - *Bull. Soc. Zool. France*, t. XLIII, 1918, p. 83-102 ; t. XLV, 1920, p. 106-112 et t. XLVII, 1922, p. 361-365. - *Bull. Soc. Hist. Nat. Afrique du Nord*, t. XV, 1924, p. 59-67. - *Soc. Croate Sc. Nat.*, vol. jubil. Grojanovic-Kramberger, 1925, p. 1925. p. 263-326. - *Soc. Biogéogr., Compt. rend.*, t. IV, 1927, p. 43-45 et *Mém.*, t. II, 1928, p. 35-37. - *Ass. Franç. Avanc. Sc.*, t. LI, Constantine, 1927, p. 523-526.

(2) A. CABRERA, The barbarian forms of the genus *Lepus*, IX° *Congr. Intern. Zool., Monaco.* 1913 (1914), p. 522-527 ; Sobre algunas Libers berberiscus, *Bol. R. Soc. Esp. Hist. Nat.*, t. XXIII, 1925, p. 329-333.

(3) *Bull. Soc. Zool. France*, t. XIX, 1894, p. 168 ; DE WINTON, *Proc. Zool. Soc.*, 1897, p. 961, fig. 4, p. 962 et *Ann. and Mag. Nat. Hist.*, ser. 7, t. I, 1898, p. 156 ; A. CABRERA, Yebala y el bajo Lucus, *R. Soc. Esp. Hist. Nat.*, 1914, p. 253 ; *Bol R. Soc. Esp. Hist. Nat.*, t. XXII, 1922, p. 105 et t. XXIII, 1925, p. 329-333.

(4) *Bol. Soc. R. Ssp. Hist. Nat.*, t. XXIII, 1925, p. 332.

(5) *Id.*, t. VI, 1906, p. 366 et t. XXIII, 1925, p. 332-333.

(6) *Id.*, t. VII, 1907, p. 178.

(7) *Proc. Zool. Soc.*, 1897, p. 960, fig. 3-5, p. 961.

(8) *Ann. and Mag. Nat. Hist.*, 7, 1898, I, p. 155 ; O. THOMAS, *Nov. Zool.*, t. XX, 1913, p. 32 ; L. LAVAUDEN, La Chasse en Tunisie, 2° édition, 1924, p. 14.

L. sefranus O. Thomas (9) : Ksours oranais ;

L. tunetae de Winton (10) : Sahel tunisien (y compris les îles) ;

L. pallidior Barret-Hamilton (11) : Aurès et Sud constantinois (région de Biskra), Sud et Extrême-Sud tunisiens ;

L. Harterti O. Thomas (12) ; Extrême-Sud algérien (Ghardaia à In Salah) ;

L. Whitakeri O. Thomas (13) : Libye (Tripoli à Mourzouk) ;

L. barcaeus A. Ghigi (14) : Cyrénaïque.

Ces douze variétés géographiques sont d'ailleurs loin d'avoir été, jusqu'à présent, bien définies et encore moins leurs affinités relatives sont-elles, à l'heure actuelle, clairement précisées.

Si, malgré l'état sommaire de nos connaissances sur le degré de différentiation de ces nombreuses races géographiques de Lièvres barbaresques, on tente d'en définir les groupements, selon des affinités morphologiques plus ou moins accusées, on arrive à la classification ci-après, particiellement établie par A. Cabrera :

Groupe I *a* : *L. Schlumbergeri, pediaeus, sherif ;*

Groupe I *b* : *L. kabylicus, pallidior ;*

Groupe II *a* : *L. maroccanus, sefranus ;*

Groupe II *b* : *L. atlanticus, tunetae ;*

Groupe III : *L. Harterti, Witakeri.*

A. Cabrera, dans un travail récent, a considéré comme se rattachant à une même espèce, *L. Schlumbergeri,* toutes les formes des groupe I *a* et I *b,* plus peut-être les races *maroccanus* et *sefranus,* intermédiaires entre les séries I et II - III. Parmi les autres sous-espèces de la série II - III, *L. atlanticus* et, à un degré moindre, *L. tunetae,* rappellent encore quelque peu *L. Schlumbergeri.*

D'autre part, *L. kabylicus* est bien voisin de *L. mediterraneus* Wagner de Sardaigne ; *L. tunetae* se rapproche de *L. aegyptius* And et Geoff. d'Égypte ; enfin, *L. Witakeri-Harterti* confine à *L. babessinicus* Ehrenberg de l'Égypte sud-orientale et de l'Étiopie et à *L. isabellinus* Cretzchmar du Soudan égyptien, souvent considérés l'un et l'autre comme de simples variétés du Lièvre d'Égypte.

---

(9) *Nov. Zool.,* t. **XX**, 1913, p. **590.**

(10) *Ann. and Mag. Nat. Hist.,* 7, 1898, t. I, p. 157 ; L. LAVAUDEN, *loc. cit.*

(11) *Id.,* 7, 1898, t. II, p. 422 ; O. THOMAS, *Nov. Zool.,* t. XX, 1913, p. 32 ; L. LAVAUDEN. *Loc. cit.*

(12) *Nov. Zool.,* t. X, 1903, p. 301 et t. XX, 1913, p. 32.

(13) *Proc. Zool. Soc.,* 1902, t. II, p. 12, pl. 1 ; FESTA, *Bull. Mus. Zool. Anat. Comp. Torino,* n° 740, t. XXXVI ; E. HARTERT, *Nov. Zool.,* t. XXX, 1923, p. 89-90.

(14)*Mcm. R. Accad. Instit. Bologna,* ser. 7, t. X, 1912-1913 ; E. HARTERT, *Nov. Zool.,* t. XXX, 1923, p. 89-90.

Ainsi le groupe I des Lièvres barbaresques se lie aux types insulaires méditerranéens ; le groupe II aux formes égyptiennes ; le groupe III, aux espèces éthiopiennes et soudanaises.

Le groupe I (*L. Schlumbergeri* et variétés affines) est constitué par toutes les races de Lièvres barbaresques des contrées littorales plus ou moins montagneuses, depuis le pays d'Argan de Mogador, par la péninsule de Tanger, le Rif, le Tell algéro-tunisien, jusqu'au Sud tunisien-constantinois. Sa distribution rappelle celle de divers végétaux indigènes à facies méditerranéen de Berbérie, de l'Olivier notamment.

A ce groupe I des Lièvres de pays montagneux littoraux s'oppose la série II des Lièvres des steppes du Haut Pays (plaines et chaînes présahariennes), Lièvres qui n'atteignent la côte que dans le Sahel tunisien, où ils pénétrent d'ailleurs dans les îles de la plateforme continentale de la Petite Syrte.

Enfin, le groupe III est essentiellement saharien, aussi bien algérien que libyque.

Toute une série de faits biogéographiques se dégagent de cet ensemble de données de mammalogie.

C'est d'abord la présence dans la région de l'Arganier d'une forme spéciale de Lièvre, se rattachant intimement aux races du Nord marocain. Il ne s'agit évidemment pas dans *L. sherif*, d'un type se liant originellement au milieu résiduel oligo-miocène du Maroc sud-occidental, mais d'un Rongeur méditerranéen pliocène, affine de types insulaires actuels, *L. Schlumbergeri,* arrivé tardivement au pays d'Argan, comme le Palmier nain par exemple ; dans cet asile, *L. Schlumbergeri* acquit une certaine spécialisation qui confère aujourd'hui sa physionomie particulière à *L. Schlumbergeri sherif.*

D'autre part, l'existence dans les îles Kerkenna de *L. tunetae* indique que cette forme s'est différenciée avant la dernière séparation de ces terres d'avec le continent voisin, par conséquent au milieu du Quaternaire au moins. Il y avait sans doute alors communication facile des milieux zoologiques du Haut Pays barbaresque et de l'Égypte.

J'ai précédemment insisté sur la forme très particulière de l'aire de dispersion du Lapin, en Afrique du Nord : *Oryctolagus cuniculus,* qui, depuis la côte méditerranéenne, gagne vers le Sud jusqu'à la latitude du Maroc moyen, n'atteint, par contre, pas le territoire continental de la Régence et reste confiné dans les îles du Nord de la Tunisie. Le groupe des Lièvres de la Berbérie intérieure paraît présenter une disposition géographique rigoureusement symétrique ; ne poussant pas sa zone de distribution au Nord de Marrakech, dans le Maroc, la série affine de *L. tunetae* s'avance largement en Tunisie, peuplant jusqu'aux îles voisines du littoral de la Petite Syrte.

En résumé, l'opposition qui se manifeste dans tous les genres de Mammifères barbaresques, entre les types telliens et les types sahariens, se présente également pour les Lièvres. Toutefois, elle est faiblement accusée chez ces Rongeurs, où de nombreuses formes de passage relient entre eux les groupes littoraux et steppo-désertiques. Aussi l'ensemble des Lièvres de l'Afrique du Nord doit-il être envisagé comme formant un tout assez homogène, intermédiaire entre les Lièvres méditerranéens et les Lièvres égypto-soudanais.

Sans doute les croisements entre les diverses races géographiques de *Lepus* sont-ils fréquents, faciles et très prolifiques, en raison notamment de la parfaite continuité de l'aire de dispersion du genre en Afrique et de l'homogénéité morphologique du type Lièvre en général. Ainsi s'explique l'existence de la remarquable série des formes intermédiaires entre les variétés extrêmes, qui seules semblent mériter vraiment le qualificatif d'espèces, *L. Schlumbergeri* et *L. Witakeri*.

LES ALGUES CALCAIRES (MÉLOBÉSIÈES) DES CANARIES - LEURS AFFINITÉS

PAR

Mme PAUL LEMOINE

Docteur ès-Sciences

L'Archipel des Canaries se compose de sept îles ; les deux îles centrales seules, Ténériffe à l'Ouest et Gran Canaria à l'Est, ont été explorées par des algologues.

Dans l'Ile de Ténériffe, la seule localité explorée dans ce but est Puerto-Orotava à l'Ouest ; le rivage y est constitué par d'anciennes coulées de lave ; la présence de nombreuses fissures et dépressions offre des conditions favorables pour la vie des algues. L'Ile Gran Canaria possède des côtes très découpées dans lesquelles les falaises alternent avec des plages des sable ; dans le fond de la Baie de Confital est un récif très exposé, sur lequel vivent des Mélobésieés.

Puerto-Orotava a été exploré par M. Sauvageau, en 1904-1905, et la Baie de Confital, par Mlle Vickers pendant l'hiver 1895-1896 ; leurs récoltes ont été récemment complétées par celles de M. Boergesen, qui a consacré l'hiver et le printemps de 1921 à rechercher des algues, non seulement dans ces deux localités, mais aussi en d'autres points de l'Ile Gran Canaria: Christoballo, Playa de las Canterras, Playa de Santa Catalina.

Les espèces recueillies à Ténériffe et à Gran Canaria ne sont pas toutes semblables ; douze espèces sont communes aux deux îles, mais quatorze espèces récoltées à Puerto-Orotava, dans l'île de Ténériffe n'ont pas été retrouvées à Gran Canaria, et inversement trois espèces sont jusqu'ici spéciales à Gran Canaria.

Les renseignements que je possède sur ces îles proviennent de récoltes faites à marée basse ; les dragages n'ont pu être effectués, parce que les fonds couverts de lave sont très irréguliers et que la profondeur augmente très rapidement.

La flore de Mélobésieés (1) des Canaries se compose des genres et des espèces suivantes :

Genre LITHOTHAMNIUM : *L. ectocarpon* Fosl., *L. Lenormandi* (Aresch.) Fosl., *L. Sonderi* Hauck, *L. bisporum* Fosl., *L. tenuissimum* Fosl., *L. calcareum* (Pall.) Aresch., *L. Borneti* Fosl.

Genre EPILITHON : *E. membranaceum* (Esp.) Heyd.

Genre MESOPHYLLUM (2) : *M. lichenoides* (Ell). Lem., *M. canariense* (Fosl.) Lem.

Genre LITHOPHYLLUM : *L. accretum* Fosl. et Howe, *L. hirtum* Lem., *L. applicatum* Lem., *L. lobatum* Lem., *L. Vickersiae* Lem.

S.-G. DERMATOLITHON : *L.* (*D.*) *polycephalum* Fosl., *L.* (*D.*) *hapalidioides* (Cr.) Fosl., *L. papillosum* (Zan.) Fosl., *L.* (*D.*) *geometricum* Lem.

Espèces rattachées au genre LITHOPHYLLUM : *L.* (?) *orotavicum* Fosl., *L.* (?) *absimile* Fosl. et Howe, *L.* (?) *Illitus* Lem., *L.* (?) *caribœum* Fosl.

Genre TENAREA : *T. irregularis* (Fosl.) Lem., *T. adhœrens* Lem.

Genre POROLITHON : *Por. onkodes* (Heyd.) Fosl., var. *oligocarpa* Fosl.

Genre PSEUDOLITHOPHYLLUM : *P. Esperi* Lem.

Genre MELOBESIA : *M. farinosa* Lmx., var *Solmsiana* Flkg.

S.-G. LITHOLEPIS : *M.* (*L.*) *Sauvageaui* Fosl.

Il faut ajouter à cette liste : *Archœlithothamnium africanum* Fosl., qui n'existe pas dans les récoltes de M. Boergesen, mais qui fut signalé par Foslie, d'après les récoltes de M. Sauvageau.

La flore des Mélobésiées, qui se compose ainsi de 30 espèces, parait résulter de la juxtaposition de plusieurs éléments d'origine diverse.

1) Un élément atlantique européen, représenté par les sept espèces suivantes : *Lithothamnium Lenormandi, L. Borneti, L. calcareum, L. Son-*

---

(1) Mme P. Lemoine, in Boergesen. Marine algae from the Canary Islands. *Det Kyl. danske Vidensk. Selskab. Biologiske Meddelelser*, t. VIII, p. 1, Kobenhavn, 1929.

(2) Voir *Bull. Soc. Bot. Fr.* [5], t. IV, 1928, p. 251.

deri, *Epilithon membranaceum*, *Lithophyllum* (D.) *hapalidioides*, *L.* (D.) *papillosum*, *Mesophyllum lichenoides*. Ces espèces se trouvent aux Canaries, à la limite de leur aire d'extension ; les unes y forment des thalles peu développés (*L. Lenormandi*, *L. calcareum*), tandis que d'autres paraissent être en évolution (*L. Sonderi*, *L. papillosum*).

2) Un élément africain, composé de cinq espèces des côtes africaines tropicales, qui sont ici à la limite Nord de leur extension : *Lithothamnium ectocarpon*, *L. tenuissimum*, *Lithophyllum* (D.) *polycephalum*, *Tenarea irregularis*, *T. adhærens?* Ces espèces sont connues soit en Mauritanie (*L. ectocarpon*), soit aux Iles du Cap Vert (*L. ectocarpon*, *L. polycephalum*), soit à San-Thomé, dans le Golfe de Guinée (*L. tenuissimum*, *T. irregularis*, *T. adhærens?*)

3) Un élément endémique, le plus important, comprenant douze espèces : *Archæolithothamnium africanum*, *Lithothamnium bisporum*, *Mesophyllum canariense*, *Lithophyllum hirtum*, *L. applicatum*, *L. lobatum*, *L. Vickersiæ*, *L.* (D.) *geometricum*, *L.* (?) *orotavicum*, *L.* (?) *Illitus*, *Pseudo-lithophyllum Esperi*, *Melobesia* (L.) *Sauvageaui*.

4) Des espèces à large distribution, des régions tropicales et subtropicales : *Porolithon onkodes*, var. *oligocarpa*, *Melobesia farinosa* var. *Solmsiana*.

5) Des espèces communes avec la région des Antilles : *Lithophyllum accretum*, *L.* (?) *absimile*, *L.* (?) *caribæum*.

Ainsi composée, la flore de Mélobésiées des Canaries est très différente de celle du Maroc ; les espèces communes aux deux régions sont : *Lithothamnium tenuissimum*, *L. calcareum*, *L. Lenormandi*, *Epilithon membhapalidiodes*, *Mesophyllum lichenoides*, *Lithophyllum* (D.) *papillosum*, *L.* (D.) *hapalidioides*, *Melobesia farinosa* (1), soit huit espèces sur trente.

Elle est également très différente de celle de la Mer Méditerranée ; huit espèces sont communes : *L. calcareum*, *L. Lenormandi*, *L. Sonderi*, *Ep. membranaceum*, *M. Lichenoides*, *L.* (D.) *papillosum*, *L.* (D.) *hapalidiodes*, *M. farinosa* var. *Solmsiana* ; mais on remarque l'absence aux Canaries des espèces les plus caractéristiques de la Méditerranée : *Lithophyllum racemus*, *Pseudol. expansum*, *Tenarea tortuosa*.

En résumé, par sa situation géographique, les Canaries se trouvent être une région où cohabitent à la fois des espèces des côtes d'Europe, qui sont là à la limite Sud de leur aire d'extension, et des espèces tropicales africaines, qui sont à la limite Nord de leur extension et qui (sauf *L. tenuissimum*) ne se trouvent pas sur les côtes du Maroc.

A ces deux groupes, s'ajoute un petit groupe composé d'espèces communes avec les Antilles, et, enfin, un élément endémique important.

------

(1) *M. farinosa* est représenté aux Canaries à la fois par sa forme type d'après M. Sauvageau et par sa var. *Solmsiana* (Sauvageau et Boergesen); au Maroc je n'ai pas encore observé la var. **Solmsiana**.

M. Boergesen, qui s'est chargé lui-même de l'étude de toutes les autres familles d'algues, a été frappé de la grande proportion d'espèces communes aux Canaries et aux Antilles. Cette proportion est de 16 % pour les Chlorophycées, de 40 % pour les Phaeophycées, de 46 % pour les Rhodophyceæ (Bangiales et Némalionales).

En suivant ceute proportion. sur trente espèces de Mélobésiées, nous devrions en trouver seize communes avec les Antilles : en réalité, il n'y en a que 5 (groupes n° 4 et n° 5) ; mais il existe neuf espèces des Canaries qui sont très voisines de neuf espèces de la région des Antilles (Antilles Bahamas, Bermudes) Voici la liste de ces espèces des Canaries avec, en regard, les espèces des Antilles auxquelles elles sont apparentées :

CANARIES	ANTILLES
Lithothamnium ectocarpon,	*L. mesomorphum.*
L. Lenormandi,	*L. sejunctum.*
Mesophyllum canariense,	*M. incertum.*
Lithophyllum Vickersiæ,	*L. intermedium.*
L. (D.) polycephalum,	*L. (D.) bermudense.*
L. (D.) geometricum,	*L. (D.) prototypum.*
L. (?) orotavicum,	*L. (?) propinquum.*
Tenarea irregularis,	*T. munitum.*
Melobesia (L.) Sauvageaui,	*M. (L.) bermudensis.*

Ces espèces appartiennent :

1° au groupe atlantique : *L. Lenormandi ;*
2° au groupe africain : *L. ectocarpon, L. polycephalum, T. irregularis;*
3° au groupe endémique : cinq espèces.

Le fait que les autres familles d'algues rouges possèdent un plus grand nombre d'espèces communes avec les Antilles que les Mélobésiées peut être interprété de diverses manières ; on peut penser que c'est une question de compréhension personnelle de l'espèce ; mais, à mon avis, c'est plus probablement un caractère inhérent à la famille considérée.

En effet, j'ai été frappée de ce que les quelques espèces des Antilles retrouvées aux Canaries paraissent y être rares : *L. accretum* est représenté par un seul thalle attaqué par des éponges ; *L. caribæum,* par un seul thalle également ; *L. absimile,* par des thalles assez nombreux, mais de tailles très réduites et de faible épaisseur ; ces espèces donnent l'impression d'être en voie de disparition.

Au contraire, les espèces *apparentées* aux espèces des Antilles sont plus abondantes ou mieux développées. Ce sont des espèces qui proviennent peut-être de la même souche que celles des Antilles, mais qui se sont adaptées et qui, par suite, ont subi quelques modifications dans leur structure.

Des faits qui précèdent, il ressort, ainsi que j'ai déjà eu l'occasion de le constater ailleurs, que les Mélobésiées doivent être considérées comme une famille en voie d'évolution continuelle.

QUELQUES CARACTÉRISTIQUES DE LA FAUNE DU DÉPARTEMENT DE LA COTE D'OR

PAR

P. PARIS

Chargé de cours à la Faculté des Sciences de Dijon

Du fait de sa situation géographique, de sa constitution géologique et des faciés si variés que par suite on y rencontre, la Côte-d'Or est certainement, parmi les départements de la France continentale, l'un de ceux qui possède une faune présentant le plus de particularités intéressantes.

Quelques espèces, parmi lesquelles une Planaire troglobie (*Dendrocœlides collini* de Beauchamp), un Rotifère (*Notommata silphoides* de Beauchamp), un Ostracode (*Stenocypria beauchampi* Paris), un Isopode troglobie (*Cœcosphœroma burgundum* Dollfus), un Collembole (*Chondrochorutes wahlgreni* Denis) et un Chilopode (*Cryptops parisi* Brölemann) n'ont encore été rencontrées que dans ses limites, à l'exception toutefois de *Cœcosphœroma burgundum*, dont l'aire de dispersion s'étend à l'Ouest jusqu'à Arcy-sur-Cure (Yonne), et à l'Est, jusqu'à Vesoul (Haute-Saône).

La plupart de ces formes se retrouveront très probablement, tôt ou tard, dans des régions assez éloignées, mais quelques-unes d'entre elles, les troglobies entre autres, n'ont certainement pas une aire géographique étendue. A ces derniers animaux, il faudra sans doute ajouter une autre Planaire, un Némerte et une Aselle, récoltés depuis peu dans un puits de Dijon et non encore déterminés.

Un plus grand nombre de formes n'ont été trouvées jusqu'à présent que là, en France, ou ne sont connues dans ce pays que de quelques autres points seulement, comme : *Trochospongilla horrida* Weltner, récoltée en Saône, près de Saint-Jean-de-Losne, avec quatre autres espèces d'Éponges ; des Rabdocœles, *Daliella diademata* von Hofst.; et *Daliella ornata* von Hofst.; un Triclade. *Planaria vitta* Dugès; un Oligochète, *Branchiura soverbyi* Beddard ; une Hirudinée, *Protoclepsis maculosa* Rathke ; un certain nombre de Cladocères, *Daphne atkinsoni* (Baird), *Alonopsis ambigua* Lillj., *Kurzia latissima* (Kurz), *Alona intermedia* G. O. Sars et *Pleuroxus denticulatus* Birge, forme américaine abondamment représentée dans les eaux stagnantes du département ; des Ostracodes, *Sphœromicola topsenti* Paris, *Limnocythere relicta* Lillj. et *Limnocythere stationis* Vavra ; un Amphipode, *Niphargus kochianus* Bate, qui se partage les eaux souterraines du massif de la Côte-d'Or, avec quatre autres espèces du genre ; un Collembole, *Arrhopalites binoculatus* Denis, un Psoque, *Ectopsocus briggsi* Mac Lach., et *Lithoglyphus naticoides* de Ferrussac, Gastéropode prosobranche rencontré en Saône, à Saint-Jean-de-Losne, depuis 1926.

Dans l'Est de la France, pas mal de formes méridionales limitent, vers le Nord, au département de la Côte-d'Or, leur aire de dispersion, ou, tout au moins, le dépassent peu ; par exemple, parmi les Aptérygotes, *Ctenolepisma lineata* F. et plusieurs espèces de *Japyx* dont *Japyx humberti* Grassi ; un Neuroptère, l'*Ascalaphus longicornis* L., que l'on voit en été chasser au-dessus des pelouses arides ; plusieurs Orthoptères, *Acheta bimaculata* de Geer, rencontré à plusieurs reprises sous les mottes de terre, aux abords de la Saône, et *Œcanthus pellucens* Scop. assez commun dans les endroits secs sur *Eryngium campestre*, *Locusta danica* Kirby ; des Hémiptères, *Emesodema domestica* Scop., *Micronectes meridionalis* et *Cicada hæmatodes* Scop., que l'on entend communément chanter dans les vignes au Sud de Dijon, qu'elle ne dépasse pas. Parmi les Poissons, *Chondrostoma toxostoma* Vallot et *Paralosa rhodanensis* Roule ; *Coluber longissimus* Laur., superbe Reptile, dont des exemplaires d'un mètre quatrevingt centimètres ont été capturés. Parmi les Oiseaux, *Petronia petronia* (L.), qui nichait autrefois régulièrement dans la région, ainsi que *Calandrella brachydactyla* (Leisl.), *Sylvia orphea* Temm., *Monticola saxatilis* (L.), *Coracias garrula* L., qui y a tenté une nidification; *Netta rufina* (Pall.), *Hydrochelidon nigra* (L.) et *Alectoris rufa* (L.), commune autrefois dans la zone motagneuse. Enfin, parmi les Mammifères, *Miniopterus schreibersi* Natter. et *Genetta genetta vulgaris* Lesson, dont deux captures sont connues des environs de Montbard. Le *Lacerta ocellata* Daud., saurien signalé à plusieurs reprises dans le massif de la Côte-d'Or, n'est probablement pas indigène. Le Dr Marchant, alors conservateur du Musée d'Histoire Naturelle de Dijon, en ramena du Midi, il y a une cinquantaine d'années, plusieurs douzaines d'individus et les lâcha aux environs de Dijon. Les petits exemplaires qui y furent rencontrés depuis pourraient bien n'être que des descendants de ces sujets importés. En tout cas, cet animal se serait donc acclimaté dans la région. Il n'en paraît pas être de même d'un Scorpion (*Euscorpius flavicaudus* de Geer), trouvé un certain nombre de fois dans des maisons de Dijon et de quelques autres localités voisines et dont l'origine exotique a pu être chaque fois, sinon affirmée, du moins très fortement soupçonnée.

Également doivent, parmi les espèces méridionales, être considérées comme de venue tout à fait accidentelle en Côte-d'Or, non seulement *Orthacanthacris ægyptiaca* (L.), bel Orthoptère capturé une fois dans Dijon, mais aussi pas mal d'Oiseaux, comme, *Sturnus unicolor* Temm., *Melanocorypha calandra* (L.). *Lanius meridionalis* Temm., *Monticola solitarius* (L.), *Merops apiaster* L., *Falco naumanni* Fleich., *Falco vespertinus* L., *Elanus cœruleus* Desf., *Ardeola ralloïdes* Scop. et *Himantopus himantopus* (L.).

Dans le massif de la **Côte-d'Or** et le plateau de Langres, quelques formes montagnardes et d'autres orientales, qui ne s'étendent que peu ou pas, plus à l'Ouest, voisinent avec les espèces précédentes: *Gammarus delebecquei* Cherreux et de Guerne (Amphipode); *Phasgonura cantans* Fuess. (Orthoptère) ; un Poisson (*Telestes soufia* Risso) et des Oiseaux, *Parus atricapillus subrhenanus* Kleinsch. et Jord., *Tichodroma muraria* (L.), *Apus melba* (L.), *Bubo bubo* (L.), *Œgolius tengmalmi* (Gmel.) et *Tetrastes bonasia* (L.).

On ne s'y explique pas, par contre, l'extrême rareté de *Planaria alpina* Dana, Planaire connue seulement de la source de la Coquille, qui elle-même présente cette particularité d'avoir à ses abords les stations uniques pour la région, de plusieurs plantes alpines, alors que les sources voisines, de même allure, sortant à la même température du même massif calcaire, n'abritent, comme Triclade épigé, que *Polycelis felina* Dalyell espèce très répandue dans toutes les eaux froides de la région.

On ne voit pas également pourquoi manquent à la Côte-d'Or, le *Pelobates fuscus* (Laur.) (Batracien anoure) et, parmi les Reptiles, *Pelias berus* L. et *Tropidonotus viperinus* Broie, espèces signalées dans les régions limitrophes et jadis, peut-être par erreur, dans le département lui-même, à moins que ces formes n'aient disparu depuis, comme cela s'est fait il y a un certain nombre d'années pour un Poisson (*Zingel aspro* L.) et comme la chose se produit actuellement pour d'autres espèces, entre autres *Petromyzon marinus* L. et *Lampetra fluviatilis* (L.) parmi les Cyclostomes et *Cervus elaphus* L. dans les Mammifères, pertes compensées avec plus ou moins de bonheur, pour les Poissons, par l'acclimatation actuellement effectuée de *Sander lucioperca* L., *Micropterus salmoides* Lacépède, *Eupomotis gibbosus* L. et *Ameiurus nebulosus* Lesueur.

LE CLIMAT ARTIFICIEL DES HABITATIONS HUMAINES ET LA DISPERSION GÉOGRAPHIQUE DE CERTAINS TYPES PARASITAIRES

PAR

E. ROUBAUD

Professeur à l'Institut Pasteur

L'habitation humaine et certaines de ses dépendances immédiates (magasins, étables et communs, etc.) réalisent en toutes contrées un climat artificiel bien différent du climat réel local des régions. Dans les conditions intérieures de l'habitation humaine, les températures excessives naturelles tendent à être abolies : le chauffage des foyers dans les climats froids, l'abri contre le soleil dans les régions chaudes substituent aux grands écarts thermiques du dehors une température moyenne modérée qui, pour des latitudes très différentes. apparaît souvent à peu près semblable. Aussi, cette uniformité relative des conditions climatiques intérieure de l'habitation est-elle favorable à la dispersion mondiale de certains types d'organismes vivant en rapport plus ou moins intime avec les êtres humains. Le progrès de la civilisation, de la navigation, sont appelés à favoriser de plus en plus cette dispersion.

Dans les magasins, les dépôts de farines, de céréales. nous voyons se répandre, dans le monde entier, une faune spéciale de Coléoptères, de Lépidoptères, d'Orthoptères ubiquistes : Dermestes, Tenebrions, Teignes, Blattes, etc... Certains d'entre eux sont aptes à servir d'hôtes intermédiaires à des Cestodes parasites de l'homme. comme *Hymenolepis diminuta*, aujoud'hui effectivement signalé dans les régions du globe les plus diverses. Quelques insectes éminemment domestiques. comme la Mouche (*M. domestica*). sont bien connus pour accompagner l'homme sous toutes les latitudes. Or. cette dernière espèce a des exigences thermiques telles qu'elle se caractériserait plutôt comme une espèce strictement tropicale. Les larves se développent dans les milieux de fermentation à haute température et les adultes nécessitent une moyenne thermique de 20 - 25° C. pour développer leur activité normale. C'est grâce aux conditions artificielles intérieures des habitations et dépendances que ce diptère thermophile a pu se répandre en tous lieux habités. Sous les climats froids, il recherche les locaux artificiellement chauffés quand la température est trop basse. Il en est de même pour une autre mouche, le Stomoxe (*St. calcitrans*), aujourd'hui répandue dans le monde entier pour des raisons analogues à celles de la mouche domestique, bien que sa thermophilie soit moins strictement accusée que celle de cette dernière.

C'est également grâce aux conditions artificielles liées au chauffage des habitations que la Puce des rats des régions chaudes, *Xenopsylla cheopis* Rothsch., espèce typiquement intertropicale, peut constituer, même dans les régions tempérées froides, des colonies plus ou moins pérennes. Plusieurs petits foyers de développement de cette puce, grand vecteur de peste des rongeurs domestiques à l'homme, ont été signalés à différentes reprises en Angleterre (Londres, Liverpool, Bristol), toujours dans des locaux artificiellement chauffés, et j'ai eu l'occasion récente d'en étudier un fort important à Paris même (1), dans une cave chauffée où régnait une température hivernale de 20-25° C. Il faut s'attendre à ce que, à la faveur de semblables conditions artificielles, la dispersion de cette puce dans les régions extra-tropicales soit constatée de plus en plus largement.

Un autre insecte spécialement attaché aux habitations humaines, la Punaise des lits, apparaît représenté dans le monde entier, mais par deux espèces ou formes géographiques distinctes : *C. lectularius* Mer. pour les régions tempérées et froides, *C. rotundatus* Sign. pour les régions tropicales. Il est infiniment probable que l'aire de dispersion de ces deux formes, avec les progrès de la colonisation et de la navigation, se trouvera de plus en plus intriquée. L'espèce courante, *C. lectularius*, se montre actuellement répandue déjà dans de nombreuses localités des tropiques ; l'inverse s'observera sans doute quelque jour pour l'espèce tropicale, dont la biologie est la même.

Un exemple important et très spécial de ce que peuvent les conditions climatiques de l'habitation sur la dispersion géographique des parasites humains, non pas seulement externes, mais internes, nous sera fourni par l'étude des influences qui régissent en Europe l'extension des *Plasmodium* du Paludisme.

Dans l'Europe méridionale se trouvent répandus en égale fréquence le *Pl. vivax*, agent de la fièvre tierce bénigne, et le *Pl. proecox*, agent de la tierce tropicale ou tierce maligne. Mais la barrière alpine représente en Europe sensiblement une limite naturelle pour ce dernier parasite, alors que le *Pl. vivax* subsiste encore au Nord de cette limite (Hollande).

Au premier abord, il peut sembler que cette discordance dans la répartition géographique extrême de ces deux types d'hématozoaires relève des actions directes du climat extérieur agissant au cours de leur évolution, chez l'Anophèle propagateur. Il est rationnel de penser, avec Lagriffoul et Picard (2), qu'une température moyenne trop basse dans l'Europe septentrionale y rend impossible l'évolution du *Pl. proecox*, virus tropical, alors qu'elle permet encore celle du Plasmodium indigène,

---

(1) *Bull. Soc. Path. exot.*, mars 1928,

(2) *Bull. Soc. Path. exot.*, t. X, 1917, p. 883 et t. XI, 1918, p. 73.

Pl. vivax. Les choses ne sont cependant pas aussi simples, puisque le *Pl. proecox* est fréquent dans la Russie du Nord; et d'autre part, j'ai montré qu'en France les températures courantes de l'été sont largement suffisantes pour permetttre son développement chez l'Anophèle. D'après mes recherches, c'est aux conditions de climat artificiel, réalisées dans les étables et abris à bestiaux que revient, mais d'une façon très détournée, le rôle fondamental dans l'extinction de la tierce maligne, au Nord des Alpes. Dans la partie méridionale, chaude, de l'aire géographique européenne de l'Anophèle vecteur (*A. maculipennis*), les abris à bestiaux, d'ordinaire insuffisants et précaires en raison de la clémence de la température, ne permettent pas à l'Anophèle d'y développer ses habitudes zoophiles ; c'est à l'habitation humaine elle-même qu'il demande toute l'année l'abri et la nourriture sanguine. Au Nord de la barrière alpine, au contraire, en raison de la rigueur hivernale plus grande, les abris à bestiaux, généralement mieux constitués, réalisent mieux le climat artificiel propice à l'Anophèle, et celui-ci apparaît couramment *dévié* des habitations humaines, par les abris animaux.

Cette substitution de l'étable à l'habitation, dans la vie courante du Moustique, entraîne, comme on le conçoit, la cessation des rapports palustres entre l'Anophèle et l'homme. Mais, si l'on comprend bien ainsi l'extinction quasi générale de *Pl. proecox* au Nord de la barrière alpine, pour quelles raisons n'en est-il pas de même pour le *Pl. vivax ?* C'est que, dans l'Europe du Nord, protégée par le bétail, la transmission palustre devenue inexistante en période de grande activité (printemps, été) des moustiques, peut encore survenir dans les conditions de l'habitation, en hiver, époque où les anophèles se sédentarisent et n'obéissent plus aussi parfaitement à l'attraction animale. Les recherches des auteurs hollandais (SWELLENGREBEL, etc.), montrent que le climat artificiel d'hiver des habitations tièdes, en Hollande, est suffisant pour permettre l'évolution et la transmission du *Pl. vivax*. Mes recherches récentes [1] tendent à montrer que ces conditions sont au contraire insuffisantes pour le *Pl. proecox*. De là, l'extinction plus complète de ce dernier au Nord de la barrière alpine.

Ces exemples font ressortir combien l'étude des conditions climatiques intérieures des habitations est importante dans l'interprétation de certains problèmes de géographie parasitaire, qui ne sauraient être suffisamment résolus par l'étude seule de la climatologie extérieure.

---

[1] *C. R. Acad. des Sciences*, 30 janvier, 1928, p. 329.

LES ASSOCIATIONS ANIMALES DES RIVIÈRES
DE LA TUNISIE ORIENTALE

PAR

L. G. SEURAT

Professeur à la Faculté des Sciences d'Alger

La faune des eaux continentales de l'Afrique mineure est remarquable par l'existence de certaines formes thalassoïdes qui n'ont pas manqué d'exciter la curiosité des naturalistes.

J'ai précédemment signalé la présence dans l'oued Bezirk, rivière permanente de la Tunisie orientale, d'une Serpule, le *Mercierella enigmatica* Fauvel, déjà connue dans les eaux du canal de Caen à la mer, dans diverses rivières de la Manche et, dans la Méditerranée occidentale, à Gandia, près de Valence. Au gué de l'oued Bezirk, à environ trois kilomètres de l'embouchure, les Serpules se fixent de préférence à la face inférieure des cailloux ; en aval, près de l'embouchure, les Serpules deviennent de plus en plus fréquentes et se fixent sur les supports les plus variés, tiges de Roseaux, bois flottés, ægagropiles ou pelotes marines.

L'intérêt de l'oued Bezirk réside, non seulement dans la présence de la Serpule, mais surtout dans les associations animales au milieu desquelles vit cette Annélide. Les Serpules de l'oued Bezirk vivent dans des eaux douces habitées par une faune nettement fluviatile : Clemmyde lépreuse, Grenouille verte, *Atyaephyra Desmaresti* (Millet), *Potamon edule* (L.), Gammares et Sphéromes; on doit ajouterf à ces animaux une Annélide *Nereis diversicolor* (O. F. Müll.), un Taret, *Teredo minima* Blainville qui abonde dans les bois immergés et enfin les Bryozoaires de la famille des Membraniporidés, fixés sur les supports les plus divers, cailloux, bois flottés, Roseaux ; ces Bryozoaires appartiennent à trois espèces, dont M. Canu a donné récemment la description, *Nitscheina spiculata*, *N. Seurati* (bois flottés), *N. fluviatilis* (bois flottés).

L'existence de ces curieuses associations animales de l'oued Bezirk étant connue, il était naturel de les rechercher dans d'autres rivières de la Tunisie, de la péninsule du Cap Bon en particulier ; c'est ce que j'ai fait au mois de juin dernier, en compagnie de M. Alfred Blanchet.

Nous avons retrouvé le *Mercierella enigmatica* et les Bryozoaires, dans l'oued Abid (oued-el-Abiod), qui coule au cœur du Cap Bon et draine toutes les eaux du versant N.-W. du djebel Abderrhamane; à ces animaux sont associés l'*Atyaephyra Desmaresti*, des Sphéromes, un Ancyle, l'*Unio Doumeti* Bgt., la Clemmyde lépreuse, la Grenouille verte et les Muges (Mullets).

On ne retrouve rien de ces biocœnoses, dans les rivières de la côte orientale du Cap Bon ; dans l'oued Abids, par exemple, une des rares rivières de cette côte qui garde de l'eau en été, on observe, dans les eaux très saumâtres de l'estuaire, le *Carcinus maenas*, le *Palaemonetes varians* Leach et le *Cyprinodon fasciatus* Valenciennes.

Il sera intéressant de rechercher l'existence éventuelle de ces faunes dans les rivières permanentes de la côte septentrionale de la Berbérie, notamment dans la Seybouse, déjà célèbre par l'existence du *Syngnathus algeriensis* Playfair, depuis l'estuaire jusqu'au delà de Guelma, à près de 100 kilomètres de l'embouchure.

AGRONOMIE

Président .... M. H. Verdié, Ingénieur-Agronome, Directeur des
Services Agricoles de la Charente-Inférieure.
Vice-Président .... M. Porcher, Professeur à l'Ecole Nationale Vété-
rinaire de Lyon.
Secrétaire .... M. A. Chollet, Ingénieur-Agronome, Professeur à
l'Ecole de Laiterie de Surgères.

LE CONTROLE LAITIER ET BEURRIER

PAR

H. VERDIÉ

Ingénieur agronome
Directeur des Services agricoles de la Charente-Inférieure

Il y a trente-cinq ans déjà que M. P. Dornic, l'éminent Directeur de la Station d'Industrie Laitière de Surgères, précisait, dans la préface de la première édition de sa brochure « Le Contrôle Pratique et Industriel du Lait », les deux points principaux de cette question, savoir l'importance du Contrôle Laitier :

1° Pour le Producteur ;
2° Pour l'Acheteur.

.En dépit d'une propagande assez active, le Contrôle n'est pas suffisamment entré dans la pratique, du moins en France.

Le Congrès du Contrôle Laitier tenu à Paris, les 28-29 Octobre 1926, a renouvelé son actualité ; et, depuis, grâce à l'inlassable activité de M. André Leroy, Chef de Travaux de Zootechnie à l'Institut National Agronomique, une impulsion nouvelle a été donnée au Contrôle chez le Producteur.

Il est intéressant d'apprécier l'état actuel de cette importante question, et d'examiner les moyens de lui faire acquérir la place qu'elle doit prendre dans l'élevage et dans l'industrie du Lait.

LE CONTROLE LAITIER - BEURRIER CHEZ LE PRODUCTEUR

Son But ; Sa Méthode. — L'Éleveur et le Producteur de Lait ont intérêt, pour la sélection des vaches laitières qu'ils élèvent ou exploitent, à s'appuyer sur des données précises fournies par des mesures et analyses établissant la quantité et la qualité du lait fourni par chaque animal.

Pratiquement, la pesée et l'analyse journalières sont impossibles.

Les résultats obtenus par des pesées et des analyses de contrôle faites trois fois pendant la durée de la lactation, par exemple, un mois après le vêlage, puis les cinquième et le huitième mois, ou même tous les deux mois ne donnent pas des renseignements suffisamment précis. L'expérience paraît avoir démontré qu'un contrôle mensuel est nécessaire et suffisant pour permettre le calcul des moyennes et des totaux de production et de richesse.

Chaque contrôle doit s'effectuer pendant une période de 24 heures, dans les conditions habituelles de vie de la vache, c'est-à-dire à l'étable ou au pacage, comme pour les traites journalières ordinaires.

La densité du lait étant variable, la production doit se mesurer au poids. Comme le facteur le plus important de richesse est la matière grasse, c'est son dosage qui a donné lieu aux recherches les plus complètes. Le procédé Gerber est celui des dosages pratiques qui permet le plus de précision. Puisque il existe des modèles réduits de Gerber, d'un transport assez facile, c'est l'usage de ce procédé que nous conseillons. Souvent il serait utile de connaître la richesse en caséine ; pour la fromagerie et la caséinerie, cette donnée aurait de l'intérêt ; mais il n'existe pas de procédé pratique et rapide de dosage de la matière azotée des laits.

Le Contrôle chez le Producteur se limitera donc à la pesée du lait fourni par l'ensemble des traites d'une journée (24 heures) et à l'établissement de la richesse moyenne en matière grasse de ces traites.

Son Exécution. — Le contrôle mensuel est réalisé par les Syndicats de Contrôle, dont le type a été défini au Congrès de Paris, en 1925.

Un contrôleur fait environ chaque mois une visite *inopinée* et pendant 24 heures procède au contrôle. A titre documentaire, il note les rations alimentaires, et établit le signalement des veaux, pour faciliter leur inscription aux livres généalogiques.

Pour donner aux résultats du Contrôle Laitier une valeur comparative, il est indispensable que ce contrôle soit fait suivant une même méthode ; de là, est née la Section de Préparation des Contrôleurs à l'Institut National Agronomique et aussi l'institution du Supercontrôle.

Les Syndicats fédérés doivent disposer d'un ou plusieurs Contrôleurs, qui vont, sans prévenir le Contrôleur local, procéder à des mesures et des analyses, dont les résultats sont destinés à homologuer ou à corriger ceux fournis par le Contrôleur habituel. Ce Supercontrôle a une importance primordiale pour le Concours National de la meilleure vache, organisé chaque année.

En Charente-Inférieure, nous avons trois Laiteries Coopératives, qui continuent les Concours-Beurriers avec deux à trois contrôles annuels, et nous possédons, depuis 1927, un Syndicat Départemental de Contrôle, qui, incessamment, aura deux Contrôleurs et dont le service actuel s'applique à plus de 500 vaches.

Un grand progrès reste à réaliser non seulement dans notre département, mais dans toute la France. Alors qu'en Danemarck, il y a à peu près le quart des vaches qui sont soumises au Contrôle, on constate qu'en France, il y en a à peine une sur quatre cents.

Quand on songe au rôle capital que pourrait jouer la sélection des vaches à bonnes aptitudes laitières dans le choix des reproducteurs, et celui des vaches gardées spécialement pour la production laitière, l'on ne peut que conclure à la nécessité de propager, d'encourager le développement du Contrôle Laitier.

CONTROLE LAITIER ET BEURRIER PAR L'ACHETEUR

Suivant la race, l'aptitude individuelle, le climat, l'alimentation et bien d'autres facteurs, la richesse du lait varie. Il y a par suite des laits pauvres, des laits normaux et des laits riches.

Consommation. — Le Consommateur, qui paie le lait au cours moyen devrait recevoir un lait normal et jamais un lait pauvre. Or, dans la vente directe et au détail du petit Producteur au Consommateur, il n'existe pas de moyen pratique de contrôle.

Seuls les Syndicats de Producteurs de lait ou les Entreprises importantes de Vente de lait, possédant des installations de filtrage, d'homogénisation, de pasteurisation, qui nécessitent le mélange des laits et la préparation d'un lait moyen, peuvent garantir leur fourniture surtout si leurs adhérents possèdent des vaches contrôlées.

Beurrerie. — Ayant à extraire du lait la matière grasse pour fabriquer le Beurre, il semble que les Beurreries Coopératives ou Industrielles devraient toujours payer le lait d'après sa richesse. Nous constatons cependant l'anomalie que, dans le rayon de l'Association Centrale des Laiteries des Charentes et du Poitou, le lait est payé uniformément au volume.

Un seul moyen d'améliorer la situation paraît réalisable, c'est le développement du Contrôle Laitier-Beurrier chez le Producteur. Les Laiteries Coopératives devraient, chaque année, consacrer des sommes suffisantes pour assurer le contrôle à la propriété. En tout cas, en attendant une réalisation complète, il est souhaitable qu'elles subventionnent les Syndicats Départementaux de Contrôle. Plus leur action se diffusera, plus les Coopératives et les Industries recevront des laits riches et sains .

CONTROLES DIVERS

En traitant cette question du Contrôle Laitier et Beurrier, l'on ne saurait passer sous silence les autres contrôles, tels que celui des Fraudes et le Contrôle Sanitaire ?

Le Service des Fraudes du Ministère de l'Agriculture surveille la vente de laits purs; mais son action est insuffisante vis-à-vis de l'Industrie ; aussi, les Laiteries Coopératives ont-elles un Service de Contrôle des Fraudes. C'est leur moyen de se défendre contre la fourniture de laits mouillés, de laits écrémés ou parfois de laits malpropres.

A ce point de vue, l'application à plusieurs régions de normes locales conduit à des erreurs certaines. Il y a trop de différence entre la richesse des divers laits de toute la France, pour que l'adoption des mêmes minima puisse être rationnelle.

D'après les races, les méthodes d'alimentation, et le climat, le lait a une composition moyenne locale, qui devrait être établie par circonscription de Cours d'Appel, et servir de base aux poursuites contre les fraudes. La fixation de moyennes pour l'ensemble de la France assure l'impunité aux fraudeurs habiles.

Pour être bon, il ne suffit pas qu'un lait ait une richesse normale, il faut qu'il ne contienne pas un excès de microbes toxiques, il faut qu'il soit sain Une ébullition prolongée permet de se prémunir contre la contamination que pourrait provoquer le lait. S'il est des cas où des précautions spéciales doivent être prises, nous considérons qu'ils ne rentrent pas dans le cadre des contrôles ordinaires et ressortissent de spécialités ou de marques, pour la vente de laits pasteurisés ou stérilisés provenant de vaches surveillées.

CONCLUSIONS

Les méthodes analytiques que doit utiliser le Contrôle Laitier-Beurrier sont suffisamment pratiques pour être employées par des Contrôleurs ambulants. L'emploi du Gerber permet d'obtenir les résultats les plus comparables.

Une sorte de carence du Contrôle Industriel semble exister. Ce n'est qu'assez rarement que, tout au moins dans notre région, les Beurreries payent le lait d'après la richesse en matière grasse. Comme il paraît difficile de réformer rapidement l'usage établi, il convient de donner le maximum d'ampleur au Contrôle Laitier-Beurrier chez le Producteur.

Tous les efforts doivent donc tendre pour donner aux Syndicats Départementaux de Contrôle Laitier les moyens moraux et financiers pour accroître leur action. A ce point de vue, un rôle important peut être joué par les Laiteries-Beurreries Coopératives et les Industriels Beurriers ou Fromagers, ainsi que par les Associations de Herd-Book, pour constituer et subventionner des Fédérations de Syndicats de Contrôle Laitier opérant sur des races déterminées, et des Syndicats Départementaux agissant dans le rayon des Laiteries.

Les Herd-Books des races bovines laitières devraient obligatoirement mentionner les résultats des Contrôles Laitiers et Beurriers sur les fiches individuelles ou bien il conviendrait de créer des livres généalogiques spéciaux.

LA PROTÉINE ET LA PRODUCTION DU LAIT

PAR

LOUIS DANGUY

Ingénieur agronome
Directeur des Service agricoles à Nantes

Les recherches entreprises et poursuivies depuis un demi-siècle, dans divers pays d'Europe et d'Amérique, tendent à fixer le rôle de chacun des éléments constituant les aliments donnés aux femelles bovines pour la croissance, la gestation, la production du lait et l'engraissement.

Les conclusions tirées de toutes ces études, en ce qui concerne l'élevage, et l'engraissement, ont permis d'établir des rations adéquates au but à atteindre.

Parmi les recherches d'ordre zootechnique, qui ont été poursuivies en France depuis plus de trente ans, par deux savants chercheurs, André Gouin, Éleveur et Andouard, Ingénieur Agronome, Directeur de la Station Agronomique, à Nantes, recherches qui n'ont été arrêtées que par la mort de l'un d'eux, André Gouin, se place l'étude de l'influence de la protéine sur la production du lait.

Ce sont les conclusions de ces recherches que j'apporte au Congrès ; elles ont des conséquences pratiques considérables.

La richesse des laits, qui influe sur les besoins de la production, est extrêmement variable suivant les races et suivant aussi les animaux eux-mêmes. On ne saurait chercher à établir un rationnement pour les vaches, en se basant uniquement sur les quantités de lait qu'elles produisent : il faut tenir compte de la composition du lait produit ; or, sur les trois sortes de principes nutritifs qui entrent dans la composition du lait, il en est deux, la protéine et le sucre, qui ne varient guère ; soit, au total, en moyenne 85 grammes par litre, pour ces deux principes.

Le praticien appréciera la richesse du lait en graisse par dosage ou plus simplement d'après le nombre de litres nécessaires pour obtenir un kilogramme de beurre, en se rappelant que celui-ci contient en moyenne 84 % de graisse.

La formule qui donne la richesse du lait est alors la suivante :

$$R. \ 85 \ gr. = G. \times 2, 27.$$

Le facteur 2, 27 est représentatif de la valeur calorifique de la graisse G., qui est plus élevée que celles des autres principes nutritifs.

Chacun pourra alors établir un tableau de la richesse du lait de ses vaches.

QUANTITÉ DE LAIT POUR FAIRE 1 KG DE BEURRE	RICHESSE DU LAIT (GRAMMES)
16	205
18	190
20	180
22	170
24	165
30	145

La quantité de principes nutritifs que la ration devra fournir à la vache laitière sera établie sur ces bases.

Le lait est toujours relativement très riche en principes azotés ; la sécrétion laitière diminue si la protéine n'est pas en suffisance dans la ration ; une bonne laitière en réclame au moins 800 grammes, si elle produit 26 litres de lait à 30 gr. de caséine par litre. Or, dans la pratique, il est loin d'en être ainsi, tout au moins pendant l'hiver ; le foin, les ensilages, les racines n'apportent pas l'azote en suffisance.

D'où la nécessité d'avoir recours aux aliments concentrés en donnant la préférence à ceux qui renferment la plus forte proportion de protéine digestible et dont le prix d'achat est le plus avantageux.

Toujours dans leurs recherches, André GOUIN et ANDOUARD ont lié la question économique à celle de l'alimentation rationnelle.

C'est ainsi que le tourteau de palmiste a été préféré tant que son prix est resté sensiblement inférieur à celui d'arachide, qui a eu, avec raison d'ailleurs, longtemps les préférences de nos petits Éleveurs.

Plus encore, à richesse égale, le tourteau d'arachide gris, de bonne qualité, est à préférer au tourteau extra blanc, qui coûte plus cher.

L'œil de la vache n'est pas impressionné de la même manière que celui du nourrisseur, par la coloration des aliments.

La proportion de tourteau à faire entrer dans la ration journalière et dans tous les cas, ne peut être indiquée ici ; il ne pourrait être question de moyenne, puisque la production individuelle en quantité et qualité est essentiellement variable.

La pratique a sanctionné, dans le pays nantais, l'adjonction de tourteaux à la ration d'hiver (foin et racine) de la vache donnant par exemple 15 litres de lait, soit 1 kg 25 de tourteau d'arachide ou bien 3 kg 25 de coprah ou encore 4 kg de palmiste.

Au printemps, les légumineuses fourragères apportent la presque totalité de la protéine nécessaire ; l'adjonction de tourteaux moyennement azotés et à bon marché donne souvent de bons résultats.

On revient à un tourteau riche : 1 kg 500 ou 2 kg d'arachide, à l'apparition du maïs ; et lorsque celui-ci devient ligneux, une plus forte proportion de palmiste s'imposera si ce tourteau est meilleur marché que tous les autres.

Les pâturages, dont la flore est riche en légumineuses, fournissent le meilleur aliment aux vaches laitières. Une adjonction de tourteaux est faite dès que la pousse de l'herbe est peu active, ou encore lors de la reprise de la végétation, à l'automne, époque où repousse une herbe saturée d'eau.

L'Éleveur attentif suit la production du lait de ses vaches en quantité et qualité ; il augmente ou diminue l'emploi des aliments — ceux achetés en particulier — selon la lactation, sans aller cependant jusqu'à la suppression des tourteaux pour les vaches taries, surtout en hiver.

Les travaux d'André Gouin et Andouard ont mis en lumière un certain nombre de points intéressants de la production du lait.

Contrairement à une opinion commune, les vaches de petite taille ne donnent pas toujours un lait moins coûteux à produire que celui fourni par une forte vache ; car la ration nécessaire pour deux petites vaches de 350 kg dépasse celle qui permet à une vache de 700 kg de donner la même production.

Les mauvaises laitières sont très onéreuses à nourrir.

La production de chaque litre de lait a exigé 800 grammes de principes nutritifs pour une vache de 350 kg donnant 8 litres de lait, alors que 1.034 grammes ont été nécessaires pour la vache de même poids qui ne donnait que 5 litres.

Ces conclusions pratiques méritent de retenir l'attention de tous les Producteurs de Lait.

I. - LA FRAUDE DANS LE COMMERCE
DE LA CASÉINE ALIMENTAIRE

PAR

MARC FOUASSIER
Expert des Tribunaux

La Caséine est la matière azotée la plus importante du Lait ; il en contient environ 33 grammes par litre. Sans entrer dans le détail des différents états sous lesquels elle peut s'y présenter, pas plus d'ailleurs que dans ceux de ses réactions et de sa composition biologiques, extrêmement complexes, et encore mal définies, il semble néanmoins nécessaire, pour préciser et expliquer les caractères de la Fraude dont il va être question, de rappeler rapidement les procédés d'extraction *industrielle* de la caséine, ainsi que certaines propriétés qui déterminent son emploi et sa différenciation *commerciale* en France.

D'une façon générale, on peut appliquer à la caséine l'opinion de DUCLAUX sur le Lait, car il y a des caséines et non une caséine. Pratiquement, cela s'explique par la variation de la composition du lait lui-même et aussi par la modification constante que subit la caséine au sein de celui-ci sous l'influence microbienne. En réalité, c'est la manifestation plus ou moins profonde de l'action microbienne qui permet d'obtenir deux produits très différents, bien que de même origine, et souvent désignés par le seul nom de caséine.

L'extraction de la caséine s'opère sur du lait très complètement écrémé, dans des cuves munies d'un double fond pour le chauffage à la vapeur, et fréquemment d'un agitateur mécanique.

La caséine ne précipite pas par la chaleur ; selon l'état de fraîcheur du lait, on utilisera pour son extraction un procédé différent. Si le lait est frais, c'est-à-dire si l'action microbienne productrice d'acidité lactique au dépens du lactose est nulle ou à peine amorcée, on provoquera la coagulation de la caséine par addition de présure ou lab ferment au lait. Il se forme, dans la masse liquide, un coagulum que l'on brise avec précautions, puis que l'on « cuit » dans le sérum sans cesse en agitation, à la façon du fromage de gruyère. Le coagulum, qui porte après cuisson le nom de caillebotte, est lavé plusieurs fois, pressé, puis séché ; c'est alors la caséine. Du fait de son mode d'obtention, elle porte le nom de caséine-présure.

Si le lait n'est pas frais, c'est-à-dire s'il est en voie d'acidification lactique, on provoquera, ou on laissera se provoquer d'elle-même, la précipitation de la caséine par acidification du milieu lacté. Ce qui revient à dire que l'on peut ajouter d'emblée au lait une dose d'acide minéral ou organique telle que la caséine rompant son état colloïdal, se précipitera, ou bien que l'on peut laisser à l'action microbienne, le soin d'acidifier progressivement le milieu ; lorsque l'acide lactique ainsi produit sera en quantité suffisante dans la masse liquide, la caséine précipitera, pour la même raison que ci-dessus. La caillebotte provenant de ces modes différents de précipitation est traitée comme la caillebotte obtenue par la présure. La caséine en résultant sera de la « caséine à l'acide » ou de la « caséine lactique », cette dernière étant obtenue par l'autoacidification.

On comprendra aisément que par chacune de ces méthodes on obtient une caséine différente. Dans le cas de la présure, on a coagulé la caséine dans un milieu n'ayant été le siège d'aucune perturbation chimique ou microbienne brutale, on a coagulé une phospho-caséinate de chaux ? Dans le cas de la précipitation par acide surajouté, l'action chimique se manifeste déjà sur les sels de chaux. Enfin, dans l'autoacidification du milieu, la lente désagrégation microbienne du lactose provoque également une désagrégation plus ou moins complète des sels phosphocalcaires de la caséine et leur solubilisation à la faveur de l'acidité croissante du milieu.

Pour illustrer ces trois modes d'obtention de la caséine les schéma suivants, sans doute un peu personnels, me semblent tout indiqués ; *ils n'ont pas la prétention d'être une formule*, mais simplement en rapport avec les faits pratiques et les analyses chimiques minérales des caséines ici envisagées :

$$
(1)\quad R\!-\!Ca\begin{cases}Ca\\ \\ Ca\end{cases}
\qquad
(2)\quad R\!-\!Ca\begin{cases}Ca\,H\\ \\ Ca\end{cases}
\qquad
(3)\quad R\!-\!H\begin{cases}H\\ \\ H\pm Ca\end{cases}
$$

(R étant un groupement protéique très complexe). Le schéma (1) représente la caséine présure comme sel calcaire saturé. Le schéma (2) représente la caséine acide comme sel acide susceptible d'une combinaison alcaline par son radical H. Le schéma (3) représente la caséine lactique susceptible de se comporter comme un véritable acide avec une grande affinité pour les bases ou sels alcalins.

Voici maintenant un exemple comparatif de la composition de ces caséines au point de vue de leur teneur en cendres, chaux et acide phosphorique. Ces chiffres n'ont rien d'absolu :

	Présure	Acide	Lactique
Cendres	10,64	7,14	2,62
Chaux	3,70	2,68	0,26
Acide Phosphorique........	2,98	2,45	1,27

On remarquera la concordance entre les schéma et le pourcentage relatif de chaux trouvé à l'analyse ; les caractères et les utilisations pratiques de ces diverses caséines viennent la confirmer.

En effet, la caséine à la présure ne se combine pas avec les alcalis : elle est douée de propriétés plastiques, lorsqu'elle est traitée à chaud dans certaines conditions d'humidification et de pression ; elle est employée pour la fabrication de masses plastiques transformées ensuite par formolage en une matière imputrescible et peu hygroscopique, avec laquelle on façonne, par découpage ou tournage, de multiples objets de mode, tabletterie, etc.

La caséine à l'acide ne possède pas de caractères plastiques, mais additionnée avant séchage, c'est-à-dire à l'état de caillebotte, d'une minime proportion de bicarbonate de soude, elle en fixe l'alcali et acquière de ce fait, après séchage, un caractère de solubilité. Cette caséine est utilisée pour la préparation de la caséine alimentaire. En outre, la rapidité de sa précipitation, sans intervention microbienne intense, en fait un produit plus propre et plus hygiénique que la caséine lactique.

La caséine lactique n'a aucune propriété plastique, mais elle se combine activement avec les alcalis ou les sels alcalins, en milieux aqueux, pour donner des solutions colloïdales douées d'un pouvoir adhésif remarquable. La colle à la caséine est employée dans l'ébénisterie, dans les apprêts de tissus, etc. La caséine lactique, de par son mode de préparation, est riche en germes microbiens. Il est à remarquer que la température de dessiccation de la caillebotte n'atteint pas, en effet, la température de stérilisation, et que le centre du grain de caséine n'est jamais aussi desséché que la périphérie, qui forme une sorte de carapace.

Il est maintenant plus aisé de montrer en quoi consiste la fraude, sur laquelle je crois nécessaire d'attirer l'attention des hygiénistes. Il est parfois livré sur le marché des caséines dites alimentaires qui ne devraient pas être ainsi dénommées, car elles ne résultent pas d'une combinaison de bicarbonate de soude et de caséine précipitée par addition d'acide, mais bien d'un mélange de caséine lactique et de bicarbonate. Il n'y a aucune solubilisation possible, et, de plus, la caséine lactique courante n'est pas préparée dans un but alimentaire : il y aurait donc lieu de considérer comme une tromperie, la mise en vente de cette caséine mélangée à du bicarbonate de soude, au lieu et place de caséine acide combinée au bicarbonate.

La mise en évidence de la fraude est aisée : un simple examen microscopique à faible grossissement permet de se rendre compte s'il s'agit d'un mélange, par l'apparition de particules cristallines ; de plus, l'examen organoleptique et l'effervescence qui se produit par addition d'acide sont pratiquement suffisants pour déceler le bicarbonate libre .

Le dosage de la chaux ou de l'acide phosphorique permet de préciser la nature de la caséine utilisée.

Le commerce de la caséine alimentaire est peu étendu, mais, faut-il encore que la minime quantité livrée comme telle sur le marché réponde, par ses caractères et qualités, à sa véritable dénomination et utilisation. Il serait donc souhaitable que le décret de 1924 définisse d'une manière plus précise ce que doit être la caséine alimentaire, en mentionnant, par exemple, qu'elle doit être exempte de sels alcalins ou autres à l'état libre, ceux-ci ne devant exister qu'à l'état de combinaison avec la caséine elle-même.

Bien entendu, cette remarque ne vise en aucune façon les caséines préparées pour l'usage de colles, que l'on rencontre fréquemment dans le commerce : ces caséines sont des mélanges à l'état sec avec des sels alcalins susceptibles de former combinaison par addition d'eau au moment de l'emploi, du fait même de la nature de la caséine (lactique) utilisée dans ces mélanges.

II. - LE DOSAGE DE LA MATIÈRE GRASSE
DANS LA CASÉINE

En ce qui concerne le taux de matière grasse dans les caséines, il est indispensable qu'une entente internationale intervienne. Beaucoup de marchés pour l'exportation reposent sur ce taux, et les méthodes utilisées pour le déterminer ne donnent pas des résultats concordants.

En France, on semble s'en tenir à la méthode par épuisement, avec des solvants appropriés, en utilisant le Soxhlet. Cette méthode est longue et son résultat toujours inférieur à celui que l'on devrait obtenir réellement. La grosseur du grain, la pénétration aux solvants, en font une cause d'insuccès.

Je signale, pour mémoire, le broyage au sable de la caséine préalablement humidifiée ; là encore, l'extraction est incomplète.

Seules les méthodes basées sur la désagrégation préalable et totale du grain de caséine dans un milieu acide ou alcalin, suivie de l'extraction de la matière grasse de ce milieu, par les solvants appropriés, permettent le dosage certain et régulier de la totalité de la matière grasse d'une caséine.

En Allemagne, on utilise la méthode Gottlieb-Ratzlaff ou la méthode Schmid-Bondzynski-Ratzlaff, l'une et l'autre utilisant la désagrégation en milieu acide. La dernière de ces méthodes est décrite dans les Annales des Falsifications et des Fraudes, n° 217, page 41, où elle est appliquée aux fromages.

Appelé à faire de nombreuses analyses de caséines destinées à l'exportation, j'utilisais, pour le dosage de la matière grasse, la méthode par extraction au Soxhlet; mes résultats étaient toujours très sensiblement différents de ceux obtenus en Allemagne, par exemple, lors de la contre-analyse, ce qui a donné lieu à de multiples contestations. Il m'est apparu nécessaire de demander communication de la méthode utilisée, et, par suite, de l'employer moi-même ; il en est résulté une complète concordance entre les résultats obtenus de part et d'autre et, par conséquent, la disparition de toute discussion. La méthode indiquée est celle du **Gottlieb-Ratzlaff**.

Je crois intéressant de communiquer au *Congrès pour l'Avancement des Sciences*, les modifications d'ordre opératoire apportées par moi à la méthode Gottlieb-Ratzlaff ; elles permettent d'obtenir de cette méthode plus de rapidité et de précision.

Communication. — **Voici la technique de la méthode Gottlieb-Ratzlaff** : Dans un verre de Jena, on pèse 5 grammes de caséine, que l'on dissout totalement et à chaud dans 15 centimètres cubes d'acide chlorydrique de Dté. 1, 125. On transvase ensuite dans un tube Gottlieb-Roese ou une éprouvette graduée de 100 c. On rince le verre de Jena avec 10 cc. d'alcool, puis 25 cc. d'éther et enfin 25 cc. d'éther de pétrole.

Chaque liquide de lavage est versé dans l'éprouvette, qui est ensuite bouchée, puis agitée. On laisse ensuite reposer pendant deux heures. On prélève 10 cc. de la partie éthérée surnageante, sur laquelle on effectue, par évaporation et pesée, le dosage de la matière grasse, après avoir naturellement, au préalable, mesuré le volume total.

Critique. — L'attaque en vase ouvert est une cause d'émission de vapeurs acides intenses dans le laboratoire. Le transvasement et le rinçage sont une perte de temps et une cause d'erreur. Le repos de deux heures nécessité pour la séparation complète des couches prolonge de beaucoup l'analyse.

Technique modifiée et proposée par M. Fouassier. — J'ai fait établir en verre Pyrex, des tubes gradués en demi-cc. dans lesquels on introduit 2 gr. 5 de caséine exactement pesés. On ajoute dans le tube 5 cc. d'acide chlorydrique de Dté. 1, 125, on adapte un bouchon muni d'un tube à dégagement avec boule et pointe effilée, dont l'extrémité plonge dans une solution alcaline; le tout est porté au B. M. bouillant. Au bout de 20 minutes environ, la dissolution est complète, sans émission extérieure de vapeurs acides. On refroidit le tube, puis on ajoute 5 cc. d'alcool, 10 cc. d'éther et 10 cc. d'éther de pétrole. On agite le tube bouché, puis on le porte dans la centrifugeuse Gerber (sa construction ayant été conçue pour qu'il s'y adapte). Après une courte centrifugation, la séparation des couches est totale et complète, la graduation du tube permet de lire immé- diatement la hauteur de la couche éthérée que l'on note, et dont on prélève ensuite 10 cc. que l'on évapore, sèche et pèse. On rapporte le poids trouvé au volume total de solution éthérée pour 2 gr. 5 de caséine ; le résultat est donné pour cent.

Dans la méthode que je préconise et que j'utilise avec toute satisfaction, grâce aux tubes que j'ai fait construire spécialement, on remarquera une simplification dans les manipulations, une économie de temps et de solvants. L'absorption des vapeurs acides n'est également pas négligeable.

, A titre comparatif, j'ai essayé la méthode de MM. Tapernoux, Desrante et Bineau, mentionnée dans la Revue « Le Lait », n° 77. Cette méthode m'a semblé moins rapide, moins précise, à cause des transvasements et de la petite quantité de caséine mise en œuvre ; en outre, on risque d'entraîner beaucoup plus aisément du non-beurre dans les décantations, que lorsqu'il s'agit de pipeter un liquide éthéré limpide.

ANALYSE DES CASÉINES INDUSTRIELLES

PAR

ANDRÉ CHOLLET

Ingénieur agronome
Professeur à l'Ecole de laiterie de Surgères (Ch.-Inf.)

Nous nous contenterons de rappeler les méthodes que nous employons au Laboratoire de l'École de Laiterie de Surgères. Ces méthodes avaie: été mises au point par Dornic et Daire, qui les avaient publiées en 1909 dans *La Revue Générale du Lait*, p. 328 ; seule la méthode de dosage de l'acidité, que nous n'employons que depuis deux ans, a été exposée dans *Le Lait* de cette année, page 21.

Prélèvement de l'Échantillon. — Il est nécessaire de prélever un échantillon moyen sur le contenu de plusieurs sacs d'une même marchandise, et en différents points d'un même sac ; les cannes-sondes employées dans le commerce des grains sont très utiles dans ce but. La Caséine étant douée de propriétés hygroscopiques prononcées, la quantité d'eau varie souvent dans un même sac de l'intérieur à l'extérieur ; de plus, même dans une même usine, la composition n'est pas toujours la même d'un jour à l'autre. Il est évident que les variations sont encore plus grandes quand il s'agit d'un mélange de caséines de provenances différentes.

Dosage de l'humidité. — C'est le dosage le plus fréquent, l'acheteur ayant intérêt à ce que la caséine soit la plus sèche possible, le vendeur, au contraire, à ce que la teneur en eau soit aussi élevée qu'il se peut. A l'heure actuelle, on admet que la caséine ne doit pas contenir plus d 12 % d'eau.

La dessiccation de la caséine en grumeaux est une opération très longue ; elle n'est pas terminée après huit heures à 105° ou après douze heures à 100°. D'autre part, dans les caséines réduites en farines trop fines, la dessication peut être gênée par la formation d'une croûte à la surface. (Dans ce cas, on met dans la capsule une petite baguette de verre avant de faire la tare, baguette qui sert à briser la croûte de la caséine, quand elle se produit).

La forme qui convient le mieux pour la dessiccation est celle du gruau ou de la semoule ; on l'obtient, au laboratoire, en broyant le grumeaux de caséine dans un moulin à café. La dessiccation s'effectue à 100 - 102° pendant cinq heures, en mettant dans une capsule de porcelaine, séchée et tarée, 5 grammes de caséine. Pour les caséines très humides, il est prudent de remettre à l'étuve pendant une demi-heure et de peser à nouveau ; on ne considèrera la dessiccation comme terminée que si la différence entre les deux dernières pesées ne dépasse pas un ou deux milligrammes.

Dosage de la Matière Grasse. — C'est une application de la méthode Schmid-Bondzynski.

Dans une fiole conique de 50 cc. environ, préalablement séchée et tarée, on met 3 grammes de caséine broyée. On ajoute 10 cc. d'acide chlorydrique de poids spécifique 1, 125. On chauffe sur un bec Bunsen, en protégeant par une toile d'amiante. La caséine se dissout complètement et on continue à chauffer pendant 8 à 10 minutes, en maintenant une ébullition très modérée et en évitant les projections. On laisse refroidir et on verse le contenu dans un des tubes utilisés pour le dosage du lait suivant la méthode Rose-Gottlieb. On rince les parois du vase conique avec 25 centimètres cubes d'éther sulfurique ajouté par petíte portion. Cet éther est versé dans le tube. On bouche le tube et on agite fortement. On recommence avec 25 cc. d'éther de pétrole bouillant au-dessous de 70°, que l'on introduit dans le tube, on bouche, on agite et on abandonne au repos. Après deux heures de repos, on peut siphonner la majeure partie de la couche éthérée dans une fiole conique d'environ 100 cc. préalablement séchée et tarée. On évapore le plus possible des éthers au bain-marie et on achève la dessiccation à l'étuve à 100°, pendant cinq heures. Avec un peu d'habitude, on arrive à siphonner la presque totalité de la couche éthérée, ce qui dispense de l'emploi de tubes gradués.

Dosage des Cendres. — L'incinération se fait sur 3 grammes de caséine, dans une capsule de platine tarée et recouverte au début pour éviter les pertes dues aux projections ou au boursouflement. On ne dépasse pas le rouge sombre et on arrête l'opération quand les cendres sont blanches. L'opération est relativement rapide avec les caséines à la présure ; elle est beaucoup plus lente avec les caséines lactiques.

Dosage de l'Acidité. — Dans une fiole conique d'environ 50 cc., préalablement séchée et tarée, on pèse deux grammes de caséine à la présure pulvérisée au moulin à café (ou un gramme de caséine lactique également pulvérisée). On ajoute 10 cc. d'eau et quelques gouttes de phénophtaléine, et on fait tomber dans la fiole goutte à goutte la soude de l'acidimètre Dornic jusqu'à coloration rouge ; on chauffe sur un bec Bunsen, en agitant jusqu'à décoloration ; on rajoute de la soude titrée, on chauffe et on continue ainsi jusqu'à ce qu'on obtienne une teinte rose persistante après refroidissement. La soude employée dans l'acidimètre Dornic est de la soude N/9, dont 1 cc. neutralise exactement 0 gr. 010 d'acide lactique ; la burette est graduée en 1/10 de cc. Cela permet donc d'avoir immédiatement l'acidité totale de la caséine exprimée en acide lactique .

La caséine contient le plus souvent de 9 à 12 % d'eau.

Quand l'écrémage est bien fait, la caséine à la présure ne renferme pas plus de 1 % de matière grasse, sinon elle peut en contenir jusqu'à 3 ou 4 %, ce qui la déprécie beaucoup.

La caséine lactique renferme de 2 à 4 % de matière grasse.

La teneur en cendres est de 1 à 3 %, dans les caséines lactiques, de 6 à 8 %, dans les caséines présures, et de 9 à 11 %, dans les caséines alimentaires.

Enfin, l'acidité est de 1 à 3 %, dans les caséines à la présure, et de 6 à 9 %, dans les caséines lactiques.

AU SUJET DE L'ACIDITÉ
DES CASÉINES INDUSTRIELLES

PAR

J.-A. QUOST

Ingénieur-Chimiste

Si l'on fait le dosage classique de l'acidité d'un lait généralement de la même façon dans toutes les laiteries ou les laboratoires, ce qui rend les résultats comparables, il n'en est pas de même du dosage de l'acidité d'une caséine.

Chacun a sa méthode, chacun a ses résultats ; résultats qui ne signifient rien en eux-mêmes pour une même méthode et qui ne sont absolument pas comparables avec ceux des autres méthodes.

J'ai employé quelques-uns de ces procédés pour doser l'acidité d'un même échantillon de caséine présure. Les résultats allaient de 0,05 à 2 % en acide lactique.

La question de la grosseur des grains n'intervenait pas. J'avais une même mouture très fine, qui passait pour les 2/3 au tamis de 70, le reste au tamis de 50.

Toutes les méthodes se classent en deux groupes :

1° *Les Méthodes par Titrage sur Filtrats d'Épuisements*, qui consistent à traiter la caséine par des lavages à l'eau froide ou chaude ou à l'ébullition, pendant des temps donnés (et très variés), avec des répétitions données (et très variées aussi) ; et à titrer les filtrats.

Ou bien on n'extrait presque rien (et ceci dépend pour une même mouture de la texture du grain, de la fabrication de la caséine, etc...), parce que l'eau d'épuisement ne pénètre pas assez le grain ; ou bien on extrait une bonne partie de l'acide lactique, mais on hydrolyse en même temps les matières albuminoïdes et l'on en trouve dans les filtrats d'extractions avant que l'acide lactique soit complètement éliminé de la masse. Ce que j'ai pu constater.

Les résultats sont donc faux, parce que, dans le premier cas, on n'a pas toute l'acidité lactique ; dans le deuxième cas, parce que cette acidité lactique (si on l'a toute extraite et l'on en sait rien) s'augmente de celle propre aux produits d'hydrolyse. Il n'y a dès lors aucune raison pour s'arrêter à un temps ou à un nombre d'épuisements fixes. On peut aller ainsi jusqu'à complète éxtraction de l'acide lactique, après quoi on trouvera encore qu'une nouvelle eau d'épuisement est acide. L'expérience m'a montré, en effet, des eaux d'épuisement privées d'acide lactique qui donnaient une réaction acide importante, correspondante à 0,05 % de la caséine.

2° *Les Méthodes par Titrage Direct*, que j'ai dénommées ainsi, parce que l'on ajoute, dans ce cas, peu à peu de la soude titrée à un mélange de caséine et d'eau chaude, jusqu'à ce que la phtaléine du phénol additionnée au mélange ne se décolore plus après quelques temps d'agitation et de chauffage.

Ici, on a bien toute l'acidité lactique, puisque la caséine est désagrégée, mais on a titré les groupements CO_2H. Or, il n'y a aucun intérêt à les titrer, puisque la caséine n'est pas vendue sous cet état dégradé et que cet état dégradé ne correspond à rien, car là encore, on peut continuer l'hydrolyse, le moment où la phtaléine du phénol ne se décolore plus étant arbitraire. En effet, si l'on continue à chauffer, de nouveau le mélange est acide. A la vérité, l'hydrolyse se fait alors plus lentement et le mélange reste plus longtemps coloré en rose. C'est pourquoi il semble qu'il y ait un point fixe. Que l'on opère à froid (ce sera plus long), à chaud (60°, 80° ou 100°), on arrive aux mêmes constatations.

La caséine est assez dégradée pour qu'une partie soit solubilisée au point de donner sur un filtrat clair et limpide, provenant du traitement de la masse par l'alcool acétique précipité et coloration par le réactif de Millon.

D'ailleurs, en opérant par additions successives de soude, jusqu'au rose pour chaque addition, le mélange caséine - eau est constamment alcalin (milieu bien propre à l'attaque), parce que la phtaléine du phénol ne vire au rose que pour un Ph se trouvant nettement en zone alcaline.

Ce Ph, pour lequel vire la phtaléine du phénol, correspond au point de salification des groupements CO_2H. La salification complète de l'acide lactique ne correspond pas à ce Ph, mais à celui plus acide, pour lequel vire le paranitrophénol (jaune en liqueur alcaline, incolore en liqueur acide).

Et cette question de dosage de l'acidité lactique devient une question d'indicateur. Si nous prenons le paranitrophénol non influencé par l'acidité ou par l'alcalinité de la matière albuminoïde, nous pourrons doser l'acide lactique seul. A la vérité, le virage du paranitrophénol vis-à-vis des acides tel que le lactique est malaisé à saisir. Mais si l'on renforce l'indicateur, je veux dire si l'on masque la zone pour laquelle la coloration du jaune est lentement progressive, on obtient un virage net. J'ai employé pour cela un bleu de méthylène et l'on a obtenu un virage du vert (alcalin) au bleu ciel (acide).

Pour avoir l'acide lactique occlus dans la masse, on doit dissoudre la caséine, comme pour un dosage de matière grasse. Or, on ne peut ici le faire avec un acide. Il faudrait un acide suffisamment fort et qui, en tous cas, décomposerait le lactique. Il faut donc avoir recours à la soude. Comme pour dégrader (ou dissoudre) cette caséine, il faudra être en zone alcaline, nous reviendrons en arrière par un titrage en retour avec un acide.

Et je propose une méthode ou plutôt une modification à des méthodes déjà existantes :

10 grammes de caséine finement moulue sont portés, avec 100 cm^3 d'eau distillée, à l'ébullition.

On additionne peu à peu 20 ou 25 cm^3 exactement mesurés de soude Dornic, jusqu'à ce que la masse forme un liquide visqueux (à chaud) ne présentant plus de grain en suspension.

On fait tomber dix gouttes de solution de paranitrophénol dans l'éther à 20 grammes par litre et une goutte de solution de bleu de méthylène à 0,5 par litre. L'ensemble est vert.

On ajoute, jusqu'à virage au bleu, un acide dont on connaîtra la correspondance avec la soude Dornic (si l'on prend l'acide chloryarique, on le réglera à 4,05 pour un litre, de façon qu'il y ait correspondance exacte: 1 cm^3 de l'un pour 1 cm^3 de l'autre).

Soit N le nombre de cm^3 de soude Dornic ajoutée,

n le nombre de cm^3 d'acide.

$$\frac{(N-n)}{10} = X \text{ g. d'acide lactique \%.}$$

LES BASES SCIENTIFIQUES DE LA DÉTERMINATION DE L'ACIDITÉ DES CASÉINES

PAR

CH. PORCHER et Mlle J. BRIGANDO

Quand on lit ce qui a été écrit sur l'Analyse des Caséines, que ce soit dans des communications ou des rapports insérés dans les Comptes Rendus de Congrès ou dans les Ouvrages récents ou non, on est surpris de la confusion qui est trop souvent faite entre la *caséine acide* et la *caséine présure*.

Les auteurs sont toutefois amenés à établir des différences, qui ne sont pas sans s'imposer, mais il ne semble pas toujours que celles-ci soient expliquées, à leur tour, par la différence profonde des processus qui interviennent dans la fabrication de ces deux caséines, et par le jeu des contingences qui en entourent le développement.

Dans la conférence que l'un de nous a faite en 1927, à la *Société de Chimie Industrielle*, ces contingences ont été relevées. Elles tiennent à la fraîcheur ou à l'acidité du lait, à la rapidité ou à la lenteur avec laquelle l'emprésurage ou la précipitation acide de la caséine ont été effectués, au soin que l'on apporte lors du rompage, quand il y a coagulation en bloc, lors du brassage, quand il s'agit d'acidification provoquée. à la température à laquelle s'effectue la précipitation de la caséine acide, au chauffage du grain, etc...

Aujourd'hui, notre intention est de faire comprendre certaines des particularités de l'analyse des caséines, mais d'abord il importe de savoir théoriquement ce qu'est la *caséine acide* et la *caséine présure*, et ensuite d'examiner, dans l'obtention de l'une et de l'autre, le jeu de l'acidité.

La question qui a été posée au *Congrès de l'Avancement des Sciences, à La Rochelle*, vise uniquement l'analyse des caséines industrielles. Il ne saurait donc s'agir de caséines préparées au laboratoire. Mais, encore une fois, il est indispensable d'examiner dans le détail les processus qui interviennent pour nous expliquer les différences profondes que l'analyse nous apporte. Pourquoi ces différences et comment sont-elles ? Voilà toute la question.

La *caséine acide* peut être obtenue avec des laits qui ne sont pas « frais », voulant dire par là, au point de vue industriel, que les laits travaillés sont déjà acides, c'est-à-dire le siège d'une fermentation lactique, en train de se développer. La préparation ne consiste qu'à laisser s'exagérer cette acidité amorcée par les ferments lactiques, jusqu'au point où l'on obtient la précipitation de la caséine.

A priori, le fait pour l'industriel qui prépare de la caséine acide, qu'elle soit *d'acidification spontanée* (caséine lactique), ou *d'acidification provoquée* par l'acide acétique, l'acide sulfurique, l'acide chlorhydrique, etc..., de travailler sur un lait déjà fortement acide est sans inconvénient. La caséine se trouve dans le lait sous forme de caséinate de calcium, associé à des phosphates bi et tri calciques. L'acide lactique, dont le taux va graduellement en augmentant, solubilise les phosphates insolubles de calcium sous forme de phosphate monocalcique et entreprend la décalcification du caséinate.

Théoriquement, nous aurons à la fin, à côté de la solubilisation totale du phosphate de calcium, une précipitation de caséine pure. En fait, les choses sont moins simples que cela, et, pour le comprendre, nous devons faire intervenir la notion du point isoélectrique de la caséine, lequel se traduit par un pH = 4, 6 – 4, 7. A ce point, la caséine n'est combinée ni aux acides ni aux bases, elle est théoriquement pure, sans aucune charge saline. Mais, avant d'y arriver, alors que le pH n'est encore que de 5, 2 – 5, 3 environ, nous obtenons par acidification du lait un précipité dont la nature est aujourd'hui fixée.

Tous les auteurs qui, à la lumière des données nouvelles sur l'acidité actuelle, ont cherché à examiner de près les conditions de la coagulation acide du lait, qu'il s'agisse, encore une fois, de coagulation spontanée ou de précipitation provoquée par un apport acide, ont constaté que, lorsque le premier précipité se forme, le pH de la liqueur = 5, 2 — 5, 3. Cosmovici signale le fait, et nous-mêmes l'avons noté dans notre laboratoire, il y a plusieurs années déjà. Il correspond à un caséinate très fortement décalcifié, dont la quantité de chaux pour 1 gr, de caséine répond à : 11, 25 $\times$ 10⁻⁵ N/10. L.-L. Van Slyke et A.-W. Bosworth, en effet, ont noté, avec d'autres d'ailleurs, que la caséine est susceptible de donner de nombreux sels calciques, et que leur solubilité dans l'eau, sous forme micellaire, n'est acquise que pour une certaine quantité de chaux dans le caséinate : 22, 5 $\times$ 10⁻⁵ N/10 pour 1 gr. de caséine. En dessous de cette quantité, le caséinate est insoluble.

Sans se demander ce que peut valoir la terminologie de Van Slyke et Bosworth, qui reconnaissent des caséinates mono-, bi-, tétra-, etc... calciques, retenons que le caséinate dit monocalcique, dont le pH = 5, 2- - 5,3, est insoluble dans l'eau.

Par conséquent, quand nous acidifions le lait avec précaution, lentement, en agitant vigoureusement, ou quand le lait s'acidifie spontanément, le premier précipité qui se forme n'est pas de la caséine théoriquement pure. C'est encore un caséinate calcique. Lorsque nous agiterons la masse en la chauffant, nous exagérerons l'acidité du milieu, parce que nous favorisons la dissociation des molécules acides et, parallèlement, la libération de nouveaux ions H. Ce faisant, nous tendons à décalcifier encore le caséinate monocalcique, qui a précipité ; mais il n'est pas certain que nous y arrivions entièrement. Nous y parviendrons si nous laissons la fermentation lactique se parfaire et se rapprocher par son pH du point isoélectrique de la caséine 4, 6 – 4, 7, et, dans le cas des caséines d'acidification provoquée, si l'apport acide va jusqu'à ce pH.

Si l'on ne prend pas cette précaution, si, allant trop vite, l'on brise le caillé lactique trop tôt, alors que le pH 4, 6 est loin d'être atteint, nous obtieendrons bien une caséine *industrielle*, mais elle sera chargée de chaux, puisque c'est plutôt un caséinate monocalcique que nous aurons préparé.

Et nous ne parlons pas, pour l'instant, des sels que le produit fabriqué contiendra du fait que ses flocons auront occlus du sérum et, avec celui-ci, les matières minérales qu'il contenait. On n'attache peut-être pas assez d'importance, croyons-nous, à cet englobement purement mécanique de sels du lait, au sein des flocons de caséine, ainsi que de l'acide qui a servi à la préparation. Et c'est justement l'examen attentif des contingences, que nous relevions au début de cette étude, qui nous a montré les soins qu'il fallait prendre pour se débarrasser des matières salines entraînées avec la caséine, toutes les fois que la précipitation est brutale, rapide, que le rompage est mal fait, que le chauffage n'est pas effectué avec les précautions nécessaires. On comprendra, en effet, que des matières salines, notamment de chaux et d'acide phosphorique, soient retenues à l'intérieur des flocons; et un lavage ne les en débarrassera pas entièrement.

. Dans ces conditions est-on en droit de dire que les matières salines trouvées à l'analyse appartiennent en propre à la caséine et qu'elles doivent figurer dans une formule que l'on s'efforcerait de donner au produit fabriqué ? Évidemment non. Il ne s'agit là que d'impuretés, mais impuretés qu'il fallait situer exactement pour en avoir la signification.

Il est important, dans la préparation de la caséine acide, d'être renseigné sur l'acidité obtenue à la fin de la précipitation, et c'est parce que les recherches purement scientifiques ont montré tout l'intérêt qui s'attache à l'obtention du point isoélectrique, lors de la préparation de *la caséine acide*, que l'on a vu l'industrie s'efforcer d'utiliser une donnée aussi précieuse. Rien n'est plus facile d'ailleurs, et, dans le travail que nous avons annoncé plus haut, ce point sera examiné en détail. Mais, encore une fois, arriverait-on au pH = 4, 6 – 4, 7, dans l'obtention de *la caséine acide*, qu'on n'est pas assuré, pour cela, d'obtenir un produit tout à fait pur et déminéralisé. Dans la pratique, il n'est d'ailleurs pas possible d'obtenir une caséine aussi peu chargée en matières minérales que celle que l'on prépare au laboratoire, avec beaucoup de labeur.

S'il faut tendre à un pH = 4, 6 – 4,7, parallèlement, il faut s'assurer d'une bonne décalcification ; un brassage vigoureux, un chauffage rationnel permettent d'y tendre, et c'est dans ces conditions que la caséine obtenue sera **peu minéralisée**.

La caséine pure est une espèce chimique toujours identique à elle-même. Mais, en face d'elle, se trouvent toutes les caséines acides du commerce, dont la diversité considérée uniquement au point de vue de leur charge saline, résulte de ce que l'industrie ne prend pas toujours les précautions pour obtenir un bon produit.

La *caséine - présure* est tout autre. Elle l'est par la nature du processus qui conduit à son obtention et par certaines des contingences qui entourent celle-ci. Théoriquement, la caséine à la présure doit être préparée avec du lait frais, ne possédant que son acidité normale. Si nous partons d'un lait qui n'est pas frais, qui est entamé déjà par une fermentation lactique, le produit que nous obtiendrons participera à la fois de la caséine - présure et de la caséine acide, en se rapprochant d'autant plus de cette dernière que le lait originel était lui-même plus acide. Évidemment, l'acidité intervient sur l'emprésurage en le facilitant, mais c'est là une condition favorable qui ne doit pas être prise en considération pour la préparation de la *caséine - présure*, alors qu'elle est de toute importance pour la fabrication des fromages ; mais c'est qu'il s'agit, ici, de choses toutes différentes, et l'acidité acquise du lait, pour peu qu'elle soit accusée, est troublante, gênante, pour l'obtention de produits neutres, comme la belle *caséine - présure*.

L'expression *neutre* est ici tout à fait adaptée, car lorsqu'on étudie théoriquement la préparation de la *caséine - présure*, on peut dire que ce que l'on obtient est caractérisé par un pH très voisin de 7, c'est-à-dire de la neutralité réelle ! Mais, si théoriquement la *caséine acide* est dépourvue de matières minérales, la *caséine - présure* doit posséder une charge saline bien déterminée.

L'étude synthétique du lait, à laquelle nous nous sommes appliqués depuis plusieurs années, nous permet de comprendre ce qui se passe lors de l'emprésurage, et l'analyse des produits est d'accord avec nos vues. Nos recherches nous ont ramenés à l'adoption de la première conception de Hammarsten.

La présure transforme le caséinate de calcium en paracaséinate qui précipite en entraînant avec lui les phosphates de calcium insolubles. La *caséine - présure* est en somme un mélange de paracaséinate calcique dont le pH est voisin de 7 et de phosphates calciques insolubles. Voilà pour le côté théorique. Mais les réserves que nous avons faites au sujet de la préparation de la *caséine acide* peuvent se répéter, ici, pour la *caséine - présure*. Il est certain que lors du rompage du caillé, si toutes les précautions ne sont pas prises, si le chauffage est plus ou moins brusque, non graduel, le grain de la caséine va entraîner mécaniquement des sels du sérum, qui vont se fixer sur la trame du flocon primitif et s'ajouter aux matières minérales qui, régulièrement, comme nous venons de le montrer tout à l'heure, appartiennent à la *caséine - présure*.

Les calculs, dans lesquels nous n'avons pas à entrer ici, nous montrent que les cendres de la *caséine - présure*, faites essentiellement de chaux et d'acide phosphorique, représentent environ 7, 20 - 7, 50 % de la masse supposée anhydre. Pour la *caséine acide* pure, ce devrait être o % ; mais nous savons que les bonnes *caséines acides* contiennent toujours un chiffre de matières minérales de 1, 50 - 2 %, quelquefois même plus.

A la faveur des développements dans lesquels nous sommes entrés tout à l'heure, il va nous être facile, d'une part, de comprendre pourquoi la *caséine acide* et la *caséine - présure* n'ont pas la même acidité, et, d'autre part, d'expliquer les différences que les diverses caséines commerciales présentent.

Il faut d'abord s'entendre sur ce qu'on entend par acidité. Ici, ce n'est que d'acidité *titrable* dont il s'agit ; elle est déterminée en prenant comme révélateur la phtaléine du phénol.

Les recherches de nombreux auteurs ont montré que le nombre de cm^3 de soude N/10 nécessaires pour dissoudre un gramme de caséine pure préparée au laboratoire, type essentielle de la caséine acide de pH = 4, 6, et amener le virage de la phénol-phtaléine au rouge est, en chiffre rond, de 9. Le virage à la phénol-phtaléine se fait aux environs de pH = 8, 2 -- 8, 3.

Si, prenant 1 gramme de caséine, il faut, pour passer de pH = 4, 6 à pH = 8, 2 -- 8,3, 9 cm^3 de soude N/10, ce qui assure la solubilité de la caséine et le virage de l'indicateur coloré, pour 100 grammes, il en faudra 900 cm^3. Si nous prenons la soude N/9, qui est celle qu'utilise Dornic pour le dosage de l'acidité titrable du lait, il ne faudra que 810c m3. A ces 810 cm^3 correspondent théoriquement 810 Dornic en acide lactique. Par suite, 100 gr. d'une *caséine qui serait absolument pure et anhydre* auraient une acidité titrable correspondant à 8 gr. 10 d'acide lactique.

Remarquons qu'il s'agit là d'une convention. Il est évident que si la caséine dont on a déterminé l'acidité n'est pas pure, si elle est chargée d'humidité — elle en a toujours, — si elle contient des cendres — c'est toujours le cas, — elle doit avoir une acidité inférieure.

Par conséquent, si nous voulons définir l'acidité de la caséine par titrimétrie avec le plus d'exactitude possible, il importe de tenir compte d'une part, de l'humidité, et, d'autre part, de la charge saline, réelle impureté, c'est-à-dire de rapporter l'acidité au produit sec et déminéralisé.

Nous avons raisonné dans l'hypothèse où la caséine soumise à l'analyse est pure et ne possède aucune acidité résiduelle. Or, le fait est rare, et, pour les produits qui ne sont pas de premier choix, mal lavés, il y a toujours une acidité résiduelle faite d'acide lactique, s'il s'agit de caséine d'acidification spontanée, d'acide chlorhydrique, d'acide sulfurique, d'acide acétique, s'il s'agit de caséines préparées par précipitation provoquée.

L'acidité résiduelle qui se superpose ainsi à l'acidité propre de la caséine, telle que nous venons de la définir, est facilement soluble dans l'eau. Elle passera dans la macération aqueuse de la caséine, ce qui nous permettra sa recherche qualitative et son dosage. Nous saurons ainsi par quels procédés la *caséine acide* aura été préparée.

Il est évident qu'une *caséine acide* impure, très minéralisée, trop humide, qui serait chargée d'une forte acidité résiduelle, aurait par titrimétrie une acidité exagérée qu'il importe de disséquer en acidité propre de la caséine et en acidité relevant de l'acide qui a servi à la préparation. Cette dissection exige le dosage séparé de l'acidité de la macération aqueuse.

Mais on doit envisager le plus souvent que la *caséine acide* commerciale a une acidité plus faible que l'acidité théorique.

En effet, il résulte des développements dans lesquels nous sommes entrés, que si une *caséine acide*, lactique ou autre : chlorhydrique, sulfurique, n'est pas pure et que son impureté tienne, pour une part, à ce qu'elle renferme de la caséine partiellement salifiée, c'est-à-dire un caséinate de faible charge calcique, il est certain que le pH du produit ne peut plus être 4, 6 -- 4, 7. Il tend à se rapprocher de 7, et, par suite, la quantité de soude nécessaire, compte tenu de l'humidité et de la charge saline, pour obtenir le virage de la phénol-phtaléine sera moindre, d'autant moindre que la caséine anlaysée sera plus chargée en matières minérales.

Poussons plus loin notre raisonnement ; il va nous amener à comprendre ce qu'il faut entendre par acidité de la *caséine - présure*. Partons d'une caséine tellement salifiée par la chaux que son pH = 7 environ. En fait, ce ne serait plus une caséine, mais un caséinate que nous aurions et, pour aller du pH = 7, qui est celui du paracaséinate dans la *caséine - présure*, au pH = 8, 2 -- 8, 3, qui correspond au virage de la phénol-phtaléine, il nous faudra encore une certaine quantité de soude, mais, certes, il nous en faudra beaucoup moins qu'avec la caséine pure, moins également que si nous étions partis d'une caséine moins fortement salifiée par la **chaux**.

Voici quelques calculs intéressants qui vont nous servir pour l'étude théorique de la détermination de l'acidité de la *caséine - présure*. Nous avons vu plus haut que 100 grammes de caséine pure ont une acidité correspondante en acide lactique à 8 gr. 10 vis-à-vis de la phénol-phtaléine. Au lieu de partir de la caséine pure, si nous partons d'une caséine partiellement salifiée, voyons ce qu'il faut de soude traduite en degrés D, pour obtenir le virage à la phénol-phtaléine, en d'autres termes, ce qu'il en faut pour passer du pH = 7 au pH = 8, 2 -- 8, 3.

Des recherches antérieures, nous ont montré que 100 grammes de caséine pure, pour arriver de pH = 4, 6 -- 4, 7, point isoélectrique, au pH = 7 environ, exigent une quantité de soude correspondant à 60° D.

La différence entre les 81° D ci-dessus et ces 60° D est de 21° D. Autrement dit, un caséinate de pH $=$ 7 environ a une acidité titrimétrique correspondant à 2 gr. 10 d'acide lactique pour 100. Or, cette acidité traduit exactement l'acidité de la *caséine - présure*. Une petite correction est cependant nécessaire, puisqu'il y a, dans cette *caséine - présure*, du phosphate tricalcique qui n'est pas partie intervenante.

Toutes les considérations qui précèdent, notamment celles qui sont relatives à la nature chimique de la *caséine - présure*, nous permettent également de nous rendre compte de la différence de solubilité des deux caséines dans la soude. Quand nous partons de caséine pure, caséine acide par conséquent, nous obtenons facilement sa solubilisation avec les quantités de soude indiquées plus haut. Mais si nous avons de la *caséine-présure* pure, celle par exemple que nous pouvons obtenir du complexe : caséinate de calcium $+$ phosphates de calcium, synthétiquement préparé, il nous faut évidemment moins de soude pour faire virer la phénol-phtaléine, mais il nous en faut beaucoup plus que dans le cas de la caséine acide pour dissoudre la *caséine - présure*, parce qu'avec celle-ci, qui est un sel double de calcium : paracaséinate $+$ phosphates, il faut une masse assez considérable de soude pour que la base alcaline se substitue à la chaux dans ce sel double et transforme paracaséinate et phosphates en sels sodiques correspondants.

DOSAGE DE L'ACIDITÉ DES CASÉINES INDUSTRIÈLLES

PAR

M. DESFLEURS

Ingénieur-Chimiste

« *Fabrication française de Produits du lait* »

W. Hopfner et K. Jaudas (Chemischer Zeitung, T. 49, 38, P. 281, 28 Mars 1925) ayant remarqué que, dans le Dosage de l'Acidité des Caséines par macération dans l'eau, on obtient des résultats très forts, par suite de la dissolution de matières albuminoïdes qui se combinent à l'alcali, proposèrent de laisser macérer la caséine dans l'alcool à 95 % saturé d'acétate de soude et de titrer une partie aliquote du filtrat.

H. Ulex répondit (Chemischer Zeitung, T. 49, n° 92, P. 641-42, du 1ᵉʳ Août 1925) que, ni la méthode de Lung (Agitation de la Caséine avec de l'eau et Titrage d'une Partie du Filtrat) ni celle de Hopfner et Jaudas ne donnent toute l'acidité. On obtient seulement l'acidité superficielle des grains de caséine et non celle qui est à l'intérieur. Aussi proposa-t-il de dissoudre la caséine dans un excès connu de soude titrée et de titrer en retour l'excès d'alcali.

Pour nous, nous croyons que les deux déterminations doivent être conservées.

Comme l'a si bien montré M. le Professeur PORCHER, si l'acidité de la caséine chimiquement pure est toujours la même, il n'en est pas de même de l'acidité des caséines industrielles. Pendant la précipitation par un acide, par exemple, déminéralisation du complexe caséinate de chaux + phosphate de chaux peut être plus ou moins complète, suivant l'acidité primitive du lait, sa température, l'agitation, la vitesse d'addition de l'acide, sa concentration, etc... En plus, le caillé enrobe une certaine portion de l'acide qui sert à la précipitation et qui est plus ou moins bien enlevé par lavage. On a donc des caséines bien différentes et ceci se produit également bien qu'à un degré moindre, pour les caséines à la présure obligatoirement minéralisées.

La caséine industrielle plus ou moins minéralisée a une acidité propre à laquelle s'ajoute une acidité libre, due aux acides du sérum retenu.

Il nous semble donc bien que deux dosages soient nécessaires : l'un donnant l'acidité libre, l'autre l'acidité totale; la dernière détermination ne pouvant remplacer la première, puisque l'acidité propre de la caséine n'est pas constante.

Mais, dans le dosage de l'acidité libre d'une caséine industrielle, y a-t-il une différence due à la grosseur des grains de la caséine ?

Pour répondre à cette question, nous avons pris un échantillon de caséine à l'acide en gruau tamis 30. Nous en avons broyé une partie, que nous avons blutée au tamis 120. Nous avons dosé l'acidité libre sur le gruau tamis 30 et sur la farine tamis 120 (ce qui représente à peu près l'extrême des moutures courantes du commerce) de la manière suivante :

Un gramme de caséine est pesé exactement dans une fiole tarée ; on verse avec une pipette 50 cm³ d'eau distillée, on laisse macérer 24 heures en agitant doucement de temps à autre de manière à ne pas projeter de caséine sur les parois. Au bout de ce temps, on filtre sur filtre sans cendre, sec, et l'on dose l'acidité **sur 25 cm³** du filtrat, avec une liqueur basique titrée N/10, en présence de deux gouttes de solution de Phtaléine du Phénol à 1 % comme indicateur. On trouve ici 1 cm³ 4 pour le gruau et la farine, soit 2 cm³ 8 N/10 par gramme.

Nous n'avons pas constaté de différence et n'en avons jamais constaté, à condition de laisser suffisamment longtemps la caséine en contact avec l'eau. Il y en aurait une, si le temps de macération était très court. Le fait est dû, croyons-nous, à ce que la caséine gonfle considérablement dans l'eau, ce qui favorise la diffusion de l'acidité, quelle que soit la grosseur des grains.

Il n'en serait sans doute pas de même, si, au lieu d'employer l'eau comme solvant, on employait l'alcool à 95 %. Ainsi, pour le dosage des matières grasses, nous préférons beaucoup employer une modification de la méthode *Rose Gottlieb*, qui donne des résultats plus forts que l'extraction *Soxhlet*, l'éther pénétrant mal à l'intérieur des grains.

Peut-être n'a-t-on pas ainsi toute l'acidité libre. Quoiqu'il en soit, cette méthode de dosage par macération dans l'eau est entachée d'une cause d'erreur (comme le font remarquer Hopfner et Jaudas), par suite de la dissolution dans l'eau de matières albuminoïdes, qui se combinent à l'alcali, une partie d'ailleurs précipitée lors de la neutralisation. Mais en remplaçant l'eau par l'alcool, peut-être y aurait-il une différence due à la grosseur des grains, comme nous le faisons remarquer plus haut.

On ne dose pas ainsi l'acidité due aux acides gras de la matière grasse, que retient toujours un peu la caséine industrielle. Cette acidité est faible. Elle se trouve comptée dans l'acidité totale.

Pour le dosage de cette acidité totale, nous préférons dissoudre la caséine à froid, dans un excès connu de liqueur basique titrée et neutraliser en retour à l'excès par une liqueur acide titrée. C'est ce qui a été préconisé par Ulex et Browne (the proximate analysis of commercial caséins-J. Ind. Eng. Chem. 11, 1919 [1019]). On évite ainsi le chauffage, donc une plus grande chance d'hydrolyse et l'addition successive d'alcali.

Par contre, le virage du rose à l'incolore est peut-être moins net.

Pour ce dosage, nous préférons laisser gonfler quelque temps la caséine dans l'eau avant d'ajouter l'alcali ; la dissolution en est grandement facilitée, elle est plus rapide et on peut ainsi mettre un faible excès d'alcali, ce qui rend minimes les craintes d'hydrolyse.

C'est, en effet, une critique que l'on peut faire à cette méthode.

Quoi qu'il en soit, que cherche l'industriel dans l'analyse des caséines commerciales ?

Le fabricant veut une méthode qui lui donne des résultats comparables, lui permettant de voir les variations relatives de sa fabrication et, par là, de la surveiller. Cela lui importe plus que l'exactitude, en valeur absolue, des résultats.

C'est aussi ce que désire le consommateur, qui doit comparer entre eux plusieurs échantillons de caséine industrielle, pour choisir la meilleure.

La chimie analytique n'est pas toujours une science aussi exacte que l'on veut bien le dire ; il faut, bien entendu, choisir les méthodes pratiques, qui donnent les résultats les plus justes, mais il faut surtout que les méthodes soient précises, unifiées, afin que les résultats analytiques soient toujours comparables entre eux.

SUR L'ACIDITÉ DES CASÉINES INDUSTRIELLES

PAR

MAURICE BEAU

Ingénieur agronome

La question du dosage pratique de l'acidité dans les caséines industrielles, comporte deux parties bien distinctes: l'une d'ordre purement industriel, qui consiste à déterminer ce qu'on doit entendre pratiquement par acidité de la caséine, l'autre d'ordre purement chimique, qui consiste à trouver une méthode simple et exacte de dosage de cette acidité.

1° *Que doit-on entendre, en pratique, par Acidité de la Caséine ?*

La notion d'acidité, simple quand il s'agit d'acides minéraux forts, ne l'est plus quand il s'agit de corps organiques, comme les caséines industrielles, dans lesquelles il faut distinguer entre l'*acidité intermoléculaire ou extrinsèque*, dûe aux acides minéraux ou organiques présents dans le lait au moment de la précipitation et plus ou moins entraînés par le précipité, et l'*acidité moléculaire ou intrinsèque*, due à la présence dans la molécule de groupements COOH (acides aminés), ceux-là même qui donnent à la caséine pure humectée d'eau la propriété de rougir le tournesol.

Voyons, pour les différentes espèces de caséines, laquelle de ces deux acidités intéresse plus particulièrement les acheteurs ou consommmateurs.

Pour les *Caséines à la présure*, servant à la fabrication de la galalithe, et présentant une sorte d'état colloïdal, d'où dérivent précisément leurs propriétés plastiques, on a remarqué, depuis longtemps, que ces dernières diminuaient en proportion des quantités d'acides étrangers, en particulier d'acide lactique, qu'elles renfermaient, si bien que, de l'avis des fabricants de galalithe eux-mêmes, c'est le dosage de l'acide lactique qui a de beaucoup le plus d'importance.

Pour les *Caséines lactiques*, servant à la fabrication des colles, et nécessitant, pour se dissoudre, l'addition d'un alcali, destiné d'abord à saturer les acides libres, puis à gonfler la caséine de manière à en faire une sorte d'empois , il est bien évident que c'est la quantité d'alcali à ajouter qui importe le plus. Or, ce dernier dépend en majeure partie de l'acide lactique présent, si bien que le dosage de ce dernier paraît encore avoir le plus d'importance. Toutefois, un dosage total d'acidité pourrait aussi bien faire l'affaire. On pourra choisir suivant le plus ou moins de facilité de l'opération en pratique.

Pour les *Caséines à acides divers*, du reste peu répandues, la conclusion est sensiblement la même que pour les caséines lactiques, et pour les mêmes raisons, car elles ont les mêmes usages.

On pourra effectuer, soit un dosage d'acidité totale, soit un dosage de l'acide présent entre les molécules, et comprenant à la fois l'acide lactique et l'acide ayant servi à la précipitation. Comme le dosage de ce dernier, qui est toujours un acide minéral fort, ne présente pas de difficultés particulières, il résulte de tout ce qui précède qu'il y a seulement deux sortes d'acidité à distinguer en pratique, suivant les cas, dans les caséines industrielles : l'acidité lactique et l'acidité totale.

II° *Comment peut-on doser, en pratique, l'Acidité de la Caséine ?*

Deux groupes de méthodes ont été proposées, suivant précisément que l'on cherche à doser l'acidité extrinsèque ou l'acidité totale.

1° Les *Méthodes de Dosage de l'Acidité Extrinsèque de la Caséine* sont les plus anciennes, notamment pour la caséine à la présure. Elles consistent à moudre la caséine plus ou moins finement, à la faire digérer plus ou moins longtemps et à une température plus ou moins élevée dans de l'eau, dont on titre l'acidité ensuite par la soude en présence de phénolphtaléine, le résultat final étant exprimé en pour cent d'acide lactique par rapport à la caséine brute étudiée.

Voici, par exemple, une de ces méthodes que nous avons appliquée systématiquement avant guerre à Surgères, à des milliers de tonnes de caséine - présure destinées à une grosse affaire de matières plastiques :

15 gr. de caséine moulue au tamis métallique n° 35 sont additionnés de 150 cc. d'eau. On porte à l'ébullition et on filtre. On titre 50 cc. du filtrat correspondant à 5 gr. de caséine avec la soude Dornic (au 1/9), ce qui permet d'exprimer facilement le résultat en acide lactique. On fait l'opération une deuxième fois avec 50 autres cc. comme contrôle. Dans ces conditions, une caséine - présure très ordinaire, lavée seulement une fois, mais préparée avec un lait frais, ne donne pas plus de 0, 5 à 1 % d'acide lactique, et une caséine - présure blanche ou extra-blanche, lavée trois fois, ne donne pas plus de 0, 1 %.

Ces méthodes de dosage direct de l'acidité sont simples et rapides, mais leurs modalités peuvent varier à l'infini, si bien que les résultats ne sont pas toujours comparables ; afin d'éviter cet inconvénient, il suffirait de s'entendre sur une méthode standard, comme on l'a fait pour les vins, le lait, voire pour le dosage de l'humidité, dans ces mêmes caséines industrielles.

Ce sont des méthodes de ce genre qu'ont proposées M. TAPERNOUX, dans sa récente thèse sur « Les Relations entre l'Acidité Potentielle et l'Acidité Actuelle du Lait », et M. DESFLEURS, dans sa note sur « Le Dosage de l'Acidité dans les Caséines Industrielles ».

M. QUOST, dans son rapport « Au Sujet de l'Acidité des Caséines Industrielles », voulant éviter toute discussion possible sur les résultats, a proposé une nouvelle méthode de dosage direct de l'acide lactique par un procédé colorimétrique particulier à cet acide.

2° Les *Méthodes de Dosage de l'Acidité Totale de la Caséine* ont eu également pour but d'obtenir des résultats toujours identiques avec le même échantillon de caséine, quelle que soit la grosseur des grains, les modalités de la macération et les tours de main du chimiste ; elles donnent l'acidité totale de la caséine, qui, au cas où celle-ci ne renferme pas d'acidité extrinsèque, se confond avec l'acidité intrinsèque de la caséine.

Ces méthodes consistent à dissoudre complètement la caséine dans un excès d'alcali, et à titrer l'excédent de ce dernier, d'où l'on déduira la quantité déjà neutralisée par l'acidité totale de la caséine.

C'est une semblable méthode qu'ont proposée BROWN, en Amérique, et M. CHOLLET, en France. M. QUOST, dans l'étude précipitée, en a indiqué les inconvénients : tout d'abord la dissolution dans un excès d'alcali hydrolyse la caséine, met en liberté ou saponifie les groupements COOH de la molécule, ce qui donne non seulement l'acidité propre de la caséine, mais aussi l'acidité résultant de sa décomposition ; ensuite, il ne semble pas que là non plus on puisse se dispenser de standardiser, car il ne paraît pas y avoir de point fixe ; on peut répéter un nombre presque indéfini de fois les additions de soude et l'on constate qu'il y a, à chaque fois, neutralisation d'une certaine quantité nouvelle d'acide, si bien qu'on ne sache pas trop où l'on doit s'arrêter.

En fait, cette méthode donne des chiffres beaucoup plus élevés que les premières méthodes : 1, 5 à 3 % pour les caséines - présure.

Pour conclure : En tout cas, nous répéterons ce que nous avons dit précédemment dans le journal « Le Lait », c'est qu'il noùs paraît grandement désirable que tous les intéressés se mettent d'accord, d'abord, sur une définition pratique de l'acidité des caséines industrielles, ensuite, sur l'adoption d'une ou plusieurs méthodes standard pour doser cette acidité.

Discussion et Conclusion

Sur la question du « Dosage de l'Acidité dans les Caséines Industrielles », la Section conclut qu'il résulte, des différents Rapports présentés et de la discussion qui a suivi, qu'il y a lieu :

A. — De définir pratiquement l'Acidité des Caséines Industrielles ;

B. — De déterminer les Méthodes de Dosage Correspondantes.

A. — *Définition pratique de l'Acidité des Caséines Industrielles.* — Cette définition dépend du type de caséine envisagé :

1° Pour les *Caséines à la Présure,* c'est l'acidité due à la présence de l'acide lactique, qui présente certainement le plus d'importance pratique ;

2° Pour les *Caséines Lactiques,* l'acidité totale et l'acidité lactique peuvent être envisagées sensiblement au même titre ;

3° Pour les *Caséines à Acides Divers,* l'acidité totale paraît être la plus intéressante, avec accessoirement la détermination de l'acide spécialement employé à la précipitation.

B. — *Détermination des Méthodes de Dosage.* — Il est entendu que, dans tous les cas, l'acidité sera exprimée en grammes d'acide lactique par 100 grammes de caséine industrielle. De plus :

1° Pour l'*Acidité Totale,* une méthode de dissolution par la soude est à déterminer et à adopter après standardisation ;

2° Pour l'*Acidité Lactique,* il y a lieu d'étudier la méthode Quost en comparaison avec les méthodes de macération et d'adopter ensuite également une de ces méthodes standardisées.

La Section propose qu'un Vœu soit présenté à l'Assemblée Générale du Congrès, avec la rédaction suivante :

« *Le Congrès émet le Vœu qu'il soit adopté, pour l'Analyse de l'Acidité des Caséines Industrielles, une Méthode Standardisée correspondant aux trois Types principaux de ces Caséines.* »

A l'unanimité, ce projet de vœu est adopté.

OBSERVATIONS SUR LE POIDS DES VEAUX
A LEUR NAISSANCE
LEUR CROISSANCE PENDANT LE PREMIER MOIS

PAR

JEAN PORCHEREL

Ingénieur agricole, Les Martres de Veyre (Puy-de-Dôme)

———————

Quel est le poids des veaux à la naissance ? Quelles sont les causes qui peuvent l'influencer ? Il est évident que là, comme pour beaucoup d'autres phénomènes physiologiques, indépendamment de certains facteurs connus ou inconnus, l'individualité doit jouer un grand rôle. TISSERANT, cité par SAINT-CYR, sans faire connaître la source où il a puisé cette indication, dit que les veaux pèsent, au moment de leur naissance, du treizième au seizième du poids de leur mère.

RIEDESEL fixe à un chiffre beaucoup plus élevé ce rapport proportionnel :

« Le veau, écrit cet auteur, pèse à la naissance, en moyenne un dixième du poids de la mère. »

Pour MAGNE, le poids des veaux qui viennent de naître, varie entre 20, 25, 45 et 50 kilogs.

SAINT-CYR (1), auquel nous empruntons les lignes précédentes, relate, dans son Traité d'Obstétrique Vétérinaire, quelques observations qui lui ont été communiquées par le Directeur de l'ancienne École d'Agriculture de la Saulsaie (Ain). La vacherie de l'École comprenait un certain nombre de sujets appartenant aux races d'Ayr, bressane, fémeline et d'autres, provenant de croisements divers : leur poids variait entre 400 et 650 kilogs. Sur 69 veaux, 44 mâles et 25 femelles, nés à la Saulsaie, du 1er janvier 1868 au 1er mars 1870, 33, c'est-à-dire près de la moitié, pesaient de 31 à 35 kilogs. Les veaux mâles avaient un poids supérieur aux veaux femelles ; la moyenne pour les premiers était de 33 kilogs 481, pour les seconds, de 30 kilogs 400.

CORNEVIN (2), dans son Traité de Zootechnie Générale, signale, pour la race Schwytz, les chiffres suivants, observés à la Ferme de la Tête-d'Or :

———————

(1) St. CYR. *Traité d'Obstétrique vétérinaire*, 1875.
(2) Charles CORNEVIN. *Traité de Zootechnie générale*, 1891.

a/ Vaches mettant bas à 3 et 4 ans :
    Poids moyen des veaux mâles :   46 kg 500
      »   »   » femelles : 39 kg 833

b/ Vaches mettant bas à partir de 5 ans :
    Poids moyen des veaux mâles :   .49 kg 166
     ,»   »   » femelles : 42 kg 269

Pour Cornevin, le poids du produit est fonction de la durée de la gestation ; si les primipares portent moins longtemps que les bêtes plus âgées, elles donnent des petits moins lourds ; pour une même raison, les femelles sont moins pesantes que les mâles issues d'une gestation plus courte.

Le poids moyen des veaux à la naissance varie avec la durée moyenne de la gestation : lorsque, dans une race, celle-ci est dépassée, on peut prévoir qu'on obtiendra un sujet volumineux et c'est un mâle. Cornevin cite à ce sujet l'exemple d'une vache hollandaise qui avait porté 288 jours — terme le plus élevé qu'il avait constaté sur cette race — et qui avait donné un veau exceptionnellement lourd de 52 kilogs, un veau mâle.

« Ce n'est ni la taille, ni la masse de la mère qui ont l'influence ici, ce sont celles du fœtus, le taureau et la vache hollandaise sont volumineux, mais les veaux qu'ils produisent sont petits, aussi la gestation est-elle courte. Le fait est-il toujours vrai?

Une vache comtoise de 9 ans du poids de 488 kilos, saillie le 25 mai 1913 par un taureau comtois-ferrandais, pesant 590 kilos, donne le 14 mars 1924 un veau mâle de 63 kilos, ayant ses incisives au complet : durée de la gestation : 294 jours. Le taureau comtois-ferrandais pesait à la naissance 56 kilos, à un an il atteignait 457 kilos (1).

Nous arrêtons là ces citations, pour arriver à nos observations personnelles.

Les animaux que nous exploitons au Domaine de la Grande Vaure par les Martres de Veyre (Puy-de-Dôme), appartiennent tous à la race bovine tachetée pie rouge : leur âge varie de 2 à 10 ans, le poids de 450 à 550 kilos. La plus grande majorité (54 sur 62) provient de l'arrondissement de Nantua (Ain), où, grâce à la direction et au dévouement de M. Jobin, président du Comice agricole, de notre collègue, M. Valeix, les animaux de cette région ont été remarquablement améliorés tant au point de vue de la conformation que des rendements, c'est ainsi que trois génisses nous ont donné 23 litres de lait au vélage.

Depuis le 18 décembre 1927 jusqu'au 30 mai 1928, voici les résultats que nous avons notés sur 21 veaux ou vêles :

-----

(1) Observations communiquées par Armand Porcherel.

1° Vaches de 2 ans à 5 ans :
    a) Poids moyen des veaux mâles : 34 k 300
    b)   —   —   femelles : 38 k 750
2° Vaches de 5 ans à 10 ans :
    a) Poids moyen des veaux mâles : 44 k. 250
    b)   —   —   femelles : 40 k.

Nous ne pouvons donner aucun renseignement sur la durée de la gestation, ceux qui nous ont été fournis par les propriétaires au moment de l'achat, étaient pour la plupart peu précis et se résumaient à ceci par exemple : « Vaches prêtes fin avril, milieu de mai », etc...

Pour les génisses primipares de 2 ans à 3 ans, le poids des vêles a été de 35, 38, 39, 40, 43 kilos, celui des veaux de 30, 32, 41 kilos.

Deux vaches de 4 ans nous ont donné deux vêles pesant l'une 41 kilos, l'autre 35 kilos.

Avec les vaches de 5 ans à 10 ans, le poids des veaux mâles a varié de 38 à 46 kilos ; pour les vêles de 30 kilos à 44 kilos.

Croissance des sujets pendant le premier mois ou quatre semaines

Nous livrant à « la vente du lait en nature » nous avons donc intérêt à connaître la quantité exacte du lait distribué à nos jeunes animaux.

A la naissance, le jeune reçoit à l'aide du biberon le lait de sa mère, fraîchement trait, au bout de trois jours, nous donnons 1 litre par 6 kilos de poids vif, jusqu'à un mois, sans pamais dépasser 8 litres ; à partir de cette date, nous diminuons progressivement la quantité de lait, jusqu'à la fin du troisième mois, lait que nous remplaçons par une quantité équivalente d'eau tiède mélangée à 125 grammes de tourteau.

A trois mois, le veau est mis en pâture, où pendant la bonne saison, il reste jour et nuit.

L'accroissement au bout de quatre semaines a été le suivant :
1° Veaux issus de vaches de 2 ans à 5 ans :
    a) Mâles : accroissement moyen : 81, 7 p. 100
    b) Femelles : accroissement moyen : 46, 9 p. 100.

Pour un sujet mâle l'accroissement a été de 106 p. 100 avec un autre de 90,6 p. 100.

2° Veaux issus de vaches de 5 à 10 ans :
    a) mâles : accroissement moyen : 46,7 p. 100.
    b) femelles : accroissement moyen : 52,9 p. 100.

Considérant l'accroissement sur une autre forme, nous voyons que :
1° Pour les vaches de 2 ans à 5 ans :
    a) 103 kilos de veaux mâles nous ont donné 81 kilos de croissance, soit 27 kilos par tête;
    b) 310 kilos de vêles accusent 145 kilos de croissance, soit 18 k. 125 par tête.

2° Pour les vaches de 5 à 10 ans :

a) 167 kilos de veaux mâles donnent 78 kilos d'augmentation ou 19 k. 500 par tête.

b) avec 240 kilos de vêles, on obtient 122 kilos d'accroissement, soit 20 kilos, 300 par tête.

Quelques rares sujets atteints de diarrhée ont pris seulement 15, 18 kilos pendant leur mois.

CORNEVIN (1), dans ses études zootechniques sur la croissance, donne comme accroissement mensuel sur un sujet de race normande 31 kilos, sur un taureau normand 21 kilos, 20 kilos pour une bête de race Schwitz, 15 kilos pour une bretonne.

Il conclut que la mode d'allaitement n'a aucune influence sur la croissance, pourvu qu'il soit suffisant.

A. PORCHEREL fournit des indications extrêmement intéressantes sur la croissance des veaux élevés par leur mère, qu'il a suivie pendant un temps assez long, dans un parc de bétail de corps d'armée.

L'allaitement de tous ces animaux était pratiqué d'une façon rationnelle, six têtées par jour, la première semaine, pour diminuer ensuite progressivement et arriver à trois la quatrième semaine (2).

Les vaches observées appartenaient aux races normandes, tachetée, métisse normande, bretonne, charollaise, Salers, 201 kilos de veaux, lui ont ont donné, au bout d'un mois, 182 kilos d'augmentation, soit une moyenne de 30 k. 300 par sujet ou 91,5 p. 100.

Les sujets issus de races normandes bretonne, charollaise, salers ont accusé un pourcentage respectif d'accroissement de 100, 84, 102 et 129.

« A l'École d'Agriculture Pratique de Limonest, près de Lyon, sur un veau pesant 33 kilos à la naissance, issu d'une vache métisse normande, âgée de 6 ans, du poids de 420 kilos, l'augmentation en un mois deux jours a été de 47 kilos, soit 142,4 p. 100.

Avec une vache de race comtoise âgée de 9 ans, on obtient une vêle de 49 kilos, pesant 79 kilos au bout d'un mois, soit un accroissement de 30 kilos ou de 61,20 p. 100.

Les veaux têtent ici trois fois par jour tout le lait de la mère.

Dans un autre établissement voisin de Lyon, où les veaux sont allaités de la même façon, avec 6 vaches comtoises donnant 291 kilos de veaux, on a noté 249 kilos d'augmentation en un mois, soit en moyenne de 21 . 500 par tête et une proportion de 86,5 p. 100 (3).

CONCLUSIONS. — Malgré notre très modeste expérience, d'après nos observations et celles que nous avons citées, nous croyons pouvoir

---

(1) Ch. CORNEVIN. Etudes Zootechniques su rla croissance. *Archives de physiologie normale et pathologique*, juillet 1899.

(2) A. PORCHEREL. Observations recueillies au Parc du bétail d'un corps d'armée. *Bulletin de la Société des Sciences vétérinaires de Lyon,* N° 5 et 6, 1921.

(3) Armand PORCHEREL. Observations inédites.

dire que le poids des veaux à la naissance est sous la dépendance d'un grand nombre de facteurs, inhérents aux deux reproducteurs, à leur individualité, à l'alimentation.

La croissance jusqu'au sevrage est certainement sous la dépendance de la *qualité et de la quantité du lait* : plus un lait sera riche en matières grasses, à quantités égales, plus la croissance du jeune veau sera grande.

Sans aucun doute, dans notre exploitation, doit se trouver des sujets dont le lait est plus riche; c'est là un point que nous nous réservons d'étudier pour nous aider à faire la sélection de nos meilleures vaches laitières tant au point de vue qualitatif que quantitatif.

NOTE SUR LA PRÉCOCITÉ DES CÉRÉALES

PAR

E. MIÈGE

Directeur de la Station de sélection de Rabat

Dans deux notes précédentes [1] nous avons déjà donné quelques indications au sujet des recherches que nous poursuivons depuis 1921 sur la précocité des céréales, et qui ont trait, d'une part, à l'hérédité de ce caractère et à ses variations dans le temps et dans l'espace, selon les principaux facteurs écologiques et culturaux et, d'autre part, à ses rapports avec les autres particularités et aptitudes des végétaux (morphologie, productivité, résistance aux accidents et maladies, etc...). Réservant, pour des notes ultérieures, les résultats obtenus dans ces diverses études, nous nous bornerons ici à examiner très sommairement les différences observées dans les durées de végétation — partielle et totale [2] — de plusieurs centaines de variétés pures de céréales, cultivées dans un même milieu et d'une façon aussi semblable que possible, pendant six années consécutives. Seule, et par force majeure, la date du semis a quelque fois varié, mais elle est restée cependant comparable pendant plusieurs années : 1921, 1922, 1926 : 26, 26 et 27 novembre; 1923, 1924, 1925 : 27, 26 et 30 octobre.

---

(1) Em. MIÈGE. Observations sur la précocité. *Revue Botanique appliq.*, vol. VII, 7ᵉ éd., août 1927.

(2) Em. MIÈGE. Rapport sur la précocité des blés et les caractères biomét. de l'épi. *Assoc. Fr. pour l'avanc. des Sciences. Congrès Lyon*, 1926.

Or, contrairement à ce que l'on pouvait supposer — pour un **même** milieu, une même date de semis, et une même culture, — les durées de végétation d'une même variété pure ont montré des divergences sensibles et parfois considérables. Ces différences, nulles dans certains cas, atteignent parfois 41, 44 et 46 jours pour la période totale (semis-maturité) et jusqu'à 50 jours pour la première phase de développement (semis-épiaison), chez les blés tendres.

Ces écarts sont un peu plus faibles chez les blés durs, où ils s'élèvent à 26 jours pour le premier stade et à 47 jours pour le développement complet. On constate, de même, que les variations affectent surtout la première partie et, ensuite, la durée totale de la végétation, la seconde phase (épiaison-maturité), étant plus régulière et servant, en quelque sorte, de régulateur.

La cause, ou les causes, de cette variabilité imprévue et considérable de la précocité restent obscures. On ne peut ici incriminer l'époque du semis (dont nous verrons l'influence directe dans un prochain mémoire), puisque, dans chacun des deux groupes où elle a été semblable pendant trois ans, les durées de végétation sont loin d'être identiques. Il est vraisemblable que les conditions météorologiques saisonnières possèdent une influence assez profonde, mais, tout en l'admettant, il n'est pas possible de lui imputer les différences observées car, pour une même année, et par conséquent, pour des facteurs écologiques identiques, la réaction des diverses variétés est tout à fait dissemblable, certaines allongent leur période végétative, alors que d'autres la raccourcissent, sous l'action des mêmes éléments.

Par contre, l'on remarque que — malgré des dates de semis séparées par plus d'un mois — (1923 et 1926 par exemple), la durée du développement de certains blés est exactement la même.

Il résulte donc de nos centaines d'observations que, sous le climat marocain, tout au moins, et pour les céréales examinées, la précocité, — bien que constituant un attribut de variété ou de lignée, — est un caractère fluctuant, subordonné à un certain nombre de facteurs, parmi lesquels les conditions écologiques, et surtout météorologiques, jouent certainement un rôle important, mains néanmoins insuffisant à expliquer les variations observées.

SOCIÉTÉS RÉGIONALES
POUR L'ETUDE DES PARASITES AGRICOLES

PAR

ALBERT HUGUES
Saint-Geniès-de-Malgoires (Gard)

La lutte contre les parasites de l'Agriculture devient de plus en plus difficile ; la monoculture d'abord, la culture intensive de certaines plantes ensuite, aident grandement à la propagation souvent énorme des parasites particuliers à chaque culture.

L'étude des parasites animaux et végétaux nous paraît devoir être intensifiée et procéder sur un plan d'ensemble et d'entr'aide, que pourraient constituer des groupements de travailleurs régionaux, n'effectuant des recherches que dans des pays peu étendus, de même climat et pour un nombre de plantes limitées.

Les membres de ces sociétés tâcheraient de se réunir à des dates fixes pour se faire part de leurs observations. Les jours de marchés, de foires, pourraient être choisis avec avantage. A moins qu'on ne préfère y substituer un dimanche par mois.

Les travaux publiés sur les questions de parasitologie, émanent la plupart d'auteurs écrivant dans les Bulletins de sociétés savantes et dans les Mémoires des rares laboratoires agricoles. Les sociétés dont nous préconisons la fondation, trouveraient dans les journaux s'occupant d'agriculture le moyen de propager leurs travaux.

Les Bulletins des Sociétés scientifiques départementales, semblent la plupart dédaigner les questions se rattachant aux choses de l'Agriculture.

La lecture d'un grand nombre de publications de Sociétés scientifiques, nous a montré combien est grande la pénurie des renseignements qu'on serait en droit d'y trouver. Les grandes invasions d'insectes nuisibles, les pertes énormes, les dégâts causés aux cultures, les désastres même qui s'abattent sur les produits du sol n'y figurent par nulle mention.

Il semblerait que le côté pratique et utilitaire soit complètement dédaigné pour tout ce qui touche à l'agriculture.

Telles sociétés méridionales, dont j'ai pu revoir toutes les publications, sont restées muettes sur la marche du phylloxera dans leur département, sur l'intensité des maladies des vers à soie et plus récemment n'ont pas accordé une seule ligne à l'étude de la pyrale, de la cochylis, ou de l'eudémis, ni à leurs invasions les plus intenses.

Il faut que l'agriculteur en prenne son parti et tâche de contribuer par lui-même, quelquefois en marge des Sociétés d'agriculture, occupées par trop de questions d'ordre général, à l'étude des parasites en faisant appel à toutes les bonnes volontés et surtout en essayant de grouper les spécialistes, car sans eux, toute étude ne risque souvent qu'à faire naître l'erreur.

Nous pourrions citer le cas où, dans la lutte contre les orthoptères, les responsables des dégâts, étaient négligés les Criquets marocains étant de moindre taille que les grandes espèces : *Decticus Albifrons, Decticus verrucivorus*, considérés par les enquêteurs comme très redoutables, alors que parfaitement indifférents et même acridophages.

Les multiples éclosions de microlépidoptères parasites la plupart de plantes non cultivées, sont très souvent signalées dans la presse quotidienne comme invasion de pyrale, de cochylis ou d'eudémis.

L'étude des Mulots et Campagnols dévastateurs dans tout le nord de la France, nous paraît avoir été atteinte des mêmes errements. On peut être savant bactériologiste, entomologiste, botaniste, chimiste et ignorer tout des micromammifères. Cependant dans la lutte, l'opinion du spécialiste sur ces petits vertébrés aurait eu dès le début au moins quelque valeur.

Une autre tendance contre laquelle nous pensons qu'on devrait éviter de donner prise, c'est l'arrêt de toutes recherches chaque fois qu'une invasion quelconque cesse ses ravages, les raisons mystérieuses, nées des agents naturels ayant enrayé le fléau mériteraient cependant d'être connues.

Ce ne sont pas nos quelques laboratoires agricoles qui peuvent suffire à toute cette besogne. Leur indigence est extrême : je n'ose citer le chiffre obtenu par la science agronomique (quelques dizaines de mille francs) en regard des sommes élevées, accordées à la physique ou la chimie, dans la répartition des fonds de la journée Pasteur il y a trois ans.

Les moyens, par lesquels les Sociétés régionales pour l'étude des parasites de l'agriculture pourraient parvenir à exercer une bonne influence peuvent différer suivant les pays, chaque groupement choisirait la méthode qui lui paraîtrait la plus appropriée. La centralisation des résultats viendrait ensuite.

Les activités ne demandent qu'à être mises en éveil pour s'engager dans la route la plus sûre pour que l'œuvre porte le plus rapidement des des fruits.

PRÉSENTATION D'UNE CARTE AGROLOGIQUE
DE LA FRANCE (Echelle 1/2.000.000)

PAR

PIERRE LARUE
Ingénieur agronome

A travers des terres de constitution physique données, l'auteur fait transparaître la roche calcaire, granitique, granulitique, schisteuse, basaltique, etc.

PRÉSENTATION D'UNE CARTE AGROLOGIQUE
DU DÉPARTEMENT DE LA CHARENTE-INFÉRIEURE

PAR

H. VERDIÉ
Ingénieur agronome
Directeur des Services agricoles de la Charente-Inférieure

GÉOGRAPHIE

Président .... M. LEEGENDRE, Directeur de Laboratoire à l'Ecole des
Hautes-Etudes, Rédacteur en chef de *La Nature*.

ESSAI DE RECONSTITUTION DES COORDONNÉÉES GÉOGRAPHIQUES DE PTOLÉMÉE SUR LE LITTORAL ATLANTIQUE ET VARIATIONS LITTORALES ENTRE LOIRE ET GIRONDE.

PAR

M. LE COMMANDANT DERANCOURT

J'ai eu la curiosité de relire les anciennes tables et le traité de l'illustre géographe Ptolémée et de rechercher les relations qui pouvaient exister entre ses calculs et nos mesures cartographiques ; quel crédit on était en droit d'accorder à ses écrits, et si un essai de reconstitution rationnelle, de rapprochement des anciennes coordonnées avec leurs correspondantes actuelles était chose possible dans nos parages.

Dans le développement de l'hémisphère de Ptolémée la notation de la graduation pour les longitudes s'étend d'une façon continue de l'ouest à l'est ; le méridien zéro est au bord occidental du planisphère, limite des dernières parcelles terrestres connues, en l'espèce, les îles Fortunées (Canaries), *insula canaria* et l'île Aprosite, ou île inaccessible : *inaccessabiles insula;* le dernier degré de longitude marque le bord extrême oriental du planisphère et correspond à l'arête montagneuse qui forme la presqu'île de Malacca.

Ces limites extrêmes coïncident sensiblement, à l'ouest, avec le vingtième degré de longitude occidentale qui passe un peu à l'est des deux îles « *San Domingo* et « *Hierro* », dernières îles occidentales de l'archipel des Canaries et dont une des deux pouvait fort bien être effleurée, sans être comprise dans le planisphère, par le premier degré de la notation de Ptolémée. Le 160° degré de longitude marque la limite orientale des terres qui ferment à l'est le *Sinus magnus*, le *Sinus ferius* et le *Simnus Sinarum* qui correspondent réciproquement à l'estuaire de l'Irraouadi, au golfe du Bengale, aux anfractuosités de la côte occidentale de l'isthme de Kra. Rien ne nous autorise à supposer que le géographe grec ait eu connaissance de la mer de Chine. Il est donc logique d'admettre que le 180° degré du géographe se confond très sensiblement avec le 96° degré passant par l'isthme de Kra.

Ainsi, l'hémisphère compté pour 180 degrés par Ptolémée ne couvre en réalité que 20 degrés de longitude occidentale, 96 degrés de longitude orientale, en tout 116 degrés.

Mais cette division a-t-elle au moins l'avantage d'une régularité qui permette d'établir un rapport constant entre les deux notations. Quelle relation peut exister entre un degré de longitude de Ptolémée et un degré de longitude terrestre ?

Ptolémée avertit que son méridien 60 passe par *Chersonesus parva portus* et place le Pharos d'Alexandrie à 60°30' qui est par 27°23'20" de longitude orientale : 47°23'20" correspondent sur le planisphère de Ptolémée aux 60 premiers degrés de la division, c'est-à-dire que 1 degré du géographe aurait pour équivalent terrestre 0"47'23"33. A l'est du 60° degré de Ptolémée, le degré grec ne vaudrait que 0° 37'5" de nos divisions.

J'ai été amené à comparer avec les coordonnées géographiques actuelles les mesures trouvées par Ptolémée, pour certaines villes importantes : Smyrne, Athènes, Tarente, Rome, Florence, Gênes, Nice, Marseille, Nîmes Narbonne, Toulouse, Agen, Bordeaux et Saintes. Les chiffres obtenus laissent apparaître des variations assez inattendues et difficilement explicables.

A partir de Nemosa, la valeur de l'écart entre la longitude calculée et la longitude donnée par Ptolémée subit une forte diminution qui atteint près de 2°. Elle passe de 5° 58' 15", 8 à 3° 41' 19", 5, à Tolosa. Mais cet écart n'augmente plus que très légèrement à partir de cette localité, en se déplaçant vers l'Ouest: 3° 45' 49" à Agen, 3° 51' 12" à Bordeaux, 3° 53' 3" à Saintes. On peut admettre, sans commettre une erreur très appréciable, que cette augmentation correspond à environ 5' 38" pour 1° de longitude occidentale.

Il y a donc une déformation géographique vers l'Ouest, sans cesse croissante, qui affecte d'ailleurs considérablement le Sud de la France et l'Espagne, puisque Bordeaux et Carthagène, qui ne diffèrent en réalité que 24' 38" de longitude, sont, d'après Ptolémée, respectivement situés par 18° et 12° 15', c'est-à-dire à un écart de 5° 45'.

Que se passe-t-il au Nord de la Loire ? Toute cette région est, en effet, de contexture étirée, étriquée par rapport à la région d'Aquitaine et de la Narbonaise, dans la cartographie de Ptolémée. On remarque surtout la faible courbure que présente le littoral Atlantique, entre les presqu'îles occidentales de l'Armonique et les Pyrénées. Eh bien! les calculs permettent d'établir qu'il existe entre *Nœmagus* (Bayeux) et le *Gobœum promontorium* (Chaussée de Sein), *une diminution rapide* de l'écart entre la longitude donnée par les tables et la longtitude calculée. L'écart tombe à 0° 34' 36" au *Gobœum promontorium*.

Il y avait lieu, dès lors, de rechercher quelle correction devaient subir les longitudes données par Ptolémée aux divers points du littoral, au Sud de la Loire, pour leur conserver un écart relatif de position par rapport aux longitudes calculées de Burdigala et Médiolanum; en d'autres termes, quelles devaient être les corrections à faire subir aux chiffres donnés par Ptolémée, pour les localités ou accidents géographiques de la Côte Armoricaine, de la Vendée ou de la Saintonge : *Brivates portus, Ligiris fluvii ostia, Sicor portus, Pictonium promontorium, Canentellis fluvii ostia, Santonum promontorium, Portus santonum, Garumnæ fluvii ostia.*

Un point facile à repérer attirait particulièrement l'attention. J'ai nommé le *Brivates portus,* dont les coordonnées calculées sur la base *Neomagus-Gobœum promotorium* valent respectivement 17° 40' (PTOLEMÉE) 4° 43' 30" qui représentent très approximativement celle de Brivin.

Or, la différence de longitude géographique entre Brivin (*Brivates portus*) et Saintes (*Mediolanum*) est de 4° 43' 30" — 2° 58' 44" soit 1° 44' 46" ou 6.286". Mais Ptolémée attribue la même longitude à Méliolanum et au Brivates portus, les 6.286" représentent donc la valeur de la dilatation subie par toute la partie située au sud de la Loire, à la latitude de Médiolanum.

Pour obtenir la longitude vraie des divers points de cette région, il importait de déterminer leur latitude exacte par interpolation entre les points extrêmes : Brivin et Saintes ; de construire par la pensée un triangle curviligne avec le parallèle de Bordeaux, la longitude de Saintes et un arc du grand cercle de Brivin (4'44" à l'Ouest de Bordeaux). Sur cette ville, la différence de longitude attribuée par Ptolémée aux points intermédiaires devra être corrigée de la valeur de l'arc de latitude du point considéré compris entre l'arc de grand cercle et la longitude de Saintes, sauf correction à intervenir pour l'accroissement déjà constaté de 5'38" par degré à l'Ouest de la longitude de Saintes.

Les valeurs suivantes ont été ainsi obtenues :

Brivates portus	long.: 4° 43' 30"	lat.: 47° 17' 45"
Ligiris fluvii ostia,	» 4° 45' 30"	» 47° 6' 6"
Sicor portus,	» 4° 27' 53"	» 46° 54' 28"
Pictonium promont.,	» 4° 47' 15"	» 46° 42' 50"
Canentellis fluvii ostia,	» 4° 27' 48"	» 46° 31' 12"
Santonum promont.,	» 4° 45' 53"	» 46° 7' 46"
Portus Santonum,	» 3° 47' 27"	» 45° 44' 40"
Garumnæ fl. ost.,	» 3° 36' 17"	» 45° 38' 47"

Les positions ainsi calculées comparées avec la configuration pélagique du littoral entre Loire et Gironde ont permis de constater, non sans un certain étonnement, que chacun de ces points tombe à très peu de chose près, sur un point particulier du premier ressaut du plateau sous-marin. L'estuaire de Ligiris est très voisin du chenal sud qui prolonge en mer l'embouchure méridionale de la Loire. Sicor portus s'abrite dans un golfe marqué par la courbe des fonds de 10 mètres. L'extrémité de l'antique promontoire des Pictons vient naturellement se placer à 3 kilomètres au large du récif des Chiens-Perrins (Ouest de l'île d'Yeu). L'estuaire du majestueux Canentillos est marqué par un fond de vallée sous-marine qui s'allonge à 23 kilomètres au large de la côte de Vendée. Le légendaire

Promontoire des Santons est placé, par les calculs, en bordure sud-occidentale du socle sous-marin du Plateau de Rochebonne. Il faut **enfin** rechercher les vestiges du Port des Santons, à 7 kilomètres au large de la presqu'île d'Arvert.

Ainsi les calculs rejettent bien au large les emplacements des anciens

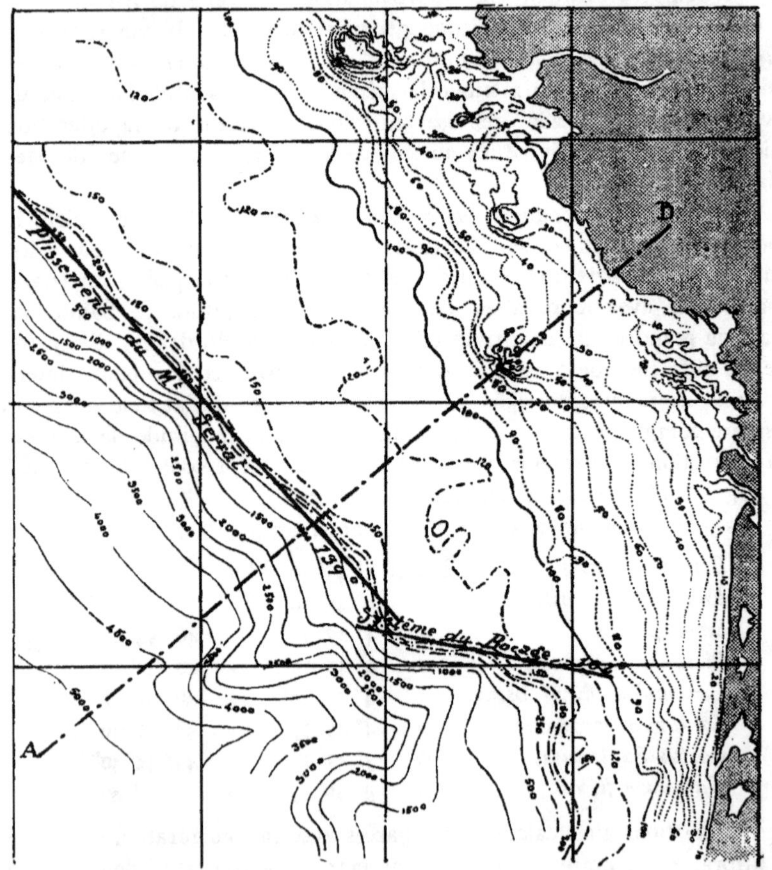

Carte bathymétrique du plateau littoral sous-marin atlantique entre Loire et Gironde d'après la carte des pêches de Ed. Le Danois, les documents du Service hydrographique de la Marine et les sondages de l'Office océanographique de la Rochelle.

ports, des presqu'îles, des estuaires de la Gaule de Ptolémée et de Jules César.

L'Histoire est muette; nous n'avons aucun traité qui nous parle des événements qui ont pu se dérouler sur les territoires océaniques soit avant, soit après les premiers siècles de notre ère.

Cependant des légendes sont parvenues jusqu'à nous, parlant de cités englouties dans les flots. Mais la géologie, les recherches océanographiques, nous permettent d'affirmer qu'à une époque postérieure aux temps néolithiques, les efforts de plissements de la fosse atlantique, qui s'ouvre à 150 kilomètres de nos côtes, ont déterminé sur la frange du plateau continental des mouvements de submersion de grande amplitude. Au III° siècle et, au plus tard, à la fin du IV°, la subsidence s'est exercée avec une intensité telle que les terres émergées, qui marquaient la limite territoriale sous l'occupation romaine, ont sombré sous les flots entraînant des territoires considérables, des bourgades, des monuments, des routes qui desservaient des cités florissantes.

Mais cet effondrement du territoire s'est opéré par étapes insensibles et, si la tradition le laisse entrevoir, l'histoire n'en a pas gardé trace pour une époque agitée par la chute de la domination romaine en Gaule et les assauts des premières invasions normandes.

LA CAPTURE DE LA MEDJERDA
A TRAVERS LE MASSIF DE TÉBOURSOUK
ET SES CONSÉQUENCES

PAR

F. BONNIARD

Professeur au Collège de Bizerte (Tunisie)

La Medjerda a été formée par la réunion, à travers le Massif de Téboursouk, des deux réseaux hydrographiques des Grandes Plaines de Souk-el-Arba et de la Medjerda inférieure. La récente publication des belles cartes géologiques au 1/200.000° de la Tunisie septentrionale (1) a permis de reconstituer les différentes phases de cet important événement, dont on a déjà donné une excellente explication (2).

Au pliocène, les deux plaines de Souk-el-Arba et de Medjez-el-Bab étaient occupées par deux grands lacs possédant chacun un réseau hydrographique distinct ; leur réunion s'est faite à la suite de captures mul-

---

(1) Pourl'étude de la question consulter la carte au 1/50.000° (feuille Oued-Zarga) et la carte géologique provisoire de la Tunisie (feuille Tunis, 1923).

(2) M. SOLIGNAC. *Etude géologique de la Tunisie septentrionale*, 1927, p. 654.

tiples favorisées par le relief qui s'abaisse ici exceptionnellement à moins de 200 mètres, par des accidents tectoniques locaux, qui donnent aux chaînons une direction parfois sensiblement N.-S. (*Fig. 1*), par la nature des terrains formés en grande partie de roches tendres (trias et pontien), enfin par l'existence des lacs intermédiaires d'Oued-Zarga et de Testour, que décèle la présence de lambeaux de pliocène continental, en partie recouvert par des formations plus récentes de terrasses fluviales.

Ce sont ces deux petits lacs, formant avec les deux grands, un véritable *chapelet lacustre en gradins*, qui ont probablement joué le rôle le

Echelle : $\dfrac{1}{50.000}$

Fig. 1. — *La traversée du massif de Téboursouk par la Medjerda*

Légende   + + +   + +   Anticlinaux
....   Synclinaux
xxxx   Calcaires formant gorge

plus important dans l'évolution générale de la capture. Par ailleurs, le processus est celui que nous retrouvons dans toute la zone tellienne et que L. Joleaud a si bien mis en lumière pour la région de Constantine [1]. Les bassins fermés sont successivement captés par les cours d'eau tributaires de la mer à des époques d'autant plus récentes que les bassins sont plus éloignés du littoral.

Dans la région étudiée, l'opération s'est reproduite trois fois ; les seuils rocheux coupés sont encore nettement marqués par un rétrécis-

[1] L. Joleaud, *Etude géologique de la chaîne numidique et des Monts de Constantine, thèse*, 1912, p. 301 et 319.

sement de la vallée, d'autant moins accentué que la coupure est plus ancienne (*Fig. 2*).

Ainsi, le seul aspect des défilés de la vallée permettrait d'établir l'ordre chronologique des captures. L'examen des terrasses entre le confluent de l'oued Béja et Testour permet de préciser leur âge. En amont de l'oued Zarga, il n'existe pas trace de la terrasse de 90 - 100 mètres qu'on trouve dans la vallée de la Medjerda inférieure ; il ne saurait donc être question d'attribuer à la capture des Grandes Plaines un âge sicilien. Par contre, les lambeaux de la terrasse de 60 mètres sont nombreux, ce qui prouve qu'à l'époque des dépôts milazziens, la capture était déjà

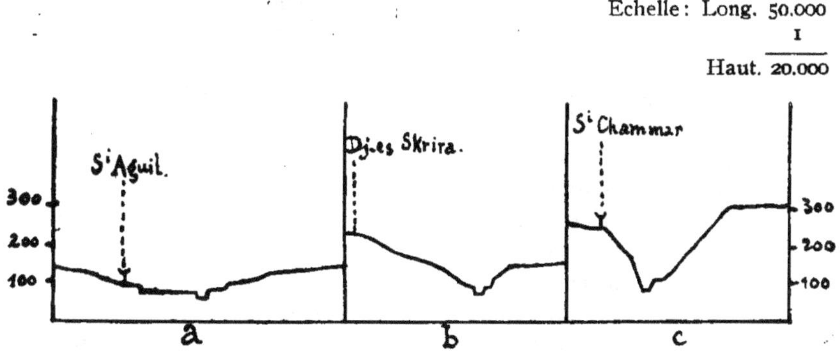

Fig. 2. — *Les rétrécissements successifs de la vallée de la Medjerda*

a) A St Aguil au NE de Testour
b) Au Dj. Skrira.
c) A St Chammar.

La terrasse de 15-20 m. est visible sur les trois profils

amorcée. Les autres captures, plus anciennes, sont probablement siciliennes, peut-être même pliocènes.

La conquête du bassin fermé des Grandes Plaines de Souk-el-Arba, en abaissant le niveau de base, a eu les plus importantes conséquences sur l'évolution de tout le réseau hydrographique de cet ancien chott. Le lambeau de terrasse du Vieux-Ghardimaon, qui domine de 80 mètres le thalweg actuel, prouve que dans la partie supérieure du bassin lacustre le niveau de base a été abaissé d'au moins cette hauteur. Le fait n'a pas été d'une mince influence sur le rajeunissement du réseau, en particulier sur le pouvoir conquérant des tributaires des Grandes Plaines, qui ont élargi leur domaine aux dépens des bassins fermés du Haut Tell tunisien et des hautes plaines constantinoises.

Les deux cours d'eau les plus importants du bassin, la **Medjerda** supérieure et l'oued Mellègue, se sont étendus vers l'Ouest et le **Sud-Ouest**, dans les plaines en bordure du haut pays algérien. La conquête assez récente de la haute plaine de Khamissa par la Medjerda est accusée par une brisure très caractéristique du profil en long de ce fleuve en amont de Souk-Ahras (1). Le cours de l'oued Mellègue présente aussi une importante rupture de pente, qui se place entre le palier supérieur des hautes plaines de Morsott (altit.: 750 ^{m}) et de la Meskiana (850 ^{m}) récemment capturées et le palier inférieur des plaines tunisiennes des Charren (400 ^{m}). En admettant que la conquête des plaines algériennes ait été amorcée avant la capture des Grandes Plaines, il paraît raisonnable de penser que ce dernier événement a exercé une influence certaine sur la vitesse et l'ampleur du premier ; lui seul peut expliquer qu'un fleuve tellien a pu reculer son domaine jusqu'au pied de l'Atlas Saharien ; le fait est unique dans la Berbérie orientale, à l'Est du Chélif.

Le rajeunissement du réseau hydrographique des Grandes Plaines a eu dans le Haut Tell tunisien les mêmes conséquences qu'en **Algérie orientale**. Le Haut Tell se compose de cases hautes ou basses, disposées en damier (2). Les cases basses, pour la plupart anciens bassins fermés, ont été captées par les affluents de l'oued Mellègue (oued Sarrath, oued **Mellis**) ou par l'oued Tessa. Tous ces oueds présentent le même *profil en escalier*, chaque gradin correspondant à une plaine captée, chaque rupture de pente au seuil qui séparait primitivement deux bassins. Ainsi, l'oued Tessa fait communiquer successivement les plaines des Zouarines, du Sers, de Rhorfa et de Biadha. Somme toute, nous avons là une **réédition** multiple, mais aux proportions réduites, du phénomène de capture de la **Medjerda**.

Cette évolution se continue aujourd'hui dans le bassin supérieur des tributaires des Grandes Plaines, mais pas également partout. On constate même que le recul des rivières du Nord (O. Bou-Heurtma, O. Kasseb, O. Béja) s'est arrêté devant les conquêtes des fleuves côtiers favorisées par la proximité du niveau marin. Du côté de la Medjerda supérieure, l'élargissement du bassin-versant se heurte au domaine de l'oued Cherf, branche principale de la haute Seybouse.

Par contre, dans le bassin de l'oued Mellègue et dans celui de l'oued Tessa, les conquêtes continuent. Nous sommes actuellement témoins de deux captures : l'une sur le haut oued Tessa, l'autre sur l'oued Sbikra, partie occidentale du haut **Mellègue**.

L'oued Tessa commence à couler dans la plaine des Zouarines, qu'il a récemment captée. Les eaux qui l'alimentent lui viennent des reliefs qui entourent cette cuvette, mais le réseau hydrographique n'est pas en-

---

(1) E.-F. GAUTIER, *Structure de l'Algérie* 1922, p. 191.
(2) MONCHICOURT. *Le Haut Tell en Tunisie*, 1913, p. 74-75, 94.

core définitivement tracé. La capture du bassin fermé des Zouarines en est à sa dernière phase, fait du plus haut intérêt pour l'étude du processus des captures.

Le même fait se produit dans la plaine de Es-Sbikra, au Sud du Djebel Tafrennt (feuille d'Aïn-Beïda, au 1/200.000), où l'une des branches de l'oued Meskiana a capté les chotts de ce bassin. Seulement, la présence d'étendues d'eau stagnante prouve que la capture est moins évoluée qu'aux Zouarines.

Il est évident que le recul vers le Sud du bassin de l'oued Mellègue aura des limites imposées par l'érosion régressive des tributaires des chotts du Sud, dont le niveau de base déprimé (-31^m) et relativement proche leur a permis de conquérir une partie des bassins fermés du pays des Nemencha (feuille Chéria, au 1/200.000°). Cependant, il serait difficile de préciser où s'arrêteront les conquêtes de l'oued Mellègue, car, dans cette région, on doit tenir compte d'un facteur essentiel, encore peu étudié : la répartition des pluies et son influence sur l'action régressive des cours d'eau sahariens.

Ainsi, la capture du Chott des Grandes Plaines par la Medjerda a incorporé au versant méditerranéen un grand bassin fermé. Par la suite, le domaine conquis n'a cessé de s'élargir aux dépens des bassins fermés voisins, grâce à l'abaissement du niveau de base, qui a résulté de la capture du chott. Cet accident relativement récent qui a formé la Medjerda doit être considéré comme *un des faits essentiels de l'Histoire de la Berbérie orientale au Quaternaire*, car, nulle part ailleurs, un tel accident n'a eu d'aussi amples conséquences.

LA GÉOGRAPHIE ANCIENNE DE LA CASPIENNE ET L'EMPIRE ROMAIN

PAR

M. ROUX

Secrétaire d'ambassade à Copenhague

Les événements de l'Histoire Ancienne seraient souvent plus compréhensibles si leur milieu géographique était mieux connu. Comme l'a récemment révélé M. E. GAUTIER (*L'Islamisation de l'Afrique du Nord*, 1927) le déclin de la puissance romaine en Afrique est dû en partie à des changements de régime climatérique contraires à l'élevage de l'éléphant et favorables à l'introduction du chameau, avec les chameliers d'Arabie, précurseurs de la conquête sarrasine. Des phénomènes analogues semblent s'être manifestés dans d'autres régions limitrophes de l'Empire, notamment le long de la grande plaine du Nord, par où déboucha l'invasion des Huns, cause déterminante de la chute de l'Empire d'Occident.

Il y a donc quelque intérêt à faire ressortir la valeur de certains documents géographiques sur l'ancienne Caspienne, front Nord-Est de l'Empire Romain.

On sait que la Caspienne s'est formée lentement de la fonte des glaciers quaternaires de Sibérie et de l'Oural, et que leurs vastes inondations ont tendu longtemps une barrière entre l'Europe et l'Asie. Dans le *Prométhée* d'Eschyle, écho de traditions géographiques tout à fait remarquables, Prométhée n'est pas sur le Caucase, comme l'enseignera une légende de seconde main, mais bien sur une falaise de l'Océan Arctique, juste à la limite, tracée par la fin des temps glaciaires, entre le monde d'Europe et le monde d'Asie. A l'époque où Eschyle écrivait, vers 450 avant J.-C., la Caspienne devait s'étendre d'ailleurs beaucoup plus au Nord qu'aujourd'hui. Nous en avons une preuve par un contemporain d'Eschyle, Hérodote, qui nous a laissé (IV, 22-28) une description de la route allant d'Olhia (Cherson), sur la Mer Noire, confins Nord-Est de l'Empire Athénien d'alors, aux confins de la Chine.

Cette route allait droit du Borysthène (Dniepr) à l'Oural, évitant les parties basses plus ou moins inondées, cherchant les sols pierreux, secs et solides. Elle traverse des peuples à peine sortis de la vie glaciaire, les Argippéens «chauves et camus», qui sont les Mongols, puis les Arimaspes, propriétaires de mines d'or prodigieuses, qui sont l'Altaï, ensuite les Issédones, montagnards inaccessibles, qui sont les Thibétains. Plus loin on devine une immense empire, heureux d'une paix profonde, celui des Hyperboréens, autrement dit les Chinois.

Mais, un siècle après, Alexandre et ses successeurs ne retrouvent plus cette route, Séleucus envoya son meilleur amiral, Patrocle, explorateur des Indes, reconnaître le Nord de la Caspienne, et rechercher ces anciens passages commerciaux entre l'Asie et l'Europe. Les conclusions de Patrocle furent que la Caspienne n'était qu'une dérivation de l'Océan Arctique. Le pays devait avoir un aspect encore lacustre, avec des Finnois s'appelant les Peuples des Eaux, ce que signifie précisément le nom des Tchouvaches de la Haute-Volga. Et, par le seuil qu'utilise aujourd'hui le Canal Marie, les affluents septentrionaux de la Volga, la Mologa et la Cheksna, devaient se confondre avec les eaux de l'Onéga, coulant vers la Mer Blanche.

Cette conception géographique de la Caspienne, golfe de l'Océan, a été celle de toute l'antiquité classique. Strabon (11, 14) précise même la latitude où les eaux de l'Océan se font sentir dans ce soi-disant détroit : c'est le parallèle des Hébrides qui correspond à peu près au confluent de la Volga avec la Mologa et la Cheksna. C'est par cette route du Nord que des auteurs savants d'*Argonautiques* firent passer les Argonautes, se rendant de la Caspienne par l'Océan, aux pèlerinages celtiques d'Irlande. Pline (vi, 19) considère la Volga comme une sorte de *fjord* où l'Océan se resserre en de larges chenaux (*faucibus in longitudinum spatiosis* incurvés d'abord dans la direction de la Mer Noire (*velut ad Maeotium lacum descendens*) : il s'agit de la courbe de la Volga. Pline donne cette route océano-caspienne comme très fréquentée : « Toutes ces régions boréales, dit-il, sont parcourues à la rame (*septentrio hinc et illinc eremigatus*, II, 67). »

Au moment où Pline écrivait, vers 65 après J.-C., l'Empire Romain poussait ses avant-postes pour la possession de cette route du Nord. On découvre chez Tacite (Ann. xii, 15), une politique de vaste envergure rassemblant dans la clientèle romaine non seulement les Caucasiens (Colques, Ihères, Albanes), mais les maîtres de la route commerciale de la Caspienne du Sud, les Hyrcanieus et les bénéficiaires de la route commerciale de la Caspienne du Nord, les Aorses ; ceux-ci apparaissent simultanément dans l'histoire romaine et dans l'histoire chinoise, comme un très grand peuple, essayant de créer un État organisé entre l'Altaï des mines d'or et le Caucase pacifié par Rome. Pour la première fois, un État à tendances centralisées tente de se constituer au Nord de la Caspienne, au croisement de la route Océan-Caspienne et de la route Chine-Mer Noire, par l'Altaï. C'est un signe certain de l'assèchement du pays et de l'accroissement de sa valeur économique.

Au reste, il est remarquable, qu'au moment même où l'Empire Romain cherchait à atteindre la Caspienne, l'Empire Chinois y arrivait par l'Est. Vers 90 après J.-C., le général chinois Pan-Tchao campait le long de la Caspienne. Cette mer devenait la frontière entre les deux plus vastes puissances du monde. Les terres riveraines de la Caspienne s'affermissaient, les fleuves se stabilisaient, les Empires pouvaient y prendre position. Chez Ptolémée, vers 150 après J.-C., les versants de l'Océan et de la Caspienne sont désormais délimités : les fleuves ont leur physionomie moderne, le Rhâ, que les Bulgares appelleront la Volga, et le Daïx, que les Russes appelleront l'Oural. Un grand commerce introduit dans l'Empire les plantes médicinales du Rhâ, notamment les Rhâbarbarume, autrement dit la rhubarbe.

L'Empire Romain ne fit pas, et à tort, de ce grand fleuve la frontière Nord-Est de ses domaines. Il se contenta d'occuper solidement le débouché central du Caucase, Harmozica (Tiflis), et d'en contrôler le glacis nord, d'abord avec les Aorses, puis avec les Alains, eux-mêmes très mêlés de Caucasiens et de Sarmates. Mais les Alains étaient un trop petit peuple pour tenir et défendre des terres immenses, cette « Rive des Prairies » de la Volga, sol vierge, tout neuf, à peine sorti des eaux pour offrir des pâturages aux horizons indéfinis. De pareilles terres étaient des proies toutes désignées pour les empires en marche, qui apparaissent dès le milieu du III° siècle, en Europe, les Goths, descendus de la Baltique, et en Asie, les Huns, venus de la Mandchourie.

L'Empire ne se rendit pas compte des forces déchaînées par cette apparition d'un monde nord-caspien nouveau, provoquant la ruée, en sens contraire, de deux grandes nations de cavaliers et d'éleveurs. Il n'y eut pas à Rome un autre Trajan pour occuper à temps cette autre Dacie. Les lagunes où Stratren croyait voir le reflux de l'Océan étaient devenues un vaste réseau de chemins de prairies, où les Goths, race blonde, et les Huns, race bistrée, s'affrontaient, la lance au poing. Ainsi disparaissait la vieille physionomie post-glaciaire du Nord-Est Européen, physionomie familière à la culture traditionnelle gréco-romaine, dont les hommes d'État de l'Empire Romain n'ont jamais pu s'affranchir entièrement.

C'est au contact des diverses plaines occupées, celles de la Volga, puis du Don, puis du Dniepr, puis du Dniestr, dans cette marche vers un « far-west » de plus en plus riche, qu'on voit se déceler et se préciser chez les Huns cette politique impériale, qui les conduira jusqu'aux portes de Paris et de Rome. Les réalités géographiques leur ont révélé leur puissance.

Ainsi, bien des secrets d'histoire sont inscrits dans le passé géographique de la Caspienne, et dans l'aspect qu'il a donné aux hommes. « On a jusqu'ici beaucoup trop négligé l'étude des phénomènes naturels capables d'influencer la conduite des hommes, écrivait G. de Morgan, dans la « Revue de Synthèse Historique », t. XXIV, 1922 (p. 2.399). Les hommes contraints par la nature, ont dû, dans bien des cas, prendre des déterminations auxquelles ils n'auraient même pas songé sans ces raisons majeures. »

LA GÉOGRAPHIE FLUVIALE OU POTAMOGRAPHIE
SON UTILITÉ - SON ENSEIGNEMENT

PAR

LOUIS DE SÉGOVIA

Ingénieur fluvial

L'L'*Hydromorphogénie* (étymologiquement, Science de la Génération des Formes dans les Eaux Naturelles ou par l'Action de ces Eaux) pourrait, pour abréger, se définir comme étant la « *Science de la Circulation de l'Eau et de ses Actions Mécaniques* ». Mais nous avons cru devoir indiquer ailleurs (Note à M. Émile GAUTHIER, chroniqueur scientifique du *Figaro*, 1927) que l'*Hydromorphogénie* est, à proprement parler, une nouvelle branche de la *Physique du Globe*, branche ayant pour objet l'*Étude des Mouvements et Transformations que l'Eau éprouve ou produit dans la Nature, en vue de découvrir les Causes, de déterminer les Effets successifs, et prévoir les Résultats ultimes de ces divers Phénomènes.*

Appliquée à l'*Étude méthodiquement utilitaire des divers Cours d'Eau considérés individuellement*, l'Hydromorphogénie prend le nom de « *Potamographie* ».

Pratiquement, la *Potamographie* est donc une science géographique descriptive, à l'étude de laquelle la connaissance de l'Hydromorphogénie apporte des lumières analogues, de point en point, à celles que la géologie est venue jeter sur l'ensemble de la géographie physique, mais en y ajoutant des données plus précises et plus sûres, parce que plus actuelles et plus faciles à contrôler.

L'utilité de la *Potamographie* consiste principalement à fournir des indications précieuses sur la configuration des cours d'eau, de leurs sources, de leurs vallées, de leur bassin, surtout au moyen des *Cartes Potamographiques*.

Des instruments nouveaux, inventés par le Promoteur des Sciences Fluviales (Hydromorphogénie et Potamographie), notamment le *Pantélémètre portatif* et la *Mire parlante à divisions triangulaires*, permettent l'exécution rapide et précise des levers potamographiques.

Les Cartes Potamographiques sont caractérisées par les *Lignes d'Eau* des Vallées, qui, avec les traces cotées du *thalweg* et des lignes de faîte, permettent au Lecteur de se rendre compte du relief bien plus facilement qu'avec les courbes de niveau. Ces dernières, en effet, sont des lignes d'altitude qu'il faut rapporter au niveau de la mer, pour établir une coupe du terrain, par exemple, tandis que les lignes d'eau fournissent directement, pour chaque section d'une vallée ou d'un massif, les hauteurs ou creux relatifs de tous les points de la Section considérée.

La Potamographie d'une région est indispensable à l'Ingénieur Fluvial, qui se propose d'aménager les eaux de cette région, soit pour y supprimer les inondations et le paludisme, soit pour améliorer la navigabilité de ses cours d'eau, soit pour l'utilisation des forces hydrauliques ou pour l'irrigation.

En attendant que les Sciences Fluviales soient assez connues pour être enseignées dans d'autres Écoles, le Promoteur a cru devoir rendre service à la science et à l'humanité, en fondant, à BAGNÈRES-DE-LUCHON, l'*Institut Potamographique de France, de Belgique et de la Latinité*, où l'enseignement est donné sous la forme pratique d'explorations et d'excursions, de levers en montagne et de travaux propres à former, non seulement des *Potamographes* adonnés à l'étude de la géographie fluviale, mais encore et surtout des *Ingénieurs Fluviaux* capables d'aménager les cours d'eau rationnellement et sans qu'il soit besoin de grandes dépenses d'argent pour obtenir des effets certains, puissants et durables.

En Potamographie, les cours d'eau ne sont pas simplement considérés comme les collecteurs du ruissellement, les canaux d'écoulement du débit des diverses sources, mais encore et dans tous les détails, comme le siège des phénomènes multiples de cette mécanique naturelle des eaux qu'est l'Hydromorphogénie.

Le Potamographe tire de cette analyse toutes les déductions synthétiques utiles, pour le présent et pour l'avenir.

ÉCONOMIE POLITIQUE ET STATISTIQUE

Président .... M. Arthur GIRAUD, Doyen de la Faculté de Droit de l'Université de **Poitiers.**

L'INDUSTRIE DES PÊCHES MARITIMES
SES TRANSFORMATIONS ACTUELLES - SON AVENIR

PAR

LECOURBE

Directeur du Service des Pêches

La pêche maritime demeurée **pendant des** siècles à l'état stationnaire est devenue, au cours de ces **cinquante dernières** années, une véritable industrie.

Certes, la barque de pêche de nos ancêtres n'a pas encore disparu. Dans tous les petits ports de nos côtes, des milliers et des milliers de petites embarcations à voiles continuent à pratiquer la pêche côtière. Partant à une marée, revenant à la marée suivante ou à celle du lendemain, ces petits pêcheurs continuent la tradition ; ils constituent une population digne du plus grand intérêt, au sein de laquelle se recrutent les meilleurs de nos marins au long cours et des grandes pêches. Mais cette petite industrie quasi-familiale qui, pendant des siècles, a suffi à alimenter en poisson frais les populations du littoral et quelques grands centres de consommation, comme Paris, ne saurait aujourd'hui faire face aux besoins d'une consommation accrue et largement diffusée. Elle tend, d'ailleurs, à diminuer d'année en année ou tout au moins à se transformer, grâce à l'emploi du moteur. Dans les centres de pêche importants, la barque à voiles a été remplacée, pour la pêche au large, par le chalutier à vapeur.

Grâce aux efforts de l'armement français, la flottille de pêche, qui ne comptait en 1914, que 356 chalutiers à vapeur, en comprenait déjà 379, en 1920, malgré les pertes importantes subies pendant la guerre. Ces modestes chalutiers étaient, en effet, devenus, pendant les hostilités, de précieux auxiliaires de la Marine de Guerre, et nombre d'entre eux coulèrent avec leurs vaillants équipages, alors qu'ils croisaient dans la Mer du Nord ou dans la Manche et jusqu'en Méditerranée, pour y exercer le rude et périlleux métier de patrouilleurs et de dragueurs de mines.

A la fin de 1927, la France possédait 570 chalutiers à vapeur et, parmi ceux-ci, elle peut s'enorgueillir de compter les plus puissantes unités du monde. Les navires armés pour la grande pêche à Terre-Neuve sont, en effet, les plus grands chalutiers qui aient été construits. Certains ont plus de 1.100 tonnes de jauge. D'autres chauffent au mazout et l'un d'eux, récemment livré à une Société d'Arcachon, est muni d'un moteur Diesel de 1.000 C. V.

Les origines de cette transformation remontent à 1870. C'est vers cette époque, qu'une Société, créée à La Rochelle, arma pour la première fois des navires à vapeur pour l'exercice de la pêche. Trois petits bateaux, munis chacun d'une machine de 120 C.V., furent construits pour la pêche au chalut. Ils ne s'éloignaient pas beaucoup plus des côtes que les voiliers, car n'ayant pas de glace à bord, ils n'auraient pu conserver bien long-temps le poisson qu'ils avaient capturé.

L'expérience n'eut, d'ailleurs, qu'une durée éphémère et bientôt la Société dut se dissoudre. Les expériences tentées presqu'en même temps à Arcachon, n'eurent pas plus de succès et, jusque vers la fin du siècle dernier, le chalutage à vapeur ne prit en France aucun développement.

Cependant les tentatives françaises avaient retenu l'attention de cer-tains pays étrangers et, dès 1890, l'Angleterre et l'Allemagne avaient déjà des flottilles de chalutiers à vapeur dépassant plusieurs centaines d'unités.

C'est seulement vers la fin du XIXe siècle que les Armateurs français se décidèrent à entrer résolument dans la voie du progrès, et, encore, faut-il rappeler que, sur de nombreux points du littoral, les petits pê-cheurs s'émurent de voir intensifier la pêche et que certains de leurs représentants au Parlement allèrent jusqu'à déposer des propositions de loi ayant pour but d'entraver le développement du nouveau procédé de pêche par l'institution de taxes qui eussent ruiné l'industrie naissante. Ils ne furent heureusement pas suivis et, peu à peu, la flottille de pêche à vapeur se développa.

L'apparition et le développement du chalutage à vapeur devaient bouleverser complètement les conditions d'exploitation. En effet, jus-qu'alors, le plus souvent, le bateau de pêche appartenait à un marin, qui le montait et le commandait lui-même. Le capital nécessaire était des plus réduits et l'équipage, recruté dans le pays même, était composé de parents ou d'amis. Les nouveaux navires à vapeur, au contraire, exi-geaient une mise de fonds beaucoup plus élevée, des équipages plus nom-breux, une organisation pour la réception du poisson, pour la réparation des navires. C'est ainsi que, peu à peu, se fondèrent de puissantes So-ciétés de Pêche disposant de plusieurs navires et d'installations impor-tantes à terre. Beaucoup de Français seraient surpris s'ils pouvaient visiter les installations de telle grande Société d'armement à la pêche Ce sont de véritables usines, avec un personnel nombreux et spécialisé, Il y a de vastes magasins, où l'on trouve tout le matériel nécessaires, depuis les filets de pêche jusqu'aux plus petites pièces de rechange pour la machine. Certaines Sociétés ont installé des glacières, des ateliers de réparation, des services pour l'emballage, l'expédition et la vente directe du poisson. D'autres ont annexé à leurs magasins de véritables ateliers de répara-tions de navires.

Le développement intensif de la pêche industrialisée ne va pas sans inconvénients. Au début du chalutage, on s'accordait généralement à déclarer que, malgré les énormes quantités de poisson ramenées par les chalutiers, aucun épuisement des fonds n'était à craindre tellement énorme était la quantité de poissons vivant en haute mer et surtout tellement est grande la faculté de reproduction des espèces. Aujourd'hui, on s'aperçoit que, sur certains fonds particulièrement fréquentés, les quantités de poissons capturés vont en diminuant. Les grands chalutiers, qui, en 1923, ramenaient couramment de 25 à 30 tonnes par marée de 15 jours, n'en débarquaient déjà plus, en 1925 ou 1926, que 15 ou 20 tonnes, et, aujourd'hui, ces apports restent généralement inférieurs à 15 tonnes.

Est-ce à dire que les océans seront un jour dépeuplés et que l'homme, s'il veut conserver cette richesse qu'il avait jugée inépuisable,, devra renoncer, au moins pour un temps, à une exploitation intensive ? L'idée en a été émise. On a parlé de créer, en mer libre, de vastes cantonnements dans lesquels le poisson pourrait se reproduire en toute sécurité. Mais un pareil système, si tant est qu'il puisse donner des résultats, apparaît comme pratiquement irréalisable ; en effet, pour surveiller de semblables cantonnements, il faudrait mobiliser des flottilles de surveillance, dont l'entretien serait fort onéreux et dont l'action serait forcément limitée aux seuls navires portant pavillon des puissances qui auraient adhéré à la convention internationale instituant les zones réservées. Il suffirait qu'un seul État refuse de signer ces conventions, pour, qu'en vertu des principes de la liberté des mers, les navires battant pavillon de cet État puissent pêcher librement dans les réserves créées avec de gros sacrifices, par les autres puissances.

Aussi les savants et les professionnels avertis paraissent-ils d'accord pour renoncer à ce projet. Un remède plus efficace consisterait peut-être dans une modification du filet, dont les mailles de la poche pourraient être légèrement agrandies, pour permettre aux petits poissons de s'échapper. Des études en ce sens ont été entreprises par le Conseil International pour l'Exploitation de la Mer.

Mais, partageant en cela l'avis de plusieurs personnalités éminentes, comme M. le Docteur Le Danois, directeur de l'Office des Pêches, et M. René Moreux, directeur du journal « La Pêche Maritime », je crois que la solution du problème doit se trouver dans l'extension des régions de pêche et aussi dans une meilleure utilisation des produits de la pêche.

N'est-il pas pénible de songer que, sur les bancs de Terre-Neuve, par exemple, un chalutier qui pêche 10 tonnes de poisson, commence par rejeter à la mer 5 tonnes au moins de ce qu'on appelle le « faux poisson ». pour ne conserver à bord que la morue. Ce faux poisson, dont la plus grande partie est parfaitement comestible, est perdu pour tout le monde, car traîné dans le chalut, jeté pêle-mêle sur le pont, il a cessé de vivre lorsqu'on le rejette à la mer.

On ne peut, cependant, dans l'état actuel de l'industrie, le garder à bord, car si la morue, salée après capture, peut être conservée, ce faux poisson serait perdu au bout de quelques jours, même si on le mettait en glace.

Pour les mêmes raisons, les chalutiers qui se livrent à la pêche du poisson frais ne peuvent indéfiniment étendre leurs rayons d'action.

Certes, l'emploi de la glace pour conserver le poisson à bord a déjà permis de notables progrès. Alors qu'au début du chalutage à vapeur, les navires devaient rentrer au port au bout de 2 ou 3 jours de mer au maximum, aujourd'hui certains chalutiers, qui vont pêcher sur les côtes du Maroc et dans l'Océan, sur la Grande Sole, peuvent rester 15 ou 18 jours en mer, et, grâce à l'emploi judicieux de la glace, rapporter du poisson parfaitement comestible. Mais c'est là un maximum. Il en résulte que le champ d'action de nos pêcheurs et des pêcheurs étrangers est limité aux mêmes parages et c'est dans ces régions que l'on constate l'épuisement des fonds, qui inquiète, à si juste titre, les professionnels.

Il faut, si l'on veut développer encore cette industrie, trouver le moyen d'aller explorer de nouvelles régions et d'en rapporter, au prix d'un trajet plus long, les produits qui commencent à manquer dans les parages actuellement exploités. Pour cela, le seul procédé pratique paraît être la congélation du poisson à bord même du navire aussitôt après sa capture. Divers essais sont en cours, tant France qu'à l'étranger. Un Armateur de La Rochelle, M. Oscar DAHL, me disait récemment sa conviction d'arriver très prochainement à des résultats pratiques.

Il n'est pas douteux que là est l'avenir de la pêche. Tout d'abord, le poisson ainsi traité par le froid, dès sa sortie de l'eau, sera d'une qualité bien supérieure à celui qui est rapporté aujourd'hui dans des caisses remplies de glace, car on évitera tous les inconvénients résultant de la fusion partielle de la glace et du lavage qu'on est obligé de faire subir au poisson à son arrivée au port. Puis et surtout, on augmentera presque indéfiniment la durée de conservation, ce qui permettra d'étendre le rayon d'action des chalutiers aux régions demeurées jusqu'alors inexplorées.

Le chalutier de l'avenir deviendra ainsi une sorte d'usine flottante, car si l'on y installe des appareils pour la production du froid, on devra également y prévoir des installations pour traiter quantité de déchets, aujourd'hui perdus et les transformer soit en huiles de graissage, soit en farine destinée à l'alimentation du bétail ou des volailles.

A côté de cette pêche industrialisée, faisant appel à la vapeur, demain au froid artificiel, la petite pêche côtière subsiste, mais elle aussi tend à se transformer par l'emploi du moteur.

Depuis de longues années déjà, tous les pays du Nord de l'Europe avaient reconnu l'avantage de l'emploi du moteur sur les bateaux de pêche. En France, en dehors de quelques essais isolés, la barque à moteur était presque inconnue avant la guerre. En 1920, nous n'avions encore que 689 embarcations à propulsion mécanique ; à la fin de 1927, il en existait 4.674, et ce chiffre ne cesse de s'accroître, car les marins de nos côtes ont, enfin, compris tous les avantages qu'ils peuvent tirer de ce perfectionnement. Désormais, ils n'ont plus à craindre le calme plat qui les immobilisait à quelques milles du port avec leurs cales pleines de poisson qui ne tardait pas à se décomposer sous l'effet de la chaleur et qu'il fallait rejeter à la mer. Les manœuvres d'entrée et de sortie sont facilitées et les risques mêmes de la navigation diminuent. Dans certains ports, les bateaux démunis de moteurs trouvent difficilement à recruter leurs équipages.

Il y a, cependant, beaucoup à faire encore surtout du côté du moteur à huile lourde. Dans certaines régions, le moteur à essence continue à avoir les préférences de la population ; cette sorte d'engins peut évidemment convenir pour de faibles embarcations, non pontées, mais sur les barques pontées ou même demi-pontées, son emploi devrait être proscrit, en raison des dangers d'incendie que l'essence fait courir à l'équipage. Il n'y a pas, en effet, à redouter seulement l'inflammation du carburant, il faut aussi et surtout appréhender le risque d'explosion des gaz accumulés dans la chambre du moteur, quand celle-ci n'est pas largement aérée.

Le froid artificiel, qui a si puissamment aidé au développement du chalutage à vapeur en permettant l'embarquement de grosses quantités de glace, n'a joué jusqu'ici aucun rôle pour la petite pêche à voile, car ces bateaux font des sorties de courte durée. Cependant, la situation peut se modifier prochainement pour une pêche pratiquée sur le littoral de l'Atlantique, par des milliers de pêcheurs. Je veux parler de la pêche à la sardine.

Chaque année, des difficultés s'élèvent entre pêcheurs, fabricants de conserves et mareyeurs, pour la vente de ce petit poisson, d'un goût exquis, mais d'une conservation difficile. La difficulté vient de ce que la pêche en est des plus irrégulières : abondante aujourd'hui, elle tombe presque à zéro le lendemain ou le surlendemain, pour reprendre quelques jours après.

La conséquence, c'est que le fabricant de conserves ne peut engager la main-d'œuvre qui lui serait nécessaire pour traiter des quantités importantes de poisson, sans quoi cette main-d'œuvre resterait souvent inemployée ; le pêcheur, de son côté, hésite à faire des pêches trop abondantes, il refuse d'employer les engins qui lui permettraient des prises beaucoup plus élevées, *il limite* sa pêche dans la crainte de l'avilissement des prix.

Cette situation pourrait se modifier du tout au tout, si, au moyen du froid, on pouvait conserver pendant quelques semaines la sardine pêchée pendant les jours d'abondance et la traiter ensuite pendant les périodes déficitaires. Des essais ont été tentés déjà, ils vont reprendre cette année, sous le patronage de la Société Ottensen et sous le contrôle de l'État. S'ils réussissent, les crises sardinières seront à peu près conjurées.

Je n'ai jusqu'ici parlé que de la pêche au poisson frais. Je voudrais, en terminant, dire un mot de la pêche à la morue, qui se pratique en Islande et sur les côtes de Terre-Neuve.

Cette industrie remonte à plusieurs centaines d'années. Dès le xvᵉ siècle, nos marins fréquentaient les mers d'Islande et les Basques ont, sans doute, connu les bancs de Terre-Neuve avant même que Christophe Colomb ait découvert l'Amérique. Là aussi, les progrès sont tout récents. C'est en 1904 que les premiers chalutiers à vapeur furent expédiés à Terre-Neuve ; l'année précédente, ils étaient apparus dans les mers d'Islande.

Depuis lors, ils se sont multipliés et, l'an dernier, 42 chalutiers à vapeur ont participé à la campagne de pêche sur les bancs d'Islande et de Terre-Neuve.

Cette transformation a non seulement considérablement augmenté la production de la morue, elle a aussi apporté de réels soulagements à la vie si pénible que menaient et que mènent encore, sur les bancs, les marins embarqués sur les goélettes à voiles. Tout le monde a lu le récit des souffrances et des périls auxquels ces hommes sont, chaque jour, exposés. Partant le matin, sur leurs frêles embarcations qu'on appelle des doris, pour tendre les lignes et pour recueillir le poisson, ils sont à la merci du mauvais temps et de la brume si fréquente dans ces parages.

Avec le chalutier, ces dangers disparaissent, car il n'y a plus de lignes à tendre, tout le poisson est pris au filet, et puis la vie à bord est plus confortable, la nourriture meilleure..

Malheureusement, il ne faudrait pas croire que le chalutier supplantera complètement la goélette dans un avenir prochain, sur les bancs de Terre-Neuve. Il est des parages et non des moins poissonneux où, en raison de la nature des fonds, on ne peut traîner le chalut. Pour y travailler utilement, il faudra conserver les anciennes méthodes.

Après ce trop long exposé, qui n'est cependant qu'un court résumé, car les genres de pêche sont si variés et les problèmes que soulève cette industrie si complexes, qu'il faudrait des heures pour les traiter, je voudrais, avant de terminer, dire ma foi profonde en l'avenir de la pêche.

J'ai montré les progrès que la vapeur et le froid artificiel ont déjà permis de réaliser, ceux que l'on peut en attendre dans un avenir prochain, mais il est une science dont les résultats seront un jour beaucoup plus appréciables encore.

Je veux parler de l'*océanographie*. Cette science, à laquelle quelques hommes seulement s'étaient consacrés jusqu'ici, en est à ses débuts : elle réunit lentement les données expérimentales (température, salinité des eaux, direction des courants) grâce auxquelles il sera sans doute possible un jour de déterminer les lois qui régissent les migrations des espèces restées jusqu'ici absolument ignorées.

Ce jour-là, le pêcheur ne partira plus en aveugle à la recherche de sa proie; il aura des données précises qui lui faciliteront sa tâche.

LES TRANSPORTS DE MARÉE
ENTRE LA ROCHELLE ET BALE

PAR

JACQUES DOREAU

Docteur en droit

L'intensification de la consommation du poisson et l'arrivée de la marée fraîche, sur tous les points du territoire, en des conditions satisfaisantes de régularité et de rapidité, peuvent avoir des répercussions profondes sur le ravitaillement et la vie économique du pays.

Dans un effort parallèle, les Pouvoirs Publics, les Sociétés Privées, les Compagnies de Chemins de Fer, ont tenté de résoudre ce problème complexe.

La Décision du 11 février 1920 du Sous-Secrétariat d'État, des Ports, de la Marine Marchande et des Pêches, a fait de la Ville de La Rochelle, le second grand port de pêche national.

Grâce à l'esprit d'initiative et à la ténacité des Armateurs rochelais, des travaux d'amélioration du port ont été menés à bien en 1925. Le bassin extérieur a été allongé de 200 mètres vers le Sud, ce qui porte à 700 mètres la longueur du quai à l'usage des chalutiers. Cinq magasins, proches du quai et de la voie ferrée, d'une superficie de 7.500 mètres carrés, ont été installés et répartis entre quatre grandes Sociétés de Pêche.

Le nombre des chalutiers armés est passé de 30 unités, en 1914, à 85, en 1927, et, dans cette année, il a été débarqué un poids global de 16.590.501 kilogs de marée fraîche, pour une valeur de 102.000..120 francs La glace est fournie par 3 usines. L'organisation commerciale pour la conquête des débouchés intérieurs et extérieurs a été améliorée par la création de comptoirs de vente.

Les Compagnies de Chemins de Fer se sont associées au développement d'ensemble du commerce de la marée, par la mise en circulation de wagons ou de trains spéciaux à marche accélérée, et de matériel isotherme ou réfrigérant. La courbe des localités dans lesquelles la marée parvient avant midi, le lendemain du départ de La Rochelle, passait, en 1921, par Tours, Poitiers, Angoulême, Bordeaux. En 1923, les régions de Bourges, Moulins, Clermont-Ferrand et du réseau du Midi étaient atteintes. Depuis lors, une zone presque aussi étendue a été gagnée sur l'Est.

Mais la structure des réseaux, dont les lignes rayonnent comme une immense toile d'araignée, autour de l'agglomération parisienne, ne permet pas une liaison directe entre les ports de l'Atlantique et les frontières de l'Est.

Le poisson est évacué rapidement de La Rochelle vers la Suisse méridionale et l'Italie. Les relations avec le bassin du Rhin et Bâle, ville dont l'importance pour la répartition des denrées exportées vers l'Europe Centrale est considérable, se présentent sous un aspect moins favorable.

L'Étude des Horaires révèle que la marée expédiée de La Rochelle. à 15 h. 40, le jour A, arrive à Paris-Vaugirard, à 2 h. 25, jour B. Elle est transportée par une flèche spéciale et mise à la disposition des Chemins de Fer de l'Est, vers 11 h. 30 au plus tard. Elle ne quitte Paris que vers 22 heures, par le train-poste et parvient à Bâle le jour C. à 9 heures 12.

La durée totale du trajet est donc de 42 heures 20, soit 43 heures en chiffres ronds. La distance par l'itinéraire court étant de 887 kilomètres. la vitesse horaire du transport ressort à 20 kilomètes 6. Il est vrai que la longueur réelle du parcours étant de 1.011 kilomètres, la vitesse horaire peut être dite de 23 kilomètres.

L'heure tardive de l'arrivée des colis ne laisse que difficilement la possibilité de leur mise en vente avant midi sur le marché local, et celle de l'approvisionnement des marchés voisins par une réexpédition immédiate. La vente est donc pratiquement reportée au lendemain, ce qui met dans l'obligation théorique d'ajouter une vingtaine d'heures et donne un délai de transport de 43 + 20 soit 63 heures, d'où une vitesse horaire de 14 kilomètres.

Cette vitesse commerciale réduite attire l'attention. Car d'autres parcours, d'une longueur sensiblement égale, sont effectués en des temps moindres. Ainsi la marée expédiée de La Rochelle, le jour A, à 15 h. 40, parvient le jour B, à Genève (19 h. 13), à Culoz (16 h. 03) à Modane (20 h. 21).

La marée expédiée de Boulogne, à 14 h. 52, le jour A, parvient le jour B, à Strasbourg (4 h. 15), à Bâle (7 h. 22).

La marée expédiée d'Ostende, vers 14 ou 15 heures, parvient à Bâle, en 20 heures environ.

Les transports de marée, en provenance des ports de l'Allemagne du Nord, vers l'Allemagne Occidentale, ont été accélérés depuis le 5 janvier 1927, et les envois des ports de Cuxhaben et d'Altona parviennent à Bâle avant la marée rochelaise.

L'Étude des Itinéraires possibles pour les expéditions de marée montre les raisons de la lenteur des acheminements entre La Rochelle et Bâle.

> *A.* — Itinéraire kilométriquement court............ **886 km.**
> (La Rochelle, Saint-Benoit, Saincaize, Belfort,
> Petit-Croix et Bâle).

Cet itinéraire sera prochainement réduit de 6 kilomètres sur le réseau Alsace-Lorraine, par l'ouverture du service complet de la ligne Naldighofen à Saint-Louis.

> *B.* — Itinéraire autorisé .... **922 km.**
> (La Rochelle, Tours. Saincaize et Bâle).

Pour améliorer l'acheminement par cet itinéraire, on a admis pratiquement que les expéditions passeraient par Saumur, ce qui permet de raccorder sur le train de denrées, P. O., à marche rapide (9406-9407).

> *C.* — Itinéraire réel............................ **1.011 km.**
> (La Rochelle, Paris, Belfort, Bâle).

Sur l'itinéraire *A*, l'importance actuelle des tonnages expédiés à destination de Bâle ne permet pas encore la mise en service de trains spéciaux.

De plus, l'existence de voies uniques, entre Niort-Saint-Benoit et Saint-Sulpice-Laurière-Gannat, rend malaisée une exploitation intensive. Sur le parcours Saint-Benoit-Saincaize, le trafic est entravé par les rampes accentuées du Massif Central, par les bifurcations qui exigent des changements et accrochages de trains à Saint-Benoit, Saint-Sulpice et accidentellemènt à Montluçon, par la difficulté d'assurer ces diverses correspondances.

Sur l'itinéraire *B*, de multiples manutentions sont nécessaires, car la quantité limitée des colis de poisson (environ 1/2 tonne par jour) ne permet pas l'emploi d'un wagon complet de La Rochelle à Bâle.

Pour hâter son transport, la marée est donc acheminée par Paris. Sur cet itinéraire, la similitude des horaires des trains de marchandises des réseaux de l'État et de l'Est produit un battement quotidien. Les trains circulent de nuit sur les deux réseaux et les colis arrivant à l'aube sont réexpédiés par les trains du soir. Le train réservé au transport de la marée, au départ de Paris, est le train-poste de 22 heures, dont l'horaire ne peut subir aisément de modifications profondes.

Aussi les groupements maritimes demandent-ils *que les expéditions de marée soient faites par tous les trains en partance, y compris les express et rapides.*

Cette proposition suscite diverses objections de la part des Compagnies intéressées. L'alourdissement et la rapidité des convois sont deux facteurs simultanément croissants. Les machines de traction travaillent donc à la limite de puissance. En l'état actuel du matériel, la charge ne doit pas être augmentée de façon sensible.

La marche des trains de grande vitesse exige l'homogénéité du matériel et exclut l'accrochage de véhicules légers à suspension sommaire, aux voitures longues, lourdes, relativement bien suspendues.

Enfin, si l'importance limitée des expéditions de marée de La Rochelle vers le Bassin du Rhin et Bâle ne justifie pas l'emploi d'un wagon complet, l'introduction des colis de poisson dans les fourgons à bagages présente quelques inconvénients. Les réseaux emploient d'ailleurs un argument à double tranchant, qui traduit les résultats de leur activité, en objectant que le développement du trafic qui suivrait l'admission de quelques kilogs de poisson ne leur permettrait pas de laisser à ce procédé son caractère exceptionnel de facilités consenties pour un tonnage restreint.

Les Compagnies de Chemins de Fer rappellent qu'elles s'imposent certains sacrifices pour atténuer les difficultés des transports La Rochelle - Bâle.

Le tarif qu'elles consentent à percevoir pour le trajet *B* par Saumur (926 km.) est celui qui correspond au trajet kilométriquement court par Saint-Benoit (886 km.), soit une exonération pour un parcours supplémentaire de 40 kilomètres.

En outre, les recettes afférentes au transport d'une denrée de La Rochelle à Bâle sont réparties entre les réseaux selon une formule donnée, quel que soit l'itinéraire parcouru sur chacun d'eux. Ainsi, pour le réseau de l'État, la longueur du parcours La Rochelle - Saint-Benoit est de 141 kilomètres, celle de La Rochelle-Paris est de 473 kilomètres, soit une différence de 332 kilomètres, qui n'a aucune répercussion sur les recettes du réseau.

Pour les Chemins de Fer de l'Est, la différence est encore plus sensible. Le parcours Belfort-Petit-Croix est de 13 kilomètres, celui de Paris-Petit-Croix est de 458 kilomètres, soit une différence de 445 kilomètres.

Ces considérations font apparaître le souci des Compagnies de favoriser l'essor commercial des régions desservies. Mais elles ne permettent pas de réduire suffisamment un acheminement peu favorable à la desserte utile des marché du Nord de la Suisse, par l'industrie des pêches rochelaises.

Des Améliorations du Trafic peuvent être réalisées.

Si le faible tonnage actuel des expéditions ne légitime pas à lui seul, l'engagement immédiat de lourdes dépenses pour la création de voies doubles sur tout le parcours La Rochelle-Saincaize, les résultats acquis sur d'autres lignes montrent d'une façon décisive que « l'amélioration des transports de la marée a toujours eu pour conséquence le développement du commerce de la marée. »

Le coefficient de répartition des recettes est susceptible de revisions triennales qui facilitent l'adaptation des recettes aux tonnages transportés et aux kilomètres parcourus sur chaque réseau.

L'acceptation des colis de marée dans dix-sept trains express et rapides du réseau de l'État indique que cette admission peut être tolérée dans certaines conditions.

Du temps peut être gagné dans le parcours La Rochelle-Paris-Bâle. Vingt heures utilisées pour la traversée de Paris paraissent excessives à notre époque de relations accélérées.

La marée rochelaise parvient à Bâle le jour C, concurrencée par la marée allemande. Un avancement de quelques heures permettant l'alimentation du marché, le jour même de l'arrivée du poisson peut donc être précieux.

La construction d'un matériel de transports nouveau, les récents perfectionnements apportés aux procédés de la conservation du poisson, qui laissent prévoir la recherche de lointains lieux de pêche, ne rendent pas négligeable ces quelques heures.

Car la loi de l'offre et de la demande demeure prépondérante dans le commerce des denrées périssables. Le moindre délai en accentue les répercussions défavorables. Tous les éléments d'incertitude, qui font de la pêche une industrie aux résultats aléatoires, doivent être progressivement équilibrés et réduits.

Les populations maritimes doivent trouver auprès de toutes les collectivités, privées ou publiques, qui bénéficient dans une large mesure de leur séculaire activité, l'appui le plus entier.

L'établissement de transports de marée rapides et réguliers entre La Rochelle et Bâle ne présente pas d'insurmontables obstacles. La collaboration permanente avec les industriels intéressés et la coordination entre réseaux qui ont déjà permis aux Compagnies de Chemins de Fer d'obtenir de magnifiques résultats en faciliteront la réalisation.

Conclusions

Qu'il plaise au Congrès de prendre en considération les vœux suivants :

1° Que les Compagnies de Chemins de Fer poursuivent l'étude de tous les moyens propres à accélérer les transports de marée entre La Rochelle et Bâle, aux conditions de prix les plus favorables, en tenant compte notamment de la fusion de la glace.

2° Qu'en particulier, si certains itinéraires géographiquement favorables ne peuvent être actuellement utilisés, le poisson expédié de la gare de La Rochelle parvienne cependant en gare de Bâle, au plus tard, dès la première heure du matin, le deuxième jour après son départ.

LETTRE DU DÉPARTEMENT DE L'INTÉRIEUR
DU CANTON DE BALE-VILLE

« Le 9 Mai 1928.

« Nous avons l'honneur de vous écrire ce qui suit, d'après les renseignements de notre Chambre de Commerce :

« La Ville de Bâle est, comme le remarque avec raisons la circulaire de l'Association Française pour l'Avancement des Sciences, le marché du poisson de mer en Suisse. Par suite, la plus grande partie des importations suisses en poissons de mer frais et frigorifiés s'effectue par l'intermédiaire des firmes d'ici. Nous empruntons à la Statistique Commerciale Suisse du Commerce Général d'Importation, pour les années 1926-1927, les chiffres suivants :

	QUANTITÉ	VALEUR	PRIX MOYEN
Expéditions de France..	10.831	2.068.515	191
» d'Allemagne	6.445	657.027	102
» de Belgique.....	1.808	362.074	200
» de Hollande.....	958	145.642	152
1926. — TOTAL :	20.473	3.296.699	161

Expéditions de France...	8.002	1.887.622	198
» d'Allemagne	9.778	1.102.909	113
» de Belgique......	2.207	445.371	202
» de Hollande.....	2.054	397.541	194
1927. — TOTAL :	22.639	3.611.834	160

« La statistique ci-dessus montre que la France est le principal fournisseur de la Suisse pour les poissons de mer de bonne qualité, comme le Colin, le Turbot et la Sole, tandis que de l'Allemagne sont importées les espèces de poissons bon marché. D'après les résultats de la pêche et d'après les prix, La Rochelle nous en livre aussi. Mais la concurrence des autres lieux de pêche, comme Boulogne, Dieppe, etc..., est très difficile à soutenir pour elle, parce que ces derniers ports ont de meilleures communications par chemins de fer avec Bâle et sont plus rapprochés. Par commande télégraphique, un envoi de La Rochelle exige quarante-huit heures pour arriver entre les mains d'une maison de Bâle. Par contre, un envoi de Boulogne, commandé l'après-midi, est arrivé à Bâle le lendemain matin. Des communications rapides jouent un rôle qui n'est pas négligeable, lorsqu'il s'agit d'une marchandise qui se gâte facilement et qui doit être livrée très rapidement.

« Les deux principales maisons d'importation à Bâle sont les firmes : E. Christen et Compagnie ; A.-G. und Renaud frères. Ces deux firmes livrent aussi de grandes quantités de poissons à l'étranger. Nous nous sommes mis en rapport avec ces deux maisons. L'une d'elle nous envoie les explications suivantes :

« Nous avons sous les yeux le dossier que vous nous avez confié concernant le Congrès de l'Association Française pour l'Avancement des Sciences.

« Vous nous demandez notre opinion au sujet de la seconde question qui sera traitée à ce Congrès et tendant à l'organisation d'un service plus rapide pour le transport de la marée entre La Rochelle et Bâle.

« Nous devons, tout d'abord, vous rappeler que le port de La Rochelle n'entre que pour une proportion assez minime dans les importations de Suisse par Bâle, car il n'y a guère que le Colin qui puisse être livré dans de bonnes conditions par ce port. Il y a en France d'autres ports, tels que Boulogne, Dieppe et Lorient, qui expédient en Suisse, au moins autant que La Rochelle. Mais les principaux pays qui expédient leur marée en Suisse sont l'Allemagne, la Hollande, la Belgique et le Danemark. La Statistique Fédérale fournit de plus amples détails à ce sujet.

« En ce qui concerne la question proprement dite, nous trouvons que le service entre La Rochelle et Bâle est assez rapide si l'on considère que le trajet emprunte trois Compagnies de Chemins de Fer et le passage d'une frontière.

« La consommation du poisson augmente d'année en année. Les marchands de poissons font d'un côté une propagande de plus en plus intense. D'un autre côté, de meilleures relations sont introduites et les transports frigorifiques sont améliorés par des procédés techniques. Le commerce du poisson augmenterait, cela va de soi, si des relations plus rapides entre La Rochelle et Bâle étaient établies. Il serait aussi souhaitable que les livraisons de l'extérieur par les douanes françaises, qui, de temps en temps, occasionnent des retards désagréables, puisssent être effectuées plus rapidement à la frontière suisse.

« Mais l'introduction de ces améliorations présente un plus grand intérêt pour La Rochelle que pour Bâle, car le commerce de poisson d'ici a la possibilité de s'approvisionner ailleurs. »

RELATIONS FERROVIAIRES RAPIDES
ENTRE L'ATLANTIQUE ET LE BASSIN DU RHIN

PAR

M. LEONARDON,

*Vice-Président de la Chambre de Commerce
de Châteauroux et de l'Indre*

Messieurs,

Le 26 Avril dernier, M. le Maire de la Ville de Châteauroux ayant transmis à notre Compagnie une circulaire de l'Association Française pour l'Avancement des Sciences, relative aux travaux de la Section d'Économie Politique, vous avez bien voulu me charger d'étudier la seconde question portée à l'ordre du jour, question qui intéresse tout particulièrement le Département de l'Indre.

Il s'agit de l'établissement de relations ferroviaires rapides entre l'Atlantique et le Bassin du Rhin, spécialement entre La Rochelle et Bâle, par Poitiers, Bourges et Dijon.

Cette question n'est pas nouvelle pour nous.

Vous savez, en effet, que depuis plusieurs années déjà et à maintes reprises, la Chambre de Commerce de l'Indre a demandé, par l'intermédiaire de l'Office des Transports du Centre-Ouest, la création de relations rapides entre l'Atlantique et l'Est de la France et tout spécialement la création de trains express entre La Rochelle et Lyon, Genève et Strasbourg, par l'itinéraire le plus court.

Ce projet aurait des avantages bien plus grands que celui présenté par l'Association pour l'Avancement des Sciences, puisqu'il envisage non seulement les relations entre l'Atlantique et le Bassin du Rhin, mais aussi les relations entre l'Atlantique et la Suisse, le Bassin du Rhône et le Nord de l'Italie.

L'itinéraire qui semblerait devoir le mieux réaliser ce projet, parce que le plus court, serait celui qui assurerait la jonction de La Rochelle à Montluçon, par Poitiers-Le Blanc-Argenton - Châteauroux- Montluçon. Dans cette dernière gare, le train venant de La Rochelle pourrait fusionner avec les express (B.-M.), (B.-S.), Bordeaux-Milan et Bordeaux-Strasbourg, qui existent déjà.

En plus des villes traversées, cet itinéraire parcourt une riche région agricole, où les pêcheries maritimes trouveraient un abondant débouché.

Et ce tracé ne paraît pas soulever de très grosses difficultés au point de vue technique.

En admettant que l'état des finances des Compagnies s'améliore et permette l'établissement d'une double voie, il suffirait d'apporter quelques légères transformations à la voie existante et d'assurer le verrouillage des aiguilles au moyen de câbles et de leviers, comme cela se fait déjà sur les voies uniques, sur lesquelles circulent des express. Exemple : Saint-Sulpice - Laurière - Montluçon, Montluçon - Gannat, pour n'en citer que quelques-unes.

En somme ce que désire surtout la Chambre de Commerce de l'Indre, c'est que des relations ferroviaires entre l'Atlantique et l'Est de la France soient établies le plus rapidement possible et par l'itinéraire le plus court, c'est-à-dire par l'Indre, en faisant remarquer que le manque de relations entre l'Ouest et l'Est de la France est préjudiciable à l'intérêt national.

C'est dire qu'elle est toute disposée à appuyer toutes les démarches qui seront faites dans ce but.

La Chambre de Commerce approuve, à l'unanimité, le Rapport de M. LÉONARDON, le transforme en délibération et décide d'en adresser une copie à l'Office des Transports du Centre-Ouest, en lui demandant de faire étudier la question, de la soumettre aux Compagnies intéressées et ultérieurement de l'inscrire à l'ordre du jour de la prochaine réunion du Comité-Directeur de l'Office.

Pour extrait certifié conforme,
Le Président :
E. HIDIEN.

LE GÉNIE MARITIME DE L'AUNIS
AU SERVICE DE LA FRANCE

PAR

J. TOURNEUR-AUMONT

Professsur d'histoire à l'Université de Poitiers

L'Amiral Jean GUITON, maire de La Rochelle, après avoir défendu avec une ténacité légendaire la chimère d'une République de Provinces Unies dans le Centre-Ouest de la France, fut conquis par Richelieu, entra dans la marine royale, servit quinze ans avec honneur le roi de France. Sa fille Suzanne épousa,en 1646, un frère d'Abraham Duquesne, le marin de Louis XIV, Jacob Duquesne, qui prit le nom de Duquesne-Guiton.

Ce mariage de marins, ces grands noms unis, sont des symboles, comme jadis le mariage d'une duchesse de Bretagne et d'un roi de France. Car l'Aunis est une personnalité régionale. Son actuelle tranquillité et sa petitesse risquent d'en faire méconnaître la puissance passée et latente. Mais, par l'originalité du milieu et du caractère, il entre vraiment comme un terme à part dans la série océanique qui va des Bretons aux Basques, par les Vendéens et les Girondins. Et il importe tout autant à l'explication du passé et aux nécessités futures de la France que l'unité aunisienne-française demeure profonde, la collaboration sincère.

C'est un exercice classique, mis à la mode par Michelet, de chercher la définition des génies provinciaux et les conditions du mariage français. La forme moderne de cet exercice en fait une question de géographie politique, avec un support de géographie historique. L'attrait en est grand, en spéculation pure et en politique. Pour que la France demeure une et indivisible, il ne suffit pas de la désirer telle, ni de décréter une réalité conforme au désir. Le fait se distingue du droit. Il appartient au géographe-historien de regarder les faits. Et à la géographie politique revient ainsi la fonction de conseiller l'Etat. Il vaut d'observer en Aunis quelles sont, au point de vue de la géographie humaine, les conditions contemporaines d'une collaboration franco-aunisienne durable.

I. — *Bienfaits reçus par l'Aunis*
dans l'unité française.

Un particularisme étroit est marqué dans la nature aunisienne. Cette côte est une juxtaposition de minces péninsules séparées par des marais, de menus bassins côtiers parallèles. L'isolement, la divergence, l'individualisme rétréci triomphent dans la nature terrestre, comme trop souvent dans l'histoire.

Par le rattachement à la grande voie continentale qui passe par le Seuil du Poitou et la Charente moyenne, l'Aunis s'alimente aux courants terrestres de vie générale. L'essor contemporain de La Rochelle-Pallice date de 1857, année de l'achèvement du chemin de fer de La Rochelle à Poitiers. Le poisson, les huîtres de Marennes, toutes les richesses de la Mer des Pertuis ont alors pris rang dans l'économie nationale. Des valeurs nouvelles ont été incorporées par la France à l'Aunis.

La Charente maritime s'est ennoblie en devenant un secteur du front océanique national, en quelque sens d'ailleurs qu'évolue le découpage des « arrondissements » littoraux et que se répartissent les résidences officielles. La physiothérapie a mis en faveur les platins à émanations iodées. Des valeurs de luxe ont surgi : Royan est la plus connue. Toutes les sortes de liaisons avec l'arrière sont fécondantes pour les ports et les plages de la *Côte d'Email* (Le Centre-Ouest de la France, encyclopédie régionale illustrée, Paris, Librairie Occitania, 1926, p. 6, n. 2, p. 381).

Mais l'accord entre des chefs-lieux juxtaposés est difficile. Ils ne s'entendent sur rien, pas même pour donner à la Côte un nom, qui serve au loin d'enseigne commune. Comme la Bretagne et les Bocages, le « Pays des Iles » est terre d'anarchie. Là aussi, l'esprit d'autonomie engendre la discorde civile et le péril extérieur. Les journaux de La Rochelle, Marennes, Rochefort, Royan en portent témoignage. Faute d'entente, ils livrent à d'autres leur domaine naturel. La Côte d'Aunis est un émail cloisonné ; c'est une mosaïque qui attend du dehors l'appui qui lui procure une consistance.

Par bonheur, passe au voisinage, de Saintes à Rouen, par Poitiers et Tours, une ligne historique de métropoles ordonnatrices, qui ont su à tous les âges constituer des gouvernements, « cités », diocèses, provinces, généralités. La France a ici repris la fonction des ducs d'Aquitaine, contraint des principicules rétifs, tiré des « rôles d'Oleron » un droit maritime, bâti des forteresses-prisons, obligé pour la paix publique tous les rivaux à s'encadrer dans une hiérarchie départementale. Cet ordre, un peu dédaigneusement imposé, s'est conservé parce qu'il assure une protection, jusqu'ici efficace, contre les périls permanents de la mer, et parce que la France a offert deux empires coloniaux successifs comme exutoires aux forces toujours bouillonnantes de l'Aunis.

II. — *Dons de l'Aunis à la France.*

Les bouillonnements de forces aunisiennes sont devenus moins visibles parce qu'ils s'épanchent dans l'ensemble national. Mais il appartient à la géographie politique d'en retrouver la source. Si l'esprit d'initiative manquait en quelque coin de France, on pourrait adresser ici. Le défaut de l'Aunisien est de travailler trop : il cultive son champ, sa vigne, son marais, élève des huîtres, récolte le sart, aussi le sel, surveille son écluse à poissons, conduit en haute mer sa barque de pêche, parfois au boucheau son accon ; il nourrit en même temps une famille nombreuse, chaule sa maison, l'entoure de fleurs. Il guette le soleil, la lune, l'horizon, les nuages, le vent, la marée, les niveaux, les couleurs, la saunaison. Il travaille le dimanche, les jours de fête, la nuit au clair de lune. Sur ces terres amphibies, inspiratrices d'activité, l'esprit est ouvert aux entreprises de grands travaux : marais creusés en ports, desséchements en coopération, ponts de grande envergure, phares, inventions de toutes sortes ; et cette preuve suprême de l'imagination créatrice, l'urbanisme, les villes neuves.

La France a puisé à cette source d'énergies humaines, qui se sont diffusées sur son territoire, dans toutes les directions, l'industrie, le commerce, la science et l'enseignement, l'art et les lettres. MICHELET qui a écrit, en 1860, à Saint-Georges-de-Didonne, son beau livre sur *La Mer*, « la grande femelle du globe », (p. 330), a donné une explication par la géographie intellectuelle, de la fécondité aunisienne et exprimé à l'Aunis la reconnaissance française.

Dans une direction surtout, l'Aunis a mérité des titres. Le pays, grâce auquel César put vaincre les Vénètes, a bien collaboré avec la Bretagne à l'œuvre maritime et coloniale de la France contemporaine. Aux XIXe et XXe siècles, il a donné à la France un tableau d'honneur de héros de la mer, des colonies et de la science, de grands *explorateurs*, Baudin, Bernier, Bompland, Caillié, Decrugy, Sanderval, Thouar, Coudreau...; des *marins*, Lucas, Laurent Tourneur, Rigault de Genouilly, L.-L. Jacob, Chasseloup-Laubat, Garnault...; des *hydrographes*, Bonnet de Lescure, Chassiron, Le Terme, l'école océanographique rochelaise...; des *colonisateurs*, Duperré Dodds, Ponty...; des *naturalistes*, les d'Orbigny, Lesson, Fleuriau de Bellevue, Bobe-Moreau, Beltrémieux, Brisson, un centre d'Études physiographiques puissant (v. R. Bourriau, dans Le Centre-Ouest de la France, 1926, pp. 199-202); des *peintres* et des *poètes* de la nature, Nougaret, Fromentin, Pierre Loti...

Il y aurait péril à longue échéance à méconnaître non seulement les besoins et les vœux de la Charente Maritime, mais ses forces. En 1915, la censure se crut obligée de défendre la publication, dans les Mémoires de l'Académie de Stanislas, d'une étude que Ch. GUYOT, ancien Directeur de l'École Nationale Forestière à Nancy, avait intitulée « Une Application nécessaire des Théories Régionalistes pour l'Organisation prochaine des Pays Reconquis » (t. CLXIX, pp. 1-20). On estimera peut-être plus avisé d'écouter la science et d'y accorder la pratique.

L'Aunis est fier de protéger — et commander — le flanc océanique du Bassin de Paris, celui par où passe la principale ligne de retraite du pouvoir central, en direction de Tours et Bordeaux, ligne-refuge classique depuis Charles VII et familière depuis Chanzy. Les services publics et l'opinion n'ont pas à se couvrir seulement vers la France de l'Est. Il faut saisir la frontière nationale comme un tout (voir A. SUPAN, *Leitlinien der allgemeinen politischen Geographie*, 2ᵉ éd., Berlin, 1922, p. 74, *Druckquotient;* p. 78, *Das zwischenstaatliche Leben*). Il y a, en Aunis, de l' « esprit de l'Est » (v. H. BRONGNIART, *Les Corsaires*, thèse pour la Faculté de Droit de l'Université de Poitiers, 1904, Paris, Challamel, 196 p. in-8). Les Aunisiens ont vaillamment combattu au Grand Couronné de Lorraine ("L'EST RÉPUBLICAIN", 7 novembre 1915, *Les Charentais et la Défense de Nancy*).

Ce n'est pas seulement la grosseur et la sonorité, ce sont aussi les vertus géographiques et les éléments qualitatifs profonds qui doivent, dans l'intérêt d'un équilibre national durable, aider à fixer les rangs dans la table des valeurs régionales de la France.

HYGIÈNE
ET MÉDECINE PUBLIQUE

Président .... Dʳ Rochaix, Professeur agrégé à la Faculté de Médecine, Sous-Directeur de l'Institut Bactériologique
de Lyon et du Sud-Est.

Vice-Présidents ...... Dʳ A. Loir, Directeur du Bureau municipal d'Hygiène
du Havre.

Dʳ Rolants, Chef de Laboratoire à l'Institut Pasteur
de Lille.

Secrétaire .... Dʳ Sedallian, Chef de Clinique à la Faculté de Médecine, Chef de Lboratoire à l'Institut Bactériologi-
que de Lyon.

SUR L'ÉPIDÉMIOLOGIE
DES INFECTIONS POST-OPÉRATOIRES

PAR

P. SÉDALLIAN

*Chef de clinique à la Faculté de Médecine,
Chef de laboratoire à l'Institut Bactériologique de Lyon*

Il est un certain nombre d'infections post-opératoires qui sont d'origine autogène, mais celles-ci ne s'observent que dans des cas très particuliers :

a) Certaines relèvent du microbisme latent du tissu. Mais nous savons peu de chose sur ce microbisme latent ou persistant, en ce sens que nous n'avons précisé ni la nature des germes qui sont susceptibles de s'implanter dans les tissus et d'y survivre, ni le degré d'infection qu'ils ont dû commettre pour atteindre cette survie, ni la forme sous laquelle ils y persistent (mis à part les microbes sporules), ni la zone périfocale qu'il sont susceptibles d'envahir. Le microbisme latent est une raison d'infection post-opératoire, car il n'est pas douteux que le traumatisme chirurgical ne puisse réveiller cette infection.

b) Il y a aussi le réveil des infections générales chroniques anciennes, sous l'influence du choc opératoire et de l'état d'anergie qui lui succède. Des faits précis ont été apportés par M. Favre, qui a décrit les infections puerpérales syphilitiques.

c) Quant aux microbes saprophytes des tissus, dont la virulence se réveillerait sous une cause inexpliquée, qui est la vraie autoinfection de Kelsch et Kiener, nous n'avons aucune preuve pour l'admettre. On a voulu cependant expliquer par elle, les infections qui surviennent malgré l'asepsie, en usage depuis Pasteur et Lister.

La plupart des infections post-opératoires paraissent être d'origine exogène ; on incrimine alors des fautes d'asepsie. M. Marquis, de l'Université de Rennes, a fait le bilan de cette asepsie opératoire ; il a cherché les germes présents sur des gants à la fin d'une opération, et il a vu qu'il y en avait.

Après l'opération aseptique usuelle, on trouve des germes dans la plaie. 27 fois sur 43, disent Dreyer et Nortmann ; 11 fois sur 11, dit Fitsch ; presque toujours, dit Segward. Quant à l'air atmosphérique, il est une cause de contamination microbienne. On sait que Tuffier, Lafolie, Quénu, en ont fait la preuve.

Mais dans ces interventions, où les germes ont été trouvés, sur les gants, sur la plaie, dans l'air, il n'y eut pas ou presque pas d'infection. Il est bien entendu qu'au cours d'une intervention d'une certaine durée, on ne peut pas réaliser une asepsie comparable à celle du laboratoire et l'on fait des ensemencements, mais qui ne sont pas la cause de l'infection.

Les microbes d'origine exogène, qui ont une certaine activité pathogène pour l'homme, c'est-à-dire qui pénètrent, pullulent et diffusent dans les tissus, ont un pouvoir d'adaption interhumaine hautement différencié. Ce sont avant tout des microbes d'épidémie, et un grand nombre d'infections chirurgicales relèvent de la contagion épidémique.

Nous en avons eu la preuve en étudiant avec M. Voron et M. Durand, les streptocoques isolés dans un service d'infirmerie annexé à une Maternité. Dans ce service, on recevait des infections puerpérales : les unes, provenant de la ville ou des environs ; les autres, du service de maternité voisin.

Les premières étaient dues à des streptocoques hémolytiques, qui se classaient indifféremment dans un des six groupes de streptocoques étudiés avec M. Durand. Les autres, qui provenaient de la Maternité, se classaient tous dans le même groupe. C'était le même microbe qui donnait la même infection dans le même service.

Il est vraisemblable que les streptocoques hémolytiques ne sont pas les seuls germes susceptibles de créer des infections post-opératoires, et il est difficile par conséquent d'établir une description uniforme du caractère épidémiologique de ces infections.

Certains surviennent d'une façon massive, et il est possible que celles-là, qui sont parfois du type respiratoire, relèvent du pneumocoque, dont on connaît le caractère massif des épidémies.

D'autres surviennent les uns à la suite des autres, parfois échelonnés sur une longue période, sans qu'il y ait de lien apparent entr'eux.

C'est là le type épidémique que donne volontiers le streptocoque, comme Dopter et de Lavergne le font remarquer dans leur traité récent.

Nous l'avons nous-mêmes observé dans l'épidémie d'infection puerpérale relatée plus haut ; la série de cas observés se sont échelonnés sur deux ans.

Quant aux porteurs de germes qui servent d'intermédiaires entre deux cas successifs, ce sont vraisemblablement les chirurgiens et leurs aides. Sans doute, les germes qu'ils transmettent siègent dans la gorge, qui est le seul réceptable vraisemblable, car l'asepsie de la peau et des mains est suffisant dans l'acte opératoire habituel. Nous connaissons des exemples d'infections chirurgicales survenues après des interventions faites par des chirurgiens qui avaient des angines.

Entre le porteur de germe et le sujet désigné à l'infection, s'intercale un mode de transmission que nous ne pouvons envisager ici encore, que par analogie. C'est vraisemblablement la gouttelette de Flügge ; elle joue, sans doute, ici, le même rôle primordial que dans toutes les infections **épidémiques..**

Dans l'article auquel nous faisions allusion plus haut, M. Marquis a étudié les germes pouvant souiller le champ opératoire et qui provenaient de l'air expiré par le chirurgien ou par ses aides. Il rappelle les anciennes expériences de Strauss et de Dubreuil ; celles de Mendès, qui a trouvé 53 colonies sur des boîtes de Pétri placées au-devant d'un homme qui parlait sous un masque de gaze. « Le masque sans le silence, dit M. Marquis, est une digue inefficace. »

La contamination par les gouttelettes de Flügge du champ opératoire, au cours d'une intervention, est fort probable.

En temps habituel, elle n'a pas de conséquence ; mais si le chirurgien ou ses aides sont porteurs de germes épidémiques, la contamination peut devenir opérante.

Ainsi, à côté de l'infection classique, purulente d'avant Pasteur, due à la contamination indirecte par les instruments, il existe, sans doute, une infection d'origine interhumaine, par les microbes d'épidémies courantes de nos pays.

LE CANCER ET LA BIÈRE

PAR

Dʳ DUCAMP

Directeur du Bureau d'Hygiène de Lille

Un journal professionnel belge a rapporté récemment le fait suivant, signalé au cours d'une réunion corporative des Brasseurs de la Région du Nord de la France : On n'observe pas de cas de cancer chez les Ouvriers de la Brasserie.

J'ai donc voulu examiner cette question, en ce qui concerne les garçons brasseurs de la population lilloise. L'industrie de la fabrication de la bière est très développée à Lille, puisqu'on y compte 23 brasseries. En consultant la statistique obituaire, on peut trouver ce qu'il y a de fondé dans l'affirmation précédente.

J'ai relevé la statistique de ces dix dernières années, c'est-à-dire de 1918 à 1927 inclus.

Sur 45 décès de garçons brasseurs, je n'ai trouvé qu'un décès par cancer de l'estomac, constaté chez un homme de 69 ans 1/2. D'après les renseignements que j'ai pu recueillir, ce dernier avait quitté son emploi depuis plus de neuf années. Mais comme j'en causais avec l'un de mes anciens maîtres, nous nous disions : les garçons brasseurs meurent probablement avant l'âge du cancer. La mortalité par groupes d'âges se répartit comme suit, pour ces 45 décès :

13 décès de 20 à 39 ans,

23 décès de 40 à 59 ans,

9 décès de 60 ans et plus.

ce qui donne un pourcentage de :

28. 88 % des décès totaux pour la période 20 à 39,
51. 11 %   »   »   »   40 à 59,
20 %   »   »   »   60 et plus.

Sans conteste, les Ouvriers de la Brasserie meurent plus tôt que le reste de la population masculine, pour les mêmes périodes d'âges.

C'est ainsi que j'ai trouvé, pour ces mêmes dix années, 14.639 décès d'hommes ayant plus de 20 ans, répartis de la façon suivante :

2.543 décès de 20 à 39 ans,

5.120 décès de 40 à 59 ans,

6.876 décès de 60 ans et plus.

J'ai établi le pourcentage, comme je l'ai fait ci-dessus, afin de permettre la comparaison :

17. 37 % des décès totaux pour la période 20 à 39,
34. 97 %   »   »   »   40 à 59,
47. 65 %   »   »   »   60 et plus.

Il y a plus de longévité dans le reste de la population masculine. Mais, cependant, un nombre assez important d'Ouvriers de la Brasserie atteignent l'âge du cancer, comme on a déjà pu en juger par les éléments statistiques ci-dessus.

J'ai relevé la mortalité par cancer, dans la population masculine des groupes d'âges déjà examinés, pour la durée comprise entre 1918 et 1927. En voici les désultats :

GROUPES D'AGES	DÉCÈS PAR CANCER	DÉCÈS TOTAUX	POURCENTAGE DES DÉCÈS PAR CANCER PAR RAPPORT AUX DÉCÈS TOTAUX.
20 - 39 ans	48	2.543	1, 88 %
40 - 59 ans	502	5.120	9, 80 %
60 ans et plus	709	6.976	10, 16 %

Ces données semblent bien accorder raison au monde de la Brasserie dans leur affirmation. Je sais bien qu'il ne faut pas prendre les chiffres dans leur rigueur mathématique. Si, en vertu de celle-ci, on peut dire qu'il n'y a aucun cas de cancer parmi les garçons brasseurs dans le groupe d'âges de 40 à 59 ans, tandis qu'il y en a 9, 80 % dans les décès du même âge de la population masculine, il y a malgré tout, au point de vue statistique, une certaine réserve à apporter dans la conclusion. Les décès totaux des garçons brasseurs (45 décès) et des masculins de mêmes âges (14.639 décès) forment des nombres trop distants pour que la portée du pourcentage ait une valeur scientifique suffisante. Cependant, ces recherches devraient être généralisées dans les pays de la bière, afin de voir si, dans les autres grandes villes, ces faits de même ordre sont constatés.

Pour le cas où l'affirmation serait confirmée, quel serait l'agent préservateur. Est-ce la levure ? Tout le monde sait que déjà elle est entrée dans la thérapeutique, pour le traitement de la furonculose. Il est à remarquer que les garçons brasseurs boivent presque exclusivement des bières non filtrées, contenant par conséquent une grande quantité de levures. Par contre, les bières à fermentation basse sont filtrées et ne contiennent pas de levures. Elles renferment cependant les hydrolysats des cellules de ces dernières et leurs zymases.

L'idée que j'ai examinée a besoin d'être suivie ; elle peut être féconde pour les chercheurs qui s'intéressent à la question du cancer.

II. - LE SERVICE SOCIAL AU BUREAU D'HYGIÈNE

La sphère d'activité obligatoire des Bureaux d'Hygiène a été déterminée par la Loi du 15 Février 1902, sur la Protection de la Santé Publique (voir les Art. 1er à 3, 5 à 7, 9 à 18 de la Loi). La circulaire ministérielle du 23 mars 1906 signale en outre que ces organismes « peuvent et doivent également exercer les attributions sanitaires conférées aux Maires par d'autres textes de lois ou de règlements ». Tout cela se ramène à de la police sanitaire communale. Mais il y a autre chose à faire dans une grande ville. Le technicien éprouvé, le médecin, qui, sous l'autorité du Maire, dirige le rouage institué par la Loi du 15 Février 1902, a une action plus étendue à exercer s'il veut faire œuvre utile. C'est pour cela que ce médecin doit être doublé d'un sociologue, afin de donner au Service Social du Bureau d'Hygiène le maximum de rendement. Nous allons expliquer l'organisation de ce Service Social et faire ressortir les avantages qui en **résultent**.

Tout d'abord, signalons que si l'État Civil ne figure pas dans les attributions facultatives du Bureau d'Hygiène, il faut qu'il y ait synergie dans les Services Municipaux ; les bulletins de décès et de naissances doivent être transférés au Bureau d'Hygiène, pour les besoins de la statistique municipale et faire connaître les renseignements donnés par le médecin de l'État Civil. Les certificats médicaux de constatation de décès portent non seulement les indications nécessaires pour remplir les bulletins verts ou jaunes destinés au Service de la Statistique Générale du Ministère, mais encore les renseignements suivants :

Le décédé a-t-il reçu les soins médicaux ?

Origine de l'eau à boire { puits ? / canalisation publique ?

La famille a-t-elle besoin d'être secourue ?

Le logement est-il salubre ?

Les certificats de décès des enfants de 0 à 2 ans répondent aux questions suivantes :

Profession exacte de la mère ?

Combien d'enfants { vivants ? / mort-nés ? / décédés ?

Ce dernier renseignement peut être très utile pour dépister la syphilis. Si on la soupçonne, on demande à la mère d'aller au Dispensaire d'Hygiène Sociale, et cela dans le cas où l'accouchement n'a pas été pratiqué par un médecin.

Pour les mêmes raisons, les certificats de constatation d'enfant sans vie ont un questionnaire à peu près semblable.

La constatation des naissances fournit également des renseignements médicaux pour notre action sociale :

État général du nourrisson { satisfaisant, / faible, / mauvais.

Mode d'élevage { sein, / biberon, / mixte.

Soins personnels ou étrangers ?

La mère a-t-elle besoin d'être secourue ?

Le logement est-il salubre ?

Suivant les réponses faites à ces questionnaires, le Service Social se met en branle pour donner satisfaction aux demandes formulées par le médecin d'État Civil. Nous sommes en relations journalières avec le Bureau de Bienfaisance pour les secours urgents que réclame la situation des gens en état d'indigence ou de gêne momentanée.

Avant de développer d'autres points de la question, nous devons poser le principe ci-dessous.

Dans une grande ville, il faut, à chaque Service, des infirmières ou des assistantes médicales ou des enquêteuses spécialisées, pour suivre et étudier les cas se rapportant soit à l'assistance, soit à l'inspection médicale des écoles, soit à la prophylaxie des maladies transmissibles, soit aux dispensaires chargés de la lutte contre les fléaux sociaux. Mais quoique spécialisées, ces infirmières ou assimilées doivent être entraînées dans la voie de la polyvalence, par le Directeur du Bureau d'Hygiène, afin qu'il puisse étendre son action sanitaire et sociale.

Cette formule ne peut s'adapter aux petites villes, car les cas relevant du Service Social sont moins nombreux et une ou deux infirmières polyvalentes suffisent pour apporter à l'œuvre tout le bénéfice désirable.

Nous réorganisons actuellement notre Service de Désinfection, et, pour rendre plus efficace la désinfection en cours de maladie, nous avons demandé à notre Administration Municipale de créer quatre postes d'infirmière visiteuse d'hygiène. Ces infirmières seront à la disposition des médecins soignant les contagieux à domicile ; elles prendront toutes les mesures désirables, afin d'assurer la prophylaxie dans le milieu où se trouve le malade ; elles viendront dans la famille toutes les fois que le médecin le désirera ; elles mettront les linges souillés dans des sacs, pour être dirigés sur la buanderie de la Station. Dans notre nouveau poste de désinfection, nous blanchissons le linge des contagieux. Étant donné les conditions du logement de notre population lilloise, nous nous sommes rendu compte qu'une famille ouvrière occupant deux pièces et ayant un malade ne pouvait lessiver chez elle sans nuire à la santé de ce dernier. Mais, tout en vaquant à ses occupations, l'infirmière note sur une feuille d'enquête les renseignements sociaux qui sont d'une réelle utilité et ceux-ci sont remis le soir au Directeur. Les décisions prises immédiatement permettent de porter remède, dans les délais les plus courts, aux tristes situations constatées. Si le logement est surpeuplé, on signale la famille à l'Office Municipal d'Habitations à Bon Marché et au Service Municipal des Logements. Lorsque le malade est un enfant d'âge scolaire, il est signalé immédiatement au Médecin-Inspecteur des Écoles et également au Directeur ou à la Directrice de l'École fréquentée par l'intéressé. Si la famille a besoin d'un secours urgent, c'est au Bureau de Bienfaisance que nous téléphonons ; nous nous adressons parfois, pour certains cas, à la bienfaisance privée.

Dans leur ressort, les assistantes médicales scolaires agissent de même. En cas d'absence de l'enfant à l'école, elle passe dans la famille pour en connaître le motif. L'enfant est-il malade ? La nature de la maladie est connue. S'il est contagieux, le Directeur du Bureau d'Hygiène est immédiatement averti. Quand l'enfant n'a pas de vêtements pour aller en classe, le Directeur ou la Directrice en sont informés ; la Caisse des Écoles l'est aussi par le Service d'Hygiène. L'assistante fait connaître à la famille le résultat de l'examen médical de l'enfant : elle l'avertit lorsque l'enfant est débile, que celui-ci prendra à l'école, de l'huile de foie de morue si on est en hiver ou du glycérophosphate de chaux si on se trouve dans les mois chauds ; elle signale à la mère, la nécessité de l'envoi au préventorium si celui-ci est débile ou au sanatorium s'il est tuberculeux ; elle fait connaître toutes les pièces utiles en vue de la constitution du dossier de l'enfant, pour que celui-ci puisse partir.

Toutes nos enquêtes relatives à l'assistance, sous ses diverses rubriques, sont des éléments importants du Service Social, si bien que nous ne comprenons pas comment puisse fonctionner avec de bons résultats un Bureau Municipal d'Hygiène, qui n'a pas les services d'assistance dans ses attributions facultatives. L'enquête faite à domicile par l'employé visiteur ou l'infirmière visiteuse doit donner entr'autres renseignements, les suivants : salaires, montant du loyer, dépenses de chauffage, d'éclairage, nature de l'habitation, nombre de pièces du logement, situation (rez-de-chaussée ou étages, lequel ?), nombre de cabinets d'aisances, lorsque l'immeuble est collectif, composition de la famille (désignation des membres, leur âge, lieu de travail ou école fréquentée).

Les enquêtes pour l'assistance obligatoire à domicile nous font connaître des choses très intéressantes au point de vue sanitaire. Nous trouvons parfois des vieilles personnes seules dans une ou deux pièces ; il leur est parfois impossible de s'entretenir, voire même de nettoyer leur logement ; la vermine pullule dans les objets de couchage et les voisins sont incommodés. A force de sollicitation, nous arrivons à leur faire comprendre qu'elles doivent entrer à l'hospice ; nous prenons contact avec l'Administration des Hospices pour les placer. Nous éliminons ainsi des foyers d'épidémie. En présence de ces situations, que le logement soit ou non occupé, le Service de la Désinfection est alerté pour procéder à la désinfection. Ces enquêtes nous révèlent parfois la présence de nombreux chiens et nombreux chats cohabitant avec ces assistés ou encore une pièce transformée en clapier situé à côté de la chambre à coucher. Tous ces détails montrent l'importance du Service Social, pour l'amélioration de l'état sanitaire général.

Les renseignements relatifs aux femmes en couches sont aussi d'une grande utilité. Lorsque les dames viennent avant leur accouchement, elles sont interrogées avec précaution et des conseils leur sont toujours donnés. Les filles-mères sont informées des secours qu'elles peuvent recevoir pour éviter l'abandon de l'enfant. Nous les dirigeons sur la maison maternelle, lorsqu'elles sont isolées. Nous nous occupons de leur traitement, dans certains cas : syphilis, tuberculose, car nous leur faisons connaître le

Dispensaire d'Hygiène Sociale et le Dispensaire Antituberculeux. Quand la mère sur le point d'accoucher a plusieurs enfants, on s'intéresse à eux. La plupart sont envoyés à la cure-d'air, lorsqu'ils ne peuvent être placés dans le voisinage. Nous sommes en relations constantes avec le Service Départemental des Enfants Assistés, pour lui signaler les misères qui ressortent de sa compétence ; nous n'avons pas besoin de rappeler que le Bureau de Bienfaisance est averti immédiatement lorsque des secours urgents sont nécessaires.

L'application de la Loi Roussel, sur les Enfants placés en Nourrice, réclame également une part d'activité du Service Social. Nous n'avons pas besoin de nous étendre sur ce point.

De ce rapide exposé, nous pouvons tirer les conclusions suivantes : Lorsque le Directeur du Bureau d'Hygiène a le champ d'activité que nous venons d'esquisser, il rend de réels services au point de vue social. Ceci tend à montrer que les deux questions sociale et sanitaire sont solidaires et que l'une marchant au front de l'autre sans interpénétration ne peut rendre son plein effet utile. Aussi, nous ne craignons pas d'affirmer que les Assurances Sociales ne donneront pas les résultats qu'on en attend si elles sont situées en marge des Services d'Hygiène.

RAPPORT SUR L'ÉTAT ACTUEL DE LA QUESTION DES RAPPORTS ENTRE LE ZONA ET LA VARICELLE

PAR

Dʳ WILFRID LE BLOND

RÉSUMÉ :

La question des Rapports entre le Zona et la Varicelle, soulevée par Von Bokay, en 1892, fut reprise par M. Arnold Netter, en 1919. Aux faits cliniques accumulés par les unicistes se sont ajoutées, depuis 1922, les recherches opérées par Kundratitz, Lauda et Stohr; Urbain et Netter, dans le domaine expérimental.

La question de l'immunité semble bien établie : la varicelle, maladie extrêmement immunisante, ne protège pas contre le zona ; et chez quelques enfants, qui avaient eu un zona, on a vu une varicelle évoluer normalement dans la suite.

L'inoculation du contenu d'une vésicule de zona ne donne pas la varicelle à un sujet vierge de cette affection, et l'injection du liquide d'une vésicule de varicelle provoque une réaction en tout superposable à la variolisation.

L'identité des lésions anatomo-pathologiques n'est qu'apparente, il y a quelque chose de plus intime que la désintégration ballonnisante d'Unna qui distingue une vésicule de zona d'une vésicule de varicelle ou d'une vésicule d'herpès. La présence de corpuscules de Guarniéri dans les lésions ne saurait être invoquée pour établir l'identité d'origine des deux affections.

La réaction de Bordet Gengou positive avec du sérum de zonateux ou de varicellique en présence d'antigène varicelleux est un argument assez sérieux en faveur de l'unicisme. Elle soulève cependant les mêmes doutes que le Bordet-Wasserman, appliqué à la syphilis.

Il serait prématuré de tirer des conclusions en présence de faits aussi contradictoires. En présence d'une affection aussi contagieuse que la varicelle, les observations cliniques demeureront toujours suspectes : il faut à la thèse uniciste, en plus des nombreux documents cliniques qu'elle a réunis, des faits positifs, précis, qui entraînent la conviction. En conséquence, c'est vers le domaine expérimental qu'il faut orienter les recherches : c'est du laboratoire que viendra la solution de cette énigme, qui trouble depuis quelques années le monde des praticiens.

LA SÉROLOGIE DE L'INFECTION PALUSTRE
SON INTÉRÊT CLINIQUE

PAR

Dᵣ A.-F.-X. HENRY

Chef du Laboratoire Départemental (Constantine)

Dans une communication antérieure (Congrès pour l'Avancement des Sciences, Constantine, Avril 1927), nous avons indiqué le principe et résumé la technique de nouvelles méthodes d'études sérologiques du Paludisme.

Nous avons admis que le pigment ocre et le pigment mélanique se comportent comme des antigènes formés dans l'organisme. Ces antigènes sont désignés par nous sous le nom d'Endogènes, et nous avons recherché si ces endogènes donnent lieu à la formation d'antiendogènes. C'est ainsi que nous avons été amenés à constater les propriétés floculantes du sérum des paludéens vis-à-vis du métharfer Bouty et de suspensions de mélanine.

Les techniques détaillées de nos réactions, telles que nous les pratiquons actuellement, sont décrites dans le numéro du *Paris Médical* du 23 juin 1928. Nous pratiquons toujours une ferrofloculation et une Mélano-Réaction.

Les cas où le clinicien peut tirer parti de ces recherches sérologiques se présentent assez souvent. Ces réactions aideront tantôt à confirmer le diagnostic du paludisme, tantôt à l'écarter.

Dans le paludisme de première invasion à forme subcontinue, les conditions de recherche de la réaction ne sont pas toujours favorables, le sang est souvent riche en hématozoaires, et les anticorps qui se forment peu à peu sont saturés par l'endogène en circulation ; toutefois, après une semaine ou plus, à l'occasion d'accalmies fébriles, pendant lesquelles les hématozoaires tendent à se raréfier dans la circulation périphérique, on peut obtenir des résultats positifs. Dans certains cas, la mélano-réaction apparaît avant la ferrofloculation.

Dans le paludisme secondaire à la période des accès réguliers, c'est dans l'intervalle des accès que l'on devra rechercher la réaction qui peut disparaître pendant l'accès, au moment de l'influence parasitaire et de l'hémocytolyse qui sature les anticorps. 88 % des malades observés ont donné des résultats positifs. Le moment d'apparition de la réaction chez les sujets atteints d'emblée d'accès intermittents peut varier. Chez des malades ayant pris très peu de quinine, nous avons pu obtenir des réactions positives après le septième accès et après le neuvième accès (1).

Chez les sujets à paludisme assez rebelle au traitement et chez les sujets insuffisamment traités, la constatation des propriétés floculantes est presque régulière dans l'intervalle des accès. Une thérapeutique intensive, le rétablissement d'un bon état général, peuvent faire disparaître la réaction. Si ensuite l'état général fléchit et si l'activité du parasite renaît, les conditions de réapparition de la réaction se réalisent et de nouveau la recherche est positive. C'est ainsi que l'on a pu voir chez un sujet traité, n'ayant pas eu d'accès depuis un mois, la réaction devenue négative redevenir positive à la veille d'un accès.

Lorsqu'un malade est observé le lendemain d'un accès, la constatation d'une réaction seulement légère incitera à pousser la recherche de l'hématozoaire sur les frottis et permettra quelquefois de découvrir des parasites qui d'abord avaient passé inaperçus.

Au point de vue thérapeutique, la cessation des accès n'indique pas la disparition de l'infection. Si la sérologie demeure positive, on pensera

-----

(1) Depuis la présente communication nous avons publié une nouvelle technique de ferro-floculation en utilisant l'albuminate de fer. Voir *Comptes Rendus de la Société de Biologie*, 8 mars 1929, p. 671. Ce réactif est plus sensible en particulier dans les périodes fébriles.

que l'hématozoaire reste actif. Mais une seule séroréaction négative ne saurait permettre d'affirmer la guérison. Le contrôle sérologique de la guérison demande de nombreux examens ; on ne peut encore, à ce point de vue émettre aucune affirmation (1).

Chez les anciens paludéens atteints de troubles viscéraux, la constatation d'une réaction nettement positive sera en faveur de l'activité latente de l'infection palustre. L'existence du paludisme viscéral est hors de doute. En France, les paludéens arrivent assez rapidement à une guérison complète. Mais, dans les pays où la malaria est endémique, les réinfections fréquentes, le climat déprimant, le paludisme chronique s'installe, compliquant parfois diverses maladies, et même pouvant à lui seul être responsable d'un certain nombre d'états pathologiques (hépatites, aortites, néphrites, etc.). Le passage du parasite dans le sang est alors exceptionnel. Une sérologie positive autorisera un traitement antipaludique, qui pourra agir sur les symptômes morbides et modifier l'état du malade. On aura ainsi un moyen de délimiter le domaine du paludisme viscéral. Le paludisme peut du reste préparer les voies ou s'associer à d'autres affections ou intoxications (alcoolisme, syphilis).

S'il est des cas où le rôle du paludisme aura été nettement méconnu, il est aussi des cas où le diagnostic du paludisme aura été posé à tort par une sorte d'automatisme facile à comprendre dans les pays d'endémie palustre. D'ailleurs, dans les états fébriles mêmes, il est deux erreurs que l'on voit communément commettre : le paludisme à type subcontinu st assez souvent méconnu ; on porte le diagnostic d'embarras gastrique fébrile, de paratyphoïde, etc. Dans ces cas, la recherche minutieuse de l'hématozoaire et souvent aussi notre séroréaction, nous l'avons vu, viendront au secours du clinicien, qui, même après avoir soupçonné le paludisme, peut avoir abandonné ce diagnostic devant l'échec de quelques piqûres de quinine parfois impuissantes à arrêter l'évolution du plasmodium proecoc.

Mais l'erreur inverse est également très fréquente. On a vu des malades présentant des accès fébriles considérés, pendant des années, comme des paludéens, et, pendant des années, une thérapeutique quinique sans aucun résultat. Dans certains cas, il s'agissait de fièvre intermittente hépatique. Il est même des paludéens chez lesquels l'infection malarienne a pu favoriser l'apparition d'affections hépatiques ou vésiculaires, mais chez lesquels le paludisme a disparu et qui restent des hépato-vésiculaires. D'autres fois, des sujets présentant des accès fébriles seront pris pour

---

(1) Les réveils du paludisme (soit au cours d'affections aiguës, soit au début du printemps, etc.) s'annoncent par une sérologie positive avant que l'on puisse déceler des hématozoaires en circulation. La constatation au cours d'autres affections d'une activité palustre latente peut expliquer l'échec d'une thérapeutique jusque-là incomplète.

des paludéens, alors qu'il s'agit tout simplement d'affection intestinale, de toxi-infection colibacillaire.

Dans tous les cas, il y a lieu de pratiquer un examen minutieux des frottis. Au moment de l'accès fébrile, on notera l'absence d'hématozoaires. Le lendemain des accès fébriles, la formule leucocytaire constatée ne sera pas celle des paludéens ; il pourra persister une polynucléose commune chez les hépatovésiculaires. Chez les intestinaux pouvant présenter des accès fébriles dus à la colibacillose, s'il y a une mononucléose, elle se porte sur les lymphocytes; les grands mononucléaires ne sont pas notablement augmentés de nombre, comme cela se constate dans le paludisme. On ne rencontre pas de leucocytes mélanifères. Et à cela s'adjoint une séroréaction palustre constamment négative. Celle-ci est très précieuse, car la formule leucocytaire peut être déformée par diverses influences. On peut alors conclure que le paludisme n'est pas en cause et que si le malade en a été atteint antérieurement, les phénomènes actuels, ressortissent à un autre genre d'infection.

Notre test sérologique vient donc compléter le test parasitologique et le test cytologique, soit pour établir le diagnostic de l'infection palustre, soit pour écarter ce diagnostic.

L'hématologie du paludisme nous présente ainsi un ensemble de symptômes, que l'on aura toujours intérêt à rechercher complètement.

SUR L'ÉTUDE BIOLOGIQUE
DE LA TOXINE DIPHTÉRIQUE

PAR

MM. LEULIER, SÉDALLIAN & Mme CLAVEL

Depuis déjà deux ans, ont été entreprises, à l'Institut Bactériologique de Lyon, des recherches sur la nature et la constitution des Toxines en général, de la Toxine Diphtérique en particulier.

Nous avons cherché à nous rendre compte de l'influence de l'abaissement du PH. sur la toxine diphtérique.

Appliquant à cette étude le même principe qui avait guidé l'un de nous avec M. Loiseleur (1) pour fragmenter les sérums, nous avons recherché dans quelles fractions des albumines précipitées se trouvait le

---

(1) *C. R. Acad. des Sciences*, 1926.

principe antitoxique. On sait que les protéines ont un point isoélectrique etudié dans les belles recherches de LOEB, et, à ce point isoélectrique, les colloïdes sont dans l'état instable, qui leur permet de floculer le plus aisément.

Nous avons pu nous rendre compte qu'en amenant une toxine diphtérique à PH, 4, 7, on provoquait instantanément une floculation, qui s'accentue par la suite et puis se résout en un dépôt grumeleux, qui tombe au fond du vase (¹); une constatation analogue a été faite, en 1922, par VON GROER (²), qui avait également vu, comme nous avons pu nous en rendre compte par la suite, que la partie toxique de la toxine diphtérique était entraînée avec le floculat. En précisant notre technique, nous avons pu réaliser la précipitation de toute la partie active de la toxine, et ainsi la fragmentation du milieu dans lequel avait végété le bacille diphtérique en deux fractions.

L'une précipitée, renfermant toute la partie active de la toxine.

L'autre, claire, surnageant, renfermant les protides et le bouillon, et dépouvue de toute activité.

Restait à préciser la nature de ce précipité toxique, qui rassemble sous un faible volume toutes les propriétés nocives de la toxine diphtérique.

Avec un litre de toxine, on obtient 100 à 150 milligrammes de précipité.

Ce précipité renferme une moyenne de 90 % d'eau. Il est soluble dans l'eau légèrement alcaline. Il donne avec intensité les réactions du phosphore, et cet élément, dosé par la méthode de Neumen donne 1 gr. 40 à 0 gr. 5 %, ce qui correspond à la teneur des nucléo-protéines en phosphore.

Soumis à la digestion pepsique, la solubilisation est incomplète, et donne les réactions de précipitation classique du phosphore.

Il semble donc permis de conclure que la toxine diphtérique flocule avec les nucléo-protéines, lorsque le PH. est convenablement abaissé (³).

Si on soumet le floculat à la dialyse en sac de collodion, ce produit perd très rapidement ses propriétés toxiques. Comparé avec la perte du pouvoir toxique d'un floculat témoin émulsionné dans une quantité équivalente d'eau, on a la preuve que la toxine soumise à la dialyse perd sa toxicité rapidement.

Ainsi :

---

(1) *C. R. de Biol.*, 1927, p. 93.
(2) *Biechemische Zeitschrifft*, 1923, p. 13 et 34.
(3) *C. R. Ac. Sciences*, 24 octobre 1927.

Doses Injectées *Émulsion de o gr. 432 de Tox.* *10 cm³ d'eau.*	Durée de la Dialyse	
	Tox. Témoin	*Tox. soumis à* *la Dialyse*
1ᵉʳ jour : 1/1000 de cm³.	24 h.	24 h.
2ᵉ jour { 1/500	48 h.	3 j.
1/100	20 h.	2 j.
1/10	20 h.	
3ᵉ jour { 1/100	48 h.	20 h.
1/10	16 h.	définit
4ᵉ jour { 1/10	4 j.	48 h. définit
1/2	20 h.	définit

Lorsque la dialyse est suffisamment prolongée, le floculat rentre en solution dans le liquide du sac de collodion. Son PH. remonte à 7 et il devient complètement atoxique.

On peut donc se demander si la propreté n'est pas liée à la substance dialysable, électivement adsorbée lors de la floculation et nécessaire à l'évolution de l'intoxication.

L'étude biologique de ce précipité convient également à d'autres constatations. Celles-ci seront développées ultérieurement dans d'autres travaux.

Disons cependant que nous avons recherché surtout, depuis quelque temps, à étudier les propriétés antigènes de ce précipité.

Le liquide qui surnage le précipité est dépourvu de toute propriété vaccinante. Celle-ci doit donc se trouver normalement dans la partie floculée.

Or, cette partie floculée, qui perd, spontanément avec le contact acide, sa propriété toxique, nocive, perd plus vite encore ses propriétés antigènes, et il est possible même de réaliser, comme nous l'avons fait, une substance concentrée capable de tuer l'animal à faibles doses, et qui, stabilisée par le formol et la chaleur, est dépourvue de toute propriété antigène.

Nous avons pu cependant obtenir un précipité atoxique et d'une haute puissance vaccinante pour le cobaye, mais cela après des tâtonnements qui tiennent à l'action curieuse du formol sur cette toxine.

Soumis à l'action du formol, ce précipité se solidifie et perd très vite ses propriétés toxiques. Mais il devient ultérieurement incapable d'être dissous dans l'eau alcalinisée.

Cette action du formol s'exerce sur des nucléo-protéines. Des doses très faibles de formol suffisent à réaliser cette action et tout se passe comme si, dans ces conditions, un excès de formol, qui est très vite atteint, débarrassait désormais la toxine de toute propriété biologique et toxique et antigène.

Pour obtenir un précipité vaccinant, il faut le dissoudre dans une solution de peptone : Dans ces conditions, l'action du formol se disperse sur les peptones ; l'excès de formol ne risque plus d'être atteint. On obtient une anatoxine, analogue à celle qu'a obtenue Ramon sur la toxine totale, en réalisant l'épreuve sur le précipité de toxine dissout dans une solution de peptone formolé, chauffé à 37° ou 38°.

A PROPOS DE LA SIGNIFICATION DE LA PRÉSENCE DU COLIBACILLE DANS LES EAUX UN EXEMPLE D'INTERPRÉTATION NÉGATIVE

PAR

Dr A. ROCHAIX

Professeur agrégé à la Faculté de Médecine de Lyon

On sait que, jusqu'à ces dernières années, on ne se préoccupait, dans la recherche du Colibacille dans l'eau, que de la quantité de cette espèce microbienne et l'eau était considérée comme contaminée ou non, suivant les résultats indiqués par les échelles colimétriques, utilisées dans les laboratoires.

Depuis quelque temps, on se préoccupe de l'origine de ce microbe. Le colibacille, en effet, est un microorganisme très ubiquitaire, qui peut vivre longtemps et même se multiplier dans les milieux extérieurs, perdant ainsi sa signification d'indice de contamination.

En se basant sur plus de 8.000 observations, Diénert et Guillerd, utilisent la recherche de l'indol, pour déterminer l'origine du coli. Ce microbe, d'après eux, est d'autant plus indologène qu'il est plus récemment issu de l'intestin et qu'il a moins séjourné dans l'eau. Et ils ont préconisé leur « gamme d'indol », bien connue, échelle colorimétrique, qui permet d'apprécier, au moyen du réactif sulfurique nitreux, une teneur en indol, variant de 1/20.000 à 1/400.000. Les colibacilles donnant des indols égaux ou supérieurs à 1 p. 50.000 sont des germes frais, d'origine récente : il s'est écoulé peu de temps entre leur émission et leur signalement dans l'eau analysée.

Aux États-Unis, le *Standard Méthod of water Analysis* donne aux colibacilles d'origine fécale les caractères suivants :

Réaction du rouge de méthyle... positive.
   »   de Voges-Proskauer.... négative.
Gélatine .... pas de liquéfaction.
Adonite .... pas de fermentation.
Recherche de l'Indol........... habituellement positive.
Saccharose .... habituellement pas de fermentation

Nous avons fait l'étude critique de la valeur de ces caractères (1) et avons montré que trois épreuves surtout possèdent une valeur réelle pour distinguer, avec un grand degré de probabilité, les colibacilles d'origine fécale des autres : la réaction du rouge méthyle, qui doit être positive, celle de Voges-Proskauer, qui doit être négative, et enfin la production abondante d'indol.

A la lueur de ces nouvelles données, nous avons étudié, avec mon élève L. Volle, des eaux de la région du Nord du Département du Rhône. Les eaux du Bois d'Oingt ont retenu notre attention. Ces eaux étudiées pendant un an, ayant fait l'objet de toute une série d'analyses chimiques et bactériologiques, nous ont montré la présence constante du colibacille, dans une proportion variant de 100 à 2.000 individus au litre, alors que les autres résultats chimiques ou bactériologiques ne révélaient aucune trace de contamination.

Au point de vue chimique, voici quelques résultats d'analyses effectuées dans les quatre saisons de l'année :

Matières organiques (en o consommé)	11 Fév. mmgr.	26 Avril mmgr.	2 Juillet mmgr.	23 octobre mmgr.
En milieu acide.........	0,5	0,75	0,85	0,6
En milieu alcalin.........	0,5	0,6	0,75	0,4
Azote ammoniacal	0,025	0,035	0,03	0,03
Azote albuminoïde	0,03	0,045	0,04	0,03
Chlorures (en NaCl)......	13,5	20,0	18,5	15,0
Nitrites	0	0	0	0
Nitrates	5,30	5,75	6,25	6
Résidu à 110°............	378,2	395,4	403,6	402,8

Au point de vue de la numération globale des germes, les chiffres se sont toujours montrés peu élevés : 300 à 400 germes en moyenne, au centimètre cube, sans jamais aucune espèce saprophyte ayant une signification péjorative. Peu de germes liquéfiants, pas d'espèces se rencontrant dans les matières fécales ou les matières en putréfaction.

---

(1) A. ROCHAIX. Standardisation des méthodes d'analyse bactériologique des eaux. Rapport au XIIe Congrès d'Hygiène. (*Revue d'Hygiène*, t. XLVII, 1925, p. 1148.

Ces eaux, en terrain calcaire, présentaient la particularité d'être filtrées à travers des sables, provenant de la désagrégation de la roche calcaire et l'opinion du géologue était que ces eaux, après avoir traversé ce filtre naturel, devaient subir une épuration très complète.

Et cependant, comme nous l'avons dit, le colibacille était toujours présent, dans des proportions variant de 100 à 2.000 colibacilles au litre.

Nous avons alors soumis les colibacilles isolés aux épreuves que nous avons indiquées précédemment, pour nous rendre compte de leur signification de contamination fécale.

Les quatre échantillons provenant des quatre analyses, consignées dans le tableau ci-dessous, nous ont donné les résultats suivants :

	ECHANT. N° 1	ECHANT. N° 2	ECHANT. N° 3	ECHANT. N° 4
Fermentation de l'Adonite...	+	—	—	—
Réaction du Rouge Méthyle.	—	—	—	—
Réaction de Voges-Proskauer.	+	+	+	+
Indol	+	—	—	—

Comme on le voit, trois échantillons de colibacilles ne seraient pas d'origine fécale immédiate et n'auraient, par conséquent, pas la signification d'indice de contamination. Quant à l'échantillon n° 1, il aurait des caractères intermédiaires qui le feraient classer soit dans l'une, soit dans l'autre catégorie, suivant l'importance attribuée à l'un ou à l'autre de ces caractères.

En somme, la présence des colibacilles, trouvés cependant en proportion notable dans cette eau, ne paraît pas devoir être retenue et paraît la faire condamner comme contaminée par des matières fécales humaines ou animales.

Il serait nécessaire cependant que de nombreux faits de ce genre soient apportés et que les observations épidémiologiques soient longuement poursuivies, avant d'apporter une affirmation et une conclusion définitive.

DANGER SOCIAL DE LA SYPHILIS

PAR

Dʳ P. GOOD

de La Mothe-Saint-Héray (Deux-Sèvres)

Le Danger Social de la Syphilis n'est plus à démontrer. Un récent Rapport de M. le Docteur JEANSELME, à l'Académie de Médecine, constate encore une recrudescence de ce fléau.

Pour se défendre, la Société a mis en œuvre :

1° Des mesures que l'on voudrait pouvoir appeler législatives et qui ne sont, en réalité, que des mesures policières, abandonnées au bon plaisir des Municipalités. Rares sont celles qui ont eu le courage de suivre l'exemple des villes de Colmar et de Strasbourg (1), en supprimant les maisons de tolérance, honte du xx° siècle, et conservatoires officiels de toutes les affections vénériennes.

2° Des moyens mécaniques, inventés en 1550, par l'anatomiste Fallope, ou des pommades aromatiques datant de la même époque. L'augmentation toujours croissante des cas de maladies vénériennes suffit à prouver le peu d'efficacité de ces procédés.

3° La prophylaxie par le traitement précoce qui s'impose dans tous les cas de contamination, et à propos duquel on ne saurait trop faire l'éducation du public, pour mettre fin aux déplorables préjugés et aux routines qui subsistent encore. Il serait désirable qu'un représentant de l'Institut Prophylactique de la rue d'Assas vienne un jour nous exposer les résultats obtenus par une Institution qui a rendu de si grands services. Elle nous a, en tous cas, appris qu'il ne suffit pas de blanchir un syphilitique par la disparition momentanée des accidents, sous l'influence du traitement. En agissant ainsi, on ne fait souvent que réactiver l'infection, chasser le treponème dans son dernier refuge : les centres nerveux, où il devient, trop souvent, insaisissable.

4° La prophylaxie sanitaire et morale, par l'éducation de la jeunesse et de ses éducateurs. En 1902, la Conférence Internationale de Bruxelles a déclaré à l'unanimité : « *Que le moyen le plus efficace à employer* « *pour combattre la diffusion des maladies vénériennes consistait dans* « *la vulgarisation,* LA PLUS LARGE POSSIBLE, *des notions relatives aux* « *graves dangers de ces maladies.* »

---

(1) La discussion de mon rapport ayant mis en doute cette suppression, je puis affirmer, renseignements pris sur place, qu'elle existe encore en mai 1929.

« Qu'il fallait surtout apprendre à la jeunesse masculine : que non
« seulement la chasteté et la continence ne sont pas nuisibles, mais en-
« core que ces vertus sont des plus recommandables au point de vue
« purement médical et hygiénique. »

Ces vœux étaient la consécration d'une campagne entreprise quatre
années auparavant, en 1898, par une brochure intitulée « HYGIÈNE ET
MORALE », que, bien que j'en sois l'auteur, je me permets de vous présenter.

Elle fut, en son temps, le premier essai, en France, de prophylaxie
sanitaire et morale, et répondait à un tel besoin que, de tous côtés,
surgirent des publications similaires pour continuer le sillon qu'elle avait
entamé.

Cette petite publication en est aujourd'hui à son trois centième mille
d'exemplaires, et elle a été traduite en dix-sept langues différentes. Les
hautes approbations dont elle fut honorée dès sa parution lui confèrent,
aux yeux du public, une autorité toute particulière.

Au risque de passer, comme M. Josse, pour un orfèvre vantant sa
marchandise, vous me permettrez, Messieurs, de vous exposer le résultat
d'une expérience de trente années dans la lutte contre les maladies vénériennes, par la propagande éducative. Plus de vingt mille lettres. j'en
reçois encore tous les jours, m'ont prouvé qu'elle avait donné des ré-
sultats. Hélas ! beaucoup de ces missives se terminent par ces mots désolants : « Je ne savais pas. » « Personne ne m'avait prévenu. »

Il est aujourd'hui plus facile de prévenir au moyen des brochures
que l'on peut répandre à profusion, comme le semeur jette sa graine,
sachant qu'il suffit qu'un grain germe sur dix pour assurer une abondante moisson.

Tel est le but que s'est proposé, il y a trente ans, la brochure « HY-
GIÈNE ET MORALE », et j'ai cru devoir profiter de l'occasion de ce Congrès pour vous la présenter.

———————

1° - L'INSPECTION OCULISTIQUE DES ECOLES
2° - LA DESTRUCTION DES RATS

PAR

Dr A. LOIR

———————

CONFÉRENCES

Dʳ PONCET

Inspecteur d'Hygiène de Saône-et-Loire

Le Docteur Poncet a fait, le vendredi 27 juillet, au Cinéma Olympia, une Conférence de Vulgarisation avec présentation de films humoristiques et de propagande pour l'Hygiène, devant les Enfants des Écoles et leur Famille.

Il a fait une seconde Conférence, le samedi 28 juillet, avec présentation de films (en particulier celui de la « Future Maman », du Docteur Devraigne), devant le grand public.

Pierre GRASSÉ

Préparateur à la Faculté des Sciences de Montpellier

Conférence faite le 28 juillet au Cinéma Olympia.

LE PLANKTON
LA VIE DANS LES MERS

TABLE DES MATIÈRES

CONGRÈS DE LA ROCHELLE

Assemblé générale
28 juillet 1928

Séance générale d'ouvertutre

MM.

SÉANCES DES SECTIONS

1er GROUPE. — Sciences Mathématiques

1re Section. — *Mathématiques*

2ᵉ SECTION. — *Géodésie*

Astronomie et Mécanique

3ᵉ et 4ᵉ SECTIONS. — *Navigation et aéronautique*

Génie civil et militaire

Pages

8ᵉ Section. — Géologie-Minéralogie.

Pages
—

Pages

16ᵉ et 17ᵉ Sections

Psychologie expérimentale, Pédagogie et enseignement

17ᵉ Section. — *Biogéographie*

TABLE ANALYTIQUE